Relaciones de propiedades de los materiales

Relación de Poisson

$$\nu = -\frac{\epsilon_{\text{lat}}}{\epsilon_{\text{long}}}$$

Ley de Hooke generalizada

$$\epsilon_x = \frac{1}{E}[\sigma_x - \nu(\sigma_y + \sigma_z)]$$

$$\epsilon_y = \frac{1}{E}[\sigma_y - \nu(\sigma_x + \sigma_z)]$$

$$\epsilon_z = \frac{1}{E}[\sigma_z - \nu(\sigma_x + \sigma_y)]$$

$$\gamma_{xy} = \frac{1}{G}\tau_{xy}, \quad \gamma_{yz} = \frac{1}{G}\tau_{yz}, \quad \gamma_{zx} = \frac{1}{G}\tau_{zx}$$

donde

$$G = \frac{E}{2(1 + \nu)}$$

Relaciones entre *w, V, M*

$$\frac{dV}{dx} = -w(x), \qquad \frac{dM}{dx} = V$$

Curva elástica

$$\frac{1}{\rho} = \frac{M}{EI}$$

$$EI\frac{d^4\nu}{dx^4} = -w(x)$$

$$EI\frac{d^3\nu}{dx^3} = V(x)$$

$$EI\frac{d^2\nu}{dx^2} = M(x)$$

Pandeo

Carga axial crítica

$$P_{\text{cr}} = \frac{\pi^2 EI}{(KL)^2}$$

Esfuerzo crítico

$$\sigma_{\text{cr}} = \frac{\pi^2 E}{(KL/r)^2}, r = \sqrt{I/A}$$

Fórmula de la secante

$$\sigma_{\text{máx}} = \frac{P}{A}\left[1 + \frac{ec}{r^2}\sec\left(\frac{L}{2r}\sqrt{\frac{P}{EA}}\right)\right]$$

Métodos de energía

Conservación de la energía

$$U_e = U_i$$

Energía de deformación

$$U_i = \frac{N^2 L}{2AE} \quad \text{carga axial constante}$$

$$U_i = \int_0^L \frac{M^2 dx}{EI} \quad \text{momento de flexión}$$

$$U_i = \int_0^L \frac{f_s V^2 dx}{2GA} \quad \text{cortante transversal}$$

$$U_i = \int_0^L \frac{T^2 dx}{2GJ} \quad \text{momento torsional}$$

Propie...
de los ...

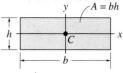

$A = bh$
$$I_x = \frac{1}{12}bh^3$$
$$I_y = \frac{1}{12}hb^3$$

Área rectangular

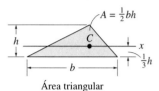

$A = \frac{1}{2}bh$
$$I_x = \frac{1}{36}bh^3$$

Área triangular

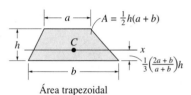

$A = \frac{1}{2}h(a + b)$
$\frac{1}{3}\left(\frac{2a+b}{a+b}\right)h$

Área trapezoidal

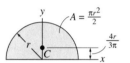

$A = \frac{\pi r^2}{2}$
$\frac{4r}{3\pi}$
$$I_x = \frac{1}{8}\pi r^4$$
$$I_y = \frac{1}{8}\pi r^4$$

Área semicircular

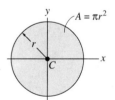

$A = \pi r^2$
$$I_x = \frac{1}{4}\pi r^4$$
$$I_y = \frac{1}{4}\pi r^4$$

Área circular

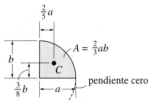

$\frac{2}{5}a$
$A = \frac{2}{3}ab$
pendiente cero
$\frac{3}{8}b$

Área semiparabólica

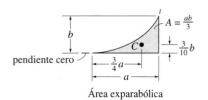

$A = \frac{ab}{3}$
$\frac{3}{10}b$
pendiente cero
$\frac{3}{4}a$

Área exparabólica

MECÁNICA DE MATERIALES

SEXTA EDICIÓN

R. C. Hibbeler

TRADUCCIÓN
José de la Cera Alonso
Profesor Titular, Universidad Autónoma Metropolitana

Virgilio González y Pozo
Facultad de Química, Universidad Nacional Autónoma de México

REVISIÓN TÉCNICA
Alex Elías Zuñiga
Ingeniero Industrial Mecánico
Instituto Tecnológico de Pachuca
Maestría en Ingeniería Mecánica
Instituto Tecnológico y de Estudios Superiores de Monterrey
Campus Monterrey
Doctorado de Ingeniería Mecánica
University of Nebraska, Lincoln, EUA
Miembro del Sistema Nacional de Investigadores – SNI
Director de Ingenería Mecánica
Instituto Tecnológico y de Estudios Superiores de Monterrey
Campus Monterrey

México • Argentina • Brasil • Colombia • Costa Rica • Chile • Ecuador
España • Guatemala • Panamá • Perú • Puerto Rico • Uruguay • Venezuela

Datos de catalogación bibliográfica

R. C. Hibbeler

Mecánica de materiales

PEARSON EDUCACIÓN, México, 2006
ISBN: 970-26-0654-3

Formato: 20 × 25.5 cm   Páginas: 896

Authorized translation from the English language edition entitled, *Mechanics of Materials,* by *R. C, Hibbeler*, published by Pearson Education, Inc., publishing as PRENTICE HALL, INC., Copyright © 2004. All rights reserved. ISBN 0-13-191345 X

Traducción autorizada de la edición en idioma inglés, titulada *Mechanics of Materials*, por *R. C. Hibbeler*, publicada por Pearson Education, Inc., publicada como PRENTICE HALL, INC., Copyright © 2004. Todos los derechos reservados.

Esta edición en español es la única autorizada.

Edición en español:

Editor: Pablo Miguel Guerrero Rosas
                                 e-mail: pablo.guerrero@pearsoned.com
Supervisor de desarrollo: Esthela González Guerrero
Supervisor de producción: Enrique Trejo Hernández

SEXTA EDICIÓN, 2006

D.R. © 2006 por Pearson Educación de México, S.A. de C.V.
      Atlacomulco 500, 5o. piso
      Col. Industrial Atoto
      53519, Naucalpan de Juárez, Edo. de México
      Email: editorial.universidades@pearsoned.com

Cámara Nacional de la Industria Editorial Mexicana.
Reg. Núm. 1031.

Prentice-Hall es una marca registrada de Pearson Educación de México, S.A. de C.V.

ISBN 970-26-0654-3

Impreso en México/*Printed in Mexico.*

1 2 3 4 5 6 7 8 9 0 - 08 07 06

AL ESTUDIANTE

Con el deseo de que esta obra estimulará el interés en la ingeniería mecánica y servirá como una guía aceptable para su compresión.

El propósito principal de este libro es proporcionar al lector una presentación clara y minuciosa de la teoría y aplicaciones de la ingeniería mecánica; para esto se basa en la explicación del comportamiento físico de los materiales sometidos a carga a fin de realizar un modelo de este comportamiento que sea a su vez, el modelo de la teoría. Se hace énfasis en la importancia de satisfacer los requisitos del equilibrio, de la compatibilidad de la deformación y del comportamiento del material.

Características del texto

Las siguientes son las características más importantes del texto.

- **Resúmenes.** Las secciones "Procedimiento de análisis", "Puntos importantes" y "Repaso del capítulo" proporcionan una guía para la resolución de problemas y un resumen de los conceptos.

- **Fotografías.** Se utilizan numerosas fotografías a lo largo del libro para explicar cómo se aplican los principios de la mecánica de materiales a situaciones del mundo real. En algunas secciones, se muestran cómo los materiales se deforman o fallan bajo carga para así proporcionar un entendimiento conceptual de los términos y conceptos.

- **Problemas.** Los problemas propuestos son de aplicación fácil, media y difícil. Algunos de ellos requieren de una solución, con ayuda de la computadora. Se ha puesto un cuidado especial en la presentación y en sus soluciones, éstas han sido revisadas en su totalidad para garantizar su claridad y exactitud numérica.

- **Ilustraciones.** En varias partes del libro se han agregado figuras y fotografías que proporcionan una clara referencia a la naturaleza tridimensional de la ingeniería. Hemos tratado de ilustrar conceptos complicados o abstractos para instruir y poder motivar a los lectores a través de lo visual.

Contenido

El libro está dividido en 14 capítulos. El capítulo 1 comienza con un repaso de los conceptos importantes de la estática, seguido por definiciones formales de los esfuerzos normales y cortantes, así como por un análisis del esfuerzo normal en miembros cargados axialmente y del esfuerzo cortante promedio causado por el cortante directo.

En el capítulo 2 se definen la deformación unitaria normal y cortante, y en el capítulo 3 se presenta una descripción de algunas de las propiedades mecánicas de los materiales. Los capítulos 4, 5 y 6 contienen, respectivamente, explicaciones de la carga axial, la torsión y la flexión. En cada uno de esos capítulos se considera el comportamiento tanto lineal-elástico como plástico. También se incluyen temas relacionados con concentraciones de esfuerzo y esfuerzo residual. El cortante transversal se describe en el capítulo 7, junto con una descripción de los tubos con pared delgada, flujo de cortante y del centro de cortante. El capítulo 8 muestra un repaso parcial del material presentado en los capítulos anteriores, y se describe el estado de esfuerzos causados por cargas combinadas. En el capítulo 9 se presentan los conceptos de transformación de estados de esfuerzo multiaxial. En forma parecida, el capítulo 10 describe los métodos de transformación de deformación unitaria, que incluyen la aplicación de varias teorías de la falla. El capítulo 11 es un resumen y repaso más del material anterior, describiendo aplicaciones al diseño de vigas y ejes. En el capítulo 12 se cubren varios métodos para calcular deflexiones de vigas y ejes. También se incluye una descripción del cálculo de las reacciones en esos miembros, cuando son estáticamente indeterminados. El capítulo 13 presenta una descripción del pandeo en columnas y, por último, en el capítulo 14 se reseñan el problema del impacto y la aplicación de varios métodos de energía para calcular deflexiones.

Las secciones del libro que contienen material más avanzado se identifican con un asterisco (*). Si el tiempo lo permite, se pueden incluir algunos de esos temas en el curso. Además, este material es una referencia adecuada de los principios básicos, cuando se usen en otros cursos, y se puede usar como base para asignar proyectos especiales.

Método alternativo. Algunos profesores prefieren tratar primero las transformaciones de esfuerzos y deformaciones unitarias, antes de estudiar las aplicaciones específicas de la carga axial, la torsión, la flexión, y la fuerza cortante. Una manera posible para hacerlo así es tratar primero el esfuerzo y sus transformaciones que se ven en los capítulos 1 y 9, seguido por la deformación unitaria y sus transformaciones que se ven en el capítulo 2 y en la primera parte del capítulo 10. El análisis y problemas de ejemplo en estos capítulos se han formulado para hacer esto posible. Además, los conjuntos de problemas se han subdividido de manera que este material pueda ser cubierto sin un conocimiento previo de los capítulos intermedios. Los capítulos 3 al 8 pueden ser entonces estudiados sin pérdida de continuidad.

Características especiales

Organización y enfoque. El contenido de cada capítulo está organizado en secciones bien definidas que contienen una explicación de temas específicos, problemas de ejemplo ilustrativos y un conjunto de problemas de tarea. Los temas de cada sección están agrupados en subgrupos definidos por títulos. El propósito de esto es presentar un método estructurado para introducir cada nueva definición o concepto y hacer el libro conveniente para referencias y repasos posteriores.

Contenido de los capítulos. Cada capítulo comienza con una ilustración que muestra una aplicación del material del capítulo. Se proporcionan luego los "Objetivos del capítulo" que proporcionan una vista general del tema que será tratado.

Procedimientos de análisis. Se presenta al final de varias secciones del libro con el objetivo de dar al lector una revisión o resumen del material, así como un método lógico y ordenado a seguir en el momento de aplicar la teoría. Los ejemplos se resuelven con el método antes descrito a fin de clarificar su aplicación numérica. Sin embargo, se entiende que una vez que se tiene dominio de los principios relevantes y que se ha obtenido el juicio y la confianza suficientes, el estudiante podrá desarrollar sus propios procedimientos para resolver problemas.

Fotografías. Se utilizan numerosas fotografías a lo largo de todo el libro para explicar cómo se aplican los principios de la mecánica a situaciones del mundo real.

Puntos importantes. Aquí se proporciona un repaso o resumen de los conceptos fundamentales de una sección y se recalcan los temas medulares que deban tomarse en cuenta al aplicar la teoría en la solución de problemas.

Entendimiento conceptual. Por medio de fotografías situadas a lo largo de todo el libro, se aplica la teoría de una manera simplificada a fin de ilustrar algunas de las características conceptuales más importantes que aclaran el significado físico de muchos de los términos usados en las ecuaciones. Estas aplicaciones simplificadas incrementan el interés en el tema y preparan mejor al lector para entender los ejemplos y a resolver los problemas.

Problemas de tarea. Múltiples problemas de este libro muestran situaciones reales encontradas en la práctica de la ingeniería. Se espera que este realismo estimule el interés por la ingeniería mecánica y proporcione la habilidad de reducir cualquiera de tales problemas desde su descripción física hasta el modelo o representación simbólica sobre los cuales se aplican los principios de la mecánica. A lo largo del texto existe aproximadamente igual número de problemas que utilizan tanto las unidades SI como las FPS. Además, en cada conjunto de problemas se ha intentado presentar éstos de acuerdo con el grado de dificultad en forma creciente. Las respuestas a todos los problemas, excepto cada cuatro, se encuentran listados al final del libro. Para advertir al lector de un problema cuya solución no aparezca en la lista mencionada, se ha colocado un asterisco (*) antes del número del problema. Las respuestas están dadas con tres cifras significativas, aún cuando los datos de las propiedades del material se conozcan con una menor exactitud. Todos los problemas y sus soluciones se han revisado tres veces. Un símbolo "cuadrado" (■) se usa para identificar problemas que requieren de un análisis numérico o una aplicación de computadora.

Repaso del capítulo. Los puntos clave del capítulo resumen en las nuevas secciones de repaso, a menudo en listas con viñetas.

Apéndices. Contienen temas de repaso y listas de datos tabulados. El apéndice A proporciona información sobre centroides y momentos de inercia de áreas. Los apéndices B y C contienen datos tabulados de perfiles estructurales y la deflexión y la pendiente de varios tipos de vigas y flechas. El apéndice D, llamado "Repaso para el examen de fundamentos de ingeniería", contiene problemas típicos junto con sus soluciones parciales comúnmente usados en exámenes de ingenieros profesionales. Estos problemas también pueden usarse como práctica y repaso en la preparación de exámenes de clase.

Revisión de la exactitud. Esta nueva edición ha sido sometida a un riguroso escrutinio para garantizar la precisión del texto y de las páginas a las que se hace referencia. Además de la revisión del autor de todas las figuras y material de texto, Scott Hendricks del Instituto Politécnico de Virginia y Kurt Norlin de los Servicios Técnicos Laurel, examinaron todas las páginas de prueba así como todo el manual de soluciones.

Suplementos

- **Manual de soluciones para el profesor.** El autor preparó este manual cuya exactitud, tal como el texto del libro, fue verificada en tres ocasiones.

- **Course compass.** Course compass es una solución en línea ideal para ayudarle a dirigir su clase y a preparar conferencias, cuestionarios y exámenes. Con el uso de course compass, los profesores tienen un rápido acceso a los suplementos electrónicos que le permiten incluir ilustraciones completas e imágenes para sus presentaciones en PowerPoint. Course compass hace accesibles las soluciones electrónicas (por seguridad en archivos individuales), y ayuda a exhibir sólo las soluciones que usted elige en el sitio Web. Por favor no difunda estas respuestas en niguna dirección electrónica no protegida.

Para saber más acerca de Course compass, visite www.pearsoneducacion.net/coursecompass o diríjase a su representante local de Pearson Educación o envíe un mail a editorialmx@pearsoned.com

Reconocimientos

A lo largo de los años este texto ha incorporado muchas de las sugerencias y comentarios de mis colegas en la profesión docente. Su estímulo y buenos deseos de proporcionar una crítica constructiva son muy apreciados y espero que acepten este reconocimiento anónimo. Mi agradecimiento se extiende también a los revisores de las varias ediciones previas.

B. Aalami, *San Francisco State University*
R. Alvarez, *Hofstra University*
C. Ammerman, *Colorado School of Mines*
S. Biggers, *Clemson University*
R. Case, *Florida Atlantic University*
R. Cook, *University of Wisconsin—Madison*
J. Easley, *University of Kansas*
A. Gilat, *Ohio State University*
I. Elishakoff, *Florida Atlantic University*
H. Huntley, *University of Michigan—Dearborn*

J. Kayser, *Lafayette College*
J. Ligon, *Michigan Technological University*
A. Marcus, *University of Rhode Island*
G. May, *University of New Mexico*
D. Oglesby, *University of Missouri—Rolla*
D. Quesnel, *University of Rochester*
S. Schiff, *Clemson University*
C. Tsai, *Florida Atlantic University*
P. Kwon, *Michigan State University*
C. Lissenden, *Penn State University*
D. Liu, *Michigan State University*
T. W. Wu, *The University of Kentucky*
J. Hashemi, *Texas Tech University*
A. Pelegri, *Rutgers—The State University of New Jersey*
W. Liddel, *Auburn University at Montgomery*

Quisiera dar las gracias particularmente a Scott Hendricks del Instituto Politécnico de Virginia quien revisó minuciosamente el texto y el manual de soluciones de este libro. También hago extensiva mi gratitud a todos mis alumnos que han usado la edición previa y han hechos comentarios para mejorar su contenido.

Por último quisiera agradecer la ayuda de mi esposa, Cornelie (Conny) durante todo el tiempo que me ha tomado preparar el manuscrito para su publicación.

Apreciaría mucho si usted en cualquier momento tiene comentarios o sugerencias respecto al contenido de esta edición.

Russell Charles Hibbeler
hibbeler@bellsouth.net

C O N T E N I D O

5

Torsión 185

6

Flexión 263

7

Esfuerzo cortante transversal 373

8

Cargas combinadas 423

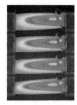

9

Transformación de esfuerzo 453

10

Transformación de deformación unitaria 505

11

Diseño de vigas y ejes 557

12

Deflexión de vigas y ejes 587

13

Pandeo de columnas 669

14

Métodos de energía 727

Apéndices

MECÁNICA DE MATERIALES

Los pernos usados para las conexiones de esta estructura de acero están sometidos a esfuerzos. En este capítulo veremos cómo los ingenieros diseñan esas conexiones y sus sujetadores.

Esfuerzo

En este capítulo repasaremos algunos principios importantes de la estática y mostraremos cómo se usan para determinar las cargas internas resultantes en un cuerpo. Después, presentaremos los conceptos de esfuerzo normal y esfuerzo cortante y se estudiarán las aplicaciones específicas del análisis y diseño de los miembros sometidos a una carga axial o a un cortante directo.

1.1 Introducción

La *mecánica de materiales* es una rama de la mecánica que estudia las relaciones entre las cargas *externas* aplicadas a un cuerpo deformable y la intensidad de las fuerza *internas* que actúan dentro del cuerpo. Esta disciplina de estudio implica también calcular las *deformaciones* del cuerpo y proveer un estudio de la *estabilidad* del mismo cuando está sometido a fuerzas externas.

En el diseño de cualquier estructura o máquina, es necesario *primero*, usar los principios de la estática para determinar las fuerzas que actúan sobre y dentro de los diversos miembros. El tamaño de los miembros, sus deflexiones y su estabilidad dependen no sólo de las cargas internas, sino también del tipo de material de que están hechos. En consecuencia, una determinación precisa y una compresión básica del *comportamiento del material* será de importancia vital para desarrollar las ecuaciones necesarias usadas en la mecánica de materiales. Debe ser claro que muchas fórmulas y reglas de diseño, tal como se definen en los códigos de ingeniería y usadas en la práctica, se basan en los fundamentos de la mecánica de materiales, y por esta razón es tan importante entender los principios de esta disciplina.

Desarrollo histórico. El origen de la mecánica de materiales data de principios del siglo XVII, cuando Galileo llevó a cabo experimentos para estudiar los efectos de las cargas en barras y vigas hechas de diversos materiales. Sin embargo, para alcanzar un entendimiento apropiado de tales efectos fue necesario establecer descripciones experimentales precisas de las propiedades mecánicas de un material. Los métodos para hacer esto fueron considerablemente mejorados a principios del siglo XVIII. En aquel tiempo el estudio tanto experimental como teórico de esta materia fue emprendido, principalmente en Francia, por personalidades como Saint-Venant, Poisson, Lamé y Navier. Debido a que sus investigaciones se basaron en aplicaciones de la mecánica a los cuerpos materiales, llamaron a este estudio "resistencia de materiales". Sin embargo, hoy en día llamamos a lo mismo "mecánica de los cuerpos deformables" o simplemente, "mecánica de materiales".

En el curso de los años, y después de que muchos de los problemas fundamentales de la mecánica de materiales han sido resueltos, fue necesario usar matemáticas avanzadas y técnicas de computación para resolver problemas más complejos. Como resultado, esta disciplina se extendió a otras áreas de la mecánica moderna como la *teoría de la elasticidad* y la *teoría de la plasticidad*. La investigación en estos campos continúa, no sólo para satisfacer las demandas de solución a problemas de ingeniería de vanguardia, sino también para justificar más el uso y las limitaciones en que se basa la teoría fundamental de la mecánica de materiales.

1.2   Equilibrio de un cuerpo deformable

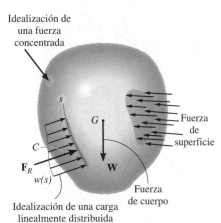

Idealización de una fuerza concentrada

Fuerza de superficie

F_R

$w(s)$

Idealización de una carga linealmente distribuida

Fuerza de cuerpo

Fig. 1-1

Debido a que la estática juega un papel esencial tanto en el desarrollo como en la aplicación de la mecánica de materiales, es muy importante tener un buen conocimiento de sus principios fundamentales. Por esta razón repasaremos algunos de esos principios que serán usados a lo largo del texto.

Cargas externas.   Un cuerpo puede estar sometido a diversos tipos de cargas externas; sin embargo, cualquiera de éstas puede clasificarse como fuerza de superficie o como fuerza de cuerpo. Vea la figura 1-1.

Fuerzas de superficie.   Como su nombre lo indica, las *fuerzas de superficie* son causadas por el contacto directo de un cuerpo con la superficie de otro. En todos los casos, esas fuerzas están distribuidas sobre el *área* de contacto entre los cuerpos. En particular si esta área es pequeña en comparación con el área total del cuerpo, entonces la fuerza superficial puede *idealizarse* como una sola *fuerza concentrada*, que es aplicada a un *punto* sobre el cuerpo. Por ejemplo, esto podría hacerse para representar el efecto del suelo sobre las ruedas de una bicicleta al estudiar la carga sobre ésta. Si la carga superficial es aplicada a lo largo de un área estrecha, la carga puede *idealizarse* como una *carga linealmente distribuida*, $w(s)$. Aquí la carga se mide como si tuviese una intensidad de fuerza/longitud a lo largo del área y se representa gráficamente por una serie de flechas a lo largo de la línea s. *La fuerza resultante F_R de $w(s)$ es equivalente al área bajo la curva de carga distribuida, y esta resultante actúa a través del centroide C o centro geométrico de esta área.* La carga a lo largo de la longitud de una viga es un ejemplo típico en el que es aplicada a menudo esta idealización.

Fuerza de cuerpo. Una *fuerza de cuerpo* se desarrolla cuando un cuerpo ejerce una fuerza sobre otro cuerpo sin contacto físico directo entre los cuerpos. Ejemplos de esto incluyen los efectos causados por la gravitación de la Tierra o por su campo electromagnético. Aunque las fuerzas de cuerpo afectan cada una de las partículas que forman el cuerpo, esas fuerzas se representan normalmente por una sola fuerza concentrada actuando sobre el cuerpo. En el caso de la gravitación, esta fuerza se llama el *peso* del cuerpo y actúa a través del centro de gravedad del mismo.

Reacciones en los soportes. Las fuerzas de superficie que se desarrollan en los soportes o puntos de contacto entre cuerpos se llaman *reacciones*. En problemas bidimensionales, es decir, en cuerpos sometidos a sistemas de fuerzas coplanares, los soportes más comúnmente encontrados se muestran en la tabla 1-1. Observe cuidadosamente el símbolo usado para representar cada soporte y el tipo de reacciones que ejerce en su miembro asociado. En general, siempre puede determinarse el tipo de reacción de soporte imaginando que el miembro unido a él se traslada o gira en una dirección particular. *Si el soporte impide la traslación en una dirección dada, entonces una fuerza debe desarrollarse sobre el miembro en esa dirección. Igualmente, si se impide una rotación, debe ejercerse un momento sobre el miembro.* Por ejemplo, un soporte de rodillo sólo puede impedir la traslación en la dirección del contacto, perpendicular o normal a la superficie. Por consiguiente, el rodillo ejerce una fuerza normal **F** sobre el miembro en el punto de contacto. Como el miembro puede girar libremente respecto al rodillo, no puede desarrollarse un momento sobre el miembro.

Muchos elementos de máquinas son conectados por pasadores para permitir la rotación libre en sus conexiones. Esos soportes ejercen una fuerza sobre un miembro, pero no un momento.

TABLA 1-1

Tipo de conexión	Reacción	Tipo de conexión	Reacción
Cable	Una incógnita: F	Pasador externo	Dos incógnitas: F_x, F_y
Rodillo	Una incógnita: F	Pasador interno	Dos incógnitas: F_x, F_y
Soporte liso	Una incógnita: F	Empotramiento	Tres incógnitas: F_x, F_y, M

Ecuaciones de equilibrio. El equilibrio de un miembro requiere un *balance de fuerzas* para impedir que el cuerpo se traslade o tenga movimiento acelerado a lo largo de una trayectoria recta o curva, y un *balance de momentos* para impedir que el cuerpo gire. Estas condiciones pueden expresarse matemáticamente con las dos ecuaciones vectoriales:

$$\Sigma \mathbf{F} = \mathbf{0}$$
$$\Sigma \mathbf{M}_O = \mathbf{0}$$

(1-1)

Aquí, $\Sigma\,\mathbf{F}$ representa la suma de todas las fuerzas que actúan sobre el cuerpo y $\Sigma\,\mathbf{M}_O$ es la suma de los momentos de todas las fuerzas respecto a cualquier punto O sobre o fuera del cuerpo. Si se fija un sistema coordenado x, y, z con el origen en el punto $O,$ los vectores fuerza y momento pueden resolverse en componentes a lo largo de los ejes coordenados y las dos ecuaciones anteriores pueden escribirse en forma escalar como seis ecuaciones, que son:

$$\Sigma F_x = 0 \quad \Sigma F_y = 0 \quad \Sigma F_z = 0$$
$$\Sigma M_x = 0 \quad \Sigma M_y = 0 \quad \Sigma M_z = 0$$

(1-2)

A menudo, en la práctica de la ingeniería la carga sobre un cuerpo puede representarse como un sistema de *fuerzas coplanares*. Si es éste el caso y las fuerzas se encuentran en el plano x-y, entonces las condiciones para el equilibrio del cuerpo pueden especificarse por medio de sólo tres ecuaciones escalares de equilibrio; éstas son:

$$\Sigma F_x = 0$$
$$\Sigma F_y = 0$$
$$\Sigma M_O = 0$$

(1-3)

En este caso, si el punto O es el origen de coordenadas, entonces los momentos estarán siempre dirigidos a lo largo del eje z, que es perpendicular al plano que contiene las fuerzas.

La correcta aplicación de las ecuaciones de equilibrio requiere la especificación completa de todas las fuerzas conocidas y desconocidas que actúan sobre el cuerpo. *La mejor manera de tomar en cuenta esas fuerzas es dibujando el diagrama de cuerpo libre del cuerpo.* Es obvio que si el diagrama de cuerpo libre está dibujado correctamente, los efectos de todas las fuerzas y momentos aplicados serán tomados en cuenta cuando se escriban las ecuaciones de equilibrio.

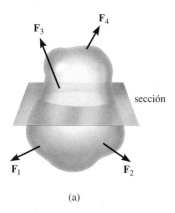

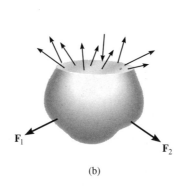

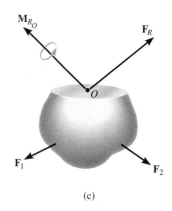

(a)

(b)

(c)

Fig. 1-2

Cargas internas resultantes. Una de las aplicaciones más importantes de la estática en el análisis de problemas de la mecánica de materiales es poder determinar la fuerza y momento resultantes que actúan dentro de un cuerpo y que son necesarias para mantener unido al cuerpo cuando éste está sometido a cargas externas. Por ejemplo, considere el cuerpo mostrado en la figura 1-2a, que es mantenido en equilibrio por las cuatro fuerzas externas.* Para obtener las cargas internas que actúan sobre una región específica dentro del cuerpo es necesario usar el método de las secciones. Esto requiere hacer una sección imaginaria o "corte" a través de la región donde van a determinarse las cargas internas. Las dos partes del cuerpo son separadas y se dibuja un diagrama de cuerpo libre de una de las partes, figura 1-2b. Puede verse aquí que existe realmente una distribución de la fuerza interna que actúa sobre el área "expuesta" de la sección. Esas fuerzas representan los efectos del material de la parte superior del cuerpo actuando sobre el material adyacente de la parte inferior. Aunque la distribución exacta de la carga interna puede ser desconocida, podemos usar las ecuaciones de equilibrio para relacionar las fuerzas externas sobre el cuerpo con la fuerza y *momento resultantes de la distribución*, $\mathbf{F}_R$ y $\mathbf{M}_{R_O}$, *en cualquier punto específico O* sobre el área seccionada, figura 1-2c. Al hacerlo así, note que $\mathbf{F}_R$ actúa a través del punto O, aunque su valor calculado no depende de la localización de este punto. Por otra parte, $\mathbf{M}_{R_O}$, sí depende de esta localización, ya que los brazos de momento deben extenderse de O a la línea de acción de cada fuerza externa sobre el diagrama de cuerpo libre. Se mostrará en partes posteriores del texto que el punto O suele escogerse en el centroide del área seccionada, y así lo consideraremos aquí a menos que se indique otra cosa. Además, si un miembro es largo y delgado, como en el caso de una barra o una viga, la sección por considerarse se toma generalmente *perpendicular* al eje longitudinal del miembro. A esta sección se le llama ***sección transversal***.

*El peso del cuerpo no se muestra, ya que se supone que es muy pequeño y, por tanto, despreciable en comparación con las otras cargas.

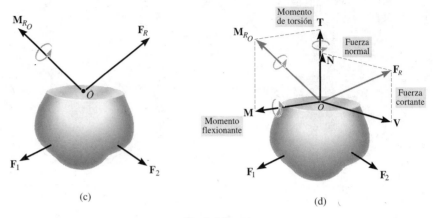

(c)

(d)

Fig. 1-2 (cont.)

Tres dimensiones.   Veremos después en este texto cómo relacionar las cargas resultantes, F_R y M_{R_O}, con la *distribución de fuerza* sobre el área seccionada y desarrollaremos ecuaciones que puedan usarse para el análisis y diseño del cuerpo. Sin embargo, para hacer esto deben considerarse las componentes de F_R y M_{R_O}, actuando normal o perpendicularmente al área seccionada y dentro del plano del área, figura 1-2*d*. Cuatro tipos diferentes de cargas resultantes pueden entonces definirse como sigue:

Fuerza normal, N.   Esta fuerza actúa perpendicularmente al área. Ésta se desarrolla siempre que las fuerzas externas tienden a empujar o a jalar sobre los dos segmentos del cuerpo.

Fuerza cortante, V.   La fuerza cortante reside en el plano del área y se desarrolla cuando las cargas externas tienden a ocasionar que los dos segmentos del cuerpo resbalen uno sobre el otro.

Momento torsionante o torca, T.   Este efecto se desarrolla cuando las cargas externas tienden a torcer un segmento del cuerpo con respecto al otro.

Momento flexionante, M.   El momento flexionante es causado por las cargas externas que tienden a flexionar el cuerpo respecto a un eje que se encuentra dentro del plano del área.

En este texto, advierta que la representación de un momento o una torca se muestra en tres dimensiones como un vector con una flecha curva asociada. Por la *regla de la mano derecha*, el pulgar da el sentido de la flecha del vector y los dedos recogidos indican la tendencia de rotación (torsión o flexión). Usando un sistema coordenado x, y, z, cada una de las cargas anteriores puede ser determinada directamente de las seis ecuaciones de equilibrio aplicadas a cualquier segmento del cuerpo.

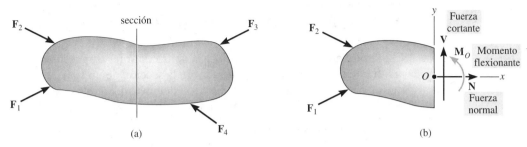

Fig. 1-3

Cargas coplanares.   Si el cuerpo está sometido a un sistema de fuerzas coplanares, figura 1-3a, entonces sólo existen en la sección componentes de fuerza normal, de fuerza cortante y de momento flexionante, figura 1-3b. Si usamos los ejes coordenados x, y, z, con origen en el punto O como se muestra en el segmento izquierdo, entonces una solución directa para **N** se puede obtener aplicando $\Sigma F_x = 0$, y **V** se puede obtener directamente de $\Sigma F_y = 0$. Finalmente, el momento flexionante M_O se puede determinar directamente sumando momentos respecto al punto O (el eje z), $\Sigma M_O = 0$, para eliminar los momentos causados por las incógnitas **N** y **V**.

Para diseñar los miembros de este marco de edificio, es necesario primero encontrar las cargas internas en varios puntos a lo largo de su longitud.

PUNTOS IMPORTANTES

- La *mecánica de materiales* es un estudio de la relación entre las cargas externas sobre un cuerpo y la intensidad de las cargas internas dentro del cuerpo.

- Las fuerzas externas pueden ser aplicadas a un cuerpo como *cargas distribuidas* o *cargas de superficie concentradas,* o bien como *fuerzas de cuerpo* que actúan sobre todo el volumen del cuerpo.

- Las cargas linealmente distribuidas producen una *fuerza resultante* que tiene una *magnitud* igual al *área* bajo el diagrama de carga y una *posición* que pasa por el *centroide* de esa área.

- Un soporte produce una *fuerza* en una dirección particular sobre su miembro correspondiente si ésta *impide traslación* del miembro en esa dirección y él produce un *momento de par* sobre el miembro si él *impide una rotación.*

- Las ecuaciones de equilibrio $\Sigma \mathbf{F} = \mathbf{0}$ y $\Sigma \mathbf{M} = \mathbf{0}$ deben ser satisfechas para prevenir que un cuerpo se traslade con movimiento acelerado o que gire.

- Al aplicar las ecuaciones de equilibrio, es importante dibujar primero el diagrama de cuerpo libre del cuerpo para poder tomar en cuenta todos los términos en las ecuaciones.

- El método de las secciones se usa para determinar las cargas internas resultantes que actúan sobre la superficie del cuerpo seccionado. En general, esas resultantes consisten en una fuerza normal, una fuerza cortante, un momento torsionante y un momento flexionante.

PROCEDIMIENTOS DE ANÁLISIS

El método de las secciones se usa para determinar las cargas *internas* resultantes en un punto localizado sobre la sección de un cuerpo. Para obtener esas resultantes, la aplicación del método de las secciones requiere considerar los siguientes pasos.

Reacciones en los soportes.

- Decida primero qué segmento del cuerpo va a ser considerado. Si el segmento tiene un soporte o conexión a otro cuerpo, entonces *antes* de que el cuerpo sea seccionado, es necesario determinar las reacciones que actúan sobre el segmento escogido del cuerpo. Dibuje el diagrama de cuerpo libre de *todo el cuerpo* y luego aplique las ecuaciones necesarias de equilibrio para obtener esas reacciones.

Diagrama de cuerpo libre.

- Mantenga todas las cargas distribuidas externas, los momentos de flexión, los momentos de torsión y las fuerzas que actúan sobre el cuerpo en sus *posiciones exactas*, luego haga un corte imaginario por el cuerpo en el punto donde van a determinarse las cargas internas resultantes.

- Si el cuerpo representa un miembro de una estructura o dispositivo mecánico, la sección es a menudo tomada *perpendicularmente* al eje longitudinal del miembro.

- Dibuje un diagrama de cuerpo libre de uno de los segmentos "cortados" e indique las resultantes desconocidas N, V, M y T en la sección. Esas resultantes son usualmente colocadas en el punto que representa el centro geométrico o *centroide* del área seccionada.

- Si el miembro está sometido a un sistema *coplanar* de fuerzas, sólo N, V y M actúan en el centroide.

- Establezca los ejes coordenados x, y, z con origen en el centroide y muestre las componentes resultantes que actúan a lo largo de los ejes.

Ecuaciones de equilibrio.

- Los momentos deben sumarse en la sección, respecto a cada uno de los ejes coordenados donde actúan las resultantes. Al hacerlo así se eliminan las fuerzas desconocidas N y V y es posible entonces determinar directamente M (y T).

- Si la solución de las ecuaciones de equilibrio da un valor negativo para una resultante, el *sentido direccional* supuesto de la resultante es *opuesto* al mostrado en el diagrama de cuerpo libre.

Los siguientes ejemplos ilustran numéricamente este procedimiento y también proporcionan un repaso de algunos de los principios importantes de la estática.

E J E M P L O 1.1

Determine las cargas internas resultantes que actúan sobre la sección transversal en C de la viga mostrada en la figura 1-4a.

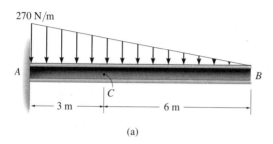

(a)

Fig. 1-4

Solución

Reacciones en el soporte. Este problema puede ser resuelto de la manera más directa considerando el segmento CB de la viga, ya que entonces las reacciones en A no tienen que ser calculadas.

Diagrama de cuerpo libre. Si hacemos un corte imaginario perpendicular al eje longitudinal de la viga, obtenemos el diagrama de cuerpo libre del segmento CB mostrado en la figura 1-4b. Es importante mantener la carga distribuida exactamente donde está sobre el segmento hasta *después* que el corte se ha hecho. Sólo entonces debe esta carga reemplazarse por una sola fuerza resultante. Note que la intensidad de la carga distribuida en C se determina por triángulos semejantes, esto es, de la figura 1-4a, $w/6$ m $= (270$ N/m$)/9$ m, $w =$ 180 N/m. La magnitud de la carga distribuida es igual al área bajo la curva de carga (triángulo) y actúa a través del centroide de esta área. Así, $F = \frac{1}{2}(180$ N/m$)(6$ m$) = 540$ N, que actúa a $1/3$ $(6$ m$) = 2$ m de C, como se muestra en la figura 1-4b.

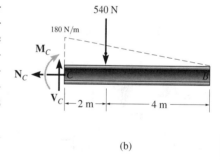

(b)

Ecuaciones de equilibrio. Aplicando las ecuaciones de equilibrio obtenemos

$\xrightarrow{+}$ $\Sigma F_x = 0;$ $\qquad -N_C = 0$

$\qquad\qquad\qquad\qquad N_C = 0$ *Resp.*

$+\uparrow \Sigma F_y = 0;$ $\qquad V_C - 540$ N $= 0$

$\qquad\qquad\qquad\qquad V_C = 540$ N *Resp.*

$\downarrow+\Sigma M_C = 0;$ $\qquad -M_C - 540$ N$(2$ m$) = 0$

$\qquad\qquad\qquad\qquad M_C = -1080$ N $\cdot$ m *Resp.*

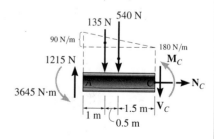

El signo negativo indica que $\mathbf{M}_C$ actúa en dirección opuesta a la mostrada en el diagrama de cuerpo libre. Trate de resolver este problema usando el segmento AC, obteniendo primero las reacciones en el soporte A, que son dadas en la figura 1-4c.

EJEMPLO 1.2

Determine las cargas internas resultantes que actúan sobre la sección transversal en *C* de la flecha de la máquina mostrada en la figura 1-5*a*. La flecha está soportada por chumaceras en *A* y *B*, que ejercen sólo fuerzas verticales sobre la flecha.

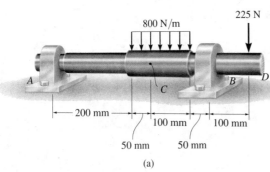

(a)

Fig. 1-5

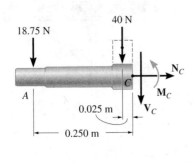

(c)

Solución

Resolveremos este problema usando el segmento *AC* de la flecha.

Reacciones en el soporte. En la figura 1-5*b* se muestra un diagrama de cuerpo libre de toda la flecha. Como el segmento *AC* va a ser considerado, sólo la reacción en *A* tiene que ser considerada. ¿Por qué?

$$\downarrow + \Sigma M_B = 0; -A_y(0.400 \text{ m}) + 120 \text{ N}(0.125 \text{ m}) - 225 \text{ N}(0.100 \text{ m}) = 0$$
$$A_y = -18.75 \text{ N}$$

El signo negativo para $\mathbf{A}_y$ indica que ésta actúa en *sentido opuesto* al mostrado sobre el diagrama de cuerpo libre.

Diagrama de cuerpo libre. Si realizamos un corte imaginario perpendicular al eje de la flecha por *C*, obtenemos el diagrama de cuerpo libre del segmento *AC* mostrado en la figura 1-5*c*.

Ecuaciones de equilibrio.

$$\xrightarrow{+} \Sigma F_x = 0; \qquad\qquad N_C = 0 \qquad\qquad Resp.$$
$$+\uparrow \Sigma F_y = 0; \qquad -18.75 \text{ N} - 40 \text{ N} - V_C = 0$$
$$V_C = -58.8 \text{ N} \qquad\qquad Resp.$$
$$\downarrow + \Sigma M_C = 0; \quad M_C + 40 \text{ N}(0.025 \text{ m}) + 18.75 \text{ N}(0.250 \text{ m}) = 0$$
$$M_C = -5.69 \text{ N} \cdot \text{m} \qquad\qquad Resp.$$

¿Qué indican los signos negativos de V_C y M_C? Como ejercicio, calcule la reacción en *B* y trate de obtener los mismos resultados usando el segmento *CBD* de la flecha.

E J E M P L O 1.3

El montacargas en la figura 1-6a consiste en la viga AB y en las poleas unidas a ella, en el cable y en el motor. Determine las cargas internas resultantes que actúan sobre la sección transversal en C si el motor está levantando la carga W de 500 lb con velocidad constante. Desprecie el peso de las poleas y viga.

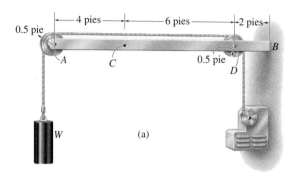

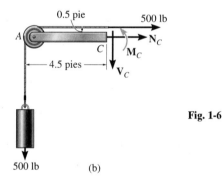

Fig. 1-6

Solución

La manera más directa de resolver este problema es seccionar el cable y la viga en C y luego considerar todo el segmento izquierdo.

Diagrama de cuerpo libre. Vea la figura 1-6b.

Ecuaciones de equilibrio.

$\xrightarrow{+} \Sigma F_x = 0;$ $500\text{ lb} + N_C = 0$ $N_C = -500\text{ lb}$ *Resp.*

$+\uparrow \Sigma F_y = 0;$ $-500\text{ lb} - V_C = 0$ $V_C = -500\text{ lb}$ *Resp.*

$\zeta+ \Sigma M_C = 0;$ $500\text{ lb }(4.5\text{ pies}) - 500\text{ lb }(0.5\text{ pies}) + M_C = 0$

$M_C = -2000\text{ lb}\cdot\text{pie}$ *Resp.*

Como ejercicio, trate de obtener esos mismos resultados considerando el segmento de viga AC, es decir, retire la polea en A de la viga y muestre las componentes de la fuerza de 500 lb de la polea actuando sobre el segmento de viga AC.

E J E M P L O **1.4**

Determine las cargas internas resultantes que actúan sobre la sección transversal en G de la viga de madera mostrada en la figura 1-7a. Suponga que las juntas en A, B, C, D y E están conectadas por pasadores.

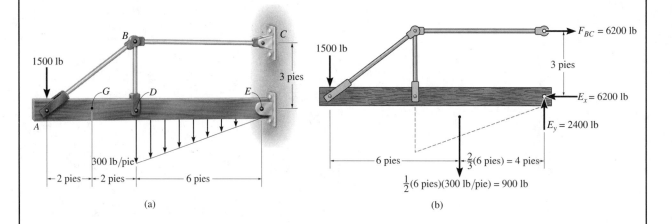

(a)

(b)

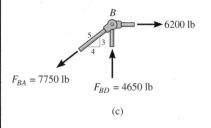

(c)

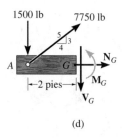

(d)

Fig. 1-7

Solución

Reacciones en los soportes. Consideraremos el segmento AG para el análisis. Un diagrama de cuerpo libre de *toda* la estructura se muestra en la figura 1-7b. Verifique las reacciones calculadas en E y C. En particular, note que BC es un *miembro de dos fuerzas* ya que sólo dos fuerzas actúan en él. Por esta razón la reacción en C debe ser horizontal tal como se muestra.

Como BA y BD son también miembros de dos fuerzas, el diagrama de cuerpo libre de la junta B es como se muestra en la figura 1.7c. De nuevo, verifique las magnitudes de las fuerzas calculadas $\mathbf{F}_{BA}$ y $\mathbf{F}_{BD}$.

Diagrama de cuerpo libre. Usando el resultado para $\mathbf{F}_{BA}$, la sección izquierda AG de la viga se muestra en la figura 1-7d.

Ecuaciones de equilibrio. Aplicando las ecuaciones de equilibrio al segmento AG, tenemos

$\xrightarrow{+} \Sigma F_x = 0;$ $7750 \text{ lb}\left(\frac{4}{5}\right) + N_G = 0$ $N_G = -6200 \text{ lb}$ *Resp.*

$+\uparrow \Sigma F_y = 0;$ $-1500 \text{ lb} + 7750 \text{ lb}\left(\frac{3}{5}\right) - V_G = 0$

$$V_G = 3150 \text{ lb} \qquad \qquad \text{\textit{Resp.}}$$

$\zeta + \Sigma M_G = 0;$ $M_G - (7750 \text{ lb})\left(\frac{3}{5}\right)(2 \text{ pies}) + 1500 \text{ lb}(2 \text{ pies}) = 0$

$$M_G = 6300 \text{ lb} \cdot \text{pie} \qquad \qquad \text{\textit{Resp.}}$$

Como ejercicio, calcule esos mismos resultados usando el segmento GE.

EJEMPLO 1.5

Determine las cargas internas resultantes que actúan sobre la sección transversal en B del tubo mostrado en la figura 1-8a. El tubo tiene una masa de 2 kg/m y está sometido a una fuerza vertical de 50 N y a un par de momento de 70 N · m en su extremo A. El tubo está empotrado en la pared en C.

Solución

El problema se puede resolver considerando el segmento AB, que *no* implica las reacciones del soporte en C.

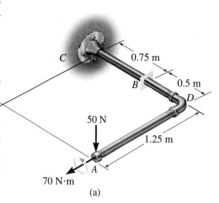

Diagrama de cuerpo libre. Los ejes x, y, z se fijan en B y el diagrama de cuerpo libre del segmento AB se muestra en la figura 1-8b. Las componentes de fuerza y momento resultantes en la sección se supone que actúan en las direcciones coordenadas positivas y que pasan por el *centroide* del área transversal en B. El peso de cada segmento de tubo se calcula como sigue:

$$W_{BD} = (2 \text{ kg/m})(0.5 \text{ m})(9.81 \text{ N/kg}) = 9.81 \text{ N}$$

$$W_{AD} = (2 \text{ kg/m})(1.25 \text{ m})(9.81 \text{ N/kg}) = 24.525 \text{ N}$$

Estas fuerzas actúan por el centro de gravedad de cada segmento.

Ecuaciones de equilibrio. Aplicando las seis ecuaciones escalares de equilibrio, obtenemos*

$\Sigma F_x = 0$;	$(F_B)_x = 0$	*Resp.*
$\Sigma F_y = 0$;	$(F_B)_y = 0$	*Resp.*
$\Sigma F_z = 0$;	$(F_B)_z - 9.81 \text{ N} - 24.525 \text{ N} - 50 \text{ N} = 0$	
	$(F_B)_z = 84.3 \text{ N}$	*Resp.*

$$\Sigma (M_B)_x = 0; \quad (M_B)_x + 70 \text{ N} \cdot \text{m} - 50 \text{ N} (0.5 \text{ m}) - 24.525 \text{ N} (0.5 \text{ m})$$
$$- 9.81 \text{ N} (0.25 \text{ m}) = 0$$
$$(M_B)_x = -30.3 \text{ N} \cdot \text{m} \qquad \textit{Resp.}$$

$$\Sigma (M_B)_y = 0; \quad (M_B)_y + 24.525 \text{ N} (0.625 \text{ m}) + 50 \text{ N} (1.25 \text{ m}) = 0$$
$$(M_B)_y = -77.8 \text{ N} \cdot \text{m} \qquad \textit{Resp.}$$

$$\Sigma (M_B)_z = 0; \qquad (M_B)_z = 0 \qquad \textit{Resp.}$$

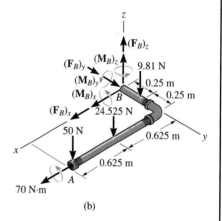

Fig. 1-8

¿Qué indican los signos negativos de $(M_B)_x$ y $(M_B)_y$? Note que la fuerza normal $N_B = (F_B)_y = 0$, mientras que la fuerza cortante es $V_B = \sqrt{(0)^2 + (84.3)^2} = 84.3 \text{ N}$. Además, el momento torsionante es $T_B = (M_B)_y = 77.8 \text{ N} \cdot \text{m}$ y el momento flexionante es $M_B = \sqrt{(30.3)^2 + (0)}^{1/2} = 30.3 \text{ N} \cdot \text{m}$.

*La *magnitud* de cada momento respecto a un eje es igual a la magnitud de cada fuerza por la distancia perpendicular del eje a la línea de acción de la fuerza. La *dirección* de cada momento es determinada usando la regla de la mano derecha, con momentos positivos (pulgar) dirigidos a lo largo de los ejes coordenados positivos.

PROBLEMAS

1-1. Determine la fuerza normal interna resultante que actúa sobre la sección transversal por el punto A en cada columna. En (a), el segmento BC pesa 180 lb/pie y el segmento CD pesa 250 lb/pie. En (b), la columna tiene una masa de 200 kg/m.

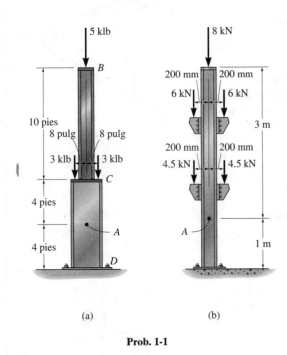

(a)   (b)

Prob. 1-1

1-2. Determine el par interno resultante que actúa sobre las secciones transversales por los puntos C y D. Los cojinetes de soporte en A y B permiten el libre giro de la flecha.

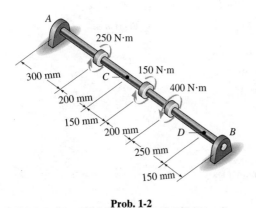

Prob. 1-2

1-3. Determine el par interno resultante que actúa sobre las secciones transversales por los puntos B y C.

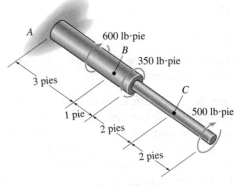

Prob. 1-3

*1-4. Determine la fuerza normal y cortante internas resultantes en el miembro en (a) la sección a-a y (b) la sección b-b, cada una de las cuales pasa por el punto A. La carga de 500 lb está aplicada a lo largo del eje centroidal del miembro.

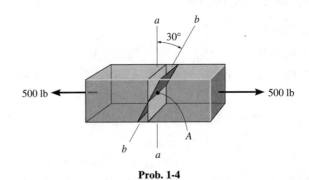

Prob. 1-4

1-5. Determine las cargas internas resultantes que actúan sobre la sección transversal a través del punto D del miembro AB.

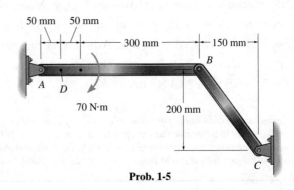

Prob. 1-5

1-6. La viga AB está articulada por un pasador en A y soportada por un cable BC. Determine las cargas internas resultantes que actúan sobre la sección transversal en el punto D.

1-7. Resuelva el problema 1-6 para las cargas internas resultantes que actúan en el punto E.

1-9. Determine las cargas internas resultantes que actúan sobre la sección transversal por el punto C. La unidad enfriadora tiene un peso total de 52 klb y su centro de gravedad en G.

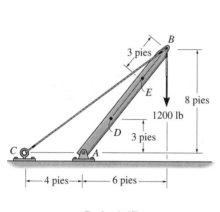

Probs. 1-6/7

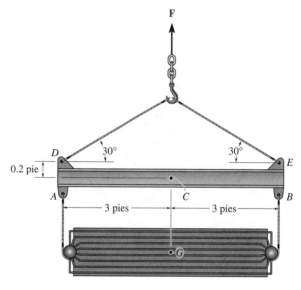

Prob. 1-9

*****1-8.** La viga AB está empotrada en la pared y tiene un peso uniforme de 80 lb/pie. Si el gancho soporta una carga de 1500 lb, determine las cargas internas resultantes que actúan sobre las secciones transversales por los puntos C y D.

1-10. Determine las cargas internas resultantes que actúan sobre las secciones transversales por los puntos D y E de la estructura.

1-11. Determine las cargas internas resultantes que actúan sobre las secciones transversales por los puntos F y G de la estructura.

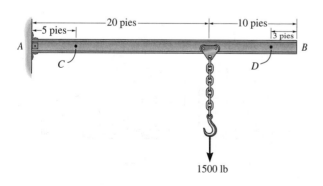

Prob. 1-8

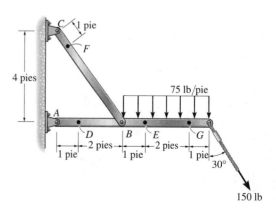

Probs. 1-10/11

*1-12. Determine las cargas internas resultantes que actúan sobre (a) la sección a-a y (b) la sección b-b. Cada sección pasa por el centroide en C.

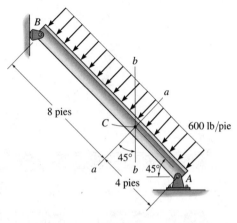

Prob. 1-12

1-13. Determine las cargas internas resultantes que actúan sobre la sección transversal por el punto C en la viga. La carga D tiene una masa de 300 kg y está siendo izada por el motor M con velocidad constante.

1-14. Determine las cargas internas resultantes que actúan sobre la sección transversal por el punto E de la viga en el problema 1-13.

1-15. La carga de 800 lb está siendo izada a velocidad constante usando el motor M que tiene un peso de 90 lb. Determine las cargas internas resultantes que actúan sobre la sección transversal por el punto B en la viga. La viga tiene un peso de 40 lb/pie y está empotrada en la pared en A.

*1-16. Determine las cargas internas resultantes que actúan sobre la sección transversal por los puntos C y D en el problema 1-15.

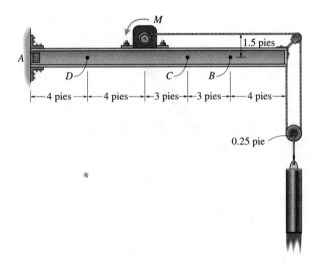

Probs. 1-15/16

1-17. Determine las cargas internas resultantes que actúan sobre la sección transversal en el punto B.

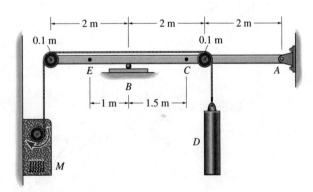

Probs. 1-13/14

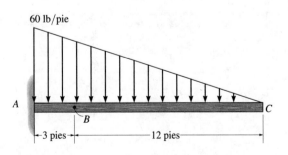

Prob. 1-17

1-18. La viga soporta la carga distribuida mostrada. Determine las cargas internas resultantes que actúan sobre la sección transversal por el punto C. Suponga que las reacciones en los soportes A y B son verticales.

1-19. Determine las cargas internas resultantes que actúan sobre la sección transversal por el punto D en el problema 1-18.

1-21. La perforadora de vástago metálico está sometida a una fuerza de 120 N en su mango. Determine la magnitud de la fuerza reactiva en el pasador A y en el eslabón corto BC. Determine también las cargas internas resultantes que actúan sobre la sección transversal que pasa por D en el mango.

1-22. Resuelva el problema 1-21 para las cargas internas resultantes sobre la sección transversal que pasa por E y en una sección transversal del eslabón corto BC.

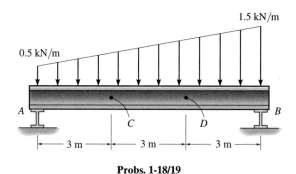

Probs. 1-18/19

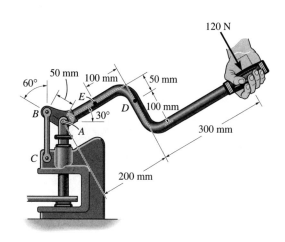

Probs. 1-21/22

*1-20. La charola de servicio T usada en un avión está soportada en *cada lado* por un brazo. La charola está conectada por un pasador al brazo en A, y en B tiene un pasador liso. (El pasador puede moverse dentro de la ranura en los brazos para poder plegar la charola contra el asiento del pasajero al frente cuando aquella no está en uso.) Determine las cargas internas resultantes que actúan sobre la sección transversal por el punto C del brazo cuando el brazo de la charola soporta las cargas mostradas.

1-23. El tubo tiene una masa de 12 kg/m. Considerando que está empotrado en la pared en A, determine las cargas internas resultantes que actúan sobre la sección transversal en B. Desprecie el peso de la palanca CD.

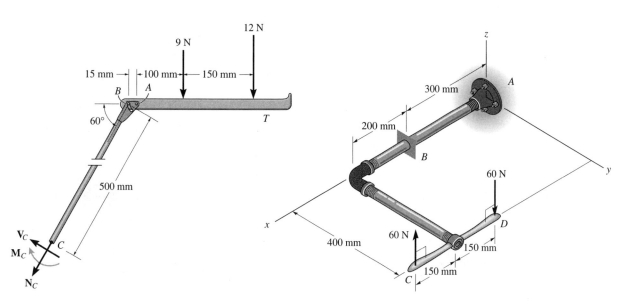

Prob. 1-20   **Prob. 1-23**

*1-24. La viga principal AB soporta la carga sobre el ala del avión. Las cargas consisten en la reacción de la rueda de 35 000 lb en C, el peso de 1200 lb de combustible en el tanque del ala, con centro de gravedad en D y el peso de 400 lb del ala con centro de gravedad en E. Si está empotrada al fuselaje en A, determine las cargas internas resultantes sobre la viga en este punto. Suponga que el ala no transmite ninguna de las cargas al fuselaje, excepto a través de la viga.

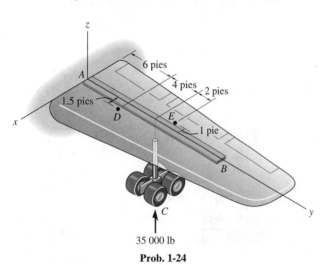

Prob. 1-24

1-26. La flecha está soportada en sus extremos por dos cojinetes A y B y está sometida a las fuerzas aplicadas a las poleas fijas a la flecha. Determine las cargas internas resultantes que actúan sobre la sección transversal en el punto C. Las fuerzas de 300 N actúan en la dirección $-z$ y las fuerzas de 500 N actúan en la dirección $+x$. Los cojinetes en A y B ejercen sólo componentes x y z de fuerza sobre la flecha.

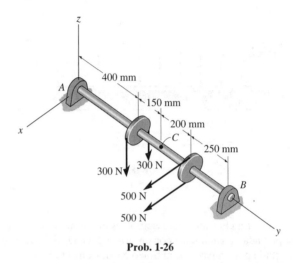

Prob. 1-26

1-25. Determine las cargas internas resultantes que actúan sobre la sección transversal por el punto B del letrero. El poste está empotrado en el suelo y una presión uniforme de 7 lb/pie^2 actúa perpendicularmente sobre la cara del letrero.

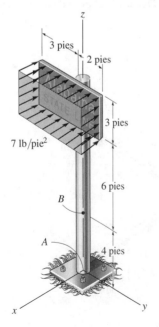

Prob. 1-25

1-27. Una manivela de prensa tiene las dimensiones mostradas. Determine las cargas internas resultantes que actúan sobre la sección transversal en A si se aplica una fuerza vertical de 50 lb a la manivela como se muestra. Suponga que la manivela está empotrada a la flecha en B.

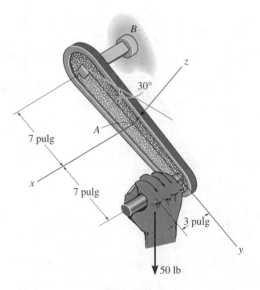

Prob. 1-27

*1-28. Determine las cargas internas resultantes que actúan sobre la sección transversal por los puntos F y G de la estructura. El contacto en E es liso.

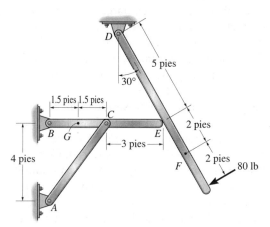

Prob. 1-28

1-29. El vástago del perno está sometido a una tensión de 80 lb. Determine las cargas internas resultantes que actúan sobre la sección transversal en el punto C.

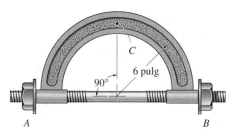

Prob. 1-29

1-30. Determine las cargas internas resultantes que actúan sobre la sección transversal en los puntos B y C del miembro curvo.

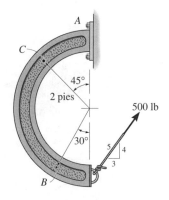

Prob. 1-30

1-31. La barra curva AD de radio r tiene un peso w por unidad de longitud. Si ésta se encuentra en un plano vertical, determine las cargas internas resultantes que actúan sobre la sección transversal por el punto B. *Sugerencia:* la distancia del centroide C del segmento AB al punto O es $OC = [2r\,\text{sen}(\theta/2)]/\theta$.

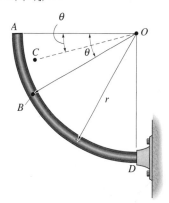

Prob. 1-31

*1-32. La barra curva AD de radio r tiene un peso w por unidad de longitud. Si ésta se encuentra en un plano horizontal, determine las cargas internas resultantes que actúan sobre la sección transversal por el punto B. *Sugerencia:* la distancia del centroide C del segmento AB al punto O es $CO = 0.9745r$.

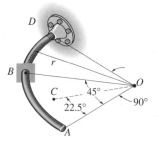

Prob. 1-32

1-33. Se muestra en la figura un elemento diferencial tomado de una barra curva. Demuestre que $dN/d\theta = V$, $dV/d\theta = -N$, $dM/d\theta = -T$ y $dT/d\theta = M$.

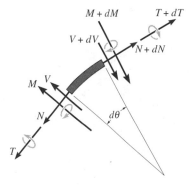

Prob. 1-33

1.3 Esfuerzo

En la sección 1.2 mostramos que la fuerza y el momento que actúan en un punto específico sobre el área seccionada de un cuerpo, figura 1-9, representan los efectos resultantes de la *distribución de fuerza* verdadera que actúa sobre el área seccionada, figura 1-9*b*. La obtención de esta *distribución* de carga interna es de importancia primordial en la mecánica de materiales. Para resolver este problema es necesario establecer el concepto de esfuerzo.

Consideremos el área seccionada como subdividida en pequeñas áreas, tal como el área sombreada de ΔA mostrada en la figura 1-10*a*. Al reducir ΔA a un tamaño cada vez más pequeño, debemos hacer dos hipótesis respecto a las propiedades del material. Consideraremos que el material es ***continuo***, esto es, que consiste en una distribución uniforme de materia que no contiene huecos, en vez de estar compuesto de un número finito de moléculas o átomos distintos. Además, el material debe ser ***cohesivo***, es decir, que todas sus partes están unidas entre sí, en vez de tener fracturas, grietas o separaciones. Una fuerza típica finita pero muy pequeña $\Delta \mathbf{F}$, actuando sobre su área asociada ΔA, se muestra en la figura 1-10*a*. Esta fuerza como todas las otras, tendrá una dirección única, pero para el análisis que sigue la reemplazaremos por sus *tres componentes*, $\Delta \mathbf{F}_x$, $\Delta \mathbf{F}_y$ y $\Delta \mathbf{F}_z$, que se toman tangente y normal al área, respectivamente. Cuando el área ΔA tiende a cero, igualmente tienden a cero la fuerza $\Delta \mathbf{F}$ y sus componentes; sin embargo, el cociente de la fuerza y el área tenderán en general a un límite finito. Este cociente se llama *esfuerzo* y describe la *intensidad de la fuerza interna* sobre un *plano específico* (área) que pasa por un punto.

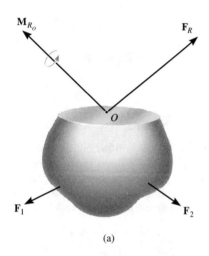

(a)

Fig. 1-9

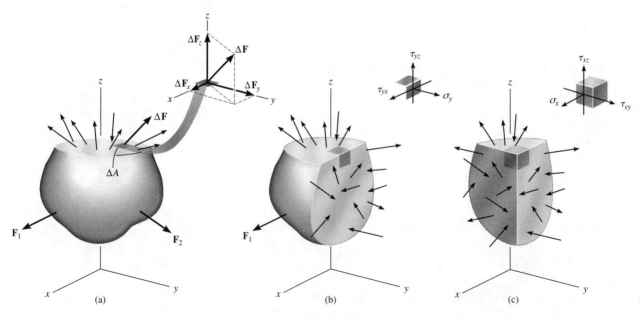

(a)   (b)   (c)

Fig. 1-10

Esfuerzo normal.   La *intensidad* de fuerza, o fuerza por área unitaria, actuando normalmente a ΔA se define como el ***esfuerzo normal***, σ (sigma). Como $\Delta \mathbf{F}_z$ es normal al área, entonces,

$$\sigma_z = \lim_{\Delta A \to 0} \frac{\Delta F_z}{\Delta A} \qquad (1\text{-}4)$$

Si la fuerza o esfuerzo normal "jala" al elemento de área ΔA como se muestra en la figura 1-10*a*, se le llama *esfuerzo de tensión*, mientras que si "empuja" a ΔA se le llama *esfuerzo de compresión*.

Esfuerzo cortante.   La intensidad de fuerza, o fuerza por área unitaria, actuando tangente a ΔA se llama ***esfuerzo cortante***, τ (tau). Aquí tenemos las componentes de esfuerzo cortante,

$$\tau_{zx} = \lim_{\Delta A \to 0} \frac{\Delta F_x}{\Delta A}$$

$$\tau_{zy} = \lim_{\Delta A \to 0} \frac{\Delta F_y}{\Delta A} \qquad (1\text{-}5)$$

El subíndice z en σ_z se usa para indicar la *dirección* de la línea normal hacia fuera, que especifica la orientación del área ΔA, figura 1-11. Para las componentes del esfuerzo cortante, τ_{zx} y τ_{zy}, se usan dos subíndices. El eje z especifica la orientación del área, y x y y se refieren a los ejes coordenados en cuya dirección actúan los esfuerzos cortantes.

Estado general de esfuerzo.   Si el cuerpo es adicionalmente seccionado por planos paralelos al plano x-z, figura 1-10*b*, y al plano y-z, figura 1-10*c*, podemos entonces "separar" un elemento cúbico de volumen de material que representa el ***estado de esfuerzo*** que actúa alrededor del punto escogido en el cuerpo, figura 1-12. Este estado de esfuerzo es caracterizado por tres componentes que actúan sobre cada cara del elemento. Esas componentes de esfuerzo describen el estado de esfuerzo en el punto sólo para el elemento orientado a lo largo de los ejes x, y, z. Si el cuerpo fuese seccionado en un cubo con otra orientación, el estado de esfuerzo se definiría usando un conjunto diferente de componentes de esfuerzo.

Unidades.   En el sistema SI, las magnitudes de los esfuerzos normal y cortante se especifican en las unidades básicas de newtons por metro cuadrado (N/m²). Esta unidad, llamada pascal (1 Pa = 1 N/m²) es algo pequeña y en trabajos de ingeniería se usan prefijos como kilo- (10^3), simbolizado por, mega- (10^6), simbolizado por M o giga- (10^9), simbolizado por G, para representar valores mayores del esfuerzo.* De la misma manera, en el sistema inglés de unidades, los ingenieros por lo regular expresan el esfuerzo en libras por pulgada cuadrada (psi) o en kilolibras por pulgada cuadrada (ksi), donde 1 kilolibra (kip) = 1000 lb.

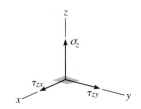

Fig. 1-11

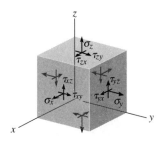

Fig. 1-12

---

*Algunas veces el esfuerzo se expresa en unidades de N/mm², donde 1 mm = 10^{-3} m. Sin embargo, en el sistema SI no se permiten prefijos en el denominador de una fracción y por tanto es mejor usar el equivalente 1 N/mm² = 1 MN/m² = 1 MPa.

1.4 Esfuerzo normal promedio en una barra cargada axialmente

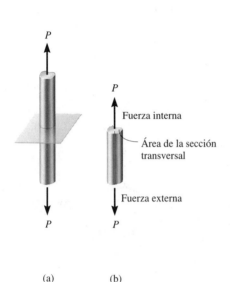

P

P

Fuerza interna

Área de la sección transversal

Fuerza externa

P   P

(a)   (b)

P

Región de deformación uniforme de la barra

P

(c)

Fig. 1-13

Con frecuencia, los miembros estructurales o mecánicos se fabrican largos y delgados. Asimismo, son sometidos a cargas axiales que normalmente se aplican a los extremos del miembro. Miembros de armaduras, barras colgantes y pernos son ejemplos típicos. En esta sección determinaremos la distribución del esfuerzo promedio que actúa sobre la sección transversal de una barra cargada axialmente como la mostrada en la figura 1-13*a*, que tiene una forma general. Esta sección define el ***área de la sección transversal*** de la barra y como todas esas secciones transversales son iguales, a la barra se le llama barra ***prismática***. Si despreciamos el peso de la barra y la seccionamos como se indica en la figura 1-13*b*, entonces, por equilibrio del segmento inferior, la fuerza interna resultante que actúa sobre la sección transversal debe ser igual en magnitud, opuesta en sentido y colineal con la fuerza externa que actúa en el fondo de la barra.

Suposiciones. Antes de determinar la distribución de esfuerzo promedio que actúa sobre el área transversal de la barra, es necesario hacer dos hipótesis simplificatorias relativas a la descripción del material y a la aplicación específica de la carga.

1. Es necesario que la barra permanezca recta antes y después de que se aplica la carga, y también, la sección transversal debe permanecer plana durante la deformación, esto es, durante el tiempo que la barra cambia de volumen y forma. Si esto ocurre, entonces las líneas horizontales y verticales de una retícula inscrita sobre la barra se *deformarán uniformemente* cuando la barra esté sometida a la carga, figura 1-13*c*. No consideraremos aquí regiones cercanas a los extremos de la barra, donde la aplicación de las cargas externas puede ocasionar *distorsiones localizadas*. En cambio, nos fijaremos sólo en la distribución del esfuerzo dentro de la porción media de la barra.

2. Para que *la barra experimente una deformación uniforme*, es necesario que **P** se aplique a lo largo del *eje centroidal* de la sección transversal y que el material sea homogéneo e isotrópico. Un ***material homogéneo*** tiene las mismas propiedades físicas y mecánicas en todo su volumen, y un ***material isotrópico*** tiene esas mismas propiedades en todas direcciones. Muchos materiales de la ingeniería pueden considerarse homogéneos e isotrópicos. Por ejemplo, el acero contiene miles de cristales orientados al azar en cada milímetro cúbico de su volumen, y como en la mayoría de las aplicaciones este material tiene un tamaño físico que es mucho mayor que un solo cristal, la suposición anterior relativa a la composición del material es bastante realista. Sin embargo, debe mencionarse que el acero puede volverse anisotrópico por medio del laminado en frío, esto es, laminado o forjado a temperaturas subcríticas. Los ***materiales anisotrópicos*** tienen propiedades diferentes en direcciones diferentes, y aunque éste sea el caso, si la anisotropía se orienta a lo largo del eje de la barra, entonces la barra se deformará uniformemente cuando sea sometida a una carga axial. Por ejemplo, la madera, debido a sus granos o fibras, es un material que es homogéneo y anisotrópico, por lo que es adecuado para el siguiente análisis.

Distribución del esfuerzo normal promedio. Suponiendo que la barra está sometida a una deformación uniforme constante, entonces esta deformación es causada por un esfuerzo normal σ *constante*, figura 1-13*d*. En consecuencia, cada área ΔA sobre la sección transversal está sometida a una fuerza $\Delta F = \sigma \Delta A$, y la *suma* de esas fuerzas actuando sobre toda el área transversal debe ser equivalente a la fuerza interna resultante **P** en la sección. Si hacemos que $\Delta A \to dA$ y por tanto $\Delta F \to dF$, entonces como σ es *constante*, tenemos

$$+\uparrow F_{Rz} = \Sigma F_z; \qquad \int dF = \int_A \sigma \, dA$$
$$P = \sigma A$$

$$\boxed{\sigma = \frac{P}{A}} \qquad (1\text{-}6)$$

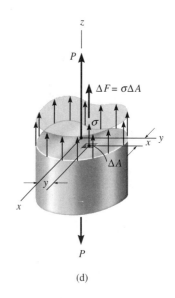

(d)

Fig. 1-13 (cont.)

Donde,

σ = esfuerzo normal promedio en cualquier punto sobre el área de la sección transversal

P = fuerza normal interna resultante, aplicada en el *centroide* del área de la sección transversal. P se determina usando el método de las secciones y las ecuaciones de equilibrio

A = área de la sección transversal de la barra

La carga interna P debe pasar por el centroide de la sección transversal ya que la distribución del esfuerzo uniforme generará momentos nulos respecto a cualquier eje x o y que pase por este punto, figura 1-13*d*. Cuando esto ocurre,

$$(M_R)_x = \Sigma M_x; \qquad 0 = \int_A y \, dF = \int_A y\sigma \, dA = \sigma \int_A y \, dA$$

$$(M_R)_y = \Sigma M_y; \qquad 0 = -\int_A x \, dF = -\int_A x\sigma \, dA = -\sigma \int_A x \, dA$$

Estas ecuaciones se satisfacen, ya que por definición del centroide, $\int y \, dA = 0$ y $\int x \, dA = 0$. (Vea el apéndice A.)

Equilibrio. Debería ser aparente que sólo existe un esfuerzo normal en cualquier elemento de volumen de material localizado en cada punto sobre la sección transversal de una barra cargada axialmente. Si consideramos el equilibrio vertical del elemento, figura 1-14, entonces al aplicar la ecuación de equilibrio de fuerzas,

$$\Sigma F_z = 0; \qquad \sigma(\Delta A) - \sigma'(\Delta A) = 0$$
$$\sigma = \sigma'$$

En otras palabras, las dos componentes de esfuerzo normal sobre el elemento deben ser iguales en magnitud pero opuestas en dirección. A éste se le llama *esfuerzo uniaxial*.

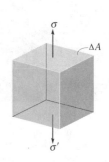

Fig. 1-14

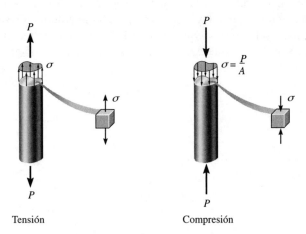

Fig. 1-15

El análisis previo se aplica a miembros sometidos a tensión o a compresión, como se muestra en la figura 1-15. Como interpretación gráfica, la *magnitud* de la fuerza interna resultante **P** es *equivalente* al *volumen* bajo el diagrama de esfuerzo; es decir, $P = \sigma A$ (volumen = altura × base). Además, como consecuencia del equilibrio de momentos, *esta resultante pasa por el centroide de este volumen*.

Aunque hemos desarrollado este análisis para barras *prismáticas*, esta suposición puede ampliarse para incluir barras que tengan un *pequeño ahusamiento*. Por ejemplo, puede demostrarse, usando un análisis más exacto de la teoría de la elasticidad, que para una barra ahusada de sección transversal rectangular, en la cual el ángulo entre dos lados adyacentes es de 15°, el esfuerzo normal promedio, calculado según $\sigma = P/A$, es sólo 2.2% *menor* que el valor calculado con la teoría de la elasticidad.

Esfuerzo normal promedio máximo.   En el análisis anterior, tanto la fuerza interna P como el área de la sección transversal se consideraron *constantes* a lo largo del eje longitudinal de la barra y por tanto se obtuvo un esfuerzo normal $\sigma = P/A$ también *constante*. Sin embargo, en ocasiones la barra puede estar sometida a *varias* cargas externas a lo largo de su eje o puede presentarse un cambio en su área de sección transversal. En consecuencia, el esfuerzo normal dentro de la barra puede ser diferente de sección a sección, y si debe calcularse el esfuerzo normal promedio *máximo*, tendrá que determinarse la posición en que la razón P/A sea *máxima*. Para esto es necesario determinar la fuerza interna P en varias secciones a lo largo de la barra, lo que se consigue dibujando un *diagrama de fuerza normal o axial*. Específicamente, este diagrama es una gráfica de la fuerza normal P contra su posición x a lo largo de la longitud de la barra. P se considerará positiva si causa tensión en el miembro y negativa si causa compresión. Una vez conocida la carga interna en toda la barra podrá identificarse la razón máxima de P/A.

Esta barra de acero se usa para suspender una porción de una escalera, y por ello está sometida a un esfuerzo de tensión.

PUNTOS IMPORTANTES

- Cuando un cuerpo que está sometido a una carga externa es seccionado, hay una distribución de fuerza que actúa sobre el área seccionada que mantiene cada segmento del cuerpo en equilibrio. La intensidad de esta fuerza interna en un punto del cuerpo se denomina *esfuerzo*.

- El esfuerzo es el valor límite de la fuerza por área unitaria, al tender a cero el área. Para esta definición, el material en el punto se considera continuo y cohesivo.

- En general, hay seis componentes independientes de esfuerzo en cada punto en el cuerpo, que son los *esfuerzos normales*, σ_x, σ_y, σ_z y los *esfuerzos cortantes*, τ_{xy}, τ_{yz}, τ_{xz}.

- La magnitud de esas componentes depende del tipo de carga que actúa sobre el cuerpo y de la orientación del elemento en el punto.

- Cuando una barra prismática está hecha de material homogéneo e isotrópico, y está sometida a una fuerza axial que actúa por el centroide del área de la sección transversal, entonces el material dentro de la barra está sometido *sólo a esfuerzo normal*. Este esfuerzo se supone uniforme o *promediado* sobre el área de la sección transversal.

PROCEDIMIENTO DE ANÁLISIS

La ecuación $\sigma = P/A$ da el esfuerzo normal *promedio* en el área transversal de un miembro cuando la sección está sometida a una fuerza normal interna resultante **P**. Para miembros axialmente cargados, la aplicación de esta ecuación requiere los siguientes pasos.

Carga interna.

- Seccione el miembro *perpendicularmente* a su eje longitudinal en el punto donde el esfuerzo normal va a ser determinado y use el diagrama de cuerpo libre y la ecuación de equilibrio de fuerza necesarios para obtener la fuerza axial interna **P** en la sección.

Esfuerzo normal promedio.

- Determine el área transversal del miembro en la sección y calcule el esfuerzo normal promedio $\sigma = P/A$.

- Se sugiere que σ se muestre actuando sobre un pequeño elemento de volumen del material localizado en un punto sobre la sección donde el esfuerzo es calculado. Para hacer esto, primero dibuje σ sobre la cara del elemento que coincide con el área seccionada A. Aquí, σ actúa en la *misma dirección* que la fuerza interna **P** ya que todos los esfuerzos normales sobre la sección transversal actúan en esta dirección para desarrollar esta resultante. El esfuerzo normal σ que actúa sobre la cara opuesta del elemento puede ser dibujada en su dirección apropiada.

E J E M P L O **1.6**

La barra en la figura 1-16a tiene un ancho constante de 35 mm y un espesor de 10 mm. Determine el esfuerzo normal promedio máximo en la barra cuando ella está sometida a las cargas mostradas.

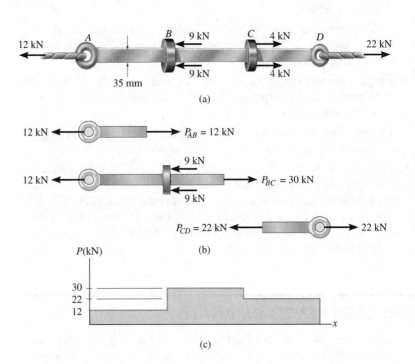

10 mm

35 mm

30 kN

85.7 MPa

(d)

Fig. 1-16

Solución

Carga interna. Por inspección, las fuerzas axiales internas en las regiones AB, BC y CD son todas constantes pero tienen diferentes magnitudes. Usando el método de las secciones, esas cargas son determinadas en la figura 1-16b; y el diagrama de fuerza normal que representa esos resultados gráficamente se muestra en la figura 1-16c. Por inspección, la carga máxima está en la región BC, donde P_{BC} = 30 kN. Como el área transversal de la barra es *constante*, el esfuerzo normal máximo promedio también ocurre dentro de esta región de la barra.

Esfuerzo normal promedio. Aplicando la ecuación 1-6, obtenemos

$$\sigma_{BC} = \frac{P_{BC}}{A} = \frac{30(10^3)\text{N}}{(0.035\text{ m})(0.010\text{ m})} = 85.7\text{ MPa} \qquad Resp.$$

La distribución de los esfuerzos que actúan sobre una sección transversal arbitraria de la barra dentro de la región BC se muestra en la figura 1-16d. Gráficamente el *volumen* (o "bloque") representado por esta distribución de esfuerzos es equivalente a la carga de 30 kN; o sea, 30 kN = (85.7 MPa)(35 mm)(10 mm).

E J E M P L O   1.7

La lámpara de 80 kg está soportada por dos barras AB y BC como se muestra en la figura 1-17a. Si AB tiene un diámetro de 10 mm y BC tiene un diámetro de 8 mm, determine el esfuerzo normal promedio en cada barra.

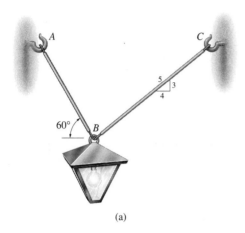

(a)

(b)

Fig. 1-17

Solución

Carga interna.   Debemos primero determinar la fuerza axial en cada barra. En la figura 1-17b se muestra un diagrama de cuerpo libre de la lámpara. Aplicando las ecuaciones de equilibrio de fuerzas, obtenemos

$$\xrightarrow{+} \Sigma F_x = 0; \qquad F_{BC}\left(\tfrac{4}{5}\right) - F_{BA}\cos 60° = 0$$
$$+\uparrow \Sigma F_y = 0; \quad F_{BC}\left(\tfrac{3}{5}\right) + F_{BA}\operatorname{sen} 60° - 784.8\ \text{N} = 0$$
$$F_{BC} = 395.2\ \text{N}, \qquad F_{BA} = 632.4\ \text{N}$$

Por la tercera ley de Newton, la acción es igual pero opuesta a la reacción, estas fuerzas someten a las barras a tensión en toda su longitud.

Esfuerzo normal promedio.   Aplicando la ecuación 1-6, tenemos

$$\sigma_{BC} = \frac{F_{BC}}{A_{BC}} = \frac{395.2\ \text{N}}{\pi(0.004\ \text{m})^2} = 7.86\ \text{MPa} \qquad Resp.$$

$$\sigma_{BA} = \frac{F_{BA}}{A_{BA}} = \frac{632.4\ \text{N}}{\pi(0.005\ \text{m})^2} = 8.05\ \text{MPa} \qquad Resp.$$

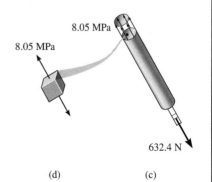

(d)   (c)

La distribución del esfuerzo normal promedio que actúa sobre una sección transversal de la barra AB se muestra en la figura 1-17c, y en un punto sobre esta sección transversal, un elemento de material está esforzado como se muestra en la figura 1.17d.

La pieza fundida mostrada en la figura 1-18a está hecha de acero con peso específico de $\gamma_{ac} = 490\,\text{lb/pie}^3$. Determine el esfuerzo de compresión promedio que actúa en los puntos A y B.

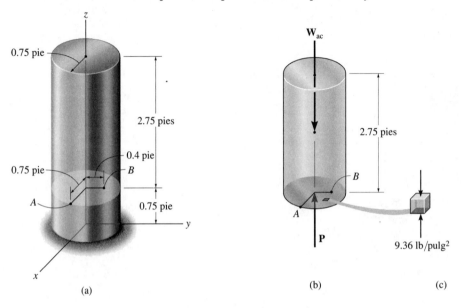

Fig. 1-18

Solución

Carga interna. En la figura 1-18b se muestra un diagrama de cuerpo libre del segmento superior de la pieza fundida donde la sección pasa por los puntos A y B. El peso de este segmento es $W_{ac} = \gamma_{ac}V_{ac}$. La fuerza axial interna P en la sección es entonces

$+\uparrow \Sigma F_z = 0; \qquad\qquad P - W_{ac} = 0$

$\qquad\qquad P - (490\,\text{lb/pie}^3)(2.75\,\text{pies})\pi(0.75\,\text{pie})^2 = 0$

$\qquad P = 2381\,\text{lb}$

Esfuerzo de compresión promedio. El área transversal en la sección es $A = \pi(0.75\,\text{pie})^2$, y el esfuerzo de compresión promedio es entonces

$$\sigma = \frac{P}{A} = \frac{2381\,\text{lb}}{\pi(0.75\,\text{pie})^2}$$
$$= 1347.5\,\text{lb/pie}^2 = 1347.5\,\text{lb/pie}^2\,(1\,\text{pie}^2/144\,\text{pulg}^2)$$
$$= 9.36\,\text{lb/pulg}^2 \qquad\qquad\qquad\qquad\qquad Resp.$$

El esfuerzo mostrado en el elemento de volumen de material en la figura 1-18c es representativo de las condiciones en A o B. Note que este esfuerzo actúa *hacia arriba* sobre el fondo o cara sombreada del elemento ya que esta cara forma parte del área de la superficie del fondo de la sección cortada, y sobre esta superficie, la fuerza interna resultante **P** empuja hacia arriba.

E J E M P L O   1.9

El miembro AC mostrado en la figura 1-19a está sometido a una fuerza vertical de 3 kN. Determine la posición x de esta fuerza de modo que el esfuerzo de compresión promedio en el soporte liso C sea igual al esfuerzo de tensión promedio en el tirante AB. El tirante tiene un área en su sección transversal de 400 mm^2 y el área de contacto en C es de 650 mm^2.

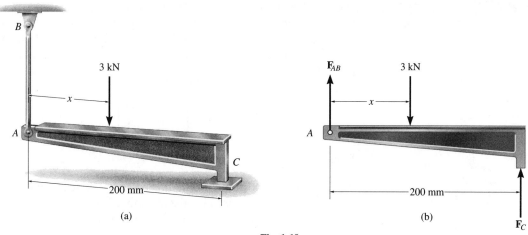

(a)   (b)

Fig. 1-19

Solución

Carga interna.   Las fuerzas en A y C pueden ser relacionadas considerando el diagrama de cuerpo libre del miembro AC, figura 1-19b. Se tienen tres incógnitas que son F_{AB}, F_C y x. En la solución de este problema usaremos unidades de newtons y milímetros.

$$+\uparrow \Sigma F_y = 0; \qquad\qquad F_{AB} + F_C - 3000 \text{ N} = 0 \qquad\qquad (1)$$
$$\curvearrowright + \Sigma M_A = 0; \quad -3000 \text{ N}(x) + F_C (200 \text{ mm}) = 0 \qquad\qquad (2)$$

Esfuerzo normal promedio.   Puede escribirse una tercera ecuación necesaria que requiere que el esfuerzo de tensión en la barra AB y el esfuerzo de compresión en C sean equivalentes, es decir,

$$\sigma = \frac{F_{AB}}{400 \text{ mm}^2} = \frac{F_C}{650 \text{ mm}^2}$$
$$F_C = 1.625 F_{AB}$$

Sustituyendo esto en la ecuación 1, despejando F_{AB} y F_C, obtenemos

$$F_{AB} = 1143 \text{ N}$$
$$F_C = 1857 \text{ N}$$

La posición de la carga aplicada se determina con la ecuación 2,

$$x = 124 \text{ mm} \qquad\qquad\qquad Resp.$$

Note que $0 < x < 200$ mm, tal como se requiere.

1.5 Esfuerzo cortante promedio

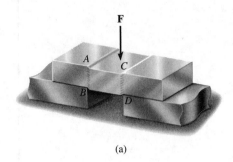

(a)

El esfuerzo cortante se definió en la sección 1.3 como la componente del esfuerzo que actúa *en el plano* del área seccionada. Para mostrar cómo se desarrolla este esfuerzo, consideraremos el efecto de aplicar una fuerza **F** a la barra mostrada en la figura 1-20*a*. Si los soportes se consideran rígidos y **F** es suficientemente grande, ésta ocasionará que el material de la barra se deforme y falle a lo largo de los planos *AB* y *CD*. Un diagrama de cuerpo libre del segmento central no soportado de la barra, figura 1-20*b*, indica que una fuerza cortante $V = F/2$ debe aplicarse a cada sección para mantener el segmento en equilibrio. El *esfuerzo cortante promedio* distribuido sobre cada área seccionada que desarrolla esta fuerza se define por:

$$\tau_{\text{prom}} = \frac{V}{A} \qquad (1\text{-}7)$$

Donde,

τ_{prom} = esfuerzo cortante promedio en la sección; se supone que es el *mismo* en todo punto localizado sobre la sección

V = fuerza cortante interna resultante en la sección; se determina con las ecuaciones de equilibrio

A = área en la sección

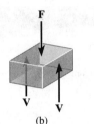

(b)

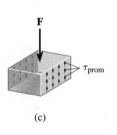

(c)

Fig. 1-20

La distribución del esfuerzo cortante promedio se muestra actuando sobre la sección derecha en la figura 1-20*c*. Observe que τ_{prom} tiene la *misma dirección* que **V**, ya que el esfuerzo cortante debe crear fuerzas asociadas que contribuyen en conjunto a generar la fuerza interna resultante **V** en la sección.

El caso de carga analizado en la figura 1-20 es un ejemplo de *cortante simple* o *cortante directo*, ya que el cortante es causado por la *acción directa* de la carga aplicada **F**. Este tipo de cortante suele ocurrir en varios tipos de conexiones simples que usan pernos, pasadores, soldadura, etc. Sin embargo, en todos esos casos, la aplicación de la ecuación 1-7 es *sólo aproximada*. Una investigación más precisa de la distribución del esfuerzo cortante sobre la sección crítica revela que esfuerzos cortantes mucho mayores ocurren en el material que los predichos por esta ecuación. Si bien éste puede ser el caso, la aplicación de la ecuación 1-7 es generalmente aceptable para muchos problemas de análisis y diseño. Por ejemplo, los manuales de ingeniería permiten su uso al considerar tamaños de diseño para sujetadores como pernos o para obtener la resistencia por adherencia de juntas sometidas a cargas cortantes. Con respecto a esto, ocurren en la práctica dos tipos de cortante, que merecen tratamientos separados.

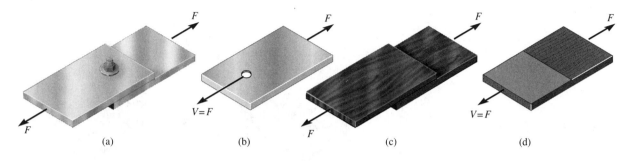

F

$V = F$

F

(a)

F

$V = F$

(b)

F

F

(c)

F

$V = F$

(d)

Fig. 1-21

Cortante simple. Las juntas de acero y madera mostradas en las figuras 1-21a y 1-21c, respectivamente, son ejemplos de ***conexiones en cortante simple*** y se conocen como *juntas traslapadas.* Supondremos aquí que los miembros son delgados y que la tuerca en la figura 1-21a no está demasiado apretada de modo que la fricción entre los miembros puede despreciarse. Pasando una sección entre los miembros se obtienen los diagramas de cuerpo libre mostrados en las figuras 1-21b y 1-21d. Como los miembros son delgados, podemos despreciar el momento generado por la fuerza F. Entonces, por equilibrio, el área de la sección transversal del perno en la figura 1-21b y la superficie de contacto entre los miembros en la figura 1-21d están sometidos *sólo a una fuerza cortante $V = F$.* Esta fuerza se usa en la ecuación 1-7 para determinar el esfuerzo cortante promedio que actúa en la sección de la figura 1-21d.

El pasador en este tractor está sometido a cortante doble.

Cortante doble. Cuando la junta se construye como se muestra en la figura 1-22a o 1-22c, deben considerarse dos superficies cortantes. Ese tipo de conexiones se llaman *juntas traslapadas dobles.* Si pasamos una sección entre cada uno de los miembros, los diagramas de cuerpo libre del miembro central son como se muestra en las figuras 1-22b y 1-22d. Tenemos aquí una condición de **cortante doble**. En consecuencia, una fuerza cortante $V = F/2$ actúa sobre *cada* área seccionada y esta fuerza cortante debe considerarse al aplicar $\tau_{\text{perm}} = V/A$.

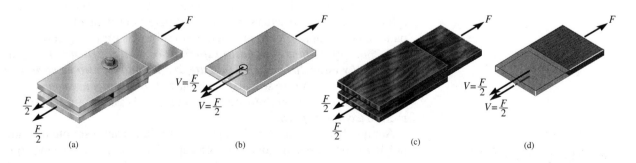

F

$\dfrac{F}{2}$

$\dfrac{F}{2}$

(a)

F

$V = \dfrac{F}{2}$

$V = \dfrac{F}{2}$

(b)

F

$\dfrac{F}{2}$

$\dfrac{F}{2}$

(c)

F

$V = \dfrac{F}{2}$

$V = \dfrac{F}{2}$

(d)

Fig. 1-22

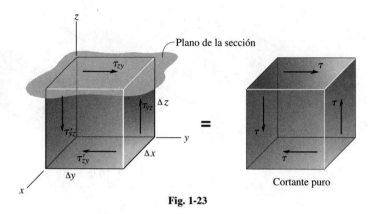

Fig. 1-23

Equilibrio. Consideremos un elemento de volumen de material tomado en un punto localizado sobre la superficie de cualquier área seccionada sobre la que actúa el esfuerzo cortante promedio, figura 1-23*a*. Si consideramos el equilibrio de fuerzas en la dirección *y*, entonces

$$\Sigma F_y = 0; \qquad \overbrace{\underbrace{\tau_{zy}}_{\text{esfuerzo}}\ \overbrace{(\Delta x\ \Delta y)}^{\text{área}}}^{\text{fuerza}} - \tau'_{zy}\ \Delta x\ \Delta y = 0$$

$$\tau_{zy} = \tau'_{zy}$$

De manera similar, el equilibrio de fuerzas en la dirección *z* nos da $\tau_{yz} = \tau'_{yz}$. Finalmente, tomando momentos respecto al eje *x*,

$$\Sigma M_x = 0; \qquad -\overbrace{\underbrace{\tau_{zy}\ (\Delta x\ \Delta y)}_{\text{fuerza}}\ \overbrace{\Delta z}^{\text{brazo}}}^{\text{momento}} + \tau_{yz}(\Delta x\ \Delta z)\ \Delta y = 0$$

$$\tau_{zy} = \tau_{yz}$$

por lo que

$$\tau_{zy} = \tau'_{zy} = \tau_{yz} = \tau'_{yz} = \tau$$

En otras palabras, el equilibrio de fuerzas y momentos requiere que el esfuerzo cortante que actúa sobre la cara superior del elemento, esté acompañado por esfuerzos cortantes actuando sobre las otras tres caras, figura 1-23*b*. Aquí, ***todos los cuatro esfuerzos cortantes deben tener igual magnitud y estar dirigidos hacia o alejándose uno de otro en caras con un borde común***. A esto se le llama *propiedad complementaria del cortante*, y bajo las condiciones mostradas en la figura 1-23, el material está sometido a *cortante puro*.

Aunque hemos considerado aquí un caso de cortante simple causado por la acción *directa* de una carga, en capítulos posteriores veremos que el esfuerzo cortante puede también generarse *indirectamente* por la acción de otros tipos de cargas.

PUNTOS IMPORTANTES

- Si dos partes *delgadas* o *pequeñas* se unen entre sí, las cargas aplicadas pueden causar cortante del material con flexión despreciable. Si éste es el caso, es generalmente conveniente en el análisis suponer que un *esfuerzo cortante promedio* actúa sobre el área de la sección transversal.

- A menudo los sujetadores, como clavos y pernos, están sometidos a cargas cortantes. La magnitud de una fuerza cortante sobre el sujetador es máxima a lo largo de un plano que pasa por las superficies que son conectadas. Un diagrama de cuerpo libre cuidadosamente dibujado de un segmento del sujetador permitirá obtener la magnitud y dirección de esta fuerza.

PROCEDIMIENTO DE ANÁLISIS

La ecuación $\tau_{\text{prom}} = V/A$ se usa para calcular sólo el *esfuerzo cortante promedio* en el material. Su aplicación requiere dar los siguientes pasos.

Cortante interno.

- Seccione el miembro en el punto donde el esfuerzo cortante promedio va a ser determinado.

- Dibuje el diagrama de cuerpo libre necesario y calcule la fuerza cortante interna **V** que actúa en la sección que es necesaria para mantener la parte en equilibrio.

Esfuerzo cortante promedio.

- Determine el área seccionada A, y calcule el esfuerzo cortante promedio $\tau_{\text{prom}} = V/A$.

- Se sugiere que τ_{prom} sea mostrado sobre un pequeño elemento de volumen de material localizado en un punto sobre la sección donde él es determinado. Para hacer esto, dibuje primero τ_{prom} sobre la cara del elemento que coincide con el área seccionada A. Este esfuerzo cortante actúa en la misma dirección que **V**. Los esfuerzos cortantes que actúan sobre los tres planos adyacentes pueden entonces ser dibujados en sus direcciones apropiadas siguiendo el esquema mostrado en la figura 1-23.

E J E M P L O `1.10`

La barra mostrada en la figura 1-24*a* tiene una sección transversal cuadrada de 40 mm. Si se aplica una fuerza axial de 800 N a lo largo del eje centroidal del área transversal de la barra, determine el esfuerzo normal promedio y el esfuerzo cortante promedio que actúan sobre el material a lo largo (a) del plano *a-a* y (b) del plano *b-b*.

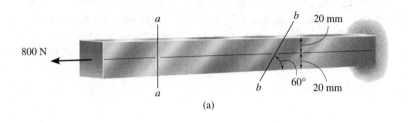

(a)

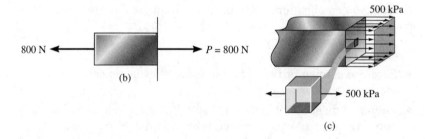

(b)

(c)

Fig. 1-24

Solución

Parte (a)
Carga interna. La barra es seccionada, figura 1-24*b*, y la carga interna resultante consiste sólo en una fuerza axial $P = 800$ N.

Esfuerzo promedio. El esfuerzo normal promedio se determina con la ecuación 1-6.

$$\sigma = \frac{P}{A} = \frac{800 \text{ N}}{(0.04 \text{ m})(0.04 \text{ m})} = 500 \text{ kPa} \qquad \textit{Resp.}$$

No existe esfuerzo cortante sobre la sección, ya que la fuerza cortante en la sección es cero.

$$\tau_{\text{prom}} = 0 \qquad \textit{Resp.}$$

La distribución del esfuerzo normal promedio sobre la sección transversal se muestra en la figura 1-24*c*.

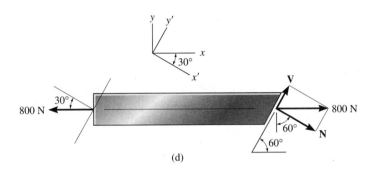

(d)

Parte (b)

Carga interna. Si la barra es seccionada a lo largo de *b-b*, el diagrama de cuerpo libre del segmento izquierdo es como se muestra en la figura 1-24*d*. Aquí actúan una fuerza normal (**N**) y una fuerza cortante (**V**) sobre el área seccionada. Usando ejes *x*, *y*, se requiere

$$\xrightarrow{+} \Sigma F_x = 0; \qquad -800 \text{ N} + N \operatorname{sen} 60° + V \cos 60° = 0$$
$$+\uparrow \Sigma F_y = 0; \qquad V \operatorname{sen} 60° - N \cos 60° = 0$$

o más directamente, usando ejes *x'*, *y'*,

$$+\searrow\Sigma F_{x'} = 0; \qquad N - 800 \text{ N} \cos 30° = 0$$
$$+\nearrow\Sigma F_{y'} = 0; \qquad V - 800 \text{ N} \operatorname{sen} 30° = 0$$

Resolviendo cualquier conjunto de ecuaciones,

$$N = 692.8 \text{ N}$$
$$V = 400 \text{ N}$$

Esfuerzos promedio. En este caso el área seccionada tiene un espesor de 40 mm y una profundidad de 40 mm/sen 60° = 46.19, respectivamente, figura 1-24*a*. El esfuerzo normal promedio es entonces

$$\sigma = \frac{N}{A} = \frac{692.8 \text{ N}}{(0.04 \text{ m})(0.04619 \text{ m})} = 375 \text{ kPa} \qquad Resp.$$

y el esfuerzo cortante promedio es

$$\tau_{\text{prom}} = \frac{V}{A} = \frac{400 \text{ N}}{(0.04 \text{ m})(0.04619 \text{ m})} = 217 \text{ kPa} \qquad Resp.$$

La distribución de esfuerzo se muestra en la figura 1-24*e*.

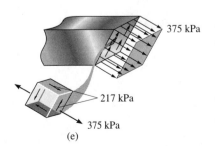

(e)

EJEMPLO 1.11

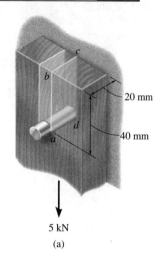

5 kN

(a)

El puntal de madera mostrado en la figura 1-25a está suspendido de una barra de acero de diámetro de 10 mm, que está empotrada a la pared. Si el puntal soporta una carga vertical de 5 kN, calcule el esfuerzo cortante promedio en la barra en la pared y a lo largo de los dos planos sombreados del puntal, uno de los cuales está indicado como *abcd*.

Solución

Cortante interno. Como se muestra en el diagrama de cuerpo libre en la figura 1-25b, la barra resiste una fuerza cortante de 5 kN donde ella está empotrada a la pared. En la figura 1-25c se muestra un diagrama de cuerpo libre del segmento seccionado del puntal que está en contacto con la barra. Aquí la fuerza cortante que actúa a lo largo de cada plano sombreado es de 2.5 kN.

Esfuerzo cortante promedio. Para la barra,

$$\tau_{prom} = \frac{V}{A} = \frac{5000 \text{ N}}{\pi(0.005 \text{ m})^2} = 63.7 \text{ MPa} \qquad Resp.$$

Para el puntal,

$$\tau_{prom} = \frac{V}{A} = \frac{2500 \text{ N}}{(0.04 \text{ m})(0.02 \text{ m})} = 3.12 \text{ MPa} \qquad Resp.$$

La distribución del esfuerzo cortante promedio sobre la barra seccionada y el segmento de puntal se muestran en las figuras 1-25d y 1-25e, respectivamente. Se muestra también con esas figuras un elemento de volumen típico del material en un punto localizado sobre la superficie de cada sección. Observe cuidadosamente cómo el esfuerzo cortante debe actuar sobre cada cara sombreada de esos elementos y sobre las caras adyacentes de los mismos.

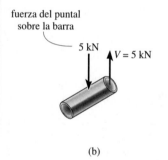

fuerza del puntal sobre la barra

(b)

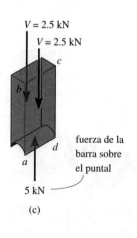

(c)

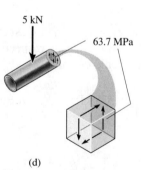

(d)

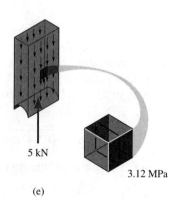

(e)

Fig. 1-25

E J E M P L O **1.12**

El miembro inclinado en la figura 1-26a está sometido a una fuerza de compresión de 600 lb. Determine el esfuerzo de compresión promedio a lo largo de las áreas lisas de contacto definidas por AB y BC, y el esfuerzo cortante promedio a lo largo del plano horizontal definido por EDB.

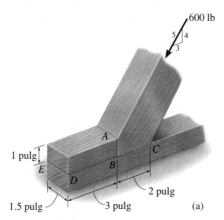

(a)

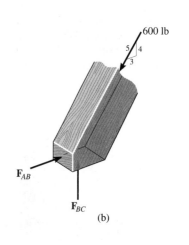

(b)

Fig. 1-26

Solución

Cargas internas. El diagrama de cuerpo libre del miembro inclinado se muestra en la figura 1-26b. Las fuerzas de compresión que actúan sobre las áreas de contacto son

$$\xrightarrow{+} \Sigma F_x = 0; \quad F_{AB} - 600\text{ lb}\left(\tfrac{3}{5}\right) = 0 \quad F_{AB} = 360\text{ lb}$$

$$+\uparrow \Sigma F_y = 0; \quad F_{BC} - 600\text{ lb}\left(\tfrac{4}{5}\right) = 0 \quad F_{BC} = 480\text{ lb}$$

También, del diagrama de cuerpo libre del segmento superior del miembro del fondo, figura 1-26c, la fuerza cortante que actúa sobre el plano horizontal seccionado EDB es

$$\xrightarrow{+} \Sigma F_x = 0; \quad V = 360\text{ lb}$$

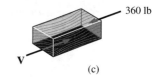

(c)

Esfuerzo promedio. Los esfuerzos de compresión promedio a lo largo de los planos horizontal y vertical del miembro inclinado son

$$\sigma_{AB} = \frac{360\text{ lb}}{(1\text{ pulg})(1.5\text{ pulg})} = 240\text{ lb/pulg}^2 \qquad Resp.$$

$$\sigma_{BC} = \frac{480\text{ lb}}{(2\text{ pulg})(1.5\text{ pulg})} = 160\text{ lb/pulg}^2 \qquad Resp.$$

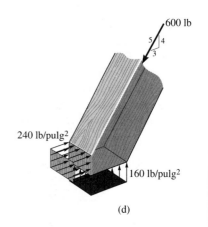

(d)

Estas distribuciones de esfuerzo se muestran en la figura 1-26d.

El esfuerzo cortante promedio que actúa sobre el plano horizontal definido por EDB es

$$\tau_{\text{prom}} = \frac{360\text{ lb}}{(3\text{ pulg})(1.5\text{ pulg})} = 80\text{ lb/pulg}^2 \qquad Resp.$$

Este esfuerzo se muestra distribuido sobre el área seccionada en la figura 1-26e.

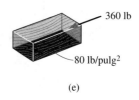

(e)

PROBLEMAS

1-34. La columna está sometida a una fuerza axial de 8 kN en su parte superior. Si el área de su sección transversal tiene las dimensiones mostradas en la figura, determine el esfuerzo normal promedio que actúa en la sección *a-a*. Muestre esta distribución del esfuerzo actuando sobre la sección transversal de la columna.

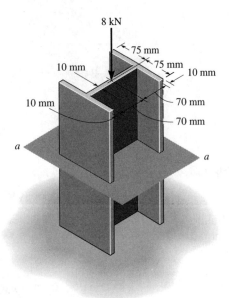

Prob. 1-34

1-35. El grillete de anclaje soporta la fuerza del cable de 600 lb. Si el pasador tiene un diámetro de 0.25 pulg, determine el esfuerzo cortante promedio en el pasador.

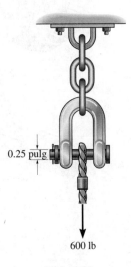

Prob. 1-35

*1-36. Al correr, el pie de un hombre de 150 lb está momentáneamente sometido a una fuerza que es 5 veces su peso. Determine el esfuerzo normal promedio desarrollado en la tibia *T* de su pierna en la sección media *a-a*. La sección transversal puede suponerse circular con diámetro exterior de 1.75 pulg y un diámetro interior de 1 pulg. Suponga que el peroné *F* no soporta carga.

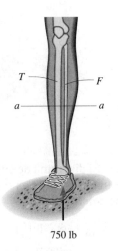

Prob. 1-36

1-37. El pequeño bloque tiene un espesor de 0.5 pulg. Si la distribución de esfuerzo en el soporte desarrollado por la carga varía como se muestra, determine la fuerza **F** aplicada al bloque y la distancia *d* a la que está aplicada.

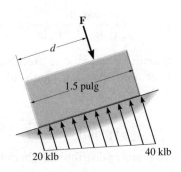

Prob. 1-37

1-38. El pequeño bloque tiene un espesor de 5 mm. Si la distribución de esfuerzo en el soporte desarrollado por la carga varía como se muestra, determine la fuerza **F** aplicada al bloque y la distancia *d* a la que está aplicada.

*1-40. La rueda de soporte se mantiene en su lugar bajo la pata de un andamio por medio de un pasador de 4 mm de diámetro como se muestra en la figura. Si la rueda está sometida a una fuerza normal de 3 kN, determine el esfuerzo cortante promedio generado en el pasador. Desprecie la fricción entre la pata del andamio y el tubo sobre la rueda.

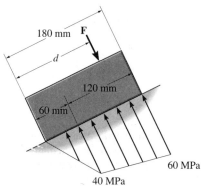

Prob. 1-38

Prob. 1-40

1-39. La palanca está unida a la flecha empotrada por medio de un pasador cónico que tiene un diámetro medio de 6 mm. Si se aplica un par a la palanca, determine el esfuerzo cortante promedio en el pasador, entre el pasador y la palanca.

1-41. Una mujer con peso de 175 lb está de pie sobre un piso vinílico con zapatos de tacón puntiagudo. Si el tacón tiene las dimensiones mostradas, determine el esfuerzo normal promedio que ella ejerce sobre el piso y compárelo con el esfuerzo normal promedio generado cuando un hombre del mismo peso lleva zapatos de tacones planos. Suponga que la carga se aplica lentamente de manera que puedan ignorarse los efectos dinámicos. Suponga también que todo el peso es soportado sólo por el tacón de un zapato.

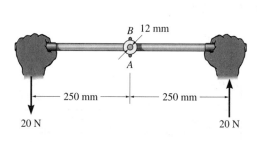

Prob. 1-39

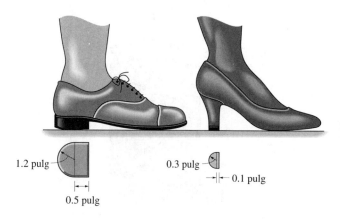

Prob. 1-41

1-42. La lámpara con un peso de 50 lb está soportada por tres barras de acero conectadas por un anillo en *A*. Determine cuál barra está sometida al mayor esfuerzo normal promedio y calcule su valor. Considere $\theta = 30°$. El diámetro de cada barra se da en la figura.

1-43. Resuelva el problema 1-42 para $\theta = 45°$.

*__1-44.__ La lámpara con un peso de 50 lb está soportada por tres barras de acero conectadas por un anillo en *A*. Determine el ángulo de orientación θ de *AC* tal que el esfuerzo normal producido en la barra *AC* sea el doble del esfuerzo normal promedio en la barra *AD*. ¿Cuál es la magnitud del esfuerzo en cada barra? El diámetro de cada barra se da en la figura.

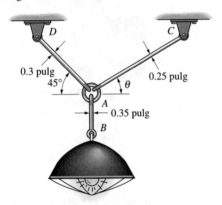

Probs. 1-42/43/44

1-45. El pedestal tiene una sección transversal triangular como se muestra. Si está sometido a una fuerza compresiva de 500 lb, especifique las coordenadas *x* y *y* del punto $P(x, y)$ en que debe aplicarse la carga sobre la sección transversal para que el esfuerzo normal sea uniforme. Calcule el esfuerzo y esboce su distribución sobre una sección transversal en una sección alejada del punto de aplicación de la carga.

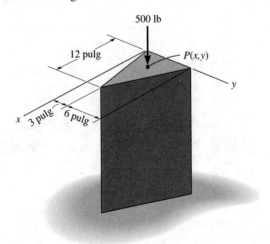

Prob. 1-45

1-46. Los dos miembros de acero están unidos entre sí por medio de una soldadura a tope a 60°. Determine los esfuerzos normal y cortante promedio resistidos en el plano de la soldadura.

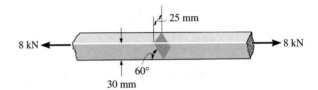

Prob. 1-46

1-47. La flecha compuesta consiste en un tubo *AB* y en una barra sólida *BC*. El tubo tiene un diámetro interior de 20 mm y un diámetro exterior de 28 mm. La barra tiene un diámetro de 12 mm. Determine el esfuerzo normal promedio en los puntos *D* y *E* y represente el esfuerzo sobre un elemento de volumen localizado en cada uno de esos puntos.

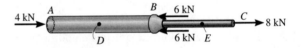

Prob. 1-47

*__1-48.__ La pieza de madera está sometida a una fuerza de tensión de 85 lb. Determine los esfuerzos normal y cortante promedio desarrollados en las fibras de la madera orientadas a lo largo de la sección *a-a* a 15° con respecto el eje de la pieza.

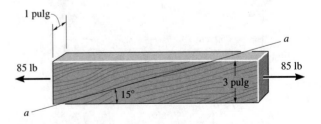

Prob. 1-48

1-49. El bloque de plástico está sometido a una fuerza axial de compresión de 600 N. Suponiendo que las tapas arriba y en el fondo distribuyen la carga uniformemente a través del bloque, determine los esfuerzos normal y cortante promedio que actúan a lo largo de la sección *a-a*.

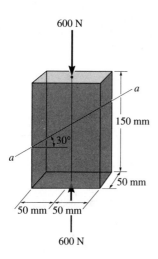

Prob. 1-49

1-50. El espécimen falló en una prueba de tensión a un ángulo de 52° cuando la carga axial era de 19.80 klb. Si el diámetro del espécimen es de 0.5 pulg, determine los esfuerzos normal y cortante promedio que actúan sobre el plano inclinado de falla. Además, ¿cuál fue el esfuerzo normal promedio que actuaba sobre la *sección transversal* cuando ocurrió la falla?

Prob. 1-50

1-51. Un espécimen a tensión con área A en su sección transversal está sometido a una fuerza axial **P**. Determine el esfuerzo cortante máximo promedio en el espécimen e indique la orientación θ de la sección en que éste ocurre.

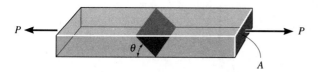

Prob. 1-51

*1-52. La junta está sometida a la fuerza axial de miembro de 5 kN. Determine el esfuerzo normal promedio que actúa en las secciones AB y BC. Suponga que el miembro es liso y que tiene 50 mm de espesor.

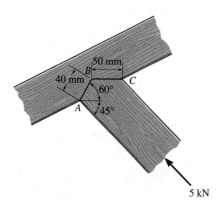

Prob. 1-52

1-53. La junta está sometida a la fuerza axial de miembro de 6 klb. Determine el esfuerzo normal promedio que actúa sobre las secciones AB y BC. Suponga que el miembro es liso y que tiene 1.5 pulg de espesor.

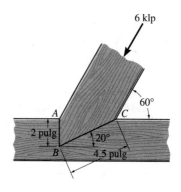

Prob. 1-53

1-54. Los dos miembros usados en la construcción del fuselaje de un avión están unidos entre sí usando una soldadura de boca de pescado a 30°. Determine los esfuerzos normal y cortante promedio sobre el plano de cada soldadura. Suponga que cada plano inclinado soporta una fuerza horizontal de 400 libras.

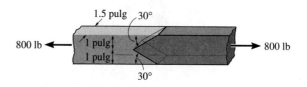

Prob. 1-54

1-55. El conductor de un auto deportivo aplica los frenos traseros, lo que ocasiona que los neumáticos se deslicen. Si la fuerza normal en cada neumático trasero es de 400 lb y el coeficiente de fricción cinética entre los neumáticos y el pavimento es de $\mu_k = 0.5$, determine el esfuerzo cortante promedio desarrollado por la fuerza de fricción sobre los neumáticos. Suponga que el caucho de los neumáticos es flexible y que cada neumático tiene una presión de 32 lb/pulg^2.

Prob. 1-55

1-58. Las barras de la armadura tienen cada una un área transversal de 1.25 pulg^2. Determine el esfuerzo normal promedio en cada barra debido a la carga $P = 8$ klb. Indique si el esfuerzo es de tensión o de compresión.

1-59. Las barras de la armadura tienen cada una un área transversal de 1.25 pulg^2. Si el esfuerzo normal promedio máximo en cualquier barra no debe ser mayor de 20 klb/pulg^2, determine la magnitud máxima P de las cargas que pueden aplicarse a la armadura.

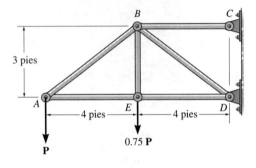

Probs. 1-58/59

*1-56. Las barras AB y BC tienen diámetros de 4 mm y 6 mm, respectivamente. Si la carga de 8 kN se aplica al anillo en B, determine el esfuerzo normal promedio en cada barra si $\theta = 60°$.

1-57. Las barras AB y BC tienen diámetros de 4 mm y 6 mm, respectivamente. Si la carga vertical de 8 kN se aplica al anillo en B, determine el ángulo θ de la barra BC de manera que el esfuerzo normal promedio en ambas barras sea el mismo. ¿Qué valor tiene este esfuerzo?

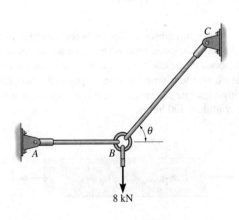

Probs. 1-56/57

*1-60. La armadura está formada por tres miembros conectados por pasadores; las áreas transversales de los miembros se muestran en la figura. Determine el esfuerzo normal promedio generado en cada barra cuando la armadura está sometida a la carga mostrada. Indique si el esfuerzo es de tensión o de compresión.

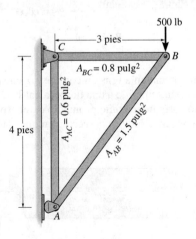

Prob. 1-60

1-61. La viga uniforme está soportada por dos barras AB y CD cuyas áreas transversales son de 12 mm² y 8 mm², respectivamente. Si $d = 1$ m, determine el esfuerzo normal promedio en cada barra.

1-62. La viga uniforme está soportada por dos barras AB y CD cuyas áreas de sección transversal son de 12 mm² y 8 mm², respectivamente. Determine la posición d de la carga de 6 kN para que el esfuerzo normal promedio en ambas barras sea el mismo.

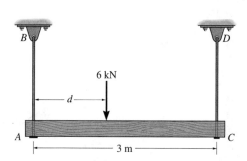

Probs. 1-61/62

1-63. La lámpara usada para iluminar el enganche de vagones de ferrocarril está soportada por el pasador de $\frac{1}{8}$ pulg de diámetro en A. Si la lámpara pesa 4 lb y el brazo tiene un peso de 0.5 lb/pie, determine el esfuerzo cortante promedio en el pasador necesario para soportar la lámpara. *Sugerencia*: la fuerza cortante en el pasador es causada por el par requerido para el equilibrio en A.

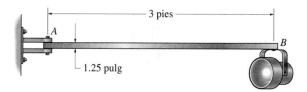

Prob. 1-63

*1-64. El bastidor de dos miembros está sometido a la carga distribuida que se muestra en la siguiente figura. Determine los esfuerzos normal y cortante promedio que actúan en las secciones a-a y b-b. El miembro CB tiene una sección transversal cuadrada de 35 mm de lado. Considere $w = 8$ kN/m.

1-65. El bastidor de dos miembros está sometido a la carga distribuida mostrada. Determine la intensidad w de la carga uniforme máxima que puede aplicarse al bastidor sin que los esfuerzos normal y cortante promedios en la sección b-b excedan los valores $\sigma = 15$ MPa y $\tau = 16$ MPa, respectivamente. El miembro CB tiene una sección transversal cuadrada de 35 mm de lado.

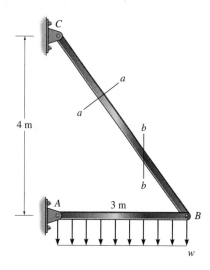

Probs. 1-64/65

■1-66. Considere el problema general de una barra hecha de m segmentos, cada uno con área transversal constante A_m y longitud L_m. Si se tienen n cargas sobre la barra como se muestra, escriba un programa de computadora que pueda usarse para determinar el esfuerzo normal promedio en cualquier posición específica x. Muestre una aplicación del programa usando los valores $L_1 = 4$ pies, $d_1 = 2$ pies, $P_1 = 400$ lb, $A_1 = 3$ pulg², $L_2 = 2$ pies, $d_2 = 6$ pies, $P_2 = -300$ lb, $A_2 = 1$ pulg².

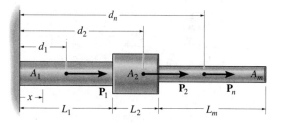

Prob. 1-66

1-67. La viga está soportada por un pasador en A y un eslabón corto BC. Si $P = 15$ kN, determine el esfuerzo cortante promedio desarrollado por los pasadores en A, B y C. Todos los pasadores están en cortante doble, como se muestra y cada uno tiene un diámetro de 18 mm.

*1-68. La viga está soportada por un pasador en A y un eslabón corto BC. Determine la magnitud máxima P de las cargas que la viga soportará si el esfuerzo cortante promedio en cada pasador no debe ser mayor de 80 MPa. Todos los pasadores están en cortante doble y cada uno tiene un diámetro de 18 mm.

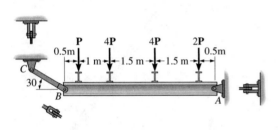

Probs. 1-67/68

1-69. Cuando la mano sostiene una piedra de 5 lb, el húmero H, que se supone liso, ejerce las fuerzas normales F_C y F_A sobre el radio C y el cúbito A, respectivamente, como se muestra. Si la menor área de sección transversal del ligamento en B es de 0.30 pulg^2, determine el máximo esfuerzo de tensión promedio a que estará sometido.

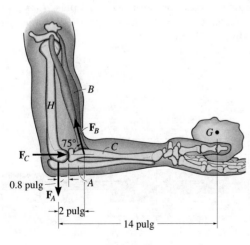

Prob. 1-69

1-70. La grúa pescante está sostenida por un pasador en A y soporta un elevador de cadena que puede viajar a lo largo del patín inferior de la viga, 1 pie $\leq x \leq$ 12 pies. Si el elevador puede soportar una carga máxima de 1500 lb, determine el esfuerzo normal máximo promedio en el tirante BC de diámetro $\frac{3}{4}$ pulg y el esfuerzo cortante máximo promedio en el pasador de diámetro de $\frac{5}{8}$ pulg en B.

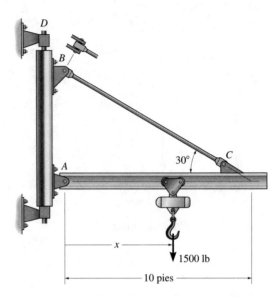

Prob. 1-70

1-71. Determine el esfuerzo normal promedio desarrollado en los eslabones AB y CD de las tenazas que soportan el tronco con masa de 3 Mg. El área de la sección transversal de cada eslabón es de 400 mm^2.

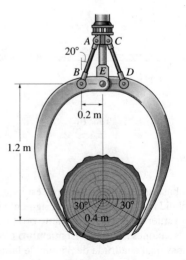

Prob. 1-71

*1-72. Determine el esfuerzo cortante promedio desarro-llado en los pasadores A y B de las tenazas que soportan el tronco con masa de 3 Mg. Cada pasador tiene un diá-metro de 25 mm y está sujeto a un cortante doble.

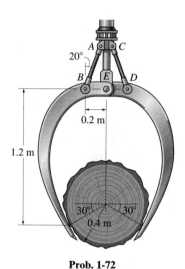

Prob. 1-72

1-73. El pedestal en forma de tronco cónico está hecho de concreto con peso específico de 150 lb/pie³. Determi-ne el esfuerzo normal promedio que actúa en la base del pedestal. *Sugerencia:* el volumen de un cono de radio r y altura h es $V = \frac{1}{3}\pi r^2 h$.

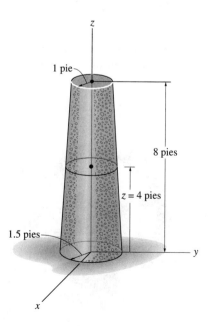

Prob. 1-73

1-74. El pedestal en forma de tronco cónico está hecho de concreto con peso específico de 150 lb/pie³. Determi-ne el esfuerzo normal promedio que actúa a media altura del pedestal, esto es, a $z = 4$ pies. *Sugerencia:* el volumen de un cono de radio r y altura h es $V = \frac{1}{3}\pi r^2 h$.

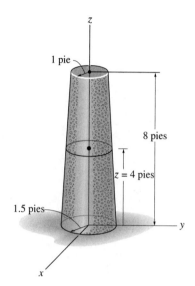

Prob. 1-74

1-75. La columna está hecha de concreto con densidad de 2.30 Mg/m³. En su parte superior B está sometida a una fuerza de compresión axial de 15 kN. Determine el esfuer-zo normal promedio en la columna en función de la dis-tancia z medida desde su base. *Nota:* el resultado será útil solamente para determinar el esfuerzo normal promedio en una sección alejada de los extremos de la columna, de-bido a la deformación localizada en los extremos.

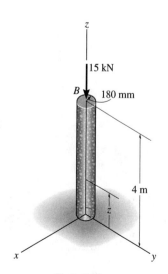

Prob. 1-75

*1-76. La pila está hecha de material con peso específico γ. Si tiene una sección transversal cuadrada, determine su ancho w en función de z, de manera que el esfuerzo normal promedio en la pila permanezca constante. La pila soporta una carga constante **P** en su parte superior, donde su ancho es w_1.

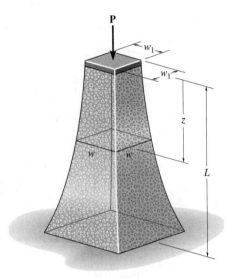

Prob. 1-76

1-77. El pedestal soporta una carga **P** en su centro. Si el material tiene una densidad de masa ρ, determine la dimensión radial r en función de z, de manera que el esfuerzo normal promedio permanezca constante. La sección transversal es circular.

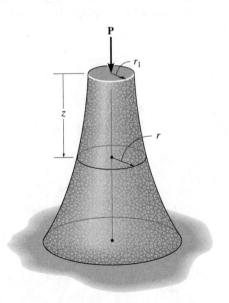

Prob. 1-77

1-78. El radio del pedestal está definido por $r = (0.5e^{-0.08y^2})$ m, donde y está dada en metros. Si el material tiene una densidad de 2.5 Mg/m^3, determine el esfuerzo normal promedio en el soporte.

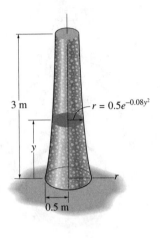

Prob. 1-78

1-79. Determine la velocidad angular máxima constante ω del volante de manera que el esfuerzo normal promedio en su pestaña no sea mayor que $\sigma = 15$ MPa. Suponga que la pestaña es un anillo delgado con espesor de 3 mm, ancho de 20 mm y masa de 30 kg/m. La rotación tiene lugar en un plano horizontal. Desprecie el efecto de los rayos en el análisis. *Sugerencia:* considere un diagrama de cuerpo libre de una porción semicircular del anillo. El centro de masa de un segmento semicircular está en $\hat{r} = 2r/\pi$ desde el diámetro.

Prob. 1-79

1.6 Esfuerzo permisible

Un ingeniero a cargo del *diseño* de un miembro estructural o elemento mecánico debe restringir el esfuerzo en el material a un nivel que sea seguro. Además, una estructura o máquina corrientemente en uso puede en ocasiones tener que ser *analizada* para ver qué carga adicional pueden soportar sus miembros o partes. Así que nuevamente es necesario efectuar los cálculos usando un esfuerzo permisible o seguro.

Para garantizar la seguridad es necesario escoger un esfuerzo permisible que limite la carga aplicada a un valor que sea *menor* al que el miembro pueda soportar plenamente. Hay varias razones para esto. Por ejemplo, la carga para la cual el miembro se diseña puede ser diferente de la carga real aplicada sobre él. Las medidas previstas para una estructura o máquina pueden no ser exactas debido a errores en la fabricación o en el montaje de las partes componentes. Pueden ocurrir vibraciones desconocidas, impacto o cargas accidentales que no se hayan tomado en cuenta durante el diseño. La corrosión atmosférica, el decaimiento o las condiciones ambientales tienden a que los materiales se deterioren durante el servicio. Finalmente, algunos materiales, como la madera, el concreto o los compuestos reforzados con fibras, pueden mostrar alta variabilidad en sus propiedades mecánicas.

Una manera de especificar la carga permisible para el diseño o análisis de un miembro es usar un número llamado factor de seguridad. El *factor de seguridad* (FS) es la razón de la carga de falla, F_{falla}, dividida entre la carga permisible, F_{perm}. La F_{falla} se determina por medio de ensayos experimentales del material y el factor de seguridad se selecciona con base en la experiencia, de manera que las incertidumbres mencionadas antes sean tomadas en cuenta cuando el miembro se use en condiciones similares de carga y simetría. Expresado matemáticamente,

Factores apropiados de seguridad deben ser considerados al diseñar grúas y cables usados para transferir cargas pesadas.

$$FS = \frac{F_{\text{falla}}}{F_{\text{perm}}} \qquad (1\text{-}8)$$

Si la carga aplicada al miembro está *linealmente relacionada* al esfuerzo desarrollado dentro del miembro, como en el caso de usar $\sigma = P/A$ y $\tau_{\text{prom}} = V/A$, entonces podemos expresar el factor de seguridad como la razón del esfuerzo de falla σ_{falla} (o τ_{falla}) al esfuerzo permisible σ_{perm} (o τ_{perm});* esto es,

$$FS = \frac{\sigma_{\text{falla}}}{\sigma_{\text{perm}}} \qquad (1\text{-}9)$$

o

$$FS = \frac{\tau_{\text{falla}}}{\tau_{\text{perm}}} \qquad (1\text{-}10)$$

*En algunas capas, como en las columnas, la carga aplicada no está relacionada linealmente a la tensión y por lo tanto sólo la ecuación 1-8 puede usarse para determinar el factor de seguridad. Vea el capítulo 13.

En cualquiera de esas ecuaciones, el factor de seguridad se escoge *mayor* que 1 para evitar una posible falla. Los valores específicos dependen de los tipos de materiales por usarse y de la finalidad prevista para la estructura o máquina. Por ejemplo, el FS usado en el diseño de componentes de aeronaves o vehículos espaciales puede ser cercano a 1 para reducir el peso del vehículo. Por otra parte, en el caso de una planta nuclear, el factor de seguridad para algunos de sus componentes puede ser tan alto como 3, ya que puede haber incertidumbre en el comportamiento de la carga o del material. Sin embargo, en general, los factores de seguridad, y por tanto las cargas o esfuerzos permisibles para elementos estructurales y mecánicos, han sido muy estandarizados, ya que sus indeterminaciones de diseño han podido ser evaluadas razonablemente bien. Sus valores, que pueden encontrarse en los códigos de diseño y manuales de ingeniería, pretenden reflejar un balance de seguridad ambiental y para el público junto con una solución económica razonable para el diseño.

1.7 Diseño de conexiones simples

Haciendo suposiciones simplificatorias relativas al comportamiento del material, las ecuaciones $\sigma = P/A$ y $\tau_{prom} = V/A$ pueden usarse para analizar o diseñar una conexión simple o un elemento mecánico. En particular, si un miembro está sometido a una *fuerza normal* en una sección, su área requerida en la sección se determina con

$$A = \frac{P}{\sigma_{perm}} \qquad (1\text{-}11)$$

Por otra parte, si la sección está sometida a una *fuerza cortante,* entonces el área requerida en la sección es:

$$A = \frac{V}{\tau_{perm}} \qquad (1\text{-}12)$$

Como vimos en la sección 1.6, el esfuerzo permisible usado en cada una de esas ecuaciones se determina aplicando un factor de seguridad a un esfuerzo normal o cortante especificado o encontrando esos esfuerzos directamente en un código apropiado de diseño.

Ahora discutiremos cuatro tipos comunes de problemas para las cuales las ecuaciones pueden usarse en el diseño.

Área de la sección transversal de un miembro a tensión. El área de la sección transversal de un miembro prismático sometido a una fuerza de tensión puede determinarse *si* la fuerza tiene una línea de acción que pasa por el centroide de la sección transversal. Por ejemplo, conside-

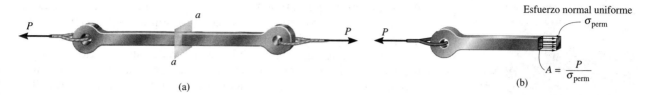

Fig. 1-27

re la barra con perforación en sus extremos mostrada en la figura 1-27a.
En la sección intermedia a-a, la distribución de esfuerzos es uniforme sobre toda la sección y se determina el área sombreada A, como se muestra
en la figura 1-27b.

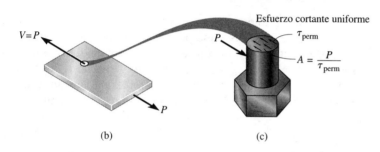

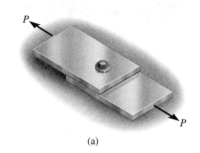

(a)

Fig. 1-28

Área de la sección transversal de un conector sometido a cor-
tante.
A menudo los pernos o pasadores se usan para conectar placas,
tablones o varios miembros entre sí. Por ejemplo, considere la junta tras-
lapada mostrada en la figura 1-28a. Si el perno está suelto o la fuerza de
agarre del perno es desconocida, es seguro suponer que cualquier fuerza
de fricción *entre* las placas es despreciable. El diagrama de cuerpo libre de
una sección que pasa *entre* las placas y a través del perno se muestra en
la figura 1-28b. El perno está sometido a una fuerza cortante interna resultante de $V = P$ en esta sección transversal. Suponiendo que el esfuerzo cortante que causa esta fuerza está *distribuido uniformemente* sobre la
sección transversal, el área A de la sección transversal del perno se determina como se muestra en la figura 1-28c.

Área requerida para resistir aplastamiento.
Un esfuerzo normal
producido por la compresión de una superficie contra otra se denomina
esfuerzo de aplastamiento. Si este esfuerzo es demasiado grande, puede
aplastar o deformar localmente una o ambas superficies. Por tanto, para
impedir una falla es necesario determinar el área apropiada de apoyo para el material, usando un esfuerzo de aplastamiento permisible. Por ejemplo, el área A de la placa B de base de la columna mostrada en la figura
1-29 se determina a partir del esfuerzo permisible de aplastamiento del
concreto, usando la ecuación $A = P/(\sigma_b)_{perm}$. Esto supone, desde luego,
que el esfuerzo permisible de aplastamiento para el concreto es menor que
el del material de la placa de base y además que el esfuerzo está uniformemente distribuido entre la placa y el concreto, como se muestra en la
figura.

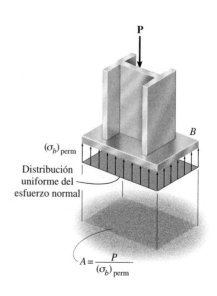

Fig. 1-29

(a)

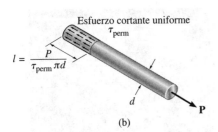

Esfuerzo cortante uniforme
τ_{perm}

$$l = \frac{P}{\tau_{\text{perm}}\,\pi d}$$

d

P

(b)

Fig. 1-30

Área requerida para resistir el cortante causado por carga axial.
Ocasionalmente las barras u otros miembros son soportados en forma tal que puede desarrollarse un esfuerzo cortante en el miembro aun cuando éste esté sometido a carga axial. Un ejemplo de esta situación sería una barra de acero cuyo extremo esté empotrado en concreto y se encuentre cargado como se muestra en la figura 1-30a. Un diagrama de cuerpo libre de la barra, figura 1-30b, muestra que un *esfuerzo cortante* actúa sobre el área de contacto de la barra con el concreto. Esta área es $(\pi d)l$, donde d es el diámetro de la barra y l es la longitud del empotramiento. Si bien la distribución real del esfuerzo cortante a lo largo de la barra sería difícil de determinar, si suponemos que es *uniforme,* podemos usar $A = V/\tau_{\text{perm}}$ para calcular l, siempre que conozcamos d y τ_{perm}, figura 1-30b.

PUNTOS IMPORTANTES

- El diseño de un miembro por resistencia se basa en la selección de un esfuerzo admisible que permita soportar con seguridad su carga propuesta. Hay muchos factores desconocidos que pueden influir en el esfuerzo real en un miembro y entonces, dependiendo de los usos propuestos para el miembro, se aplica un *factor de seguridad* para obtener la carga admisible que el miembro puede soportar.

- Los cuatro casos ilustrados en esta sección representan sólo unas pocas de las muchas aplicaciones de las fórmulas para los esfuerzos normal y cortante promedio usadas en el diseño y análisis en ingeniería. Sin embargo, siempre que esas ecuaciones son aplicadas, debe ser claro que la distribución del esfuerzo se supone *uniformemente distribuida* o "promediada" sobre la sección.

PROCEDIMIENTO DE ANÁLISIS

Al resolver problemas usando las ecuaciones del esfuerzo normal promedio y del esfuerzo cortante promedio, debe primero considerarse cuidadosamente sobre qué sección está actuando el esfuerzo crítico. Una vez identificada esta sección, el miembro debe entonces diseñarse con suficiente área en la sección para resistir el esfuerzo que actúe sobre ella. Para determinar esta área, se requieren los siguientes pasos.

Carga interna.

- Seccione el miembro por el área y dibuje un diagrama de cuerpo libre de un segmento del miembro. La fuerza interna resultante en la sección se determina entonces usando las ecuaciones de equilibrio.

Área requerida.

- Si se conoce o puede determinarse el esfuerzo permisible, el área requerida para soportar la carga en la sección se calcula entonces con $A = P/\sigma_{\text{perm}}$ o $A = V/\tau_{\text{perm}}$.

EJEMPLO 1.13

Los dos miembros están unidos por pasadores en B como se muestra en la figura 1-31a. Se muestran también en la figura dos vistas superiores de las conexiones por pasador en A y B. Si los pasadores tienen un esfuerzo cortante permisible $\tau_{\text{perm}} = 12.5$ klb/pulg^2 y el esfuerzo permisible de tensión de la barra CB es $(\sigma_t)_{\text{perm}} = 16.2$ klb/pulg^2, determine el diámetro más pequeño, con una aproximación a $\frac{1}{16}$ pulg, de los pasadores A y B y el diámetro de la barra CB, necesarios para soportar la carga.

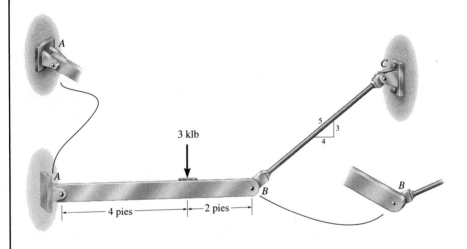

(a)

Fig. 1-31

Solución

La barra CB es un miembro de dos fuerzas; el diagrama de cuerpo libre del miembro AB, junto con las reacciones calculadas en A y B, se muestran en la figura 1-31b. Como ejercicio, verifique los cálculos y note que la *fuerza resultante* en A debe usarse para el diseño del pasador A, ya que ésta es la fuerza cortante que el pasador resiste.

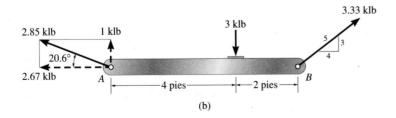

(b)

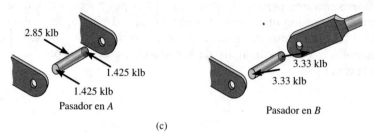

2.85 klb

1.425 klb

1.425 klb

Pasador en *A*

3.33 klb

3.33 klb

Pasador en *B*

(c)

Diámetro de los pasadores. De la figura 1-31*a* y los diagramas de cuerpo libre de la porción seccionada de cada pasador en contacto con el miembro *AB*, figura 1-31*c*, vemos que el pasador *A* está sometido a cortante doble, mientras que el pasador *B* está sometido a cortante simple. Entonces,

$$A_A = \frac{V_A}{T_{\text{perm}}} = \frac{1.425 \text{ klb}}{12.5 \text{ klb/pulg}^2} = 0.1139 \text{ pulg}^2 = \pi\left(\frac{d_A^2}{4}\right) \quad d_A = 0.381 \text{ pulg}$$

$$A_B = \frac{V_B}{T_{\text{perm}}} = \frac{3.333 \text{ klb}}{12.5 \text{ klb/pulg}^2} = 0.2667 \text{ pulg}^2 = \pi\left(\frac{d_B^2}{4}\right) \quad d_B = 0.583 \text{ pulg}$$

Aunque estos valores representan los diámetros *más pequeños* permisibles para los pasadores, deberá escogerse un tamaño de pasador *comercial*. Escogeremos un tamaño *mayor* con una aproximación a $\frac{1}{16}$ pulg como se requiere.

$$d_A = \tfrac{7}{16} \text{ pulg} = 0.4375 \text{ pulg} \qquad\qquad Resp.$$

$$d_B = \tfrac{5}{8} \text{ pulg} = 0.625 \text{ pulg} \qquad\qquad Resp.$$

Diámetro de la barra. El diámetro requerido para la barra en su sección media es entonces:

$$A_{BC} = \frac{P}{(\sigma_t)_{\text{perm}}} = \frac{3.333 \text{ klb}}{16.2 \text{ klb/pulg}^2} = 0.2058 \text{ pulg}^2 = \pi\left(\frac{d_{BC}^2}{4}\right)$$

$$d_{BC} = 0.512 \text{ pulg}$$

Escogeremos

$$d_{BC} = \tfrac{9}{16} \text{ pulg} = 0.5625 \text{ pulg} \qquad\qquad Resp.$$

EJEMPLO 1.14

El brazo de control está sometido a la carga mostrada en la figura 1-32a. Determine el diámetro requerido, con una aproximación de $\frac{1}{4}$ pulg, para el pasador de acero en C si el esfuerzo cortante permisible para el acero es $\tau_{perm} = 8$ lb/pulg^2. Advierta en la figura que el pasador está sometido a cortante doble.

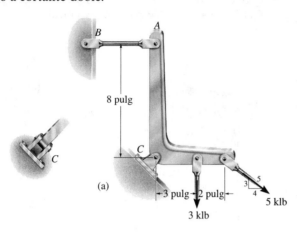

(a)

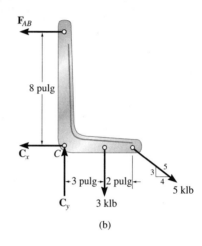

(b)

Solución

Fuerza cortante interna. Un diagrama de cuerpo libre del brazo se muestra en la figura 1-32b. Por equilibrio tenemos,

$$\downarrow+ \Sigma M_C = 0; \qquad F_{AB}(8 \text{ pulg}) - 3 \text{ klb}(3 \text{ pulg}) - 5 \text{ klp}(\tfrac{3}{5})(5 \text{ pulg}) = 0$$

$$F_{AB} = 3 \text{ klb}$$

$$\xrightarrow{+} \Sigma F_x = 0; \qquad -3 \text{ klb} - C_x + 5 \text{ klb}(\tfrac{4}{5}) = 0 \quad C_x = 1 \text{ klb}$$

$$+\uparrow \Sigma F_y = 0; \qquad C_y - 3 \text{ klb} - 5 \text{ klb}(\tfrac{3}{5}) = 0 \quad C_y = 6 \text{ klb}$$

El pasador en C resiste la fuerza resultante en C. Por lo tanto,

$$F_C = \sqrt{(1 \text{ klb})^2 + (6 \text{ klb})^2} = 6.082 \text{ klb}$$

Como el pasador está sometido a cortante doble, una fuerza cortante de 3.041 klb actúa sobre su área transversal *entre* el brazo y cada hoja de soporte para el pasador, figura 1-32c.

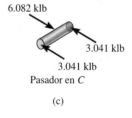

6.082 klb

3.041 klb

3.041 klb

Pasador en C

(c)

Fig. 1-32

Área requerida. Tenemos

$$A = \frac{V}{\tau_{perm}} = \frac{3.041 \text{ klb}}{8 \text{ klb/pulg}^2} = 0.3802 \text{ pulg}^2$$

$$\pi \left(\frac{d}{2}\right)^2 = 0.3802 \text{ pulg}^2$$

$$d = 0.696 \text{ pulg}$$

Usaremos un pasador con diámetro de

$$d = \tfrac{3}{4} \text{ pulg} = 0.750 \text{ pulg} \qquad\qquad Resp.$$

E J E M P L O 1.15

La barra colgante está soportada en su extremo por un disco circular empotrado a ella, como se muestra en la figura 1-33a. Si la barra pasa por un agujero con diámetro de 40 mm, determine el diámetro mínimo requerido de la barra y el espesor mínimo del disco necesario para soportar la carga de 20 kN. El esfuerzo normal permisible para la barra es σ_{perm} = 60 MPa y el esfuerzo cortante permisible para el disco es τ_{perm} = 35 MPa.

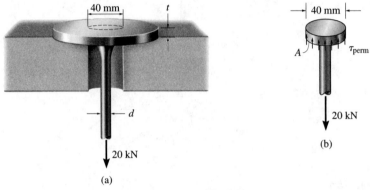

Fig. 1-33

Solución

Diámetro de la barra. Por inspección, la fuerza axial en la barra es de 20 kN. El área transversal requerida para la barra es entonces

$$A = \frac{P}{\sigma_{perm}} = \frac{20(10^3)\ N}{60(10^6)\ N/m^2} = 0.3333(10^{-3})\ m^2$$

De manera que

$$A = \pi\left(\frac{d^2}{4}\right) = 0.3333(10^{-2})\ m^2$$

$$d = 0.0206\ m = 20.6\ mm \qquad Resp.$$

Espesor del disco. Como se muestra en el diagrama de cuerpo libre de la sección del núcleo del disco, figura 1-33b, el material en el área seccionada debe resistir *esfuerzos cortantes* para impedir el movimiento del disco a través del agujero. Si se *supone* que este esfuerzo cortante está uniformemente distribuido sobre el área seccionada, entonces, como V = 20 kN, tenemos:

$$A = \frac{V}{\tau_{perm}} = \frac{20(10^3)\ N}{35(10^6)\ N/m^2} = 0.571(10^{-3})\ m^2$$

Como el área seccionada $A = 2\pi(0.02\ m)(t)$, el espesor requerido del disco es:

$$t = \frac{0.5714(10^{-3})\ m^2}{2\pi(0.02\ m)} = 4.55(10^{-3})\ m = 4.55\ mm \qquad Resp.$$

E J E M P L O 1.16

Una carga axial sobre la flecha mostrada en la figura 1-34*a* es resistida por el collarín en *C* que está unido a la flecha y localizado a la derecha del cojinete en *B*. Determine el máximo valor de *P* para las dos fuerzas axiales en *E* y *F*, de manera que el esfuerzo en el collarín no exceda un esfuerzo de aplastamiento permisible en *C* de $(\sigma_b)_{\text{perm}} = 75$ MPa y que el esfuerzo normal promedio en la flecha no exceda un esfuerzo de tensión permisible de $(\sigma_t)_{\text{perm}} = 55$ MPa.

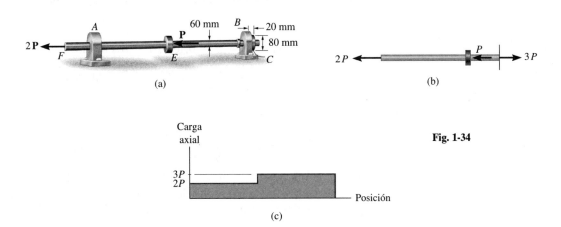

(a)   (b)

Carga axial

Fig. 1-34

(c)

Solución

Para resolver el problema determinaremos *P* para cada condición posible de falla. Luego escogeremos el valor *más pequeño*. ¿Por qué?

Esfuerzo normal.   Usando el método de las secciones, vemos que la carga axial dentro de la región *FE* de la flecha es 2*P*, mientras que la carga axial *máxima,* 3*P*, ocurre dentro de la región *EC*, figura 1-34*b*. La variación de la carga interna se ve claramente en el diagrama de fuerza normal, figura 1-34*c*. Como el área transversal de toda la flecha es constante, la región *EC* estará sometida al esfuerzo normal promedio máximo. Aplicando la ecuación 1-11, tenemos:

$$\sigma_{\text{perm}} = \frac{P}{A} \qquad 55(10^6)\ \text{N/m}^2 = \frac{3P}{\pi(0.03\ \text{m})^2}$$

$$P = 51.8\ \text{kN}$$

Esfuerzo de aplastamiento.   Como se muestra en el diagrama de cuerpo libre en la figura 1-34*d*, el collarín en *C* debe resistir la carga de 3*P*, que actúa sobre un área de apoyo de $A_b = [\pi(0.04\ \text{m})^2 - \pi(0.03\ \text{m})^2] = 2.199(10^{-3})\ \text{m}^2$. Entonces,

(d)

$$A = \frac{P}{\sigma_{\text{perm}}}; \qquad 75(10^6)\ \text{N/m}^2 = \frac{3P}{2.199(10^{-3})\ \text{m}^2}$$

$$P = 55.0\ \text{kN}$$

En comparación, la carga máxima que puede aplicarse a la flecha es *P* = 51.8 kN, ya que cualquier carga mayor que ésta ocasionará que el esfuerzo normal permisible en la flecha se exceda.

E J E M P L O 1.17

La barra rígida *AB* mostrada en la figura 1-35*a* está soportada por una barra de acero *AC* que tiene un diámetro de 20 mm y por bloque de aluminio que tiene un área transversal de 1800 mm^2. Los pasadores de diámetro de 18 mm en *A* y *C* están sometidos a *cortante simple*. Si el esfuerzo de falla para el acero y el aluminio son $(\sigma_{ac})_{falla}$ = 680 MPa y $(\sigma_{al})_{falla}$ = 70 MPa, respectivamente, y el esfuerzo cortante de falla para cada pasador es τ_{falla} = 900 MPa, determine la carga máxima *P* que puede aplicarse a la barra. Aplique un factor de seguridad FS de 2.

Solución

Usando las ecuaciones 1-9 y 1-10, los esfuerzos permisibles son

$$(\sigma_{ac})_{falla} = \frac{(\sigma_{ac})_{falla}}{FS} = \frac{680\ MPa}{2} = 340\ MPa$$

$$(\sigma_{al})_{falla} = \frac{(\sigma_{al})_{falla}}{FS} = \frac{70\ MPa}{2} = 35\ MPa$$

$$\tau_{falla} = \frac{\tau_{falla}}{FS} = \frac{900\ MPa}{2} = 450\ MPa$$

El diagrama de cuerpo libre para la barra se muestra en la figura 1-35*b*. Se tienen tres incógnitas. Aplicaremos aquí las ecuaciones de equilibrio para expresar F_{AC} y F_B en términos de la carga *P* aplicada. Tenemos

$$\zeta + \Sigma M_B = 0; \qquad P(1.25\ m) - F_{AC}(2\ m) = 0 \qquad (1)$$

$$\zeta + \Sigma M_A = 0; \qquad F_B(2\ m) - P(0.75\ m) = 0 \qquad (2)$$

Determinaremos ahora cada valor de *P* que genera el esfuerzo permisible en la barra, bloque y pasadores, respectivamente.

Barra AC. Se requiere

$$F_{AC} = (\sigma_{ac})_{perm}(A_{AC}) = 340(10^6)\ N/m^2[\pi(0.01\ m)^2] = 106.8\ kN$$

Usando la ecuación 1,

$$P = \frac{(106.8\ kN)(2\ m)}{1.25\ m} = 171\ kN$$

Bloque B. En este caso,

$$F_B = (\sigma_{al})_{perm}A_B = 35(10^6)\ N/m^2[1800\ mm^2(10^{-6})\ m^2/mm^2] = 63.0\ kN$$

Usando la ecuación 2,

$$P = \frac{(63.0\ kN)(2\ m)}{0.75\ m} = 168\ kN$$

Pasador A o C. Aquí

$$V = F_{AC} = \tau_{perm}A = 450(10^6)\ N/m^2[\pi(0.009\ m)^2] = 114.5\ kN$$

De la ecuación 1,

$$P = \frac{114.5\ kN(2\ m)}{1.25\ m} = 183\ kN$$

Por comparación, cuando *P* alcanza su *valor más pequeño* (168 kN), se genera el esfuerzo normal permisible en el bloque de aluminio. Por consiguiente,

$$P = 168\ kN \qquad\qquad Resp.$$

PROBLEMAS

*1-80. El miembro B está sometido a una fuerza de compresión de 800 lb. Si A y B están hechos de madera y tienen $\frac{3}{8}$ pulg de espesor, determine con una aproximación de $\frac{1}{4}$ pulg la dimensión h más pequeña del soporte para que el esfuerzo cortante promedio no sea mayor que $\tau_{\text{perm}} = 300$ lb/pulg^2.

1-82. La junta está conectada por medio de dos pernos. Determine el diámetro requerido de los pernos si el esfuerzo cortante permisible en los pernos es $\tau_{\text{perm}} = 110$ MPa. Suponga que cada perno soporta una porción igual de la carga.

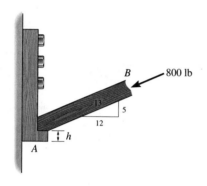

Prob. 1-80

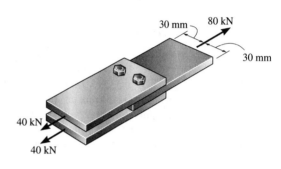

Prob. 1-82

1-81. El poste de roble de 60×60 mm está soportado por el bloque de pino. Si los esfuerzos permisibles por aplastamiento en esos materiales son $\sigma_{\text{roble}} = 43$ MPa y $\sigma_{\text{pino}} = 25$ MPa, determine la carga máxima P que puede ser soportada. Si se usa una placa rígida de apoyo entre los dos materiales, determine su área requerida de manera que la carga máxima P pueda ser soportada. ¿Qué valor tiene esta carga?

1-83. La palanca está unida a la flecha A por medio de una chaveta de ancho d y longitud de 25 mm. Si la flecha está empotrada y se aplica una fuerza vertical de 200 N perpendicular al mango, determine la dimensión d si el esfuerzo cortante permisible en la chaveta es $\tau_{\text{perm}} = 35$ MPa.

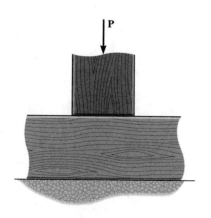

Prob. 1-81

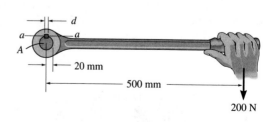

Prob. 1-83

*1-84. El tamaño a del filete se determina calculando el esfuerzo cortante promedio a lo largo del plano sombreado que tenga la menor sección transversal. Determine el tamaño a más pequeño de los dos cordones si la fuerza aplicada a la placa es $P = 20$ klb. El esfuerzo cortante permisible para el material de la soldadura es $\tau_{perm} = 14$ klb/pulg^2.

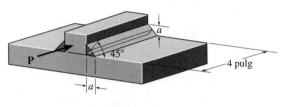

Prob. 1-84

1-85. El tamaño del cordón de soldadura es $a = 0.25$ pulg. Si se supone que la junta falla por cortante en ambos lados del bloque a lo largo del plano sombreado, el cual tiene la sección transversal más pequeña, determine la fuerza máxima P que puede aplicarse a la placa. El esfuerzo cortante permisible para el material de la soldadura es $\tau_{perm} = 14$ klb/pulg^2.

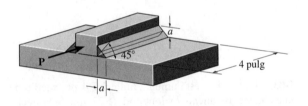

Prob. 1-85

1-86. El miembro a tensión está ensamblado por medio de *dos* pernos, uno a cada lado del miembro como se muestra. Cada perno tiene un diámetro de 0.3 pulg. Determine la carga máxima P que puede aplicarse al miembro si el esfuerzo cortante permisible para los pernos es $\tau_{perm} = 12$ klb/pulg^2 y el esfuerzo normal promedio permisible es $\sigma_{perm} = 20$ klb/pulg^2.

Prob. 1-86

1-87. El manguito de un eslabón giratorio en el control elevador de un avión se mantiene en posición usando una tuerca y una arandela como se muestra en la figura (a). La falla de la arandela A puede ocasionar que la barra de empuje se separe como se muestra en la figura (b). Si el esfuerzo normal promedio máximo para la arandela es $\sigma_{máx} = 60$ klb/pulg^2 y el esfuerzo cortante promedio máximo es $\tau_{máx} = 21$ klb/pulg^2, determine la fuerza **F** que debe aplicarse al manguito para que ocurra la falla. La arandela tiene $\frac{1}{16}$ pulg de espesor.

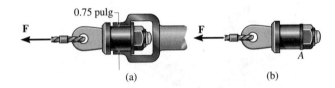

Prob. 1-87

*1-88. Los dos alambres de acero AB y AC se usan para soportar la carga. Si ambos alambres tienen un esfuerzo de tensión permisible de $\sigma_{perm} = 200$ MPa, determine el diámetro requerido de cada alambre si la carga aplicada es $P = 5$ kN.

1-89. Los dos cables de acero AB y AC se usan para soportar la carga. Si ambos alambres tienen un esfuerzo de tensión permisible de $\sigma_{perm} = 180$ MPa, y el alambre AB tiene un diámetro de 6 mm y AC tiene un diámetro de 4 mm, determine la mayor fuerza P que puede aplicarse a la cadena antes de que falle uno de los alambres.

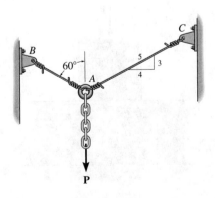

Probs. 1-88/89

1-90. El brazo de la grúa está soportado por el cable de un malacate que tiene un diámetro de 0.25 pulg y un esfuerzo normal permisible de $\sigma_{\text{perm}} = 24 \text{ klb/pulg}^2$. Determine la carga máxima que puede ser soportada sin que el cable falle cuando $\theta = 30°$ y $\phi = 45°$. Desprecie el tamaño del malacate.

1-91. El brazo está soportado por el cable del malacate que tiene un esfuerzo normal permisible de $\sigma_{\text{perm}} = 24 \text{ klb/pulg}^2$. Si se requiere que el cable levante lentamente 5000 lb, de $\theta = 20°$ a $\theta = 50°$, determine el diámetro más pequeño del cable con una aproximación de $\frac{1}{16}$ pulg. El brazo AB tiene una longitud de 20 pies. Desprecie el tamaño del malacate.

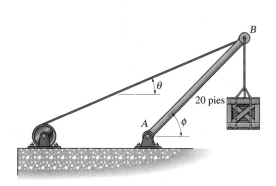

Probs. 1-90/91

1-93. La viga está hecha de pino del sur y está soportada por placas de base que descansan en mampostería. Si los esfuerzos permisibles de aplastamiento para los materiales son $(\sigma_{\text{pino}})_{\text{perm}} = 2.81 \text{ klb/pulg}^2$, $(\sigma_{\text{mamp}})_{\text{perm}} = 6.70 \text{ klb/pulg}^2$, determine la longitud requerida para las placas de apoyo en A y B, con una aproximación de $\frac{1}{4}$ pulg, para soportar la carga mostrada. Las placas tienen 3 pulg de ancho.

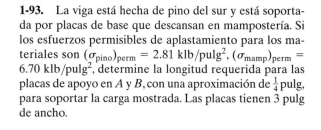

6 klb
200 lb/pie
A
B
5 pies — 5 pies — 3 pies

Prob. 1-93

1-94. Si el esfuerzo permisible de aplastamiento para el material bajo los soportes A y B es $(\sigma_b)_{\text{perm}} = 400 \text{ lb/pulg}^2$, determine el tamaño de las placas *cuadradas* de apoyo A' y B' requeridas para soportar la carga. Considere $P = 1.5 \text{ klb}$. Dimensione las placas con una aproximación de $\frac{1}{2}$ pulg. Las reacciones en los soportes son verticales.

1-95. Si el esfuerzo permisible por aplastamiento para el material bajo los soportes A y B es $(\sigma_b)_{\text{perm}} = 400 \text{ lb/pulg}^2$, determine la carga **P** máxima que puede aplicarse a la viga. Las placas de apoyo A' y B' tienen sección cuadrada de 2×2 pulg y 4×4 pulg, respectivamente.

*1-92. La armadura se usa para soportar la carga mostrada. Determine el área requerida de la sección transversal del miembro BC si el esfuerzo normal permisible es $\sigma_{\text{perm}} = 24 \text{ klb/pulg}^2$.

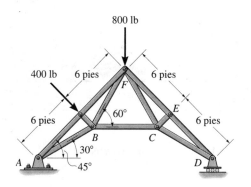

800 lb
400 lb
6 pies
6 pies
F
E
60°
6 pies
6 pies
B
C
30°
45°
A
D

Prob. 1-92

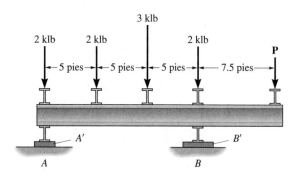

3 klb
2 klb   2 klb
2 klb
P
5 pies — 5 pies — 5 pies — 7.5 pies
A'
B'
A
B

Probs. 1-94/95

*1-96. Determine el área transversal requerida en el miembro *BC* y el diámetro de los pasadores en *A* y *B* si el esfuerzo normal permisible es σ_{perm} = 3 klb/pulg^2 y el esfuerzo cortante permisible es τ_{perm} = 4 klb/pulg^2.

1-98. Las dos barras de aluminio *AB* y *AC* tienen diámetros de 10 mm y 8 mm, respectivamente. Determine la fuerza **P** máxima vertical que puede ser soportada. El esfuerzo permisible de tensión para el aluminio es σ_{perm} = 150 MPa.

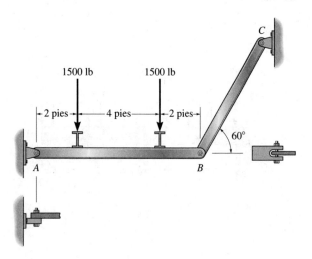

Prob. 1-96

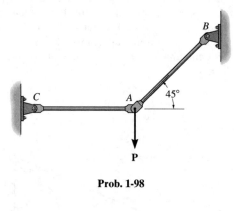

Prob. 1-98

1-99. Las ménsulas soportan uniformemente la viga, por lo que se supone que los cuatro clavos en cada ménsula soportan una porción igual de la carga. Si la viga está sometida a la carga mostrada, determine el esfuerzo cortante promedio en cada clavo de la ménsula en los extremos *A* y *B*. Cada clavo tiene un diámetro de 0.25 pulg. Las ménsulas soportan sólo cargas verticales.

*1-100. Las ménsulas soportan uniformemente la viga, por lo que se supone que los cuatro clavos de cada ménsula soportan porciones iguales de la carga. Determine el diámetro más pequeño de los clavos en *A* y *B* si el esfuerzo cortante permisible para los clavos es τ_{perm} = 4 klb/pulg^2. Las ménsulas soportan sólo cargas verticales.

1-97. Las dos barras de aluminio soportan la fuerza vertical de *P* = 20 kN. Determine sus diámetros requeridos si el esfuerzo permisible de tensión para el aluminio es de σ_{perm} = 150 MPa.

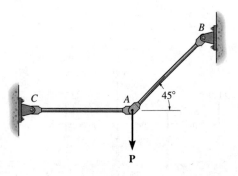

Prob. 1-97

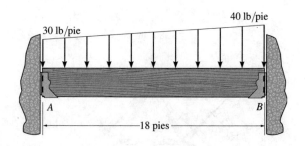

Probs. 1-99/100

1-101. La viga atirantada se usa para soportar una carga distribuida de $w = 0.8$ klb/pie. Determine el esfuerzo cortante promedio en el perno en A de 0.40 pulg de diámetro y el esfuerzo de tensión promedio en el tirante AB que tiene un diámetro de 0.5 pulg. Si el esfuerzo de fluencia en cortante para el perno es $\tau_y = 25$ klb/pulg^2 y el esfuerzo de fluencia en tensión para el tirante es $\sigma_y = 38$ klb/pulg^2, determine el factor de seguridad con respecto a la fluencia en cada caso.

1-102. Determine la intensidad w máxima de la carga distribuida que puede ser soportada por la viga atirantada de manera que no se exceda un esfuerzo cortante permisible $\tau_{\text{perm}} = 13.5$ klb/pulg^2 en los pernos de 0.40 pulg de diámetro en A y B, ni que se exceda tampoco un esfuerzo permisible de tensión $\sigma_{\text{perm}} = 22$ klb/pulg^2 en el tirante AB de 0.5 pulg de diámetro.

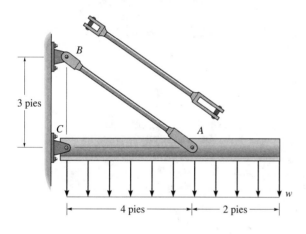

Probs. 1-101/102

1-103. La viga atirantada se usa para soportar la carga distribuida de $w = 500$ lb/pie. Determine el factor de seguridad con respecto a la fluencia en el tirante de acero BC y en los pasadores en B y C si el esfuerzo de fluencia para el acero en tensión es $\sigma_y = 36$ klb/pulg^2 y en cortante es $\tau_y = 18$ klb/pulg^2. El tirante tiene un diámetro de 0.4 pulg y los pasadores tienen cada uno un diámetro de 0.30 pulg.

*1-104. Si el esfuerzo cortante permisible para cada uno de los pasadores de acero de 0.3 pulg de diámetro en A, B y C es $\tau_{\text{perm}} = 12.5$ klb/pulg^2 y el esfuerzo normal permisible para la barra de 0.40 pulg de diámetro es $\sigma_{\text{perm}} = 22$ klb/pulg^2, determine la intensidad w máxima de la carga uniformemente distribuida que puede colgarse de la viga.

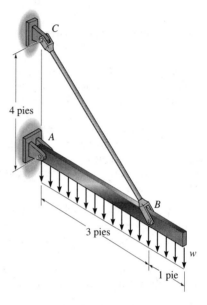

Probs. 1-103/104

1-105. Las dos partes de la viga de madera están conectadas entre sí por un perno en B. Suponiendo que las conexiones en A, B, C y D ejercen sólo fuerzas verticales sobre la viga, determine el diámetro requerido del perno en B y el diámetro exterior requerido de sus arandelas si el esfuerzo permisible de tensión para el perno es $(\sigma_t)_{\text{perm}} = 150$ MPa y el esfuerzo permisible por aplastamiento para la madera es $(\sigma_b)_{\text{perm}} = 28$ MPa. Suponga que el agujero en las arandelas tiene el mismo diámetro que el perno.

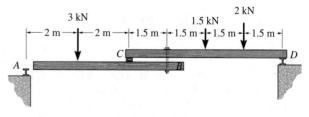

Prob. 1-105

1-106. La barra se mantiene en equilibrio por los soportes de pasador en A y en B. Observe que el soporte en A tiene una sola hoja y por lo tanto el pasador está sometido a cortante simple, mientras que el soporte en B tiene dos hojas y su pasador está sometido a cortante doble. El esfuerzo cortante permisible para ambos pasadores es $\tau_{perm} = 150$ MPa. Si se coloca sobre la barra una carga uniformemente distribuida $w = 8$ kN/m, determine su posición mínima permisible x medida desde B. Los pasadores en A y en B tienen cada uno un diámetro de 8 mm. Desprecie cualquier fuerza axial en la barra.

1-107. La barra se mantiene en equilibrio por los soportes de pasador en A y en B. Note que el soporte en A tiene una sola hoja y por lo tanto el pasador está sometido a cortante simple, mientras que el soporte en B tiene dos hojas y su pasador está sometido a cortante doble. El esfuerzo cortante permisible para ambos pasadores es $\tau_{perm} = 125$ MPa. Si $x = 1$ m, determine la carga w distribuida máxima que la barra puede soportar. Los pasadores A y B tienen cada uno un diámetro de 8 mm. Desprecie cualquier fuerza axial en la barra.

*1-108. La barra se mantiene en equilibrio por los soportes de pasador en A y en B. Note que el soporte en A tiene una sola hoja y por lo tanto el pasador está sometido a cortante simple, mientras que el soporte en B tiene dos hojas y su pasador está sometido a cortante doble. El esfuerzo cortante permisible para ambos pasadores es $\tau_{perm} = 125$ MPa. Si $x = 1$ m y $w = 12$ kN/m, determine el menor diámetro requerido para los pasadores A y B. Desprecie cualquier fuerza axial en la barra.

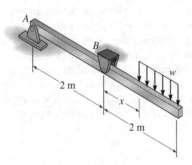

Probs. 1-106/107/108

1-109. El pasador está sometido a cortante doble ya que se usa para conectar los tres eslabones entre sí. Debido al desgaste, la carga está distribuida sobre las partes superior e inferior del pasador como se muestra en el diagrama de cuerpo libre. Determine el diámetro d del pasador si el esfuerzo cortante permisible es $\tau_{perm} = 10$ klb/pulg^2 y la carga $P = 8$ klb. Determine también las intensidades de carga w_1 y w_2.

1-110. El pasador está sometido a cortante doble ya que se usa para conectar los tres eslabones entre sí. Debido al desgaste, la carga está distribuida sobre las partes superior e inferior del pasador como se muestra en el diagrama de cuerpo libre. Determine la máxima carga P que la conexión puede soportar si el esfuerzo cortante permisible para el material es $\tau_{perm} = 8$ klb/pulg^2 y el diámetro del pasador es de 0.5 pulg. Determine también las intensidades de carga w_1 y w_2.

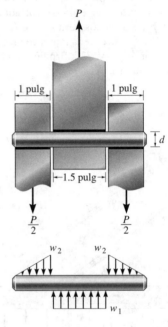

Probs. 1-109/110

1-111. El cojinete de empuje consiste en un collarín circular A fijo a la flecha B. Determine la fuerza axial P máxima que puede aplicarse a la flecha de manera que el esfuerzo cortante a lo largo de la superficie cilíndrica a o b no sea mayor que el esfuerzo cortante permisible $\tau_{perm} = 170$ MPa.

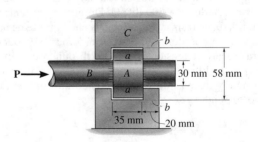

Prob. 1-111

REPASO DEL CAPÍTULO

- Las cargas internas en un cuerpo consisten en una fuerza normal, una fuerza cortante, un momento flexionante y un momento torsionante. Estas cargas internas representan las resultantes de las distribuciones de esfuerzos normales y de esfuerzos cortantes que actúan sobre la sección transversal. Para obtener esas resultantes, use el método de las secciones y las ecuaciones de equilibrio.

- Si una barra está hecha de material homogéneo isotrópico y está sometida a una serie de cargas axiales externas que pasan por el centroide de la sección transversal, entonces una distribución uniforme de esfuerzo normal actuará sobre la sección transversal. Este esfuerzo normal promedio puede ser determinado de $\sigma = P/A$, donde P es la carga axial interna en la sección.

- El esfuerzo cortante promedio puede ser determinado usando $\tau V/A$, donde V es la fuerza cortante resultante sobre el área de la sección transversal A. Esta fórmula se usa a menudo para encontrar el esfuerzo cortante promedio en sujetadores o en partes usadas para conexiones.

- El diseño de cualquier conexión simple requiere que el esfuerzo promedio a lo largo de cualquier sección transversal no exceda un factor de seguridad o un valor permisible de σ_{perm} o τ_{perm}. Esos valores se dan en códigos o reglamentos y se consideran seguros con base en experimentos o experiencia.

PROBLEMAS DE REPASO

*1-112. Un perno atraviesa una placa de 30 mm de espesor. Si la fuerza en el vástago del perno es de 8 kN, determine el esfuerzo normal promedio en el vástago, el esfuerzo cortante promedio a lo largo del área cilíndrica de la placa definida por las líneas *a-a* y el esfuerzo cortante promedio en la cabeza del perno a lo largo del área cilíndrica definida por las líneas *b-b*.

1-114. Determine las cargas internas resultantes que actúan sobre las secciones transversales por los puntos D y E de la estructura.

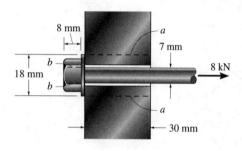

Prob. 1-112

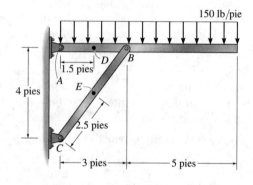

Prob. 1-114

1-113. La estructura de dos miembros está sometida a la carga mostrada. Determine el esfuerzo normal promedio y el esfuerzo cortante promedio que actúan en las secciones *a-a* y *b-b*. El miembro CB tiene una sección transversal cuadrada de 2 pulg por lado.

1-115. La barra BC está hecha de acero cuyo esfuerzo permisible de tensión es $\sigma_{\text{perm}} = 155$ MPa. Determine su diámetro más pequeño para que pueda soportar la carga mostrada. Suponga que la viga está conectada por un pasador en A.

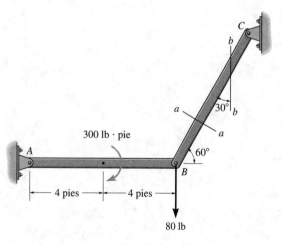

Prob. 1-113

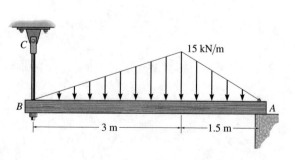

Prob. 1-115

*1-116. La columna tiene un área transversal de $12(10^3)$ mm². Está sometida a una fuerza axial de 50 kN. Si la placa de base a la cual la columna está unida tiene una longitud de 250 mm, determine su ancho d de manera que el esfuerzo de aplastamiento promedio en el suelo bajo la placa sea la tercera parte del esfuerzo de compresión promedio en la columna. Esboce la distribución de esfuerzos que actúan sobre la sección transversal de la columna y en el fondo de la placa de base.

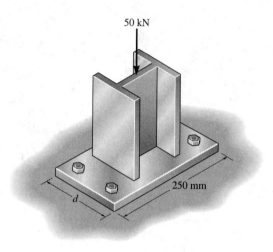

Prob. 1-116

1-117. La viga AB está soportada por un pasador en A y por un cable BC. *Otro* cable CG se usa para sostener la estructura. Si AB pesa 120 lb/pie y la columna FC pesa 180 lb/pie, determine las cargas internas resultantes que actúan sobre las secciones transversales por los puntos D y E. Desprecie los anchos de la viga y de la columna en el cálculo.

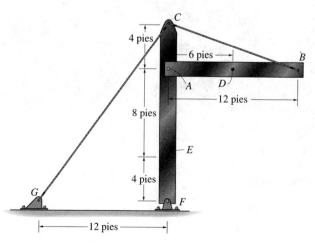

Prob. 1-117

1-118. La polea se mantiene fija a la flecha de 20 mm de diámetro por medio de una chaveta que se inserta en una ranura de la polea y de la flecha. Si la carga suspendida tiene una masa de 50 kg, determine el esfuerzo cortante promedio en la chaveta a lo largo de la sección a-a. La chaveta tiene una sección transversal cuadrada de 5 mm por 5 mm y 12 mm de longitud.

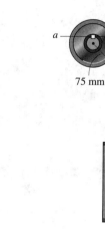

Prob. 1-118

1-119. La conexión de barra y grillete está sometida a una fuerza de tensión de 5 kN. Determine el esfuerzo normal promedio en cada barra y el esfuerzo cortante promedio en el pasador A entre los miembros.

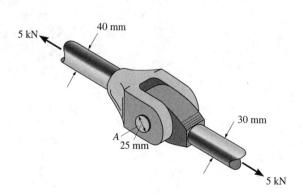

Prob. 1-119

Esfuerzos excesivos en materiales frágiles, como en este estribo de concreto,
generan deformaciones que terminan fracturándolo. Por medio de mediciones
de la deformación unitaria, los ingenieros pueden predecir el esfuerzo en el
material.

Deformación unitaria

En ingeniería, la deformación de un cuerpo se especifica usando el concepto de deformación unitaria tanto normal como cortante. En este capítulo definiremos esas cantidades y mostraremos cómo pueden evaluarse en diversos tipos de problemas.

2.1   Deformación

Cuando se aplica una fuerza a un cuerpo, ésta tiende a cambiar la forma y tamaño del cuerpo. A esos cambios se les llama *deformación* y ésta puede ser visible o prácticamente inadvertida si no se emplea el equipo apropiado para hacer mediciones precisas. Por ejemplo, una banda de hule experimentará una deformación muy grande cuando se estira. En cambio, en un edificio sólo ocurrirán deformaciones ligeras en sus miembros estructurales debido a la carga de sus ocupantes. Un cuerpo también puede deformarse cuando la temperatura del cuerpo cambia. Un ejemplo común es la expansión o la contracción térmica de un techo causada por el clima.

Observe las posiciones antes y después de tres segmentos de línea diferentes sobre esta membrana de hule sometida a tensión. La línea vertical se alarga, la línea horizontal se acorta y la línea inclinada cambia de longitud y gira.

En sentido general, la deformación de un cuerpo no será uniforme a través de su volumen, por lo que el cambio en la geometría de un segmento de línea dentro del cuerpo puede variar a lo largo de su longitud. Por ejemplo, una porción de la línea puede alargarse, mientras que otra porción puede contraerse. Sin embargo, según se consideran segmentos de línea cada vez más cortos, éstos permanecerán también cada vez más rectos después de la deformación, y así, para estudiar los cambios por deformación de manera más ordenada, consideraremos que las líneas son muy cortas y están localizadas en la vecindad de un punto. Al hacerlo así, debe ser claro que cualquier segmento de línea localizado en un punto del cuerpo cambiará en una cantidad diferente respecto a otro localizado en algún otro punto. Además, estos cambios dependerán también de la orientación del segmento de línea en el punto. Por ejemplo, un segmento de línea puede alargarse si está orientado en una dirección, mientras que puede contraerse si está orientado en otra dirección.

2.2 Deformación unitaria

Con objeto de describir la deformación por cambios en la longitud de segmentos de líneas y los cambios en los ángulos entre ellos, desarrollaremos el concepto de deformación unitaria. Las mediciones de deformación unitaria se hacen en realidad por medio de experimentos, y una vez que las deformaciones unitarias han sido obtenidas, se mostrará, más adelante en este texto, cómo pueden relacionarse con las cargas aplicadas, o esfuerzos, que actúan dentro del cuerpo.

Deformación unitaria normal. El alargamiento o contracción de un segmento de línea por unidad de longitud se llama *deformación unitaria normal*. Para desarrollar una definición formal de la deformación unitaria normal, consideremos la línea *AB* que está contenida dentro del cuerpo no deformado mostrado en la figura 2-1a. Esta línea está situada a lo largo del eje *n* y tiene una longitud inicial Δs. Después de la deformación, los puntos *A* y *B* se desplazan a los puntos *A'* y *B'* y la línea recta se convierte en curva con longitud $\Delta s'$, figura 2-1b. El cambio en longitud de la línea es entonces $\Delta s' - \Delta s$. Si definimos la *deformación unitaria normal promedio* usando el símbolo ϵ_{prom} (épsilon), entonces:

$$\epsilon_{\text{prom}} = \frac{\Delta s' - \Delta s}{\Delta s} \qquad (2\text{-}1)$$

A medida que el punto *B* se escoge cada vez más cercano al punto *A*, la longitud de la línea se vuelve cada vez más corta, de tal modo que $\Delta s \rightarrow 0$. Igualmente, esto causa que *B'* se aproxime a *A'*, de modo que $\Delta s' \rightarrow 0$. Por consiguiente, la deformación unitaria normal en el *punto A* y en la dirección de *n*, es en el límite:

$$\epsilon = \lim_{B \rightarrow A \text{ a lo largo de } n} \frac{\Delta s' - \Delta s}{\Delta s} \qquad (2\text{-}2)$$

Si se conoce la deformación unitaria normal, podemos usar esta ecuación para obtener la longitud final aproximada de un segmento *corto* de línea en la dirección de *n*, después de que ha sido deformado.

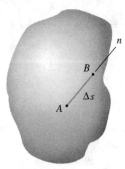

Cuerpo no deformado

(a)

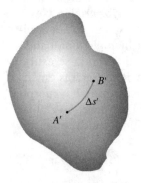

Cuerpo deformado

(b)

Fig. 2-1

Tenemos:

$$\Delta s' \approx (1 + \epsilon)\, \Delta s \qquad (2\text{-}3)$$

Por tanto, cuando ϵ es positiva, la línea inicial se alargará, mientras que si ϵ es negativa, la línea se contraerá.

Unidades. Note que la deformación unitaria normal es una *cantidad adimensional*, ya que es una relación entre dos longitudes. Aunque éste es el caso, es una práctica común establecerla en términos de una relación de unidades de longitud. Si se usa el sistema SI, entonces las unidades básicas serán metro/metro (m/m). Ordinariamente, en la mayoría de las aplicaciones ingenieriles, ϵ será muy pequeña, así que las mediciones del alargamiento son micrómetros por metro (μm/m), donde $1\ \mu$m $= 10^{-6}$ m. En el sistema pie-libra-segundo, la deformación unitaria puede ser establecida en unidades de pulgadas por pulgadas (pulg/pulg). En trabajos experimentales, a veces se expresa el alargamiento como un porcentaje, es decir, 0.001 m/m = 0.1%. Como ejemplo, un alargamiento normal de $480(10^{-6})$ puede ser reportado como $480(10^{-6})$ pulg/pulg, 480 μm/m o como 0.0480%. También se puede establecer esta respuesta simplemente como 480 μ (480 "micras").

Deformación unitaria cortante. El cambio en el ángulo que ocurre entre dos segmentos de línea inicialmente *perpendiculares* entre sí se llama *deformación unitaria cortante*. Este ángulo se denota por γ (gamma) y se mide en radianes. Para mostrar cómo se desarrolla, consideremos los segmentos de línea AB y AC partiendo desde el mismo punto A en un cuerpo, y dirigidos a lo largo de los ejes perpendiculares n y t, figura 2-2a. Después de la deformación, los extremos de las líneas se desplazan, y las líneas mismas se vuelven curvas, de modo que el ángulo entre ellas en A es θ', figura 2-2b. De aquí definimos la deformación unitaria cortante en el punto A que está asociada con los ejes n y t como:

$$\gamma_{nt} = \frac{\pi}{2} - \lim_{\substack{B \to A \text{ a lo largo de } n \\ C \to A \text{ a lo largo de } t}} \theta' \qquad (2\text{-}4)$$

Note que si θ' es menor que $\pi/2$, la deformación unitaria cortante es positiva, mientras que si θ' es mayor que $\pi/2$, la deformación unitaria cortante es negativa.

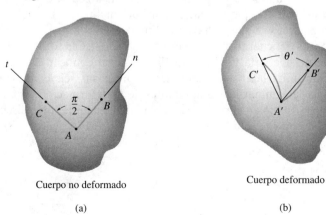

Cuerpo no deformado

(a)

Cuerpo deformado

(b)

Fig. 2-2

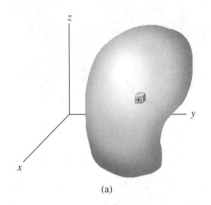

(a)

Elemento no
deformado

(b)

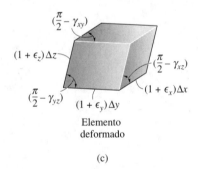

Elemento
deformado

(c)

Fig. 2-3

Componentes cartesianas de la deformación unitaria. Usando las definiciones anteriores de la deformación unitaria normal y cortante, mostraremos ahora cómo pueden utilizarse para describir la deformación del cuerpo mostrado en la figura 2-3a. Para hacerlo, imaginemos que el cuerpo está subdividido en pequeños elementos como el que se muestra en la figura 2-3b. Este elemento es rectangular, tiene dimensiones no deformadas Δx, Δy, Δz y está ubicado en la vecindad de un punto en el cuerpo, figura 2-3a. Suponiendo que las dimensiones del elemento son muy pequeñas, la forma deformada del elemento, como se muestra en la figura 2-3c, será la de un paralelepípedo, ya que segmentos de línea muy pequeños permanecerán aproximadamente rectos después de que el cuerpo se haya deformado. Con objeto de obtener esta forma deformada, podemos primero considerar cómo la deformación unitaria normal cambia las longitudes de los lados del elemento rectangular, y luego cómo la deformación unitaria cortante cambia los ángulos de cada lado. Por tanto, usando la ecuación 2-3, $\Delta s' \approx (1 + \epsilon)\,\Delta s$, con referencia a las líneas Δx, Δy y Δz, las longitudes aproximadas de los lados del paralelepípedo son:

$$(1 + \epsilon_x)\,\Delta x \qquad (1 + \epsilon_y)\,\Delta y \qquad (1 + \epsilon_z)\,\Delta z$$

y los ángulos aproximados entre los lados, de nuevo originalmente definidos por los lados Δx, Δy y Δz, son:

$$\frac{\pi}{2} - \gamma_{xy} \qquad \frac{\pi}{2} - \gamma_{yz} \qquad \frac{\pi}{2} - \gamma_{xz}$$

En particular, advierta que las ***deformaciones unitarias normales causan un cambio en el volumen*** del elemento rectangular, mientras que las ***deformaciones unitarias cortantes causan un cambio en su forma***. Por supuesto ambos efectos ocurren simultáneamente durante la deformación.

En resumen, el *estado de deformación unitaria* en un punto del cuerpo requiere que se especifiquen tres deformaciones unitarias normales, ϵ_x, ϵ_y, ϵ_z, y tres deformaciones unitarias cortantes γ_{xy}, γ_{yz}, γ_{xz}. Estas deformaciones unitarias describen completamente la deformación de un elemento de volumen rectangular del material ubicado en el punto y orientado de manera que sus lados sean originalmente paralelos a los ejes *x*, *y* y *z*. Una vez que se hayan definido estos alargamientos en todos los puntos del cuerpo, podrá entonces describirse la forma deformada del cuerpo. Debería también añadirse que, al conocer el estado de deformación unitaria en un punto, definido por sus seis componentes, será posible determinar las componentes de la deformación unitaria en un elemento situado en el punto y orientado en cualquier otra dirección. Veremos esto en el capítulo 10.

Análisis con deformaciones unitarias pequeñas. La mayor parte de los diseños de ingeniería implican aplicaciones para las cuales se permiten solamente *deformaciones muy pequeñas*. Por ejemplo, casi todas las estructuras y máquinas aparentan ser rígidas, y las deformaciones que ocurren durante el uso apenas son advertidas. Además, aunque la deflexión de un miembro tal como una placa delgada o una barra esbelta puede parecer grande, el material del cual están hechos puede estar sometido sólo a deformaciones muy pequeñas. En este texto, por tanto, supondremos que las deformaciones que tienen lugar dentro de un cuerpo son casi infinitesimales, de modo que las *deformaciones unitarias normales* que ocurran dentro del material serán *muy pequeñas* comparadas con la unidad, esto es, $\epsilon \ll 1$. Esta hipótesis, basada en la magnitud de la deformación unitaria, tiene amplia aplicación práctica en ingeniería y su aplicación se denomina a menudo *análisis de deformaciones unitarias pequeñas*. Por ejemplo, este análisis nos permite efectuar las aproximaciones sen $\theta = \theta$, cos $\theta = 1$ y tan $\theta = \theta$, siempre que θ sea muy pequeña.

El soporte de hule bajo esta trabe de un puente de concreto, está sometido a deformaciones unitarias normales y cortantes. La deformación unitaria normal es causada por el peso y las cargas de puente sobre la trabe, y la deformación unitaria cortante es causada por el movimiento horizontal de la trabe debido a cambios de temperatura.

PUNTOS IMPORTANTES

- Las cargas ocasionan que todos los cuerpos materiales se deformen y, como resultado, los puntos en el cuerpo sufrirán *desplazamientos* o *cambios de posición*.

- La *deformación unitaria normal* es una medida del alargamiento o contracción de un pequeño segmento de línea del cuerpo, mientras que la *deformación unitaria cortante* es una medida del cambio angular que ocurre entre dos pequeños segmentos de línea originalmente perpendiculares entre sí.

- El estado de deformación unitaria en un punto está caracterizado por seis componentes de deformación unitaria: tres deformaciones unitarias normales ϵ_x, ϵ_y, ϵ_z, y tres deformaciones unitarias cortantes γ_{xy}, γ_{yz}, γ_{xz}. Estas componentes dependen de la orientación de los segmentos de línea y de sus localizaciones en el cuerpo.

- La deformación unitaria es una cantidad geométrica que se mide usando técnicas experimentales. Una vez obtenida, el esfuerzo en el cuerpo puede ser determinado a partir de relaciones entre propiedades del material.

- La mayoría de los materiales de la ingeniería experimentan deformaciones pequeñas y por lo tanto la deformación unitaria normal $\epsilon \ll 1$. Esta hipótesis del "análisis de pequeñas deformaciones unitarias" permite que los cálculos de las deformaciones unitarias normales se simplifiquen ya que pueden hacerse aproximaciones de primer orden respecto a su tamaño.

EJEMPLO 2.1

La barra esbelta mostrada en la figura 2-4 está sometida a un incremento de temperatura a lo largo de su eje, que genera una deformación unitaria normal en la barra de $\epsilon_z = 40(10^{-3})z^{1/2}$, donde z está dada en metros. Determine (a) el desplazamiento del extremo B de la barra debido al incremento de temperatura, y (b) la deformación unitaria normal promedio en la barra.

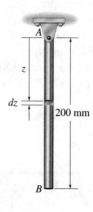

Fig. 2-4

Solución

Parte (a). Como la deformación unitaria normal está dada en cada punto a lo largo de la barra, un segmento diferencial dz, localizado en la posición z, figura 2-4, tiene una longitud deformada que puede determinarse con la ecuación 2-3; o sea,

$$dz' = [1 + 40(10^{-3})z^{1/2}]\,dz$$

La suma total de esos segmentos a lo largo del eje da la *longitud deformada* de la barra, esto es,

$$z' = \int_0^{0.2\,\text{m}} [1 + 40(10^{-3})z^{1/2}]\,dz$$
$$= z + 40(10^{-3})(\tfrac{2}{3}z^{3/2})|_0^{0.2\,\text{m}}$$
$$= 0.20239\,\text{m}$$

Por tanto, el desplazamiento del extremo de la barra es

$$\Delta_B = 0.20239\,\text{m} - 0.2\,\text{m} = 0.00239\,\text{m} = 2.39\,\text{mm} \downarrow \quad Resp.$$

Parte (b). La deformación unitaria normal promedio en la barra se determina con la ecuación 2-1, que supone que la barra o "segmento de línea" tiene una longitud original de 200 mm y un cambio de longitud de 2.39 mm. Por consiguiente,

$$\epsilon_\text{prom} = \frac{\Delta s' - \Delta s}{\Delta s} = \frac{2.39\,\text{mm}}{200\,\text{mm}} = 0.0119\,\text{mm/mm} \quad Resp.$$

E J E M P L O 2.2

Una fuerza que actúa sobre el mango de la palanca mostrada en la figura 2-5a ocasiona que el brazo gire en sentido horario un ángulo de $\theta = 0.002$ rad. Determine la deformación unitaria normal promedio desarrollada en el alambre BC.

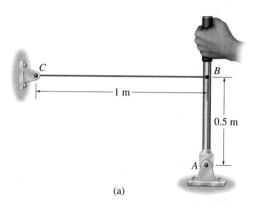

(a)

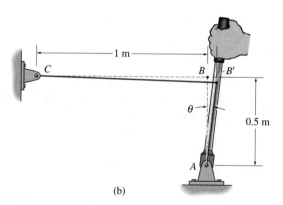

(b)

Fig. 2-5

Solución

Como $\theta = 0.002$ rad es pequeño, el alargamiento en el alambre CB, figura 2-5b, es $BB' = \theta(0.5 \text{ m}) = (0.002 \text{ rad})(0.5 \text{ m}) = 0.001$ m. La deformación unitaria normal promedio en el alambre es entonces,

$$\epsilon_{\text{prom}} = \frac{BB'}{CB} = \frac{0.001}{1 \text{ m}} = 0.001 \text{ m/m} \qquad Resp.$$

EJEMPLO **2.3**

La placa es deformada y adquiere la forma mostrada con líneas punteadas en la figura 2-6a. Si en esta configuración deformada las líneas horizontales sobre la placa permanecen horizontales y no cambian su longitud, determine (a) la deformación unitaria normal promedio a lo largo del
lado AB, y (b) la deformación unitaria cortante promedio en la placa
relativa a los ejes x y y.

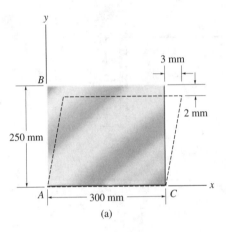
(a)

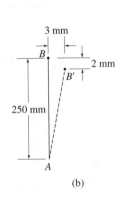
(b)

Fig. 2-6

Solución

Parte (a). La línea AB, que coincide con el eje y, se convierte en la línea AB' después de la deformación, como se muestra en la figura 2-6b.
La longitud de esta línea es

$$AB' = \sqrt{(250 - 2)^2 + (3)^2} = 248.018 \text{ mm}$$

La deformación unitaria normal promedio para AB es por lo tanto

$$(\epsilon_{AB})_{\text{prom}} = \frac{AB' - AB}{AB} = \frac{248.018 \text{ mm} - 250 \text{ mm}}{250 \text{ mm}}$$

$$= -7.93(10^{-3}) \text{ mm/mm} \qquad Resp.$$

El signo negativo indica que la deformación unitaria causa una contracción de AB.

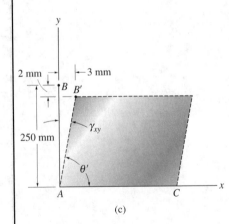
(c)

Parte (b). Como se ve en la figura 2-6c, el ángulo 90° BAC originalmente recto entre los lados de la placa y medido desde los ejes x, y, cambia a θ' debido al desplazamiento de B a B'. Como $\gamma_{xy} = \pi/2 - \theta'$, entonces γ_{xy} es el ángulo mostrado en la figura. Así,

$$\gamma_{xy} = \tan^{-1}\left(\frac{3 \text{ mm}}{250 \text{ mm} - 2 \text{ mm}}\right) = 0.0121 \text{ rad} \qquad Resp.$$

EJEMPLO 2.4

La placa mostrada en la figura 2-7a está empotrada a lo largo de *AB* y se mantiene en las guías rígidas horizontales en sus partes superior e inferior *AD* y *BC*. Si su lado derecho *CD* recibe un desplazamiento horizontal uniforme de 2 mm, determine (a) la deformación unitaria normal promedio a lo largo de la diagonal *AC*, y (b) la deformación unitaria cortante en *E* relativa a los ejes *x*, *y*.

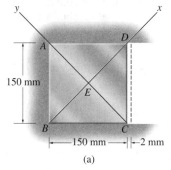

(a)

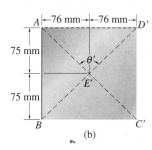

(b)

Fig. 2-7

Solución

Parte (a). Cuando la placa se deforma, la diagonal *AC* se convierte en la *AC′*, figura 2-7b. La longitud de las diagonales *AC* y *AC′* se halla con el teorema de Pitágoras. Tenemos,

$$AC = \sqrt{(0.150)^2 + (0.150)^2} = 0.21213 \text{ m}$$
$$AC' = \sqrt{(0.150)^2 + (0.152)^2} = 0.21355 \text{ m}$$

Por tanto, la deformación unitaria normal promedio a lo largo de la diagonal es

$$(\epsilon_{AC})_{\text{prom}} = \frac{AC' - AC}{AC} = \frac{0.21355 \text{ m} - 0.21213 \text{ m}}{0.21213 \text{ m}}$$
$$= 0.00669 \text{ mm/mm} \qquad Resp.$$

Parte (b). Para encontrar la deformación unitaria cortante en *E* relativa a los ejes *x* y *y*, es necesario primero encontrar el ángulo *θ′*, que especifica el ángulo entre esos ejes después de la deformación, figura 2-7b. Tenemos

$$\tan\left(\frac{\theta'}{2}\right) = \frac{76 \text{ mm}}{75 \text{ mm}}$$
$$\theta' = 90.759° = \frac{\pi}{180°}(90.759°) = 1.58404 \text{ rad}$$

Aplicando la ecuación 2-4, la deformación unitaria cortante en *E* es por tanto,

$$\gamma_{xy} = \frac{\pi}{2} - 1.58404 \text{ rad} = -0.0132 \text{ rad} \qquad Resp.$$

De acuerdo con la convención de signos, el *signo negativo* indica que el ángulo *θ′* es *mayor que* 90°. Advierta que si los ejes *x* y *y* fuesen horizontal y vertical, entonces debido a la deformación, $\gamma_{xy} = 0$ en el punto *E*.

PROBLEMAS

2-1. Una pelota de hule llena de aire tiene un diámetro de 6 pulg. Si la presión del aire dentro de ella se aumenta hasta que el diámetro de la pelota sea de 7 pulg, determine la deformación unitaria normal promedio en el hule.

2-2. Una franja delgada de caucho tiene una longitud no estirada de 15 pulg. Si se estira alrededor de un tubo cuyo diámetro exterior es de 5 pulg, determine la deformación unitaria normal promedio en la franja.

2-3. La viga rígida está soportada por un pasador en A y por los alambres BD y CE. Si la carga P sobre la viga ocasiona que el extremo C se desplace 10 mm hacia abajo, determine la deformación unitaria normal desarrollada en los alambres CE y BD.

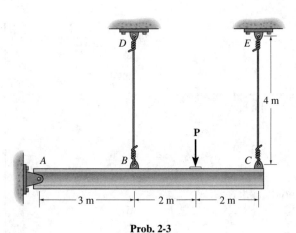

Prob. 2-3

***2-4.** Bandas de nylon están adheridas por fusión a placas de vidrio. Con un calentamiento moderado el nylon se ablanda mientras que el vidrio permanece aproximadamente rígido. Determine la deformación unitaria cortante promedio en el nylon debido a la carga P cuando el conjunto se deforma como se indica.

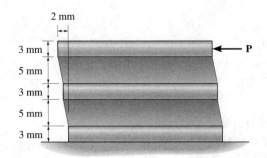

Prob. 2-4

2-5. El alambre AB no está estirado cuando $\theta = 45°$. Si la aplicación de una carga a la barra AC, genera que el ángulo $\theta = 47°$, determine la deformación unitaria normal en el alambre.

2-6. Si una carga aplicada a la barra AC ocasiona que el punto A se desplace hacia la derecha una cantidad ΔL, determine la deformación unitaria normal en el alambre AB. Inicialmente, $\theta = 45°$.

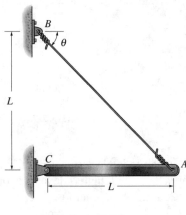

Probs. 2-5/6

2-7. Los dos alambres están conectados en A. Si la fuerza P ocasiona que el punto A se desplace horizontalmente 2 mm, determine la deformación unitaria normal desarrollada en cada alambre.

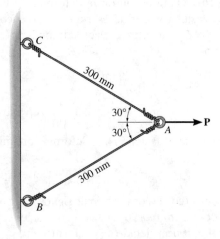

Prob. 2-7

*2-8. Parte de la palanca de mando de un avión consiste en un miembro rígido CBD y en un cable flexible AB. Si se aplica una fuerza al extremo D del miembro y hace girar a éste $\theta = 0.3°$, determine la deformación unitaria normal en el cable. Inicialmente, el cable no está estirado.

2-9. Parte de la palanca de mando de un avión consiste en un miembro rígido CBD y en un cable flexible AB. Si se aplica una fuerza al extremo D del miembro y genera una deformación unitaria normal en el cable de 0.0035 mm/mm, determine el desplazamiento del punto D. Inicialmente el cable no está estirado.

*2-12. La placa triangular está fija en su base y su vértice A recibe un desplazamiento horizontal de 5 mm. Determine la deformación unitaria cortante γ_{xy} en A.

2-13. La placa triangular está fija en su base, y su vértice A recibe un desplazamiento horizontal de 5 mm. Determine la deformación unitaria normal promedio ϵ_x a lo largo del eje x.

2-14. La placa triangular está fija en su base, y su vértice A recibe un desplazamiento horizontal de 5 mm. Determine la deformación unitaria normal promedio $\epsilon_{x'}$ a lo largo del eje x'.

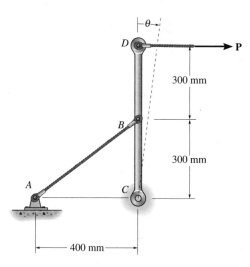

Probs. 2-8/9

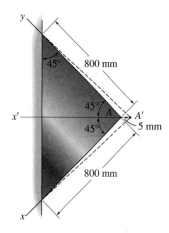

Probs. 2-12/13/14

2-10. El alambre AB no está estirado cuando $\theta = 45°$. Si se aplica una carga vertical a la barra AC, lo que ocasiona que $\theta = 47°$, determine la deformación unitaria normal en el alambre.

2-11. Si una carga aplicada a la barra AC ocasiona que el punto A se desplace hacia la izquierda una cantidad ΔL, determine la deformación unitaria normal en el alambre AB. Inicialmente, $\theta = 45°$.

2-15. A las esquinas de la placa cuadrada se le dan los desplazamientos indicados. Determine las deformaciones unitarias normal promedio ϵ_x y ϵ_y a lo largo de los ejes x y y.

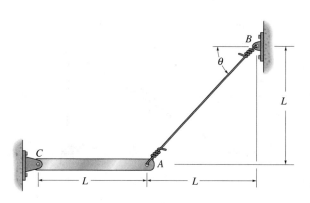

Probs. 2-10/11

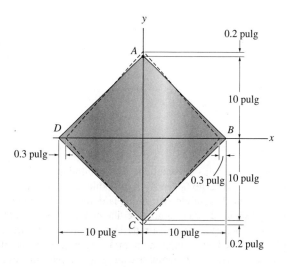

Prob. 2-15

*2-16. A las esquinas de la placa cuadrada se le dan los desplazamientos indicados. Determine la deformación unitaria cortante a lo largo de los bordes de la placa en A y B.

2-17. A las esquinas de la placa cuadrada se le dan los desplazamientos indicados. Determine las deformaciones unitarias normal promedio a lo largo del lado AB y de las diagonales AC y DB.

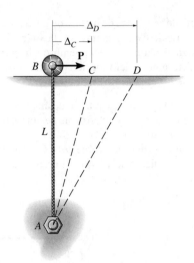

Prob. 2-18

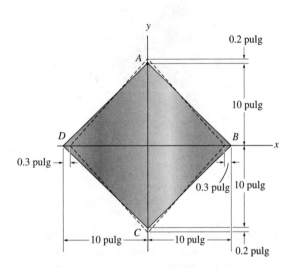

Probs. 2-16/17

2-19. Las tres cuerdas están unidas al anillo en B. Cuando se aplica una fuerza al anillo, éste se mueve al punto B', de modo que la deformación unitaria normal en AB es ϵ_{AB} y la deformación unitaria normal en CB es ϵ_{CB}. Considerando que esas deformaciones unitarias son pequeñas, determine la deformación unitaria normal en DB. Observe que AB y CB permanecen horizontal y vertical, respectivamente, debido a las guías de los rodillos en A y C.

2-18. La cuerda de nylon tiene una longitud inicial L y está unida a un perno fijo en A y a un rodillo en B. Si se aplica una fuerza **P** al rodillo, determine la deformación unitaria normal en la cuerda cuando el rodillo está en C, ϵ_C y en D, ϵ_D. Si la cuerda no estaba estirada inicialmente en la posición C, determine la deformación unitaria normal ϵ_{CD} cuando el rodillo se mueve a D. Demuestre que si los desplazamientos Δ_C y Δ_D son pequeños, entonces $\epsilon_{CD} = \epsilon_D - \epsilon_C$.

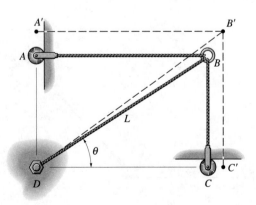

Prob. 2-19

*2-20. La placa rectangular está sometida a la deformación mostrada por las líneas punteadas. Determine las deformaciones unitarias cortantes γ_{xy} y $\gamma_{x'y'}$ desarrolladas en el punto A.

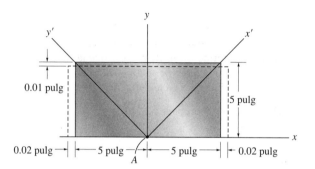

Prob. 2-20

2-21. Un alambre delgado situado a lo largo del eje x es deformado en modo tal que cada punto del alambre se desplaza $\Delta x = kx^2$ a lo largo del eje x. Si k es constante, ¿cuál es la deformación unitaria normal en cualquier punto P a lo largo del alambre.

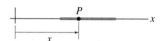

Prob. 2-21

2-22. El alambre está sometido a una deformación unitaria normal definida por $\epsilon = (x/L)e^{-(x/L)^2}$ donde x está en milímetros. Si el alambre tiene una longitud inicial L, determine el incremento en su longitud.

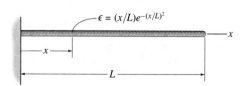

Prob. 2-22

2-23. La placa rectangular está sometida a la deformación mostrada por las líneas punteadas. Determine la deformación unitaria cortante promedio γ_{xy} de la placa.

*2-24. La placa rectangular está sometida a la deformación mostrada por las líneas punteadas. Determine las deformaciones unitarias normales promedio a lo largo de la diagonal AC y del lado AB.

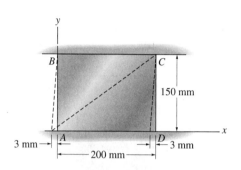

Probs. 2-23/24

2-25. La pieza de caucho es inicialmente rectangular. Determine la deformación unitaria cortante promedio γ_{xy} si las esquinas B y D están sometidas a los desplazamientos que ocasionan que el caucho se deforme como se muestra con las líneas punteadas.

2-26. La pieza de caucho es inicialmente rectangular y está sometida a la deformación mostrada por las líneas punteadas. Determine la deformación unitaria normal promedio a lo largo de la diagonal DB y del lado AD.

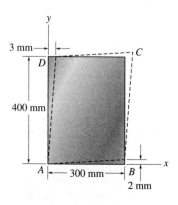

Probs. 2-25/26

2-27. El material se distorsiona y toma la posición punteada mostrada. Determine (a) las deformaciones unitarias normales promedio ϵ_x, ϵ_y y la deformación unitaria cortante γ_{xy} en A, y (b) la deformación unitaria normal promedio a lo largo de la línea BE.

*2-28. El material se deforma según las líneas punteadas mostradas en la figura. Determine la deformación unitaria normal promedio que se presenta a lo largo de las diagonales AD y CF.

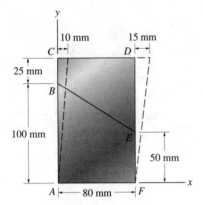

Probs. 2-27/28

2-29. La carga no uniforme genera una deformación unitaria normal en la flecha que puede expresarse por $\epsilon_x = kx^2$, donde k es una constante. Determine el desplazamiento del extremo B. Además, ¿cuál es la deformación unitaria normal promedio en la flecha?

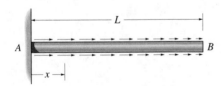

Prob. 2-29

2-30. La carga no uniforme genera una deformación unitaria normal en la flecha que puede expresarse por

$$\epsilon_x = k \operatorname{sen}\left(\frac{\pi}{L}x\right),$$

donde k es una constante. Determine el desplazamiento del centro C y la deformación unitaria normal promedio en toda la flecha.

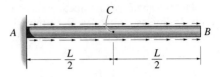

Prob. 2-30

2-31. El tubo curvo tiene un radio original de 2 pies. Si se calienta no uniformemente, de manera que la deformación unitaria normal a lo largo de su longitud es $\epsilon = 0.05 \cos \theta$, determine el incremento en longitud del tubo.

*2-32. Resuelva el problema 2-31 si $\epsilon = 0.08 \operatorname{sen} \theta$.

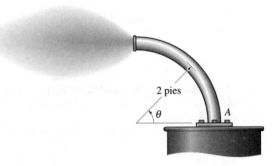

Probs. 2-31/32

2-33. El bloque de polisulfona está unido con pegamento en sus partes superior e inferior a placas rígidas. Si una fuerza tangencial aplicada a la placa superior ocasiona que el material se deforme de modo tal que sus lados quedan descritos por la ecuación $y = 3.56x^{1/4}$, determine la deformación unitaria cortante en el material en sus esquinas A y B.

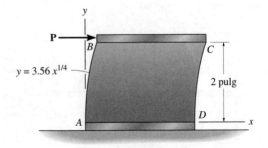

Prob. 2-33

2-34. La fibra AB tiene una longitud L y orientación θ. Si sus extremos A y B experimentan desplazamientos muy pequeños u_A y v_B, respectivamente, determine la deformación unitaria normal en la fibra cuando ella está en la posición $A'B'$.

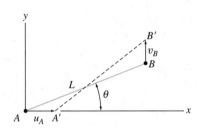

Prob. 2-34

2-35. Si la deformación unitaria normal se define con respecto a la longitud final, como

$$\epsilon'_n = \lim_{p \to p'} \left(\frac{\Delta s' - \Delta s}{\Delta s'} \right)$$

en lugar de definirla con respecto a la longitud inicial, ecuación 2-2, demuestre que la diferencia en esas deformaciones unitarias se representa como un término de segundo orden, esto es, $\epsilon_n - \epsilon'_n = \epsilon_n \epsilon'_n$.

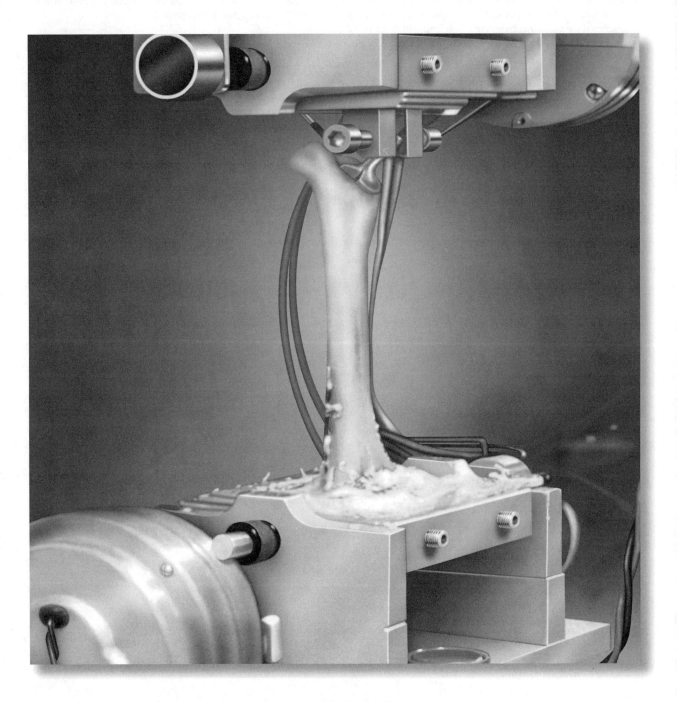

Deben conocerse las propiedades mecánicas de un material a fin de que los ingenieros puedan asociar las mediciones de deformación unitaria al esfuerzo. Aquí se determinan las propiedades mecánicas del hueso a partir de una prueba de compresión.

CAPÍTULO
3

Propiedades mecánicas de los materiales

Una vez estudiados los conceptos básicos de esfuerzo y de deformación unitaria, en este capítulo mostraremos cómo los esfuerzos pueden relacionarse con las deformaciones unitarias usando métodos experimentales para determinar el diagrama esfuerzo-deformación unitaria de un material específico. Se estudiará el comportamiento descrito por este diagrama, para los materiales usados comúnmente en ingeniería. Se examinarán también las propiedades mecánicas y otras pruebas relacionadas con el desarrollo de la mecánica de materiales.

3.1 Pruebas de tensión y compresión

La resistencia de un material depende de su capacidad para soportar una carga sin deformación excesiva o falla. Esta propiedad es inherente al material mismo y debe determinarse por *experimentación*. Entre las pruebas más importantes están las ***pruebas de tensión o compresión***. Aunque con estas pruebas pueden determinarse muchas propiedades mecánicas importantes de un material, se utilizan principalmente para determinar la relación entre el esfuerzo normal promedio y la deformación normal unitaria en muchos materiales utilizados en ingeniería, sean de metal, cerámica, polímeros o compuestos.

85

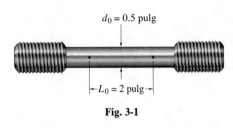

$d_0 = 0.5$ pulg

$L_0 = 2$ pulg

Fig. 3-1

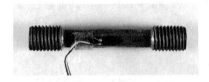

Espécimen típico de acero con una galga extensométrica cementada sobre éste.

Para llevar a cabo esta prueba se prepara un espécimen o probeta de forma y tamaño "estándar". Antes de la prueba, se imprimen con un punzón a la probeta dos marcas pequeñas a lo largo de ésta. Estas marcas se colocan lejos de los extremos del espécimen porque la distribución del esfuerzo en los extremos es un tanto compleja debido al agarre de las conexiones cuando se aplica una carga. Se toman mediciones tanto del área de la sección transversal inicial del espécimen, A_0, como de la distancia L_0 de la **longitud calibrada** entre las marcas del punzón. Por ejemplo, cuando se usa un espécimen de metal en una prueba de tensión, generalmente éste tiene un diámetro inicial de $d_0 = 0.5$ pulg (13 mm) y una longitud calibrada de $L_0 = 2$ pulg (50 mm), figura 3-1. Con objeto de aplicar una carga axial, sin que tenga lugar la flexión en el espécimen, por lo regular los extremos se asientan sobre juntas de rótula. Luego se usa una máquina de prueba similar a la mostrada en la figura 3-2 para estirar el espécimen a un régimen constante muy lento, hasta alcanzar el punto de ruptura. La máquina se diseña para que se pueda leer la carga requerida para mantener este alargamiento uniforme.

Durante la prueba, y a intervalos frecuentes, se registran los datos de la carga aplicada P, a medida que se leen en la carátula de la máquina o en un dispositivo digital. También puede medirse el alargamiento $\delta = L - L_0$ entre las marcas que se hicieron en el espécimen con el punzón, usando ya sea una galga o un dispositivo óptico o mecánico llamado **extensómetro**. Este valor de δ se usa luego para determinar la deformación unitaria normal promedio en el espécimen o muestra. Sin embargo, a veces no se toma esta medición, puesto que también es posible leer la deformación unitaria directamente usando una **galga extensométrica de resistencia eléctrica**, que se parece al mostrado en la figura 3-3. La operación de esta galga está basada en el cambio en la resistencia eléctrica de un alambre muy delgado o una pieza de hoja de metal sometida a deformación. En esencia, la galga está cementada o pegada al espécimen en una dirección específica. Si el pegamento es muy fuerte en comparación con la galga, entonces ésta es, en efecto, una parte integral del espécimen, de modo que cuando éste se alargue en la dirección de la galga, el alambre y el espécimen experimentarán la misma deformación unitaria. Midiendo la resistencia eléctrica del alambre, la galga puede graduarse para leer los valores de la deformación unitaria normal directamente.

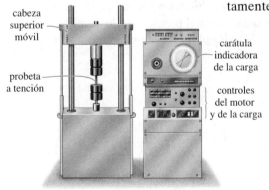

cabeza superior móvil

probeta a tención

carátula indicadora de la carga

controles del motor y de la carga

Fig. 3-2

Galga extensométrica de resistencia eléctrica

Fig. 3-3

3.2 El diagrama de esfuerzo-deformación unitaria

A partir de los datos de un ensayo de tensión o de compresión, es posible calcular varios valores del esfuerzo y la correspondiente deformación unitaria en el espécimen y luego graficar los resultados. La curva resultante se llama *diagrama de esfuerzo-deformación unitaria* y hay dos maneras de describirlo.

Diagrama convencional de esfuerzo-deformación unitaria. Usando los datos registrados, podemos determinar el *esfuerzo nominal* o *de ingeniería* dividiendo la carga P aplicada entre el área A_0 de la sección transversal *original* del espécimen. Este cálculo supone que el esfuerzo es *constante* en la sección transversal y en toda la región entre los puntos calibrados. Tenemos

$$\sigma = \frac{P}{A_0} \qquad\qquad (3\text{-}1)$$

De la misma manera, la *deformación nominal* o *de ingeniería* se determina directamente leyendo el calibrador o dividiendo el cambio en la longitud calibrada δ, entre la longitud calibrada original del espécimen L_0. Aquí se supone que la deformación unitaria es constante en la región entre los puntos calibrados. Entonces,

$$\epsilon = \frac{\delta}{L_0} \qquad\qquad (3\text{-}2)$$

Si se grafican los valores correspondientes de σ y ϵ, con los esfuerzos como ordenadas y las deformaciones unitarias como abscisas, la curva resultante se llama *diagrama convencional de esfuerzo-deformación unitaria*. Este diagrama es muy importante en la ingeniería ya que proporciona los medios para obtener datos sobre la resistencia a tensión (o a compresión) de un material *sin* considerar el tamaño o forma geométrica del material. Sin embargo, debe ser claro que nunca serán *exactamente* iguales dos diagramas de esfuerzo-deformación unitaria para un material particular, ya que los resultados dependen entre otras variables de la composición del material, de imperfecciones microscópicas, de la manera en que esté fabricado, de la velocidad de carga y de la temperatura durante la prueba.

Veremos ahora las características de la curva convencional esfuerzo deformación unitaria del *acero*, material comúnmente usado para la fabricación de miembros estructurales y elementos mecánicos. En la figura 3-4 se muestra el diagrama característico de esfuerzo-deformación unitaria de una probeta de acero, usando el método antes descrito. En esta curva podemos identificar cuatro maneras diferentes en que el material se comporta, dependiendo de la cantidad de deformación unitaria inducida en el material.

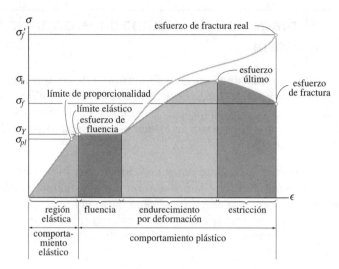

Diagramas esfuerzo-deformación unitaria, convencional
y real, para un material dúctil (acero) (no a escala).

Fig. 3-4

Comportamiento elástico. Este comportamiento elástico ocurre cuando
las deformaciones unitarias en el modelo están dentro de la región ligeramente sombreada que se muestra en la figura 3-4. Puede verse que la curva es en realidad una *línea recta* a través de toda esta región, así que el esfuerzo es *proporcional* a la deformación unitaria. En otras palabras, se dice
que el material es *linealmente elástico*. El límite superior del esfuerzo en esta relación lineal se llama ***límite de proporcionalidad***, σ_{lp}. Si el esfuerzo excede un poco el límite de proporcionalidad, el material puede todavía responder elásticamente; sin embargo, la curva tiende a aplanarse causando
un incremento mayor de la deformación unitaria con el correspondiente incremento del esfuerzo. Esto continúa hasta que el esfuerzo llega al ***límite
elástico***. Para determinar este punto en cualquier espécimen, debemos
aplicar, y luego retirar, una carga creciente hasta que se detecte una deformación permanente en el mismo. Sin embargo, en el acero rara vez se
determina el límite elástico, puesto que está muy cerca del límite de proporcionalidad y, por tanto, su detección es bastante difícil.

Fluencia. Un ligero aumento en el esfuerzo más allá del límite elástico
provocará un colapso del material y causará que *se deforme permanentemente*. Este comportamiento se llama *fluencia*, y está indicado por la región
más oscura de la curva, figura 3-4. El esfuerzo que origina la fluencia se
llama ***esfuerzo de fluencia o punto de fluencia***, σ_Y, y la deformación que
ocurre se llama ***deformación plástica***. Aunque no se muestra en la figura
3-4, en los aceros con bajo contenido de carbono o en aquellos que sean laminados o rolados en caliente, se distinguen dos valores para el punto de
fluencia. El ***punto superior de fluencia*** ocurre primero, seguido por una
disminución súbita en la capacidad de soportar carga hasta un ***punto inferior de fluencia***. Sin embargo, una vez que se ha alcanzado el punto infe-

rior de fluencia, como se muestra en la figura 3-4, entonces la muestra continuará alargándose *sin ningún incremento de carga*. Observe que la figura 3-4 no está trazada a escala. Si lo estuviera, las deformaciones unitarias inducidas debido a la fluencia serían de 10 a 40 veces más grandes que las producidas hasta el límite elástico. Cuando el material está en este estado, suele decirse que es **perfectamente plástico**.

Endurecimiento por deformación.   Cuando la fluencia ha terminado, puede aplicarse más carga a la probeta, resultando una curva que se eleva continuamente pero se va aplanando hasta llegar a un esfuerzo máximo, llamado **esfuerzo último**, σ_u. La elevación en la curva de esta manera se llama **endurecimiento por deformación**, y se identifica en la figura 3-4 como la región ligeramente sombreada. A lo largo de la prueba, y mientras el espécimen se está alargando, el área de su sección transversal disminuirá. Esta disminución de área es bastante *uniforme* en toda la longitud calibrada del espécimen, incluso hasta la deformación unitaria que corresponde al esfuerzo último.

Formación del cuello o estricción.   En el esfuerzo último, el área de la sección transversal comienza a disminuir en una zona *localizada* de la probeta, en lugar de hacerlo en toda su longitud. Este fenómeno es causado por planos de deslizamiento que se forman dentro del material y las deformaciones producidas son causadas por esfuerzos cortantes (vea la sección 10.7). Como resultado, tiende a desarrollarse un "cuello" en esta zona a medida que el espécimen se alarga cada vez más, figura 3-5a. Puesto que el área de la sección transversal en esta zona está decreciendo continuamente, el área más pequeña puede soportar sólo una carga siempre decreciente. De aquí que el diagrama de esfuerzo-deformación unitaria tienda a curvarse hacia abajo hasta que la probeta se rompe en el punto del **esfuerzo de fractura**, σ_f, figura 3-5b. Esta región de la curva debida a la formación del cuello está representada con color oscuro en la figura 3-4.

Diagrama real de esfuerzo-deformación unitaria.   En lugar de usar

siempre el área de la sección transversal y la longitud *originales* de la muestra para calcular el esfuerzo y la deformación unitaria (de ingeniería), podríamos haber usado el área de la sección transversal y la longitud *reales* del espécimen en el *instante* en que la carga se está midiendo. Los valores del esfuerzo y de la deformación unitaria calculados a partir de estas mediciones se llaman *esfuerzo real* y *deformación unitaria real*, y un trazo de sus valores se llama **diagrama real de esfuerzo-deformación unitaria**. Cuando se traza este diagrama, vemos que tiene la forma mostrada por la línea que forma la curva en la figura 3-4. Advierta que ambos diagramas (el convencional y el real) prácticamente coinciden cuando la deformación unitaria es pequeña. Las diferencias entre los diagramas comienzan a aparecer en la zona de endurecimiento por deformación, donde la magnitud de la deformación unitaria es más significativa. En particular, note la gran divergencia dentro de la zona de formación del cuello. Aquí podemos ver que, según el diagrama $\sigma - e$ convencional, la probeta de ensayo *en realidad* soporta una *carga decreciente*, puesto que A_0 es constante cuando se calcula el esfuerzo nominal, $\sigma = P/A_0$. Sin embargo, según el diagrama $\sigma - \epsilon$ real, el área real A dentro de la región de formación del cuello está siempre decreciendo hasta que ocurre la falla $\sigma_{f'}$, y así el material realmente soporta un *esfuerzo creciente*, puesto que $\sigma = P/A$.

Patrón típico de estricción que ocurrió en este espécimen de acero justo antes de la fractura.

Encuellamiento

(a)

Falla de un material dúctil.

(b)

Fig. 3-5

Aunque los diagramas de esfuerzo-deformación real y convencional son diferentes, la mayor parte del diseño en ingeniería se lleva a cabo dentro de la zona elástica, ya que la distorsión del material en general no es severa dentro de este intervalo. Siempre que el material sea "rígido", como son la mayoría de los metales, la deformación unitaria hasta el límite de elasticidad permanecerá pequeña y el error en el uso de los valores nominales de σ y de ϵ será muy pequeño (alrededor de 0.1%) comparado con sus valores verdaderos. Ésta es una de las razones primordiales para usar diagramas de esfuerzo-deformación convencionales.

Los conceptos anteriores pueden resumirse haciendo referencia a la figura 3-6, la cual muestra un diagrama de esfuerzo-deformación convencional de una probeta de un acero dulce. Con objeto de resaltar los detalles, la zona elástica de la curva se presenta en una escala de deformación exagerada. Siguiendo el comportamiento, el límite de proporcionalidad se alcanza en $\sigma_{lp} = 35$ klb/pulg^2 (241 MPa), cuando $\epsilon_{lp} = 0.0012$ pulg/pulg. Éste es seguido por un punto superior de fluencia de $(\sigma_Y)_u = 38$ klb/pulg^2 (262 MPa), luego súbitamente por un punto inferior de fluencia de $(\sigma_Y)_l = 36$ klb/pulg^2 (248 MPa). El final de la fluencia ocurre con una deformación unitaria de $\epsilon_Y = 0.030$ pulg/pulg, la cual es 25 veces más grande que la deformación unitaria en el límite de proporcionalidad. Continuando, la probeta de ensayo se endurece hasta que alcanza un esfuerzo último de $\sigma_u = 63$ klb/pulg^2 (435 MPa), y luego comienza la estricción hasta que ocurre la falla, $\sigma_f = 47$ klb/pulg^2 (324 MPa). En comparación, la deformación unitaria en el punto de falla, $\epsilon_f = 0.380$ pulg/pulg, es 317 veces mayor que ϵ_{lp}.

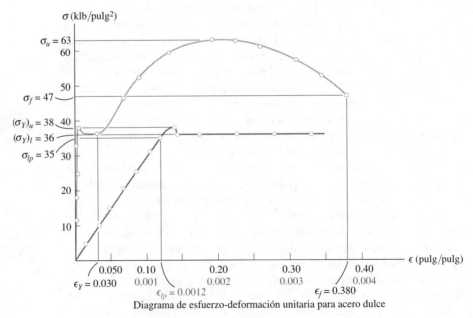

Diagrama de esfuerzo-deformación unitaria para acero dulce

Fig. 3-6

3.3 Comportamiento esfuerzo-deformación unitaria de materiales dúctiles y frágiles

Los materiales pueden clasificarse como dúctiles o frágiles dependiendo de sus características esfuerzo-deformación unitaria. Trataremos a cada uno por separado.

Materiales dúctiles. Todo material que pueda estar sometido a deformaciones unitarias grandes antes de su rotura se llama *material dúctil*. El acero dulce (de bajo contenido de carbono), del que hemos hablado antes, es un ejemplo típico. Los ingenieros a menudo eligen materiales dúctiles para el diseño, ya que estos materiales son capaces de absorber impactos o energía y, si sufren sobrecarga, exhibirán normalmente una deformación grande antes de su falla.

Una manera de especificar la ductilidad de un material es reportar su porcentaje de elongación o el porcentaje de reducción de área (estricción) en el momento de la fractura. El *porcentaje de elongación* es la deformación unitaria del espécimen en la fractura expresada en porcentaje. Así, si la longitud original entre las marcas calibradas de un probeta es L_0 y su longitud durante la ruptura es L_f, entonces

$$\text{Porcentaje de elongación} = \frac{L_f - L_0}{L_0}(100\%) \qquad (3\text{-}3)$$

Como se aprecia en la figura 3-6, puesto que $\epsilon_f = 0.380$, este valor sería de 38% para una probeta de ensayo de acero dulce.

El *porcentaje de reducción del área* es otra manera de especificar la ductilidad. Está definida dentro de la región de formación del cuello como sigue:

$$\text{Porcentaje de reducción del área} = \frac{A_0 - A_f}{A_0}(100\%) \qquad (3\text{-}4)$$

Aquí A_0 es el área de la sección transversal original y A_f es el área en la fractura. Un acero dulce tiene un valor típico de 60 por ciento.

Además del acero, otros materiales como el latón, el molibdeno y el zinc pueden también exhibir características de esfuerzo-deformación dúctiles similares al acero, por lo cual ellos experimentan un comportamiento esfuerzo-deformación unitaria elástico, fluyen a esfuerzo constante, se endurecen por deformación y, finalmente, sufren estricción hasta la ruptura. Sin embargo, en la mayoría de los metales, *no ocurrirá* una fluencia constante más allá del rango elástico. Un metal para el cual éste es el caso es el aluminio. En realidad, este metal a menudo no tiene un *punto de fluencia* bien definido, y en consecuencia es práctica común definir en él una *resistencia a la fluencia* usando un procedimiento gráfico llamado el *método de la desviación*. Normalmente se escoge una deformación unitaria de 0.2% (0.002 pulg/pulg) y desde este punto sobre el eje ϵ, se traza una línea paralela a la porción inicial recta del diagrama de esfuerzo-deformación unitaria. El punto donde esta línea interseca la curva define la resistencia a la fluencia. Un ejemplo de la construcción para determinar la resistencia a la fluencia para una aleación de aluminio se muestra en la figura 3-7. De la gráfica, la resistencia a la fluencia es $\sigma_{YS} = 51$ klb/pulg^2 (352 MPa).

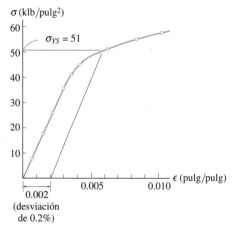

Resistencia a la fluencia para una aleación de aluminio

Fig. 3-7

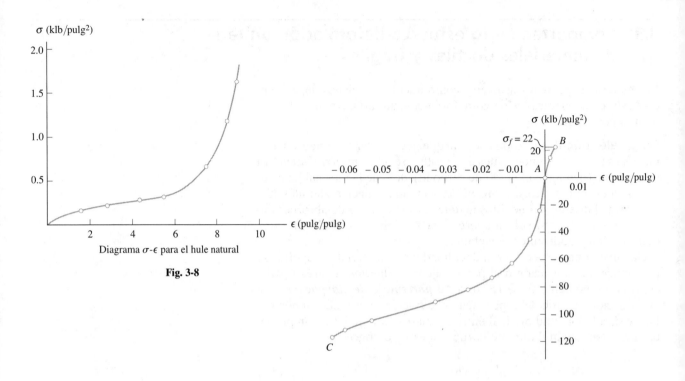

Diagrama σ-ϵ para el hule natural

Fig. 3-8

Diagrama σ-ϵ para el hierro colado gris

Fig. 3-9

Observe que la resistencia de fluencia no es una propiedad física del material, puesto que es un esfuerzo que causó una deformación unitaria permanente *especificada* en el material. Sin embargo, en este texto supondremos que la resistencia de fluencia, el punto de fluencia, el límite elástico y el límite de proporcionalidad *coinciden* todos ellos, a no ser que se establezca de otra manera. El hule natural sería una excepción, ya que de hecho ni siquiera tiene un límite de proporcionalidad, puesto que el esfuerzo y la deformación unitaria *no* están linealmente relacionados, figura 3-8. En cambio, este material, que se conoce como un polímero, exhibe un *comportamiento elástico no lineal.*

La madera es a menudo un material moderadamente dúctil, y como resultado se diseña por lo general para responder sólo a cargas elásticas. Las características de resistencia de la madera varían mucho de una especie a otra, y para cada especie dependen del contenido de humedad, la edad y el tamaño o la localización de los nudos en la madera. Puesto que la madera es un material fibroso, sus características de tensión o de compresión difieren mucho cuando recibe carga paralela o perpendicular a su grano. Específicamente, la madera se abre con facilidad cuando se carga en tensión perpendicularmente a su grano y, por consiguiente, las cargas de tensión suelen casi siempre aplicarse paralelas al grano de los miembros de madera.

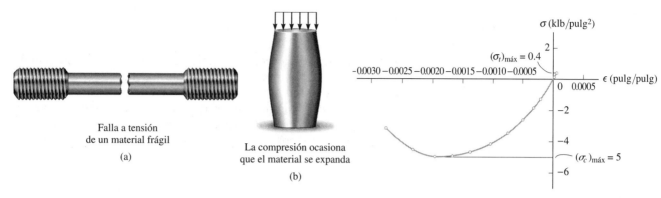

Falla a tensión
de un material frágil

(a)

La compresión ocasiona
que el material se expanda

(b)

Fig. 3-10

Diagrama $\sigma - \epsilon$ para una mezcla típica de concreto

Fig. 3-11

Materiales frágiles. Los materiales que exhiben poca o ninguna fluencia antes de su rotura se llaman *materiales frágiles*. Un ejemplo es el hierro colado, o hierro gris, cuyo diagrama de esfuerzo-deformación bajo tensión se muestra por la porción AB de la curva en la figura 3-9. Aquí la fractura a $\sigma_f = 22$ klb/pulg^2 (152 MPa) tiene lugar inicialmente en una imperfección o una grieta microscópica y luego se extiende rápidamente a través de la muestra, ocasionando una fractura completa. Como resultado de este tipo de falla, los materiales frágiles no tienen un esfuerzo de ruptura bajo tensión bien definido, puesto que la aparición de grietas en una muestra es bastante aleatoria. En cambio, suele reportarse el esfuerzo de ruptura *promedio* de un grupo de pruebas observadas. En la figura 3-10a se muestra una probeta típica en la que ha ocurrido la falla.

Comparados con su comportamiento bajo tensión, los materiales frágiles como el hierro colado exhiben una resistencia mucho más elevada a la compresión axial, como se evidencia por la porción AC de la curva en la figura 3-9. En este caso cualquier grieta o imperfección en la probeta tiende a cerrarse, y conforme la carga aumenta el material por lo general se abombará o adquirirá forma de barril a medida que las deformaciones unitarias van siendo más grandes, figura 3-10b.

Al igual que el hierro colado, el concreto se clasifica también como material frágil y tiene baja capacidad de resistencia a la tensión. Las características de su diagrama de esfuerzo-deformación dependen primordialmente de la mezcla del concreto (agua, arena, grava y cemento) y del tiempo y temperatura del curado. En la figura 3-11 se muestra un ejemplo típico de un diagrama de esfuerzo-deformación "completo" para el concreto. Por inspección, su resistencia máxima a la compresión es de casi 12.5 veces mayor que su resistencia a la tensión, $(\sigma_c)_{máx} = 5$ klb/pulg^2 (34.5 MPa) contra $(\sigma_t)_{máx} = 0.40$ klb/pulg^2 (2.76 MPa). Por esta razón, el concreto casi siempre se refuerza con barras de acero cuando está diseñado para soportar cargas de tensión.

Puede afirmarse, por lo general, que la mayoría de los materiales exhiben un comportamiento tanto dúctil como frágil. Por ejemplo, el acero tiene un comportamiento frágil cuando tiene un contenido de carbono alto, y es dúctil cuando el contenido de carbono es reducido. También los materiales se vuelven más duros y frágiles a temperaturas bajas, mientras que cuando la temperatura se eleva, se vuelven más blandos y dúctiles. Este efecto se muestra en la figura 3-12 para un plástico metacrilático.

El acero pierde rápidamente su resistencia al ser calentado. Por esta razón los ingenieros requieren a menudo que los miembros estructurales principales sean aislados contra el fuego.

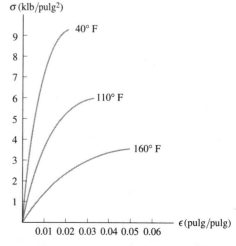

Diagramas σ-ϵ para un plástico metacrilático

Fig. 3-12

3.4 Ley de Hooke

Como se observó en la sección anterior, los diagramas de esfuerzo-deformación para la mayoría de los materiales de ingeniería exhiben una *relación lineal* entre el esfuerzo y la deformación unitaria dentro de la región elástica. Por consiguiente, un aumento en el esfuerzo causa un aumento proporcional en la deformación unitaria. Este hecho fue descubierto por Robert Hooke en 1676 en los resortes, y se conoce como *ley de Hooke*. Puede expresarse matemáticamente como:

$$\sigma = E\epsilon \qquad (3\text{-}5)$$

Aquí E representa la constante de proporcionalidad, que se llama **módulo de elasticidad o módulo de Young**, en honor de Thomas Young, quien publicó en 1807 un trabajo sobre el tema.

La ecuación 3-5 representa en realidad la ecuación de la *porción inicial recta* del diagrama de esfuerzo-deformación unitaria hasta el límite de proporcionalidad. Además, el módulo de elasticidad representa la *pendiente* de esta línea. Puesto que la deformación unitaria no tiene dimensiones, según la ecuación 3-5, E tendrá unidades de esfuerzo, tales como lb/pulg^2, klb/pulg^2 o pascales. Como ejemplo de su cálculo, consideremos el diagrama de esfuerzo-deformación unitaria para el acero mostrado en la figura 3-6. Aquí, σ_{lp} = 35 klb/pulg^2 y ϵ_{lp} = 0.0012 pulg/pulg, de modo que:

$$E = \frac{\sigma_{lp}}{\epsilon_{lp}} = \frac{35 \text{ klb/pulg}^2}{0.0012 \text{ pulg/pulg}} = 29(10^3) \text{ klb/pulg}^2$$

Como se muestra en la figura 3-13, el límite de proporcionalidad para un tipo particular de acero depende de su contenido de aleación; sin embargo, la mayoría de los grados de acero, desde el acero rolado más suave hasta el acero de herramientas más duro, tienen aproximadamente el mismo módulo de elasticidad, que generalmente se acepta igual a E_{ac} = 29(10^3) klb/pulg^2 o 200 GPa. Los valores comunes de E para otros materiales de ingeniería están a menudo tabulados en códigos de ingeniería y en libros de referencia. Valores representativos se dan también en el forro interior de la cubierta de este libro. Debe observarse que el módulo de elasticidad es una propiedad mecánica que indica la *rigidez* de un material. Los materiales que son muy rígidos, como el acero, tienen valores grandes de E [E_{ac} = 29(10^3) klb/pulg^2 o 200 GPa], mientras que los materiales esponjosos, como el hule vulcanizado, pueden tener valores bajos [E_h = 0.10(10^3) klb/pulg^2 o 0.70 MPa].

El módulo de elasticidad es una de las propiedades mecánicas más importantes usadas en el desarrollo de las ecuaciones presentadas en este texto. Por tanto, deberá siempre recordarse que E puede usarse sólo si un material tiene un comportamiento *elástico lineal*. También, si el esfuerzo en el material es *mayor* que el límite de proporcionalidad, el diagrama de esfuerzo deformación unitaria deja de ser una línea recta y la ecuación 3-5 ya no es válida.

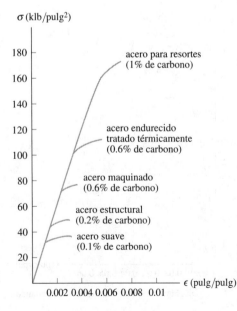

Fig. 3-13

Endurecimiento por deformación. Si una probeta de material dúctil, como el acero, es cargada dentro de la *zona plástica* y luego descargada, *la deformación elástica se recupera* cuando el material retorna a su estado de equilibrio. Sin embargo, la *deformación plástica permanece* y, como resultado, el material queda sometido a una **deformación permanente**. Por ejemplo, cuando un alambre se dobla (plásticamente), resorteará un poco (elásticamente) cuando se quita la carga; sin embargo, no retornará por completo a su posición original. Este comportamiento puede ilustrarse por medio de un diagrama de esfuerzo-deformación unitaria como se muestra en la figura 3-14*a*. Aquí, la probeta es cargada, primero, más allá de su punto de fluencia *A* hasta el punto *A'*. Puesto que las fuerzas interatómicas tienen que vencerse para alargar al espécimen *elásticamente*, entonces estas mismas fuerzas hacen que los átomos permanezcan juntos cuando se retira la carga, figura 3-14*a*. Por consiguiente, el módulo de elasticidad *E* es el mismo, y la pendiente de la línea *O'A'* tiene la misma pendiente que la línea *OA*.

Si se aplica de nuevo la carga, los átomos del material serán nuevamente desplazados hasta que ocurra la fluencia en o cerca del esfuerzo *A'*, y el diagrama de esfuerzo-deformación continúa a lo largo de la misma trayectoria como antes, figura 3-14*b*. Sin embargo, conviene señalar que este nuevo diagrama de esfuerzo-deformación definido por *O'A'B'* tiene ahora un punto de fluencia *mayor* (*A'*), como consecuencia del endurecimiento por deformación. En otras palabras, el material tiene ahora una *región elástica mayor*; sin embargo, tiene *menos ductilidad*, esto es, una menor región plástica, que cuando estaba en su estado original.

Debe señalarse que en realidad puede *perderse* algo de calor o *energía* cuando el espécimen es descargado desde *A'* y luego cargado de nuevo hasta este mismo esfuerzo. Como resultado, se tendrán ligeras curvas en las trayectorias de *A'* a *O'* y de *O'* a *A'* durante un ciclo de carga medido cuidadosamente. Esto se muestra por medio de las curvas con rayas en la figura 3-14*b*. El área sombreada entre estas curvas representa energía perdida y se llama **histéresis mecánica**. Se convierte en una consideración importante cuando se seleccionan materiales que van a servir como amortiguadores de vibraciones en estructuras o en equipos mecánicos, aunque en este texto no la consideraremos.

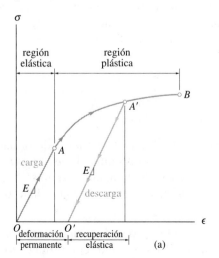

(a)

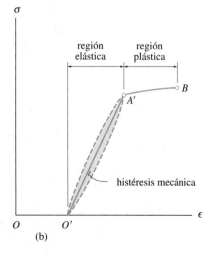

(b)

Fig. 3-14

3.5 Energía de deformación

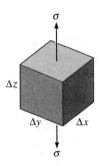

σ

Δz

Δy Δx

σ

Fig. 3-15

Un material tiende a almacenar energía *internamente* en todo su volumen al ser deformado por una carga externa. Puesto que esta energía está relacionada con las deformaciones del material, recibe el nombre de *energía de deformación unitaria*. Por ejemplo, cuando una probeta de prueba a tensión está sometida a una carga axial, un elemento de volumen del material está sometido a esfuerzo uniaxial como se muestra en la figura 3-15. Este esfuerzo desarrolla una fuerza $\Delta F = \sigma \, \Delta A = \sigma \, (\Delta x \, \Delta y)$ sobre las caras superior e inferior del elemento *después* que el elemento sufre un desplazamiento vertical $\epsilon \, \Delta z$. Por definición, el *trabajo* se determina por el producto de la fuerza y el desplazamiento en la dirección de la fuerza. Puesto que la fuerza ΔF aumenta uniformemente desde cero hasta su magnitud final ΔF cuando se alcanza el desplazamiento $\epsilon \, \Delta z$, el trabajo efectuado en el elemento por la fuerza es igual a la magnitud de la fuerza *promedio* $(\Delta F/2)$ por el desplazamiento $\epsilon \, \Delta z$. Este "trabajo externo" es equivalente al "trabajo interno" o energía de deformación unitaria almacenada en el elemento (suponiendo que no se pierda energía en forma de calor). En consecuencia, la energía de deformación unitaria ΔU es $\Delta U = (1/2 \, \Delta F) \, \epsilon \, \Delta z = (1/2 \, \sigma \, \Delta x \, \Delta y) \epsilon \, \Delta z$. Como el volumen del elemento es $\Delta V = \Delta x \, \Delta y \, \Delta z$, entonces $\Delta U = 1/2 \, \sigma \epsilon \, \Delta V$.

A veces es conveniente formular la energía de deformación unitaria por unidad de volumen de material. Esto se llama **densidad de energía de deformación unitaria**, y puede expresarse como

$$u = \frac{\Delta U}{\Delta V} = \frac{1}{2}\sigma\epsilon \tag{3-6}$$

Si el comportamiento del material es *elástico lineal*, entonces es aplicable la ley de Hooke, $\sigma = E\epsilon$, y por tanto podemos expresar la densidad de energía de deformación unitaria en términos del esfuerzo uniaxial como:

$$u = \frac{1\sigma^2}{2E} \tag{3-7}$$

Módulo de resiliencia. En particular, cuando el esfuerzo σ alcanza el límite de proporcionalidad, a la densidad de la energía de deformación unitaria, calculada con la ecuación 3-6 o la 3-7, se le llama *módulo de resiliencia*, esto es,

$$\boxed{u_r = \frac{1}{2}\sigma_{lp}\epsilon_{lp} = \frac{1}{2}\frac{\sigma_{lp}^2}{E}} \tag{3-8}$$

En la región elástica del diagrama de esfuerzo-deformación unitaria, figura 3-16a, advierta que u_r es equivalente al *área triangular* sombreada bajo el diagrama. La resiliencia de un material representa físicamente la capacidad de éste de absorber energía sin ningún daño permanente en el material.

Módulo de tenacidad. Otra propiedad importante de un material es el *módulo de tenacidad*, u_t. Esta cantidad representa el *área total* dentro del diagrama de esfuerzo-deformación, figura 3-16b, y por consiguiente in-

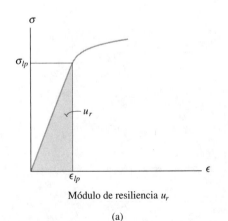

σ

σ_{lp}

u_r

ϵ_{lp} ϵ

Módulo de resiliencia u_r

(a)

Fig. 3-16

dica la densidad de la energía de deformación unitaria del material precisamente antes de que se rompa. Esta propiedad resulta importante cuando se diseñan miembros que pueden sobrecargarse accidentalmente. Los materiales con un módulo de tenacidad elevado se distorsionarán mucho debido a una sobrecarga; sin embargo, pueden ser preferibles a aquellos con un valor bajo, puesto que los materiales que tienen un u_t bajo pueden fracturarse de manera repentina sin indicio alguno de una falla próxima. La aleación de los metales pueden también cambiar su resiliencia y tenacidad. Por ejemplo, al cambiar el porcentaje de carbono en el acero, los diagramas de esfuerzo-deformación resultantes en la figura 3-17 indican cómo pueden cambiar a su vez los grados de resiliencia y de tenacidad en tres aleaciones.

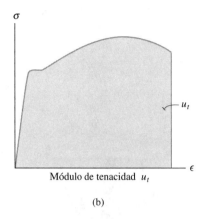

Módulo de tenacidad u_t

(b)

Fig. 3-16 (cont.)

PUNTOS IMPORTANTES

- Un *diagrama de esfuerzo-deformación convencional* es importante en la ingeniería ya que proporciona un medio para obtener datos sobre la resistencia a tensión o compresión del material sin importar el tamaño o forma física del material.

- El *esfuerzo y la deformación unitaria de ingeniería* se calculan usando el área *original* de la sección transversal y la longitud calibrada del espécimen.

- Un *material dúctil*, como el acero dulce, tiene cuatro comportamientos distintos al ser cargado. Ellos son el *comportamiento elástico*, la *fluencia* o *cedencia*, el *endurecimiento por deformación* y la *estricción*.

- Un material es *linealmente elástico* si el esfuerzo es proporcional a la deformación unitaria dentro de la región elástica. A esto se le llama *ley de Hooke*, y la pendiente de la curva se llama *módulo de elasticidad, E*.

- Puntos importantes sobre el diagrama de esfuerzo-deformación unitaria son el *límite de proporcionalidad*, el *límite elástico*, el *esfuerzo de fluencia*, el *esfuerzo último* y el *esfuerzo de fractura*.

- La *ductilidad* de un material puede ser especificada por el *porcentaje de elongación* del espécimen o por el *porcentaje de reducción en área*.

- Si un material no tiene un distinto punto de fluencia, puede especificarse un *esfuerzo de fluencia* usando un procedimiento gráfico tal como el *método de la desviación*.

- Los *materiales frágiles*, como el hierro colado gris, tienen muy poca o ninguna fluencia y se fracturan repentinamente.

- El *endurecimiento por deformación* se usa para establecer un punto de fluencia más alto en un material. Esto se logra deformando el material más allá del límite elástico y luego liberando la carga. El módulo de elasticidad permanece igual; sin embargo, la ductilidad del material *decrece*.

- La *energía de deformación unitaria* es energía almacenada en un material debido a su deformación. Esta energía por volumen unitario se llama *densidad de energía por deformación unitaria*. Si ella se mide hasta el límite de proporcionalidad se llama *módulo de resiliencia*, y si se mide hasta el punto de fractura, se llama *módulo de tenacidad*.

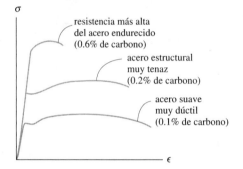

resistencia más alta del acero endurecido (0.6% de carbono)

acero estructural muy tenaz (0.2% de carbono)

acero suave muy dúctil (0.1% de carbono)

Fig. 3-17

Este espécimen de nylon exhibe un alto grado de tenacidad evidenciado por la gran cantidad de estricción que ha sufrido justo antes de su fractura.

E J E M P L O   3.1

Una prueba de tensión para una aleación de acero da como resultado el diagrama de esfuerzo-deformación unitaria mostrado en la figura 3-18. Calcule el módulo de elasticidad y el esfuerzo de fluencia con base en una desviación de 0.2%. Identifique sobre la gráfica el esfuerzo último y el esfuerzo de fractura.

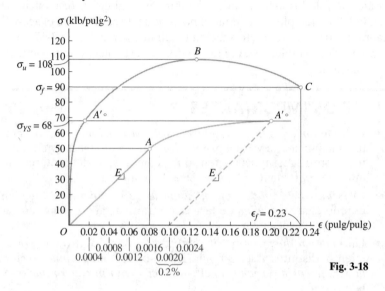

Fig. 3-18

Solución

Módulo de elasticidad. Debemos calcular la *pendiente* de la porción inicial recta de la gráfica. Usando la curva amplificada y la escala mostrada, esta línea se extiende del punto O a un punto estimado A, que tiene coordenadas de aproximadamente (0.0016 pulg/pulg, 50 klb/pulg^2). Por consiguiente,

$$E = \frac{50 = \text{klb/pulg}^2}{0.0016 \text{ pulg/pulg}} = 31.2(10^3) \text{ klb/pulg}^2 \qquad \textit{Resp.}$$

Advierta que la ecuación de la línea OA es entonces $\sigma = 31.2(10^3)\epsilon$.

Resistencia a la fluencia. Para una desviación de 0.2%, comenzamos con una deformación unitaria de 0.2%, o 0.0020 pulg/pulg y extendemos gráficamente una línea (punteada) paralela a OA hasta que interseca a la curva σ-ϵ en A'. La resistencia a la fluencia es aproximadamente:

$$\sigma_{YS} = 68 \text{ klb/pulg}^2 \qquad \textit{Resp.}$$

Esfuerzo último. Éste se define por la ordenada máxima de la gráfica σ-ϵ, esto es, por el punto B en la figura 3-18.

$$\sigma_u = 108 \text{ klb/pulg}^2 \qquad \textit{Resp.}$$

Esfuerzo de fractura. Cuando el espécimen se deforma a su máximo de $\epsilon_f = 0.23$ pulg/pulg, se fractura en el punto C. Entonces,

$$\sigma_f = 90 \text{ klb/pulg}^2 \qquad \textit{Resp.}$$

E J E M P L O **3.2**

En la figura 3-19 se muestra el diagrama de esfuerzo-deformación unitaria para una aleación de aluminio usada para fabricar partes de avión. Si un espécimen de este material se somete a un esfuerzo de 600 MPa, determine la deformación unitaria permanente que queda en el espécimen cuando la carga se retira. Calcule también el módulo de resiliencia antes y después de la aplicación de la carga.

Solución

Deformación unitaria permanente. Cuando el espécimen está sometido a la carga, se endurece hasta que se alcanza el punto B sobre el diagrama σ-ϵ, figura 3-19. La deformación unitaria en este punto es aproximadamente 0.023 mm/mm. Cuando se retira la carga, el material se comporta siguiendo la línea recta BC, que es paralela a la línea OA. Como ambas líneas tienen la misma pendiente, la deformación unitaria en el punto C puede determinarse analíticamente. La pendiente de la línea OA es el módulo de elasticidad, esto es,

$$E = \frac{450 \text{ MPa}}{0.006 \text{ mm/mm}} = 75.0 \text{ GPa}$$

Según el triángulo CBD:

$$E = \frac{BD}{CD} = \frac{600(10^6) \text{ Pa}}{CD} = 75.0(10^9) \text{ Pa}$$

$$CD = 00.008 \text{ mm/mm}$$

Esta deformación unitaria representa la cantidad de *deformación unitaria elástica recuperada*. La deformación unitaria permanente, ϵ_{OC}, es entonces

$$\epsilon_{OC} = 0.023 \text{ mm/mm} - 0.008 \text{ mm/mm}$$
$$= 0.0150 \text{ mm/mm} \qquad \text{Resp.}$$

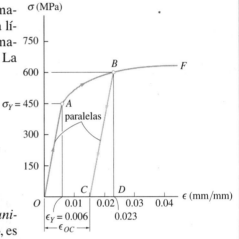

Fig. 3-19

Nota: si las marcas de calibración sobre el espécimen estaban originalmente separadas 50 mm, entonces, después de *retirar* la carga, esas marcas estarán a 50 mm + (0.0150)(50 mm) = 50.75 mm separadas.

Módulo de resiliencia. Aplicando la ecuación 3-8, tenemos*

$$(u_r)_{\text{inicial}} = \frac{1}{2}\sigma_{lp}\epsilon_{lp} = \frac{1}{2}(450 \text{ MPa})(0.006 \text{ mm/mm})$$
$$= 1.35 \text{ MJ/m}^3 \qquad \text{Resp.}$$

$$(u_r)_{\text{final}} = \frac{1}{2}\sigma_{lp}\epsilon_{lp} = \frac{1}{2}(600 \text{ MPa})(0.008 \text{ mm/mm})$$
$$= 2.40 \text{ MJ/m}^3 \qquad \text{Resp.}$$

El efecto del endurecimiento del material ha causado un incremento en el módulo de resiliencia, como se advierte por comparación de las respuestas; sin embargo, note que el módulo de tenacidad del material ha decrecido, ya que el área bajo la curva $OABF$ es mayor que el área bajo la curva CBF.

*El trabajo en el sistema SI de unidades se mide en joules, donde 1 J = 1 N · m.

E J E M P L O **3.3**

La barra de aluminio mostrada en la figura 3-20*a* tiene una sección transversal circular y está sometida a una carga axial de 10 kN. Una porción del diagrama de esfuerzo-deformación unitaria para el material se muestra en la figura 3-20*b*; determine el alargamiento aproximado de la barra cuando se le aplica la carga. Si se retira la carga, ¿cuál es el alargamiento permanente de la barra? Considere $E_{al} = 70$ GPa.

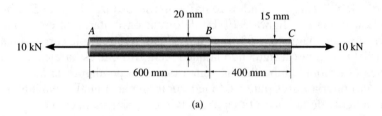

(a)

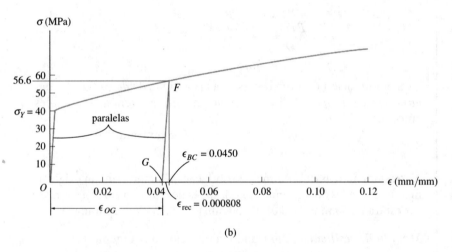

(b)

Fig. 3-20

Solución

En el análisis despreciaremos las *deformaciones localizadas* en el punto de aplicación de la carga y donde el área de la sección transversal de la barra cambia bruscamente. (Esos efectos se estudiarán en las secciones 4.1 y 4.7.) En toda la sección media de cada segmento, el esfuerzo normal y la deformación son uniformes.

Para estudiar la deformación de la barra, debemos obtener la deformación unitaria. Hacemos esto calculando primero el esfuerzo y luego usamos el diagrama de esfuerzo-deformación unitaria para obtener la deformación unitaria. El esfuerzo normal dentro de cada segmento es:

$$\sigma_{AB} = \frac{P}{A} = \frac{10(10^3)\ \text{N}}{\pi\,(0.01\ \text{m})^2} = 31.83\ \text{MPa}$$

$$\sigma_{BC} = \frac{P}{A} = \frac{10(10^3)\ \text{N}}{\pi\,(0.0075\ \text{m})^2} = 56.59\ \text{MPa}$$

Según el diagrama de esfuerzo-deformación unitaria, el material en la región AB se deforma *elásticamente* ya que $\sigma_Y = 40$ MPa > 31.83 MPa. Usando la ley de Hooke,

$$\epsilon_{AB} = \frac{\sigma_{AB}}{E_{\text{al}}} = \frac{31.83(10^6)\ \text{Pa}}{70(10^9)\ \text{Pa}} = 0.0004547\ \text{mm/mm}$$

El material dentro de la región BC se deforma plásticamente, ya que $\sigma_Y = 40$ MPa < 56.59 MPa. De la gráfica, para $\sigma_{BC} = 56.59$ MPa,

$$\epsilon_{BC} \approx 0.045\ \text{mm/mm}$$

El alargamiento aproximado de la barra es entonces

$$\delta = \Sigma\epsilon L = 0.0004547\,(600\ \text{mm}) + 0.045\,(400\ \text{mm})$$

$$= 18.3\ \text{mm} \qquad\qquad Resp.$$

Cuando se retira la carga de 10 kN, el segmento AB de la barra recupera su longitud original. ¿Por qué? Por otra parte, el material en el segmento BC se recupera elásticamente a lo largo de la línea FG, figura 3-20b. Como la pendiente de FG es E_{al}, la recuperación elástica de la deformación es:

$$\epsilon_{\text{rec}} = \frac{\sigma_{BC}}{E_{\text{al}}} = \frac{56.59(10^6)\ \text{Pa}}{70(10^9)\ \text{Pa}} = 0.000808\ \text{mm/mm}$$

La deformación plástica que permanece en el segmento BC es entonces:

$$\epsilon_{OG} = 0.0450 - 0.000808 = 0.0442\ \text{mm/mm}$$

Por tanto, cuando la carga se retira, la barra permanece con un alargamiento dado por:

$$\delta' = \epsilon_{OG}L_{BC} = 0.0442\,(400\ \text{mm}) = 17.7\ \text{mm} \qquad Resp.$$

PROBLEMAS

3-1. Se llevó a cabo una prueba de tensión en una probeta de ensayo de acero que tenía un diámetro original de 0.503 pulg y una longitud calibrada de 2.00 pulg. Los datos se muestran en la tabla. Trace el diagrama de esfuerzo-deformación unitaria y determine aproximadamente el módulo de elasticidad, el esfuerzo último y el esfuerzo de ruptura. Use una escala de 1 pulg = 15 klb/pulg^2 y 1 pulg = 0.05 pulg/pulg. Dibuje de nuevo la región elástica lineal, usando la misma escala de esfuerzos, pero una escala de deformaciones unitarias de 1 pulg = 0.001 pulg.

3-2. Se llevó a cabo una prueba de tensión en una probeta de ensayo de acero que tenía un diámetro original de 0.503 pulg y una longitud calibrada de 2.00 pulg. Con los datos proporcionados en la tabla, trace el diagrama de esfuerzo-deformación unitaria y determine aproximadamente el módulo de tenacidad.

Carga (kN)	Alargamiento (mm)
0	0
2.50	0.0009
6.50	0.0025
8.50	0.0040
9.20	0.0065
9.80	0.0098
12.0	0.0400
14.0	0.1200
14.5	0.2500
14.0	0.3500
13.2	0.4700

Probs. 3-1/2

3-3. Se dan en la tabla los datos de un ensayo de esfuerzo-deformación unitaria de un material cerámico. La curva es lineal entre el origen y el primer punto. Trace la curva y determine el módulo de elasticidad y el módulo de resiliencia.

σ (MPa)	ε (mm/mm)
0	0
229	0.0008
314	0.0012
341	0.0016
355	0.0020
368	0.0024

Prob. 3-3

*3-4. Se llevó a cabo una prueba de tensión en una probeta de ensayo de acero que tenía un diámetro original de 0.503 pulg y una longitud calibrada de 2.00 pulg. Los datos se muestran en la tabla. Trace el diagrama de esfuerzo-deformación unitaria y determine aproximadamente el módulo de elasticidad, el esfuerzo de fluencia, el esfuerzo último y el esfuerzo de ruptura. Use una escala de 1 pulg = 20 klb/pulg^2 y 1 pulg = 0.05 pulg/pulg. Dibuje de nuevo la región elástica, usando la misma escala de esfuerzos pero una escala de deformaciones unitarias de 1 pulg = 0.001 pulg/pulg.

Carga (klb)	Alargamiento (pulg)
0	0
1.50	0.0005
4.60	0.0015
8.00	0.0025
11.00	0.0035
11.80	0.0050
11.80	0.0080
12.00	0.0200
16.60	0.0400
20.00	0.1000
21.50	0.2800
19.50	0.4000
18.50	0.4600

Prob. 3-4

3-5. Se da en la figura el diagrama de esfuerzo-deformación unitaria de una aleación de acero con un diámetro original de 0.5 pulg y una longitud calibrada de 2 pulg. Determine aproximadamente el módulo de elasticidad del material, la carga sobre el espécimen que genera la fluencia y la carga última que el espécimen soportará.

3-6. Se da en la figura el diagrama de esfuerzo-deformación unitaria de una aleación de acero con un diámetro original de 0.5 pulg y una longitud calibrada de 2 pulg. Si el espécimen se carga hasta que se alcanza en él un esfuerzo de 70 klb/pulg^2, determine la cantidad aproximada de recuperación elástica y el incremento en la longitud calibrada después de que se descarga.

3-7. Se da en la figura el diagrama de esfuerzo-deformación unitaria de una aleación de acero con un diámetro original de 0.5 pulg y una longitud calibrada de 2 pulg. Determine aproximadamente el módulo de resiliencia y el módulo de tenacidad para el material.

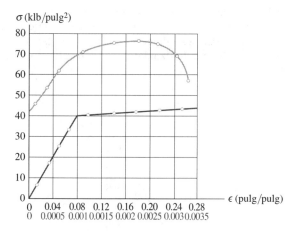

Probs. 3-5/6/7

3-9. Se muestra en la figura el diagrama σ-ϵ para las fibras elásticas que forman la piel y músculos humanos. Determine el módulo de elasticidad de las fibras y estime sus módulos de tenacidad y de resiliencia.

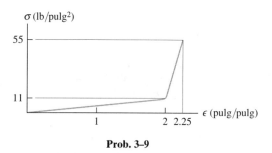

Prob. 3–9

***3-8.** En la figura se muestra el diagrama de esfuerzo-deformación unitaria para una barra de acero. Determine aproximadamente el módulo de elasticidad, el límite de proporcionalidad, el esfuerzo último y el módulo de resiliencia. Si la barra se carga hasta un esfuerzo de 450 MPa, determine la cantidad de deformación unitaria elástica recuperable y la deformación unitaria permanente en la barra cuando ésta se descarga.

■**3-10.** Se muestra el diagrama de esfuerzo-deformación unitaria para un hueso que puede describirse por la ecuación $\epsilon = 0.45(10^{-6})\sigma + 0.36(10^{-12})\sigma^3$, donde σ está en kPa. Determine el esfuerzo de fluencia suponiendo una desviación de 0.3 por ciento.

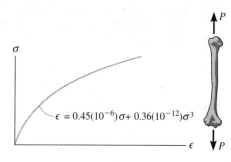

Prob. 3-10

■**3-11.** Se muestra el diagrama de esfuerzo-deformación unitaria para un hueso que puede describirse por la ecuación $\epsilon = 0.45(10^{-6})\sigma + 0.36(10^{-12})\sigma^3$, donde σ está en kPa. Determine el módulo de tenacidad y el alargamiento en una región de 200 mm de longitud justo antes de que se fracture si la falla ocurre en $\epsilon = 0.12$ mm/mm.

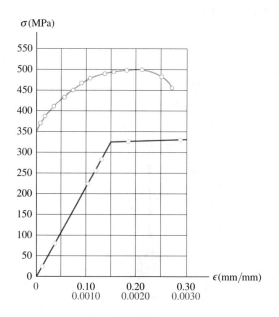

Prob. 3-8

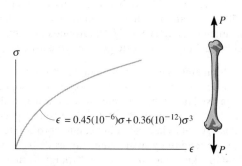

Prob. 3-11

*3-12. La fibra de vidrio tiene un diagrama de esfuerzo-deformación unitaria como el mostrado. Si una barra de 50 mm de diámetro y 2 m de longitud hecha de este material está sometida a una carga axial de tensión de 60 kN, determine su alargamiento.

*3-16. El poste está soportado por un pasador en C y por un alambre AB de acero A-36. Si el alambre tiene un diámetro de 0.2 pulg, determine cuánto se alarga éste cuando una fuerza horizontal de 2.5 klb actúa sobre el poste.

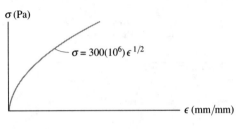

Prob. 3-12

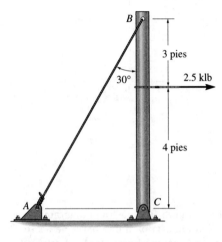

Prob. 3-16

3-13. El plástico acetal tiene un diagrama de esfuerzo-deformación unitaria como el mostrado. Si una barra de este material tiene una longitud de 3 pies y un área transversal de 0.875 pulg^2 y está sometido a una carga axial de 2.5 klb, determine su alargamiento.

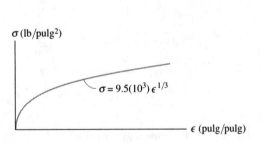

Prob. 3-13

3-17. La barra DA es rígida y se mantiene originalmente en posición horizontal cuando el peso W está soportado en C. Si el peso ocasiona que B se desplace hacia abajo 0.025 pulg, determine la deformación unitaria en los alambres DE y BC. Además, si los alambres están hechos de acero A-36 y tienen un área transversal de 0.002 pulg^2, determine el peso W.

3-14. Un espécimen tiene originalmente 1 pie de longitud, un diámetro de 0.5 pulg y está sometido a una fuerza de 500 lb. Cuando la fuerza se incrementa a 1800 lb, el espécimen se alarga 0.9 pulg. Determine el módulo de elasticidad del material si éste permanece elástico.

3-15. Un miembro estructural de un reactor nuclear está hecho de una aleación de zirconio. Si debe soportar una carga axial de 4 klb, determine su área transversal requerida. Use un factor de seguridad de 3 con respecto a la fluencia. ¿Cuál es la carga sobre el miembro si éste tiene 3 pies de longitud y su alargamiento es de 0.02 pulg? $E_{zr} = 14(10^3)$ klb/pulg^2, $\sigma_Y = 57.5$ klb/pulg^2. El material tiene comportamiento elástico.

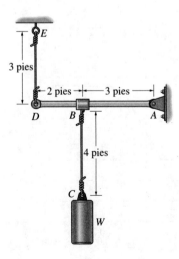

Prob. 3-17

3-18. Se muestra el diagrama σ-ϵ de un haz de fibra colágena de la que se compone un tendón humano. Si un segmento del tendón de Aquiles en A tiene una longitud de 6.5 pulg y un área transversal aproximada de 0.229 pulg^2, determine su alargamiento si el pie soporta una carga de 125 lb, que causa una tensión en el tendón de 343.75 lb.

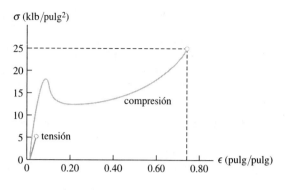

Prob. 3-19

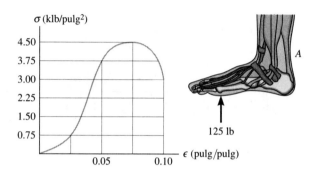

Prob. 3-18

3-19. Las dos barras están hechas de poliestireno, que tiene el diagrama de esfuerzo-deformación unitaria mostrado. Si el área transversal de la barra AB es de 1.5 pulg^2 y el de la BC es de 4 pulg^2, determine la fuerza P máxima que puede soportarse antes de que uno de los miembros se rompa. Suponga que no ocurre ningún pandeo.

*3-20. Las dos barras están hechas de poliestireno, que tiene el diagrama de esfuerzo-deformación unitaria mostrado. Determine el área transversal de cada barra de manera que las barras se rompen simultáneamente cuando la carga $P = 3$ klb. Suponga que no se presenta ningún pandeo.

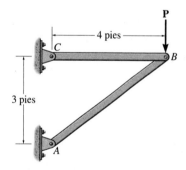

Prob. 3-19

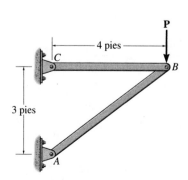

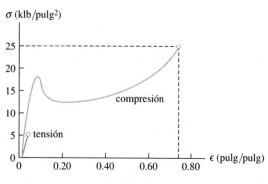

Prob. 3-20

3-21. El diagrama de esfuerzo-deformación unitaria para una resina de poliestireno está dado en la figura. Si la viga rígida está soportada por un puntal AB y un poste CD, ambos hechos de este material, y sometida a una carga de $P = 80$ kN, determine el ángulo de inclinación de la viga cuando se aplica la carga. El diámetro del puntal es de 40 mm y el diámetro del poste es de 80 mm.

3-22. El diagrama de esfuerzo-deformación unitaria para una resina poliestérica está dado en la figura. Si la viga rígida está soportada por un puntal AB y un poste CD, ambos hechos de este material, determine la carga P máxima que puede aplicarse a la viga antes de que falle. El diámetro del puntal es de 12 mm y el diámetro del poste es de 40 mm.

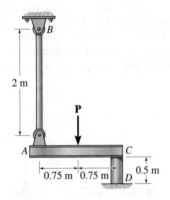

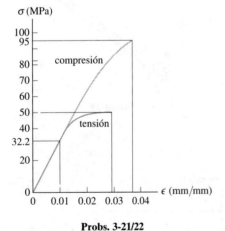

Probs. 3-21/22

3-23. El tubo está soportado por un pasador en C y un alambre AB de acero A-36. Si el alambre tiene un diámetro de 0.2 pulg, determine su alargamiento cuando una carga distribuida de $w = 100$ lb/pie actúa sobre la viga. El material permanece elástico.

*3-24.** El tubo está soportado por un pasador en C y un alambre AB de acero A-36. Si el alambre tiene un diámetro de 0.2 pulg, determine la carga w distribuida si el extremo B se desplaza 0.75 pulg hacia abajo.

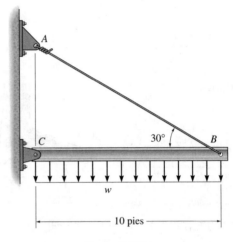

Probs. 3-23/24

3-25. El diagrama de esfuerzo-deformación unitaria para muchas aleaciones metálicas puede describirse analíticamente usando la ecuación de tres parámetros de Ramberg-Osgood $\epsilon = \sigma/E + k\sigma^n$, donde E, k y n se determinan por mediciones en el diagrama. Usando el diagrama de esfuerzo-deformación unitaria mostrado en la figura, considere $E = 30(10^3)$ klb/pulg^2 y determine los otros dos parámetros k y n y obtenga luego una expresión analítica para la curva.

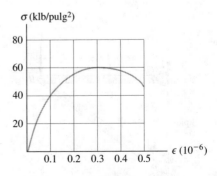

Prob. 3-25

3.6 Relación de Poisson

Cuando un cuerpo deformable está sometido a una fuerza axial de tensión, no sólo se alarga sino que también se contrae lateralmente. Por ejemplo, si una tira de hule se alarga, puede notarse que el espesor y el ancho de la tira disminuyen. Igualmente, una fuerza de compresión que actúa sobre un cuerpo ocasiona que éste se contraiga en la dirección de la fuerza y que se expanda lateralmente. Estos dos casos se ilustran en la figura 3-21 para una barra con radio r y longitud L iniciales.

Cuando la carga **P** se aplica a la barra, la longitud de la barra cambia una cantidad δ y su radio una cantidad δ'. Las deformaciones unitarias en la dirección axial o longitudinal y en la dirección lateral o radial son, respectivamente,

$$\epsilon_{long} = \frac{\delta}{L} \quad y \quad \epsilon_{lat} = \frac{\delta'}{r}$$

A principios del siglo XIX, el científico francés S.D. Poisson descubrió que dentro del *rango elástico*, la *razón* de esas dos deformaciones unitarias es *constante*, ya que las deformaciones δ y δ' son proporcionales. A esta constante se le llama **razón de Poisson**, ν (nu), y tiene un valor numérico que es único para un material particular que sea *homogéneo e isotrópico*. Expresado matemáticamente,

$$\nu = -\frac{\epsilon_{lat}}{\epsilon_{long}} \qquad (3\text{-}9)$$

El signo negativo se usa aquí ya que un *alargamiento longitudinal* (deformación unitaria positiva) ocasiona una *contracción lateral* (deformación unitaria negativa), y viceversa. Advierta que esta deformación unitaria lateral es la *misma* en todas las direcciones laterales (o radiales). Además, esta deformación unitaria es causada sólo por la fuerza axial o longitudinal; ninguna fuerza o esfuerzo actúa en una dirección lateral que deforme el material en esa dirección.

La razón de Poisson es *adimensional* y para la mayoría de los sólidos no porosos tiene un valor generalmente entre $\frac{1}{4}$ y $\frac{1}{3}$. En la cubierta posterior del libro se dan valores típicos de ν para materiales comunes. En particular, un material ideal sin movimiento lateral cuando se alargue o contraiga, tendrá $\nu = 0$. Veremos en la sección 10.6 que el valor *máximo* posible para la razón de Poisson es 0.5. Por tanto, $0 \le \nu \le 0.5$.

Cuando el bloque de hule es comprimido (deformación unitaria negativa) sus lados se expanden (deformación unitaria positiva). La relación de esas deformaciones unitarias es constante.

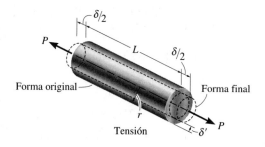

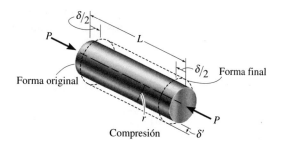

Fig. 3-21

E J E M P L O   3.4

Una barra de acero A-36 tiene las dimensiones mostradas en la figura 3-22. Si se aplica una fuerza axial $P = 80$ kN a la barra, determine el cambio en su longitud y el cambio en las dimensiones de su sección transversal después de aplicada la carga. El material se comporta elásticamente.

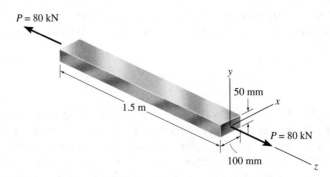

$P = 80$ kN

y

50 mm

x

1.5 m

$P = 80$ kN

100 mm

z

Fig. 3-22

Solución

El esfuerzo normal en la barra es

$$\sigma_z = \frac{P}{A} = \frac{80(10^3)\text{ N}}{(0.1\text{ m})(0.05\text{ m})} = 16.0(10^6)\text{ Pa}$$

De la tabla en la cubierta posterior para el acero A-36, $E_{ac} = 200$ GPa, por lo que la deformación unitaria en la dirección z es:

$$\epsilon_z = \frac{\sigma_z}{E_{ac}} = \frac{16.0(10^6)\text{ Pa}}{200(10^9)\text{ Pa}} = 80(10^{-6})\text{ mm/mm}$$

El alargamiento axial de la barra es entonces:

$$\delta_z = \epsilon_z L_z = [80(10^{-6})](1.5\text{ m}) = 120\ \mu\text{m} \qquad Resp.$$

Usando la ecuación 3-9, donde $\nu_{ac} = 0.32$ según la tabla en el forro posterior, las contracciones en las direcciones x y y son:

$$\epsilon_x = \epsilon_y = -\nu_{ac}\epsilon_2 = -0.32[80(10^{-6})] = -25.6\ \mu\text{m/m}$$

Así, los cambios en las dimensiones de la sección transversal son:

$$\delta_x = \epsilon_x L_x = -[25.6(10^{-6})](0.1\text{ m}) = -2.56\ \mu\text{m} \qquad Resp.$$
$$\delta_y = \epsilon_y L_y = -[25.6(10^{-6})](0.05\text{ m}) = -1.28\ \mu\text{m} \qquad Resp.$$

3.7 El diagrama de esfuerzo-deformación unitaria en cortante

En la sección 1.5 se mostró que cuando un elemento de material está sometido a *cortante puro*, el equilibrio requiere que se desarrollen esfuerzos cortantes iguales en las cuatro caras del elemento. Estos esfuerzos deben estar dirigidos hacia o desde las esquinas diagonalmente opuestas del elemento, figura 3-23a. Además, si el material es *homogéneo* e *isotrópico*, entonces el esfuerzo cortante distorsionará al elemento de manera uniforme, figura 3-23b. Como se mencionó en la sección 2.2, la deformación unitaria cortante γ_{xy} mide la distorsión angular del elemento con relación a los lados orientados inicialmente a lo largo de los ejes x y y.

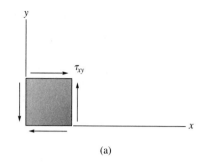

(a)

El comportamiento de un material sometido a cortante puro puede ser estudiado en un laboratorio usando muestras en forma de tubos delgados y sometiéndolos a una carga de torsión. Si se hacen mediciones del par aplicado y del ángulo de torsión resultante, entonces, según los métodos que se explicarán en el capítulo 5, los datos pueden usarse para determinar el esfuerzo cortante y la deformación unitaria cortante, y puede trazarse un diagrama de esfuerzo cortante-deformación cortante unitaria. En la figura 3-24 se muestra un ejemplo de este diagrama para un material dúctil. Al igual que en la prueba de tensión, este material exhibirá un comportamiento elástico lineal cuando se le somete a corte, y tendrá un *límite de proporcionalidad* τ_{lp} definido. También ocurrirá un endurecimiento por deformación hasta que se llegue al *esfuerzo cortante último* τ_u. Finalmente, el material comenzará a perder su resistencia al cortante hasta que se alcance un punto en que se fracture, τ_f.

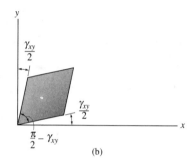

(b)

Fig. 3-23

En la mayoría de los materiales de ingeniería, como el que acabamos de describir, el comportamiento elástico es *lineal*, de modo que la ley de Hooke para el cortante puede escribirse como:

$$\tau = G\gamma \qquad (3\text{-}10)$$

Aquí G se llama ***módulo de elasticidad por cortante*** o ***módulo de rigidez***. Su valor puede medirse por la pendiente de la línea en el diagrama τ-γ, esto es, $G = \tau_{lp}/\gamma_{lp}$. En el forro interior de la cubierta de este libro se dan algunos valores típicos para materiales comunes de ingeniería. Advierta que las unidades de G son las *mismas* que para E (Pa o lb/pulg^2), puesto que g se mide en radianes, una cantidad adimensional.

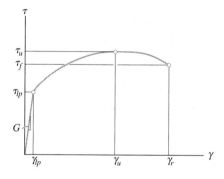

Fig. 3-24

En la sección 10.6 se demostrará que las tres constantes del material, E, ν y G están *relacionadas* por la ecuación:

$$G = \frac{E}{2(1 + \nu)} \qquad (3\text{-}11)$$

Siempre que E y G se conozcan, el valor de ν podrá determinarse por medio de esta ecuación en vez de tener que recurrir a mediciones experimentales. Por ejemplo, en el caso del acero A-36, $E_{ac} = 29(10^3)$ klb/pulg^2 y $G_{ac} = 11.0(10^3)$ klb/pulg^2, de modo que, según la ecuación 3-11, $\nu_{ac} = 0.32$.

EJEMPLO 3.5

Un espécimen de una aleación de titanio se prueba en torsión y el diagrama de esfuerzo de cortante-deformación angular unitaria que resulta se muestra en la figura 3-25a. Determine el módulo cortante G, el límite de proporcionalidad y el esfuerzo cortante último. Determine también la distancia d máxima que la parte superior de un bloque de este material, mostrado en la figura 3-25b, podría desplazarse horizontalmente si el material se comporta elásticamente al actuar sobre él la fuerza cortante **V**. ¿Cuál es la magnitud de **V** para causar este desplazamiento?

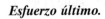

Solución

Módulo cortante. Este valor representa la pendiente de la porción recta OA del diagrama τ-γ. Las coordenadas del punto A son (0.008 rad, 52 klb/pulg²). Entonces,

$$G = \frac{52 \text{ klb/pulg}^2}{0.008 \text{ rad}} = 6500 \text{ klb/pulg}^2 \qquad Resp.$$

La ecuación de la línea OA es por lo tanto $\tau = 6500\gamma$, que es la ley de Hooke para cortante.

Límite de proporcionalidad. Por inspección, la gráfica deja de ser lineal en el punto A. Así,

$$\tau_{lp} = 52 \text{ klb/pulg}^2 \qquad Resp.$$

Esfuerzo último.

Este valor representa el esfuerzo cortante máximo, punto B. De la gráfica,

$$\tau_u = 73 \text{ klb/pulg}^2 \qquad Resp.$$

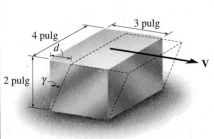

(b)

Fig. 3-25

Desplazamiento elástico máximo y fuerza cortante. Como la deformación unitaria cortante elástica máxima es de 0.008 rad, un ángulo muy pequeño, la parte superior del bloque en la figura 3-25b se desplazará horizontalmente:

$$\tan(0.008 \text{ rad}) \approx 0.008 \text{ rad} = \frac{d}{2 \text{ pulg}}$$

$$d = 0.016 \text{ pulg} \qquad Resp.$$

El esfuerzo cortante *promedio* correspondiente en el bloque es $\tau_{lp} = 52$ klb/pulg². Así, la fuerza cortante V necesaria para causar el desplazamiento es

$$\tau_{\text{prom}} = \frac{V}{A}; \qquad 52 \text{ klb/pulg}^2 = \frac{V}{(3 \text{ pulg})(4 \text{ pulg})}$$

$$V = 624 \text{ klp/pulg}^2 \qquad Resp.$$

E J E M P L O   3.6

El espécimen de aluminio mostrado en la figura 3-26 tiene un diámetro $d_0 = 25$ mm y una longitud calibrada $L_0 = 250$ mm. Si una fuerza de 165 kN alarga la longitud calibrada 1.20 mm, determine el módulo de elasticidad. Determine también cuánto se reduce el diámetro debido a esta fuerza. Considere $G_{al} = 26$ GPa y $\sigma_Y = 440$ MPa.

Solución

Módulo de elasticidad. El esfuerzo normal promedio en el espécimen es

$$\sigma = \frac{P}{A} = \frac{165(10^3)\ \text{N}}{(\pi/4)(0.025\ \text{m})^2} = 336.1\ \text{MPa}$$

y la deformación unitaria normal promedio es

$$\epsilon = \frac{\delta}{L} = \frac{1.20\ \text{mm}}{250\ \text{mm}} = 0.00480\ \text{mm/mm}$$

Como $\sigma < \sigma_Y = 440$ MPa, el material se comporta elásticamente. El módulo de elasticidad es

$$E_{al} = \frac{\sigma}{\epsilon} = \frac{336.1(10^6)\ \text{Pa}}{0.00480} = 70.0\ \text{GPa} \qquad Resp.$$

Contracción del diámetro. Primero determinamos la relación de Poisson para el material usando la ecuación 3-11.

$$G = \frac{E}{2(1 + \nu)}$$

$$26\ \text{GPa} = \frac{70.0\ \text{GPa}}{2(1 + \nu)}$$

$$\nu = 0.346$$

Como $\epsilon_{long} = 0.00480$ mm/mm, entonces por la ecuación 3-9,

$$\nu = \frac{\epsilon_{lat}}{\epsilon_{long}}$$

$$0.346 = \frac{\epsilon_{lat}}{0.00480\ \text{mm/mm}}$$

$$\epsilon_{lat} = -0.00166\ \text{mm/mm}$$

La contracción del diámetro es por lo tanto

$$\delta' = (0.00166)(25\ \text{mm})$$

$$= 0.0415\ \text{mm} \qquad Resp.$$

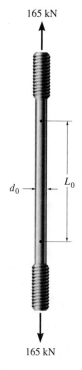

165 kN

d_0 → ← L_0

165 kN

Fig. 3-26

*3.8 Falla de materiales por flujo plástico y por fatiga

Hasta ahora hemos estudiado las propiedades mecánicas de un material sólo para una carga estática o aplicada lentamente a una temperatura constante. Sin embargo, en ciertos casos, un miembro puede tener que usarse en un ambiente para el cual las cargas deben ser sostenidas por periodos largos a temperaturas elevadas, o en otros casos la carga puede ser repetida o cíclica. No consideraremos tales efectos en este libro, aunque brevemente mencionaremos cómo se puede determinar la resistencia de los materiales en estas condiciones, puesto que reciben un tratamiento especial en el diseño.

Flujo plástico. Cuando un material tiene que soportar una carga por un periodo muy largo, puede continuar deformándose hasta que ocurre una fractura súbita o su utilidad se ve amenazada. Esta deformación permanente dependiente del tiempo se llama *flujo plástico*. Normalmente el flujo plástico es tomado en cuenta cuando se usan metales o cerámicos como miembros estructurales o partes mecánicas sometidos a temperaturas elevadas. Sin embargo, en algunos materiales, como los polímeros y los materiales compuestos (incluyendo la madera y el concreto), si bien la temperatura *no* es un factor importante, el flujo puede presentarse para aplicaciones estrictamente a largo plazo de la carga. Como ejemplo típico, consideremos el hecho de que una banda de hule no retorna a su forma original después de haber sido liberada de una posición estirada en la cual se mantuvo durante un periodo muy largo. En sentido general, tanto *el esfuerzo y/o la temperatura* juegan un papel importante en la *velocidad* del flujo plástico.

Para efectos prácticos, cuando el flujo plástico resulta importante, el material se diseña por lo común para diseñar una deformación unitaria por flujo plástico especificado para un periodo determinado. A este respecto, una propiedad mecánica importante que se considera en el diseño de miembros sometidos a flujo plástico es la *resistencia por flujo plástico*. Este valor representa el esfuerzo inicial más alto que el material puede soportar durante un tiempo especificado sin causar una cantidad determinada de deformación unitaria por flujo plástico. La resistencia por flujo plástico variará con la temperatura y, para efectos de diseño, deberán especificarse la temperatura, la duración de la carga, y la deformación unitaria por flujo plástico permisibles. Por ejemplo, se ha sugerido una deformación unitaria por flujo plástico de 0.1% anual para el acero en pernos y en tuberías, y de 0.25% anual para el forro de plomo en cables.

Existen varios métodos para determinar la resistencia por flujo plástico permisible para un material en particular. Uno de los más sencillos implica ensayar varias muestras simultáneamente a una temperatura constante, pero estando cada una sometida a un *esfuerzo axial diferente*. Midiendo el tiempo necesario para producir ya sea una deformación unitaria permisible o la deformación unitaria de ruptura para cada espécimen, se puede establecer una curva de esfuerzo contra tiempo. Normalmente estas pruebas se efectúan para un periodo máximo de 1000 horas. En la figura 3-27 se presenta un ejemplo de los resultados para un acero inoxidable a una temperatura de 1200 °F y una deformación unitaria por flujo plástico prescrita de 1%. Este material tiene una resistencia

La aplicación de largo plazo de la carga del cable sobre este poste ha causado su deformación debido al flujo plástico.

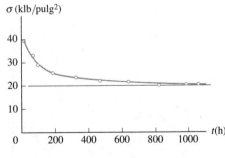

Diagrama σ-t para acero inoxidable a 1200°F y deformación unitaria por flujo plástico de 1%

Fig. 3-27

de fluencia de 40 klb/pulg^2 (276 MPa) a la temperatura ambiente (con 0.2% de desviación), y la resistencia por flujo plástico a 1000 horas se encuentra que es aproximadamente $\sigma_c = 20$ klb/pulg^2 (138 MPa).

En general, la resistencia por flujo plástico *disminuirá* para *temperaturas más elevadas* o para *esfuerzos aplicados más elevados*. Para periodos más largos, deberán hacerse extrapolaciones de las curvas. Para ello se requiere un cierto grado de experiencia con el comportamiento del flujo plástico, y cierto conocimiento suplementario del uso de las propiedades del material bajo flujo plástico. Sin embargo, una vez que la resistencia por flujo plástico de un material se ha determinado, se aplica un factor de seguridad para obtener un esfuerzo permisible apropiado para el diseño.

Fatiga. Cuando un metal se somete a *ciclos* de esfuerzo o de deformación repetidos, ello ocasiona que su estructura se colapse, y, finalmente se fracture. Este comportamiento se llama *fatiga*, y por lo regular es la causa de un gran porcentaje de fallas en bielas y cigüeñales de máquinas, álabes de turbinas de gas o de vapor, conexiones o soportes de puentes, ruedas y ejes de ferrocarril, así como otras partes sometidas a cargas cíclicas. En todos estos casos ocurrirá una fractura bajo un esfuerzo *menor* que el esfuerzo de fluencia del material.

La naturaleza de esta falla resulta del hecho de que existen regiones microscópicas, normalmente en la superficie del miembro, donde el esfuerzo local es *mucho más grande* que el esfuerzo promedio que actúa en la sección transversal. Cuando este esfuerzo más grande se aplica en forma cíclica, conduce a la formación de grietas diminutas. La presencia de estas grietas provoca un aumento posterior del esfuerzo en sus puntas o fronteras, lo cual a su vez ocasiona una extensión posterior de las grietas en el material cuando el esfuerzo continúa ejerciendo su acción. Con el tiempo el área de la sección transversal del miembro se reduce a un punto en que la carga ya no puede ser soportada, y como resultado ocurre la fractura súbita. El material, aunque sea dúctil, se comporta como si fuera *frágil*.

Con objeto de especificar una resistencia segura para un material metálico bajo carga repetida, es necesario determinar un límite por debajo del cual no pueda ser detectada una evidencia de falla después de haber aplicado una carga durante un número determinado de ciclos. Este esfuerzo limitante se llama *límite de fatiga* o, más propiamente, *límite de resistencia a la fatiga*. Usando una máquina de ensayos para este propósito, una serie de muestras son sometidas a un esfuerzo específico aplicado cíclicamente hasta su falla. Los resultados se trazan en una gráfica que represente el esfuerzo S (o σ) como ordenada y el número de ciclos N a la falla como abscisa. Esta gráfica se llama *diagrama S-N*, o *diagrama esfuerzos-ciclos*, y a menudo los valores de N se trazan en una escala logarítmica, puesto que generalmente son bastante grandes.

En la figura 3-28 se muestran ejemplos de diagramas *S-N* de dos metales comunes en ingeniería. El límite de resistencia a la fatiga es aquel esfuerzo para el cual la gráfica *S-N* se vuelve horizontal o asintótica. Como ya hemos indicado, existe un valor bien definido de $(S_{el})_{ac} = 27$ klb/pulg^2 (186 MPa) para el acero. Sin embargo, para el aluminio el límite de resistencia a la fatiga no está bien definido, por lo que se le especifica normalmente como el esfuerzo que tiene un límite de 500 millones de ciclos, $(S_{el})_{al} = 19$ klb/pulg^2 (131 MPa). Los valores típicos de

El diseño de los juegos mecánicos de un parque de diversión, requiere una consideración cuidadosa de las cargas que pueden provocar fatiga.

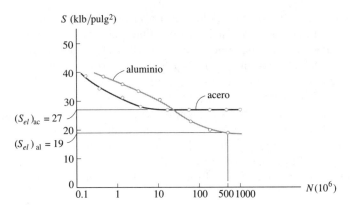

Diagrama *S-N* para aleaciones de acero y aluminio
(el eje *N* tiene una escala logarítmica)

Fig. 3-28

los límites de resistencia a la fatiga para diversos materiales de ingeniería aparecen con frecuencia en los manuales. Una vez obtenido un valor determinado, se supone que para cualquier esfuerzo por debajo de este valor la vida bajo fatiga es infinita, y por consiguiente el número de ciclos para que la falla ocurra ya no merece consideración.

PUNTOS IMPORTANTES

- La *relación de Poisson, ν*, es una medida de la deformación unitaria lateral de un material homogéneo e isotrópico *versus* su deformación unitaria longitudinal. Esas deformaciones unitarias son generalmente de signos opuestos, o sea, si una es un alargamiento, la otra será una contracción.

- El *diagrama de esfuerzo cortante-deformación unitaria cortante* es una gráfica del esfuerzo cortante *versus* la deformación unitaria cortante. Si el material es homogéneo e isotrópico y también elástico lineal, la pendiente de la curva dentro de la región elástica se llama módulo de rigidez o módulo cortante, *G*.

- Existe una relación matemática entre *G*, *E* y *ν*.

- El *flujo plástico* es la deformación dependiente del tiempo de un material para el cual el esfuerzo y/o la temperatura juegan un papel importante. Los miembros son diseñados para resistir los efectos del flujo plástico con base en su resistencia al flujo plástico, que es el esfuerzo inicial más grande que un material puede resistir durante un tiempo específico sin que genere una deformación unitaria específica por flujo plástico.

- La *fatiga* ocurre en metales cuando el material es sometido a ciclos de esfuerzo y deformación unitaria. Los miembros son diseñados para resistir la fatiga garantizando que el esfuerzo en el miembro no excede su *límite por fatiga*. Este valor se determina en un diagrama *S-N* como el máximo esfuerzo que el miembro puede resistir al estar sometido a un número específico de ciclos de carga.

PROBLEMAS

3-26. Una barra de plástico acrílico tiene una longitud de 200 mm y un diámetro de 15 mm. Si se le aplica una carga axial de 300 N, determine el cambio en su longitud y en su diámetro. $E_p = 2.70$ GPa, $\nu_p = 0.4$.

3-29. El soporte consta de tres placas rígidas conectadas entre sí por medio de dos cojinetes de hule situados simétricamente. Si se aplica una fuerza vertical de 50 N a la placa A, determine el desplazamiento vertical aproximado de esta placa debido a las deformaciones unitarias cortantes en el hule. Cada cojinete tiene dimensiones de 30 mm y 20 mm. $G_r = 0.20$ MPa.

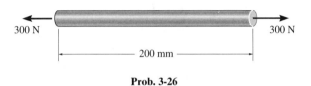

300 N   200 mm   300 N

Prob. 3-26

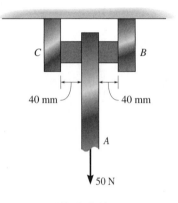

Prob. 3-29

3-27. Un bloque cilíndrico corto de aluminio 2014-T6, que tiene inicialmente un diámetro de 0.5 pulg y una longitud de 1.5 pulg, se sitúa entre las mordazas lisas de un tornillo de banco y se comprime hasta que la carga axial aplicada es de 800 lb. Determine (a) la disminución de su longitud y (b) su nuevo diámetro.

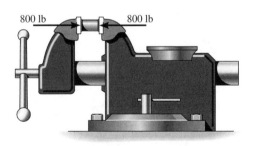

800 lb   800 lb

Prob. 3-27

3-30. Se construye un resorte de cortante con dos bloques de hule, cada uno de altura h, ancho b y espesor a. Los bloques se adhieren a tres placas como se muestra. Si las placas son rígidas y el módulo cortante del hule es G, determine el desplazamiento de la placa A si se aplica una carga **P** vertical a esta placa. Suponga que el desplazamiento es pequeño de modo que $\delta = a \tan \gamma \approx a\gamma$.

*3-28. Un bloque corto cilíndrico de bronce C86100 con diámetro original de 1.5 pulg y longitud de 3 pulg, se coloca en una máquina de compresión y se comprime hasta que su longitud es de 2.98 pulg. Determine el nuevo diámetro del bloque.

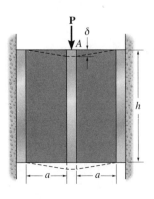

Prob. 3-30

3-31. Se construye un resorte de cortante adhiriendo un anillo de hule a un anillo rígido empotrado y a un manguito. Cuando se coloca una carga **P** sobre el manguito, demuestre que la pendiente en el punto y del hule es $dy/dr = -\tan \gamma = -\tan(P/2\pi hGr)$. Para ángulos pequeños podemos escribir $dy/dr = -P/(2\pi hGr)$. Integre esta expresión y evalúe la constante de integración usando la condición de que $y = 0$ en $r = r_o$. Del resultado, calcule la deflexión $y = \delta$ del manguito.

3-33. Un buje tiene un diámetro de 30 mm y encaja dentro de un manguito rígido con un diámetro interior de 32 mm. Tanto el buje como el manguito tienen una longitud de 50 mm. Determine la presión axial p que debe aplicarse a la parte superior del buje para hacer que tome contacto con los costados del manguito. Además, ¿en cuánto debe ser comprimido el buje hacia abajo para que ocurra esto? El buje está hecho de un material para el cual $E = 5$ MPa, $\nu = 0.45$.

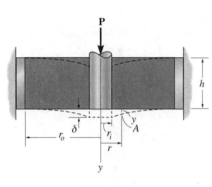

Prob. 3-31

Prob. 3-33

*3-32. Un bloque de aluminio tiene una sección transversal rectangular y se somete a una fuerza de compresión axial de 8 klb. Si el lado de 1.5 pulg cambia su longitud a 1.500132 pulg, determine la razón de Poisson y la nueva longitud del lado de 2 pulg. $E_{al} = 10(10^3)$ klb/pulg^2.

3-34. Un bloque de hule se somete a un alargamiento de 0.03 pulg a lo largo del eje x, y sus caras verticales reciben una inclinación tal que $\theta = 89.3°$. Determine las deformaciones unitarias ϵ_x, ϵ_y y γ_{xy}. Considere $\nu_r = 0.5$.

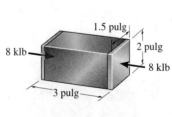

Prob. 3-32

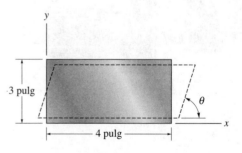

Prob. 3-34

REPASO DEL CAPÍTULO

- Una de las pruebas más importantes en la resistencia de materiales es la prueba de tensión. Los resultados, encontrados al jalar un espécimen de tamaño conocido, son graficados como esfuerzo normal sobre el eje vertical y deformación unitaria normal sobre el eje horizontal.

- Muchos materiales de la ingeniería exhiben un comportamiento elástico lineal inicial, donde el esfuerzo es proporcional a la deformación unitaria definido por la ley de Hooke, $\sigma = E\epsilon$. Aquí E, llamado módulo de elasticidad, es la pendiente de esta línea sobre el diagrama de esfuerzo-deformación unitaria.

- Cuando el material es forzado más allá del punto de fluencia, ocurre una deformación permanente. En particular, el acero tiene una región de fluencia, donde el material exhibe un incremento en deformación unitaria pero ningún incremento en esfuerzo. La región de endurecimiento por deformación causa una fluencia adicional del material con un correspondiente incremento del esfuerzo. Finalmente, en el esfuerzo último, una región localizada sobre el espécimen empieza a contraerse, formando un cuello. Es aquí donde ocurre la fractura.

- Los materiales dúctiles, como la mayoría de los metales, exhiben comportamiento elástico y plástico. La madera es moderadamente dúctil. La ductilidad es usualmente especificada por el alargamiento permanente en la falla o por la reducción permanente en el área transversal.

- Los materiales frágiles exhiben poca o ninguna fluencia antes de la falla. El hierro colado y el vidrio son ejemplos típicos. El concreto también es frágil en tensión.

- El punto de fluencia de un material se puede incrementar por endurecimiento por deformación, lo que se logra aplicando una carga suficientemente grande para causar un incremento en el esfuerzo tal que cause fluencia, y luego liberando la carga. El mayor esfuerzo producido resulta el nuevo punto de fluencia del material.

- Cuando se aplica una carga, las deformaciones ocasionan que energía de deformación se almacene en el material. La energía por deformación unitaria por volumen unitario o densidad de energía de deformación es equivalente al área bajo la curva de esfuerzo-deformación unitaria. Esta área, hasta el punto de fluencia, se llama módulo de resiliencia. El área total bajo el diagrama de esfuerzo-deformación unitaria se llama módulo de tenacidad.

- La relación de Poisson ν es una propiedad adimensional del material que mide la deformación unitaria lateral respecto a la deformación unitaria longitudinal. Su valor se encuentra entre $0 < \nu \leq 0.5$.

- También pueden establecerse diagramas de esfuerzo cortante *versus* deformación unitaria cortante. Dentro de la región elástica, $\tau = G\gamma$, donde G es el módulo cortante, que se encuentra de la pendiente de la línea dentro de la región elástica. El valor de G también puede hallarse de la relación que existe entre G, E y ν, o sea $G = E/[2(1 + \nu)]$.

- Cuando los materiales están en servicio por periodos largos, las consideraciones de flujo plástico y fatiga resultan importantes. El flujo plástico es la velocidad de la deformación, que ocurre a altos esfuerzos y/o altas temperaturas. El diseño requiere que el esfuerzo en el material no exceda un esfuerzo predeterminado llamado resistencia al flujo plástico. La fatiga puede ocurrir cuando el material experimenta un gran número de ciclos de carga. Este efecto ocasiona la formación de microgrietas, lo que conduce a una fractura frágil. Para prevenir la fatiga, el esfuerzo en el material no debe exceder un límite especificado de fatiga.

PROBLEMAS DE REPASO

3-35. Se muestra en la figura la porción elástica del diagrama de esfuerzo-deformación unitaria a tensión para una aleación de aluminio. El espécimen usado para la prueba tiene una longitud calibrada de 2 pulg y un diámetro de 0.5 pulg. Cuando la carga aplicada es de 9 klb, el nuevo diámetro del espécimen es de 0.49935 pulg. Calcule el módulo cortante G_{al} para el aluminio.

*3-36. Se muestra en la figura la porción elástica del diagrama de esfuerzo-deformación unitaria en tensión para una aleación de aluminio. El espécimen usado en la prueba tiene una longitud calibrada de 2 pulg y un diámetro de 0.5 pulg. Si la carga aplicada es de 10 klb, determine el nuevo diámetro del espécimen. El módulo cortante es $G_{al} = 3.8(10^3)$ klb/pulg².

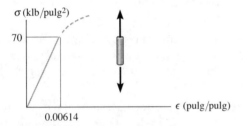

Probs. 3-35/36

3-37. Una viga rígida reposa en una posición horizontal sobre dos cilindros de aluminio 2014-T6 que tienen las longitudes *sin carga* que se muestran en la figura. Si cada cilindro tiene un diámetro de 30 mm, determine la colocación *x* de la carga de 80 kN de modo que la viga permanezca horizontal. ¿Cuál es el nuevo diámetro del cilindro A después de haberse aplicado la carga? $\nu_{al} = 0.35$.

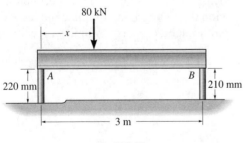

Prob. 3-37

3-38. Un bloque cilíndrico corto de aluminio 6061-T6 con diámetro original de 20 mm y longitud de 75 mm se coloca en una máquina de compresión y se comprime hasta que la carga axial aplicada es de 5 kN. Determine (a) el decremento en su longitud y (b) su nuevo diámetro.

3-39. El alambre *AB* de acero A-36 tiene un área transversal de 10 mm² y no está estirado cuando $\theta = 45.0°$. Determine la carga *P* necesaria para que $\theta = 44.9°$.

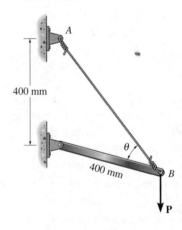

Prob. 3-39

*3-40. Mientras experimenta una prueba de tensión, un espécimen de aleación de cobre con longitud calibrada de 2 pulg es sometido a una deformación unitaria de 0.40 pulg/pulg cuando el esfuerzo es de 70 klb/pulg². Si $\sigma_Y = 45$ klb/pulg² cuando $\epsilon_Y = 0.0025$ pulg/pulg, determine la distancia entre los puntos de calibración cuando se retira la carga.

3-41. El diagrama de esfuerzo-deformación unitaria para el polietileno, que se usa para revestir cables coaxiales, se determina con un espécimen que tiene una longitud calibrada de 10 pulg. Si una carga P sobre el espécimen desarrolla una deformación unitaria de $\epsilon = 0.024$ pulg/pulg, determine la longitud aproximada del espécimen, medida entre los puntos de calibración, cuando se retira la carga.

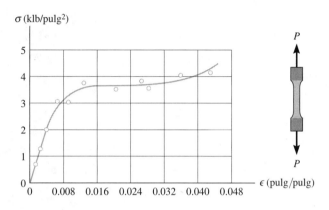

Prob. 3-41

3-42. Una prueba de tensión se llevó a cabo en un espécimen de acero que tenía un diámetro original de 12.5 mm y una longitud calibrada de 50 mm. Los datos resultantes se muestran en la tabla siguiente. Trace el diagrama de esfuerzo-deformación unitaria y determine en forma aproximada el módulo de elasticidad, el esfuerzo último y el esfuerzo de ruptura. Use una escala de 20 mm = 50 MPa y 20 mm = 0.05 mm/mm. Vuelva a dibujar la región elástica lineal usando la misma escala de esfuerzos pero con una escala de deformaciones unitarias de 20 mm = 0.001 mm/mm.

Carga (kN)	Alargamiento (mm)
0	0
11.1	0.0175
31.9	0.0600
37.8	0.1020
40.9	0.1650
43.6	0.2490
53.4	1.0160
62.3	3.0480
64.5	6.3500
62.3	8.8900
58.8	11.9380

Prob. 3-42

3-43. Se efectuó una prueba de tensión en un espécimen de acero que tenía un diámetro original de 12.5 mm y una longitud calibrada de 50 mm. Usando los datos en la tabla, trace el diagrama de esfuerzo-deformación unitaria y determine en forma aproximada el módulo de tenacidad. Use una escala de 20 mm = 50 MPa y 20 mm = 0.05 mm/mm.

Carga (kN)	Alargamiento (mm)
0	0
11.1	0.0175
31.9	0.0600
37.8	0.1020
40.9	0.1650
43.6	0.2490
53.4	1.0160
62.3	3.0480
64.5	6.3500
62.3	8.8900
58.8	11.9380

Prob. 3-43

*3-44. Una barra de latón de 8 mm de diámetro tiene un módulo de elasticidad de $E_{latón} = 100$ GPa. Si su longitud es de 3 m y se somete a una carga axial de 2 kN, determine su alargamiento. ¿Cuál sería su alargamiento bajo la misma carga si su diámetro fuera de 6 mm?

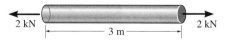

Prob. 3-44

La garrucha de esta torre petrolera está suspendida de cables sometidos a cargas y deformaciones extremadamente grandes.

Carga axial

En el capítulo 1 analizamos el método para determinar el esfuerzo normal en miembros cargados axialmente. Ahora, en este capítulo, estudiaremos cómo determinar la deformación de estos miembros y además un método para encontrar las reacciones en los soportes cuando tales reacciones no se determinan estrictamente a partir de las ecuaciones de equilibrio. Se presentará también un análisis de los efectos del esfuerzo térmico, de las concentraciones de esfuerzos, de las deformaciones inelásticas y del esfuerzo residual.

4.1 Principio de Saint-Venant

En los capítulos anteriores planteamos el concepto de *esfuerzo* como un medio para medir la distribución de fuerza dentro de un cuerpo y la *deformación unitaria* como un medio para medir la deformación de un cuerpo. Mostramos también que la relación matemática entre el esfuerzo y la deformación unitaria depende del tipo de material de que está hecho el cuerpo. En particular, si el esfuerzo genera una respuesta lineal elástica en el material, entonces la ley de Hooke es aplicable y se tendrá una relación proporcional entre el esfuerzo y la deformación unitaria.

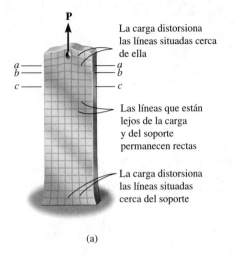

P

La carga distorsiona las líneas situadas cerca de ella

Las líneas que están lejos de la carga y del soporte permanecen rectas

La carga distorsiona las líneas situadas cerca del soporte

(a)

Fig. 4-1

Por ejemplo, considere la manera en que una barra rectangular se deforma elásticamente cuando está sometida a una fuerza **P** aplicada a lo largo de su eje centroidal, figura 4-1*a*. La barra está aquí empotrada en un extremo con la fuerza aplicada a través de un agujero en su otro extremo. Debido a la carga, la barra se deforma como se indica por las distorsiones de las líneas reticuladas, originalmente horizontales y verticales dibujadas sobre la barra. Advierta la *deformación localizada* que ocurre en cada extremo. Este efecto tiende a *disminuir* al medirlo en regiones cada vez más alejadas de los extremos. Además, las deformaciones se "emparejan" y se igualan en la sección media de la barra.

Como la deformación está relacionada con el esfuerzo dentro de la barra, podemos establecer que el esfuerzo se distribuirá más uniformemente a través de la sección transversal si la sección se toma cada vez más lejos del punto en que se aplica la carga externa. Para mostrar esto, consideremos un perfil de la variación de la distribución del esfuerzo que actúa en las secciones *a-a*, *b-b* y *c-c*, cada una de las cuales se muestra en la figura 4-1*b*. Comparando estas distribuciones se ve que el esfuerzo *casi* alcanza un valor uniforme en la sección *c-c*, la cual está suficientemente alejada del extremo. En otras palabras, la sección *c-c* está lo bastante alejada de la aplicación de **P** para que la deformación localizada causada por **P** *desaparezca*. La distancia mínima desde el extremo de la barra donde esto ocurre puede determinarse usando un análisis matemático basado en la teoría de la elasticidad.

Sin embargo, como *regla general*, aplicable a muchos otros casos de carga y geometría del miembro, podemos considerar esta distancia por lo menos igual a la *mayor dimensión* de la sección transversal cargada. Por consiguiente, para la barra en la figura 4-1*b*, la sección *c-c* debería estar localizada a una distancia por lo menos igual al ancho (no al espesor) de la barra.* Esta regla se basa en *observaciones experimentales del comportamiento del material* y, sólo en casos especiales, como el visto aquí, ha sido justificada matemáticamente. Sin embargo, debe notarse que esta regla no es aplicable a todo tipo de miembro y carga. Por ejemplo, en los miembros formados por elementos de pared delgada y sometidos a cargas que ocasionan grandes deflexiones, se pueden generar esfuerzos y deformaciones localizadas que tienen influencia a una distancia considerable del punto de aplicación de la carga.

---

*Cuando la sección *c-c* está así localizada, la teoría de la elasticidad predice que el esfuerzo máximo es $\sigma_{\text{máx}} = 1.02\sigma_{\text{prom}}$.

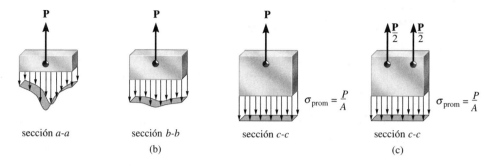

sección *a-a*   sección *b-b*   sección *c-c* $\sigma_{\text{prom}} = \dfrac{P}{A}$ sección *c-c* $\sigma_{\text{prom}} = \dfrac{P}{A}$

                (b)   (c)

Fig. 4-1 (cont.)

En el soporte, figura 4-1*a*, advierta cómo se impide la disminución del ancho de la barra, la cual debería ocurrir debido al alargamiento lateral de ésta, una consecuencia del "efecto Poisson" visto en la sección 3.6. Sin embargo, por los mismos argumentos anteriores podríamos demostrar que la distribución del esfuerzo en el apoyo también se empareja y se vuelve uniforme en la sección transversal a una distancia corta del soporte; además, la magnitud de la fuerza resultante generada por esta distribución del esfuerzo debe ser igual a *P*.

El hecho de que el esfuerzo y la deformación se comporten de esta manera se denomina *principio de Saint-Venant*, ya que el primero en advertirlo fue el científico francés Barré de Saint-Venant en 1855. En esencia, el principio establece que el esfuerzo y la deformación unitaria producidos en puntos del cuerpo suficientemente alejados de la región de aplicación de la carga serán los *mismos* que el esfuerzo y la deformación unitaria producidos por *cualesquiera otras cargas aplicadas* que tengan la misma resultante estáticamente equivalente y estén aplicadas al cuerpo dentro de la misma región. Por ejemplo, si dos fuerzas *P*/2 aplicadas simétricamente actúan sobre la barra, figura 4-1*c*, la distribución del esfuerzo en la sección *c-c*, que esté lo suficientemente alejada de los efectos locales de estas cargas, será uniforme y, por tanto, equivalente a $\sigma_{\text{prom}} = P/A$, como antes.

Para resumir, cuando se estudia la distribución del esfuerzo en un cuerpo en secciones *suficientemente alejadas* de los puntos de aplicación de la carga, no tenemos que considerar las distribuciones del esfuerzo, un tanto complejas, que pueden desarrollarse realmente en los puntos de aplicación de la carga o en los soportes. El principio de Saint-Venant postula que los efectos locales causados por cualquier carga que actúe sobre el cuerpo se disiparán o suavizarán en aquellas regiones que estén lo suficientemente alejadas de la localización de la carga. Además, la distribución del esfuerzo resultante en estas regiones será la *misma* que la causada por cualquier otra carga estáticamente equivalente aplicada al cuerpo dentro de la misma área localizada.

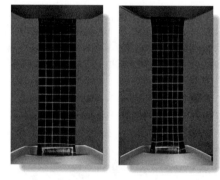

Note cómo las líneas sobre esta membrana de hule se distorsionan después de que son alargadas. Las distorsiones localizadas en los agarres se suavizan, como era de esperarse. Esto es debido al principio de Saint-Venant.

4.2 Deformación elástica de un miembro cargado axialmente

Usando la ley de Hooke y las definiciones de esfuerzo y deformación unitaria, desarrollaremos ahora una ecuación para determinar la deformación elástica de un miembro sometido a cargas axiales. Para generalizar el desarrollo, consideremos la barra mostrada en la figura 4-2a, que tiene una sección transversal que varía *gradualmente* a lo largo de su longitud L. La barra está sometida a cargas concentradas en sus extremos y a una carga externa variable distribuida a lo largo de su longitud. Esta carga distribuida podría, por ejemplo, representar el peso de una carga vertical, o fuerzas de fricción actuando sobre la superficie de la barra. Aquí queremos determinar el ***desplazamiento relativo*** δ (delta) de un extremo de la barra respecto al otro causado por esta carga. En el siguiente análisis despreciaremos las deformaciones localizadas que ocurren en puntos de carga concentrada y donde la sección transversal cambia repentinamente. Como vimos en la sección 4.1, esos efectos ocurren dentro de pequeñas regiones de la longitud de la barra y tendrán por tanto sólo una pequeña influencia en el resultado final. En su mayor parte, la barra se deformará uniformemente, por lo que el esfuerzo normal estará distribuido de manera uniforme sobre la sección transversal.

Usando el método de las secciones, un elemento diferencial de longitud dx y área $A(x)$ es aislado de la barra en la posición arbitraria x. El diagrama de cuerpo libre de este elemento se muestra en la figura 4-2b. La fuerza axial interna resultante se representa por $P(x)$, puesto que la carga externa hará que varíe a lo largo de la longitud de la barra. Esta carga, $P(x)$, deformará el elemento en la forma indicada por el perfil punteado y, por consiguiente, el desplazamiento de un extremo del elemento respecto al otro extremo será $d\delta$. El esfuerzo y la deformación unitaria en el elemento son:

$$\sigma = \frac{P(x)}{A(x)} \qquad \text{y} \qquad \epsilon = \frac{d\delta}{dx}$$

Si estas cantidades no exceden el límite de proporcionalidad, podemos relacionarlas por medio de la ley de Hooke, es decir,

$$\sigma = E\epsilon$$

$$\frac{P(x)}{A(x)} = E\left(\frac{d\delta}{dx}\right)$$

$$d\delta = \frac{P(x)\,dx}{A(x)\,E}$$

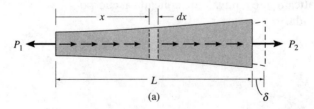

(a)

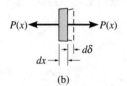

(b)

Fig. 4-2

Para la longitud entera L de la barra debemos integrar esta expresión para encontrar el desplazamiento buscado en el extremo. Esto da:

$$\delta = \int_0^L \frac{P(x)\,dx}{A(x)\,E}$$ (4-1)

donde,

δ = desplazamiento de un punto de la barra relativo a otro punto

L = distancia entre los puntos

$P(x)$ = fuerza axial interna en la sección, localizada a una distancia x de un extremo

$A(x)$ = área de la sección transversal de la barra, expresada como función de x

E = módulo de elasticidad del material

Carga y área transversal constantes. En muchos casos la barra tendrá un área transversal A constante y el material será homogéneo, por lo que E será constante. Además, si una fuerza externa constante se aplica a cada extremo, figura 4-3, entonces la fuerza interna P a lo largo de la barra será también constante. En consecuencia, al integrar la ecuación 4-1 se obtiene:

$$\delta = \frac{PL}{AE}$$ (4-2)

Si la barra está sometida a varias fuerzas axiales diferentes, o si la sección transversal o el módulo de elasticidad cambian abruptamente de una región de la barra a la siguiente, la ecuación anterior puede aplicarse a cada *segmento* de la barra donde esas cantidades sean todas *constantes*. El desplazamiento de un extremo de la barra respecto al otro se encuentra entonces por medio de la *adición vectorial* de los desplazamientos de los extremos de cada segmento. Para este caso general,

$$\delta = \sum \frac{PL}{AE}$$ (4-3)

El desplazamiento vertical en la parte superior de estas columnas depende de la carga aplicada sobre el techo y del piso unido a sus puntos medios.

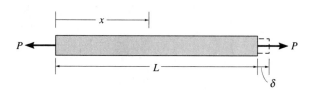

Fig. 4-3

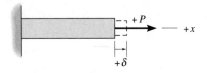

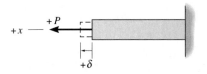

Convención de signo positivo para P y δ

Fig. 4-4

Convención de signos. Para aplicar la ecuación 4-3, debemos desarrollar una convención de signos para la fuerza axial interna y el desplazamiento de un extremo de la barra con respecto al otro extremo de la misma. Para hacerlo, consideraremos que la fuerza y el desplazamiento son positivos si causan tensión y alargamiento, respectivamente, figura 4-4, mientras que una fuerza y un desplazamiento negativo causarán compresión y contracción, respectivamente.

Por ejemplo, consideremos la barra mostrada en la figura 4-5a. Las *fuerzas axiales internas "P"*, calculadas por el método de las secciones en cada segmento, son $P_{AB} = +5$ kN, $P_{BC} = -3$ kN y $P_{CD} = -7$ kN, figura 4-5b. Esta variación se muestra en el diagrama de fuerza axial (o normal) para la barra, figura 4-5c. Aplicando la ecuación 4-3 para obtener el desplazamiento del extremo A respecto del extremo D, tenemos

$$\delta_{A/D} = \sum \frac{PL}{AE} = \frac{(5 \text{ kN})L_{AB}}{AE} + \frac{(-3 \text{ kN})L_{BC}}{AE} + \frac{(-7 \text{ kN})L_{CD}}{AE}$$

Si se sustituyen los otros datos y se obtiene una respuesta positiva, ello significará que el extremo A se alejará del extremo D (la barra se alarga) mientras que un resultado negativo indicará que el extremo A se acerca hacia D (la barra se acorta). La notación de doble subíndice se usa para indicar este desplazamiento relativo ($\delta_{A/D}$); sin embargo, si el desplazamiento va a determinarse respecto a un punto fijo, entonces, se usará sólo un subíndice. Por ejemplo, si D se localiza en un soporte fijo, entonces el desplazamiento calculado se denotará simplemente como δ_A.

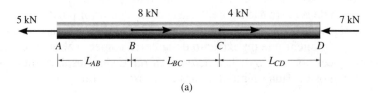

(a)

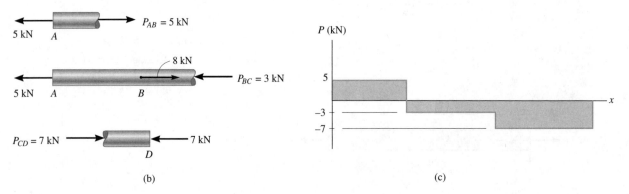

(b)

(c)

Fig. 4-5

PUNTOS IMPORTANTES

- El *principio de Saint-Venant* establece que la deformación y el esfuerzo localizados que ocurren dentro de las regiones de aplicación de la carga o en los soportes tienden a "emparejarse" a una distancia suficientemente alejada de esas regiones.

- El desplazamiento de un miembro cargado axialmente se determina relacionando la carga aplicada al esfuerzo usando $\sigma = P/A$ y relacionando el desplazamiento a la deformación unitaria usando $\epsilon = d\delta/dx$. Finalmente esas dos ecuaciones se combinan usando la ley de Hooke, $\sigma = E\epsilon$, que da la ecuación 4-1.

- Como la ley de Hooke ha sido usada en el desarrollo de la ecuación del desplazamiento, es importante que las cargas no generen fluencia del material y que el material sea homogéneo y se comporte de manera elástico-lineal.

PROCEDIMIENTO DE ANÁLISIS

El desplazamiento relativo entre dos puntos A y B sobre un miembro cargado axialmente puede determinarse aplicando la ecuación 4-1 (o la ecuación 4-2). La aplicación implica los siguientes pasos.

Fuerza interna.

- Use el método de las secciones para determinar la fuerza axial interna P en el miembro.

- Si esta fuerza varía a lo largo de la longitud del miembro, deberá hacerse una sección en una posición arbitraria x medida desde un extremo del miembro y la fuerza deberá representarse como función de x, esto es, $P(x)$.

- Si *fuerzas externas constantes* actúan sobre el miembro, debe entonces determinarse la fuerza interna en cada *segmento* del miembro, entre dos fuerzas externas cualesquiera.

- Para cualquier segmento, una *fuerza de tensión* interna es *positiva* y una *fuerza de compresión* interna es *negativa*. Por conveniencia, los resultados de la carga interna pueden mostrarse gráficamente construyendo el diagrama de fuerza normal.

Desplazamiento.

- Cuando la sección transversal del miembro varía a lo largo de su eje, el área de esta sección debe expresarse en función de su posición x, esto es, $A(x)$.

- Si el área de la sección transversal, el módulo de elasticidad, o la carga interna *cambian bruscamente,* la ecuación 4-2 debe aplicarse a cada segmento para el cual estas cantidades sean constantes.

- Al sustituir los datos en las ecuaciones 4-1 a 4-3, asegúrese de usar el signo apropiado para P, tal como se vio arriba, y use un conjunto consistente de unidades. Para cualquier segmento, si el resultado calculado es numéricamente *positivo*, éste indica un *alargamiento*; si es *negativo,* éste indica una *contracción*.

E J E M P L O **4.1**

La barra compuesta de acero A-36 mostrada en la figura 4-6*a* está hecha de dos segmentos *AB* y *BD* que tienen áreas transversales de $A_{AB} = 1$ pulg^2 y $A_{BD} = 2$ pulg^2. Determine el desplazamiento vertical del extremo *A* y el de *B* respecto a *C*.

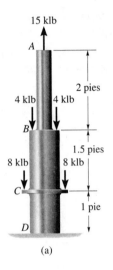

(a)

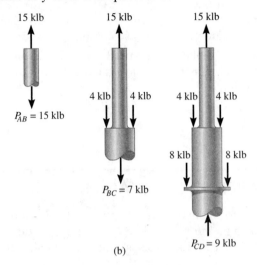

(b)

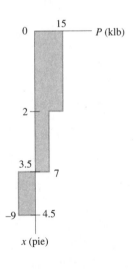

(c)

Fig. 4-6

Solución

Fuerza interna. Debido a la aplicación de las cargas externas, las *fuerza axiales internas* en las regiones *AB, BC* y *CD* serán todas diferentes. Esas fuerzas se obtienen aplicando el método de las secciones y la ecuación de equilibrio por fuerza vertical, como se muestra en la figura 4-6*b* y se encuentran graficadas en la figura 4-6*c*.

Desplazamiento. De la cubierta interior posterior de este libro, tomamos el valor $E_{ac} = 29(10^3)$ klb/pulg^2. Usando la convención de signos, esto es, fuerzas internas de tensión son positivas y fuerzas internas de compresión son negativas, el desplazamiento vertical de *A* respecto al soporte *fijo D* es:

$$\delta_A = \sum \frac{PL}{AE} = \frac{[+15\ \text{klb}](2\ \text{pies})(12\ \text{pulg/pie})}{(1\ \text{pulg}^2)[29(10^3)\,\text{klb/pulg}^2]}$$

$$+ \frac{[+7\ \text{klb}](1.5\ \text{pies})(12\ \text{pulg/pie})}{(2\ \text{pulg}^2)[29(10^3)\ \text{klb/pulg}^2]}$$

$$+ \frac{[-9\ \text{klb}](1\ \text{pie})(12\ \text{pulg/pie})}{(2\ \text{pulg}^2)[29(10^3)\ \text{klb/pulg}^2]}$$

$$= +0.0127\ \text{pulg} \qquad\qquad Resp.$$

Como el resultado es *positivo*, la barra se *alarga* y el desplazamiento de *A* es hacia arriba.

Aplicando la ecuación 4-2 entre los puntos *B* y *C*, obtenemos:

$$\delta_{B/C} = \frac{P_{BC}L_{BC}}{A_{BC}B} = \frac{[+7\ \text{klb}](1.5\ \text{pies})(12\ \text{pulg/pie})}{(2\ \text{pulg}^2)[29(10^3)\ \text{klb/pulg}^2]} = +0.00217\ \text{pulg} \quad Resp.$$

Aquí *B* se aleja de *C*, ya que el segmento se alarga.

E J E M P L O **4.2**

El conjunto mostrado en la figura 4-7a consiste en un tubo AB de aluminio con área transversal de 400 mm². Una barra de acero con diámetro de 10 mm está unida a un collarín rígido y pasa a través del tubo. Si se aplica una carga de tensión de 80 kN a la barra, determine el desplazamiento del extremo C de la barra. Considere $E_{ac} = 200$ GPa y $E_{al} = 70$ GPa.

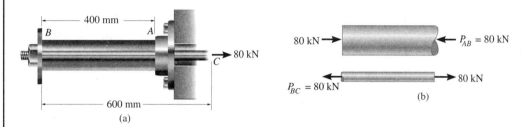

Fig. 4-7

Solución

Fuerza interna. El diagrama de cuerpo libre del tubo y de la barra, figura 4-7b, muestra que la barra está sometida a una tensión de 80 kN y el tubo a una compresión de 80 kN.

Desplazamiento. Determinaremos primero el desplazamiento del extremo C con respecto al extremo B. Trabajando en unidades de newtons y metros, tenemos

$$\delta_{C/B} = \frac{PL}{AE} = \frac{[+80(10^3)\ \text{N}](0.6\ \text{m})}{\pi(0.005\ \text{m})^2[200(10^9)\ \text{N/m}^2]} = +0.003056\ \text{m} \rightarrow$$

El signo positivo indica que el extremo C se mueve *hacia la derecha* con respecto al extremo B, ya que la barra se alarga.

El desplazamiento del extremo B con respecto al extremo *fijo A* es:

$$\delta_B = \frac{PL}{AE} = \frac{[-80(10^3)\ \text{N}](0.4\ \text{m})}{[400\ \text{mm}^2(10^{-6})\ \text{m}^2/\text{mm}^2][70(10^9)\ \text{N/m}^2]}$$

$$= -0.001143\ \text{m} = 0.001143\ \text{m} \rightarrow$$

El signo menos indica aquí que el tubo se acorta, por lo que B se mueve hacia la *derecha* respecto a A.

Puesto que ambos desplazamientos son hacia la derecha, el desplazamiento resultante de C respecto a A es entonces:

$$(\overset{+}{\rightarrow}) \qquad \delta_C = \delta_B + \delta_{C/B} = 0.001143\ \text{m} + 0.003056\ \text{m}$$

$$= 0.00420\ \text{m} = 4.20\ \text{mm} \rightarrow \qquad\qquad Resp.$$

EJEMPLO **4.3**

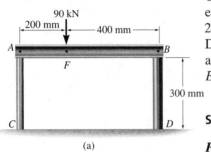

(a)

Una *viga rígida AB* descansa sobre los dos postes cortos mostrados en la figura 4-8*a*. *AC* está hecho de acero y tiene un diámetro de 20 mm; *BD* está hecho de aluminio y tiene un diámetro de 40 mm. Determine el desplazamiento del punto *F* situado en *AB* cuando se aplica a una carga vertical de 90 kN sobre este punto. Considere $E_{ac} = 200$ GPa y $E_{al} = 70$ GPa.

Solución

Fuerza interna. Las fuerzas de compresión que actúan en la parte superior de cada poste se determinan a partir del equilibrio del miembro *AB*, figura 4-8*b*. Esas fuerzas son iguales a las fuerzas internas en cada poste, figura 4-8*c*.

Desplazamiento. El desplazamiento de la parte superior de cada poste es:

Poste AC:

$$\delta_A = \frac{P_{AC}L_{AC}}{A_{AC}E_{ac}} = \frac{[-60(10^3)\ \text{N}](0.300\ \text{m})}{\pi(0.010\ \text{m})^2[200(10^9)\ \text{N/m}^2]} = -286(10^{-6})\ \text{m}$$

$$= 0.286\ \text{mm} \downarrow$$

Poste BD:

$$\delta_B = \frac{P_{BD}L_{BD}}{A_{BD}E_{al}} = \frac{[-30(10^3)\ \text{N}](0.300\ \text{m})}{\pi(0.020\ \text{m})^2[70(10^9)\ \text{N/m}^2]} = -102(10^{-6})\ \text{m}$$

$$= 0.102\ \text{mm} \downarrow$$

En la figura 4-8*d* se muestra un diagrama de los desplazamientos de los puntos *A*, *B* y *F* situados en el eje de la viga. Por proporciones en el triángulo sombreado, el desplazamiento del punto *F* es entonces:

$$\delta_F = 0.102\ \text{mm} + (0.184\ \text{mm})\left(\frac{400\ \text{mm}}{600\ \text{mm}}\right) = 0.225\ \text{mm} \downarrow \quad Resp.$$

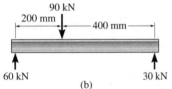
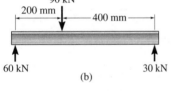

(b)

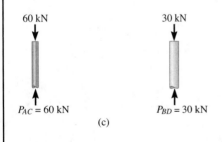

(c)

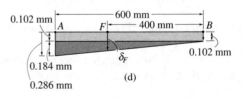

(d)

Fig. 4-8

E J E M P L O   4.4

Un miembro está hecho de un material que tiene un peso específico γ y un módulo de elasticidad E. El miembro tiene la forma de un *cono* con las dimensiones mostradas en la figura 4-9a. Determine el desplazamiento de su extremo inferior bajo el efecto de su propio peso.

Solución

Fuerza interna. La fuerza axial interna varía a lo largo del miembro que depende del peso $W(y)$ de un segmento del miembro situado debajo de cualquier sección, figura 4-9b. Por tanto, para calcular el desplazamiento, debemos usar la ecuación 4-1. En la sección localizada a una distancia y del fondo, el radio x del cono como función de y se determina por proporción; esto es,

$$\frac{x}{y} = \frac{r_0}{L}; \qquad x = \frac{r_0}{L}y$$

El volumen de un cono con base de radio x y altura y es:

$$V = \frac{\pi}{3}yx^2 = \frac{\pi r_0^2}{3L^2}y^3$$

Como $W = \gamma V$, la fuerza interna en la sección es:

$$+\uparrow \Sigma F_y = 0; \qquad P(y) = \frac{\gamma \pi r_0^2}{3L^2}y^3$$

Desplazamiento. El área de la sección transversal es también una función de la posición y, figura 4-9b. Tenemos:

$$A(y) = \pi x^2 = \frac{\pi r_0^2}{L^2}y^2$$

Aplicando la ecuación 4-1 entre los límites $y = 0$ y $y = L$ se obtiene:

$$\delta = \int_0^L \frac{P(y)\,dy}{A(y)\,E} = \int_0^L \frac{[(\gamma \pi r_0^2/3L^2)\,y^3]\,dy}{[(\pi r_0^2/L^2)\,y^2]\,E}$$

$$= \frac{\gamma}{3E}\int_0^L y\,dy$$

$$= \frac{\gamma L^2}{6E} \qquad\qquad\qquad Resp.$$

Como verificación parcial de este resultado, note cómo las unidades de los términos, al cancelarse, dan la deflexión en unidades de longitud como era de esperarse.

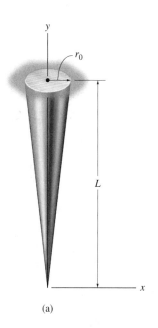

(a)

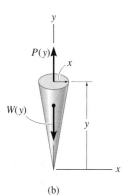

(b)

Fig. 4-9

PROBLEMAS

4-1. El conjunto consta de una barra de acero CB y una barra de aluminio BA, teniendo cada una un diámetro de 12 mm. Si la barra se somete a las cargas axiales en A y en el cople B, determine el desplazamiento del cople B y del extremo A. La longitud de cada segmento sin estirar se muestra en la figura. Desprecie el tamaño de las conexiones en B y C, y suponga que son rígidas. $E_{ac} = 200$ GPa, $E_{al} = 70$ GPa.

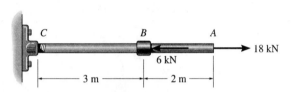

Prob. 4-1

4-2. La flecha compuesta, que consiste en secciones de aluminio, cobre y acero, está sometida a las cargas mostradas en la figura. Determine el desplazamiento del extremo A con respecto al extremo D y el esfuerzo normal en cada sección. En la figura se muestran el área de la sección transversal y el módulo de elasticidad para cada sección. Desprecie el tamaño de los collarines en B y en C.

4-3. Determine el desplazamiento de B con respecto a C de la flecha compuesta del problema 4-2.

Aluminio	Cobre	Acero
$E_{al} = 10(10^3)$ klb/pulg²	$E_{cu} = 18(10^3)$ klb/pulg²	$E_{ac} = 29(10^3)$ klb/pulg²
$A_{AB} = 0.09$ pulg²	$A_{BC} = 0.12$ pulg²	$A_{CD} = 0.06$ pulg²

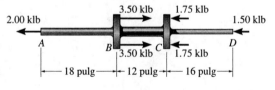

Probs. 4-2/3

***4-4.** Una flecha de cobre está sometida a las cargas axiales que se muestran en la figura. Determine el desplazamiento del extremo A con respecto al extremo D si los diámetros de cada segmento son $d_{AB} = 0.75$ pulg, $d_{BC} = 1$ pulg, y $d_{CD} = 0.5$ pulg. Tome $E_{cu} = 18(10^3)$ klb/pulg².

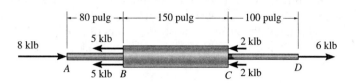

Prob. 4-4

4-5. Una barra de acero A-36 está sometida a las cargas que se muestran en la figura. Si el área de la sección transversal de la barra es de 60 mm², determine el desplazamiento de B y de A. Desprecie el tamaño de los coples en B, C y D.

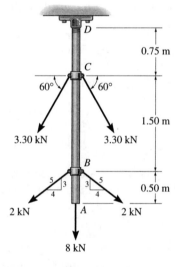

Prob. 4-5

4-6. La barra de aluminio 2014-T6 tiene un diámetro de 30 mm y soporta la carga mostrada. Determine el desplazamiento de A con respecto a E. Desprecie el tamaño de los coples.

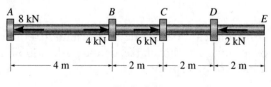

Prob. 4-6

4-7. La barra de acero tiene las dimensiones originales mostradas en la figura. Determine el cambio en su longitud y las nuevas dimensiones de su sección transversal en la sección *a-a* al estar sometida a una carga axial de 50 kN. $E_{ac} = 200$ GPa, $\nu_{ac} = 0.29$.

4-9. El cople está sometido a una fuerza de 5 klb. Determine la distancia d' entre *C* y *E* tomando en cuenta la compresión del resorte y la deformación de los segmentos verticales de los pernos. Cuando no se tiene una carga aplicada, el resorte no está estirado y $d = 10$ pulg. El material es acero A-36 y cada perno tiene un diámetro de 0.25 pulg. Las placas en *A*, *B* y *C* son rígidas y el resorte tiene una rigidez $k = 12$ klb/pulg.

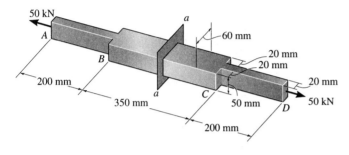

Prob. 4-7

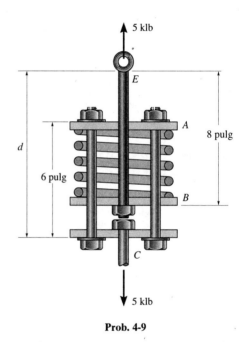

Prob. 4-9

*4-8. La estructura mostrada consiste en dos barras rígidas originalmente horizontales. Están soportadas por pasadores y barras de acero A-36 de 0.25 pulg de diámetro. Si se aplica la carga vertical de 5 klb a la barra inferior *AB*, determine el desplazamiento en *C*, *B* y *E*.

4-10. La barra tiene un área *A* en su sección transversal de 3 pulg^2 y un módulo de elasticidad $E = 35(10^3)$ klb/pulg^2. Determine el desplazamiento de su extremo *A* cuando está sometida a la carga distribuida mostrada.

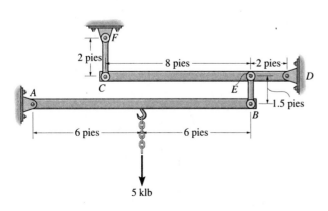

Prob. 4-8

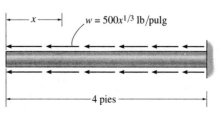

Prob. 4-10

4-11. La armadura está hecha de tres barras de acero A-36, cada una con área transversal de 400 mm². Determine el desplazamiento horizontal del rodillo en C cuando P = 8 kN.

*4-12. La armadura está hecha de tres barras de acero A-36, cada una con área transversal de 400 mm². Determine la magnitud requerida de P para desplazar el rodillo 0.2 mm hacia la derecha.

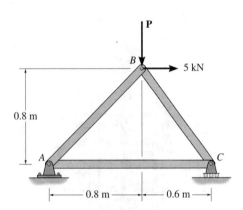

Probs. 4-11/12

4-13. La armadura consiste de tres miembros, cada uno de acero A-36 y área transversal de 0.75 pulg². Determine la carga máxima P que puede aplicarse de modo que el rodillo en B no se desplace más de 0.03 pulg.

4-14. Resuelva el problema 4-13 considerando que la carga **P** actúa verticalmente hacia abajo en C.

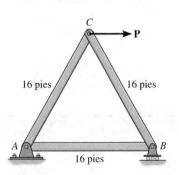

Probs. 4-13/14

4-15. El conjunto consta de tres barras de titanio y una barra rígida AC. El área de la sección transversal de cada barra se da en la figura. Si se aplica una carga vertical de P = 20 kN al anillo F, determine el desplazamiento vertical del punto F. E_{ti} = 350 GPa.

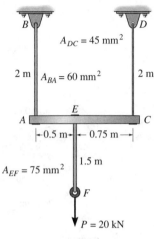

Prob. 4-15

*4-16. El sistema de eslabones está formado por tres miembros de acero A-36 conectados por pasadores; cada miembro tiene un área transversal de 0.730 pulg². Si se aplica una fuerza vertical de P = 50 klb al extremo B del miembro AB, determine el desplazamiento vertical del punto B.

4-17. El sistema de eslabones está formado por tres miembros de acero inoxidable 304 conectados por pasadores; cada miembro tiene un área transversal de 0.75 pulg². Determine la magnitud de la fuerza **P** necesaria para desplazar el punto B 0.10 pulg hacia abajo.

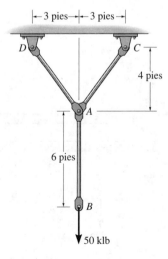

Probs. 4-16/17

■4-18. Considere el problema general de una barra que consta de m segmentos, cada uno con área transversal A_m y longitud L_m. Si se tienen n cargas sobre la barra como se muestra, escriba un programa de computadora que pueda usarse para determinar el desplazamiento de la barra en cualquier posición x especificada. Aplique el programa para los valores $L_1 = 4$ pies, $d_1 = 2$ pies, $P_1 = 400$ lb, $A_1 = 3$ pulg^2, $L_2 = 2$ pies, $d_2 = 6$ pies, $P_2 = -300$ lb, $A_2 = 1$ pulg^2.

*4-20.** La cabina C de un observatorio tiene un peso de 250 klb, y por medio de un sistema de engranes viaja hacia arriba a una velocidad constante a lo largo de la columna de acero A-36, la cual tiene una altura de 200 pies. La columna tiene un diámetro exterior de 3 pies y está hecha de placas de acero que tienen un espesor de 0.25 pulg. Desprecie el peso de la columna, y determine el esfuerzo normal promedio de la columna en su base B, en función de la posición y de la cabina. También determine el desplazamiento relativo del extremo A con respecto al extremo B en función de y.

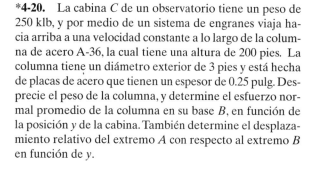

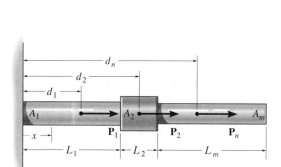

Prob. 4-18

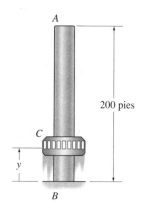

Prob. 4-20

4-19. La barra rígida está soportada por la barra CB conectada ésta en sus extremos por pasadores; la barra CB tiene un área transversal de 14 mm^2 y está hecha de aluminio 6061-T6. Determine la deflexión vertical de la barra en D cuando se aplica la carga distribuida.

4-21. Una barra tiene una longitud L y el área de su sección transversal es A. Determine su alargamiento debido tanto a la fuerza P como a su propio peso. El material tiene un peso específico γ (peso/volumen) y un módulo de elasticidad E.

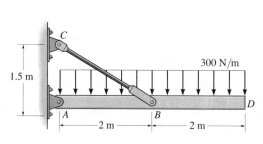

Prob. 4-19

Prob. 4-21

4-22. El barreno de acero A-36 de un pozo petrolero penetra 12 000 pies en el terreno. Suponiendo que el tubo usado para perforar el pozo está suspendido libremente de la torre en *A*, determine el esfuerzo normal promedio máximo en cada segmento de tubo y el alargamiento de su extremo *D* con respecto al extremo fijo en *A*. La flecha consta de tres tamaños diferentes de tubo, *AB, BC* y *CD*, cada uno con su longitud, peso por unidad de longitud y área transversal indicados en la figura. *Sugerencia*: use los resultados del problema 4-21.

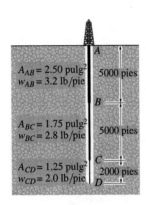

Prob. 4-22

4-23. El tubo está enterrado en el suelo de manera que cuando se jala hacia arriba, la fuerza de fricción a lo largo de su longitud varía linealmente desde cero en *B* hasta $f_{máx}$ (fuerza/longitud) en *C*. Determine la fuerza inicial *P* requerida para extraer el tubo y el alargamiento asociado del tubo un instante antes de que comience a deslizar. El tubo tiene una longitud *L*, un área *A* en su sección transversal y el material de que está hecho tiene un módulo de elasticidad *E*.

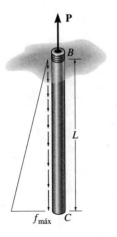

Prob. 4-23

*4-24. La barra tiene un ligero ahusamiento y longitud *L*. Está suspendida del techo y soporta una carga **P** en su extremo. Demuestre que el desplazamiento de su extremo debido a esta carga es $\delta = PL/(\pi E r_2 r_1)$. Desprecie el peso del material. El módulo de elasticidad es *E*.

4-25. Resuelva el problema 4-24 incluyendo el peso del material y considerando que su peso específico es γ (peso/volumen).

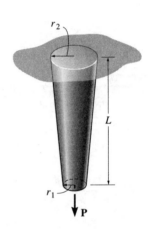

Probs. 4-24/25

4-26. Determine el alargamiento de la flecha ahusada de acero A-36 cuando está sometida a una fuerza axial de 18 klb. *Sugerencia*: use el resultado del problema 4-24.

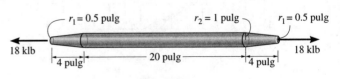

Prob. 4-26

4-27. Determine el desplazamiento relativo de un extremo de la placa prismática truncada con respecto al otro extremo cuando está sometida a una carga axial P.

4-29. El material del hueso tiene un diagrama esfuerzo-deformación unitaria que puede definirse por la relación $\sigma = E[\epsilon/(1+kE\epsilon)]$, donde k y E son constantes. Determine la compresión dentro de la longitud L del hueso, donde se supone que el área A de la sección transversal del hueso es constante.

Prob. 4-29

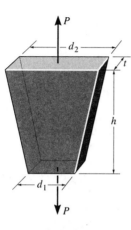

Prob. 4-27

4-30. El pedestal tiene una forma cuyo radio está definido por la función $r = 2/(2 + y^{1/2})$ pies, donde y está en pies. Si el módulo de elasticidad para el material es $E = 14(10^3)$ klb/pulg^2, determine el desplazamiento de su parte superior cuando soporta la carga de 500 libras.

*4-28. Determine el alargamiento de la barra de aluminio cuando está sometida a una fuerza axial de 30 kN. $E_{al} = 70$ GPa. *Sugerencia*: use el resultado del problema 4-27.

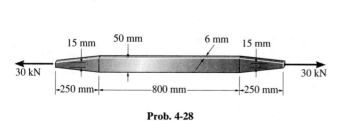

Prob. 4-28

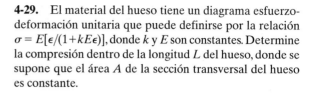

Prob. 4-30

4.3 Principio de superposición

El principio de superposición suele usarse para determinar el esfuerzo o el desplazamiento en un punto de un miembro cuando éste está sometido a una carga complicada. Al subdividir la carga en componentes, el *principio de superposición* establece que el esfuerzo o desplazamiento resultantes en el punto puede determinarse encontrando primero el esfuerzo o desplazamiento causado por cada carga componente actuando *independientemente* sobre el miembro. El esfuerzo o desplazamiento resultante se determina entonces sumando algebraicamente las contribuciones causadas por cada componente.

Las siguientes dos condiciones deben cumplirse para que el principio de superposición pueda aplicarse.

1. *La carga debe estar relacionada linealmente con el esfuerzo o el desplazamiento que va a determinarse.* Por ejemplo, las ecuaciones $\sigma = P/A$ y $\delta = PL/AE$ implican una relación lineal entre P y σ o δ.

2. *La carga no debe cambiar significativamente la geometría original o configuración del miembro.* Si tienen lugar cambios significativos, la dirección y localización de las fuerzas aplicadas así como sus brazos de momento cambiarán, y en consecuencia la aplicación de las ecuaciones de equilibrio conducirá a resultados diferentes. Por ejemplo, considere la barra esbelta mostrada en la figura 4-10*a*, que está sometida a la carga **P**. En la figura 4-10*b*, **P** se ha reemplazado por sus componentes, $\mathbf{P} = \mathbf{P}_1 + \mathbf{P}_2$. Si **P** ocasiona que la barra se deflexione considerablemente, como se muestra, el momento de la carga respecto a su soporte, *Pd*, no será igual a la suma de los momentos de sus cargas componentes, $Pd \neq P_1 d_1 + P_2 d_2$, porque $d_1 \neq d_2 \neq d$.

La mayoría de las ecuaciones que implican carga, esfuerzo y desplazamiento, desarrolladas en este texto, constan de relaciones lineales entre esas cantidades. También los miembros o cuerpos que se van a considerar serán tales que la carga producirá deformaciones tan pequeñas que el cambio en la posición y la dirección de la carga será insignificante y puede despreciarse. Sin embargo, en el capítulo 13 estudiaremos una excepción a esta regla. Consiste en una columna que lleva una carga axial equivalente a la carga crítica o de pandeo. Se demostrará que cuando esta carga aumenta sólo ligeramente, ocasionará que la columna sufra una deflexión lateral grande, incluso si el material mantiene elasticidad lineal. Estas deflexiones, asociadas con las componentes de cualquier carga axial, *no pueden* ser superpuestas.

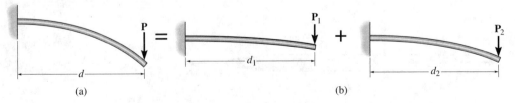

(a) (b)

Fig. 4-10

4.4 Miembro estáticamente indeterminado cargado axialmente

Cuando una barra está fija sólo en un extremo y está sometida a una fuerza axial, la ecuación de equilibrio de fuerzas aplicada a lo largo del eje de la barra es *suficiente* para encontrar la reacción en el soporte fijo. Un problema como éste, donde las reacciones pueden determinarse sólo a partir de las ecuaciones de equilibrio, se denomina *estáticamente determinado*. Sin embargo, si la barra está fija en *ambos extremos*, como en la figura 4-11*a*, entonces se tienen dos reacciones axiales desconocidas, figura 4-11*b*, y la ecuación de equilibrio de fuerzas se expresa como:

$$+\uparrow \Sigma F = 0; \qquad F_B + F_A - P = 0$$

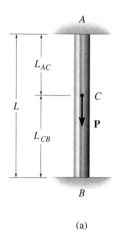

(a)

En este caso, la barra se denomina **estáticamente indeterminada**, ya que la ecuación de equilibrio por sí sola no es suficiente para determinar las reacciones.

Para establecer una ecuación adicional, necesaria para la solución, se requiere considerar la geometría de la deformación. Específicamente, a una ecuación que determina las condiciones del desplazamiento se le llama **condición cinemática** o **condición de compatibilidad**. Una condición apropiada de compatibilidad requeriría que el desplazamiento relativo de un extremo de la barra con respecto al otro extremo fuese igual a cero, ya que los soportes extremos están fijos. Por consiguiente, podemos escribir:

$$\delta_{A/B} = 0$$

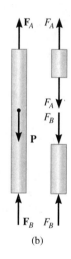

(b)

Fig. 4-11

Esta ecuación puede expresarse en términos de las cargas aplicadas usando una *relación carga-desplazamiento*, que depende del comportamiento del material. Por ejemplo, si se tiene un comportamiento lineal elástico, puede usarse $\delta = PL/AE$. Como la fuerza interna en el segmento AC es $+F_A$ y en el segmento CB la fuerza interna es $-F_B$, la ecuación de compatibilidad puede escribirse como:

$$\frac{F_A L_{AC}}{AE} - \frac{F_B L_{CB}}{AE} = 0$$

Suponiendo que AE es constante, podemos resolver simultáneamente las dos ecuaciones anteriores y obtener los valores:

$$F_A = P\left(\frac{L_{CB}}{L}\right) \qquad \text{y} \qquad F_B = P\left(\frac{L_{AC}}{L}\right)$$

Ambos valores son positivos, por lo que las reacciones se muestran con sus sentidos correctos en el diagrama de cuerpo libre.

PUNTOS IMPORTANTES

- El *principio de superposición* se usa a veces para simplificar los problemas de esfuerzo y desplazamiento que tienen cargas complicadas. Esto se hace subdividiendo la carga en componentes y luego sumando algebraicamente los resultados.

- La superposición requiere que la carga esté linealmente relacionada con el esfuerzo o el desplazamiento, y que la carga no cambie en forma significativa la geometría original del miembro.

- Un miembro es *estáticamente indeterminado* si las ecuaciones de equilibrio no son suficientes para determinar las reacciones en el miembro.

- Las *condiciones de compatibilidad* especifican las restricciones de desplazamiento que ocurren en los soportes u otros puntos sobre un miembro.

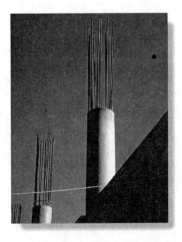

La mayoría de las columnas de concreto son reforzadas con barras de acero; como esos dos materiales trabajan juntos soportando la carga aplicada, la columna resulta ser estáticamente indeterminada.

PROCEDIMIENTO DE ANÁLISIS

Las fuerzas desconocidas en problemas estáticamente indeterminados se determinan satisfaciendo los requisitos de equilibrio, compatibilidad y fuerza-desplazamiento del miembro.

Equilibrio.

- Dibuje un diagrama de cuerpo libre del miembro para identificar todas las fuerzas que actúan sobre él.

- El problema puede ser clasificado como estáticamente indeterminado si el número de reacciones desconocidas sobre el diagrama de cuerpo libre es mayor que el número de ecuaciones de equilibrio disponibles.

- Escriba las ecuaciones de equilibrio para el miembro.

Compatibilidad.

- Para escribir las ecuaciones de compatibilidad dibuje un diagrama de desplazamientos para investigar la manera en que el miembro se alargará o contraerá al ser sometido a las cargas externas.

- Exprese las condiciones de compatibilidad en términos de los desplazamientos causados por las fuerzas.

- Use una relación carga-desplazamiento, tal como $d = PL/AE$, para relacionar los desplazamientos desconocidos con las reacciones desconocidas.

- Resuelva las ecuaciones de equilibrio y compatibilidad para las fuerzas reactivas desconocidas. Si cualquiera de las magnitudes tiene un valor numérico negativo, ello indica que esta fuerza actúa en sentido opuesto al indicado en el diagrama de cuerpo libre.

EJEMPLO 4.5

La barra de acero mostrada en la figura 4-12a tiene un diámetro de 5 mm. Está empotrada en la pared en A y antes de cargarla se tiene una holgura de 1 mm entre la pared en B' y la barra. Determine las reacciones en A y en B' cuando la barra se somete a una fuerza axial de P = 20 kN, como se muestra. Desprecie el tamaño del collarín en C. Considere E_{ac} = 200 GPa.

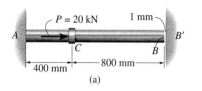

Solución

Equilibrio. Como se muestra en el diagrama de cuerpo libre, figura 4-12b, supondremos que la fuerza P es suficientemente grande para que el extremo B de la barra entre en contacto con la pared en B'. El problema es estáticamente indeterminado ya que hay dos incógnitas y sólo una ecuación de equilibrio.

El equilibrio de la barra requiere:

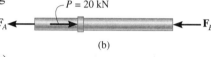

$$\xrightarrow{+} \Sigma F_x = 0; \qquad -F_A - F_B + 20(10^3) \text{ N} = 0 \qquad (1)$$

Compatibilidad. La carga ocasiona que el punto B se mueva a B', sin ningún desplazamiento adicional. Por tanto, la condición de compatibilidad para la barra es:

$$\delta_{B/A} = 0.001 \text{ m}$$

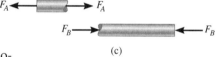

Este desplazamiento puede expresarse en términos de las reacciones desconocidas usando la relación carga-desplazamiento, ecuación 4-2, aplicada a los segmentos AC y CB, figura 4-12c. Trabajando en unidades de newtons y metros, tenemos:

$$\delta_{B/A} = 0.001 \text{ m} = \frac{F_A L_{AC}}{AE} - \frac{F_B L_{CB}}{AE}$$

$$0.001 \text{ m} = \frac{F_A(0.4 \text{ m})}{\pi(0.0025 \text{ m})^2[200(10^9) \text{ N/m}^2]}$$

$$- \frac{F_B(0.8 \text{ m})}{\pi(0.0025 \text{ m})^2[200(10^9) \text{ N/m}^2]}$$

o

$$F_A(0.4 \text{ m}) - F_B(0.8 \text{ m}) = 3927.0 \text{ N} \cdot \text{m} \qquad (2)$$

Resolviendo las ecuaciones 1 y 2 se obtiene:

$$F_A = 16.6 \text{ kN} \qquad F_B = 3.39 \text{ kN} \qquad Resp.$$

Debido a que F_B resultó *positiva*, el extremo B sí entra en contacto con la pared en B' como se supuso originalmente. Por otra parte, si F_B fuese una cantidad negativa, el problema sería estáticamente determinado, con $F_B = 0$ y $F_A = 20$ kN.

Fig. 4-12

E J E M P L O 4.6

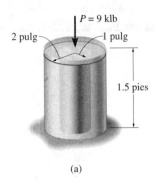

(a)

$\mathbf{F}_{\text{br}}$

$\mathbf{F}_{\text{al}}$

(b)

El poste de aluminio mostrado en la figura 4-13a está reforzado con un núcleo de bronce. Si el conjunto soporta una carga axial de compresión de $P = 9$ klb, aplicada a la tapa rígida, determine el esfuerzo normal promedio en el aluminio y en el bronce. Considere $E_{\text{al}} = 10(10^3)$ klb/pulg^2 y $E_{\text{br}} = 15(10^3)$ klb/pulg^2.

Solución

Equilibrio. El diagrama de cuerpo libre del poste se muestra en la figura 4-13b. Aquí la fuerza axial resultante en la base está representada por las componentes desconocidas tomadas por el aluminio, $\mathbf{F}_{\text{al}}$, y el bronce, $\mathbf{F}_{\text{br}}$. El problema es estáticamente indeterminado. ¿Por qué?

El equilibrio por fuerzas verticales requiere que:

$$+\uparrow \ \Sigma F_y = 0; \qquad -9 \text{ klb} + F_{\text{al}} + F_{\text{br}} = 0 \qquad (1)$$

Compatibilidad. La tapa rígida en el poste origina que los desplazamientos en el poste de aluminio y en el núcleo de bronce sean iguales, esto es,

$$\delta_{\text{al}} = \delta_{\text{br}}$$

Usando las relaciones carga-desplazamiento,

$$\frac{F_{\text{al}}L}{A_{\text{al}}E_{\text{al}}} = \frac{F_{\text{br}}L}{A_{\text{br}}E_{\text{br}}}$$

$$F_{\text{al}} = F_{\text{br}}\left(\frac{A_{\text{al}}}{A_{\text{br}}}\right)\left(\frac{E_{\text{al}}}{E_{\text{br}}}\right)$$

$$F_{\text{al}} = F_{\text{br}}\left[\frac{\pi[(2 \text{ pulg})^2 - (1 \text{ pulg})^2]}{\pi(1 \text{ pulg})^2}\right]\left[\frac{10(10^3) \text{ klb/pulg}^2}{15(10^3) \text{ klb/pulg}^2}\right]$$

Resolviendo simultáneamente las ecuaciones 1 y 2, obtenemos

$$F_{\text{al}} = 6 \text{ klb} \qquad F_{\text{br}} = 3 \text{ klb}$$

Como los resultados son positivos, los esfuerzos serán de compresión. El esfuerzo normal promedio en el aluminio y en el bronce son entonces,

$$\sigma_{\text{al}} = \frac{6 \text{ klb}}{\pi[(2 \text{ pulg})^2 - (1 \text{ pulg})^2]} = 0.637 \text{ klb/pulg}^2 \qquad \textit{Resp.}$$

$$\sigma_{\text{br}} = \frac{3 \text{ klb}}{\pi(1 \text{ pulg})^2} = 0.955 \text{ klb/pulg}^2 \qquad \textit{Resp.}$$

Las distribuciones de los esfuerzos se muestran en la figura 4-13c.

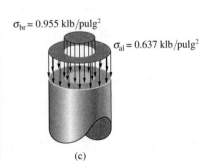

$\sigma_{\text{br}} = 0.955$ klb/pulg^2

$\sigma_{\text{al}} = 0.637$ klb/pulg^2

(c)

Fig. 4-13

E J E M P L O 4.7

Las tres barras de acero A-36 mostradas en la figura 4-14*a* están conectadas por pasadores a un miembro *rígido*. Si la carga aplicada sobre el miembro es de 15 kN, determine la fuerza desarrollada en cada barra. Las barras AB y EF tienen cada una un área transversal de 25 mm^2 y la barra CD tiene un área transversal de 15 mm^2.

Solución

Equilibrio. El diagrama de cuerpo libre del miembro rígido se muestra en la figura 4-14*b*. Este problema es estáticamente indeterminado ya que se tienen tres incógnitas y sólo dos ecuaciones disponibles de equilibrio. Estas ecuaciones son:

$$+\uparrow \Sigma F_y = 0; \qquad F_A + F_C + F_E - 15 \text{ k \hphantom{N} N} = 0 \tag{1}$$

$$\downarrow + \Sigma M_C = 0; \quad -F_A(0.4 \text{ m}) + 15 \text{ kN}(0.2 \text{ m}) + F_E(0.4 \text{ m}) = 0 \tag{2}$$

Compatibilidad. Debido a los desplazamientos en los extremos de cada barra, la línea ACE mostrada en la figura 4-14*c* tomará la posición definida por los puntos $A'C'E'$. Desde esta posición, los desplazamientos de los puntos A, C y E pueden relacionarse por triángulos semejantes. La ecuación de compatibilidad para esos desplazamientos es entonces:

$$\frac{\delta_A - \delta_E}{0.8 \text{ m}} = \frac{\delta_C - \delta_E}{0.4 \text{ m}}$$

$$\delta_C = \frac{1}{2}\delta_A + \frac{1}{2}\delta_E$$

Usando la relación carga-desplazamiento, ecuación 4-2, tenemos:

$$\frac{F_C L}{(15 \text{ mm}^2)E_{\text{ac}}} = \frac{1}{2}\left[\frac{F_A L}{(25 \text{ mm}^2)E_{\text{ac}}}\right] + \frac{1}{2}\left[\frac{F_E L}{(25 \text{ mm}^2)E_{\text{ac}}}\right]$$

$$F_C = 0.3F_A + 0.3F_E \tag{3}$$

Resolviendo simultáneamente las ecuaciones 1-3 se obtiene:

$$F_A = 9.52 \text{ kN} \qquad \textit{Resp.}$$

$$F_C = 3.46 \text{ kN} \qquad \textit{Resp.}$$

$$F_E = 2.02 \text{ kN} \qquad \textit{Resp.}$$

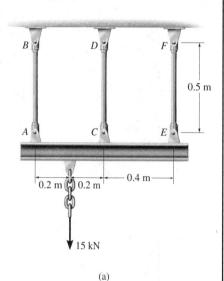

(a)

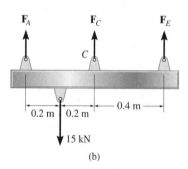

(b)

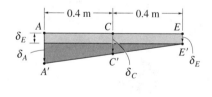

(c)

Fig. 4-14

E J E M P L O **4.8**

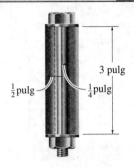

(a)

(b)

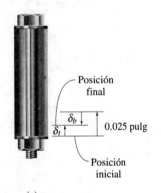

Posición
final

δ_b

0.025 pulg

δ_t

Posición
inicial

(c)

Fig. 4-15

El perno mostrado en la figura 4-15a está hecho de una aleación de aluminio 2014-T6 y está apretado de modo que comprime a un tubo cilíndrico hecho de una aleación de magnesio Am 1004-T61. El tubo tiene un radio exterior de $\frac{1}{2}$ pulg y el radio interior del tubo y el radio del perno son de $\frac{1}{4}$ de pulg. Las arandelas en los extremos del tubo son rígidas y tienen un espesor despreciable. Inicialmente la tuerca está ligeramente apretada a mano; luego, por medio de una llave, la tuerca se aprieta media vuelta. Si el perno tiene 20 hilos por pulgada, determine el esfuerzo en el perno.

Solución

Equilibrio. Se considera el diagrama de cuerpo libre de una sección del perno y del tubo, figura 4-15b, para relacionar la fuerza en el perno F_b con la fuerza en el tubo, F_t. Por equilibrio, se requiere,

$$+\uparrow\Sigma F_y = 0; \qquad\qquad F_b - F_t = 0 \qquad\qquad (1)$$

El problema es estáticamente indeterminado ya que se tienen dos incógnitas en esta ecuación.

Compatibilidad. Al apretar la tuerca media vuelta sobre el perno, el tubo se acortará δ_t, y el perno se *alargará* δ_b, figura 4-15c. Como la tuerca experimenta media vuelta, ella avanza una distancia de $(\frac{1}{2})(\frac{1}{20}$ pulg$) = 0.025$ pulg a lo largo del perno. Entonces, la compatibilidad de esos desplazamientos requiere

$$(+\uparrow) \qquad\qquad \delta_t = 0.025 \text{ pulg} - \delta_b$$

Leyendo el módulo de elasticidad en la tabla de la cubierta interior posterior y aplicando la ecuación. 4-2, obtenemos:

$$\frac{F_t(3 \text{ pulg})}{\pi[(0.5 \text{ pulg})^2 - (0.25 \text{ pulg})^2][6.48(10^3) \text{ klb/pulg}^2]} = 0.025 \text{ pulg} - \frac{F_b(3 \text{ pulg})}{\pi(0.25 \text{ pulg})^2[10.6(10^3) \text{ klb/pulg}^2]}$$

$$0.78595F_t = 25 - 1.4414F_b \qquad\qquad (2)$$

Resolviendo simultáneamente las ecuaciones 1 y 2, obtenemos:

$$F_b = F_t = 11.22 \text{ klb}$$

Los esfuerzos en el perno y en el tubo son entonces:

$$\sigma_b = \frac{F_b}{A_b} = \frac{11.22 \text{ klb}}{\pi(0.25 \text{ pulg})^2} = 57.2 \text{ klb/pulg}^2 \qquad\qquad Resp.$$

$$\sigma_s = \frac{F_t}{A_t} = \frac{11.22 \text{ klb/pulg}^2}{\pi[(0.5 \text{ pulg})^2 - (0.25 \text{ pulg})^2]} = 19.1 \text{ klb/pulg}^2$$

Estos esfuerzos son menores que los esfuerzos de fluencia de cada material, $(\sigma_Y)_{al} = 60$ klb/pulg^2 y $(\sigma_Y)_{mg} = 22$ klb/pulg^2 (vea la cubierta interior posterior), por lo que este análisis "elástico" es válido.

4.5 Método de las fuerzas para el análisis de miembros cargados axialmente

Es posible resolver también los problemas estáticamente indeterminados escribiendo la ecuación de compatibilidad y considerando la superposición de las fuerzas que actúan sobre el diagrama de cuerpo libre. A este método de solución suele llamársele *método de las fuerzas o método de las flexibilidades*. Para mostrar cómo se aplica, consideremos de nuevo la barra en la figura 4-11a. Para escribir la ecuación necesaria de compatibilidad, escogeremos primero cualquiera de los dos soportes como "redundante" y retiraremos temporalmente su efecto sobre la barra. La palabra *redundante*, tal como se aplica aquí, indica que el soporte no es necesario para mantener la barra en equilibrio estable, de manera que cuando se retira, la barra se vuelve estáticamente determinada. Escogeremos aquí el soporte en *B* como redundante. Usando el principio de superposición, la barra, con la carga original actuando sobre ella, figura 4-16a, es entonces equivalente a la barra sometida sólo a la carga externa **P**, figura 4-16b, más a la barra sometida sólo a la carga redundante desconocida F_B, figura 4-16c.

Si la carga **P** ocasiona que *B* se desplace *hacia abajo* una cantidad δ_P, la reacción F_B debe ser capaz de desplazar el extremo *B* de la barra *hacia arriba* una cantidad δ_B, de manera que no ocurra ningún desplazamiento en *B* cuando las dos cargas se superpongan. Así entonces,

$$(+\downarrow) \qquad\qquad 0 = \delta_P - \delta_B$$

Esta ecuación representa la ecuación de compatibilidad para los desplazamientos en el punto *B*, donde hemos supuesto que los desplazamientos son positivos hacia abajo.

Aplicando la relación carga-desplazamiento a cada caso, tenemos $\delta_P = PL_{AC}/AE$ y $\delta_B = F_B L/AE$. En consecuencia,

$$0 = \frac{PL_{AC}}{AE} - \frac{F_B L}{AE}$$

$$F_B = P\left(\frac{L_{AC}}{L}\right)$$

Del diagrama de cuerpo libre de la barra, figura 4-11b, la reacción en *A* puede ahora determinarse con la ecuación de equilibrio,

$$+\uparrow \Sigma F_y = 0; \qquad\qquad P\left(\frac{L_{AC}}{L}\right) + F_A - P = 0$$

Como $L_{CB} = L - L_{AC}$, entonces,

$$F_A = P\left(\frac{L_{CB}}{L}\right)$$

Estos resultados son los mismos que se obtuvieron en la sección 4.4, excepto que aquí hemos aplicado la condición de compatibilidad y luego la condición de equilibrio para obtener la solución. Advierta también que el principio de superposición puede usarse aquí ya que el desplazamiento y la carga están linealmente relacionados ($\delta = PL/AE$), lo que supone, desde luego, que el material se comporta de manera elástico-lineal.

No hay desplazamiento de *B*

(a)

$\|$

Desplazamiento de *B* al remover la fuerza redundante de *B*

(b)

$+$

Desplazamiento de *B* sólo al aplicar la fuerza redundante a *B*

(c)

Fig. 4-16

PROCEDIMIENTO DE ANÁLISIS

El análisis por el método de las fuerzas requiere efectuar los siguientes pasos.

Compatibilidad.

- Escoja uno de los soportes como redundante y escriba la ecuación de compatibilidad. Para hacer esto, el desplazamiento conocido en el soporte redundante, que es usualmente cero, se iguala al desplazamiento en el soporte causado *sólo* por las cargas externas actuando sobre el miembro *más* (vectorialmente) el desplazamiento en el soporte causado *sólo* por la reacción redundante actuando sobre el miembro.

- Exprese la carga externa y desplazamientos redundantes en términos de las cargas usando una relación carga-desplazamiento, tal como $\delta = PL/AE$.

- Una vez establecida, la ecuación de compatibilidad puede resolverse y hallar la magnitud de la fuerza redundante.

Equilibrio.

- Dibuje un diagrama de cuerpo libre y escriba las ecuaciones de equilibrio apropiadas para el miembro usando el resultado calculado para la fuerza redundante. Resuelva esas ecuaciones para encontrar las otras reacciones.

EJEMPLO 4.9

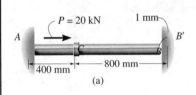

(a)

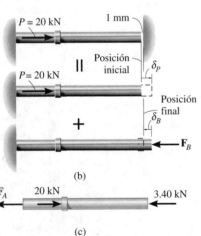

(b)

(c)

Fig. 4-17

La barra de acero A-36 mostrada en la figura 4-17a tiene un diámetro de 5 mm. Está unida a la pared fija en A y antes de ser cargada hay un hueco entre la pared en B' y la barra, de 1 mm. Determine las reacciones en A y B'.

Solución

Compatibilidad.   Aquí consideraremos el soporte en B' como redundante. Usando el principio de superposición, figura 4-17b, tenemos

$$(\overset{+}{\rightarrow}) \qquad\qquad 0.001\ \text{m} = \delta_P - \delta_B \qquad\qquad (1)$$

Las deflexiones δ_P y δ_B son determinadas con la ecuación 4-2.

$$\delta_P = \frac{PL_{AC}}{AE} = \frac{[20(10^3)\ \text{N}](0.4\ \text{m})}{\pi(0.0025\ \text{m})^2[200(10^9)\ \text{N/m}^2]} = 0.002037\ \text{m}$$

$$\delta_B = \frac{F_B L_{AB}}{AE} = \frac{F_B(1.20\ \text{m})}{\pi(0.0025\ \text{m})^2[200(10^9)\ \text{N/m}^2]} = 0.3056(10^{-6})F_B$$

Sustituyendo en la ecuación 1, obtenemos

$$0.001\ \text{m} = 0.002037\ \text{m} - 0.3056(10^{-6})F_B$$
$$F_B = 3.40(10^3)\ \text{N} = 3.40\ \text{kN} \qquad\qquad Resp.$$

Equilibrio.   Del diagrama de cuerpo libre, figura 4-17c,

$$\overset{+}{\rightarrow} \Sigma F_x = 0; \quad -F_A + 20\ \text{kN} - 3.40\ \text{kN} = 0 \quad F_A = 16.6\ \text{kN} \qquad Resp.$$

PROBLEMAS

4-31. La columna de acero A-36, que tiene un área transversal de 18 pulg^2, está embebida en concreto de alta resistencia como se muestra. Si se aplica una carga axial de 60 klb a la columna, determine el esfuerzo de compresión promedio en el concreto y en el acero. ¿Cuánto se acorta la columna? La columna tiene una altura original de 8 pies.

*4-32. La columna de acero A-36 está embebida en concreto de alta resistencia como se muestra en la figura de abajo. Si se aplica una carga axial de 60 klb a la columna, determine el área requerida de acero de manera que la fuerza sea compartida igualmente entre el acero y el concreto. ¿Cuánto se acorta la columna? La columna tiene una altura original de 8 pies.

4-34. Una columna de concreto está reforzada por medio de cuatro varillas de acero de refuerzo, cada una de 18 mm de diámetro. Determine el esfuerzo en el concreto y en el acero si la columna está sometida a una carga axial de 800 kN. $E_{ac} = 200$ GPa, $E_c = 25$ GPa.

4-35. La columna está construida con concreto de alta resistencia y cuatro varillas de refuerzo de acero A-36. Si está sometida a una fuerza axial de 800 kN, determine el diámetro requerido de cada varilla para que una cuarta parte de la carga sea soportada por el acero y tres cuartas partes por el concreto. $E_{ac} = 200$ GPa, $E_c = 25$ GPa.

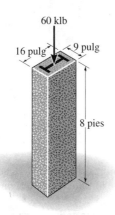

Probs. 4-31/32

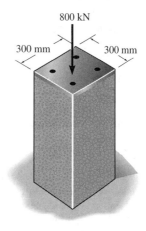

Probs. 4-34/35

4-33. Un tubo de acero está lleno de concreto y sometido a una fuerza de compresión de 80 kN. Determine el esfuerzo en el concreto y en el acero debido a esta carga. El tubo tiene un diámetro exterior de 80 mm y un diámetro interior de 70 mm. $E_{ac} = 200$ GPa, $E_c = 24$ GPa.

Prob. 4-33

*4-36. El tubo de acero A-36 tiene un radio exterior de 20 mm y un radio interior de 15 mm. Si entra justamente entre las paredes fijas antes de ser cargado, determine la reacción en las paredes cuando se somete a la carga mostrada.

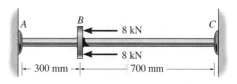

Prob. 4-36

4-37. La barra compuesta consiste en un segmento AB de acero A-36 de 20 mm de diámetro y de segmentos extremos DA y CB de bronce C83400 de 50 mm de diámetro. Determine el esfuerzo normal promedio en cada segmento debido a la carga aplicada.

4-38. La barra compuesta consiste en un segmento AB de acero A-36 de 20 mm de diámetro y de segmentos extremos DA y CB de bronce C83400 de 50 mm de diámetro. Determine el desplazamiento de A respecto a B debido a la carga aplicada.

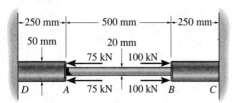

Probs. 4-37/38

4-39. La carga de 2800 lb va a ser soportada por los dos alambres de acero A-36, esencialmente verticales. Si originalmente el alambre AB es de 60 pulg de largo y el alambre AC de 40 pulg, determine la fuerza desarrollada en cada alambre cuando se cuelga la carga. Cada alambre tiene un área transversal de 0.02 pulg^2.

*4-40. La carga de 2800 lb va a ser soportada por los dos alambres de acero A-36, esencialmente verticales. Si originalmente el alambre AB es de 60 pulg de largo y el alambre AC de 40 pulg, determine el área transversal de AB para que la carga se reparta igualmente entre ambos alambres. El alambre AC tiene un área transversal de 0.02 pulg^2.

Probs. 4-39/40

4-41. El soporte consiste en un poste sólido de bronce C83400 que está rodeado por un tubo de acero inoxidable 304. Antes de aplicar la carga, el hueco entre esas dos partes es de 1 mm. Dadas las dimensiones mostradas, determine la carga axial máxima que puede aplicarse a la tapa rígida A sin generar fluencia en ninguno de los materiales.

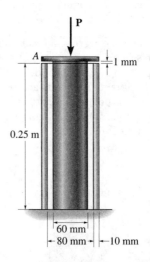

Prob. 4-41

4-42. Dos alambres de acero A-36 se usan para soportar el motor de 650 lb de peso. Originalmente, AB tiene 32 pulg de longitud y $A'B'$ 32.008 pulg de longitud. Determine la fuerza soportada por cada alambre cuando el motor se suspende de ellos. Cada alambre tiene un área transversal de 0.01 pulg^2.

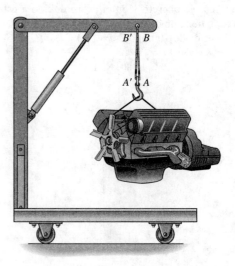

Prob. 4-42

4-43. El poste central B del conjunto tiene una longitud original de 124.7 mm, mientras que los postes A y C tienen una longitud de 125 mm. Si las tapas arriba y abajo se consideran rígidas, determine el esfuerzo normal promedio en cada poste. Los postes están hechos de aluminio y tiene cada uno un área transversal de 400 mm². E_{al} = 70 GPa.

4-45. La carga distribuida está soportada por tres barras de suspensión. AB y EF están hechas de aluminio y CD está hecha de acero. Si cada barra tiene un área transversal de 450 mm², determine la intensidad máxima w de la carga distribuida de modo que no se exceda un esfuerzo permisible de $(\sigma_{perm})_{ac}$ = 180 MPa en el acero y $(\sigma_{perm})_{al}$ = 94 MPa en el aluminio. E_{ac} = 200 GPa, E_{al} = 70 GPa.

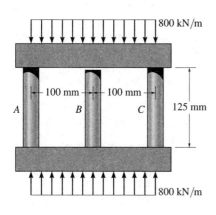

Prob. 4-43

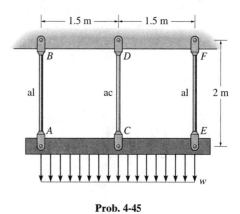

Prob. 4-45

***4-44.** El espécimen representa una matriz reforzada con filamentos, la cual está fabricada con plástico (matriz) y vidrio (fibra). Si se tienen n fibras, cada una con área A_f de sección transversal y un módulo de E_f, embebidas en una matriz con área transversal A_m y un módulo de E_m, determine el esfuerzo en la matriz y en cada fibra cuando se aplica la fuerza P sobre el espécimen.

4-46. La viga está articulada en A y soportada por dos barras de aluminio; cada barra tiene un diámetro de 1 pulg y un módulo de elasticidad E_{al} = 10(10³) klb/pulg². Si se supone que la viga es rígida e inicialmente horizontal, determine el desplazamiento del extremo B cuando se aplique sobre ésta una carga de 5 klb.

4-47. La barra está articulada en A y está soportada por dos barras de aluminio, cada una con diámetro de 1 pulg y módulo de elasticidad E_{al} = 10(10³) klb/pulg². Si se supone que la barra es rígida y que está inicialmente en posición horizontal, determine la fuerza en cada barra cuando se aplica la carga de 5 klb.

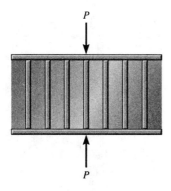

Prob. 4-44

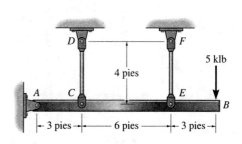

Probs. 4-46/47

*4-48. Se supone que la viga horizontal es rígida mientras soporta la carga distribuida mostrada. Determine las reacciones verticales en los soportes. Cada soporte consiste en un poste de madera con diámetro de 120 mm y con altura original (descargado) de 1.40 m. Considere E_{madera} = 12 GPa.

4-49. Se supone que la viga horizontal es rígida mientras soporta la carga distribuida mostrada. Determine el ángulo de inclinación de la viga después de aplicada la carga. Cada soporte consiste en un poste de madera con diámetro de 120 mm y una longitud original (descargada) de 1.40 m. Considere E_{madera} = 12 GPa.

4-51. La barra rígida está soportada por dos postes cortos de madera y un resorte. Si cada uno de los postes tiene una altura de 500 mm y área transversal de 800 mm^2 y el resorte tiene una rigidez k = 1.8 MN/m y una longitud no estirada de 520 mm, determine la fuerza en cada poste después de aplicada la carga a la barra. E_{madera} = 11 GPa.

*4-52. La barra rígida está soportada por dos postes de madera (abeto blanco) y un resorte. Cada poste tiene una longitud (sin carga presente) de 500 mm y un área transversal de 800 mm^2; el resorte tiene una rigidez k = 1.8 MN/m y una longitud (sin carga presente) de 520 mm. Determine el desplazamiento vertical de A y B después de que se aplica la carga a la barra.

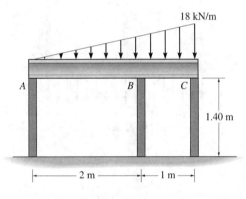

Probs. 4-48/49

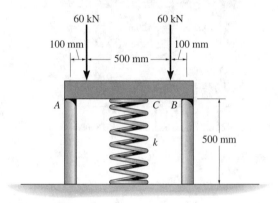

Probs. 4-51/52

4-50. Las tres barras colgantes están hechas del mismo material y tienen las mismas áreas A en sus secciones transversales. Determine el esfuerzo normal promedio en cada barra si la barra rígida ACE está sometida a la fuerza **P**.

4-53. El perno de acero de 10 mm de diámetro está rodeado por un manguito de bronce. El diámetro exterior del manguito es de 20 mm y su diámetro interior es de 10 mm. Si el perno está sometido a una fuerza de compresión de P = 20 kN, determine el esfuerzo normal promedio en el acero y en el bronce. E_{ac} = 200 GPa y E_{br} = 100 GPa.

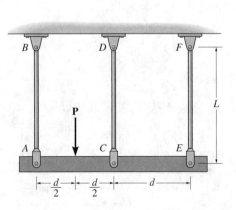

Prob. 4-50

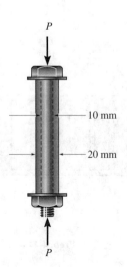

Prob. 4-53

4-54. El vástago de 10 mm de diámetro de un perno de acero está envuelto por un casquillo de bronce. El diámetro exterior de este casquillo es de 20 mm y su diámetro interior es de 10 mm. Si el esfuerzo de fluencia para el acero es $(\sigma_Y)_{ac}$ = 640 MPa y para el bronce es $(\sigma_Y)_{br}$ = 520 MPa, determine la magnitud de la carga elástica máxima P que puede aplicarse al conjunto. E_{ac} = 200 GPa, E_{br} = 100 GPa.

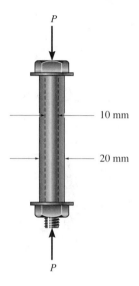

Prob. 4-54

4-55. El miembro rígido es mantenido en la posición mostrada por tres barras de acero A-36. Cada barra tiene una longitud inicial (no alargada) de 0.75 m y un área transversal de 125 mm². Determine las fuerzas en las barras si a un nivelador en la barra *EF* se le da una vuelta entera. El avance del tornillo es de 1.5 mm. Desprecie el tamaño del nivelador y suponga que es rígido. *Nota:* el avance ocasiona que la barra, al estar *descargada*, se acorte 1.5 mm cuando al nivelador se le da una vuelta entera.

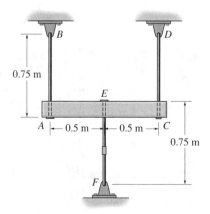

Prob. 4-55

***4-56.** La prensa consta de dos cabezales rígidos mantenidos en posición por las dos barras de acero A-36 de 0.5 pulg de diámetro. Se coloca en la prensa un cilindro sólido de aluminio 6061-T6 y se ajustan los tornillos de manera que apenas si aprieten contra el cilindro. Si luego se aprietan media vuelta, determine el esfuerzo normal promedio en las barras y en el cilindro. El tornillo de cuerda simple en el perno tiene un avance de 0.01 pulg. *Nota:* el avance representa la distancia que el tornillo avanza a lo largo de su eje en una vuelta completa del tornillo.

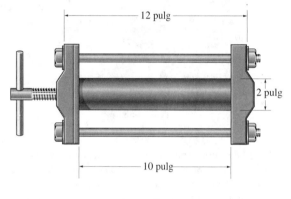

Prob. 4-56

4-57. La prensa consta de dos cabezales rígidos mantenidos en posición por las dos barras de acero A-36 de $\frac{1}{2}$ pulg de diámetro. Se coloca en la prensa un cilindro sólido de aluminio 6061-T6 y se ajustan los tornillos de manera que apenas si aprieten contra el cilindro. Determine el ángulo que el tornillo debe girar antes que las barras o el espécimen comiencen a fluir. El tornillo de cuerda simple en el perno tiene un avance de 0.01 pulg. *Nota:* el avance representa la distancia que el tornillo avanza a lo largo de su eje en una vuelta completa del tornillo.

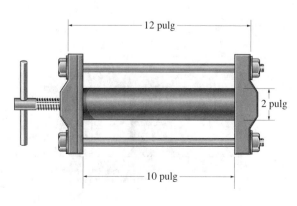

Prob. 4-57

4-58. El conjunto consiste en dos postes hechos de un material 1 con módulo de elasticidad E_1 y área transversal A_1 en cada uno de ellos, y un material 2 con módulo de elasticidad E_2 y área transversal A_2. Si se aplica una carga central **P** a la tapa rígida, determine la fuerza en cada material.

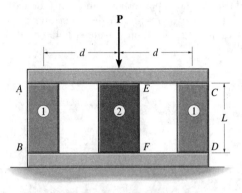

Prob. 4-58

4-59. El conjunto consiste en tres postes con las siguientes propiedades: postes 1 (AB y CD) hechos de un material con módulo de elasticidad E_1 y área transversal A_1; poste central 2 (EF) hecho de un material con módulo de elasticidad E_2 y área transversal A_2. Si los postes AB y CD se reemplazan por otros dos postes hechos con el material del poste EF, determine el área transversal requerida en los nuevos postes de manera que ambos conjuntos se deformen la misma cantidad al cargarlos.

*4-60. El conjunto consiste de dos postes AB y CD hechos de un material 1 que tiene un módulo de elasticidad de E_1 y área transversal A_1 cada uno, y un poste central EF hecho de un material 2 con módulo de elasticidad E_2 y área transversal A_2, determine el área transversal requerida en el nuevo poste de manera que ambos conjuntos se deformen la misma cantidad al cargarlos.

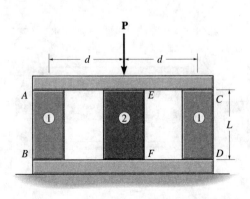

Probs. 4-59/60

4-61. El conjunto consiste en un miembro de aluminio 6061-T6 y en un miembro de bronce rojo C83400, confinados entre placas rígidas. Determine la distancia d a que debe colocarse la carga vertical **P** sobre las placas para que éstas permanezcan horizontales cuando el material se deforma. Cada miembro tiene un ancho de 8 pulg y no están adheridos entre sí.

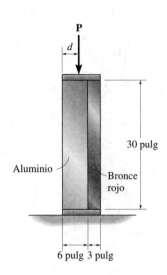

Prob. 4-61

4-62. La viga rígida está soportada por un conjunto de barras dispuestas simétricamente y cada una tiene un área A y longitud L. Las barras AB y CD tienen un módulo de elasticidad E_1 y las barras EF y GH uno de E_2. Determine el esfuerzo normal promedio en cada barra si se aplica un momento concentrado $\mathbf{M}_0$ a la viga.

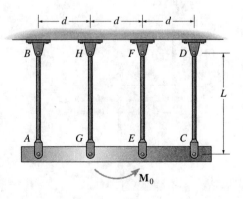

Prob. 4-62

4-63. El miembro ahusado está fijo en sus extremos A y B y está sometido a una carga $P = 7$ klb en $x = 30$ pulg. Determine las reacciones en los soportes. El miembro tiene 2 pulg de espesor y está hecho de aluminio 2014-T6.

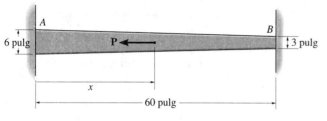

Prob. 4-63

*■4-64. El miembro ahusado está fijo en sus extremos A y B y está sometido a una carga $\mathbf{P}$. Determine la posición x de la carga y la magnitud máxima de ésta si el esfuerzo normal permisible del material es $\sigma_{perm} = 4$ klb/pulg^2. El miembro tiene 2 pulg de espesor.

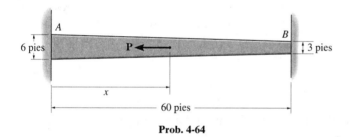

Prob. 4-64

4-65. El resorte sin estirar tiene una longitud de 250 mm y una rigidez $k = 400$ kN/m. Si se comprime y se coloca sobre la porción AC de 200 mm de la barra de aluminio AB y se libera, determine la fuerza que la barra ejerce sobre la pared en A. Antes de aplicarse la carga, hay un hueco de 0.1 mm entre la barra y la pared en B. La barra está fija a la pared en A. Desprecie el espesor de la placa rígida en C. $E_{al} = 70$ GPa.

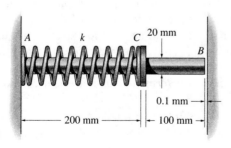

Prob. 4-65

4-66. El poste está hecho de aluminio 6061-T6 y tiene un diámetro de 50 mm. Está empotrado en A y en B y en su centro C tiene un resorte unido a un collarín rígido. Si el resorte inicialmente no está comprimido, determine las reacciones en A y en B cuando se aplica la fuerza $P = 40$ kN al collarín.

4-67. El poste está hecho de aluminio 6061-T6 y tiene un diámetro de 50 mm. Está empotrado en A y en B y en su centro C tiene un resorte unido a un collarín rígido. Si el resorte inicialmente no está comprimido, determine la compresión en éste cuando se aplica la carga $P = 50$ kN al collarín.

Probs. 4-66/67

*4-68. La barra rígida soporta la carga distribuida uniforme de 6 klb/pie. Determine la fuerza en cada cable si cada uno tiene un área transversal de 0.05 pulg^2 y $E = 31(10^3)$ klb/pulg^2.

4-69. La barra rígida está originalmente en posición horizontal soportado por dos cables cada uno con área transversal de 0.05 pulg^2 y $E = 31(10^3)$ klb/pulg^2. Determine la rotación pequeña de la barra cuando se aplica la carga uniforme.

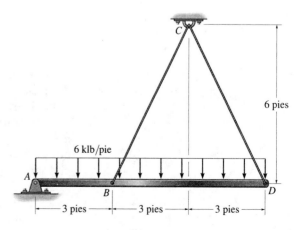

Probs. 4-68/69

4.6 Esfuerzo térmico

La mayoría de los puentes se diseñan con juntas de expansión para permitir el movimiento térmico de la superficie de rodamiento y evitar así esfuerzos por cambio de temperatura.

Un cambio de temperatura puede ocasionar que un material cambie sus dimensiones. Si la temperatura aumenta, generalmente un material se dilata, mientras que si la temperatura disminuye, el material se contrae. Ordinariamente esta dilatación o contracción está *linealmente* relacionada con el incremento o disminución de temperatura que se presenta. Si éste es el caso y el material es homogéneo e isotrópico, se ha encontrado experimentalmente que la deformación de un miembro de longitud L puede calcularse usando la fórmula:

$$\delta_T = \alpha \Delta T L \qquad (4\text{-}4)$$

donde,

α = propiedad del material llamada ***coeficiente lineal de dilatación térmica***. Las unidades miden deformación unitaria por grado de temperatura. Ellas son 1/°F (Fahrenheit) en el sistema inglés y 1/°C (Celsius) o 1/°K (Kelvin) en el sistema SI. Los valores comunes se dan en la cubierta interior posterior del libro

ΔT = cambio algebraico en la temperatura del miembro

L = longitud original del miembro

δ_T = cambio algebraico en la longitud del miembro

Si el cambio de temperatura varía sobre toda la longitud del miembro, esto es, $\Delta T = \Delta T(x)$, o si α varía a lo largo de la longitud, entonces la ecuación 4-4 es aplicable para cada segmento de longitud dx. En este caso, el cambio en la longitud del miembro es:

$$\delta_T = \int_0^L \alpha \, \Delta T \, dx \qquad (4\text{-}5)$$

El cambio en longitud de un miembro *estáticamente determinado* puede calcularse fácilmente con las ecuaciones 4-4 o 4-5, ya que el miembro tiene libertad de dilatarse o contraerse cuando experimenta un cambio de temperatura. Sin embargo, en un miembro *estáticamente indeterminado* esos desplazamientos térmicos pueden estar restringidos por los soportes, lo que produce ***esfuerzos térmicos*** que deben ser considerados en el diseño.

El cálculo de esos esfuerzos térmicos puede efectuarse usando los métodos delineados en las secciones previas. Los siguientes ejemplos ilustran algunas aplicaciones.

E J E M P L O **4.10**

La barra de acero A-36 mostrada en la figura 4-18 cabe justamente entre los dos soportes fijos cuando $T_1 = 60$ °F. Si la temperatura se eleva a $T_2 = 120$ °F, determine el esfuerzo térmico normal promedio desarrollado en la barra.

Solución

Equilibrio. El diagrama de cuerpo libre de la barra se muestra en la figura 4-18b. Como no hay fuerza externa, la fuerza en A es igual pero opuesta a la fuerza que actúa en B; esto es,

$$+\uparrow \Sigma F_y = 0; \qquad\qquad F_A = F_B = F$$

El problema es estáticamente indeterminado ya que esta fuerza no puede ser determinada por equilibrio.

Compatibilidad. Como $\delta_{B/A} = 0$, el desplazamiento térmico δ_T que ocurre en A, figura 4-18c, es contrarrestado por la fuerza **F** que se requiere para empujar la barra una cantidad δ_F de regreso a su posición original; es decir, la condición de compatibilidad en A es:

$$(+\uparrow) \qquad\qquad \delta_{A/B} = 0 = \delta_T - \delta_F$$

Aplicando las relaciones térmicas y de carga-desplazamiento, tenemos:

$$0 = \alpha \Delta T L - \frac{FL}{AL}$$

Así, con los datos de la cubierta interior posterior,

$$
\begin{aligned}
F &= \alpha \Delta T A E \\
&= [6.60(10^{-6})/°F](120\ °F - 60\ °F)(0.5\ \text{pulg})^2[29(10^3)\ \text{klb/pulg}^2] \\
&= 2.87\ \text{klb}
\end{aligned}
$$

De la magnitud de **F** debería ser aparente qué cambios en temperatura pueden ocasionar grandes fuerzas reactivas en miembros estáticamente indeterminados.

Como **F** representa también la fuerza axial interna dentro de la barra, el esfuerzo normal de compresión (térmico) promedio es entonces:

$$\sigma = \frac{F}{A} = \frac{2.87\ \text{klb}}{(0.5\ \text{pulg})^2} = 11.5\ \text{klb/pulg}^2 \qquad Resp.$$

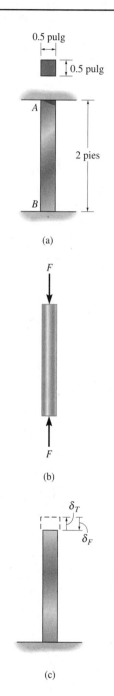

(a)

(b)

(c)

Fig. 4-18

Un tubo de aluminio 2014-T6 con área transversal de 600 mm² se usa como camisa para un perno de acero A-36 con área transversal de 400 mm², figura 4-19a. Cuando la temperatura es de $T_1 = 15$ °C, la tuerca mantiene el conjunto en una condición ligeramente apretada tal que la fuerza axial en el perno es despreciable. Si la temperatura se incrementa a $T_2 = 80$ °C, determine el esfuerzo normal promedio en el perno y en la camisa.

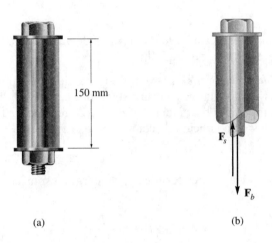

150 mm

(a)

F_s

F_b

(b)

Fig. 4-19

Solución

Equilibrio. En la figura 4-19b se muestra un diagrama de cuerpo libre de un segmento seccionado del conjunto. Se generan las fuerzas F_b y F_s debido a que el perno y la camisa tienen diferentes coeficientes de dilatación térmica y se dilatan diferentes cantidades cuando la temperatura se incrementa. El problema es estáticamente indeterminado, ya que esas fuerzas no pueden determinarse sólo por equilibrio. Sin embargo, se requiere que:

$$+\uparrow\Sigma F_y = 0; \qquad\qquad F_s = F_b \qquad\qquad (1)$$

Compatibilidad. El incremento de temperatura ocasiona que la camisa y el perno se dilaten $(\delta_s)_T$ y $(\delta_b)_T$, figura 4-19c. Sin embargo, las fuerzas redundantes F_b y F_s alargan el perno y acortan la camisa. En consecuencia, el extremo del conjunto alcanza una posición final que no es la misma que la posición inicial. Por consiguiente, la condición de compatibilidad es

$$(+\downarrow) \qquad\qquad \delta = (\delta_b)_T + (\delta_b)_F = (\delta_s)_T - (\delta_s)_F$$

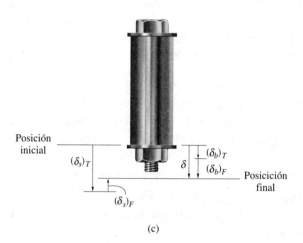

(c)

Aplicando las ecuaciones 4-2 y 4-4 y usando las propiedades mecánicas dadas en la tabla en la cubierta interior posterior, tenemos:

$$[12(10^{-6})/°C](80°C - 15°C)(0.150\ m)$$

$$+ \frac{F_b(0.150\ m)}{(400\ mm^2)(10^{-6}\ m^2/mm^2)[200(10^9)\ N/m^2]}$$

$$= [23(10^{-6})/°C](80°C - 15°C)(0.150\ m)$$

$$- \frac{F_s(0.150\ m)}{600\ mm^2\ (10^{-6}\ m^2/mm^2)[73.1(10^9)\ N/m^2]}$$

Usando la ecuación 1 y despejando, se obtiene:

$$F_s = F_b = 20.26\ kN$$

El esfuerzo normal promedio en el perno y en la camisa es entonces:

$$\sigma_b = \frac{20.26\ kN}{400\ mm^2\ (10^{-6}\ m^2/mm^2)} = 50.6\ MPa \qquad Resp.$$

$$\sigma_s = \frac{20.26\ kN}{600\ mm^2\ (10^{-6}\ m^2/mm^2)} = 33.8\ MPa \qquad Resp.$$

Como en este análisis se supuso un comportamiento elástico lineal de los materiales, los esfuerzos calculados deben revisarse para constatar que ellos no exceden los límites proporcionales del material.

E J E M P L O **4.12**

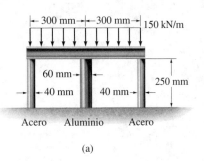

(a)

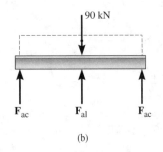

(b)

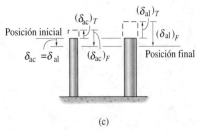

Fig. 4-20

La barra rígida mostrada en la figura 4-20a está fija a la parte superior de los tres postes hechos de acero y aluminio. Cada poste tiene una longitud de 250 mm cuando no hay carga aplicada a la barra y la temperatura es $T_1 = 20$ °C. Determine la fuerza soportada por cada poste si la barra está sometida a una carga uniformemente distribuida de 150 kN/m y la temperatura se eleva a $T_2 = 80$ °C.

Solución

Equilibrio. El diagrama de cuerpo libre de la barra se muestra en la figura 4-20b. El equilibrio debido a los momentos con respecto al centro de la barra, requiere que las fuerzas en los postes de acero sean iguales. Sumando fuerzas en el diagrama de cuerpo libre, tenemos

$$+\uparrow \Sigma F_y = 0; \qquad 2F_{ac} + F_{al} - 90(10^3) \text{ N} = 0 \qquad (1)$$

Compatibilidad. Debido a la simetría de la carga, de la geometría y del material, la parte superior de cada poste se desplaza la misma cantidad. Por tanto,

$$(+\downarrow) \qquad \delta_{ac} = \delta_{al} \qquad (2)$$

La posición final de la parte superior de cada poste es igual a su desplazamiento causado por el incremento de temperatura, más a su desplazamiento causado por la fuerza de compresión interna axial, figura 4-20c. Así, entonces, para un poste de acero y uno de aluminio, tenemos:

$$(+\downarrow) \qquad (\delta_{ac})_T = -(\delta_{ac})_T + (\delta_{ac})_F$$
$$(+\downarrow) \qquad (\delta_{al})_T = -(\delta_{al})_T + (\delta_{al})_F$$

Aplicando la ecuación 2, obtenemos

$$-(\delta_{ac})_T + (\delta_{ac})_F = -(\delta_{al})_T + (\delta_{al})_F$$

Usando las ecuaciones 4-2 y 4-4 y las propiedades del material dadas en la cubierta interior posterior, obtenemos

$$-[12(10^{-6})/°C](80 °C + 20 °C)(0.250 \text{ m}) + \frac{F_{ac}(0.250 \text{ m})}{\pi(0.020 \text{ m})^2[200(10^9) \text{ N/m}^2]}$$

$$= -[23(10^{-6})/°C](80 °C - 20 °C)(0.250 \text{ m}) + \frac{F_{al}(0.250 \text{ m})}{\pi(0.03 \text{ m})^2[73.1(10^9) \text{ N/m}^2]}$$

$$F_{ac} = 1.216F_{al} - 165.9(10^3) \qquad (3)$$

Por *consistencia*, todos los datos numéricos se han expresado en términos de newtons, metros y grados Celsius. Al resolver simultáneamente las ecuaciones 1 y 3, resulta

$$F_{ac} = -16.4 \text{ kN} \qquad F_{al} = -123 \text{ kN} \qquad \textit{Resp.}$$

El valor negativo para F_{ac} indica que esta fuerza actúa en sentido opuesto al mostrado en la figura 4-20b. En otras palabras, los postes de acero están en tensión y el poste de aluminio está en compresión.

PROBLEMAS

4-70. Tres barras hechas cada una de material diferente están conectadas entre sí y situadas entre dos muros cuando la temperatura es $T_1 = 12$ °C. Determine la fuerza ejercida sobre los soportes (rígidos) cuando la temperatura es $T_2 = 18$ °C. Las propiedades del material y el área de la sección transversal de cada barra están dadas en la figura.

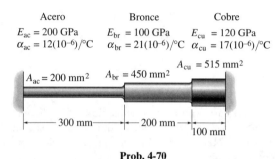

Acero	Bronce	Cobre
$E_{ac} = 200$ GPa	$E_{br} = 100$ GPa	$E_{cu} = 120$ GPa
$\alpha_{ac} = 12(10^{-6})/$°C	$\alpha_{br} = 21(10^{-6})/$°C	$\alpha_{cu} = 17(10^{-6})/$°C

Prob. 4-70

4-71. La cinta de acero de un topógrafo va a usarse para medir la longitud de una línea. La cinta tiene una sección transversal rectangular de 0.05 pulg por 0.2 pulg y una longitud de 100 pies cuando $T_1 = 60$ °F y la tensión en la cinta es de 20 lb. Determine la longitud verdadera de la línea si la lectura en la cinta es de 463.25 pies al usarla con una tensión de 35 lb a $T_2 = 90$ °C. El terreno en que se coloca es plano. $\alpha_{ac} = 9.60(10^{-6})/$°F, $E_{ac} = 29(10^3)$ klb/pulg^2.

Prob. 4-71

*4-72. La barra compuesta tiene los diámetros y materiales indicados. Está sostenida entre los soportes fijos cuando la temperatura es $T_1 = 70$ °F. Determine el esfuerzo normal promedio en cada material cuando la temperatura es de $T_2 = 110$ °F.

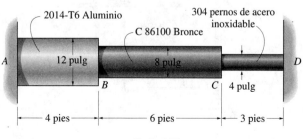

Prob. 4-72

4-73. Una losa de concreto de alta resistencia de un acceso a un garaje tiene una longitud de 20 pies cuando su temperatura es de 20 °F. Si hay una abertura de 0.125 pulg entre uno de sus lados y la guarnición, determine la temperatura requerida para cerrar la abertura. ¿Cuál es el esfuerzo de compresión en el concreto cuando la temperatura sube a 110 °F?

4-74. Una rejilla térmica consiste en dos placas de aluminio 6061-T6 con ancho de 15 mm y empotradas en sus extremos. Si la abertura entre ellas es de 1.5 mm cuando la temperatura es de $T_1 = 25$ °C, determine la temperatura requerida para cerrar justamente la abertura. ¿Cuál es la fuerza axial en cada placa si la temperatura sube a $T_2 = 100$ °C? Suponga que no ocurrirá flexión ni pandeo.

4-75. Una rejilla térmica consiste en una placa AB de aluminio 6061-T6 y en una placa CD de magnesio Am 1004-T61, cada una con ancho de 15 mm y empotrada en su extremo. Si la abertura entre ellas es de 1.5 mm cuando la temperatura es de $T_1 = 25$ °C, determine la temperatura requerida para cerrar justamente la abertura. ¿Cuál es la fuerza axial en cada placa si la temperatura sube a $T_2 = 100$ °C? Suponga que no ocurrirá flexión ni pandeo.

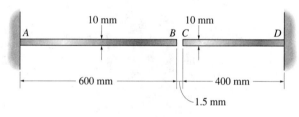

Probs. 4-74/75

*4-76. La barra AB de bronce rojo C83400 y la barra BC de aluminio 2014-T6 están unidas en el collarín B y empotradas en sus extremos. Si no hay carga en las barras cuando $T_1 = 50$ °F, determine el esfuerzo normal promedio en cada una de ellas cuando $T_2 = 120$ °F. ¿Cuánto se desplazará el collarín? El área transversal de cada miembro es de 1.75 pulg^2.

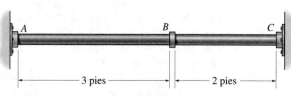

Prob. 4-76

4-77. El cilindro de 50 mm de diámetro está hecho de magnesio Am 1004-T61 y se coloca en la prensa cuando la temperatura es $T_1 = 20\ °C$. Si los pernos de acero inoxidable 304 de la prensa tienen cada uno un diámetro de 10 mm y apenas aprietan al cilindro con fuerza despreciable contra los cabezales rígidos, determine la fuerza en el cilindro cuando la temperatura se eleva a $T_2 = 130\ °C$.

4-78. El cilindro de diámetro de 50 mm de diámetro está hecho de magnesio Am 1004-T61 y se coloca en la prensa cuando la temperatura es $T_1 = 15\ °C$. Si los pernos de acero inoxidable 304 de la prensa tienen cada uno un diámetro de 10 mm y apenas aprietan al cilindro con fuerza despreciable contra los cabezales rígidos, determine la temperatura a la que el esfuerzo normal promedio en el aluminio o en el acero resulta ser de 12 MPa.

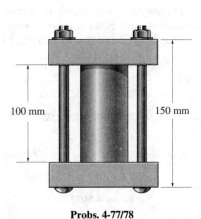

Probs. 4-77/78

4-79. El conjunto consiste en un cilindro de aluminio 2014-T6 con diámetro exterior de 200 mm y diámetro interior de 150 mm junto con un cilindro concéntrico sólido interior de magnesio Am 1004-T61 con diámetro de 125 mm. Si la fuerza de agarre en los pernos AB y CD es de 4 kN cuando la temperatura es $T_1 = 16\ °C$, determine la fuerza en los pernos cuando la temperatura sube a $T_2 = 48\ °C$. Suponga que los pernos y los cabezales son rígidos.

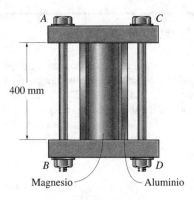

Prob. 4-79

*4-80.** La barra central CD del conjunto se calienta de $T_1 = 30\ °C$ a $T_2 = 180\ °C$ por medio de una resistencia eléctrica. A la temperatura inferior T_1, el espacio entre C y la barra rígida es de 0.7 mm. Determine la fuerza en las barras AB y EF causada por el incremento de temperatura. Las barras AB y EF son de acero y cada una tiene un área transversal de 125 mm^2. CD es de aluminio y tiene un área transversal de 375 mm^2. $E_{ac} = 200$ GPa, $E_{al} = 70$ GPa y $\alpha_{al} = 23(10^{-6})/°C$.

4-81. La barra central CD del conjunto se calienta de $T_1 = 30\ °C$ a $T_2 = 180\ °C$ por medio de una resistencia eléctrica. También, las dos barras extremas AB y EF se calientan de $T_1 = 30°$ a $T_2 = 50\ °C$. A la temperatura inferior T_1, el espacio entre C y la barra rígida es de 0.7 mm. Determine la fuerza en las barras AB y EF causada por el incremento de temperatura. Las barras AB y EF son de acero y cada una tiene un área transversal de 125 mm^2. CD es de aluminio y tiene un área transversal de 375 mm^2. $E_{ac} = 200$ GPa, $E_{al} = 70$ GPa, $\alpha_{ac} = 12(10^{-6})/°C$ y $\alpha_{al} = 23(10^{-6})/°C$.

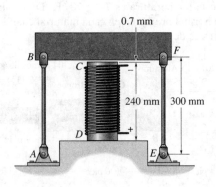

Probs. 4-80/81

4-82. Las tres barras están hechas de acero A-36 y forman una armadura conectada por pasadores. Si ésta se construye cuando $T_1 = 50$ °F, determine la fuerza en cada barra cuando $T_2 = 110$ °F. Cada barra tiene un área transversal de 2 pulg^2.

4-83. Las tres barras están hechas de acero A-36 y forman una armadura conectada por pasadores. Si ésta se construye cuando $T_1 = 50$ °F, determine el desplazamiento vertical del nodo A cuando $T_2 = 150$ °F. Cada barra tiene área transversal de 2 pulg^2.

4-85. La barra tiene un área transversal A, longitud L, módulo de elasticidad E y coeficiente de dilatación térmica α. La temperatura de la barra cambia uniformemente desde una temperatura T_A en A hasta una temperatura T_B en B, de modo que en cualquier punto x a lo largo de la barra, $T = T_A + x(T_B - T_A)/L$. Determine la fuerza que la barra ejerce sobre las paredes rígidas. Inicialmente no se tiene ninguna fuerza axial en la barra.

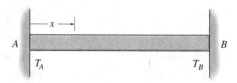

Prob. 4-85

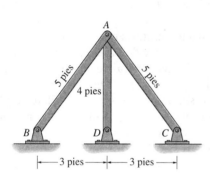

Probs. 4-82/83

4-86. La barra metálica tiene un espesor t y un ancho w y está sometida a un gradiente de temperatura de T_1 a T_2 ($T_1 < T_2$). Esto causa que el módulo de elasticidad del material varíe linealmente de E_1 en la parte superior a un valor menor E_2 en el fondo de la barra. En consecuencia, en cualquier posición vertical y, $E = [(E_2 - E_1)/w]\, y + E_1$. Determine la posición d donde debe aplicarse la fuerza axial P para que la barra se alargue uniformemente en toda su sección transversal.

*4-84. La barra está hecha de acero A-36 y tiene un diámetro de 0.25 pulg. Si los resortes se comprimen 0.5 pulg cuando la temperatura de la barra es $T = 40$ °F, determine la fuerza en la barra cuando su temperatura es $T = 160$ °F.

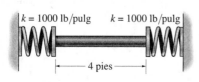

Prob. 4-84

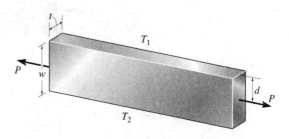

Prob. 4-86

4.7 Concentraciones de esfuerzos

En la sección 4.1 se señaló que cuando una fuerza axial se aplica a un miembro, se genera una compleja distribución de esfuerzos dentro de una región localizada alrededor del punto de aplicación de la carga. Tales distribuciones típicas del esfuerzo se muestran en la figura 4-1. No sólo bajo cargas concentradas aparecen complejas distribuciones del esfuerzo, sino también en secciones donde el área de la sección transversal cambia. Por ejemplo, considere la barra en la figura 4-21*a,* que está sometida a una carga axial *P*. Puede verse aquí que las líneas horizontales y verticales de la retícula asumen un patrón irregular alrededor del agujero centrado en la barra. El esfuerzo normal máximo en la barra ocurre en la sección *a-a*, que coincide con la sección de área transversal *más pequeña*. Si el material se comporta de manera elástica lineal, la distribución del esfuerzo que actúa en esta sección puede determinarse a partir de un análisis basado en la teoría de la elasticidad o bien experimentalmente, midiendo la deformación unitaria normal en la sección *a-a* y luego calculando el esfuerzo usando la ley de Hooke, $\sigma = E\epsilon$. Independientemente del método usado, la forma general de la distribución del esfuerzo será como la mostrada en la figura 4-21*b*. De manera similar, si la barra tiene una reducción de su sección transversal con filetes en la zona de transición, figura 4-22*a*, entonces de nuevo, el esfuerzo normal máximo en la barra ocurrirá en la sección transversal *más pequeña*, sección *a-a*, y la distribución del esfuerzo será como la mostrada en la figura 4-22*b*.

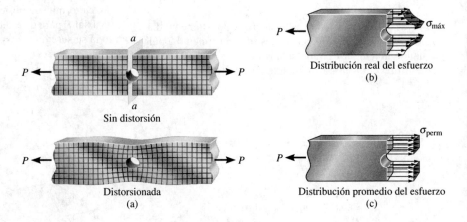

Sin distorsión

Distribución real del esfuerzo
(b)

Distorsionada
(a)

Distribución promedio del esfuerzo
(c)

Fig. 4-21

En los dos casos anteriores, el *equilibrio por fuerzas* requiere que la magnitud de la *fuerza resultante* desarrollada por la distribución del esfuerzo sea igual a *P*. En otras palabras,

$$P = \int_A \sigma \, dA \qquad (4\text{-}6)$$

Como se estableció en la sección 1.4, esta integral representa *gráficamente* el *volumen* bajo cada uno de los diagramas de distribución del esfuerzo mostrados en las figuras 4-21*b* y 4-22*b*. Además, el equilibrio debido a los momentos, requiere que cada distribución del esfuerzo sea simétrica sobre la sección transversal, de manera que **P** pase por el *centroide* de cada *volumen*.

Sin embargo, en la práctica, la distribución real del esfuerzo no tiene que determinarse; sólo el *esfuerzo máximo* en esas secciones debe ser conocido para poder diseñar el miembro cuando se aplique la carga **P** y se genere este esfuerzo. En los casos en que cambia la sección transversal, como en los casos vistos antes, valores específicos del esfuerzo normal máximo en la sección crítica pueden determinarse por medio de métodos experimentales o por medio de técnicas matemáticas avanzadas usando la teoría de la elasticidad. Los resultados de esas investigaciones se reportan por lo regular en forma gráfica usando un ***factor K de concentración de esfuerzos***. Definimos *K* como la razón del esfuerzo máximo al esfuerzo promedio que actúa en la sección transversal más pequeña; esto es,

$$K = \frac{\sigma_{\text{máx}}}{\sigma_{\text{prom}}} \qquad (4\text{-}7)$$

Si se conoce *K* y si el esfuerzo normal promedio se ha calculado a partir de $\sigma_{\text{prom}} = P/A$, donde *A* es el área transversal *más pequeña*, figuras 4-21*c* y 4-22*c*, entonces de la ecuación anterior, el esfuerzo máximo en la sección transversal es $\sigma_{\text{máx}} = K(P/A)$.

Las concentraciones de esfuerzos se presentan a menudo en las esquinas agudas de maquinaria pesada. Los ingenieros pueden mitigar estos efectos usando placas atiesadoras soldadas a las esquinas.

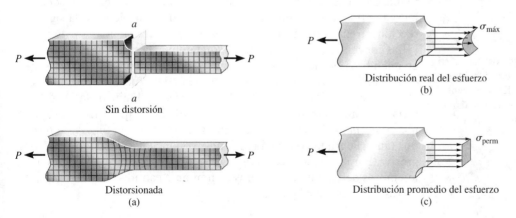

Sin distorsión

Distorsionada
(a)

Distribución real del esfuerzo
(b)

Distribución promedio del esfuerzo
(c)

Fig. 4-22

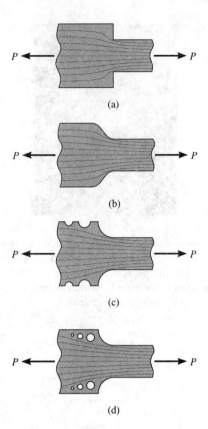

(a)

(b)

(c)

(d)

Fig. 4-23

En todas las esquinas de esta losa ha ocurrido agrietamiento del concreto debido a su contracción al ser curado. Esas concentraciones de esfuerzos pueden evitarse dándole forma circular al agujero.

Los valores específicos de K se reportan generalmente en forma gráfica en manuales relacionados con el análisis de esfuerzos. Ejemplos de estas gráficas se dan en las figuras 4-24 y 4-25, respectivamente.* En particular observe que K es independiente de las propiedades del material de la barra: más bien, *depende* sólo de la *geometría* y del tipo de discontinuidad de ésta. Cuando el tamaño r de la discontinuidad *disminuye*, la concentración del esfuerzo aumenta. Por ejemplo, si una barra requiere un cambio en su sección transversal, se ha determinado teóricamente que una esquina aguda, figura 4-23a, produce un factor de concentración de esfuerzo mayor de 3. En otras palabras, el esfuerzo normal máximo será tres veces mayor que el esfuerzo normal promedio en la sección transversal más pequeña. Sin embargo, éste puede reducirse a, digamos, 1.5 veces introduciendo un filete, figura 4-23b. Puede conseguirse una reducción aún mayor por medio de pequeñas ranuras o por agujeros situados en la transición, figuras 4-23c y 4-23d. En todos estos casos un buen diseño ayudará a reducir la rigidez del material que rodea a las esquinas, de modo que tanto la deformación unitaria como el esfuerzo se distribuyan con más suavidad sobre la barra.

Los factores de concentración de esfuerzos dados en las figuras 4-24 y 4-25 se determinaron sobre la base de una carga estática, con la hipótesis de que el esfuerzo en el material no excede el límite de proporcionalidad. Si el material es *muy frágil*, el límite de proporcionalidad puede estar en el esfuerzo de ruptura y, por tanto, la falla comenzará *en* el punto de concentración del esfuerzo cuando se haya alcanzado el límite de proporcionalidad. En esencia, lo que sucede es que comienza a formarse una grieta en ese punto y se desarrolla una concentración del esfuerzo más alta en la *punta* de esta grieta. Esto, a su vez, ocasiona que la grieta progrese en la sección transversal, resultando una fractura súbita. Por esta razón, es muy importante usar factores de concentración de esfuerzos en el diseño cuando se usan materiales frágiles. Por otra parte, si el material es dúctil y está sometido a una carga estática, los ingenieros desprecian por lo general el uso de factores de concentración de esfuerzos puesto que cualquier esfuerzo que exceda al límite de proporcionalidad no provocará una grieta. En cambio, el material tendrá una resistencia de reserva debido a la fluencia y al endurecimiento por deformación. En la siguiente sección veremos los efectos causados por este fenómeno.

Las concentraciones de esfuerzo son también la causa de muchas fallas en miembros estructurales o en elementos mecánicos sometidos a *cargas de fatiga*. En estos casos, una concentración de esfuerzos ocasionará que el material se agriete cuando el esfuerzo exceda el límite de fatiga del material, sin importar que éste sea dúctil o frágil. Lo que sucede es que el material *situado* en la punta de la grieta permanece en un *estado frágil* y por tanto, la grieta continúa creciendo, conduciendo a una fractura progresiva. Por consiguiente, los ingenieros implicados en el diseño de tales miembros deben buscar maneras de limitar la cantidad de daño que puede resultar debido a la fatiga.

*Vea Lipson, C. y Juvinall, R. C., *Handbook of Stress and Strength,* Macmillan, 1963.

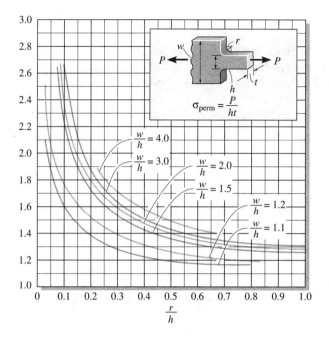

Fig. 4-24

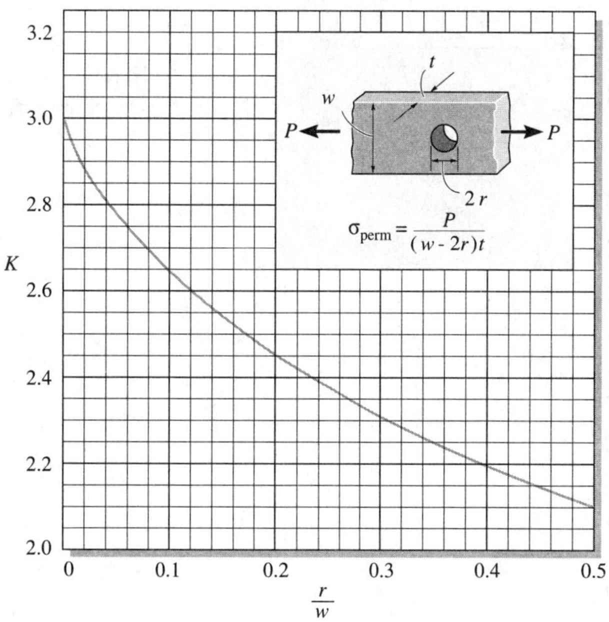

Fig. 4-25

PUNTOS IMPORTANTES

- Las *concentraciones de esfuerzos* ocurren en secciones donde el área transversal cambia repentinamente. Entre más severo es el cambio, mayor es la concentración de los esfuerzos.

- Para diseño o análisis, sólo es necesario determinar el esfuerzo máximo que actúa sobre el área con sección transversal más pequeña. Esto se hace usando un *factor de concentración de esfuerzos, K*, que ha sido determinado experimentalmente y es sólo una función de la geometría del espécimen.

- Normalmente la concentración de esfuerzos en un espécimen dúctil sometido a una carga estática *no* tendrá que ser considerado en el diseño; sin embargo, si el material es *frágil*, o está sometido a cargas de *fatiga*, entonces las concentraciones de esfuerzos se vuelven importantes.

E J E M P L O 4.13

Una barra de acero tiene las dimensiones mostradas en la figura 4-26. Si el esfuerzo permisible es $\sigma_{\text{perm}} = 16.2$ klb/pulg^2, determine la máxima fuerza axial P que la barra puede soportar.

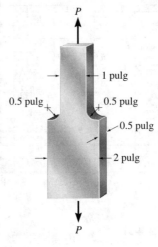

1 pulg

0.5 pulg

0.5 pulg

0.5 pulg

2 pulg

Fig. 4-26

Solución

Como se tiene un filete del tipo mostrado, el factor de concentración de esfuerzos puede determinarse usando la gráfica en la figura 4-24. Los parámetros geométricos necesarios son

$$\frac{r}{n} = \frac{0.5 \text{ pulg}}{1 \text{ pulg}} = 0.50$$

$$\frac{w}{h} = \frac{2 \text{ pulg}}{1 \text{ pulg}} = 2$$

Entonces, de la gráfica,

$$K = 1.4$$

Calculando el esfuerzo normal promedio en la sección transversal *más pequeña*, tenemos:

$$\sigma_{\text{prom}} = \frac{P}{(1 \text{ pulg})(0.5 \text{ pulg})} = 2P$$

Aplicando la ecuación 4-7 con $\sigma_{\text{perm}} = \sigma_{\text{máx}}$, resulta:

$$\sigma_{\text{perm}} = K\sigma_{\text{prom}}$$
$$16.2 \text{ klb} = 1.4(2P)$$
$$P = 5.79 \text{ klb} \qquad \textit{Resp.}$$

E J E M P L O 4.14

La barra de acero mostrada en la figura 4-27 está sometida a una carga axial de 80 kN. Determine el esfuerzo normal máximo desarrollado en la barra así como el desplazamiento de un extremo de la barra respecto al otro. El acero tiene un esfuerzo de fluencia $\sigma_Y = 700$ MPa y un $E_{ac} = 200$ GPa.

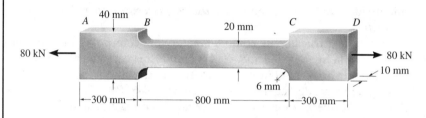

Fig. 4-27

Solución

Esfuerzo normal máximo.   Por inspección, el esfuerzo normal máximo se presenta en la sección transversal más pequeña, donde comienza el filete, en B o en C. El factor de concentración de esfuerzos se lee en la figura 4-23. Se requiere:

$$\frac{r}{h} = \frac{6 \text{ mm}}{20 \text{ mm}} = 0.3, \qquad \frac{w}{h} = \frac{40 \text{ mm}}{20 \text{ mm}} = 2$$

Entonces, $K = 1.6$.

El esfuerzo máximo es entonces:

$$\sigma_{\text{máx}} = K\frac{P}{A} = 1.6\left[\frac{80(10^3) \text{ N}}{(0.02 \text{ m})(0.001 \text{ m})}\right] = 640 \text{ MPa} \qquad Resp.$$

Note que el material permanece elástico, ya que 640 MPa $< \sigma_Y = 700$ MPa.

Desplazamiento.   Despreciaremos aquí las deformaciones localizadas que rodean a la carga aplicada y al cambio brusco en la sección transversal del filete (principio de Saint-Venant). Tenemos:

$$\delta_{A/D} = \sum \frac{PL}{AE} = 2\left\{\frac{80(10^3) \text{ N}(0.3 \text{ m})}{(0.04 \text{ m})(0.01 \text{ m})[200(10^9) \text{ N/m}^2]}\right\}$$

$$+ \left\{\frac{80(10^3) \text{ N}(0.8 \text{ m})}{(0.02 \text{ m})(0.01 \text{ m})[200(10^9) \text{ N/m}^2]}\right\}$$

$$\sigma_{A/D} = 2.20 \text{ mm} \qquad Resp.$$

*4.8 Deformación axial inelástica

La falla de este tubo de acero sometido a presión ocurrió en el área transversal más pequeña, que es a través del orificio. Note cómo, antes de la fractura, el material que rodea la superficie fracturada se deformó.

Hasta ahora hemos considerado sólo cargas que ocasionan que el material de un miembro se comporte elásticamente. Sin embargo, a veces un miembro puede ser diseñado de manera que la carga ocasione que el material fluya y adquiera por consiguiente deformaciones permanentes. Tales miembros suelen fabricarse con un metal muy dúctil como el acero recocido al bajo carbono, que tiene un diagrama esfuerzo-deformación unitaria similar al de la figura 3-6 y que puede *modelarse* como se muestra en la figura 4-28*b*. A un material que exhibe este comportamiento idealizado se le denomina ***elástico-perfectamente plástico*** o ***elastoplástico***.

Para ilustrar físicamente cómo tal material se comporta, consideremos la barra en la figura 4-28*a*, que está sometida a la carga axial **P**. Si la carga genera un *esfuerzo elástico* $\sigma = \sigma_1$ en la barra, entonces por *equilibrio* se requiere que, de acuerdo con la ecuación 4-6, $P = \int \sigma_1 \, dA = \sigma_1 A$. Además el esfuerzo σ_1 genera en la barra la deformación unitaria ϵ_1, como se indica en el diagrama esfuerzo-deformación unitaria, figura 4-28*b*. Si P se incrementa ahora hasta P_p, de manera que ocasione que el material fluya, esto es, $\sigma = \sigma_Y$, entonces de nuevo $P_p = \int \sigma_Y \, dA = \sigma_Y A$. La carga P_p se denomina *carga plástica*, ya que representa la carga máxima que puede ser soportada por un material elastoplástico. Para este caso, las deformaciones unitarias *no* están definidas de manera única. Más bien, en el instante en que se alcanza σ_Y, la barra está *primero* sometida a la deformación unitaria de fluencia ϵ_Y, figura 4-28*b*, después de lo cual la barra *continuará fluyendo* (o alargándose) de manera que se generan las deformaciones unitarias ϵ_2, luego ϵ_3, etc. Como nuestro "modelo" del material exhibe un comportamiento perfectamente plástico, este alargamiento continuará indefinidamente sin incremento de la carga. Sin embargo, en realidad el material empezará, después de alguna fluencia, a endurecerse por deformación de manera que la resistencia adicional que alcanza *detendrá* cualquier deformación adicional. En consecuencia, cualquier diseño basado en este comportamiento será seguro, ya que el endurecimiento por deformación proporciona el potencial para que el material soporte una carga *adicional* en caso de que sea necesario.

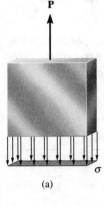

(a)

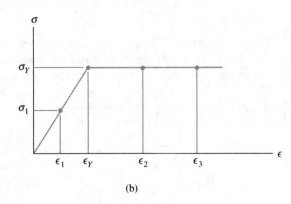

(b)

Fig. 4-28

Consideremos ahora el caso de una barra que tenga un agujero como se muestra en la figura 4-29a. Cuando la magnitud de **P** se incrementa, se presenta una concentración de esfuerzos en el material cerca del agujero, a lo largo de la sección *a-a*. El esfuerzo aquí alcanzará un valor máximo de, digamos, $\sigma_{máx} = \sigma_1$ con una *deformación unitaria elástica* correspondiente de valor ϵ_1, figura 4-29b. Los esfuerzos y las deformaciones unitarias correspondientes en otros puntos a lo largo de la sección transversal serán menores, como se indica en la distribución del esfuerzo mostrada en la figura 4-29c. Como es de esperarse, el equilibrio requiere que $P = \int \sigma \, dA$. En otras palabras, P es geométricamente equivalente al "volumen" contenido dentro de la distribución del esfuerzo. Si la carga se incrementa ahora a P', de manera que $\sigma_{máx} = \sigma_Y$, entonces el material comenzará a fluir hacia afuera desde el agujero, hasta que la condición de equilibrio $P' = \int \sigma \, dA$ se satisfaga, figura 4-29d. Como se ve, esto produce una distribución del esfuerzo que tiene geométricamente un *mayor* "volumen" que el mostrado en la figura 4-29c. Un incremento adicional de carga ocasionará que el material eventualmente fluya sobre toda la sección transversal hasta que *ninguna carga mayor* pueda ser soportada por la barra. Esta *carga plástica* P_p se muestra en la figura 4-29e y puede calcularse a partir de la condición de equilibrio:

$$P_p = \int_A \sigma_Y \, dA = \sigma_Y A \qquad (4\text{-}7)$$

Aquí, σ_Y es el esfuerzo de fluencia y A es el área de la sección transversal de la barra en la sección *a-a*.

Los siguientes ejemplos ilustran numéricamente cómo se aplican esos conceptos a otros tipos de problemas en que el material se comporta elastoplásticamente.

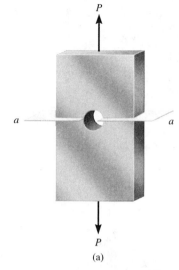

(a)

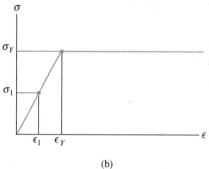

(b)

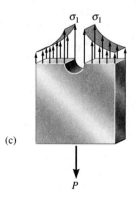

(c)

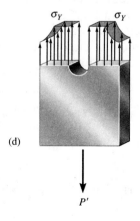

(d)

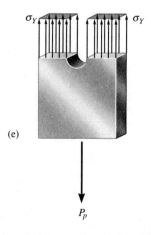

(e)

Fig. 4-29

E J E M P L O **4.15**

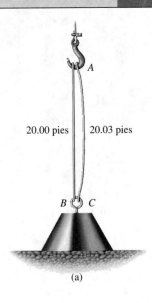

20.00 pies   20.03 pies

(a)

Dos alambres de acero se usan para levantar el peso de 3 klb, figura 4-30a. El alambre AB tiene una longitud no deformada de 20.00 pies y el alambre AC tiene una longitud no deformada de 20.03 pies. Si cada alambre tiene un área transversal de 0.05 pulg^2 y el acero puede considerarse elástico-perfectamente plástico, como se muestra en la grafica $\sigma - \epsilon$ en la figura 4-30b, determine la fuerza y alargamiento en cada alambre.

Solución

Por inspección, el alambre AB comienza a tomar la carga cuando el gancho se levanta. Sin embargo, si este alambre se alarga más de 0.03 pies, la carga es entonces tomada por ambos alambres. Para que esto ocurra, la deformación unitaria en el alambre AB debe ser:

$$\epsilon_{AB} = \frac{0.03 \text{ pie}}{20 \text{ pies}} = 0.0015$$

que es menor que la deformación unitaria elástica máxima, $e_Y = 0.0017$, figura 4-30b. Además, el esfuerzo en el alambre AB cuando esto sucede puede determinarse mediante la figura 4-30b, por proporción; esto es,

$$\frac{0.0017}{50 \text{ klb/pulg}^2} = \frac{0.0015}{\sigma_{AB}}$$

$$\sigma_{AB} = 44.12 \text{ klb/pulg}^2$$

La fuerza en el alambre es entonces:

$$F_{AB} = \sigma_{AB}A = (44.12 \text{ klb/pulg}^2)(0.05 \text{ pie}^2) = 2.21 \text{ klb}$$

Como el peso por soportarse es de 3 klb, podemos concluir que ambos alambres deben usarse para soportarlo.

Una vez que el peso está soportado, el esfuerzo en los alambres depende de la deformación unitaria correspondiente. Hay tres posibilidades: que la deformación unitaria en ambos alambres sea elástica, que el alambre AB esté deformado plásticamente mientras que el alambre AC esté deformado elásticamente o que ambos alambres estén deformados plásticamente. Comenzaremos suponiendo que ambos alambres permanecen *elásticos*. Por inspección del diagrama de cuerpo libre del peso suspendido, figura 4-30c, vemos que el problema es estáticamente indeterminado. La ecuación de equilibrio es:

$$+\uparrow \Sigma F_y = 0; \qquad T_{AB} + T_{AC} - 3 \text{ klb} = 0 \qquad (1)$$

σ (klb)

50

0.0017

ϵ(pulg/pulg)

(b)

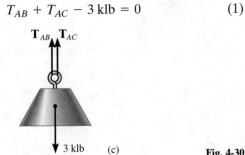

$\mathbf{T}_{AB} \quad \mathbf{T}_{AC}$

3 klb   (c)

Fig. 4-30

Como AC es 0.03 pie más largo que AB, vemos en la figura 4-30d que la compatibilidad en los desplazamientos de los extremos B y C requiere que:

$$\delta_{AB} = 0.03 \text{ pie} + \delta_{AC} \qquad (2)$$

El módulo de elasticidad, figura 4-30b, es $E_{ac} = 50 \text{ klb/pulg}^2/0.0017 = 29.4(10^3) \text{ klb/pulg}^2$. Como éste es un análisis elástico lineal, la relación carga-desplazamiento está dada por $\delta = PL/AE$, por lo que:

$$\frac{T_{AB}(20.00 \text{ pies})(12 \text{ pulg/pie})}{(0.05 \text{ pulg}^2)[29.4(10^3) \text{ klb/pulg}^2]} = 0.03 \text{ pie}(12 \text{ pulg/pie}) + \frac{T_{AC}(20.03 \text{ pies})(12 \text{ pulg/pie})}{(0.05 \text{ pulg}^2)[29.4(10^3) \text{ klb/pulg}^2]}$$

$$20.00 T_{AB} = 44.11 + 20.03 T_{AC} \qquad (3)$$

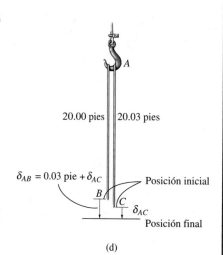

Resolviendo las ecuaciones 1 y 3, obtenemos:

$$T_{AB} = 2.60 \text{ klb}$$

$$T_{AC} = 0.400 \text{ klb}$$

El esfuerzo en el alambre AB es entonces:

$$\sigma_{AB} = \frac{2.60 \text{ klb}}{0.05 \text{ pulg}^2} = 52.0 \text{ klb/pulg}^2$$

20.00 pies | 20.03 pies

$\delta_{AB} = 0.03 \text{ pie} + \delta_{AC}$ ⟶ Posición inicial

B C δ_{AC} ⟶ Posición final

(d)

Este esfuerzo es mayor que el esfuerzo elástico máximo permisible ($\sigma_Y = 50 \text{ klb/pulg}^2$) por lo que el alambre AB se plastifica y soporta su carga máxima de:

$$T_{AB} = 50 \text{ klb/pulg}^2 (0.05 \text{ pulg}^2) = 2.50 \text{ klb} \qquad Resp.$$

De la ecuación 1,

$$T_{AC} = 0.500 \text{ klb} \qquad Resp.$$

Advierta que el alambre AC permanece elástico, ya que el esfuerzo en el alambre $\sigma_{AC} = 0.500 \text{ klb}/0.05 \text{ pulg}^2 = 10 \text{ klb/pulg}^2 < 50 \text{ klb/pulg}^2$. La deformación unitaria elástica correspondiente se determina por proporción, figura 4-30b; esto es,

$$\frac{\epsilon_{AC}}{10 \text{ klb/pulg}^2} = \frac{0.0017}{50 \text{ klb/pulg}^2}$$

$$\epsilon_{AC} = 0.000340$$

El alargamiento de AC es entonces:

$$\delta_{AC} = (0.000340)(20.03 \text{ pies}) = 0.00681 \text{ pie} \qquad Resp.$$

Aplicando la ecuación 2, el alargamiento de AB es entonces:

$$\delta_{AB} = 0.03 \text{ pie} + 0.00681 \text{ pie} = 0.0368 \text{ pie} \qquad Resp.$$

E J E M P L O   4.16

La barra en la figura 4-31*a* está hecha de un acero con comportamiento elástico-perfectamente plástico con $\sigma_Y = 250$ MPa. Determine (a) el valor máximo de la carga *P* que puede aplicársele sin que el acero fluya y (b) el valor máximo de *P* que la barra puede soportar. Esboce la distribución del esfuerzo en la sección crítica para cada caso.

Solución

Parte (a). *Cuando el material se comporta* elásticamente, debemos usar un factor de concentración de esfuerzos, determinado con ayuda de la figura 4-23, que es único para la geometría dada de la barra. Aquí:

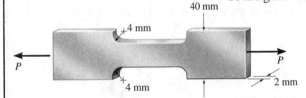

$$\frac{r}{h} = \frac{4 \text{ mm}}{(40 \text{ mm} - 8 \text{ mm})} = 0.125$$

$$\frac{w}{h} = \frac{40 \text{ mm}}{(40 \text{ mm} - 8 \text{ mm})} = 1.25$$

(a)

La carga máxima que no ocasiona fluencia, se presenta cuando $\sigma_{\text{máx}} = \sigma_Y$. El esfuerzo normal promedio es $\sigma_Y = P/A$. Usando la ecuación 4-7, tenemos:

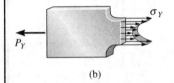

$$\sigma_{\text{máx}} = K\sigma_{\text{prom}}; \qquad \sigma_Y = K\left(\frac{P_Y}{A}\right)$$

$$250(10^6) \text{ Pa} = 1.75\left[\frac{P_Y}{(0.002 \text{ m})(0.032 \text{ m})}\right]$$

$$P_Y = 9.14 \text{ kN} \qquad\qquad\qquad \textit{Resp.}$$

(b)

Esta carga se ha calculado usando la sección transversal *más pequeña*. La distribución resultante del esfuerzo se muestra en la figura 4-31*b*. Por equilibrio, el "volumen" contenido dentro de esta distribución debe ser igual a 9.14 kN.

Parte (b). La carga máxima soportada por la barra requiere que *todo el material* en la sección transversal más pequeña fluya. Por tanto, conforme *P* crece hacia la *carga plástica* P_p, se cambia gradualmente la distribución del esfuerzo del estado elástico mostrado en la figura 4-31*b* al estado plástico mostrado en la figura 4-31*c*. Se requiere:

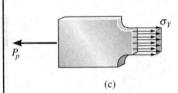

(c)

Fig. 4-31

$$\sigma_Y = \frac{P_p}{A}$$

$$250(10^6) \text{ Pa} = \frac{P_p}{(0.002 \text{ m})(0.032 \text{ m})}$$

$$P_p = 16.0 \text{ kN} \qquad\qquad\qquad \textit{Resp.}$$

Aquí, P_p es igual al "volumen" contenido dentro de la distribución del esfuerzo, que en este caso es $P_p = \sigma_Y A$.

*4.9 Esfuerzo residual

Si un miembro cargado axialmente o grupo de tales miembros forma un sistema estáticamente indeterminado que puede soportar cargas tanto de tensión como de compresión, entonces las cargas externas excesivas que causan fluencia del material generarán *esfuerzos residuales* en los miembros cuando dichas cargas sean retiradas. La razón para esto tiene que ver con la recuperación elástica del material, que ocurre durante la descarga. Por ejemplo, consideremos un miembro prismático hecho de un material elastoplástico que tenga el diagrama esfuerzo-deformación *OAB*, como el mostrado en la figura 4-32. Si una carga axial produce un esfuerzo s_Y en el material y una deformación unitaria plástica correspondiente ϵ_C, entonces cuando la carga se *retira*, el material responderá elásticamente y seguirá la línea *CD* para recuperar algo de la deformación plástica. Una recuperación total a esfuerzo cero en el punto *O'* será sólo posible si el miembro es estáticamente determinado, ya que las reacciones de los soportes del miembro deben ser cero cuando se retira la carga. Bajo estas circunstancias, el miembro se deformará permanentemente de modo que la deformación unitaria permanente en el miembro es $\epsilon_{O'}$. Sin embargo, si el miembro es *estáticamente indeterminado*, retirar la carga externa ocasionará que las fuerzas en los soportes respondan a la recuperación elástica *CD*. Como estas fuerzas impiden que el miembro se recupere plenamente, inducirán **esfuerzos residuales** en el miembro.

Para resolver un problema de esta clase, el ciclo completo de carga y descarga del miembro puede considerarse como la *superposición* de una carga positiva (acción de carga) sobre una carga negativa (acción de descarga). La acción de cargar, de *O* a *C*, conduce a una distribución plástica del esfuerzo, mientras que la acción de descargar a lo largo de *CD* conduce sólo a una distribución elástica del esfuerzo. La superposición requiere que las cargas se cancelen; sin embargo, las distribuciones de esfuerzo no se cancelarán y, por tanto, quedarán presentes esfuerzos residuales.

El siguiente ejemplo ilustra numéricamente estos conceptos.

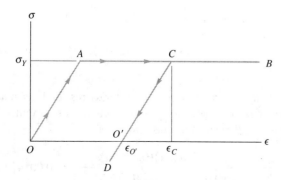

Fig. 4-32

EJEMPLO 4.17

La barra mostrada en la figura 4-33a tiene un radio de 5 mm y está hecha de un material elástico-perfectamente plástico para el cual $\sigma_Y = 420$ MPa y $E = 70$ GPa, figura 4-33b. Si se aplica una fuerza $P = 60$ kN a la barra y luego se retira, determine el esfuerzo residual en la barra y el desplazamiento permanente del collarín en C.

Solución

El diagrama de cuerpo libre de la barra se muestra en la figura 4-33b. Por inspección, la barra es estáticamente indeterminada. La aplicación de la carga P tendrá una de las tres siguientes consecuencias: que ambos segmentos AC y CB permanezcan elásticos, que AC se plastifique mientras CB permanece elástico o que AC y CB se plastifiquen.*

Un *análisis elástico*, similar al visto en la sección 4.4, dará $F_A = 45$ kN y $F_B = 15$ kN en los soportes. Sin embargo, esto conduce a un esfuerzo de:

$$\sigma_{AC} = \frac{45 \text{ kN}}{\pi(0.005 \text{ m})^2} = 573 \text{ MPa (compresión)} > \sigma_Y = 420 \text{ MPa}$$

en el segmento AC, y

$$\sigma_{CB} = \frac{15 \text{ kN}}{\pi(0.005 \text{ m})^2} = 191 \text{ MPa (tensión)}$$

en el segmento CB. Como el material en el segmento AC fluirá, supondremos que AC se plastifica mientras que CB permanece elástico.

Para este caso, la fuerza máxima posible generable en AC es:

$$(F_A)_Y = \sigma_Y A = 420(10^3) \text{ kN/m}^2 \left[\pi(0.005 \text{ m})^2\right]$$
$$= 33.0 \text{ kN}$$

y, por equilibrio de la barra, figura 4-33b,

$$F_B = 60 \text{ kN} - 33.0 \text{ kN} = 27.0 \text{ kN}$$

El esfuerzo en cada segmento de la barra es por tanto:

$$\sigma_{AC} = \sigma_Y = 420 \text{ MPa (compresión)}$$
$$\sigma_{CB} = \frac{27.0 \text{ kN}}{\pi(0.005 \text{ m})^2} = 344 \text{ MPa (tensión)} < 420 \text{ MPa (OK)}$$

Esfuerzo residual. Para obtener el esfuerzo residual, es necesario también conocer la deformación unitaria en cada segmento debido a la carga. Como CB responde elásticamente,

$$\delta_C = \frac{F_B L_{CB}}{AE} = \frac{(27.0 \text{ kN})(0.300 \text{ m})}{\pi(0.005 \text{ m})^2 \left[70(10^6) \text{ kN/m}^2\right]} = 0.001474 \text{ m}$$

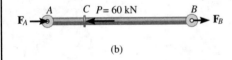

(a)

(b)

Fig. 4-33

Así,

$$\epsilon_{CB} = \frac{\delta_C}{L_{CB}} = \frac{0.001474 \text{ m}}{0.300 \text{ m}} = +0.004913$$

También, como δ_C es conocida, la deformación unitaria en AC es:

$$\epsilon_{AC} = \frac{\delta_C}{L_{AC}} = -\frac{0.001474 \text{ m}}{0.100 \text{ m}} = -0.01474$$

Por tanto, cuando *se aplica* **P**, el comportamiento esfuerzo-deformación unitaria para el material en el segmento CB se mueve de O a A', figura 4-33c, y para el material en el segmento AC se mueve de O a B'. Si se aplica la carga **P** en sentido opuesto, en otras palabras, si se retira la carga, ocurre entonces una respuesta elástica y fuerzas opuestas de $F_A = 45$ kN y $F_B = 15$ kN deben aplicarse a cada segmento. Como se calculó antes, esas fuerzas generan esfuerzos $\sigma_{AC} = 573$ MPa (tensión) y $\sigma_{CB} = 191$ MPa (compresión), y en consecuencia, el esfuerzo residual en cada miembro es:

$$(\sigma_{AC})_r = -420 \text{ MPa} + 573 \text{ MPa} = 153 \text{ MPa} \qquad Resp.$$
$$(\sigma_{CB})_r = 344 \text{ MPa} - 191 \text{ MPa} = 153 \text{ MPa} \qquad Resp.$$

Este esfuerzo de tensión es el *mismo* para ambos segmentos, lo que era de esperarse. Note también que el comportamiento esfuerzo-deformación unitaria para el segmento AC se mueve de B' a D' en la figura 4-33c, mientras que el comportamiento esfuerzo-deformación unitaria para el segmento CB se mueve de A' a C'.

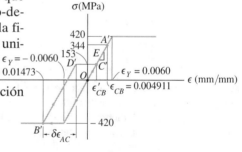

(c)

Desplazamiento permanente. De la figura 4-33c, la deformación unitaria residual en CB es:

$$\epsilon'_{CB} = \frac{\sigma}{E} = \frac{153(10^6) \text{ Pa}}{70(10^9) \text{ Pa}} = 0.002185 \quad ,$$

por lo que el desplazamiento permanente de C es

$$\delta_C = \epsilon'_{CB} L_{CB} = 0.002185 \, (300 \text{ mm}) = 0.656 \text{ mm} \leftarrow \qquad Resp.$$

Podemos también obtener este resultado determinando la deformación unitaria residual ϵ'_{AC} en AC, figura 4-33c. Como la línea $B'D'$ tiene una pendiente E, entonces:

$$\delta\epsilon_{AC} = \frac{\delta\sigma}{E} = \frac{(420 + 153)10^6 \text{ Pa}}{70(10^9) \text{ Pa}} = 0.008185$$

Por tanto,

$$\epsilon'_{AC} = \epsilon_{AC} + \delta\epsilon_{AC} = -0.01474 + 0.008185 = -0.006555$$

Finalmente,

$$\delta_C = \epsilon'_{AC} L_{AC} = -0.006555 \, (100 \text{ mm}) = 0.656 \text{ mm} \leftarrow \qquad Resp.$$

*La posibilidad de que CB se plastifique antes que AC, no puede ocurrir ya que cuando el punto C se deforma, la *deformación unitaria* en AC (por ser éste más corto) siempre será mayor que la deformación unitaria en CB.

PROBLEMAS

4-87. Determine el esfuerzo normal máximo desarrollado en la barra cuando se halla sometida a una tensión de $P = 8$ kN.

*4-88. Si el esfuerzo normal permisible para la barra es $\sigma_{perm} = 120$ MPa, determine la fuerza axial máxima P que puede aplicarse a la barra.

4-90. Determine la fuerza axial máxima P que puede aplicarse a la barra. La barra está hecha de acero y tiene un esfuerzo permisible de $\sigma_{perm} = 21$ klb/pulg^2.

4-91. Determine el esfuerzo máximo normal desarrollado en la barra cuando ésta está sometida a una tensión $P = 2$ klb.

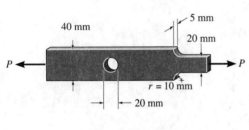

Probs. 4-87/88

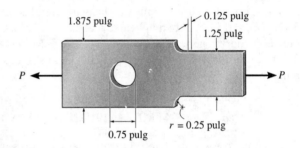

Probs. 4-90/91

4-89. Una pieza está hecha de placa de acero de 0.25 pulg de espesor. Si se taladra un orificio de 1 pulg a través de su centro, determine el ancho aproximado w de la placa de modo que pueda soportar una fuerza axial de 3350 lb. El esfuerzo permisible es $\sigma_{perm} = 22$ klb/pulg^2.

*4-92. Una placa de acero A-36 tiene un espesor de 12 mm. Si tiene filetes en B y C y $\sigma_{perm} = 150$ MPa, determine la carga axial máxima P que puede soportar. Calcule su alargamiento despreciando el efecto de los filetes.

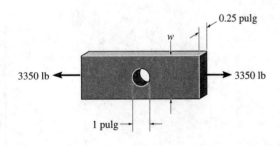

Prob. 4-89

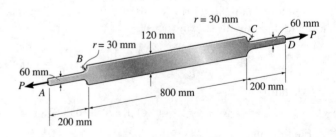

Prob. 4-92

4-93. En la figura se muestra la distribución del esfuerzo resultante a lo largo de la sección AB de una barra. A partir de esta distribución, determine la fuerza axial resultante P aproximada aplicada a la barra. También, ¿cuál es el factor de concentración de esfuerzos para esta geometría?

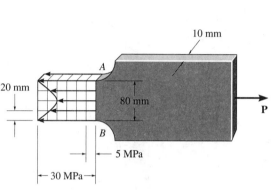

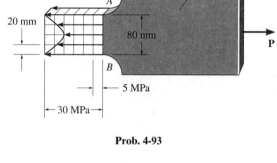

Prob. 4-93

4-95. En la figura se muestra la distribución del esfuerzo resultante a lo largo de la sección AB de la barra. A partir de esta distribución, determine la fuerza axial resultante P aproximada aplicada a la barra. Además, ¿cuál es el factor de concentración de esfuerzos para esta geometría?

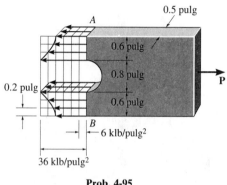

Prob. 4-95

4-94. Se muestra la distribución resultante de esfuerzo sobre la sección AB de la barra. De esta distribución, determine la fuerza P axial resultante aproximada aplicada a la barra. También, ¿cuál es el factor de concentración de esfuerzos para esta geometría?

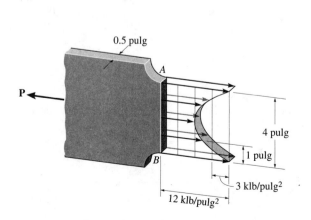

Prob. 4-94

*4-96. El vástago de 10 mm de diámetro de un perno de acero tiene un casquillo de bronce adherido a él. El diámetro exterior de este casquillo es de 20 mm. Si el esfuerzo de fluencia del acero es $(\sigma_Y)_{ac} = 640$ MPa, y el del bronce $(\sigma_Y)_{br} = 520$ MPa, determine la magnitud de la carga más grande P que puede aplicarse al vástago. Suponga que los materiales son elásticos y perfectamente plásticos. $E_{ac} = 200$ GPa, $E_{br} = 100$ GPa.

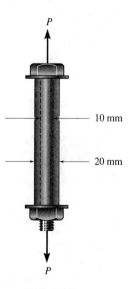

Prob. 4-96

4-97. El vástago de 10 mm de diámetro de un perno de acero tiene un casquillo de bronce adherido a él. El diámetro exterior de este casquillo es de 20 mm. Si el esfuerzo de fluencia del acero de $(\sigma_Y)_{ac} = 640$ MPa y el del bronce $(\sigma_Y)_{br} = 520$ MPa, determine la magnitud de la carga elástica P más grande que puede aplicarse al conjunto. $E_{ac} = 200$ GPa, $E_{br} = 100$ GPa.

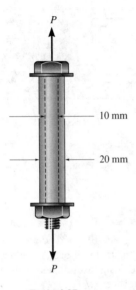

10 mm

20 mm

Prob. 4-97

4-99. La barra tiene un área transversal de 1 pulg^2. Si se aplica en B una fuerza $P = 45$ klb y luego se retira, determine el esfuerzo residual en las secciones AB y BC. $\sigma_Y = 30$ klb/pulg^2.

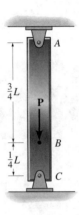

$\frac{3}{4}L$

$\frac{1}{4}L$

Prob. 4-99

4-98. El peso está suspendido de alambres de acero y aluminio, cada uno con la misma longitud inicial de 3 m y área transversal de 4 mm^2. Si los materiales pueden suponerse elásticos y perfectamente plásticos, con $(\sigma_Y)_{ac} = 120$ MPa y $(\sigma_Y)_{al} = 70$ MPa, determine la fuerza en cada alambre cuando el peso es (a) 600 N y (b) = 720 N. $E_{al} = 70$ GPa, $E_{ac} = 200$ GPa.

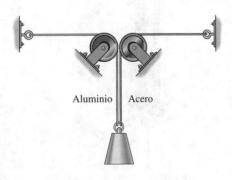

Aluminio   Acero

Prob. 4-98

*4-100. Dos alambres de acero, cada uno con un área transversal de 2 mm^2, están unidos a un anillo en C, y luego se estiran y se amarran entre los dos soportes A y B. La tensión inicial en los alambres es de 50 N. Si una fuerza horizontal **P** se aplica al anillo, determine la fuerza en cada alambre si $P = 20$ N. ¿Cuál es la fuerza más pequeña que debe aplicarse al anillo para reducir la fuerza en el alambre CB a cero? Considere $\sigma_Y = 300$ MPa y $E_{ac} = 200$ GPa.

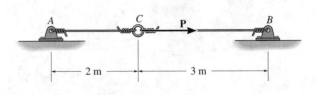

A C **P** B

2 m   3 m

Prob. 4-100

4-101. Una carga distribuida se aplica a una viga rígida, la cual está soportada por tres barras como se muestra en la figura. Cada barra tiene un área en su sección transversal de 1.25 pulg^2 y está hecha de un material que tiene un diagrama esfuerzo-deformación unitaria que puede ser aproximado por los dos segmentos de línea que se muestran. Si se aplica a la viga una carga de $w = 25$ klb/pie, determine el esfuerzo en cada barra y el desplazamiento vertical de la viga rígida.

4-102. Una carga distribuida es aplicada a una viga rígida, la cual está soportada por tres barras, como se muestra en la figura. Cada barra tiene un área transversal de 0.75 pulg^2 y está hecha de un material que tiene un diagrama de esfuerzo-deformación unitaria que puede representarse aproximadamente por los dos segmentos de línea que se muestran. Determine la intensidad de la carga distribuida w necesaria para que la viga se desplace hacia abajo 1.5 pulg.

4-103. Una viga rígida está soportada por tres postes A, B y C de igual longitud. Los postes A y C tienen un diámetro de 75 mm y están hechos de aluminio, para el cual $E_{al} = 70$ GPa y $(\sigma_Y)_{al} = 20$ MPa. El poste B tiene un diámetro de 20 mm y está hecho de latón, para el cual $E_{latón} = 100$ GPa y $(\sigma_Y)_{latón} = 590$ MPa. Determine la magnitud más pequeña de **P** de modo que (a) sólo los postes A y C fluyan y que (b) todos los postes fluyan.

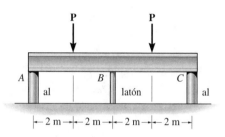

Prob. 4-103

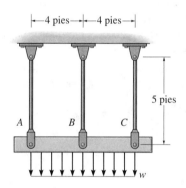

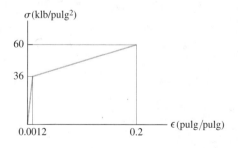

Probs. 4-101/102

*4-104.** Una viga rígida está soportada por tres postes, A, B y C. Los postes A y C tienen un diámetro de 60 mm y están hechos de aluminio, para el cual $E_{al} = 70$ GPa y $(\sigma_Y)_{al} = 20$ MPa. El poste B está hecho de latón, para el cual $E_{latón} = 100$ GPa y $(\sigma_Y)_{latón} = 590$ MPa. Si $P = 130$ kN, determine el diámetro más grande del poste B de modo que todos los postes fluyan al mismo tiempo.

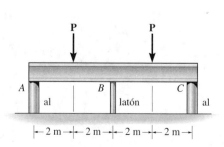

Prob. 4-104

4-105. Las tres barras que se muestran en la figura están unidas entre sí por un pasador y bajo la acción de la carga **P**. Si cada barra tiene un área A de sección transversal, una longitud L, y está hecha de un material elástico perfectamente plástico, para el cual el esfuerzo de fluencia es σ_Y, determine la carga más grande (carga última) que puede ser soportada por las barras, es decir, la carga P que ocasiona que todas las barras fluyan. Además, ¿cuál es el desplazamiento horizontal del punto A cuando la carga alcanza su valor último? El módulo de elasticidad es E.

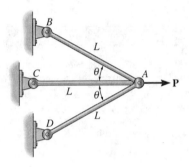

Prob. 4-105

4-106. Un material tiene un diagrama esfuerzo-deformación unitaria que puede describirse por la curva $\sigma = c\epsilon^{1/2}$. Determine la deflexión δ del extremo de una barra hecha de este material si la barra tiene una longitud L, un área A en su sección transversal, y un peso específico γ.

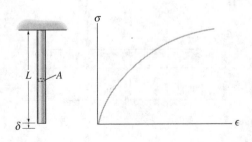

Prob. 4-106

4-107. Resuelva el problema 4-106 si el diagrama esfuerzo-deformación unitaria está definido por $\sigma = c\epsilon^{3/2}$.

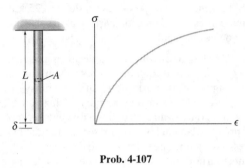

Prob. 4-107

*4-108. La barra con diámetro de 2 pulg está empotrada en sus extremos y soporta la carga axial **P**. Si el material es elástico y perfectamente plástico como se muestra en su diagrama esfuerzo-deformación unitaria, determine la carga P más pequeña necesaria para que fluyan ambos segmentos AC y CB. Determine el desplazamiento permanente del punto C cuando se retira la carga.

4-109. Determine el alargamiento en la barra del problema 4-108 cuando tanto la carga **P** como los soportes son retirados.

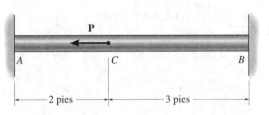

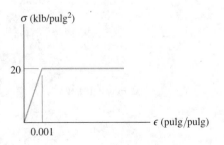

Probs. 4-108/109

REPASO DEL CAPÍTULO

- Cuando se aplica una carga en un punto de un cuerpo, ésta tiende a generar una distribución de esfuerzo dentro del cuerpo que resulta más uniformemente distribuida en regiones alejadas del punto de aplicación. A esto se le llama principio de Saint-Venant.

- El desplazamiento relativo en el extremo de un miembro axialmente cargado respecto al otro extremo se determina con $\delta = \int_0^L \dfrac{P(x)\,dx}{AE}$. Si una serie de fuerzas axiales externas constantes son aplicadas al miembro y AE es también constante, entonces $\delta = \sum \dfrac{PL}{AE}$. En las aplicaciones es necesario usar una convención de signos para la carga interna P y asegurarse que el material no fluye, sino que permanece elástico lineal.

- La superposición de carga y desplazamiento es posible siempre que el material permanece elástico lineal y no ocurren cambios significativos en la geometría.

- Las reacciones en una barra estáticamente indeterminada pueden ser determinadas usando las condiciones de equilibrio y compatibilidad que especifican el desplazamiento en los soportes. Esos desplazamientos son relacionados con las cargas usando las relaciones carga-desplazamiento, es decir, $\delta = PL/AE$.

- Un cambio de temperatura puede ocasionar que un miembro hecho de un material homogéneo isotrópico cambie su longitud en $\delta = \alpha \Delta T L$. Si el miembro está confinado, este alargamiento producirá esfuerzos térmicos en el miembro.

- Los agujeros y las transiciones bruscas en una sección transversal genera concentraciones de esfuerzos. En el diseño, uno obtiene el factor de concentración de esfuerzo K de una gráfica, que ha sido determinada de experimentos. Este valor se multiplica entonces por el esfuerzo promedio para obtener el esfuerzo máximo en la sección transversal, $\sigma_{máx} = K\sigma_{prom}$.

- Si la carga en una barra ocasiona que el material fluya, entonces la distribución de esfuerzo que se produce puede ser determinada de la distribución de la deformación unitaria y del diagrama esfuerzo-deformación unitaria. Para material perfectamente plástico, la fluencia ocasionará que la distribución del esfuerzo en la sección transversal de un agujero o de una transición se empareje y resulte uniforme.

- Si un miembro está restringido y una carga externa causa fluencia, entonces cuando la carga es retirada, se tendrá un esfuerzo residual en el material.

PROBLEMAS DE REPASO

4-110. El remache de acero de 0.25 pulg de diámetro, el cual se encuentra sometido a una temperatura de 1500 °F conecta dos placas de modo que a esta temperatura tiene 2 pulg de longitud y ejerce una fuerza de agarre de 250 lb entre las placas. Determine la fuerza aproximada de agarre entre las placas cuando el remache se enfría a 70 °F. Suponga en el cálculo que las cabezas del remache y las placas son rígidas. Considere $\alpha_{ac} = 8(10^{-6})/°F$, $E_{ac} = 29(10^3)$ klb/pulg². ¿Es el resultado una estimación conservadora de la respuesta correcta? ¿Por qué sí o por qué no?

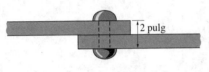

Prob. 4-110

4-111. Determine la fuerza P máxima axial que puede aplicarse a la placa de acero. El esfuerzo permisible es $\sigma_{perm} = 21$ klb/pulg².

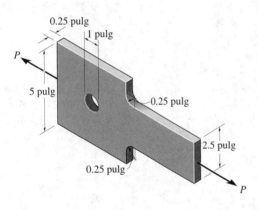

Prob. 4-111

*4-112. Dos tubos de acero A-36, cada uno con un área transversal de 0.32 pulg², están atornillados entre sí usando una unión en B como se muestra. Originalmente el conjunto está ajustado de tal manera que no hay carga sobre los tubos. Si la unión se aprieta de manera que su tornillo, con avance de 0.15 pulg, experimenta dos vueltas completas, determine el esfuerzo normal promedio desarrollado en los tubos. Suponga que la unión en B y los coples en A y C son rígidos. Desprecie el tamaño de la unión. *Nota:* el avance ocasiona que los tubos, *descargados*, se acorten 0.15 pulg cuando la unión gira una vuelta entera.

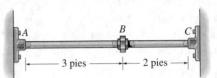

Prob. 4-112

4-113. Una fuerza **P** se aplica a una barra compuesta de un material elástico y perfectamente plástico. Construya una gráfica para mostrar como varía la fuerza en cada sección AB y BC (ordenada) según aumenta P (abscisa). La barra tiene áreas transversales de 1 pulg² en la región AB y de 4 pulg² en región BC y $\sigma_Y = 30$ klb/pulg².

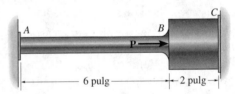

Prob. 4-113

4-114. La barra de aluminio 2014-T6 tiene un diámetro de 0.5 pulg y está ligeramente unida a los soportes rígidos en A y B cuando $T_1 = 70$ °F. Si la temperatura desciende a $T_2 = -10$ °F y se aplica una fuerza axial de $P = 16$ lb al collarín rígido como se muestra, determine las reacciones en A y B.

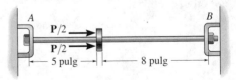

Prob. 4-114

4-115. La barra de aluminio 2014-T6 tiene un diámetro de 0.5 pulg y está ligeramente unida a los soportes rígidos en A y B cuando $T_1 = 70°F$. Determine la fuerza P que debe aplicarse al collarín para que, cuando $T = 0°F$, la reacción en B sea cero.

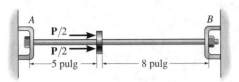

Prob. 4-115

*4-116. El perno de acero tiene un diámetro de 7 mm y está dentro de una camisa de aluminio como se muestra. La camisa tiene un diámetro interior de 8 mm y un diámetro exterior de 10 mm. La tuerca en A está ajustada de manera que apenas apriete contra la camisa. Si la tuerca se aprieta media vuelta, determine la fuerza en el perno y en la camisa. El tornillo de cuerda simple del perno tiene un avance de 1.5 mm. $E_{ac} = 200$ GPa y $E_{al} = 70$ GPa. *Nota:* el avance representa la distancia que la tuerca avanza a lo largo del perno en una vuelta completa de la tuerca.

4-117. El perno de acero tiene un diámetro de 7 mm y está dentro de una camisa de aluminio como se muestra. La camisa tiene un diámetro interior de 8 mm y un diámetro exterior de 10 mm. La tuerca en A está ajustada de manera que apenas si apriete contra la camisa. Determine la cantidad de vueltas que la tuerca en A debe girar para que la fuerza en el perno y en la camisa sea de 12 kN. El tornillo de cuerda simple en el perno tiene un avance de 1.5 mm. $E_{ac} = 200$ GPa, $E_{al} = 70$ GPa. *Nota:* el avance representa la distancia que la tuerca avanza a lo largo del perno en una vuelta completa de la tuerca.

4-118. La estructura consta de dos barras de acero A-36, AC y BD, unidas a la viga rígida AB con peso de 100 lb. Determine la posición x para la carga de 300 lb de modo que la viga permanezca en posición horizontal antes y después de aplicar la carga. Cada barra tiene un diámetro de 0.5 pulg.

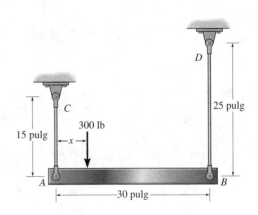

Prob. 4-118

4-119. Una junta está hecha de tres placas de acero A-36 que están soldadas entre sí. Determine el desplazamiento del extremo A con respecto al extremo B cuando la junta está sometida a las cargas axiales que se indican. Cada placa tiene un espesor de 5 mm.

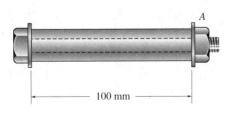

Probs. 4-116/117

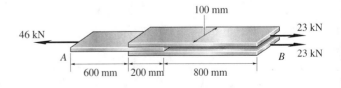

Prob. 4-119

Los esfuerzos de torsión desarrollados en la flecha impulsora de este ventilador
dependen del rendimiento del motor.

Torsión

En este capítulo estudiaremos los efectos al aplicar una carga torsional a un miembro recto y largo, por ejemplo, una flecha o un tubo. Inicialmente consideraremos que el miembro tiene una sección transversal circular. Mostraremos cómo determinar la distribución del esfuerzo dentro del miembro y el ángulo de torsión cuando el material se comporta de manera elástico-lineal y también cuando el comportamiento es inelástico. Se verá el análisis de flechas y tubos estáticamente indeterminados, y temas especiales como el de los miembros con secciones transversales no circulares. Finalmente, se dará una consideración particular a la concentración de esfuerzos y a los esfuerzos residuales causados por cargas torsionales.

5.1 Deformaciones por torsión de una flecha circular

Un *par de torsión* es un momento que tiende a hacer girar a un miembro con respecto a su eje longitudinal. Su efecto es de interés primordial en el diseño de ejes o flechas de impulsión usadas en vehículos y en maquinaria. Podemos ilustrar físicamente lo que sucede cuando un par de torsión se aplica a una flecha circular considerando que la flecha está hecha de un material altamente deformable tal como el hule, figura 5-1*a*. Cuando se aplica el par, los círculos y líneas de rejillas longitudinales originalmente marcados sobre la flecha tienden a distorsionarse para formar el patrón mostrado en la figura 5-1*b*. Por inspección, la torsión hace que los círculos *permanezcan como círculos* y que cada línea de rejilla longitudinal se deforme convirtiéndose en una hélice que interseca a los círculos según ángulos iguales. También las secciones transversales en los *extremos* de la flecha permanecen *planas*, esto es, no se alabean o comban hacia adentro ni hacia afuera, y las líneas radiales en estos extremos *permanecen rectas* durante la deformación, figura 5-1*b*. A partir de estas observaciones podemos suponer que si el ángulo de rotación es *pequeño*, la *longitud* y el *radio de la flecha* permanecerán *sin alteración*.

Antes de la deformación
(a)

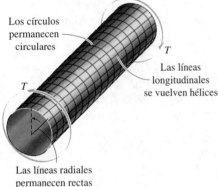

Los círculos
permanecen
circulares

T

T

Las líneas
longitudinales
se vuelven hélices

Las líneas radiales
permanecen rectas

Después de la deformación
(b)

Fig. 5-1

Así pues, si la flecha está fija en un extremo como se muestra en la figura 5-2 y se aplica un par de torsión en su otro extremo, el plano sombreado se distorsionará en una forma oblicua como se muestra. Aquí se ve que una línea radial ubicada en la sección transversal a una distancia x del extremo fijo de la flecha girará un ángulo $\phi(x)$. El ángulo $\phi(x)$, así definido, se llama *ángulo de torsión*. Depende de la posición de x y variará a lo largo de la flecha, como se muestra.

Para entender cómo esta distorsión deforma el material, aislaremos ahora un elemento pequeño situado a una distancia radial ρ (rho) del eje de la flecha, figura 5-3. Debido a la deformación, figura 5-2, las caras frontal y posterior del elemento sufrirán una rotación. La que está en x gira $\phi(x)$, y la que está en $x + \Delta x$ gira $\phi(x) + \Delta\phi$. Como resultado, la *diferencia* de estas rotaciones, $\Delta\phi$, ocasiona que el elemento quede sometido a una *deformación unitaria cortante*. Para calcular esta deformación unitaria, observe que antes de la deformación el ángulo entre los bordes AC y AB es de 90°; sin embargo, después de la deformación, los bordes del elemento son AD y AC y el ángulo entre ellos es θ'. De la definición de deformación unitaria cortante, ecuación 2-4, tenemos:

$$\gamma = \frac{\pi}{2} - \lim_{\substack{C \to A \text{ a lo largo de } CA \\ B \to A \text{ a lo largo de } BA}} \theta'$$

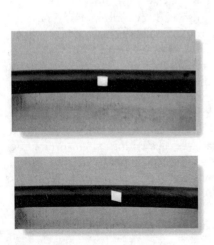

Note la deformación del elemento rectangular cuando esta barra de hule es sometida a un par de torsión.

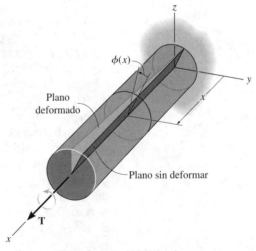

El ángulo de torsión $\phi(x)$ se incrementa
conforme x aumenta.

Fig. 5-2

Este ángulo, γ, está indicado sobre el elemento. Puede relacionarse con la longitud Δx del elemento y con la diferencia en el ángulo de rotación, $\Delta\phi$, entre las caras sombreadas. Si $\Delta x \to dx$ y $\Delta\phi \to d\phi$, tenemos entonces:

$$BD = \rho\,d\phi = dx\,\gamma$$

Por tanto,

$$\gamma = \rho\frac{d\phi}{dx} \qquad (5\text{-}1)$$

Puesto que dx y $d\phi$ son *iguales* para *todos los elementos* situados en puntos dentro de la sección transversal en x, entonces $d\phi/dx$ es constante y la ecuación 5-1 establece que la magnitud de la deformación unitaria cortante para cualquiera de estos elementos varía sólo con su distancia radial ρ desde el eje de la flecha. En otras palabras, la deformación unitaria cortante dentro de la flecha varía linealmente a lo largo de cualquier línea radial, desde cero en el eje de la flecha hasta un máximo $\gamma_{\text{máx}}$ en su periferia, figura 5-4. Como $d\phi/dx = \gamma/\rho = \gamma_{\text{máx}}/c$, entonces:

$$\gamma = \left(\frac{\rho}{c}\right)\gamma_{\text{máx}}$$

Los resultados obtenidos aquí son también válidos para tubos circulares. Dependen sólo de las hipótesis con respecto a las deformaciones mencionadas arriba.

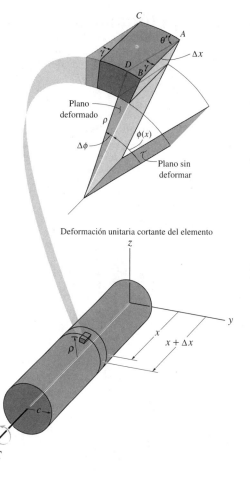

Deformación unitaria cortante del elemento

Fig. 5-3

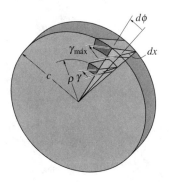

La deformación unitaria cortante del material crece linealmente con ρ, o sea,
$$\gamma = (\rho/c)\gamma_{\text{máx}}$$

Fig. 5-4

5.2 La fórmula de la torsión

Si una flecha está sometida a un par de torsión externo, entonces, por equilibrio, debe también desarrollarse un par de torsión interno en la flecha. En esta sección desarrollaremos una ecuación que relacione la distribución del esfuerzo cortante con el par de torsión interno resultante en la sección de una flecha o de un tubo circular.

Si el material es elástico lineal, entonces es aplicable la ley de Hooke, $\tau = G\gamma$ y, en consecuencia, una *variación lineal de la deformación unitaria cortante*, como dijimos en la sección anterior, conduce a una variación lineal en el esfuerzo cortante correspondiente a lo largo de cualquier línea radial en la sección transversal. Por tanto, al igual que la variación de la deformación unitaria cortante en una flecha sólida, τ variará desde cero en el eje longitudinal de la flecha hasta un valor máximo, $\tau_{\text{máx}}$, en su periferia. Esta variación se muestra en la figura 5-5 sobre las caras frontales de un número selecto de elementos situados en una posición radial intermedia ρ y en el radio exterior c. Debido a la proporcionalidad de los triángulos, o bien usando la ley de Hooke ($\tau = G\gamma$) y la ecuación 5-2 $[\gamma = (\rho/c)\gamma_{\text{máx}}]$, podemos escribir que:

$$\tau = \left(\frac{\rho}{c}\right)\tau_{\text{máx}} \tag{5-3}$$

Esta ecuación expresa la distribución del esfuerzo cortante como una *función* de la posición radial ρ del elemento; en otras palabras, define la distribución del esfuerzo en términos de la geometría de la flecha. Usándola, aplicaremos ahora la condición que requiere que el par de torsión producido por la distribución del esfuerzo sobre toda la sección transversal sea equivalente al par de torsión interno T en la sección, lo cual mantiene a la flecha en equilibrio, figura 5-5. Específicamente, cada elemento

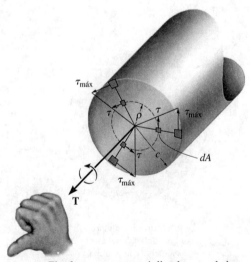

El esfuerzo cortante varía linealmente a lo largo
de toda línea radial de la sección transversal

Fig. 5-5

de área dA, situado en ρ, está sometido a una fuerza $dF = \tau \, dA$. El par de torsión producido por esta fuerza es $dT = \rho(\tau \, dA)$. Por tanto, para la sección transversal entera:

$$T = \int_A \rho(\tau \, dA) = \int_A \rho\left(\frac{\rho}{c}\right)\tau_{\text{máx}} \, dA \qquad (5\text{-}4)$$

Puesto que $\tau_{\text{máx}}/c$ es constante,

$$T = \frac{\tau_{\text{máx}}}{c} \int_A \rho^2 \, dA \qquad (5\text{-}5)$$

La integral en esta ecuación depende sólo de la geometría de la flecha. Representa el ***momento polar de inercia*** del área de la sección transversal de la flecha calculado con respecto al eje longitudinal de la flecha. Simbolizaremos este valor como J, y por tanto la ecuación anterior puede escribirse en la forma más compacta,

$$\boxed{\tau_{\text{máx}} = \frac{Tc}{J}} \qquad (5\text{-}6)$$

donde,

$\tau_{\text{máx}}$ = esfuerzo cortante máximo en la flecha, el cual ocurre en la superficie exterior

T = par de torsión interno resultante que actúa en la sección transversal. Este valor se determina por el método de secciones y la ecuación de equilibrio de momentos con respecto al eje longitudinal de la flecha.

J = momento polar de inercia del área de la sección transversal

c = radio exterior de la flecha

Usando las ecuaciones 5-3 y 5-6, el esfuerzo cortante en la distancia intermedia ρ puede ser determinado a partir de una ecuación similar:

$$\boxed{\tau = \frac{T\rho}{J}} \qquad (5\text{-}7)$$

Cualquiera de las dos ecuaciones anteriores suele llamarse ***fórmula de la torsión***. Recordemos que se usa solamente cuando la flecha es circular y el material es homogéneo y se comporta de manera elástico-lineal, puesto que su obtención esta basada en el hecho de que el esfuerzo cortante es proporcional a la deformación unitaria cortante.

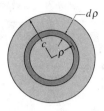

Fig. 5-6

Flecha sólida.   Si la flecha tiene una sección transversal circular sólida, el momento polar de inercia J puede determinarse usando un elemento de área en forma de *anillo diferencial* o corona circular que tenga un espesor $d\rho$ y una circunferencia $2\pi\rho$, figura 5-6. Para este anillo, $dA = 2\pi\rho\, d\rho$, de modo que:

$$J = \int_A \rho^2\, dA = \int_0^c \rho^2(2\pi\rho\, d\rho) = 2\pi \int_0^c \rho^3\, d\rho = 2\pi\left(\frac{1}{4}\right)\rho^4 \Big|_0^c$$

$$\boxed{J = \frac{\pi}{2}c^4}$$

(5-8)

Advierta que J es una *propiedad geométrica* del área circular y es siempre positiva. Las unidades comunes usadas para ella son mm^4 o $pulg^4$.

Hemos mostrado que el esfuerzo cortante varía linealmente a lo largo de toda línea radial de la sección transversal de la flecha. Sin embargo, si un elemento de volumen de material sobre la sección transversal es aislado, entonces debido a la propiedad complementaria del cortante, esfuerzos cortantes iguales deben también actuar sobre cuatro de sus caras adyacentes como se muestra en la figura 5-7a. Por consiguiente, *no sólo el par interno de torsión T desarrolla una distribución lineal del esfuerzo cortante a lo largo de toda línea radial en el plano de la sección transversal, sino también una distribución asociada del esfuerzo cortante a lo largo de un plano axial*, figura 5-7b. Es interesante observar que, a causa de esta distribución axial de esfuerzo cortante, las flechas hechas de madera tienden a *rajarse* a lo largo del plano axial cuando se las somete a un par de torsión excesivo, figura 5-8. Esto sucede debido a que la madera es un material anisotrópico. Su resistencia al corte paralelo a sus fibras o granos, dirigida a lo largo del eje de la flecha, es mucho menor que su resistencia perpendicular a las fibras, dirigida en el plano de la sección transversal.

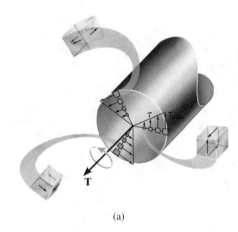

(a)

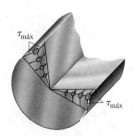

El esfuerzo cortante varía linealmente a lo largo de toda línea radial de la sección transversal.
(b)

Fig. 5-7

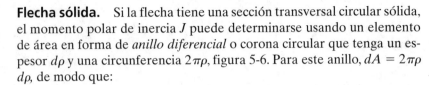

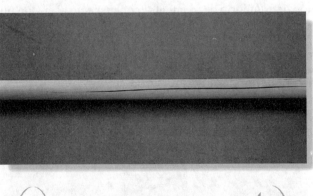

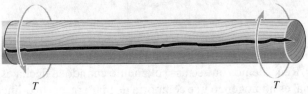

Falla de una flecha de madera por torsión.

Fig. 5-8

Flecha tubular. Si una flecha tiene una sección transversal tubular, con un radio interior c_i y un radio exterior c_o, entonces, según la ecuación 5-8, podremos determinar su momento polar de inercia restando J para una flecha de radio c_i del calculado para una flecha de radio c_o. El resultado es:

$$J = \frac{\pi}{2}(c_o^4 - c_i^4) \qquad (5\text{-}9)$$

Esta flecha motriz de un camión fue sometida a una sobrecarga lo que condujo a una falla causada por fluencia del material.

Al igual que en la flecha sólida, el esfuerzo cortante distribuido en el área de la sección transversal del tubo varía linealmente a lo largo de cualquier línea radial, figura 5-9a. Además, el esfuerzo cortante varía a lo largo de un plano axial de igual manera, figura 5-9b. En la figura 5-9a se muestran ejemplos del esfuerzo cortante actuando sobre elementos de volumen típicos.

Esfuerzo torsional máximo absoluto. En cualquier sección transversal dada de la flecha, el esfuerzo cortante máximo se presenta en la superficie exterior. Sin embargo, si la flecha está sometida a una serie de pares externos o el radio (momento polar de inercia) varía, el esfuerzo torsional máximo en la flecha podría entonces ser diferente de una sección a la siguiente. Si se va a determinar el esfuerzo torsional máximo absoluto, resulta importante encontrar la posición en que la razón Tc/J es máxima. Para esto puede ser de ayuda mostrar la variación del par interno T en cada sección a lo largo del eje de la flecha por medio de un ***diagrama de momento torsionante***. Específicamente, este diagrama es una grafica del par interno T *versus* su posición x a lo largo de la longitud de la flecha. De acuerdo con una convención de signos, T será positivo si de acuerdo con la regla de la mano derecha, el pulgar está dirigido hacia afuera de la flecha cuando los dedos se curvan en la dirección del giro causado por el par, figura 5-5. Una vez que se ha determinado el par interno en toda la flecha, puede identificarse entonces la razón máxima Tc/J.

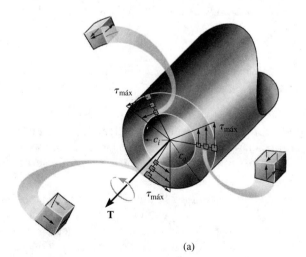

(a)

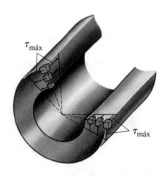

El esfuerzo cortante varía linealmente a lo largo de toda línea radial de la sección transversal.

(b)

Fig. 5-9

PUNTOS IMPORTANTES

- Cuando una flecha con *sección transversal circular* está sometida a un par de torsión, la sección transversal *permanece plana* mientras que las líneas radiales giran. Esto ocasiona una *deformación unitaria cortante* dentro del material que *varía linealmente* a lo largo de cualquier línea radial, de cero en el eje de la flecha a un máximo en su borde exterior.

- Para un material homogéneo elástico lineal, debido a la ley de Hooke, el *esfuerzo cortante* a lo largo de cualquier línea radial de la flecha también *varía linealmente*, de cero en su eje a un máximo en su borde exterior. Este esfuerzo cortante máximo *no debe* exceder el límite proporcional.

- Debido a la propiedad complementaria del cortante, la distribución lineal del esfuerzo cortante dentro del plano de la sección transversal está también distribuido a lo largo de un plano axial adyacente de la flecha.

- La fórmula de la torsión se basa en el requisito de que el par resultante sobre la sección transversal es igual al par producido por la distribución lineal del esfuerzo cortante respecto al eje longitudinal de la flecha. Es necesario que la flecha o tubo tenga una sección transversal *circular* y que esté hecho de material *homogéneo* con comportamiento *elástico lineal*.

PROCEDIMIENTO DE ANÁLISIS

La fórmula de la torsión puede aplicarse usando el siguiente procedimiento.

Carga interna.

- Seccione la flecha perpendicularmente a su eje en el punto en que el esfuerzo cortante debe determinarse y use el diagrama de cuerpo libre necesario y las ecuaciones de equilibrio para obtener el par interno en la sección.

Propiedades de la sección.

- Calcule el momento polar de inercia de la sección transversal. Para una sección sólida de radio c, $J = \pi c^4/2$ y para un tubo de radio exterior c_o y radio interior c_i, $J = \pi(c_o^4 - c_i^4)/2$.

Esfuerzo cortante.

- Especifique la distancia radial ρ medida desde el centro de la sección transversal al punto en que se va a calcular el esfuerzo cortante. Aplique luego la formula de la torsión $\tau = T\rho/J$, o si el esfuerzo cortante máximo se va a determinar usando $\tau_{\text{máx}} = Tc/J$. Al sustituir los datos numéricos, asegúrese de usar un conjunto consistente de unidades.

- El esfuerzo cortante actúa sobre la sección transversal en un sentido siempre perpendicular a ρ. La fuerza que genera debe contribuir a formar el par de torsión respecto al eje de la flecha que tiene el *mismo sentido* que el par resultante interno **T** que actúa sobre la sección. Una vez establecido este sentido, puede aislarse un elemento de volumen del material, localizado donde se determina τ, y pueden entonces mostrarse sobre las tres caras restantes del elemento el sentido en que actúa τ.

La distribución del esfuerzo en una flecha sólida ha sido graficada a lo largo de tres líneas radiales como se muestra en la figura 5-10a. Determine el momento de torsión interno resultante en la sección.

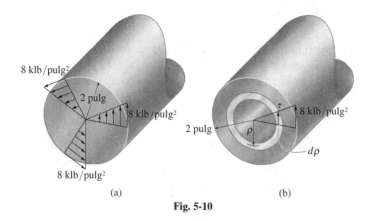

(a)   (b)

Fig. 5-10

Solución I

El momento polar de inercia de la sección transversal es:

$$J = \frac{\pi}{2}(2 \text{ pulg})^4 = 25.13 \text{ pulg}^4$$

Aplicando la fórmula de la torsión con $\tau_{\text{máx}} = 8 \text{ klb/pulg}^2$, figura 5-10a, tenemos:

$$\tau_{\text{máx}} = \frac{Tc}{J}; \qquad 8 \text{ klb/pulg}^2 = \frac{T(2 \text{ pulg})}{(25.13 \text{ pulg}^4)}$$

$$T = 101 \text{ klb} \cdot \text{pulg} \qquad \textit{Resp.}$$

Solución II

El mismo resultado puede obtenerse encontrando el momento de torsión producido por la distribución del esfuerzo respecto al eje centroidal de la flecha. Primero debemos expresar $\tau = f(\rho)$. Por triángulos semejantes, tenemos:

$$\frac{\tau}{\rho} = \frac{8 \text{ klb/pulg}^2}{2 \text{ pulg}}$$

$$\tau = 4\rho$$

Este esfuerzo actúa en todas las porciones del elemento anular diferencial que tiene un área $dA = 2\pi\rho\, d\rho$. Como la fuerza generada por τ es $dF = \tau\, dA$, el momento de torsión es:

$$dT = \rho\, dF = \rho(\tau\, dA) = \rho(4\rho)2\pi\rho\, d\rho = 8\pi\rho^3\, d\rho$$

Para el área entera en que actúa τ, se requiere:

$$T = \int_0^2 8\pi\rho^3\, d\rho = 8\pi\left(\frac{1}{4}\rho^4\right)\bigg|_0^2 = 101 \text{ klb} \cdot \text{pulg} \qquad \textit{Resp.}$$

E J E M P L O 5.2

(a)

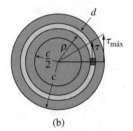

(b)

Fig. 5-11

La flecha *sólida* de radio c está sometida al momento de torsión **T**, figura 5-11a. Determine la fracción de **T** que resiste el material contenido dentro de la región exterior de la flecha, que tiene un radio interior de $c/2$ y radio exterior c.

Solución

El esfuerzo en la flecha varía linealmente, de modo que $\tau = (\rho/c)\tau_{\text{máx}}$, ecuación 5-3. Por tanto, el momento de torsión dT' sobre el área anular localizada en la región de sombreado ligero, figura 5-11b, es:

$$dT' = \rho(\tau\, dA) = \rho(\rho/c)\tau_{\text{máx}}(2\pi\rho\, d\rho)$$

Para toda el área de sombreado ligero, el momento de torsión es:

$$T' = \frac{2\pi\tau_{\text{máx}}}{c}\int_{c/2}^{c}\rho^3\, d\rho$$

$$= \frac{2\pi\tau_{\text{máx}}}{c}\frac{1}{4}\rho^4\Big|_{c/2}^{c}$$

Es decir,

$$T' = \frac{15\pi}{32}\tau_{\text{máx}}c^3 \tag{1}$$

Este momento de torsión T' puede expresarse en términos del momento de torsión aplicado T usando primero la fórmula de la torsión para determinar el esfuerzo máximo en la flecha. Tenemos:

$$\tau_{\text{máx}} = \frac{Tc}{J} = \frac{Tc}{(\pi/2)c^4}$$

o

$$\tau_{\text{máx}} = \frac{2T}{\pi c^3}$$

Sustituyendo este valor en la ecuación 1 obtenemos:

$$T' = \frac{15}{16}T \qquad\qquad Resp.$$

Aproximadamente el 94% del momento torsionante es resistido aquí por la región de sombreado más claro y el restante 6% de T (o $\frac{1}{16}$) es resistido por el "núcleo" interior de la flecha, $\rho = 0$ a $\rho = c/2$. En consecuencia, el material localizado en la *región exterior* de la flecha es altamente efectivo para resistir el momento de torsión, lo que justifica el uso de flechas tubulares como un medio eficiente para transmitir momentos con el consiguiente ahorro de material.

E J E M P L O   **5.3**

La flecha mostrada en la figura 5-12*a* está soportada por dos cojinetes y está sometida a tres pares de torsión. Determine el esfuerzo cortante desarrollado en los puntos *A* y *B*, localizados en la sección *a-a* de la flecha, figura 5-12*b*.

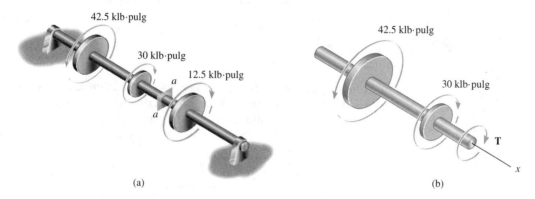

(a)   (b)

Fig. 5-12

Solución

Par de torsión interno.   Las reacciones en los cojinetes de la flecha son cero, siempre que se desprecie el peso de ésta. Además, los pares aplicados satisfacen el equilibrio por momento respecto al eje de la flecha.

El par de torsión interno en la sección *a-a* lo determinamos con ayuda del diagrama de cuerpo libre del segmento izquierdo, figura 5-12*b*. Tenemos,

$\Sigma M_x = 0$; $42.5 \text{ klb} \cdot \text{pulg} - 30 \text{ klb} \cdot \text{pulg} - T = 0$ $T = 12.5 \text{ klb} \cdot \text{pulg}$

Propiedades de la sección.   El momento polar de inercia de la flecha es:

$$J = \frac{\pi}{2}(0.75 \text{ pulg})^4 = 0.497 \text{ pulg}^4$$

Esfuerzo cortante.   Como el punto *A* está en $\rho = c = 0.75$ pulg,

$$\tau_A = \frac{Tc}{J} = \frac{(12.5 \text{ klb} \cdot \text{pulg})(0.75 \text{ pulg})}{(0.497 \text{ pulg}^4)} = 18.9 \text{ klb/pulg}^2$$

Igualmente, para el punto *B*, en $\rho = 0.15$ pulg, tenemos:

$$\tau_B = \frac{T\rho}{J} = \frac{(12.5 \text{ klb} \cdot \text{pulg})(0.15 \text{ pulg})}{(0.497 \text{ pulg}^4)} = 3.77 \text{ klb/pulg}^2 \quad \textit{Resp.}$$

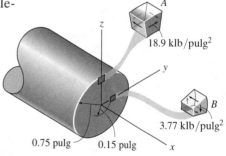

(c)

Las direcciones de esos esfuerzos sobre cada elemento en *A* y *B*, figura 5-12*c*, se determinan con base en la dirección del par resultante interno **T** mostrado en la figura 5-12*b*. Observe cuidadosamente cómo actúa el esfuerzo cortante sobre los planos de cada uno de esos elementos.

E J E M P L O 5.4

El tubo mostrado en la figura 5-13a tiene un diámetro interior de 80 mm y un diámetro exterior de 100 mm. Si su extremo se aprieta contra el soporte en A usando una llave de torsión en B, determine el esfuerzo cortante desarrollado en el material en las paredes interna y externa a lo largo de la porción central del tubo cuando se aplican las fuerzas de 80 N a la llave.

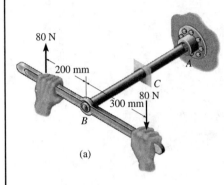

(a)

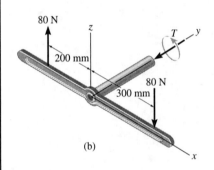

(b)

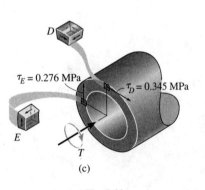

Fig. 5-11

Solución

Par de torsión interno. Se toma una sección en una posición C intermedia a lo largo del eje del tubo, figura 5-13b. La única incógnita en la sección es el par de torsión interno **T**. El equilibrio por fuerza y momento respecto a los ejes x y z se satisface. Se requiere:

$$\Sigma M_y = 0; \qquad 80 \text{ N}(0.3 \text{ m}) + 80 \text{ N}(0.2 \text{ m}) - T = 0$$
$$T = 40 \text{ N} \cdot \text{m}$$

Propiedades de la sección. El momento polar de inercia de la sección transversal del tubo es:

$$J = \frac{\pi}{2}[(0.05 \text{ m})^4 - (0.04 \text{ m})^4] = 5.80(10^{-6}) \text{ m}^4$$

Esfuerzo cortante. Para cualquier punto sobre la superficie exterior del tubo, $\rho = c_o = 0.05$ m, tenemos

$$\tau_o = \frac{Tc_o}{J} = \frac{40 \text{ N} \cdot \text{m}(0.05 \text{ m})}{5.80(10^{-6}) \text{ m}^4} = 0.345 \text{ MPa} \qquad Resp.$$

Para cualquier punto sobre la superficie interior, $\rho = c_i = 0.04$ m, por lo que:

$$\tau_i = \frac{Tc_i}{J} = \frac{40 \text{ N} \cdot \text{m}(0.04 \text{ m})}{5.80(10^{-6}) \text{ m}^4} = 0.276 \text{ MPa} \qquad Resp.$$

Para mostrar cómo esos esfuerzos actúan en puntos representativos D y E de la sección transversal, veremos primero la sección transversal desde el frente del segmento CA del tubo, figura 5-13a. Sobre esta sección, figura 5-13c, el par de torsión interno resultante es igual pero opuesto al mostrado en la figura 5-13b. Los esfuerzos cortantes en D y E contribuyen a generar este par y actúan por tanto sobre las caras sombreadas de los elementos en las direcciones mostradas. En consecuencia advierta cómo las componentes del esfuerzo cortante actúan sobre las otras tres caras. Además, como la cara superior de D y la cara inferior de E están sobre regiones libres de esfuerzo, es decir, sobre las paredes exterior e interior del tubo, no puede existir ningún esfuerzo cortante sobre esas caras o sobre las otras caras correspondientes del elemento.

5.3   Transmisión de potencia

Las flechas y los tubos que tienen secciones transversales circulares se usan a menudo para transmitir la potencia desarrollada por una máquina. Cuando se usan para este fin, quedan sometidos a pares de torsión que dependen de la potencia generada por la máquina y de la velocidad angular de la flecha. La *potencia* se define como el trabajo efectuado por unidad de tiempo. El trabajo transmitido por una flecha en rotación es igual al par de torsión aplicado por el ángulo de rotación. Por tanto, si durante un instante de tiempo dt un par de torsión aplicado **T** ocasiona que la flecha gire un ángulo $d\theta$, entonces la potencia instantánea es:

$$P = \frac{T\,d\theta}{dt}$$

La flecha impulsora de esta máquina cortadora debe ser diseñada para satisfacer los requisitos de potencia de su motor.

Puesto que la velocidad angular es $\omega = d\theta/dt$, podemos también expresar la potencia como:

$$\boxed{P = T\omega} \tag{5-10}$$

En el sistema SI, la potencia se expresa en *watts* cuando el par de torsión se mide en newton-metro (N · m) y ω se expresa en radianes por segundo (rad/s) (1 W = 1 N· m/s). En el sistema pie-libra-segundo o sistema FPS, las unidades básicas de la potencia son pie-libra por segundo (pie · lb/s); sin embargo, en la práctica se usa más a menudo el caballo de potencia (hp), en donde:

$$1 \text{ hp} = 550 \text{ pies} \cdot \text{libra/s}$$

Para la maquinaria, a menudo se reporta la *frecuencia, f,* de rotación de la flecha. Ésta es una medida del número de revoluciones o ciclos de la flecha por segundo y se expresa en hertz (1 Hz = 1 ciclo/s). Puesto que 1 ciclo = 2π rad, entonces $\omega = 2\pi f$ y la ecuación anterior para la potencia resulta

$$\boxed{P = 2\pi f T} \tag{5-11}$$

Diseño de una flecha.   Cuando la potencia transmitida por una flecha y su frecuencia se conocen, el par de torsión desarrollado en la flecha puede determinarse con la ecuación 5-11, esto es, $T = P/2\pi f$. Conociendo T y el esfuerzo cortante permisible para el material, τ_{perm}, podemos determinar el tamaño de la sección transversal de la flecha usando la fórmula de la torsión, siempre que el comportamiento del material sea elástico-lineal. Específicamente, el parámetro geométrico o de diseño J/c es:

$$\frac{J}{c} = \frac{T}{\tau_{\text{perm}}} \tag{5-12}$$

Para una *flecha sólida*, $J = (\pi/2)c^4$, y entonces, al sustituir, puede determinarse un *valor único* para el radio c de la flecha. Si la flecha es *tubular*, de modo que $J = (\pi/2)(c_o^4 - c_i^4)$, el diseño permite una amplia variedad de posibilidades para la solución: puede hacerse una *selección arbitraria*, ya sea para c_o o para c_i, y el otro radio se determina con la ecuación 5-12.

E J E M P L O   5.5

La flecha sólida AB de acero mostrada en la figura 5-14 va a usarse para transmitir 5 hp del motor M al que está unida. Si la flecha gira a $\omega = 175$ rpm y el acero tiene un esfuerzo permisible de $\tau_{perm} = 14.5$ klb/pulg², determine el diámetro requerido para la flecha al $\frac{1}{8}$ pulg más cercano.

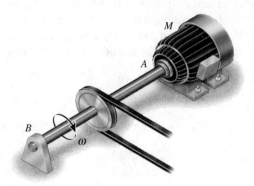

Fig. 5-14

Solución
El par de torsión sobre la flecha se determina con la ecuación 5-10, es decir, $P = T\omega$. Si expresamos P en pies-libras por segundo y ω en radianes/segundo, tenemos

$$P = 5 \text{ hp}\left(\frac{550 \text{ pies} \cdot \text{lb/s}}{1 \text{ hp}}\right) = 2750 \text{ pies} \cdot \text{lb/s}$$

$$\omega = \frac{175 \text{ rev}}{\text{min}}\left(\frac{2\pi \text{ rad}}{1 \text{ rev}}\right)\left(\frac{1 \text{ min}}{60 \text{ s}}\right) = 18.33 \text{ rad/s}$$

Así,

$$P = T\omega; \qquad 2750 \text{ pies} \cdot \text{lb/s} = T(18.33 \text{ rad/s})$$
$$T = 150.1 \text{ pies} \cdot \text{lb}$$

Si aplicamos la ecuación 5-12, obtenemos:

$$\frac{J}{c} = \frac{\pi}{2}\frac{c^4}{c} = \frac{T}{\tau_{perm}}$$

$$c = \left(\frac{2T}{\pi\tau_{perm}}\right)^{1/3} = \left(\frac{2(150.1 \text{ pies} \cdot \text{lb})(12 \text{ pulg/pie})}{\pi(14\,500 \text{ lb/pulg}^2)}\right)^{1/3}$$

$$c = 0.429 \text{ pulg}$$

Como $2c = 0.858$ pulg, seleccionamos una flecha con diámetro de

$$d = \frac{7}{8} \text{ pulg} = 0.875 \text{ pulg} \qquad \textit{Resp.}$$

E J E M P L O 5.6

Una flecha tubular con diámetro interior de 30 mm y un diámetro exterior de 42 mm, va a usarse para transmitir 90 kW de potencia. Determine la frecuencia de rotación de la flecha para que el esfuerzo cortante no pase de 50 MPa.

Solución

El momento de torsión máximo que puede aplicarse a la flecha se determina con la fórmula de la torsión.

$$\tau_{máx} = \frac{Tc}{J}$$

$$50(10^6) \text{ N/m}^2 = \frac{T(0.021 \text{ m})}{(\pi/2)[(0.021 \text{ m})^4 - (0.015 \text{ m})^4]}$$

$$T = 538 \text{ N} \cdot \text{m}$$

Aplicando la ecuación 5-11, la frecuencia de rotación es:

$$P = 2\pi f T$$

$$90(10^3) \text{ N} \cdot \text{m/s} = 2\pi f (538 \text{ N} \cdot \text{m})$$

$$f = 26.6 \text{ Hz} \qquad\qquad Resp.$$

PROBLEMAS

5-1. Un tubo está sometido a un par de torsión de 600 N·m. Determine la porción de este par que es resistida por la sección sombreada. Resuelva el problema de dos maneras: (a) usando la fórmula de la torsión; (b) determinando la resultante de la distribución del esfuerzo cortante.

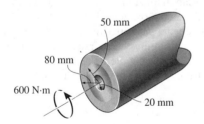

Prob. 5-1

5-2. Una flecha sólida de radio r está sometida a un par de torsión $\mathbf{T}$. Determine el radio r' del núcleo de la flecha que resista una mitad del par aplicado ($T/2$). Resuelva el problema de dos modos: (a) usando la fórmula de la torsión; (b) determinando la resultante de la distribución del esfuerzo cortante.

5-3. Una flecha sólida de radio r está sometida a un par de torsión $\mathbf{T}$. Determine el radio r' del núcleo de la flecha que resista una cuarta parte del par de torsión aplicado ($T/4$). Resuelva el problema de dos modos: (a) usando la fórmula de la torsión; (b) determinando la resultante de la distribución del esfuerzo cortante.

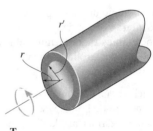

T

Probs. 5-2/3

*5-4. El tubo de cobre tiene un diámetro exterior de 40 mm y un diámetro interior de 37 mm. Si está firmemente afianzado a la pared en A y se le aplican tres pares de torsión como se muestra en la figura, determine el esfuerzo cortante máximo desarrollado en el tubo.

Prob. 5-4

5-5. Un tubo de cobre tiene un diámetro exterior de 2.50 pulg y un diámetro interior de 2.30 pulg. Si está firmemente afianzado a la pared en *C* y se le aplican tres pares de torsión como se muestra en la figura, determine el esfuerzo cortante desarrollado en los puntos *A* y *B*. Estos puntos están situados sobre los elementos de volumen localizados en *A* y en *B*.

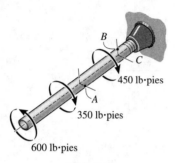

Prob. 5-5

5-6. Una flecha sólida de 1.25 pulg de diámetro se usa para transmitir los pares de torsión aplicados a los engranes como se muestra en la figura. Si está soportada por cojinetes lisos en *A* y *B*, los cuales no resisten ningún par, determine el esfuerzo cortante desarrollado en los puntos *C* y *D* de la flecha. Indique el esfuerzo cortante sobre los elementos de volumen localizados en estos puntos.

5-7. La flecha tiene un diámetro exterior de 1.25 pulg y un diámetro interior de 1 pulg. Si se somete a los pares aplicados como se muestra, determine el esfuerzo cortante máximo absoluto desarrollado en la flecha. Los cojinetes lisos en *A* y *B* no resisten pares.

*5-8. La flecha tiene un diámetro exterior de 1.25 pulg y un diámetro interior de 1 pulg. Si se somete a los pares aplicados como se muestra, trace la distribución del esfuerzo cortante que actúa a lo largo de una línea radial en la región *EA* de la flecha. Los cojinetes lisos en *A* y *B* no resisten pares.

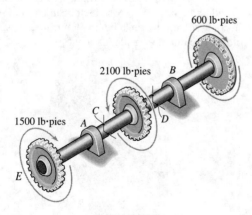

Probs. 5-6/7/8

5-9. Un conjunto consiste en dos secciones de tubo de acero galvanizado conectadas entre sí por medio de un cople reductor situado en *B*. El tubo más pequeño tiene un diámetro exterior de 0.75 pulg y un diámetro interior de 0.68 pulg, mientras que el tubo más grande tiene un diámetro exterior de 1 pulg y un diámetro interior de 0.86 pulg. Si el tubo está fijo a la pared en *C*, determine el esfuerzo cortante máximo desarrollado en cada sección del tubo cuando el par mostrado se aplica a las empuñaduras de la llave.

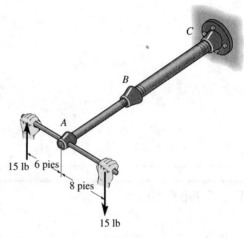

Prob. 5-9

5-10. El eslabón funciona como parte del control de elevación de un pequeño avión. Si el tubo de aluminio unido al eslabón tiene un diámetro interno de 25 mm y un espesor de 5 mm, determine el esfuerzo cortante máximo en el tubo cuando se aplica la fuerza de 600 N a los cables. Esboce la distribución del esfuerzo cortante sobre toda la sección.

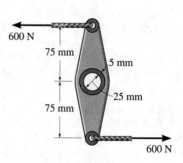

Prob. 5-10

5-11. La flecha consiste en tres tubos concéntricos, cada uno hecho del mismo material y con los radios interno y externo mostrados. Si se aplica un par de torsión $T = 800$ N·m al disco rígido fijo en su extremo, determine el esfuerzo cortante máximo en la flecha.

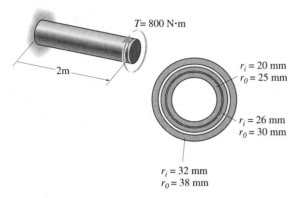

Prob. 5-11

*5-12. La flecha sólida está empotrada en C y está sometida a los pares de torsión mostrados. Determine el esfuerzo cortante en los puntos A y B e indique el esfuerzo cortante sobre elementos de volumen localizados en esos puntos.

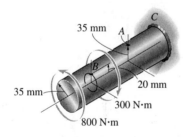

Prob. 5-12

5-13. Un tubo de acero con diámetro exterior de 2.5 pulg se usa para transmitir 350 hp de potencia al girar a 27 rpm. Determine el diámetro interior d del tubo al $\frac{1}{8}$ pulg más cercano si el esfuerzo cortante permisible es $\tau_{\text{perm}} = 10$ klb/pulg^2.

Prob. 5-13

5-14. La flecha sólida tiene un diámetro de 0.75 pulg. Si está sometida a los pares mostrados, determine el esfuerzo cortante máximo generado en las regiones BC y DE de la flecha. Los cojinetes en A y F permiten la rotación libre de la flecha.

5-15. La flecha sólida tiene un diámetro de 0.75 pulg. Si está sometida a los pares mostrados, determine el esfuerzo cortante máximo generado en las regiones CD y EF de la flecha. Los cojinetes en A y F permiten la rotación libre de la flecha.

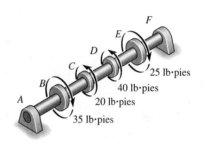

Probs. 5-14/15

*5-16. La flecha de acero tiene un diámetro de 1 pulg y se atornilla a la pared por medio de una llave. Determine el par de fuerzas F más grande que puede aplicarse a la flecha sin que el acero fluya. $\tau_Y = 8$ klb/pulg^2.

5-17. La flecha de acero tiene un diámetro de 1 pulg y se atornilla a la pared por medio de una llave. Determine el esfuerzo cortante máximo en la flecha cuando las fuerzas del par tienen una magnitud $F = 30$ lb.

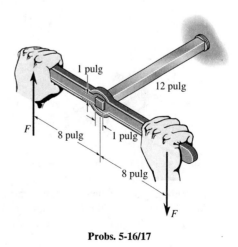

Probs. 5-16/17

5-18. Una flecha de acero está sometida a las cargas de torsión que se muestran en la figura. Determine el esfuerzo cortante desarrollado en los puntos A y B y trace el esfuerzo cortante sobre elementos de volumen situados en estos puntos. La flecha tiene un radio exterior de 60 mm en la sección donde A y B están localizados.

5-19. Una flecha de acero está sometida a las cargas de torsión que se muestran en la figura. Determine el esfuerzo cortante máximo absoluto en la flecha y trace la distribución del esfuerzo cortante a lo largo de una línea radial donde tal esfuerzo es máximo.

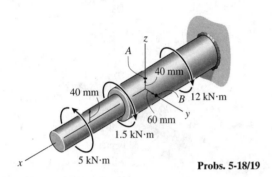

Probs. 5-18/19

*■5-20. Las flechas de acero de 20 mm de diámetro que se muestran en la figura están conectadas entre sí por medio de un cople de bronce. Si el esfuerzo de fluencia del acero es $(\tau_Y)_{ac} = 100$ MPa y el del bronce es $(\tau_Y)_{br} = 250$ MPa, determine el diámetro exterior d requerido del cople para que el acero y el bronce empiecen a fluir al mismo tiempo cuando el conjunto está sometido a un par de torsión **T**. Suponga que el cople tiene un diámetro interior de 20 mm.

5-21. Las flechas de acero de 20 mm de diámetro que se muestran en la figura están conectadas entre sí por medio de un cople de bronce. Si el esfuerzo de fluencia del acero es $(\tau_Y)_{ac} = 100$ MPa, determine el par de torsión **T** necesario para que el acero fluya. Si $d = 40$ mm, determine el esfuerzo cortante máximo en el bronce. El cople tiene un diámetro interior de 20 mm.

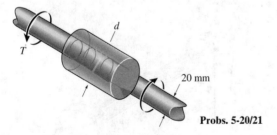

Probs. 5-20/21

5-22. El cople se usa para conectar las dos flechas entre sí. Suponiendo que el esfuerzo cortante en los pernos es *uniforme*, determine el número de pernos necesarios para que el esfuerzo cortante máximo en la flecha sea igual al esfuerzo cortante en los pernos. Cada perno tiene un diámetro d.

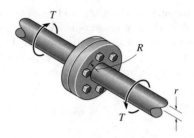

Prob. 5-22

5-23. Las flechas de acero están conectadas entre sí por medio de un filete soldado como se muestra. Determine el esfuerzo cortante promedio en la soldadura a lo largo de la sección *a-a* si el par de torsión aplicado a las flechas es $T = 60$ N · m. *Nota:* la sección crítica donde la soldadura falla es a lo largo de la sección *a-a*.

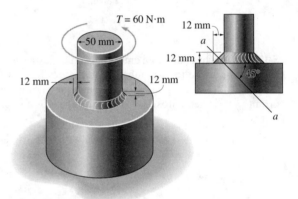

Prob. 5-23

*5-24. La barra tiene un diámetro de 0.5 pulg y un peso de 5 lb/pie. Determine el esfuerzo máximo de torsión en la barra en una sección situada en A debido al peso de la barra.

5-25. Resuelva el problema 5-24 para el esfuerzo de torsión máximo en B.

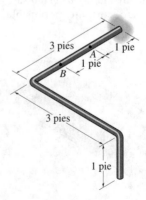

Probs. 5-24/25

■**5-26.** Considere el problema general de una flecha circular hecha de m segmentos cada uno de radio c_m. Si se tienen n pares de torsión sobre la flecha como se muestra, escriba un programa de computadora que sirva para determinar el esfuerzo cortante máximo en cualquier posición x especificada a lo largo de la flecha. Aplíquelo para los siguientes valores: $L_1 = 2$ pies, $c_1 = 2$ pulg, $L_2 = 4$ pies, $c_2 = 1$ pulg, $T_1 = 800$ lb · pie, $d_1 = 0$, $T_2 = -600$ lb · pie, $d_2 = 5$ pies.

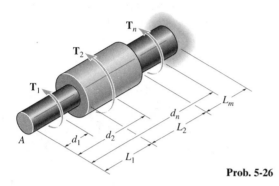

Prob. 5-26

5-27. La flecha está sometida a un par de torsión distribuido a lo largo de su longitud con magnitud $t = (10x^2)$N · m/m, donde x está en metros. Si el esfuerzo máximo en la flecha debe permanecer constante con valor de 80 MPa, determine la variación requerida para el radio c de la flecha para $0 \le x \le 3$ m.

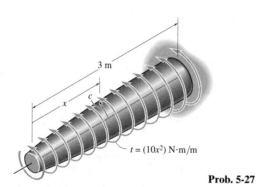

Prob. 5-27

*****5-28.** Un resorte cilíndrico consiste en un anillo de hule unido a un anillo rígido y a una flecha. Si el anillo rígido se mantiene fijo y se aplica un par de torsión **T** a la flecha, determine el esfuerzo cortante máximo en el hule.

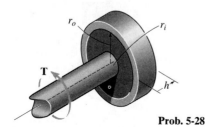

Prob. 5-28

■**5-29.** La flecha tiene un diámetro de 80 mm y debido a la fricción en su superficie dentro del agujero, queda sometido a un par de torsión variable dado por la función $t = [25xe^{x^2})]$N · m/m, donde x está en metros. Determine el par de torsión mínimo T_0 necesario para vencer la fricción y que la flecha pueda girar. También determine el esfuerzo máximo absoluto en la flecha.

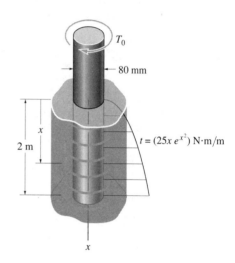

Prob. 5-29

5-30. La flecha sólida tiene un ahusamiento lineal que va de r_A en un extremo a r_B en el otro. Obtenga una ecuación que dé el esfuerzo cortante máximo en la flecha en una posición x a lo largo del eje de la flecha.

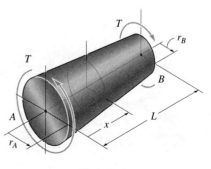

Prob. 5-30

5-31. Cuando se perfora un pozo a una velocidad angular constante, el extremo del tubo perforador encuentra una resistencia T_A a la torsión. También el suelo a lo largo de los costados del tubo crea un par de fricción distribuido a lo largo de su longitud, que varía uniformemente desde cero en la superficie B hasta t_A en A. Determine el par mínimo T_B que debe ser proporcionado por la unidad de impulsión para vencer los pares resistentes, y calcule el esfuerzo cortante máximo en el tubo. El tubo tiene un radio exterior r_o y un radio interior r_i.

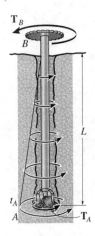

Prob. 5-31

*5-32. La flecha impulsora AB de un automóvil está hecha con un acero que tiene un esfuerzo cortante permisible de $\tau_{perm} = 8$ klb/pulg^2. Si el diámetro exterior es de 2.5 pulg y el motor desarrolla 200 hp cuando la flecha gira a 1140 rpm, determine el espesor mínimo requerido para la pared de la flecha.

5-33. La flecha impulsora AB de un automóvil va a ser diseñada como un tubo de pared delgada. El motor desarrolla 150 hp cuando la flecha gira a 1500 rpm. Determine el espesor mínimo de la pared de la flecha si su diámetro exterior es de 2.5 pulg. El material tiene un esfuerzo cortante permisible de $\tau_{perm} = 7$ klb/pulg^2.

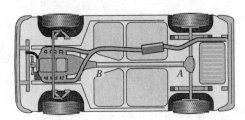

Probs. 5-32/33

5-34. La flecha motriz de un tractor va a ser diseñada como un tubo de pared delgada. El motor entrega 200 hp cuando la flecha está girando a 1200 rpm. Determine el esfuerzo mínimo para la pared de la flecha si el diámetro exterior de ésta es de 3 pulg. El material tiene un esfuerzo cortante permisible $\tau_{perm} = 7$ klb/pulg^2.

5-35. Un motor suministra 500 hp a la flecha de acero AB, que es tubular y tiene un diámetro exterior de 2 pulg. Determine su diámetro interno más grande al $\frac{1}{8}$ pulg más cercano, cuando gira a 200 rad/s si el esfuerzo cortante permisible del material es $\tau_{perm} = 25$ klb/pulg^2.

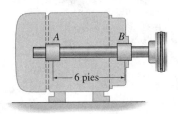

Probs. 5-34/35

*5-36. La flecha motriz de un tractor está hecha de un tubo de acero que tiene un esfuerzo cortante permisible $\tau_{perm} = 6$ klb/pulg^2. Si el diámetro exterior es de 3 pulg y el motor suministra 175 hp a la flecha al girar a 1250 rpm, determine el espesor mínimo requerido para la pared de la flecha.

5-37. Un motor entrega 500 hp a la flecha de acero AB, que es tubular y tiene un diámetro exterior de 2 pulg y un diámetro interior de 1.84 pulg. Determine la velocidad angular *más pequeña* a la que puede girar la flecha si el esfuerzo cortante permisible del material es $\tau_{perm} = 25$ klb/pulg^2.

5-38. La flecha de 0.75 pulg de diámetro para el motor eléctrico desarrolla 0.5 hp y gira a 1740 rpm. Determine el par de torsión generado y calcule el esfuerzo cortante máximo en la flecha. La flecha está soportada por cojinetes de bolas en A y B.

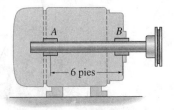

Probs. 5-36/37/38

5-39. La flecha sólida *AC* tiene un diámetro de 25 mm y está soportada por dos cojinetes lisos en *D* y *E*. Está acoplada a un motor en *C* que suministra 3 kW de potencia a la flecha cuando gira a 50 rpm. Si los engranes *A* y *B* toman 1 kW y 2 kW, respectivamente, determine el esfuerzo cortante máximo desarrollado en la flecha en las regiones *AB* y *BC*. La flecha puede girar libremente en sus cojinetes de apoyo *D* y *E*.

5-42. El motor entrega 500 hp a la flecha *AB* de acero que es tubular y tiene un diámetro exterior de 2 pulg y un diámetro interior de 1.84 pulg. Determine la velocidad angular *más pequeña* a la que puede girar si el esfuerzo cortante permisible del material es $\tau_{perm} = 25$ klb/pulg^2.

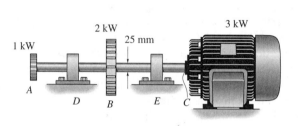

Prob. 5-39

Prob. 5-10

*5-40. La flecha sólida de acero *DF* tiene un diámetro de 25 mm y está soportada por dos cojinetes lisos en *D* y en *E*. Está acoplada a un motor en *C* que entrega 12 kW de potencia a la flecha cuando gira a 50 rpm. Si los engranes *A*, *B* y *C* toman 3 kW, 4 kW y 5 kW, respectivamente, determine el esfuerzo cortante máximo desarrollado en la flecha en las regiones *CF* y *BC*. La flecha puede girar libremente en sus cojinetes de apoyo *D* y *E*.

5-41. Determine el esfuerzo cortante máximo absoluto generado en la flecha en el problema 5-40.

5-43. El motor entrega en *A* 50 hp cuando gira a una velocidad angular constante de 1350 rpm. Por medio del sistema de banda y polea esta carga es entregada a la flecha *BC* de acero del ventilador. Determine al $\frac{1}{8}$ pulg más cercano el diámetro mínimo que puede tener esta flecha si el esfuerzo cortante permisible para el acero es $\tau_{perm} = 12$ klb/pulg^2.

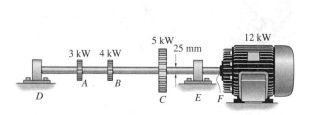

Probs. 5-40/41

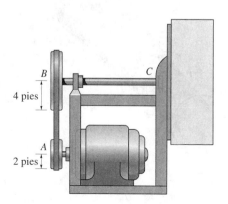

Prob. 5-43

5.4 Ángulo de torsión

Los pozos petroleros son comúnmente perforados a profundidades mayores de mil metros. Como resultado, el ángulo total de torsión de un conjunto de tubos de perforación puede ser considerable y debe ser calculado.

Ocasionalmente el diseño de una flecha depende de la restricción en la cantidad de rotación que pueda ocurrir cuando la flecha está sometida a un par de torsión. Además, poder calcular el ángulo de torsión de una flecha es importante cuando se analizan las reacciones en flechas estáticamente indeterminadas.

En esta sección desarrollaremos una fórmula para determinar el *ángulo de torsión*, ϕ (phi), del extremo de una flecha con respecto a su otro extremo. Supondremos que la flecha tiene una sección transversal circular que puede variar gradualmente a lo largo de su longitud, figura 5-15a y que el material es homogéneo y se comporta de un modo elástico-lineal cuando se aplica el par de torsión. Como en el caso de una barra cargada axialmente, despreciaremos las deformaciones locales que ocurren en los puntos de aplicación de los pares y en donde la sección transversal cambia abruptamente. Según el principio de Saint-Venant, estos efectos ocurren en pequeñas regiones a lo largo de la flecha y generalmente tienen sólo un ligero efecto en los resultados finales.

Para usar el método de las secciones, un disco diferencial de espesor dx, localizado en la posición x, se aísla de la flecha, figura 5-15b. El par de torsión resultante interno está representado por $T(x)$, puesto que la acción externa puede causar que varíe a lo largo del eje de la flecha. Debido a $T(x)$ el disco se torcerá, de modo que la *rotación relativa* de una de sus caras con respecto a la otra cara es $d\phi$, figura 5-15b. Además como se explicó en la sección 5.1, un elemento de material situado en un radio ρ arbitrario dentro del disco sufrirá una deformación unitaria cortante γ. Los valores de γ y $d\phi$ se relacionan por la ecuación 5-1, es decir,

$$d\phi = \gamma \frac{dx}{\rho} \qquad (5\text{-}13)$$

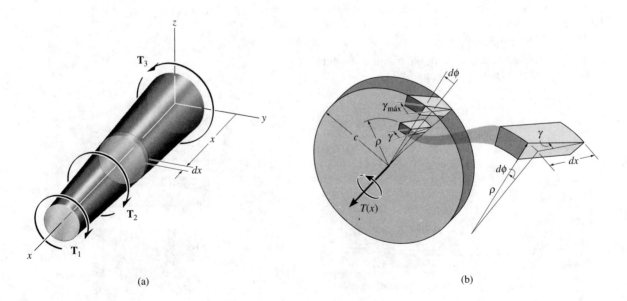

(a)

(b)

Fig. 5-15

Ya que es aplicable la ley de Hooke, $\gamma = \tau/G$, y que el esfuerzo cortante puede expresarse en términos del par de torsión aplicado usando la formula de la torsión $\tau = T(x)\rho/J(x)$, entonces $\gamma = T(x)\rho/J(x)G$. Sustituyendo este resultado en la ecuación 5-13, el ángulo de torsión para el disco es entonces:

$$d\phi = \frac{T(x)}{J(x)G}dx$$

Integrando sobre toda la longitud L de la flecha, obtenemos el ángulo de torsión para toda la flecha, esto es,

$$\phi = \int_0^L \frac{T(x)\,dx}{J(x)G} \qquad (5\text{-}14)$$

Al calcular el esfuerzo y el ángulo de torsión de esta perforadora de suelo, es necesario considerar la carga variable que actúa a lo largo de su longitud.

Aquí,

ϕ = ángulo de torsión de un extremo de la flecha con respecto al otro, medido en radianes

$T(x)$ = par de torsión interno en una posición arbitraria x, hallado a partir del método de las secciones y de la ecuación del equilibrio de momentos aplicada con respecto al eje de la flecha

$J(x)$ = momento polar de inercia de la flecha expresado en función de la posición x

G = módulo de rigidez del material

Par de torsión y área de la sección transversal constantes. Por lo común, en la práctica de la ingeniería el material es homogéneo por lo que G es constante. Además, el área transversal de la flecha y el par de torsión aplicado son constantes a lo largo de la longitud de la flecha, figura 5-16. Si éste es el caso, el par de torsión interno $T(x) = T$, el momento polar de inercia $J(x) = J$, y la ecuación 5-14 puede ser integrada, lo cual da:

$$\phi = \frac{TL}{JG} \qquad (5\text{-}15)$$

Las similitudes entre las dos ecuaciones anteriores y aquellas para una barra cargada axialmente ($\delta = \int P(x)dx/A(x)E$ y $\delta = PL/AE$) son notorias.

Fig. 5-16

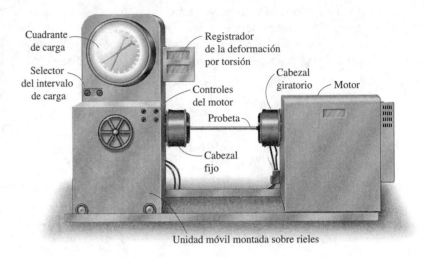

Cuadrante de carga

Selector del intervalo de carga

Registrador de la deformación por torsión

Controles del motor

Probeta

Cabezal fijo

Cabezal giratorio

Motor

Unidad móvil montada sobre rieles

Fig. 5-17

Podemos usar la ecuación 5-15 para determinar el módulo de elasticidad por cortante G del material. Para hacerlo se sitúa una probeta de ensayo de longitud y diámetro conocidos en una máquina para ensayos de torsión como la que se muestra en la figura 5-17. El par de torsión T y el ángulo de torsión ϕ se miden entonces entre una longitud calibrada L. Usando la ecuación 5-15, $G = TL/J\phi$. Normalmente, para obtener un valor de G más confiable, se efectúan varias de estas pruebas y se emplea el valor promedio.

Si la flecha está sometida a varios pares de torsión diferentes, o si el área de la sección transversal o el módulo de rigidez cambian abruptamente de una región de la flecha a la siguiente, la ecuación 5-15 puede aplicarse a cada segmento de la flecha en que estas cantidades sean todas constantes. El ángulo de torsión de un extremo de la flecha con respecto al otro se halla entonces por la suma vectorial de los ángulos de torsión de cada segmento. En este caso,

$$\phi = \sum \frac{TL}{JG} \tag{5-16}$$

Convención de signos. Con objeto de aplicar las ecuaciones anteriores debemos establecer una convención de signos para el par de torsión interno y para el ángulo de torsión de un extremo de la flecha con respecto al otro. Para hacerlo usaremos la regla de la mano derecha, según la cual tanto el par como el ángulo de torsión serán *positivos* si *el pulgar se aleja* de la sección de la flecha cuando los dedos restantes se curvan para indicar el sentido del par, figura 5-18.

Para ilustrar el uso de esta convención de signos, consideremos la flecha mostrada en la figura 5-19a, la cual está sometida a cuatro pares de torsión. Va a determinarse el ángulo de torsión del extremo A con respecto al extremo D. En este problema deberán considerarse tres segmentos de la flecha, puesto que el par de torsión interno cambia en B y en C. Usan-

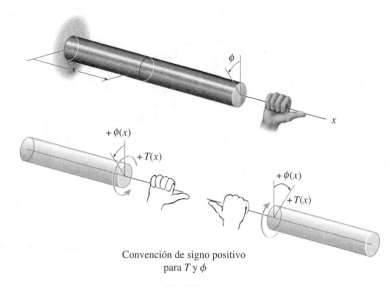

Convención de signo positivo
para T y ϕ

Fig. 5-18

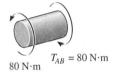

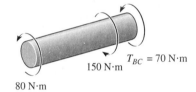

(b)

do el método de las secciones, se calculan los pares de torsión internos para cada segmento, figura 5-19*b*. Según la regla de la mano derecha, con pares positivos dirigidos hacia afuera del *extremo seccionado* de la flecha, tenemos $T_{AB} = +80$ N $\cdot$ m, $T_{BC} = -70$ N $\cdot$ m y $T_{CD} = -10$ N $\cdot$ m. Con estos valores se puede trazar el *diagrama de momentos torsionantes* para la flecha, figura 5-19*c*. Aplicando la ecuación 5-16, tenemos:

$$\phi_{A/D} = \frac{(+80 \text{ N} \cdot \text{m}) \, L_{AB}}{JG} + \frac{(-70 \text{ N} \cdot \text{m}) \, L_{BC}}{JG} + \frac{(-10 \text{ N} \cdot \text{m}) \, L_{CD}}{JG}$$

Si se sustituyen los demás datos y se obtiene la solución como una cantidad *positiva*, ello significa que el extremo A girará como se indica por la curvatura de los dedos de la mano derecha estando el pulgar dirigido *hacia afuera* de la flecha, figura 5-19*a*. Se usa la notación con subíndice doble para indicar este ángulo de torsión relativo($\phi_{A/D}$); sin embargo, si el ángulo de torsión va a determinarse con relación a un *punto fijo*, entonces sólo se usará un único subíndice. Por ejemplo, si D está situado en un soporte fijo, entonces el ángulo de torsión calculado será denotado como ϕ_A.

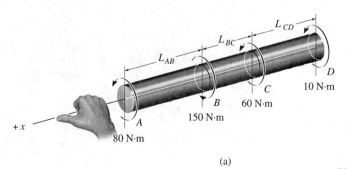

(a)

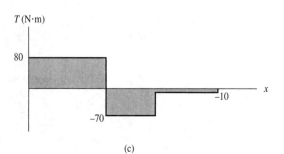

(c)

Fig. 5-19

PUNTOS IMPORTANTES

- El ángulo de torsión se determina relacionando el par aplicado al esfuerzo cortante usando la fórmula de la torsión, $\tau = T\rho/J$, y relacionando la rotación relativa a la deformación unitaria cortante usando $d\phi = \gamma\, dx/\rho$. Finalmente esas ecuaciones se combinan usando la ley de Hooke, $\tau = G\gamma$, lo que da la ecuación 5-14.

- Como la ley de Hooke se usa en el desarrollo de la fórmula del ángulo de torsión, es importante que los pares aplicados no generen fluencia del material y que el material sea homogéneo y se comporte de manera elástica-lineal.

PROCEDIMIENTO DE ANÁLISIS

El ángulo de torsión de un extremo de una flecha o tubo con respecto al otro extremo puede ser determinado aplicando las ecuaciones 5-14 a 5-16.

Par de torsión interno.

- El par de torsión interno se encuentra en un punto sobre el eje de la flecha usando el método de las secciones y la ecuación de equilibrio por momento, aplicada a lo largo de la flecha.

- Si el par de torsión varía a lo largo de la longitud de la flecha, debe hacerse una sección en la posición arbitraria x a lo largo de la flecha y el par de torsión ser representado como una función de x, esto es, $T(x)$.

- Si varios pares de torsión externos constantes actúan sobre la flecha entre sus extremos, el par de torsión interno en cada *segmento* de la flecha, entre dos pares de torsión externos cualesquiera debe ser determinado. Los resultados se pueden representar como un diagrama de par torsionante.

Ángulo de giro.

- Cuando el área de la sección transversal circular varía a lo largo del eje de la flecha, el momento polar de inercia puede ser expresado como función de su posición x a lo largo del eje, $J(x)$.

- Si el momento polar de inercia o el par de torsión interno *cambia repentinamente* entre los extremos de la flecha, entonces $\phi = \int (T(x)/J(x)G)dx$ o $\phi = TL/JG$ debe aplicarse a cada segmento para el cual J, G y T son continuos o constantes.

- Cuando el par de torsión interno en cada segmento se ha determinado, asegúrese de usar una convención de signos consistente para la flecha, como la vista anterior. Asegúrese también de usar un conjunto consistente de unidades al sustituir datos numéricos en las ecuaciones.

E J E M P L O   5.7

Los engranes unidos a la flecha de acero empotrada están sometidos a los pares de torsión mostrados en la figura 5-20a. Si el módulo de cortante es $G = 80$ GPa y la flecha tiene un diámetro de 14 mm, determine el desplazamiento del diente P en el engrane A. La flecha gira libremente sobre el cojinete en B.

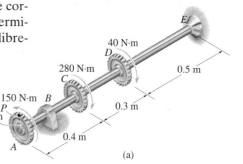

(a)

Solución

Par de torsión interno. Por inspección, los pares en los segmentos AC, CD y DE son diferentes pero *constantes* a lo largo de cada segmento. En la figura 5-20b se muestran los diagramas de cuerpo libre de segmentos apropiados de la flecha junto con los pares internos calculados. Usando la regla de la mano derecha y la convención de signos establecida de que un par positivo se aleja del extremo seccionado de la flecha, tenemos:

$$T_{AC} = +150 \text{ N} \cdot \text{m} \qquad T_{CD} = -130 \text{ N} \cdot \text{m} \qquad T_{DE} = -170 \text{ N} \cdot \text{m}$$

Estos resultados se muestran también sobre el diagrama de pares torsionantes en la figura 5-20c.

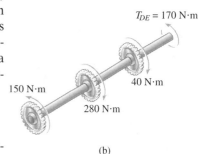

(b)

Ángulo de torsión. El momento polar de inercia de la flecha es:

$$J = \frac{\pi}{2}(0.007 \text{ m})^4 = 3.77(10^{-9}) \text{ m}^4$$

Aplicando la ecuación 5-16 a cada segmento y sumando los resultados algebraicamente, tenemos:

$$\phi_A = \sum \frac{TL}{JG} = \frac{(+150 \text{ N} \cdot \text{m})(0.4 \text{ m})}{3.77(10^{-9}) \text{ m}^4[80(10^9) \text{ N/m}^2]}$$

$$+ \frac{(-130 \text{ N} \cdot \text{m})(0.3 \text{ m})}{3.77(10^{-9}) \text{ m}^4[80(10^9) \text{ N/m}^2)]}$$

$$+ \frac{(-170 \text{ N} \cdot \text{m})(0.5 \text{ m})}{3.77(10^{-9}) \text{ m}^4[80(10^9) \text{ N/m}^2)]} = -0.212 \text{ rad}$$

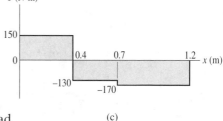

(c)

Como la respuesta es negativa, por la regla de la mano derecha el pulgar se dirige *hacia* el extremo E de la flecha y, por tanto, el engrane A gira como se muestra en la figura 5-20d.

El desplazamiento del diente P sobre el engrane A es:

$$S_P = \phi_A r = (0.212 \text{ rad})(100 \text{ mm}) = 21.2 \text{ mm} \qquad Resp.$$

Recuerde que este análisis es válido sólo si el esfuerzo cortante no excede del límite proporcional del material.

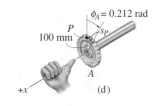

Fig. 5-20

E J E M P L O   5.8

Las dos flechas sólidas de acero mostradas en la figura 5-21*a* están aco-
pladas a través de los engranes *B* y *C*. Determine el ángulo de torsión
del extremo *A* de la flecha *AB* cuando se aplica el par de torsión $T = 45$ N·m. Considere $G = 80$ GPa. La flecha *AB* gira libremente sobre
los cojinetes *E* y *F*, mientras que la flecha *CD* está empotrada en *D*.
Cada flecha tiene un diámetro de 20 mm.

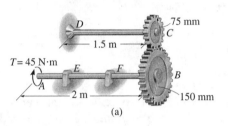

(a)

Solución

Par de torsión interno.   En las figuras 5-21*b* y 5-21*c* se muestran diagramas de cuerpo libre de cada flecha. Sumando momentos a lo largo
del eje *x* de la flecha se obtiene la reacción tangencial entre los engranes de $F = 45$ N·m/0.15 m $= 300$ N. Sumando momentos respecto al
eje *x* de la flecha *DC*, esta fuerza genera entonces un par de torsión de
$(T_D)_x = 300$ N $(0.075$ m$) = 22.5$ N·m sobre la flecha *DC*.

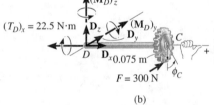

(b)

Ángulo de torsión.   Para resolver el problema calculamos primero el
giro del engrane *C* debido al par de 22.5 N·m en la flecha *DC*, figura
5-21*b*. Este ángulo de torsión es:

$$\phi_C = \frac{TL_{DC}}{JG} = \frac{(+22.5 \text{ N} \cdot \text{m})(1.5 \text{ m})}{(\pi/2)(0.010 \text{ m})^4[80(10^9) \text{ N/m}^2]} = +0.0269 \text{ rad}$$

Como los engranes en los extremos de las flechas están *conectados*,
la rotación ϕ_C del engrane *C* ocasiona que el engrane *B* gire ϕ_B, figura
5-21*c*, donde

$$\phi_B(0.15 \text{ m}) = (0.0269 \text{ rad})(0.075 \text{ m})$$
$$\phi_B = 0.0134 \text{ rad}$$

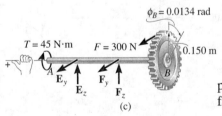

Fig. 5-21

Determinaremos ahora el ángulo de torsión del extremo *A* con respecto al extremo *B* de la flecha *AB* generado por el par de 45 N·m,
figura 5-21*c*. Tenemos:

$$\phi_{A/B} = \frac{T_{AB}L_{AB}}{JG} = \frac{(+45 \text{ N} \cdot \text{m})(2 \text{ m})}{(\pi/2)(0.010 \text{ m})^4[80(10^9) \text{ N/m}^2]} = +0.0716 \text{ rad}$$

La rotación del extremo *A* se determina entonces sumando ϕ_B y $\phi_{A/B}$,
ya que ambos ángulos tienen el *mismo sentido*, figura 5-21*c*. Tenemos:

$$\phi_A = \phi_B + \phi_{A/B} = 0.0134 \text{ rad} + 0.0716 \text{ rad} = +0.0850 \text{ rad} \quad \textit{Resp.}$$

E J E M P L O 5.9

El poste sólido de hierro colado de 2 pulg de diámetro mostrado en la figura 5-22a está enterrado en el suelo. Si se le aplica un par de torsión por medio de una llave rígida a su parte superior, determine el esfuerzo cortante máximo en el poste y el ángulo de torsión en su parte superior. Suponga que el par está a punto de hacer girar el poste y que el suelo ejerce una resistencia torsionante uniforme de t lb·pulg/pulg a lo largo de su longitud enterrada de 24 pulg. $G = 5.5(10^3)$ klb/pulg^2.

Solución

Par de torsión interno. El par de torsión interno en el segmento AB del poste es constante. Del diagrama de cuerpo libre, figura 5-22b, tenemos:

$$\Sigma M_z = 0; \qquad T_{AB} = 25 \text{ lb}(12 \text{ pulg}) = 300 \text{ lb} \cdot \text{pulg}$$

La magnitud del par de torsión distribuido uniformemente a lo largo del segmento BC enterrado puede determinarse a partir del equilibrio de todo el poste, figura 5-22c. En este caso,

$$\Sigma M_z = 0 \qquad 25 \text{ lb}(12 \text{ pulg}) - t(24 \text{ pulg}) = 0$$
$$t = 12.5 \text{ lb} \cdot \text{pulg/pulg}$$

Por tanto, del diagrama de cuerpo libre de una sección de poste situada en la posición x dentro de la región BC, figura 5-22d, tenemos:

$$\Sigma M_z = 0; \qquad T_{BC} - 12.5x = 0$$
$$T_{BC} = 12.5x$$

Esfuerzo cortante máximo. El esfuerzo cortante más grande ocurre en la región AB, puesto que el par es máximo ahí y J es constante para el poste. Aplicando la fórmula de la torsión, tenemos:

$$\tau_{\text{máx}} = \frac{T_{AB}c}{J} = \frac{(300 \text{ lb} \cdot \text{pulg})(1 \text{ pulg})}{(\pi/2)(1 \text{ pie})^4} = 191 \text{ lb/pulg}^2 \quad Resp.$$

Ángulo de torsión. El ángulo de torsión en la parte superior puede determinarse respecto a la parte inferior del poste, ya que este extremo está fijo y a punto de girar. Ambos segmentos AB y BC, giran, y en este caso tenemos:

$$\phi_A = \frac{T_{AB}L_{AB}}{JG} + \int_0^{L_{BC}} \frac{T_{BC} \, dx}{JG}$$

$$= \frac{(300 \text{ lb} \cdot \text{pulg})}{JG} + \int_0^{24 \text{ pulg}} \frac{12.5x \, dx}{JG}$$

$$= \frac{10\,800 \text{ lb} \cdot \text{pulg}^2}{JG} + \frac{12.5[(24)^2/2] \text{ lb} \cdot \text{pulg}^2}{JG}$$

$$= \frac{14\,400 \text{ lb} \cdot \text{pulg}^2}{(\pi/2)(1 \text{ pulg})^4 5500(10^3) \text{ lb/pulg}^2} = 0.00167 \text{ rad}$$

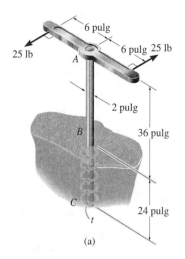

(a)

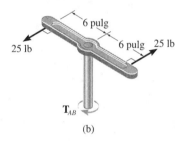

$\mathbf{T}_{AB}$

(b)

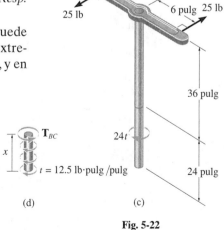

$\mathbf{T}_{BC}$

x

$t = 12.5$ lb·pulg /pulg

$24t$

(d)

(c)

Fig. 5-22

E J E M P L O 5.10

La flecha ahusada mostrada en la figura 5-23a está hecha de un material cuyo módulo cortante es G. Determine el ángulo de torsión de su extremo B cuando está sometido a un par.

Solución

Momento de torsión interno. Por inspección o por el diagrama de cuerpo libre de una sección localizada en la posición arbitraria x, figura 5-23b, el momento de torsión es T.

Ángulo de torsión. El momento polar de inercia varía aquí a lo largo del eje de la flecha, por lo que tenemos que expresarlo en términos de la coordenada x. El radio c de la flecha en x puede determinarse en términos de x por proporción de la pendiente de la línea AB en la figura 5-23c. Tenemos:

$$\frac{c_2 - c_1}{L} = \frac{c_2 - c}{x}$$

$$c = c_2 - x\left(\frac{c_2 - c_1}{L}\right)$$

Entonces, en x,

$$J(x) = \frac{\pi}{2}\left[c_2 - x\left(\frac{c_2 - c_1}{L}\right)\right]^4$$

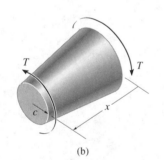

Aplicando la ecuación 5-14, tenemos:

$$\phi = \int_0^L \frac{T \, dx}{\left(\dfrac{\pi}{2}\right)\left[c_2 - x\left(\dfrac{c_2 - c_1}{L}\right)\right]^4 G} = \frac{2T}{\pi G}\int_0^L \frac{dx}{\left[c_2 - x\left(\dfrac{c_2 - c_1}{L}\right)\right]^4}$$

Efectuando la integración usando una tabla de integrales, se obtiene:

$$\phi = \left(\frac{2T}{\pi G}\right)\frac{1}{3\left(\dfrac{c_2 - c_1}{L}\right)\left[c_2 - x\left(\dfrac{c_2 - c_1}{L}\right)\right]^3} \Bigg|_0^L$$

$$= \frac{2T}{\pi G}\left(\frac{L}{3(c_2 - c_1)}\right)\left(\frac{1}{c_1^3} - \frac{1}{c_2^3}\right)$$

Reordenando términos resulta:

$$\phi = \frac{2TL}{3\pi G}\left(\frac{c_2^2 + c_1 c_2 + c_1^2}{c_1^3 c_2^3}\right) \qquad Resp.$$

Para verificar parcialmente este resultado, note que cuando $c_1 = c_2 = c$, entonces

$$\phi = \frac{TL}{[(\pi/2)c^4]G} = \frac{TL}{JG}$$

que es la ecuación 5-15.

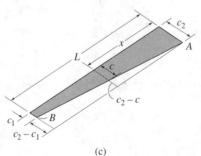

Fig. 5-23

(a)

(b)

(c)

PROBLEMAS

*5-44. Las hélices de un barco están conectadas a una flecha sólida de acero A-36 de 60 m de largo que tiene un diámetro exterior de 340 mm y un diámetro interior de 260 mm. Si la potencia generada es de 4.5 MW cuando la flecha gira a 20 rad/s, determine el esfuerzo torsionante máximo en la flecha y su ángulo de torsión.

5-45. Una flecha está sometida a un par de torsión **T**. Compare la efectividad de usar el tubo mostrado en la figura contra la de una sección sólida de radio c. Para esto, calcule el porcentaje de aumento en el esfuerzo de torsión y en el ángulo de torsión por unidad de longitud del tubo respecto a la sección sólida.

Probs. 5-44/45

5-46. La flecha sólida de radio c está sometida a un par de torsión **T**. Demuestre que la deformación cortante máxima generada en la flecha es $\gamma_{\text{máx}} = Tc/JG$. ¿Cuál es la deformación cortante en un elemento localizado en el punto A, a $c/2$ del centro de la flecha? Esboce la distorsión cortante en este elemento.

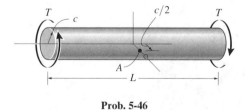

Prob. 5-46

5-47. La flecha de acero A-36 está hecha con los tubos AB y CD más una sección sólida BC. Está soportada sobre cojinetes lisos que le permiten girar libremente. Si los engranes, fijos a sus extremos, están sometidos a pares de torsión de 85 N·m, determine el ángulo de torsión del engrane A con respecto al engrane D. Los tubos tienen un diámetro exterior de 30 mm y un diámetro interior de 20 mm. La sección sólida tiene un diámetro de 40 mm.

*5-48. La flecha de acero A-36 está hecha con los tubos AB y CD más una sección sólida BC. Está soportada sobre cojinetes lisos que le permiten girar libremente. Si los engranes, fijos a sus extremos, están sometidos a pares de torsión de 85 N·m, determine el ángulo de torsión del extremo B de la sección sólida respecto al extremo C. Los tubos tienen un diámetro externo de 30 mm y un diámetro interno de 20 mm. La sección sólida tiene un diámetro de 40 mm.

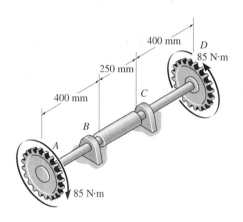

Prob. 5-47/48

5-49. Los extremos estriados y los engranes unidos a la flecha de acero A-36 están sometidos a los pares de torsión mostrados. Determine el ángulo de torsión del extremo B con respecto al extremo A. La flecha tiene un diámetro de 40 mm.

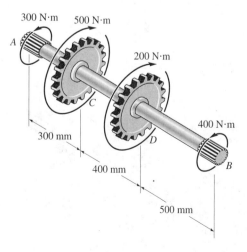

Prob. 5-49

5-50. Los extremos estriados y los engranes unidos a la flecha de acero A-36 están sometidos a los pares de torsión mostrados. Determine el ángulo de torsión del engrane C con respecto al engrane D. La flecha tiene un diámetro de 40 mm.

*5-52.** El perno de acero A-36 de 8 mm de diámetro está empotrado en el bloque en A. Determine las fuerzas F del par que debe aplicarse a la llave para que el esfuerzo cortante máximo en el perno sea de 18 MPa. También calcule el desplazamiento correspondiente de cada fuerza F necesario para generar este esfuerzo. Suponga que la llave es rígida.

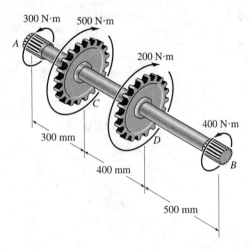

Prob. 5-50

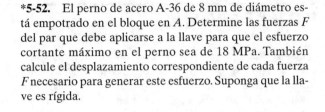
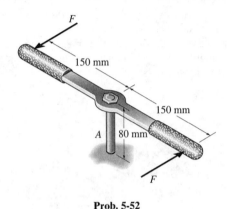

Prob. 5-52

5-51. La flecha y volante giratorios, al ser llevados repentinamente al reposo en D, comienzan a oscilar en sentido horario y antihorario de manera que un punto A sobre el borde exterior del volante se desplaza a través de un arco de 6 mm. Determine el esfuerzo cortante máximo desarrollado en la flecha tubular de acero A-36 debido a esta oscilación. La flecha tiene un diámetro interior de 24 mm y un diámetro exterior de 32 mm. Los cojinetes en B y C permiten que la flecha gire libremente, mientras que el soporte en D mantiene fija la flecha.

5-53. La turbina desarrolla 150 kW de potencia que se transmite a los engranes en forma tal que C recibe 70% y D 30%. Si la rotación de la flecha de acero A-36 de 100 mm de diámetro es ω = 800 rpm, determine el esfuerzo cortante máximo absoluto en la flecha y el ángulo de torsión del extremo E de la flecha respecto al extremo B. El cojinete en E permite que la flecha gire libremente respecto a su eje.

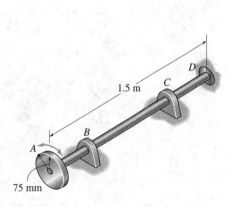

Prob. 5-51

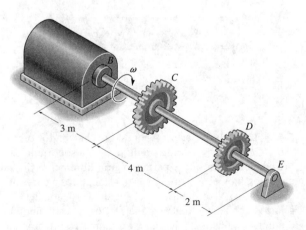

Prob. 5-53

5-54. La turbina desarrolla 150 kW de potencia que se transmite a los engranes de manera que tanto C como D reciben la misma cantidad. Si la rotación de la flecha de acero A-36 de 100 mm de diámetro es $\omega = 500$ rpm, determine el esfuerzo cortante máximo absoluto en la flecha y la rotación del extremo B de ésta respecto al extremo E. El cojinete en E permite que la flecha gire libremente alrededor de su eje.

5-57. El motor produce un par de torsión $T = 20\,\text{N}\cdot\text{m}$ sobre el engrane A. Si el engrane C se bloquea repentinamente de tal manera que no pueda girar, aunque B sí puede girar libremente, determine el ángulo de torsión de F con respecto a E y el de F con respecto a D de la flecha de acero L2 que tiene un diámetro interior de 30 mm y un diámetro exterior de 50 mm. También, calcule el esfuerzo cortante máximo absoluto en la flecha. La flecha está soportada sobre cojinetes en G y H.

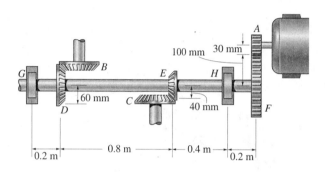

Prob. 5-57

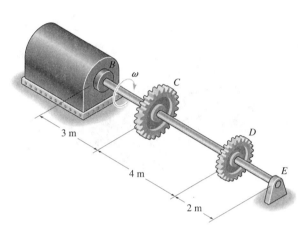

Prob. 5-54

5-55. La flecha hueca de acero A-36 tiene 2 m de longitud y un diámetro exterior de 40 mm. Cuando está girando a 80 rad/s, transmite 32 kW de potencia del motor E al generador G. Determine el espesor mínimo de la flecha si el esfuerzo cortante permisible es $\tau_{\text{perm}} = 140$ MPa y la flecha está restringida a no torcerse más de 0.05 radianes.

*****5-56.** La flecha sólida de acero A-36 tiene 3 m de longitud y un diámetro de 50 mm. Se requiere que transmita 35 kW de potencia del motor E al generador G. Determine la velocidad angular mínima que la flecha puede tener si está restringida a no torcerse más de 1°.

5-58. El motor de un helicóptero suministra 600 hp a la flecha del rotor AB cuando las aspas están girando a 1200 rpm. Determine al $\frac{1}{8}$ pulg más cercano el diámetro de la flecha AB si el esfuerzo cortante permisible es $\tau_{\text{perm}} = 8$ klb/pulg^2 y las vibraciones limitan el ángulo de torsión de la flecha a 0.05 radianes. La flecha tiene 2 pies de longitud y está hecha de acero L2.

5-59. El motor de un helicóptero está entregando 600 hp a la flecha del rotor AB cuando las aspas giran a 1200 rpm. Determine al $\frac{1}{8}$ pulg más cercano el diámetro de la flecha AB si el esfuerzo cortante permisible es $\tau_{\text{perm}} = 10.5$ klb/pulg^2 y las vibraciones limitan el ángulo de torsión de la flecha a 0.05 radianes. La flecha tiene 2 pies de longitud y está hecha de acero L2.

Probs. 5-55/56

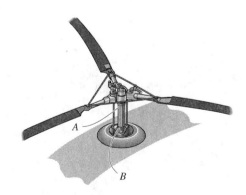

Prob. 5-58/59

*∎5-60. Considere el problema general de una flecha circular hecha de m segmentos, cada uno de radio c_m y módulo cortante G_m. Si actúan n pares de torsión sobre la flecha como se muestra, escriba un programa de computadora que sirva para determinar el ángulo de torsión en su extremo A. Aplique el programa con los siguientes datos: $L_1 = 0.5$ m, $c_1 = 0.02$ m, $G_1 = 30$ GPa, $L_2 = 1.5$ m, $c_2 = 0.05$ m, $G_2 = 15$ GPa, $T_1 = -450$ N·m, $d_1 = 0.25$ m, $T_2 = 600$ N·m, $d_2 = 0.8$ m.

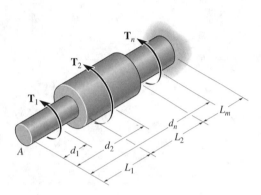

Prob. 5-60

5-61. La pieza de acero A-36 consta de un tubo con radio exterior de 1 pulg y un espesor de pared de 0.125 pulg. Por medio de una placa rígida en B se conecta a la flecha sólida AB de 1 pulg de diámetro. Determine la rotación del extremo C del tubo si se aplica un par de torsión de 200 lb·pulg al tubo en este extremo. El extremo A de la flecha está empotrada.

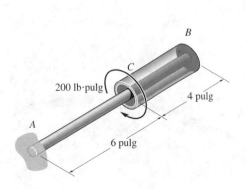

Prob. 5-61

5-62. La flecha de acero L2 de 6 pulg de diámetro en la turbina está soportada sobre cojinetes en A y B. Si C se mantiene fijo y las paletas de la turbina generan un par de torsión en la flecha que crece linealmente de cero en C a 2000 lb·pie en D, determine el ángulo de torsión del extremo D de la flecha respecto al extremo C. También, calcule el esfuerzo cortante máximo absoluto en la flecha. Desprecie el tamaño de las paletas.

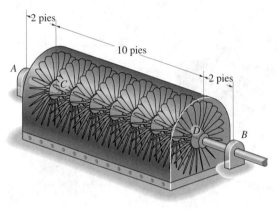

Prob. 5-62

5-63. Cuando se perfora un pozo, se supone que el extremo profundo del tubo perforador encuentra una resistencia a la torsión T_A. Además, la fricción del suelo a lo largo de los lados del tubo crea una distribución lineal del par de torsión por unidad de longitud que varía desde cero en la superficie B hasta t_0 en A. Determine el par de torsión necesario T_B que debe aplicar la unidad impulsora para hacer girar el tubo. También, ¿cuál es el ángulo de torsión relativo de un extremo del tubo con respecto al otro extremo en el instante en que el tubo va a comenzar a girar? El tubo tiene un radio exterior r_o y un radio interior r_i. El módulo de cortante es G.

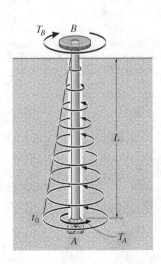

Prob. 5-63

*5-64. Con el poste de acero A-36 se "taladra" a velocidad angular constante el suelo usando la instalación rotatoria. Si el poste tiene un diámetro interior de 200 mm y un diámetro exterior de 225 mm, determine el ángulo relativo de torsión del extremo A del poste con respecto al extremo B, cuando el poste alcanza la profundidad indicada. Debido a la fricción del suelo, suponga que el par que actúa a lo largo del poste varía linealmente como se muestra y que un par de torsión concentrado de 80 kN·m actúa en la punta del poste.

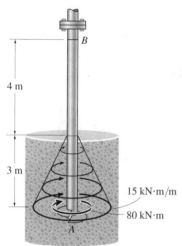

4 m

3 m

15 kN·m/m

80 kN·m

A

Prob. 5-64

5-65. El dispositivo mostrado se usa para mezclar suelos con el fin de proporcionar estabilización *in situ*. Si el mezclador está conectado a una flecha tubular de acero A-36 que tiene un diámetro interior de 3 pulg y un diámetro exterior de 4.5 pulg, determine el ángulo de torsión de la flecha en la sección A con respecto a la sección B, así como el esfuerzo cortante máximo absoluto en la flecha, si cada hoja mezcladora está sometida a los pares de torsión mostrados.

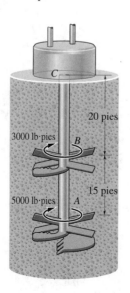

20 pies

3000 lb·pies B

15 pies

5000 lb·pies A

Prob. 5-65

5-66. El dispositivo mostrado se usa para mezclar suelos con el fin de proporcionar estabilización *in situ*. Si el mezclador está conectado a una flecha tubular de acero A-36 que tiene un diámetro interior de 3 pulg y un diámetro exterior de 4.5 pulg, determine el ángulo de torsión de la flecha en la sección A con respecto a la sección C, considerando que cada hoja mezcladora está sometida a los pares de torsión mostrados.

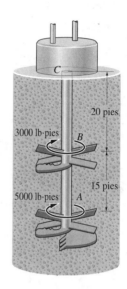

20 pies

3000 lb·pies B

15 pies

5000 lb·pies A

Prob. 5-66

5-67. La flecha tiene un radio c y está sometida a un par de torsión por unidad de longitud de t_0, distribuido uniformemente sobre toda la longitud L de la flecha. Determine el ángulo de torsión ϕ en el extremo B, considerando que el extremo alejado A está empotrado. El módulo cortante es G.

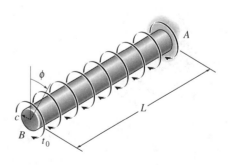

Prob. 5-67

*5-68. El perno de acero A-36 se aprieta dentro de un agujero de manera que el par de torsión reactivo sobre el vástago AB puede expresarse por la ecuación $t = (kx^2)$ N · m/m, donde x está en metros. Si se aplica un par de torsión $T = 50$ N · m a la cabeza del perno, determine la constante k y la magnitud del giro en los 50 mm de longitud del vástago. Suponga que el vástago tiene un radio constante de 4 mm.

5-69. Resuelva el problema 5-68 considerando que el par distribuido es $t = (kx^{2/3})$ N · m/m.

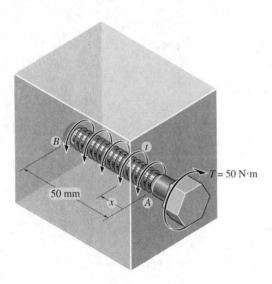

Probs. 5-68/69

5-70. La flecha de radio c está sometida a un par distribuido t, medido como par/longitud de flecha. Determine el ángulo de torsión en el extremo A. El módulo de cortante es G.

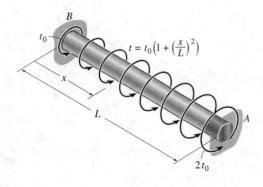

Prob. 5-70

5-71. El contorno de la superficie de la flecha está definido por la ecuación $y = e^{ax}$, donde a es una constante. Si la flecha está sometida a un par de torsión T en sus extremos, determine el ángulo de torsión del extremo A con respecto al extremo B. El módulo de cortante es G.

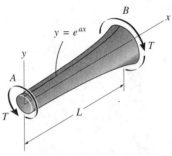

Prob. 5-71

*5-72. Un resorte cilíndrico consiste en un anillo de hule unido a un anillo rígido y a una flecha. Si el anillo rígido se mantiene fijo y se aplica un par de torsión T a la flecha rígida, determine el ángulo de torsión de ésta. El módulo cortante del hule es G. *Sugerencia:* como se muestra en la figura, la deformación del elemento con radio r puede determinarse con $r\,d\theta = dr\,\gamma$. Use esta expresión junto con $\tau = T/(2\pi r^2 h)$, del problema 5-28, para obtener el resultado.

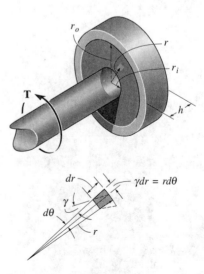

Prob. 5-72

5.5 Miembros estáticamente indeterminados cargados con pares de torsión

Una flecha sometida a torsión puede clasificarse como estáticamente indeterminada si la ecuación de equilibrio por momentos, aplicada con respecto al eje de la flecha, no es suficiente para determinar los pares de torsión desconocidos que actúan sobre la flecha. En la figura 5-24a se muestra un ejemplo de esta situación. Según se aprecia en el diagrama de cuerpo libre, figura 5-24b, los pares de torsión reactivos en los soportes A y B son desconocidos. Requerimos que:

$$\Sigma M_x = 0; \qquad T - T_A - T_B = 0$$

Puesto que aquí sólo se tiene una ecuación de equilibrio y existen dos incógnitas, este problema es estáticamente indeterminado. Con objeto de obtener una solución usaremos el método de análisis visto en la sección 4.4.

La condición necesaria de compatibilidad, o condición cinemática, requiere que el ángulo de torsión de un extremo de la flecha con respecto al otro extremo sea igual a cero, ya que los soportes en los extremos son fijos. Por tanto,

$$\phi_{A/B} = 0$$

Para escribir esta ecuación en términos de los pares de torsión desconocidos, supondremos que el material se comporta de modo elástico-lineal, de modo que la relación carga-desplazamiento quede expresada por $\phi = TL/JG$. Considerando que el par interno en el segmento AC es $+T_A$ y que en el segmento CB el par interno es $-T_B$, figura 5-24c, la ecuación de compatibilidad anterior puede escribirse como:

$$\frac{T_A L_{AC}}{JG} - \frac{T_B L_{BC}}{JG} = 0$$

Aquí se supone que JG es constante.

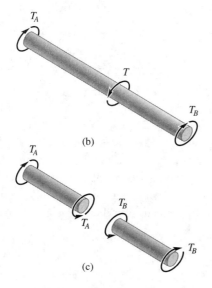

(b)

(c)

Fig. 5-24

Resolviendo las dos ecuaciones anteriores para las reacciones, y considerando que $L = L_{AC} + L_{BC}$, obtenemos

$$T_A = T\left(\frac{L_{BC}}{L}\right)$$

y

$$T_B = T\left(\frac{L_{AC}}{L}\right)$$

Advierta que cada par reactivo crece o decrece linealmente con la ubicación de L_{AC} o L_{BC} al par de torsión aplicado.

PROCEDIMIENTO DE ANÁLISIS

Los pares de torsión desconocidos en flechas estáticamente indeterminadas se calculan satisfaciendo el equilibrio, la compatibilidad y los requisitos de par-desplazamiento de la flecha.

Equilibrio.

- Dibuje un diagrama de cuerpo libre de la flecha para identificar todos los pares que actúan sobre ella y luego escriba las ecuaciones de equilibrio por momento respecto al eje de la flecha.

Compatibilidad.

- Para escribir la ecuación de compatibilidad, investigue la manera en que la flecha se torcerá al ser sometida a las cargas externas, considerando cómo los soportes restringen a la flecha cuando ella se tuerce.

- Exprese la condición de compatibilidad en términos de los desplazamientos rotatorios causados por los pares de torsión reactivos, y luego use una relación par de torsión-desplazamiento, tal como $\phi = TL/JG$, para relacionar los pares desconocidos con los desplazamientos desconocidos.

- Despeje de las ecuaciones de equilibrio y compatibilidad los pares de torsión reactivos desconocidos. Si cualquiera de las magnitudes tiene un valor numérico negativo, ello indica que este par actúa en sentido opuesto al indicado sobre el diagrama de cuerpo libre.

EJEMPLO 5.11

La flecha sólida mostrada en la figura 5-25a tiene un diámetro de 20 mm. Determine las reacciones en los empotramientos A y B cuando está sometida a los dos pares de torsión mostrados.

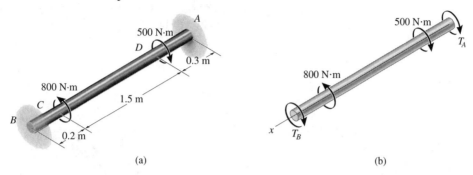

(a)   (b)

Solución

Equilibrio. Por inspección del diagrama de cuerpo libre, figura 5-25b, se ve que el problema es estáticamente indeterminado ya que hay sólo *una* ecuación disponible de equilibrio, y se tienen dos incógnitas, $\mathbf{T}_A$ y $\mathbf{T}_B$. Se requiere

$$\Sigma M_x = 0; \quad -T_B + 800\,\text{N} \cdot \text{m} - 500\,\text{N} \cdot \text{m} - T_A = 0 \tag{1}$$

Compatibilidad. Como los extremos de la flecha están empotrados, el ángulo de torsión de un extremo de la flecha con respecto al otro debe ser cero. Por consiguiente, la ecuación de compatibilidad puede escribirse como

$$\phi_{A/B} = 0$$

Esta condición puede expresarse en términos de los pares de torsión desconocidos usando la relación carga-desplazamiento, $\phi = TL/JG$. Tenemos aquí regiones de la flecha donde el par interno es constante, *BC, CD* y *DA*. En los diagramas de cuerpo libre mostrados en la figura 5-25c se indican esos pares internos actuando sobre segmentos de la flecha. De acuerdo con la convención de signos establecida en la sección 5.4, tenemos

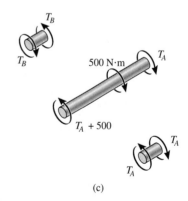

$$\frac{-T_B(0.2\,\text{m})}{JG} + \frac{(T_A + 500\,\text{N} \cdot \text{m})(1.5\,\text{m})}{JG} + \frac{T_A(0.3\,\text{m})}{JG} = 0$$

o

$$1.8 T_A - 0.2 T_B = -750 \tag{2}$$

Resolviendo las ecuaciones 1 y 2, obtenemos

$$T_A = -345\,\text{N} \cdot \text{m} \qquad T_B = 645\,\text{N} \cdot \text{m} \qquad \textit{Resp.}$$

(c)

Fig. 5-25

El signo negativo indica que $\mathbf{T}_A$ actúa con sentido opuesto al mostrado en la figura 5-25b.

EJEMPLO **5.12**

La flecha mostrada en la figura 5-26a está hecha de un tubo de acero unido a un núcleo de latón. Si se aplica un par de torsión $T = 250\ \text{lb} \cdot \text{pie}$ en su extremo, indique la distribución del esfuerzo cortante a lo largo de una línea radial de su sección transversal. Considere $G_{ac} = 11.4(10^3)$ klb/pulg^2, $G_{lat} = 5.20(10^3)$ klb/pulg^2.

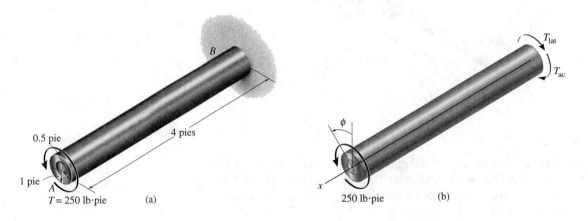

0.5 pie

4 pies

1 pie

A

$T = 250\ \text{lb} \cdot \text{pie}$ (a)

T_{lat}

T_{ac}

ϕ

x

250 lb·pie   (b)

Fig. 5-24

Solución

Equilibrio. En la figura 5-26b se muestra un diagrama de cuerpo libre de la flecha. La reacción en el empotramiento se ha representado por la magnitud desconocida de par resistido por el acero, T_{ac}, y por el latón, T_{lat}. Trabajando en unidades de libras y pulgadas, por equilibrio se requiere:

$$-T_{ac} - T_{lat} + 250\ \text{lb} \cdot \text{pie}(12\ \text{pulg/pies}) = 0 \qquad (1)$$

Compatibilidad. Se requiere que el ángulo de torsión del extremo A sea el mismo tanto para el acero como para el latón. Así,

$$\phi = \phi_{ac} = \phi_{lat}$$

Aplicando la relación carga-desplazamiento, $\phi = TL/JG$, tenemos:

$$\frac{T_{ac}L}{(\pi/2)[(1\ \text{pulg})^4 - (0.5\ \text{pulg})^4]11.4(10^3)\ \text{klb/pulg}^2} =$$

$$\frac{T_{lat}L}{(\pi/2)(0.5\ \text{pulg})^4 5.20(10^3)\ \text{klb/pulg}^2}$$

$$T_{ac} = 32.88T_{lat} \qquad (2)$$

Resolviendo las ecuaciones 1 y 2, obtenemos:

$$T_{ac} = 2911.0 \text{ lb} \cdot \text{pulg} = 242.6 \text{ lb} \cdot \text{pie}$$
$$T_{lat} = 88.5 \text{ lb} \cdot \text{pulg} = 7.38 \text{ lb} \cdot \text{pie}$$

Estos pares actúan a lo largo de toda la longitud de la flecha, ya que ningún par externo actúa en puntos intermedios a lo largo del eje de la flecha. El esfuerzo cortante en el núcleo de latón varía de cero en su centro a un máximo sobre la superficie en que entra en contacto con el tubo de acero. Con la fórmula de torsión,

$$(\tau_{lat})_{máx} = \frac{(88.5 \text{ lb} \cdot \text{pulg})(0.5 \text{ pulg})}{(\pi/2)(0.5 \text{ pulg})^4} = 451 \text{ lb/pulg}^2$$

Para el acero, el esfuerzo cortante mínimo está localizado sobre la superficie y tiene el valor de:

$$(\tau_{ac})_{mín} = \frac{(2911.0 \text{ lb} \cdot \text{pulg})(0.5 \text{ pulg})}{(\pi/2)[(1 \text{ pulg})^4 - (0.5 \text{ pulg})^4]} = 988 \text{ lb/pulg}^2$$

y el esfuerzo cortante máximo está en la superficie externa, con valor de:

$$(\tau_{ac})_{máx} = \frac{(2911.0 \text{ lb} \cdot \text{pulg})(1 \text{ pulg})}{(\pi/2)[(1 \text{ pulg})^4 - (0.5 \text{ pulg})^4]} = 1977 \text{ lb/pulg}^2$$

Los resultados se muestran en la figura 5-26c. Note la discontinuidad del *esfuerzo cortante* en la superficie de contacto entre el latón y el acero. Esto era de esperarse, ya que los materiales tienen módulos de rigidez diferentes; es decir, que el acero es más rígido que el latón ($G_{ac} > G_{lat}$), por lo que toma más esfuerzo cortante en esta superficie de contacto. Si bien el esfuerzo cortante es aquí discontinuo, la *deformación cortante* no lo es; es decir, la deformación unitaria cortante es la *misma* en el latón y en el acero. Esto puede evidenciarse usando la ley de Hooke, $\gamma = \tau/G$. En la superficie de contacto entre acero y latón, figura 5-26d, la deformación cortante unitaria es:

$$\gamma = \frac{\tau}{G} = \frac{451 \text{ lb/pulg}^2}{5.2(10^6) \text{ lb/pulg}^2} = \frac{988 \text{ lb/pulg}^2}{11.4(10^6) \text{ lb/pulg}^2} = 0.0867(10^{-3}) \text{ rad}$$

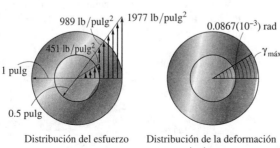

Distribución del esfuerzo cortante
(c)

Distribución de la deformación unitaria cortante
(d)

PROBLEMAS

5-73. La flecha de acero tiene un diámetro de 40 mm y está empotrada en sus extremos A y B. Determine el esfuerzo cortante máximo en las regiones AC y CB de la flecha cuando se aplica el par mostrado. $G_{ac} = 10.8(10^3)$ klb/pulg^2.

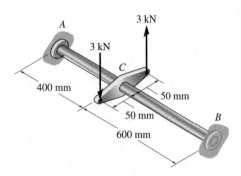

Prob. 5-73

5-74. Una barra está hecha de dos segmentos: AB de acero y BC de latón. Está empotrada en sus extremos y sometida a un par de torsión $T = 680$ N · m. Si la porción de acero tiene un diámetro de 30 mm, determine el diámetro requerido en la porción de latón de manera que las reacciones en los empotramientos sean las mismas. $G_{ac} = 75$ GPa, $G_{lat} = 39$ GPa.

5-75. Determine el esfuerzo cortante máximo absoluto en la flecha del problema 5-74.

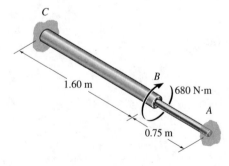

Probs. 5-74/75

*****5-76.** La flecha de acero está hecha de dos segmentos: AC tiene un diámetro de 0.5 pulg y CB un diámetro de 1 pulg. Si está empotrada en sus extremos A y B y sometida a un par de torsión de 500 lb·pie, determine el esfuerzo cortante máximo en la flecha. $G_{ac} = 10.8(10^3)$ klb/pulg^2.

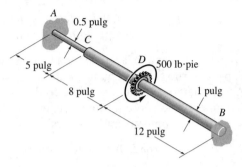

Prob. 5-76

5-77. El motor A genera un par de torsión en el engrane B de 450 lb·pie que se aplica a lo largo del eje de la flecha CD de acero de 2 pulg de diámetro. Este par de torsión debe transmitirse a los engranes piñones en E y F. Si estos engranes están temporalmente fijos, determine el esfuerzo cortante máximo en los segmentos CB y BD de la flecha. ¿Cuál es el ángulo de torsión de cada uno de esos segmentos? Los cojinetes en C y D sólo ejercen fuerzas reactivas sobre la flecha y no resisten ningún par de torsión. $G_{ac} = 12(10^3)$ klb/pulg^2.

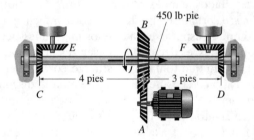

Prob. 5-77

5-78. La flecha compuesta consiste en un segmento medio que incluye la flecha sólida de 1 pulg de diámetro y un tubo que está soldado a las bridas rígidas A y B. Desprecie el espesor de las bridas y determine el ángulo de torsión del extremo C de la flecha respecto al extremo D. La flecha está sometida a un par de torsión de 800 lb·pie. El material es acero A-36.

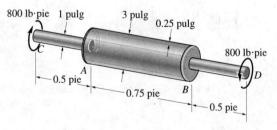

Prob. 5-78

5-79. La flecha está hecha de una sección sólida AB de acero y una porción tubular de acero con un núcleo de latón. Si está empotrada en A y se aplica en C un par de torsión $T = 50$ lb·pie, determine el ángulo de torsión que se presenta en C y calcule el esfuerzo cortante y la deformación cortante máximos en el latón y en el acero. Considere $G_{ac} = 11.5(10^3)$ klb/pulg² y $G_{lat} = 5.6(10^3)$ klb/pulg².

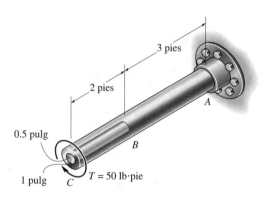

Prob. 5-79

*5-80. Las dos flechas de 3 pies de longitud están hechas de aluminio 2014-T6. Cada una tiene un diámetro de 1.5 pulg y están conectadas entre sí por medio de engranes fijos a sus extremos. Sus otros extremos están empotrados en A y B. También están soportadas por cojinetes en C y D, que permiten la libre rotación de las flechas respecto a sus ejes. Si se aplica un par de torsión de 600 lb·pie al engrane superior como se muestra, determine el esfuerzo cortante máximo en cada flecha.

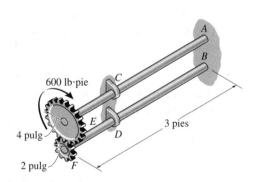

Prob. 5-80

5-81. Las dos flechas, AB y EF, están empotradas en sus extremos y conectadas a engranes conectados a su vez al engrane común en C que está conectado a la flecha CD. Si se aplica un par de torsión $T = 80$ N·m al extremo D, determine el ángulo de torsión en este extremo. Cada flecha tiene un diámetro de 20 mm y están hechas de acero A-36.

5-82. Las dos flechas, AB y EF, están empotradas en sus extremos y conectadas a engranes conectados a su vez al engrane común en C que está conectado a la flecha CD. Si se aplica un par de torsión $T = 80$ N·m al extremo D, determine el par de torsión en A y F. Cada flecha tiene un diámetro de 20 mm y están hechas de acero A-36.

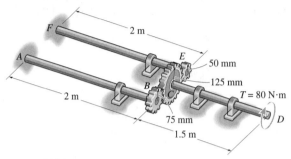

Probs. 5-81/82

5-83. La flecha de acero A-36 está hecha de dos segmentos: AC tiene un diámetro de 0.5 pulg y CB tiene un diámetro de 1 pulg. Si la flecha está empotrada en sus extremos A y B y está sometida a un par de torsión uniformemente distribuido de 60 lb · pulg/pulg a lo largo del segmento CB, determine el esfuerzo cortante máximo absoluto en la flecha.

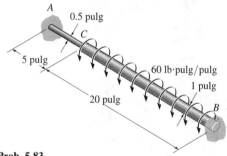

Prob. 5-83

*5-84. La flecha ahusada está doblemente empotrada en A y B. Si se aplica un par de torsión **T** en su punto medio, determine las reacciones en los empotramientos.

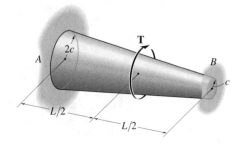

Prob. 5-84

5-85. Una porción de la flecha de acero A-36 está sometida a un par de torsión linealmente distribuido. Si la flecha tiene las dimensiones mostradas, determine las reacciones en los empotramientos A y C. El segmento AB tiene un diámetro de 1.5 pulg y el segmento BC un diámetro de 0.75 pulg.

5-86. Determine la rotación en la junta B y el esfuerzo cortante máximo absoluto en la flecha del problema 5-85.

5-87. La flecha de radio c está sometida a un par de torsión distribuido t, medido como par/longitud de flecha. Determine las reacciones en los empotramientos A y B.

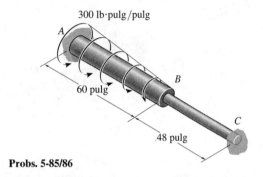

300 lb·pulg/pulg

A

60 pulg

B

C

48 pulg

Probs. 5-85/86

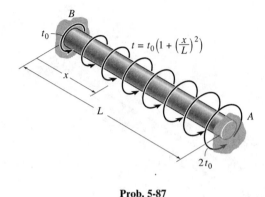

B

t_0

x

$t = t_0\left(1 + \left(\frac{x}{L}\right)^2\right)$

L

A

$2t_0$

Prob. 5-87

---

*5.6 Flechas sólidas no circulares

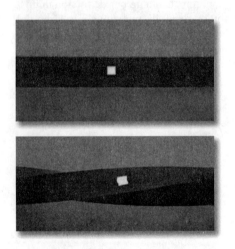

Note la deformación que ocurre en el elemento cuadrado cuando esta barra de hule está sometida a un par de torsión.

En la sección 5.1 se demostró que cuando un par de torsión se aplica a una flecha que tenga una sección transversal circular, es decir, que sea simétrica con respecto a su eje, las deformaciones unitarias cortantes varían linealmente desde cero en el centro hasta un momento máximo en su periferia. Además, debido a la uniformidad de la deformación cortante en todos los puntos sobre el mismo radio, la sección transversal no se deforma, sino que permanece plana después de que la flecha se ha torcido. Sin embargo, las flechas que no tienen una sección transversal circular *no* son simétricas con respecto a su eje, y a causa de que el esfuerzo cortante en su sección transversal está distribuido de manera compleja, sus secciones transversales pueden ***alabearse*** cuando la flecha se tuerce. En la figura 5-27 puede observarse cómo se deforman las líneas de retícula de una flecha que tiene una sección transversal cuadrada cuando la flecha está sometida a torsión. Como consecuencia de esta deformación, el análisis de la torsión en flechas *no circulares* resulta considerablemente complicado y no se examinará en este texto.

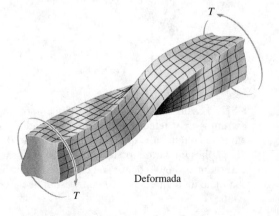

T

T

Fig. 5-27

No deformación

Deformada

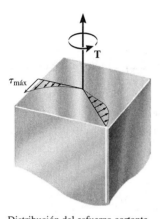
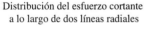

Distribución del esfuerzo cortante
a lo largo de dos líneas radiales

(a)

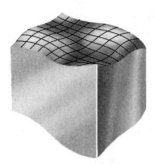

Alabeo del área de la sección transversal

(b)

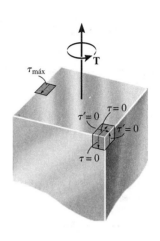

(c)

Fig. 5-28

Mediante un análisis matemático basado en la teoría de la elasticidad es posible determinar la distribución del esfuerzo cortante en una flecha de sección transversal cuadrada. En la figura 5-28a se muestran ejemplos de cómo varía este esfuerzo cortante a lo largo de dos líneas radiales de la flecha. Según se dijo anteriormente, a causa de que estas distribuciones del esfuerzo cortante varían de manera compleja, las deformaciones unitarias cortantes que generan tendrán como consecuencia un *alabeo* de la sección transversal conforme se muestra en la figura 5-28b. En particular, observe que los puntos de las esquinas de la flecha estarán sometidos a un esfuerzo cortante nulo y, por tanto, a una deformación cortante también nula. La razón para esto puede mostrarse al considerar un elemento de material situado en uno de estos puntos, figura 5-28c. Se podría esperar que la carga sombreada de este elemento esté sometida a un esfuerzo cortante con objeto de ayudar a resistir el par de torsión aplicado **T**. Sin embargo, esto *no* sucede aquí, puesto que los esfuerzos cortantes τ y τ', que actúan sobre la *superficie exterior* de la flecha, deben ser *cero*, lo cual a su vez implica que las componentes de esfuerzo cortante correspondientes τ y τ' en la cara sombreada deben ser también iguales a cero.

Los resultados del análisis anterior, junto con otros resultados de la teoría de la elasticidad para flechas que tengan secciones transversales triangulares y elípticas, se muestran en la tabla 5-1. En todos los casos, el *esfuerzo cortante máximo* se presenta en un punto de la sección transversal que esté *menos distante* del eje central de la flecha. En la tabla 5-1 estos puntos están indicados con puntos negros en las secciones transversales. También se dan en la tabla las fórmulas para el ángulo de torsión de cada flecha. Extendiendo estos resultados a una flecha que tenga una sección transversal *arbitraria*, puede demostrarse asimismo que una flecha que tenga una sección transversal *circular* es más eficiente, ya que está sometida tanto a un esfuerzo cortante máximo *más pequeño* como a un ángulo de torsión *más pequeño* que una flecha que tenga una sección transversal no circular y está sometida al mismo par de torsión.

TABLA 5-1

Forma de la sección transversal	$\tau_{máx}$	ϕ
Cuadrada	$\dfrac{4.81\,T}{a^3}$	$\dfrac{7.10\,TL}{a^4 G}$
Triángulo equilátero	$\dfrac{20\,T}{a^3}$	$\dfrac{46\,TL}{a^4 G}$
Elipse	$\dfrac{2\,T}{\pi a b^2}$	$\dfrac{(a^2 + b^2)TL}{\pi a^3 b^3 G}$

E J E M P L O 5.13

La flecha de aluminio 6061-T6 mostrada en la figura 5-29 tiene una sección transversal en forma de triángulo equilátero. Determine el par de torsión **T** más grande que puede aplicarse al extremo de la flecha si el esfuerzo cortante permisible es $\tau_{perm} = 8$ klb/pulg^2 y el ángulo de torsión máximo permitido en su extremo es de $\phi_{perm} = 0.02$ rad. ¿Qué par de torsión puede aplicarse a una flecha de sección circular hecha con la misma cantidad de material?

Solución

Por inspección, el par de torsión interno resultante en cualquier sección transversal a lo largo del eje de la flecha es también **T**. Con las fórmulas para $\tau_{máx}$ y ϕ de la tabla 5-1, se requiere:

$$\tau_{perm} = \frac{20T}{a^3}; \qquad 8(10^3) \text{ lb/pulg}^2 = \frac{20T}{(1.5 \text{ pulg})^3}$$

$$T = 1350 \text{ lb} \cdot \text{pulg}$$

También,

$$\phi_{perm} = \frac{46TL}{a^4 G_{al}}; \quad 0.02 \text{ rad} = \frac{46T(4 \text{ pies})(12 \text{ pulg/pie})}{(1.5 \text{ pulg})^4 [3.7(10^6) \text{ lb/pulg}^2]}$$

$$T = 170 \text{ lb} \cdot \text{pulg} \qquad \qquad \textit{Resp.}$$

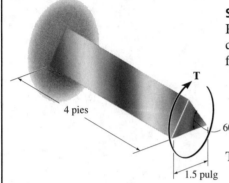

4 pies

60°

1.5 pulg

Fig. 5-29

Por comparación, se ve que el par de torsión más grande es limitado por el ángulo de torsión permisible.

Sección transversal circular. Si se va a usar la misma cantidad de aluminio para una flecha de igual longitud con sección transversal circular, debemos calcular primero el radio de ésta. Tenemos:

$$A_{círculo} = A_{triángulo}; \quad \pi c^2 = \frac{1}{2}(1.5 \text{ pulg})(1.5 \text{ sen } 60°)$$

$$c = 0.557 \text{ pulg}$$

Por los requisitos de esfuerzo y ángulo de torsión se requiere:

$$\tau_{perm} = \frac{Tc}{J}; \qquad 8(10^3) \text{ lb/pulg}^2 = \frac{T(0.557 \text{ pulg})}{(\pi/2)(0.557 \text{ pulg}^4)}$$

$$T = 2170 \text{ lb} \cdot \text{pulg}$$

$$\phi_{perm} = \frac{TL}{JG_{al}}; \qquad 0.02 \text{ rad} = \frac{T(4 \text{ pies})(12 \text{ pulg/pie})}{(\pi/2)(0.557 \text{ pulg}^4) [3.7(10^6) \text{ lb/pulg}^2]}$$

$$T = 233 \text{ lb} \cdot \text{pulg}$$

Nuevamente, el ángulo de torsión limita al par aplicable.

Comparando este resultado (233 lb·pulg) con el dado antes (170 lb·pulg), se ve que una flecha con sección transversal circular puede soportar 37% más par de torsión que una con sección transversal triangular.

*5.7 Tubos de pared delgada con secciones transversales cerradas

A menudo se emplean tubos de paredes delgadas de forma no circular
para construir estructuras de peso ligero tales como las usadas en los ae-
roplanos. En algunas aplicaciones pueden estar sometidas a una carga de
torsión. En esta sección analizaremos los efectos de aplicar un par de torsión a un tubo de pared delgada que tenga una sección transversal *cerrada*, es decir, un tubo que no tenga aberturas a lo largo de su longitud. En
la figura 5-30a se muestra un tubo de tal tipo, que tiene una sección transversal constante pero de forma arbitraria. Para el análisis supondremos
que las paredes tienen un espesor variable *t*. Puesto que las paredes son delgadas, podemos obtener una solución aproximada para el esfuerzo cortante suponiendo que este esfuerzo está *distribuido uniformemente* a través
del espesor del tubo. En otras palabras podremos determinar el *esfuerzo
cortante promedio* en el tubo en cualquier punto dado. Sin embargo, antes de hacerlo, veremos primero algunos conceptos preliminares con respecto a la acción del esfuerzo cortante sobre la sección transversal.

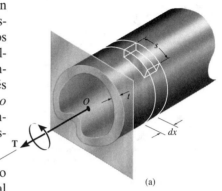

(a)

Flujo cortante. En las figuras 5-30a y 5-30b se muestra un elemento
pequeño del tubo, que tiene una longitud finita *s* y un ancho diferencial
dx. En un extremo, el elemento tiene un espesor t_A, y en el otro extremo
el espesor es t_B. Debido al par de torsión aplicado **T**, en la cara frontal del
elemento se desarrolla un esfuerzo cortante. Específicamente, en el extremo A el esfuerzo cortante es τ_A, y en el otro extremo B es τ_B. Estos esfuerzos pueden relacionarse observando que esfuerzos cortantes equivalentes τ_A y τ_B deben también actuar sobre los lados longitudinales del
elemento, que se muestran sombreados en la figura 5-30b. Puesto que estos lados tienen espesores t_A y t_B constantes, las fuerzas que actúan sobre
ellos son $dF_A = \tau_A(t_A\,dx)$ y $dF_B = \tau_B(t_B\,dx)$. El equilibrio de las fuerzas
requiere que éstas sean de igual magnitud pero de sentido opuesto, de modo que:

$$\tau_A t_A = \tau_B t_B$$

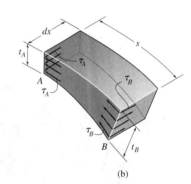

(b)

Fig. 5-30

Este importante resultado establece que *el producto del esfuerzo cortante longitudinal promedio multiplicado por el espesor del tubo es el mismo en todo punto del área transversal del tubo*. Este producto se llama
flujo de cortante,* *q*, y en términos generales puede expresarse como:

$$\boxed{q = \tau_{\text{prom}}}$$ (5-17)

Puesto que *q* es constante sobre la sección transversal, el esfuerzo cortante promedio *más grande* ocurrirá donde el espesor del tubo es *más pequeño*.

*Se usa el término "flujo", ya que conceptualmente *q* es análogo al agua que fluye por un canal abierto de sección transversal rectangular con altura constante y ancho variable *w*. Aunque la velocidad *v* del agua en cada punto a lo largo del canal es diferente (igual que τ_{prom}),
el flujo $q = vw$ es constante.

Si un elemento diferencial que tenga un espesor t, una longitud ds y un ancho dx se aísla del tubo, figura 5-30c, se ve que el área sombreada sobre la que actúa el esfuerzo cortante promedio es $dA = t\,ds$. Por tanto, $dF = \tau_{\text{prom}}t\,ds = q\,ds$, o $q = dF/ds$. En otras palabras, *el flujo de cortante, que es constante en el área de la sección transversal, mide la fuerza por unidad de longitud a lo largo del área de la sección transversal del tubo.*

Es importante observar que las componentes de esfuerzo cortante que se muestran en la figura 5-30c son las únicas que actúan en el tubo. Las componentes que actúan en la otra dirección, como se muestra en la figura 5-30d, no pueden existir. Ello se debe a que las caras superior e inferior del elemento están en las paredes interior y exterior del tubo, y estas superficies deben estar libres de esfuerzo. En su lugar, según se observó arriba, el par de torsión aplicado hace que *el flujo de cortante y el esfuerzo promedio estén siempre dirigidos tangencialmente a la pared del tubo, de manera que contribuyan al par de torsión resultantes* **T**.

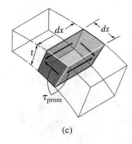

(c)

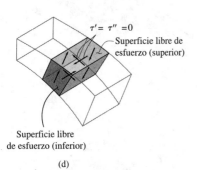

$\tau' = \tau'' = 0$
Superficie libre de
esfuerzo (superior)

Superficie libre
de esfuerzo (inferior)

(d)

Esfuerzo cortante promedio. El esfuerzo cortante promedio, τ_{prom}, que actúa en el área sombreada $dA = t\,ds$ del elemento diferencial mostrado en la figura 5-30c, puede relacionarse con el par de torsión T considerando el par producido por el esfuerzo cortante con respecto a un punto O seleccionado dentro de los límites del tubo, figura 5-30e. Como se muestra, el esfuerzo cortante desarrolla una fuerza $dF = \tau_{\text{prom}}dA = \tau_{\text{prom}}(t\,ds)$ en el elemento. Esta fuerza actúa tangencialmente a la línea central de la sección transversal del tubo, y, como el brazo de palanca es h, el par de torsión es:

$$dT = h(dF) = h(\tau_{\text{prom}}t\,ds)$$

Para toda la sección transversal se requiere que:

$$T = \oint h\,\tau_{\text{prom}}t\,ds$$

Aquí, la "integral de línea" indica que la integración se lleva a cabo *alrededor* de todo el límite del área. Puesto que el flujo de cortante $q = \tau_{\text{prom}}t$ es constante, estos términos reunidos pueden ser factorizados fuera de la integral, de modo que:

$$T = \tau_{\text{prom}}t\oint h\,ds$$

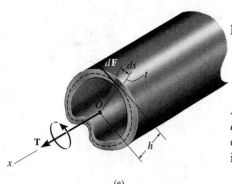

(e)

Puede hacerse una simplificación gráfica para evaluar la integral observando que el *área media*, mostrada por el triángulo sombreado en la figura 5-30e, es $dA_m = (1/2)h\,ds$. Entonces,

$$T = 2\tau_{\text{prom}}t\int dA_m = 2\tau_{\text{prom}}tA_m$$

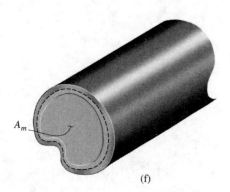

(f)

Fig. 5-30 (cont.)

Despejando τ_{prom}, tenemos

$$\tau_{prom} = \frac{T}{2t A_m} \qquad (5\text{-}18)$$

Aquí,

τ_{prom} = esfuerzo cortante promedio que actúa en el espesor del tubo

T = par de torsión resultante en la sección transversal, el cual se halla usando el método de las secciones y las ecuaciones de equilibrio

t = espesor del tubo donde se va a calcular τ_{prom}

A_m = área media encerrada por la *línea central* del espesor del tubo. A_m se muestra sombreada en la figura 5-30f.

Puesto que $q = \tau_{prom} t$, podemos determinar el flujo de cortante en la sección transversal usando la ecuación

$$q = \frac{T}{2A_m} \qquad (5\text{-}19)$$

Ángulo de torsión. El ángulo de torsión de un tubo de pared delgada de longitud L puede determinarse usando los métodos de la energía y más adelante en el texto se propone como un problema el desarrollo de la ecuación necesaria.* Si el material se comporta de manera elástico-lineal y G es el módulo de cortante, entonces este ángulo ϕ, dado en radianes, puede expresarse por:

$$\phi = \frac{TL}{4A_m^2 G} \oint \frac{ds}{t} \qquad (5\text{-}20)$$

Aquí la integración debe llevarse a cabo alrededor de todo el límite del área de la sección transversal del tubo.

PUNTOS IMPORTANTES

• El flujo cortante q es el producto del espesor del tubo y el esfuerzo cortante promedio. Este valor es *constante* en todos los puntos a lo largo de la sección transversal del tubo. En consecuencia, el esfuerzo promedio *máximo* sobre la sección transversal ocurre donde el espesor del tubo es *más pequeño*.

• El flujo cortante y el esfuerzo cortante promedio actúan *tangencialmente* a la pared del tubo en todos los puntos y en una dirección tal que contribuya al par resultante.

*Véase el problema 14-19.

EJEMPLO 5.14

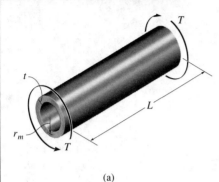

(a)

Calcule el esfuerzo cortante promedio en un tubo de pared delgada con sección transversal circular de radio medio r_m y espesor t, que está sometido a un par de torsión T, figura 5-31a. ¿Cuál es el ángulo de torsión relativo si el tubo tiene una longitud L?

Solución

Esfuerzo cortante promedio. El área media del tubo es $A_m = \pi r_m^2$. Aplicando la ecuación 5-18 obtenemos:

$$\tau_{prom} = \frac{T}{2tA_m} = \frac{T}{2\pi t r_m^2} \qquad \textit{Resp.}$$

Podemos verificar la validez de este resultado aplicando la fórmula de la torsión. En este caso, usando la ecuación 5-9, tenemos

$$J = \frac{\pi}{2}(r_o^4 - r_i^4)$$

$$= \frac{\pi}{2}(r_o^2 + r_i^2)(r_o^2 - r_i^2)$$

$$= \frac{\pi}{2}(r_o^2 + r_i^2)(r_o + r_i)(r_o - r_i)$$

Como $r_m \approx r_o \approx r_i$ y $t = r_o - r_i$, $J = \frac{\pi}{2}[(2r_m^2)(2r_m)t] = 2\pi r_m^3 t$

de manera que $\qquad \tau_{prom} = \frac{Tr_m}{J} = \frac{Tr_m}{2\pi r_m^3 t} = \frac{T}{2\pi t r_m^2} \qquad \textit{Resp.}$

Distribución del esfuerzo
cortante real
(fórmula de la torsión)

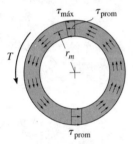

Distribución del esfuerzo
cortante promedio
(aproximación de pared delgada)

(b)

Fig. 5-31

que concuerda con el resultado previo.

La distribución del esfuerzo cortante promedio que actúa sobre toda la sección transversal del tubo se muestra en la figura 5-31b. También se muestra la distribución del esfuerzo cortante que actúa sobre una línea radial, calculado con la fórmula de la torsión. Observe cómo cada τ_{prom} actúa en una dirección tal que contribuye a generar un par de torsión resultante **T** en la sección. Conforme el espesor del tubo disminuye, el esfuerzo cortante en todo el tubo resulta más uniforme.

Ángulo de torsión. Aplicando la ecuación 5-20 tenemos:

$$\phi = \frac{TL}{4A_m^2 G}\oint \frac{ds}{t} = \frac{TL}{4(\pi r_m^2)^2 Gt}\oint ds$$

La integral representa la longitud alrededor de la línea central limítrofe, que es $2\pi r_m$. Sustituyendo, el resultado final es:

$$\phi = \frac{TL}{2\pi r_m^3 Gt} \qquad \textit{Resp.}$$

Demuestre que se obtiene el mismo resultado usando la ecuación 5-15.

E J E M P L O 5.15

El tubo es de bronce C86100 y tiene una sección transversal rectangular como se muestra en la figura 5-32a. Determine el esfuerzo cortante promedio en los puntos A y B del tubo cuando éste está sometido a los dos pares mostrados. ¿Cuál es el ángulo de torsión del extremo C? El tubo está empotrado en E.

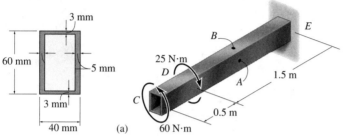

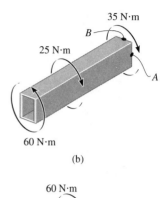

(b)

60 N·m

(c)

Solución

Esfuerzo cortante promedio. Si se secciona el tubo a través de los puntos A y B, el diagrama de cuerpo libre resultante es el mostrado en la figura 5-32b. El par de torsión interno es de 35 N · m. Como se muestra en la figura 5-32d, el área A_m es:

$$A_m = (0.035 \text{ m})(0.057 \text{ m}) = 0.00200 \text{ m}^2$$

Aplicando la ecuación 5-18 al punto A, $t_A = 5$ mm, por lo que:

$$\tau_A = \frac{T}{2tA_m} = \frac{35 \text{ N} \cdot \text{m}}{2(0.005 \text{ m})(0.00200 \text{ m}^2)} = 1.75 \text{ MPa} \quad \textit{Resp.}$$

En el punto B, $t_B = 3$ mm, por lo que:

$$\tau_B = \frac{T}{2tA_m} = \frac{35 \text{ N} \cdot \text{m}}{2(0.003 \text{ m})(0.00200 \text{ m}^2)} = 2.92 \text{ MPa} \quad \textit{Resp.}$$

Estos resultados se muestran sobre elementos de material localizados en los puntos A y B, figura 5-32e. Note cuidadosamente cómo el par de 35 N · m en la figura 5-32b genera esos esfuerzos sobre las caras sombreadas de cada elemento.

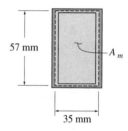

(d)

Ángulo de torsión. De los diagramas de cuerpo libre en las figuras 5-32b y 5-32c, los pares de torsión internos en las regiones DE y CD son de 35 N · m y de 60 N · m, respectivamente. De acuerdo con la convención de signos establecida en la sección 5.4, estos pares son ambos positivos. Así, la ecuación 5-20 nos da:

$$\phi = \sum \frac{TL}{4A_m^2 G} \oint \frac{ds}{t}$$

$$= \frac{60 \text{ N} \cdot \text{m}(0.5 \text{ m})}{4(0.00200 \text{ m}^2)^2(38(10^9) \text{ N/m}^2)}\left[2\left(\frac{57 \text{ mm}}{5 \text{ mm}}\right) + 2\left(\frac{35 \text{ mm}}{3 \text{ mm}}\right)\right]$$

$$+ \frac{35 \text{ N} \cdot \text{m}(1.5 \text{ m})}{4(0.00200 \text{ m}^2)^2(38(10^9) \text{ N/m}^2)}\left[2\left(\frac{57 \text{ mm}}{5 \text{ mm}}\right) + 2\left(\frac{35 \text{ mm}}{3 \text{ mm}}\right)\right]$$

$$= 6.29(10^{-3}) \text{ rad} \quad\quad\quad \textit{Resp.}$$

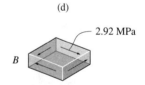

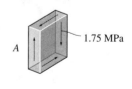

(e)

Fig. 5-32

EJEMPLO 5.16

Un tubo cuadrado de aluminio tiene las dimensiones mostradas en la figura 5-33a. Determine el esfuerzo cortante promedio en el punto A del tubo cuando éste está sometido a un par de torsión de 85 lb·pie. Calcule también el ángulo de torsión debido a esta carga. Considere $G_{al} = 3.80(10^3)$ klb/pulg^2.

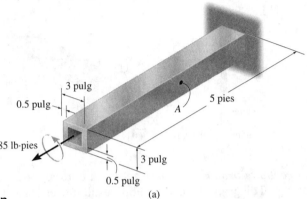

(a)

Solución

Esfuerzo cortante promedio.   Por inspección, el par de torsión interno resultante en la sección transversal donde se encuentra A es $T =$ 85 lb·pie. De la figura 5-33b, el área A_m que aparece sombreada, es:

$$A_m = (2.5 \text{ pulg})(2.5 \text{ pulg}) = 6.25 \text{ pulg}^2$$

Aplicando la ecuación 5-18,

$$\tau_{prom} = \frac{T}{2tA_m} = \frac{85 \text{ lb} \cdot \text{pie}(12 \text{ pulg}/\text{pie})}{2(0.5 \text{ pulg})(6.25 \text{ pulg}^2)} = 163 \text{ lb/pulg} \quad Resp.$$

Como t es constante, excepto en las esquinas, el esfuerzo cortante promedio es el mismo en todos los puntos de la sección transversal. En la figura 5-33c se muestra actuando sobre un elemento localizado en el punto A. Advierta que τ_{prom} actúa hacia arriba sobre la cara sombreada, contribuyendo así a generar el par $\mathbf{T}$ interno resultante en la sección.

Ángulo de torsión.   El ángulo de torsión generado por T se determina con la ecuación 5-20, esto es,

$$\phi = \frac{TL}{4A_m^2 G} \oint \frac{ds}{t} = \frac{85 \text{ lb} \cdot \text{pie}(12 \text{ pulg}/\text{pie})(5 \text{ pies})(12 \text{ pulg/pie})}{4(6.25 \text{ pulg}^2)^2[3.80(10^6) \text{ lb/pulg}^2]}$$

$$\oint \frac{ds}{(0.5 \text{ pulg})} = 0.206(10^{-3}) \text{ pulg}^{-1} \oint ds$$

La integral en esta expresión representa la *longitud* de la línea central limítrofe del tubo, figura 5-33b. Así,

$$\phi = 0.206(10^{-3}) \text{ pulg}^{-1}[4(2.5 \text{ pulg})] = 2.06(10^{-3}) \text{ rad} \quad Resp.$$

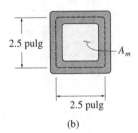

(b)

(c)

Fig. 5-33

EJEMPLO 5.17

Un tubo delgado está hecho de 3 placas de acero A-36 de 5 mm de espesor que forman una sección transversal triangular como se muestra en la figura 5-34a. Determine el par de torsión T máximo a que puede quedar sometido si el esfuerzo cortante permisible es τ_{perm} = 90 MPa y el tubo no debe girar más de $\phi = 2(10^{-3})$ rad.

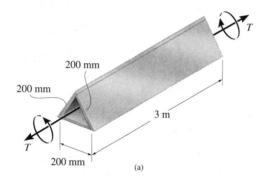

(a)

Solución

El área A_m se muestra sombreada en la figura 5-34b y es igual a:

$$A_m = \frac{1}{2}(200 \text{ mm})(200 \text{ mm sen } 60°)$$

$$= 17.32(10^3) \text{ mm}^2(10^{-6} \text{ m}^2/\text{mm}^2) = 17.32(10^{-3}) \text{ m}^2$$

El esfuerzo cortante promedio más grande ocurre en puntos en que el espesor del tubo es más pequeño, esto es, a lo largo de los lados y no en las esquinas. Aplicando la ecuación 5-18 con t = 0.005 m, obtenemos

$$\tau_{prom} = \frac{T}{2tA_m}; \quad 90(10^6) \text{ N/m}^2 = \frac{T}{2(0.005 \text{ m})(17.32(10^{-3}) \text{ m}^2)}$$

$$T = 15.6 \text{ kN} \cdot \text{m}$$

De la ecuación 5-20 tenemos:

$$\phi = \frac{TL}{4A_m^2 G} \oint \frac{ds}{t}$$

$$0.002 \text{ rad} = \frac{T(3 \text{ m})}{4(17.32(10^{-3}) \text{ m})^2[75(10^9) \text{ N/m}^2]} \oint \frac{ds}{(0.005 \text{ m})}$$

$$300.0 = T \oint ds$$

La integral representa la suma de las dimensiones a lo largo de los tres lados de la línea central limítrofe. Así,

$$300.0 = T[3(0.20 \text{ m})]$$

$$T = 500 \text{ N} \cdot \text{m} \qquad \qquad \textit{Resp.}$$

Por comparación, la aplicación del par de torsión está restringida por el ángulo de torsión.

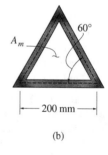

(b)

Fig. 5-34

PROBLEMAS

*5-88. La barra de aluminio tiene una sección transversal cuadrada de 10 mm por 10 mm. Determine el par de torsión T necesario para que un extremo gire 90° con respecto al otro, si la barra tiene 8 m de longitud. $G_{al} = 28$ GPa, $(\tau_Y)_{al} = 240$ MPa.

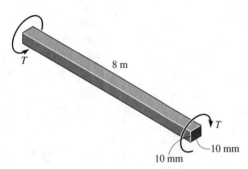

Prob. 5-88

5-89. Determine la cantidad en que se incrementa el esfuerzo cortante máximo en una flecha con sección elíptica respecto a una flecha con sección transversal circular si ambas flechas resisten el mismo par de torsión.

5-90. Si $a = 25$ mm y $b = 15$ mm, determine el esfuerzo cortante máximo en las flechas circular y elíptica cuando el par de torsión aplicado es $T = 80$ N·m. ¿En qué porcentaje es más eficiente para resistir el par de torsión la flecha de sección circular que la flecha de sección elíptica?

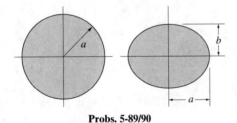

Probs. 5-89/90

5-91. La flecha de acero tiene 12 pulg de longitud y se atornilla a la pared por medio de una llave. Determine las fuerzas F del par máximo que pueden aplicarse a la flecha sin que el acero fluya. $\tau_Y = 8$ klb/pulg^2.

*5-92. La flecha de acero tiene 12 pulg de longitud y se atornilla a la pared por medio de una llave. Determine el esfuerzo cortante máximo en la flecha y la magnitud del desplazamiento que experimenta cada fuerza del par si éstas tienen una magnitud $F = 30$ lb. $G_{ac} = 10.8(10^3)$ klb/pulg^2.

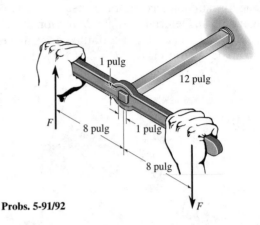

Probs. 5-91/92

5-93. La flecha está hecha de plástico y tiene una sección transversal elíptica. Si está sometida a la carga torsional mostrada, determine el esfuerzo cortante en el punto A y muestre el esfuerzo cortante sobre un elemento de volumen localizado en este punto. Además, determine el ángulo de torsión ϕ en el extremo B. $G_p = 15$ GPa.

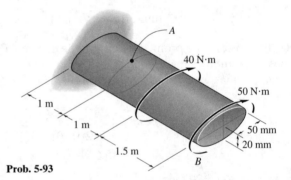

Prob. 5-93

5-94. La flecha de sección cuadrada se usa en el extremo de un cable impulsor con el fin de registrar la rotación del cable en un aparato medidor. Si tiene las dimensiones mostradas y está sometida a un par de 8 N·m, determine el esfuerzo cortante en el punto A de la flecha. Esboce el esfuerzo cortante sobre un elemento de volumen situado en este punto.

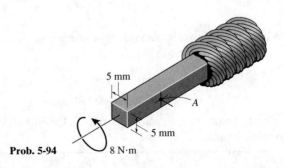

Prob. 5-94

5-95. La flecha de aluminio está empotrada en sus extremos A y B. Determine las reacciones en los empotramientos cuando se somete a un par de torsión de 80 lb·pie en C. La flecha tiene sección transversal cuadrada de 2 pulg por 2 pulg. También, ¿cuál es el ángulo de torsión en C? $G_{al} = 3.8(10^3)$ klb/pulg^2.

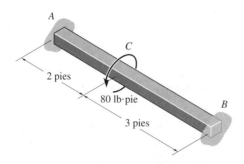

Prob. 5-95

*5-96. Se quiere fabricar una barra circular para resistir un par de torsión; sin embargo, la barra resulta con sección transversal elíptica durante el proceso de manufactura, con una dimensión más pequeña que la otra por un factor k como se muestra. Determine el factor por el que se incrementa el esfuerzo cortante máximo.

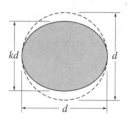

Prob. 5-96

5-97. Se aplica un par de torsión **T** a dos tubos con las secciones transversales mostradas. Compare el flujo de cortante desarrollado en cada tubo.

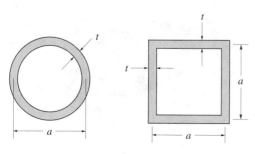

Prob. 5-97

5-98. El tubo de plástico está sometido a un par de torsión de 150 N·m. Determine la dimensión media a de sus lados si el esfuerzo cortante permisible $\tau_{perm} = 60$ MPa. Cada lado tiene un espesor $t = 3$ mm. Desprecie las concentraciones de esfuerzos en las esquinas.

5-99. El tubo de plástico está sometido a un par de torsión de 150 N·m. Determine el esfuerzo cortante promedio en el tubo si la dimensión media $a = 200$ mm. Cada lado tiene un espesor $t = 3$ mm. Desprecie las concentraciones de esfuerzos en las esquinas.

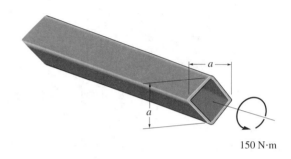

Probs. 5-98/99

*5-100. Determine el espesor constante del tubo rectangular si el esfuerzo cortante promedio no debe exceder de 12 klb/pulg^2 cuando se aplica un par de torsión $T = 20$ klb·pulg al tubo. Desprecie las concentraciones de esfuerzos en las esquinas. Se muestran las dimensiones medias del tubo.

5-101. Determine el par de torsión T que puede aplicarse al tubo rectangular si el esfuerzo cortante promedio no debe exceder de 12 klb/pulg^2. Desprecie las concentraciones de esfuerzos en las esquinas. Se muestran las dimensiones medias del tubo y su espesor es de 0.125 pulg.

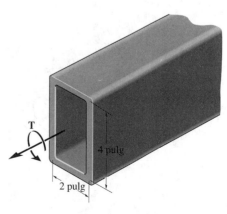

Probs. 5-100/101

5-102. Se aplica un par de torsión de 2 klb·pulg al tubo que tiene un espesor de 0.1 pulg en su pared. Determine el esfuerzo cortante promedio en el tubo.

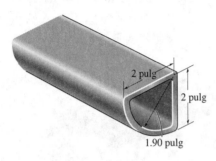

Prob. 5-102

*5-104. El tubo de acero tiene una sección transversal elíptica con las dimensiones medias mostradas y un espesor constante $t = 0.2$ pulg. Si el esfuerzo cortante permisible es $\tau_{\text{perm}} = 8$ klb/pulg^2 y el tubo debe resistir un par de torsión $T = 250$ lb·pie, determine la dimensión b necesaria. El área media de la elipse es $A_m = \pi b(0.5b)$.

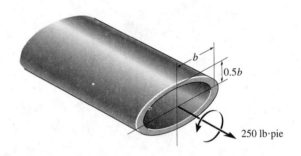

Prob. 5-104

5-103. El tubo está hecho de plástico, su pared es de 5 mm de espesor y tiene las dimensiones medias mostradas. Determine el esfuerzo cortante promedio en los puntos A y B cuando está sometido al par de torsión $T = 5$ N·m. Muestre el esfuerzo cortante sobre elementos de volumen localizados en esos puntos.

5-105. El tubo está hecho de plástico, tiene 5 mm de espesor y las dimensiones medias son las mostradas. Determine el esfuerzo cortante promedio en los puntos A y B cuando el tubo está sometido al par de torsión $T = 500$ N·m. Muestre el esfuerzo cortante sobre elementos de volumen localizados en esos puntos. Desprecie las concentraciones de esfuerzos en las esquinas.

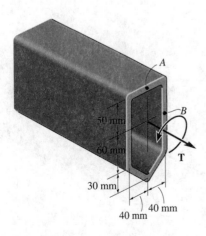

Prob. 5-103

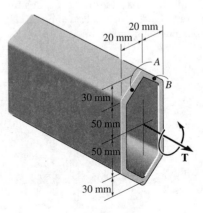

Prob. 5-105

5-106. Una porción del fuselaje de un avión puede aproximarse por la sección transversal mostrada. Si el espesor de su pared de aluminio 2014-T6 es de 10 mm, determine el par de torsión máximo **T** que puede aplicarse si $\tau_{\text{perm}} =$ 4 MPa. Además, determine el ángulo de torsión en una sección de 4 m de longitud.

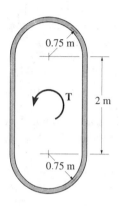

Prob. 5-106

5-107. El tubo simétrico está hecho de un acero de alta resistencia con las dimensiones medias mostradas y con un espesor de 5 mm. Determine el esfuerzo cortante promedio desarrollado en los puntos A y B cuando se somete a un par de torsión $T = 40$ N · m. Muestre el esfuerzo cortante en elementos de volumen localizados en esos puntos.

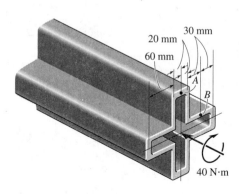

Prob. 5-107

*5-108. El tubo exagonal de plástico está sometido a un par de torsión de 150 N · m. Determine la dimensión media a de sus lados si el esfuerzo cortante permisible es $\tau_{\text{perm}} = 60$ MPa. Cada lado tiene un espesor $t = 3$ mm.

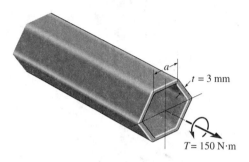

Prob. 5-108

5-109. Debido a la fabricación, el círculo interior del tubo es excéntrico con respeto al círculo exterior. ¿En qué porcentaje se reduce la resistencia torsional cuando la excentricidad e es igual a un cuarto de la diferencia de los radios?

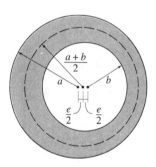

Prob. 5-109

5-110. Para un esfuerzo cortante máximo dado, determine el factor en que se incrementa la capacidad de tomar un par de torsión si la sección semicircular se invierte de la posición punteada a la sección mostrada. El tubo tiene 0.1 pulg de espesor.

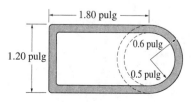

Prob. 5-110

5.8 Concentración de esfuerzos

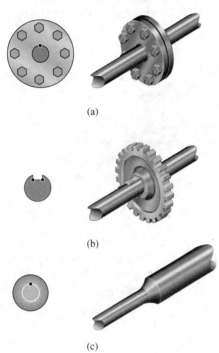

(a)

(b)

(c)

Fig. 5-35

La fórmula de la torsión, $\tau_{máx} = Tc/J$, puede aplicarse a regiones de una flecha que tenga una sección transversal circular constante o un ligero ahusamiento. Cuando se presentan cambios bruscos en la sección transversal, tanto la distribución de esfuerzo cortante como la distribución de deformación cortante en la flecha se vuelven complejas y pueden obtenerse sólo por el uso de métodos experimentales o posiblemente por un análisis matemático basado en la teoría de la elasticidad. En la figura 5-35 se muestran tres discontinuidades de la sección transversal comunes en la práctica. Ellas son los *coples*, que se usan para conectar dos flechas colineales entre sí, figura 5-35*a*; los *cuñeros*, usados para conectar engranes o poleas a una flecha, figura 5-35*b*, y los *filetes*, utilizados para fabricar una flecha colineal única de dos flechas que tienen diámetros diferentes, figura 5-35*c*. En cada caso el esfuerzo cortante máximo ocurrirá en el punto indicado de la sección transversal.

Con objeto de eliminar la necesidad de llevar a cabo un análisis complejo de esfuerzo en una discontinuidad de la flecha, el esfuerzo cortante máximo puede determinarse para una geometría especificada usando un *factor de concentración de esfuerzos torsionales*, K. Como en el caso de miembros cargados axialmente, sección 4.7, K es por lo regular tomado de una gráfica. En la figura 5-36 se muestra un ejemplo de una flecha con filetes. Para usar esta gráfica, primero se calcula la relación geométrica

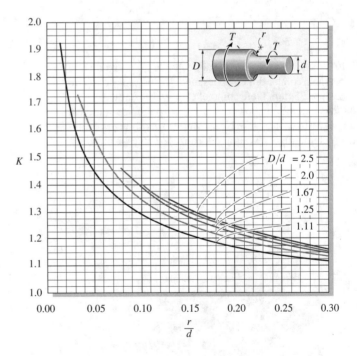

Fig. 5-36

D/d para definir la curva apropiada y después, una vez calculada la abscisa r/d, se halla el valor de K a lo largo de la ordenada. El esfuerzo cortante máximo se determina según la ecuación:

$$\tau_{\text{máx}} = K \frac{Tc}{J} \qquad (5\text{-}21)$$

Aquí, la fórmula de la torsión se aplica a la *más pequeña* de las dos flechas conectadas, puesto que $\tau_{\text{máx}}$ ocurre en la base del filete, figura 5-35c.

Puede observarse en la gráfica que un *aumento* en el radio r del filete causa una *disminución* de K. Por tanto, el esfuerzo cortante máximo en la flecha puede reducirse *aumentando* el radio del filete. También, si se reduce el diámetro de la flecha más grande, la relación D/d será menor, así como el valor de K, y por tanto $\tau_{\text{máx}}$ será menor.

Como en el caso de miembros cargados axialmente, los factores de concentración de esfuerzos torsionantes deben utilizarse *siempre* que se diseñen flechas de *materiales frágiles*, o cuando van a estar sometidas a *fatiga* o a *cargas de torsión cíclicas*. Estos tipos de carga dan lugar a la formación de grietas en la zona de concentración de esfuerzos, y esto puede a menudo conducir a una falla súbita de la flecha. Obsérvese también que si se aplica una carga torsional *estática* grande a una flecha fabricada de un *material dúctil*, entonces pueden desarrollarse *deformaciones inelásticas* en la flecha. Como resultado de la fluencia, la distribución del esfuerzo estará *distribuida más suavemente* en la flecha, de modo que el esfuerzo máximo que resulte no estará limitado a la zona de concentración de esfuerzos. Este fenómeno se estudiará más ampliamente en la sección siguiente.

Las concentraciones de esfuerzos pueden ocurrir en el acoplamiento de estas flechas, lo que debe tomarse en cuenta al diseñar el acoplamiento.

PUNTOS IMPORTANTES

- Las *concentraciones de esfuerzos* en flechas ocurren en puntos de cambios repentinos en la sección transversal, como acoplamientos o cuñeros y filetes. Entre más severo es el cambio, mayor será la concentración de los esfuerzos.

- Para el análisis o el diseño, no es necesario conocer la distribución exacta del esfuerzo cortante sobre la sección transversal. Es posible obtener el esfuerzo cortante máximo usando un factor K de concentración de esfuerzos, que ha sido determinado mediante experimentos y es sólo una función de la geometría de la flecha.

- Normalmente, la concentración de esfuerzos en una flecha dúctil sometida a un par de torsión estático *no* tendrá que ser considerado en el diseño, sin embargo, si el material es *frágil*, o está sometido a cargas de *fatiga*, entonces las concentraciones de esfuerzos resultan importantes.

La flecha escalonada mostrada en la figura 5-37*a* está soportada por cojinetes en *A* y *B*. Determine el esfuerzo máximo en la flecha debido a los pares de torsión aplicados. El filete en la unión de cada flecha tiene un radio *r* de 6 mm.

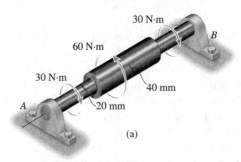

(a)

Fig. 5-37

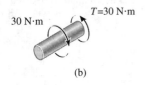

(b)

Solución

Par de torsión interno. Por inspección, el equilibrio por momento respecto al eje de la flecha se satisface. Como el esfuerzo cortante máximo ocurre en los extremos de las raíces de las flechas de *menor* diámetro, el par interno (30 N · m) puede encontrarse ahí aplicando el método de las secciones, figura 5-37*b*.

Esfuerzo cortante máximo. El factor de concentración de esfuerzos puede determinarse usando la figura 5-36. De la geometría de la flecha tenemos:

$$\frac{D}{d} = \frac{2(40 \text{ mm})}{2(20 \text{ mm})} = 2$$

$$\frac{r}{d} = \frac{6 \text{ mm}}{2(20 \text{ mm})} = 0.15$$

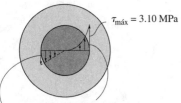

Distribución del esfuerzo cortante predicha por la fórmula de la torsión

Distribución real del esfuerzo cortante según la concentración de esfuerzos

(c)

Con estos parámetros se obtiene $K = 1.3$.
Aplicando la ecuación 5-21, tenemos:

$$\tau_{\text{máx}} = K \frac{Tc}{J}; \quad \tau_{\text{máx}} = 1.3\left[\frac{30 \text{ N} \cdot \text{m}(0.020 \text{ m})}{(\pi/2)(0.020 \text{ m})^4}\right] = 3.10 \text{ MPa} \qquad Resp.$$

Por evidencia experimental, la distribución real de los esfuerzos a lo largo de una línea radial en la sección transversal de la sección crítica tiene una forma similar a la mostrada en la figura 5-37*c* , y en la cual se compara con la distribución lineal de esfuerzos obtenida con la fórmula de la torsión.

*5.9 Torsión inelástica

Las ecuaciones para el esfuerzo y la deformación desarrolladas hasta ahora son válidas solamente si el par de torsión aplicado ocasiona que el material se comporte de manera elástico-lineal. Sin embargo, si las cargas de torsión son excesivas, el material puede fluir y, por consiguiente, deberá usarse entonces un "análisis plástico" para determinar la distribución del esfuerzo cortante y el ángulo de torsión. Para llevar a cabo este análisis es necesario satisfacer las condiciones tanto de deformación como de equilibrio en la flecha.

En la sección 5.1 se mostró que las deformaciones unitarias cortantes que se desarrollan en el material deben variar *linealmente* desde cero en el centro de la flecha hasta un máximo en su límite exterior, figura 5-38a. Esta conclusión se basó enteramente en consideraciones geométricas y no en el comportamiento del material. También el par de torsión resultante en la sección debe ser equivalente al par de torsión causado por toda la distribución de esfuerzo cortante sobre la sección transversal. Esta condición puede expresarse matemáticamente considerando el esfuerzo cortante τ que actúa sobre un elemento de área dA localizado a una distancia ρ del centro de la flecha, figura 5-38b. La fuerza producida por este esfuerzo es $dF = \tau\, dA$, y el par de torsión producido es $dT = \rho\, dF = \rho\tau\, dA$. Para toda la flecha se requiere que:

$$T = \int_A \rho\tau\, dA \qquad (5\text{-}22)$$

Si el área dA sobre la cual actúa τ puede definirse como un *anillo diferencial* que tiene un área de $dA = 2\pi\rho\, d\rho$, figura 5-38c, entonces la ecuación anterior puede escribirse como:

$$T = 2\pi \int_A \tau\rho^2\, d\rho \qquad (5\text{-}23)$$

Estas condiciones de geometría y carga serán usadas ahora para determinar la distribución del esfuerzo cortante en una flecha cuando está sometida a tres tipos de par de torsión.

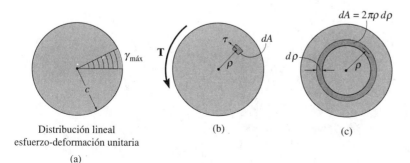

Distribución lineal
esfuerzo-deformación unitaria

(a)

(b)

(c)

Fig. 5-38

Par elástico máximo. Si el par de torsión produce la máxima deformación unitaria cortante *elástica* γ_Y en el límite exterior de la flecha, entonces la distribución de la deformación unitaria cortante a lo largo de una línea radial de la flecha será como la mostrada en la figura 5-39b. Para establecer la distribución del esfuerzo cortante, debemos usar ya sea la ley de Hooke o hallar los valores correspondientes del esfuerzo cortante a partir del diagrama τ-γ del material, figura 5-39a. Por ejemplo, una deformación unitaria cortante γ_Y produce el esfuerzo cortante τ_Y en $\rho = c$. De la misma manera, en $\rho = \rho_1$, la deformación unitaria cortante es $\gamma_1 = (\rho_1/c)\gamma_Y$. Según el diagrama τ-γ, γ_1 produce τ_1. Cuando estos esfuerzo y otros como ellos se trazan en $\rho = c, \rho = \rho_1$, etc., resulta la distribución de esfuerzo cortante *lineal* esperada en la figura 5-39c. Puesto que esta distribución de esfuerzo cortante puede describirse matemáticamente como $\tau = \tau_Y (\rho/c)$, el par máximo de torsión elástica puede determinarse a partir de la ecuación 5-23, es decir,

$$T_Y = 2\pi \int_0^c \tau_Y \left(\frac{\rho}{c} \right)\rho^2 \, d\rho$$

o

$$T_Y = \frac{\pi}{2}\tau_Y c^3 \tag{5-24}$$

Este mismo resultado puede, por supuesto, obtenerse de una manera más directa usando la fórmula de la torsión, es decir, $\tau_Y = T_Y c/[(\pi/2)c^4]$. Además, el ángulo de torsión puede determinarse a partir de la ecuación 5-13, como sigue:

$$d\phi = \gamma \, \frac{dx}{\rho} \tag{5-25}$$

Como se observó en la sección 5.4, esta ecuación da por resultado $\phi = TL/JG$, cuando la flecha está sometida a un par de torsión constante y tiene un área transversal constante.

Par de torsión elastoplástico. Consideremos ahora que el material de la flecha exhibe un comportamiento plástico perfectamente elástico. Como se muestra en la figura 5-40a, esto está caracterizado por un dia-

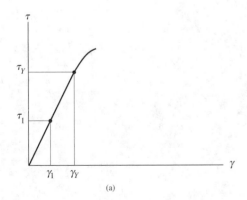

(a)

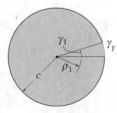

Distribución de la deformación
unitaria cortante

(b)

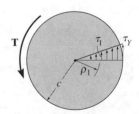

Distribución del esfuerzo cortante

(c)

Fig. 5-39

grama esfuerzo-deformación unitaria cortante en que el material experimenta una cantidad creciente de deformación unitaria cortante cuando
el esfuerzo cortante en el material alcanza el punto de fluencia τ_Y. Entonces, a medida que el par de torsión aplicado vaya aumentando en magnitud arriba de T_Y, comenzará a presentarse la fluencia. Primero en el límite exterior de la flecha, $\rho = c$, y luego, según la deformación unitaria
cortante vaya aumentando a, digamos, γ', el límite de la fluencia progre-
sará hacia el centro de la flecha, figura 5-40*b*. Como se muestra, esto produce un *núcleo elástico*, donde, por proporción, el radio externo del núcleo es $\rho_Y = (\gamma_Y/\gamma')c$. También la porción exterior de la flecha formará un
anillo o *corona circular plástica*, puesto que las deformaciones unitarias
cortante γ son mayores que γ_Y dentro de esta región. En la figura 5-40*c*
se muestra la distribución del esfuerzo cortante correspondiente a lo largo de una línea radial de la flecha. Ésta fue establecida tomando puntos
sucesivos en la distribución de la deformación unitaria cortante, y hallando el valor correspondiente del esfuerzo cortante a partir del diagrama
τ-γ. Por ejemplo, en $\rho = c$, γ' da γ_Y, y en $\rho = \rho_Y$, γ_Y da también τ_Y, etcétera.

Puesto que τ puede ahora ser establecido en función de ρ, podemos aplicar la ecuación 5-23 para determinar el par de torsión. Como una fórmula general, para un material de comportamiento elastoplástico, tenemos:

$$T = 2\pi \int_0^c \tau \rho^2 \, d\rho$$

$$= 2\pi \int_0^{\rho_Y} \left(\tau_Y \frac{\rho}{\rho_Y} \right) \rho^2 \, d\rho + 2\pi \int_{\rho_Y}^c \tau_Y \rho^2 \, d\rho$$

$$= \frac{2\pi}{\rho_Y} \tau_Y \int_0^{\rho_Y} \rho^3 \, d\rho + 2\pi \tau_Y \int_{\rho_Y}^c \rho^2 \, d\rho$$

$$= \frac{\pi}{2\rho_Y} \tau_Y \rho_Y^4 + \frac{2\pi}{3} \tau_Y (c^3 - \rho_Y^3)$$

$$= \frac{\pi \tau_Y}{6} (4c^3 - \rho_Y^3) \tag{5-26}$$

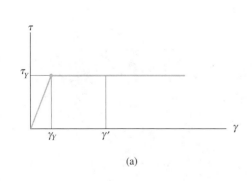

(a)

Distribución de la deformación
unitaria cortante
(b)

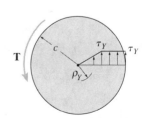

Distribución del esfuerzo
cortante
(c)

Fig. 5-40

Par de torsión plástico. Un aumento adicional de T tenderá a reducir el radio del núcleo elástico hasta que todo el material fluya, es decir, $\rho_Y \to 0$, figura 5-40b. El material de la flecha está entonces sometido a un *comportamiento perfectamente plástico* y la distribución del esfuerzo cortante es constante, como se muestra en la figura 5-40d. Puesto que entonces $\tau = \tau_Y$, podemos aplicar la ecuación 5-23 para determinar el **par de torsión plástico**, T_p, el cual representa el par de torsión más grande posible que la flecha puede soportar.

$$T_p = 2\pi \int_0^c \tau_Y \rho^2 \, d\rho$$

$$= \frac{2\pi}{3} \tau_Y c^3 \tag{5-27}$$

Por comparación con el par de torsión elástico máximo T_Y, ecuación 5-24, puede verse que:

$$T_p = \frac{4}{3} T_Y$$

En otras palabras, el par de torsión plástico es 33% más grande que el par de torsión elástico máximo.

El ángulo de torsión ϕ para la distribución del esfuerzo cortante en la figura 5-40d *no puede* ser definido en forma única. Esto es porque $\tau = \tau_Y$ no corresponde a ningún valor único de la deformación unitaria cortante $\gamma \geq \gamma_Y$. En consecuencia, una vez que $\mathbf{T}_p$ se aplica, la flecha continuará deformándose o torciéndose, sin ningún aumento correspondiente en el esfuerzo cortante.

Par de torsión último. En general, la mayoría de los materiales de ingeniería tendrán un diagrama esfuerzo-deformación unitaria cortantes como el que se muestra en la figura 5-41a. Por consiguiente si T aumenta de modo que la deformación unitaria cortante máxima en la flecha resulte $\gamma = \gamma_u$, figura 5-41b, entonces, por proporción, γ_Y ocurre en $\rho_Y = (\gamma_Y/\gamma_u)c$. De igual manera, las deformaciones unitarias cortantes en, digamos, $\rho = \rho_1$ y $\rho = \rho_2$ pueden ser halladas por proporción, es decir, $\gamma_1 = (\rho_1/c)\gamma_u$ y $\gamma_2 = (\rho_2/c)\gamma_u$. Si se toman valores correspondientes de τ_1, τ_Y, τ_2 y τ_u del diagrama τ-γ y se trazan, obtenemos la distribución del esfuerzo cortan-

Severa torcedura de un espécimen de aluminio causada por la aplicación de un par de torsión plástico.

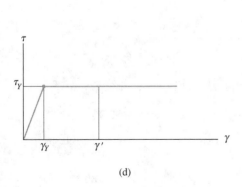

(d)

Distribución de la deformación unitaria cortante
(e)

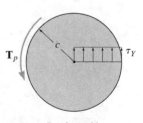

Par de torsión totalmente plástico
(f)

Fig. 5-40 (cont.)

te, que actúa sobre una línea radial en la sección transversal, figura 5-41c. El par de torsión producido por esta distribución del esfuerzo se llama *par de torsión último*, T_u, puesto que cualquier aumento posterior en la deformación unitaria cortante causará que el esfuerzo cortante máximo en el límite exterior de la flecha sea menor que τ_u, y, por tanto, el par de torsión producido por la distribución de esfuerzo cortante y resultante sería *menor* que T_u.

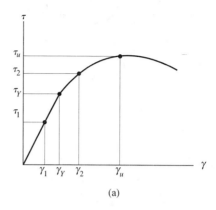

(a)

La magnitud de $\mathbf{T}_u$ puede determinarse integrando "gráficamente" la ecuación 5-23. Para ello se segmenta el área de la sección transversal de la flecha en un número finito de anillos, tal como el que se muestra sombreado en la figura 5-41d. El área del anillo, $\Delta A = 2\pi\rho\,\Delta\rho$, se multiplica por el esfuerzo cortante τ que actúa sobre ella, de modo que la fuerza $\Delta F = \tau\,\Delta A$ puede determinarse. El par de torsión creado por esta fuerza es, entonces, $\Delta T = \rho\,\Delta F = \rho\,(\tau\Delta A)$. La suma de todos los pares de torsión en toda la sección transversal, así determinada, da el par de torsión último T_u; esto es, la ecuación 5-23 se convierte en $T_u \approx 2\pi\Sigma\tau\rho^2\,\Delta\rho$. Por otra parte, si la distribución del esfuerzo puede expresarse como una función analítica, $\tau = f(\rho)$, como en los casos del par de torsión elástica y plástica, entonces la integración de la ecuación 5-23 puede llevarse a cabo directamente.

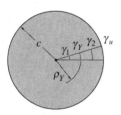

Distribución de la deformación
unitaria cortante última
(b)

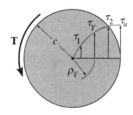

Distribución del esfuerzo
cortante último
(c)

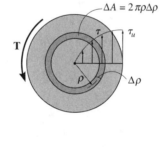

(d)

Fig. 5-41

PUNTOS IMPORTANTES

- La *distribución esfuerzo-deformación unitaria* sobre una línea radial se basa en consideraciones geométricas, y se encuentra que *siempre permanece lineal*. Sin embargo, la distribución esfuerzo cortante depende del par aplicado y debe por lo tanto ser determinada a partir del comportamiento del material, o diagrama esfuerzo-deformación unitaria cortante.

- Una vez que se ha establecido la distribución esfuerzo cortante para la flecha, ella produce un par de torsión respecto al eje de la flecha que es equivalente al par de torsión resultante que actúa sobre la sección transversal.

- El *comportamiento perfectamente plástico* supone, que la distribución de esfuerzo cortante es *constante*, y que la flecha continuará torciéndose sin un incremento del par. Este par de torsión se llama *par de torsión plástico*.

E J E M P L O 5.19

La flecha tubular en la figura 5-42a está hecha de una aleación de aluminio que tiene el diagrama elastoplástico τ-γ mostrado. Determine (a) el par de torsión máximo que puede aplicarse a la flecha sin que el material fluya, (b) el par de torsión máximo o par de torsión plástico que puede aplicarse a la flecha. ¿Cuál debe ser la deformación unitaria cortante mínima en el radio exterior para que se desarrolle un par de torsión plástico?

Solución

Par de torsión elástico máximo. Se requiere que el esfuerzo cortante en la fibra exterior sea de 20 MPa. Usando la fórmula de la torsión, tenemos:

$$\tau_Y = \frac{T_Y c}{J}; \qquad 20(10^6)\ \text{N/m}^2 = \frac{T_Y(0.05\ \text{m})}{(\pi/2)[(0.05\ \text{m})^4 - (0.03\ \text{m})^4]}$$

$$T_Y = 3.42 \quad \text{kN} \cdot \text{m} \qquad\qquad Resp.$$

Las distribuciones del esfuerzo cortante y de la deformación unitaria cortante para este caso se muestran en la figura 5-42b. Los valores en la pared interior del tubo se obtienen por proporción.

Par de torsión plástico. La distribución del esfuerzo cortante en este caso se muestra en la figura 5-42c. La aplicación de la ecuación 5-23 requiere que $\tau = \tau_Y$. Tenemos:

$$T_p = 2\pi \int_{0.03\ \text{m}}^{0.05\ \text{m}} [20(10^6)\ \text{N/m}^2]\rho^2\, d\rho = 125.66(10^6)\frac{1}{3}\rho^3 \Big|_{0.03\ \text{m}}^{0.05\ \text{m}}$$

$$= 4.10\ \text{kN} \cdot \text{m} \qquad\qquad Resp.$$

Para este tubo, T_p representa 20% de incremento en la capacidad por par de torsión en comparación con el par elástico T_Y.

Deformación unitaria cortante en el radio exterior. El tubo se plastifica totalmente cuando la deformación unitaria cortante en la *pared interior* es de $0.286(10^{-3})$ rad, según se muestra en la figura 5-42c. Como la deformación unitaria cortante *permanece lineal* sobre la sección transversal, la deformación unitaria plástica en las fibras exteriores del tubo en la figura 5-42c se determina por proporción; esto es,

$$\frac{\gamma_o}{50\ \text{mm}} = \frac{0.286(10^{-3})\ \text{rad}}{30\ \text{mm}}$$

$$\gamma_o = 0.477(10^{-3})\ \text{rad} \qquad\qquad Resp.$$

τ (MPa)

20

$0.286\,(10^{-3})$

γ (rad)

(a)

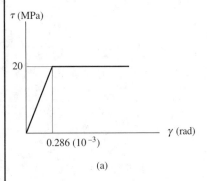

50 mm   12 MPa

20 MPa

30 mm

Distribución del esfuerzo
cortante elástico

$0.286\,(10^{-3})$ rad

$0.172\,(10^{-3})$ rad

Distribución de la deformación
unitaria cortante elástica

(b)

Fig. 5-42

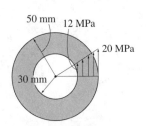

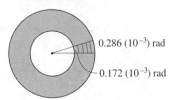

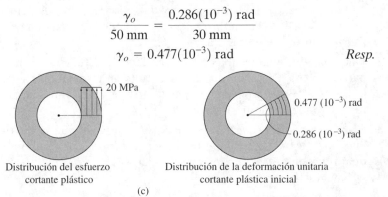

20 MPa

Distribución del esfuerzo
cortante plástico

$0.477\,(10^{-3})$ rad

$0.286\,(10^{-3})$ rad

Distribución de la deformación unitaria
cortante plástica inicial

(c)

E J E M P L O 5.20

Una flecha sólida circular tiene un radio de 20 mm y longitud de 1.5 m. El material tiene un diagrama τ-γ elastoplástico como el mostrado en la figura 5-43a. Determine el par de torsión necesario para torcer la flecha un ángulo $\phi = 0.6$ rad.

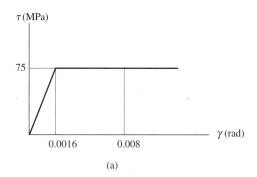

(a)

Solución

Para resolver el problema obtendremos primero la distribución de la deformación cortante y luego la distribución del esfuerzo cortante. Una vez determinado esto, puede fijarse la magnitud del par buscado.

La deformación cortante máxima ocurre en la superficie de la flecha, es decir, en $\rho = c$. Como el ángulo de torsión es $\phi = 0.6$ rad en toda la longitud de 1.5 m de la flecha, usando la ecuación 5-25 para toda la longitud, tenemos:

$$\phi = \gamma \frac{L}{\rho}; \qquad 0.6 = \frac{\gamma_{máx}(1.5 \text{ m})}{(0.02 \text{ m})}$$

$$\gamma_{máx} = 0.008 \text{ rad}$$

La deformación cortante, que siempre varía linealmente, se muestra en la figura 5-43b. Note que el material fluye ya que $\gamma_{máx} > \gamma_Y = 0.0016$ rad en la figura 5-43a. El radio del núcleo elástico, ρ_Y, puede obtenerse por proporción. De la figura 5-43b,

$$\frac{\rho_Y}{0.0016} = \frac{0.02 \text{ m}}{0.008}$$

$$\rho_Y = 0.004 \text{ m} = 4 \text{ mm}$$

En la figura 5-43c se muestra la distribución del esfuerzo cortante, trazada sobre un segmento de línea radial, con base en la distribución de la deformación cortante. El par de torsión puede ahora obtenerse usando la ecuación 5-26. Sustituyendo los datos numéricos, se obtiene:

$$T = \frac{\pi \tau_Y}{6}(4c^3 - \rho_Y^3)$$

$$= \frac{\pi[75(10^6) \text{ N/m}^2]}{6}[4(0.02 \text{ m})^3 - (0.004 \text{ m})^3]$$

$$= 1.25 \text{ kN} \cdot \text{m} \qquad Resp.$$

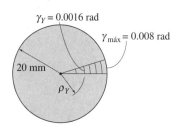

Distribución de la deformación unitaria cortante

(b)

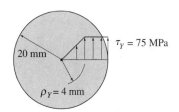

Distribución del esfuerzo cortante

(c)

Fig. 5-43

*5.10 Esfuerzo residual

Cuando una flecha está sometida a deformaciones por cortante plástica causadas por torsión, el retiro del par de torsión ocasionará que cierto esfuerzo cortante permanezca en la flecha. Este esfuerzo se llama *esfuerzo residual*, y su distribución puede calcularse usando los principios de superposición.

La recuperación elástica fue analizada en la sección 3.4, y se refiere al hecho de que cuando un material se deforma plásticamente, parte de la deformación del material se recupera cuando la carga se retira. Por ejemplo si un material se deforma a γ_1, mostrada por el punto C en la curva τ-γ de la figura 5-44, el retiro de la carga causará un esfuerzo cortante inverso, de modo que el comportamiento del material seguirá el segmento CD en línea recta, creando cierta *recuperación elástica* de la deformación cortante γ_1. Esta línea es paralela a la porción inicial AB en línea recta del diagrama τ-γ, y por tanto ambas líneas tienen una pendiente G como se indica.

Para ilustrar cómo puede determinarse la distribución de esfuerzo residual en una flecha, primero consideremos que la flecha está sometida a un par de torsión plástica $\mathbf{T}_p$. Como se explicó en la sección 5.9, $\mathbf{T}_p$ crea una distribución del esfuerzo cortante como se muestra en la figura 5-45a. Supondremos que esta distribución es una consecuencia de la deforma-

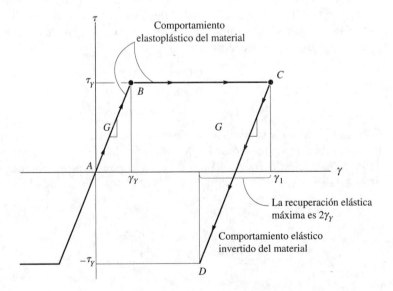

Fig. 5–44

ción del material en el límite exterior de la flecha hasta γ_1 en la figura 5-44. También, que γ_1 es lo suficientemente grande como para que se pueda suponer que el radio del núcleo elástico tiende a cero, esto es, $\gamma_1 \gg \gamma_Y$. Si $\mathbf{T}_p$ se retira, el material tiende a recuperarse *elásticamente*, a lo largo de la línea *CD*. Puesto que ocurre un comportamiento elástico, podemos superponer sobre la distribución de esfuerzos en la figura 5-45*a* una *distribución lineal de esfuerzos* causada al aplicar el par de torsión plástica $\mathbf{T}_p$ en la dirección *opuesta*, figura 5-45*b*. Aquí el esfuerzo cortante máximo τ_r, calculado para esta distribución del esfuerzo, se llama *módulo de ruptura por torsión*. Se determina a partir de la fórmula de la torsión,* lo cual da:

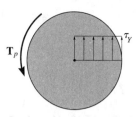

Par de torsión plástico aplicado que genera deformaciones unitarias cortantes en toda la flecha

(a)

$$\tau_r = \frac{T_p c}{J} = \frac{T_p c}{(\pi/2)c^4}$$

Usando la ecuación 5-27,

$$\tau_r = \frac{[(2/3)\pi\tau_Y c^3]c}{(\pi/2)c^4} = \frac{4}{3}\tau_Y$$

Observe que aquí es posible la aplicación invertida de $\mathbf{T}_p$ usando la distribución lineal de esfuerzo cortante de la figura 5-45*b*, puesto que la recuperación máxima de la deformación elástica por cortante es $2\gamma_Y$, como se vio en la figura 5-44. Esto corresponde al esfuerzo cortante máximo aplicado de $2\tau_Y$ el cual es *mayor* que el esfuerzo cortante máximo de $\frac{4}{3}\tau_Y$ calculado anteriormente. De aquí que, por superposición de las distribuciones del esfuerzo que impliquen la aplicación y luego el retiro del par de torsión plástico, tenemos la distribución del esfuerzo cortante residual en la flecha, como se muestra en la figura 5-45*c*. Deberá observarse en este diagrama que el esfuerzo cortante en el centro de la flecha, mostrado como τ_Y, debe realmente ser *cero*, puesto que el material a lo largo del eje de la flecha no está deformado. La razón de que esto no sea así es que hemos supuesto que *todo* el material de la flecha fue deformado más allá del límite proporcional como objeto de determinar el par de torsión plástico, figura 5-45*a*. Para ser más realistas, cuando se modela el comportamiento del material debe considerarse un par de torsión elastoplástico. Esto conduce así, a la superposición de las distribuciones de esfuerzos que se muestran en la figura 5-45*d*.

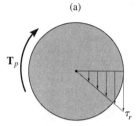

Par de torsión plástico invertido que causa deformaciones unitarias elásticas en toda la flecha

(b)

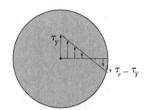

Distribución del esfuerzo cortante residual en la flecha

(c)

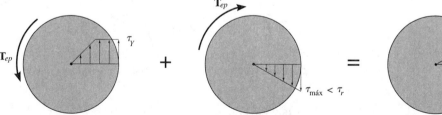

Par de torsión elastoplástico aplicado   Par de torsión elastoplástico invertido   Distribución del esfuerzo cortante residual en la flecha

(d)

Fig. 5-45

*La fórmula de la torsión es válida sólo cuando el material se comporta de manera elástico-lineal; sin embargo, el módulo de ruptura se llama así porque se supone que el material se comporta elásticamente y luego se *rompe* repentinamente en el límite proporcional.

E J E M P L O 5.21

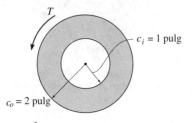

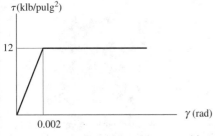

(a)

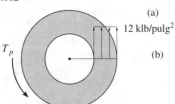

Par de torsión plástica aplicado

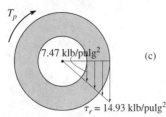

Par de torsión plástica opuesto

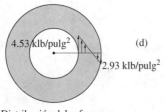

Distribución del esfuerzo
cortante residual

Fig. 5-46

Un tubo está hecho con una aleación de latón; tiene 5 pies de longitud y el área transversal mostrada en la figura 5-46a. El material tiene un diagrama elastoplástico τ-γ, también mostrada en la figura 5-46a. Determine el par de torsión plástica T_p. ¿Cuál es la distribución del esfuerzo cortante residual y el ángulo de torsión permanente del tubo si $\mathbf{T}_p$ se remueve *justamente después* de que el tubo queda totalmente plastificado?

Solución

Par de torsión plástica. El par de torsión plástica $\mathbf{T}_p$ deformará el tubo de modo que todo el material fluya. La distribución de esfuerzos será como la mostrada en la figura 5-46b. Aplicando la ecuación 5-23, tenemos:

$$T_p = 2\pi \int_{c_i}^{c_o} \tau_Y \rho^2 \, d\rho = \frac{2\pi}{3} \tau_Y(c_o^3 - c_i^3)$$

$$= \frac{2\pi}{3}(12(10^3) \text{ lb/pulg}^2)[(2 \text{ pulg})^3 - (1 \text{ pulg})^3] = 175.9 \text{ klb} \cdot \text{pulg} \quad Resp.$$

En el momento en que el tubo queda totalmente plastificado, la fluencia ha comenzado en el radio interior, es decir, en $c_i = 1$ pulg, $\gamma_Y = 0.002$ rad, figura 5-46a. El ángulo de torsión que se presenta puede determinarse con la ecuación 5-25, que para el tubo entero da:

$$\phi_p = \gamma_Y \frac{L}{c_i} = \frac{(0.002)(5 \text{ pies})(12 \text{ pulg/pie})}{(1 \text{ pulg})} = 0.120 \text{ rad} \curvearrowright$$

Cuando se *remueve* $\mathbf{T}_p$, o en efecto se reaplica en sentido opuesto, debe superponerse la distribución de esfuerzo cortante lineal "ficticia" mostrada en la figura 5-46c a la mostrada en la figura 5-46b. En la figura 5-46c, el esfuerzo cortante máximo o el módulo de ruptura se calcula con la fórmula de la torsión:

$$\tau_r = \frac{T_p c_o}{J} = \frac{(175.9 \text{ klb} \cdot \text{pulg})(2 \text{ pulg})}{(\pi/2)[(2 \text{ pulg})^4 - (1 \text{ pulg})^4]} = 14.93 \text{ klb/pulg}^2$$

También, en la pared interior del tubo el esfuerzo cortante es:

$$\tau_i = (14.93 \text{ klb/pulg}^2)\left(\frac{1 \text{ pulg}}{2 \text{ pulg}}\right) = 7.47 \text{ klb/pulg}^2$$

De la figura 5-46a, $G = \tau_Y/\gamma_Y = 12 \text{ klb/pulg}^2/(0.002 \text{ rad}) = 6000$ klb/pulg^2, por lo que el ángulo correspondiente de torsión ϕ'_p al remover $\mathbf{T}_p$, es entonces:

$$\phi'_p = \frac{T_p L}{JG} = \frac{(175.9 \text{ klb} \cdot \text{pulg})(5 \text{ pies})(12 \text{ pulg/pie})}{(\pi/2)[(2 \text{ pulg})^4 - (1 \text{ pulg})^4]6000 \text{ klb/pulg}^2} = 0.0747 \text{ rad} \curvearrowleft$$

En la figura 5-46d se muestra la *distribución del esfuerzo cortante residual* resultante. La rotación permanente del tubo después de que T_p se ha removido es:

$$\curvearrowleft+ \quad \phi = 0.120 - 0.0747 = 0.0453 \text{ rad} \curvearrowright \qquad Resp.$$

PROBLEMAS

5-111. La flecha de acero está hecha de dos segmentos, *AB* y *BC*, conectados por medio de un filete de soldadura con radio de 2.8 mm. Determine el esfuerzo cortante máximo desarrollado en la flecha.

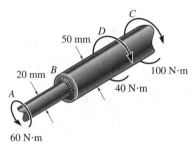

Prob. 5-111

*5-112. La flecha se usa para transmitir 0.8 hp girando a 450 rpm. Determine el esfuerzo cortante máximo en la flecha. Los segmentos están conectados por medio de un filete de soldadura con radio de 0.075 pulg.

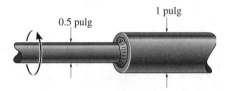

Prob. 5-112

5-113. El conjunto está sometido a un par de torsión de 710 lb·pulg. Determine el radio del filete de menor tamaño que puede usarse para transmitir el par si el esfuerzo cortante permisible del material es $\tau_{perm} = 12$ klb/pulg^2.

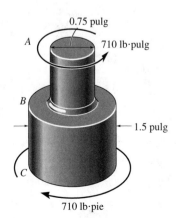

Prob. 5-113

5-114. La flecha compuesta está diseñada para girar a 720 rpm mientras transmite 30 kW de potencia girando a 720 rpm. ¿Es esto posible? El esfuerzo cortante permisible es $\tau_{perm} = 12$ MPa.

5-115. La flecha compuesta está diseñada para girar a 540 rpm. Si el radio del filete que conecta las flechas es $r = 7.20$ mm y el esfuerzo cortante permisible del material es $\tau_{perm} = 55$ MPa, determine la potencia máxima que la flecha puede transmitir.

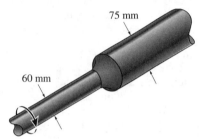

Probs. 5-114/115

*5-116. El acero usado para la flecha tiene un esfuerzo cortante permisible $\tau_{perm} = 8$ MPa. Si los miembros están conectados mediante un filete de soldadura de radio $r = 2.25$ mm, determine el par de torsión T máximo que puede aplicarse.

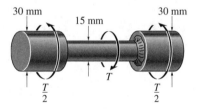

Probs. 5-116

5-117. Una flecha sólida está sometida al par de torsión T que ocasiona que el material fluya. Si el material es elastoplástico, demuestre que el par puede expresarse en términos del ángulo de torsión ϕ de la flecha como $T = \frac{4}{3} T_Y$ $(1 - \phi^3_Y/4\phi^3)$, donde T_Y y ϕ_Y son el par y el ángulo de torsión cuando el material empieza a fluir.

5-118. Una flecha sólida con diámetro de 2 pulg está hecha de un material elastoplástico con esfuerzo de fluencia $\tau_Y = 16$ klb/pulg^2 y módulo cortante $G = 12(10^3)$ klb/pulg^2. Determine el par de torsión requerido para desarrollar un núcleo elástico en la flecha con diámetro de 1 pulg. ¿Qué valor tiene este par plástico?

5-119. Determine el par de torsión necesario para torcer un alambre corto de 3 mm de diámetro varias vueltas si está hecho de acero con comportamiento elastoplástico y esfuerzo de fluencia $\tau_Y = 80$ MPa. Suponga que el material se plastifica totalmente.

*5-120. Una flecha sólida tiene diámetro de 40 mm y longitud de 1 m. Está hecha de un material elastoplástico con esfuerzo de fluencia $\tau_Y = 100$ MPa. Determine el par de torsión T_Y máximo elástico y el correspondiente ángulo de torsión. ¿Qué valor tiene el ángulo de torsión si el par se incrementa a $T = 1.2T_Y$? $G = 80$ GPa.

5-121. Determine el par de torsión necesario para torcer un alambre corto de 2 mm de diámetro varias vueltas si está hecho de acero elastoplástico con esfuerzo de fluencia $\tau_Y = 50$ MPa. Suponga que el material se plastifica totalmente.

5-122. Una barra con sección transversal circular con 3 pulg de diámetro está sometida a un par de torsión de 100 pulg·klb. Si el material es elastoplástico con $\tau_Y = 16$ klb/pulg², determine el radio del núcleo elástico.

5-123. Una flecha de radio $c = 0.75$ pulg está hecha de un material con el comportamiento elastoplástico mostrado en la figura. Determine el par de torsión T que debe aplicarse en sus extremos para que se genere un núcleo elástico de radio $\rho = 0.6$ pulg. Determine el ángulo de torsión cuando la flecha tiene 30 pulg de longitud.

*5-124. El tubo de 2 m de longitud está hecho de un material con comportamiento elastoplástico como el mostrado. Determine el par de torsión T aplicado que somete el material del borde exterior del tubo a una deformación cortante unitaria $\gamma_{máx} = 0.008$ rad. ¿Cuál será el ángulo de torsión permanente en el tubo cuando se retire el par? Esboce la distribución del esfuerzo residual en el tubo.

Prob. 5-124

5-125. La flecha consiste en dos secciones rígidamente conectadas entre sí. Si el material tiene un comportamiento elastoplástico como el mostrado, determine el par de torsión T más grande que puede aplicarse a la flecha. También dibuje la distribución del esfuerzo cortante sobre una línea radial para cada sección. Desprecie el efecto de la concentración de esfuerzos.

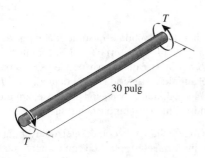

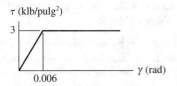

Prob. 5-123

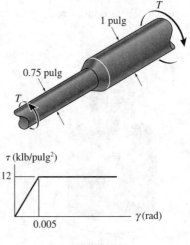

Prob. 5-125

5-126. La flecha está hecha con un material endurecido por deformación con un diagrama $\tau\text{-}\gamma$ como el mostrado. Determine el par de torsión T que debe aplicarse a la flecha para generar un núcleo elástico con radio $\rho_c = 0.5$ pulg.

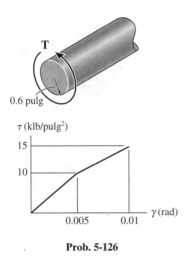

Prob. 5-126

5-127. La flecha tubular está hecha con un material endurecido por deformación con un diagrama $\tau\text{-}\gamma$ como el mostrado. Determine el par de torsión T que debe aplicarse a la flecha para que la deformación cortante unitaria máxima sea de 0.01 rad.

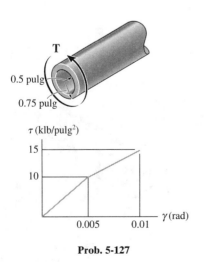

Prob. 5-127

*5-128. El diagrama de esfuerzo-deformación unitaria cortante para una flecha sólida de 50 mm de diámetro puede representarse por el diagrama dado en la figura. Determine el par de torsión requerido para generar un esfuerzo cortante máximo en la flecha de 125 MPa. Si la flecha tiene 3 m de longitud, ¿cuál es el ángulo de torsión correspondiente?

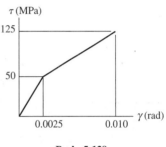

Prob. 5-128

5-129. El tubo de 2 m de longitud está hecho con un material con el comportamiento elastoplástico mostrado en la figura. Determine el par de torsión T aplicado que somete al material en el borde exterior del tubo a una deformación unitaria cortante $\gamma_{\text{máx}} = 0.006$ rad. ¿Cuál será el ángulo permanente de torsión en el tubo cuando se retire este par? Esboce la distribución de los esfuerzos residuales en el tubo.

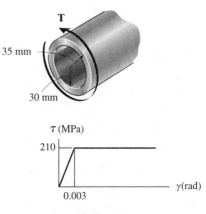

Prob. 5-129

5-130. La flecha sólida está hecha con un material cuyo comportamiento elastoplástico se muestra en la figura. Determine el par de torsión T necesario para formar un núcleo elástico en la flecha con radio $\rho_Y = 23$ mm. ¿Qué ángulo se tuerce un extremo de la flecha con respecto al otro si ésta tiene una longitud de 2 m? Determine la distribución del esfuerzo residual y el ángulo permanente de torsión en la flecha cuando el par se retira.

*5-132. La flecha está sometida a una deformación unitaria cortante máxima de 0.0048 rad. Determine el par de torsión aplicado a la flecha si el material se endurece por deformación de acuerdo con el diagrama de esfuerzo-deformación unitaria cortante mostrado en la figura.

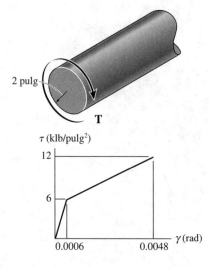

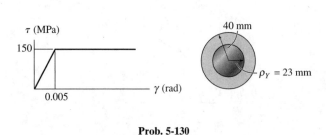

Prob. 5-130

Prob. 5-132

5-131. Una flecha de 1.5 pulg de diámetro está hecha con un material cuyo comportamiento elastoplástico se muestra en la figura. Determine el radio de su núcleo elástico al someterla a un par $T = 200$ lb·pie. Determine el ángulo de torsión cuando la flecha tiene 10 pulg de longitud.

5-133. Se aplica un par de torsión a la flecha de radio r. Si el material tiene una relación esfuerzo cortante-deformación unitaria dada por $\tau = k\gamma^{1/6}$, donde k es una constante, determine el esfuerzo cortante máximo en la flecha.

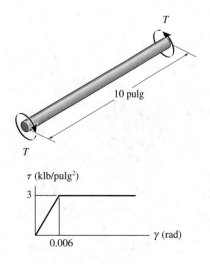

Prob. 5-131

Prob. 5-133

REPASO DEL CAPÍTULO

- Un par de torsión ocasiona que una flecha con sección transversal circular se tuerza, de manera tal que la deformación unitaria cortante en la flecha es proporcional a su distancia radial desde el centro. Si el material es homogéneo y la ley de Hooke es aplicable, entonces el esfuerzo cortante se determina a partir de la fórmula de la torsión $\tau = Tc/J$.

- Para diseñar una flecha es necesario encontrar el parámetro geométrico $\dfrac{J}{c} = T/\tau_{\text{perm}}$. La potencia generada por una flecha rotatoria es dada a menudo; en este caso el par de torsión se determina con $P = T\omega$.

- El ángulo de torsión de una flecha circular se determina con $\phi = \int_0^L \dfrac{T(x)dx}{JG}$, o si el par y JG son constantes, entonces $\phi = \sum \dfrac{TL}{JG}$. Para las aplicaciones es necesario usar una convención de signos para el par de torsión interno y asegurarse que el material no fluye, sino que permanece elástico lineal.

- Si la flecha es estáticamente indeterminada, entonces los pares reactivos se determinan por equilibrio, compatibilidad de giros y la relación par de torsión-giro, tal como $\phi = TL/JG$.

- Las flechas sólidas no circulares tienden a alabearse fuera del plano transversal al ser sometidas a un par de torsión. Se dispone de fórmulas para determinar el esfuerzo cortante elástico y el giro para esos casos.

- El esfuerzo cortante en tubos se determina considerando el flujo cortante en el tubo. Esto supone que el esfuerzo cortante a través de cada espesor t del tubo es constante. Su valor se determina con $\tau_{\text{prom}} = T/2t\,A_m$.

- En flechas ocurren concentraciones de esfuerzos cuando la sección transversal cambia repentinamente. El esfuerzo cortante máximo se determina usando un factor K de concentración de esfuerzo, que se determina a partir de experimentos y se representa en forma gráfica. Una vez obtenido, $\tau_{\text{máx}} = K(Tc/J)$.

- Si el par de torsión aplicado ocasiona que el material exceda el límite elástico, entonces la distribución de esfuerzos no será proporcional a la distancia radial desde la línea central de la flecha. El par de torsión está entonces relacionado con la distribución del esfuerzo mediante el diagrama de esfuerzo cortante-deformación unitaria cortante y con el equilibrio.

- Si una flecha está sometida a un par de torsión plástico, que es luego retirado, el material responderá elásticamente, ocasionando con ello que se desarrollen esfuerzos cortante residuales en la flecha.

PROBLEMAS DE REPASO

5-134. Considere un tubo de pared delgada de radio medio r y espesor t. Demuestre que el esfuerzo cortante máximo en el tubo debido a un par de torsión T tiende al esfuerzo cortante promedio calculado con la ecuación 5-18 cuando $r/t \to \infty$.

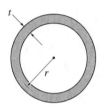

Prob. 5-134

5-135. El tubo tiene un diámetro exterior de 0.75 pulg y un diámetro interior de 0.68 pulg. Si está firmemente sujetado a la brida, determine la distribución del esfuerzo cortante a lo largo de la altura del tubo cuando se aplica el par mostrado a la barra de la llave.

*5-136. El tubo tiene un diámetro exterior de 0.75 pulg y un diámetro interior de 0.68 pulg. Si está firmemente sujetado a la brida en B, determine la distribución del esfuerzo cortante a lo largo de una línea radial situada a la mitad de la altura del tubo cuando se aplica el par mostrado a la barra de la llave.

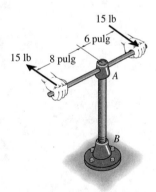

Probs. 5-135/136

5-137. El tubo perforador de un pozo petrolero está hecho de acero y tiene un diámetro exterior de 4.5 pulg y un espesor de 0.25 pulg. Si el tubo está girando a 650 rpm al ser impulsado por un motor de 15 hp, determine el esfuerzo cortante máximo en el tubo.

■5-138. La flecha ahusada está hecha de aluminio 2014-T6 y tiene un radio que puede describirse por la función $r = 0.02(1 + x^{3/2})$ m, donde x está en metros. Determine el ángulo de torsión de su extremo A si está sometida a un par de torsión de 450 N·m.

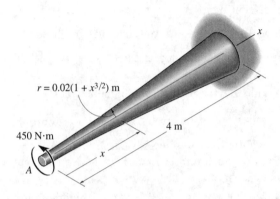

Prob. 5-138

5-139. Si la flecha sólida AB a la cual está unida la cruceta es de latón rojo C83400 y tiene un diámetro de 10 mm, determine las fuerzas máximas del par que puede aplicarse a la cruceta antes de que el material empiece a fallar. Considere $\tau_{\text{perm}} = 40$ MPa. ¿Cuál es el ángulo de torsión de la cruceta? La flecha está fija en A.

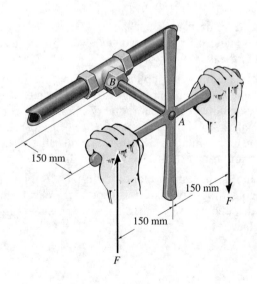

Prob. 5-139

*5-140. La flecha sólida AB unida a la cruceta está hecha de latón rojo C83400. Determine el diámetro más pequeño de la flecha de modo que el ángulo de torsión no pase de 0.5° y el esfuerzo cortante no pase de 40 MPa cuando $F = 25$ N.

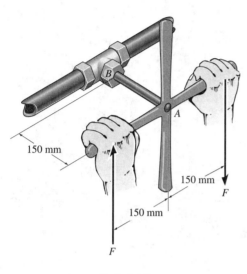

Prob. 5-140

5-142. La flecha de 60 mm de diámetro gira a 300 rpm. Este movimiento es causado por las desiguales tensiones en la banda de la polea de 800 N y 450 N. Determine la potencia transmitida y el esfuerzo cortante máximo desarrollado en la flecha.

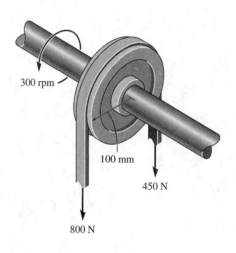

Prob. 5-142

5-141. El material de que está hecha cada una de tres flechas tiene un esfuerzo de fluencia de τ_Y y un módulo de cortante de G. Determine qué geometría para la flecha resistirá el mayor par de torsión sin fluir. ¿Qué porcentaje de este par puede ser tomado por las otras dos flechas? Suponga que cada flecha está hecha con la misma cantidad de material y que tiene la misma área transversal.

5-143. El tubo de aluminio tiene un espesor de 5 mm y las dimensiones externas mostradas en su sección transversal. Determine el esfuerzo cortante máximo promedio en el tubo. Si el tubo tiene una longitud de 5 m, determine el ángulo de torsión. $G_{al} = 28$ GPa.

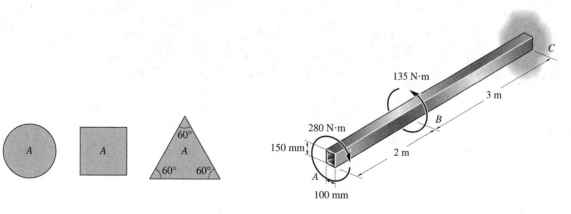

Prob. 5-141

Prob. 5-143

Las vigas son miembros estructurales importantes usadas en la construcción de edificios. Su diseño se basa a menudo en su capacidad de resistir esfuerzos de flexión, que es el tema de este capítulo.

Flexión

Las vigas y las flechas son importantes elementos estructurales y mecánicos en ingeniería. En este capítulo determinaremos los esfuerzos en esos miembros causados por flexión. El capítulo comienza con una exposición sobre cómo obtener los diagramas de fuerza cortante y momento flexionante en vigas y flechas. Igual que los diagramas de fuerza normal y momento torsionante, los diagramas de fuerza cortante y momento flexionante proporcionan un medio útil para determinar la fuerza cortante y el momento flexionante máximos en un miembro y, a la vez, para indicar dónde ocurren esos valores máximos. Una vez que se determina el momento interno en una sección, puede calcularse el esfuerzo de flexión. Consideraremos primero miembros rectos, con secciones transversales simétricas y fabricados con material homogéneo, elástico lineal. Después estudiaremos casos especiales de flexión asimétrica y miembros hechos de materiales compuestos. Veremos también miembros curvos, concentraciones de esfuerzos, flexión inelástica y esfuerzos residuales.

6.1 Diagramas de fuerza cortante y momento flexionante

Los miembros esbeltos y que soportan cargas aplicadas perpendicularmente a sus ejes longitudinales se llaman *vigas*. En general, las vigas son barras rectas y largas que tienen secciones transversales constantes. A menudo se clasifican según el modo en que están soportadas. Por ejemplo, una *viga simplemente apoyada* está soportada por un pasador en un extremo y por un rodillo en el otro, figura 6-1, una *viga en voladizo* está empotrada en un extremo y libre en el otro, y una *viga con voladizo* tiene uno o ambos extremos libres situados más allá de los soportes. Las vigas pueden considerarse entre los elementos estructurales más importantes. Como ejemplos se cuentan los miembros usados para soportar el piso de un edificio, la cubierta de un puente o el ala de un aeroplano. También el eje de un automóvil, la pluma de una grúa e incluso muchos de los huesos del cuerpo humano funcionan como vigas.

Viga simplemente apoyada

Viga en voladizo

Viga con voladizo

Fig. 6-1

Debido a las cargas aplicadas, las vigas desarrollan una fuerza cortante y un momento flexionante internos que, en general, varían de punto a punto a lo largo del eje de la viga. Para diseñar apropiadamente una viga es necesario primero determinar la fuerza cortante máxima y el momento flexionante máximo en la viga. Una manera de hacerlo es expresar V y M como funciones de la posición x a lo largo del eje de la viga. Esas *funciones de fuerza cortante y momento flexionante* pueden trazarse y representarse por medio de gráficas llamadas **diagramas de cortante y momento**. Los valores máximos de V y M pueden entonces obtenerse de esas gráficas. Además, como los diagramas de cortante y momento dan información detallada sobre la *variación* de la fuerza cortante y del momento flexionante a lo largo del eje de la viga, ellos son usados por los ingenieros para decidir dónde colocar material de refuerzo dentro de la viga o para determinar el tamaño de la viga en varios puntos a lo largo de su longitud.

En la sección 1.2 usamos el método de las secciones para hallar la carga interna en un *punto específico* de un miembro. Sin embargo, si tenemos que determinar V y M como funciones de x a lo largo de una viga, entonces es necesario localizar la sección imaginaria o cortar a una *distancia arbitraria x* desde el extremo de la viga y formular V y M en términos de x. Respecto a esto, la selección del origen y de la dirección positiva para cualquiera x seleccionada es *arbitraria*. Con frecuencia, el origen se localiza en el extremo izquierdo de la viga y la dirección positiva se toma hacia la derecha.

En general, las funciones de fuerza cortante y momento flexionante internos obtenidas en función de x serán *discontinuas*, o bien sus pendientes serán discontinuas en puntos en que una carga distribuida cambia o donde fuerzas o momentos concentrados son aplicados. Debido a esto, las funciones de cortante y momento deben determinarse para *cada región* de la viga localizada *entre* dos discontinuidades cualesquiera de carga. Por ejemplo, tendrán que usarse las coordenadas x_1, x_2 y x_3 para describir la variación de V y M a lo largo de la viga en la figura 6-2a. Esas coordenadas serán válidas *sólo* dentro de las regiones de A a B para x_1, de B a C para x_2 y de C a D para x_3.

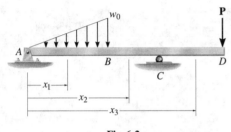

Fig. 6-2

Convención de signo para vigas.

Antes de presentar un método para determinar la fuerza cortante y el momento flexionante como funciones de x y luego trazar esas funciones (diagramas de fuerza cortante y momento flexionante), es necesario primero establecer una *convención de signos* que nos permita definir fuerzas cortantes y momentos flexionantes internos "positivos" y "negativos". Aunque la selección de una convención de signos es arbitraria, usaremos aquí la frecuentemente usada en la práctica de la ingeniería y mostrada en la figura 6-3. Las *direcciones positivas* son las siguientes: la *carga distribuida* actúa *hacia abajo* sobre la viga; la *fuerza cortante* interna genera una rotación *horaria* del segmento de viga sobre el cual ella actúa y el *momento flexionante* interno genera *compresión* en las *fibras superiores* del segmento. Las cargas opuestas a éstas se consideran negativas.

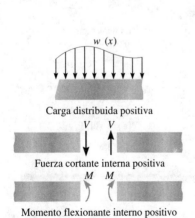

Carga distribuida positiva

Fuerza cortante interna positiva

Momento flexionante interno positivo

Convención de signos para vigas

Fig. 6-3

PUNTOS IMPORTANTES

- Las *vigas* son miembros rectos largos que toman cargas perpendiculares a su eje longitudinal. Ellas se clasifican de acuerdo a como están soportadas, por ejemplo, vigas simplemente apoyadas, vigas en voladizo o vigas con voladizo.

- Para diseñar apropiadamente una viga, es importante conocer la *variación* de la fuerza cortante y del momento flexionante a lo largo de su eje para hallar los puntos en que esos valores son máximos.

- Al establecer una convención de signos para la fuerza cortante y el momento flexionante positivos, la fuerza y el momento en la viga pueden ser determinados como función de su posición x y esos valores pueden ser graficados para establecer los diagramas de fuerza cortante y momento flexionante.

PROCEDIMIENTO DE ANÁLISIS

Los diagramas de fuerza cortante y momento flexionante pueden ser construidos usando el siguiente procedimiento.

Reacciones en los soportes.

- Determine todas las fuerzas y momentos reactivos que actúan sobre la viga, y resuelva todas las fuerzas en componentes actuando perpendicular y paralelamente al eje de la viga.

Funciones de fuerza cortante y momento flexionante.

- Especifique coordenadas x separadas que tengan un origen en el *extremo izquierdo* de la viga y se extiendan a regiones de la viga entre fuerzas y/o momentos concentrados, o donde no haya discontinuidad de la carga distribuida.

- Seccione la viga perpendicularmente a su eje en cada distancia x y dibuje el diagrama de cuerpo libre de uno de los segmentos. Asegúrese de que **V** y **M** se muestren actuando en sus sentidos positivos, de acuerdo con la convención de signos dada en la figura 6-3.

- La fuerza cortante se obtiene sumando las fuerzas perpendiculares al eje de la viga.

- El momento flexionante se obtiene sumando los momentos respecto al extremo seccionado del segmento.

Diagramas de fuerza cortante y momento flexionante.

- Trace el diagrama de fuerza cortante (V versus x) y el diagrama de momento flexionante (M versus x). Si los valores numéricos de las funciones que describen V y M son *positivos*, los valores se trazan sobre el eje x, mientras que los valores negativos se trazan debajo del eje.

- En general, es conveniente mostrar los diagramas de fuerza cortante y momento flexionante directamente abajo del diagrama de cuerpo libre de la viga.

E J E M P L O 6.1

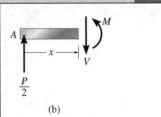

(b)

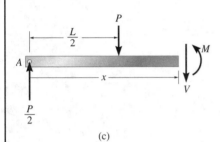

(c)

Dibuje los diagramas de fuerza cortante y momento flexionante para la viga mostrada en la figura 6-4a.

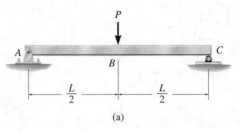

(a)

Solución

Reacciones en los soportes. Las reacciones en los soportes se muestran en la figura 6-4d.

Funciones de fuerza cortante y momento flexionante. La viga se secciona a una distancia x arbitraria del soporte A, extendiéndose dentro de la región AB, y el diagrama de cuerpo libre del segmento izquierdo se muestra en la figura 6-4b. Las incógnitas **V** y **M** se indican actuando en *sentido positivo* sobre la cara derecha del segmento, de acuerdo con la convención de signos establecida. Aplicando las ecuaciones de equilibrio se obtiene:

$$+\uparrow\Sigma F_y = 0; \qquad\qquad V = \frac{P}{2} \tag{1}$$

$$\zeta+\Sigma M = 0; \qquad\qquad M = \frac{P}{2}x \tag{2}$$

En la figura 6-4c se muestra un diagrama de cuerpo libre para un segmento izquierdo de la viga que se extiende una distancia x dentro de la región BC. Como siempre, **V** y **M** se muestran actuando en sentido positivo. Por tanto,

$$+\uparrow\Sigma F_y = 0; \qquad\qquad \frac{P}{2} - P - V = 0$$

$$V = -\frac{P}{2} \tag{3}$$

$$\zeta+\Sigma M = 0; \qquad M + P\left(x - \frac{L}{2}\right) - \frac{P}{2}x = 0$$

$$M = \frac{P}{2}(L - x) \tag{4}$$

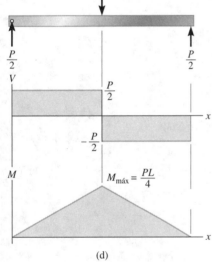

(d)

Fig.6-4

El diagrama de fuerza cortante representa una gráfica de las ecuaciones 1 y 3 y el diagrama de momento flexionante representa una gráfica de las ecuaciones 2 y 4, figura 6-4d. Estas ecuaciones pueden verificarse en parte notando que $dV/dx = -w$ y $dM/dx = V$ en cada caso. (Esas relaciones se desarrollan en la siguiente sección como las ecuaciones 6-1 y 6-2.)

E J E M P L O **6.2**

Dibuje los diagramas de fuerza cortante y momento flexionante para
la viga mostrada en la figura 6-5a.

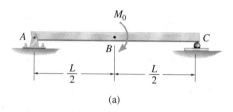

(a)

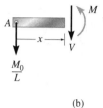

(b)

Solución

Reacciones en los soportes.   Las reacciones en los soportes fueron determinadas en la figura 6-5d.

Funciones de fuerza cortante y momento flexionante.   Este problema es similar al del ejemplo previo, donde dos coordenadas x deben
usarse para expresar la fuerza cortante y el momento flexionante en toda la longitud de la viga. Para el segmento dentro de la región AB, figura 6-5b, tenemos

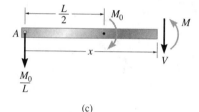

(c)

$$+\uparrow \Sigma F_y = 0; \qquad\qquad V = -\frac{M_0}{L}$$

$$\llcorner+\Sigma M = 0; \qquad\qquad M = -\frac{M_0}{L}x$$

Y para el segmento dentro de la región BC, figura 6-5c,

$$+\uparrow \Sigma Fy = 0; \qquad\qquad V = -\frac{M_0}{L}$$

$$\llcorner+\Sigma M = 0; \qquad\qquad M = M_0 - \frac{M_0}{L}x$$

$$M = M_0\left(1 - \frac{x}{L}\right)$$

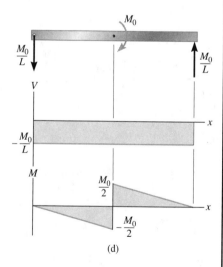

(d)

Fig. 6-5

Diagramas de fuerza cortante y momento flexionante.   Cuando se
grafican las funciones anteriores, se obtienen los diagramas de fuerza
cortante y momento flexionante mostrados en la figura 6-5d. En este
caso, observe que la fuerza cortante es constante en toda la longitud de
la viga; ella no es afectada por el momento $\mathbf{M}_0$ que actúa en el centro
de la viga. Así como una fuerza genera un salto en el diagrama de fuerza cortante, ejemplo 6-1, un par concentrado genera un salto en el diagrama de momento flexionante.

Dibuje los diagramas de fuerza cortante y momento flexionante para la viga mostrada en la figura 6-6a.

Solución

Reacciones en los soportes. Las reacciones en los soportes fueron determinadas en la figura 6-6c.

Funciones de fuerza cortante y momento flexionante. En la figura 6-6b se muestra un diagrama de cuerpo libre del segmento izquierdo de la viga. La carga distribuida sobre este segmento está representada por su fuerza resultante sólo *después* de que el segmento se aísla como un diagrama de cuerpo libre. Dado que el segmento tiene una longitud x, la *magnitud* de la *fuerza resultante* es wx. Esta fuerza actúa a través del centroide del área que comprende la carga distribuida, a una distancia $x/2$ desde el extremo derecho. Aplicando las dos ecuaciones de equilibrio se obtiene:

$$+\uparrow \Sigma F_y = 0; \qquad \frac{wL}{2} - wx - V = 0$$

$$V = w\left(\frac{L}{2} - x\right) \qquad (1)$$

$$\downarrow + \Sigma M = 0; \qquad -\left(\frac{wL}{2}\right)x + (wx)\left(\frac{x}{2}\right) + M = 0$$

$$M = \frac{w}{2}(Lx - x^2) \qquad (2)$$

Estos resultados para V y M pueden verificarse observando que $dV/dx = -w$. Esto es ciertamente correcto, ya que w actúa hacia abajo. Advierta también que $dM/dx = V$, como era de esperarse.

Diagramas de fuerza cortante y momento flexionante. Estos diagramas, mostrados en la figura 6-6c, se obtienen graficando las ecuaciones 1 y 2. El punto de *fuerza cortante nula* puede encontrarse con la ecuación 1:

$$V = w\left(\frac{L}{2} - x\right) = 0$$

$$x = \frac{L}{2}$$

En el diagrama de momento vemos que este valor de x representa el punto sobre la viga donde se presenta el *máximo momento*, ya que según la ecuación 2, la pendiente $V = 0 = dM/dx$. De la ecuación 2 tenemos:

$$M_{máx} = \frac{w}{2}\left[L\left(\frac{L}{2}\right) - \left(\frac{L}{2}\right)^2\right]$$

$$= \frac{wL^2}{8}$$

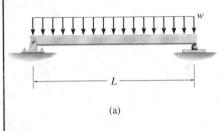
(a)

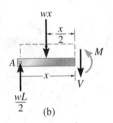
(b)

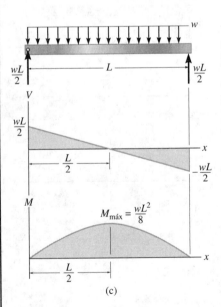
(c)

Fig. 6-6

E J E M P L O   **6.4**

Dibuje los diagramas de fuerza cortante y momento flexionante para la viga mostrada en la figura 6-7a.

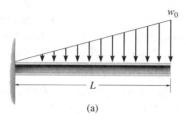

(a)

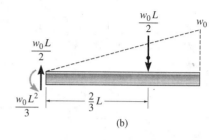

(b)

Solución

Reacciones en los soportes.   La carga distribuida está reemplazada por su fuerza resultante y las reacciones se han determinado como se muestra en la figura 6-7b.

Funciones de fuerza cortante y momento flexionante.   En la figura 6-7c se muestra un diagrama de cuerpo libre de un segmento de longitud x de la viga. Note que la intensidad de la carga triangular en la sección se encuentra por proporción, esto es, $w/x = w_0/L$ o $w = w_0 x/L$. Conocida la intensidad de la carga, la resultante de la carga distribuida se determina por el área bajo el diagrama, figura 6-7c. Así,

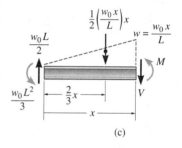

(c)

$$+\uparrow \Sigma F_y = 0; \qquad \frac{w_0 L}{2} - \frac{1}{2}\left(\frac{w_0 x}{L}\right)x - V = 0$$

$$V = \frac{w_0}{2L}(L^2 - x^2) \qquad (1)$$

$$\curvearrowleft + \Sigma M = 0; \qquad \frac{w_0 L^2}{3} - \frac{w_0 L}{2}(x) + \frac{1}{2}\left(\frac{w_0 x}{L}\right)x\left(\frac{1}{3}x\right) + M = 0$$

$$M = \frac{w_0}{6L}(-2L^3 + 3L^2 x - x^3) \qquad (2)$$

Estos resultados pueden verificarse aplicando las ecuaciones 6-1 y 6-2; así,

$$w = -\frac{dV}{dx} = -\frac{w_0}{2L}(0 - 2x) = \frac{w_0 x}{L} \qquad \text{OK}$$

$$V = \frac{dM}{dx} = \frac{w_0}{6L}(-0 + 3L^2 - 3x^2) = \frac{w_0}{2L}(L^2 - x^2) \qquad \text{OK}$$

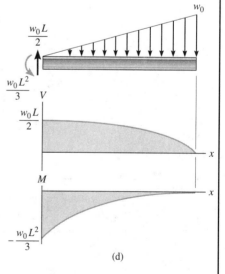

(d)

Fig. 6-7

Diagramas de fuerza cortante y momento flexionante.   Las gráficas de las ecuaciones 1 y 2 se muestran en la figura 6-7d.

EJEMPLO 6.5

Dibuje los diagramas de fuerza cortante y momento flexionante para la viga mostrada en la figura 6-8a.

Solución

Reacciones en los soportes. La carga distribuida se subdivide en una componente triangular y en una componente rectangular de carga; luego éstas se reemplazan por sus fuerzas resultantes. Las reacciones se han determinado y se muestran sobre el diagrama de cuerpo libre de la viga, figura 6-8b.

Funciones de fuerza cortante y momento flexionante. En la figura 6-8c se muestra un diagrama de cuerpo libre del segmento izquierdo. Igual que antes, la carga trapezoidal se reemplaza por una distribución rectangular y una triangular. Observe que la intensidad de la carga triangular en la sección se encuentra por proporción. Se muestra también la fuerza y la posición resultantes de cada carga distribuida. Aplicando las ecuaciones de equilibrio, tenemos:

$$+\uparrow \Sigma F_y = 0; \quad 30 \text{ klb} - (2 \text{ klb/pie})x - \frac{1}{2}(4 \text{ klb/pie})\left(\frac{x}{18 \text{ pie}}\right)x - V = 0$$

$$V = \left(30 - 2x - \frac{x^2}{9}\right) \text{klb} \qquad (1)$$

$$\zeta + \Sigma M = 0;$$

$$-30 \text{ klb}(x) + (2 \text{ klb/pie})x\left(\frac{x}{2}\right) + \frac{1}{2}(4 \text{ klb/pie})\left(\frac{x}{18 \text{ pies}}\right)x\left(\frac{x}{3}\right) + M = 0$$

$$M = \left(30x - x^2 - \frac{x^3}{27}\right) \text{klb} \cdot \text{pie} \qquad (2)$$

La ecuación 2 puede verificarse considerando que $dM/dx = V$, esto es, mediante la ecuación 1. También, $w = -dV/dx = 2 + \frac{2}{9}x$. Esta ecuación se cumple, ya que cuando $x = 0$, $w = 2$ klb/pie, y cuando $x = 18$ pies, $w = 6$ klb/pie, figura 6-8a.

Diagramas de fuerza cortante y momento flexionante. Las ecuaciones 1 y 2 están graficadas en la figura 6-8d. Como en el punto de momento máximo $dM/dx = V = 0$, entonces, de la ecuación 1,

$$V = 0 = 30 - 2x - \frac{x^2}{9}$$

Escogiendo la raíz positiva,

$$x = 9.735 \text{ pies}$$

Entonces, de la ecuación 2,

$$M_{\text{máx}} = 30(9.735) - (9.735)^2 - \frac{(9.735)^3}{27}$$

$$= 163 \text{ klb} \cdot \text{pie}$$

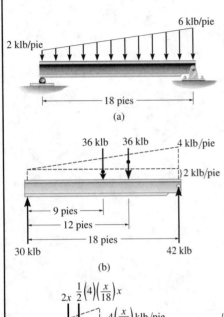

(a)

(b)

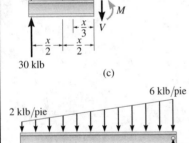

(c)

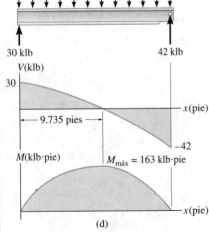

(d)

Fig. 6-8

EJEMPLO 6.6

Dibuje los diagramas de fuerza cortante y momento flexionante para la viga mostrada en la figura 6-9a.

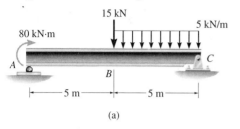

(a)

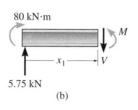

(b)

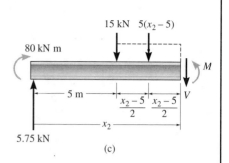

(c)

Solución

Reacciones en los soportes.   Las reacciones en los soportes han sido determinadas y se muestran en el diagrama de cuerpo libre de la viga, figura 6-9d.

Funciones de fuerza cortante y momento flexionante.   Como se tiene una discontinuidad de carga distribuida y también una carga concentrada en el centro de la viga, deben considerarse dos regiones de x para describir las funciones de fuerza cortante y momento flexionante para toda la viga.

$0 \le x_1 < 5$ m, figura 6-9b:

$$+\uparrow\Sigma F_y = 0; \qquad 5.75 \text{ kN} - V = 0$$
$$V = 5.75 \text{ kN} \qquad (1)$$

$$\zeta+\Sigma M = 0; \qquad -80 \text{ kN} \cdot \text{m} - 5.75 \text{ kN } x_1 + M = 0$$
$$M = (5.75x_1 + 80) \text{ kN} \cdot \text{m} \qquad (2)$$

5 m $< x_2 \le 10$ m, figura 6-9c:

$$+\uparrow\Sigma F_y = 0; \quad 5.75 \text{ kN} - 15 \text{ kN} - 5 \text{ kN/m}(x_2 - 5 \text{ m}) - V = 0$$
$$V = (15.75 - 5x_2) \text{ kN} \qquad (3)$$

$$\zeta+\Sigma M = 0; \quad -80 \text{ kN} \cdot \text{m} - 5.75 \text{ kN } x_2 + 15 \text{ kN}(x_2 - 5 \text{ m})$$
$$+ 5 \text{ kN/m}(x_2 - 5 \text{ m})\left(\frac{x_2 - 5 \text{ m}}{2}\right) + M = 0$$
$$M = (-2.5x_2{}^2 + 15.75x_2 + 92.5) \text{ kN} \cdot \text{m} \qquad (4)$$

Estos resultados pueden verificarse aplicando $w = -dV/dx$ y $V = dM/dx$. También, cuando $x_1 = 0$, las ecuaciones 1 y 2 dan $V = 5.75$ kN y $M = 80$ kN · m; cuando $x_2 = 10$ m, las ecuaciones 3 y 4 dan $V = -34.25$ kN y $M = 0$. Estos valores concuerdan con las reacciones en los soportes mostradas sobre el diagrama de cuerpo libre, figura 6-9d.

Diagramas de fuerza cortante y momento flexionante.   Las ecuaciones 1 a 4 están graficadas en la figura 6-9d.

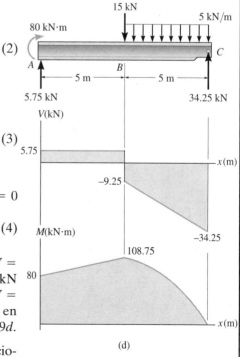

(d)

Fig. 6-9

6.2 Método gráfico para construir diagramas de fuerza cortante y momento flexionante

Como se muestra, la falla de esta mesa ocurrió en el soporte arriostrado del lado derecho. El diagrama de momento flexionante para la carga de la mesa indicaría que éste es el punto de momento interno máximo.

En los casos en que una viga está sometida a *varias* fuerzas y momentos concentrados, así como a cargas distribuidas, la determinación de V y M como funciones de x y el posterior trazo de esas ecuaciones puede resultar muy tedioso. En esta sección veremos un método más simple para construir los diagramas de fuerza cortante y momento flexionante que se basa en dos relaciones diferenciales que existen entre la carga distribuida, la fuerza cortante y el momento flexionante.

Regiones de carga distribuida. Consideremos la viga mostrada en la figura 6-10a que está sometida a una carga arbitraria. En la figura 6-10b se muestra un diagrama de cuerpo libre para un pequeño segmento Δx de la viga. Como este segmento se ha escogido en una posición x a lo largo de la viga donde no existe una fuerza o un momento concentrado, los resultados que se obtengan *no* serán aplicables en esos puntos de carga concentrada.

Advierta que todas las cargas mostradas sobre el segmento actúan en sus direcciones positivas de acuerdo con la convención de signos establecida, figura 6-3. Además, tanto la fuerza como el momento interno resultante que actúan sobre la carga derecha del segmento deben incrementarse por una pequeña cantidad finita para mantener el segmento en equilibrio. La carga distribuida ha sido reemplazada por una fuerza resultante $w(x)$ Δx que actúa a una distancia $k(\Delta x)$ del extremo derecho, donde $0 < k < 1$ [por ejemplo, si $w(x)$ es *uniforme*, $k = \frac{1}{2}$]. Aplicando las dos ecuaciones de equilibrio al segmento, tenemos:

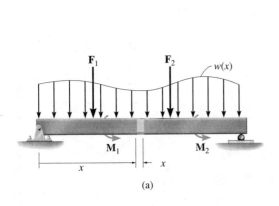

(a)

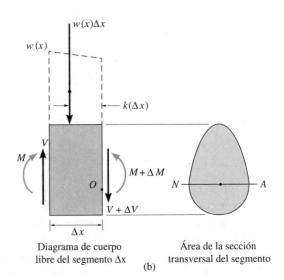

Diagrama de cuerpo libre del segmento Δx   Área de la sección transversal del segmento

(b)

Fig. 6-10

$$+\uparrow \Sigma F_y = 0; \qquad V - w(x)\,\Delta x - (V + \Delta V) = 0$$

$$\Delta V = -w(x)\,\Delta x$$

$$\downarrow + \Sigma M_O = 0; \qquad -V\,\Delta x - M + w(x)\,\Delta x[k(\Delta x)] + (M + \Delta M) = 0$$

$$\Delta M = V\,\Delta x - w(x)\,k(\Delta x)^2$$

Dividiendo entre Δx y tomando el límite cuando $\Delta x \to 0$, se obtiene:

$$\frac{dV}{dx} = -w(x)$$

pendiente = −intensidad de
del diagrama la carga
de fuerza cortante distribuida en
en cada punto cada punto

(6-1)

$$\frac{dM}{dx} = V$$

pendiente del = fuerza
diagrama de momento cortante
flexionante en en cada
cada punto punto

(6-2)

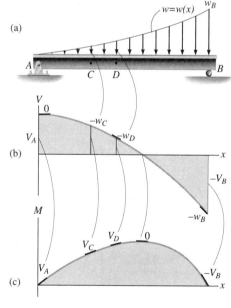

(a)

(b)

(c)

Fig. 6-11

Estas dos ecuaciones proporcionan un medio conveniente para trazar rápidamente los diagramas de fuerza cortante y momento flexionante. La ecuación 6-1 establece que en un punto la *pendiente* del diagrama de fuerza cortante es igual al negativo de la intensidad de la carga distribuida. Por ejemplo, considere la viga en la figura 6-11a. La carga distribuida es positiva y crece de cero a w_B. Por lo tanto, el diagrama de fuerza cortante será una curva con *pendiente negativa* que crece de cero a $-w_B$. En la figura 6-11b se muestran las pendientes específicas $w_A = 0, -w_C, -w_D$ y $-w_B$.

De manera similar, la ecuación 6-2 establece que en un punto la *pendiente* del diagrama de momento flexionante es igual a la fuerza cortante. Observe que el diagrama de fuerza cortante en la figura 6-11b comienza en $+V_A$, decrece a cero y luego se vuelve negativa, decreciendo a $-V_B$. El diagrama de momento flexionante tendrá entonces una pendiente inicial de $+V_A$ que decrece a cero, luego se vuelve negativa y decrece a $-V_B$. Las pendientes $V_A, V_C, V_D, 0$ y $-V_B$ se muestran en la figura 6-11c.

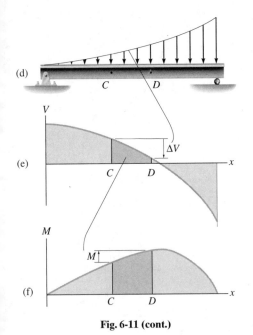

(d)

(e)

(f)

Fig. 6-11 (cont.)

Las ecuaciones 6-1 y 6-2 pueden también reescribirse en la forma $dV = -w(x)dx$ y $dM = V dx$. Observando que $w(x) dx$ y $V dx$ representan áreas diferenciales bajo los diagramas de carga distribuida y fuerza cortante, respectivamente, podemos integrar esas áreas entre dos puntos cualesquiera C y D sobre la viga, figura 6-11d, y escribir:

$$\Delta V = -\int w(x) \, dx$$

cambio en = −área bajo
la fuerza   la carga
cortante   distribuida

(6-3)

$$\Delta V = -\int V(x) \, dx$$

cambio en = área bajo el
el momento   diagrama de
flexionante   fuerza cortante

(6-4)

La ecuación 6-3 establece que el *cambio en fuerza cortante* entre los puntos C y D es igual al *área* (negativa) bajo la curva de carga distribuida entre esos dos puntos, figura 6-11d. Similarmente, de la ecuación 6-4, el cambio en momento flexionante entre C y D, figura 6-11f, es igual al área bajo el diagrama de fuerza cortante dentro de la región de C a D.

Como se indicó antes, las ecuaciones anteriores no se aplican en puntos en donde actúa una fuerza o momento concentrado.

Regiones de fuerza y momento concentrados. En la figura 6-12a se muestra un diagrama de cuerpo libre de un pequeño segmento de la viga en la figura 6-10a tomado bajo una de las fuerzas. Puede verse aquí que por equilibrio de fuerzas se requiere

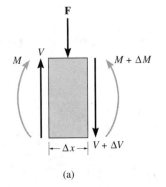

(a)

$$+\uparrow \Sigma F_y = 0; \qquad V - F - (V + \Delta V) = 0$$
$$\Delta V = -F$$

(6-5)

Entonces, cuando **F** actúa *hacia abajo* sobre la viga, ΔV es *negativa* por lo que la fuerza cortante "saltará" *hacia abajo*. De la misma manera, si **F** actúa *hacia arriba*, el salto (ΔV) será *hacia arriba*.

De la figura 6-12b, el equilibrio por momentos requiere que el cambio en momento sea

$$\zeta + \Sigma M_O = 0; \qquad M + \Delta M - M_0 - V \Delta x - M = 0$$

Haciendo que $\Delta x \to 0$, obtenemos

$$\Delta M = M_0$$

(6-6)

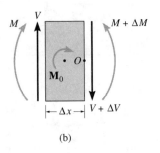

(b)

Fig. 6-12

En este caso, si $\mathbf{M}_0$ se aplica en *sentido horario*, ΔM es *positivo* por lo que el diagrama de momento "saltará" *hacia arriba*. Igualmente, cuando $\mathbf{M}_0$ actúa en *sentido antihorario*, el salto (ΔM) será *hacia abajo*.

La tabla 6-1 ilustra la aplicación de las ecuaciones 6-1, 6-2, 6-5 y 6-6 a varios casos comunes de carga. Ninguno de esos resultados debería memorizarse sino *estudiarse cuidadosamente* para entender con claridad cómo se construyen los diagramas de fuerza cortante y momento flexionante con base en el conocimiento de la *variación de la pendiente* en los diagramas de carga y fuerza cortante, respectivamente. Valdría la pena el esfuerzo y el tiempo invertido en comprobar su entendimiento de estos conceptos, cubriendo las columnas de los diagramas de fuerza cortante y momento flexionante en la tabla y tratar de reconstruir esos diagramas con base en el conocimiento de la carga.

TABLA 6-1

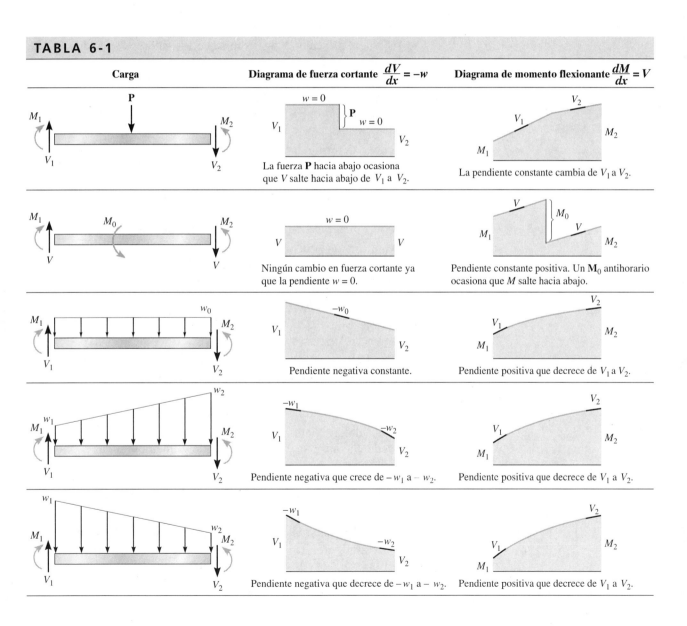

PROCEDIMIENTO DE ANÁLISIS

El siguiente procedimiento proporciona un método para construir los diagramas de cortante y momento para una viga con base en las relaciones entre carga distribuida, fuerza cortante y momento flexionante.

Reacciones en los soportes.

- Determine las reacciones en los soportes y resuelva las fuerzas que actúan sobre la viga en componentes que sean perpendiculares y paralelas al eje de la viga.

Diagrama de fuerza cortante.

- Establezca los ejes V y x y marque los valores conocidos de la fuerza cortante en los dos *extremos* de la viga.

- Como $dV/dx = -w$, la *pendiente* del *diagrama de fuerza cortante* en cualquier punto es igual a la intensidad (negativa) de la *carga distribuida* en el punto. Note que w es positiva cuando actúa hacia abajo.

- Si debe determinarse el valor numérico de la fuerza cortante en un punto, puede encontrarse este valor con el método de las secciones y la ecuación de equilibrio de fuerzas, o bien usando $\Delta V = -\int w(x)\,dx$, que establece que el *cambio en la fuerza cortante* entre dos puntos cualesquiera es igual al valor (*negativo*) del *área bajo el diagrama de carga* entre los dos puntos.

- Dado que $w(x)$ debe *integrarse* para obtener ΔV, si $w(x)$ es una curva de grado n, $V(x)$ será una curva de grado $n + 1$; por ejemplo, si $w(x)$ es uniforme, $V(x)$ será lineal.

Diagrama de momento flexionante.

- Establezca los ejes M y x y trace los valores conocidos del momento en los *extremos* de la viga.

- Como $dM/dx = V$, la *pendiente* del diagrama de momento en cualquier punto es igual a la *fuerza cortante* en el punto.

- En el punto en que la fuerza cortante es cero, $dM/dx = 0$, y por tanto, éste será un punto de momento máximo o mínimo.

- Si va a determinarse un valor numérico del momento en el punto, puede encontrarse este valor usando el método de las secciones y la ecuación de equilibrio por momentos, o bien usando $\Delta M = \int V(x)\,dx$, que establece que el *cambio en el momento* entre dos puntos cualesquiera es igual al *área bajo el diagrama de fuerza cortante* entre los dos puntos.

- Como $V(x)$ debe *integrarse* para obtener ΔM, si $V(x)$ es una curva de grado n, $M(x)$ será una curva de grado $n + 1$; por ejemplo, si $V(x)$ es lineal, $M(x)$ será parabólica.

E J E M P L O   6.7

Dibuje los diagramas de fuerza cortante y momento flexionante para la viga en la figura 6-13a.

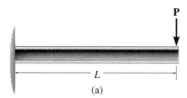

(a)

Solución

Reacciones en el soporte. Las reacciones se muestran sobre un diagrama de cuerpo libre, figura 6-13b.

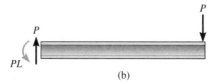

(b)

Diagrama de fuerza cortante. De acuerdo con la convención de signos, figura 6-3, en $x = 0$, $V = +P$ y en $x = L$, $V = +P$. Esos puntos están indicados en la figura 6-13b. Como $w = 0$, figura 6-13a, la *pendiente* del diagrama de fuerza cortante será cero $(dV/dx = -w = 0)$ en todo punto, y por consiguiente una línea recta horizontal conecta los puntos extremos.

(c)

Diagrama de momento flexionante. En $x = 0$, $M = -PL$ y en $x = L$, $M = 0$, figura 6-13d. El diagrama de fuerza cortante indica que la fuerza cortante es constante y positiva y por tanto la *pendiente* del diagrama de momentos flexionantes será *constante positiva*, $dM/dx = V = +P$ en todo punto. Por consiguiente, los puntos extremos están conectados por una línea recta de pendiente positiva como se muestra en la figura 6-13d.

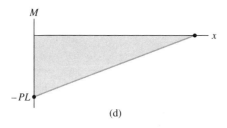

(d)

Fig. 6-13

Dibuje los diagramas de fuerza cortante y momento flexionante para la viga mostrada en la figura 6-14a.

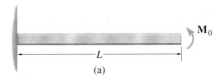

(a)

Solución

Reacciones en el soporte. La reacción en el empotramiento se muestra en el diagrama de cuerpo libre, figura 6-14b.

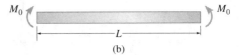

(b)

Diagrama de fuerza cortante. Se traza primero la fuerza cortante $V = 0$ en ambos extremos, figura 6-14c. Como no existe ninguna carga distribuida sobre la viga, el diagrama de fuerza cortante tendrá *pendiente* cero en todo punto. Por tanto, una línea horizontal conecta los puntos extremos, lo que indica que la fuerza cortante es cero en toda la viga.

(c)

Diagrama de momento flexionante. El momento M_0 en los puntos extremos de la viga, $x = 0$ y $x = L$, se grafica primero en la figura 6-14d. El diagrama de la fuerza cortante indica que la *pendiente* del diagrama de momentos será cero ya que $V = 0$. Por consiguiente, una línea horizontal conecta los puntos extremos, como se muestra.

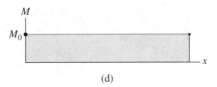

(d)

Fig. 6-14

E J E M P L O   **6.9**

Dibuje los diagramas de fuerza cortante y momento flexionante para la viga mostrada en la figura 6-15a.

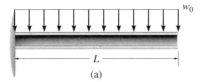

(a)

Solución

Reacciones en el soporte.   Las reacciones en el empotramiento se muestran en el diagrama de cuerpo libre, figura 6-15b.

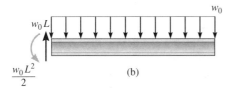

(b)

Diagrama de fuerza cortante.   Se traza primero la fuerza cortante en cada punto extremo, figura 6-15c. La carga distribuida sobre la viga es constante positiva por lo que la *pendiente* del diagrama de cortante será constante negativa ($dV/dx = -w_0$). Esto requiere que una línea recta con pendiente negativa conecte los puntos extremos.

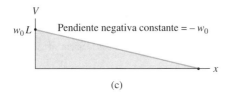

(c)

Diagrama de momento flexionante.   Se traza primero el momento en cada punto extremo, figura 6-15d. El diagrama de cortante indica que V es positiva y decrece de w_0L a cero, por lo que el diagrama de momento debe comenzar con una pendiente positiva de w_0L y decrecer a cero. Específicamente, como el diagrama de cortante es una línea recta inclinada, el diagrama de momento será *parabólico*, con una pendiente decreciente como se muestra en la figura.

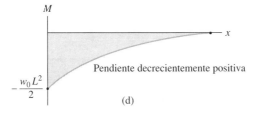

(d)

Fig. 6-15

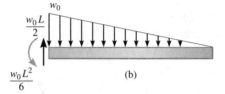

(a)

Fig. 6-16

Dibuje los diagramas de fuerza cortante y momento flexionante para la viga mostrada en la figura 6-16*a*.

Solución

Reacciones en el soporte. Las reacciones en el empotramiento ya se han calculado y se muestran sobre el diagrama de cuerpo libre, figura 6-16*b*.

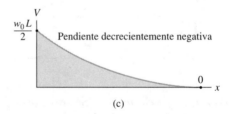

(b)

Diagrama de fuerza cortante. Se traza primero la fuerza cortante en cada punto extremo, figura 6-16*c*. La carga distribuida sobre la viga es positiva y linealmente decreciente. Por tanto la *pendiente* del diagrama de fuerza cortante será *decreciente negativamente*. En $x = 0$, la pendiente empieza en $-w_0$ y llega a cero en $x = L$. Como la carga es *lineal*, el diagrama de fuerza cortante es una *parábola* con pendiente negativamente decreciente.

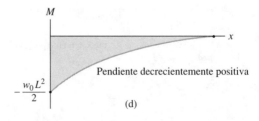

(c)

Diagrama de momento flexionante. Se traza primero el momento en cada punto extremo, figura 6-16*d*. Del diagrama de fuerza cortante, V es positiva pero decrece de $w_0 L/2$ en $x = 0$ a cero en $x = L$. La curva del diagrama de momento flexionante con este comportamiento de su pendiente es una función *cúbica* de x, como se muestra en la figura.

M

x

Pendiente decrecientemente positiva

$-\dfrac{w_0 L^2}{2}$

(d)

E J E M P L O 6.11

Dibuje los diagramas de fuerza cortante y momento flexionante para la viga mostrada en la figura 6-17a.

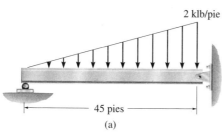

(a)

Fig. 6-17

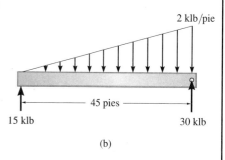

(b)

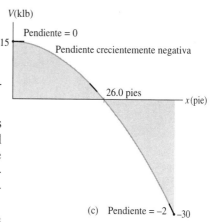

Solución

Reacciones en los soportes. Las reacciones ya han sido determinadas y se muestran en el diagrama de cuerpo libre, figura 6-17b.

Diagrama de fuerza cortante. Se trazan primero los valores en los puntos extremos $x = 0$, $V = +15$ y $x = 45$, $V = -30$, figura 6-17c. Del comportamiento de la carga distribuida, la *pendiente* del diagrama de fuerza cortante variará de cero en $x = 0$ a -2 en $x = 45$. Como resultado, el diagrama de fuerza cortante es una parábola con la forma mostrada.

El punto de cortante cero puede encontrarse usando el método de las secciones para un segmento de viga de longitud x, figura 6-17e. Se requiere que $V = 0$, por lo que

$$+\uparrow \Sigma F_y = 0; \quad 15 \text{ klb} - \frac{1}{2}\left[2 \text{ klb/pie}\left(\frac{x}{45 \text{ pies}}\right)\right]x = 0; \quad x = 26.0 \text{ pies}$$

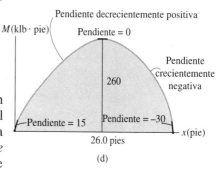

(d)

Diagrama de momento flexionante. Se trazan primero los valores en los puntos extremos $x = 0$, $M = 0$ y $x = 45$, $M = 0$, figura 6-17d. Del comportamiento del diagrama de cortante, la pendiente del diagrama de momento comienza en $+15$ y se comporta luego *decrecientemente positiva* hasta que alcanza el valor cero en 26.0 pies. Luego se vuelve *crecientemente negativa* hasta que alcanza el valor -30 en $x = 45$ pies. El diagrama de momento es una función cúbica de x. ¿Por qué?

Note que el momento máximo se presenta en $x = 26.0$, ya que $dM/dx = V = 0$ en este punto. Del diagrama de cuerpo libre en la figura 6-17e tenemos

$$\zeta + \Sigma M = 0;$$

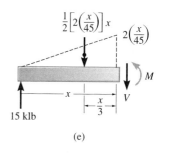

(e)

$$-15 \text{ klb}(26.0 \text{ pies}) + \frac{1}{2}\left[2 \text{ klb/pie}\left(\frac{26.0 \text{ pies}}{45 \text{ pies}}\right)\right](26.0 \text{ pies})\left(\frac{26.0 \text{ pies}}{3}\right) + M = 0$$

$$M = 260 \text{ klb} \cdot \text{pie}$$

E J E M P L O 6.12

Dibuje los diagramas de fuerza cortante y momento flexionante para la viga mostrada en la figura 6-18a.

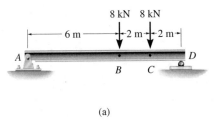

(a)

Solución

Reacciones en los soportes. Las reacciones están indicadas en el diagrama de cuerpo libre, figura 6-18b.

Diagrama de fuerza cortante. En $x = 0$, $V_A = +4.8$ kN, y en $x = 10$, $V_D = -11.2$ kN, figura 6-18c. En puntos intermedios entre cada fuerza la *pendiente* del diagrama de cortante será cero. ¿Por qué? Por consiguiente la fuerza cortante retiene su valor de $+4.8$ hasta el punto B. En B la fuerza cortante es *discontinua*, ya que se tiene ahí una fuerza concentrada de 8 kN. El valor de la fuerza cortante justo a la derecha de B puede encontrarse seccionando la viga en este punto, figura 6-18e, donde por equilibrio $V = -3.2$ kN. Use el método de las secciones y demuestre que el diagrama "salta" nuevamente en C, como se muestra, y luego llega al valor de -11.2 kN en D.

Observe que con base en la ecuación 6-5, $\Delta V = -F$, el diagrama de cortante puede también construirse "siguiendo la carga" sobre el diagrama de cuerpo libre. Comenzando en A, la fuerza de 4.8 kN actúa hacia arriba, por lo que $V_A = +4.8$ kN. Ninguna carga distribuida actúa entre A y B, por lo que la fuerza cortante permanece constante $(dV/dx = 0)$. En B, la fuerza de 8 kN actúa hacia abajo, por lo que la fuerza cortante salta hacia abajo 8 kN, de +4.8 kN a -3.2 kN. De nuevo, la fuerza cortante es constante de B a C (ninguna carga distribuida); luego en C salta hacia abajo 8 kN hasta -11.2 kN. Finalmente, sin carga distribuida entre C y D, termina en -11.2 kN.

Diagrama de momento flexionante. El momento en cada extremo de la viga es cero, figura 6-18d. La *pendiente* del diagrama de momento de A a B es constante igual a $+4.8$. ¿Por qué? El valor del momento en B puede determinarse usando la estática, figura 6-18c, o encontrando el área bajo el diagrama de cortante entre A y B, esto es, $\Delta M_{AB} = (4.8$ kN$)(6$ m$) = 28.8$ kN · m. Como $M_A = 0$, entonces $M_B = M_A + \Delta M_{AB} = 0 + 28.8$ kN · m $= 28.8$ kN · m. Desde el punto B, la pendiente del diagrama de momentos es -3.2 hasta que se alcanza el punto C. De nuevo, el valor del momento se puede obtener por estática o encontrando el área bajo el diagrama de cortante entre B y C, esto es, $\Delta M_{BC} = (-3.2$ kN$)(2$ m$) = -6.4$ kN · m, por lo que $M_C = 28.8$ kN · m $- 6.4$ kN · m $= 22.4$ kN · m. Continuando de esta manera, verificamos que el diagrama se cierra en D.

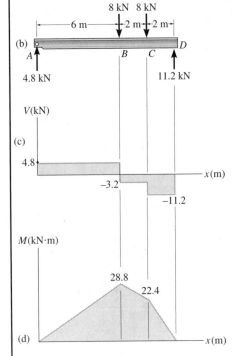

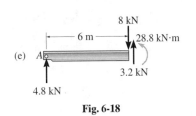

Fig. 6-18

EJEMPLO 6.13

Dibuje los diagramas de fuerza cortante y momento flexionante para la viga con voladizo mostrada en la figura 6-19a.

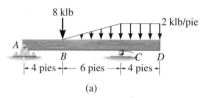

(a)

Solución

Reacciones en los soportes. El diagrama de cuerpo libre con las reacciones calculadas se muestra en la figura 6-19b.

Diagrama de fuerza cortante. Como siempre, comenzamos trazando las fuerzas cortantes en los extremos $V_A = +4.40$ klb y $V_D = 0$, figura 6-19c. El diagrama de cortante tendrá pendiente *nula* de A a B. En B, el diagrama salta hacia abajo 8 klb a -3.60 klb. Luego tiene una pendiente *crecientemente negativa*. La fuerza cortante en C puede determinarse a partir del área bajo el diagrama de carga, $V_C = V_B + \Delta V_{BC} = -3.60$ klb $- (1/2)(6$ pies$)(2$ klb/pie$) = -9.60$ klb. Salta luego 17.6 klb a 8 klb. Finalmente, de C a D, la pendiente del diagrama de cortante será *constante pero negativa,* hasta que la fuerza cortante alcanza el valor cero en D.

Diagrama de momento flexionante. Se trazan primero los momentos extremos $M_A = 0$ y $M_D = 0$, figura 6-19d. Estudie el diagrama y note cómo las pendientes y las diversas curvas son establecidas mediante el diagrama de cortante usando $dM/dx = V$. Verifique los valores numéricos de los picos usando el método de las secciones y estática o calculando las áreas apropiadas bajo el diagrama de cortante para encontrar el cambio en momento entre dos puntos. En particular, el punto de momento nulo puede determinarse estableciendo M como una función de x, donde, por así convenir, x se extiende *del* punto B hacia la región BC, figura 6-19e. Por tanto,

$\zeta + \Sigma M = 0$;

$$-4.40 \text{ klb}(4 \text{ pies} + x) + 8 \text{ klb}(x) + \frac{1}{2}\left(\frac{2 \text{ klb/pie}}{6 \text{ pies}}\right)x(x)\left(\frac{x}{3}\right) + M = 0$$

$$M = \left(-\frac{1}{18}x^3 - 3.60x + 17.6\right)\text{klb} \cdot \text{pie} = 0$$

$$x = 3.94 \text{ pies}$$

Observando esos diagramas, vemos que por el proceso de integración para la región AB la carga es cero, la fuerza cortante es constante y el momento es lineal; para la región BC la carga es lineal, la fuerza cortante es parabólica y el momento es cúbico; y para la región CD la carga es constante, la fuerza cortante es lineal y el momento es parabólico. Se recomienda que los ejemplos 6.1 al 6.6 sean resueltos también usando este método.

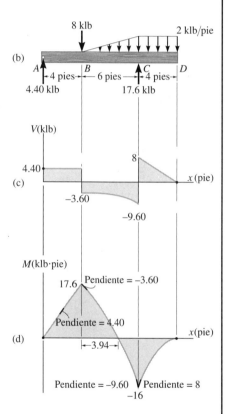

(b)

(c)

(d)

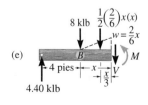

(e)

Fig. 6-19

PROBLEMAS

6-1. Dibuje los diagramas de fuerza cortante y momento flexionante para la flecha. Las chumaceras en A y B ejercen sólo reacciones verticales sobre la flecha.

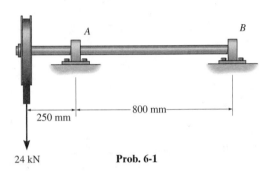

24 kN   **Prob. 6-1**

6-2. El dispositivo mostrado se usa para soportar una carga. Si la carga aplicada a la manija es de 50 lb, determine las tensiones T_1 y T_2 en cada extremo de la cadena y luego dibuje los diagramas de fuerza cortante y momento flexionante para el brazo ABC.

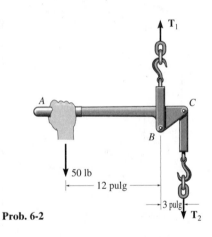

Prob. 6-2

6-3. Dibuje los diagramas de fuerza cortante y momento flexionante para la flecha. Las chumaceras en A y en D ejercen sólo reacciones verticales sobre la flecha. La carga está aplicada a las poleas en B, C y E.

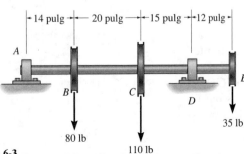

Prob. 6-3

*6-4.** Dibuje los diagramas de fuerza cortante y momento flexionante para la viga.

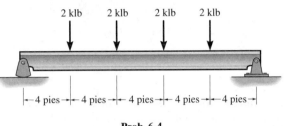

Prob. 6-4

6-5. Dibuje los diagramas de fuerza cortante y momento flexionante para la barra que está soportada por un pasador en A y por una placa lisa en B. La placa se desliza dentro de la ranura, por lo que no puede soportar una fuerza vertical, pero sí puede soportar un momento.

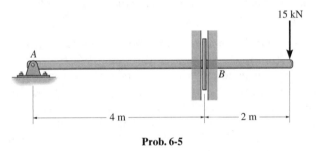

Prob. 6-5

6-6. Dibuje los diagramas de fuerza cortante y momento flexionante para la flecha. Las chumaceras en A y en B ejercen sólo reacciones verticales sobre la flecha. Exprese también la fuerza cortante y el momento flexionante en la flecha en función de x dentro de la región 125 mm $< x <$ 725 mm.

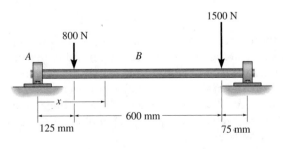

Prob. 6-6

6-7. Dibuje los diagramas de fuerza cortante y momento flexionante para la viga.

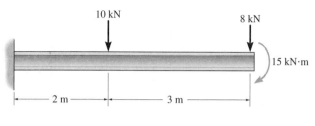

10 kN   8 kN

15 kN·m

2 m   3 m

Prob. 6-7

*6-8. Dibuje los diagramas de fuerza cortante y momento flexionante para el tubo, uno de cuyos extremos está sometido a una fuerza horizontal de 5 kN. *Sugerencia*: las reacciones en el pasador *C* deben reemplazarse por cargas equivalentes en el punto *B* sobre el eje del tubo.

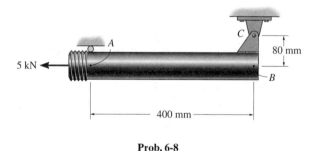

C

80 mm

A

5 kN

B

400 mm

Prob. 6-8

6-9. Dibuje los diagramas de fuerza cortante y momento flexionante para la viga. *Sugerencia*: la carga de 20 klb debe reemplazarse por cargas equivalentes en el punto *C* sobre el eje de la viga.

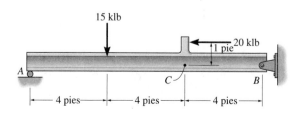

15 klb

20 klb

1 pie

A

C   *B*

4 pies   4 pies   4 pies

Prob. 6-9

6-10. La grúa pescante se usa para soportar el motor que tiene un peso de 1200 lb. Dibuje los diagramas de fuerza cortante y momento flexionante para el brazo *ABC* cuando está en la posición horizontal mostrada.

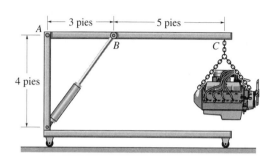

3 pies   5 pies

A

B   *C*

4 pies

Prob. 6-10

6-11. Determine la distancia *a* en que debe colocarse el soporte de rodillo para que el valor máximo absoluto del momento sea mínimo. Dibuje los diagramas de fuerza cortante y momento flexionante para esta condición.

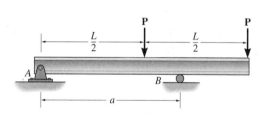

P   P

$\frac{L}{2}$ $\frac{L}{2}$

A

B

a

Prob. 6-11

*6-12. Dibuje los diagramas de fuerza cortante y momento flexionante para la viga compuesta que está conectada por un pasador en *B*.

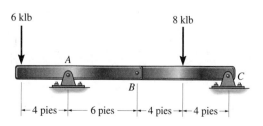

6 klb   8 klb

A

B   *C*

4 pies   6 pies   4 pies   4 pies

Prob. 6-12

6-13. Las barras están conectadas por pasadores en C y en D. Dibuje los diagramas de fuerza cortante y momento flexionante para el conjunto. Desprecie el efecto de la carga axial.

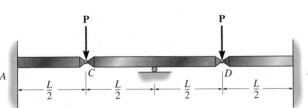

Prob. 6-13

■6-14. Considere el problema general de una viga simplemente apoyada sometida a n cargas concentradas. Escriba un programa de computadora que pueda usarse para determinar la fuerza cortante y el momento flexionante en cualquier posición x especificada a lo largo de la viga y trace los diagramas correspondientes para la viga. Muestre una aplicación del programa usando los valores $P_1 = 500$ lb, $d_1 = 5$ pies, $P_2 = 800$ lb, $d_2 = 15$ pies, $L_1 = 10$ pies, $L = 15$ pies.

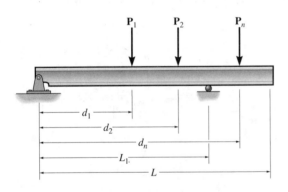

Prob. 6-14

6-15. Dibuje los diagramas de fuerza cortante y momento flexionante para la viga. Determine también la fuerza cortante y el momento flexionante en la viga en función de x, donde 3 pies $< x \leq 15$ pies.

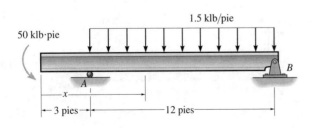

Prob. 6-15

***6-16.** Dibuje los diagramas de fuerza cortante y momento flexionante para la viga.

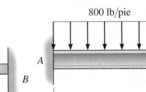

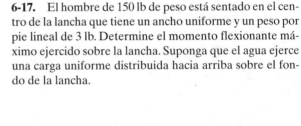

Prob. 6-16

6-17. El hombre de 150 lb de peso está sentado en el centro de la lancha que tiene un ancho uniforme y un peso por pie lineal de 3 lb. Determine el momento flexionante máximo ejercido sobre la lancha. Suponga que el agua ejerce una carga uniforme distribuida hacia arriba sobre el fondo de la lancha.

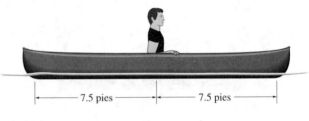

Prob. 6-17

6-18. La zapata de cimentación soporta la carga transmitida por las dos columnas. Dibuje los diagramas de fuerza cortante y momento flexionante para la zapata si la reacción de la presión del suelo sobre la zapata se supone uniforme.

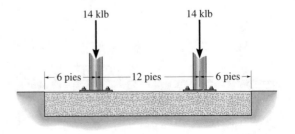

Prob. 6-18

6-19. Dibuje los diagramas de fuerza cortante y momento flexionante para la viga.

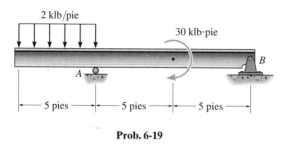

Prob. 6-19

*6-20. El robot industrial se mantiene en la posición estacionaria indicada. Dibuje los diagramas de fuerza cortante y momento flexionante del brazo ABC que está conectado en A por un pasador y un cilindro hidráulico BD (miembro de dos fuerzas). Suponga que el brazo y las tenazas tienen un peso uniforme de 1.5 lb/pulg y que soportan la carga de 40 lb en C.

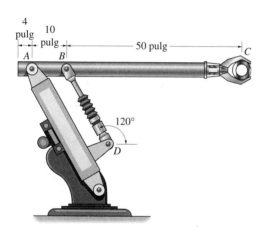

Prob. 6-20

6-21. Dibuje los diagramas de fuerza cortante y momento flexionante para la viga y determine la fuerza cortante y el momento en la viga como funciones de x, para 4 pies $< x < 10$ pies.

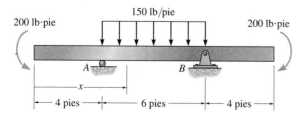

Prob. 6-21

6-22. Dibuje los diagramas de fuerza cortante y momento flexionante para la viga compuesta. Los tres segmentos están conectados por pasadores en B y en E.

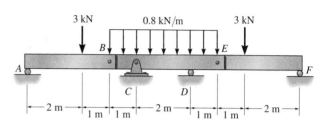

Prob. 6-22

6-23. La viga T está sometida a la carga mostrada. Dibuje los diagramas de fuerza cortante y momento flexionante de la viga.

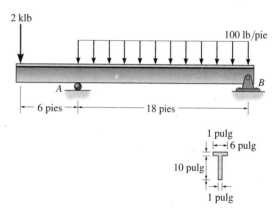

Prob. 6-23

*6-24. La viga está soportada en A por un pasador y descansa sobre un cojinete en B que ejerce una carga uniforme distribuida sobre la viga en sus dos pies de longitud. Dibuje los diagramas de fuerza cortante y momento flexionante para la viga si ésta soporta una carga uniforme de 2 klb/pie.

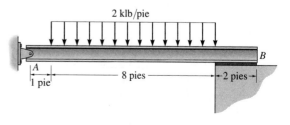

Prob. 6-24

6-25. Dibuje los diagramas de fuerza cortante y momento flexionante para la viga. Los dos segmentos están unidos entre sí en *B*.

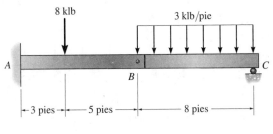

Prob. 6-25

■**6-26.** Considere el problema general de una viga en voladizo sometida a *n* cargas concentradas y a una carga *w* uniformemente distribuida. Escriba un programa de computadora que pueda usarse para determinar la fuerza cortante y el momento flexionante en cualquier posición *x* especificada a lo largo de la viga; trace los diagramas de fuerza cortante y de momento flexionante para la viga. Aplique el programa usando los valores $P_1 = 4$ kN, $d_1 = 2$ m, $w = 800$ N/m, $a_1 = 2$ m, $a_2 = 4$ m, $L = 4$ m.

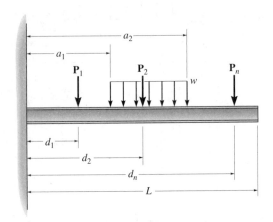

Prob. 6-26

6-27. Determine la distancia *a* en que debe colocarse el soporte de rodillo de manera que el valor máximo absoluto del momento sea mínimo. Dibuje los diagramas de fuerza cortante y momento flexionante para esta condición.

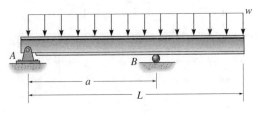

Prob. 6-27

*****6-28.** Dibuje los diagramas de fuerza cortante y momento flexionante para la barra de conexión. En los extremos *A* y *B* sólo se presentan reacciones verticales.

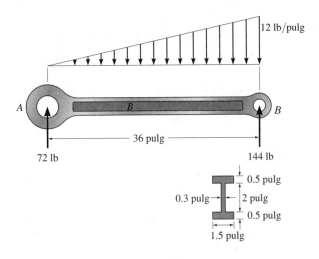

Prob. 6-28

6-29. Dibuje los diagramas de fuerza cortante y momento flexionante para la viga.

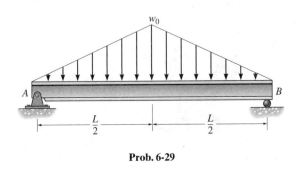

Prob. 6-29

6-30. Dibuje los diagramas de fuerza cortante y momento flexionante para la viga.

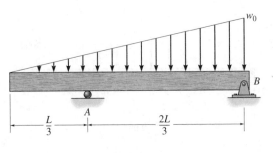

Prob. 6-30

6-31. Dibuje los diagramas de fuerza cortante y momento flexionante para la viga.

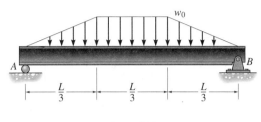

Prob. 6-31

*6-32. El esquí soporta las 180 lb de peso del hombre. Si la carga de nieve sobre la superficie del fondo del esquí es trapezoidal, como se muestra, determine la intensidad w y luego dibuje los diagramas de fuerza cortante y momento flexionante para el esquí.

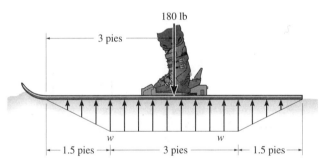

Prob. 6-32

6-33. Dibuje los diagramas de fuerza cortante y momento flexionante para la viga.

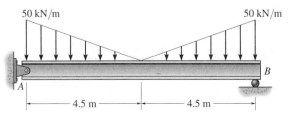

Prob. 6-33

6-34. Dibuje los diagramas de fuerza cortante y momento flexionante para la viga y determine la fuerza cortante y el momento en la viga como funciones de x.

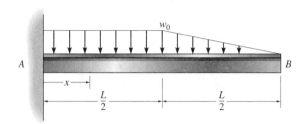

Prob. 6-34

6-35. El pasador liso está soportado por dos silletas A y B y está sometido a una carga de compresión de 0.4 kN/m causada por la barra C. Determine la intensidad de la carga distribuida w_0 de las silletas sobre el pasador y dibuje los diagramas de fuerza cortante y momento flexionante para el pasador.

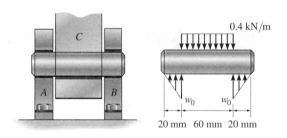

Prob. 6-35

*6-36. Dibuje los diagramas de fuerza cortante y momento flexionante para la viga.

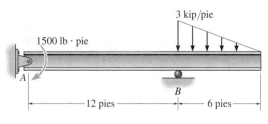

Prob. 6-36

6-37. La viga compuesta consta de dos segmentos unidos entre sí por un pasador en *B*. Dibuje los diagramas de fuerza cortante y momento flexionante para la viga que soporta la carga distribuida mostrada.

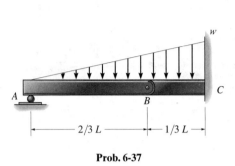

Prob. 6-37

6-38. Dibuje los diagramas de fuerza cortante y momento flexionante para la viga.

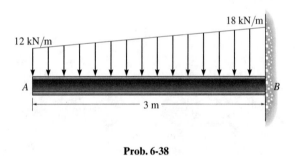

Prob. 6-38

6-39. Dibuje los diagramas de fuerza cortante y momento flexionante para la viga y determine la fuerza cortante y el momento como funciones de *x*.

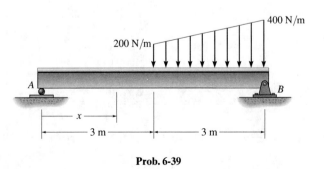

Prob. 6-39

*6-40. Dibuje los diagramas de fuerza cortante y momento flexionante para la viga.

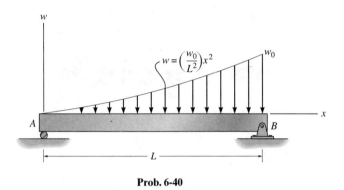

Prob. 6-40

6-41. Dibuje los diagramas de fuerza cortante y momento flexionante para la viga.

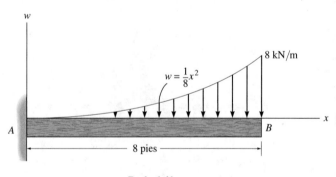

Prob. 6-41

6-42. Dibuje los diagramas de fuerza cortante y momento flexionante para la viga.

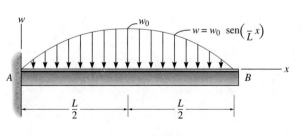

Prob. 6-42

6.3 Deformación por flexión de un miembro recto

En esta sección estudiaremos las deformaciones que ocurren cuando una viga prismática recta hecha de material homogéneo está sometida a flexión. El análisis se limitará a vigas con secciones transversales simétricas respecto a un eje y el momento flexionante se encuentra aplicado respecto a un eje perpendicular a este eje de simetría, como se muestra en la figura 6-20. El comportamiento de miembros con secciones transversales asimétricas o que están hechos de varios materiales se basa en consideraciones similares, y se estudiarán separadamente en secciones posteriores de este capítulo.

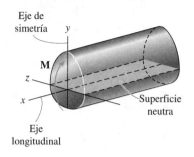

Fig. 6-20

Usando un material sumamente deformable como el hule, podemos ilustrar físicamente qué sucede cuando un miembro prismático recto está sometido a un momento flexionante. Consideremos, por ejemplo, la barra no deformada en la figura 6-21a que tiene una sección transversal cuadrada y está marcada con una retícula formada por líneas longitudinales y transversales. Al aplicar un momento flexionante, éste tiende a distorsionar esas líneas según el patrón mostrado en la figura 6-21b. Puede verse aquí que las líneas longitudinales se *curvan* y que las líneas transversales *permanecen rectas* pero sufren una *rotación*.

El comportamiento de cualquier barra deformable sometida a un momento flexionante es tal que el material en la porción inferior de la barra se alarga y el material en la porción superior se comprime. En consecuencia, entre esas dos regiones debe haber una superficie, llamada *superficie neutra*, en la que las fibras longitudinales del material no experimentarán un cambio de longitud, figura 6-20.

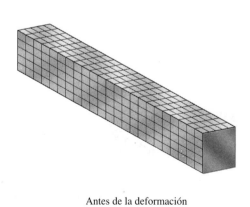

Antes de la deformación

(a)

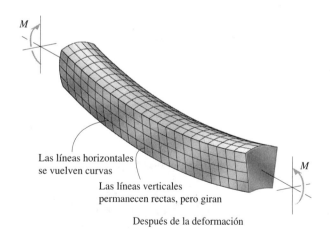

Las líneas horizontales se vuelven curvas

Las líneas verticales permanecen rectas, pero giran

Después de la deformación

(b)

Fig. 6-21

Note la distorsión de las líneas debido a la flexión de esta barra de hule. La línea superior se estira, la línea inferior se comprime, y la línea central permanece con la misma longitud. Las líneas verticales giran pero permanecen rectas.

Con base en estas observaciones haremos las siguientes tres hipótesis relativas a la manera en que el esfuerzo deforma al material. La primera es que el *eje longitudinal x*, que se encuentra en la superficie neutra, figura 6-22a, no experimenta ningún *cambio de longitud*. El momento tiende a deformar la viga en forma tal que esta línea recta *se vuelve una línea curva* contenida en el plano *x-y* de simetría, figura 6-22b. La segunda hipótesis es que **todas las secciones transversales** de la viga **permanecen planas** y perpendiculares al eje longitudinal durante la deformación. La tercera hipótesis es que cualquier *deformación* de la *sección transversal* dentro de su propio plano será *despreciada*, figura 6-21b. En particular, el eje *z*, contenido en el plano de la sección transversal y respecto al cual gira la sección, se llama *eje neutro*, figura 6-22b. Su posición se determinará en la siguiente sección.

Para mostrar cómo esta distorsión deforma el material, aislaremos un segmento de la viga localizado a una distancia *x* a lo largo de la longitud de la viga y con un espesor no deformado Δ*x*, figura 6-22a. Este elemento, tomado de la viga, se muestra en vista de perfil en sus posiciones no

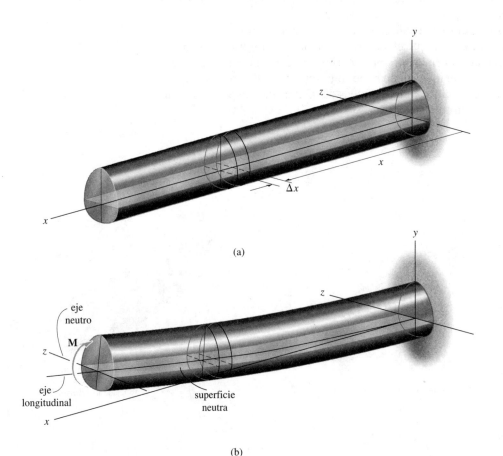

(a)

(b)

Fig. 6-22

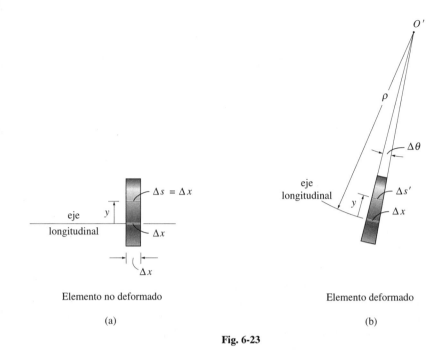

Fig. 6-23

deformada y deformada en la figura 6-23. Note que cualquier segmento de línea Δx, localizado sobre la superficie neutra, no cambia de longitud, mientras que cualquier segmento de línea Δs, localizado a una distancia arbitraria y arriba de la superficie neutra, se contraerá y tendrá la longitud $\Delta s'$ después que la deformación ha tenido lugar. Por definición, la deformación unitaria normal a lo largo de Δs se determina con la ecuación 2-2, esto es,

$$\epsilon = \lim_{\Delta s \to 0} \frac{\Delta s' - \Delta s}{\Delta s}$$

Representaremos ahora esta deformación unitaria en términos de la posición y del segmento y del radio de curvatura ρ del eje longitudinal del elemento. Antes de la deformación, $\Delta s = \Delta x$, figura 6-23a. Después de la deformación Δx tiene un radio de curvatura ρ, con centro de curvatura en el punto O', figura 6-23b. Como $\Delta\theta$ define el ángulo entre los lados de la sección transversal del elemento, $\Delta x = \Delta s = \rho\,\Delta\theta$. De la misma manera, la longitud deformada de Δs es $\Delta s' = (\rho - y)\,\Delta\theta$. Sustituyendo en la ecuación anterior, obtenemos:

$$\epsilon = \lim_{\Delta\theta \to 0} \frac{(\rho - y)\,\Delta\theta - \rho\,\Delta\theta}{\rho\,\Delta\theta}$$

o

$$\epsilon = -\frac{y}{\rho} \qquad (6\text{-}7)$$

Este importante resultado indica que la deformación unitaria normal longitudinal de cualquier elemento dentro de la viga depende de su locali-

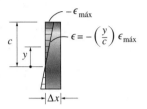

Distribución de la deformación unitaria normal

Fig. 6-24

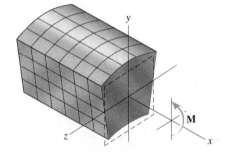

Fig. 6-25

zación y sobre la sección transversal y del radio de curvatura del eje longitudinal de la viga en el punto. En otras palabras, para cualquier sección transversal específica, la ***deformación unitaria normal longitudinal variará linealmente*** con y desde el eje neutro. Una contracción $(-\epsilon)$ ocurrirá en fibras situadas arriba del eje neutro $(+y)$, mientras que se presentarán alargamientos $(+\epsilon)$ en fibras localizadas debajo del eje $(-y)$. Esta variación en la deformación unitaria sobre la sección transversal se muestra en la figura 6-24. Aquí la deformación unitaria máxima ocurre en la fibra extrema, situada a una distancia c del eje neutro. Usando la ecuación 6-7, como $\epsilon_{\text{máx}} = c/\rho$, entonces por división,

$$\frac{\epsilon}{\epsilon_{\text{máx}}} = \frac{-y/\rho}{c/\rho}$$

De manera que

$$\epsilon = -\left(\frac{y}{c}\right)\epsilon_{\text{máx}} \qquad (6\text{-}8)$$

Esta deformación unitaria normal depende sólo de las hipótesis hechas con respecto a la *deformación*. Si sólo se aplica un momento a la viga, es entonces razonable suponer adicionalmente que este momento ocasiona *solamente un esfuerzo normal* en la dirección x o longitudinal. Todas las otras componentes de esfuerzo normal y cortante son cero, ya que la superficie de la viga está libre de cualquier otra carga. Es este estado uniaxial de esfuerzo el que provoca que el material tenga la componente de deformación unitaria normal longitudinal ϵ_x, $(\sigma_x = E\epsilon_x)$, definida por la ecuación 6-8. Además, por la razón de Poisson, debe haber también componentes de deformación unitaria asociadas $\epsilon_y = -\nu\epsilon_x$ y $\epsilon_z = -\nu\epsilon_x$, que deforman el plano de la sección transversal, aunque aquí hemos despreciado esas deformaciones. Sin embargo, tales deformaciones ocasionarán que las *dimensiones de la sección transversal* se vuelvan más pequeñas debajo del eje neutro y mayores arriba del eje neutro. Por ejemplo, si la viga tiene una sección cuadrada, se deformará como se muestra en la figura 6-25.

6.4 La fórmula de la flexión

En esta sección desarrollaremos una ecuación que relaciona la distribución del esfuerzo longitudinal en una viga con el momento de flexión interno resultante que actúa sobre la sección transversal de la viga. Para hacer esto, supondremos que el material se comporta de manera elástica lineal, por lo que es aplicable la ley de Hooke, esto es, $\sigma = E\epsilon$. Una ***variación lineal de la deformación unitaria normal,*** figura 6-26*a*, debe ser entonces la consecuencia de una ***variación lineal del esfuerzo normal***, figura 6-26*b*. Por tanto, igual que la variación de la deformación unitaria normal, σ variará de cero en el eje neutro del miembro a un valor máximo $\sigma_{\text{máx}}$ en puntos a la distancia c máxima desde el eje neutro. Por triángulos semejantes, figura 6-26*b*, o usando la ley de Hooke, $\sigma = E\epsilon$, y la ecuación 6-8, podemos escribir

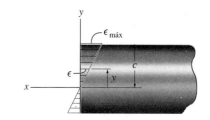

Variación de la deformación
unitaria normal (vista lateral)

(a)

$$\sigma = -\left(\frac{y}{c}\right)\sigma_{\text{máx}} \qquad (6\text{-}9)$$

Variación del esfuerzo
de flexión (vista lateral)

(b)

Fig. 6-26

Esta ecuación representa la distribución del esfuerzo sobre la sección transversal. La convención de signos establecida aquí es importante. Para un **M** positivo actuando en la dirección $+z$, valores positivos de y dan valores negativos para σ, esto es, un esfuerzo de compresión ya que actúa en la dirección negativa de x. Similarmente, valores negativos de y darán valores positivos o de tensión para σ. Si se selecciona un elemento de volumen de material en un punto específico sobre la sección transversal, sólo esos esfuerzos normales de tensión o de compresión actuarán sobre él. Por ejemplo, el elemento localizado en $+y$ se muestra en la figura 6-26*c*.

Podemos localizar la posición del eje neutro sobre la sección transversal satisfaciendo la condición de que la *fuerza resultante* producida por la distribución del esfuerzo sobre la sección transversal debe ser igual a *cero*. Notando que la fuerza $dF = \sigma\, dA$ actúa sobre el elemento arbitrario dA en la figura 6-26*c*, requerimos que:

$$F_R = \Sigma F_x; \qquad 0 = \int_A dF = \int_A \sigma\, dA$$

$$= \int_A -\left(\frac{y}{c}\right)\sigma_{\text{máx}}\, dA$$

$$= \frac{-\sigma_{\text{máx}}}{c} \int_A y\, dA$$

Este espécimen de madera falló por flexión; sus fibras superiores se aplastaron y sus fibras inferiores se rompieron.

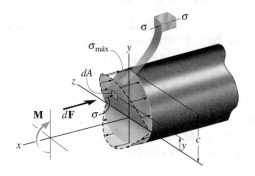

Variación del esfuerzo de flexión

(c)

Fig. 6-26 (cont.)

Como $\sigma_{\text{máx}}/c$ no es igual a cero, entonces

$$\int_A y \, dA = 0 \tag{6-10}$$

En otras palabras, el momento estático de la sección transversal del miembro respecto al eje neutro debe ser cero. Esta condición sólo puede ser satisfecha si el *eje neutro* es también el *eje centroidal* horizontal de la sección transversal.* En consecuencia, una vez determinado el centroide de la sección transversal del miembro, se conoce también la posición del eje neutro.

Podemos determinar el esfuerzo en la viga a partir del requisito de que el momento interno resultante M debe ser igual al momento producido por la distribución del esfuerzo respecto al eje neutro. El momento de $d\mathbf{F}$ en la figura 6-26c respecto al eje neutro es $dM = y \, dF$. Este momento es *positivo* ya que, por la regla de la mano derecha, el pulgar está dirigido a lo largo del eje positivo z cuando los dedos se curvan según el sentido de rotación causado por $d\mathbf{M}$. Como $dF = \sigma \, dA$, usando la ecuación 6-9, tenemos para la sección transversal total,

$$(M_R)_z = \Sigma M_z; \quad M = \int_A y \, dF = \int_A y(\sigma \, dA) = \int_A y\left(\frac{y}{c}\sigma_{\text{máx}}\right) dA$$

o

$$M = \frac{\sigma_{\text{máx}}}{c}\int_A y^2 \, dA \tag{6-11}$$

*Recuerde que la posición del centroide $\bar{y}$ de la sección transversal se define por la ecuación $\bar{y} = \int y \, dA / \int dA$. Si $\int y \, dA = 0$, entonces $\bar{y} = 0$, por lo que el centroide se localiza sobre el eje de referencia (eje neutro). Vea el apéndice A.

La integral en esta ecuación representa el *momento de inercia* de la sección transversal de la viga respecto al eje neutro. Lo denotamos con I. De la ecuación 6-11 podemos entonces despejar $\sigma_{máx}$ y escribirla en forma general como

$$\sigma_{máx} = \frac{Mc}{I} \qquad (6\text{-}12)$$

Aquí,

$\sigma_{máx}$ = esfuerzo normal máximo en el miembro que ocurre en el punto de la sección transversal *más alejado* del eje neutro.

M = momento interno resultante, determinado con el método de las secciones y las ecuaciones de equilibrio y se calcula con respecto al eje neutro de la sección transversal.

I = momento de inercia de la sección transversal calculado respecto al eje neutro.

c = distancia perpendicular del eje neutro al punto más alejado de este eje y sobre el cual actúa $\sigma_{máx}$.

Como $\sigma_{máx}/c = -\sigma/y$, ecuación 6-9, el esfuerzo normal a la distancia y intermedia puede determinarse con una ecuación similar a la ecuación 6-12. Tenemos:

$$\sigma = -\frac{My}{I} \qquad (6\text{-}13)$$

Advierta que el signo negativo es necesario ya que es consistente con los ejes x, y, z establecidos. Por la regla de la mano derecha, M es positivo a lo largo del eje $+z$, y es positiva hacia arriba por lo que σ debe ser negativo (compresivo) ya que actúa en la dirección x negativa, figura 6-26c.

A cualesquiera de las dos ecuaciones anteriores se les llama ***fórmula de la flexión***. Se usa para determinar el esfuerzo normal en un miembro recto con sección transversal simétrica respecto a un eje si el momento es aplicado perpendicularmente a este eje. No obstante que hemos supuesto que el miembro es prismático, podemos en la mayoría de los casos de diseño usar la fórmula de la flexión también para determinar el esfuerzo normal en miembros que tienen un *ligero ahusamiento*. Por ejemplo, con base en la teoría de la elasticidad, un miembro con una sección transversal rectangular y un ahusamiento de 15° en sus lados superior e inferior longitudinales, tendrá un esfuerzo normal máximo real que es aproximadamente 5.4% *menor* que el calculado usando la fórmula de la flexión.

PUNTOS IMPORTANTES

- La sección transversal de una viga recta *permanece plana* cuando la viga se deforma por flexión. Esto causa esfuerzos de tensión en un lado de la viga y esfuerzos de compresión en el otro lado. El *eje neutro* está sometido a *cero esfuerzo*.

- Debido a la deformación, la *deformación unitaria longitudinal* varía *linealmente* de cero en el eje neutro a un máximo en las fibras exteriores de la viga. Si el material es homogéneo y la ley de Hooke es aplicable, el *esfuerzo* también varía de manera *lineal* sobre la sección transversal.

- En un material elástico-lineal, el eje neutro pasa por el *centroide* del área de la sección transversal. Esta conclusión se basa en el hecho de que la fuerza normal resultante que actúa sobre la sección transversal debe ser cero.

- La fórmula de la flexión se basa en el requisito de que el momento resultante sobre la sección transversal es igual al momento producido por la distribución del esfuerzo normal lineal respecto al eje neutro.

PROCEDIMIENTO DE ANÁLISIS

Para aplicar la fórmula de la flexión, se sugiere el siguiente procedimiento.

Momento interno.

- Seccione el miembro en el punto en donde el esfuerzo de flexión va a ser determinado, y obtenga el momento interno M en la sección. El eje neutro o centroidal de la sección transversal debe ser conocido, ya que M *debe* ser calculado respecto a este eje.

- Si el esfuerzo de flexión máximo absoluto va a ser determinado, dibuje entonces el diagrama de momentos flexionantes para determinar el momento máximo en la viga.

Propiedad de la sección.

- Calcule el momento de inercia de la sección transversal respecto al eje neutro. Los métodos usados para efectuar este cálculo se ven en el apéndice A, y en el forro interior de la cubierta se presenta una tabla con valores de I para varios perfiles comunes.

Esfuerzo normal.

- Especifique la distancia y, medida perpendicularmente al eje neutro, al punto donde va a determinarse el esfuerzo normal. Aplique luego la ecuación $\sigma = -My/I$ o, si va a calcularse el esfuerzo máximo de flexión, use $\sigma_{máx} = Mc/I$. Al sustituir los valores numéricos, asegúrese de que las unidades sean consistentes.

- El esfuerzo actúa en una dirección tal que la fuerza que él crea en el punto genera un momento respecto al eje neutro que tiene el mismo sentido que el momento interno **M**, figura 6-26c. De esta manera, la distribución del esfuerzo que actúa sobre toda la sección transversal puede esbozarse, o aislarse un elemento de volumen del material para representar gráficamente el esfuerzo normal que actúa en el punto.

E J E M P L O **6.14**

Una viga tiene una sección transversal rectangular y está sometida a la distribución de esfuerzo mostrada en la figura 6-27a. Determine el momento interno **M** en la sección causado por la distribución del esfuerzo (a) usando la fórmula de la flexión, (b) calculando la resultante de la distribución del esfuerzo mediante principios básicos.

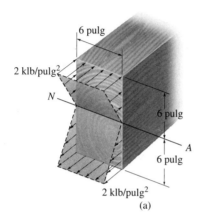

Fig. 6-27

Solución

Parte (a). La fórmula de la flexión es $\sigma_{máx} = Mc/I$. De la figura 6-27a, $c = 6$ pulg y $\sigma_{máx} = 2$ klb/pulg². El eje neutro se define como la línea *NA*, porque el esfuerzo es cero a lo largo de esta línea. Como la sección transversal tiene una forma rectangular, el momento de inercia de la sección respecto al *NA* se determina con la fórmula para un rectángulo dado en el forro interior de este texto; esto es,

$$ I = \frac{1}{12} bh^3 = \frac{1}{12} (6 \text{ pulg})(12 \text{ pulg})^3 = 864 \text{ pulg}^4 $$

Por tanto,

$$ \sigma_{máx} = \frac{Mc}{I}; \qquad 2 \text{ klb/pulg}^2 = \frac{M(6 \text{ pulg})}{864 \text{ pulg}^4} $$

$$ M = 288 \text{ klb} \cdot \text{pulg} = 24 \text{ klb} \cdot \text{pie} \qquad \textit{Resp.} $$

Continúa

Parte (b).   Demostraremos primero que la fuerza resultante de la distribución del esfuerzo es cero. Como se muestra en la figura 6-27b, el esfuerzo que actúa sobre la franja arbitraria dA = (6 pulg) dy, localizada a una distancia y del eje neutro, es:

$$\sigma = \left(\frac{-y}{6\ \text{pulg}}\right)(2\ \text{klb/pulg}^2)$$

La fuerza generada por este esfuerzo es $dF = \sigma\,dA$, y entonces, para la sección transversal entera,

$$F_R = \int_A \sigma\,dA = \int_{-6\ \text{pulg}}^{6\ \text{pulg}}\left[\left(\frac{-y}{6\ \text{pulg}}\right)(2\ \text{klb/pulg}^2)\right](6\ \text{pulg})\,dy$$

$$= (-1\ \text{klb/pulg}^2)y^2\Big|_{-6\ \text{pulg}}^{+6\ \text{pulg}} = 0$$

El momento resultante de la distribución del esfuerzo respecto al eje neutro (eje z) debe ser igual a M. Como la magnitud del momento de $d\mathbf{F}$ respecto a este eje es $dM = y\,dF$, y $d\mathbf{M}$ es *siempre positiva*, figura 6-27b, entonces para la sección entera,

$$M = \int_A y\,dF = \int_{-6\ \text{pulg}}^{6\ \text{pulg}} y\left[\left(\frac{y}{6\ \text{pulg}}\right)(2\ \text{klb/pulg}^2)\right](6\ \text{pulg})\,dy$$

$$= \left(\frac{2}{3}\text{klb/pulg}^2\right)y^3\Big|_{-6\ \text{pulg}}^{+6\ \text{pulg}}$$

$$= 288\ \text{klb}\cdot\text{pulg} = 24\ \text{klb}\cdot\text{pie} \qquad Resp.$$

El resultado anterior puede *también* determinarse sin integración. La fuerza resultante para cada una de las dos distribuciones *triangulares* de esfuerzo en la figura 6-27c es gráficamente equivalente al *volumen* contenido dentro de cada distribución de esfuerzo. Así entonces, cada volumen es:

$$F = \frac{1}{2}(6\ \text{pulg})(2\ \text{klb/pulg}^2)(6\ \text{pulg}) = 36\ \text{klb}$$

Esas fuerzas, que forman un par, actúan en el mismo sentido que los esfuerzos dentro de cada distribución, figura 6-27c. Además, actúan pasando por el *centroide* de cada volumen, esto es, $\frac{1}{3}$ (6 pulg) = 2 pulg desde las partes superior e inferior de la viga. Por tanto, la distancia entre ellas es de 8 pulg, tal como se muestra. El momento del par es entonces:

$$M = 36\ \text{klb}\ (8\ \text{pulg}) = 288\ \text{klb}\cdot\text{pulg} = 24\ \text{klb}\cdot\text{pie} \qquad Resp.$$

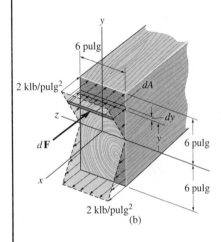
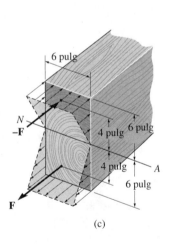

Fig. 6-27

E J E M P L O **6.15**

La viga simplemente apoyada en la figura 6-28*a* tiene la sección transversal mostrada en la figura 6-28*b*. Determine el esfuerzo máximo absoluto de flexión en la viga y dibuje la distribución del esfuerzo en la
sección transversal en esta posición.

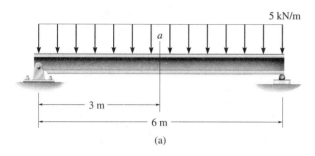

(a)

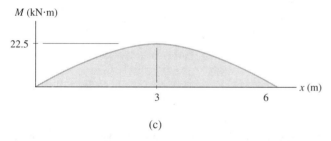

(c)

Fig. 6-28

Solución

Momento interno máximo. El momento interno máximo en la viga,
$M = 22.5$ kN · m, ocurre en el centro del claro como se muestra en el
diagrama de momento flexionante, figura 6-28*c*. Vea el ejemplo 6.3.

Propiedades de la sección. Por razones de simetría, el centroide *C* y
el eje neutro pasan por la mitad de la altura de la viga, figura 6-28*b*. La
sección transversal se subdivide en las tres partes mostradas y el momento de inercia de cada parte se calcula respecto al eje neutro usando el teorema de los ejes paralelos. (Vea la ecuación A-5 del apéndice
A.) Trabajando en metros, tenemos:

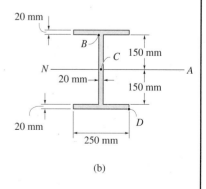

(b)

$$I = \Sigma(\overline{I} + Ad^2)$$
$$= 2\left[\frac{1}{12}(0.25 \text{ m})(0.020 \text{ m})^3 + (0.25 \text{ m})(0.020 \text{ m})(0.160 \text{ m})^2\right]$$
$$+ \left[\frac{1}{12}(0.020 \text{ m})(0.300 \text{ m})^3\right]$$
$$= 301.3(10^{-6}) \text{ m}^4$$

Continúa

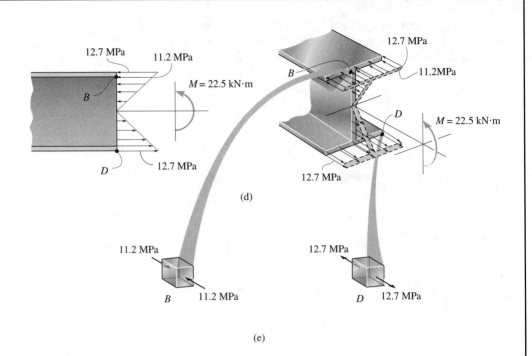

(d)

(e)

Esfuerzo de flexión.   Aplicando la fórmula de la flexión, con $c = 170$ mm, el esfuerzo máximo absoluto de flexión es:

$$\sigma_{\text{máx}} = \frac{Mc}{I}; \qquad \sigma_{\text{máx}} = \frac{22.5 \text{ kN} \cdot \text{m}(0.170 \text{ m})}{301.3(10^{-6}) \text{ m}^4} = 12.7 \text{ MPa} \qquad \textit{Resp.}$$

En la figura 6-28*d* se muestran vistas bi y tridimensionales de la distribución del esfuerzo. Note cómo el esfuerzo en cada punto sobre la sección transversal desarrolla una fuerza que contribuye con un momento *d***M** respecto al eje neutro que tiene el mismo sentido que **M**. Específicamente, en el punto B, $y_B = 150$ mm, por lo que:

$$\sigma_B = \frac{M y_B}{I}; \quad \sigma_B = \frac{22.5 \text{ kN} \cdot \text{m}(0.150 \text{ m})}{301.3(10^{-6}) \text{ m}^4} = 11.2 \text{ MPa}$$

El esfuerzo normal que actúa sobre elementos de material localizados en los puntos B y D se muestra en la figura 6-28*e*.

EJEMPLO 6.16

La viga mostrada en la figura 6-29a tiene una sección transversal en forma de canal, figura 6-29b. Determine el esfuerzo máximo de flexión que se presenta en la sección *a-a* de la viga.

Solución

Momento interno. En este caso, las reacciones en el soporte de la viga no tienen que determinarse. Podemos usar, con el método de las secciones, el segmento a la izquierda de la sección *a-a*, figura 6-29c. En particular, advierta que la fuerza axial interna resultante **N** pasa por el centroide de la sección transversal. Observe también que *el momento interno resultante debe calcularse respecto al eje neutro de la viga* en la sección *a-a*.

Para encontrar la posición del eje neutro, la sección transversal se subdivide en tres partes componentes, como se muestra en la figura 6-29b. Como el eje neutro pasa por el centroide, usando la ecuación A-2 del apéndice A, tenemos

$$\bar{y} = \frac{\Sigma \bar{y}A}{\Sigma A} = \frac{2[0.100 \text{ m}](0.200 \text{ m})(0.015 \text{ m}) + [0.010 \text{ m}](0.02 \text{ m})(0.250 \text{ m})}{2(0.200 \text{ m})(0.015 \text{ m}) + 0.020 \text{ m}(0.250 \text{ m})}$$

$$= 0.05909 \text{ m} = 59.09 \text{ mm}$$

Esta dimensión se muestra en la figura 6-29c.

Aplicando la ecuación de equilibrio por momentos respecto al eje neutro, tenemos:

$$\zeta + \Sigma M_{NA} = 0; \quad 24 \text{ kN}(2 \text{ m}) + 1.0 \text{ kN}(0.05909 \text{ m}) - M = 0$$

$$M = 4.859 \text{ kN} \cdot \text{m}$$

Propiedades de la sección. El momento de inercia respecto al eje neutro se determina usando el teorema de los ejes paralelos, aplicado a cada una de las tres partes componentes de la sección transversal. Trabajando en metros, tenemos:

$$I = \left[\frac{1}{12}(0.250 \text{ m})(0.020 \text{ m})^3 + (0.250 \text{ m})(0.020 \text{ m})(0.05909 \text{ m} - 0.010 \text{ m})^2\right]$$

$$+ 2\left[\frac{1}{12}(0.015 \text{ m})(0.200 \text{ m})^3 + (0.015 \text{ m})(0.200 \text{ m})(0.100 \text{ m} - 0.05909 \text{ m})^2\right]$$

$$= 42.26(10^{-6}) \text{ m}^4$$

Esfuerzo máximo de flexión. El esfuerzo máximo de flexión ocurre en los puntos más alejados del eje neutro. En este caso, el punto más alejado está en el fondo de la viga; $c = 0.200$ m $- 0.05909$m $= 0.1409$ m. Entonces,

$$\sigma_{\text{máx}} = \frac{Mc}{I} = \frac{4.859 \text{ kN} \cdot \text{m}(0.1409 \text{ m})}{42.26(10^{-6}) \text{ m}^4} = 16.2 \text{ MPa} \quad Resp.$$

Muestre que en la parte superior de la viga el esfuerzo de flexión es $\sigma' = 6.79$ MPa. Note que además de este efecto de flexión, la fuerza normal de $N = 1$ kN y la fuerza cortante $V = 2.4$ kN contribuirán también con esfuerzos adicionales sobre la sección transversal. La superposición de todos esos efectos se verá en un capítulo posterior.

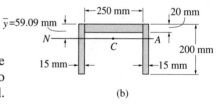

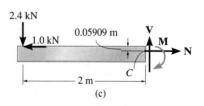

Fig. 6-29

E J E M P L O   6.17

El miembro con sección transversal rectangular, figura 6-30a, está diseñado para resistir un momento de 40 N·m. Para aumentar su resistencia y rigidez, se propone añadir dos pequeñas costillas en su fondo, figura 6-30b. Determine el esfuerzo normal máximo en el miembro para ambos casos.

Solución

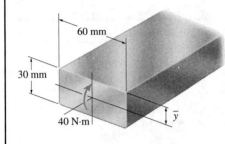

Sin costillas. Es claro que el eje neutro se localiza en el centro de la sección transversal, figura 6-30a, por lo que $\bar{y} = c = 15$ mm $= 0.015$ m. Así,

$$I = \frac{1}{12}bh^3 = \frac{1}{12}(0.06 \text{ m})(0.03 \text{ m})^3 = 0.135(10^{-6}) \text{ m}^4$$

Por tanto, el esfuerzo normal máximo es:

$$\sigma_{\text{máx}} = \frac{Mc}{I} = \frac{(40 \text{ N} \cdot \text{m})(0.015 \text{ m})}{0.135(10^{-6}) \text{ m}^4} = 4.44 \text{ MPa} \qquad Resp.$$

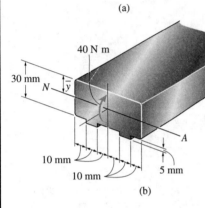

Fig. 6-30

Con costillas. En la figura 6-30b, segmentando la sección en el rectángulo grande principal y en los dos rectángulos inferiores (costillas), la posición del centroide $\bar{y}$ del eje neutro se determinan como sigue:

$$\bar{y} = \frac{\Sigma \bar{y} A}{\Sigma A}$$

$$= \frac{[0.015 \text{ m}](0.030 \text{ m})(0.060 \text{ m}) + 2[0.0325 \text{ m}](0.005 \text{ m})(0.010 \text{ m})}{(0.03 \text{ m})(0.060 \text{ m}) + 2(0.005 \text{ m})(0.010 \text{ m})}$$

$$= 0.01592 \text{ m}$$

Este valor no representa a c. Más bien,

$$c = 0.035 \text{ m} - 0.01592 \text{ m} = 0.01908 \text{ m}$$

Usando el teorema de los ejes paralelos, el momento de inercia respecto al eje neutro es:

$$I = \left[\frac{1}{12}(0.060 \text{ m})(0.030 \text{ m})^3 + (0.060 \text{ m})(0.030 \text{ m})(0.01592 \text{ m} - 0.015 \text{ m})^2\right]$$

$$+ 2\left[\frac{1}{12}(0.010 \text{ m})(0.005 \text{ m})^3 + (0.010 \text{ m})(0.005 \text{ m})(0.0325 \text{ m} - 0.01592 \text{ m})^2\right]$$

$$= 0.1642(10^{-6}) \text{ m}^4$$

Por lo tanto, el esfuerzo normal máximo es

$$\sigma_{\text{máx}} = \frac{Mc}{I} = \frac{40 \text{ N} \cdot \text{m}(0.01908 \text{ m})}{0.1642(10^{-6}) \text{ m}^4} = 4.65 \text{ MPa} \qquad Resp.$$

Este sorprendente resultado indica que la adición de las costillas a la sección transversal *aumentará* el esfuerzo normal en vez de disminuirlo, y por esta razón deben ser omitidas.

PROBLEMAS

6-43. Un miembro con las dimensiones mostradas se usa para resistir un momento flexionante interno $M = 2$ klb · pie. Determine el esfuerzo máximo en el miembro si el momento se aplica (a) alrededor del eje z, (b) alrededor del eje y. Esboce la distribución del esfuerzo para cada caso.

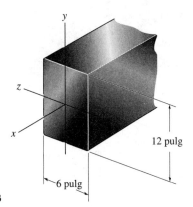

Prob. 6-43

*6-44. La barra de acero con diámetro de 1 pulg está sometida a un momento interno $M = 300$ lb · pie. Determine el esfuerzo generado en los puntos A y B. Esboce también una vista tridimensional de la distribución del esfuerzo que actúa sobre la sección transversal.

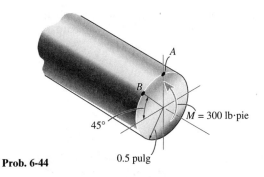

Prob. 6-44

6-45. Un miembro tiene la sección transversal triangular mostrada. Determine el momento máximo interno M que puede aplicarse a la sección sin exceder los esfuerzos permisibles de tensión y de compresión de $(\sigma_{\text{perm}})_t = 22$ klb/pulg^2 y $(\sigma_{\text{perm}})_c = 15$ klb/pulg^2, respectivamente.

6-46. Un miembro tiene la sección transversal triangular mostrada. Si se aplica un momento $M = 800$ lb · pie a la sección, determine los esfuerzos máximos de tensión y de compresión por flexión en el miembro. También, esboce una vista tridimensional de la distribución del esfuerzo que actúa sobre la sección transversal.

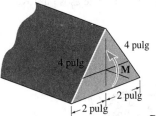

Probs. 6-45/46

6-47. La viga está hecha de tres tablones unidos entre sí por medio de clavos. Si el momento que actúa sobre la sección transversal es $M = 600$ N · m, determine el esfuerzo de flexión máximo en la viga. Esboce una vista tridimensional de la distribución del esfuerzo que actúa sobre la sección transversal.

*6-48. La viga está hecha de tres tablones unidos entre sí por medio de clavos. Si el momento que actúa sobre la sección transversal es $M = 600$ N · m, determine la fuerza resultante que el esfuerzo de flexión ejerce sobre el tablón superior.

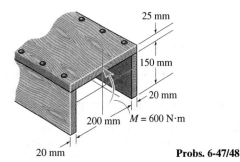

Probs. 6-47/48

6-49. Una viga tiene la sección transversal mostrada. Si está hecha de acero con un esfuerzo permisible $\sigma_{\text{perm}} = 2$ klb/pulg^2, determine el máximo momento interno que la viga puede resistir si el momento se aplica (a) alrededor del eje z, (b) alrededor del eje y.

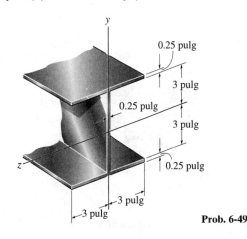

Prob. 6-49

6-50. La viga está sometida a un momento $M = 40$ kN · m. Determine el esfuerzo de flexión que actúa en los puntos A y B. Esboce los resultados sobre un elemento de volumen presente en cada uno de esos puntos.

6-53. Una viga está construida con cuatro tablones de madera unidos entre sí con pegamento, como se muestra. Si el momento que actúa sobre la sección transversal es $M = 450$ N · m, determine la fuerza resultante que el esfuerzo de flexión produce sobre el tablón A superior y sobre el tablón B lateral.

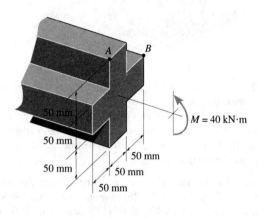

Prob. 6-50

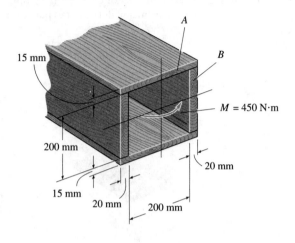

Prob. 6-53

6-51. La pieza de aluminio de una máquina está sometida a un momento $M = 75$ N · m. Determine el esfuerzo de flexión generado en los puntos B y C sobre la sección transversal. Esboce los resultados sobre un elemento de volumen localizado en cada uno de esos puntos.

*6-52. La pieza de aluminio de una de máquina está sometida a un momento $M = 75$ N · m. Determine los esfuerzos máximos de tensión y de compresión por flexión en la parte.

6-54. La viga está sometida a un momento de 15 klb · pie. Determine la fuerza resultante que el esfuerzo de flexión produce sobre el patín A superior y sobre el patín B inferior. También, calcule el esfuerzo máximo de flexión desarrollado en la viga.

6-55. La viga está sometida a un momento de 15 klb · pie. Determine el porcentaje de este momento que es resistido por el alma D de la viga.

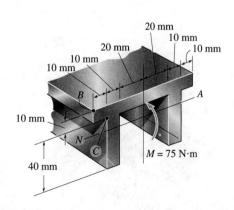

Probs. 6-51/52

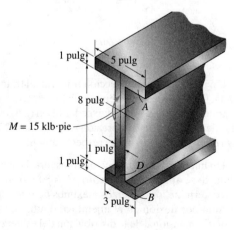

Probs. 6-54/55

*6-56. La viga está construida con cuatro tablones como se muestra. Si está sometida a un momento $M_z = 16\,\text{klb} \cdot \text{pie}$, determine el esfuerzo en los puntos A y B. Esboce una vista tridimensional de la distribución del esfuerzo.

6-57. La viga está construida con cuatro tablones como se muestra. Si está sometida a un momento $M_z = 16\,\text{klb} \cdot \text{pie}$, determine la fuerza resultante que el esfuerzo produce sobre el tablón C superior.

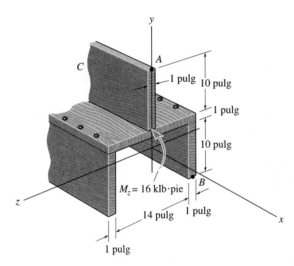

Probs. 6-56/57

6-58. La palanca de control se usa en una segadora de césped. Determine el esfuerzo máximo de flexión en la sección a-a de la palanca si se aplica una fuerza de 20 lb a la manija. La palanca está soportada por un pasador en A y por un alambre en B. La sección a-a es cuadrada de 0.25×0.25 pulgadas.

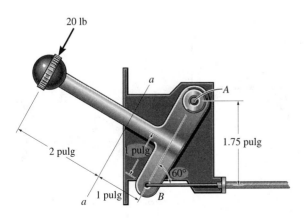

Prob. 6-58

6-59. La viga está sometida a un momento $M = 30\,\text{lb} \cdot \text{pie}$. Determine el esfuerzo de flexión que actúa en los puntos A y B. También esboce una vista tridimensional de la distribución del esfuerzo que actúa sobre la sección transversal entera.

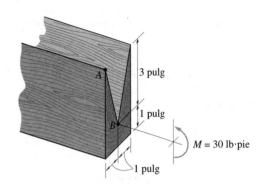

Prob. 6-59

*6-60. La pieza de fundición ahusada soporta la carga mostrada. Determine el esfuerzo de flexión en los puntos A y B. La sección transversal en la sección a-a se da en la figura.

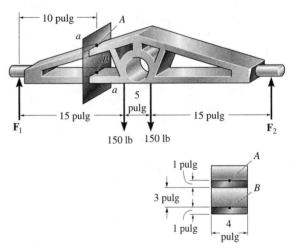

Prob. 6-60

6-61. Si la flecha en el problema 6-1 tiene un diámetro de 100 mm, determine el esfuerzo máximo absoluto de flexión en la flecha.

6-62. Si la flecha en el problema 6-3 tiene un diámetro de 1.5 pulg, determine el esfuerzo máximo absoluto de flexión en la flecha.

6-63. Si la flecha en el problema 6-6 tiene un diámetro de 50 mm, determine el esfuerzo máximo absoluto de flexión en la flecha.

*6-64. Si el tubo en el problema 6-8 tiene un diámetro exterior de 30 mm y un espesor de 10 mm, determine el esfuerzo máximo absoluto de flexión en la flecha.

6-65. La viga ACB en el problema 6-9 tiene una sección transversal cuadrada de 6×6 pulg. Determine el esfuerzo máximo absoluto de flexión en la viga.

6-66. La pluma ABC de la grúa en el problema 6-10 tiene una sección transversal rectangular con base de 2.5 pulg; determine su altura h requerida, al $\frac{1}{4}$ pulg más cercano, para que el esfuerzo permisible de flexión $\sigma_{perm} = 24$ klb/pulg^2 no sea excedido.

6-67. Si la pluma ABC de la grúa en el problema 6-10 tiene una sección transversal rectangular con base de 2 pulg y altura de 3 pulg, determine el esfuerzo máximo absoluto de flexión en la pluma.

*6-68. Determine el esfuerzo máximo absoluto de flexión en la viga del problema 6-24. La sección transversal es rectangular con base de 3 pulg y altura de 4 pulg.

6-69. Determine el esfuerzo máximo absoluto de flexión en la viga del problema 6-25. Cada segmento tiene una sección transversal rectangular con base de 4 pulg y altura de 8 pulg.

6-70. Determine el esfuerzo máximo absoluto de flexión en el pasador de 20 mm de diámetro en el problema 6-35.

6-71. El eje del vagón de ferrocarril está sometido a cargas de 20 klb en sus ruedas. Si el eje está soportado por dos chumaceras en C y D, determine el esfuerzo máximo de flexión generado en el centro del eje, donde el diámetro es de 5.5 pulgadas.

*6-72. Determine el esfuerzo máximo absoluto de flexión en la flecha de 30 mm de diámetro sometida a las fuerzas concentradas indicadas. Las chumaceras en A y B soportan sólo fuerzas verticales.

6-73. Determine el diámetro permisible más pequeño para la flecha sometida a las cargas concentradas mostradas. Las chumaceras en A y B sólo soportan fuerzas verticales; el esfuerzo permisible de flexión es $\sigma_{perm} = 160$ MPa.

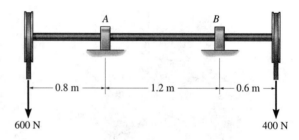

Probs. 6-72/73

6-74. Determine el esfuerzo máximo absoluto de flexión en la flecha de 1.5 pulg de diámetro sometida a las fuerzas concentradas indicadas. Las chumaceras en A y B soportan sólo fuerzas verticales.

6-75. Determine el diámetro permisible más pequeño para la flecha sometida a las fuerzas concentradas indicadas. Las chumaceras en A y B soportan sólo fuerzas verticales y el esfuerzo permisible de flexión es $\sigma_{perm} = 22$ klb/pulg^2.

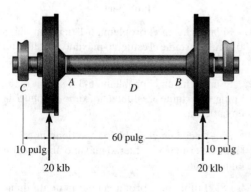

Prob. 6-71

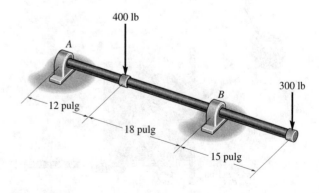

Probs. 6-74/75

*6-76. El brazo *CD* del poste de servicio soporta un cable del que pende un peso de 600 lb. Determine el esfuerzo máximo absoluto de flexión en el brazo si se supone que *A*, *B* y *C* están articulados.

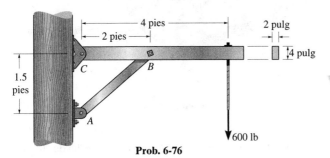

Prob. 6-76

6-77. Una porción del fémur puede modelarse como un tubo con diámetro interior de 0.375 pulg y un diámetro exterior de 1.25 pulg. Determine la máxima fuerza *P* elástica estática que puede aplicársele en su centro sin que se produzca una falla. El diagrama σ-ϵ para el material del hueso se muestra en la figura y es el mismo en tensión y en compresión.

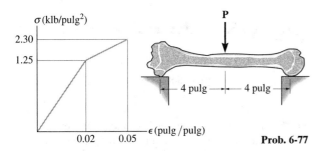

Prob. 6-77

6-78. La silla está soportada por un brazo que está articulado de modo que puede girar respecto al eje vertical en *A*. La carga sobre la silla es de 180 lb y el brazo es un tubo hueco cuya sección transversal tiene las dimensiones mostradas. Determine el esfuerzo máximo de flexión en la sección *a-a*.

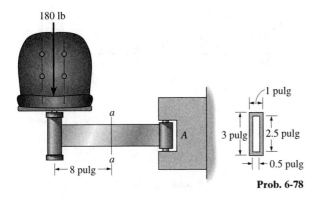

Prob. 6-78

6-79. La flecha de acero tiene una sección transversal circular con diámetro de 2 pulg. Está soportada sobre chumaceras lisas *A* y *B*, que ejercen sólo reacciones verticales sobre la flecha. Determine el esfuerzo máximo absoluto de flexión en la flecha cuando está sometida a las cargas mostradas de las poleas.

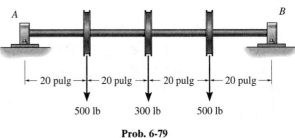

Prob. 6-79

*6-80. Los soportes extremos de un andamio para perforadores usado en una mina de carbón consisten en un tubo con diámetro exterior de 4 pulg que enchufa con un tubo de 3 pulg de diámetro exterior y longitud de 1.5 pies. Cada tubo tiene un espesor de 0.25 pulg. Con las reacciones extremas de los tablones soportados dadas, determine el esfuerzo máximo absoluto de flexión en cada tubo. Desprecie el tamaño de los tablones en los cálculos.

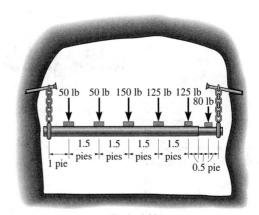

Prob. 6-80

6-81. La viga está sometida a la carga **P** en su centro. Determine la posición *a* de los soportes de manera que el esfuerzo máximo absoluto de flexión en la viga sea tan grande como sea posible. ¿Qué valor tiene este esfuerzo?

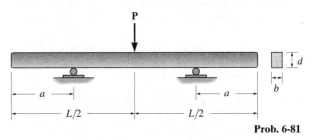

Prob. 6-81

6-82. La armadura simplemente apoyada está sometida a la carga central distribuida. Desprecie el efecto de la celosía diagonal y determine el esfuerzo máximo absoluto de flexión en la armadura. El miembro superior es un tubo con diámetro exterior de 1 pulg y espesor de $\frac{3}{16}$ pulg; el miembro inferior es una barra sólida con diámetro de $\frac{1}{2}$ pulgada.

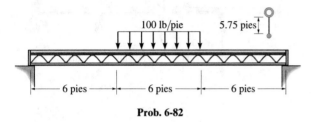

Prob. 6-82

6-83. El pasador se usa para conectar los tres eslabones entre sí. Debido al desgaste, la carga se distribuye sobre la parte superior e inferior del pasador como se muestra en el diagrama de cuerpo libre. Si el diámetro del pasador es de 0.40 pulg, determine el esfuerzo máximo de flexión sobre la sección transversal a-a central. Para obtener la solución es necesario primero determinar las intensidades de las cargas w_1 y w_2.

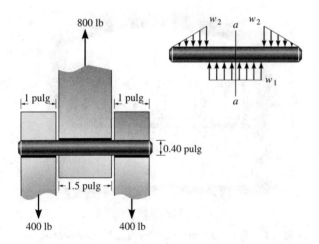

Prob. 6-83

*6-84. Una flecha está hecha de un polímero con sección transversal elíptica. Si resiste un momento interno $M = 50$ N · m, determine el esfuerzo máximo de flexión generado en el material (a) usando la fórmula de la flexión, donde $I_z = \frac{1}{4}\pi(0.08 \text{ m})(0.04 \text{ m})^3$, (b) usando integración. Esboce una vista tridimensional de la distribución del esfuerzo que actúa sobre la sección transversal.

6-85. Resuelva el problema 6-84 considerando que el momento $M = 50$ N · m está aplicado respecto al eje y y no respecto al eje x. Aquí, $I_y = \frac{1}{4}\pi(0.04 \text{ m})(0.08 \text{ m})^3$.

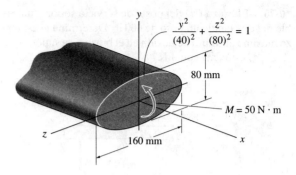

$$\frac{y^2}{(40)^2} + \frac{z^2}{(80)^2} = 1$$

Probs. 6-84/85

6-86. La viga simplemente apoyada está hecha de cuatro barras de $\frac{3}{4}$ pulg de diámetro, dispuestas como se muestra. Determine el esfuerzo máximo de flexión en la viga debido a la carga mostrada.

6-87. Resuelva el problema 6-86 si el arreglo se gira 45° y se fija en los soportes.

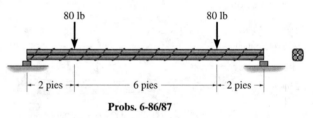

Probs. 6-86/87

*6-88. La viga de acero tiene la sección transversal mostrada. Determine la intensidad máxima de la carga w distribuida que puede soportar la viga sin que el esfuerzo de flexión exceda el valor $\sigma_{máx} = 22$ klb/pulg².

6-89. La viga de acero tiene la sección transversal mostrada. Si $w = 5$ klb/pie, determine el esfuerzo máximo absoluto de flexión en la viga.

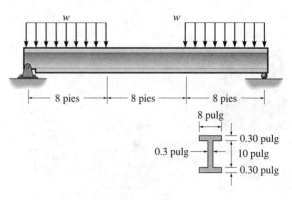

Probs. 6-88/89

6-90. La viga tiene la sección transversal rectangular mostrada. Determine la carga P máxima que puede soportar sobre sus extremos volados si el esfuerzo de flexión no debe ser mayor que $\sigma_{máx} = 10$ MPa.

6-91. La viga tiene la sección transversal rectangular mostrada. Si $P = 12$ kN, determine el esfuerzo máximo absoluto de flexión en la viga. Esboce la distribución de esfuerzo que actúa sobre la sección transversal.

6-94. La estructura ABD del ala de un avión ligero está hecho de aluminio 2014-T6 y tiene una sección transversal de 1.27×3 pulg (peralte) y un momento de inercia respecto a su eje neutro de 2.68 pulg^4. Determine el esfuerzo máximo absoluto de flexión en la estructura para la carga mostrada. Suponga que A, B y C son pasadores. La conexión está hecha a lo largo del eje central longitudinal de la estructura.

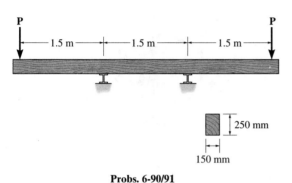

Probs. 6-90/91

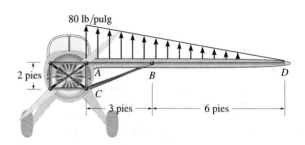

Prob. 6-94

***6-92.** De un tronco de 2 pies de diámetro va a cortarse una sección rectangular para usarse como viga simplemente apoyada. Si el esfuerzo permisible de flexión para la madera es $\sigma_{perm} = 8$ klb/pulg^2, determine el ancho b y la altura h requeridos por la viga para que ésta soporte la carga máxima posible. ¿Qué valor tiene esta carga?

6-93. De un tronco de 2 pies de diámetro va a cortarse una sección rectangular para usarse como viga simplemente apoyada. Si el esfuerzo permisible de flexión para la madera es $\sigma_{perm} = 8$ klb/pulg^2, determine la máxima carga P que podrá soportar si el ancho de la viga es $b = 8$ pulgadas.

6-95. La lancha tiene un peso de 2300 lb y centro de gravedad en G. Si se apoya en el soporte liso A del remolque y puede considerarse soportada por un pasador en B, determine el esfuerzo máximo absoluto de flexión desarrollado en la barra principal del remolque. Considere que esta barra es una viga en caja articulada en C y con las dimensiones mostradas en la figura.

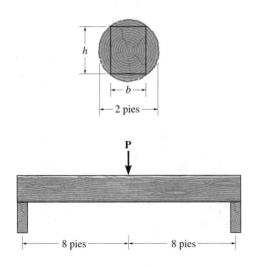

Probs. 6-92/93

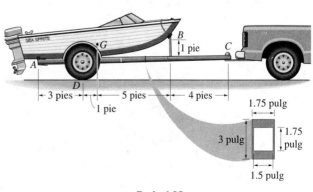

Prob. 6-95

*6-96. Una viga de madera tiene sección transversal cuadrada como se muestra en la figura. Determine qué orientación de la viga da la mayor resistencia para soportar el momento **M**. ¿Cuál es la diferencia en el esfuerzo máximo resultante en ambos casos?

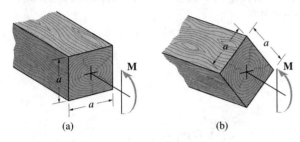

(a)   (b)

Prob. 6-96

6-97. La viga en voladizo tiene un espesor de 4 pulg y un peralte variable que puede describirse por la función $y = 2\left[(x+2)/4\right]^{0.2}$, donde x está en pulgadas. Determine el esfuerzo máximo de flexión en la viga en su centro.

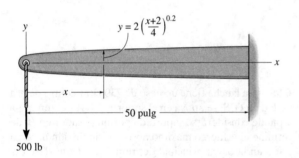

$$y = 2\left(\frac{x+2}{4}\right)^{0.2}$$

50 pulg

500 lb

Prob. 6-97

6-98. Una viga de madera tiene una sección transversal que era originalmente cuadrada. Si está orientada como se muestra, determine la altura h' para que resista el momento máximo posible. ¿Qué tanto por ciento es este momento mayor que el resistido por la viga sin sus extremos aplanados?

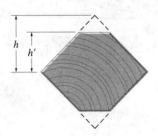

Prob. 6-98

6-99. Una viga va a fabricarse a base de un plástico polietileno y tendrá la sección transversal mostrada. Determine su altura máxima requerida para que soporte el mayor momento M. ¿Qué valor tiene este momento? Los esfuerzos permisibles de tensión y de compresión por flexión del material son $(\sigma_{\text{perm}})_t = 10$ klb/pulg^2 y $(\sigma_{\text{perm}})_c = 30$ klb/pulg^2, respectivamente.

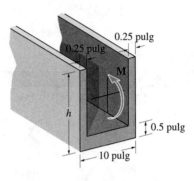

0.25 pulg

0.25 pulg

M

h

0.5 pulg

10 pulg

Prob. 6-99

*6-100. Una viga está hecha de un material que tiene módulos de elasticidad diferentes a tensión y a compresión. Determine la posición c del eje neutro y obtenga una expresión para el esfuerzo máximo de tensión en la viga con las dimensiones mostradas si está sometida al momento flexionante M.

6-101. La viga tiene una sección transversal rectangular y está sometida a un momento flexionante M. Si el material de que está hecha tiene módulos de elasticidad diferentes a tensión y a compresión como se muestra, determine la posición c del eje neutro y el esfuerzo máximo de compresión en la viga.

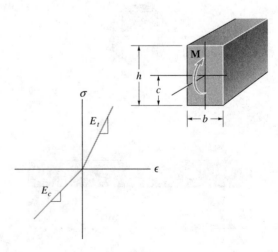

Probs. 6-100/101

6.5   Flexión asimétrica

Cuando desarrollamos la fórmula de la flexión, impusimos la condición de que la sección transversal fuese *simétrica* respecto a un eje perpendicular al eje neutro; además, el momento interno resultante **M** debía actuar a lo largo del eje neutro. Tal es el caso para las secciones "T" o en canal mostradas en la figura 6-31. Sin embargo, esas condiciones son innecesarias y en esta sección mostraremos que la fórmula de la flexión puede también aplicarse a una viga con sección transversal de cualquier forma o a una viga sometida a un momento interno resultante actuando en cualquier dirección.

Momento aplicado a lo largo de un eje principal.   Consideremos la sección transversal de la viga con la forma asimétrica mostrada en la figura 6-32*a*. Tal como lo hicimos en la sección 6.4, establecemos un sistema coordenado derecho *x, y, z* con su origen localizado en el centroide *C* de la sección transversal y el momento interno resultante **M** actuando a lo largo del eje +*z*. Requerimos que la distribución del esfuerzo que actúa sobre toda la sección transversal tenga una fuerza resultante cero, un momento interno resultante respecto al eje *y* igual a cero y un momento interno resultante respecto al eje *z* igual a **M**.* Estas tres condiciones pueden expresarse matemáticamente considerando la fuerza que actúa sobre el elemento diferencial *dA* localizado en $(0, y, z)$, figura 6-32*a*. Esta fuerza es $dF = \sigma\, dA$, y por tanto tenemos:

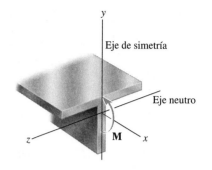

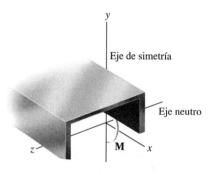

$$F_R = \Sigma F_x; \qquad\qquad 0 = \int_A \sigma\, dA \qquad\qquad (6\text{-}14)$$

$$(M_R)_y = \Sigma M_y; \qquad\qquad 0 = \int_A z\, \sigma\, dA \qquad\qquad (6\text{-}15)$$

$$(M_R)_z = \Sigma M_z; \qquad\qquad M = \int_A -y\, \sigma\, dA \qquad\qquad (6\text{-}16)$$

Fig. 6-31

*La condición de que los momentos respecto al eje *y* sean iguales a cero no se consideró en la sección 6.4, ya que la distribución del esfuerzo de flexión era *simétrica* respecto al eje *y* y tal distribución del esfuerzo da automáticamente un momento cero respecto al eje *y*. Vea la figura 6-26*c*.

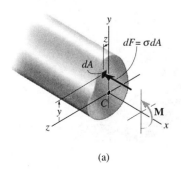

(a)

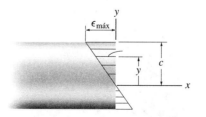

Distribución de la deformación
unitaria normal (vista lateral)
(b)

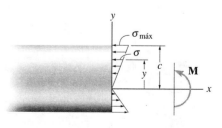

Distribución del esfuerzo
de flexión (vista lateral)
(c)

Fig. 6-32

Como se mostró en la sección 6.4, la ecuación 6-14 se satisface ya que el eje z pasa por el *centroide* de la sección transversal. Además, como el eje z representa el *eje neutro* de la sección transversal, la deformación unitaria normal variará linealmente de cero en el eje neutro a un máximo en un punto con la máxima coordenada y, $y = c$, respecto al eje neutro, figura 6-32b. Si el material se comporta de manera elástica lineal, la distribución del esfuerzo normal sobre la sección transversal es *también* lineal, por lo que $\sigma = -(y/c)\sigma_{\text{máx}}$, figura 6-32$c$. Cuando esta ecuación se sustituye en la ecuación 6-16 y se integra, se llega a la fórmula de la flexión $\sigma_{\text{máx}} = Mc/I$. Cuando se sustituye en la ecuación 6-15, obtenemos:

$$0 = \frac{-\sigma_{\text{máx}}}{c}\int_A yz\, dA$$

lo que implica que

$$\int_A yz\, dA = 0$$

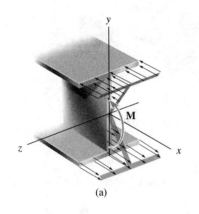

(a)

Esta integral se llama ***producto de inercia*** de la sección transversal. Como se indica en el apéndice A, será ciertamente igual a cero si los ejes y y z se escogen como los ***ejes de inercia principales*** de la sección transversal. Para una sección transversal de forma arbitraria, la orientación de los ejes principales siempre puede determinarse usando las ecuaciones de transformación o bien el círculo de inercia de Mohr como se explica en el apéndice A, secciones A.4 y A.5. Sin embargo, si la sección transversal tiene un eje de simetría, los ***ejes principales*** pueden establecerse fácilmente *ya que ellos siempre están orientados a lo largo del eje de simetría y perpendicularmente a éste*.

En resumen, las ecuaciones 6-14 a la 6-16 *siempre* serán satisfechas *si* el momento **M** se aplica respecto a uno de los ejes centroidales principales de inercia. Por ejemplo, considere los miembros mostrados en la figura 6-33. En cada uno de estos casos, y y z definen los ejes principales de inercia de la sección transversal cuyo origen se localiza en el centroide del área. En las figuras 6-33a y 6-33b, los ejes principales se localizan por simetría y en las figuras 6-33c y 6-33d su orientación se determina usando los métodos del apéndice A. Como **M** se aplica respecto a uno de los ejes principales (eje z), la distribución del esfuerzo se determina con la fórmula de la flexión, $\sigma = My/I_z$, y se muestra para cada caso.

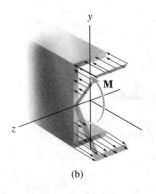

(b)

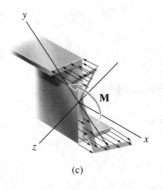

(c)

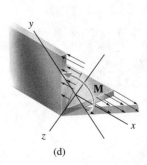

(d)

Momento aplicado arbitrariamente. En ocasiones un miembro puede estar cargado de modo tal que el momento interno resultante no actúa respecto a uno de los ejes principales de inercia de la sección transversal. Cuando éste es el caso, el momento debe primero descomponerse en componentes dirigidas a lo largo de los ejes principales. La fórmula de la flexión puede entonces usarse para determinar el esfuerzo normal causado por cada componente del momento. Finalmente, usando el principio de superposición, el esfuerzo normal resultante en un punto puede determinarse.

Para mostrar cómo se hace esto, considere la viga con sección transversal rectangular sometida al momento **M** mostrada en la figura 6-34a. Aquí, **M** forma un ángulo θ con el eje *principal z*. Supondremos que θ es positivo cuando está dirigido del eje $+z$ hacia el eje $+y$, como se muestra. Descomponiendo **M** en componentes a lo largo de los ejes z y y, tenemos $M_z = M \cos \theta$ y $M_y = M \operatorname{sen} \theta$, respectivamente. Cada una de esas componentes se muestra por separado sobre la sección transversal en las figuras 6-34b y 6-34c. Las distribuciones de esfuerzo normal que producen **M** y sus componentes **M**$_z$ y **M**$_y$ se muestran en las figuras 6-34d, 6-34e y 6-34f, respectivamente. Se supone aquí que $(\sigma_x)_{máx} > (\sigma'_x)_{máx}$. Por inspección, los esfuerzos máximos de tensión y de compresión $[(\sigma_x)_{máx} + (\sigma'_x)_{máx}]$ se presentan en dos esquinas opuestas de la viga, figura 6-34d.

Aplicando la fórmula de la flexión a cada componente del momento en las figuras 6-34b y 6-34c, podemos expresar el esfuerzo normal resultante en cualquier punto sobre la sección transversal, figura 6-34d, en términos generales como:

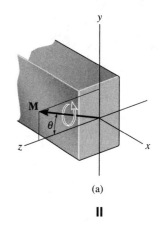

(a)

ll

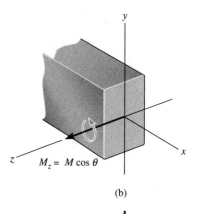

$M_z = M \cos \theta$

(b)

+

$$\sigma = -\frac{M_z y}{I_z} + \frac{M_y z}{I_y} \qquad (6\text{-}17)$$

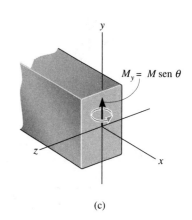

$M_y = M \operatorname{sen} \theta$

(c)

Fig. 6-34

donde

σ = esfuerzo normal en el punto

y, z = coordenadas del punto medidas desde los ejes x, y, z que tienen su origen en el centroide de la sección transversal y forman un sistema coordenado derecho. El eje x está dirigido saliendo de la sección transversal y los ejes y y z representan respectivamente los ejes principales de momentos de inercia mínimo y máximo de la sección transversal.

M_y, M_z = componentes del momento interno resultante dirigidas a lo largo de los ejes principales y y z. Ellas son positivas si están dirigidas a lo largo de los ejes $+y$ y $+z$; de otra manera, son negativas. Dicho de otra manera, $M_y = M \operatorname{sen} \theta$ y $M_z = M \cos \theta$, donde θ es positivo si se mide del eje $+z$ hacia el eje $+y$.

I_y, I_z = *momentos de inercia principales* calculados respecto a los ejes y y z, respectivamente. Vea el apéndice A.

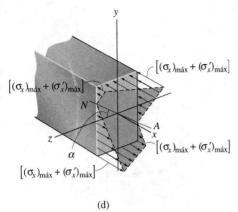

(d)

||

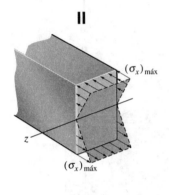

(e)

+

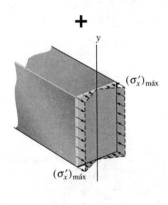

(f)

Fig. 6-34 (cont.)

Como mencionamos anteriormente, es *muy importante* que los ejes *x, y, z* formen un sistema derecho y que se asignen los signos algebraicos apropiados a las componentes del momento y a las coordenadas al aplicar esta ecuación. El esfuerzo resultante será de *tensión* si es *positivo* y de *compresión* si es *negativo*.

Orientación del eje neutro. El ángulo α del eje neutro en la figura 6-34d puede determinarse aplicando la ecuación 6-17 con $\sigma = 0$, ya que por definición, ningún esfuerzo normal actúa sobre el eje neutro. Tenemos:

$$y = \frac{M_y I_z}{M_z I_y} z$$

Como $M_z = M \cos \theta$ y $M_y = M \sin \theta$, entonces

$$y = \left(\frac{I_z}{I_y} \tan \theta \right) z \qquad (6\text{-}18)$$

Ésta es la ecuación de la línea que define el eje neutro de la sección transversal. Como la pendiente de esta línea es $\tan \alpha = y/z$, entonces,

$$\boxed{\tan \alpha = \frac{I_z}{I_y} \tan \theta} \qquad (6\text{-}19)$$

Puede verse aquí que para *flexión asimétrica* el ángulo θ, que define la dirección del momento M, figura 6-34a, *no es igual* a α, esto es, al ángulo que define la inclinación del eje neutro, figura 6-34d, a menos que $I_z = I_y$. En cambio, si al igual que en la figura 6-34a el *eje y* se escoge como el eje principal para el momento de inercia *mínimo* y el *eje z* se escoge como el eje principal para el momento de inercia *máximo*, de modo que $I_y < I_z$, entonces de la ecuación 6-19 podemos concluir que el ángulo α, que se mide positivamente desde el eje $+z$ hacia el eje $+y$, se encontrará *entre* la línea de acción de **M** y el eje *y*, esto es $\theta \le \alpha \le 90°$.

PUNTOS IMPORTANTES

- La fórmula de la flexión puede aplicarse sólo cuando la flexión ocurre respecto a ejes que representan los *ejes principales de inercia* de la sección transversal. Esos ejes tienen su origen en el centroide y están orientados a lo largo de un eje de simetría, si existe uno, y el otro perpendicular a él.

- Si el momento se aplica respecto a un eje arbitrario, entonces el momento debe resolverse en componentes a lo largo de cada uno de los ejes principales, y el esfuerzo en un punto se determina por superposición del esfuerzo causado por cada una de las componentes del momento.

EJEMPLO 6.18

La sección transversal rectangular mostrada en la figura 6-35a está sometida a un momento flexionante de $M = 12$ kN · m. Determine el esfuerzo normal desarrollado en cada esquina de la sección, y especifique la orientación del eje neutro.

Solución

Componentes del momento interno. Por inspección se ve que los ejes y y z representan los ejes principales de inercia ya que ellos son ejes de simetría para la sección transversal. Según se requiere, hemos establecido el eje z como el eje principal para el momento de inercia máximo. El momento se descompone en sus componentes y y z, donde

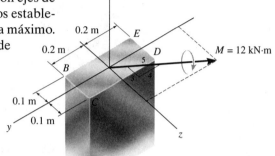

(a)

Fig. 6-35

$$M_y = -\frac{4}{5}(12 \text{ kN} \cdot \text{m}) = -9.60 \text{ KN} \cdot \text{m}$$

$$M_z = \frac{3}{5}(12 \text{ kN} \cdot \text{m}) = 7.20 \text{ kN} \cdot \text{m}$$

Propiedades de la sección. Los momentos de inercia respecto a los ejes y y z son:

$$I_y = \frac{1}{12}(0.4 \text{ m})(0.2 \text{ m})^3 = 0.2667(10^{-3}) \text{ m}^4$$

$$I_z = \frac{1}{12}(0.2 \text{ m})(0.4 \text{ m})^3 = 1.067(10^{-3}) \text{ m}^4$$

Esfuerzos de flexión. Se tiene entonces:

$$\sigma = -\frac{M_z y}{I_z} + \frac{M_y z}{I_y}$$

$$\sigma_B = -\frac{7.20(10^3) \text{ N} \cdot \text{m}(0.2 \text{ m})}{1.067(10^{-3}) \text{ m}^4} + \frac{-9.60(10^3) \text{ N} \cdot \text{m}(-0.1 \text{ m})}{0.2667(10^{-3}) \text{ m}^4} = 2.25 \text{ MPa} \qquad \textit{Resp.}$$

$$\sigma_C = -\frac{7.20(10^3) \text{ N} \cdot \text{m}(0.2 \text{ m})}{1.067(10^{-3}) \text{ m}^4} + \frac{-9.60(10^3) \text{ N} \cdot \text{m}(0.1 \text{ m})}{0.2667(10^{-3}) \text{ m}^4} = -4.95 \text{ MPa} \qquad \textit{Resp.}$$

$$\sigma_D = -\frac{7.20(10^3) \text{ N} \cdot \text{m}(-0.2 \text{ m})}{1.067(10^{-3}) \text{ m}^4} + \frac{-9.60(10^3) \text{ N} \cdot \text{m}(0.1 \text{ m})}{0.2667(10^{-3}) \text{ m}^4} = -2.25 \text{ MPa} \qquad \textit{Resp.}$$

$$\sigma_E = -\frac{7.20(10^3) \text{ N} \cdot \text{m}(-0.2 \text{ m})}{1.067(10^{-3}) \text{ m}^4} + \frac{-9.60(10^3) \text{ N} \cdot \text{m}(-0.1 \text{ m})}{0.2667(10^{-3}) \text{ m}^4} = 4.95 \text{ MPa} \qquad \textit{Resp.}$$

La distribución resultante del esfuerzo normal está esbozada usando estos valores en la figura 6-35b. Como el principio de superposición es aplicable, la distribución es lineal, como se muestra.

Continúa

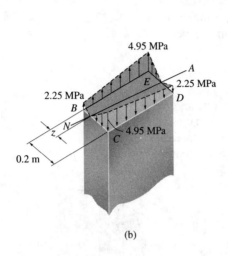

(b)

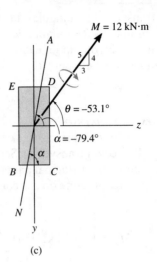

(c)

Orientación del eje neutro. La posición z del eje neutro (NA), figura 6-35b, puede determinarse por proporción. A lo largo del borde BC se requiere:

$$\frac{2.25 \text{ MPa}}{z} = \frac{4.95 \text{ MPa}}{(0.2 \text{ m} - z)}$$

$$0.450 - 2.25z = 4.95z$$

$$z = 0.0625 \text{ m}$$

De la misma manera, ésta es también la distancia de D al eje neutro en la figura 6-35b.

Podemos establecer también la orientación del NA usando la ecuación 6-19, que se utiliza para determinar el ángulo α que el eje forma con el eje z o eje principal *máximo*. De acuerdo con nuestra convención de signos, θ debe medirse desde el eje $+z$ hacia el eje $+y$. Por comparación, en la figura 6-35c, $\theta = -\tan^{-1}\frac{14}{3} = -53.1°$ (o $\theta = +306.9°$). Así,

$$\tan \alpha = \frac{I_z}{I_y} \tan \theta$$

$$\tan \alpha = \frac{1.067(10^{-3}) \text{ m}^4}{0.2667(10^{-3}) \text{ m}^4} \tan(-53.1°)$$

$$\alpha = -79.4° \qquad\qquad Resp.$$

Este resultado se muestra en la figura 6-35c. Usando el valor calculado antes de z, verifique, usando la geometría de la sección transversal, que se obtiene la misma respuesta.

E J E M P L O 6.19

Una viga T está sometida al momento flexionante de 15 kN · m, como se muestra en la figura 6-36a. Determine el esfuerzo normal máximo en la viga y la orientación del eje neutro.

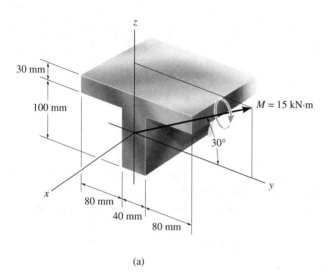

(a)

Solución

Componentes del momento interno. Los ejes y y z son ejes principales de inercia. ¿Por qué? Según la figura 6-36a, ambas componentes del momento son positivas. Tenemos:

$$M_y = (15 \text{ kN} \cdot \text{m}) \cos 30° = 12.99 \text{ kN} \cdot \text{m}$$
$$M_z = (15 \text{ kN} \cdot \text{m}) \text{ sen } 30° = 7.50 \text{ kN} \cdot \text{m}$$

Propiedades de la sección. Con referencia a la figura 6-36b, trabajando con unidades en metros, tenemos:

$$\bar{z} = \frac{\Sigma \bar{z} A}{\Sigma A} = \frac{[0.05 \text{ m}](0.100 \text{ m})(0.04 \text{ m}) + [0.115 \text{ m}](0.03 \text{ m})(0.200 \text{ m})}{(0.100 \text{ m})(0.04 \text{ m}) + (0.03 \text{ m})(0.200 \text{ m})}$$
$$= 0.0890 \text{ m}$$

Usando el teorema de los ejes paralelos visto en el apéndice A, $I = \bar{I} + Ad^2$, los momentos de inercia principales son entonces:

$$I_z = \frac{1}{12}(0.100 \text{ m})(0.04 \text{ m})^3 + \frac{1}{12}(0.03 \text{ m})(0.200 \text{ m})^3 = 20.53(10^{-6}) \text{ m}^4$$

$$I_y = \left[\frac{1}{12}(0.04 \text{ m})(0.100 \text{ m})^3 + (0.100 \text{ m})(0.04 \text{ m})(0.0890 \text{ m} - 0.05 \text{ m})^2 \right]$$

$$+ \left[\frac{1}{12}(0.200 \text{ m})(0.03 \text{ m})^3 + (0.200 \text{ m})(0.03 \text{ m})(0.115 \text{ m} - 0.0890 \text{ m})^2 \right]$$

$$= 13.92(10^{-6}) \text{ m}^4$$

(b)

Fig. 6-36

Continúa

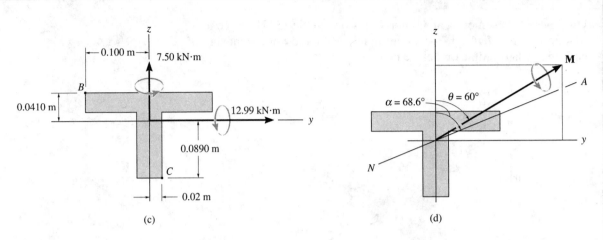

(c)

(d)

Esfuerzo máximo de flexión. Las componentes del momento se muestran en la figura 6-36c. Por inspección, el esfuerzo máximo de *tensión* ocurre en el punto *B*, ya que por superposición ambas componentes del momento generan ahí un esfuerzo de tensión. De la misma manera, el esfuerzo máximo de *compresión* ocurre en el punto *C*. Así,

$$\sigma = -\frac{M_z y}{I_z} + \frac{M_y z}{I_y}$$

$$\sigma_B = -\frac{7.50 \text{ kN} \cdot \text{m} \, (-0.100 \text{ m})}{20.53(10^{-6}) \text{ m}^4} + \frac{12.99 \text{ kN} \cdot \text{m} \, (0.0410 \text{ m})}{13.92(10^{-6}) \text{ m}^4}$$

$$= 74.8 \text{ MPa}$$

$$\sigma_C = -\frac{7.50 \text{ kN} \cdot \text{m} \, (0.020 \text{ m})}{20.53(10^{-6}) \text{ m}^4} + \frac{12.99 \text{ kN} \cdot \text{m} \, (-0.0890 \text{ m})}{13.92(10^{-6}) \text{ m}^4}$$

$$= -90.4 \text{ MPa} \qquad\qquad \textit{Resp.}$$

Por comparación, el esfuerzo normal máximo es de compresión y ocurre en el punto *C*.

Orientación del eje neutro. Al aplicar la ecuación 6-19 es importante definir correctamente los ángulos α y θ. Como se indicó antes, *y* debe representar el eje para el momento de inercia principal *mínimo* y *z* debe representar el eje para el momento de inercia principal *máximo*. Esos ejes están aquí apropiadamente posicionados ya que $I_y < I_z$. Usando este arreglo, θ y α se miden positivamente del eje $+z$ hacia el eje $+y$. Por tanto, de la Figura 6-36a, $\theta = +60°$. Entonces,

$$\tan \alpha = \left(\frac{20.53(10^{-6}) \text{ m}^4}{13.92(10^{-6}) \text{ m}^4} \right) \tan 60°$$

$$\alpha = 68.6° \qquad\qquad \textit{Resp.}$$

El eje neutro se muestra en la figura 6-36d. Como era de esperarse, se encuentra entre el eje *y* y la línea de acción de **M**.

E J E M P L O 6.20

La sección Z mostrada en la figura 6-37*a* está sometida al momento $M = 20$ kN·m. Usando los métodos del apéndice A (vea el ejemplo A.4 o el A.5), los ejes principales y y z se orientan como se muestra, de manera que ellos representan los ejes para los momentos de inercia principales mínimo y máximo, $I_y = 0.960(10^{-3})$ m⁴ e $I_z = 7.54(10^{-3})$ m⁴, respectivamente. Determine el esfuerzo normal en el punto P y la orientación del eje neutro.

Solución

Para usar la ecuación 6-19, es importante que el eje z sea el eje principal para el momento de inercia *máximo*, que efectivamente lo es ya que la mayor parte del área de la sección está más alejada de este eje que del eje y.

Componentes del momento interno. De la figura 6-37*a*,

$$M_y = 20 \text{ kN·m sen } 57.1° = 16.79 \text{ kN·m}$$
$$M_z = 20 \text{ kN·m cos } 57.1° = 10.86 \text{ kN·m}$$

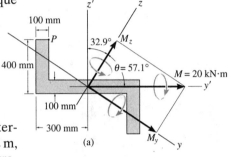

Esfuerzo de flexión. Las coordenadas y y z del punto P deben determinarse primero. Observe que las coordenadas y', z' de P son $(-0.2$ m, 0.35 m$)$. Usando los triángulos sombreados en la construcción mostrada en la figura 6-37*b*, tenemos:

$$y_P = -0.35 \text{ sen } 32.9° - 0.2 \cos 32.9° = -0.3580 \text{ m}$$
$$z_P = 0.35 \cos 32.9° - 0.2 \text{ sen } 32.9° = 0.1852 \text{ m}$$

Aplicando la ecuación 6-17, tenemos:

$$\sigma_P = -\frac{M_z y_P}{I_z} + \frac{M_y z_P}{I_y}$$

$$= -\frac{(10.86 \text{ kN·m})(-0.3580 \text{ m})}{7.54(10^{-3}) \text{ m}^4} + \frac{(16.79 \text{ kN·m})(0.1852 \text{ m})}{0.960(10^{-3}) \text{ m}^4}$$

$$= 3.76 \text{ MPa} \hspace{3cm} Resp.$$

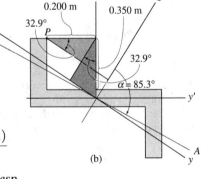

Fig. 6-37

Orientación del eje neutro. El ángulo $\theta = 57.1°$ se muestra en la figura 6-37*a*. Así,

$$\tan \alpha = \left[\frac{7.54(10^{-3}) \text{ m}^4}{0.960(10^{-3}) \text{ m}^4} \right] \tan 57.1°$$

$$\alpha = 85.3° \hspace{3cm} Resp.$$

El eje neutro está localizado como se muestra en la figura 6-37*b*.

PROBLEMAS

6-102. El miembro tiene una sección transversal cuadrada y está sometido a un momento resultante $M = 850$ N · m como se muestra en la figura. Determine el esfuerzo de flexión en cada esquina y esboce la distribución de esfuerzo producida por **M**. Considere $\theta = 45°$.

6-103. El miembro tiene una sección transversal cuadrada y está sometido a un momento resultante $M = 850$ N · m como se muestra en la figura. Determine el esfuerzo de flexión en cada esquina y esboce la distribución de esfuerzo producida por **M**. Considere $\theta = 30°$.

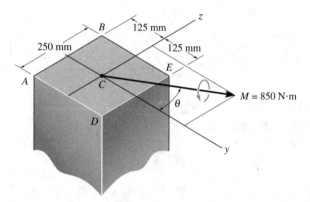

Probs. 6-102/103

*6-104. La viga tiene una sección transversal rectangular. Si está sometida a un momento $M = 3500$ N · m con el sentido mostrado, determine el esfuerzo de flexión máximo en la viga y la orientación del eje neutro.

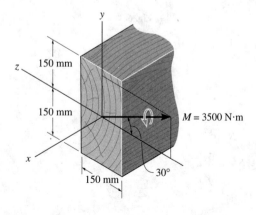

Prob. 6-104

6-105. La viga T está sometida al momento $M = 150$ klb· pulg con el sentido mostrado. Determine el esfuerzo máximo de flexión en la viga y la orientación del eje neutro. Determine también la posición α del centroide de C.

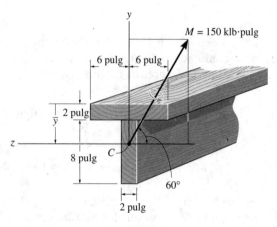

Prob. 6-105

6-106. Si el momento interno que actúa sobre la sección transversal del puntal tiene una magnitud de $M = 800$ N · m con el sentido mostrado en la figura, determine el esfuerzo de flexión en los puntos A y B. Determine también la posición $\bar{z}$ del centroide C de la sección transversal del puntal, así como la orientación del eje neutro.

6-107. El momento resultante que actúa sobre la sección transversal del puntal de aluminio tiene una magnitud de $M = 800$ N · m y el sentido mostrado en la figura. Determine el esfuerzo máximo de flexión en el puntal. Determine también la posición $\bar{y}$ del centroide C de la sección transversal del puntal, así como la orientación del eje neutro.

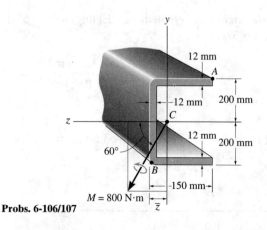

Probs. 6-106/107

*6-108. La viga de acero de patín ancho en voladizo está sometida a la fuerza **P** concentrada en su extremo. Determine la magnitud máxima de esta fuerza tal que el esfuerzo de flexión generado en A no exceda el valor $\sigma_{perm} = 180$ MPa.

6-109. La viga de acero de patín ancho en voladizo está sometida a la fuerza concentrada $P = 600$ N en su extremo. Determine el esfuerzo máximo de flexión generado en la sección A de la viga.

6-111. Considere el caso general de una viga prismática sometida a las componentes de momento $\mathbf{M}_y$ y $\mathbf{M}_z$ como se muestra, cuando los ejes x, y, z pasan por el centroide de la sección transversal. Si el material es elástico-lineal, el esfuerzo normal en la viga es una función lineal de la posición tal que $\sigma = a + by + cz$. Usando las condiciones de equilibrio $0 = \int_A \sigma\, dA$, $M_y = \int_A z\sigma\, dA$, $M_z = \int_A - y\sigma\, dA$, determine las constantes a, b y c y demuestre que el esfuerzo normal puede determinarse con la ecuación $\sigma = [-(M_z I_y + M_y I_{yz})y + (M_y I_z + M_z I_{yz})z]/(I_y I_z - I_{yz}^2)$. Los momentos y productos de inercia están definidos en el apéndice A.

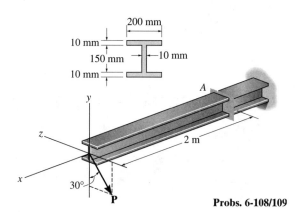

Probs. 6-108/109

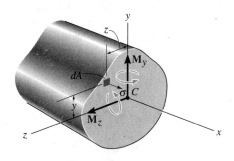

Prob. 6-111

6-110. El tablón se usa como vigueta de piso simplemente apoyada. Si se aplica un momento $M = 800$ lb · pie a 3° del eje z, determine el esfuerzo de flexión generado en el tablón en la esquina A. Compare este esfuerzo con el generado por el mismo momento aplicado a lo largo del eje z ($\theta = 0°$). ¿Qué valor tiene el ángulo α para el eje neutro cuando $\theta = 3°$? *Comentario*: normalmente, las duelas del piso se clavan a la parte superior de las viguetas de modo que $\theta \approx 0°$ y los altos esfuerzos debidos a la falta de alineamiento no se presentan.

*6-112. La viga en voladizo tiene la sección transversal Z mostrada. Bajo la acción de las dos cargas, determine el esfuerzo máximo de flexión en el punto A de la viga. Use el resultado del problema 6-111.

6-113. La viga en voladizo tiene la sección transversal Z mostrada. Bajo la acción de las dos cargas, determine el esfuerzo máximo de flexión en el punto B de la viga. Use el resultado del problema 6-111.

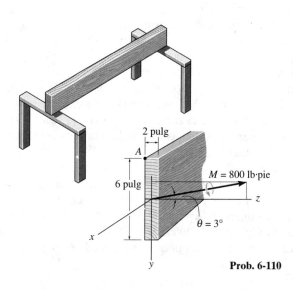

Prob. 6-110

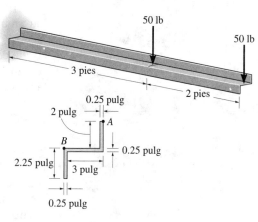

Probs. 6-112/113

6-114. De acuerdo con los procedimientos delineados en el apéndice A, ejemplo A.5 o A.6, la sección Z tiene los momentos de inercia principales $I_y = 0.060(10^{-3})$ m^4 e $I_z = 0.471(10^{-3})$ m^4, respecto a los ejes principales de inercia y y z, respectivamente. Si la sección está sometida a un momento $M = 250$ N · m dirigido horizontalmente como se muestra, determine el esfuerzo de flexión generado en el punto A. Resuelva el problema usando la ecuación 6-17.

6-115. Resuelva el problema 6-114 usando la ecuación desarrollada en el problema 6-111.

*6-116. Según los procedimientos delineados en el apéndice A, ejemplo A.5 o A.6, la sección Z tiene los momentos principales de inercia $I_y = 0.060(10^{-3})$ m^4 e $I_z = 0.47(10^{-3})$ m^4, calculados respecto a los ejes principales de inercia y y z, respectivamente. Si la sección está sometida a un momento $M = 250$ N · m dirigido horizontalmente como se muestra, determine el esfuerzo de flexión generado en el punto B. Resuelva el problema usando la ecuación 6-17.

6-117. Para la sección mostrada, $I_{y'} = 31.7(10^{-6})$ m^4, $I_{z'} = 114(10^{-6})$ m^4, $I_{y'z'} = 15.1(10^{-6})$ m^4. Según los procedimientos delineados en el apéndice A, la sección transversal del miembro tiene los momentos de inercia $I_y = 29.0(10^{-6})$ m^4 e $I_z = 117(10^{-6})$ m^4, calculados respecto a los ejes principales de inercia y y z, respectivamente. Si la sección está sometida a un momento $M = 2500$ N · m con el sentido mostrado, determine el esfuerzo de flexión generado en el punto A usando la ecuación 6-17.

6-118. Resuelva el problema 6-117 usando la ecuación desarrollada en el problema 6-111.

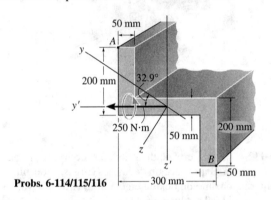

Probs. 6-114/115/116

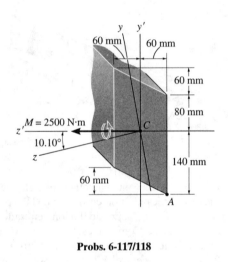

Probs. 6-117/118

---

*6.6   Vigas compuestas

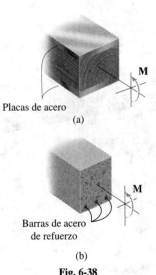

Placas de acero
(a)

Barras de acero
de refuerzo
(b)

Fig. 6-38

Las vigas compuestas de dos o más materiales se denominan **vigas compuestas**. Ejemplos incluyen aquellas hechas de madera con cubreplacas de acero en sus partes superior e inferior, figura 6-38*a*, o más comúnmente, vigas de concreto reforzadas con barras de acero, figura 6-38*b*. Los ingenieros diseñan intencionalmente de esta manera las vigas para desarrollar un medio más eficiente de tomar las cargas aplicadas. Por ejemplo, se mostró en la sección 3.3 que el concreto es excelente para resistir esfuerzos de compresión pero que es muy pobre en su capacidad de resistir esfuerzos de tensión. Por esto, las barras de acero de refuerzo mostradas en la figura 6-38*b* se han colocado en la zona de tensión de la sección transversal de la viga, de manera que dichas barras resistan los esfuerzos de tensión que genera el momento **M**.

Como la fórmula de la flexión se desarrolló para vigas cuyo material es homogéneo, esta fórmula no puede aplicarse directamente para determinar el esfuerzo normal en una viga compuesta. Sin embargo, en esta sección desarrollaremos un método para modificar o "transformar" la sección transversal de la viga en otra hecha de un solo material. Una vez hecho esto, la fórmula de la flexión puede entonces usarse para el análisis de los esfuerzos.

Para explicar cómo aplicar el *método de la sección transformada*, consideremos la viga compuesta hecha de dos materiales, 1 y 2, que tienen las secciones transversales mostradas en la figura 6-39a. Si se aplica un momento flexionante a esta viga, entonces, como en el caso de una viga homogénea, la sección transversal total *permanecerá plana* después de la flexión y por consiguiente las deformaciones unitarias normales variarán linealmente de cero en el eje neutro a un valor máximo en el material más alejado de este eje, figura 6-39b. Si el material tiene un comportamiento elástico lineal, la ley de Hooke es aplicable y en cualquier punto el esfuerzo normal en el material 1 se determina con la relación $\sigma = E_1 \epsilon$. Igualmente, para el material 2, la distribución del esfuerzo se encuentra con la relación $\sigma = E_2 \epsilon$. Es claro que si el material 1 es más rígido que el material 2, por ejemplo, acero *versus* hule, la mayor parte de la carga será tomada por el material 1, ya que $E_1 > E_2$. Suponiendo que éste es el caso, la distribución del esfuerzo será como la mostrada en la figura 6-39c o 6-39d. En particular, note el salto en el esfuerzo que ocurre donde se unen los dos materiales. Aquí, la *deformación unitaria* es la *misma,* pero como el módulo de elasticidad o rigidez de los materiales cambia bruscamente, igualmente lo hace el esfuerzo. La localización del eje neutro y la determinación del esfuerzo máximo en la viga, usando esta distribución del esfuerzo, puede basarse en un procedimiento de tanteos. Esto requiere satisfacer las condiciones de que la distribución del esfuerzo genera una fuerza resultante nula sobre la sección transversal y que el momento de la distribución del esfuerzo respecto al eje neutro sea igual a **M**.

Una manera más simple de satisfacer esas dos condiciones es transformar la viga en otra hecha de un *solo material.* Por ejemplo, si imaginamos que la viga consiste enteramente del material 2 menos rígido, entonces la sección transversal se verá como la mostrada en la figura 6-39e. Aquí, la altura h de la viga permanece *igual*, ya que la distribución de la deformación unitaria mostrada en la figura 6-39b debe preservarse. Sin embargo, la porción superior de la viga debe ser ampliada para que tome una carga *equivalente* a la que soporta el material 1 más rígido, figura 6-39d. El ancho necesario puede determinarse considerando la fuerza dF que actúa sobre un área $dA = dz\, dy$ de la viga en la figura 6-39a. Se tiene, $dF = \sigma\, dA = (E_1 \epsilon)\, dz\, dy$. Por otra parte, si el ancho de un *elemento correspondiente* de altura dy en la figura 6-39e es $n\, dz$, entonces $dF' = \sigma'\, dA' = (E_2\, \epsilon)\, n\, dz\, dy$. Igualando esas fuerzas, de modo que ellas produzcan el mismo momento respecto al eje z, tenemos

$$E_1 \epsilon\, dz\, dy = E_2 \epsilon n\, dz\, dy$$

o

$$n = \frac{E_1}{E_2} \qquad (6\text{-}20)$$

Este número n sin dimensiones se llama **factor de transformación**. Indica que la sección transversal con ancho b en la viga original, figura 6-39a, debe incrementarse en ancho a $b_2 = nb$ en la región donde el material 1 va ser transformado en material 2, figura 6-39e. De manera similar, si el material 2 menos rígido va a transformarse en el material 1 más rígido, la sección transversal se verá como la mostrada en la figura 6-39f. Aquí, el ancho del material 2 se ha cambiado a $b_1 = n'b$, donde $n' = E_2/E_1$. Ad-

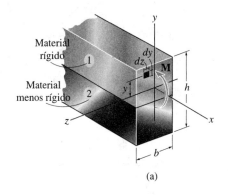

(a)

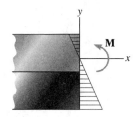

Variación de la deformación
unitaria normal (vista lateral)
(b)

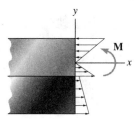

Variación del esfuerzo
de flexión (vista lateral)
(c)

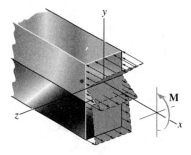

Variación del esfuerzo
de flexión
(d)

Fig. 6-39

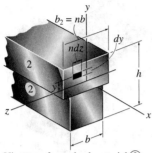

Viga transformada al material ②
(e)

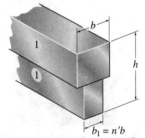

Viga transformada al material ①

(f)

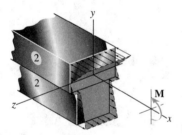

Variación del esfuerzo
de flexión para la viga
transformada al material ②
(g)

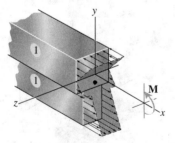

Variación del esfuerzo
de flexión para la viga
transformada al material ①

(h)

Fig. 6-39 (cont.)

vierta que en este caso el factor de transformación n' debe ser *menor que uno* ya que $E_1 > E_2$. En otras palabras, necesitamos menos del material más rígido para soportar un momento dado.

Una vez que la viga ha sido transformada en otra hecha con un *solo material*, la distribución del esfuerzo normal sobre la sección transformada será lineal como se muestra en la figura 6-39g o 6-39h. En consecuencia, el centroide (eje neutro) y el momento de inercia de la sección transformada pueden determinarse y aplicarse la fórmula de flexión de la manera usual para determinar el esfuerzo en cada punto de la viga transformada. Observe que el esfuerzo en la viga transformada es equivalente al esfuerzo en el *mismo material* de la viga real. Sin embargo, para el *material transformado*, el esfuerzo encontrado en la sección transformada tiene que ser multiplicado por el factor de transformación n (o n'), ya que el área del material transformado, $dA' = n\, dz\, dy$, es n veces el área del material real $dA = dz\, dy$. Esto es:

$$dF = \sigma\, dA = \sigma'\, dA'$$
$$\sigma\, dz\, dy = \sigma' n\, dz\, dy$$
$$\sigma = n\sigma' \tag{6-21}$$

Los ejemplos 6-21 y 6-22 ilustran numéricamente la aplicación del método de la sección transformada.

PUNTOS IMPORTANTES

- Las *vigas compuestas* están hechas de materiales diferentes para tomar eficientemente una carga. La aplicación de la fórmula de la flexión requiere que el material sea homogéneo, por lo que la sección transversal de la viga debe ser transformada en un solo material si esta fórmula va a usarse para calcular el esfuerzo de flexión.

- El *factor de transformación* es la razón de los módulos de los diferentes materiales de que está hecha la viga. Usado como un multiplicador, éste convierte las dimensiones de la sección transversal de la viga compuesta en una viga hecha de un solo material de modo que esta viga tenga la misma resistencia que la viga compuesta. Un material rígido será reemplazado por más del material menos rígido y viceversa.

- Una vez que el esfuerzo en la sección transformada se ha determinado, éste debe multiplicarse por el factor de transformación para obtener el esfuerzo en la viga real.

E J E M P L O   6.21

Una viga compuesta está hecha de madera y está reforzada con una cubreplaca de acero localizada en el fondo de la viga. Tiene la sección transversal mostrada en la figura 6-40a. Si la viga está sometida al momento flexionante $M = 2$ kN · m, determine el esfuerzo normal en los puntos B y C. Considere $E_{mad} = 12$ GPa y $E_{ac} = 200$ GPa.

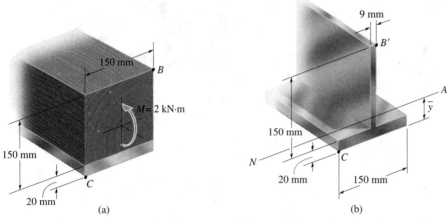

Fig. 6-40

Solución

Propiedades de la sección.   Aunque la selección es arbitraria, transformaremos aquí la sección en una hecha enteramente de acero. Como el acero tiene una mayor rigidez que la madera ($E_{ac} > E_{mad}$), el ancho de la madera debe *reducirse* a un ancho equivalente de acero. Por tanto, n debe ser menor que 1. Para que esto sea el caso, $n = E_{mad}/E_{ac}$, por lo que:

$$b_{ac} = nb_{mad} = \frac{12 \text{ GPa}}{200 \text{ GPa}} (150 \text{ mm}) = 9 \text{ mm}$$

La sección transformada se muestra en la figura 6-40b.

   La posición del centroide (eje neutro), calculada respecto a un eje de referencia situado en el *fondo* de la sección es:

$$\bar{y} = \frac{\Sigma \bar{y}A}{\Sigma A} = \frac{[0.01 \text{ m}](0.02 \text{ m})(0.150 \text{ m}) + [0.095 \text{ m}](0.009 \text{ m})(0.150 \text{ m})}{0.02 \text{ m}(0.150 \text{ m}) + 0.009 \text{ m}(0.150 \text{ m})} = 0.03638 \text{ m}$$

El momento de inercia respecto al eje neutro es entonces:

$$I_{NA} = \left[\frac{1}{12}(0.150 \text{ m})(0.02 \text{ m})^3 + (0.150 \text{ m})(0.02 \text{ m})(0.03638 \text{ m} - 0.01 \text{ m})^2 \right]$$

$$+ \left[\frac{1}{12}(0.009 \text{ m})(0.150 \text{ m})^3 + (0.009 \text{ m})(0.150 \text{ m})(0.095 \text{ m} - 0.03638 \text{ m})^2 \right]$$

$$= 9.358(10^{-6}) \text{ m}^4$$

Continúa

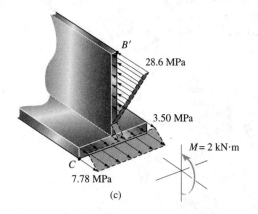

(c)

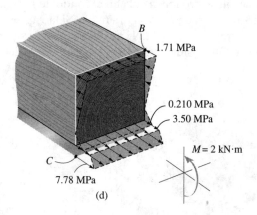

(d)

Esfuerzo normal. Aplicando la fórmula de la flexión, el esfuerzo normal en B' y C es:

$$\sigma_{B'} = \frac{2 \text{ kN} \cdot \text{m}(0.170 \text{ m } - \text{ } 0.03638 \text{ m})}{9.358(10^{-6}) \text{ m}^4} = 28.6 \text{ MPa}$$

$$\sigma_{C} = \frac{2 \text{ kN} \cdot \text{m}(0.03638 \text{ m})}{9.358(10^{-6}) \text{ m}^4} = 7.78 \text{ MPa} \qquad \textit{Resp.}$$

La distribución del esfuerzo normal sobre la sección transformada (toda de acero) se muestra en la figura 6-40c.

El esfuerzo normal en la madera en B, figura 6-40a, se determina con la ecuación 6-21; así,

$$\sigma_B = n\sigma_{B'} = \frac{12 \text{ GPa}}{200 \text{ GPa}}(28.56 \text{ MPa}) = 1.71 \text{ MPa} \qquad \textit{Resp.}$$

Usando estos conceptos, demuestre que el esfuerzo normal en el acero y en la madera en el punto en que están en contacto es $\sigma_{ac} = 3.50$ MPa y $\sigma_{mad} = 0.210$ MPa, respectivamente. La distribución del esfuerzo normal en la viga real se muestra en la figura 6-40d.

EJEMPLO 6.22

Para reforzar la viga de acero, se coloca un tablón de roble entre sus patines como se muestra en la figura 6-41a. Si el esfuerzo normal permisible para el acero es $(\sigma_{\mathrm{perm}})_{\mathrm{ac}} = 24$ klb/pulg^2 y para la madera es $(\sigma_{\mathrm{perm}})_{\mathrm{mad}} = 3$ klb/pulg^2, determine el momento flexionante máximo que la viga puede soportar con y sin el refuerzo de madera. $E_{\mathrm{ac}} = 29(10^3)$ klb/pulg^2, $E_{\mathrm{mad}} = 1.60(10^3)$ klb/pulg^2. El momento de inercia de la viga de acero es $I_z = 20.3$ pulg^4, y el área de su sección transversal es $A = 8.79$ pulg^2.

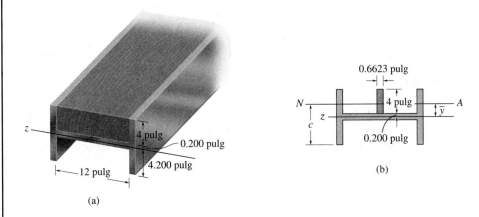

(a)

(b)

Fig. 6-41

Solución

Sin madera.   Aquí el eje neutro coincide con el eje z. La aplicación directa de la fórmula de la flexión a la viga de acero nos da:

$$(\sigma_{\mathrm{perm}})_{\mathrm{ac}} = \frac{Mc}{I_z}$$

$$24 \text{ klb/pulg}^2 = \frac{M(4.200 \text{ pulg})}{20.3 \text{ pulg}^4}$$

$$M = 116 \text{ klb} \cdot \text{pulg} \qquad\qquad Resp.$$

Con madera.   Como ahora tenemos una viga compuesta, debemos transformar la sección a un solo material. Será más fácil transformar la madera a una cantidad equivalente de acero. Para hacer esto, $n = E_{\mathrm{mad}}/E_{\mathrm{ac}}$. ¿Por qué? Así, el ancho de una cantidad equivalente de acero es:

$$b_{\mathrm{ac}} = n b_{\mathrm{mad}} = \frac{1.60(10^3) \text{ klb/pulg}^2}{29(10^3) \text{ klb/pulg}^2}(12 \text{ pulg}) = 0.662 \text{ pulg}$$

Continúa

La sección transformada se muestra en la figura 6-41*b*. El eje neutro está en:

$$\bar{y} = \frac{\Sigma \tilde{y} A}{\Sigma A} = \frac{[0](8.79 \text{ pulg}^2) + [2.20 \text{ pulg}](4 \text{ pulg})(0.662 \text{ pulg})}{8.79 \text{ pulg}^2 + 4(0.662 \text{ pulg}^2)}$$

$$= 0.5093 \text{ pulg}$$

El momento de inercia respecto al eje neutro es:

$$I = [20.3 \text{ pulg}^4 + (8.79 \text{ pulg}^2)(0.5093 \text{ pulg})^2] +$$

$$\left[\frac{1}{12}(0.662 \text{ pulg})(4 \text{ pulg})^3 + (0.662 \text{ pulg})(4 \text{ pulg})(2.200 \text{ pulg} - 0.5093 \text{ pulg})^2\right]$$

$$= 33.68 \text{ pulg}^4$$

El esfuerzo normal máximo en el acero ocurrirá en el fondo de la viga, figura 6-41*b*. Aquí, $c = 4.200 \text{ pulg} + 0.5093 \text{ pulg} = 4.7093 \text{ pulg}$. El momento máximo con base en el esfuerzo permisible del acero es por tanto:

$$(\sigma_{\text{perm}})_{\text{ac}} = \frac{Mc}{I}$$

$$24 \text{ klb/pulg}^2 = \frac{M(4.7093 \text{ pulg})}{33.68 \text{ pulg}^4}$$

$$M = 172 \text{ klb} \cdot \text{pulg}$$

El esfuerzo normal máximo en la madera se presenta en la parte superior de la viga, figura 6-41*b*. Aquí, $c' = 4.20 \text{ pulg} - 0.5093 \text{ pulg} = 3.6907 \text{ pulg}$. Como $\sigma_{\text{mad}} = n\sigma_{\text{ac}}$, el momento máximo con base en el esfuerzo permisible de la madera es:

$$(\sigma_{\text{perm}})_{\text{mad}} = n\frac{M'c'}{I}$$

$$3 \text{ klb/pulg}^2 = \left[\frac{1.60(10^3) \text{ klb/pulg}^2}{29(10^3) \text{ klb/pulg}^2}\right]\frac{M'(3.6907 \text{ pulg})}{33.68 \text{ pulg}^4}$$

$$M' = 496 \text{ klb} \cdot \text{pulg}$$

Por comparación, el momento máximo está regido por el esfuerzo permisible en el acero. Así,

$$M = 172 \text{ klb} \cdot \text{pulg} \qquad \textit{Resp.}$$

Advierta también que al usar la madera como refuerzo, se proporciona una capacidad adicional de 48% de momento para la viga.

*6.7 Vigas de concreto reforzado

Todas las vigas sometidas a flexión pura deben resistir tanto esfuerzos de tensión como de compresión. Sin embargo, el concreto es muy suscepti- ble al agrietamiento cuando está tensionado, por lo que por sí mismo no es apropiado para resistir un momento de flexión.* Para superar esta des- ventaja, los ingenieros colocan barras de refuerzo de acero dentro de una viga de concreto en lugares en que el concreto está a tensión, figura 6-42*a*. Para que sean lo más efectiva posibles, esas barras se sitúan lo más lejos posible del eje neutro de la viga, de manera que el momento generado por las fuerzas desarrolladas en las barras sea máximo respecto al eje neu- tro. Por otra parte, la barras deben tener un recubrimiento de concreto que las proteja de la corrosión o de la pérdida de resistencia en caso de un incendio. En el diseño de concreto reforzado, la capacidad del concre- to para soportar cargas de tensión se desprecia ya que un posible agrieta- miento del concreto es impredecible. En consecuencia, la distribución del esfuerzo normal que actúa sobre la sección transversal de una viga de con- creto reforzado se supone igual a la mostrada en la figura 6-42*b*.

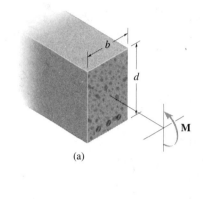

(a)

El análisis de esfuerzos requiere localizar el eje neutro y determinar el esfuerzo máximo en el acero y en el concreto. Para hacer esto, el área de acero A_{ac} se transforma primero en un área equivalente de concreto usan- do el factor de transformación $n = E_{ac}/E_{conc}$. Esta relación, que da $n > 1$, se escoge ya que una cantidad "mayor" de concreto es necesaria para reemplazar al acero. El área transformada es nA_{ac} y la sección transfor- mada se ve como la mostrada en la figura 6-42*c*. Aquí, *d* representa la dis- tancia de la parte superior de la viga al acero (transformado), *b* el ancho de la viga y h' la distancia aún no conocida de la parte superior de la vi- ga al eje neutro. Podemos obtener h' usando el hecho de que el centroi- de *C* de la sección transversal de la sección transformada se encuentra so- bre el eje neutro, figura 6-42*c*. Por tanto, con referencia al eje neutro, el momento de las dos áreas, $\Sigma \bar{y} A$, debe ser cero, puesto que $\bar{y} = \Sigma \bar{y} A / \Sigma A = 0$. Así,

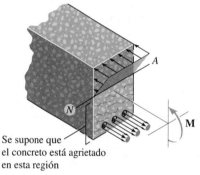

Se supone que el concreto está agrietado en esta región

(b)

$$bh'\left(\frac{h'}{2}\right) - nA_{ac}(d - h') = 0$$

$$\frac{b}{2}h'^2 + nA_{ac}h' - nA_{ac}d = 0$$

Una vez obtenida h' de esta ecuación cuadrática, la solución procede de manera usual para la obtención del esfuerzo en la viga.

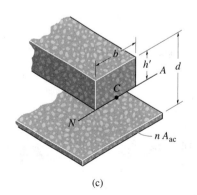

(c)

Fig. 6-42

*La inspección de su diagrama particular de esfuerzo-deformación unitaria en la figura 3-11 revela que este concreto es 12.5 veces más resistente en compresión que en tensión.

E J E M P L O   6.23

La viga de concreto reforzado tiene la sección transversal mostrada en la figura 6-43*a*. Si está sometida a un momento flexionante $M = 60$ klb · pie, determine el esfuerzo normal en cada una de las barras de acero de refuerzo y el esfuerzo normal máximo en el concreto. Considere $E_{ac} = 29(10^3)$ klb/pulg^2 y $E_{conc} = 3.6(10^3)$ klb/ pulg^2.

Solución

Como la viga está hecha de concreto, en el siguiente análisis despreciaremos su resistencia para soportar esfuerzos de tensión.

Propiedades de la sección.   El área total de acero, $A_{ac} = 2[\pi(0.5$ pulg$)^2] = 1.571$ pulg^2 será transformada en un área equivalente de concreto, figura 6-43*b*. Aquí,

$$A' = nA_{ac} = \frac{29(10^3) \text{ klb/pulg}^2}{3.6(10^3) \text{ klb/pulg}^2}(1.571 \text{ pulg}^2) = 12.65 \text{ pulg}^2$$

Requerimos que el centroide se encuentre sobre el eje neutro. Entonces, $\Sigma \bar{y} A = 0$, o

$$12 \text{ pulg}(h')\frac{h'}{2} - 12.65 \text{ pulg}^2(16 \text{ pulg} - h') = 0$$

$$h'^2 + 2.11h' - 33.7 = 0$$

La raíz positiva es:

$$h' = 4.85 \text{ pulg}$$

Usando este valor de h', el momento de inercia de la sección transformada respecto al eje neutro, es:

$$I = \left[\frac{1}{12}(12 \text{ pulg})(4.85 \text{ pulg})^3 + 12 \text{ pulg}(4.85 \text{ pulg})\left(\frac{4.85 \text{ pulg}}{2}\right)^2\right] + 12.65 \text{ pulg}^2(16 \text{ pulg} - 4.85 \text{ pulg})^2$$

$$= 2029 \text{ pulg}^4$$

Esfuerzo normal.   Aplicando la fórmula de la flexión a la sección transformada, el esfuerzo normal máximo en el concreto es:

$$(\sigma_{conc})_{máx} = \frac{[60 \text{ klb} \cdot \text{pie} (12 \text{ pulg/pie})](4.85 \text{ pulg})}{2029 \text{ pulg}^4} = 1.72 \text{ klb/pulg}^2 \quad \textit{Resp.}$$

El esfuerzo normal resistido por la franja de "concreto", que reemplazó al acero, es:

$$\sigma'_{conc} = \frac{[60 \text{ klb} \cdot \text{pie} (12 \text{ pulg/pie})](16 \text{ pulg} - 4.85 \text{ pulg})}{2029 \text{ pulg}^4} = 3.96 \text{ klb/pulg}^2$$

El esfuerzo normal en cada una de las dos barras de refuerzo es por tanto:

$$\sigma_{ac} = n\sigma'_{conc} = \left(\frac{29(10^3) \text{ klb/pulg}^2}{3.6(10^3) \text{ klb/pulg}^2}\right)3.96 \text{ klb/pulg}^2 = 31.9 \text{ klb/pulg}^2 \quad \textit{Resp.}$$

La distribución del esfuerzo normal se muestra gráficamente en la figura 6-43*c*.

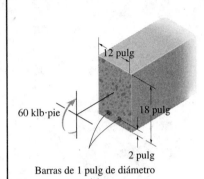

60 klb·pie

12 pulg

18 pulg

2 pulg

Barras de 1 pulg de diámetro

(a)

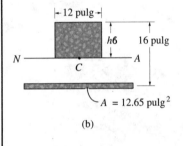

12 pulg

h6

16 pulg

N   A

C

A = 12.65 pulg^2

(b)

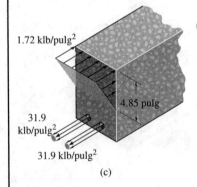

1.72 klb/pulg^2

4.85 pulg

31.9 klb/pulg^2

31.9 klb/pulg^2

(c)

Fig. 6-43

*6.8 Vigas curvas

La fórmula de la flexión es aplicable a miembros prismáticos *rectos*, ya que, como se mostró antes, para miembros rectos la deformación unitaria normal varía linealmente desde el eje neutro. Sin embargo, si el miembro es *curvo* esta hipótesis no es correcta, por lo que debemos desarrollar otra ecuación que describa la distribución del esfuerzo. En esta sección consideraremos el análisis de una *viga curva*, es decir, de un miembro con eje curvo y sometido a flexión. Ejemplos típicos incluyen ganchos y eslabones de cadenas. En todos los casos, los miembros no son delgados pero tienen una curva aguda y las dimensiones de sus secciones transversales son grandes comparadas con sus radios de curvatura.

En el análisis se supone que la sección transversal es constante y tiene un eje de simetría perpendicular a la dirección del momento aplicado **M**, figura 6-44*a*. Se supone además que el material es homogéneo e isotrópico y que se comporta de manera elastoplástica cuando se aplica la carga. Como en el caso de una viga recta, supondremos para una viga curva que las *secciones transversales* del miembro *permanecen planas* después de aplicado el momento. Además, cualquier distorsión de la sección transversal dentro de su propio plano será despreciada.

Para efectuar el análisis, tres radios, medidos desde el centro de curvatura O' del miembro, se identifican en la figura 6-44*a*, y son: $\bar{r}$, que define la posición conocida del *centroide* de la sección transversal; R, que define la posición aún no determinada del *eje neutro*, y r, que localiza un *punto arbitrario* o elemento de área dA sobre la sección transversal. Note que el eje neutro se encuentra dentro de la sección transversal, ya que el momento **M** genera compresión en las fibras superiores de la viga y tensión en sus fibras inferiores, y por definición, el eje neutro es una línea de esfuerzo y deformación unitaria nulos.

El esfuerzo de flexión en este gancho de grúa puede ser estimado usando la fórmula de la viga curva.

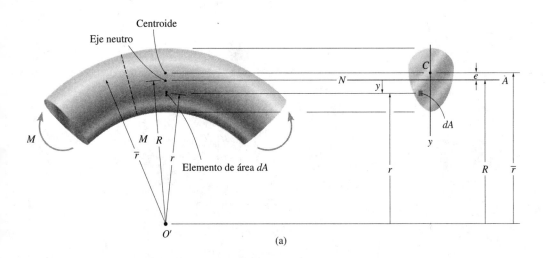

(a)

Fig. 6-44

Si aislamos un segmento diferencial de la viga, figura 6-44b, el esfuerzo tiende a deformar el material en forma tal que cada sección transversal girará un ángulo $\delta\theta/2$. La deformación unitaria ϵ en la franja arbitraria de material localizada en r estará ahora determinada. Esta franja tiene una longitud original $r\,d\theta$, figura 6-44b. Sin embargo, debido a las rotaciones $\delta\theta/2$, el cambio total en la longitud de la franja es $\delta\theta(R-r)$. En consecuencia,

$$\epsilon = \frac{\delta\theta(R-r)}{r\,d\theta}$$

Si definimos $k = \delta\theta/d\theta$, que es constante para cualquier elemento particular, tendremos:

$$\epsilon = k\left(\frac{R-r}{r}\right)$$

A diferencia del caso de vigas rectas, podemos ver que aquí la **_deformación unitaria normal_** no es una función lineal de r sino que varía en **_forma hiperbólica_**. Esto ocurre aun cuando la sección transversal de la viga permanece plana después de la deformación. Como el momento ocasiona que el material se comporte elásticamente, la ley de Hooke es aplicable, por lo que el esfuerzo en función de la posición está dado por:

$$\sigma = Ek\left(\frac{R-r}{r}\right) \tag{6-22}$$

Esta variación es también hiperbólica y, como ya ha sido establecida, podemos determinar la posición del eje neutro y relacionar la distribución del esfuerzo con el momento interno resultante M.

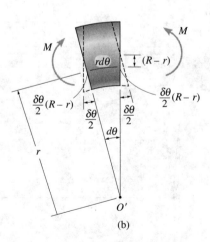

(b)

Fig. 6-44 (cont.)

Para obtener la posición R del eje neutro, requerimos que la fuerza interna resultante causada por la distribución del esfuerzo que actúa sobre la sección transversal sea igual a cero, es decir,

$$F_R = \Sigma F_x; \qquad\qquad \int_A \sigma \, dA = 0$$

$$\int_A Ek\left(\frac{R - r}{r}\right) dA = 0$$

Como Ek y R son constantes, tenemos:

$$R\int_A \frac{dA}{r} - \int_A dA = 0$$

Despejando R, obtenemos:

$$\boxed{R = \frac{A}{\displaystyle\int_A \frac{dA}{r}}} \qquad\qquad (6\text{-}23)$$

Aquí,

R = posición del eje neutro, medido desde el centro de curvatura O' del miembro

A = área de la sección transversal del miembro

r = posición arbitraria del elemento de área dA sobre la sección transversal, medida desde el centro de curvatura O' del miembro.

La integral en la ecuación 6-23 puede ser evaluada para varias geometrías de sección transversales. Los resultados para algunas secciones comunes se dan en la tabla 6-2.

TABLA 6-2

Forma	Área	$\int_A \frac{dA}{r}$
	$b(r_2 - r_1)$	$b \ln \frac{r_2}{r_1}$
	$\frac{b}{2}(r_2 - r_1)$	$\frac{b\, r_2}{(r_2 - r_1)}\left(\ln \frac{r_2}{r_1}\right) - b$
	πc^2	$2\pi\left(\bar{r} - \sqrt{\bar{r}^2 - c^2}\right)$
	ab	$\frac{2\pi b}{a}\left(\bar{r} - \sqrt{\bar{r}^2 - a^2}\right)$

Para relacionar la distribución del esfuerzo con el momento flexionante resultante, requerimos que el momento interno resultante sea igual al momento de la distribución del esfuerzo calculado respecto al eje neutro. De la figura 6-44a, el esfuerzo σ, que actúa sobre el elemento de área dA y que está localizado a una distancia y del eje neutro, genera una fuerza $dF = \sigma\,dA$ sobre el elemento y un momento respecto al eje neutro $dM = y(\sigma\,dA)$. Este momento es positivo, ya que por la regla de la mano derecha está dirigido en la misma dirección que **M**. Para la sección transversal entera, requerimos $M = \int y\sigma\,dA$.

Como $y = R - r$, y σ está definida por la ecuación 6-22, tenemos:

$$M = \int_A (R - r)Ek\left(\frac{R - r}{r}\right)dA$$

Desarrollando y tomando en cuenta que Ek y R son constantes, obtenemos:

$$M = Ek\left(R^2\int_A \frac{dA}{r} - 2R\int_A dA + \int_A r\,dA\right)$$

La primera integral es equivalente a A/R de acuerdo con la ecuación 6-23, y la segunda integral es simplemente el área A de la sección transversal. Como la localización del centroide se determina con $\bar{r} = \int r\,dA/A$, la tercera integral puede reemplazarse por $\bar{r}A$. Así, podemos escribir:

$$M = EkA(\bar{r} - R)$$

Despejando Ek en la ecuación 6-22, sustituyendo tal valor en la ecuación anterior y despejando σ, tenemos:

$$\boxed{\sigma = \frac{M(R - r)}{Ar(\bar{r} - R)}} \tag{6-24}$$

Aquí,

σ = esfuerzo normal en el miembro

M = momento interno, determinado con el método de las secciones y las ecuaciones de equilibrio y calculado respecto al eje neutro de la sección transversal. Este momento es *positivo* si tiende a incrementar el radio de curvatura del miembro, esto es, si tiende a enderezar el miembro

A = área de la sección transversal del miembro

R = distancia medida desde el centro de curvatura al eje neutro, determinada con la ecuación 6-23

$\bar{r}$ = distancia medida desde el centro de curvatura al centroide de la sección transversal

r = distancia medida desde el centro de curvatura al punto en que va a determinarse el esfuerzo σ

De la figura 6-44a, $y = R - r$ o $r = R - y$. También, la distancia $e = \bar{r} - R$ es constante y normalmente pequeña. Si sustituimos esos resultados en la ecuación 6-24, podemos también escribir:

$$\sigma = \frac{My}{Ae(R - y)} \qquad (6\text{-}25)$$

Estas dos últimas ecuaciones representan dos formas de la llamada *fórmula de la viga curva*, que como la fórmula de la flexión puede usarse para determinar la distribución del esfuerzo normal pero en un miembro curvo. Esta distribución es, como se dijo antes, hiperbólica; un ejemplo se muestra en las figuras 6-44c y 6-44d. Como el esfuerzo actúa en la dirección de la circunferencia de la viga, se le llama a veces **esfuerzo circunferencial**. Sin embargo, debe ser claro que debido a la curvatura de la viga, el esfuerzo circunferencial genera una correspondiente componente de **esfuerzo radial**, así llamada ya que esta componente actúa en la dirección radial. Para mostrar cómo se genera, consideremos el diagrama de cuerpo libre mostrado en la figura 6-44e, que es un segmento de la parte superior del elemento diferencial en la figura 6-44b. Aquí, el esfuerzo radial σ_r es necesario ya que genera la fuerza dF_r, que se requiere para equilibrar las componentes de las fuerzas circunferenciales dF, que actúan a lo largo de la línea $O'B$.

En ocasiones, los esfuerzos radiales en miembros curvos pueden ser muy importantes, especialmente si el miembro está construido a base de placas delgadas y tiene, por ejemplo, la forma de una sección I. En este caso, el esfuerzo radial puede resultar tan grande como el esfuerzo circunferencial, por lo que el miembro debe diseñarse para resistir ambos esfuerzos. Sin embargo, en la mayoría de los casos esos esfuerzos pueden despreciarse, sobre todo si la sección transversal del miembro es una *sección sólida*. Aquí la fórmula de la viga curva da resultados que concuerdan muy bien con los determinados por medio de ensayos o por análisis basados en la teoría de la elasticidad.

La fórmula de la viga curva suele usarse cuando la curvatura del miembro es muy pronunciada, como en el caso de ganchos o anillos. Sin embargo, si el radio de curvatura es mayor que cinco veces el peralte del miembro, la *fórmula de la flexión* puede normalmente usarse para determinar el esfuerzo. Específicamente, para secciones rectangulares en las que esta razón es igual a 5, el esfuerzo normal máximo, determinado con la fórmula de la flexión será aproximadamente 7% *menor* que su valor determinado con la fórmula de la viga curva. Este error se reduce más aun cuando la razón radio de curvatura a peralte es mayor de 5.*

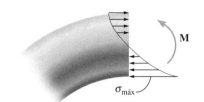

Variación del esfuerzo
de flexión (vista lateral)

(c)

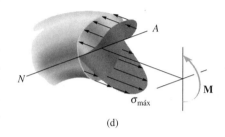

(d)

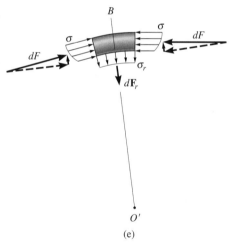

(e)

Fig. 6-44 (cont.)

*Vea, por ejemplo, Boresi, A.P., y otros, *Advanced Mechanics of Materials*, 3a. ed., pág. 333, 1978, John Wiley & Sons, Nueva York.

PUNTOS IMPORTANTES

- La *fórmula de la viga curva* debe usarse para determinar el esfuerzo circunferencial en una viga cuando el radio de curvatura es menor que cinco veces el peralte de la viga.

- Debido a la curvatura de la viga, la deformación unitaria normal en la viga *no* varía linealmente con el peralte como en el caso de una viga recta. En consecuencia, el eje neutro no pasa por el centroide de la sección transversal.

- La componente de esfuerzo radial causada por flexión puede generalmente ser despreciada, especialmente si la sección transversal es una sección sólida y no está hecha de placas delgadas.

PROCEDIMIENTO DE ANÁLISIS

Para aplicar la fórmula de la viga curva se sugiere usar el siguiente procedimiento.

Propiedades de la sección.

- Determine el área A de la sección transversal y la localización del centroide, $\bar{r}$, medido desde el centro de curvatura.

- Calcule la localización del eje neutro, R, usando la ecuación 6-23 o la tabla 6-2. Si el área de la sección transversal consiste en n partes "compuestas", calcule $\int dA/r$ para *cada parte*. Entonces, de la ecuación 6-23, para toda la sección, $R = \Sigma A/\Sigma(\int dA/r)$. En todos los casos, $R < \bar{r}$.

Esfuerzo normal.

- El esfuerzo normal localizado en un punto r desde el centro de curvatura se determina con la ecuación 6-24. Si la distancia y al punto se mide desde el eje neutro, entonces calcule $e = \bar{r} - R$ y use la ecuación 6-25.

- Como $\bar{r} - R$ da generalmente un *número muy pequeño*, es mejor calcular $\bar{r}$ y R con suficiente exactitud para que la resta dé un número e con por lo menos tres cifras significativas.

- Si el esfuerzo es positivo, será de tensión; si es negativo, será de compresión.

- La distribución del esfuerzo sobre toda la sección transversal puede ser graficada, o un elemento de volumen del material puede ser aislado y usado para representar el esfuerzo que actúa en el punto de la sección transversal donde ha sido calculado.

E J E M P L O 6.24

Una barra de acero con sección transversal rectangular tiene forma de arco circular como se muestra en la figura 6-45a. Si el esfuerzo normal permisible es $\sigma_{perm} = 20$ klb/pulg^2, determine el momento flexionante máximo M que puede aplicarse a la barra. ¿Qué valor tendría este momento si la barra fuese recta?

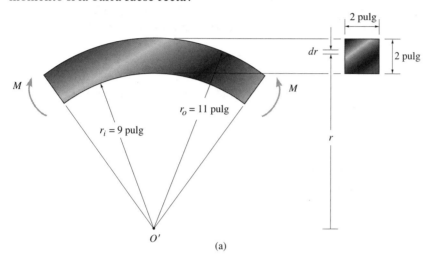

(a)

Fig. 6-45

Solución

Momento interno. Como M tiende a incrementar el radio de curvatura de la barra, es positivo.

Propiedades de la sección. La posición del eje neutro se determina usando la ecuación 6-23. De la figura 6-45a, tenemos:

$$\int_A \frac{dA}{r} = \int_{9\text{ pulg}}^{11\text{ pulg}} \frac{(2\text{ pulg})\,dr}{r} = (2\text{ pulg}) \ln r \Big|_{9\text{ pulg}}^{11\text{ pulg}} = 0.40134 \text{ pulg}$$

Este mismo resultado puede obtenerse directamente en la tabla 6-2. Así,

$$R = \frac{A}{\displaystyle\int_A \frac{dA}{r}} = \frac{(2\text{ pulg})(2\text{ pulg})}{0.40134\text{ pulg}} = 9.9666 \text{ pulg}$$

Continúa

Debe notarse que en todos los cálculos anteriores, R debe determinarse con varias cifras significativas para garantizar que $(\bar{r} - R)$ sea exacta por lo menos con tres cifras significativas.

No se sabe si el esfuerzo normal alcanza su máximo en la parte superior o en la parte inferior de la barra, por lo que debemos calcular el momento M en cada caso por separado. Como el esfuerzo normal en la parte superior de la barra es de compresión, $\sigma = -20 \text{ klb/pulg}^2$,

$$\sigma = \frac{M(R - r_o)}{Ar_o(\bar{r} - R)}$$

$$-20 \text{ klb/pulg}^2 = \frac{M(9.9666 \text{ pulg} - 11 \text{ pulg})}{(2 \text{ pulg})(2 \text{ pulg})(11 \text{ pulg})(10 \text{ pulg} - 9.9666 \text{ pulg})}$$

$$M = 28.5 \text{ klb} \cdot \text{pulg}$$

Igualmente, en el fondo de la barra el esfuerzo normal es de tensión, por lo que $\sigma = +20 \text{ klb/pulg}^2$. Por tanto,

$$\sigma = \frac{M(R - r_i)}{Ar_i(\bar{r} - R)}$$

$$20 \text{ klb/pulg}^2 = \frac{M(9.9666 \text{ pulg} - 9 \text{ pulg})}{(2 \text{ pulg})(2 \text{ pulg})(9 \text{ pulg})(10 \text{ pulg} - 9.9666 \text{ pulg})}$$

$$M = 24.9 \text{ klb} \cdot \text{pulg} \qquad \textit{Resp.}$$

Por comparación, el momento máximo que puede aplicarse es 24.9 klb·pulg y el esfuerzo normal máximo ocurre en el fondo de la barra. El esfuerzo de compresión en la parte superior de la barra es entonces:

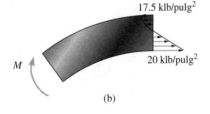

17.5 klb/pulg^2

20 klb/pulg^2

M

(b)

$$\sigma = \frac{24.9 \text{ klb} \cdot \text{pulg}\,(9.9666 \text{ pulg} - 11 \text{ pulg})}{(2 \text{ pulg})(2 \text{ pulg})(11 \text{ pulg})(10 \text{ pulg} - 9.9666 \text{ pulg})}$$

$$= -17.5 \text{ klb/pulg}^2$$

La distribución del esfuerzo se muestra en la figura 6-45b.

Si la barra fuese recta, entonces

$$\sigma = \frac{Mc}{I}$$

$$20 \text{ klb/pulg}^2 = \frac{M(1 \text{ pulg})}{\frac{1}{12}(2 \text{ pulg})(2 \text{ pulg})^3}$$

$$M = 26.7 \text{ klb} \cdot \text{pulg} \qquad \textit{Resp.}$$

Esto representa un error de aproximadamente 7% respecto al valor más exacto determinado antes.

E J E M P L O 6.25

La barra curva tiene la sección transversal mostrada en la figura 6-46a. Si está sometida a momentos flexionantes de 4 kN · m, determine el esfuerzo normal máximo desarrollado en la barra.

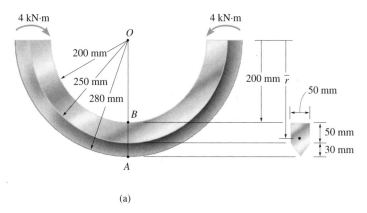

(a)

Fig. 6-46

Solución

Momento interno. Cada sección de la barra está sometida al mismo momento interno resultante de 4 kN · m. Como este momento tiende a disminuir el radio de curvatura de la barra, es negativo. Así, $M = -4$ kN · m.

Propiedades de la sección. Consideraremos aquí que la sección transversal consta de un rectángulo y de un triángulo. El área total de la sección transversal es:

$$\Sigma A = (0.05 \text{ m})^2 + \frac{1}{2}(0.05 \text{ m})(0.03 \text{ m}) = 3.250(10^{-3}) \text{ m}^2$$

La localización del centroide se determina con referencia al centro de curvatura, punto O', figura 6-46a.

$$\bar{r} = \frac{\Sigma \tilde{r} A}{\Sigma A}$$

$$= \frac{[0.225 \text{ m}](0.05 \text{ m})(0.05 \text{ m}) + [0.260 \text{ m}]\frac{1}{2}(0.050 \text{ m})(0.030 \text{ m})}{3.250(10^{-3}) \text{ m}^2}$$

$$= 0.23308 \text{ m}$$

Continúa

Podemos calcular $\int_A dA/r$ para cada parte usando la tabla 6-2. Para el rectángulo,

$$\int_A \frac{dA}{r} = 0.05 \text{ m}\left(\ln\frac{0.250 \text{ m}}{0.200 \text{ m}} \right) = 0.011157 \text{ m}$$

Para el triángulo,

$$\int_A \frac{dA}{r} = \frac{(0.05 \text{ m})(0.280 \text{ m})}{(0.280 \text{ m} - 0.250 \text{ m})}\left(\ln\frac{0.280 \text{ m}}{0.250 \text{ m}} \right) - 0.05 \text{ m} = 0.0028867 \text{ m}$$

La posición del eje neutro se determina entonces de acuerdo con:

$$R = \frac{\Sigma A}{\Sigma \int_A dA/r} = \frac{3.250(10^{-3}) \text{ m}^2}{0.011157 \text{ m} + 0.0028867 \text{ m}} = 0.23142 \text{ m}$$

Observe que $R < \bar{r}$ como era de esperarse. Además, los cálculos se efectuaron con suficiente exactitud, por lo que $(\bar{r} - R) = 0.23308 \text{ m} - 023142 \text{ m} = 0.00166 \text{ m}$ es ahora exacto con tres cifras significativas.

Esfuerzo normal. El esfuerzo normal máximo se presenta en A o en B. Aplicando la fórmula de la viga curva para calcular el esfuerzo normal en B, $r_B = 0.200$ m, tenemos:

$$\sigma_B = \frac{M(R - r_B)}{Ar_B(\bar{r} - R)} = \frac{(-4 \text{ kN} \cdot \text{m})(0.23142 \text{ m} - 0.200 \text{ m})}{3.2500(10^{-3}) \text{ m}^2(0.200 \text{ m})(0.00166 \text{ m})}$$

$$= -116 \text{ MPa}$$

En el punto A, $r_A = 0.280$ m y el esfuerzo normal es:

$$\sigma_A = \frac{M(R - r_A)}{Ar_A(\bar{r} - R)} = \frac{(-4 \text{ kN} \cdot \text{m})(0.23142 \text{ m} - 0.280 \text{ m})}{3.2500(10^{-3}) \text{ m}^2(0.280 \text{ m}) (0.00166 \text{ m})}$$

$$= 129 \text{ MPa} \qquad\qquad Resp.$$

Por comparación, el esfuerzo normal máximo se presenta en A. Una representación bidimensional de la distribución del esfuerzo se muestra en la figura 6-46*b*.

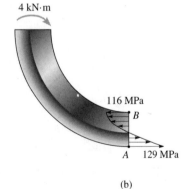

4 kN·m

116 MPa

B

A 129 MPa

(b)

6.9 Concentraciones de esfuerzos

La fórmula de la flexión, $\sigma_{máx} = Mc/I$, puede usarse para determinar la distribución del esfuerzo en regiones de un miembro en que el área de la sección transversal es constante o es ligeramente ahusada. Si la sección transversal cambia abruptamente, las distribuciones del esfuerzo normal y de la deformación unitaria en la sección se vuelven *no lineales* y pueden obtenerse sólo por medio de experimentos o, en algunos casos, por medio de un análisis matemático usando la teoría de la elasticidad. Discontinuidades comunes incluyen miembros con muescas en sus superficies, figura 6-47a, agujeros para el paso de sujetadores o de otros objetos, figura 6-47b, o cambios abruptos en las dimensiones externas de la sección transversal del miembro, figura 6-47c. El esfuerzo normal *máximo* en cada una de esas discontinuidades ocurre en la sección tomada a través del área *mínima* de la sección transversal.

Para el diseño, es generalmente importante conocer el esfuerzo normal máximo desarrollado en esas secciones, no la distribución real del esfuerzo mismo. Como en los casos anteriores de barras cargadas axialmente y de flechas cargadas a torsión, podemos obtener el esfuerzo normal máximo debido a flexión usando un factor K de concentración de esfuerzos. Por ejemplo, en la figura 6-48 se dan valores de K para una barra plana que tiene un cambio en su sección transversal usando filetes. Para usar esta gráfica, encuentre simplemente las razones geométricas w/h y r/h y luego encuentre el correspondiente valor de K para una geometría par-

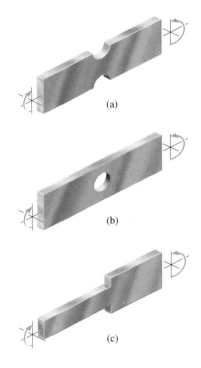

Fig. 6-47

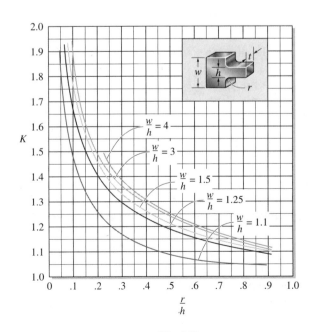

Fig. 6-48

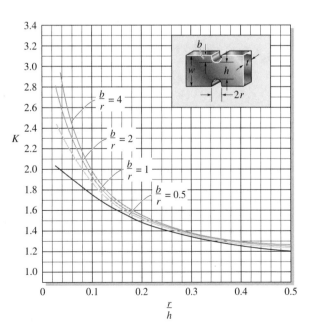

Fig. 6-50

Fig. 6-49

Concentraciones de esfuerzos causados por flexión se presentan en las esquinas agudas de este dintel de ventana y son responsables de las grietas en las esquinas.

ticular. Una vez obtenido K, el esfuerzo de flexión máximo se determina usando

$$\sigma_{\text{máx}} = K\frac{Mc}{I} \qquad (6\text{-}26)$$

Aquí, la fórmula de la flexión se aplica al área *más pequeña* de la sección transversal, ya que $\sigma_{\text{máx}}$ ocurre en la base del filete, figura 6-49. De la misma manera, la figura 6-50 puede usarse si la discontinuidad consiste en ranuras o muescas circulares.

Como en el caso de carga axial y torsión, la concentración de esfuerzos por flexión debe siempre considerarse al diseñar miembros hechos de materiales frágiles o que estén sometidos a fatiga o carga cíclica. Debe ser claro que los factores de concentración de esfuerzos son aplicables sólo cuando el material está sometido a un *comportamiento elástico*. Si el momento aplicado genera fluencia del material, como es el caso en los materiales dúctiles, el esfuerzo se redistribuye en todo el miembro y el esfuerzo máximo que resulta es *inferior* al determinado usando factores de concentración de esfuerzos. Este fenómeno se analizará con mayor amplitud en la siguiente sección.

PUNTOS IMPORTANTES

- Las concentraciones de esfuerzo en miembros sometidos a flexión ocurren en puntos de cambio de sección transversal, como en ranuras y agujeros, porque aquí el esfuerzo y la deformación unitaria se vuelven no lineales. Entre más severo es el cambio, mayor es la concentración del esfuerzo.

- Para el diseño o el análisis, no es necesario conocer la distribución exacta de los esfuerzos alrededor del cambio de la sección transversal puesto que el esfuerzo normal máximo ocurre en el área transversal *más pequeña*. Es posible obtener este esfuerzo usando un factor K de concentración de esfuerzos, que ha sido determinado experimentalmente y es sólo función de la geometría del miembro.

- En general, la concentración de esfuerzos en un material dúctil sometido a un momento estático no tiene que ser considerado en el diseño; sin embargo, si el material es *frágil*, o está sometido a cargas de *fatiga*, esas concentraciones de esfuerzo se vuelven importantes.

E J E M P L O **6.26**

La transición en el área de la sección transversal de la barra de acero se logra por medio de filetes como se muestra en la figura 6-51a. Si la barra está sometida a un momento flexionante de 5 kN · m, determine el esfuerzo normal máximo desarrollado en el acero. El esfuerzo de fluencia es $\sigma_Y = 500$ MPa.

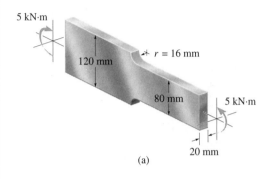

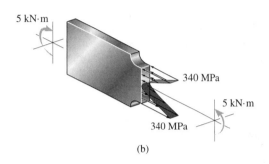

Fig. 6-51

Solución

El momento genera el máximo esfuerzo en la barra en la base del filete, donde el área de la sección transversal es mínima. El factor de concentración de esfuerzo puede determinarse usando la figura 6-48. De la geometría de la barra, tenemos $r = 16$ mm, $h = 80$ mm, $w = 120$ mm. Entonces,

$$\frac{r}{h} = \frac{16 \text{ mm}}{80 \text{ mm}} = 0.2 \qquad \frac{w}{h} = \frac{120 \text{ mm}}{80 \text{ mm}} = 1.5$$

Esos valores dan $K = 1.45$.

Aplicando la ecuación 6-26, tenemos

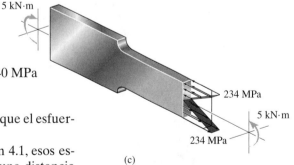

$$\sigma_{\text{máx}} = K \frac{M_c}{I} = (1.45) \frac{(5 \text{ kN} \cdot \text{m})(0.04 \text{ m})}{[\frac{1}{12}(0.020 \text{ m})(0.08 \text{ m})^3]} = 340 \text{ MPa}$$

Este resultado indica que el acero permanece elástico ya que el esfuerzo tiene un valor inferior al de fluencia (500 MPa).

Sin embargo, por el principio de Saint-Venant, sección 4.1, esos esfuerzos localizados se suavizan y se vuelven lineales a una distancia (aproximadamente) de 80 mm o más a la derecha de la transición. En este caso, la fórmula de la flexión da $\sigma_{\text{máx}} = 234$ MPa, figura 6-51c. Note también que un filete de mayor radio reducirá considerablemente la $\sigma_{\text{máx}}$, ya que al crecer r en la figura 6-48, K disminuye.

PROBLEMAS

6-119. La viga compuesta está hecha de acero (A) unido a bronce (B) y tiene la sección transversal mostrada. Determine el esfuerzo máximo de flexión en el bronce y en el acero cuando está sometida a un momento $M = 6.5$ kN · m. ¿Cuál es el esfuerzo en cada material en el lugar en que están unidos entre sí? $E_{br} = 100$ GPa y $E_{ac} = 200$ GPa.

*6-120. La viga compuesta está hecha de acero (A) unido a bronce (B) y tiene la sección transversal mostrada. Si el esfuerzo permisible a flexión para el acero es $(\sigma_{perm})_{ac} = 180$ MPa y para el bronce es $(\sigma_{perm})_{br} = 60$ MPa, determine el momento máximo M que puede aplicarse a la viga. $E_{br} = 100$ GPa y $E_{ac} = 200$ GPa.

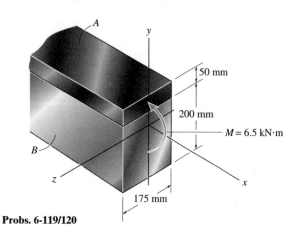

Probs. 6-119/120

6-121. Una viga de madera está reforzada con placas de acero en sus partes superior e inferior como se muestra en la figura. Determine el esfuerzo máximo de flexión generado en la madera y en el acero si la viga está sometida a un momento flexionante $M = 5$ kN · m. Esboce la distribución del esfuerzo que actúa sobre la sección transversal. Considere $E_{mad} = 11$ GPa, $E_{ac} = 200$ GPa.

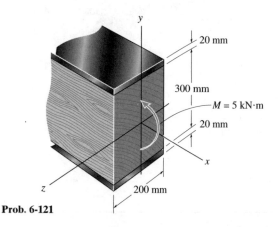

Prob. 6-121

6-122. La viga "sándwich" se usa como puntal en un acuaplano. Consiste en placas de aluminio situadas en las partes superior e inferior de la viga y en un núcleo de resina plástica. Determine el esfuerzo máximo de flexión en el aluminio y en el plástico cuando la viga está sometida a un momento $M = 6$ lb · pulg. $E_{al} = 10(10^3)$ klb/pulg^2 y $E_{pl} = 2(10^3)$ klb/pulg^2.

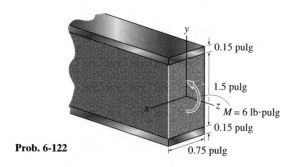

Prob. 6-122

6-123. La canal de acero se usa para reforzar la viga de madera. Determine el esfuerzo máximo de flexión en el acero y en la madera si la viga está sometida a un momento $M = 850$ lb · pie. $E_{ac} = 29(10^3)$ klb/pulg^2, $E_{mad} = 1600$ klb/pulg^2.

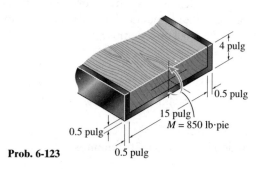

Prob. 6-123

*6-124. El miembro tiene un núcleo de bronce adherido a un recubrimiento de acero. Si se aplica un momento concentrado de 8 kN · m en su extremo, determine el esfuerzo de flexión máximo en el miembro. $E_{br} = 100$ GPa y $E_{ac} = 200$ GPa.

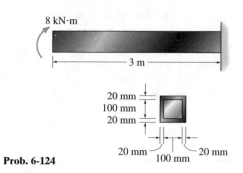

Prob. 6-124

6-125. La viga está hecha con tres tipos de plásticos con sus módulos de elasticidad indicados en la figura. Determine el esfuerzo máximo de flexión en el PVC.

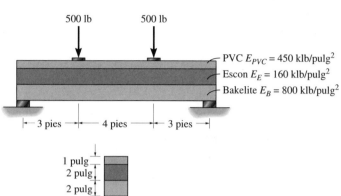

Prob. 6-125

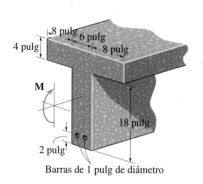

Prob. 6-127

6-126. La viga de concreto reforzado se usa para soportar la carga indicada. Determine el esfuerzo máximo absoluto normal en cada una de las barras de refuerzo de acero A-36 y el esfuerzo máximo absoluto de compresión en el concreto. Suponga que el concreto tiene una alta resistencia en compresión y desprecie su resistencia para soportar tensiones.

*6-128. Determine la máxima carga w_0 uniformemente distribuida que puede ser soportada por la viga de concreto reforzado si el esfuerzo permisible de tensión en el acero es $(\sigma_{ac})_{perm} = 28$ klb/pulg^2 y el esfuerzo permisible de compresión en el concreto es $(\sigma_{conc})_{perm} = 3$ klb/pulg^2. Suponga que el concreto no puede soportar esfuerzos de tensión. Considere $E_{ac} = 29(10^3)$ klb/pulg^2 y $E_{conc} = 3.6(10^3)$ klb/pulg^2.

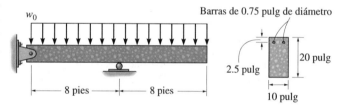

Prob. 6-128

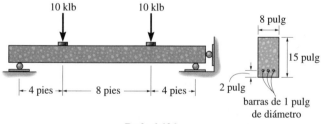

Prob. 6-126

6-127. La viga de concreto reforzado tiene dos barras de acero de refuerzo. El esfuerzo permisible de tensión para el acero es $(\sigma_{ac})_{perm} = 40$ klb/pulg^2 y el esfuerzo permisible de compresión en el concreto es $(\sigma_{conc})_{perm} = 3$ klb/pulg^2. Determine el momento máximo M que puede aplicarse a la sección. Suponga que el concreto no puede soportar esfuerzos de tensión. $E_{ac} = 29(10^3)$ klb/pulg^2 y $E_{conc} = 3.8(10^3)$ klb/pulg^2. .

6-129. Una banda bimetálica está hecha de aluminio 2014-T6 y de latón rojo C83400, con la sección transversal mostrada. Un incremento de temperatura ocasiona que su superficie neutra adquiera la forma de un arco circular con radio de 16 pulg. Determine el momento que debe estar actuando en su sección transversal debido al esfuerzo térmico.

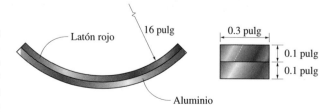

Prob. 6-129

6-130. La horquilla se usa como parte del tren de aterrizaje delantero de un avión. Si la reacción máxima de la rueda en el extremo de la horquilla es de 840 lb, determine el esfuerzo de flexión máximo en la sección *a-a* de la porción curva de la horquilla. En ese lugar la sección transversal es circular con 2 pulg de diámetro.

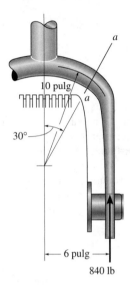

Prob. 6-130

6-133. La viga curva está sometida a un momento $M = 40$ lb · pie. Determine el esfuerzo máximo de flexión en la viga. Esboce en una vista bidimensional la distribución del esfuerzo que actúa sobre la sección *a-a*.

6-134. La viga curva está hecha de un material que tiene un esfuerzo de flexión $\sigma_{perm} = 24$ klb/pulg². Determine el momento máximo M que puede aplicarse a la viga.

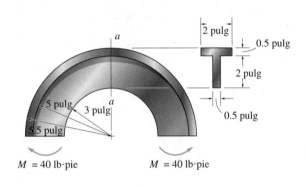

Probs. 6-133/134

6-131. El miembro curvo es simétrico y está sometido a un momento $M = 600$ lb · pie. Determine el esfuerzo de flexión en los puntos A y B del miembro. Muestre el esfuerzo actuando sobre elementos de volumen localizados en esos puntos.

*6-132. El miembro curvo es simétrico y está sometido a un momento $M = 400$ lb · pie. Determine los esfuerzos máximos de tensión y de compresión en el miembro. Compare esos valores con los de un miembro recto que tenga la misma sección transversal y esté cargado con el mismo momento.

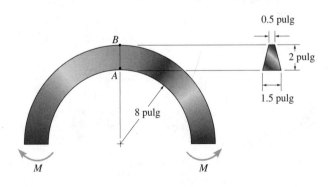

Probs. 6-131/132

6-135. La barra curva usada en una máquina tiene una sección transversal rectangular. Si la barra está sometida a un par como se muestra, determine los esfuerzos máximos de tensión y de compresión que actúan en la sección *a-a*. Esboce la distribución del esfuerzo sobre la sección en una vista tridimensional.

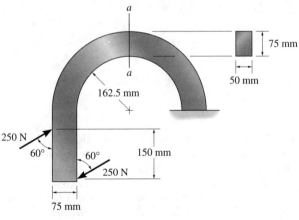

Prob. 6-135

*6-136. El miembro curvo en caja es simétrico y está sometido a un momento $M = 500$ lb·pie. Determine el esfuerzo de flexión en el miembro en los puntos A y B. Muestre el esfuerzo actuando sobre elementos de volumen localizados en esos puntos.

6-137. El miembro curvo en caja es simétrico y está sometido a un momento $M = 350$ lb·pie. Determine los esfuerzos máximos de tensión y compresión en el miembro. Compare esos valores con los de un miembro recto que tenga la misma sección transversal y esté cargado con el mismo momento.

6-139. El codo de la tubería tiene un radio exterior de 0.75 pulg y un radio interior de 0.63 pulg. Si el conjunto está sometido a los momentos $M = 25$ lb·pulg, determine el esfuerzo máximo de flexión generado en la sección a-a.

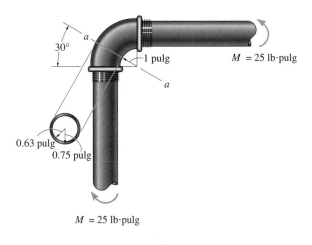

Prob. 6-139

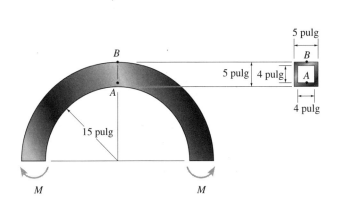

Probs. 6-136/137

6-138. Durante el vuelo, la parte estructural curva en el avión a reacción está sometida a un momento $M = 16$ N·m en su sección transversal. Determine el esfuerzo máximo de flexión en la sección curva de la estructura y esboce una vista bidimensional de la distribución del esfuerzo.

*6-140. Una barra circular de 100 mm de diámetro está doblada en forma de S. Si se somete a los momentos $M = 125$ N·m en sus extremos, determine los esfuerzos máximos de tensión y de compresión generados en la barra.

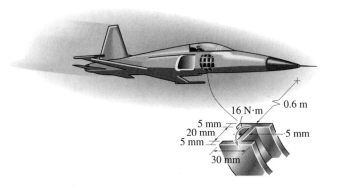

Prob. 6-138

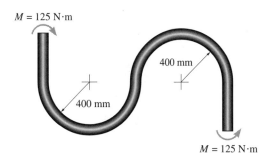

Prob. 6-140

6-141. El miembro tiene una sección transversal elíptica. Si se somete a un esfuerzo $M = 50$ N· m, determine el esfuerzo de flexión en los puntos A y B. ¿Es el esfuerzo en el punto A', que está localizado sobre el miembro cerca de la pared igual que el esfuerzo en A? Explíquelo.

6-142. El miembro tiene una sección transversal elíptica. Si el esfuerzo permisible de flexión es $\sigma_{\text{perm}} = 125$ MPa, determine el momento máximo M que puede aplicarse al miembro.

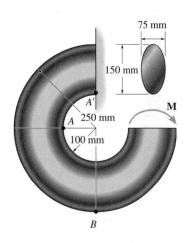

Probs. 6-141/142

6-143. La barra tiene un espesor de 0.25 pulg y está hecha de un material que tiene un esfuerzo permisible de flexión de $\sigma_{\text{perm}} = 18$ klb/pulg². Determine el momento máximo M que puede aplicársele.

*6-144. La barra tiene un espesor de 0.5 pulg y está sometida a un momento de 60 lb · pie. Determine el esfuerzo máximo de flexión en la barra.

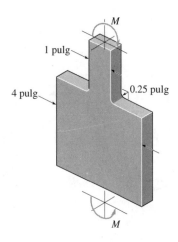

Probs. 6-143/144

6-145. La barra está sometida a un momento $M = 15$ N · m. Determine el esfuerzo máximo de flexión en la barra y esboce, en forma aproximada, cómo varía el esfuerzo sobre la sección crítica.

6-146. El esfuerzo permisible de flexión para la barra es $\sigma_{\text{perm}} = 175$ MPa. Determine el momento máximo M que puede aplicarse a la barra.

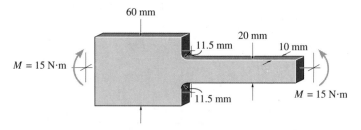

Probs. 6-145/146

6-147. La barra está sometida a cuatro momentos concentrados. Si está en equilibrio, determine las magnitudes de los momentos máximos **M** y **M**′ que pueden aplicarse sin exceder un esfuerzo permisible de flexión de $\sigma_{\text{perm}} = 22$ klb/pulg².

*6-148. La barra está sometida a cuatro momentos concentrados. Si $M = 180$ lb · pie y $M' = 70$ lb · pie, determine el esfuerzo máximo de flexión generado en la barra.

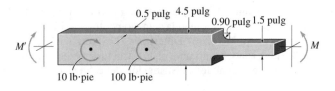

Probs. 6-147/148

6-149. Determine el esfuerzo máximo de flexión generado en la barra cuando está sometida a los momentos concentrados mostrados. La barra tiene un espesor de 0.25 pulg.

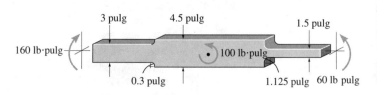

Prob. 6-149

6-150. Determine la longitud L de la porción central de la barra de manera que el esfuerzo máximo de flexión en A, B y C sea el mismo. La barra tiene un espesor de 10 mm.

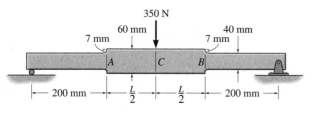

Prob. 6-150

6-151. La barra está sometida aun momento $M = 153$ N · m. Determine el radio r mínimo de los filetes de modo que el esfuerzo permisible de flexión $\sigma_{perm} = 120$ MPa no sea excedido.

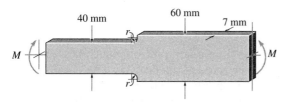

Prob. 6-151

*6-152. La barra está sometida a un momento $M = 17.5$ N · m. Si $r = 6$ mm determine el esfuerzo de flexión máximo en el material.

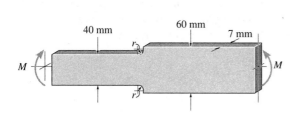

Prob. 6-152

6-153. Si el radio de cada muesca sobre la placa es $r = 0.5$ pulg, determine el momento máximo que puede aplicarse. El esfuerzo permisible de flexión para el material es $\sigma_{perm} = 18$ klb/pulg^2.

6-154. La placa simétricamente indentada está sometida a flexión. Si el radio de cada muesca es $r = 0.5$ pulg y el momento aplicado es $M = 10$ klb · pie, determine el esfuerzo máximo de flexión en la placa.

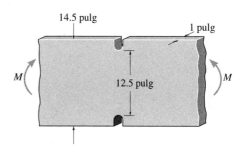

Probs. 6-153/154

6-155. La barra indentada simplemente apoyada está sometida a dos fuerzas **P**. Determine la magnitud máxima de **P** que puede aplicarse sin causar que el material fluya. El material es acero A-36. Cada muesca tiene un radio $r = 0.125$ pulg.

*6-156. La barra indentada simplemente apoyada está sometida a dos cargas, cada una de magnitud $P = 100$ lb. Determine el esfuerzo máximo de flexión generado en la barra y esboce la distribución del esfuerzo de flexión que actúa sobre la sección transversal en el centro de la barra. Cada muesca tiene un radio $r = 0.125$ pulg.

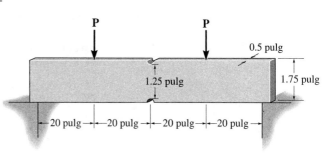

Probs. 6-155/156

*6.10 Flexión inelástica

Las ecuaciones previamente obtenidas para determinar el esfuerzo normal por flexión son válidas sólo si el material se comporta de manera elástica lineal. Si el momento aplicado ocasiona que el material *fluya,* debe entonces usarse un análisis plástico para determinar la distribución del esfuerzo. Sin embargo, para los casos elástico y plástico de flexión de miembros rectos, deben cumplirse tres condiciones.

Distribución lineal de la deformación unitaria normal. Con base en consideraciones geométricas, se mostró en la sección 6.3 que las deformaciones unitarias normales que se desarrollan en el material siempre varían *linealmente* desde cero en el eje neutro de la sección transversal hasta un máximo en el punto más alejado del eje neutro.

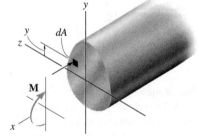

Fuerza resultante igual a cero. Como se tiene sólo un momento interno resultante actuando sobre la sección transversal, la fuerza resultante causada por la distribución del esfuerzo debe ser igual a cero. Como σ genera una fuerza sobre el área dA de $dF = \sigma\, dA$, figura 6-52, entonces, para el área entera A de la sección transversal, tenemos:

$$F_R = \Sigma F_x; \qquad \int_A \sigma\, dA = 0 \qquad (6\text{-}27)$$

Esta ecuación proporciona un medio para obtener la *posición del eje neutro*.

Fig. 6-52

Momento resultante. El momento resultante en la sección debe ser equivalente al momento causado por la distribución del esfuerzo respecto al eje neutro. Como el momento de la fuerza $dF = \sigma\, dA$ respecto al eje neutro es $dM = y(\sigma\, dA)$, si sumamos los resultados sobre toda la sección transversal, figura 6-52, tenemos,

$$(M_R)_z = \Sigma M_z; \qquad M = \int_A y\,(\sigma\, dA) \qquad (6\text{-}28)$$

Esas condiciones de geometría y carga se usarán ahora para mostrar cómo determinar la distribución del esfuerzo en una viga al estar ésta sometida a un momento interno resultante que ocasiona fluencia del material. En todo el análisis supondremos que el material tiene un diagrama esfuerzo-deformación *igual* en tensión que en compresión. Por simplicidad, comenzaremos considerando que la viga tiene una sección transversal con dos ejes de simetría, en este caso un rectángulo de altura h y ancho b, como se muestra en la figura 6-53a. Consideraremos tres casos de carga que son de especial interés.

Momento elástico máximo. Suponga que el momento aplicado $M = M_Y$ es justamente suficiente para producir deformaciones unitarias de fluencia en las fibras superior e inferior de la viga, como se muestra en la figura 6-53b. Como la distribución de la deformación unitaria es lineal, podemos determinar la correspondiente distribución del esfuerzo usando el diagrama esfuerzo-deformación unitaria, figura 6-53c. Se ve aquí que la deformación unitaria de fluencia ϵ_Y genera el esfuerzo de fluencia σ_Y, y que las deformaciones unitarias intermedias ϵ_1 y ϵ_2 generan los esfuerzos σ_1 y σ_2, respectivamente. Cuando esos esfuerzos, y otros similares, se grafican en los puntos $y = h/2$, $y = y_1$, $y = y_2$, etc., se obtiene la distribución del esfuerzo mostrada en las figuras 6-53d y 6-53e. La linealidad del esfuerzo es, por supuesto, una consecuencia de la ley de Hooke.

Ahora que se ha establecido la distribución del esfuerzo, podemos comprobar si la ecuación 6-27 se satisface. Para esto, calcularemos primero la fuerza resultante en cada una de las dos porciones de la distribución del esfuerzo en la figura 6-53e. Geométricamente esto es equivalente a encontrar los *volúmenes* bajo los dos bloques triangulares. Tal como se muestra, la sección transversal superior del miembro está sometida a compresión y la porción inferior está sometida a tensión. Tenemos:

$$T = C = \frac{1}{2}\left(\frac{h}{2}\sigma_Y\right)b = \frac{1}{4}bh\sigma_Y$$

Como **T** es igual pero opuesta a **C**, la ecuación 6-27 se satisface y el eje neutro pasa por el centroide del área de la sección transversal.

El momento elástico máximo M_Y se determina con la ecuación 6-28, que establece que M_y es equivalente al momento de la distribución del esfuerzo respecto al eje neutro. Para aplicar esta ecuación geométricamente, debemos determinar los momentos generados por **T** y **C** en la figura 6-53e respecto al eje neutro. Como cada una de las fuerzas actúa a través del centroide del volumen de su bloque triangular de esfuerzos asociado, tenemos:

$$M_Y = C\left(\frac{2}{3}\right)\frac{h}{2} + T\left(\frac{2}{3}\right)\frac{h}{2} = 2\left(\frac{1}{4}bh\sigma_Y\right)\left(\frac{2}{3}\right)\frac{h}{2}$$

$$= \frac{1}{6}bh^2\sigma_Y \qquad (6\text{-}29)$$

Por supuesto, este mismo resultado puede obtenerse de manera más directa usando la fórmula de la flexión, esto es, $\sigma_Y = M_Y(h/2)/[bh^3/12]$ o $M_Y = bh^2\sigma_Y/6$.

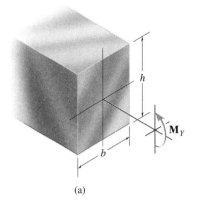

(a)

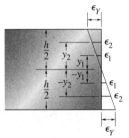

Distribución de la
deformación unitaria
(vista lateral)

(b)

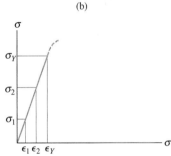

Diagrama
esfuerzo-deformación unitaria
(región elástica)

(c)

Fig. 6-53

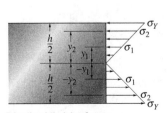

Distribución del esfuerzo
(vista lateral)

(d)

(e)

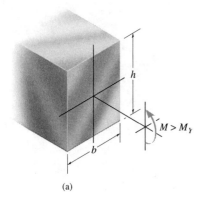

(a)

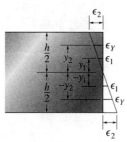

Distribución de la
deformación unitaria
(vista lateral)

(b)

Momento plástico. Algunos materiales, como el acero, tienden a exhibir un comportamiento elástico-perfectamente plástico cuando el esfuerzo en el material excede el valor σ_Y. Considere, por ejemplo, el miembro en la figura 6-54a. Si el momento interno $M > M_Y$, el material en las fibras superior e inferior de la viga comenzará a fluir ocasionando una redistribución del esfuerzo sobre la sección transversal hasta que se desarrolle el momento interno M requerido. Si la distribución de la deformación unitaria normal así producida es como se muestra en la figura 6-54b, la distribución del esfuerzo normal correspondiente se determina con el diagrama esfuerzo-deformación unitaria, de la misma manera que en el caso elástico. Usando el diagrama esfuerzo-deformación unitaria para el material mostrado en la figura 6-54c, las deformaciones unitarias ϵ_1, ϵ_Y, ϵ_2 corresponden a los esfuerzos σ_1, σ_Y, σ_Y, respectivamente. Cuando éstos y otros esfuerzos se trazan sobre la sección transversal, obtenemos la distribución del esfuerzo mostrada en la figura 6-54d o 6-54e. Los "bloques" de esfuerzos de tensión y compresión consisten cada uno en bloques componentes rectangulares y triangulares. Sus volúmenes son:

$$T_1 = C_1 = \frac{1}{2}y_Y\sigma_Y b$$

$$T_2 = C_2 = \left(\frac{h}{2} - y_Y\right)\sigma_Y b$$

Debido a la simetría, la ecuación 6-27 se satisface y el eje neutro pasa por el centroide de la sección transversal, tal como se muestra. El momento aplicado M puede relacionarse con el esfuerzo de fluencia σ_Y usando la ecuación 6-28. En la figura 6-54e se requiere,

$$M = T_1\left(\frac{2}{3}y_Y\right) + C_1\left(\frac{2}{3}y_Y\right) + T_2\left[y_Y + \frac{1}{2}\left(\frac{h}{2} - y_Y\right)\right]$$

$$+ C_2\left[y_Y + \frac{1}{2}\left(\frac{h}{2} - y_Y\right)\right]$$

$$= 2\left(\frac{1}{2}y_Y\sigma_Y b\right)\left(\frac{2}{3}y_Y\right) + 2\left[\left(\frac{h}{2} - y_Y\right)\sigma_Y b\right]\left[\frac{1}{2}\left(\frac{h}{2} + y_Y\right)\right]$$

$$= \frac{1}{4}bh^2\sigma_Y\left(1 - \frac{4}{3}\frac{y_Y^2}{h^2}\right)$$

O usando la ecuación 6-29,

$$M = \frac{3}{2}M_Y\left(1 - \frac{4}{3}\frac{y_Y^2}{h^2}\right) \qquad (6\text{-}30)$$

Diagrama esfuerzo-deformación
unitaria
(región elastoplástica)
(c)

Distribución del esfuerzo
(vista lateral)
(d)

(e)

Fig. 6-54

La inspección de la figura 6-54e revela que **M** produce dos zonas de fluencia plástica y un núcleo elástico en el miembro. Los límites entre ellos están localizados a la distancia $\pm y_Y$ desde el eje neutro. Conforme **M** crece en magnitud, y_Y tiende a cero. Esto convertiría al material en totalmente plástico y la distribución del esfuerzo se vería como se muestra en la figura 6-54f. De la ecuación 6-30 con $y_Y = 0$, o encontrando los momentos de los "bloques" de esfuerzos respecto al eje neutro, podemos escribir este valor límite como:

$$M_p = \frac{1}{4}bh^2\sigma_Y \qquad (6\text{-}31)$$

Usando la ecuación 6-29, tenemos:

$$M_p = \frac{3}{2}M_Y \qquad (6\text{-}32)$$

Este momento se llama *momento plástico*. El valor obtenido aquí es válido sólo para la sección rectangular mostrada en la figura 6-54f, ya que en general su valor depende de la geometría de la sección transversal.

Las vigas usadas en edificios de acero se diseñan a veces para resistir un momento plástico. Para tales casos, los códigos o manuales incluyen una propiedad de diseño de las vigas llamada factor de forma. El *factor de forma* se define como la razón,

$$\boxed{k = \frac{M_p}{M_Y}} \qquad (6\text{-}33)$$

Este valor especifica la capacidad adicional de momento que una viga puede soportar más allá de su momento elástico máximo. Por ejemplo, según la ecuación 6-32, una viga con sección transversal rectangular tiene un factor de forma $k = 1.5$. Por tanto, podemos concluir que esta sección soportará 50% más de momento flexionante que su momento elástico máximo cuando se plastifica totalmente.

Momento último. Consideremos ahora el caso más general de una viga con sección transversal simétrica sólo con respecto al eje vertical y el momento aplicado respecto al eje horizontal, figura 6-55a. Supondremos que el material exhibe endurecimiento por deformación y que sus diagramas esfuerzo-deformación unitaria a tensión y compresión son diferentes, figura 6-55b.

Si el momento **M** produce fluencia en la viga, surgen dificultades en la determinación de la posición del eje neutro y de la deformación unitaria máxima que se genera en la viga. Esto se debe a que la sección transversal es asimétrica respecto al eje horizontal y el comportamiento esfuerzo-deformación unitaria del material no es igual en tensión y en compresión. Para resolver este problema, un procedimiento por tanteos requiere los siguientes pasos:

1. Para un momento dado **M**, *suponga* la posición del eje neutro y la pendiente de la distribución "lineal" de la deformación unitaria, figura 6-55c.

2. Establezca gráficamente la distribución del esfuerzo sobre la sección transversal del miembro usando la curva σ-ϵ para trazar valores del esfuerzo correspondientes a la deformación unitaria. La distribución resultante del esfuerzo, figura 6-55d, tendrá entonces la misma forma que la curva σ-ϵ.

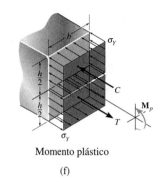

Momento plástico

(f)

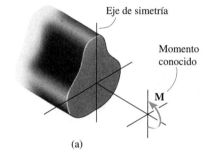

(a)

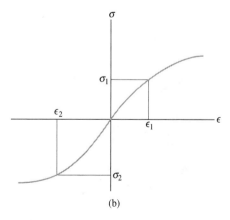

(b)

Fig. 6-55

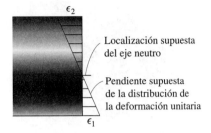

ϵ_2

Localización supuesta
del eje neutro

Pendiente supuesta
de la distribución de
la deformación unitaria

ϵ_1

Distribución de la
deformación unitaria
(vista lateral)

(c)

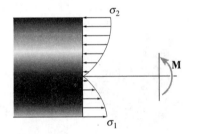

σ_2

M

σ_1

Distribución del esfuerzo
(vista lateral)

(d)

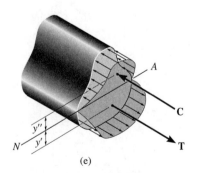

A

C

y''

y'

N

T

(e)

Fig. 6-55 (cont.)

3. Determine los volúmenes encerrados por los "bloques" de esfuerzos a tensión y a compresión. (Como aproximación, esto puede requerir la subdivisión de cada bloque en regiones componentes.) Según la ecuación 6-27, los volúmenes de esos bloques deben ser *iguales*, ya que ellos representan la fuerza resultante de tensión **T** y la fuerza resultante de compresión **C** sobre la sección, figura 6-55e. Si esas fuerzas no son iguales, debe hacerse un ajuste de la *posición* del eje neutro (punto de *deformación unitaria cero*) y repetirse el proceso hasta que la ecuación 6-27 ($T = C$) se cumpla.

4. Una vez que $T = C$, los momentos producidos por **T** y **C** pueden calcularse respecto al eje neutro. Los brazos de momento para **T** y **C** se miden desde el eje neutro hasta los *centroides de los volúmenes* definidos por las distribuciones del esfuerzo, figura 6-55e. La ecuación 6-28 requiere que $M = Ty' + Cy''$. Si esta ecuación no se cumple, la *pendiente* de la *distribución de la deformación unitaria* debe ajustarse y deben repetirse los cálculos para T y C y para los momentos hasta que se obtenga una buena concordancia.

Este proceso de cálculo es obviamente muy tedioso pero afortunadamente no se requiere con frecuencia en la práctica de la ingeniería. La mayoría de las vigas son simétricas respecto a dos ejes y se construyen con materiales que tienen supuestamente diagramas esfuerzos-deformación unitaria a tensión y a compresión similares. Siempre que esto se cumple, el eje neutro pasa por el centroide de la sección transversal, lo que simplifica el proceso de relacionar la distribución del esfuerzo con el momento resultante.

PUNTOS IMPORTANTES

- La *distribución de la deformación unitaria normal* sobre la sección transversal de una viga se basa sólo en consideraciones geométricas y se ha encontrado que siempre permanece *lineal*, independientemente de la carga aplicada. Sin embargo, la distribución del esfuerzo normal debe ser determinada a partir del comportamiento del material, o del diagrama esfuerzo-deformación unitaria una vez que se ha establecido la distribución de la deformación unitaria.

- La *localización del eje neutro* se determina de la condición de que la *fuerza resultante* sobre la sección transversal es *cero*.

- El momento interno resultante sobre la sección transversal debe ser igual al momento de la distribución del esfuerzo respecto al eje neutro.

- El comportamiento perfectamente plástico supone que la distribución del esfuerzo normal es *constante* sobre la sección transversal, y que la viga continúa flexionándose, sin incremento del momento. Este momento se llama *momento plástico*.

EJEMPLO 6.27

La viga de patín ancho de acero tiene las dimensiones mostradas en la figura 6-56a. Si está hecha de un material elastoplástico con esfuerzo de fluencia, igual a tensión y a compresión, de $\sigma_Y = 36$ klb/pulg^2, determine el factor de forma para la viga.

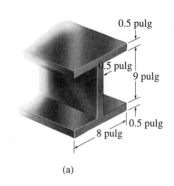
(a)

Solución

Para determinar el factor de forma, es necesario primero calcular el momento elástico máximo M_Y y el momento plástico M_p.

Momento elástico máximo. La distribución del esfuerzo normal para el momento elástico máximo se muestra en la figura 6-56b. El momento de inercia respecto al eje neutro es:

$$I = \left[\frac{1}{12}(0.5 \text{ pulg})(9 \text{ pulg})^3\right] +$$
$$2\left[\frac{1}{2}(8 \text{ pulg})(0.5 \text{ pulg})^3 + 8 \text{ pulg}(0.5 \text{ pulg})(4.75 \text{ pulg})^2\right] = 211.0 \text{ pulg}^4$$

Aplicando la fórmula de la flexión, tenemos:

$$\sigma_{\text{máx}} = \frac{Mc}{I}; \qquad 36 \text{ klb/pulg}^2 = \frac{M_Y(5 \text{ pulg})}{211.0 \text{ pulg}^4}$$
$$M_Y = 1519.5 \text{ klb} \cdot \text{pulg}$$

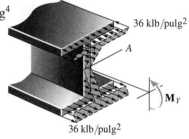
(b)

Momento plástico. El momento plástico ocasiona que el acero en toda la sección transversal de la viga fluya, por lo que la distribución del esfuerzo normal es como se muestra en la figura 6-56c. Debido a la simetría de la sección transversal y como los diagramas de esfuerzo-deformación unitaria a tensión y a compresión son iguales, el eje neutro pasa por el centroide de la sección transversal. Para determinar el momento plástico, la distribución del esfuerzo se divide en cuatro "bloques" rectangulares y la fuerza producida por cada "bloque" es igual al volumen del bloque respectivo. Por consiguiente, tenemos:

$$C_1 = T_1 = 36 \text{ klb/pulg}^2(0.5 \text{ pulg})(4.5 \text{ pulg}) = 81 \text{ klb}$$
$$C_2 = T_2 = 36 \text{ klb/pulg}^2(0.5 \text{ pulg})(8 \text{ pulg}) = 144 \text{ klb}$$

Estas fuerzas actúan a través del *centroide* del volumen de cada bloque. Al calcular los momentos de estas fuerzas respecto al eje neutro, obtenemos el momento plástico:

$$M_p = 2[(2.25 \text{ pulg})(81 \text{ klb})] + 2[(4.75 \text{ pulg})(144 \text{ klb})] = 1732.5 \text{ klb} \cdot \text{pulg}$$

Factor de forma. Aplicando la ecuación 6-33 se obtiene:

$$k = \frac{M_p}{M_Y} = \frac{1732.5 \text{ klb} \cdot \text{pulg}}{1519.5 \text{ klb} \cdot \text{pulg}} = 1.14 \qquad \textit{Resp.}$$

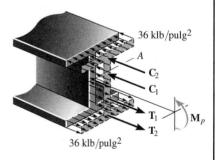
(c)

Fig. 6-56

Este valor indica que una viga de patín ancho proporciona una sección muy eficiente para resistir un *momento elástico*. La mayor parte del momento se genera en los patines, es decir, en los segmentos superior e inferior, mientras que el alma o segmento vertical contribuye muy poco. En este caso particular, sólo 14% de momento adicional puede ser soportado por la viga más allá del que soporta elásticamente.

EJEMPLO 6.28

Una viga T tiene las dimensiones mostradas en la figura 6-57a. Si está hecha de un material elástico perfectamente plástico con esfuerzo de fluencia a tensión y a compresión de $\sigma_Y = 250$ MPa, determine el momento plástico que puede resistir la viga.

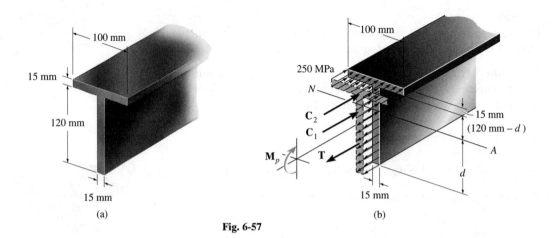

Fig. 6-57

Solución

La distribución del esfuerzo "plástico" que actúa sobre la sección transversal de la viga se muestra en la figura 6-57b. En este caso, la sección transversal no es simétrica con respecto a un eje horizontal, y en consecuencia, el eje neutro *no* pasa por el centroide de la sección transversal. Para determinar la *posición d* del eje neutro, requerimos que la distribución del esfuerzo genere una fuerza resultante cero sobre la sección transversal. Suponiendo que $d \le 120$ mm, tenemos:

$$\int_A \sigma \, dA = 0; \qquad T - C_1 - C_2 = 0$$

$$250 \text{ MPa}(0.015 \text{ m})(d) - 250 \text{ MPa}(0.015 \text{ m})(0.120 \text{ m} - d)$$
$$- 250 \text{ MPa}(0.015 \text{ m})(0.100 \text{ m}) = 0$$
$$d = 0.110 \text{ m} < 0.120 \text{ m} \qquad\qquad \text{OK}$$

Usando este resultado, las fuerzas que actúan sobre cada segmento son:

$$T = 250 \text{ MN/m}^2(0.015 \text{ m})(0.110 \text{ m}) = 412.5 \text{ kN}$$
$$C_1 = 250 \text{ MN/m}^2(0.015 \text{ m})(0.010 \text{ m}) = 37.5 \text{ kN}$$
$$C_2 = 250 \text{ MN/m}^2(0.015 \text{ m})(0.100 \text{ m}) = 375 \text{ kN}$$

Por tanto, el momento plástico resultante respecto al eje neutro es:

$$M_p = 412.5 \text{ kN}\left(\frac{0.110 \text{ m}}{2}\right) + 37.5 \text{ kN}\left(\frac{0.01 \text{ m}}{2}\right) + 375 \text{ kN}\left(0.01 \text{ m} + \frac{0.015 \text{ m}}{2}\right)$$

$$M_p = 29.4 \text{ kN} \cdot \text{m} \qquad\qquad\qquad\qquad\qquad\qquad Resp.$$

E J E M P L O 6.29

La viga en la figura 6-58a está hecha de una aleación de titanio que tiene un diagrama esfuerzo-deformación que puede aproximarse en parte por dos líneas rectas. Si el comportamiento del material es el mismo tanto a tensión como a compresión, determine el momento flexionante que puede aplicarse a la viga que ocasionará que el material en las partes superior e inferior de la viga quede sometido a una deformación unitaria de 0.050 pulg/pulg.

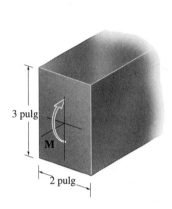

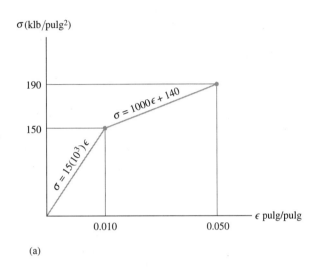

(a)

Solución I

Por inspección del diagrama de esfuerzo-deformación unitaria, vemos que el material exhibe un "comportamiento elastoplástico con endurecimiento por deformación". Como la sección transversal es simétrica y los diagramas σ-ϵ a tensión y a compresión son iguales, el eje neutro debe pasar por el centroide de la sección transversal. La distribución de la deformación unitaria, que es siempre lineal, se muestra en la figura 6-58b. En particular, el punto en que ocurre la deformación unitaria elástica máxima (0.010 pulg/pulg) ha sido determinado por proporción, esto es $0.05/1.5$ pulg $= 0.010/y$ o $y = 0.3$ pulg.

La distribución correspondiente del esfuerzo normal que actúa sobre la sección transversal se muestra en la figura 6-58c. El momento producido por esta distribución puede calcularse encontrando el "volumen" de los bloques de esfuerzo. Para hacerlo así, subdividimos esta distribución en dos bloques triangulares y en un bloque rectangular en las regiones de tensión y compresión, figura 6-58d. Como la viga tiene 2 pulg de ancho, las resultantes y sus posiciones se determinan como sigue:

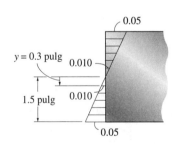

Distribución de la
deformación unitaria

(b)

Fig. 6-58

Continúa

$$T_1 = C_1 = \frac{1}{2}(1.2 \text{ pulg})(40 \text{ klb/pulg}^2)(2 \text{ pulg}) = 48 \text{ klb}$$

$$y_1 = 0.3 \text{ pulg} + \frac{2}{3}(1.2 \text{ pulg}) = 1.10 \text{ pulg}$$

$$T_2 = C_2 = (1.2 \text{ pulg})(150 \text{ klb/pulg}^2)(2 \text{ pulg}) = 360 \text{ klb}$$

$$y_2 = 0.3 \text{ pulg} + \frac{1}{2}(1.2 \text{ pulg}) = 0.90 \text{ pulg}$$

$$T_3 = C_3 = \frac{1}{2}(0.3 \text{ pulg})(150 \text{ klb})(2 \text{ pulg}) = 45 \text{ klb}$$

$$y_3 = \frac{2}{3}(0.3 \text{ pulg}) = 0.2 \text{ pulg}$$

El momento producido por esta distribución de esfuerzo normal respecto al eje neutro es entonces:

$$M = 2[48 \text{ klb } (1.10 \text{ pulg}) + 360 \text{ klb } (0.90 \text{ pulg}) + 45 \text{ klb } (0.2 \text{ pulg})] \quad \textit{Resp.}$$
$$= 772 \text{ klb} \cdot \text{pulg}$$

Solución II

En vez de usar el procedimiento semigráfico anterior, es también posible calcular el momento analíticamente. Para hacerlo así, debemos expresar la distribución del esfuerzo en la figura 6-58c como una función de la posición y a lo largo de la viga. Observe que $\sigma = f(\epsilon)$ está dada en la figura 6-58a. Además, de la figura 6-58b, la deformación unitaria normal puede determinarse como función de la posición y por triángulos semejantes; esto es,

$$\epsilon = \frac{0.05}{1.5}y \qquad 0 \leq y \leq 1.5 \text{ pulg}$$

Sustituyendo este valor en las funciones σ-ϵ mostradas en la figura 6-58a se obtiene:

$$\sigma = 500y \qquad\qquad 0 \leq y \leq 0.3 \text{ pulg} \qquad (1)$$
$$\sigma = 33.33y + 140 \qquad 0.3 \text{ pulg} \leq y \leq 1.5 \text{ pulg} \qquad (2)$$

De acuerdo con la figura 6-58e, el momento causado por σ actuando sobre la franja $dA = 2\, dy$ es:

$$dM = y(\sigma\, dA) = y\sigma(2\, dy)$$

Usando las ecuaciones 1 y 2, el momento para la sección transversal entera es entonces:

$$M = 2\left[2\int_0^{0.3} 500y^2\, dy + 2\int_{0.3}^{1.5} (33.3y^2 + 140y)\, dy\right]$$
$$= 772 \text{ klb} \cdot \text{pulg} \qquad\qquad \textit{Resp.}$$

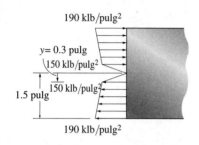

190 klb/pulg²
$y = 0.3$ pulg
150 klb/pulg²
150 klb/pulg²
1.5 pulg
190 klb/pulg²

Distribución del esfuerzo

(c)

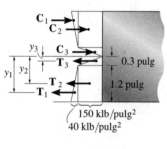

C_1
C_2
y_3 C_3
y_1 y_2 T_3 0.3 pulg
T_2 1.2 pulg
T_1
150 klb/pulg²
40 klb/pulg²

(d)

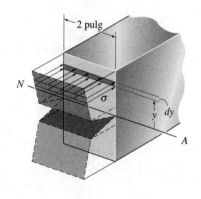

2 pulg
N
σ
y dy
A

(e)

*6.11   Esfuerzo residual

Si una viga se carga en forma tal que el material de que está hecha fluye, entonces al retirar la carga se desarrollarán *esfuerzos residuales* en la viga. Como los esfuerzos residuales suelen ser importantes al considerar la fatiga y otros tipos de comportamiento mecánico, estudiaremos un método usado para su cálculo cuando un miembro está sometido a flexión.

Como en el caso de la torsión, podemos calcular la distribución del esfuerzo residual usando los principios de superposición y de recuperación elástica. Para explicar cómo se hace esto, consideremos la viga mostrada en la figura 6-59a, que tiene una sección transversal rectangular y está hecha de un material elástico-perfectamente plástico con el mismo diagrama esfuerzo-deformación unitaria a tensión que a compresión, figura 6-59b. La aplicación del momento plástico M_p ocasiona una distribución de esfuerzo en el miembro que idealizaremos como se muestra en la figura 6-59c. Según la ecuación 6-31, este momento es:

$$M_p = \frac{1}{4}bh^2\sigma_Y$$

Si M_p ocasiona que en el material en la parte superior e inferior de la viga se genere una deformación unitaria ϵ_1 ($>> \epsilon_Y$), como lo muestra el punto B sobre la curva σ-ϵ en la figura 6-59b, entonces al retirar este momento se ocasionará que el material recupere elásticamente parte de esta deformación unitaria siguiendo la trayectoria punteada BC. Como esta recuperación es elástica, podemos superponer, en la distribución del

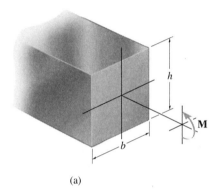

(a)

Fig. 6-59

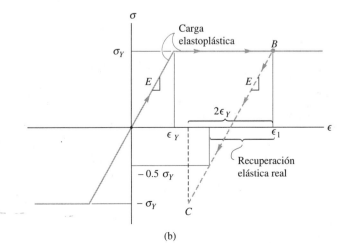

(b)

esfuerzo en la figura 6-59c, una distribución lineal de esfuerzo causada por la aplicación del momento plástico en sentido opuesto, figura 6-59d. Aquí, el esfuerzo máximo, que es llamado ***módulo de ruptura*** por flexión, σ_r, puede determinarse con la fórmula de la flexión cuando la viga está cargada con el momento plástico. Tenemos:

$$\sigma_{\text{máx}} = \frac{Mc}{I}; \qquad \sigma_r = \frac{M_p(\frac{1}{2}h)}{(\frac{1}{12}bh^3)} = \frac{(\frac{1}{4}bh^2\sigma_Y)(\frac{1}{2}h)}{(\frac{1}{12}bh^3)}$$

$$= 1.5\sigma_Y$$

Advierta que es posible aquí la aplicación inversa del momento plástico usando una distribución lineal del esfuerzo, ya que la *recuperación elástica* del material en las partes superior e inferior de la viga puede tener una *deformación unitaria máxima de recuperación* de $2\epsilon_Y$, como se muestra en la figura 6-59b. Esto correspondería a un esfuerzo máximo de $2\sigma_Y$ en las partes superior e inferior de la viga, que es mayor que el esfuerzo *requerido* de $1.5\sigma_Y$ como se calculó antes, figura 6-59d.

La superposición del momento plástico, figura 6-59c, y su remoción, figura 6-59d, da la distribución del esfuerzo residual mostrada en la figura 6-59e. Como ejercicio, use los "bloques" triangulares que representan esta distribución de esfuerzo y demuestre que generan una resultante de fuerza cero y momento cero sobre el miembro, tal como debe ser.

El siguiente ejemplo ilustra numéricamente la aplicación de estos principios.

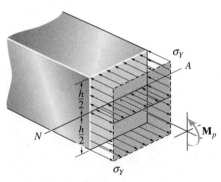

Momento plástico aplicado
que genera deformación unitaria plástica

(c)

Inversión del momento plástico
que genera deformación unitaria elástica

(d)

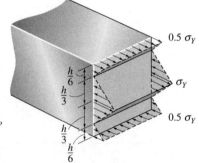

Distribución del esfuerzo
residual en la viga

(e)

Fig. 6-59 (cont.)

E J E M P L O 6.30

La viga de patín ancho de acero mostrada en la figura 6-60a está sometida a un momento plástico total de $\mathbf{M}_p$. Si se retira este momento, determine la distribución del esfuerzo residual en la viga. El material es elástico perfectamente plástico y tiene un esfuerzo de fluencia $\sigma_Y = 36 \text{ klb/pulg}^2$.

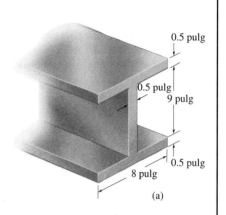

0.5 pulg

0.5 pulg
9 pulg

0.5 pulg

8 pulg

(a)

Solución

La distribución del esfuerzo normal en la viga causado por $\mathbf{M}_p$ se muestra en la figura 6-60b. Cuando $\mathbf{M}_p$ se retira, el material responde elásticamente. Retirar $\mathbf{M}_p$ implica aplicar $\mathbf{M}_p$ en sentido opuesto, lo que conduce a una distribución elástica del esfuerzo, como se muestra en la figura 6-60c. El módulo de ruptura σ_r se calcula con la fórmula de la flexión. Usando $M_p = 1732.5 \text{ klb·pulg}$ e $I = 211.0 \text{ pulg}^4$ del ejemplo 6-27, tenemos:

$$\sigma_{\text{máx}} = \frac{Mc}{I}; \qquad \sigma_r = \frac{1732.5 \text{ klb · pulg (5 pulg)}}{211.0 \text{ pulg}^4} = 41.1 \text{ klb/pulg}^2$$

Como era de esperarse, $\sigma_r < 2\sigma_Y$.

La superposición de los esfuerzos da la distribución del esfuerzo residual mostrada en la figura 6-60d. Note que el punto cero de esfuerzo normal se determinó por proporción; es decir, en las figuras 6-60b y 6-60c se requiere que

$$\frac{41.1 \text{ klb/pulg}^2}{5 \text{ pulg}} = \frac{36 \text{ klb/pulg}^2}{y}$$

$$y = 4.38 \text{ pulg}$$

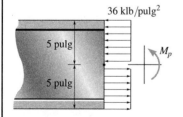

36 klb/pulg²

5 pulg

5 pulg

M_p

Momento plástico aplicado
(vista lateral)

(b)

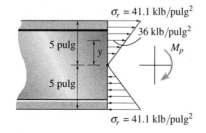

$\sigma_r = 41.1 \text{ klb/pulg}^2$

36 klb/pulg²

5 pulg

y

5 pulg

M_p

$\sigma_r = 41.1 \text{ klb/pulg}^2$

Momento plástico invertido
(vista lateral)

(c)

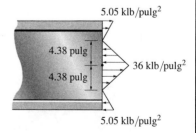

5.05 klb/pulg²

4.38 pulg

36 klb/pulg²

4.38 pulg

5.05 klb/pulg²

Distribución del esfuerzo residual

(d)

Fig. 6-60

PROBLEMAS

6-157. Una barra con ancho de 3 pulg y altura de 2 pulg está hecha de un material elastoplástico cuyo $\sigma_Y = 36$ klb/pulg². Determine el momento respecto al eje horizontal que ocasionará que la mitad de la barra fluya.

6-158. Determine el módulo plástico y el factor de forma para la sección de la viga de patín ancho.

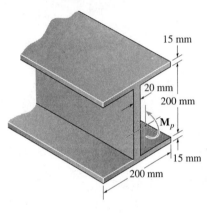

Prob. 6-158

6-159. La viga está hecha de un material elastoplástico cuyo $\sigma_Y = 250$ MPa. Determine el esfuerzo residual en la parte superior e inferior de la viga después de que se aplica el momento plástico $\mathbf{M}_p$ y luego se retira.

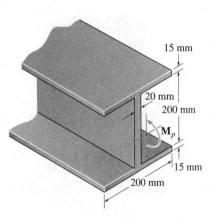

Prob. 6-159

*6-160.** Determine el factor de forma para la sección transversal de la viga H.

6-161. La viga H está hecha de un material elastoplástico cuyo $\sigma_y = 250$ MPa. Determine el esfuerzo residual en la parte superior e inferior de la viga después de que se aplica el momento plástico $\mathbf{M}_p$ y luego se retira.

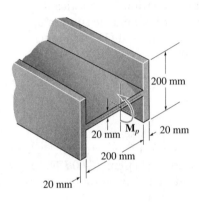

Probs. 6-160/161

6-162. La barra tiene una sección transversal circular. Está hecha de un material elastoplástico. Determine su factor de forma y su módulo de sección Z.

6-163. La barra tiene una sección transversal circular. Está hecha de un material elastoplástico. Determine el momento elástico máximo y el momento plástico que puede aplicarse a su sección transversal. Considere $r = 3$ pulg y $\sigma_Y = 36$ klb/pulg².

Probs. 6-162/163

*6-164. La viga T está hecha de un material elastoplástico. Determine el momento elástico máximo y el momento plástico que puede aplicarse a su sección transversal. $\sigma_Y = 36$ klb/pulg^2.

6-165. Determine el módulo de sección plástico y el factor de forma para la sección transversal de la viga.

6-167. Determine el momento plástico $\mathbf{M}_p$ que puede soportar una viga con la sección transversal mostrada. $\sigma_Y = 30$ klb/pulg^2.

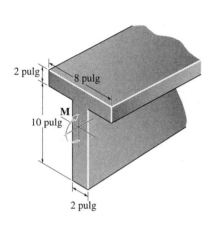

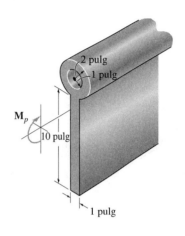

Prob. 6-167

Probs. 6-164/165

6-166. Determine el módulo de sección plástico y el factor de forma para la sección transversal de la viga.

*6-168. El tubo de pared gruesa está hecho de un material elastoplástico. Determine el factor de forma y el módulo de sección plástico Z.

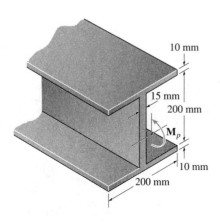

Prob. 6-166

Prob. 6-168

6-169. Determine el factor de forma y el módulo de sección plástico para la sección del miembro.

6-170. El miembro está hecho con un material elastoplástico. Determine el momento máximo elástico y el momento máximo plástico que puede aplicarse a la sección transversal. Considere $b = 4$ pulg, $h = 6$ pulg, $\sigma_Y = 36$ klb/pulg^2.

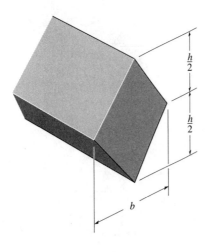

Probs. 6-169/170

*6-172.** La viga está hecha de un material elastoplástico para el cual $\sigma_Y = 200$ MPa. Si el momento máximo en la viga se presenta dentro de la sección central a-a, determine la magnitud de cada fuerza **P** causantes de que este momento sea (a) el máximo momento elástico y (b) el máximo momento plástico.

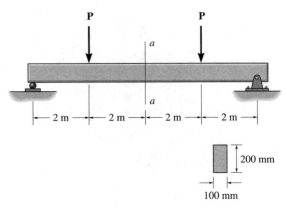

Prob. 6-172

6-171. El perfil de patín ancho está hecho de un material elastoplástico. Determine su factor de forma y su módulo plástico Z.

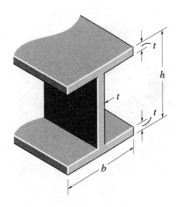

Prob. 6-171

6-173. La viga está hecha de un material elastoplástico cuyo $\sigma_Y = 200$ MPa. Si el momento máximo en la viga se presenta en el empotramiento, determine la magnitud de la fuerza **P** que ocasiona que este momento sea (a) el máximo momento elástico y (b) el máximo momento plástico.

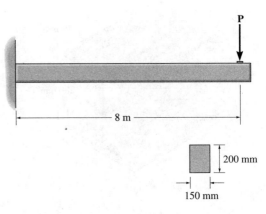

Prob. 6-173

6-174. La viga en caja está hecha de un material elasto-plástico cuyo $\sigma_Y = 25$ klb/pulg². Si el momento máximo en la viga se presenta en el centro del claro, determine la intensidad de la carga w_0 distribuida que hará que este momento sea (a) el máximo momento elástico y (b) el máximo momento plástico.

*6-176. La viga tiene una sección transversal rectangular y está hecha de un material elastoplástico cuyo diagrama esfuerzo-deformación unitaria se muestra. Determine la magnitud del momento **M** que debe aplicarse a la viga para generar una deformación unitaria máxima en sus fibras exteriores de $\epsilon_{máx} = 0.008$.

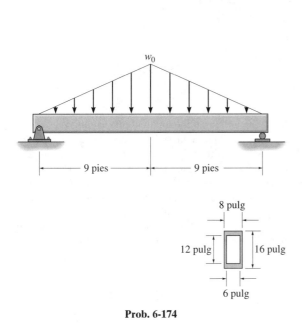

Prob. 6-174

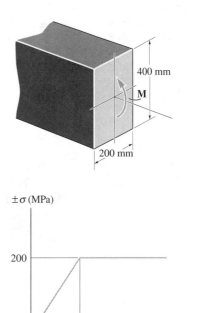

Prob. 6-176

6-175. La viga está hecha de un material elastoplástico cuyo $\sigma_Y = 30$ klb/pulg². Si el momento máximo en la viga se presenta en la sección central a-a, determine la intensidad de la carga w distribuida que ocasiona que este momento sea (a) el momento máximo elástico y (b) el momento máximo plástico.

6-177. Una viga está hecha de plástico polipropileno cuyo diagrama esfuerzo-deformación unitaria puede aproximarse por la curva mostrada. Si la viga está sometida a una deformación unitaria de tensión y de compresión máximas de $\epsilon = 0.02$ mm/mm, determine el momento máximo M.

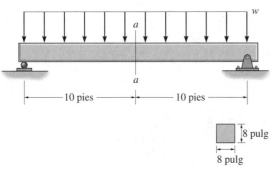

Prob. 6-175

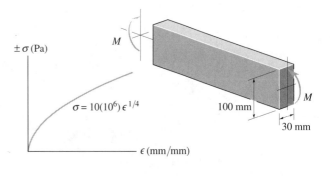

Prob. 6-177

6-178. La barra está hecha de una aleación de aluminio cuyo diagrama esfuerzo-deformación unitaria puede aproximarse por los segmentos rectos mostrados. Suponiendo que este diagrama es el mismo para tensión y para compresión, determine el momento que la barra puede soportar si la deformación unitaria máxima en las fibras superiores e inferiores de la viga es $\epsilon_{\text{máx}} = 0.03$.

6-179. La barra está hecha de una aleación de aluminio cuyo diagrama esfuerzo-deformación unitaria puede aproximarse por los segmentos rectos mostrados. Suponiendo que este diagrama es el mismo para tensión y para compresión, determine el momento que la barra puede soportar si la deformación unitaria máxima en las fibras superiores e inferiores de la viga es $\epsilon_{\text{máx}} = 0.05$.

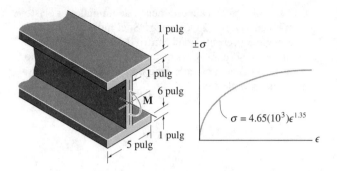

Prob. 6-180

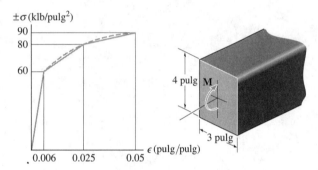

Probs. 6-178/179

*6-180. Un miembro está hecho de un polímero cuyo diagrama esfuerzo-deformación unitaria se muestra. Si la curva puede representarse por la ecuación $\sigma = 4.65(10)^3 \epsilon^{1.35}$ klb/pulg^2, determine la magnitud del momento **M** que puede aplicársele sin que la deformación unitaria máxima en el miembro exceda el valor $\epsilon_{\text{máx}} = 0.005$ pulg/pulg.

6-181. Un material tiene un diagrama esfuerzo-deformación unitaria tal que dentro del rango elástico el esfuerzo de tensión o de compresión puede relacionarse a la deformación unitaria de tensión o de compresión por medio de la ecuación $\sigma^n = K\epsilon$, donde K y n son constantes. Si el material está sometido a un momento flexionante M, obtenga una expresión que relacione el esfuerzo máximo y el momento en el material. La sección transversal tiene un momento de inercia I respecto a su eje neutro.

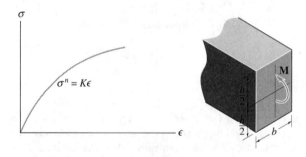

Prob. 6-181

REPASO DEL CAPÍTULO

- Los diagramas de cortante y momento son representaciones gráficas de la fuerza cortante interna y del momento flexionante interno de una viga. Ellos pueden construirse seccionando la viga a una distancia arbitraria x desde el extremo izquierdo, hallando V y M como funciones de x, y luego graficando los resultados.

- También es posible trazar los diagramas de cortante y momento observando que en cada punto la pendiente del diagrama de cortante es el negativo de la carga distribuida, $w = dV/dx$, y que la pendiente del diagrama de momento es la fuerza cortante, $V = dM/dx$. También, el área (negativa) bajo el diagrama de carga representa el cambio en la fuerza cortante, $\Delta V = -\int w\, dx$; y el área bajo el diagrama de cortante representa el cambio en momento, $\Delta M = \int V\, dx$. Los valores de la fuerza cortante y del momento flexionante en cualquier punto pueden también obtenerse usando el método de las secciones.

- Un momento flexionante tiende a producir una variación lineal de la deformación unitaria normal dentro de una viga. Si el material es homogéneo, la ley de Hooke es aplicable, y el momento no genera fluencia del material, entonces el equilibrio puede usarse para relacionar el momento interno en la viga con la distribución del esfuerzo. El resultado es la fórmula de la flexión, $\sigma = Mc/I$, donde I y c se determinan desde el eje neutro que pasa por el centroide de la sección transversal.

- Si la sección transversal de la viga no es simétrica respecto a un eje perpendicular al eje neutro, se presenta entonces flexión asimétrica. El esfuerzo máximo puede determinarse con fórmulas, o el problema puede resolverse considerando la superposición de la flexión respecto a dos ejes separados.

- Las vigas hechas de materiales compuestos pueden ser "transformadas" de modo que sus secciones transversales se consideren hechas de un solo material. Para hacer esto, se usa un factor de transformación, que es la razón de los módulos de elasticidad de los materiales: $n = E_1/E_2$. Una vez hecho esto, los esfuerzos en la viga pueden ser determinados de la manera usual, usando la fórmula de la flexión.

- Las vigas curvas se deforman en forma tal que la deformación unitaria normal no varía linealmente desde el eje neutro. Si el material es homogéneo, elástico-lineal y la sección transversal tiene un eje de simetría, entonces se puede usar la fórmula de la viga curva para determinar el esfuerzo de flexión, $\sigma = My/[Ae(R - y)]$.

- Las concentraciones de esfuerzo ocurren en miembros que tienen cambios repentinos en sus secciones transversales, como los generados por agujeros y muescas. El esfuerzo flexionante máximo en esas localidades se determina usando un factor K de concentración de esfuerzo que se encuentra en gráficas obtenidas experimentalmente, $\sigma_{\text{máx}} = K\,\sigma_{\text{prom}}$.

- Si el momento flexionante ocasiona que el material exceda su límite elástico, entonces la deformación unitaria normal permanecerá lineal; sin embargo la distribución del esfuerzo variará de acuerdo con el diagrama de deformación unitaria axial y el balance de fuerzas y el equilibrio por momentos. De esta manera pueden determinarse los momentos plásticos y últimos soportados por la viga.

- Si un momento plástico o último es liberado, éste causará que el material responda elásticamente, induciendo así esfuerzos residuales en la viga.

PROBLEMAS DE REPASO

6-182. La viga compuesta consta de un núcleo de madera y de dos placas de acero. Si el esfuerzo permisible de flexión para la madera es $(\sigma_{perm})_{mad} = 20$ MPa y para el acero es $(\sigma_{perm})_{ac} = 130$ MPa, determine el momento máximo que puede aplicarse a la viga. $E_{mad} = 11$ GPa y $E_{ac} = 200$ GPa.

6-183. Resuelva el problema 6-182 si el momento está aplicado respecto al eje y y no respecto al eje z como se muestra.

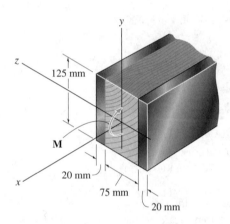

Probs. 6-182/183

6-185. Determine la distribución del esfuerzo de flexión en la sección a-a de la viga. Esboce la distribución, en una vista tridimensional, actuando sobre la sección transversal.

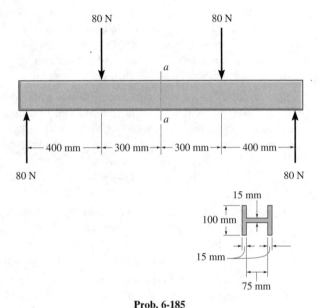

Prob. 6-185

***6-184.** Dibuje los diagramas de fuerza cortante y momento flexionante para la viga y determine la fuerza cortante y el momento en la viga en función de x, para $0 \leq x < 6$ pies.

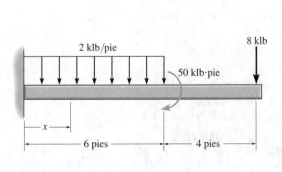

Prob. 6-184

6-186. Determine el módulo plástico y el factor de forma para la viga de patín ancho.

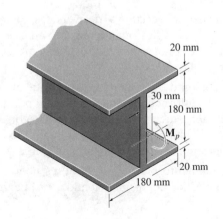

Prob. 6-186

6-187. La viga está hecha con un material elastoplástico cuyo $\sigma_Y = 250$ MPa. Determine el esfuerzo residual en la parte superior e inferior de la viga después de que se aplica el momento plástico M_p y luego se retira.

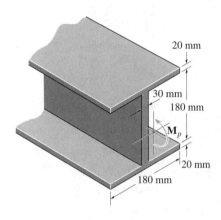

Prob. 6-187

6-190. Dibuje los diagramas de fuerza cortante y momento flexionante para la flecha sometida a las cargas verticales de la banda, engrane y volante. Los cojinetes en A y en B ejercen sólo reacciones verticales sobre la flecha.

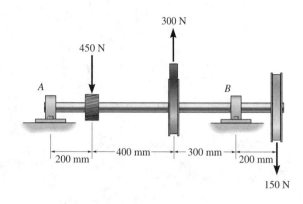

Prob. 6-190

*6-188. Para la viga curva en la figura 6-44a, demuestre que cuando el radio de curvatura tiende a infinito, la fórmula de la viga curva, ecuación 6-24, se reduce a la fórmula de la flexión, ecuación 6-12.

6-189. La viga curva está sometida a un momento flexionante $M = 85$ N · m como se muestra. Determine el esfuerzo en los puntos A y B y muestre el esfuerzo sobre un elemento de volumen localizado en esos puntos.

6-191. Determine el esfuerzo máximo de flexión en la sección a-a en la manija de la pinza cortadora de cable. Se aplica una fuerza de 45 lb a las manijas. La sección transversal de éstas se muestra en la figura.

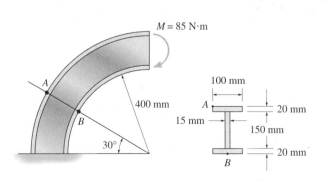

Prob. 6-189

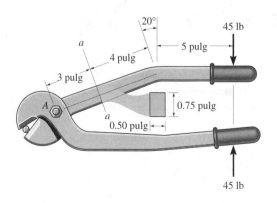

Prob. 6-191

Los durmientes de ferrocarril actúan como vigas que soportan cargas cortantes transversales muy grandes. En consecuencia, los durmientes de madera tienden a rajarse en sus extremos, donde las cargas cortantes son máximas.

Esfuerzo cortante transversal

En este capítulo se expone un método para encontrar el esfuerzo cortante en una viga con sección transversal prismática hecha de material homogéneo y de comportamiento elástico lineal. El método de análisis que explicaremos estará limitado a casos especiales de la geometría de la sección transversal. No obstante, el procedimiento tiene muchas aplicaciones en el diseño y análisis de ingeniería. Se verá el concepto de flujo de cortante, junto con el de esfuerzo cortante en vigas y miembros de pared delgada. El capítulo termina con el análisis del centro de cortante.

7.1 Esfuerzo cortante en miembros rectos

Se mostró en la sección 6.1 que las vigas generalmente soportan cargas de cortante y momento. La fuerza cortante V es el resultado de una distribución de esfuerzo cortante transversal que actúa sobre la sección transversal de la viga, vea la figura 7-1. Debido a la propiedad complementaria del cortante, note que los esfuerzos cortantes longitudinales asociados actúan también a lo largo de planos longitudinales de la viga. Por ejemplo, un elemento típico retirado del punto interior sobre la sección transversal está sometido a esfuerzos cortante transversal y longitudinal como se muestra en la figura 7-1.

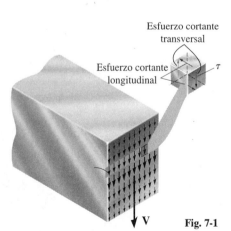

Esfuerzo cortante transversal

Esfuerzo cortante longitudinal

τ

V

Fig. 7-1

Los tablones no están unidos entre sí
(a)

Los tablones están unidos entre sí
(b)

Fig. 7-2

Los conectores de cortante son "soldados por puntos" a este piso metálico corrugado de manera que cuando es colado el piso de concreto, los conectores impedirán que la losa de concreto se deslice sobre la superficie metálica. Así, los dos materiales actuarán como una losa compuesta.

Se puede ilustrar físicamente la razón por la cual se desarrolla el esfuerzo cortante en los planos longitudinales de una viga que soporta una carga cortante interna, considerando que la viga se compone de tres tablones, figura 7-2a. Si las superficies superior e inferior de cada uno de los tablones son lisas, y éstos no están unidos entre sí, entonces la aplicación de la carga **P** ocasionará que se *deslicen* uno con respecto al otro, y así la viga se deflexionará como se muestra. Por otra parte, si las tablas están unidas entre sí, entonces los esfuerzos cortantes longitudinales entre ellos evitarán su deslizamiento relativo y, por consiguiente, la viga actuará como una sola unidad, vea la figura 7-2b.

Como resultado del esfuerzo cortante interno, se desarrollarán deformaciones cortantes que tenderán a distorsionar la sección transversal de manera un tanto compleja. Por ejemplo, considere una barra hecha de un material altamente deformable y marcada con líneas reticulares horizontales y verticales como se muestra en la figura 7-3a. Cuando se aplica la fuerza cortante **V**, ésta tiende a deformar las líneas de la manera mostrada en la figura 7-3b. En general, la distribución de la deformación por cortante no uniforme sobre la sección transversal ocasionará que ésta se *alabee*, es decir, que *no* permanezca plana.

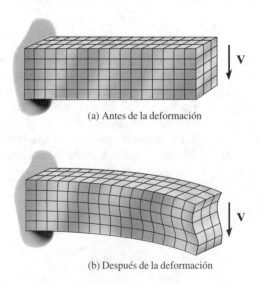

(a) Antes de la deformación

(b) Después de la deformación

Fig. 7-3

Recuerde que al obtener la fórmula de la flexión, se supuso que las secciones transversales deben *permanecer planas* y perpendiculares al eje longitudinal de la viga después de la deformación. Si bien estas suposiciones se *violan* cuando la viga se somete *tanto* a flexión *como* a cortante, en general se puede suponer que el alabeo de la sección transversal antes descrito es suficientemente pequeño, de tal suerte que puede ser ignorado. Esta suposición es particularmente cierta para el caso más común de una *viga delgada*; es decir, una que tiene poco peralte comparado con su longitud.

En los capítulos anteriores se desarrollaron las fórmulas de carga axial, torsión y flexión determinando primero la distribución de la deformación unitaria, con base en suposiciones respecto a la deformación de la sección transversal. Sin embargo, la distribución de la deformación cortante sobre todo el peralte de una viga *no puede* ser expresada matemáticamente con facilidad; por ejemplo, no es uniforme o lineal en el caso de secciones transversales rectangulares como ya se demostró. Por consiguiente, el análisis del esfuerzo cortante se desarrollará de manera diferente a la que se usó para estudiar las cargas antes mencionadas. Específicamente, desarrollaremos una fórmula para el esfuerzo cortante *indirectamente*; esto es, usando la fórmula de la flexión y la relación entre momento y cortante ($V = dM/dx$).

7.2 La fórmula del esfuerzo cortante

El desarrollo de una relación entre la distribución del esfuerzo cortante que actúa sobre la sección transversal de una viga y la fuerza cortante resultante en la sección, se basa en el estudio del *esfuerzo cortante longitudinal* y los resultados de la ecuación 6-2, $V = dM/dx$. Para mostrar cómo se establece esta relación, consideraremos el *equilibrio de fuerzas horizontales* en una porción del elemento tomado de la viga en la figura 7-4a y mostrado en la figura 7-4b. Un diagrama de cuerpo libre del *elemento* que muestra *sólo* la distribución del esfuerzo normal que actúa sobre él se muestra en la figura 7-4c. Esta distribución es causada por los momentos flexionantes M y $M + dM$. Hemos excluido los efectos de $V, V + dV$ y $w(x)$ sobre el diagrama de cuerpo libre ya que esas cargas son verticales y no aparecen en la sumatoria de fuerzas horizontales. El elemento en la figura 7-4c satisface la ecuación $\Sigma F_x = 0$ puesto que la distribución del esfuerzo a cada lado del elemento forma sólo un par y por tanto se tiene una fuerza resultante nula.

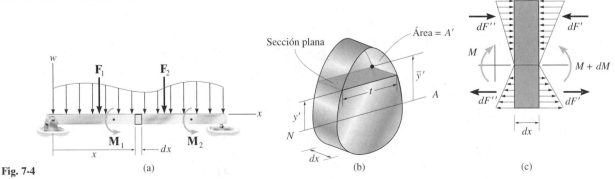

Fig. 7-4

(a)   (b)   (c)

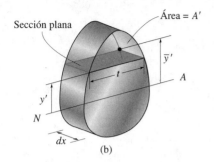

Sección plana

Área = A'

$\bar{y}'$

t

A

y'

N

dx

(b)

Consideremos ahora el *segmento* superior sombreado del elemento que ha sido seleccionado a una distancia y' desde el eje neutro, figura 7-4b. Este segmento tiene un ancho t en la sección y los lados transversales tienen cada uno un área A'. Puesto que los momentos resultantes a cada lado del elemento difieren en dM, puede verse en la figura 7-4d que $\Sigma F_x = 0$ no será satisfecha *a menos* que actúe un esfuerzo cortante longitudinal τ sobre la cara del fondo del segmento. En el siguiente análisis supondremos que este esfuerzo cortante es *constante* a través del ancho t de la cara del fondo. Este esfuerzo actúa sobre el área $t\,dx$. Aplicando la ecuación del equilibrio de fuerzas horizontales y usando la fórmula de la flexión, ecuación 6-13, tenemos:

$$\xleftarrow{+} \Sigma F_x = 0; \qquad \int_{A'} \sigma'\,dA - \int_{A'} \sigma\,dA - \tau(t\,dx) = 0$$

$$\int_{A'}\left(\frac{M+dM}{I}\right)y\,dA - \int_{A'}\left(\frac{M}{I}\right)y\,dA - \tau(t\,dx) = 0$$

$$\left(\frac{dM}{I}\right)\int_{A'} y\,dA = \tau(t\,dx) \qquad (7\text{-}1)$$

Despejando τ, obtenemos:

$$\tau = \frac{1}{It}\left(\frac{dM}{dx}\right)\int_{A'} y\,dA$$

Esta ecuación puede simplificarse observando que $V = dM/dx$ (ecuación 6-2). La integral representa también el primer momento del área A' respecto al eje neutro. Denotaremos este momento con el símbolo Q. Como la posición del centroide del área A' se determina con $\bar{y}' = \int_{A'} y\,dA\,/A'$ podemos también escribir:

$$Q = \int_{A'} y\,dA = \bar{y}'A' \qquad (7\text{-}2)$$

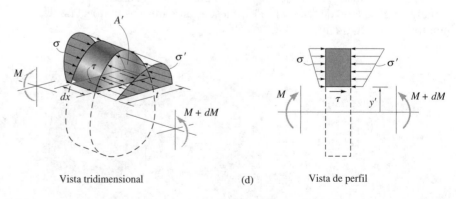

A'

σ

τ

σ'

M

dx

t

$M + dM$

σ

σ'

M

τ

y'

$M + dM$

Vista tridimensional   (d)   Vista de perfil

Fig. 7-4 (cont.)

El resultado final es, por tanto,

$$\tau = \frac{VQ}{It}$$

(7-3)

Aquí,

τ = esfuerzo cortante en el miembro en un punto situado a una distancia y' del eje neutro, figura 7-4b. Se supone que este esfuerzo es constante y por tanto *promediado* a través del ancho t del miembro, figura 7-4d

V = fuerza cortante interna resultante, obtenida con el método de las secciones y las ecuaciones de equilibrio

I = momento de inercia de toda la sección transversal respecto al eje neutro

t = ancho de la sección transversal del miembro en el punto en que se va a determinar τ

$Q = \int_{A'} y \, dA' = \overline{y}' A'$, donde A' es la porción superior (o inferior) del área transversal del miembro considerada desde la sección en que se mide t, y $\overline{y}'$ es la distancia del centroide de A' al eje neutro

A la ecuación anterior se le llama fórmula del cortante. Aunque en su derivación consideramos sólo los esfuerzos cortantes que actúan sobre el plano longitudinal de la viga, la fórmula se aplica igualmente para encontrar el esfuerzo cortante transversal sobre la sección transversal de la viga. Esto se debe a que los esfuerzos cortantes transversales y longitudinales son complementarios y numéricamente iguales.

Dado que la ecuación 7-3 se obtuvo a partir de la fórmula de la flexión, es necesario que el material se comporte de manera elástico lineal y tenga un módulo de elasticidad *igual* en tensión que en compresión. El esfuerzo cortante en miembros compuestos, es decir, aquellos con secciones transversales de diferentes materiales, puede también obtenerse usando la fórmula del cortante. Para hacerlo así, es necesario calcular Q e I en la *sección transformada* del miembro como lo vimos en la sección 6.6. Sin embargo, el ancho t en la fórmula sigue siendo el ancho real t de la sección transversal en el punto en que se va a calcular τ.

7.3 Esfuerzos cortantes en vigas

Falla típica por cortante en esta viga de madera; la falla se presenta en la sección sobre el soporte y a la mitad de la altura de la sección transversal.

Con objeto de desarrollar alguna comprensión en cuanto al método de aplicar la fórmula del cortante, y también ver algunas de sus limitaciones, estudiaremos ahora las distribuciones del esfuerzo cortante en unos cuantos tipos comunes de secciones transversales de vigas. Luego presentaremos aplicaciones numéricas de la fórmula del cortante en los ejemplos siguientes.

Sección transversal rectangular. Consideremos que la viga tiene una sección transversal rectangular de ancho b y altura h como se muestra en la figura 7-5a. La distribución del esfuerzo cortante a través de la sección transversal puede determinarse calculando el esfuerzo cortante en una *altura arbitraria* y medida desde el eje neutro, figura 7-5b, y luego graficando esta función. El área con sombra oscura A' se usará aquí para calcular τ.* Entonces,

$$Q = \overline{y}' A' = \left[y + \frac{1}{2}\left(\frac{h}{2} - y\right)\right]\left(\frac{h}{2} - y\right)b$$

$$= \frac{1}{2}\left(\frac{h^2}{4} - y^2\right)b$$

Aplicando la fórmula del cortante, tenemos

$$\tau = \frac{VQ}{It} = \frac{V\left(\frac{1}{2}\right)[(h^2/4) - y^2]b}{\left(\frac{1}{12}bh^3\right)b}$$

o bien

$$\tau = \frac{6V}{bh^3}\left(\frac{h^2}{4} - y^2\right) \tag{7-4}$$

Este resultado indica que la distribución del esfuerzo cortante sobre la sección transversal es ***parabólica***. Como se muestra en la figura 7-5c, la intensidad varía entre cero en la parte superior y el fondo, $y = \pm h/2$, y un valor máximo al nivel del eje neutro, $y = 0$. Específicamente, puesto que el área de la sección transversal es $A = bh$, tenemos entonces en $y = 0$, de la sección 7-4,

$$\tau_{\text{máx}} = 1.5\frac{V}{A} \tag{7-5}$$

---

*También puede usarse el área bajo y $[A' = b(h/2 + y)]$, pero esto implica algo más de manipulación algebraica.

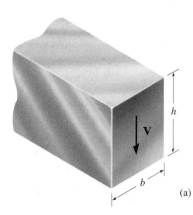

(a)

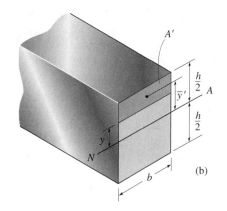

(b)

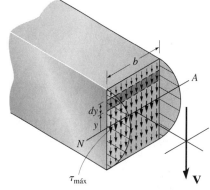

Distribución del esfuerzo cortante

(c)

Este mismo resultado para $\tau_{\text{máx}}$ puede obtenerse directamente con la fórmula del cortante $\tau = VQ/It$, observando que $\tau_{\text{máx}}$ se presenta donde Q es *máxima*, ya que V, I y t son *constantes*. Por inspección, Q será un máximo cuando se considere toda el área arriba (o abajo) del eje neutro; esto es, $A' = bh/2$ y $y' = h/4$. Así,

$$\tau_{\text{máx}} = \frac{VQ}{It} = \frac{V(h/4)(bh/2)}{\left[\frac{1}{12}bh^3\right]b} = 1.5\frac{V}{A}$$

Por comparación, $\tau_{\text{máx}}$ es 50% mayor que el esfuerzo cortante *promedio* determinado con la ecuación 1-7; es decir $\tau_{\text{máx}} = V/A$.

Es importante recordar que para toda τ que actúa sobre la sección transversal en la figura 7-5c, se tiene una correspondiente τ actuando en la dirección longitudinal a lo largo de la viga. Por ejemplo, si la viga es seccionada por un plano longitudinal a través de su eje neutro, entonces, como se indicó anteriormente, el *esfuerzo cortante máximo* actúa sobre este plano, figura 7-5d. Éste es el esfuerzo que ocasiona que falle una viga de madera según se muestra en la figura 7-6. Aquí la rajadura horizontal de la madera comienza al nivel del eje neutro en los extremos de la viga, ya que las reacciones verticales la someten a grandes esfuerzos cortantes y la madera tiene una resistencia baja al cortante a lo largo de sus fibras, que están orientadas en dirección longitudinal.

Es instructivo mostrar que cuando la distribución del esfuerzo cortante, ecuación 7-4, se integra sobre toda la sección transversal, se obtiene la fuerza cortante resultante V. Para hacerlo, se escoge una franja diferencial de área $dA = b\,dy$, figura 7-5c, y como τ tiene un valor constante sobre esta franja, tenemos:

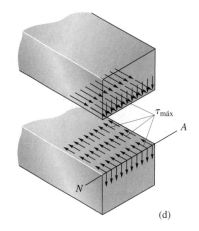

(d)

Fig. 7-5

$$\int_A \tau\,dA = \int_{-h/2}^{h/2} \frac{6V}{bh^3}\left(\frac{h^2}{4} - y^2\right)b\,dy$$

$$= \frac{6V}{h^3}\left[\frac{h^2}{4}y - \frac{1}{3}y^3\right]_{-h/2}^{h/2}$$

$$= \frac{6V}{h^3}\left[\frac{h^2}{4}\left(\frac{h}{2} + \frac{h}{2}\right) - \frac{1}{3}\left(\frac{h^3}{8} + \frac{h^3}{8}\right)\right] = V$$

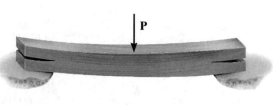

Fig. 7-6

Viga de patín ancho. Una *viga de patín ancho* se compone de dos "patines" (anchos) y un "alma" como se muestra en la figura 7-7a. Con un análisis similar al anterior se puede determinar la distribución del esfuerzo cortante que actúa sobre su sección transversal. Los resultados se ilustran gráficamente en la figura 7-7b y 7-7c. Como en el caso de la sección transversal rectangular, el esfuerzo cortante varía *parabólicamente* a lo largo del peralte de la viga, ya que la sección puede ser tratada como la sección rectangular, que primero tiene el ancho del patín superior, b, luego el espesor del alma, t_{alma}, y otra vez el ancho del patín inferior, b. En particular, adviértase que el esfuerzo cortante variará *sólo ligeramente* a través del alma, y también, que el esfuerzo cortante experimenta un salto en la unión de patín y alma, puesto que el espesor de la sección transversal cambia en este punto, o en otras palabras, que t cambia en la fórmula del cortante. En comparación, el alma soportará una cantidad significativamente mayor de la fuerza cortante que los patines. Esto se ilustrará numéricamente en el ejemplo 7-2.

Limitantes en el uso de la fórmula del esfuerzo cortante. Una de las principales suposiciones que se usaron en el desarrollo de la fórmula del cortante es que el esfuerzo cortante está *uniformemente* distribuido sobre el *ancho t* de la sección donde se calcula. Es decir, el esfuerzo cortante *promedio* se calcula a través del ancho. Se puede someter a prueba la exactitud de esta suposición comparándola con un análisis matemático más exacto basado en la teoría de la elasticidad. A este respecto, si la sección transversal de la viga es rectangular, la distribución *real* del esfuerzo cortante a través del eje neutro varía como se muestra en la figura 7-8. El valor máximo $\tau'_{máx}$ se presenta en los *bordes* de la sección transversal, y su magnitud depende de la relación b/h (ancho/peralte). Para secciones con $b/h = 0.5$, $\tau'_{máx}$ es sólo cerca de 3% mayor que el esfuerzo cortante calculado con la fórmula del cortante, figura 7-8a. Sin embargo, para *secciones planas*, digamos con $b/h = 2$, $\tau'_{máx}$ es casi 40% mayor que $\tau_{máx}$, figura 7-8b. El error se vuelve aún mayor a medida que la sección se vuelve más plana, o a medida que se incrementa la relación b/h. Los errores de esta magnitud son ciertamente intolerables si se utiliza la fórmula del cortante para determinar el esfuerzo cortante en el *patín* de una viga de patín ancho, según se indicó antes.

Asimismo, habrá que señalar que la fórmula del cortante no dará resultados precisos cuando se utilice para determinar el esfuerzo cortante en la unión patín-alma de una viga de patín ancho, puesto que éste es un punto de cambio repentino de la sección transversal y, por consiguiente, en este lugar se presenta una *concentración de esfuerzos*. Además, las regiones internas de los patines son superficies libres, figura 7-7b, y en consecuencia, el esfuerzo cortante sobre estas superficies debe ser cero. No obstante, si se aplica la fórmula del cortante para determinar los esfuerzos cortantes en estas superficies, se obtiene un valor de τ' que *no* es igual a cero, figura 7-7c. Afortunadamente, estas limitaciones para la aplicación de la fórmula del cortante a los patines de una viga no son importantes en la práctica de la ingeniería. Con mucha frecuencia los ingenieros sólo tienen que calcular el *esfuerzo cortante máximo promedio* que se desarrolla en el eje neutro, donde la razón b/h (ancho/peralte) es *muy pequeña* y, por consiguiente, el resultado calculado se aproxima mucho al esfuerzo cortante máximo *verdadero* tal como se explicó antes.

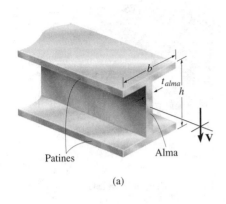

(a)

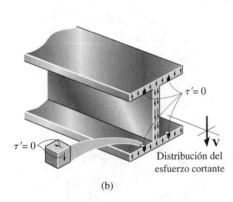

Distribución del esfuerzo cortante

(b)

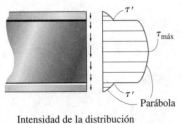

Intensidad de la distribución del esfuerzo cortante (vista de perfil)

(c)

Fig. 7-7

Se puede señalar otra limitación importante en el uso de la fórmula del cortante con respecto a la figura 7-9a, la cual muestra una viga de sección transversal irregular o no rectangular. Si se aplica la fórmula del cortante para determinar el esfuerzo cortante (promedio) τ a lo largo de la línea AB, tendrá la dirección mostrada en la figura 7-9b. Considérese ahora un elemento de material tomado del punto limítrofe B, de tal modo que una de sus caras se localice en la superficie externa de la viga, figura 7-9c. Aquí el esfuerzo cortante calculado τ en la cara frontal del elemento se descompone en las componentes, τ' y τ''. Por inspección, la componente τ' debe ser igual a cero, puesto que su componente longitudinal correspondiente τ', que actúa sobre la superficie limítrofe libre de esfuerzo debe ser cero. Por consiguiente, para satisfacer esta condición, el esfuerzo cortante que actúa sobre el elemento en la superficie limítrofe debe ser tangente a ésta. La distribución del esfuerzo cortante a lo largo de la línea AB tendría entonces la dirección que se muestra en la figura 7-9d. Debido a la máxima inclinación de los esfuerzos cortantes en las superficies limítrofes, el esfuerzo cortante máximo ocurrirá en los puntos A y B. Valores específicos del esfuerzo cortante se deben obtener mediante los principios de la teoría de la elasticidad. Sin embargo, advierta que se puede aplicar la fórmula del cortante para obtener el esfuerzo cortante que actúa a través de cada una de las líneas marcadas en la figura 7-9a. Estas líneas intersecan las tangentes a las fronteras de la sección transversal según *ángulos rectos* y, como se muestra en la figura 7-9e, el esfuerzo cortante transversal es vertical y constante a lo largo de cada línea.

Para resumir los puntos anteriores, la fórmula del cortante no da resultados exactos cuando se aplica a miembros de sección transversal *corta o plana*, o en puntos donde la sección transversal cambia repentinamente. Tampoco se deberá aplicar a través de una sección que corte el contorno del miembro con un ángulo diferente de 90°. Más bien, en estos casos se deberá determinar el esfuerzo cortante por medio de métodos más avanzados basados en la teoría de la elasticidad.

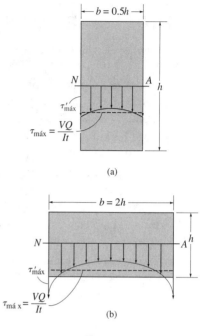

(a)

(b)

Fig. 7-8

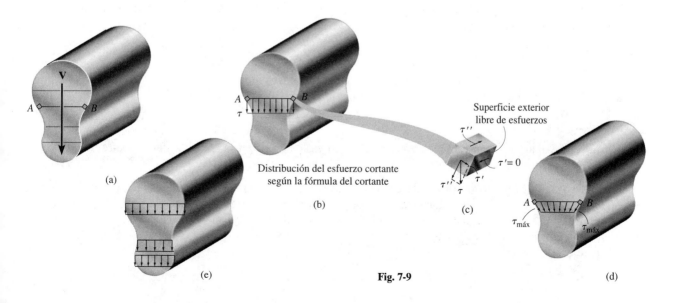

(a)

Distribución del esfuerzo cortante
según la fórmula del cortante

(b)

Superficie exterior
libre de esfuerzos

(c)

(e)

Fig. 7-9

(d)

PUNTOS IMPORTANTES

- Las fuerzas cortantes en vigas dan lugar a distribuciones *no lineales de la deformación unitaria cortante* sobre la sección transversal, ocasionando que ésta se alabee.

- Debido a la propiedad complementaria del esfuerzo cortante, el esfuerzo cortante desarrollado en una viga actúa tanto en la sección transversal como en planos longitudinales.

- La *fórmula del cortante* fue derivada considerando el equilibrio de las fuerzas horizontales del esfuerzo cortante longitudinal y de las distribuciones del esfuerzo de flexión que actúan sobre una porción de un segmento diferencial de la viga.

- La fórmula del cortante debe usarse en miembros prismáticos rectos hechos de material homogéneo con comportamiento elástico lineal. Además, la fuerza cortante interna resultante debe estar dirigida a lo largo de un eje de simetría de la sección transversal.

- Para una viga con sección transversal rectangular, el *esfuerzo cortante varía parabólicamente* con el peralte. El esfuerzo cortante máximo se presenta al nivel del eje neutro.

- La fórmula del cortante no debe usarse para determinar el esfuerzo cortante en secciones transversales que son cortas o planas, o en puntos de cambios abruptos de la sección transversal, o en un punto de una frontera inclinada.

PROCEDIMIENTO DE ANÁLISIS

Para aplicar la fórmula del cortante, se sugiere el siguiente procedimiento.

Fuerza cortante interna.

- Seccione el miembro perpendicularmente a su eje en el punto donde va a ser determinado el esfuerzo cortante, y obtenga la fuerza cortante interna V en la sección.

Propiedades de la sección.

- Determine la localización del eje neutro, y determine el momento de inercia I de *toda el área de la sección transversal* respecto al eje neutro.

- Pase una sección horizontal imaginaria por el punto donde va a ser determinado el esfuerzo cortante. Mida el ancho t del área en esta sección.

- La porción del área arriba o debajo de esta sección es A'. Determine Q por integración, $Q = \int_{A'} y \, dA'$, o usando $Q = \overline{y}'A'$. Aquí $\overline{y}'$ es la distancia al centroide de A', medida desde el eje neutro. Puede ser de ayuda darse cuenta que A' es la porción del área de la sección transversal del miembro que está "unida al miembro" por medio de los esfuerzos cortantes longitudinales, figura 7-4d.

Esfuerzo cortante.

- Usando un conjunto consistente de unidades, sustituya los datos en la fórmula del cortante y calcule el esfuerzo cortante τ.

- Se sugiere que la dirección apropiada del esfuerzo cortante transversal τ sea establecida sobre un elemento de volumen de material localizado en el punto donde está siendo calculado. Esto puede hacerse teniendo en cuenta que τ actúa sobre la sección transversal en la misma dirección que V. Con esto se pueden establecer entonces los esfuerzos cortantes correspondientes que actúan en los otros tres planos del elemento.

EJEMPLO 7.1

La viga mostrada en la figura 7-10*a* es de madera y está sometida a una fuerza cortante vertical interna resultante de $V = 3$ klb. (a) Determine el esfuerzo cortante en la viga en el punto P, y (b) calcule el esfuerzo cortante máximo en la viga.

Solución

Parte (a).

Propiedades de la sección. El momento de inercia del área de la sección transversal calculada respecto al eje neutro es

$$I = \frac{1}{12}bh^3 = \frac{1}{12}(4\text{ pulg})(5\text{ pulg})^3 = 41.7\text{ pulg}^4$$

Se traza una línea horizontal por el punto P y el área parcial A' se muestra sombreada en la figura 7-10*b*. Por consiguiente,

$$Q = \bar{y}'A' = \left[0.5\text{ pulg} + \frac{1}{2}(2\text{ pulg})\right](2\text{ pulg})(4\text{ pulg}) = 12\text{ pulg}^3$$

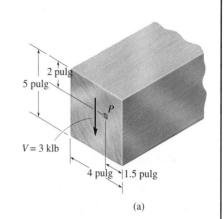

(a)

Esfuerzo cortante. La fuerza cortante en la sección es $V = 3$ klb. Aplicando la fórmula del cortante, tenemos

$$\tau_P = \frac{VQ}{It} = \frac{(3\text{ klb})(12\text{ pulg}^3)}{(41.7\text{ pulg}^4)(4\text{ pulg})} = 0.216\text{ klb/pulg}^2 \quad Resp.$$

Como τ_P contribuye al valor de V, actúa hacia abajo en P sobre la sección transversal. En consecuencia, un elemento de volumen del material en este punto tendrá esfuerzos cortantes actuando sobre él como se muestra en la figura 7-10*c*.

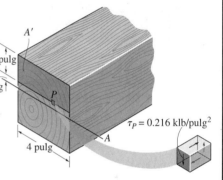

(b) (c)

Parte (b).

Propiedades de la sección. El esfuerzo cortante máximo ocurre en el eje neutro, ya que t es constante en toda la sección transversal y Q es máximo para tal caso. Para el área A' sombreada en la figura 7-10*d*, tenemos:

$$Q = \bar{y}'A' = \left[\frac{2.5\text{ pulg}}{2}\right](4\text{ pulg})(2.5\text{ pulg}) = 12.5\text{ pulg}^3$$

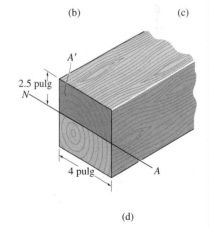

(d)

Esfuerzo cortante. Aplicando la fórmula del esfuerzo cortante obtenemos

$$\tau_{máx} = \frac{VQ}{It} = \frac{(3\text{ klb})(12.5\text{ pulg}^3)}{(41.7\text{ pulg}^4)(4\text{ pulg})} = 0.225\text{ klb/pulg}^2 \quad Resp.$$

Fig. 7-10

Note que esto es equivalente a

$$\tau_{máx} = 1.5\frac{V}{A} = 1.5\frac{3\text{ klb}}{(4\text{ pulg})(5\text{ pulg})} = 0.225\text{ klb/pulg}^2 \quad Resp.$$

E J E M P L O   7.2

Una viga de acero de patín ancho tiene las dimensiones mostradas en la figura 7-11*a*. Si está sometida a una fuerza cortante $V = 80$ kN,(a) grafique la distribución del esfuerzo cortante que actúa sobre la sección transversal de la viga y (b) determine la fuerza cortante que resiste el alma.

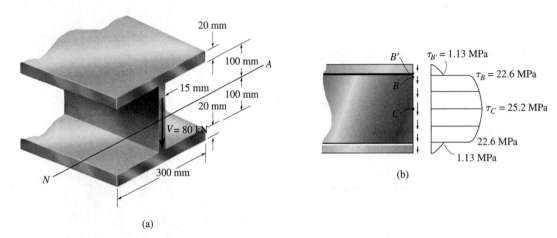

(a)

(b)

Solución

Parte (a).   La distribución del esfuerzo cortante es parabólica y varía tal como se muestra en la figura 7-11*b*. Debido a la simetría, sólo los esfuerzos cortantes en los puntos B', B y C tienen que calcularse. Para mostrar cómo obtener esos valores, debemos primero determinar el momento de inercia de la sección transversal respecto al eje neutro. En unidades métricas, tenemos:

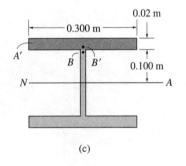

(c)

Fig. 7-11

$$I = \left[\frac{1}{12}(0.015 \text{ m})(0.200 \text{ m})^3 \right]$$

$$+ 2\left[\frac{1}{12}(0.300 \text{ m})(0.02 \text{ m})^3 + (0.300 \text{ m})(0.02 \text{ m})(0.110 \text{ m})^2 \right]$$

$$= 155.6(10^{-6}) \text{ m}^4$$

Para el punto B', $t'_B = 0.300$ m, y A' es el área sombreada mostrada en la figura 7-11*c*. Entonces,

$$Q_{B'} = \bar{y}'A' = [0.110 \text{ m}](0.300 \text{ m})(0.02 \text{ m}) = 0.660(10^{-3}) \text{ m}^3$$

por lo que

$$\tau_{B'} = \frac{VQ_{B'}}{It_{B'}} = \frac{80 \text{ kN}(0.660(10^{-3}) \text{ m}^3)}{155.6(10^{-6}) \text{ m}^4(0.300 \text{ m})} = 1.13 \text{ MPa}$$

Para el punto B, $t_B = 0.015$ m y $Q_B = Q_{B'}$, figura 7-11*c*. Por consiguiente,

$$\tau_B = \frac{VQ_B}{It_B} = \frac{80 \text{ kN}(0.660(10^{-3}) \text{ m}^3)}{155.6(10^{-6}) \text{ m}^4(0.015 \text{ m})} = 22.6 \text{ MPa}$$

Advierta que por lo visto en la sección de: "Limitantes en el uso de la fórmula del esfuerzo cortante", los valores calculados para $\tau_{B'}$ y τ_B serán muy engañosos. ¿Por qué?

Para el punto C, $t_C = 0.015$ m y A' es el área sombreada en la figura 7-11d. Considerando esta área compuesta de dos rectángulos, tenemos

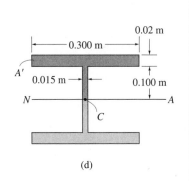

$$Q_C = \Sigma y'A' = [0.110 \text{ m}](0.300 \text{ m})(0.02 \text{ m})$$
$$+ [0.05 \text{ m}](0.015 \text{ m})(0.100 \text{ m})$$
$$= 0.735(10^{-3}) \text{ m}^3$$

Entonces,

$$\tau_C = \tau_{\text{máx}} = \frac{VQ_C}{It_C} = \frac{80 \text{ kN}[0.735(10^{-3}) \text{ m}^3]}{155.6(10^{-6}) \text{ m}^4(0.015 \text{ m})} = 25.2 \text{ MPa}$$

(d)

Parte (b).   La fuerza cortante en el alma se determinará primero formulando el esfuerzo cortante en la posición *y arbitraria* dentro del alma, figura 7-11e. Usando unidades de metros, tenemos

$$I = 155.6(10^{-6}) \text{ m}^4$$
$$t = 0.015 \text{ m}$$
$$A' = (0.300 \text{ m})(0.02 \text{ m}) + (0.015 \text{ m})(0.1 \text{ m} - y)$$
$$Q = \Sigma \bar{y}'A' = (0.11 \text{ m})(0.300 \text{ m})(0.02 \text{ m})$$
$$+ \left[y + \tfrac{1}{2}(0.1 \text{ m} - y) \right](0.015 \text{ m})(0.1 \text{ m} - y)$$
$$= (0.735 - 7.50 \, y^2)(10^{-3}) \text{ m}^3$$

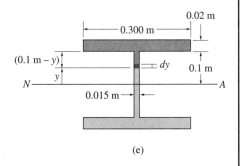

de manera que

$$\tau = \frac{VQ}{It} = \frac{80 \text{ kN}(0.735 - 7.50 \, y^2)(10^{-3}) \text{ m}^3}{(155.6(10^{-6}) \text{ m}^4)(0.015 \text{ m})}$$
$$= (25.192 - 257.07 \, y^2) \text{ MPa}$$

(e)

Fig. 7-11

Este esfuerzo actúa sobre la franja de área $dA = 0.015 \, dy$ mostrada en la figura 7-11e, y por tanto la fuerza cortante resistida por el alma es

$$V_w = \int_{A_w} \tau \, dA = \int_{-0.1 \text{ m}}^{0.1 \text{ m}} (25.192 - 257.07 \, y^2)(10^6)(0.015 \text{ m}) \, dy$$
$$V_w = 73.0 \text{ kN} \qquad\qquad\qquad \textit{Resp.}$$

El alma soporta entonces 91% de la fuerza cortante total (80 kN), y los patines soportan el 9% restante. Trate de resolver este problema encontrando la fuerza en uno de los patines (3.496 kN) usando el mismo método. Entonces $V_w = V - 2V_f = 80 \text{ kN} - 2(3.496 \text{ kN}) = 73 \text{ kN}$.

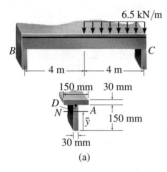

(a)

La viga mostrada en la figura 7-12a está hecha con dos tablones. Determine el esfuerzo cortante máximo en el pegamento, necesario para mantener los tablones unidos. Los soportes en B y C ejercen sólo reacciones verticales sobre la viga.

Solución

Fuerza cortante interna. Las reacciones en los soportes y el diagrama de fuerza cortante se muestran en la figura 7-12b. Se ve que la fuerza cortante máxima en la viga es de 19.5 kN.

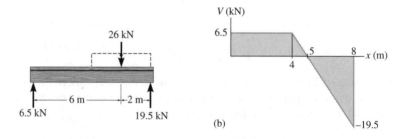

(b)

Propiedades de la sección. El centroide y el eje neutro se determinarán con referencia al eje situado en el fondo de la sección transversal, figura 7-12a. En unidades métricas tenemos:

$$\bar{y} = \frac{\Sigma \bar{y}A}{\Sigma A} = \frac{[0.075 \text{ m}](0.150 \text{ m})(0.030 \text{ m}) + [0.165 \text{ m}](0.030 \text{ m})(0.150 \text{ m})}{(0.150 \text{ m})(0.030 \text{ m}) + (0.030 \text{ m})(0.150 \text{ m})} = 0.120 \text{ m}$$

El momento de inercia respecto al eje neutro, figura 7-12a, es entonces:

$$I = \left[\frac{1}{12}(0.030 \text{ m})(0.150 \text{ m})^3 + (0.150 \text{ m})(0.030 \text{ m})(0.120 \text{ m} - 0.075 \text{ m})^2 \right]$$
$$+ \left[\frac{1}{12}(0.150 \text{ m})(0.030 \text{ m})^3 + (0.030 \text{ m})(0.150 \text{ m})(0.165 \text{ m} - 0.120 \text{ m})^2 \right] = 27.0(10^{-6}) \text{ m}^4$$

El tablón (patín) superior se mantiene unido al tablón inferior (alma) por medio del pegamento, que se aplica sobre el espesor $t = 0.03$ m. En consecuencia, A' es el área del tablón superior, figura 7-12a. Tenemos:

$$Q = \bar{y}'A' = [0.180 \text{ m} - 0.015 \text{ m} - 0.120 \text{ m}](0.03 \text{ m})(0.150 \text{ m})$$
$$= 0.2025(10^{-3}) \text{ m}^3$$

Esfuerzo cortante. Usando los datos anteriores y aplicando la fórmula del cortante, obtenemos:

$$\tau_{\text{máx}} = \frac{VQ}{It} = \frac{19.5 \text{ kN}(0.2025(10^{-3}) \text{ m}^3)}{27.0(10^{-6}) \text{ m}^4(0.030 \text{ m})} = 4.88 \text{ MPa} \quad Resp.$$

El esfuerzo cortante que actúa en la parte superior del tablón inferior se muestra en la figura 7-12c. Observe que la resistencia del pegamento a este esfuerzo *cortante horizontal* o lateral es la que evita que los tablones se deslicen en el soporte C.

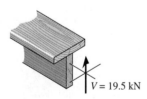

Plano que contiene el pegamento

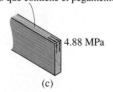

(c)

Fig. 7-12

PROBLEMAS

7-1. Determine el esfuerzo cortante en los puntos A y B del alma, cuando la viga está sometida a una fuerza cortante $V = 15$ kN. Indique las componentes del esfuerzo cortante sobre un elemento de volumen localizado en esos puntos. Considere $w = 125$ mm. Demuestre que el eje neutro está localizado en $\bar{y} = 0.1747$ m desde la base y que $I_{NA} = 0.2182(10^{-3})$ m^4.

7-2. Si la viga de patín ancho está sometida a una fuerza cortante $V = 30$ kN, determine el esfuerzo cortante máximo en la viga. Considere $w = 200$ mm.

7-3. Si la viga de patín ancho está sometida a una fuerza cortante $V = 30$ kN, determine la fuerza cortante resistida por el alma de la viga. Considere $w = 200$ mm.

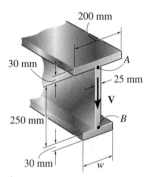

Probs. 7-1/2/3

*7-4. La viga está formada por tres placas de acero y es sometida a una fuerza cortante $V = 150$ kN. Determine el esfuerzo cortante en los puntos A y C donde se unen las placas. Demuestre que $\bar{y} = 0.080196$ m desde la base y que $I_{NA} = 4.8646(10^{-6})$ m^4.

7-5. La viga está formada por tres placas de acero y está sometida a una fuerza cortante $V = 150$ kN. Determine la fuerza cortante en el punto B donde las placas se unen. Demuestre que $\bar{y} = 0.080196$ m desde la base y que $I_{NA} = 4.8646(10^{-6})$ m^4.

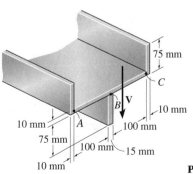

Probs. 7-4/5

7-6. Determine el esfuerzo cortante máximo en la viga T cuando está sometida a una fuerza cortante vertical $V = 10$ klb. Calcule también el cambio en el valor del esfuerzo cortante en la unión AB del patín con el alma. Esboce la variación de la intensidad del esfuerzo cortante sobre toda la sección transversal. Demuestre que $I_{NA} = 532.04$ pulg^4.

7-7. Determine la fuerza cortante vertical resistida por el patín de la viga T cuando está sometida a una fuerza cortante vertical $V = 10$ klb. Demuestre que $I_{NA} = 532.04$ pulg^4.

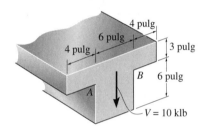

Probs. 7-6/7

*7-8. Determine el esfuerzo cortante máximo en el puntal sometido a una fuerza cortante $V = 15$ kN. Demuestre que $I_{NA} = 6.691(10^{-6})$ m^4.

7-9. Determine la fuerza cortante máxima V que el puntal puede soportar si el esfuerzo cortante permisible para el material es $\tau_{\text{perm}} = 50$ MPa. Demuestre que $I_{NA} = 6.691(10^{-6})$ m^4.

7-10. Determine la intensidad del esfuerzo cortante distribuido sobre la sección transversal del puntal si éste está sometido a una fuerza cortante $V = 12$ kN. Demuestre que $I_{NA} = 6.691(10^{-6})$ m^4.

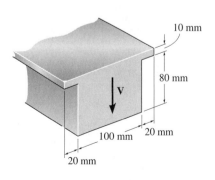

Probs. 7-8/9/10

7-11. Esboce la intensidad de la distribución del esfuerzo cortante que actúa sobre la sección transversal de la viga y determine la fuerza cortante resultante que actúa sobre el segmento AB. La fuerza cortante que actúa en la sección es $V = 35$ klb. Demuestre que $I_{NA} = 872.49$ pulg^4.

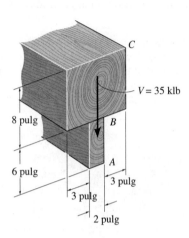

Prob. 7-11

*****7-12.** El puntal está sometido a una fuerza cortante vertical $V = 130$ kN. Trace la intensidad de la distribución del esfuerzo cortante que actúa sobre la sección transversal y calcule la fuerza cortante resultante desarrollada en el segmento vertical AB.

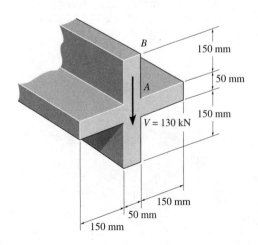

Prob. 7-12

7-13. La barra de acero tiene un radio de 1.25 pulg. Si está sometida a una fuerza cortante $V = 5$ klb, determine el esfuerzo cortante máximo.

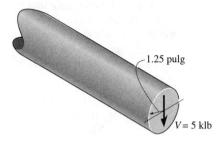

Prob. 7-13

7-14. Determine la fuerza cortante V máxima que el miembro puede soportar si el esfuerzo cortante permisible es $\tau_{máx} = 8$ klb/pulg^2.

7-15. Si la fuerza cortante aplicada es $V = 18$ klb, determine el esfuerzo cortante máximo en el miembro.

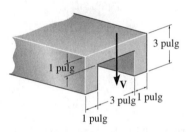

Probs. 7-14/15

*****7-16.** La viga tiene una sección transversal cuadrada y está hecha de madera con un esfuerzo cortante permisible $\tau_{perm} = 1.4$ klb/pulg^2. Determine la dimensión a más pequeña de sus lados cuando está sometida a una fuerza cortante $V = 1.5$ klb.

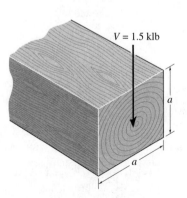

Prob. 7-16

7-17. La viga de madera tiene un esfuerzo cortante permisible τ_{perm} = 7 MPa. Determine la fuerza cortante máxima V que puede aplicarse a la sección transversal.

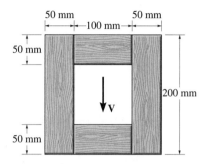

Prob. 7-17

7-18. La viga está hecha de un polímero y está sometida a una fuerza cortante V = 7 klb. Determine el esfuerzo cortante máximo en la viga y obtenga la distribución del esfuerzo cortante sobre la sección transversal. Indique los valores del esfuerzo cortante a cada 0.5 pulg del peralte de la viga.

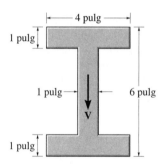

Prob. 7-18

7-19. Grafique la distribución del esfuerzo cortante sobre la sección transversal de la barra de radio c. ¿Cuántas veces mayor es el esfuerzo cortante máximo que el esfuerzo cortante promedio que actúa sobre la sección transversal?

Prob. 7-19

***7-20.** Desarrolle una expresión para la componente vertical promedio del esfuerzo cortante que actúa sobre el plano horizontal de la flecha, situado a una distancia y del eje neutro.

Prob. 7-20

7-21. Un miembro tiene una sección transversal en forma de un triángulo equilátero. Determine el esfuerzo cortante máximo promedio en el miembro cuando está sometido a una fuerza cortante **V**. ¿Puede usarse la fórmula del cortante para obtener este valor? Explíquelo.

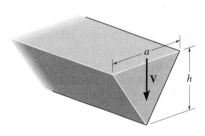

Prob. 7-21

7-22. La viga está sometida a una carga uniforme w. Determine la posición a de los soportes de madera para que el esfuerzo cortante en la viga sea tan pequeño como sea posible. ¿Qué valor tiene este esfuerzo?

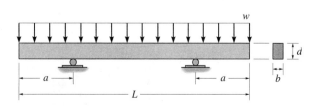

Prob. 7-22

7-23. La viga de madera va a ser rebajada en sus extremos, tal como se muestra. Cuando la viga soporta la carga mostrada, determine la profundidad d más pequeña de la viga en el recorte si el esfuerzo cortante permisible $\tau_{perm} = 450$ lb-/pulg^2. La viga tiene un ancho de 8 pulg.

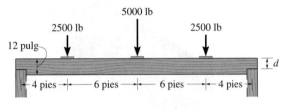

Prob. 7-23

7-27. Determine la longitud de la viga en voladizo de manera que el esfuerzo de flexión máximo en la viga sea equivalente al esfuerzo cortante máximo. Comente sobre la validez de sus resultados.

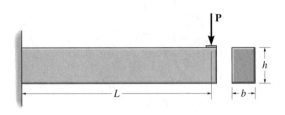

Prob. 7-27

*****7-24.** La viga está hecha con tres tablones pegados entre sí en A y B. Si está sometida a la carga mostrada, determine el esfuerzo cortante desarrollado en las juntas del pegamento en la sección a-a. Los soportes en C y D ejercen sólo reacciones verticales sobre la viga.

7-25. La viga está hecha con tres tablones pegados entre sí en A y B. Si está sometida a la carga mostrada, determine el esfuerzo cortante máximo desarrollado en las juntas unidas por el pegamento. Los soportes en C y D ejercen sólo reacciones verticales sobre la viga.

7-26. La viga está hecha con tres tablones pegados entre sí en A y B. Si está sometida a la carga mostrada, determine la fuerza cortante vertical máxima resistida por el patín superior de la viga. Los soportes en C y D ejercen sólo reacciones verticales sobre la viga.

*****7-28.** Los durmientes de ferrocarril deben diseñarse para resistir grandes cargas cortantes. Si el durmiente está sometido a las cargas de 34 klb y se supone una reacción uniformemente distribuida del suelo, determine la intensidad w requerida por equilibrio y calcule el esfuerzo cortante máximo en la sección a-a que se localiza justo a la izquierda del riel derecho.

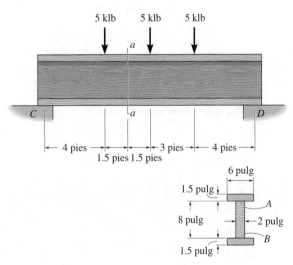

Probs. 7-24/25/26

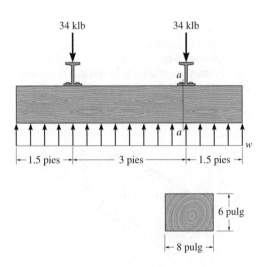

Prob. 7-28

7-29. Determine el esfuerzo cortante en el punto B sobre el alma del puntal en voladizo en la sección a-a.

7-30. Determine el esfuerzo cortante máximo que actúa en la sección a-a del puntal en voladizo.

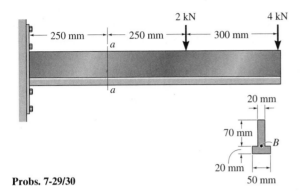

Probs. 7-29/30

7-31. La viga compuesta está construida de madera y está reforzada con placas de acero. Use el método de la sección 6.6 y calcule el esfuerzo cortante máximo en la viga cuando está sometida a una fuerza cortante vertical $V = 50$ kN. Considere $E_{ac} = 200$ GPa y $E_{mad} = 15$ GPa.

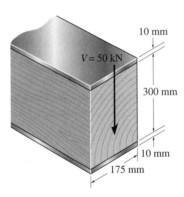

Prob. 7-31

*■7-32. La viga simplemente apoyada está sometida a la carga concentrada P. Escriba un programa de computadora que pueda usarse para determinar el esfuerzo cortante y el de flexión en cualquier punto específico $A(x, y, z)$ de la sección transversal, excepto en los soportes y bajo la carga. Aplique el programa con los siguientes datos: $P = 600$ N, $d = 3$ m, $L = 4$ m, $h = 0.3$ m, $b = 0.2$ m, $x = 2$ m, $y = 0.1$ m y $z = 0.2$ m.

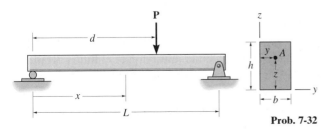

Prob. 7-32

■7-33. Escriba un programa de computadora que sirva para determinar el esfuerzo cortante máximo en la viga con la sección transversal mostrada y sometida a una carga distribuida w específica constante y a una fuerza concentrada P. Aplique el programa con los siguientes datos: $L = 4$ m, $a = 2$ m, $P = 1.5$ kN, $d_1 = 0$, $d_2 = 2$ m, $w = 400$ N/m, $t_1 = 15$ mm, $t_2 = 20$ mm, $b = 50$ mm, y $h = 150$ mm.

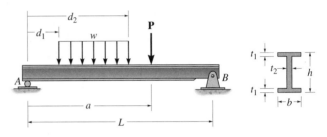

Prob. 7-33

7-34. La viga tiene una sección transversal rectangular y está sometida a una carga P de una magnitud suficiente para desarrollar un momento plástico total $M_p = PL$ en el empotramiento. Si el material es elastoplástico, entonces a una distancia $x < L$, el momento $M = Px$ genera una región de fluencia plástica con un núcleo elástico asociado de altura $2\,y'$. Esta situación ha sido descrita por la ecuación 6-30 y el momento **M** está distribuido sobre la sección transversal como se muestra en la figura 6-54e. Demuestre que el esfuerzo cortante máximo desarrollado en la viga está dado por $\tau_{máx} = \frac{3}{2}(P/A')$, donde $A' = 2\,y'b$ es el área de la sección transversal del núcleo elástico.

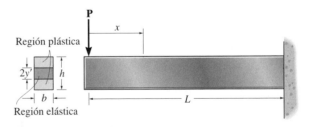

Prob. 7-34

7-35. La viga en la figura 6-54f está sometida a un momento plástico total $\mathbf{M}_p$. Demuestre que los esfuerzos cortantes longitudinal y transversal en la viga son iguales a cero. *Sugerencia*: considere un elemento de viga como se muestra en la figura 7-4d.

7.4 Flujo cortante en miembros compuestos

Fig. 7-13

A veces, en la práctica de la ingeniería los miembros se "arman" con varias partes a fin de lograr una mayor resistencia a las cargas. En la figura 7-13 se muestran algunos ejemplos. Si las cargas provocan que los miembros se flexionen, probablemente se requieran sujetadores tales como clavos, pernos, soldadura o pegamento, a fin de evitar que las partes componentes se deslicen una con respecto a la otra, figura 7-2. Para diseñar estos sujetadores es necesario conocer la fuerza cortante que ha de ser resistida por el sujetador a lo largo de la *longitud* del miembro. Esta carga, cuando se mide como fuerza por unidad de longitud, se denomina ***flujo cortante q***.*

La magnitud del flujo cortante a lo largo de cualquier sección longitudinal de una viga se puede obtener mediante un desarrollo similar al que se utilizó para hallar el esfuerzo cortante en la viga. Para mostrarlo, se considerará la determinación del flujo cortante a lo largo de la junta donde la parte compuesta en la figura 7-14a se conecta al patín de la viga. Como se muestra en la figura 7-14b, tres fuerzas horizontales deben actuar sobre esta parte. Dos de esas fuerzas, F y $F + dF$, son desarrolladas por esfuerzos normales generados por los momentos M y $M + dM$, respectivamente. La tercera, que por equilibrio es igual a dF, actúa en la junta y tiene que ser soportada por el sujetador. Si se tiene en cuenta que dF es el resultado de dM, entonces, del mismo modo que en el caso de la fórmula del cortante, ecuación 7-1, tenemos:

$$dF = \frac{dM}{I} \int_{A'} y \, dA'$$

La integral representa a Q, es decir, el momento del área sombreada A' en la figura 7-14b respecto al eje neutro de la sección transversal. Como el segmento tiene una longitud dx, el flujo cortante, o fuerza por unidad de longitud a lo largo de la viga, es $q = dF/dx$. Por consiguiente, dividiendo ambos miembros por dx y viendo que $V = dM/dx$, ecuación 6-2, se puede escribir:

$$\boxed{q = \frac{VQ}{I}} \tag{7-6}$$

Aquí,

q = flujo cortante, medido como fuerza por unidad de longitud a lo largo de la viga

V = fuerza cortante interna resultante, determinada con el método de las secciones y las ecuaciones de equilibrio

I = momento de inercia de *toda* la sección transversal calculado con respecto al eje neutro

$Q = \int_{A'} y \, dA' = \bar{y}'A'$, donde A' es el área de la sección transversal del segmento conectado a la viga en la junta donde el flujo cortante ha de ser calculado y $\bar{y}$ es la distancia del eje neutro al centroide de A'

*El significado de la palabra "flujo" se entenderá plenamente cuando estudiemos la sección 7.5.

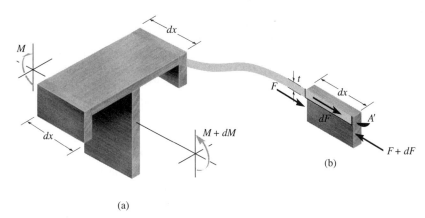

(a)

(b)

Fig. 7-14

La aplicación de esta ecuación sigue el mismo "procedimiento de análisis", tal como se describió en la sección 7.3 para la fórmula del cortante. A este respecto es muy importante identificar correctamente el valor adecuado de Q cuando se va a calcular el flujo cortante en una junta particular de la sección transversal. Unos cuantos ejemplos servirán para ilustrar cómo se hace esto. Considere las secciones transversales de las vigas mostradas en la figura 7-15. Las partes sombreadas están conectadas a la viga por medio de sujetadores de tal modo que el flujo cortante necesario q de la ecuación 7-6 se determina usando un valor de Q calculado por medio de A' y $\bar{y}'$ tal como se indica en cada figura. Advierta que este valor de q será resistido por un *solo* sujetador en las figuras 7-15*a* y 7-15*b*, por *dos* sujetadores en la figura 7-15*c*, y por *tres* sujetadores en la figura 7-15*d*. En otras palabras, el sujetador en las figuras 7-15*a* y 7-15*b* soporta el valor calculado de q y en las figuras 7-15*c* y 7-15*d*, el valor calculado de q es dividido entre 2 y 3, respectivamente.

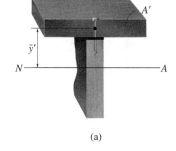

(a)

PUNTOS IMPORTANTES

- El *flujo cortante* es una medida de la fuerza por unidad de longitud a lo largo de un eje longitudinal de una viga. Este valor se halla a partir de la fórmula del cortante y se usa para determinar la fuerza cortante desarrollada en sujetadores y pegamento que mantienen unidos entre sí los varios segmentos de una viga.

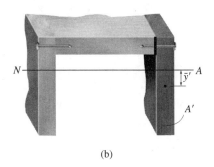

(b)

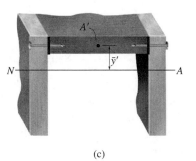

(c)

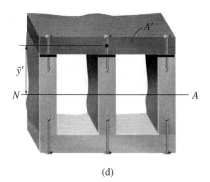

(d)

Fig. 7-15

E J E M P L O 7.4

La viga se va a construir con cuatro tablones pegados entre sí como se muestra en la figura 7-16*a*. Si va a estar sometida a una fuerza cortante $V = 850$ kN, determine el flujo de cortante en B y C que debe resistir el pegamento.

Solución

Propiedades de la sección. El eje neutro (centroide) se localizará con referencia al fondo de la viga, figura 7-16*a*. Con unidades métricas, tenemos:

$$\bar{y} = \frac{\Sigma \bar{y} A}{\Sigma A} = \frac{2[0.15 \text{ m}](0.3 \text{ m})(0.01 \text{ m}) + [0.205 \text{ m}](0.125 \text{ m})(0.01 \text{ m}) + [0.305 \text{ m}](0.250 \text{ m})(0.01 \text{ m})}{2(0.3 \text{ m})(0.01 \text{ m}) + 0.125 \text{ m}(0.01 \text{ m}) + 0.250 \text{ m}(0.01 \text{ m})}$$

$$= 0.1968 \text{ m}$$

El momento de inercia calculado con respecto al eje neutro es:

$$I = 2\left[\frac{1}{12}(0.01 \text{ m})(0.3 \text{ m})^3 + (0.01 \text{ m})(0.3 \text{ m})(0.1968 \text{ m} - 0.150 \text{ m})^2\right]$$

$$+\left[\frac{1}{12}(0.125 \text{ m})(0.01 \text{ m})^3 + (0.125 \text{ m})(0.01 \text{ m})(0.205 \text{ m} - 0.1968 \text{ m})^2\right]$$

$$+\left[\frac{1}{2}(0.250 \text{ m})(0.01 \text{ m})^3 + (0.250 \text{ m})(0.01 \text{ m})(0.305 \text{ m} - 0.1968 \text{ m})^2\right]$$

$$= 87.52(10^{-6}) \text{ m}^4$$

Como el pegamento en B y B' conecta el tablón superior a la viga, figura 7-16*b*, tenemos:

$$Q_B = \bar{y}'_B A'_B = [0.305 \text{ m} - 0.1968 \text{ m}](0.250 \text{ m})(0.01 \text{ m})$$
$$= 0.270(10^{-3}) \text{ m}^3$$

De la misma manera, el pegamento en C y C' conecta el tablón interior a la viga, figura 7-16*b*, por lo que:

$$Q_C = \bar{y}'_C A'_C = [0.205 \text{ m} - 0.1968 \text{ m}](0.125 \text{ m})(0.01 \text{ m})$$
$$= 0.01025(10^{-3}) \text{ m}^3$$

Flujo de cortante. Para B y B' tenemos:

$$q'_B = \frac{VQ_B}{I} = \frac{850 \text{ kN}(0.270(10^{-3}) \text{ m}^3)}{87.52(10^{-6}) \text{ m}^4} = 2.62 \text{ MN/m}$$

Para C y C',

$$q'_C = \frac{VQ_C}{I} = \frac{850 \text{ kN}(0.01025(10^{-3}) \text{ m}^3)}{87.52(10^{-6}) \text{ m}^4} = 0.0995 \text{ MN/m}$$

Como se usan dos juntas de pegamento para conectar cada tablón, el pegamento por metro de longitud de viga en cada junta debe ser suficientemente fuerte para resistir la mitad de cada valor calculado de q'. Entonces,

$$q_B = 1.31 \text{ MN/m y } q_C = 0.0498 \text{ MN/m} \qquad \textit{Resp.}$$

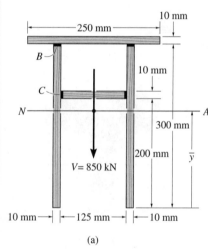

(a)

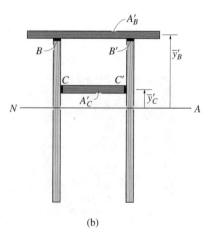

(b)

Fig. 7-16

EJEMPLO 7.5

Una viga en caja se construye con cuatro tablones clavados entre sí, tal como se muestra en la figura 7-17a. Si cada clavo puede soportar una fuerza cortante de 30 lb, determine la separación s máxima entre clavos en B y C para que la viga pueda soportar la fuerza vertical de 80 lb.

Solución

Fuerza cortante interna. Si la viga se secciona en un *punto arbitrario* a lo largo de su longitud, la fuerza cortante interna requerida por equilibrio es siempre $V = 80$ lb; el diagrama de fuerza cortante se muestra en la figura 7-17b.

Propiedades de la sección. El momento de inercia de la sección transversal respecto al eje neutro puede evaluarse considerando un cuadrado de 7.5 × 7.5 pulg menos un cuadrado de 4.5 × 4.5 pulg.

$$I = \frac{1}{12}(7.5 \text{ pulg})(7.5 \text{ pulg})^3 - \frac{1}{12}(4.5 \text{ pulg})(4.5 \text{ pulg})^3 = 229.5 \text{ pulg}^4$$

El flujo de cortante en B se determina usando la Q_B calculada con el área de sombreado oscuro mostrada en la figura 7-17c. Es esta porción "simétrica" de la viga la que debe "ligarse" al resto de la viga por medio de clavos en el lado izquierdo y por las fibras del tablón en el lado derecho. Así,

$$Q_B = \overline{y}'A' = [3 \text{ pulg}](7.5 \text{ pulg})(1.5 \text{ pulg}) = 33.75 \text{ pulg}^3$$

De la misma manera, el flujo de cortante en C puede evaluarse usando el área "simétrica" sombreada mostrada en la figura 7-17d. Tenemos:

$$Q_C = \overline{y}'A' = [3 \text{ pies}](4.5 \text{ pies})(1.5 \text{ pies}) = 20.25 \text{ pies}^3$$

Flujo de cortante.

$$q_B = \frac{VQ_B}{I} = \frac{80 \text{ lb}(33.75 \text{ pulg}^3)}{229.5 \text{ pulg}^4} = 11.76 \text{ lb/pulg}$$

$$q_C = \frac{VQ_C}{I} = \frac{80 \text{ lb}(20.25 \text{ pulg}^3)}{229.5 \text{ pulg}^4} = 7.059 \text{ lb/pulg}$$

Estos valores representan la fuerza cortante por longitud unitaria de la viga que debe ser resistida por los clavos en B y por las fibras en B', figura 7-17c, y por los clavos en C y las fibras en C', figura 7-17d, respectivamente. Como en cada caso el flujo de cortante es resistido en *dos* superficies y cada clavo puede resistir 30 lb, la separación para B es:

$$s_B = \frac{30 \text{ lb}}{(11.76/2) \text{ lb/pulg}} = 5.10 \text{ pulg} \quad \text{Use } s_B = 5 \text{ pulg} \quad \textit{Resp.}$$

La separación para C es:

$$s_C = \frac{30 \text{ lb}}{(7.059/2) \text{ lb/pulg}} = 8.50 \text{ pulg} \quad \text{Use } s_C = 8.5 \text{ pulg} \quad \textit{Resp.}$$

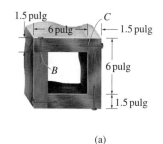

(a)

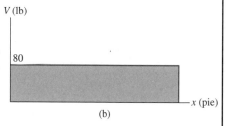

(b)

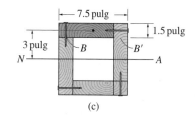

(c)

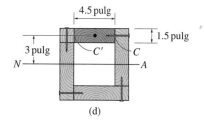

(d)

Fig. 7-17

E J E M P L O 7.6

Se usan clavos, con una resistencia total al cortante de 40 lb, en una viga que puede construirse como en el caso I o como en el caso II, figura 7-18. Si los clavos están espaciados a 9 pulg, determine la fuerza cortante vertical máxima que puede soportar la viga en cada caso sin que ocurra la falla por cortante en los clavos.

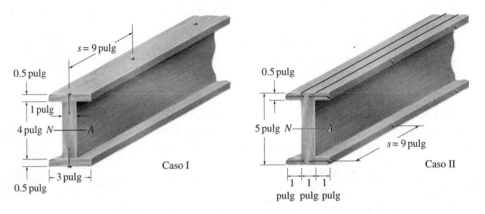

Fig. 7-18

Solución

Dado que la geometría es la misma en ambos casos, el momento de inercia respecto al eje neutro es:

$$I = \frac{1}{12}(3 \text{ pulg})(5 \text{ pulg})^3 - 2\left[\frac{1}{12}(1 \text{ pulg})(4 \text{ pulg})^3\right] = 20.58 \text{ pulg}^4$$

Caso I. En este diseño, una simple hilera de clavos conecta cada patín al alma. Para uno de los patines,

$$Q = \bar{y}'A' = [2.25 \text{ pulg}](3 \text{ pulg}(0.5 \text{ pulg})) = 3.375 \text{ pulg}^3$$

por lo que

$$q = \frac{VQ}{I}$$

$$\frac{40 \text{ lb}}{9 \text{ pulg}} = \frac{V(3.375 \text{ pulg}^3)}{20.58 \text{ pulg}^4}$$

$$V = 27.1 \text{ lb} \qquad\qquad Resp.$$

Caso II. Aquí, una simple hilera de clavos conecta uno de los tablones laterales al alma. Entonces,

$$Q = \bar{y}'A' = [2.25 \text{ pulg}](1 \text{ pulg}(0.5 \text{ pulg})) = 1.125 \text{ pulg}^3$$

$$q = \frac{VQ}{I}$$

$$\frac{40 \text{ lb}}{9 \text{ pulg}} = \frac{V(1.125 \text{ pulg}^3)}{20.58 \text{ pulg}^4}$$

$$V = 81.3 \text{ lb} \qquad\qquad Resp.$$

PROBLEMAS

*7.36. La viga está construida con tres tablones. Si está sometida a una fuerza cortante $V = 5$ klb, determine la separación s de los clavos usados para mantener los patines superior e inferior unidos al alma. Cada clavo puede soportar una fuerza cortante de 500 lb.

7-37. La viga está construida con tres tablones. Determine la fuerza cortante máxima V que puede soportar si el esfuerzo cortante permisible para la madera es $\tau_{perm} = 400$ lb/pulg². ¿Cuál es el espaciamiento requerido s de los clavos si cada clavo puede resistir una fuerza cortante de 400 lb?

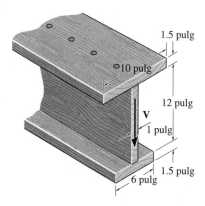

Probs. 7-36/37

7-38. La viga está hecha de cuatro piezas de plástico pegadas entre sí como se muestra. Si el pegamento tiene una resistencia permisible de 400 lb/pulg², determine la fuerza cortante máxima que la viga puede resistir.

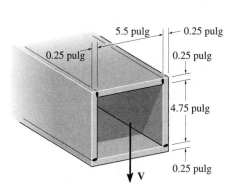

Prob. 7-38

7-39. La viga en caja está hecha de cuatro piezas de plástico pegadas, como se muestra. Si la fuerza cortante es $V = 2$ klb, determine el esfuerzo cortante resistido por el pegamento en cada una de las uniones.

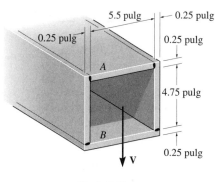

Prob. 7-39

*7-40. La viga está sometida a una fuerza cortante $V = 800$ N. Determine el esfuerzo cortante promedio desarrollado en los clavos a lo largo de los lados A y B cuando la separación entre los clavos es $s = 100$ mm. Cada clavo tiene un diámetro de 2 mm.

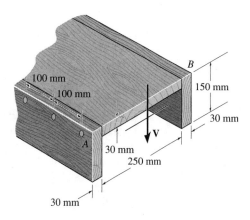

Prob. 7-40

7-41. La viga doble T se fabrica soldando las tres placas entre sí como se muestra. Determine el esfuerzo cortante en la soldadura necesaria para soportar una fuerza cortante $V = 80$ kN.

7-42. La viga doble T se fabrica soldando las tres placas entre sí como se muestra. Si la soldadura puede resistir un esfuerzo cortante $\tau_{\text{perm}} = 90$ MPa, determine la fuerza cortante máxima que puede aplicarse a la viga.

7-45. La viga está hecha con tres tiras de poliestireno pegadas entre sí como se muestra. Si el pegamento tiene una resistencia al cortante de 80 kPa, determine la carga máxima P que puede aplicarse a la viga sin que el pegamento pierda su adherencia.

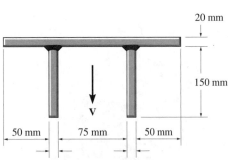

Probs. 7-41/42

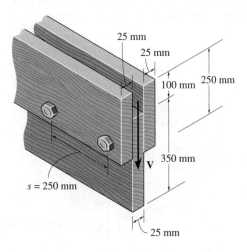

Prob. 7-45

7-43. La trabe de doble alma se construye con dos hojas de madera contrachapada unidas a miembros de madera en sus partes superior e inferior. Si cada perno puede soportar 600 lb en cortante simple, determine la separación s requerida entre pernos para soportar la carga $P = 3000$ lb. Suponga que A es una articulación y B un rodillo.

*7-44. La trabe de doble alma se construye con dos hojas de madera contrachapada unidas a miembros de madera en sus partes superior e inferior. El esfuerzo de flexión permisible para la madera es $\sigma_{\text{perm}} = 8$ klb/pulg² y el esfuerzo cortante permisible es $\tau_{\text{perm}} = 3$ klb/pulg². Si los pernos están colocados a $s = 6$ pulg y cada uno puede soportar 600 lb en cortante simple, determine la carga máxima P que puede aplicarse a la viga.

7-46. Una viga se construye con tres tablones unidos entre sí como se muestra. Determine la fuerza cortante desarrollada en cada perno cuando la separación entre éstos es $s = 250$ mm y la fuerza cortante aplicada $V = 35$ kN.

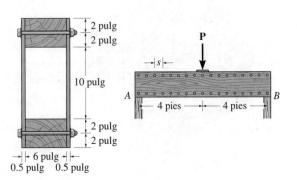

Probs. 7-43/44

Prob. 7-46

7-47. La viga en caja se construye con cuatro tablones unidos por medio de clavos espaciados a lo largo de la viga cada 2 pulg. Si cada clavo puede resistir una fuerza cortante de 50 lb, determine la fuerza cortante máxima V que puede aplicarse a la viga sin que fallen los clavos.

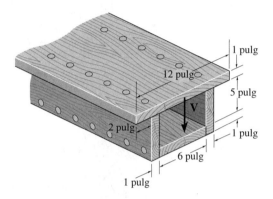

Prob. 7-47

*■**7-48.** Una viga de madera está hecha con n tablones, cada uno con sección transversal rectangular. Escriba un programa de computadora que sirva para determinar el esfuerzo cortante máximo en la viga cuando está sometida a cualquier fuerza cortante V. Muestre la aplicación del programa usando una sección transversal que consista en una "T" y una caja (doble T cerrada).

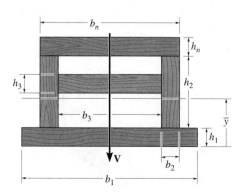

Prob. 7-48

■**7-49.** La viga T de madera está sometida a una carga que consiste en n fuerzas concentradas P_n. Si se conoce la fuerza cortante permisible V_{clavo} para cada clavo, escriba un programa de computadora que especifique la separación de los clavos entre cada carga. Aplique el programa a los siguientes datos: $L = 15$ pies, $a_1 = 4$ pies, $P_1 = 600$ lb, $a_2 = 8$ pies, $P_2 = 1500$ lb, $b_1 = 1.5$ pulg, $h_1 = 10$ pulg, $b_2 = 8$ pulg, $h_2 = 1$ pulg y $V_{clavo} = 200$ lb.

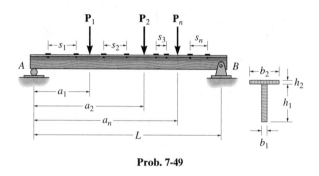

Prob. 7-49

7-50. La viga en caja se construye con cuatro tablones unidos por medio de clavos espaciados a lo largo de la viga cada 2 pulg. Si cada clavo puede resistir una fuerza cortante de 50 lb, determine la fuerza máxima P que puede aplicarse a la viga sin que fallen los clavos.

7-51. La viga en caja se construye con cuatro tablones unidos por medio de clavos espaciados a lo largo de la viga cada 2 pulg. Si se aplica a la viga una fuerza $P = 2$ klb, determine la fuerza cortante resistida por cada clavo en A y B.

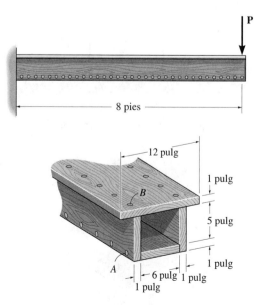

Probs. 7-50/51

*7-52. La viga está construida con tres tablones. Si está sometida a las cargas $P = 5$ klb, determine la separación s entre los clavos dentro de las regiones AC, CD y DB usados para conectar los patines superior e inferior al alma. Cada clavo puede resistir una fuerza cortante de 500 lb.

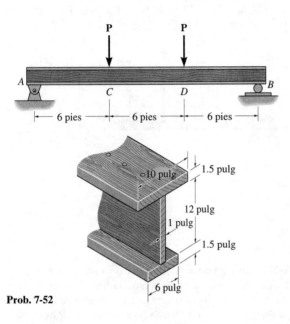

Prob. 7-52

7-53. La viga está construida con tres tablones. Determine las cargas máximas P que puede soportar si el esfuerzo cortante permisible para la madera es $\tau_{\text{perm}} = 400$ lb /pulg². ¿Cuál es la separación s requerida entre clavos para conectar los patines superior e inferior al alma si cada clavo puede resistir una fuerza cortante de 400 lb?

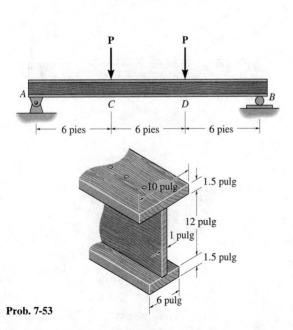

Prob. 7-53

7-54. El miembro consiste en dos canales de plástico de 0.5 pulg de espesor, unidas entre sí en A y B. Si el pegamento puede soportar un esfuerzo cortante permisible $\tau_{\text{perm}} = 600$ lb/pulg², determine la intensidad w_0 máxima de la carga distribuida triangular que puede aplicarse al miembro con base en la resistencia del pegamento.

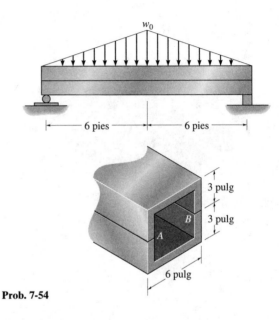

Prob. 7-54

7-55. La viga consiste en dos canales de plástico de 0.5 pulg de espesor, pegadas entre sí en A y B. Si la carga distribuida tiene una intensidad máxima $w_0 = 3$ klb/pie, determine el esfuerzo cortante máximo resistido por el pegamento.

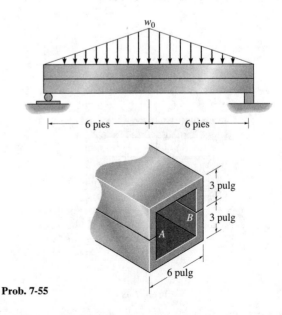

Prob. 7-55

7.5 Flujo cortante en miembros de pared delgada

En la sección anterior desarrollamos la ecuación del flujo cortante, $q = VQ/I$, y mostramos cómo usarla para determinar el flujo cortante que actúa a lo largo de cualquier plano longitudinal de un miembro. En esta sección mostraremos cómo aplicar esta ecuación para encontrar la *distribución* del flujo cortante a través de la sección transversal de un miembro. Supondremos aquí que el miembro tiene *paredes delgadas*, es decir, que el espesor de las paredes es pequeño en comparación con la altura o ancho del miembro. Como veremos en la siguiente sección, este análisis tiene importantes aplicaciones en el diseño estructural y mecánico.

Antes de determinar la distribución del flujo cortante sobre una sección transversal, mostraremos cómo el flujo cortante está relacionado con el esfuerzo cortante. Consideremos el segmento dx de la viga de patín ancho en la figura 7-19a. En la figura 7-19b se muestra un diagrama de cuerpo libre de una porción del patín. La fuerza dF es generada a lo largo de la sección longitudinal sombreada para equilibrar las fuerzas normales F y $F + dF$ generadas por los momentos M y $M + dM$, respectivamente. Como el segmento tiene una longitud dx, entonces el flujo cortante o fuerza por unidad de longitud a lo largo de la sección es $q = dF/dx$. Debido a que la pared del patín es *delgada*, el esfuerzo cortante τ no variará mucho sobre el espesor t de la sección; supondremos por ello que es *constante*. De aquí, $dF = \tau\, dA = \tau(t\, dx) = q\, dx$, o

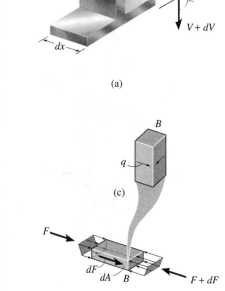

(a)

(c)

(b)

$$q = \tau t \qquad (7\text{-}7)$$

Este mismo resultado puede obtenerse comparando la ecuación del flujo cortante, $q = VQ/I$, con la fórmula del cortante $\tau = VQ/It$.

Igual que el esfuerzo cortante, el flujo cortante también actúa tanto en los planos longitudinales como transversales. Por ejemplo, si se aísla (figura 7-19c) el elemento de esquina situado en el punto B de la figura 7-19b, el flujo cortante actúa como se muestra sobre la cara lateral del elemento. Aunque existe, *despreciaremos* la componente vertical transversal del flujo cortante porque, como se muestra en la figura 7-19d, esta componente, igual que el esfuerzo cortante, es aproximadamente cero a través del espesor del elemento. Esto es debido a que las paredes se suponen delgadas y a que las superficies superior e inferior están libres de esfuerzo. Para resumir, sólo se considerará la componente del flujo cortante que actúa *paralelamente* a las paredes del miembro.

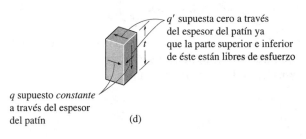

Fig. 7-19

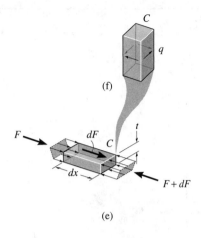

(f)

(e)

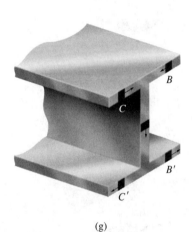

(g)

Fig. 7-19 (cont.)

Mediante un análisis similar, el aislamiento del segmento izquierdo del patín superior, figura 7-19e, establecerá la dirección correcta del flujo cortante sobre el elemento C del segmento, figura 7-19f. Usando este método demuestre que el flujo cortante en los puntos B' y C' correspondientes en el patín inferior está dirigido según se muestra en la figura 7-19g.

Este ejemplo ilustra cómo se puede establecer la dirección del flujo cortante en cualquier punto de la sección transversal de la viga. Mediante la fórmula del flujo cortante, $q = VQ/I$, en seguida se mostrará cómo se determina la distribución del flujo cortante en toda la sección transversal. Es de esperar que esta fórmula dé resultados razonables para el flujo cortante, puesto que, según lo expuesto en la sección 7.3, la precisión de esta ecuación mejora en el caso de miembros con secciones rectangulares delgadas. No obstante, para cualquier aplicación, la fuerza cortante **V** debe actuar a lo largo de un eje de simetría o eje centroidal principal de inercia de la sección transversal.

En primer lugar se determinará la distribución del flujo cortante a lo largo del patín superior derecho de la viga de patín ancho mostrada en la figura 7-20a. Para ello, considérese el flujo cortante q, que actúa sobre el elemento más sombreado localizado a una distancia arbitraria x de la línea central de la sección transversal, figura 7-20b. Se determina usando la ecuación 7-6 con $Q = \bar{y}'A' = [d/2](b/2 - x)t$. Así,

$$q = \frac{VQ}{I} = \frac{V[d/2]((b/2) - x)t}{I} = \frac{Vt\,d}{2I}\left(\frac{b}{2} - x\right) \qquad (7\text{-}8)$$

Por inspección, se ve que esta distribución es *lineal* y que varía desde $q = 0$ en $x = b/2$ hasta $(q_{\text{máx}})_f = Vt\,db/4I$ en $x = 0$. (La limitación de $x = 0$ es factible en este caso, puesto que se supone que el miembro tiene "paredes delgadas" y, por consiguiente, se desprecia el espesor del alma.) Por simetría, un análisis similar da la misma distribución de flujo cortante para los otros patines; los resultados se muestran en la figura 7-20d.

La fuerza total desarrollada en las porciones izquierda y derecha de un patín se puede determinar mediante integración. Como la fuerza sobre el elemento más sombreado en la figura 7-20b es $dF = q\,dx$, entonces

$$F_f = \int q\,dx = \int_0^{b/2} \frac{Vt\,d}{2I}\left(\frac{b}{2} - x\right) dx = \frac{Vt\,db^2}{16I}$$

Asimismo, este resultado se puede determinar calculando el área bajo el triángulo en la figura 7-20d ya que q es una distribución de fuerza por unidad de longitud. Por consiguiente,

$$F_f = \frac{1}{2}(q_{\text{máx}})_f\left(\frac{b}{2}\right) = \frac{Vt\,db^2}{16I}$$

En la figura 7-20e se muestran las cuatro fuerzas que actúan en los patines y por su dirección se deduce que se mantiene el equilibrio de las fuerzas horizontales en la sección transversal.

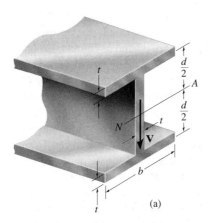

(a)

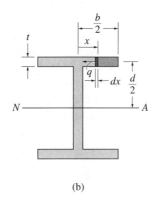

(b)

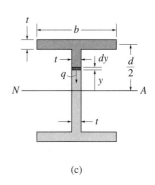

(c)

Para el alma se puede realizar un análisis similar, figura 7-20c. En este caso se tiene $Q = \Sigma \bar{y}'A' = [d/2](bt) + [y + (1/2)(d/2 - y)]t(d/2 - y) = bt\,d/2 + (d^2/4 - y^2)$, así que:

$$q = \frac{VQ}{I} = \frac{Vt}{I}\left[\frac{db}{2} + \frac{1}{2}\left(\frac{d^2}{4} - y^2\right)\right] \qquad (7\text{-}9)$$

Para el alma, el flujo cortante, al igual que el esfuerzo cortante, varía de manera *parabólica*, de $q = 2(q_{máx})_f = Vt\,db/2I$ en $y = d/2$ hasta un máximo de $q = (q_{máx})_{alma} = (Vt\,d/I)(b/2 + d/8)$ en $y = 0$, figura 7-20d.

Para determinar la fuerza en el alma, F_{alma}, hay que integrar la ecuación 7-9, es decir,

$$
\begin{aligned}
F_{alma} &= \int q\,dy = \int_{-d/2}^{d/2} \frac{Vt}{I}\left[\frac{db}{2} + \frac{1}{2}\left(\frac{d^2}{4} - y^2\right)\right] dy \\
&= \frac{Vt}{I}\left[\frac{db}{2}y + \frac{1}{2}\left(\frac{d^2}{4}y - \frac{1}{3}y^3\right)\right]\Bigg|_{-d/2}^{d/2} \\
&= \frac{Vtd^2}{4I}\left(2b + \frac{1}{3}d\right)
\end{aligned}
$$

Es posible una simplificación si se observa que el momento de inercia para el área de la sección transversal es:

$$I = 2\left[\frac{1}{12}bt^3 + bt\left(\frac{d}{2}\right)^2\right] + \frac{1}{12}td^3$$

Si se desprecia el primer término, en vista de que el espesor de los patines es pequeño, se obtiene:

$$I = \frac{td^2}{4}\left(2b + \frac{1}{3}d\right)$$

Sustituyendo en la ecuación anterior, vemos que $F_{alma} = V$, lo que era de esperarse, figura 7-20e.

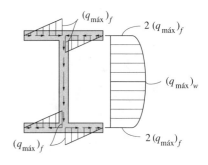

Distribución de flujo cortante

(d)

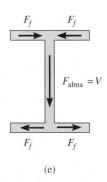

(e)

Fig. 7-20

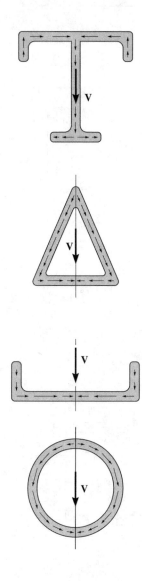

Flujo cortante q

Fig. 7-21

En el análisis anterior se observan tres puntos importantes. Primero, el valor de q cambia a lo largo de la sección transversal, puesto que Q será diferente para cada segmento de área A' para el cual se calcula. En particular, q variará *linealmente* a lo largo de segmentos (patines) *perpendiculares* a la dirección de **V**, y *parabólicamente* a lo largo de segmentos (alma) *inclinados o paralelos* a **V**. Segundo, *q siempre actuará paralelamente a las paredes* del miembro, puesto que la sección en la cual se calcula q se escoge perpendicular a las paredes. Y tercero, el *sentido direccional* de q es tal que el cortante parece "fluir" a través de la sección transversal, *hacia el interior* en el patín superior de la viga, "combinándose" y luego "fluyendo" *hacia abajo* por el alma, en vista de que debe contribuir a la fuerza cortante **V**, y en seguida separándose y "fluyendo" *hacia afuera* en el patín inferior. Si se es capaz de "visualizar" este "flujo", esto proporcionará un método fácil para establecer no sólo la dirección de q, sino *también* la dirección correspondiente de τ. En la figura 7-21 se muestran otros ejemplos de cómo q se dirige a lo largo de segmentos de miembros de pared delgada. En todos los casos, la simetría prevalece respecto a un eje colineal con **V**, y en consecuencia, q "fluye" en una dirección tal que proporcionará las componentes necesarias de fuerza vertical equivalentes a **V** y además también cumplirá con los requisitos de equilibrio de fuerzas horizontales en la sección transversal.

PUNTOS IMPORTANTES

- Si un miembro está hecho con segmentos de pared delgada, sólo el flujo cortante *paralelo* a las paredes del miembro es importante.

- El flujo cortante varía *linealmente* a lo largo de segmentos que son *perpendiculares* a la dirección de la fuerza cortante **V**.

- El flujo cortante varía *parabólicamente* a lo largo de segmentos que están *inclinados* o son *paralelos* a la dirección de la fuerza cortante **V**.

- En la sección transversal, el cortante "fluye" a lo largo de los segmentos de manera que él contribuye a la fuerza cortante **V** y satisface el equilibrio de fuerzas horizontales y verticales.

EJEMPLO 7.7

La viga en caja de pared delgada en la figura 7-22a está sometida a una fuerza cortante de 10 klb. Determine la variación del flujo cortante en la sección transversal.

Solución

Por simetría, el eje neutro pasa por el centro de la sección transversal. El momento de inercia es:

$$I = \frac{1}{12}(6\text{ pulg})(8\text{ pulg})^3 - \frac{1}{12}(4\text{ pulg})(6\text{ pulg})^3 = 184\text{ pulg}^4$$

Sólo tiene que determinarse el flujo de cortante en los puntos B, C y D. Para el punto B, el área $A' \approx 0$, figura 7-22b, ya que puede considerarse que está localizada totalmente en el punto B. Alternativamente, A' puede también representar *toda* el área de la sección transversal, y en este caso $Q_B = \bar{y}'A' = 0$, ya que $\bar{y}' = 0$. Puesto que $Q_B = 0$, entonces:

$$q_B = 0$$

Para el punto C, el área A' se muestra con sombreado más oscuro en la figura 7-22c. Aquí hemos usado las dimensiones medias, ya que el punto C está sobre la línea central de cada segmento. Tenemos:

$$Q_C = \bar{y}'A' = (3.5\text{ pulg})(5\text{ pulg})(1\text{ pulg}) = 17.5\text{ pulg}^3$$

Así,

$$q_C = \frac{VQ_C}{I} = \frac{10\text{ klb}(17.5\text{ pulg}^3/2)}{184\text{ pulg}^4} = 0.951\text{ klb/pulg}$$

El flujo cortante en D se calcula usando los tres rectángulos oscuros mostrados en la figura 7-22d. Tenemos:

$$Q_D = \Sigma\bar{y}'A' = 2[2\text{ pulg}](1\text{ pulg})(4\text{ pulg}) + [3.5\text{ pulg}](4\text{ pulg})(1\text{ pulg}) - 30\text{ pulg}^3$$

de manera que

$$q_D = \frac{VQ_D}{I} = \frac{10\text{ klb}(30\text{ pulg}^3/2)}{184\text{ pulg}^4} = 1.63\text{ klb/pulg}$$

Con estos resultados y aprovechando la simetría de la sección transversal, graficamos la distribución del flujo de cortante que se muestra en la figura 7-22e. Como se esperaba, la distribución es lineal a lo largo de los segmentos horizontales (perpendicular a **V**) y parabólica a lo largo de los segmentos verticales (paralela a **V**).

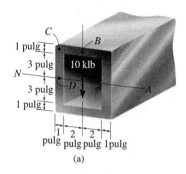
(a)

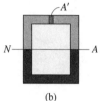
(b)

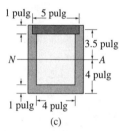
(c)

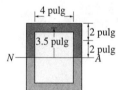
(d)

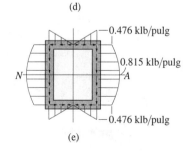
(e)

Fig. 7-22

*7.6 Centro de cortante

En la sección anterior se supuso que la fuerza cortante interna **V** estaba aplicada a lo largo de un eje centroidal principal de inercia que también representa un *eje de simetría* de la sección transversal. En esta sección se considerará el efecto de aplicar la fuerza cortante a lo largo de un eje centroidal principal que *no* es un eje de simetría. Como antes, se analizarán sólo miembros de pared delgada, de modo que se usarán las dimensiones de la línea central de las paredes de los miembros. Un ejemplo representativo de este caso es una canal en voladizo, mostrada en la figura 7-23a, y sometida a la fuerza **P**. Si esta fuerza se aplica a lo largo del eje inicialmente vertical asimétrico que pasa por el *centroide C* de la sección transversal, la canal no sólo se flexionará hacia abajo, sino que *también se torcerá* en sentido horario como se muestra en la figura.

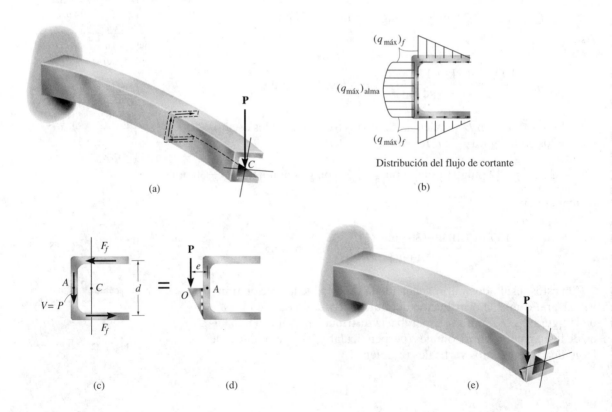

(a)

(b)

$(q_{máx})_f$

$(q_{máx})_{alma}$

$(q_{máx})_f$

Distribución del flujo de cortante

(c)   (d)   (e)

Fig. 7-23

Para entender por qué se tuerce la canal, es necesario estudiar la distribución del flujo cortante a lo largo de los patines y el alma de la canal, figura 7-23b. Cuando esta distribución se integra sobre las áreas de los patines y alma, obtenemos fuerzas resultantes F_f en cada patín y una fuerza $V = P$ en el alma, figura 7-23c. Si se suman los momentos de esas fuerzas con respecto al punto A, puede verse que el par generado por las fuerzas en los patines es responsable de la torsión del miembro. La torsión es horaria cuando se observa desde el frente de la viga como se muestra en la figura 7-23a, ya que las fuerzas F_f reactivas de "equilibrio" interno son las que ocasionan la torsión. Para *prevenir* esta torsión es necesario, por tanto, aplicar **P** en un punto O situado a una distancia e del alma de la canal, figura 7-23d. Se requiere que $\Sigma M_A = F_f d = Pe$, lo que da

$$e = \frac{F_f d}{P}$$

Con el método visto en la sección 7.5 se pueden evaluar las fuerzas F_f en términos de $P \, (=V)$ y de las dimensiones de los patines y del alma. Una vez hecho esto, P se elimina después de sustituirla en la ecuación anterior y e se puede expresar simplemente como una función de la posición de la geometría de la sección transversal y no como una función de P o de su posición a lo largo de la longitud de la viga (vea el ejemplo 7-9). El punto O así localizado se llama **centro de cortante** o **centro de flexión**. Cuando **P** se aplica en el centro de cortante, la **viga se flexionará sin torcerse**, como se muestra en la figura 7-23e. Los manuales de diseño a menudo dan la posición de este punto para una amplia variedad de vigas con secciones transversales de pared delgada que son de uso común en la práctica.

Al efectuar este análisis, debe observarse que el **centro de cortante siempre quedará en un eje de simetría** de la sección transversal del miembro. Por ejemplo, si la canal en la figura 7-23a se gira 90° y **P** se aplica en A, figura 7-24a, no habrá torsión puesto que el flujo cortante en el alma y en los patines es *simétrico* en este caso, y por consiguiente las fuerzas resultantes en estos elementos no generarán momento con respecto a A, figura 7-24b. Es claro que si un miembro tiene una sección transversal con *dos* ejes de simetría, como en el caso de una viga de patín ancho, el centro de cortante coincidirá entonces con la intersección de estos dos ejes (centroide).

Demostración de cómo una viga en voladizo se deflexiona cuando se carga a través del centroide (arriba) y a través del centro de cortante (abajo).

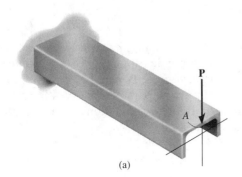

(a)

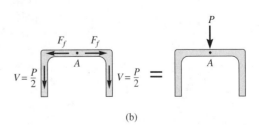

(b)

Fig. 7-24

PUNTOS IMPORTANTES

- El *centro de cortante* es el punto a través del cual una fuerza puede aplicarse y generar flexión en una viga sin que se tuerza.

- El centro de cortante se encuentra siempre sobre un eje de simetría de la sección transversal.

- La posición del centro de cortante es sólo una función de la geometría de la sección transversal y no depende de la carga aplicada.

PROCEDIMIENTO DE ANÁLISIS

La posición del centro de cortante para un miembro de pared delgada para el cual el cortante interno está en la *misma dirección* que un eje centroidal principal de la sección transversal puede ser determinada usando el siguiente procedimiento.

Resultantes del flujo de cortante.

- Determine la dirección de los "flujos" de cortante a través de los diversos segmentos de la sección transversal e indique las fuerzas resultantes en cada segmento de ésta. (Vea la figura 7-23*c*.) Como el centro de cortante se determina considerando los momentos de estas fuerzas resultantes respecto a un punto (*A*), escoja este punto en un lugar que elimine los momentos de tantas fuerzas resultantes como sea posible.

- Las magnitudes de las fuerzas resultantes que generan un momento respecto a *A* deben entonces calcularse. Para cualquier segmento, esto se hace determinando el flujo de cortante *q* en un punto arbitrario del mismo y luego integrando *q* a lo largo de su longitud. Recuerde que **V** genera una variación *lineal* del flujo de cortante en segmentos *perpendiculares* a **V** y una variación *parabólica* en segmentos *paralelos* o *inclinados* con relación a **V**.

Centro de cortante.

- Sume los momentos de las resultantes del flujo cortante respecto al punto *A* e iguale este momento al momento de **V** respecto a *A*. Resolviendo esta ecuación se puede determinar la distancia *e* del brazo de palanca, que localiza la línea de acción de **V** respecto a *A*.

- Si la sección transversal tiene un *eje de simetría*, el centro de cortante queda en el punto donde este eje interseca la línea de acción de **V**. Sin embargo, si no se tienen ejes de simetría, gire la sección 90° y repita el proceso para obtener otra línea de acción para **V**. El centro de cortante queda entonces en el punto de intersección de las dos líneas a 90°.

E J E M P L O   7.8

La canal mostrada en la figura 7-23*a* está sometida a una fuerza cortante de 20 kN. Determine el flujo de cortante en los puntos *B, C* y *D* y trace la distribución del flujo cortante en la sección transversal. Calcule también la fuerza resultante en cada región de la sección transversal.

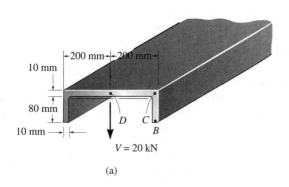

(a)

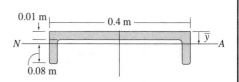

(b)

Solución

Localizaremos primero el eje neutro y determinaremos el momento de inercia de la sección transversal. Para esto, la sección transversal será subdividida en tres rectángulos, figura 7-23*b*. Usando unidades métricas, la posición del eje neutro, medida desde la parte superior, es:

$$\bar{y} = \frac{\Sigma \bar{y}A}{\Sigma A} = \frac{[0.005\ \text{m}](0.4\ \text{m})(0.01\ \text{m}) + 2\,[[0.05\ \text{m}](0.08\ \text{m})(0.01\ \text{m})]}{0.4\ \text{m}(0.01\ \text{m}) + 2(0.08\ \text{m})(0.01\ \text{m})} = 0.01786\ \text{m}$$

El momento de inercia respecto al eje neutro es entonces:

$$I = \left[\frac{1}{12}(0.4\ \text{m})(0.01\ \text{m})^3 + (0.4\ \text{m})(0.01\ \text{m})(0.01786\ \text{m} - 0.005\ \text{m})^2\right]$$

$$+ 2\left[\frac{1}{12}(0.01\ \text{m})(0.08\ \text{m})^3 + (0.08\ \text{m})(0.01\ \text{m})(0.05\ \text{m} - 0.001786\ \text{m})^2\right]$$

$$= 3.20(10^{-6})\ \text{m}^4$$

Como $A' = 0$ para el punto *B*, figura 7-23*a*, entonces $Q_B = 0$, y por tanto:

$$q_B = 0 \qquad\qquad Resp.$$

Para determinar el flujo cortante en *C*, que está localizado sobre la *línea central* del lado corto de la canal, usamos el área con sombra oscura mostrada en la figura 7-23c. Entonces,

$$Q_C = \bar{y}_C' A_C' = [0.085\ \text{m}/2 - 0.01286\ \text{m}](0.085\ \text{m})(0.01\ \text{m})$$

$$= 25.19(10^{-6})\ \text{m}^3$$

por lo que

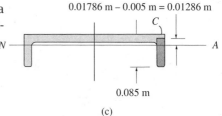

(c)

Fig. 7-23

$$q_C = \frac{VQ_C}{I} = \frac{20\ \text{kN}(25.19)(10^{-6})\ \text{m}^3}{3.20(10^{-6})\ \text{m}^4} = 157\ \text{kN/m} \qquad Resp.$$

Continúa

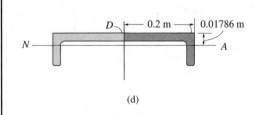

(d)

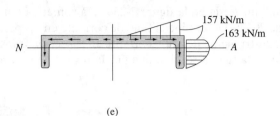

(e)

Para el punto D, consideraremos el área A' con sombra oscura en la figura 7-23d como la suma de dos rectángulos. Para calcular Q_D, asignamos un valor *negativo* a $\bar{y}'$ del rectángulo vertical, ya que su centroide está por *debajo* del eje neutro y asignamos un valor *positivo* a $\bar{y}'$ del otro rectángulo, ya que la $\bar{y}'$ de su centroide está por *arriba* de este eje. Así,

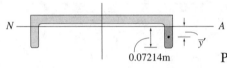

(f)

$$Q'_D = \Sigma\bar{y}'A' = -[0.09\ \text{m}/2 - 0.01786\ \text{m}](0.09\ \text{m})(0.01\ \text{m})$$
$$= +[0.01786\ \text{m} - 0.005\ \text{m}](0.19\ \text{m})(0.01\ \text{m}) = 0$$

Por tanto,

$$q_D = \frac{VQ_D}{I} = \frac{20\ \text{kN}(0)}{3.20(10^{-6})\text{m}^4} = 0$$

En la figura 7-23e se muestra el flujo de cortante en toda la sección transversal, de acuerdo con la dirección de **V**. Como dijimos antes, la intensidad de q varía linealmente a lo largo del segmento horizontal y luego varía parabólicamente a lo largo del segmento vertical. El flujo de cortante máximo se presenta al nivel del eje neutro y puede determinarse usando el área con sombra oscura mostrada en la figura 7-23f

$$Q = \bar{y}'A' = \left(\frac{0.07214\ \text{m}}{2}\right)(0.07214\ \text{m})(0.01\ \text{m}) = 26.02(10^{-6})\ \text{m}^3$$

Por consiguiente,

$$q_{\text{máx}} = \frac{VQ}{I} = \frac{20\ \text{kN}(23.02)(10^{-6})\ \text{m}^3)}{3.20(10^{-6})\ \text{m}^4} = 163\ \text{kN/m}$$

Por equilibrio de la sección transversal, la fuerza en cada segmento vertical debe ser:

$$F_\nu = \frac{V}{2} = 10\ \text{kN} \hspace{2cm} \textit{Resp.}$$

que es equivalente al área bajo la distribución parabólica de q. Las fuerzas en cada segmento horizontal pueden determinarse por integración, o de manera más directa, encontrando el área bajo la distribución triangular de q, figura 7-23e. Tenemos:

$$F_h = \frac{1}{2}(0.195\ \text{m})(157\ \text{kN/m}) = 15.4\ \text{kN} \hspace{1cm} \textit{Resp.}$$

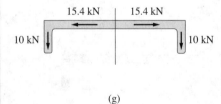

(g)

Estos resultados se muestran en la figura 7-23g.

E J E M P L O **7.9**

Determine la posición del centro de cortante para la sección en canal de pared delgada con las dimensiones mostradas en la figura 7-25a.

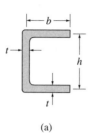

(a)

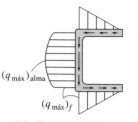

Distribución del flujo cortante

(b)

Solución

Resultantes del flujo de cortante. Una fuerza cortante **V** vertical hacia abajo aplicada a la sección ocasiona que el cortante fluya a través de los patines y alma según se muestra en la figura 7-25b. Esto genera fuerzas resultantes F_f y V en los patines y alma como se muestra en la figura 7-25c. Tomaremos momentos respecto al punto A de modo que sólo tenga que determinarse la fuerza F_f en el patín inferior.

El área de la sección transversal puede subdividirse en tres rectángulos componentes: un alma y dos patines. Como se supone que las componentes son delgadas, el momento de inercia del área respecto al eje neutro es:

$$I = \frac{1}{12}th^3 + 2\left[bt\left(\frac{h}{2}\right)^2\right] = \frac{th^2}{2}\left(\frac{h}{6} + b\right)$$

De la figura 7-25d, q en la posición arbitraria x es:

$$q = \frac{VQ}{I} = \frac{V(h/2)[b - x]t}{(th^2/2)[(h/6) + b]} = \frac{V(b - x)}{h[(h/6) + b]}$$

Por consiguiente, la fuerza F_f es:

$$F_f = \int_0^b q\,dx = \frac{V}{h[(h/6) + b]}\int_0^b (b - x)\,dx = \frac{Vb^2}{2h[(h/6) + b]}$$

Este mismo resultado puede también obtenerse encontrando primero $(q_{máx})_f$, figura 7-25b, y luego determinando el área triangular $\frac{1}{2}b\,(q_{máx})_f = F_f$.

Centro de cortante. Sumando momentos respecto al punto A, figura 7-25c, requerimos:

$$Ve = F_f h = \frac{Vb^2 h}{2h[(h/6) + b]}$$

Entonces,

$$e = \frac{b^2}{[(h/3) + 2b]} \qquad \text{\textit{Resp.}}$$

De acuerdo con lo antes expuesto, e depende sólo de las dimensiones de la sección transversal.

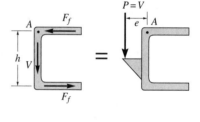

(c)

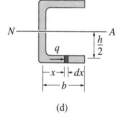

(d)

Fig. 7-25

Determine la posición del centro de cortante para el ángulo de lados iguales, figura 7-26a. Calcule también la fuerza cortante interna resultante en cada lado.

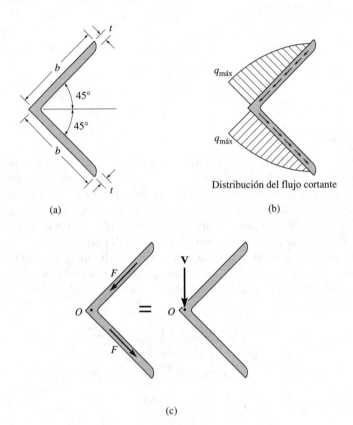

(a)

Distribución del flujo cortante

(b)

(c)

Fig. 7-26

Solución
Cuando se aplica una fuerza cortante **V** vertical hacia abajo, el flujo de cortante y las resultantes del flujo cortante están dirigidas como se muestra en las figuras 7-26b y 7-26c, respectivamente. Advierta que las fuerzas F en cada lado deben ser iguales puesto que por equilibrio la suma de sus componentes horizontales debe ser igual a cero. Además, las líneas de acción de ambas fuerzas intersecan el punto O; por lo tanto, este punto *debe ser el centro de cortante*, ya que la suma de los momentos de esas fuerzas y de **V** respecto a O es cero, figura 7-26c.

La magnitud de **F** puede determinarse encontrando primero el flujo de cortante en una posición s arbitraria a lo largo del lado superior, figura 7-26d. En este caso,

$$Q = \overline{y}'A' = \frac{1}{\sqrt{2}}\left((b-s)+\frac{s}{2}\right)ts = \frac{1}{\sqrt{2}}\left(b-\frac{s}{2}\right)st$$

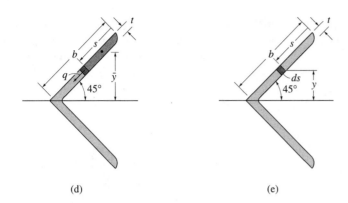

(d)   (e)

El momento de inercia del ángulo respecto al eje neutro debe obtenerse a partir de "principios básicos", ya que los lados están inclinados respecto al eje neutro. Para el elemento de área $dA = t\,ds$, figura 7-26e, tenemos:

$$I = \int_A y^2 \, dA = 2 \int_0^b \left[\frac{1}{\sqrt{2}}(b-s) \right]^2 t \, ds = t\left(b^2 s - bs^2 + \frac{1}{3}s^3 \right)\bigg|_0^b = \frac{tb^3}{3}$$

El flujo cortante es entonces:

$$q = \frac{VQ}{I} = \frac{V}{(tb^3/3)}\left[\frac{1}{\sqrt{2}}\left(b - \frac{s}{2} \right)st \right]$$

$$= \frac{3V}{\sqrt{2}b^3}s\left(b - \frac{s}{2} \right)$$

La variación de q es parabólica y alcanza un valor máximo cuando $s = b$ como se muestra en la figura 7-26b. La fuerza F es por consiguiente:

$$F = \int_0^b q \, ds = \frac{3V}{\sqrt{2}b^3}\int_0^b s\left(b - \frac{s}{2} \right) ds$$

$$= \frac{3V}{\sqrt{2}b^3}\left(b\frac{s^2}{2} - \frac{1}{6}s^3 \right)\bigg|_0^b$$

$$= \frac{1}{\sqrt{2}}V \qquad\qquad Resp.$$

Este resultado puede verificarse fácilmente, puesto que la suma de las componentes verticales de la fuerza F en cada lado debe ser igual a V y, de acuerdo con lo antes expuesto, la suma de las componentes horizontales debe ser igual a cero.

PROBLEMAS

*7-56. La viga H está sometida a una fuerza cortante $V = 80$ kN. Determine el flujo de cortante en el punto A.

7-57. La viga H está sometida a una fuerza cortante $V = 80$ kN. Esboce la distribución del esfuerzo cortante que actúa a lo largo de uno de sus segmentos laterales. Indique todos los valores pico.

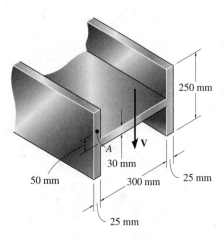

Probs. 7-56/57

*7-60. La viga está sometida a una fuerza cortante vertical $V = 7$ klb. Determine el flujo cortante en los puntos A y B y el flujo cortante máximo en la sección transversal.

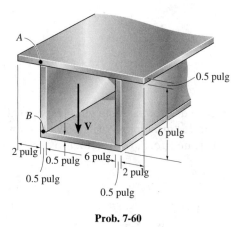

Prob. 7-60

7-58. La canal está sometida a una fuerza cortante $V = 75$ kN. Determine el flujo cortante desarrollado en el punto A.

7-59. La canal está sometida a una fuerza cortante $V = 75$ kN. Determine el flujo cortante máximo en la canal.

7-61. El puntal de aluminio tiene 10 mm de espesor y tiene la sección transversal mostrada en la figura. Si está sometido a una fuerza cortante $V = 150$ N, determine el flujo cortante en los puntos A y B.

7-62. El puntal de aluminio tiene 10 mm de espesor y tiene la sección transversal mostrada en la figura. Si está sometido a una fuerza cortante $V = 150$ N, determine el flujo cortante máximo en el puntal.

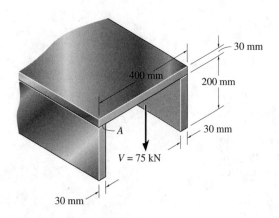

Probs. 7-58/59

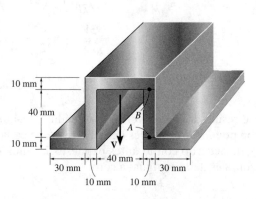

Probs. 7-61/62

7-63. La trabe en caja está sometida a una fuerza cortante V = 15 kN. Determine (a) el flujo cortante desarrollado en el punto B y (b) el flujo cortante máximo en el alma AB de la trabe.

7-66. La viga reforzada está construida con placas con espesor de 0.25 pulg. Si está sometida a una fuerza cortante V = 8 klb, determine la distribución del flujo cortante en los segmentos AB y CD de la viga. ¿Cuál es la fuerza cortante resultante soportada por esos segmentos? También, esboce cómo se distribuye el flujo cortante en la sección transversal. Las dimensiones verticales están referidas a la línea central de cada segmento horizontal.

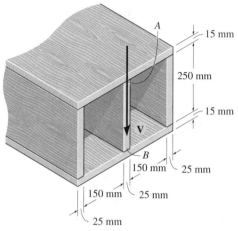

Prob. 7-63

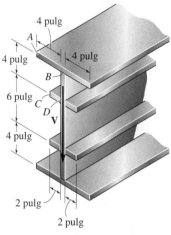

Prob. 7-66

*****7-64.** La viga está sometida a una fuerza cortante V = 5 klb. Determine el flujo cortante en los puntos A y B.

7-65. La viga está formada por cuatro placas y está sometida a una fuerza cortante V = 5 klb. Determine el flujo cortante máximo en la sección transversal.

7-67. Determine la variación del esfuerzo cortante sobre la sección transversal del tubo de pared delgada en función de la elevación y y demuestre que $\tau_{máx} = 2V/A$, donde $A = 2\pi rt$. *Sugerencia*: escoja un elemento diferencial de área $dA = Rt\,d\theta$. Con $dQ = y\,dA$, exprese Q para una sección circular de θ a $(\pi - \theta)$ y demuestre que $Q = 2R^2t\cos\theta$, donde $\cos\theta = \sqrt{(R^2 - y^2)^{1/2}}/R$.

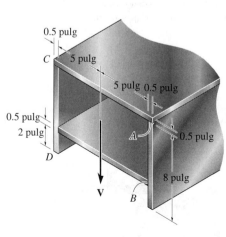

Probs. 7-64/65

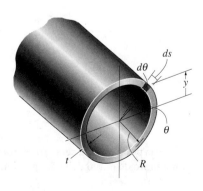

Prob. 7-67

*7-68. Determine la localización *e* del centro de cortante, punto *O*, para el miembro de pared delgada que tiene la sección transversal mostrada, donde $b_2 > b_1$. Los segmentos del miembro tienen todos el mismo espesor *t*.

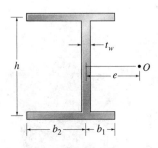

Prob. 7-68

7-69. Determine la posición *e* del centro de cortante, punto *O*, para el miembro de pared delgada que tiene la sección transversal mostrada. Todos los segmentos del miembro tienen el mismo espesor *t*.

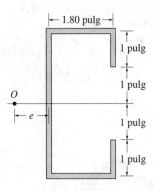

Prob. 7-69

7-70. Determine la posición *e* del centro de cortante, punto *O*, para el miembro de pared delgada que tiene la sección transversal mostrada. Todos los segmentos del miembro tienen el mismo espesor *t*.

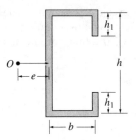

Prob. 7-70

7-71. Determine la posición *e* del centro de cortante, punto *O*, para el miembro de pared delgada que tiene la sección transversal mostrada. Todos los segmentos del miembro tienen el mismo espesor *t*.

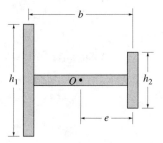

Prob. 7-71

*7-72. Determine la posición *e* del centro de cortante, punto *O*, para el miembro de pared delgada que tiene la sección transversal mostrada, donde $b_2 > b_1$. Todos los segmentos del miembro tienen el mismo espesor *t*.

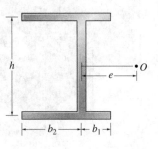

Prob. 7-72

7-73. Determine la posición e del centro de cortante, punto O, para el miembro de pared delgada que tiene la sección transversal mostrada. Todos los segmentos del miembro tienen el mismo espesor t.

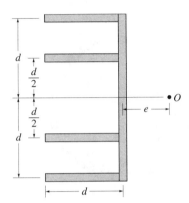

Prob. 7-73

7-74. Determine la posición e del centro de cortante, punto O, para el miembro de pared delgada que tiene la sección transversal mostrada. Todos los segmentos del miembro tienen el mismo espesor t.

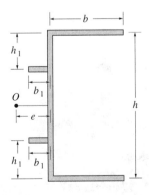

Prob. 7-74

7-75. Determine la posición e del centro de cortante, punto O, para el miembro de pared delgada que tiene una ranura a lo ancho de uno de sus lados.

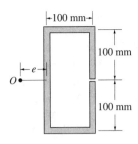

Prob. 7-75

*7-76. Determine la posición e del centro de cortante, punto O, para el miembro de pared delgada que tiene la sección transversal mostrada. Todos los segmentos del miembro tienen el mismo espesor t.

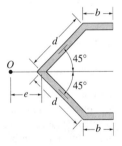

Prob. 7-76

7-77. Determine la posición e del centro de cortante, punto O, para el miembro de pared delgada que tiene la sección transversal mostrada.

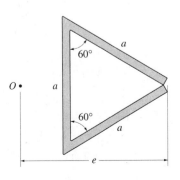

Prob. 7-77

7-78. Si el ángulo tiene un espesor de 3 mm, una altura $h = 100$ mm y está sometido a una fuerza cortante $V = 50$ N, determine el flujo de cortante en el punto A y el flujo cortante máximo en el ángulo.

7-79. El ángulo está sometido a una fuerza cortante $V = 2$ klb. Esboce la distribución del flujo cortante a lo largo del lado AB. Indique los valores numéricos de cada pico. El espesor es de 0.25 pulg y los lados (AB) son de 5 pulg.

7-82. Determine la posición e del centro de cortante, punto O, para el miembro de pared delgada que tiene la sección transversal mostrada.

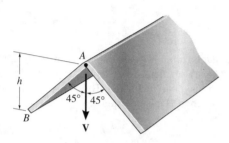

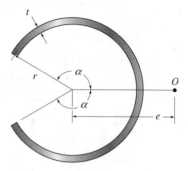

Probs. 7-78/79

Prob. 7-82

*****7-80.** Determine la posición e en que debe colocarse la fuerza **P** para que la viga se flexione hacia abajo sin torcerse. Considere $h = 200$ mm.

7-81. Se aplica una fuerza **P** al alma de la viga, como se muestra. Si $e = 250$ mm, determine la altura h del patín derecho de manera que la viga se deflexione hacia abajo sin torcerse. Los segmentos del miembro tienen el mismo espesor t.

7-83. Determine la posición e del centro de cortante, punto O, para el miembro de pared delgada que tiene la sección transversal mostrada. El espesor es t.

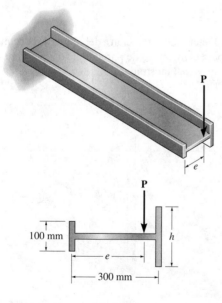

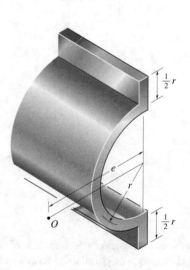

Probs. 7-80/81

Prob. 7-83

REPASO DEL CAPÍTULO

- El esfuerzo cortante transversal en vigas se determina indirectamente usando la fórmula de la flexión y la relación entre el momento y la fuerza cortante ($V = dM/dx$). El resultado es la fórmula del cortante $\tau = VQ/It$. En particular, el valor de Q es el momento del área A' respecto al eje neutro. Esta área es la porción del área transversal que está "unida" a la viga arriba del espesor t donde τ va a ser determinado.

- Si la viga tiene una sección transversal *rectangular*, entonces la distribución del esfuerzo cortante será parabólica y se obtiene un valor máximo al nivel del eje neutro.

- Se usan conectores, pegamentos o soldaduras para conectar las partes de una sección "compuesta". La resistencia de esos sujetadores se determina a partir del flujo de cortante, o fuerza por unidad de longitud, que debe ser soportada por la viga. Tal fuerza unitaria es $q = VQ/I$.

- Si la viga tiene una sección transversal de pared delgada, entonces el flujo de cortante en la sección puede determinarse usando $q = VQ/I$. El flujo de cortante varía linealmente a lo largo de segmentos horizontales y parabólicamente a lo largo de segmentos inclinados o verticales.

- Si la distribución del esfuerzo cortante en cada elemento de una sección de pared delgada se conoce, entonces, estableciendo el equilibrio de momentos, la localización del centro de cortante para la sección transversal puede ser determinada. Cuando se aplica una carga al miembro a través de este punto, el miembro se flexionará pero no se torcerá.

PROBLEMAS DE REPASO

*7-84. Determine la posición *e* del centro de cortante, punto *O*, para la viga que tiene la sección transversal mostrada. El espesor es *t*.

Prob. 7-84

7-85. Determine el esfuerzo cortante en los puntos *B* y *C* sobre el alma de la viga, en la sección *a-a*.

7-86. Determine el esfuerzo cortante máximo que actúa en la sección *a-a* de la viga.

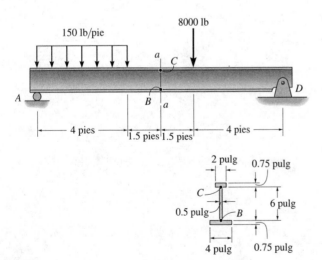

Probs. 7-85/86

7-87. La viga está hecha con cuatro tablones clavados entre sí, como se muestra. Si cada clavo puede soportar una fuerza cortante de 100 lb, determine las separaciones requeridas *s'* y *s* entre los clavos cuando la viga está sometida a una fuerza cortante $V = 700$ lb.

*7-88. La viga está hecha de cuatro tablones clavados entre sí, como se muestra. Si la viga está sometida a una fuerza cortante $V = 1200$ lb, determine la fuerza cortante en cada clavo. La separación en los lados es $s = 3$ pulg y en la parte superior, $s' = 4.5$ pulg.

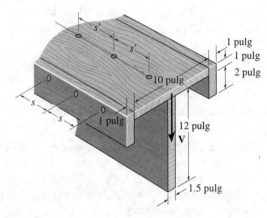

Probs. 7-87/88

7-89. La viga se compone de tres placas delgadas soldadas como se muestra. Si se somete a una fuerza cortante $V = 48$ kN, determine el flujo cortante en los puntos *A* y *B*. Además, calcule el esfuerzo cortante máximo en la viga.

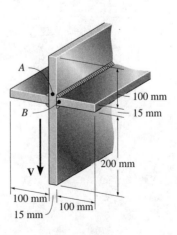

Prob. 7-89

7-90. La viga está sometida a una fuerza cortante $V = 25$ kN. Determine el esfuerzo cortante en los puntos A y B y calcule el esfuerzo cortante máximo en la viga. Se tiene una pequeña abertura en C.

7-92. Determine la posición e del centro de cortante, punto O, para el miembro de pared delgada que tiene la sección transversal mostrada.

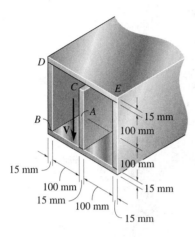

Prob. 7-90

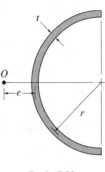

Prob. 7-92

7-91. La viga está sometida a una fuerza cortante $V = 25$ kN. Determine el esfuerzo cortante en los puntos A y B y calcule el esfuerzo cortante máximo en la viga. Suponga cerrada la abertura en C de manera que la placa central quede unida a la placa superior.

7-93. La viga T está sometida a una fuerza cortante $V = 150$ kN. Determine la porción de esta fuerza que es soportada por el alma B.

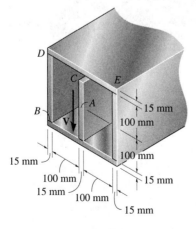

Prob. 7-91

Prob. 7-93

La columna excéntrica que soporta este letrero está sometida a las cargas combinadas de fuerza normal, fuerza cortante, momentos flexionante y torsionante.

Cargas combinadas

Este capítulo sirve como repaso del análisis de esfuerzos expuesto en los capítulos previos con respecto a carga axial, torsión, flexión y cortante. Veremos la solución de problemas donde varias de esas cargas internas se presentan simultáneamente sobre la sección transversal de un miembro. Sin embargo, antes de eso, el capítulo comienza con el análisis del esfuerzo originado en recipientes a presión de pared delgada.

8.1 Recipientes de presión de pared delgada

Los recipientes cilíndricos o esféricos que sirven como calderas o tanques son de uso común en la industria. Cuando se someten a presión, el material del que están hechos soporta una carga desde todas las direcciones. Si bien éste es el caso que estudiaremos aquí, el recipiente puede ser analizado de manera simple siempre que tenga una pared delgada. En general, *"pared delgada"* se refiere a un recipiente con una relación de radio interior a espesor de pared de 10 o más ($r/t \geq 10$). Específicamente, cuando $r/t = 10$, los resultados de un análisis de pared delgada predicen un esfuerzo que es casi 4% menor que el esfuerzo máximo real en el recipiente. Para razones r/t mayores, este error será aún menor.

Cuando la pared del recipiente es "delgada", la distribución del esfuerzo a través de su espesor t no variará de manera significativa, y por tanto se supondrá que es *uniforme* o *constante*. Con esta suposición, se analizará ahora el estado de esfuerzo en recipientes de presión cilíndricos y esféricos de pared delgada. En ambos casos se entiende que la presión dentro del recipiente es la *presión manométrica*, ya que mide la presión *por encima* de la presión atmosférica, la que se supone existe tanto en el interior como en el exterior de la pared del recipiente.

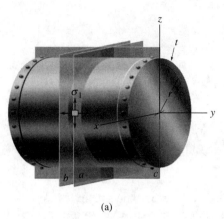

(a)

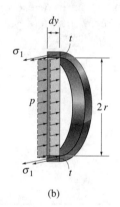

(b)

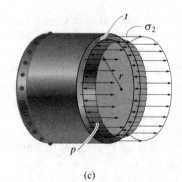

(c)

Fig. 8.1

Recipientes cilíndricos. Considere que el recipiente cilíndrico tiene un espesor de pared t y un radio interior r como se muestra en la figura 8-1a. Dentro del recipiente, a causa de un gas o fluido de peso insignificante, se desarrolla una presión manométrica p. Debido a la uniformidad de esta carga, un elemento del recipiente suficientemente alejado del extremo y orientado como se muestra, está sometido a los esfuerzos normales σ_1 en la ***dirección anular o circunferencial*** y σ_2 en la ***dirección longitudinal o axial***. Estas dos componentes de esfuerzo ejercen tensión sobre el material. Queremos determinar la magnitud de cada una de esas componentes en términos de la geometría del recipiente y de la presión interna. Para hacer esto, usamos el método de las secciones y aplicamos las ecuaciones de equilibrio de fuerzas.

Para el esfuerzo anular, considere que el recipiente es seccionado por los planos a, b y c. En la figura 8-1b se muestra un diagrama de cuerpo libre del segmento posterior junto con el gas o fluido que contiene. En esta figura se muestran sólo las cargas en la dirección x. Estas cargas se desarrollan por el esfuerzo circunferencial uniforme σ_1, que actúa a través de la pared del recipiente y la presión que actúa sobre la cara vertical del gas o fluido seccionado. Para el equilibrio en la dirección x se requiere:

$$\Sigma F_x = 0; \qquad 2[\sigma_1(t\,dy)] - p(2r\,dy) = 0$$

$$\boxed{\sigma_1 = \frac{pr}{t}} \qquad (8\text{-}1)$$

Para obtener el esfuerzo longitudinal σ_2, consideraremos la porción izquierda de la sección b del cilindro, figura 8-1a. Como se muestra en la figura 8-1c, σ_2 actúa uniformemente a través de la pared y p actúa sobre la sección de gas o fluido. Como el radio medio es aproximadamente igual al radio interior del recipiente, el equilibrio en la dirección y requiere:

$$\Sigma F_y = 0; \qquad \sigma_2(2\pi rt) - p(\pi r^2) = 0$$

$$\boxed{\sigma_2 = \frac{pr}{2t}} \qquad (8\text{-}2)$$

En las ecuaciones anteriores,

σ_1, σ_2 = esfuerzo normal en las direcciones circunferencial y longitudinal, respectivamente. Se supone que son *constantes* a través de la pared del cilindro y que someten el material a tensión

p = presión manométrica interna desarrollada por el gas o fluido contenido

r = radio interior del cilindro

t = espesor de la pared ($r/t \geq 10$)

Comparando las ecuaciones 8-1 y 8-2, se ve que el esfuerzo circunferencial o anular es dos veces más grande que el esfuerzo longitudinal o axial. En consecuencia, cuando se fabrican recipientes de presión con placas laminadas, las juntas longitudinales deben diseñarse para soportar dos veces más esfuerzo que las juntas circunferenciales.

Recipientes esféricos.

Podemos analizar un recipiente esférico a presión de manera similar. Por ejemplo, considere que el recipiente tiene un espesor de pared t, un radio interno r y que va a estar sometido a una presión p manométrica interna, figura 8-2a. Si el recipiente se divide en dos usando la sección a, el diagrama de cuerpo libre resultante se muestra en la figura 8-2b. Al igual que el cilindro, el equilibrio en la dirección y requiere:

$$\Sigma F_y = 0; \qquad \sigma_2(2\pi rt) - p(\pi r^2) = 0$$

$$\boxed{\sigma_2 = \frac{pr}{2t}} \qquad (8\text{-}3)$$

Por comparación, éste es el *mismo resultado* que el obtenido para el esfuerzo longitudinal en el recipiente cilíndrico. Además, de acuerdo con el análisis, este esfuerzo será el mismo *sea cuál sea* la orientación del diagrama de cuerpo libre hemisférico. En consecuencia, un elemento de material está sometido al estado de esfuerzo mostrado en la figura 8-2a.

El análisis anterior indica que un elemento de material tomado del recipiente de presión cilíndrico o del esférico queda sometido a **esfuerzo biaxial**, esto es, a un esfuerzo normal que existe en sólo dos direcciones. De hecho, el material del recipiente también está sometido a un **esfuerzo radial**, σ_3, que actúa a lo largo de una línea radial. Este esfuerzo tiene un valor máximo igual a la presión p en la pared interior y decrece a través de la pared hasta un valor cero en la superficie exterior del recipiente, ya que ahí la presión manométrica es cero. Sin embargo, para recipientes de pared delgada *despreciaremos* la componente radial del esfuerzo, puesto que la suposición limitante, $r/t = 10$, da por resultado que σ_2 y σ_1 sean, respectivamente, 5 y 10 veces *mayores* que el esfuerzo radial máximo, $(\sigma_3)_{\text{máx}} = p$. Finalmente, téngase en cuenta que las fórmulas anteriores son válidas sólo para recipientes sometidos a una presión manométrica interna. Si el recipiente se somete a una presión externa, ésta puede ocasionar que se vuelva inestable y pueda fallar a causa del pandeo.

Se muestra el barril de una escopeta que se atoró con basura antes de ser disparada. La presión del gas de la carga incrementó el esfuerzo circunferencial del barril lo que causó la ruptura del mismo.

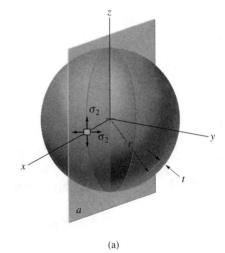

(a)

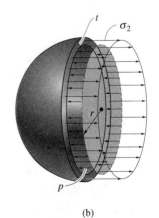

(b)

Fig. 8.2

E J E M P L O 8.1

Un recipiente a presión cilíndrico tiene un diámetro interior de 4 pies y un espesor de $\frac{1}{2}$ pulg. Determine la presión interna máxima que puede soportar sin que sus componentes de esfuerzo circunferencial y longitudinal resulten mayores de 20 klb/pulg². Bajo las mismas condiciones, ¿cuál es la presión interna máxima que un recipiente esférico del mismo tamaño puede soportar?

Solución

Recipiente cilíndrico a presión.   El esfuerzo máximo se presenta en la dirección circunferencial. De la ecuación 8-1, tenemos:

$$\sigma_1 = \frac{pr}{t}; \qquad\qquad 20 \text{ klb/pulg}^2 = \frac{p(24 \text{ pulg})}{\frac{1}{2}\text{pulg}}$$

$$p = 417 \text{ lb/pulg}^2 \qquad\qquad Resp.$$

Advierta que cuando se alcanza esta presión, de acuerdo con la ecuación 8-2, el esfuerzo en la dirección longitudinal será $\sigma_2 = \frac{1}{2}$(20 klb/pulg²) = 10 klb/pulg². Además, el *esfuerzo máximo* en la *dirección radial* ocurre sobre el material en la pared interior del recipiente y es $(\sigma_3)_{\text{máx}} = p = 417$ lb/pulg². Este valor es 48 veces más pequeño que el esfuerzo circunferencial (20 klb/pulg²) y, como se dijo antes, sus efectos serán despreciados.

Recipiente esférico.   El esfuerzo máximo se presenta aquí en dos direcciones perpendiculares cualesquiera sobre un elemento del recipiente, figura 8-2a. De la ecuación 8-3, tenemos:

$$\sigma_2 = \frac{pr}{2t}; \qquad\qquad 20 \text{ klb/pulg}^2 = \frac{p(24 \text{ pulg})}{2\left(\frac{1}{2}\text{pulg}\right)}$$

$$p = 833 \text{ lb/pulg}^2 \qquad\qquad Resp.$$

Si bien es más difícil de fabricar, el recipiente a presión esférico resiste el doble de presión interna que un recipiente cilíndrico.

PROBLEMAS

8-1. Un tanque esférico para gas tiene un radio interno $r = 1.5$ m. Determine su espesor requerido al estar sometido a una presión interna $p = 300$ kPa, si el esfuerzo normal máximo no debe exceder de 12 MPa.

8-2. Un tanque esférico a presión va a fabricarse de acero con 0.5 pulg de espesor. Si va a estar sometido a una presión interna $p = 200$ lb/pulg^2, determine su radio exterior para que el esfuerzo normal máximo no exceda de 15 klb/pulg^2.

8-3. El tanque de una compresora de aire está sometido a una presión interna de 90 lb/pulg^2. Si el diámetro interno del tanque es de 22 pulg y el espesor de su pared es de 0.25 pulg, determine las componentes del esfuerzo que actúan en un punto y muestre los resultados sobre el elemento.

*8-4. El cilindro de pared delgada puede ser soportado de dos maneras diferentes, tal como se muestra. Determine el estado de esfuerzo en la pared del cilindro en ambos casos si el émbolo P genera una presión interna de 65 lb/pulg^2. La pared tiene un espesor de 0.25 pulg y el diámetro interior del cilindro es de 8 pulg.

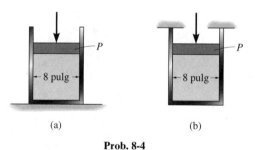

(a)   (b)

Prob. 8-4

8-5. La tubería de gas está soportada cada 20 pies por silletas de concreto que la mantienen fija al piso. Determine el esfuerzo longitudinal y circunferencial en la tubería si la temperatura se eleva 60° F respecto a la temperatura a la que fue instalada. El gas en la tubería está a una presión de 600 lb/pulg^2. La tubería tiene un diámetro interior de 20 pulg y espesor de 0.25 pulg. El material es acero A-36.

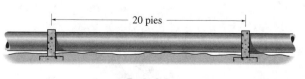

Prob. 8-5

8-6. La tubería de extremos abiertos de cloruro polivinílico tiene un diámetro interior de 4 pulg y espesor de 0.2 pulg. Determine el estado de esfuerzo en las paredes del tubo cuando fluye en él agua con una presión de 60 lb/pulg^2.

8-7. Si el flujo de agua en la tubería del problema 8-6 se detiene debido al cierre de una válvula, determine el estado de esfuerzo en las paredes del tubo. Desprecie el peso del agua. Suponga que los soportes sólo ejercen fuerzas verticales sobre la tubería.

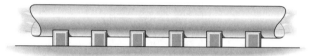

Probs. 8-6/7

*8-8. La banda de acero A-36 de 2 pulg de ancho está fija alrededor del cilindro rígido liso. Si los pernos están apretados con una tensión de 400 lb, determine el esfuerzo normal en la banda, la presión ejercida sobre el cilindro y la distancia que se alarga la mitad de la banda.

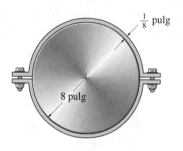

$\frac{1}{8}$ pulg

8 pulg

Prob. 8-8

8-9. La tapa de un recipiente a presión se fabrica uniendo con pegamento la placa circular al extremo del recipiente como se muestra. Si en el recipiente se tiene una presión interna de 450 kPa, determine el esfuerzo cortante promedio en el pegamento y el estado de esfuerzo en la pared del recipiente.

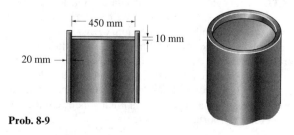

450 mm   10 mm

20 mm

Prob. 8-9

8-10. Un cincho de acero A-36 tiene diámetro interior de 23.99 pulg, espesor de 0.25 pulg y ancho de 1 pulg. Si el cincho y el cilindro rígido de 24 pulg de diámetro tienen una temperatura de 65° F, determine la temperatura a la que el cincho debe calentarse para que deslice apenas sobre el cilindro. ¿Cuál es la presión que el cincho ejerce sobre el cilindro y el esfuerzo de tensión en el cincho cuando éste se enfría a su temperatura original de 65° F?

Prob. 8-10

8-11. Las duelas o miembros verticales del barril de madera se mantienen unidas mediante aros semicirculares de 0.5 pulg de espesor y 2 pulg de ancho. Determine el esfuerzo normal en el aro AB cuando el tanque se somete a una presión manométrica interna de 2 lb/pulg² y esta carga se transmite directamente a los aros. Asimismo, si se utilizan pernos de 0.25 pulg de diámetro para conectar los aros entre sí, determine el esfuerzo de tensión en cada perno A y B. Suponga que el aro AB soporta la carga de presión a lo largo de una longitud de 12 pulg del barril como se muestra.

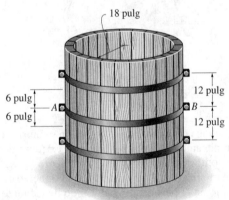

Prob. 8-11

*8-12. Una caldera está construida con placas de acero de 8 mm de espesor unidas entre sí a tope en sus extremos por medio de dos cubreplacas de 8 mm y remaches de 10 mm de diámetro espaciados a 50 mm como se muestra. Si la presión del vapor en la caldera es de 1.35 MPa, determine (a) el esfuerzo circunferencial en la placa de la caldera a un lado de la junta, (b) el esfuerzo circunferencial en la cubreplaca exterior a lo largo de la línea a-a de remaches y (c) el esfuerzo cortante en los remaches.

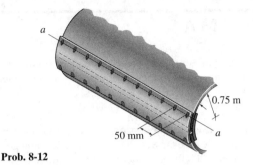

Prob. 8-12

8-13. Para incrementar la resistencia del recipiente a presión se dispuso un embobinado a base de filamentos del mismo material alrededor de la circunferencia del recipiente como se muestra. Si la pretensión en el filamento es T y el recipiente está sometido a una presión interna p, determine los esfuerzos circunferenciales en el filamento y en la pared del recipiente. Use el diagrama de cuerpo libre mostrado y suponga que el embobinado de los filamentos tiene un espesor t' y ancho w para toda longitud L del recipiente.

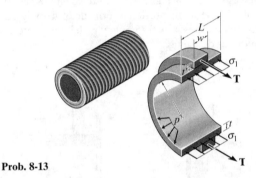

Prob. 8-13

8-14. Un recipiente a presión de extremos cerrados se fabrica trenzando filamentos de fibra de vidrio sobre un mandril, de manera que el espesor t del recipiente está compuesto enteramente de filamento y de un pegamento epóxico como se muestra en la figura. Considere un segmento del recipiente de ancho w y trenzado a un ángulo θ. Si el recipiente está sometido a una presión interna p, demuestre que la fuerza en el segmento es $F_\theta = \sigma_0 wt$, donde σ_0 es el esfuerzo en los filamentos. Demuestre también que los esfuerzos en las direcciones circunferenciales y longitudinales son $\sigma_h = \sigma_0 \operatorname{sen}^2\theta$ y $\sigma_l = \sigma_0 \cos^2\theta$, respectivamente. ¿Bajo qué ángulo θ deben trenzarse (ángulo óptimo de trenzado) los filamentos para que los esfuerzos circunferenciales y longitudinales sean equivalentes?

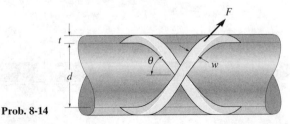

Prob. 8-14

8.2 Estado de esfuerzo causado por cargas combinadas

En los capítulos anteriores desarrollamos métodos para determinar las distribuciones del esfuerzo en un miembro sometido a carga axial interna, a fuerza cortante, a momento flexionante o a momento torsionante. Sin embargo, la sección transversal de un miembro suele estar sometida *simultáneamente* a varios de esos tipos de carga y, en consecuencia, el método de superposición, si es aplicable, puede usarse para determinar la distribución *resultante* del esfuerzo causado por las cargas. En aplicaciones se determina primero la distribución del esfuerzo debido a *cada carga* y luego se superponen esas distribuciones para determinar la distribución resultante del esfuerzo. Como se estableció en la sección 4.3, el principio de superposición puede usarse para este fin siempre que exista una *relación lineal* entre el *esfuerzo* y las *cargas*. Además, la geometría del miembro *no* debe experimentar *cambios significativos* cuando se aplican las cargas. Esto es necesario para garantizar que el esfuerzo generado por una carga no esté relacionado con el esfuerzo generado por cualquier otra carga. El análisis se confinará a los casos en que se cumplan esas dos hipótesis.

Esta chimenea está sometida a la carga combinada de viento y peso propio. Es importante investigar el esfuerzo de tensión en la chimenea ya que la mampostería es débil en tensión.

PROCEDIMIENTO DE ANÁLISIS

El siguiente procedimiento proporciona un medio general para determinar las componentes normal y cortante del esfuerzo en un punto de un miembro cuando éste está sometido a varios tipos diferentes de cargas simultáneas. Se supondrá que el material es homogéneo y que se comporta de manera elástico-lineal. El principio de Saint-Venant requiere que el punto donde va a determinarse el esfuerzo esté alejado de cualquier discontinuidad en la sección transversal o de puntos de aplicación de carga.

Cargas internas.

- Seccione el miembro perpendicularmente a su eje en el punto en que el esfuerzo va a ser determinado y obtenga las componentes resultantes internas de fuerza normal y cortante así como las componentes de momento flexionante y torsionante.

- Las componentes de fuerza deben pasar por el *centroide* de la sección transversal y las componentes de momento deben calcularse respecto a *ejes centroidales*, que representen los ejes principales de inercia en la sección transversal.

Esfuerzo normal promedio.

- Calcule la componente de esfuerzo asociada con *cada* carga interna. En cada caso, represente el efecto, ya sea como una distribución del esfuerzo actuando sobre toda el área de la sección transversal, o bien, muestre el esfuerzo sobre un elemento de material localizado en un punto específico sobre la sección transversal.

Fuerza normal.

La fuerza normal interna es generada por una distribución uniforme del esfuerzo normal determinado por la ecuación $\sigma = P/A$.

Fuerza cortante.

La fuerza cortante interna en un miembro sometido a flexión es generada por una distribución del esfuerzo cortante determinado por la fórmula del cortante $\tau = VQ/It$. Sin embargo, debe tenerse un cuidado especial al aplicar esta ecuación, como se hizo ver en la sección 7.3.

Momento flexionante.

En *miembros rectos*, el momento flexionante interno es generado por una distribución del esfuerzo normal que varía linealmente de cero en el eje neutro a un máximo en la superficie exterior del miembro. La distribución del esfuerzo es determinada por la fórmula de la flexión $\sigma = -My/I$. Si el miembro es *curvo*, la distribución del esfuerzo no es lineal y es determinada por $\sigma = My/[Ae(R-y)]$.

Momento torsionante.

En flechas y tubos circulares el momento interno torsionante es generado por una distribución del esfuerzo cortante que varía linealmente de cero en el eje central de la flecha a un máximo en la superficie exterior de la flecha. La distribución del esfuerzo cortante es determinada por la fórmula de la torsión $\tau = T\rho/J$. Si el miembro es un tubo de pared delgada cerrada, use $\tau = T/2A_m t$.

Recipientes a presión de pared delgada.

Si el recipiente es un cilindro de pared delgada, la presión interior p ocasionará un estado biaxial de esfuerzo en el material donde la componente circunferencial del esfuerzo es $\sigma_1 = pr/t$ y la componente longitudinal del esfuerzo es $\sigma_2 = pr/2t$. Si el recipiente es una esfera de pared delgada, entonces el estado biaxial de esfuerzo está representado por dos componentes equivalentes, cada una de magnitud $\sigma_2 = pr/2t$.

Superposición.

- Una vez que se han calculado las componentes normal y cortante del esfuerzo para cada caso de carga, use el principio de superposición y determine las componentes resultantes normal y cortante del esfuerzo.

- Represente los resultados sobre un elemento de material localizado en el punto o muestre los resultados como una distribución del esfuerzo actuando sobre la sección transversal del miembro.

Los problemas en esta sección, que implican cargas combinadas, sirven como un *repaso* básico de la aplicación de muchas de las importantes ecuaciones de esfuerzo estudiadas antes. Un pleno entendimiento de cómo se aplican esas ecuaciones, tal como se indicó en los capítulos previos, es necesario para poder resolver con éxito los problemas al final de esta sección. Los siguientes ejemplos deben estudiarse cuidadosamente antes de proceder a resolver los problemas.

E J E M P L O   8.2

Se aplica una fuerza de 150 lb al borde del miembro mostrado en la figura 8-3a. Desprecie el peso del miembro y determine el estado de esfuerzo en los puntos B y C.

Solución

Cargas internas. El miembro se secciona por B y C. Por equilibrio en la sección se debe tener una fuerza axial de 150 lb actuando a través del centroide y un momento flexionante de 750 lb · pulg respecto al eje centroidal principal, figura 8-3b.

Componentes de esfuerzo.
Fuerza normal. La distribución del esfuerzo normal uniforme debido a la fuerza normal se muestra en la figura 8-3c. Por tanto,

$$\sigma = \frac{P}{A} = \frac{150 \text{ lb}}{(10 \text{ pulg})(4 \text{ pulg})} = 3.75 \text{ lb/pulg}^2$$

Momento flexionante. La distribución del esfuerzo normal uniforme debido al momento flexionante se muestra en la figura 8-3d. El esfuerzo máximo es

$$\sigma_{\text{máx}} = \frac{Mc}{I} = \frac{750 \text{ lb} \cdot \text{pulg} (5 \text{ pulg})}{\left[\frac{1}{12}(4 \text{ pulg})(10 \text{ pulg})^3\right]} = 11.25 \text{ lb/pulg}^2$$

Superposición. Si las distribuciones de esfuerzo normal anteriores se suman algebraicamente, la distribución resultante del esfuerzo es como se muestra en la figura 8-3e. Aunque no se requiere aquí, la posición de la línea de esfuerzo cero puede determinarse por triángulos semejantes, esto es,

$$\frac{7.5 \text{ lb/pulg}^2}{x} = \frac{15 \text{ lb/pulg}^2}{(10 \text{ pulg} - x)}$$

$$x = 3.33 \text{ pulg}$$

Los elementos del material en B y C están sometidos sólo a *esfuerzo* normal o *uniaxial*, como se muestra en las figuras 8-3f y 8-3g. Por tanto,

$$\sigma_B = 7.5 \text{ lb/pulg}^2 \quad \text{(tensión)} \qquad \qquad Resp.$$
$$\sigma_C = 15 \text{ lb/pulg}^2 \quad \text{(compresión)} \qquad Resp.$$

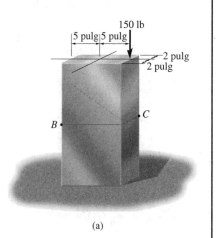

(a)

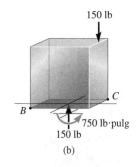

(b)

Fig. 8-3

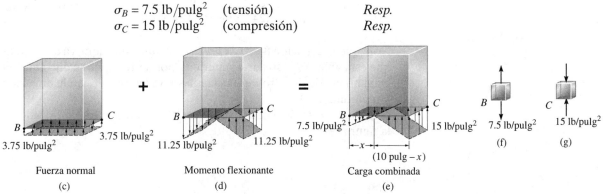

3.75 lb/pulg² 3.75 lb/pulg²

Fuerza normal
(c)

11.25 lb/pulg² 11.25 lb/pulg²

Momento flexionante
(d)

7.5 lb/pulg² 15 lb/pulg²

Carga combinada
(e)

7.5 lb/pulg²
(f)

15 lb/pulg²
(g)

E J E M P L O   8.3

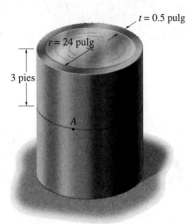

$t = 0.5$ pulg

$r = 24$ pulg

3 pies

A

(a)

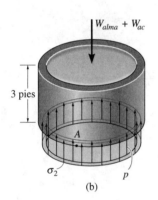

$W_{alma} + W_{ac}$

3 pies

A

σ_2 p

(b)

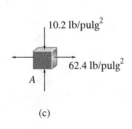

10.2 lb/pulg^2

62.4 lb/pulg^2

A

(c)

Fig. 8-4

El tanque en la figura 8-4*a* tiene un radio interior de 24 pulg y un espesor de 0.5 pulg. Está lleno hasta el borde superior con agua de peso específico $\gamma_w = 62.4$ lb/pie^3 y está hecho de acero con peso específico $\gamma_{ac} = 490$ lb/pie^3. Determine el estado de esfuerzo en el punto A. El tanque está abierto en su parte superior.

Solución

Cargas internas. El diagrama de cuerpo libre de la sección del tanque y el agua arriba del punto A se muestra en la figura 8-4*b*. Observe que el peso del agua es soportado por la superficie del agua justo *abajo* de la sección, *no* por las paredes del tanque. En la dirección vertical, las paredes simplemente sostienen el peso del tanque. Este peso es:

$$W_{ac} = \gamma_{ac}V_{ac} = (490 \text{ lb/pie}^3)\left[\pi\left(\frac{24.5}{12}\text{pies}\right)^2 - \pi\left(\frac{24}{12}\text{pies}\right)^2\right](3 \text{ pies}) = 777.7 \text{ lb}$$

El esfuerzo en la dirección circunferencial es desarrollado por la presión del agua en el nivel A. Para obtener esta presión debemos usar la *ley de Pascal* que establece que la presión en un punto situado a una profundidad z en el agua es $p = \gamma_w z$. En consecuencia, la presión sobre el tanque en el nivel A es:

$$p = \gamma_w z = (62.4 \text{ lb/pie}^3)(3 \text{ pies}) = 187.2 \text{ lb/pie}^2 = 1.30 \text{ lb/pulg}^2$$

Componentes de esfuerzo.

Esfuerzo circunferencial. Aplicando la ecuación 8-1 con el radio interior $r = 24$ pulg, tenemos:

$$\sigma_1 = \frac{pr}{t} = \frac{1.30 \text{ lb/pulg}^2 (24 \text{ pulg})}{(0.5 \text{ pulg})} = 62.4 \text{ lb/pulg}^2 \qquad Resp.$$

Esfuerzo longitudinal. Como el peso del tanque es soportado uniformemente por las paredes, tenemos:

$$\sigma_2 = \frac{W_{ac}}{A_{ac}} = \frac{777.7 \text{ lb}}{\pi[(24.5 \text{ pulg})^2 - (24 \text{ pulg})^2]} = 10.2 \text{ lb/pulg}^2 \qquad Resp.$$

Note que la ecuación 8-2, $\sigma_2 = pr/2t$, *no es aplicable* aquí, ya que el tanque está abierto en su parte superior y por tanto, como se dijo antes, el agua no puede desarrollar una carga sobre las paredes en la dirección longitudinal.

El punto A está sometido entonces al esfuerzo biaxial mostrado en la figura 8-4*c*.

E J E M P L O 8.4

El miembro mostrado en la figura 8-5a tiene una sección transversal
rectangular. Determine el estado de esfuerzo que la carga produce en
el punto C.

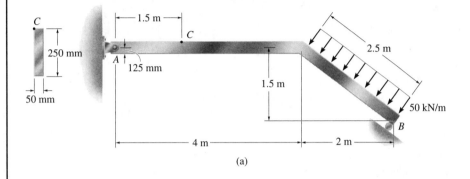

(a)

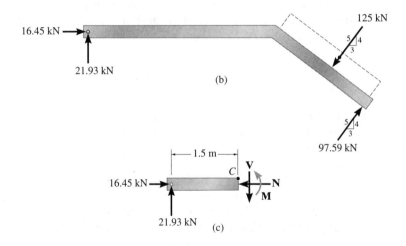

(b)

(c)

Fig. 8-5

Solución

Cargas internas.   Las reacciones en los soportes sobre el miembro ya
se calcularon y se muestran en la figura 8-5b. Si se considera el segmento AC izquierdo del miembro, figura 8-5c, las cargas resultantes internas en el miembro consisten en una fuerza normal, una fuerza cortante y un momento flexionante. Resolviendo se obtiene

$$N = 16.45 \text{ kN} \quad V = 21.93 \text{ kN} \quad M = 32.89 \text{ kN} \cdot \text{m}$$

Continúa

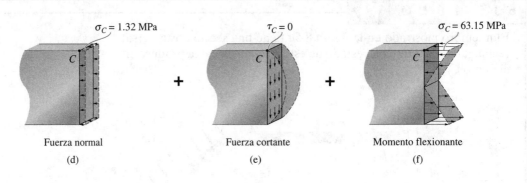

Fuerza normal

(d)

Fuerza cortante

(e)

Momento flexionante

(f)

Fig. 8.5 (cont.)

Componentes de esfuerzo.

Fuerza normal. La distribución uniforme del esfuerzo normal que actúa sobre la sección transversal es producida por la fuerza normal, figura 8-5d. En el punto C,

$$\sigma_C = \frac{P}{A} = \frac{16.45 \text{ kN}}{(0.050 \text{ m})(0.250 \text{ m})} = 1.32 \text{ MPa}$$

Fuerza cortante. En este caso, $A' = 0$, ya que el punto C está situado en la parte superior del miembro. Así, $Q = \bar{y}A' = 0$ y para C, figura 8-5e, el esfuerzo cortante

$$\tau_C = 0$$

Momento flexionante. El punto C está localizado en $y = c = 125$ mm desde el eje neutro, por lo que el esfuerzo normal en C, figura 8-5f, es:

$$\sigma_C = \frac{Mc}{I} = \frac{(32.89 \text{ kN} \cdot \text{m})(0.125 \text{ m})}{\left[\frac{1}{12}(0.050 \text{ m})(0.250)^3\right]} = 63.15 \text{ MPa}$$

Superposición. El esfuerzo cortante es cero. Sumando los esfuerzos normales determinados antes, se obtiene un esfuerzo de compresión en C que tiene un valor de:

$$\sigma_C = 1.32 \text{ MPa} + 63.15 \text{ MPa} = 64.5 \text{ MPa} \qquad Resp.$$

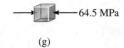

(g)

Este resultado, que actúa sobre un elemento en C, se muestra en la figura 8-5g.

EJEMPLO 8.5

La barra sólida mostrada en la figura 8-6*a* tiene un radio de 0.75 pulg. Determine el estado de esfuerzo en el punto *A* al estar sometida a la carga mostrada.

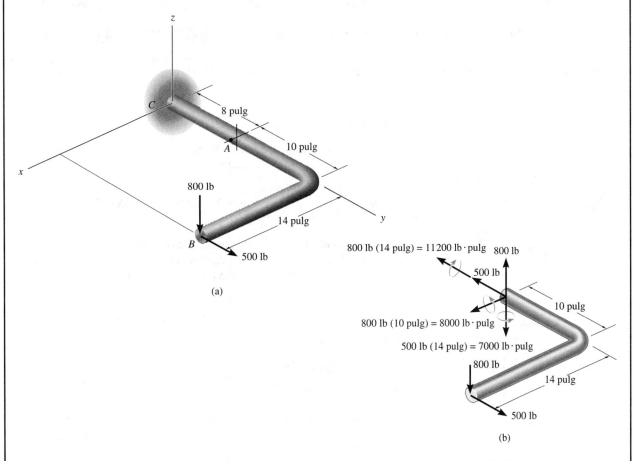

Fig. 8-6

Solución

Cargas internas.   La barra se secciona por el punto *A*. Usando el diagrama de cuerpo libre del segmento *AB*, figura 8-6*b*, las cargas resultantes internas se pueden determinar a partir de las seis ecuaciones de equilibrio. Verifique esos resultados. La fuerza normal (500 lb) y la fuerza cortante (800 lb) deben pasar por el centroide de la sección transversal y las componentes del momento flexionante (8000 lb · pulg y 7000 lb · pulg) están aplicadas respecto a ejes centroidales (principales). Para "visualizar" mejor las distribuciones de esfuerzo debido a cada una de esas cargas, consideraremos las *resultantes iguales pero opuestas* que actúan sobre el segmento *AC* de la barra, figura 8-6*c*.

Continúa

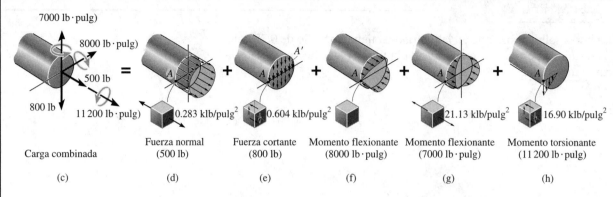

Carga combinada

(c)

Fuerza normal
(500 lb)

(d)

Fuerza cortante
(800 lb)

(e)

Momento flexionante
(8000 lb · pulg)

(f)

Momento flexionante
(7000 lb · pulg)

(g)

Momento torsionante
(11 200 lb · pulg)

(h)

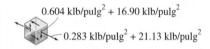

(i)

Fig. 8-6 (cont.)

Componentes de esfuerzo.

Fuerza normal. La distribución del esfuerzo normal se muestra en la figura 8-6d. Para el punto A tenemos:

$$\sigma_A = \frac{P}{A} = \frac{500 \text{ lb}}{\pi(0.75 \text{ pulg})^2} = 283 \text{ lb/pulg}^2 = 0.283 \text{ klb/pulg}^2$$

Fuerza cortante. La distribución del esfuerzo cortante se muestra en la figura 8-6e. Para el punto A, Q se determina con el área sombreada *semicircular*. Usando la tabla en el forro interior de la cubierta tenemos:

$$Q = \overline{y}' A' = \frac{4(0.75 \text{ pulg})}{3\pi}\left[\frac{1}{2}\pi(0.75 \text{ pulg})^2\right] = 0.2813 \text{ pulg}^3$$

de manera que

$$\tau_A = \frac{VQ}{It} = \frac{800 \text{ lb}(0.2813 \text{ pulg}^3)}{\left[\frac{1}{4}\pi(0.75 \text{ pulg})^4\right]2(0.75 \text{ pulg})} = 604 \text{ lb/pulg}^2 = 0.604 \text{ klb/pulg}^2$$

Momentos flexionantes. Para la componente de 8000 lb · pulg, el punto A se encuentra sobre el eje neutro, figura 8-6f, por lo que el esfuerzo normal es:

$$\sigma_A = 0$$

Para el momento de 7000 lb · pulg, c = 0.75 pulg, por lo que el esfuerzo normal en el punto A, figura 8-6g, es:

$$\sigma_A = \frac{Mc}{I} = \frac{7000 \text{ lb} \cdot \text{pulg}(0.75 \text{ pulg})}{\left[\frac{1}{4}\pi(0.75 \text{ pulg})^4\right]} = 21\,126 \text{ lb/pulg}^2 = 21.13 \text{ klb/pulg}^2$$

Momento torsionante. En el punto A, $\rho_A = c = 0.75$ pulg, figura 8-6h. El esfuerzo cortante es entonces,

$$\tau_A = \frac{Tc}{J} = \frac{11\,200 \text{ lb} \cdot \text{pulg}(0.75 \text{ pulg})}{\left[\frac{1}{2}\pi(0.75 \text{ pulg})^4\right]} = 16\,901 \text{ lb/pulg}^2 = 16.90 \text{ klb/pulg}^2$$

Superposición. Cuando los resultados anteriores se superponen, se ve que un elemento de material en A está sometido tanto a componentes de esfuerzo normal como cortante, figura 8-6i.

E J E M P L O   8.6

El bloque rectangular de peso despreciable mostrado en la figura 8.7*a* está sometido a una fuerza vertical de 40 kN, aplicada en una de sus esquinas. Determine la distribución del esfuerzo normal que actúa sobre una sección a través de *ABCD*.

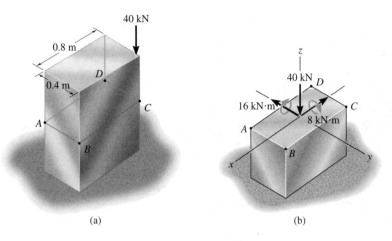

Fig. 8-7

Solución

Cargas internas.   Si consideramos el equilibrio del segmento inferior del bloque, figura 8-7*b*, se ve que la fuerza de 40 kN debe pasar por el centroide de la sección transversal y deben actuar también *dos* componentes de momento flexionante respecto a los ejes centroidales principales de inercia de la sección. Verifique esos resultados.

Componentes de esfuerzo.

Fuerza normal.   La distribución uniforme del esfuerzo normal se muestra en la figura 8-7*c*. Tenemos:

$$\sigma = \frac{P}{A} = \frac{40 \text{ kN}}{(0.8 \text{ m})(0.4 \text{ m})} = 125 \text{ kPa}$$

Momentos flexionantes.   La distribución del esfuerzo normal para el momento de 8 kN · m se muestra en la figura 8-7*d*. El esfuerzo máximo es:

$$\sigma_{\text{máx}} = \frac{M_x c_y}{I_x} = \frac{8 \text{ kN} \cdot \text{m}(0.2 \text{ m})}{\left[\frac{1}{12}(0.8 \text{ m})(0.4 \text{ m})^3\right]} = 375 \text{ kPa}$$

Continúa

De la misma manera, para el momento de 16 kN · m, figura 8-7*e*, el esfuerzo normal máximo es:

$$\sigma_{\text{máx}} = \frac{M_y c_x}{I_y} = \frac{16 \text{ kN} \cdot \text{m}(0.4 \text{ m})}{\left[\frac{1}{12}(0.4 \text{ m})(0.8 \text{ m})^3\right]} = 375 \text{ kPa}$$

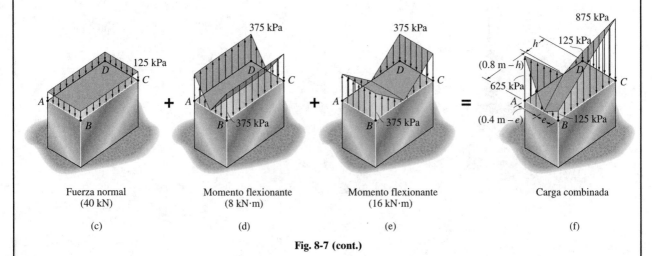

Fuerza normal (40 kN)	Momento flexionante (8 kN·m)	Momento flexionante (16 kN·m)	Carga combinada
(c)	(d)	(e)	(f)

Fig. 8-7 (cont.)

Superposición. El esfuerzo normal en cada esquina puede determinarse por adición algebraica. Suponiendo que el esfuerzo de tensión es positivo, tenemos:

$$\sigma_A = -125 \text{ kPa} + 375 \text{ kPa} + 375 \text{ kPa} = 625 \text{ kPa}$$
$$\sigma_B = -125 \text{ kPa} - 375 \text{ kPa} + 375 \text{ kPa} = -125 \text{ kPa}$$
$$\sigma_C = -125 \text{ kPa} - 375 \text{ kPa} - 375 \text{ kPa} = -875 \text{ kPa}$$
$$\sigma_D = -125 \text{ kPa} + 375 \text{ kPa} - 375 \text{ kPa} = -125 \text{ kPa}$$

Como las distribuciones de esfuerzo debido al momento flexionante son lineales, la distribución resultante del esfuerzo es también lineal y por lo tanto se ve como se muestra en la figura 8-7*f*. La línea de esfuerzo cero puede localizarse a lo largo de cada lado por triángulos semejantes. De acuerdo con la figura, se requiere:

$$\frac{(0.4 \text{ m} - e)}{625 \text{ kPa}} = \frac{e}{125 \text{ kPa}}$$
$$e = 0.0667 \text{ m}$$

y

$$\frac{(0.8 \text{ m} - h)}{625 \text{ kPa}} = \frac{h}{125 \text{ kPa}}$$
$$h = 0.133 \text{ m}$$

EJEMPLO 8.7

Un bloque rectangular tiene un peso despreciable y está sometido a una fuerza vertical **P**, figura 8-8*a*. (a) Determine el intervalo de valores para la excentricidad e_y de la carga a lo largo del eje *y* de manera que no se presente ningún esfuerzo de tensión en el bloque. (b) Especifique la región sobre la sección transversal en que puede aplicarse **P** sin que se presente un esfuerzo de tensión en el bloque.

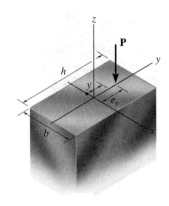

(a)

‖

Solución

Parte (a). Cuando **P** se mueve al centroide de la sección transversal, figura 8-8*b*, es necesario agregar un momento concentrado $M_x = Pe_y$ para mantener una carga estáticamente equivalente. El esfuerzo normal combinado en cualquier posición *y* sobre la sección transversal, causado por esas dos cargas, es:

$$\sigma = -\frac{P}{A} - \frac{(Pe_y)y}{I_x} = -\frac{P}{A}\left(1 + \frac{Ae_yy}{I_x}\right)$$

El signo negativo indica aquí un esfuerzo de compresión. Para una e_y positiva, figura 8-8*a*, el esfuerzo de compresión *más pequeño* se presenta a lo largo del borde *AB*, donde $y = -h/2$, figura 8-8*b*. (Por inspección, **P** genera compresión en tal lugar, pero **M**$_x$ genera tensión.) Por tanto,

$$\sigma_{\text{mín}} = -\frac{P}{A}\left(1 - \frac{Ae_yh}{2I_x}\right)$$

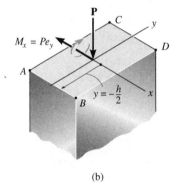

(b)

Fig. 8-8

Este esfuerzo será negativo, es decir, de compresión, si el término en paréntesis es positivo; esto es

$$1 > \frac{Ae_yh}{2I_x}$$

Como $A = bh$ e $I_x = \frac{1}{12} bh^3$, entonces

$$1 > \frac{6e_y}{h}$$

o

$$e_y < \frac{1}{6}h \qquad\qquad Resp.$$

En otras palabras, si $-\frac{1}{6}h \leq e_y \leq \frac{1}{6}h$, el esfuerzo en el bloque a lo largo de los bordes *AB* o *CD* será cero o de *compresión*. A esto se le llama a veces *"regla del tercio medio"*. Es muy importante mantener esta regla en mente al cargar columnas o arcos con secciones rectangulares y hechos de material de piedra o concreto, que pueden soportar poco o ningún esfuerzo de tensión.

Continúa

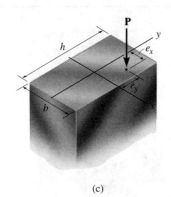

(c)

II

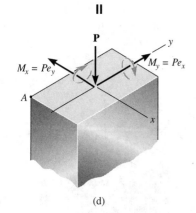

(d)

Se ve aquí un ejemplo de dónde un esfuerzo combinado, axial y de flexión, se puede presentar.

Parte (b). Podemos extender el análisis anterior en dos direcciones suponiendo que **P** actúa en el cuadrante positivo del plano *x-y,* figura 8-8*c*. La carga estática equivalente cuando **P** actúa en el centroide se muestra en la figura 8-8*d*. En cualquier punto coordenado *x, y* sobre la sección transversal, el esfuerzo normal combinado debido a carga normal y de flexión es:

$$\sigma = -\frac{P}{A} - \frac{Pe_y y}{I_x} - \frac{Pe_x x}{I_y}$$

$$= -\frac{P}{A}\left(1 + \frac{Ae_y y}{I_x} + \frac{Ae_x x}{I_y}\right)$$

Por inspección, figura 8-8*d*, ambos momentos generan esfuerzos de tensión en el punto *A* y la fuerza normal genera un esfuerzo de compresión. Por consiguiente, el esfuerzo de compresión más pequeño se presenta en el punto *A*, para el cual $x = -b/2$ y $y = -h/2$. Así,

$$\sigma_A = \frac{P}{A}\left(1 - \frac{Ae_y h}{2I_x} - \frac{Ae_x b}{2I_y}\right)$$

Igual que antes, el esfuerzo normal permanece negativo o de compresión en el punto *A*, si los términos en paréntesis permanecen positivos, esto es,

$$0 < \left(1 - \frac{Ae_y h}{2I_x} - \frac{Ae_x b}{2I_y}\right)$$

Sustituyendo $A = bh$, $I_x = \frac{1}{12}bh^3$, $I_y = \frac{1}{12}hb^3$, se obtiene:

$$0 < 1 - \frac{6e_y}{h} - \frac{6e_x}{b} \qquad Resp.$$

En consecuencia, independientemente de la magnitud de **P**, si ésta se aplica en cualquier punto dentro de los límites de la línea *GH* mostrada en la figura 8-8*e*, el esfuerzo normal en el punto *A* será de compresión. De manera similar, el esfuerzo normal en las otras esquinas de la sección transversal será de compresión si **P** actúa dentro de los límites de las líneas *EG, FE* y *HF*. Al paralelogramo sombreado así definido se le llama *núcleo central* de la sección transversal. De acuerdo con la "regla del tercio medio" vista en la parte (a), las diagonales del paralelogramo tienen longitudes de *b*/3 y *h*/3.

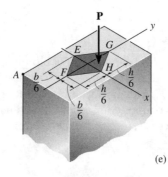

(e)   **Fig. 8-8 (cont.)**

PROBLEMAS

8-15. El tornillo de la prensa ejerce una fuerza de compresión de 500 lb sobre los bloques de madera. Determine el esfuerzo normal máximo desarrollado en la sección *a-a*. La sección transversal ahí es rectangular, de 0.75 pulg por 0.50 pulg.

*****8-16.** El tornillo de la prensa ejerce una fuerza de compresión de 500 lb sobre los bloques de madera. Esboce la distribución del esfuerzo en la sección *a-a* de la prensa. La sección transversal ahí es rectangular, de 0.75 por 0.50 pulg.

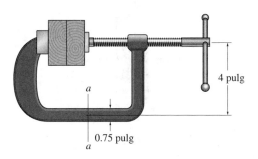

Probs. 8-15/16

8-17. La prensa está formada por los miembros *AB* y *AC* conectados entre sí por un pasador en *A*. Si se ejerce una fuerza de compresión en *C* y *B* de 180 N, determine el esfuerzo máximo de compresión en la sección *a-a* de la prensa. El tornillo *EF* está sometido sólo a una fuerza de tensión a lo largo de su eje.

8-18. La prensa está formada por los miembros *AB* y *AC* conectados entre sí por un pasador en *A*. Si se ejerce una fuerza de compresión en *C* y *B* de 180 N, esboce la distribución del esfuerzo que actúa sobre la sección *a-a*. El tornillo *EF* está sometido sólo a una fuerza de tensión a lo largo de su eje.

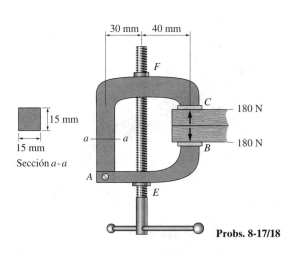

Probs. 8-17/18

8-19. La segueta tiene una hoja ajustable que se tensa con una fuerza de 40 N. Determine el estado de esfuerzo en los puntos *A* y *B* del marco.

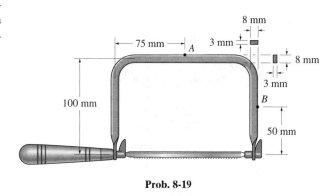

Prob. 8-19

*****8-20.** El eslabón excéntrico soporta la carga $P = 30$ kN. Determine su ancho *w* requerido si el esfuerzo normal permisible es $\sigma_{perm} = 73$ MPa. El eslabón tiene un espesor de 40 mm.

8-21. El eslabón excéntrico tiene un ancho $w = 200$ mm y un espesor de 40 mm. Si el esfuerzo normal permisible es $\sigma_{perm} = 75$ MPa, determine la carga máxima *P* que puede aplicarse a los cables.

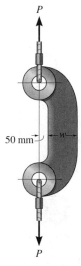

Probs. 8-20/21

8-22. La junta está sometida a las fuerzas $P = 80$ lb y $F = 0$. Esboce la distribución del esfuerzo normal que actúa sobre la sección *a-a* si el miembro tiene una sección transversal rectangular de 2 pulg de ancho y 0.5 pulg de espesor.

8-23. La junta está sometida a las fuerza $P = 200$ lb y $F = 150$ lb. Determine el estado de esfuerzo en los puntos A y B y esboce los resultados sobre elementos diferenciales situados en esos puntos. El miembro tiene una sección transversal rectangular de 0.75 pulg de ancho y 0.5 pulg de espesor.

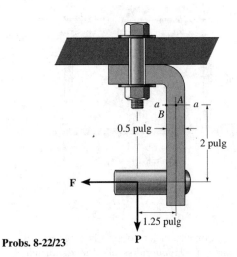

Probs. 8-22/23

8-25. La fuerza vertical **P** actúa en el fondo de la placa que tiene un peso despreciable. Determine la distancia más pequeña d al borde de la placa en que **P** puede aplicarse para que no se generen esfuerzos de compresión sobre la sección *a-a* de la placa. La placa tiene un espesor de 10 mm y **P** actúa a lo largo de la línea central de este espesor.

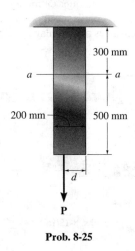

Prob. 8-25

***8-24.** La góndola y los pasajeros pesan 1500 lb y su centro de gravedad está en G. El brazo AE tiene una sección transversal cuadrada de 1.5 pulg por 1.5 pulg y está conectada por pasadores en sus extremos A y E. Determine el máximo esfuerzo de tensión generado en las regiones AB y DC del brazo.

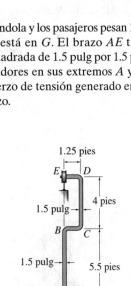

Prob. 8-24

8-26. La barra tiene un diámetro de 40 mm. Determine las componentes de esfuerzo que actúan en el punto A cuando está sometida a la fuerza de 800 N, como se muestra. Exponga los resultados sobre un elemento de volumen localizado en ese punto.

8-27. Resuelva el problema 8-26 para el punto B.

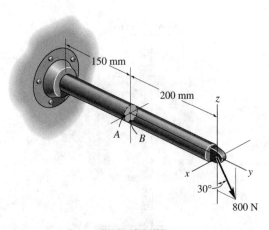

Probs. 8-26/27

*8-28. El poste cilíndrico, con diámetro de 40 mm, está siendo jalado del suelo usando una cuerda de espesor despreciable. Si la cuerda está sometida a una fuerza vertical $P = 500$ N, determine el esfuerzo en los puntos A y B. Muestre los resultados sobre un elemento de volumen situado en cada uno de esos puntos.

8-29. Determine la carga máxima P que puede aplicarse a la cuerda, que tiene un espesor despreciable, de manera que el esfuerzo normal en el poste no exceda de $\sigma_{perm} = 30$ MPa. El poste tiene un diámetro de 50 mm.

*8-32. El soporte de pasador está hecho de una barra de acero que tiene un diámetro de 20 mm. Determine las componentes de esfuerzo en los puntos A y B y represente los resultados sobre un elemento de volumen localizado en cada uno de estos puntos.

8-33. Resuelva el problema 8-32 para los puntos C y D.

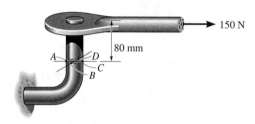

Probs. 8-32/33

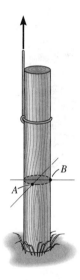

Probs. 8-28/29

8-34. La viga de patín ancho está sometida a la carga mostrada. Determine las componentes de esfuerzo en los puntos A y B y muestre los resultados sobre un elemento de volumen en cada uno de esos puntos. Use la fórmula del cortante para calcular el esfuerzo cortante.

8-30. El ancla de $\frac{1}{2}$ pulg de diámetro está sometida a una carga $F = 150$ lb. Determine las componentes de esfuerzo en el punto A del vástago. Muestre los resultados sobre un elemento de volumen localizado en este punto.

8-31. El ancla de $\frac{1}{2}$ pulg de diámetro está sometida a una carga $F = 150$ lb. Determine las componentes de esfuerzo en el punto B del vástago. Muestre los resultados sobre un elemento de volumen localizado en este punto.

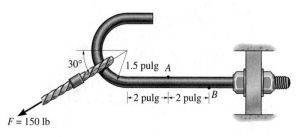

Probs. 8-30/31

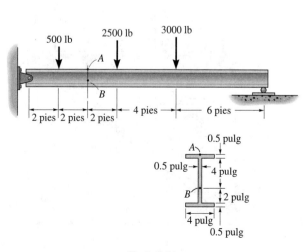

Prob. 8-34

8-35. La viga en voladizo se usa para soportar la carga de 8 kN. Determine el estado de esfuerzo en los puntos A y B y esboce los resultados sobre elementos diferenciales localizados en cada uno de estos puntos.

8-37. El resorte está sometido a una fuerza P. Si suponemos que el esfuerzo cortante causado por la fuerza cortante en cualquier sección vertical del alambre del resorte es uniforme, demuestre que el esfuerzo cortante máximo en el resorte es $\tau_{máx} = P/A + PRr/J$, donde J es el momento polar de inercia del alambre del resorte y A es su área transversal.

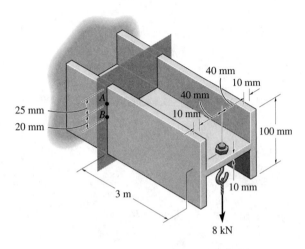

Prob. 8-35

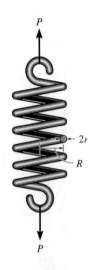

Prob. 8-37

*8-36. La ménsula soporta una carga distribuida centralmente aplicada de 1.8 klb/pie. Determine el estado de esfuerzo en los puntos A y B del miembro CD e indique los resultados sobre un elemento de volumen localizado en cada uno de esos puntos. Los pasadores en C y D están situados al nivel del eje neutro de la sección transversal.

8-38. La barra metálica está sometida a una fuerza axial $P = 7$ kN. Su sección transversal original va a ser alterada cortando una ranura circular en un lado de ella. Determine la distancia a que la ranura puede penetrar en la sección transversal de modo que el esfuerzo de tensión no exceda el esfuerzo permisible $\sigma_{perm} = 175$ MPa. Proponga una mejor manera de remover esta profundidad de material de la sección transversal y calcule el esfuerzo de tensión para ese caso. Desprecie los efectos de la concentración de esfuerzos.

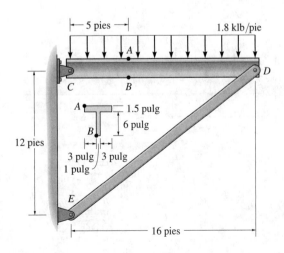

Prob. 8-36

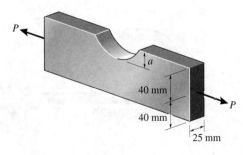

Prob. 8-38

8-39. La palanca de control está sometida a una fuerza horizontal de 20 lb sobre la manija. Determine el estado de esfuerzo en los puntos A y B. Esboce los resultados sobre elementos diferenciales localizados en cada uno de esos puntos. El conjunto está conectado por un pasador en C y unido a un cable en D.

*8-40. La palanca de control está sometida a una fuerza horizontal de 20 lb sobre la manija. Determine el estado de esfuerzo en los puntos E y F. Esboce los resultados sobre elementos diferenciales localizados en cada uno de esos puntos. El conjunto está conectado por un pasador en C y unido a un cable en D.

8-43. La estructura soporta la carga distribuida mostrada. Determine el estado de esfuerzo que actúa en el punto D. Muestre los resultados sobre un elemento diferencial localizado en este punto.

*8-44. La estructura soporta la carga distribuida mostrada. Determine el estado de esfuerzo que actúa en el punto E. Muestre los resultados sobre un elemento diferencial localizado en este punto.

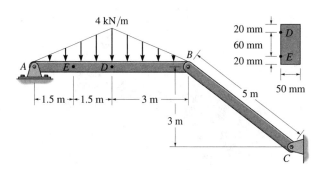

Probs. 8-43/44

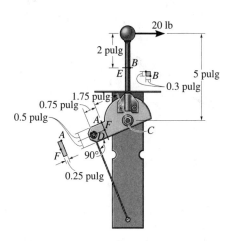

Probs. 8-39/40

8-41. El pasador soporta la carga de 700 lb. Determine las componentes de esfuerzo en el miembro de soporte en el punto A. El soporte tiene 0.5 pulg de espesor.

8-42. El pasador soporta la carga de 700 lb. Determine las componentes de esfuerzo en el miembro de soporte en el punto B. El soporte tiene 0.5 pulg de espesor.

8-45. Las pinzas constan de dos partes de acero unidas entre sí por un pasador en A. Si un perno liso se mantiene entre las mordazas y se aplica una fuerza de apriete de 10 lb en las manijas de las pinzas, determine el estado de esfuerzo desarrollado en los puntos B y C. La sección transversal es rectangular con las dimensiones mostradas en la figura.

8-46. Resuelva el problema 8-45 para los puntos D y E.

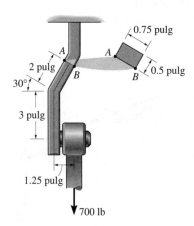

Probs. 8-41/42

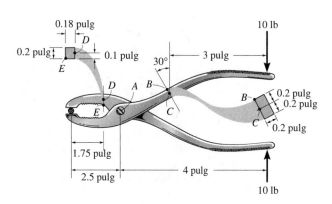

Probs. 8-45/46

8-47. El engrane cónico está sometido a las cargas mostradas. Determine las componentes de esfuerzo que actúan sobre la flecha en el punto A y muestre los resultados sobre un elemento de volumen localizado en este punto. La flecha tiene un diámetro de 1 pulg y está empotrada en la pared en C.

*8-48. El engrane cónico está sometido a las cargas mostradas. Determine las componentes de esfuerzo que actúan sobre la flecha en el punto B y muestre los resultados sobre un elemento de volumen localizado en este punto. La flecha tiene un diámetro de 1 pulg y está empotrada en la pared en C.

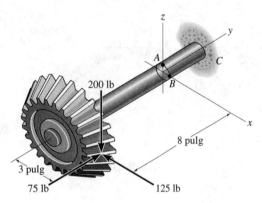

Probs. 8-47/48

8-49. El letrero está sometido a la carga de viento uniforme mostrada. Determine las componentes de esfuerzo en los puntos A y B sobre el poste de 100 mm de diámetro que lo soporta. Muestre los resultados sobre un elemento de volumen localizado en cada uno de esos puntos.

8-50. El letrero está sometido a la carga de viento uniforme mostrada. Determine las componentes de esfuerzo en los puntos C y D sobre el poste de 100 mm de diámetro que lo soporta. Muestre los resultados sobre un elemento de volumen localizado en cada uno de esos puntos.

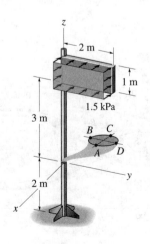

Probs. 8-49/50

8-51. La flecha de $\frac{3}{4}$ pulg de diámetro está sometida a la carga mostrada. Determine las componentes de esfuerzo en el punto A. Esboce los resultados sobre un elemento de volumen localizado en este punto. El cojinete de apoyo en C puede ejercer sólo componentes de fuerza $\mathbf{C}_y$ y $\mathbf{C}_z$ sobre la flecha y el cojinete de empuje en D puede ejercer componentes de fuerza $\mathbf{D}_x$, $\mathbf{D}_y$ y $\mathbf{D}_z$ sobre la flecha.

*8-52. Resuelva el problema 8-51 para las componentes del esfuerzo en el punto B.

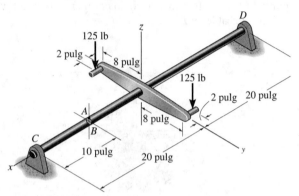

Probs. 8-51/52

8-53. La flecha acodada está empotrada en la pared en A. Si se aplica en B una fuerza $\mathbf{F}$, determine las componentes de esfuerzo en los puntos D y E. Muestre los resultados sobre un elemento diferencial localizado en cada uno de esos puntos. Considere $F = 12$ lb y $\theta = 0°$.

8-54. La flecha acodada está empotrada en la pared en A. Si se aplica en B una fuerza $\mathbf{F}$, determine las componentes de esfuerzo en los puntos D y E. Muestre los resultados sobre un elemento diferencial localizado en cada uno de esos puntos. Considere $F = 12$ lb y $\theta = 90°$.

8-55. La flecha acodada está empotrada en la pared en A. Si se aplica en B una fuerza $\mathbf{F}$, determine las componentes de esfuerzo en los puntos D y E. Muestre los resultados sobre un elemento diferencial localizado en cada uno de esos puntos. Considere $F = 12$ lb y $\theta = 45°$.

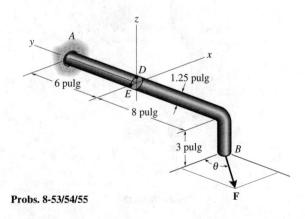

Probs. 8-53/54/55

*8-56. La barra de 1 pulg de diámetro está sometida a las cargas mostradas. Determine el estado de esfuerzo en el punto *A* y muestre los resultados sobre un elemento diferencial localizado en este punto.

8-57. La barra de 1 pulg de diámetro está sometida a las cargas mostradas. Determine el estado de esfuerzo en el punto *B* y muestre los resultados sobre un elemento diferencial localizado en este punto.

8-59. El pilar de mampostería está sometido a la carga de 800 kN. Determine la ecuación de la línea $y = f(x)$ a lo largo de la cual la carga puede colocarse sin que se generen esfuerzos de tensión en el pilar. Desprecie el peso del pilar.

*8-60. El pilar de mampostería está sometido a la carga de 800 kN. Si $x = 0.25$ m y $y = 0.5$ m, determine el esfuerzo normal en cada esquina *A*, *B*, *C* y *D* (no mostrada) y trace la distribución del esfuerzo sobre la sección transversal. Desprecie el peso del pilar.

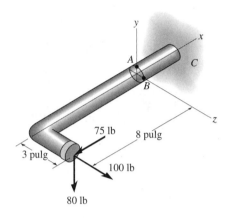

Probs. 8-56/57

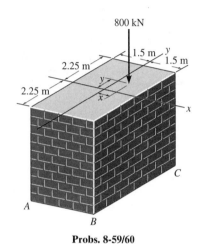

Probs. 8-59/60

8-58. El poste tiene una sección transversal circular de radio *c*. Determine el máximo radio *e* en que la carga puede aplicarse de manera que en ninguna parte del poste se presente un esfuerzo de tensión. Desprecie el peso del poste.

8-61. El gancho tiene las dimensiones mostradas. Determine el esfuerzo normal máximo en la sección *a-a* cuando soporta una carga en el cable de 800 kN y esboce la distribución del esfuerzo que actúa sobre la transversal.

Prob. 8-58

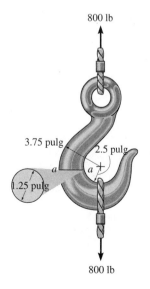

Prob. 8-61

8-62. La prensa de tornillo en forma de C aplica un esfuerzo de compresión sobre la pieza cilíndrica de 80 lb/pulg². Determine el esfuerzo normal máximo generado en la prensa.

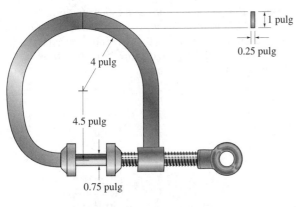

Prob. 8-62

8-63. La manivela de la prensa está sometida a una fuerza de 20 lb. Debido al engranaje interno, esto ocasiona que el bloque quede sometido a una fuerza de compresión de 80 lb. Determine el esfuerzo normal que actúa en puntos a lo largo de los patines exteriores A y B. Use la fórmula de la viga curva para calcular el esfuerzo de flexión.

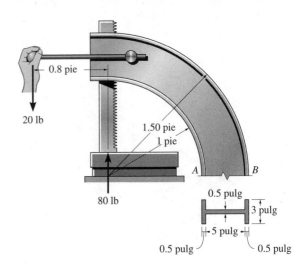

Prob. 8-63

REPASO DEL CAPÍTULO

• Un recipiente a presión se considera que tiene una pared delgada si $r/t \geq 10$. Para un recipiente cilíndrico de pared delgada, el esfuerzo circunferencial o esfuerzo anular es $\sigma_1 = pr/t$. Este esfuerzo es el doble que el esfuerzo longitudinal, $\sigma_2 = pr/2t$. Los recipientes esféricos de pared delgada tienen el mismo esfuerzo dentro de sus paredes en todas direcciones por lo que $\sigma_1 = \sigma_2 = pr/2t$.

• La superposición de las componentes de esfuerzos se puede usar para determinar el esfuerzo normal y cortante en un punto de un miembro sometido a carga combinada. Para hacerlo, es necesario primero determinar la fuerza resultante axial y cortante y el momento resultante torsional y flexionante en la sección donde está localizado el punto. Luego se determinan las componentes de esfuerzo debido a cada una de esas cargas. Las resultantes de los esfuerzos normal y cortante se determinan entonces sumando algebraicamente las componentes del esfuerzo normal y cortante.

PROBLEMAS DE REPASO

*8-64. El bloque está sometido a las tres cargas axiales mostradas. Determine el esfuerzo normal generado en los puntos A y B. Desprecie el peso del bloque.

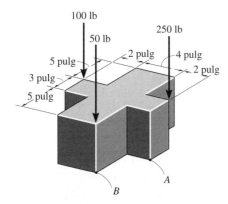

Prob. 8-64

8-65. La estructura en forma de C se usa en una máquina remachadora. Si la fuerza aplicada por el pistón sobre la prensa en D es $P = 8$ kN, esboce la distribución del esfuerzo que actúa sobre la sección $a\text{-}a$.

8-66. Determine la fuerza máxima P que el martinete puede aplicar a la prensa en D si el esfuerzo normal permisible en el material es $\sigma_{\text{perm}} = 180$ MPa.

8-67. La presión del aire en el cilindro se incrementa ejerciendo fuerzas $P = 2$ kN sobre los dos pistones, cada uno de los cuales tiene un radio de 45 mm. Si el cilindro tiene un espesor de pared de 2 mm, determine el estado de esfuerzo en la pared del cilindro.

*8-68. Determine la fuerza máxima P que puede ejercerse sobre cada uno de los dos pistones de manera que la componente circunferencial del esfuerzo en el cilindro no exceda de 3 MPa. Cada pistón tiene un radio de 45 mm y el cilindro tiene un espesor de pared de 2 mm.

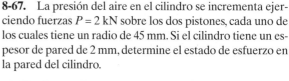

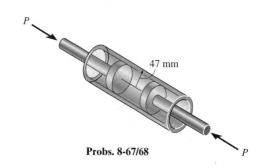

Probs. 8-67/68

8-69. La silleta tiene un espesor de 0.25 pulg y se usa para soportar las reacciones verticales de la viga cargada como se muestra. Si la carga se transfiere uniformemente a cada placa lateral de la silleta, determine el estado de esfuerzo en los puntos C y D de la silleta en A. Suponga que una reacción vertical $\mathbf{F}$ actúa en este extremo en el centro y sobre el borde del soporte mostrado.

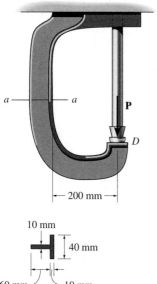

Probs. 8-65/66

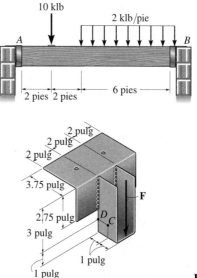

Prob. 8-69

8-70. La silleta tiene un espesor de 0.25 pulg y se usa para soportar las reacciones verticales de la viga cargada como se exhibe. Si la carga se transfiere uniformemente a cada placa lateral de la silleta, determine el estado de esfuerzo en los puntos C y D de la silleta en B. Suponga que una reacción vertical **F** actúa en este extremo en el centro y sobre el borde del soporte mostrado.

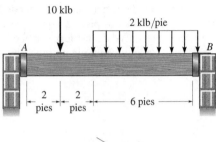

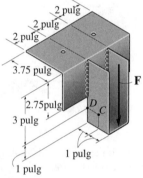

Prob. 8-70

8-71. Una barra con sección transversal cuadrada de 30 por 30 mm tiene 2 m de longitud y es mantenida verticalmente. Si la barra tiene una masa de 5 kg/m, determine el mayor ángulo θ, medido desde la vertical, en que puede ser soportada antes de quedar sometida a un esfuerzo de tensión a lo largo de su eje cerca del agarre.

*8-72. Resuelva el problema 8-71 si la barra tiene una sección transversal circular de 30 mm de diámetro.

Probs. 8-71/72

8-73. La tapa del tanque cilíndrico está unida por pernos al tanque a lo largo de sus rebordes. El tanque tiene un diámetro interno de 1.5 m y un espesor de pared de 18 mm. Si el esfuerzo normal máximo no debe exceder de 150 MPa, determine la presión máxima que el tanque puede soportar. Calcule también el número de pernos requeridos para unir la tapa al tanque si cada perno tiene un diámetro de 20 mm. El esfuerzo permisible en los pernos es $(\sigma_{\text{perm}})_b = 180$ MPa.

8-74. La tapa del tanque cilíndrico está unida por pernos al tanque a lo largo de sus rebordes. El tanque tiene un diámetro interno de 1.5 m y un espesor de pared de 18 mm. Si la presión en el tanque es $p = 1.20$ MPa, determine la fuerza en los 16 pernos que se usan para unir la tapa al tanque. Especifique también el estado de esfuerzo en la pared del tanque.

Probs. 8-73/74

8-75. La palanca de pata de cabra se usa para extraer el clavo en A. Si se requiere una fuerza de 8 lb, determine las componentes de esfuerzo en la palanca en los puntos D y E. Muestre los resultados en un elemento diferencial de volumen localizado en cada uno de esos puntos. La palanca tiene una sección transversal circular con diámetro de 0.5 pulg. No ocurre ningún deslizamiento en B.

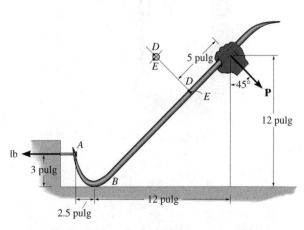

Prob. 8-75

*8-76. La ménsula de acero se usa para conectar los extremos de dos cables. Si la fuerza aplicada P = 500 lb, determine el esfuerzo normal máximo en la ménsula; ésta tiene un espesor de 0.5 pulg y un ancho de 0.75 pulg.

8-78. La prensa está hecha de los miembros AB y AC, que están conectados por un pasador en A. Si la fuerza de compresión en C y B es de 180 N, determine el estado de esfuerzo en el punto G e indique los resultados en un elemento diferencial de volumen. El tornillo DE está sometido sólo a una fuerza de tensión a lo largo de su eje.

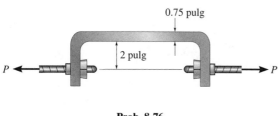

Prob. 8-76

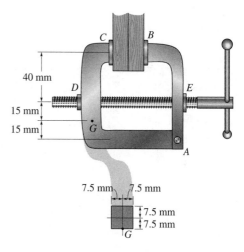

Prob. 8-78

8-77. La prensa está hecha de los miembros AB y AC que están conectados por un pasador en A. Si la fuerza de compresión en C y B es de 180 N, determine el estado de esfuerzo en el punto F e indique los resultados en un elemento diferencial de volumen. El tornillo DE está sometido sólo a una fuerza de tensión a lo largo de su eje.

8-79. La viga de patín ancho está sometida a la carga mostrada. Determine el estado de esfuerzo en los puntos A y B, y muestre los resultados en un elemento diferencial de volumen localizado en cada uno de esos puntos.

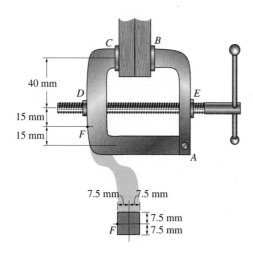

Prob. 8-77

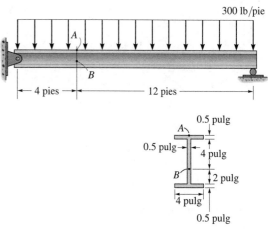

Prob. 8-79

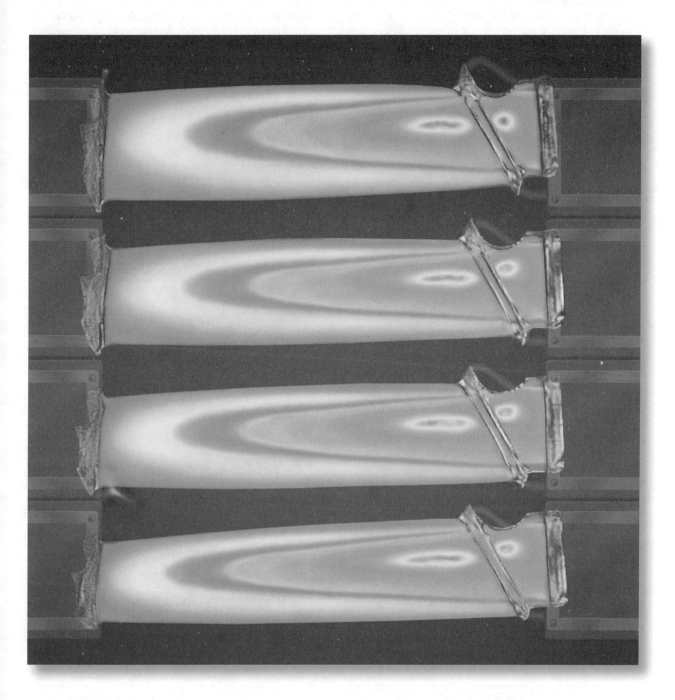

Estos álabes de turbina están sometidos a una pauta compleja de esfuerzos, que se visualiza con las bandas de color que aparecen en las paletas cuando se fabrican con un material transparente y se ven a la contraluz polarizada. Para comprobar su diseño, los ingenieros deben poder determinar dónde se presenta el esfuerzo máximo y qué dirección tiene.

(Cortesía de Measurements Group, Inc., Raleigh, North Carolina 27611, Estados Unidos.)

Transformación de esfuerzo

OBJETIVOS DEL CAPÍTULO

En este capítulo mostraremos cómo transformar los componentes del esfuerzo que están asociados a determinado sistema de coordenadas, en componentes asociados con un sistemas de coordenadas que tiene una orientación diferente. Una vez establecidas las ecuaciones de transformación necesarias, podremos obtener el esfuerzo normal máximo y el esfuerzo cortante máximo, en un punto, y determinar la orientación de los elementos sobre los que actúan. La transformación de esfuerzo plano se describirá en la primera parte del capítulo, porque esta condición es la más común en la práctica de la ingeniería. Al final del capítulo describiremos un método para determinar el esfuerzo cortante máximo absoluto en un punto, cuando el material se somete a estados de esfuerzo tanto plano como tridimensional.

9.1 Transformación del esfuerzo plano

En la sección 1.3 se demostró que el estado general de esfuerzo en un punto se caracteriza por *seis* componentes independientes, de esfuerzo normal y cortante, que actúan sobre las caras de un elemento de material ubicado en el punto, figura 9-1*a*. Sin embargo, este estado de esfuerzo no se encuentra con frecuencia en la práctica de la ingeniería. En lugar de ello, los ingenieros hacen aproximaciones o simplificaciones, con frecuencia, de las cargas sobre un cuerpo, para que el esfuerzo producido en un miembro estructural o un elemento mecánico se pueda analizar en *un solo plano*. Cuando se da este caso, se dice que el máterial está sujeto a un esfuerzo plano, figura 9-1*b*. Por ejemplo, si no hay carga sobre la superficie de un cuerpo, entonces los componentes de esfuerzo normal y cortante serán cero en la cara de un elemento que esté en la superficie. En consecuencia, los componentes de esfuerzo correspondientes, en la cara opuesta, también serán cero, por lo que el material en el punto estará sometido a esfuerzo plano.

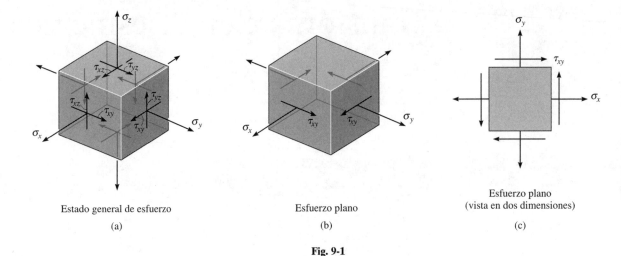

Estado general de esfuerzo

(a)

Esfuerzo plano

(b)

Esfuerzo plano
(vista en dos dimensiones)

(c)

Fig. 9-1

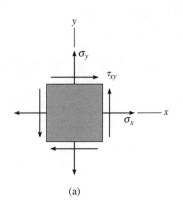

(a)

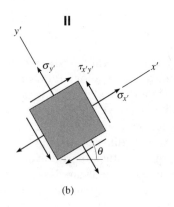

(b)

Fig. 9-2

Entonces, el estado general de ***esfuerzo plano*** se representa por una combinación de dos componentes de esfuerzo normal, σ_x y σ_y, y un componente de esfuerzo cortante, τ_{xy}, que actúan sobre cuatro caras del elemento. Por comodidad, en este texto veremos este estado de esfuerzo en el plano x-y, figura 9.1c. Tenga en cuenta que si el estado de esfuerzo en un punto se define con los tres componentes de esfuerzo que se muestran en el elemento de la figura 9-2a, entonces un elemento que tenga una orientación distinta, como el de la figura 9-2b, estará sujeto a tres componentes distintas de esfuerzo. En otras palabras, *el estado de esfuerzo plano en el punto se representa en forma única por tres componentes que actúan sobre un elemento que tenga una orientación específica en el punto*.

En esta sección, usando ejemplos numéricos, demostraremos cómo *transformar* los componentes de esfuerzo de una orientación de elemento a un elemento que tenga orientación distinta. Esto es, si el estado de esfuerzo se define por los componentes σ_x, σ_y, τ_{xy}, orientados a lo largo de los ejes x, y, figura 9-2a, mostraremos cómo obtener los componentes $\sigma_{x'}$, $\sigma_{y'}$, $\tau_{x'y'}$, orientados a lo largo de los ejes x', y', figura 9-2b, de modo que representen el *mismo* estado de esfuerzo en el punto. Es como conocer dos componentes de fuerza, por ejemplo $\mathbf{F}_x$ y $\mathbf{F}_y$, dirigidas a lo largo de los ejes x, y, que producen una fuerza resultante $\mathbf{F}_R$, y tratar entonces de determinar los componentes de esa fuerza $\mathbf{F}_{x'}$ y $\mathbf{F}_{y'}$ con la dirección de los ejes x', y', para que produzcan la *misma* fuerza resultante. Sin embargo, la transformación de componentes de esfuerzo es más difícil que la de componentes de fuerza, porque para el *esfuerzo* la transformación debe tener en cuenta la magnitud y la dirección de cada componente de esfuerzo, *y también* la orientación del área sobre la que actúa cada componente. En el caso de la fuerza, la transformación sólo debe tener en cuenta la magnitud y la dirección de sus componentes.

PROCEDIMIENTO PARA ANÁLISIS

Si se conoce el estado de esfuerzo en un punto, para determinada orientación de un elemento de material, figura 9-3a, entonces se puede determinar el estado de esfuerzo para alguna otra orientación, figura 9-3b, usando el siguiente procedimiento.

- Para determinar los componentes de esfuerzo normal y cortante $\sigma_{x'}$, $\tau_{x'y'}$, que actúan sobre la cara x' del elemento, figura 9-3b, se corta el elemento de la figura 9-3a como se ve en la figura 9-3c. Si se supone que el área cortada de ΔA, entonces las áreas adyacentes del segmento serán ΔA sen θ y ΔA cos θ.

- Se traza el diagrama de cuerpo libre del segmento, para lo cual se requiere mostrar las *fuerzas* que actúan sobre el elemento. Esto se hace multiplicando los componentes de esfuerzo sobre cada cara, por el área sobre la que actúan.

- Se aplican las ecuaciones de equilibrio de fuerzas en direcciones x' y y' para obtener los dos componentes desconocidos de esfuerzo, $\sigma_{x'}$ y $\tau_{x'y'}$.

- Si $\sigma_{y'}$, que actúa sobre la cara $+y'$ del elemento en la figura 9-3b, se va a determinar, entonces es necesario considerar un segmento del elemento como el de la figura 9-3d, y seguir el mismo procedimiento que acabamos de describir. En este caso, sin embargo, el esfuerzo cortante $\tau_{x'y'}$ no habrá que ser determinado, si se calculó antes, porque es complementario; esto es, tiene la misma magnitud en cada una de las cuatro caras del elemento, figura 9-3b.

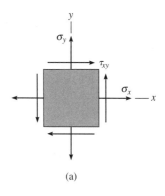

(a)

II

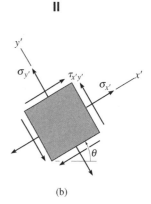

(b)

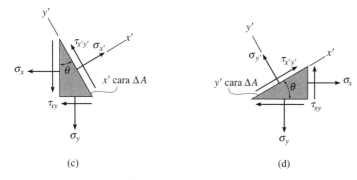

(c) (d)

Fig. 9-3

E J E M P L O **9.1**

El estado de esfuerzo plano en un punto de la superficie del fuselaje de un avión se representa en el elemento orientado como se indica en la figura 9-4a. Represente el estado de esfuerzos en el punto de un elemento que está orientado a 30° en el sentido de las manecillas del reloj, respecto a la posición indicada.

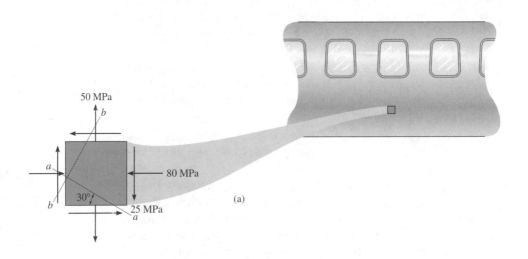

(a)

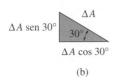

(b)

Solución

El elemento se corta con la línea *a-a* en la figura 9-4a, se quita el segmento inferior y, suponiendo que el plano cortado (inclinado) tiene el área ΔA, entonces los planos horizontal y vertical tienen las áreas que muestra la figura 9-4b. El diagrama de cuerpo libre del segmento se muestra en la figura 9-4c. Al aplicar las ecuaciones de equilibrio de fuerzas en direcciones x' y y' para evitar una solución simultánea de las dos incógnitas $\sigma_{x'}$ y $\tau_{x'y'}$, entonces

$+\nearrow \sum F_{x'} = 0;$ $\sigma_{x'} \Delta A - (50 \, \Delta A \cos 30°) \cos 30°$
$$+ (25 \, \Delta A \cos 30°) \operatorname{sen} 30° + (80 \, \Delta A \operatorname{sen} 30°) \operatorname{sen} 30°$$
$$+ (25 \, \Delta A \operatorname{sen} 30°) \cos 30° = 0$$
$$\sigma_{x'} = -4.15 \text{ MPa} \qquad \qquad \textit{Resp.}$$

$+\nwarrow \sum F_{y'} = 0;$ $\tau_{x'y'} \Delta A - (50 \, \Delta A \cos 30°) \operatorname{sen} 30°$
$$- (25 \, \Delta A \cos 30°) \cos 30° - (80 \, \Delta A \operatorname{sen} 30°) \cos 30°$$
$$+ (25 \, \Delta A \operatorname{sen} 30°) \operatorname{sen} 30° = 0$$
$$\tau_{x'y'} = 68.8 \text{ MPa} \qquad \qquad \textit{Resp.}$$

Como $\sigma_{x'}$ es negativo, actúa en dirección contraria que la que se indica en la figura 9-4c. Los resultados se ven en la *parte superior* del elemento en la figura 9-4d, ya que esta superficie es la que se considera en la figura 9-4c.

Fig. 9-4

Ahora se debe repetir el procedimiento para obtener el esfuerzo en el plano *perpendicular b-b*. Al cortar el elemento de la figura 9-4*a* en *b-b*, resulta un segmento cuyas caras laterales tienen las áreas que se indican en la figura 9-4*e*. Si el eje $+x'$ se orienta hacia afuera, perpendicular a la cara seccionada, el diagrama correspondiente de cuerpo libre se ve en la figura 9-4*f*. Entonces,

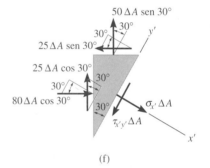

(e)

$$+\searrow \Sigma F_{x'} = 0; \quad \sigma_{x'}A - (25\,\Delta A \cos 30°)\,\text{sen}\,30°$$
$$+(80\,\Delta A \cos 30°)\cos 30° - (25\,\Delta A \,\text{sen}\, 30°)\cos 30°$$
$$- (50\,\Delta A \,\text{sen}\, 30°)\,\text{sen}\,30° = 0$$

$$\sigma_{x'} = -25.8 \text{ MPa} \qquad \textit{Resp.}$$

$$+\nearrow \Sigma F_{y'} = 0; \quad -\tau_{x'y'}\Delta A + (25\,\Delta A \cos 30°)\cos 30°$$
$$+(80\,\Delta A \cos 30°)\,\text{sen}\,30° - (25\,\Delta A \,\text{sen}\,30°)\,\text{sen}\,30°$$
$$+(50\,\Delta A \,\text{sen}\,30°)\cos 30° = 0$$

$$\tau_{x'y'} = 68.8 \text{ MPa} \qquad \textit{Resp.}$$

(f)

Ya que $\sigma_{x'}$ es una cantidad negativa, actúa en sentido contrario a su dirección que muestra la figura 9-4*f*. Los componentes de esfuerzo se muestran actuando en el *lado derecho* del elemento, en la figura 9-4*d*.

De acuerdo con este análisis podemos entonces llegar a la conclusión que el estado de esfuerzo en el punto se puede representar eligiendo un elemento orientado como muestra la figura 9-4*a*, o bien uno orientado como indica la figura 9-4*d*. En otras palabras, los estados de esfuerzo son equivalentes.

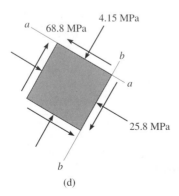

(d)

9.2 Ecuaciones generales de la transformación de esfuerzo plano

Ahora se desarrollará el método para transformar los componentes de esfuerzo normal y cortante, en los ejes coordenados *x, y*, a los ejes coordenados *x′, y′*, en una forma general, y se expresará como un conjunto de ecuaciones de transformación de esfuerzo.

Convención de signos.   Antes de deducir las ecuaciones de transformación, primero se debe establecer una convención de signos para los componentes del esfuerzo. Aquí adoptaremos el que usamos en la sección 1.3. En forma breve, una vez que se han establecido los ejes *x, y* o *x′, y′*, un componente de esfuerzo normal o de esfuerzo cortante es *positivo* si actúa en la dirección de las coordenadas *positivas* sobre la cara *positiva* del elemento, o si actúa en la dirección de las coordenadas *negativas* sobre la cara *negativa* del elemento, figura 9-5*a*. Por ejemplo, σ_x es positivo porque actúa hacia la derecha sobre la cara vertical del lado derecho, y actúa hacia la izquierda (dirección $-x$) sobre la cara vertical negativa. El esfuerzo cortante en la figura 9-5*a* se muestra actuando en dirección positiva sobre las cuatro caras del elemento. En la cara derecha, τ_{xy} actúa hacia arriba (dirección $+y$); sobre la cara inferior, τ_{xy} actúa hacia la izquierda (dirección $-x$), y así sucesivamente.

Todos los componentes de esfuerzo que se muestran en la figura 9-5*a* mantienen el equilibrio del elemento, y por lo mismo, si se conoce la dirección de τ_{xy} sobre una cara del elemento, se define su dirección sobre las otras tres caras. Por consiguiente, la convención de signos anterior también se puede recordar sólo si se nota que *el esfuerzo normal positivo actúa hacia afuera sobre todas las caras, y el esfuerzo cortante positivo actúa hacia arriba sobre la cara derecha del elemento*.

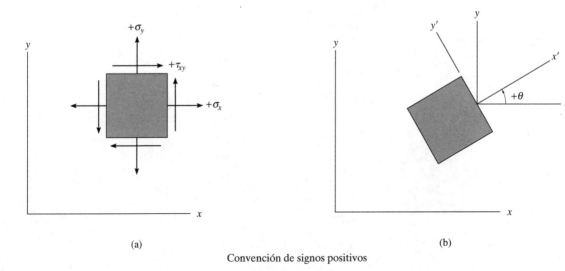

(a)   (b)

Convención de signos positivos

Fig. 9-5

Dado el estado de esfuerzo plano de la figura 9-5*a*, se definirá la orientación del plano inclinado sobre el cual se van a determinar los componentes de esfuerzo normal y cortante, usando el ángulo θ. Para mostrar en forma adecuada este ángulo, primero es necesario establecer un eje x' positivo, *dirigido hacia afuera, perpendicular* o normal al plano, y un plano y' asociado, dirigido a lo largo del plano, figura 9-5*b*. Observe que los conjuntos de eje sin prima y con prima forman sendos conjuntos de ejes coordenados derechos; esto es, que el eje z (o z') positivo se determina con la regla de la mano derecha. Encogiendo los dedos desde x (o x') hacia y (o y'), el pulgar indica la dirección del eje z (o z') positivo, que apunta hacia afuera. El *ángulo* θ se mide desde el eje x positivo hacia el eje x' positivo. Es *positivo* siempre que siga el enroscamiento de los dedos de la mano derecha, es decir, tenga dirección contraria a la de las manecillas del reloj, como se ve en la figura 9-5*b*.

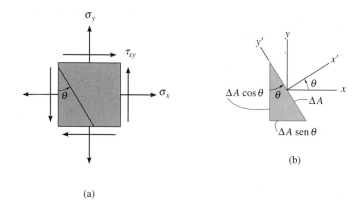

(a)

(b)

Fig. 9-6

Componentes de esfuerzo normal y cortante.

Al usar la convención establecida de signos y cortar al elemento de la figura 9-6*a* por el plano inclinado, se aísla el segmento que muestra la figura 9-6*b*. Suponiendo que el corte tenga el área ΔA, las caras horizontal y vertical del segmento tendrán un área ΔA sen θ y ΔA cos θ, respectivamente.

El *diagrama de cuerpo libre* que resulta, del segmento, se ve en la figura 9-6*c*. Si se aplican las ecuaciones de equilibrio de fuerzas para determinar los componentes de esfuerzo normal y cortante desconocidos, $\sigma_{x'}$ y $\tau_{x'y'}$, obtenemos

$$+\nearrow\Sigma F_{x'} = 0; \quad \sigma_{x'}\,\Delta A - (\tau_{xy}\,\Delta A \text{ sen }\theta)\cos\theta - (\sigma_y\,\Delta A \text{ sen }\theta)\text{ sen }\theta$$
$$- (\tau_{xy}\,\Delta A \cos\theta)\text{ sen }\theta - (\sigma_x\,\Delta A \cos\theta)\cos\theta = 0$$
$$\sigma_{x'} = \sigma_x\cos^2\theta + \sigma_y\text{ sen}^2\theta + \tau_{xy}(2\text{ sen }\theta\cos\theta)$$

$$+\nwarrow\Sigma F_{y'} = 0; \quad \tau_{x'y'}\,\Delta A + (\tau_{xy}\,\Delta A \text{ sen }\theta)\text{ sen }\theta - (\sigma_y\,\Delta A \text{ sen }\theta)\cos\theta$$
$$- (\tau_{xy}\,\Delta A \cos\theta)\cos\theta + (\sigma_x\,\Delta A \cos\theta)\text{ sen }\theta = 0$$
$$\tau_{x'y'} = (\sigma_y - \sigma_x)\text{ sen }\theta\cos\theta + \tau_{xy}(\cos^2\theta - \text{sen}^2\theta)$$

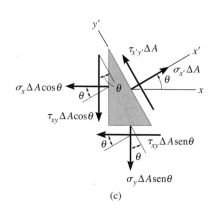

(c)

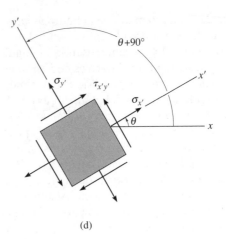

(d)

Fig. 9-6 (cont.)

Estas dos ecuaciones se pueden simplificar con las identidades trigonométricas sen $2\theta = 2$ sen $\theta \cos \theta$; sen$^2\theta = (1 - \cos 2\theta)/2$ y cos$^2\theta = (1 + \cos 2\theta)/2$, y en ese caso,

$$\sigma_{x'} = \frac{\sigma_x + \sigma_y}{2} + \frac{\sigma_x - \sigma_y}{2}\cos 2\theta + \tau_{xy} \operatorname{sen} 2\theta \qquad (9\text{-}1)$$

$$\tau_{x'y'} = -\frac{\sigma_x - \sigma_y}{2}\operatorname{sen} 2\theta + \tau_{xy} \cos 2\theta \qquad (9\text{-}2)$$

Si se necesita el esfuerzo normal que actúa en la dirección y', se puede obtener si sólo se sustituye ($\theta = \theta + 90°$) en vez de θ en la ecuación 9-1, figura 9-6d. De ese modo se obtiene

$$\sigma_{y'} = \frac{\sigma_x + \sigma_y}{2} - \frac{\sigma_x - \sigma_y}{2}\cos 2\theta - \tau_{xy} \operatorname{sen} 2\theta \qquad (9\text{-}3)$$

Si se calcula que $\sigma_{y'}$ es una cantidad positiva, eso indica que actúa en dirección de y' positiva, como se ve en la figura 9-6d.

PROCEDIMIENTO PARA ANÁLISIS

Para aplicar las ecuaciones de transformación de esfuerzos, 9-1 y 9-2, sólo se necesita sustituir en ellas los datos conocidos de σ_x, σ_y, τ_{xy} y θ de acuerdo con la convención establecida de signos, figura 9-5. Si al calcular $\sigma_{x'}$ y $\tau_{x'y'}$ resultan cantidades positivas, esos esfuerzos actúan en la dirección positiva de los ejes x' y y'.

Para mayor comodidad, esas ecuaciones se pueden programar con facilidad en una calculadora de bolsillo.

EJEMPLO 9.2

El estado de esfuerzo plano en un punto se representa con el elemento que muestra la figura 9-7a. Determine el estado de esfuerzo en el punto, sobre otro elemento orientado 30° en el sentido de las manecillas del reloj, respecto al primer elemento.

Solución

El problema se resolvió en el ejemplo 9.1, usando los principios básicos. Aquí aplicaremos las ecuaciones 9-1 y 9-2. De acuerdo con la convención de signos establecida, figura 9-5, se ve que

$$\sigma_x = -80 \text{ MPa} \quad \sigma_y = 50 \text{ MPa} \quad \tau_{xy} = -25 \text{ MPa}$$

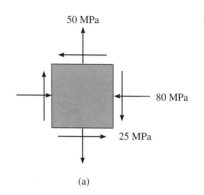

(a)

Plano CD. Para obtener los componentes de esfuerzo sobre el plano CD, figura 9-7b, el eje x' positivo se dirige hacia afuera, perpendicular a CD, y el eje y' asociado se dirige a lo largo de CD. El ángulo medido desde el eje x hasta el eje x' es $\theta = -30°$ (en sentido de las manecillas del reloj). Al aplicar las ecuaciones 9-1 y 9-2 se obtiene

$$\sigma_{x'} = \frac{\sigma_x + \sigma_y}{2} + \frac{\sigma_x - \sigma_y}{2}\cos 2\theta + \tau_{xy} \text{ sen } 2\theta$$

$$= \frac{-80 + 50}{2} + \frac{-80 - 50}{2}\cos 2(-30°) + (-25) \text{ sen } 2(-30°)$$

$$= -25.8 \text{ MPa} \qquad\qquad\qquad\qquad Resp.$$

$$\tau_{x'y'} = -\frac{\sigma_x - \sigma_y}{2} \text{ sen } 2\theta + \tau_{xy}\cos 2\theta$$

$$= -\frac{-80 - 50}{2} \text{ sen } 2(-30°) + (-25)\cos 2(-30°)$$

$$= -68.8 \text{ MPa} \qquad\qquad\qquad\qquad Resp.$$

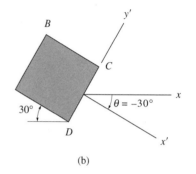

(b)

Los signos negativos indican que $\sigma_{x'}$ y $\tau_{x'y'}$ actúan en las direcciones negativas de x' y y', respectivamente. Los resultados se muestran actuando sobre el elemento de la figura 9-7d.

Plano BC. De forma parecida, se obtienen los componentes de esfuerzo que actúan sobre la cara BC, figura 9-7c, usando $\theta = 60°$. Al aplicar las ecuaciones 9-1 y 9-2* se obtienen

$$\sigma_{x'} = \frac{-80 + 50}{2} + \frac{-80 - 50}{2}\cos 2(60°) + (-25) \text{ sen } 2(60°)$$

$$= -4.15 \text{ MPa} \qquad\qquad\qquad\qquad Resp.$$

$$\tau_{x'y'} = -\frac{-80 - 50}{2} \text{ sen } 2(60°) + (-25)\cos 2(60°)$$

$$= 68.8 \text{ MPa} \qquad\qquad\qquad\qquad Resp.$$

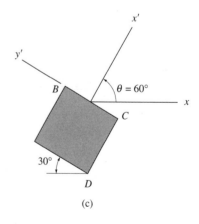

(c)

Aquí se ha calculado dos veces $\tau_{x'y'}$, para tener una comprobación. El signo negativo de $\sigma_{x'}$ indica que este esfuerzo actúa en la dirección de x' negativo, figura 9-7c. Los resultados se ven en el elemento de la figura 9-7d.

*Alternativamente, podemos aplicar la ecuación 9-3 con $\theta = -30°$ en lugar de la ecuación 9-1.

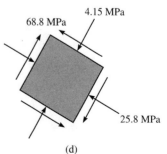

(d)

Fig. 9-7

9.3 Esfuerzos principales y esfuerzo cortante máximo en el plano

De acuerdo con las ecuaciones 9-1 y 9-2 se puede ver que $\sigma_{x'}$ y $\tau_{x'y'}$ dependen del ángulo θ de inclinación de los planos sobre los que actúan esos esfuerzos. En la práctica de ingeniería con frecuencia es importante determinar la orientación de los planos que causa que el esfuerzo normal sea máximo y mínimo, y la orientación de los planos que hace que el esfuerzo cortante sea máximo. En esta sección se examinará cada uno de esos problemas.

Esfuerzos principales en el plano. Para determinar el *esfuerzo normal* máximo y mínimo, se debe diferenciar la ecuación 9-1 con respecto a θ, e igualar a 0 el resultado. De este modo se obtiene

$$\frac{d\sigma_{x'}}{d\theta} = -\frac{\sigma_x - \sigma_y}{2}(2 \operatorname{sen} 2\theta) + 2\tau_{xy} \cos 2\theta = 0$$

Al resolver esta ecuación se obtiene la orientación $\theta = \theta_p$, de los planos de esfuerzo normal máximo y mínimo.

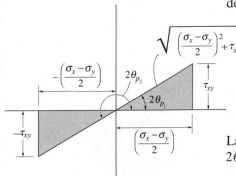

Fig. 9-8

$$\tan 2\theta_p = \frac{\tau_{xy}}{(\sigma_x - \sigma_y)/2} \tag{9-4}$$

La solución tiene dos raíces, θ_{p1} y θ_{p2}. En forma específica, los valores de $2\theta_{p1}$ y $2\theta_{p2}$ están a 180° entre sí, por lo que θ_{p1} y θ_{p2} forman 90°.

Los valores de θ_{p1} y θ_{p2} deben sustituirse en la ecuación 9-1, para poder obtener los esfuerzos normales que se requieren. Se puede obtener el seno y el coseno de $2\theta_{p1}$ y $2\theta_{p2}$ con los triángulos sombreados de la figura 9-8. La construcción de esos triángulos se basa en la ecuación 9-4, suponiendo que τ_{xy} y $(\sigma_x - \sigma_y)$ son cantidades positivas o negativas, las dos. Para θ_{p1} se tiene que

$$\operatorname{sen} 2\theta_{p1} = \tau_{xy} \bigg/ \sqrt{\left(\frac{\sigma_x - \sigma_y}{2}\right)^2 + \tau_{xy}{}^2}$$

$$\cos 2\theta_{p1} = \left(\frac{\sigma_x - \sigma_y}{2}\right) \bigg/ \sqrt{\left(\frac{\sigma_x - \sigma_y}{2}\right)^2 + \tau_{xy}{}^2}$$

y para θ_{p2},

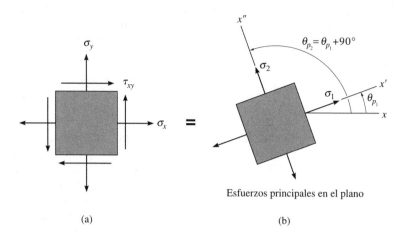

Esfuerzos principales en el plano

(a)   (b)

Fig. 9-9

$$\operatorname{sen} 2\theta_{p2} = -\tau_{xy} \Big/ \sqrt{\left(\frac{\sigma_x - \sigma_y}{2}\right)^2 + \tau_{xy}^{\,2}}$$

$$\cos 2\theta_{p2} = -\left(\frac{\sigma_x - \sigma_y}{2}\right) \Big/ \sqrt{\left(\frac{\sigma_x - \sigma_y}{2}\right)^2 + \tau_{xy}^{\,2}}$$

Si se sustituye cualquiera de estos dos conjuntos de relaciones trigonométricas en la ecuación 9-1, y se simplifica, se obtiene

Las grietas en esta viga de concreto fueron causadas por esfuerzo de tensión, aun cuando la viga estaba sometida a un momento interno y a una fuerza cortante, en forma simultánea. Se pueden usar las ecuaciones de transformación de esfuerzo para pronosticar la dirección de las grietas, y los esfuerzos normales principales que las causaron.

$$\boxed{\sigma_{1,2} = \frac{\sigma_x + \sigma_y}{2} \pm \sqrt{\left(\frac{\sigma_x - \sigma_y}{2}\right)^2 + \tau_{xy}^{\,2}}} \qquad (9\text{-}5)$$

Dependiendo del signo escogido, este resultado determina el esfuerzo normal máximo o mínimo en el plano, que actúa en un punto, cuando $\sigma_1 \geq \sigma_2$. Este conjunto particular de valores se llaman ***esfuerzos principales*** en el plano, y los planos correspondientes sobre los que actúan se llaman ***planos principales*** de esfuerzo, figura 9-9*b*. Además, si las relaciones trigonométricas para θ_{p1} y θ_{p2} se sustituyen en la ecuación 9-2, se podrá ver que $\tau_{x'y'} = 0$; esto es, ***sobre los planos principales no actúa el esfuerzo cortante***.

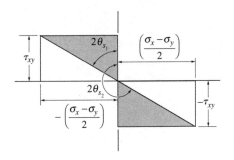

Fig. 9-10

Esfuerzo cortante máximo en el plano. La orientación de un elemento que está sometido a esfuerzo cortante máximo en sus caras se puede determinar sacando la derivada de la ecuación 9-2 con respecto a θ e igualando a cero el resultado. Así se obtiene

$$\tan 2\theta_s = \frac{-(\sigma_x - \sigma_y)/2}{\tau_{xy}} \tag{9-6}$$

Las dos raíces de esta ecuación, θ_{s1} y θ_{s2}, se pueden determinar con los triángulos sombreados de la figura 9-10. Comparando con la figura 9-8, cada raíz de $2\theta_s$ está a 90° de $2\theta_p$. Así, las raíces θ_s y θ_p forman 45° entre ellas, y el resultado es que *los planos del esfuerzo cortante máximo se pueden determinar orientando a un elemento a 45° con respecto a la posición de un elemento que defina los planos del esfuerzo principal.*

Usando cualquiera de las raíces θ_{s1} o θ_{s2}, se puede determinar el esfuerzo cortante máximo sacando los valores trigonométricos de sen $2\theta_s$ y cos $2\theta_s$ en la figura 9-10, y sustituyéndolos en la ecuación 9-2. El resultado es

$$\tau_{\substack{\text{máx} \\ \text{en el plano}}} = \sqrt{\left(\frac{\sigma_x - \sigma_y}{2}\right)^2 + \tau_{xy}^2} \tag{9-7}$$

El valor de $\tau_{\text{en el plano}}^{\text{máx}}$ calculado con la ecuación 9-7 se llama *esfuerzo cortante máximo en el plano*, porque actúa sobre el elemento en el plano x-y.

Si se sustituyen los valores de sen $2\theta_s$ y cos $2\theta_s$ en la ecuación 9-1, se ve que también hay un esfuerzo normal sobre los planos de esfuerzo cortante máximo en el plano. Se obtiene

$$\sigma_{\text{prom}} = \frac{\sigma_x + \sigma_y}{2} \tag{9-8}$$

Como las ecuaciones de transformación de esfuerzos, es conveniente programar las ecuaciones anteriores para poderlas usar en una calculadora de bolsillo.

PUNTOS IMPORTANTES

- Los *esfuerzos principales* representan el esfuerzo normal máximo y mínimo en el punto.

- Cuando se representa el estado de esfuerzo mediante los esfuerzos principales, sobre el elemento *no actúa esfuerzo cortante*.

- El estado de esfuerzo en el punto también se puede representar en función del *esfuerzo cortante máximo en el plano*. En este caso, sobre el elemento también actuará un *esfuerzo normal promedio* sobre el elemento.

- El elemento que representa el esfuerzo cortante máximo en el plano, con el esfuerzo normal promedio correspondiente, está *orientado a 45°* respecto al elemento que representa los esfuerzos principales.

EJEMPLO 9.3

Cuando se aplica la carga de torsión T a la barra de la figura 9-11a, produce un estado de esfuerzo cortante puro en el material. Determinar a) el esfuerzo cortante máximo en el plano, y el esfuerzo normal promedio asociado, y b) el esfuerzo principal.

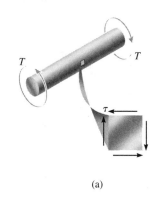

(a)

Solución

De acuerdo con la convención de signos que se ha establecido,

$$\sigma_x = 0 \qquad \sigma_y = 0 \qquad \tau_{xy} = -\tau$$

Esfuerzo cortante máximo en el plano. Se aplican las ecuaciones 9-7 y 9-8, para obtener

$$\tau_{\substack{\text{máx} \\ \text{en el plano}}} = \sqrt{\left(\frac{\sigma_x - \sigma_y}{2}\right)^2 + \tau_{xy}^2} = \sqrt{(0)^2 + (-\tau)^2} = \pm\tau \qquad Resp.$$

$$\sigma_{\text{prom}} = \frac{\sigma_x + \sigma_y}{2} = \frac{0 + 0}{2} = 0 \qquad\qquad\qquad Resp.$$

Así, como era de esperarse, el esfuerzo cortante máximo en el plano está representado por el elemento de la figura 9-11a.

En los experimentos se ha encontrado que los materiales que son *dúctiles fallan* debido al *esfuerzo cortante*. El resultado es que si se aplica un par de torsión a una barra de acero suave, el esfuerzo cortante máximo en el plano hará que falle como se ve en la foto adjunta.

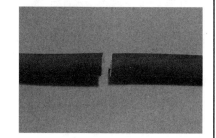

Esfuerzo principal. Al aplicar las ecuaciones 9-4 y 9-5 se obtiene

$$\tan 2\theta_p = \frac{\tau_{xy}}{(\sigma_x - \sigma_y)/2} = \frac{-\tau}{(0 - 0)/2}, \sigma_{p2} = 45°, \sigma_{p1} = 135°$$

$$\sigma_{1,2} = \frac{\sigma_x + \sigma_y}{2} \pm \sqrt{\left(\frac{\sigma_x - \sigma_y}{2}\right)^2 + \tau_{xy}^2} = 0 \pm \sqrt{(0)^2 + \tau^2} = \pm\tau \qquad Resp.$$

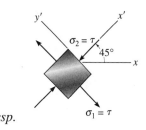

(b)

Fig. 9-11

Y si ahora se aplica la ecuación 9-1, con $\theta_{p2} = 45°$, entonces

$$\sigma_{x'} = \frac{\sigma_x + \sigma_y}{2} + \frac{\sigma_x - \sigma_y}{2}\cos 2\theta + \tau_{xy} \,\text{sen}\, 2\theta = 0 + 0 + (-\tau) \,\text{sen}\, 90° = -\tau$$

Así, $\sigma_2 = -\tau$ actúa en $\theta_{p2} = 45°$ como se ve en la figura 9-11b, y $\sigma_1 = \tau$ actúa sobre la otra cara, $\theta_{p1} = 135°$.

Los materiales que son *frágiles* fallan debido al *esfuerzo normal*. Es la razón por la que cuando un material frágil, como el hierro colado, se sujeta a torsión, falla en tensión, con una inclinación de 45°, como se ve en la foto adjunta.

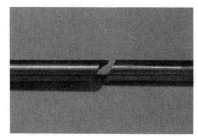

E J E M P L O **9.4**

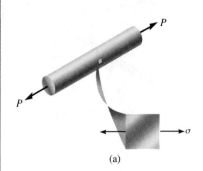

(a)

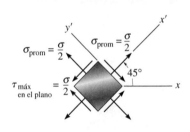

(b)

Fig. 9-12

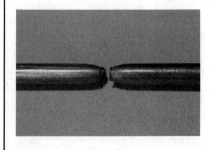

Cuando se aplica la carga axial P a la barra de la figura 9-12a, produce un esfuerzo de tensión en el material. Determinar a) el esfuerzo principal, y b) el esfuerzo cortante máximo en el plano, y el esfuerzo normal promedio asociado.

Solución
De acuerdo con la convención de signos establecida,

$$\sigma_x = \sigma \qquad \sigma_y = 0 \qquad \tau_{xy} = 0$$

Esfuerzo principal. Por observación visual, el elemento orientado como se ve en la figura 9-12a ilustra una condición de esfuerzo principal, porque no hay esfuerzo cortante actuando sobre este elemento. Esto también se puede demostrar por sustitución directa de los valores anteriores en las ecuaciones 9-4 y 9-5. Así,

$$\sigma_1 = \sigma \qquad \sigma_2 = 0 \qquad\qquad Resp.$$

Como se ha visto, con experimentos, que el esfuerzo normal hace que fallen los materiales frágiles, entonces, si la barra está hecha de *material frágil*, como hierro colado, causará la falla que se ve en la foto adjunta.

Esfuerzo cortante máximo en el plano. Al aplicar las ecuaciones 9-6, 9-7 y 9-8, se obtiene

$$\tan 2\theta_s = \frac{-(\sigma_x - \sigma_y)/2}{\tau_{xy}} = \frac{-(\sigma - 0)/2}{0}; \; \theta_{s_1} = 45°, \; \theta_{s_2} = 135°$$

$$\tau_{\substack{\text{máx} \\ \text{en plano}}} = \sqrt{\left(\frac{\sigma_x - \sigma_y}{2}\right)^2 + \tau_{xy}{}^2} = \sqrt{\left(\frac{\sigma - 0}{2}\right)^2 + (0)^2} = \pm\frac{\sigma}{2} \quad Resp.$$

$$\sigma_{\text{prom}} = \frac{\sigma_x + \sigma_y}{2} = \frac{\sigma + 0}{2} = \frac{\sigma}{2} \qquad\qquad Resp.$$

Para determinar la orientación correcta del elemento, se aplica la ecuación 9-2.

$$\tau_{x'y'} = -\frac{\sigma_x - \sigma_y}{2}\text{sen } 2\theta + \tau_{xy}\cos 2\theta = -\frac{\sigma - 0}{2}\text{sen } 90° + 0 = -\frac{\sigma}{2}$$

Este esfuerzo cortante negativo actúa sobre la cara x', en la dirección de y' negativa, como se ve en la figura 9-12b.

Si la barra se hace de un *material dúctil*, como acero suave, entonces el esfuerzo cortante la hará fallar cuando se someta a *tensión*. Esto se puede ver en la foto adjunta, donde en la región del encuellamiento, el esfuerzo cortante ha causado "deslizamientos" a lo largo de las fronteras cristalinas del acero, y causado una falla plana que ha formado un *cono* alrededor de la barra, orientado a unos 45°, como se calculó arriba.

E J E M P L O 9.5

El estado de esfuerzo plano en un punto sobre un cuerpo se muestra en el elemento de la figura 9-13a. Representar este estado de esfuerzo en términos de los esfuerzos principales.

Solución

De acuerdo con la convención de signos establecida,

$$\sigma_x = -20 \text{ MPa} \qquad \sigma_y = 90 \text{ MPa} \qquad \tau_{xy} = 60 \text{ MPa}$$

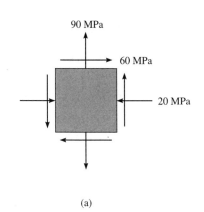

(a)

Orientación del elemento. Al aplicar la ecuación 9-4, se obtiene

$$\tan 2\theta_p = \frac{\tau_{xy}}{(\sigma_x - \sigma_y)/2} = \frac{60}{(-20 - 90)/2}$$

Se despeja, y si se llama esta raíz θ_{p_2}, como se mostrará abajo, se obtiene

$$2\theta_{p_2} = -47.49° \qquad \theta_{p_2} = -23.7°$$

Como la diferencia entre $2\theta_{p_1}$ y $2\theta_{p_2}$ es 180°, entonces

$$2\theta_{p_1} = 180° + 2\theta_{p_2} = 132.51° \qquad \theta_{p_1} = 66.3°$$

Recuérdese que θ es positivo si se mide *en sentido contrario a las manecillas del reloj*, desde el eje x hasta la normal hacia afuera (eje x') sobre la cara del elemento, por lo que los resultados se ven en la figura 9-13b.

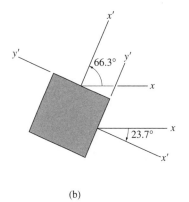

(b)

Esfuerzos principales. Se tiene que

$$\sigma_{1,2} = \frac{\sigma_x + \sigma_y}{2} \pm \sqrt{\left(\frac{\sigma_x - \sigma_y}{2}\right)^2 - \tau_{xy}^2}$$

$$= \frac{-20 + 90}{2} \pm \sqrt{\left(\frac{-20 - 90}{2}\right)^2 + (60)^2}$$

$$= 35.0 \pm 81.4$$

$$\sigma_1 = 116 \text{ MPa} \qquad\qquad\qquad\qquad Resp.$$

$$\sigma_2 = -46.4 \text{ MPa} \qquad\qquad\qquad\qquad Resp.$$

El plano principal sobre el que actúa el esfuerzo normal se puede determinar con la ecuación 9-1, por ejemplo con $\theta = \theta_{p_2} = -23.7°$. Entonces,

$$\sigma_{x'} = \frac{\sigma_x + \sigma_y}{2} + \frac{\sigma_x - \sigma_y}{2}\cos 2\theta + \tau_{xy} \operatorname{sen} 2\theta$$

$$= \frac{-20 + 90}{2} + \frac{-20 - 90}{2}\cos 2(-23.7°) + 60 \operatorname{sen} 2(-23.7°)$$

$$= -46.4 \text{ MPa}$$

Por consiguiente, $\sigma_2 = -46.4$ MPa actúa sobre el plano definido por $\theta_{p_2} = -23.7°$, mientras que $\sigma_1 = 116$ MPa actúa sobre el plano definido por $\theta_{p_1} = 66.3°$. Los resultados se muestran en el elemento de la figura 9-13c. Recuerde que sobre este elemento no actúa esfuerzo cortante.

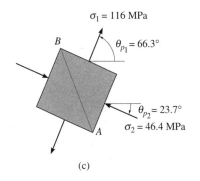

(c)

Fig. 9-13

E J E M P L O 9.6

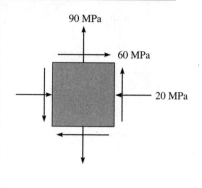

(a)

El estado de esfuerzo plano en un punto de un cuerpo se representa en el elemento de la figura 9-14a. Representar este estado de esfuerzo en función del esfuerzo cortante máximo en el plano, y el esfuerzo normal promedio asociado.

Solución

Orientación del elemento. Como $\sigma_x = -20$ MPa, $\sigma_y = 90$ MPa y $\tau_{xy} = 60$ MPa, al aplicar la ecuación 9.6 se tiene que

$$\tan 2\theta_s = \frac{-(\sigma_x - \sigma_y)/2}{\tau_{xy}} = \frac{-(-20 - 90)/2}{60}$$

$$2\theta_{s_2} = 42.5° \qquad \theta_{s_2} = 21.3°$$

$$2\theta_{s_1} = 180° + 2\theta_{s_2} \qquad \theta_{s_1} = 111.3°$$

Obsérvese que esos ángulos, que se muestran en la figura 9-14b, están a 45° de los planos principales de esfuerzo, que se determinó en el ejemplo 9.5.

Esfuerzo cortante máximo en el plano. Al usar la ecuación 9-7 se obtiene

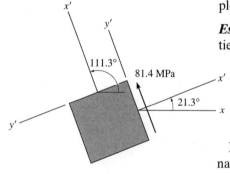

(b)

$$\tau_{\substack{\text{máx} \\ \text{en el plano}}} = \sqrt{\left(\frac{\sigma_x - \sigma_y}{2}\right)^2 + \tau_{xy}^2} = \sqrt{\left(\frac{-20 - 90}{2}\right)^2 + (60)^2}$$

$$= 81.4 \text{ MPa} \qquad\qquad Resp.$$

La dirección correcta de $\tau_{\substack{\text{máx} \\ \text{en el plano}}}$ sobre el elemento se puede determinar si se considera que $\theta = \theta_{s_2} = 21.3°$, y se aplica la ecuación 9-2. Entonces,

$$\tau_{x'y'} = -\left(\frac{\sigma_x - \sigma_y}{2}\right) \operatorname{sen} 2\theta + \tau_{xy} \cos 2\theta$$

$$= -\left(\frac{-20 - 90}{2}\right) \operatorname{sen} 2(21.3°) + 60 \cos 2(21.3°)$$

$$= 81.4 \text{ MPa}$$

Así, $\tau_{\substack{\text{máx} \\ \text{en el plano}}} = \tau_{x'y'}$ actúa en la dirección de y' *positiva*, sobre esta cara ($\theta = 21.3°$), como se ve en la figura 9-14b. Los esfuerzos cortantes sobre las otras tres caras tienen las direcciones que muestra la figura 9-14c.

Esfuerzo normal promedio. Además del esfuerzo cortante máximo, que se calculó arriba, el elemento también está sujeto a un esfuerzo normal promedio, determinado con la ecuación 9-8; esto es,

(c)

$$\sigma_{\text{prom}} = \frac{\sigma_x + \sigma_y}{2} = \frac{-20 + 90}{2} = 35 \text{ MPa} \qquad Resp.$$

Fig. 9-14

Es un esfuerzo de tensión. Los resultados se ven en la figura 9-14c.

PROBLEMAS

9-1. Demuestre que la suma de los esfuerzos normales, $\sigma_x + \sigma_y = \sigma_{x'} + \sigma_{y'}$ es constante. Vea las figuras 9-2a y 9-2b.

9-2. El estado de esfuerzo en un punto de un miembro se indica sobre el elemento. Determine los componentes de esfuerzo que actúan sobre el plano inclinado AB. Resuelva el problema usando el método de equilibrio, que se describió en la sección 9.1.

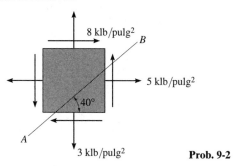

Prob. 9-2

9-3. El estado de esfuerzo en un punto de un miembro se muestra en el elemento. Determine los componentes de esfuerzo que actúan sobre el plano inclinado AB. Resuelva el problema usando el método de equilibrio, descrito en la sección 9.1.

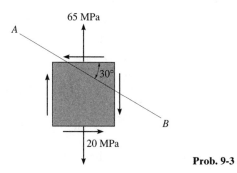

Prob. 9-3

***9-4.** El estado de esfuerzo en un punto de un miembro se muestra en el elemento. Determine los componentes de esfuerzo que actúan sobre el plano inclinado AB. Resuelva el problema usando el método de equilibrio, descrito en la sección 9.1.

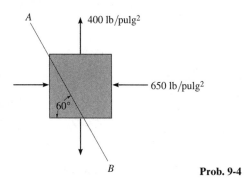

Prob. 9-4

9-5. El estado de esfuerzo en un punto de un miembro se muestra en el elemento. Determine los componentes de esfuerzo que actúan sobre el plano inclinado AB. Resuelva el problema usando el método de equilibrio, descrito en la sección 9.1.

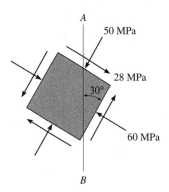

Prob. 9-5

9-6. El estado de esfuerzo en un punto de un miembro se muestra en el elemento. Determine los componentes de esfuerzo que actúan sobre el plano inclinado AB. Resuelva el problema usando el método de equilibrio, descrito en la sección 9.1.

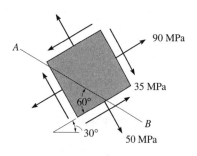

Prob. 9-6

9-7. Resuelva el problema 9-2 usando las ecuaciones de transformación de esfuerzo deducidas en la sección 9.2.

***9-8.** Resuelva el problema 9-4 usando las ecuaciones de transformación de esfuerzo deducidas en la sección 9.2.

9-9. Resuelva el problema 9-6 usando las ecuaciones de transformación de esfuerzo deducidas en la sección 9.2.

9-10. Determine el estado equivalente de esfuerzo sobre un elemento, si está orientado a 30°, en el sentido de las manecillas del reloj, del elemento que se muestra aquí. Use las ecuaciones de transformación de esfuerzo.

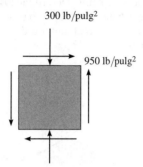

300 lb/pulg^2

950 lb/pulg^2

Prob. 9-10

9-11. Determine el estado equivalente de esfuerzo sobre un elemento, si está orientado a 50° en sentido contrario de las manecillas del reloj, del elemento que se muestra aquí. Use las ecuaciones de transformación de esfuerzo.

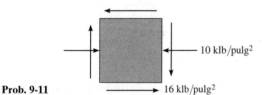

10 klb/pulg^2

Prob. 9-11

16 klb/pulg^2

*9-12. Resuelva el problema 9-6 usando las ecuaciones de transformación de esfuerzo.

9-13. El estado de esfuerzo en un punto se muestra en el elemento. Determine a) los esfuerzos principales y b) el esfuerzo cortante máximo en el plano, y el esfuerzo normal promedio en el punto. Especifique, en cada caso, la orientación del elemento.

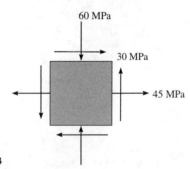

60 MPa

30 MPa

45 MPa

Prob. 9-13

9-14. El estado de esfuerzo en un punto se muestra en el elemento. Determine a) los esfuerzos principales y b) el esfuerzo cortante máximo en el plano, y el esfuerzo normal promedio en el punto. Especifique, en cada caso, la orientación del elemento.

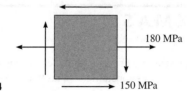

180 MPa

Prob. 9-14

150 MPa

9-15. El estado de esfuerzo en un punto se muestra en el elemento. Determine a) los esfuerzos principales y b) el esfuerzo cortante máximo en el plano, y el esfuerzo normal promedio en el punto. Especifique, en cada caso, la orientación del elemento.

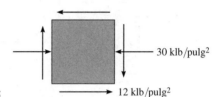

30 klb/pulg^2

Prob. 9-15

12 klb/pulg^2

*9-16. El estado de esfuerzo en un punto se muestra en el elemento. Determine a) los esfuerzos principales y b) el esfuerzo cortante máximo en el plano, y el esfuerzo normal promedio en el punto. Especifique, en cada caso, la orientación del elemento.

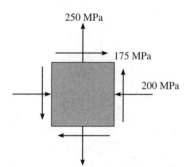

250 MPa

175 MPa

200 MPa

Prob. 9-16

9-17. Un punto sobre una placa delgada se sujeta a los dos estados sucesivos de esfuerzo que se ve en la figura. Determine el estado resultante de esfuerzo, representado en el elemento orientado como se ve a la derecha.

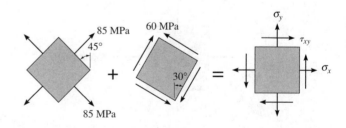

85 MPa

45°

60 MPa

30°

σ_y

τ_{xy}

σ_x

85 MPa

Prob. 9-17

9-18. Un punto sobre una placa delgada se sujeta a los dos estados sucesivos de esfuerzo que se ve en la figura. Determine el estado resultante de esfuerzo, representado en el elemento orientado como se ve a la derecha.

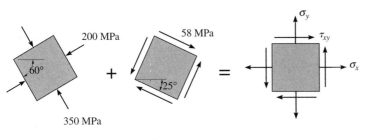

Prob. 9-18

9-19. Se indica el esfuerzo a lo largo de dos planos, en un punto. Determine los esfuerzos normales sobre el plano b-b, y los esfuerzos principales.

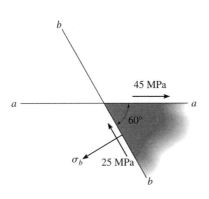

Prob. 9-19

*9-20.** Se indica el esfuerzo que actúa en dos planos, en un punto. Determine el esfuerzo cortante sobre el plano a-a y los esfuerzos principales en el punto.

9-21. Se indica el esfuerzo que actúa sobre dos planos en un punto. Determine el esfuerzo normal σ_b y los esfuerzos principales en el punto.

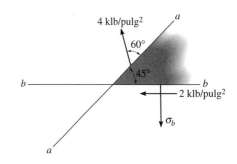

Prob. 9-21

Los siguientes problemas implican material cubierto en el capítulo 8.

9-22. La viga de madera está sometida a una carga de 12 kN. Si la orientación de las fibras (hilo) de la madera de la viga, en el punto A, forman un ángulo de 25° con el eje horizontal indicado, determine el esfuerzo normal y cortante que actúan perpendiculares a éstas, debido a la carga.

9-23. La viga de madera se somete a una carga distribuida. Determine los esfuerzos principales en un punto A, y especifique la orientación del elemento.

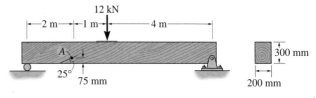

Probs. 9-22/23

*9-24.** Las fibras de la tabla forman un ángulo de 20° con la horizontal, como se indica. Determine el esfuerzo normal y cortante que actúan perpendiculares a éstas, si la tabla se somete a una carga axial de 250 N.

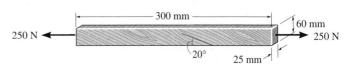

Prob. 9-24

Prob. 9-20

9-25. El bloque de madera falla si el esfuerzo cortante que actúa sobre las fibras es de 550 lb/pulg². Si el esfuerzo normal $\sigma_x = 400$ lb/pulg², determine el esfuerzo de compresión necesario, σ_y, que causa la falla.

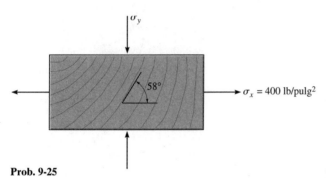

Prob. 9-25

9-26. La placa cuadrada de acero tiene 10 mm de espesor, y está sometida a cargas en sus bordes, como se indica. Determine el esfuerzo cortante máximo en el plano, y el esfuerzo normal promedio desarrollado en el acero.

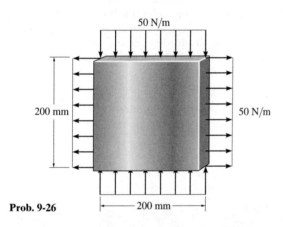

Prob. 9-26

9-27. La placa cuadrada de acero tiene un espesor de 0.5 pulg y está sometido a cargas en sus bordes, como se indica. Determine los esfuerzos principales que se desarrollan en el acero.

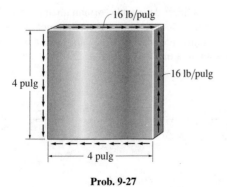

Prob. 9-27

*9-28. La viga simplemente apoyada está sometida al esfuerzo de tracción τ_0 en su superficie superior (su "*lecho alto*"). Determine los esfuerzos principales en los puntos A y B.

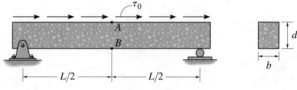

Prob. 9-28

9-29. El brazo articulado está sujeto en A, y sostenido por un eslabón corto BC. Está sometido a 80 N de fuerza. Determine los esfuerzos principales en a) el punto D y b) el punto E. El brazo es de una placa de aluminio de 20 mm de espesor.

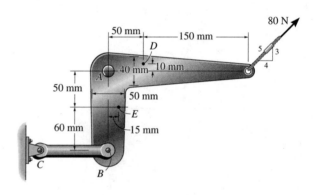

Prob. 9-29

9-30. La prensa oprime las superficies lisas en C y D, cuando se aprieta la tuerca. Si la fuerza de tensión del tornillo es 40 kN, determine los esfuerzos principales en los puntos A y B, e indique los resultados en elementos ubicados en cada uno de esos puntos. El área transversal en A y B se indica en la figura adjunta.

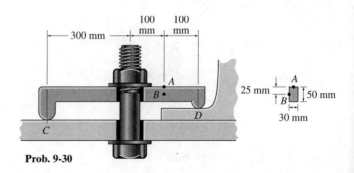

Prob. 9-30

9-31. La barra rectangular en voladizo está sometida a la fuerza de 5 klb. Determine los esfuerzos principales en los puntos A y B.

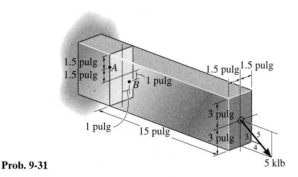

Prob. 9-31

*9-32. Se forma un tubo de cartoncillo enrollando una banda de cartoncillo en espiral, y pegando los lados, como se ve en la figura. Determine el esfuerzo cortante que actúa a lo largo de la pegadura, que forma 30° con la vertical, cuando el tubo está sometido a una fuerza axial de 10 N. El cartoncillo tiene 1 mm de espesor, y el diámetro externo del tubo es 30 mm.

9-33. Resuelva el problema 9-32, para el esfuerzo normal que actúa perpendicular a la pegadura.

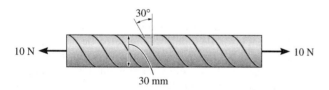

Probs. 9-32/33

9-34. Una varilla tiene sección transversal redonda, con 2 pulg de diámetro. Está sometida a un par de 12 klb · pulg y a un momento de flexión **M**. El esfuerzo principal mayor en el punto de esfuerzo máximo de flexión es 15 klb/pulg^2 Determine la magnitud del momento de flexión.

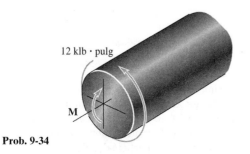

Prob. 9-34

9-35. Determine los esfuerzos principales que actúan en el punto A del marco de soporte. Muestre los resultados en un elemento con orientación correcta, ubicado en este punto.

*9-36. Determine los esfuerzos principales que actúan en el punto B, ubicado justo arriba del alma, y abajo del segmento horizontal, en el corte transversal. Indique los resultados en un elemento con orientación correcta, ubicado en este punto. Aunque no es muy exacto, use la fórmula del cortante para calcular el esfuerzo cortante.

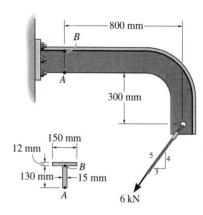

Probs. 9-35/36

9-37. La viga tubular cuadrada se sujeta a una fuerza de 26 kN que se aplica en el centro de su ancho, a 75 mm de cada lado. Determine los esfuerzos principales en el punto A, e indique los resultados en un elemento ubicado en este punto. Use la fórmula del cortante para calcular el esfuerzo cortante.

9-38. Resuelva el problema 9-37 para el punto B.

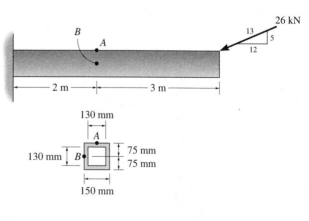

Probs. 9-37/38

9-39. La viga de patín ancho se somete a la fuerza de 50 kN. Determine los esfuerzos principales en un punto A de esa viga, ubicado en el *alma*, en el lecho bajo del patín superior. Aunque no es muy exacto, use la fórmula del corte para calcular el esfuerzo cortante.

*9-40. Resuelva el problema 9-39 para el punto B, ubicado en el *alma*, en el lecho alto del patín inferior.

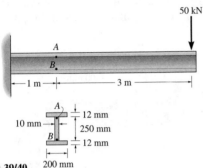

Probs. 9-39/40

9-41. El tornillo está fijo en su soporte en C. Si se aplica una fuerza de 18 lb a la llave, para apretarlo, determine los esfuerzos principales que se desarrollan en el vástago del tornillo en el punto A. Represente los resultados en un elemento ubicado en ese punto. El diámetro del vástago es 0.25 pulg.

9-42. Resuelva el problema 9-41 para el punto B.

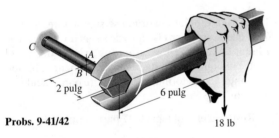

Probs. 9-41/42

9-43. La carretilla de proa del avión está sometida a una carga de diseño de 12 kN. Determine los esfuerzos principales que actúan sobre el soporte de aluminio, en el punto A.

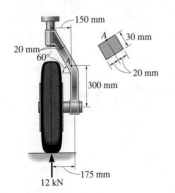

Prob. 9-43

*9-44. El eje macizo se somete a un par de torsión, un momento de flexión y una fuerza cortante, como se ve en la figura. Determine los esfuerzos principales que se desarrollan en el punto A.

9-45. Resuelva el problema 9-44 para el punto B.

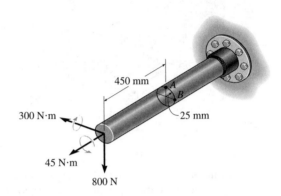

Probs. 9-44/45

9-46. Las cargas internas en un corte transversal a través del eje impulsor, de 6 pulg de diámetro, de una turbina, consisten en una fuerza axial de 2500 lb, un momento de flexión de 800 lb · pie y un momento de torsión de 1500 lb · pie. Determine los esfuerzos principales en un punto A. También calcule el esfuerzo cortante máximo en el plano, en este punto.

9-47. Las cargas internas en un corte transversal a través del eje impulsor, de 6 pulg de diámetro, de una turbina, consisten en una fuerza axial de 2500 lb, un momento de flexión de 800 lb · pie y un momento de torsión de 1500 lb · pie. Determine los esfuerzos principales en un punto B. También calcule el esfuerzo cortante máximo en el plano, en este punto.

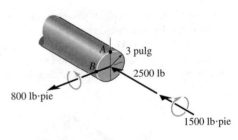

Probs. 9-46/47

*9-48. El eje impulsor AB de 2 pulgadas de diámetro, del helicóptero, está sujeto a una tensión axial de 10 000 lb y un par de torsión de 300 lb · pie. Determine los esfuerzos principales y el esfuerzo cortante máximo en el plano, que actúan en un punto de la superficie del eje.

Prob. 9-48

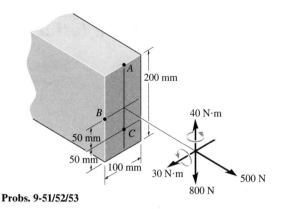

Probs. 9-51/52/53

9-49. La viga tubular cuadrada está sometida a la carga que se indica. Determine los esfuerzos principales en la viga, en los puntos A y B.

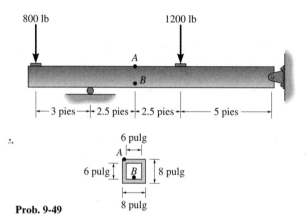

Prob. 9-49

9-50. Una barra tiene sección transversal redonda, con un diámetro de 1 pulg Se somete a un par de torsión y a un momento de flexión. En el punto del esfuerzo máximo de flexión, los esfuerzos principales son 20 klb/pulg² y -10 klb/pulg². Determine el par y el momento de flexión.

9-51. Las cargas internas en una sección de una viga consisten en una fuerza axial de 500 N, una fuerza cortante de 800 N y dos componentes de momento, de 30 N · m y 40 N · m. Calcule los esfuerzos principales en el punto A. También calcule el esfuerzo cortante máximo en el plano, en ese punto.

***9-52.** Las cargas internas en una sección de una viga consisten en una fuerza axial de 500 N, una fuerza cortante de 800 N y dos componentes de momento, de 30 N · m y 40 N · m. Calcule los esfuerzos principales en el punto B. También calcule el esfuerzo cortante máximo en el plano, en ese punto.

9-53. Las cargas internas en una sección de una viga consisten en una fuerza axial de 500 N, una fuerza cortante de 800 N y dos componentes de momento, de 30 N · m y 40 N · m. Calcule los esfuerzos principales en el punto C. También calcule el esfuerzo cortante máximo en el plano, en ese punto.

■9-54. La viga tiene un corte transversal rectangular, y está sometida a las cargas que se indican. Escriba un programa de cómputo que se pueda usar para determinar los esfuerzos principales en los puntos A, B, C y D, que se indican. Demuestre una aplicación del programa, con los valores $h = 12$ pulg, $b = 8$ pulg, $N_x = 400$ lb, $V_y = 300$ lb, $V_z = 0$, $M_y = 0$ y $M_z = -150$ lb · pie.

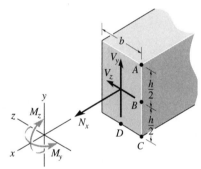

Prob. 9-54

■9-55. El miembro tiene sección transversal rectangular y está sometido a las cargas que se indican. Escriba un programa de cómputo que se pueda usar para determinar los esfuerzos principales en los puntos A, B y C. Demuestre una aplicación del programa con los valores $b = 150$ mm, $h = 200$ mm, $P = 1.5$ kN, $x = 75$ mm, $z = -50$ mm, $V_x = 300$ N y $V_z = 600$ N.

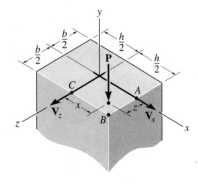

Prob. 9-55

9.4 El círculo de Mohr (esfuerzo plano)

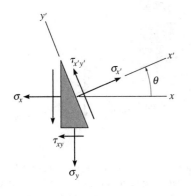

(a)

En esta sección explicaremos que las ecuaciones para transformación de esfuerzo plano tienen una solución gráfica, que a menudo conviene usar y es fácil de recordar. Además, este método nos permitirá "visualizar" la forma en que varían los componentes de esfuerzo normal y cortante, $\sigma_{x'}$ y $\tau_{x'y'}$ cuando el plano sobre el que actúan se orienta en distintas direcciones, figura 9-15a.

Las ecuaciones 9-1 y 9-2 se pueden escribir en la forma

$$\sigma_{x'} - \left(\frac{\sigma_x + \sigma_y}{2}\right) = \left(\frac{\sigma_x - \sigma_y}{2}\right)\cos 2\theta + \tau_{xy}\,\text{sen}\,2\theta \qquad (9\text{-}9)$$

$$\tau_{x'y'} = -\left(\frac{\sigma_x - \sigma_y}{2}\right)\text{sen}\,2\theta + \tau_{xy}\cos 2\theta \qquad (9\text{-}10)$$

Se puede *eliminar* el parámetro θ, elevando al cuadrado cada ecuación y sumando las ecuaciones. El resultado es

$$\left[\sigma_{x'} - \left(\frac{\sigma_x + \sigma_y}{2}\right)\right]^2 + \tau_{x'y'}^2 = \left(\frac{\sigma_x - \sigma_y}{2}\right)^2 + \tau_{xy}^2$$

Para un problema específico, σ_x, σ_y y τ_{xy} son *constantes conocidas*. Así, la ecuación anterior se puede escribir en forma más compacta como sigue:

$$(\sigma_{x'} - \sigma_{\text{prom}})^2 + \tau_{x'y'}^2 = R^2 \qquad (9\text{-}11)$$

donde,

$$\sigma_{\text{prom}} = \frac{\sigma_x + \sigma_y}{2}$$

$$R = \sqrt{\left(\frac{\sigma_x - \sigma_y}{2}\right)^2 + \tau_{xy}^2} \qquad (9\text{-}12)$$

Si se definen los ejes coordenados σ *positivo hacia la derecha* y τ *positivo hacia abajo*, y se grafica la ecuación 9-11, se verá que esa ecuación representa un *círculo* con radio R y centro en el eje σ en el punto $C(\sigma_{\text{prom}}, 0)$, figura 9-15b. Este círculo se llama *círculo de Mohr*, porque fue desarrollado por Otto Mohr, ingeniero alemán.

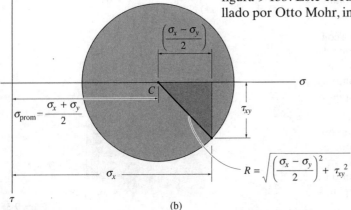

(b)

Fig. 9-15

Para trazar el círculo de Mohr es necesario establecer primero los ejes σ y τ, figura 9-16c. Como los componentes de esfuerzo σ_x, σ_y, τ_{xy} se conocen, se puede graficar el centro del círculo, $C(\sigma_{\text{prom}}, 0)$. Para obtener el radio se necesita conocer cuando menos un punto del círculo. Imaginemos el caso en que el eje x' coincide con el eje x, como se ve en la figura 9-16a. Entonces, $\theta = 0°$ y $\sigma_{x'} = \sigma_x$, $\tau_{x'y'} = \tau_{xy}$. A ese punto se le llamará el "punto de referencia" A y se grafican sus coordenadas $A(\sigma_x, \tau_{xy})$, figura 9-16c. Al aplicar el teorema de Pitágoras al área triangular sombreada, se podrá determinar el radio R, que coincide con la ecuación 9-12. Conocidos los puntos C y A, se puede trazar el círculo como se indica.

Ahora imaginemos que el eje x' gira 90° en sentido contrario al de las manecillas del reloj, figura 9-16b. Entonces $\sigma_{x'} = \sigma_y$, $\tau_{x'y'} = -\tau_{xy}$. Estos valores son las coordenadas del punto $G(\sigma_y, -\tau_{xy})$ en el círculo, figura 9-16c. Por consiguiente, el radio CG está a 180°, en sentido contrario a las manecillas del reloj, de la "línea de referencia" CA. En otras palabras, una rotación θ del eje x' en el elemento, corresponderá a una rotación 2θ en el círculo, *en la misma dirección.**

Una vez determinado, el círculo de Mohr se puede usar para determinar los esfuerzos principales, el esfuerzo cortante máximo en el plano, y el esfuerzo promedio normal asociado, o bien el esfuerzo en cualquier plano arbitrario. El método para hacerlo se explica en el siguiente procedimiento para análisis.

*Si el eje τ se construyera *positivo hacia arriba*, entonces el ángulo 2θ en el círculo se mediría en la *dirección opuesta* a la orientación θ del plano.

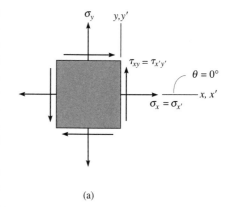

(a)

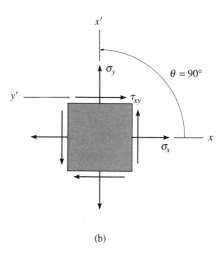

(b)

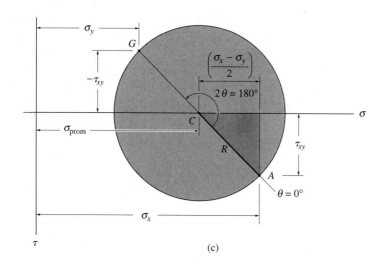

(c)

Fig. 9-16

PROCEDIMIENTO PARA ANÁLISIS

Para trazar el círculo de Mohr se requieren los siguientes pasos:

Construcción del círculo.

- Establecer un sistema coordenado tal que las abscisas representen el esfuerzo normal σ, siendo *positivo hacia la derecha*, y las crdenadas representen el esfuerzo cortante τ, siendo *positivo hacia abajo*, figura 9-17a.*

- Usando la convención de signo positivo para σ_x, σ_y y τ_{xy} que se indica en la figura 9-17b, graficar el centro del círculo C, ubicado en el eje σ a la distancia $\sigma_{\text{prom}} = (\sigma_x + \sigma_y)/2$ del origen, figura 9-17a.

- Graficar el "punto de referencia" A cuyas coordenadas sean $A(\sigma_x, \tau_{xy})$. El punto representa los componentes de esfuerzo normal y cortante sobre la cara vertical derecha del elemento, y como el eje x' coincide con el eje x, lo anterior representa $\theta = 0°$, figura 9-17b.

- Unir el punto A con el centro C del círculo, y determinar CA por trigonometría. Esta distancia representa el radio R del círculo, figura 9-17a.

- Una vez determinado R, trazar el círculo.

Esfuerzos principales.

- Los esfuerzos principales σ_1 y σ_2 $(\sigma_1 \geq \sigma_2)$ se representan con los dos puntos B y D donde el círculo corta al eje σ, es decir, donde $\tau = 0$, figura 9-17a.

- Estos esfuerzos actúan sobre los planos definidos por los ángulos θ_{p_1} y θ_{p_2}, figura 9-17c. Se representan en el círculo con los ángulos $2\theta_{p_1}$ (que se indica) y $2\theta_{p_2}$ (no se indica), y se miden *a partir* de la línea de referencia radial CA, *hasta* las líneas CB y CD, respectivamente.

- Mediante trigonometría sólo se debe calcular uno de esos ángulos, a partir del círculo, ya que θ_{p_1} y θ_{p_2} están a 90° entre sí. Recuerde que la dirección de rotación $2\theta_p$ en el círculo (en este caso, en sentido contrario al de las manecillas del reloj), representa la *misma* dirección de rotación θ_p a partir del eje de referencia $(+x)$ hacia el plano principal $(+x')$, figura 9-17c.*

Esfuerzo cortante máximo en el plano.

- Los componentes de esfuerzo normal promedio y el esfuerzo cortante máximo en el plano se determinan en el círculo, como coordenadas del punto E o del punto F, figura 9-17a.

- En este caso, los ángulos θ_{s_1} y θ_{s_2} definen la orientación de los planos que contienen esos componentes, figura 9-17d. El ángulo $2\theta_{s_1}$ se ve en la figura 9-17a, y se puede determinar mediante trigonometría. En este caso, la rotación es en el sentido de las manecillas del reloj, por lo que θ_{s_1} debe ser en el sentido de las manecillas del reloj, en el elemento, figura 9-17d.*

Esfuerzos en un plano arbitrario.

- Los componentes de esfuerzo normal y cortante, $\sigma_{x'}$ y $\tau_{x'y'}$, que actúan sobre determinado plano definido por el ángulo θ, figura 9-17e, se pueden obtener a partir del círculo, mediante trigonometría, para determinar las coordenadas del punto P, figura 9-17a.

- Para ubicar a P el ángulo conocido θ del plano (en este caso, en sentido contrario al de las manecillas del reloj), figura 9-17e, debe medirse en el círculo *en la misma dirección* 2θ (en sentido contrario a las manecillas del reloj), *desde* la línea de referencia radial CA, *hacia* la línea radial CP, figura 9-17a.*

*Si el eje τ se construyera *positivo hacia arriba,* entonces el ángulo 2θ en el círculo se mediría en la *dirección opuesta* a la orientación θ del plano.

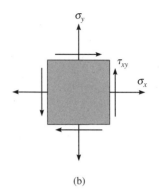
(b)

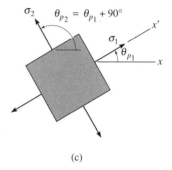
(c)

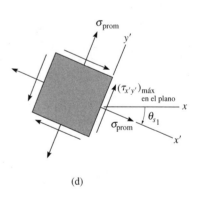
(d)

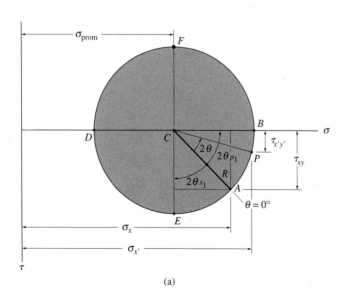
(a)

Fig. 9-17

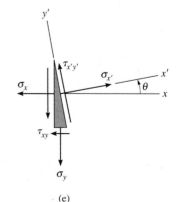
(e)

E J E M P L O   **9.7**

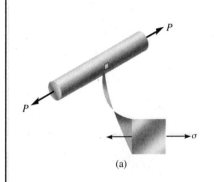

(a)

La carga axial P produce el estado de esfuerzos en el material, como se indica en la figura 9-18a. Trazar el círculo de Mohr para este caso.

Solución

Construcción del círculo.   De la figura 9-18a,

$$\sigma_x = \sigma \qquad \sigma_y = 0 \qquad \tau_{xy} = 0$$

Se definen los ejes σ y τ en la figura 9-18b. El centro del círculo C está en el eje σ en

$$\sigma_{prom} = \frac{\sigma_x + \sigma_y}{2} = \frac{\sigma + 0}{2} = \frac{\sigma}{2}$$

Desde la cara derecha del elemento, figura 9-18a, el punto de referencia para $\theta = 0°$ tiene las coordenadas $A(\sigma, 0)$. Por consiguiente, el radio del círculo CA es $R = \sigma/2$, figura 9-18b.

Esfuerzos.   Observe que los esfuerzos principales están en los puntos A y D.

$$\sigma_1 = \sigma \qquad \sigma_2 = 0$$

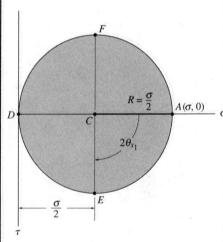

(b)

El elemento de la figura 9-18a representa este estado de esfuerzos principales.

El esfuerzo cortante máximo en el plano, y el esfuerzo normal promedio asociado, se identifican en el círculo como el punto E o F, figura 9-18b. En E, sucede que

$$\tau^{máx}_{en\ el\ plano} = \frac{\sigma}{2}$$

$$\sigma_{prom} = \frac{\sigma}{2}$$

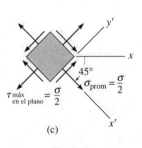

(c)

Fig. 9-18

Por observación, el ángulo $2\theta_{s_1} = 90°$. Por consiguiente, $\theta_{s_1} = 45°$, por lo que el eje x' está orientado a 45°, en el sentido de las manecillas del reloj, respecto al eje x, figura 9-18c. Ya que E tiene coordenadas positivas, entonces σ_{prom} y $\tau^{máx}_{en\ el\ plano}$ actúan en las direcciones x' y y' positivas, respectivamente.

EJEMPLO 9.8

La carga de torsión T produce el estado de esfuerzos en el eje, que se representa en la figura 9-19a. Trazar el círculo de Mohr para este caso.

Solución

Construcción del círculo. De acuerdo con la figura 9-19a,

$$\sigma_x = 0 \qquad \sigma_y = 0 \qquad \tau_{xy} = -\tau$$

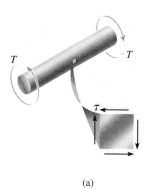

(a)

En la figura 9-19b se han trazado los ejes σ y τ. El centro del círculo C está en el eje σ en el lugar

$$\sigma_{\text{prom}} = \frac{\sigma_x + \sigma_y}{2} = \frac{0 + 0}{2} = 0$$

A partir de la cara derecha del elemento, figura 9-19a, el punto de referencia para $\theta = 0°$ tiene las coordenadas $A(0, -\tau)$, figura 9-19b. Por consiguiente, el radio CA es $R = \tau$.

Esfuerzos. En este caso el punto A representa un punto de esfuerzo normal promedio y un esfuerzo cortante máximo en el plano, figura 9-19b; entonces,

$$\tau_{\substack{\text{máx} \\ \text{en el plano}}} = -\tau$$

$$\sigma_{\text{prom}} = 0$$

(b)

Los esfuerzos principales se identifican con los puntos B y D en el círculo. Así,

$$\sigma_1 = \tau$$

$$\sigma_2 = -\tau$$

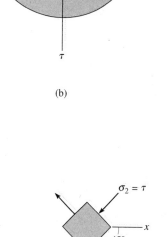

(c)

El ángulo de CA a CB, en sentido de las manecillas del reloj, es $2\theta_{p_1} = 90°$, por lo que $\theta_{p_1} = 45°$. Este ángulo en sentido de las manecillas del reloj define la dirección de σ_1 (o del eje x'). Los resultados se muestran en la figura 9-19c.

Fig. 9-19

EJEMPLO 9.9

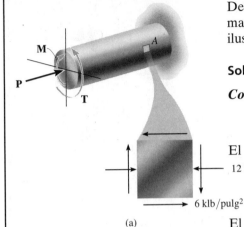

(a)

Debido a las cargas aplicadas, el elemento en el punto A del cilindro macizo en la figura 9-20a está sometido al estado se esfuerzo que se ilustra. Determinar los esfuerzos principales que actúan en este punto.

Solución

Construcción del círculo. De acuerdo con la figura 9-20a,

$$\sigma_x = 12 \text{ klb/pulg}^2 \qquad \sigma_y = 0 \qquad \tau_{xy} = -6 \text{ klb/pulg}^2$$

El centro del círculo está en

$$\sigma_{\text{prom}} = \frac{-12 + 0}{2} = -6 \text{ klb/pulg}^2$$

El punto inicial $A(-12, -6)$ y el centro $C(-6, 0)$ se grafican en la figura 9-20b. El círculo se traza con un radio de

$$R = \sqrt{(12 - 6)^2 + (6)^2} = 8.49 \text{ klb/pulg}^2$$

Esfuerzos principales. Los esfuerzos principales se determinan con las coordenadas de los puntos B y D. Para $\sigma_1 > \sigma_2$, se tiene que

$$\sigma_1 = 8.49 - 6 = 2.49 \text{ klb/pulg}^2 \qquad \qquad Resp.$$
$$\sigma_2 = -6 - 8.49 = -14.5 \text{ klb/pulg}^2 \qquad \qquad Resp.$$

Se puede determinar la orientación del elemento calculando el ángulo $2\theta_{p_2}$ *en sentido contrario a las manecillas del reloj* en la figura 9-20b, que define la dirección θ_{p_2} de σ_2 y su plano principal asociado. Entonces,

$$2\theta_{p_2} = \tan^{-1}\frac{6}{(12 - 6)} = 45.0°$$

$$\theta_{p_2} = 22.5°$$

El elemento está orientado de tal manera que el eje x' o σ_2 está dirigido a $22.5°$ *en sentido contrario a las manecillas del reloj*, respecto a la horizontal (eje x), como se ve en la figura 9-20c.

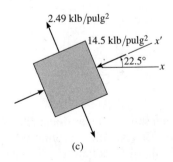

(c)

Fig. 9-20

(b)

E J E M P L O   9.10

El estado de esfuerzo plano en un punto se indica en el elemento, en la figura 9-21a. Determinar los esfuerzos cortantes máximos en el plano, y la orientación del elemento sobre el que actúan.

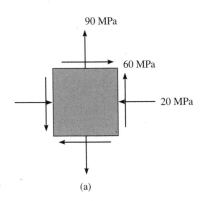

(a)

Solución

Construcción del círculo.   Según los datos del problema,

$$\sigma_x = -20 \text{ MPa} \qquad \sigma_y = 90 \text{ MPa} \qquad \tau_{xy} = 60 \text{ MPa}$$

Los ejes σ, τ se establecen en la figura 9-21b. El centro C del círculo está en el eje σ en el punto

$$\sigma_{\text{prom}} = \frac{-20 + 90}{2} = 35 \text{ MPa}$$

Se grafican el punto C y el punto de referencia $A(-20, 60)$. Al aplicar el teorema de Pitágoras al triángulo sombreado, para determinar el radio CA del círculo, se obtiene

$$R = \sqrt{(60)^2 + (55)^2} = 81.4 \text{ MPa}$$

Esfuerzo cortante máximo en el plano.   El esfuerzo cortante máximo en el plano y el esfuerzo normal promedio se identifican con el punto E o F en el círculo. En particular, las coordenadas del punto $E(35, 81.4)$ dan como resultado

$$\tau_{\substack{\text{máx} \\ \text{en el plano}}} = 81.4 \text{ MPa} \qquad\qquad Resp.$$

$$\sigma_{\text{prom}} = 35 \text{ MPa} \qquad\qquad Resp.$$

El ángulo θ_{s_1} *contrario a las manecillas del reloj* se puede determinar a partir del círculo; se identifica como $2\theta_{s_1}$. Entonces,

$$2\theta_{s_1} = \tan^{-1}\left(\frac{20 + 35}{60}\right) = 42.5°$$

$$\theta_{s_1} = 21.3° \qquad\qquad Resp.$$

El ángulo *en sentido contrario a las manecillas del reloj* define la dirección del eje x', figura 9-21c. Como el punto E tiene coordenadas *positivas*, el esfuerzo normal promedio y el esfuerzo cortante máximo en el plano actúan, ambos, en las direcciones *positivas* de x' y y', como se indican.

(b)

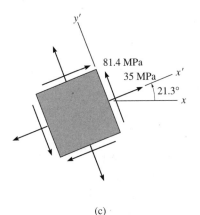

(c)

Fig. 9-21

EJEMPLO 9.11

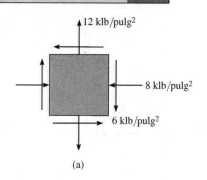

(a)

El estado de esfuerzo plano en un punto se indica en el elemento de la figura 9-22a. Representar este estado de esfuerzo sobre un elemento orientado a 30° en sentido contrario al de las manecillas del reloj, de la posición que se muestra.

Solución

Construcción del círculo. Según los datos del problema,

$$\sigma_x = -8 \text{ klb/pulg}^2 \qquad \sigma_y = 12 \text{ klb/pulg}^2 \qquad \tau_{xy} = -6 \text{ klb/pulg}^2$$

Los ejes σ y τ se establecen en la figura 9-22b. El centro del círculo C está en el eje σ a la distancia

$$\sigma_{\text{prom}} = \frac{-8 + 12}{2} = 2 \text{ klb/pulg}^2$$

El punto inicial para $\theta = 0°$ tiene las coordenadas $A(-8, -6)$. Entonces, de acuerdo con el triángulo sombreado, el radio CA es

$$R = \sqrt{(10)^2 + (6)^2} = 11.66$$

Esfuerzos sobre el elemento a 30°. Como se debe girar el elemento 30° *en sentido contrario a las manecillas del reloj*, se debe trazar un radio CP a $2(30°) = 60°$ *en sentido contrario a las manecillas del reloj*, a partir de $CA(\theta = 0°)$, figura 9-22b. Ahora se deben obtener las coordenadas del punto $P(\sigma_{x'}, \tau_{x'y'})$. De acuerdo con la geometría del círculo,

$$\phi = \tan^{-1}\frac{6}{10} = 30.96° \qquad \psi = 60° - 30.96° = 29.04°$$

$$\sigma_{x'} = 2 - 11.66 \cos 29.04° = -8.20 \text{ klb/pulg}^2 \qquad \textit{Resp.}$$

$$\tau_{x'y'} = 11.66 \text{ sen } 29.04° = 5.66 \text{ klb/pulg}^2 \qquad \textit{Resp.}$$

Estos dos componentes de esfuerzo actúan sobre la cara BD del elemento que se ve en la figura 9-22c, porque el eje x' para esta cara está orientado a 30° del eje x, en sentido contrario al de las manecillas del reloj.

Los componentes de esfuerzo que actúan sobre la cara DE adjunta, del elemento, que está a 60° del eje positivo X *en sentido de las manecillas del reloj*, figura 9-22c, se representan por las coordenadas del punto Q del círculo. Este punto está en el radio CQ, que está a 180° de CP. Las coordenadas del punto Q son

$$\sigma_{x'} = 2 + 11.66 \cos 29.04° = 12.2 \text{ klb/pulg}^2 \qquad \textit{Resp.}$$

$$\tau_{x'y'} = -(11.66 \text{ sen } 29.04) = -5.66 \text{ klb/pulg}^2 \qquad \text{(comprobar)}$$

Observe que en este caso $\tau_{x'y'}$ actúa en dirección de $-y'$.

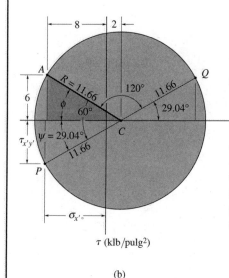

(b)

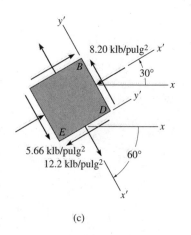

(c)

Fig. 9-22

9.5 Esfuerzos en ejes, debidos a carga axial y a torsión

A veces, los ejes redondos se sujetan a los efectos combinados de una carga axial y una torsión, al mismo tiempo. Siempre que el material permanezca linealmente elástico y sólo se someta a pequeñas deformaciones, se puede usar el principio de la superposición para obtener el esfuerzo resultante en el eje, debido a las dos cargas. A continuación se pueden calcular los esfuerzos principales, usando las ecuaciones de transformación de esfuerzo o el círculo de Mohr.

E J E M P L O 9.12

Se aplican una fuerza axial de 900 N y un par de torsión de 2.50 N · m al eje que muestra la figura 9-23a. Si el diámetro del eje es 40 mm, calcular los esfuerzos principales en un punto P de su superficie.

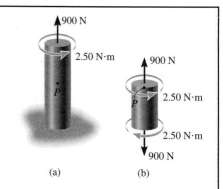
(a) (b)

Solución

Cargas internas. Las cargas internas consisten en el par de 2.50 N · m y la carga axial de 900 N, figura 9-23b.

Componentes de esfuerzo. Los esfuerzos producidos en el punto P son, en consecuencia,

$$\tau = \frac{Tc}{J} = \frac{2.50 \text{ N} \cdot \text{m } (0.02 \text{ m})}{\dfrac{\pi}{2}(0.02 \text{ m})^4} = 198.9 \text{ kPa}$$

$$\sigma = \frac{P}{A} = \frac{900 \text{ N}}{\pi(0.02 \text{ m})^2} = 716.2 \text{ kPa}$$

El estado de esfuerzo que definen esos dos componentes se ilustra en el elemento, en P, en la figura 9-23c.

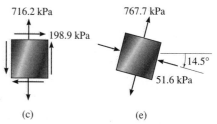
(c) (e)

Esfuerzos principales. Se pueden determinar los esfuerzos principales con el círculo de Mohr, figura 9-23d. En este caso, el centro C del círculo está en el punto

$$\sigma_{\text{prom}} = \frac{0 + 716.2}{2} = 358.1 \text{ kPa}$$

Al graficar $C(358.1, 0)$ y el punto de referencia $A\ (0, 198.9)$, se ve que el radio del círculo es $R = 409.7$. Los esfuerzos principales se representan con los puntos B y D. En consecuencia,

$$\sigma_1 = 358.1 + 409.7 = 767.8 \text{ kPa} \qquad \textit{Resp.}$$

$$\sigma_2 = 358.1 - 409.7 = -51.6 \text{ kPa} \qquad \textit{Resp.}$$

El ángulo $2\theta_{p2}$, en sentido de las manecillas del reloj, se puede determinar en el círculo. Es $2\theta_{p2} = 29.1°$. El elemento está orientado de tal manera que el eje x' o σ_2 forma $\theta_{p1} = 14.5°$ con el eje x, en sentido de las manecillas del reloj, como se ve en la figura 9-23e.

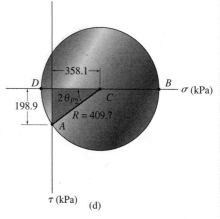
(d)

Fig. 9-23

9.6 Variaciones de esfuerzos a través de una viga prismática

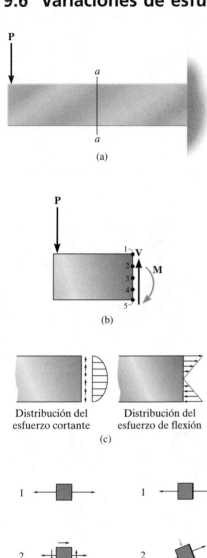

(a)

(b)

Distribución del
esfuerzo cortante   Distribución del
esfuerzo de flexión

(c)

Como las vigas resisten cargas tanto de cortante interno como de momentos, el análisis de esfuerzos en una viga requiere aplicar las fórmulas de cortante y de flexión. Aquí se describirán los resultados generales que se obtienen al aplicar esas ecuaciones a varios puntos de una viga en voladizo con sección transversal rectangular y que sostiene una carga **P** en su extremo, figura 9-24a.

En general, en un corte arbitrario a-a en algún punto del eje x de la viga, figura 9-24b, se desarrollan el cortante interno **V** y el momento **M** para una distribución *parabólica* del esfuerzo cortante, y una distribución *lineal* del esfuerzo normal, figura 9-24c. El resultado es que los esfuerzos que actúan sobre elementos ubicados en los puntos 1 a 5 sólo están sujetos al esfuerzo normal máximo, mientras que el elemento 3, que está en el eje neutro, sólo está sujeto al esfuerzo cortante máximo. Los elementos intermedios 2 y 4 resisten esfuerzos normales y cortantes *al mismo tiempo*.

En cada caso, se puede transformar el estado de esfuerzos para conocer los *esfuerzos principales*, usando ya sea las ecuaciones de transformación de esfuerzo o el círculo de Mohr. Los resultados se ven en la figura 9-24e. En este caso, cada elemento sucesivo, de 1 a 5, tiene una orientación contraria a las manecillas del reloj. En forma específica, y en relación con el elemento 1 que se considera estar en la posición de 0°, el elemento 3 está orientado a 45°, y el elemento 5 está orientado a 90°. También, el *esfuerzo máximo de tensión* que actúa sobre las caras verticales del elemento 1 se vuelve más pequeño que el que actúa sobre las caras correspondientes de cada uno de los elementos siguientes, hasta que es cero en las caras horizontales del elemento 5. En forma parecida, el *esfuerzo máximo de compresión* sobre las caras verticales del elemento 5 se reduce a cero sobre las caras horizontales del elemento 1.

Si se amplía este análisis a muchos cortes verticales a lo largo de la viga, que no sean el a-a, un perfil de los resultados se puede representar por las curvas llamadas *trayectorias de esfuerzo*. Cada una de esas curvas indica la *dirección* de un esfuerzo principal, de magnitud constante. Para la viga en voladizo de la figura 9-25 se han indicado algunas de esas trayectorias. Allí, las líneas llenas representan la dirección de los esfuerzos principales de tensión, y las líneas interrumpidas representan la dirección de los esfuerzos principales de compresión. Como era de esperarse, las líneas cruzan al eje neutro formando ángulos de 45°, y las líneas llenas y las de puntos siempre se cortan a 90° entre sí. ¿Por qué? Conocer la dirección de esas líneas puede ser útil para ayudar a los ingenieros a decidir dónde reforzar una viga, para que no se fracture o se vuelva inestable.

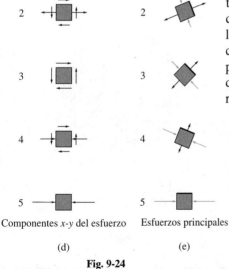

Componentes x-y del esfuerzo   Esfuerzos principales

(d)   (e)

Fig. 9-24

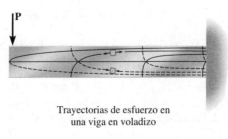

Trayectorias de esfuerzo en
una viga en voladizo

Fig. 9-25

EJEMPLO 9.13

La viga de la figura 9-26a está sometida a la carga distribuida $w = 120$ kN/m. Determinar los esfuerzos principales en ella, en el punto P en la parte superior del alma. Desprecie el tamaño de los chaflanes y las concentraciones de esfuerzo en este punto. $I = 67.4(10^{-6})$ m^4.

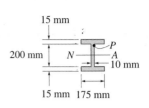

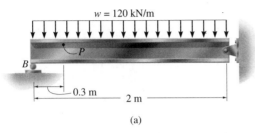

(a)

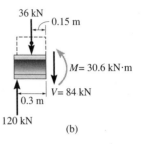

(b)

Solución

Cargas internas. Se determina la reacción en el apoyo B de la viga, y por el equilibrio del tramo de viga que se ve en la figura 9-26b, se obtiene

$$V = 84 \text{ kN} \qquad M = 30.6 \text{ kN} \cdot \text{m}$$

Componentes de esfuerzo. En el punto P,

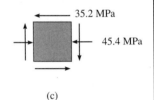

(c)

$$\sigma = \frac{-My}{I} = \frac{30.6(10^3) \text{ N} \cdot \text{m}(0.100 \text{ m})}{67.4(10^{-6}) \text{ m}^4} = -45.4 \text{ MPa} \qquad Resp.$$

$$\tau = \frac{VQ}{It} = \frac{84(10^3) \text{ N}[(0.1075 \text{ m})(0.175 \text{ m})(0.015 \text{ m})]}{67.4(10^{-6}) \text{ m}^4(0.010 \text{ m})}$$

$$= 35.2 \text{ MPa} \qquad Resp.$$

Estos resultados se indican en la figura 9-26c.

Esfuerzos principales. Se pueden determinar los esfuerzos principales en P, con el círculo de Mohr. Como se ve en la figura 9-26d, el centro del círculo está a $(-45.4 + 0)/2 = -22.7$, y las coordenadas del punto A son $(-45.4, -35.2)$. Esto indica que el radio es $R = 41.9$, y por consiguiente

$$\sigma_1 = (41.9 - 22.7) = 19.2 \text{ MPa}$$

$$\sigma_2 = -(22.7 + 41.9) = -64.6 \text{ MPa}$$

El ángulo en sentido contrario al de las manecillas del reloj es $2\theta_{p_2} = 57.2°$, por lo que

$$\theta_{p_2} = 28.6°$$

En la figura 9-26e se indican estos resultados.

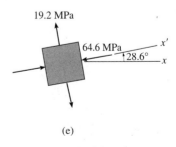

(e)

Fig. 9-26

PROBLEMAS

*9-56. Resuelva el problema 9-4 usando el círculo de Mohr.

9-57. Resuelva el problema 9-2 usando el círculo de Mohr.

9-58. Resuelva el problema 9-3 usando el círculo de Mohr.

9-59. Resuelva el problema 9-10 usando el círculo de Mohr.

*9-60. Resuelva el problema 9-6 usando el círculo de Mohr.

9-61. Resuelva el problema 9-11 usando el círculo de Mohr.

9-62. Resuelva el problema 9-13 usando el círculo de Mohr.

9-63. Resuelva el problema 9-14 usando el círculo de Mohr.

*9-64. Resuelva el problema 9-16 usando el círculo de Mohr.

9-65. Resuelva el problema 9-15 usando el círculo de Mohr.

9-66. Determine el estado equivalente de esfuerzo, si un elemento está orientado a 60°, en sentido de las manecillas del reloj, respecto al elemento siguiente:

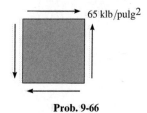

65 klb/pulg²

Prob. 9-66

9-67. Determine el estado equivalente de esfuerzo si un elemento está orientado a 60° en sentido contrario al de las manecillas del reloj, respecto al elemento siguiente:

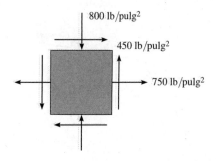

800 lb/pulg²
450 lb/pulg²
750 lb/pulg²

Prob. 9-67

*9-68. Determine el estado equivalente de esfuerzo si un elemento está orientado a 30° en sentido de las manecillas del reloj, respecto al elemento siguiente:

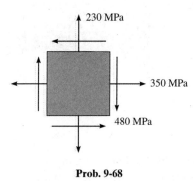

230 MPa
350 MPa
480 MPa

Prob. 9-68

9-69. Determine el estado equivalente de esfuerzo en un elemento orientado a 25° en sentido contrario al de las manecillas del reloj, respecto al elemento siguiente:

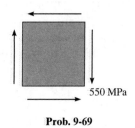

550 MPa

Prob. 9-69

9-70. Determine a) los esfuerzos principales y b) el esfuerzo cortante máximo en el plano y el esfuerzo normal promedio. Especifique la orientación del elemento, en cada caso.

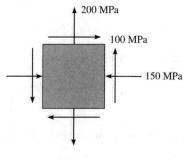

200 MPa
100 MPa
150 MPa

Prob. 9-70

9-71. Determine a) los esfuerzos principales y b) el esfuerzo cortante máximo en el plano, y el esfuerzo normal promedio. Especifique la orientación del elemento, en cada caso.

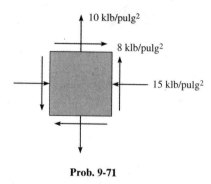

Prob. 9-71

9-74. Determine a) los esfuerzos principales y b) el esfuerzo cortante máximo en el plano, y el esfuerzo normal promedio. Especifique la orientación del elemento, en cada caso.

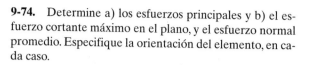
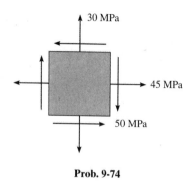

Prob. 9-74

*9-72. Determine a) los esfuerzos principales y b) el esfuerzo cortante máximo en el plano, y el esfuerzo normal promedio. Especifique la orientación del elemento, en cada caso.

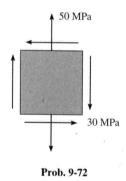

Prob. 9-72

9-75. Determine a) los esfuerzos principales y b) el esfuerzo cortante máximo en el plano, y el esfuerzo normal promedio. Especifique la orientación del elemento, en cada caso.

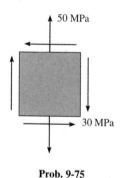

Prob. 9-75

9-73. Determine a) los esfuerzos principales y b) el esfuerzo cortante máximo en el plano, y el esfuerzo normal promedio. Especifique la orientación del elemento, en cada caso.

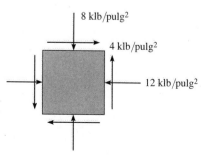

Prob. 9-73

*9-76. Determine a) los esfuerzos principales y b) el esfuerzo cortante máximo en el plano, y el esfuerzo normal promedio. Especifique la orientación del elemento, en cada caso.

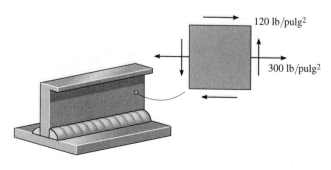

Prob. 9-76

9-77. Trace el círculo de Mohr que describa cada uno de los siguientes estados de esfuerzo.

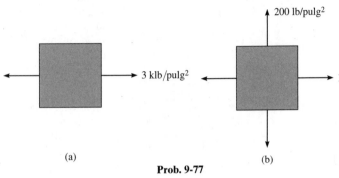

(a)

(b)

Prob. 9-77

9-78. Trace el círculo de Mohr que describa cada uno de los siguientes estados de esfuerzo.

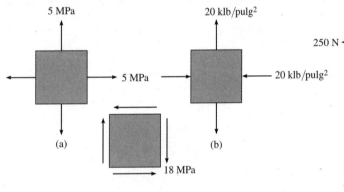

(a)

(b)

(c)

Prob. 9-78

9-79. Un punto de una placa delgada está sujeto a dos estados sucesivos de esfuerzo, como se indica. Determine el estado resultante de esfuerzo, con referencia a un elemento orientado como se indica a la derecha.

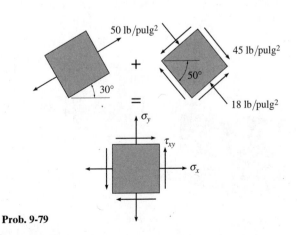

Prob. 9-79

*9-80. En la figura 9-15b se muestra el círculo de Mohr para el estado de esfuerzos de la figura 9-15a. Demuestre que al determinar las coordenadas del punto $P(\sigma_{x'}, \tau_{x'y'})$ en el círculo se obtiene el mismo valor que las ecuaciones de transformación de esfuerzo, las 9-1 y 9-2.

Los problemas que siguen incluyen material cubierto en el capítulo 8.

9-81. Las fibras de la tabla forman un ángulo de 20° con la horizontal, como se indica. Determine el esfuerzo normal y cortante que actúan en dirección perpendicular y paralela a éstas, si la tabla está sujeta a una carga axial de 250 N.

9-82. El poste tiene un área transversal cuadrada. Si se fija soportándolo en su base, y se aplica una fuerza horizontal en su extremo, como se indica, determine a) el esfuerzo cortante máximo en el plano que se desarrolla en A y b) los esfuerzos principales en A.

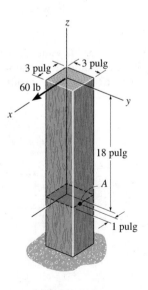

Prob. 9-81

fuerzo cortante máximo en el plano que se desarrolla en A y b) los esfuerzos principales en A.

Prob. 9-82

9-83. La cortina de concreto descansa en un cimiento anterior, y está sometida a las presiones hidrostáticas indicadas. Si su ancho es 6 pies, determine los esfuerzos principales que actúan sobre el concreto en el punto A. Indique los resultados en un elemento orientado en forma adecuada en ese punto. El peso específico del concreto es $\gamma = 150 \, \text{lb/pie}^3$.

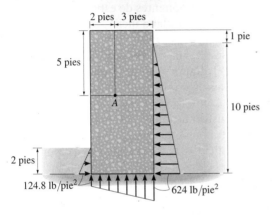

Prob. 9-83

9-85. Un recipiente esférico a presión tiene un radio interior de 5 pies, y el espesor de su pared es 0.5 pulg. Trace un círculo de Mohr para el estado de esfuerzo en un punto del recipiente, y explique el significado del resultado. El recipiente está sometido a una presión interna de 80 psi.

9-86. El recipiente cilíndrico a presión tiene un radio interior de 1.25 m, y el espesor de su pared es 15 mm. El recipiente fabricado con placas de acero soldadas en la unión a 45°. Determine los componentes de esfuerzo normal y cortante a lo largo de esta unión, si el recipiente está sujeto a una presión interna de 8 MPa.

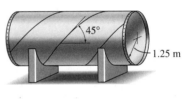

Prob. 9-86

*9-84. La escalera está apoyada sobre la superficie áspera en A, y en una pared lisa en B. Si un hombre de 150 lb de peso está parado en C, determine los esfuerzos principales en una de las alfardas (los laterales de la escalera) en el punto D. Cada alfarda es de tabla de 1 pulg de espesor y su sección transversal es rectangular. Suponga que el peso total del hombre se ejerce verticalmente en el peldaño en C, y se divide por igual en cada una de las dos alfardas de la escalera. No tenga en cuenta el peso de la escalera, ni las fuerzas desarrolladas por los brazos del hombre.

9-87. El poste tiene un área transversal cuadrada. Si está fijo y soportado en su base, y se aplican las cargas que se indican en su extremo, determine a) el esfuerzo cortante máximo en el plano desarrollado en A, y b) los esfuerzos principales en A.

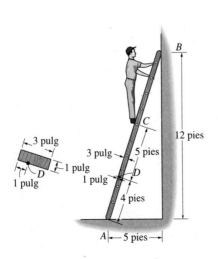

Prob. 9-84

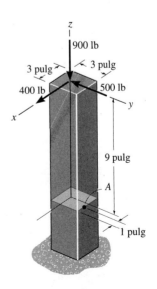

Prob. 9-87

9.7 Esfuerzo cortante máximo absoluto

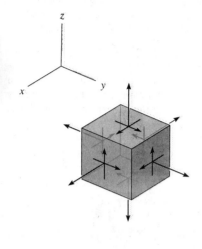

(a)

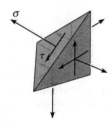

(b)

Cuando un punto de un cuerpo está sometido a un estado general de esfuerzo tridimensional, un elemento del material tiene un componente de esfuerzo normal y dos componentes de esfuerzo cortante que actúan sobre cada una de sus caras, figuras 9-27a. Como el caso del esfuerzo plano, es posible desarrollar ecuaciones de transformación de esfuerzo que se pueden usar para calcular los componentes de esfuerzo normal y cortante, σ y τ, que actúan sobre *cualquier* plano inclinado del elemento, figura 9-27b. Además, en el punto también es posible determinar la orientación única de un elemento que sólo tenga esfuerzos principales actuando sobre sus caras. Como se ve en la figura 9-27c, se supone que esos esfuerzos principales tienen magnitudes de intensidad máxima, intermedia y mínima, es decir, $\sigma_{máx} \geq \sigma_{int} \geq \sigma_{mín}$.

Una descripción de la transformación de esfuerzo en tres dimensiones sale del alcance de este texto; sin embargo, se describe en libros relacionados con la teoría de la elasticidad. Para nuestros fines, supondremos que se conocen la orientación del elemento y los esfuerzos principales, figura 9-27c. Es una condición llamada ***esfuerzo triaxial***. Si se ve este elemento en dos dimensiones, esto es, en los planos y'-z', x'-z' y x'-y', figuras 9-28a, 9-28b y 9-28c, se puede usar entonces el círculo de Mohr para determinar el *esfuerzo cortante máximo en el plano* para cada caso. Por ejemplo, el diámetro del círculo de Mohr queda entre los esfuerzos principales σ_{int} y $\sigma_{mín}$ para el caso de la figura 9-28a. De acuerdo con este círculo, figura 9-28d, el esfuerzo cortante máximo en el plano es $(\tau_{y'z'})_{máx} = (\sigma_{int} - \sigma_{mín})/2$ y el esfuerzo promedio normal correspondiente es $(\sigma_{int} + \sigma_{mín})/2$. Como se ve en la figura 9-28e, el elemento que tiene esos componentes de esfuerzo en él debe estar orientado a 45° de la posición mostrada en la figura 9-28a. En la figura 9-28d se construyeron también los círculos de Mohr para los elementos de las figuras 9-28b y 9-28c. Los elementos correspondientes que tienen una orientación a 45° y están sujetos a componentes máximos cortantes en el plano y promedio normal se ven en las figuras 9-28f y 9-28g, respectivamente.

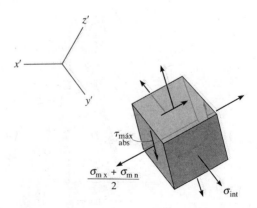

Fig. 9-27

(d)

Si se comparan los tres círculos de la figura 9-28*d*, se ve que el ***esfuerzo cortante máximo absoluto***, $\tau_{\text{abs}}^{\text{máx}}$ se define con el círculo que tiene el radio mayor, que corresponde al elemento de la figura 9-28*b*. En otras palabras, el elemento de la figura 9-28*f* está orientado por una rotación de 45° respecto al eje *y'*, desde el elemento de la figura 9-27*b*. Obsérvese que esta condición también se puede *determinar directamente*, sólo escogiendo los esfuerzos principales máximo y mínimo en la figura 9-27*c*, en cuyo caso el esfuerzo cortante máximo absoluto será:

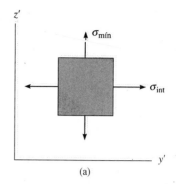

(a)

$$\tau_{\text{abs}}^{\text{máx}} = \frac{\sigma_{\text{máx}} - \sigma_{\text{mín}}}{2} \qquad (9\text{-}13)$$

Y el esfuerzo normal promedio correspondiente será:

$$\sigma_{\text{prom}} = \frac{\sigma_{\text{máx}} + \sigma_{\text{mín}}}{2} \qquad (9\text{-}14)$$

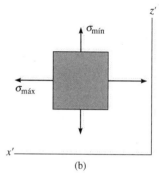

(b)

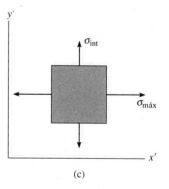

(c)

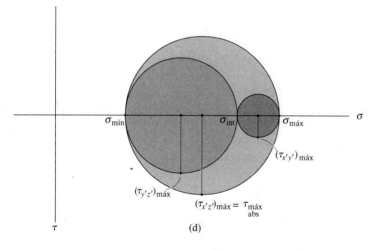

(d)

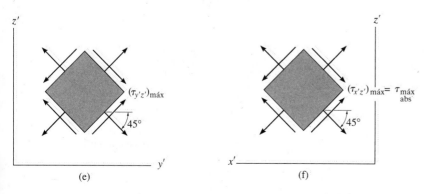

(e)

(f)

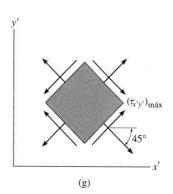

(g)

Fig. 9-28

En el análisis sólo se consideraron tres componentes de esfuerzo que actúan sobre elementos ubicados en posiciones que se determinan por rotaciones respecto al eje x', y' o z'. Si hubiéramos usado las ecuaciones tridimensionales de transformación de esfuerzos, de la teoría de la elasticidad, para obtener valores de los componentes de esfuerzo normal y cortante que actúan sobre cualquier plano inclinado en el punto, como en la figura 9-27b, se podría demostrar que, independientemente de la orientación del plano, los valores específicos del esfuerzo cortante τ sobre el plano *siempre serán menores* que el esfuerzo cortante máximo absoluto que se determinó con la ecuación 9-13. Además, el esfuerzo normal σ que actúa sobre cualquier plano, tendrá un valor entre los de los esfuerzos principales máximo y mínimo; esto es, $\sigma_{máx} \geq \sigma \geq \sigma_{mín}$.

Esfuerzos planos. Los resultados anteriores tienen una implicación importante para el caso del esfuerzo plano, en especial cuando los esfuerzos principales en el plano tienen el *mismo signo*, es decir, ambos son de tensión o ambos de compresión. Por ejemplo, imagine el material que se va a someter a un esfuerzo plano tal que los esfuerzos principales en el plano se representan por $\sigma_{máx}$ y $\sigma_{mín}$, en las direcciones x' y y', respectivamente, mientras que el esfuerzo principal fuera del plano, en la dirección z' es $\sigma_{mín} = 0$, figura 9-29a. Los círculos de Mohr que describen este estado de esfuerzo para orientaciones del elemento respecto a cada uno de los tres ejes coordenados se ven en la figura 9-29b. Se ve aquí que aunque el esfuerzo cortante máximo en el plano es $(\tau_{x'y'})_{máx} = (\sigma_{máx} - \sigma_{int})/2$, este valor *no es* el esfuerzo cortante máximo absoluto al que está sometido el material. En lugar de ello, de acuerdo con la ecuación 9-13 o la figura 9-29b,

$$\tau_{\text{abs}}^{\text{máx}} = (\tau_{x'z'})_{máx} = \frac{\sigma_{máx} - 0}{2} = \frac{\sigma_{máx}}{2} \qquad (9\text{-}15)$$

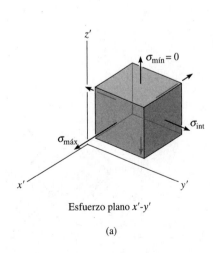

Esfuerzo plano x'-y'

(a)

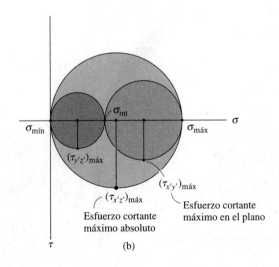

(b)

Fig. 9-29

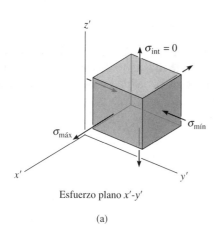

Esfuerzo plano x'-y'

(a)

Fig. 9-30

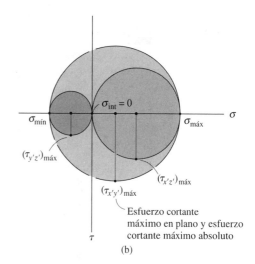

Esfuerzo cortante máximo en plano y esfuerzo cortante máximo absoluto

(b)

En el caso cuando uno de los esfuerzos principales en el plano tiene *signo contrario* respecto al otro, entonces esos esfuerzos se representarán por $\sigma_{máx}$ y $\sigma_{mín}$, y el esfuerzo principal fuera del plano $\sigma_{int} = 0$, figura 9-30*a*. Los círculos de Mohr que describen este estado de esfuerzos, para orientaciones de elemento respecto a cada eje coordenado, se ven en la figura 9-30*b*. Es claro que en este caso

$$\tau_{abs}^{máx} = (\tau_{x'y'})_{máx} = \frac{\sigma_{máx} - \sigma_{mín}}{2} \qquad (9\text{-}16)$$

Es importante el cálculo del esfuerzo cortante máximo absoluto, al diseñar miembros hechos de materiales dúctiles, porque la resistencia del material depende de su capacidad para resistir el esfuerzo cortante. Este caso se seguirá describiendo en la sección 10.7.

PUNTOS IMPORTANTES

- El estado general de esfuerzo tridimensional en un punto se puede representar por un elemento orientado de tal manera que sólo actúen sobre él tres esfuerzos principales.

- A partir de esta orientación, se puede obtener la orientación del elemento que represente el esfuerzo cortante máximo absoluto, girando 45° al elemento, respecto al eje que define la dirección de σ_{int}.

- Si los esfuerzos principales en el plano tienen ambos el *mismo signo*, el *esfuerzo cortante máximo absoluto* estará *hacia afuera del plano* y tiene un valor $\tau_{abs}^{máx} = \sigma_{máx}/2$.

- Si los esfuerzos principales en el plano tienen *signos contrarios,* el *esfuerzo cortante máximo absoluto es igual al esfuerzo cortante máximo en el plano;* esto es, $\tau_{abs}^{máx} = (\sigma_{máx} - \sigma_{mín})/2$.

Debido a la carga aplicada, el elemento en el punto indicado en el marco de la figura 9-31a, está sometido al estado de esfuerzo plano que se muestra. Determinar los esfuerzos principales y el esfuerzo cortante máximo absoluto en el punto.

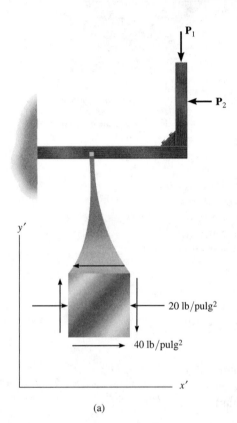

(a)

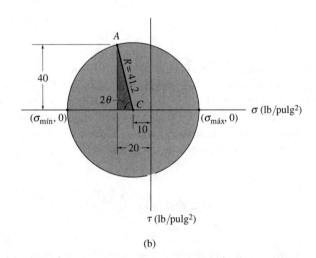

(b)

Fig. 9-31

Solución

Esfuerzos principales. Los esfuerzos principales en el plano se pueden determinar con el círculo de Mohr. El centro del círculo está en el eje σ en $\sigma_{prom} = (-20 + 0)/2 = -10$ lb/pulg^2. Al graficar el punto de control $A(-20, -40)$, se puede trazar el círculo como el de la figura 9-31b. El radio es

$$R = \sqrt{(20 - 10)^2 + (40)^2} = 41.2 \text{ lb/pulg}^2$$

Los esfuerzos principales están en los puntos donde el círculo corta el eje σ, es decir,

$$\sigma_{máx} = -10 + 41.2 = 31.2 \text{ lb/pulg}^2$$
$$\sigma_{mín} = -10 - 41.2 = -51.2 \text{ lb/pulg}^2$$

En el círculo se ve que el ángulo 2θ, medido *en sentido contrario a las manecillas del reloj* desde CA hacia el eje $-\sigma$ es

$$2\theta = \tan^{-1}\left(\frac{40}{20-10}\right) = 76.0°$$

Así,

$$\theta = 38.0°$$

Esta rotación *en sentido contrario al de las manecillas del reloj* define la dirección del eje x' para $\sigma_{\text{mín}}$ y su plano principal correspondiente, figura 9-31c. Como no hay esfuerzo principal sobre el elemento en la dirección z, se obtienen

$$\sigma_{\text{máx}} = 31.2 \text{ lb/pulg}^2 \qquad \sigma_{\text{int}} = 0 \qquad \sigma_{\text{mín}} = -51.2 \text{ lb/pulg}^2 \quad \textit{Resp.}$$

Esfuerzo cortante máximo absoluto. Al aplicar las ecuaciones 9-13 y 9-14 se obtienen

$$\tau_{\text{abs}}^{\text{máx}} = \frac{\sigma_{\text{máx}} - \sigma_{\text{mín}}}{2} = \frac{31.2 - (-51.2)}{2} = 41.2 \text{ lb/pulg}^2 \quad \textit{Resp.}$$

$$\sigma_{\text{prom}} = \frac{\sigma_{\text{máx}} + \sigma_{\text{mín}}}{2} = \frac{31.2 - 51.2}{2} = -10 \text{ lb/pulg}^2$$

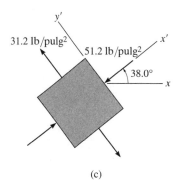
(c)

Estos mismos resultados también se pueden obtener trazando el círculo de Mohr para cada orientación de un elemento, respecto a los ejes x', y' y z', figura 9-31d. Como $\sigma_{\text{máx}}$ y $\sigma_{\text{mín}}$ tienen *signos opuestos*, entonces el esfuerzo cortante máximo absoluto es igual al esfuerzo cortante máximo en el plano. Esto se debe a una rotación de 45° del elemento de la figura 9-31c en torno al eje z', por lo que el elemento con su orientación correcta se ve en la figura 9-31e.

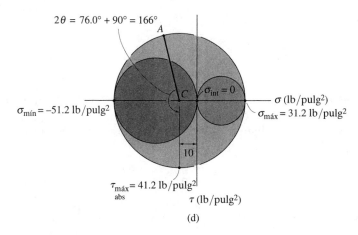
(d)

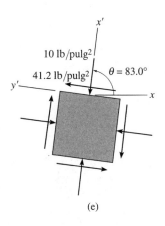
(e)

E J E M P L O 9.15

El punto en la superficie del recipiente cilíndrico a presión de la figura 9-32a está sometida a un estado de esfuerzo plano. Determinar el esfuerzo cortante máximo absoluto en ese punto.

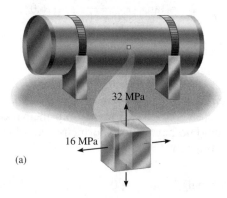

(a)

Solución

Los esfuerzos principales son $\sigma_{\text{máx}} = 32$ MPa, $\sigma_{\text{int}} = 16$ MPa y $\sigma_{\text{mín}} = 0$. Si esos esfuerzos se grafican en el eje σ, se pueden trazar tres círculos de Mohr que describen el estado de esfuerzo, visto en cada uno de los planos perpendiculares, figura 9-32b. El círculo mayor tiene un radio de 16 MPa, y describe el estado de esfuerzo en el plano que contiene a $\sigma_{\text{máx}} = 32$ MPa, y $\sigma_{\text{mín}} = 0$, que se ve sombreado en la figura 9-32a. Una orientación de un elemento a 45° dentro de este plano produce el estado de esfuerzo cortante máximo absoluto, y el esfuerzo normal promedio correspondiente, que son

$$\tau_{\substack{\text{máx} \\ \text{abs}}} = 16 \text{ MPa} \qquad\qquad Resp.$$

$$\sigma_{\text{prom}} = 16 \text{ MPa}$$

Estos mismos resultados se pueden obtener con la aplicación directa de las ecuaciones 9-13 y 9-14, esto es

$$\tau_{\substack{\text{máx} \\ \text{abs}}} = \frac{\sigma_{\text{máx}} - \sigma_{\text{mín}}}{2} = \frac{32 - 0}{2} = 16 \text{ MPa} \qquad\qquad Resp.$$

$$\sigma_{\text{prom}} = \frac{\sigma_{\text{máx}} + \sigma_{\text{mín}}}{2} = \frac{32 + 0}{2} = 16 \text{ MPa}$$

Por comparación, puede determinarse el esfuerzo cortante máximo en el plano a partir del circulo de Mohr trazado entre $\sigma_{\text{máx}} = 32$ MPa y $\sigma_{\text{int}} = 16$ MPa, figura 9-32b. De ese modo se obtienen los valores

$$\tau_{\substack{\text{máx} \\ \text{en el plano}}} = \frac{32 - 16}{2} = 8 \text{ MPa}$$

$$\sigma_{\text{prom}} = 16 + \frac{32 - 16}{2} = 24 \text{ MPa}$$

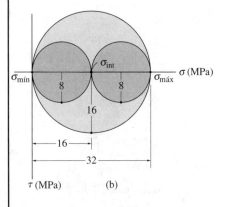

Fig. 9-32

PROBLEMAS

*9-88. Trace los tres círculos de Mohr que describen cada uno de los siguientes estados de esfuerzo.

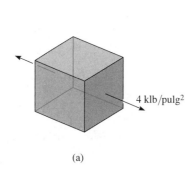

(a)

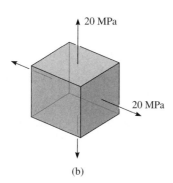

(b)

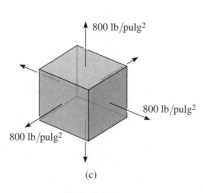

(c)

Prob. 9-88

9-89. Trace los tres círculos de Mohr que describen cada uno de los siguientes estados de esfuerzo.

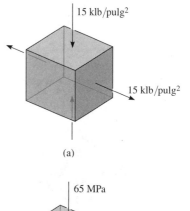

(a)

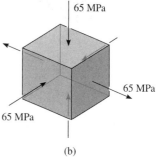

(b)

Prob. 9-89

9-90. Los esfuerzos principales que actúan en un punto de un cuerpo se ven a continuación. Trace los tres círculos de Mohr que describen este estado de esfuerzo y calcule los esfuerzos cortantes máximos en el plano y los esfuerzos normales promedio en los planos *x-y*, *y-z* y *x-z*. Para cada caso indique los resultados en el elemento orientado en la dirección adecuada.

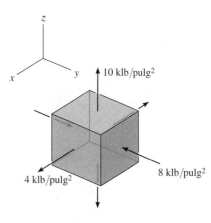

Prob. 9-90

9-91. El esfuerzo en un punto se indica sobre el elemento. Determine los esfuerzos principales y el esfuerzo cortante máximo absoluto.

9-93. El estado de esfuerzo en un punto se indica sobre el elemento. Determine los esfuerzos principales y el esfuerzo cortante máximo absoluto.

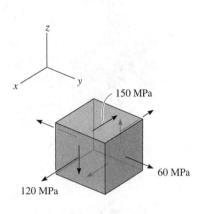

Prob. 9-91

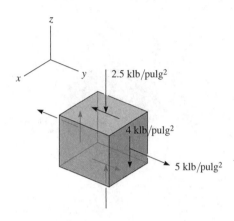

Prob. 9-93

*9-92. El esfuerzo en un punto se indica sobre el elemento. Determine los esfuerzos principales y el esfuerzo cortante máximo absoluto.

■ 9-94. Considere el caso general de esfuerzo plano que se muestra. Escriba un programa de cómputo que haga una gráfica de los tres círculos de Mohr para el elemento y que también calcule el esfuerzo cortante máximo en el plano, y el esfuerzo cortante máximo absoluto.

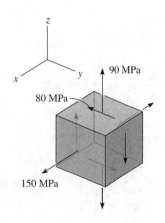

Prob. 9-92

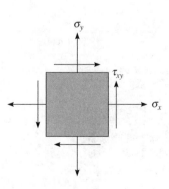

Prob. 9-94

En los siguientes problemas se usa material cubierto en el capítulo 8.

9-95. El cilindro macizo que tiene un radio r se coloca en un recipiente sellado sometido a una presión p. Calcule los componentes de esfuerzo que actúan en el punto A, ubicado en el eje central del cilindro. Trace círculos de Mohr para el elemento en ese punto.

9-97. El marco está sometido a una fuerza horizontal y al momento de un par en su extremo. Determine los esfuerzos principales y el esfuerzo cortante máximo absoluto en el punto A. El área transversal en ese punto se ve en el detalle.

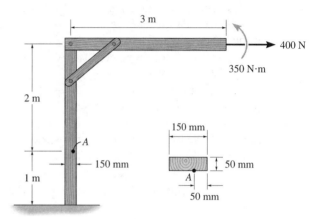

Prob. 9-97

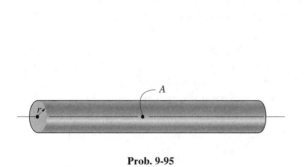

Prob. 9-95

*9-96.** La placa está sometida a una fuerza de tensión $P = 5$ klb. Si tiene las dimensiones indicadas, determine los esfuerzos principales y el esfuerzo cortante máximo absoluto. Si el material es dúctil, fallará por cortante. Haga un esquema de la placa, donde se indique cómo aparecería esa falla. Si el material es frágil, la placa fallará debido a los esfuerzos principales. Muestre cómo sucede esa falla.

Prob. 9-96

REPASO DEL CAPÍTULO

- El esfuerzo plano se presenta cuando un punto del material está sometido a dos componentes de esfuerzo normal, σ_x y σ_y, y un esfuerzo cortante τ_{xy}. Cuando se conocen esos componentes, se pueden determinar los componentes de esfuerzo que actúan sobre un elemento que tenga una orientación distinta, usando las dos ecuaciones de equilibrio de fuerzas, o las ecuaciones de transformación de esfuerzo.

- Para el diseño es importante determinar las orientaciones del elemento que produzcan los esfuerzos normales principales máximos, y el esfuerzo cortante máximo en el plano. Al usar las ecuaciones de transformación de esfuerzo se encuentra que no actúa esfuerzo cortante sobre los planos de esfuerzo principal. Los planos de esfuerzo cortante máximo en el plano están orientados a 45° del plano de los esfuerzos principales, y sobre esos planos de corte hay un esfuerzo normal promedio correspondiente de $(\sigma_x + \sigma_y)/2$.

- El círculo de Mohr es una ayuda semigráfica para determinar el esfuerzo en cualquier plano, los esfuerzos normales principales y el esfuerzo cortante máximo en el plano. Para trazar el círculo, se definen los ejes σ y τ, y se grafican el centro del círculo $[(\sigma_x + \sigma_y)/2, 0]$, y el punto de control (σ_x, τ_{xy}). El radio del círculo se extiende entre esos dos puntos, y se determina por trigonometría.

- El esfuerzo cortante máximo absoluto será igual al esfuerzo cortante máximo en el plano, siempre que los esfuerzos principales en el plano tengan signo contrario. Si tienen el mismo signo, el esfuerzo cortante máximo absoluto estará fuera del plano. Su valor es $\tau_{\text{abs}_{máx}} = (\sigma_{máx} - 0)/2$.

PROBLEMAS DE REPASO

9-98. Sobre el elemento se muestra el esfuerzo en un punto. Determine los esfuerzos principales y el esfuerzo cortante máximo absoluto.

9-99. Con el pescante se sostiene la carga de 350 lb. Determine los esfuerzos principales que actúan sobre la pluma en los puntos A y B. El corte transversal es rectangular, con 6 pulg de ancho y 3 pulg de espesor.

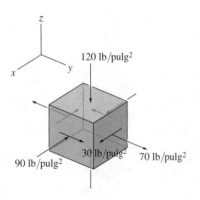

Prob. 9-98

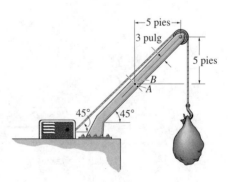

Prob. 9-99

*9-100. Determine el estado equivalente de esfuerzo, si un elemento se orienta a 40°, en sentido de las manecillas del reloj, respecto al elemento que se muestra. Use el círculo de Mohr.

9-103. El estado de esfuerzo en un punto se indica en el elemento. Determine a) los esfuerzos principales y b) el esfuerzo cortante máximo en el plano, y el esfuerzo normal promedio en el punto. En cada caso, especifique la orientación del elemento.

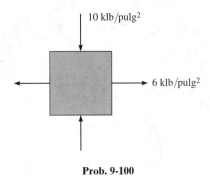

Prob. 9-100

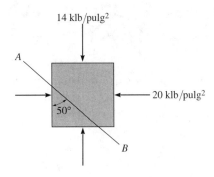

Prob. 9-103

9-101. La tabla de madera está sometida a las cargas indicadas. Determine los esfuerzos principales que actúan en el punto C, y especifique la orientación del elemento en este punto. La viga está sostenida por un tornillo (pasador) en B y un soporte liso en A.

9-102. La tabla de madera está sometida a la carga que se muestra. Si las fibras de la madera en el punto C forman un ángulo de 60° con la horizontal, como se indica, determine los esfuerzos normal y cortante que actúan en direcciones perpendicular y paralela a las mismas, respectivamente, debido a las cargas. La tabla está sostenida por un tornillo (pasador) en B y un soporte liso en A.

*9-104. El estado de esfuerzo en un punto de un miembro se indica en el elemento. Determine los componentes de esfuerzo que actúan sobre el plano inclinado AB. Resuelva el problema empleando el método de equilibrio descrito en la sección 9.1.

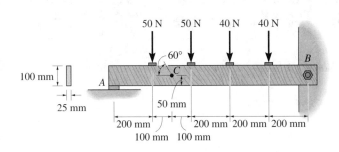

Probs. 9-101/102

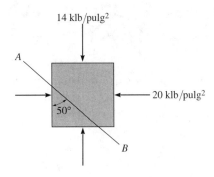

Prob. 9-104

Los esfuerzos complejos que se desarrollan en esta ala de avión se analizan a partir de datos obtenidos en galgas extensométricas.
(Cortesía de Measurements Group, Inc., Raleigh, North Carolina, 27611, Estados Unidos.)

CAPÍTULO
10

Transformación de deformación unitaria

OBJETIVOS DEL CAPÍTULO

La transformación de la deformación unitaria en un punto es similar a la transformación de esfuerzo, y en consecuencia se aplicarán los métodos del capítulo 9 en este capítulo. Aquí también describiremos varias formas de medir la deformación y desarrollaremos algunas relaciones importantes con las propiedades del material, incluyendo una forma generalizada de la ley de Hooke. Al final de este capítulo se describirán algunas de las teorías que se usan para predecir la falla de un material.

10.1 Deformación unitaria plana

Como se describió en la sección 2.2, el estado general de la deformación unitaria en un punto de un cuerpo se representa por una combinación de tres componentes de deformación unitaria normal, ϵ_x, ϵ_y, ϵ_z, y tres componentes de deformación unitaria cortante, γ_{xy}, γ_{xz}, γ_{yz}. Estos seis componentes tienden a deformar cada cara de un elemento del material, y como el esfuerzo, los *componentes* de deformación unitaria normal y cortante en el punto varían de acuerdo con la orientación del elemento. Los componentes de la *deformación unitaria* en un punto se determinan con frecuencia usando galgas extensométricas, que miden esos componentes en *direcciones especificadas*. Sin embargo, tanto para análisis como para diseño, a veces los ingenieros deben transformar esos datos para obtener los componentes de la deformación unitaria en otras direcciones.

Deformación unitaria normal ϵ_x

(a)

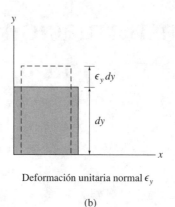

Deformación unitaria normal ϵ_y

(b)

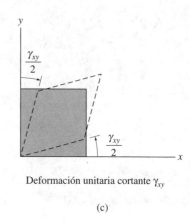

Deformación unitaria cortante γ_{xy}

(c)

Fig. 10-1

El espécimen de hule está restringido entre dos soportes fijos, por lo que sufrirá deformación unitaria plana cuando se le apliquen cargas en el plano horizontal.

Para comprender cómo se hace primero confinaremos nuestra atención en el estudio de la ***deformación unitaria plana***. En forma específica, no tendremos en cuenta los efectos de los componentes ϵ_z, γ_{xz} y γ_{yz}. Entonces en general, un elemento deformado en un plano está sujeto a dos componentes de deformación unitaria normal, ϵ_x, ϵ_y, y a un componente de deformación unitaria cortante, γ_{xy}. Las deformaciones de un elemento, causadas por cada una de esas deformaciones unitarias, se ven gráficamente en la figura 10-1. Observe que las deformaciones unitarias normales se producen por *cambios de longitud* del elemento en las direcciones *x* y *y*, y la deformación unitaria cortante se produce por la *rotación relativa* de dos lados adyacentes del elemento.

Aunque tanto la deformación unitaria plana como el esfuerzo plano tienen tres componentes que están en el mismo plano, se debe tener en cuenta que el esfuerzo plano *no* necesariamente causa la deformación unitaria plana, o viceversa. La razón tiene que ver con el efecto de Poisson, que se describió en la sección 3.6. Por ejemplo, si el elemento de la figura 10-2 se somete a un esfuerzo plano σ_x y σ_y, no sólo se producen las deformaciones unitarias normales ϵ_x y ϵ_y, sino *también* hay una deformación unitaria normal correspondiente, ϵ_z. Es obvio que ése *no es* el caso del esfuerzo plano. Entonces, en general, a menos que $\nu = 0$, el efecto de Poisson *evita* la ocurrencia simultánea de la deformación unitaria plana y el esfuerzo plano. También se debe hacer notar que ya que el esfuerzo cortante y la deformación unitaria cortante *no* son afectados por la relación de Poisson, para la condición de $\tau_{xz} = \tau_{yz} = 0$ se requiere que $\gamma_{xz} = \gamma_{yz} = 0$.

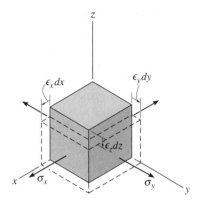

El esfuerzo plano, σ_x, σ_y, no causa deformación unitaria plana
en el plano x-y ya que $\epsilon_z \neq 0$.

Fig. 10-2

10.2 Ecuaciones generales de transformación de deformación unitaria plana

En el análisis de la deformación unitaria plana, es importante establecer ecuaciones de transformación para determinar los componentes x', y' de la deformación unitaria normal y cortante en un punto, cuando se conozcan los componentes x, y de la deformación unitaria. En esencia este problema es de geometría, y se requiere relacionar las deformaciones y las rotaciones de segmentos diferenciales de línea, que representan los lados de elementos diferenciales que sean paralelos a cada conjunto de ejes.

Convención de signo. Antes de poder desarrollar las ecuaciones de transformación de deformación unitaria, primero se debe establecer una convención de signos de las deformaciones. Esa convención es igual a la establecida en la sección 2.2, y las volveremos a mencionar aquí para la condición de esfuerzo plano. Con referencia al elemento diferencial de la figura 10-3a, las *deformaciones unitarias normales* ϵ_x y ϵ_y son *positivas* si causan *alargamiento* a lo largo de los ejes x y y, respectivamente, y la *deformación unitaria cortante* γ_{xy} es *positiva* si el ángulo interno *AOB se hace menor* que 90°. Esta convención de signos también es consecuencia de la correspondiente para el esfuerzo plano, figura 9-5a, esto es, los esfuerzos σ_x, σ_y y τ_{xy} positivos causan que el elemento se *deforme* en las direcciones positivas ϵ_x, ϵ_y y γ_{xy}, respectivamente.

En este caso, el problema será determinar las deformaciones unitarias normal y cortante en un punto, $\epsilon_{x'}$, $\epsilon_{y'}$ y $\gamma_{x'y'}$, medidas en relación con los ejes x', y', si se conocen ϵ_x, ϵ_y y γ_{xy}, medidas en relación con los ejes x, y. Si el ángulo entre los ejes x y x' es θ, entonces, como en el caso del esfuerzo plano, θ será *positivo* si sigue el enroscamiento de los dedos de la mano derecha, es decir, si es contrario al movimiento de las manecillas del reloj, como se ve en la figura 10-3b.

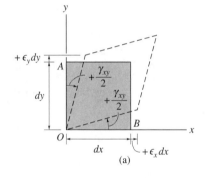

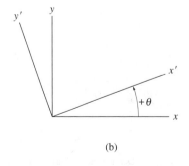

Convención de signos positivos

Fig. 10-3

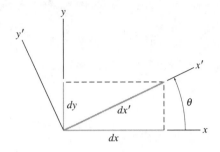

Antes de la deformación

(a)

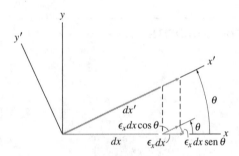

Deformación unitaria normal ϵ_x

(b)

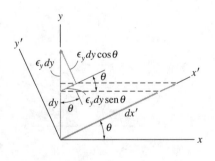

Deformación unitaria normal ϵ_y

(c)

Fig. 10-4

Deformaciones unitarias normal y cortante. Para deducir la ecuación de transformación de deformación unitaria para determinar $\epsilon_{x'}$, se debe determinar el alargamiento en un segmento de recta dx' que esté a lo largo del eje x' y esté sometido a los componentes de deformación unitaria ϵ_x, ϵ_y, γ_{xy}. Como se ve en la figura 10-4a, los componentes de la recta dx' a lo largo de los ejes x y y son

$$dx = dx' \cos \theta$$
$$dy = dx' \, \text{sen} \, \theta \tag{10-1}$$

Cuando se presenta la deformación unitaria normal ϵ_x, figura 10-4b, la recta dx se alarga $\epsilon_x \, dx$, lo que hace que la recta dx' se alargue $\epsilon_x \, dx \cos \theta$. De igual modo, cuando se presenta ϵ_y figura 10-4c, la recta dy se alarga $\epsilon_y \, dy$, lo que hace que la recta dx' se alargue $\epsilon_y \, dy \, \text{sen} \, \theta$. Por último, suponiendo que dx permanezca fijo en su posición, la deformación cortante γ_{xy}, que es el cambio del ángulo entre dx y dy, hace que la parte superior de la recta dy se desplace $\gamma_{xy} \, dy$ hacia la derecha, como se ve en la figura 10-4d. Esto hace que dx' se alargue $\gamma_{xy} \, dy \cos \theta$. Si se suman los tres alargamientos, el alargamiento resultante de dx' es, entonces,

$$\delta x' = \epsilon_x \, dx \cos \theta + \epsilon_y \, dy \, \text{sen} \, \theta + \gamma_{xy} \, dy \cos \theta$$

De acuerdo con la ecuación 2-2, la deformación unitaria normal, a lo largo de la recta dx', es $\epsilon_{x'} = \delta x'/dx'$. Entonces, usando la ecuación 10-1, se obtiene

$$\epsilon_{x'} = \epsilon_x \cos^2 \theta + \epsilon_y \, \text{sen}^2 \theta + \gamma_{xy} \, \text{sen} \, \theta \cos \theta \tag{10-2}$$

La ecuación de transformación de deformación unitaria para determinar $\gamma_{x'y'}$ se puede deducir si se considera la cantidad de rotación que sufre cada uno de los segmentos de recta dx' y dy' cuando se someten a los componentes de deformación unitaria ϵ_x, ϵ_y, γ_{xy}. Primero se examinará la rotación de dx', que se define por el ángulo α, en sentido contrario al de las manecillas del reloj tal y como se ilustra en la figura 10-4e. Se puede determinar a partir del desplazamiento $\delta y'$, usando $\alpha = \delta y'/dx'$. Para obtener $\delta y'$, se consideran los tres componentes siguientes de desplazamiento que actúan en la dirección y': uno de ϵ_x, que es $-\epsilon_x \, dx \, \text{sen} \, \theta$, figura 10-4b; otro de ϵ_y, que es $\epsilon_y \, dy \cos \theta$, figura 10-4c, y el último de γ_{xy}, que es $-\gamma_{xy} \, dy \, \text{sen} \, \theta$, figura 10-4d. Así, $\delta y'$, resultado de los tres componentes de deformación unitaria, es

$$\delta y' = -\epsilon_x \, dx \, \text{sen} \, \theta + \epsilon_y \, dy \cos \theta - \gamma_{xy} \, dy \, \text{sen} \, \theta$$

Usando la ecuación 10-1, con $\alpha = \delta y'/dx'$, se obtiene

$$\alpha = (-\epsilon_x + \epsilon_y) \, \text{sen} \, \theta \cos \theta - \gamma_{xy} \, \text{sen}^2 \theta \tag{10-3}$$

Como se ve en la figura 10-4e, la recta dy' gira una cantidad β. Se puede determinar este ángulo con un análisis similar, o sólo sustituyendo θ por $\theta + 90°$ en la ecuación 10-3. Si se usan las identidades $\text{sen}(\theta + 90°) = \cos \theta$, $\cos(\theta + 90°) = -\text{sen} \, \theta$, se obtiene

$$\beta = (-\epsilon_x + \epsilon_y) \, \text{sen}(\theta + 90°) \cos(\theta + 90°) - \gamma_{xy} \, \text{sen}^2(\theta + 90°)$$
$$= -(-\epsilon_x + \epsilon_y) \cos \theta \, \text{sen} \, \theta - \gamma_{xy} \cos^2 \theta$$

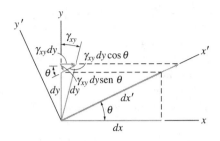

Deformación unitaria cortante γ_{xy}

(d)

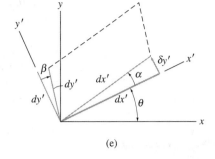

(e)

Fig. 10-4 (cont.)

Como α y β representan la rotación de los lados dx' y dy' de un elemento diferencial cuyos lados estaban orientados originalmente a lo largo de los ejes x' y y', y β tiene dirección contraria a α, figura 10-4e, entonces el elemento está sujeto a una deformación unitaria de

$$\gamma_{x'y'} = \alpha - \beta = -2(\epsilon_x - \epsilon_y)\operatorname{sen}\theta\cos\theta + \gamma_{xy}(\cos^2\theta - \operatorname{sen}^2\theta) \quad (10\text{-}4)$$

Si se usan las identidades trigonométricas $\operatorname{sen}2\theta = 2\operatorname{sen}\theta\cos\theta$, $\cos^2\theta = (1 + \cos 2\theta)/2$ y $\operatorname{sen}^2\theta + \cos^2\theta = 1$, las ecuaciones 10-2 y 10-4 se pueden convertir en su forma final:

$$\epsilon_{x'} = \frac{\epsilon_x + \epsilon_y}{2} + \frac{\epsilon_x - \epsilon_y}{2}\cos 2\theta + \frac{\gamma_{xy}}{2}\operatorname{sen}2\theta \quad (10\text{-}5)$$

$$\frac{\gamma_{x'y'}}{2} = -\left(\frac{\epsilon_x - \epsilon_y}{2}\right)\operatorname{sen}2\theta + \frac{\gamma_{xy}}{2}\cos 2\theta \quad (10\text{-}6)$$

Estas ecuaciones de transformación de deformaciones unitarias representan la deformación unitaria normal $\epsilon_{x'}$ en la dirección x' y la deformación unitaria cortante $\gamma_{x'y'}$ de un elemento orientado en un ángulo θ, como se ve en la figura 10-5. De acuerdo con la convención de signos establecida, si $\epsilon_{x'}$ es *positiva*, el elemento *se alarga* en la dirección de x' positiva, figura 10-5a, y si $\gamma_{x'y'}$ es positiva, el elemento se deforma como se ve en la figura 10-5b. Observe que esas deformaciones se presentan como si sobre el elemento actuaran el esfuerzo normal positivo $\sigma_{x'}$ y el esfuerzo cortante positivo $\tau_{x'y'}$.

Si se necesita la deformación unitaria normal en la dirección y', se puede obtener a partir de la ecuación 10-5 sólo sustituyendo θ por $(\theta + 90°)$. El resultado es

$$\epsilon_{y'} = \frac{\epsilon_x + \epsilon_y}{2} - \frac{\epsilon_x - \epsilon_y}{2}\cos 2\theta - \frac{\gamma_{xy}}{2}\operatorname{sen}2\theta \quad (10\text{-}7)$$

Se debe notar la semejanza entre las tres ecuaciones anteriores y las de transformación del esfuerzo plano, ecuaciones 9-1, 9-2 y 9-3. Por comparación, σ_x, σ_y, $\sigma_{x'}$, $\sigma_{y'}$ corresponden a ϵ_x, ϵ_y, $\epsilon_{x'}$, $\epsilon_{y'}$ y τ_{xy}, $\tau_{x'y'}$ corresponden a $\gamma_{xy}/2$, $\gamma_{x'y'}/2$.

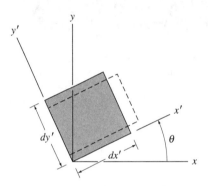

Deformación unitaria normal positiva, $\epsilon_{x'}$.

(a)

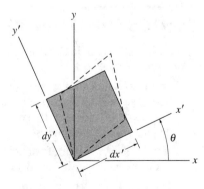

Deformación unitaria cortante positiva, $\gamma_{x'y'}$

(b)

Fig. 10-5

Los esfuerzos complejos a menudo se desarrollan en las uniones donde los recipientes se conectan. Los esfuerzos se determinan al medir la deformación unitaria.

Deformaciones unitarias principales. Como en el esfuerzo, se puede determinar la orientación de un elemento en un punto tal que la deformación del elemento se represente con deformaciones unitarias normales, *sin* deformación unitaria cortante. Cuando eso sucede, las deformaciones unitarias normales se llaman *deformaciones unitarias principales*, y si el material es isotrópico, los ejes a lo largo de los cuales se hacen esas deformaciones coinciden con los ejes que definen los planos de esfuerzos principales.

De acuerdo con las ecuaciones 9-4 y 9-5, y con la correspondencia entre esfuerzo y deformación unitaria que se indicó anteriormente, las direcciones de los ejes, y los dos valores de las deformaciones unitarias principales ϵ_1 y ϵ_2, se determinan con

$$\tan 2\theta_p = \frac{\gamma_{xy}}{\epsilon_x - \epsilon_y} \tag{10-8}$$

$$\epsilon_{1,2} = \frac{\epsilon_x + \epsilon_y}{2} \pm \sqrt{\left(\frac{\epsilon_x - \epsilon_y}{2}\right)^2 + \left(\frac{\gamma_{xy}}{2}\right)^2} \tag{10-9}$$

Deformación unitaria máxima en el plano. Al usar las ecuaciones 9-6, 9-7 y 9-8, se determinan la dirección de los ejes y la deformación unitaria máxima en el plano, así como la deformación unitaria normal promedio, con las siguientes ecuaciones:

$$\tan 2\theta_s = -\left(\frac{\epsilon_x - \epsilon_y}{\gamma_{xy}}\right) \tag{10-10}$$

$$\frac{\gamma_{\text{en el plano}}^{\text{máx}}}{2} = \sqrt{\left(\frac{\epsilon_x - \epsilon_y}{2}\right)^2 + \left(\frac{\gamma_{xy}}{2}\right)^2} \tag{10-11}$$

$$\epsilon_{\text{prom}} = \frac{\epsilon_x + \epsilon_y}{2} \tag{10-12}$$

PUNTOS IMPORTANTES

- Debido al efecto de Poisson, el estado de deformación unitaria plana no es un estado de esfuerzo plano, y viceversa.

- Un punto de un cuerpo se somete a esfuerzo plano cuando la superficie del cuerpo no tiene esfuerzos. Se puede usar el análisis de deformación unitaria plana dentro del plano de los esfuerzos, para analizar los resultados de las galgas extensométricas. Recuérdese, sin embargo, que hay una deformación unitaria normal que es perpendicular a los deformímetros o galgas.

- Cuando el estado de deformación unitaria se representa por las deformaciones unitarias principales, no actúa deformación unitaria cortante sobre el elemento.

- El estado de deformación unitaria en el punto también se puede representar en función de la deformación unitaria máxima en el plano. En este caso, sobre el elemento también actuará la deformación unitaria normal promedio.

- El elemento que representa la deformación unitaria cortante máxima en el plano, y sus deformaciones unitarias normales promedio, forma 45° con el elemento que representa las deformaciones unitarias principales.

E J E M P L O 10.1

Un elemento diferencial de material en un punto se sujeta a un estado de deformación unitaria plana, $\epsilon_x = 500(10^{-6})$, $\epsilon_y = -300(10^{-6})$, $\gamma_{xy} = 200(10^{-6})$, que tiende a distorsionar al elemento como muestra la figura 10-6a. Determine las deformaciones unitarias equivalentes que actúan sobre un elemento orientado en el punto, a 30° *en sentido de las manecillas del reloj*, respecto a la posición original.

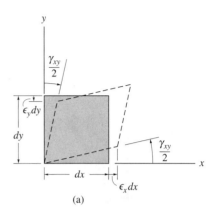

(a)

Solución

Se usarán las ecuaciones de transformación de deformación unitaria, ecuaciones 10-5 y 10-6, para resolver este problema, Ya que θ es *positivo en el sentido contrario de las manecillas del reloj*, entonces $\theta = -30°$ para este problema. Así,

$$\epsilon_{x'} = \frac{\epsilon_x + \epsilon_y}{2} + \frac{\epsilon_x - \epsilon_y}{2}\cos 2\theta + \frac{\gamma_{xy}}{2}\operatorname{sen} 2\theta$$

$$= \left[\frac{500 + (-300)}{2}\right](10^{-6}) + \left[\frac{500 - (-300)}{2}\right](10^{-6})\cos(2(-30°))$$

$$+ \left[\frac{200(10^{-6})}{2}\right]\operatorname{sen}(2(-30°))$$

$$\epsilon_{x'} = 213(10^{-6}) \qquad\qquad\qquad Resp.$$

$$\frac{\gamma_{x'y'}}{2} = -\left(\frac{\epsilon_x - \epsilon_y}{2}\right)\operatorname{sen} 2\theta + \frac{\gamma_{xy}}{2}\cos 2\theta$$

$$= -\left[\frac{500 - (-300)}{2}\right](10^{-6})\operatorname{sen}(2(-30°)) + \frac{200(10^{-6})}{2}\cos(2(-30°))$$

$$\gamma_{x'y'} = 793(10^{-6}) \qquad\qquad Resp.$$

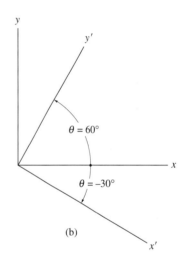

(b)

La deformación unitaria en la dirección y' se obtiene con la ecuación 10-7, con $\theta = -30°$. Sin embargo, también se puede obtener $\epsilon_{y'}$ usando la ecuación 10-5 con $\theta = 60°$ ($\theta = -30° + 90°$), figura 10-6b. Si $\epsilon_{y'}$ sustituye a $\epsilon_{x'}$, entonces

$$\epsilon_{y'} = \frac{\epsilon_x + \epsilon_y}{2} + \frac{\epsilon_x - \epsilon_y}{2}\cos 2\theta + \frac{\gamma_{xy}}{2}\operatorname{sen} 2\theta$$

$$= \left[\frac{500 + (-300)}{2}\right](10^{-6}) + \left[\frac{500 - (-300)}{2}\right](10^{-6})\cos(2(60°))$$

$$+ \frac{200(10^{-6})}{2}\operatorname{sen}(2(60°))$$

$$\epsilon_{y'} = -13.4(10^{-6}) \qquad\qquad Resp.$$

De acuerdo con estos resultados, el elemento se tiende a distorsionar como se ve en la figura 10-6c.

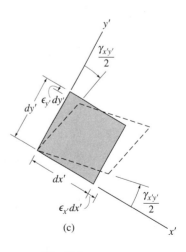

(c)

Fig. 10-6

EJEMPLO 10.2

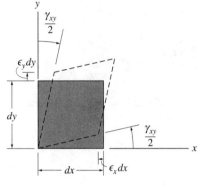

(a)

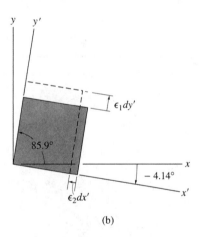

(b)

Fig. 10-7

Un elemento diferencial de material en un punto está sometido a un estado de deformación unitaria plana, definido por $\epsilon_x = -350(10^{-6})$, $\epsilon_y = 200(10^{-6})$, $\gamma_{xy} = 80(10^{-6})$, que tiende a distorsionar al elemento como se indica en la figura 10-7a. Determine las deformaciones unitarias principales en el punto, y la orientación correspondiente del elemento.

Solución

Orientación del elemento. Según la ecuación 10-8,

$$\tan 2\theta_p = \frac{\gamma_{xy}}{\epsilon_x - \epsilon_y}$$

$$= \frac{80(10^{-6})}{(-350 - 200)(10^{-6})}$$

Así, $2\theta_p = -8.28°$, y $-8.28° + 180° = 172°$, por lo que

$$\theta_p = -4.14° \text{ y } 85.9° \qquad Resp.$$

Cada uno de esos ángulos se mide en dirección *positiva, en contra de las manecillas del reloj,* a partir del eje x hacia las normales hacia afuera sobre cada cara del elemento, figura 10-7b.

Deformaciones unitarias principales. Las deformaciones unitarias principales se determinan con la ecuación 10-9, como sigue:

$$\epsilon_{1,2} = \frac{\epsilon_x + \epsilon_y}{2} \pm \sqrt{\left(\frac{\epsilon_x + \epsilon_y}{2}\right)^2 + \left(\frac{\gamma_{xy}}{2}\right)^2}$$

$$= \frac{(-350 + 200)(10^{-6})}{2} \pm \left[\sqrt{\left(\frac{-350 - 200}{2}\right)^2 + \left(\frac{80}{2}\right)^2}\right](10^{-6})$$

$$= -75.0(10^{-6}) \pm 277.9(10^{-6})$$

$$\epsilon_1 = 203(10^{-6}) \qquad \epsilon_2 = -353(10^{-6}) \qquad Resp.$$

Al aplicar la ecuación 10-5, con $\theta = -4.14°$ se puede determinar cuál de esas dos deformaciones unitarias deforma al elemento en la dirección x'. Entonces,

$$\epsilon_{x'} = \frac{\epsilon_x + \epsilon_y}{2} + \frac{\epsilon_x - \epsilon_y}{2}\cos 2\theta + \frac{\gamma_{xy}}{2}\operatorname{sen} 2\theta$$

$$= \left(\frac{-350 + 200}{2}\right)(10^{-6}) + \left(\frac{-350 - 200}{2}\right)(10^{-6})\cos 2(-4.14°)$$

$$+ \frac{80(10^{-6})}{2}\operatorname{sen} 2(-4.14°)$$

$$\epsilon_{x'} = -353(10^{-6})$$

Por consiguiente, $\epsilon_{x'} = \epsilon_2$. Cuando se somete a las deformaciones unitarias principales, el elemento se distorsiona como muestra la figura 10-7b.

E J E M P L O   10.3

Un elemento diferencial de material en un punto se somete a un estado de deformación unitaria plana, definido por $\epsilon_x = -350(10^{-6})$, $\epsilon_y = 200(10^{-6})$, $\gamma_{xy} = 80(10^{-6})$, que tiende a distorsionar al elemento como se ve en la figura 10-8a. Determine la deformación unitaria máxima en el plano, en el punto, y la orientación correspondiente del elemento.

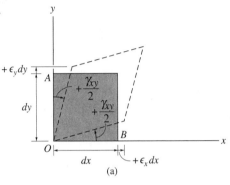

Solución

Orientación del elemento.   De acuerdo con la ecuación 10-10:

$$\tan 2\theta_s = -\left(\frac{\epsilon_x - \epsilon_y}{\gamma_{xy}}\right) = -\frac{(-350 - 200)(10^{-6})}{80(10^{-6})}$$

Así, $2\theta_s = 81.72°$ y $81.72° + 180° = 261.72°$, por lo tanto,

$$\theta_s = 40.9° \text{ y } 130.9°$$

Nótese que esta orientación forma 45° con la que se muestra en la figura 10-7b, en el ejemplo 10.2, como era de esperarse.

Deformación unitaria cortante máxima en el plano.   Se aplica la ecuación 10-11 y se obtiene

$$\frac{\gamma_{\text{en el plano}}^{\text{máx}}}{2} = \sqrt{\left(\frac{\epsilon_x - \epsilon_y}{2}\right)^2 + \left(\frac{\gamma_{xy}}{2}\right)^2}$$

$$= \left[\sqrt{\left(\frac{-350 - 200}{2}\right)^2 + \left(\frac{80}{2}\right)^2}\right](10^{-6})$$

$$\gamma_{\text{en el plano}}^{\text{máx}} = 556(10^{-6}) \qquad\qquad Resp.$$

El signo correcto de $\gamma_{\text{en el plano}}^{\text{máx}}$ se obtiene aplicando la ecuación 10-6, con $\theta_s = 40.9°$. Entonces,

$$\frac{\gamma_{x'y'}}{2} = -\frac{\epsilon_x - \epsilon_y}{2}\operatorname{sen} 2\theta + \frac{\gamma_{xy}}{2}\cos 2\theta$$

$$= -\left(\frac{-350 - 200}{2}\right)(10^{-6})\operatorname{sen} 2(40.9°) + \frac{80(10^{-6})}{2}\cos 2(40.9°)$$

$$\gamma_{x'y'} = 556(10^{-6})$$

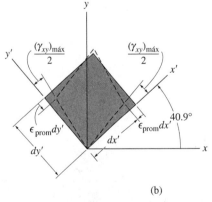

Así, $\gamma_{\text{en el plano}}^{\text{máx}}$ tiende a distorsionar al elemento de tal manera que disminuye el ángulo recto entre dx' y dy' (convención de signo positivo), figura 10-8b.

También, hay deformaciones unitarias promedio asociadas en el elemento que se calculan con la ecuación 10-12:

$$\epsilon_{\text{prom}} = \frac{\epsilon_x + \epsilon_y}{2} = \frac{-350 + 200}{2}(10^{-6}) = -75(10^{-6})$$

Estas deformaciones tienden a hacer que se contraiga el elemento, figura 10-8b.

Fig. 10-8

*10.3 Círculo de Mohr (deformación unitaria plana)

Como las ecuaciones para transformación de deformación unitaria plana son matemáticamente parecidas a las de transformación de esfuerzo plano, también se pueden resolver problemas de transformación de deformaciones unitarias usando el círculo de Mohr. Este método tiene la ventaja de posibilitar la apreciación gráfica de la forma en que varían los componentes de la deformación unitaria normal y cortante en un punto, de una orientación del elemento respecto a otra.

Al igual que el caso del esfuerzo, el parámetro θ de las ecuaciones 10-5 y 10-6 se elimina, y el resultado se ordena en la forma siguiente:

$$(\epsilon_x - \epsilon_{\text{prom}})^2 + \left(\frac{\gamma_{xy}}{2}\right)^2 = R^2 \qquad (10\text{-}13)$$

siendo

$$\epsilon_{\text{prom}} = \frac{\epsilon_x + \epsilon_y}{2}$$

$$R = \sqrt{\left(\frac{\epsilon_x - \epsilon_y}{2}\right)^2 + \left(\frac{\gamma_{xy}}{2}\right)^2}$$

La ecuación 10-13 representa la ecuación del círculo de Mohr para la deformación unitaria. Tiene un centro en el eje ϵ en el punto $C(\epsilon_{\text{prom}}, 0)$ y un radio R.

PROCEDIMIENTO PARA ANÁLISIS

El procedimiento para trazar el círculo de Mohr para deformación unitaria es el mismo que se estableció para los esfuerzos.

Construcción del círculo.

- Definir un sistema de coordenadas tal que las abscisas representen la deformación unitaria normal ϵ, *positivo hacia la derecha*, y la ordenada represente *la mitad* del valor de la deformación cortante, $\gamma/2$, siendo *positivo hacia abajo*, figura 10-9.

- Aplicar la convención de signo positivo a ϵ_x, ϵ_y, γ_{xy}, como se ve en la figura 10-3, y determinar el centro del círculo C, que está en el eje ϵ a una distancia $\epsilon_{\text{prom}} = (\epsilon_x + \epsilon_y)/2$ del origen, figura 10-9.

- Graficar el punto de referencia A con coordenadas $A(\epsilon_x, \gamma_{xy}/2)$. Este punto representa el caso en el que el eje x' coincide con el eje x. Por consiguiente, $\theta = 0°$, figura 10-9.

- Unir el punto A con el centro C del círculo, y con el triángulo sombreado determinar el radio R del círculo, figura 10-9.

- Una vez determinado R, trazar el círculo.

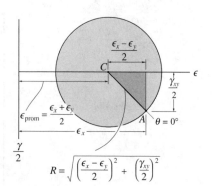

Fig. 10-9

Deformaciones unitarias principales.

- Las deformaciones unitarias ϵ_1 y ϵ_2 se determinan con el círculo, y son las coordenadas de los puntos B y D, esto es, donde $\gamma/2 = 0$, figura 10-10a.

- La orientación del plano sobre el que actúa ϵ_1 se determina en el círculo, calculando $2\theta_{p_1}$ mediante trigonometría. En este caso, el ángulo se mide en sentido contrario al de las manecillas del reloj, *desde* la línea radial de referencia CA *hacia* la línea CB, figura 10-10a. Recuerde que la *rotación* de θ_{p_1} debe tener esta *misma dirección*, desde el eje de referencia del elemento x hacia el eje x', figura 10-10b.*

- Cuando se indica que ϵ_1 y ϵ_2 son positivos, como en la figura 10-10a, el elemento de la figura 10-10b se alarga en las direcciones x' y y', como indica el contorno en línea interrumpida.

Deformación unitaria cortante máxima en el plano.

- La deformación unitaria normal promedio, y la mitad de la deformación unitaria cortante máxima se determinan en el círculo, como las coordenadas de los puntos E y F, figura 10-10a.

- La orientación del plano sobre el cual actúan $\gamma_{\text{en el plano}}^{\text{máx}}$ y ϵ_{prom} se determinan en el círculo, calculando $2\theta_{s_1}$ mediante trigonometría. En este caso, el ángulo se mide en el sentido de las manecillas del reloj, *desde* la línea radial de referencia CA *hacia* la línea CE, figura 10-10a. Recuérdese que la *rotación* de θ_{s_1} debe tener esta *misma dirección*, desde el eje de referencia x del elemento, hacia el eje x', figura 10-10c.*

Deformaciones unitarias sobre un plano arbitrario.

- Los componentes de deformación unitaria normal y cortante, $\epsilon_{x'}$ y $\gamma_{x'y'}$, para un plano especificado que forma un ángulo θ, figura 10-10d, se obtienen con el círculo y empleando trigonometría para determinar las coordenadas del punto P, figura 10-10a.

- Para localizar P, se mide el ángulo θ conocido del eje x', en el círculo, como 2θ. Esta medición se hace *desde* la línea radial de referencia CA *hacia* la línea radial CP. Recuérdese que las mediciones de 2θ en el círculo, deben tener la misma dirección que θ para el eje x'.*

- Si se requiere el valor de $\epsilon_{y'}$, se puede determinar calculando la coordenada ϵ del punto Q, en la figura 10-10a. La línea CQ está a $180°$ de CP, así que representa una rotación de $90°$ del eje x'.

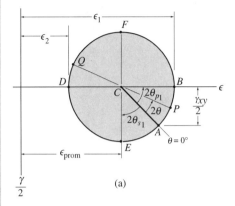
(a)

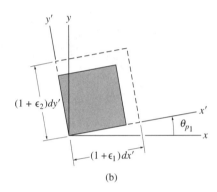
(b)

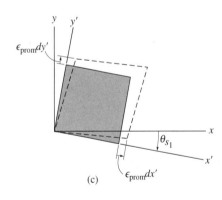
(c)

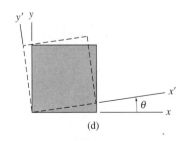
(d)

Fig. 10-10

* Si el eje $\gamma/2$ se construye *positivo hacia arriba*, entonces el angulo 2θ en el círculo se mediría en la *dirección opuesta* a la orientación θ del plano.

EJEMPLO 10.4

El estado de deformación unitaria plana en un punto se representa con los componentes $\epsilon_x = 250(10^{-6})$, $\epsilon_y = -150(10^{-6})$ y $\gamma_{xy} = 120(10^{-6})$. Determinar las deformaciones unitarias principales y la orientación del elemento.

Solución

Construcción del círculo. Se definen los ejes ϵ y $\gamma/2$ como en la figura 10-11a. Recuérdese que el eje *positivo* de $\gamma/2$ debe estar dirigido *hacia abajo*, para que las rotaciones *contrarias al sentido de las manecillas del reloj* del elemento correspondan a rotaciones *contrarias al sentido de las manecillas del reloj* en torno al círculo, y viceversa. El centro del círculo C está ubicado sobre el eje ϵ en

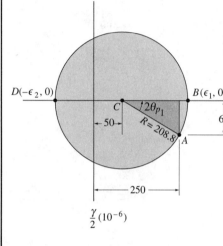

$$\epsilon_{\text{prom}} = \frac{250 + (-150)}{2}(10^{-6}) = 50(10^{-6})$$

Como $\gamma_{xy}/2 = 60(10^{-6})$, el punto de referencia $A(\theta = 0°)$ tiene las coordenadas $A(250(10^{-6}), 60(10^{-6}))$. De acuerdo con el triángulo sombreado de la figura 10-11a, el radio del círculo es CA; esto es,

$$R = \left[\sqrt{(250 - 50)^2 + (60)^2}\right](10^{-6}) = 208.8(10^{-6})$$

Deformaciones unitarias principales. Las coordenadas ϵ de los puntos B y D representan las deformaciones principales. Éstas son:

$$\epsilon_1 = (50 + 208.8)(10^{-6}) = 259(10^{-6}) \qquad Resp.$$

$$\epsilon_2 = (50 - 208.8)(10^{-6}) = -159(10^{-6}) \qquad Resp.$$

La dirección de la deformación unitaria principal positiva ϵ_1 se define por el ángulo $2\theta_{p_1}$ *en sentido contrario al de las manecillas del reloj*, medido desde la línea radial de referencia CA hacia la línea CB. Entonces,

$$\tan 2\theta_{p_1} = \frac{60}{(250 - 50)}$$

$$\theta_{p_1} = 8.35° \qquad Resp.$$

Por consiguiente, el lado dx' del elemento está orientado a $8.35°$ *en sentido contrario al de las manecillas del reloj*, como se ve en la figura 10-11b. Esto también define la dirección de ϵ_1. También se muestra la deformación del elemento en esa figura.

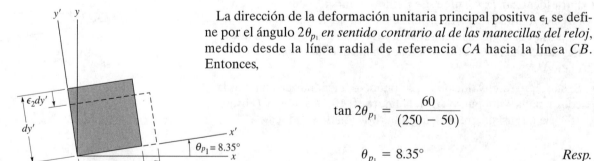

Fig. 10-11

E J E M P L O 10.5

El estado de deformación unitaria plana se representa por los componentes $\epsilon_x = 250(10^{-6})$, $\epsilon_y = -150(10^{-6})$ y $\gamma_{xy} = 120(10^{-6})$. Determine las deformaciones unitarias máximas en el plano, y la orientación del elemento.

Solución

El círculo se trazó en el ejemplo anterior, y se ve en la figura 10-12*a*.

Deformación unitaria cortante máxima en el plano. La mitad de la deformación unitaria cortante máxima en el plano, y la deformación unitaria normal promedio se representan con las coordenadas del punto *E* o *F* en el círculo. De acuerdo con las coordenadas del punto *E*,

$$\frac{(\gamma_{x'y'})_{\substack{\text{máx}\\ \text{en el plano}}}}{2} = 208.8(10^{-6})$$

$$(\gamma_{x'y'})_{\substack{\text{máx}\\ \text{en el plano}}} = 418(10^{-6}) \qquad \textit{Resp.}$$

$$\epsilon_{\text{prom}} = 50(10^{-6})$$

Para orientar al elemento, se puede determinar el ángulo $2\theta_{s_1}$ en sentido de las manecillas del reloj, en el círculo.

$$2\theta_{s_1} = 90° - 2(8.35°)$$

$$\theta_{s_1} = 36.6° \qquad \textit{Resp.}$$

El ángulo se muestra en la figura 10-12*b*. Como la deformación unitaria cortante definida en el punto *E* del círculo tiene un valor positivo, y la deformación unitaria normal promedio también es positiva, corresponden a esfuerzo cortante positivo y a esfuerzo normal promedio positivo, que deforman al elemento hacia la forma indicada con línea interrumpida en la figura.

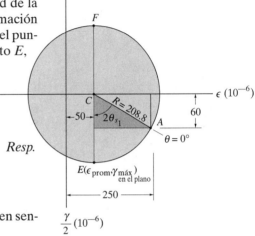

(a)

Fig. 10-12

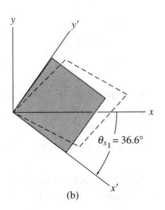

(b)

EJEMPLO 10.6

El estado de deformación unitaria en un punto se representa en un elemento que tiene componentes $\epsilon_x = -300(10^{-6})$, $\epsilon_y = -100(10^{-6})$ y $\gamma_{xy} = 100(10^{-6})$. Determine el estado de deformación unitaria sobre un elemento orientado a 20° en sentido de las manecillas del reloj, respecto a la posición original.

Solución

Construcción del círculo. Los ejes ϵ y $\gamma/2$ se definen como en la figura 10-13a. El centro del círculo está en el eje ϵ en

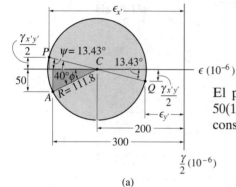

(a)

$$\epsilon_{\text{prom}} = \left(\frac{-300 - 100}{2}\right)(10^{-6}) = -200(10^{-6})$$

El punto de referencia A tiene las coordenadas $A(-100(10^{-6}),$ $50(10^{-6}))$. El radio CA determinado con el triángulo sombreado es, por consiguiente,

$$R = \left[\sqrt{(300 - 200)^2 + (50)^2}\right](10^{-6}) = 111.8(10^{-6})$$

Deformaciones unitarias sobre el elemento inclinado. Como el elemento se va a orientar a 20° *en sentido de las manecillas del reloj*, se debe trazar una línea radial CP a $2(20°) = 40°$ *en sentido de las manecillas del reloj*, medidos desde CA ($\theta = 0°$), figura 10-13a. Las coordenadas del punto P ($\epsilon_{x'}$, $-\gamma_{x'y'}/2$) se obtienen con la geometría del círculo. Obsérvese que

$$\phi = \tan^{-1}\left(\frac{50}{(300 - 200)}\right) = 26.57°, \qquad \psi = 40° - 26.57° = 13.43°$$

Así,

$$\epsilon_{x'} = -(200 + 111.8 \cos 13.43°)(10^{-6})$$
$$= -309(10^{-6}) \qquad\qquad Resp.$$

$$\frac{\gamma_{x'y'}}{2} = -(111.8 \operatorname{sen} 13.43°)(10^{-6})$$

$$\gamma_{x'y'} = -52.0(10^{-6}) \qquad\qquad Resp.$$

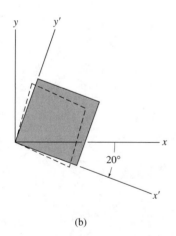

(b)

Fig. 10-13

La deformación unitaria normal $\epsilon_{y'}$ se determina a partir de la coordenada ϵ del punto Q del círculo, figura 10-13a. ¿Por qué?

$$\epsilon_{y'} = -(200 - 111.8 \cos 13.43°)(10^{-6}) = -91.3(10^{-6}) \quad Resp.$$

Como resultado de esas deformaciones unitarias, el elemento se deforma respecto a los ejes x', y' como se indica en la figura 10-13b.

PROBLEMAS

10-1. Demuestre que la suma de las deformaciones unitarias normales en direcciones perpendiculares es constante.

10-2. El estado de deformación unitaria en el punto de la ménsula tiene componentes $\epsilon_x = -200(10^{-6})$, $\epsilon_y = -650(10^{-6})$, $\gamma_{xy} = -175(10^{-6})$. Use las ecuaciones de transformación de deformación unitaria para determinar las deformaciones unitarias equivalentes en el plano, sobre un elemento orientado en un ángulo de $\theta = 20°$, en sentido contrario a las manecillas del reloj, respecto a la posición original. Trace el elemento deformado debido a esas deformaciones unitarias en el plano x-y.

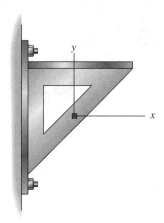

Prob. 10-2

10-3. Un elemento diferencial del soporte se somete a deformación unitaria plana, cuyos componentes son: $\epsilon_x = 150(10^{-6})$, $\epsilon_y = 200(10^{-6})$, $\gamma_{xy} = -700(10^{-6})$. Use las ecuaciones de transformación de deformación unitaria, y determine las deformaciones unitarias equivalentes en el plano, sobre un elemento orientado en un ángulo de $\theta = 60°$ en sentido contrario al de las manecillas del reloj, respecto a la posición original. Trace el elemento deformado en el plano x-y, debido a esas deformaciones unitarias.

*10-4. Resuelva el problema 10-3 para un elemento orientado a $\theta = 30°$ en sentido de las manecillas del reloj.

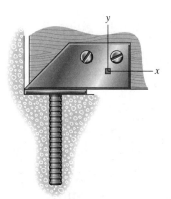

Probs. 10-3/4

10-5. El estado de deformación unitaria de un punto de la ménsula tiene componentes $\epsilon_x = 400(10^{-6})$, $\epsilon_y = -250(10^{-6})$, $\gamma_{xy} = 310(10^{-6})$. Use las ecuaciones de transformación de deformación unitaria para determinar las deformaciones unitarias equivalentes en el plano, de un elemento que forma un ángulo de $\theta = 30°$ en sentido de las manecillas del reloj, respecto a la posición original. Trace el elemento deformado, debido a esas deformaciones unitarias, dentro del plano x-y.

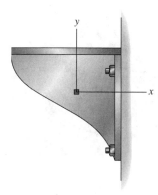

Prob. 10-5

10-6. El estado de deformación unitaria en un punto de una llave tiene los componentes $\epsilon_x = 120(10^{-6})$, $\epsilon_y = -180(10^{-6})$, $\gamma_{xy} = 150(10^{-6})$. Use las ecuaciones de transformación de deformación unitaria para calcular (a) las deformaciones unitarias principales en el plano, y (b) la deformación unitaria cortante máxima en el plano y la deformación unitaria normal promedio. En cada caso, especifique la orientación del elemento, e indique el modo en que este elemento se deforma en el plano x-y.

10-7. El estado de deformación unitaria en un punto del diente de un engranaje tiene los componentes $\epsilon_x = 850(10^{-6})$, $\epsilon_y = 480(10^{-6})$, $\gamma_{xy} = 650(10^{-6})$. Use las ecuaciones de transformación de deformación unitaria para calcular (a) las deformaciones unitarias principales en el plano, y (b) la deformación unitaria cortante máxima en el plano y la deformación unitaria normal promedio. En cada caso, especifique la orientación del elemento, e indique el modo en que este elemento se deforma en el plano x-y.

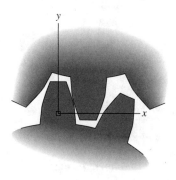

Prob. 10-7

*10-8. El estado de deformación unitaria en un punto del diente de un engranaje tiene los componentes $\epsilon_x = 520(10^{-6})$, $\epsilon_y = -760(10^{-6})$, $\gamma_{xy} = -750(10^{-6})$. Use las ecuaciones de transformación de deformación unitaria para calcular (a) las deformaciones unitarias principales en el plano, y (b) la deformación unitaria cortante máxima en el plano y la deformación unitaria normal promedio. En cada caso, especifique la orientación del elemento, e indique el modo en que este elemento se deforma en el plano x-y.

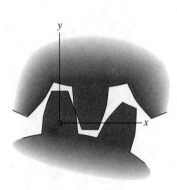

Prob. 10-8

10-9. El estado de deformación unitaria en un punto del brazo tiene los componentes $\epsilon_x = 250(10^{-6})$, $\epsilon_y = -450(10^{-6})$, $\gamma_{xy} = -825(10^{-6})$. Use las ecuaciones de transformación de deformación unitaria para calcular (a) las deformaciones unitarias principales en el plano, y (b) la deformación unitaria cortante máxima en el plano y la deformación unitaria normal promedio. En cada caso, especifique la orientación del elemento, e indique el modo en que este elemento se deforma en el plano x-y.

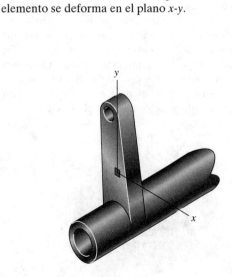

Prob. 10-9

10-10. El estado de deformación unitaria en un punto del brazo tiene los componentes $\epsilon_x = -130(10^{-6})$, $\epsilon_y = 280(10^{-6})$, $\gamma_{xy} = 75(10^{-6})$. Use las ecuaciones de transformación de deformación unitaria para calcular (a) las deformaciones unitarias principales en el plano, y (b) la deformación unitaria cortante máxima en el plano y la deformación unitaria normal promedio. En cada caso, especifique la orientación del elemento, e indique el modo en que este elemento en el plano x-y.

Prob. 10-10

10-11. El estado de deformación unitaria en un punto del brazo de una grúa hidráulica tiene los componentes $\epsilon_x = 250(10^{-6})$, $\epsilon_y = 300(10^{-6})$, $\gamma_{xy} = -180(10^{-6})$. Use las ecuaciones de transformación de deformación unitaria para calcular (a) las deformaciones unitarias principales en el plano, y (b) la deformación unitaria cortante máxima en el plano y la deformación unitaria normal promedio. En cada caso, especifique la orientación del elemento, e indique la forma en que se deforma el elemento en el plano x-y.

Prob. 10-11

*10-12. Una galga extensométrica es cementada en el eje de acero A-36 de 1 pulg de diámetro, en la forma que se indica. Cuando el eje gira con una velocidad angular de $\omega = 1760$ rpm , con un anillo deslizante para la indicación, $\epsilon = 800(10^{-6})$. Determine la potencia del motor. Suponga que el eje sólo está sometido a par de torsión.

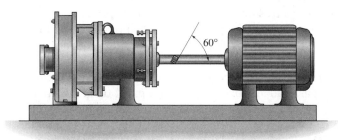

60°

Prob. 10-12

10-13. El estado de deformación unitaria en el punto del soporte tiene los componentes $\epsilon_x = 350(10^{-6})$, $\epsilon_y = 400(10^{-6})$, $\gamma_{xy} = -675(10^{-6})$. Use las ecuaciones de transformación de deformación unitaria para determinar (a) las deformaciones unitarias principales en el plano y (b) la deformación unitaria cortante máxima en el plano, y la deformación normal promedio. En cada caso especifique la orientación del elemento, e indique cómo las deformaciones unitarias deforman al elemento en el plano x-y.

P

Prob. 10-13

■ 10-14. Examine el caso general de deformación unitaria plana, donde se conocen ϵ_x, ϵ_y y γ_{xy}. Escriba un programa de cómputo para determinar la deformación unitaria normal y cortante, $\epsilon_{x'}$ y $\gamma_{x'y'}$, en el plano de un elemento orientado a θ grados respecto a la horizontal. También calcule las deformaciones unitarias principales y la orientación del elemento, así como la deformación unitaria cortante máxima en el plano, la deformación unitaria normal promedio y la orientación del elemento.

10-15. Resuelva el problema 10-2, usando el círculo de Mohr.

*10-16. Resuelva el problema 10-4, usando el círculo de Mohr.

10-17. Resuelva el problema 10-3, usando el círculo de Mohr.

10-18. Resuelva el problema 10-5, usando el círculo de Mohr.

10-19. Resuelva el problema 10-6, usando el círculo de Mohr.

*10-20. Resuelva el problema 10-8, usando el círculo de Mohr.

10-21. Resuelva el problema 10-7, usando el círculo de Mohr.

10-22. Resuelva el problema 10-9, usando el círculo de Mohr.

*10.4 Deformación unitaria cortante máxima absoluta

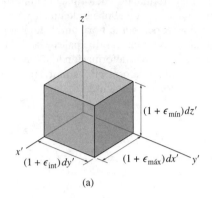

(a)

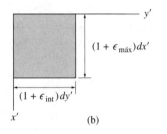

(b)

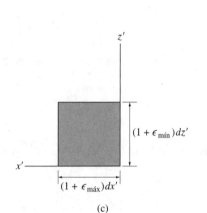

(c)

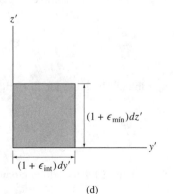

(d)

En la sección 9.7 se hizo notar que, en tres dimensiones, el estado de esfuerzo en un punto se puede representar por un elemento orientado en una dirección específica tal que el elemento sólo está sujeto a *esfuerzos principales* cuyos valores máximo, intermedio y mínimo son $\sigma_{máx}$, σ_{int} y $\sigma_{mín}$. Estos esfuerzos someten al material a las *deformaciones unitarias principales* $\epsilon_{máx}$, ϵ_{int} y $\epsilon_{mín}$. También, si el material es homogéneo e isotrópico a la vez, el elemento *no* estará sometido a deformaciones unitarias cortantes, porque el esfuerzo cortante en los planos principales es cero.

Supongamos que las tres deformaciones unitarias principales causan alargamientos a lo largo de los ejes x', y' y z', como se ve en la figura 10-14a. Si el elemento se ve en dos dimensiones, esto es, en los planos $x' - y'$, $x' - z'$ y $y' - z'$, figuras 10-14b, 10-14c y 10-14d, entonces se puede usar el círculo de Mohr para determinar la *deformación unitaria cortante máxima en el plano* para cada caso. Por ejemplo, a partir de la vista del elemento en el plano x'-y', figura 10-14b, el diámetro del círculo de Mohr se extiende entre $\epsilon_{máx}$ y ϵ_{int}, figura 10-14e. Este círculo define los componentes de deformación unitaria normal y cortante en cada elemento orientado respecto al eje z'. De igual modo, los círculos de Mohr para cada elemento orientado respecto a los ejes y' y z' se muestran también en la figura 10-14e.

En estos tres círculos se ve que la **deformación unitaria cortante máxima absoluta** se determina con el círculo que tenga mayor diámetro. Está en el elemento orientado a 45° respecto al eje y' a partir del elemento que se muestra en su posición original, figura 10-14a o 10-14c. Para esta condición,

$$\gamma_{abs}^{máx} = \epsilon_{máx} - \epsilon_{mín} \tag{10-14}$$

y

$$\epsilon_{prom} = \frac{\epsilon_{máx} + \epsilon_{mín}}{2} \tag{10-15}$$

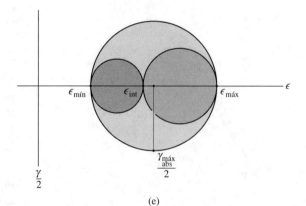

(e)

Fig. 10-14

Deformación unitaria plana.   Como en el caso del esfuerzo plano, el análisis anterior tiene una implicación importante cuando el material está sometido a *deformación unitaria plana*, en especial cuando las *deformaciones unitarias principales* tienen el *mismo signo*, es decir, ambas causan alargamiento, o ambas causan contracción. Por ejemplo, si las deformaciones unitarias principales en el plano son $\epsilon_{máx}$ y ϵ_{int}, mientras que la deformación unitaria principal fuera del plano es $\epsilon_{mín} = 0$, figura 10-15a, entonces los tres círculos de Mohr que describen los componentes de deformación unitaria normal y cortante para los elementos orientados respecto a los ejes x', y' y z' son los que muestra la figura 10-15b. Por inspección, el círculo mayor tiene un radio $R = (\gamma_{x'y'})_{máx}/2$. Por consiguiente,

$$\gamma_{abs}^{máx} = (\gamma_{x'z'})_{máx} = \epsilon_{máx}$$

Este valor representa la *deformación unitaria cortante máxima absoluta* para el material. Nótese que es *mayor* que la deformación unitaria cortante máxima en el plano, que es $(\gamma_{x'y'})_{máx} = \epsilon_{máx} - \epsilon_{int}$.

Por otra parte, si una de las deformaciones unitarias principales en el plano tiene signo *opuesto* a la otra deformación unitaria principal en el plano, entonces $\epsilon_{máx}$ causa alargamiento, $\epsilon_{mín}$ causa contracción, y la deformación unitaria principal fuera del plano es $\epsilon_{int} = 0$, figura 10-16a. Los círculos de Mohr que describen las deformaciones unitarias en cada orientación del elemento, respecto a los ejes x', y', z', se ven en la figura 10-16b. En este caso,

$$\gamma_{abs}^{máx} = (\gamma_{x'y'})_{máx} = \epsilon_{máx} - \epsilon_{mín}$$

Por consiguiente, se pueden resumir los puntos anteriores como sigue. Si las deformaciones unitarias principales en el plano tienen ambas el *mismo signo*, la *deformación unitaria cortante máxima absoluta* estará *fuera del plano*, y su valor es $\gamma_{abs}^{máx} = \epsilon_{máx}$. Sin embargo, si las deformaciones unitarias principales en el plano tienen *signos opuestos*, entonces la deformación unitaria cortante máxima absoluta *es igual* a la deformación unitaria cortante máxima en el plano.

PUNTOS IMPORTANTES

- El estado general tridimensional de deformación unitaria en un punto se puede representar por un elemento orientado de tal modo que sólo actúen sobre él tres deformaciones unitarias principales.

- A partir de esta orientación, el elemento que representa la deformación unitaria cortante máxima absoluta se puede obtener haciendo girar 45° al elemento respecto al eje que define la dirección de ϵ_{int}.

- La deformación unitaria cortante máxima absoluta será mayor que la deformación unitaria cortante máxima en el plano cuando las deformaciones unitarias principales en el plano tienen el mismo signo. Cuando eso sucede, la deformación unitaria cortante máxima absoluta actúa fuera del plano.

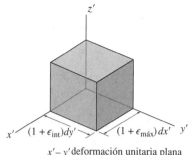

$x' - y'$ deformación unitaria plana

(a)

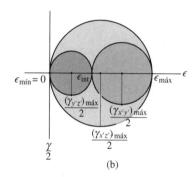

(b)

Fig. 10-15

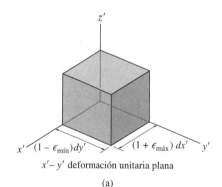

$x' - y'$ deformación unitaria plana

(a)

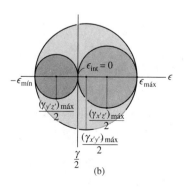

(b)

Fig. 10-16

EJEMPLO 10.7

El estado de deformación unitaria plana en un punto se representa por los componentes de deformación unitaria $\epsilon_x = -400(10^{-6})$, $\epsilon_y = 200(10^{-6})$, $\gamma_{xy} = 150(10^{-6})$. Determine la deformación unitaria cortante máxima en el plano, y la deformación unitaria cortante máxima.

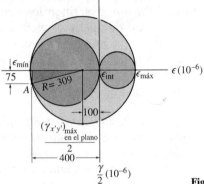

Fig. 10-17

Solución

Deformación unitaria máxima en el plano. Resolveremos este problema usando el círculo de Mohr. De acuerdo con los componentes de deformación unitaria, el centro del círculo está en el eje ϵ en

$$\epsilon_{\text{prom}} = \frac{-400 + 200}{2}(10^{-6}) = -100(10^{-6})$$

Ya que $\gamma_{xy}/2 = 75(10^{-6})$, el punto de referencia tiene las coordenadas $A(-400(10^{-6}), 75(10^{-6}))$. Como se ve en la figura 10-17, el radio del círculo es, entonces,

$$R = \left[\sqrt{(400 - 100)^2 + (75)^2} \right](10^{-6}) = 309(10^{-6})$$

Al calcular las deformaciones unitarias principales en el plano, resulta

$$\epsilon_{\text{máx}} = (-100 + 309)(10^{-6}) = 209(10^{-6})$$

$$\epsilon_{\text{mín}} = (-100 - 309)(10^{-6}) = -409(10^{-6})$$

Según el círculo, la deformación unitaria cortante máxima en el plano es

$$\gamma_{\substack{\text{máx} \\ \text{en el plano}}} = \epsilon_{\text{máx}} - \epsilon_{\text{mín}} = [209 - (-409)](10^{-6}) = 618(10^{-6}) \quad \textit{Resp.}$$

Deformación unitaria cortante máxima absoluta. De acuerdo con los resultados anteriores, $\epsilon_{\text{máx}} = 209(10^{-6})$, $\epsilon_{\text{int}} = 0$, $\epsilon_{\text{mín}} = -409(10^{-6})$. También se muestran en la figura 10-17 los tres círculos de Mohr, para las orientaciones del elemento respecto a cada uno de los ejes x', y', z'. Se ve que como *las deformaciones unitarias principales en el plano tienen signos opuestos*, la deformación unitaria cortante máxima en el plano *también* es la deformación unitaria cortante máxima absoluta; es decir,

$$\gamma_{\text{abs}}^{\text{máx}} = 618(10^{-6}) \quad \textit{Resp.}$$

10.5 Rosetas de deformación

Se mencionó en la sección 3.1 que la deformación unitaria normal en un espécimen de prueba de tensión se mide usando una ***galga extensométrica de resistencia eléctrica***, que consiste en una red de alambre, o una pieza de hoja metálica pegada al espécimen. Sin embargo, para cargas generales sobre un cuerpo, con frecuencia se determinan las *deformaciones unitarias normales* en un punto de su superficie libre, con un conjunto de tres galgas extensométricas de resistencia eléctrica, arregladas en una forma especificada. A esa forma se le llama ***roseta de deformación***, y una vez que se determinan las lecturas de deformación en las tres galgas, éstas pueden emplearse para determinar el estado de deformación unitaria en el punto. Sin embargo, se debe hacer notar que estas deformaciones unitarias *sólo* se miden en el plano de las galgas, y como el cuerpo no tiene esfuerzos en su superficie, los medidores pueden estar sometidos a *esfuerzo plano*, pero *no* a deformación plana. A este respecto, la línea normal a la superficie libre es un eje principal de deformación, por lo que la deformación unitaria normal principal, a lo largo de ese eje, *no* la mide la roseta de deformación. Lo importante aquí es que el desplazamiento fuera del plano, causado por esta deformación unitaria principal, *no* afectará las medidas en el plano, hechas con las galgas.

En el caso general, los ejes de las tres galgas se arreglan en los ángulos θ_a, θ_b, θ_c, como se ve en la figura 10-18a. Si se toman las indicaciones ϵ_a, ϵ_b, ϵ_c, se pueden determinar los componentes ϵ_x, ϵ_y, γ_{xy} en el punto, aplicando la ecuación 10-2, de transformación de deformación unitaria, a cada galga. Entonces,

$$\epsilon_a = \epsilon_x \cos^2 \theta_a + \epsilon_y \operatorname{sen}^2 \theta_a + \gamma_{xy} \operatorname{sen} \theta_a \cos \theta_a$$
$$\epsilon_b = \epsilon_x \cos^2 \theta_b + \epsilon_y \operatorname{sen}^2 \theta_b + \gamma_{xy} \operatorname{sen} \theta_b \cos \theta_b$$
$$\epsilon_c = \epsilon_x \cos^2 \theta_c + \epsilon_y \operatorname{sen}^2 \theta_c + \gamma_{xy} \operatorname{sen} \theta_c \cos \theta_c \qquad (10\text{-}16)$$

Los valores de ϵ_x, ϵ_y y γ_{xy} se determinan resolviendo estas tres ecuaciones simultáneas.

Con frecuencia, las rosetas de deformación se disponen en arreglos de 45° o 60°. En el caso de la roseta de deformación de 45° o "rectangular", que muestra la figura 10-18b, $\theta_a = 0°$, $\theta_b = 45°$ y $\theta_c = 90°$, por lo que la ecuación 10-16 da como resultado

$$\epsilon_x = \epsilon_a$$
$$\epsilon_y = \epsilon_c$$
$$\gamma_{xy} = 2\epsilon_b - (\epsilon_a + \epsilon_c)$$

y para la roseta de deformación de 60° de la figura 10-18c, $\theta_a = 0°$, $\theta_b = 60°$, $\theta_c = 120°$, y en este caso la ecuación 10-16 da como resultado

$$\epsilon_x = \epsilon_a$$
$$\epsilon_y = \frac{1}{3}(2\epsilon_b + 2\epsilon_c - \epsilon_a)$$
$$\gamma_{xy} = \frac{2}{\sqrt{3}}(\epsilon_b - \epsilon_c) \qquad (10\text{-}17)$$

Una vez determinadas ϵ_x, ϵ_y y γ_{xy}, se usan entonces las ecuaciones de transformación de la sección 10-2 o el círculo de Mohr para determinar las deformaciones unitarias principales en el plano, y la deformación unitaria cortante máxima en el plano, en el punto.

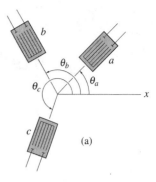

(a)

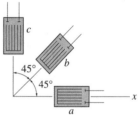

Roseta de deformación de 45°

(b)

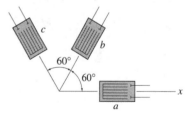

Roseta de deformación de 60°

(c)

Fig. 10-18

Roseta de deformación de 45°, a base de resistencias eléctricas.

EJEMPLO 10.8

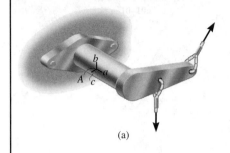

(a)

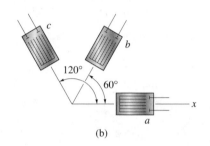

(b)

El estado de deformación unitaria en el punto A del soporte en la figura 10-19a se mide con la roseta de deformación que se ve en la figura 10-19b. Debido a las cargas, las lecturas en las galgas son $\epsilon_a = 60(10^{-6})$, $\epsilon_b = 135(10^{-6})$ y $\epsilon_c = 264(10^{-6})$. Determine las deformaciones unitarias principales en el plano, en el punto, y las direcciones en las que actúan.

Solución

Usaremos la ecuación 10-16 para obtener la solución. Definiendo un eje x como se ve en la figura 10-19b, y midiendo los ángulos en sentido contrario al de las manecillas del reloj a partir del eje x hacia las líneas de centro de cada galga, se tiene que $\theta_a = 0°$, $\theta_b = 60°$ y $\theta_c = 120°$. Al sustituir esos resultados, junto con los datos del problema, en la ecuación 10-16, se obtiene

$$60(10^{-6}) = \epsilon_x \cos^2 0° + \epsilon_y \operatorname{sen}^2 0° + \gamma_{xy} \operatorname{sen} 0° \cos 0°$$
$$= \epsilon_x \qquad (1)$$
$$135(10^{-6}) = \epsilon_x \cos^2 60° + \epsilon_y \operatorname{sen}^2 60° + \gamma_{xy} \operatorname{sen} 60° \cos 60°$$
$$= 0.25\epsilon_x + 0.75\epsilon_y + 0.433\gamma_{xy} \qquad (2)$$
$$264(10^{-6}) = \epsilon_x \cos^2 120° + \epsilon_y \operatorname{sen}^2 120° + \gamma_{xy} \operatorname{sen} 120° \cos 120°$$
$$= 0.25\epsilon_x + 0.75\epsilon_y - 0.433\gamma_{xy} \qquad (3)$$

Se aplica la ecuación 1, y se resuelven simultáneamente las ecuaciones 2 y 3, y los resultados son

$$\epsilon_x = 60(10^{-6}) \qquad \epsilon_y = 246(10^{-6}) \qquad \gamma_{xy} = -149(10^{-6})$$

Se pueden obtener estos mismos resultados, en forma más directa, con la ecuación 10-17.

Las deformaciones unitarias principales en el plano se determinan usando el círculo de Mohr. El punto de referencia en el círculo está en $A(60(10^{-6}), -74.5(10^{-6}))$ y el centro del círculo, C, está en el eje ϵ en $\epsilon_{\text{prom}} = 153(10^{-6})$, figura 10-19c. Según el triángulo sombreado, el radio es

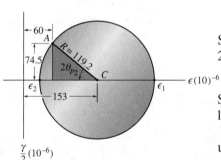

(c)

$$R = \left[\sqrt{(153 - 60)^2 + (74.5)^2} \right](10^{-6}) = 119.2(10^{-6})$$

Entonces, las deformaciones unitarias principales en el plano son

$$\epsilon_1 = 153(10^{-6}) + 119.2(10^{-6}) = 272(10^{-6}) \qquad \textit{Resp.}$$

$$\epsilon_2 = 153(10^{-6}) - 119.2(10^{-6}) = 33.8(10^{-6}) \qquad \textit{Resp.}$$

$$2\theta_{p_2} = \tan^{-1} \frac{74.5}{(153 - 60)} = 38.7°$$

$$\theta_{p_2} = 19.3° \qquad \textit{Resp.}$$

El elemento deformado se indica con línea interrumpida en la figura 10-19d. Se debe observar que, debido al efecto de Poisson, el elemento *también* está sujeto a una deformación unitaria fuera del plano, es decir, en la dirección z, aunque ese valor no influye sobre los resultados calculados.

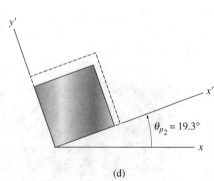

(d)

Fig. 10-19

PROBLEMAS

10-23. La deformación unitaria en el punto A del soporte tiene componentes $\epsilon_x = 300(10^{-6})$, $\epsilon_y = 550(10^{-6})$, $\gamma_{xy} = -650(10^{-6})$, $\epsilon_z = 0$. Determine (a) las deformaciones unitarias principales en A, (b) la deformación unitaria cortante máxima en el plano x-y y (c) la deformación unitaria cortante máxima absoluta.

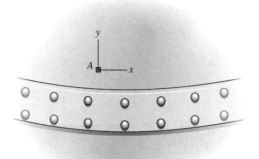

Prob. 10-25

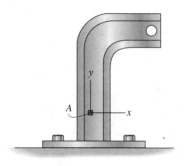

Prob. 10-23

*10-24.** La deformación unitaria en el punto A de una viga tiene componentes $\epsilon_x = 450(10^{-6})$, $\epsilon_y = 825(10^{-6})$, $\gamma_{xy} = 275(10^{-6})$, $\epsilon_z = 0$. Determine (a) las deformaciones unitarias principales en A, (b) la deformación unitaria cortante máxima en el plano x-y y (c) la deformación unitaria cortante máxima absoluta.

10-26. La deformación unitaria en el punto A del patín del ángulo tiene componentes $\epsilon_x = -140(10^{-6})$, $\epsilon_y = 180(10^{-6})$, $\gamma_{xy} = -125(10^{-6})$, $\epsilon_z = 0$. Determine (a) las deformaciones unitarias principales en A, (b) la deformación unitaria cortante máxima en el plano x-y y (c) la deformación unitaria cortante máxima absoluta.

10-25. La deformación unitaria en el punto A de la pared del recipiente a presión tiene componentes $\epsilon_x = 480(10^{-6})$, $\epsilon_y = 720(10^{-6})$, $\gamma_{xy} = 650(10^{-6})$, $\epsilon_z = 0$. Determine (a) las deformaciones unitarias principales en A, (b) la deformación unitaria cortante máxima en el plano x-y y (c) la deformación unitaria cortante máxima absoluta.

Prob. 10-26

10-27. La barra de acero está sometida a la carga de tensión de 500 lb. Si tiene 0.5 pulg de espesor, determine la deformación unitaria cortante máxima absoluta. $E = 29(10^3)$ klb/pulg^2, $\nu = 0.3$.

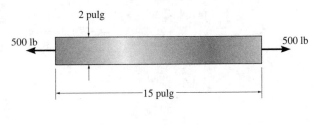

Prob. 10-27

10-29. La roseta de deformación de 45° se monta en la articulación de una retroexcavadora. En cada galga se tienen las siguientes lecturas: $\epsilon_a = 650(10^{-6})$, $\epsilon_b = -300(10^{-6})$, $\epsilon_c = 480(10^{-6})$. Determine (a) las deformaciones unitarias principales en el plano, y (b) la deformación unitaria cortante máxima en el plano, con la deformación unitaria normal promedio correspondiente.

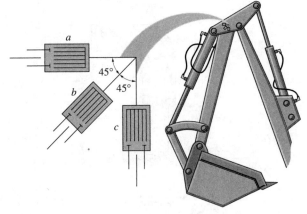

Prob. 10-29

*10-28.** La roseta de deformación de 45° se monta en un elemento de una máquina. En cada galga se tienen las siguientes lecturas: $\epsilon_a = 650(10^{-6})$, $\epsilon_b = -300(10^{-6})$, $\epsilon_c = 480(10^{-6})$. Determine (a) las deformaciones unitarias principales en el plano, y (b) la deformación unitaria cortante máxima en el plano, con la deformación unitaria normal promedio correspondiente. En cada caso muestre el elemento deformado debido a esas deformaciones unitarias.

10-30. La roseta de deformación de 60° se monta en una viga. En cada galga se tienen las siguientes lecturas: $\epsilon_a = 250(10^{-6})$, $\epsilon_b = -400(10^{-6})$, $\epsilon_c = 280(10^{-6})$. Determine (a) las deformaciones unitarias principales en el plano y su orientación (b) la deformación unitaria cortante máxima en el plano, con la deformación unitaria normal promedio correspondiente. En cada caso muestre el elemento deformado debido a esas deformaciones unitarias.

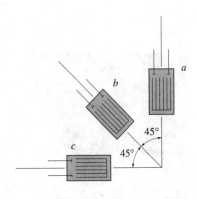

Prob. 10-28

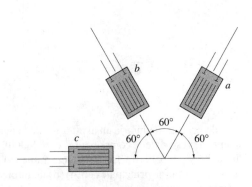

Prob. 10-30

10-31. La roseta de deformación de 60° se monta en la superficie de una placa de aluminio. En cada galga se tienen las siguientes lecturas: $\epsilon_a = 950(10^{-6})$, $\epsilon_b = 380(10^{-6})$, $\epsilon_c = -220(10^{-6})$. Determine las deformaciones unitarias principales en el plano, y su orientación.

■ **10-33.** Para la orientación general de los tres galgas extensométricas ilustrada en la figura, escriba un programa de cómputo que se pueda usar para determinar las deformaciones unitarias principales en el plano, y la deformación unitaria cortante máxima en el plano, en el punto. Demuestre una aplicación del programa con los valores siguientes: $\theta_a = 40°$, $\epsilon_a = 160(10^{-6})$, $\theta_b = 125°$, $\epsilon_b = 100(10^{-6})$, $\theta_c = 220°$, $\epsilon_c = 80(10^{-6})$.

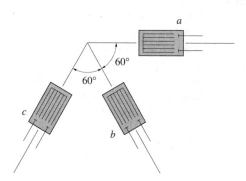

Prob. 10-31

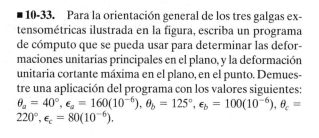

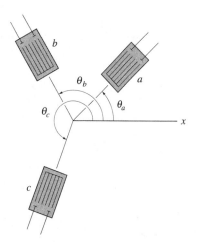

Prob. 10-33

***10-32.** La roseta de deformación de 45° está montada en un eje de acero. Las lecturas de deformación registradas por cada galga son: $\epsilon_a = 800(10^{-6})$, $\epsilon_b = 520(10^{-6})$, $\epsilon_c = -450(10^{-6})$. Determine las deformaciones unitarias principales en el plano, y su orientación.

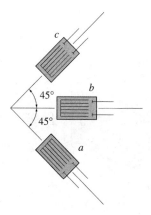

Prob. 10-32

10.6 Relaciones de propiedades de los materiales

Ahora que se han presentado los principios generales del esfuerzo y deformación multiaxiales, se usarán esos principios para deducir algunas relaciones importantes acerca de las propiedades de los materiales. Para hacerlo, se supondrá que el material es homogéneo e isotrópico, y que se comporta en forma elástica lineal.

Ley de Hooke generalizada. Si el material en un punto se somete a un estado de esfuerzo triaxial σ_x, σ_y, σ_z, figura 10-20a, en el material se desarrollan las deformaciones unitarias normales correspondientes ϵ_x, ϵ_y, ϵ_z. Los esfuerzos se pueden relacionar con las deformaciones aplicando el principio de superposición, la relación de Poisson, $\epsilon_{lat} = -\nu\epsilon_{long}$, y la ley de Hooke, aplicada en dirección uniaxial, $\epsilon = \sigma/E$. Para indicar cómo se hace, primero se examinará la deformación unitaria normal del elemento en la dirección x, causada por la aplicación separada de cada esfuerzo normal. Cuando se aplica σ_x, figura 10-20b, el elemento se alarga en la dirección x y la deformación unitaria $\epsilon_{x'}$ es

$$\epsilon_x' = \frac{\sigma_x}{E}$$

La aplicación de σ_y hace que se contraiga el elemento, con una deformación unitaria ϵ_x'' en la dirección x, figura 10-20c. En este caso,

$$\epsilon_x'' = -\nu\frac{\sigma_y}{E}$$

De igual manera, la aplicación de σ_z, figura 10-20d, causa una contracción en la dirección x tal que

$$\epsilon_x''' = -\nu\frac{\sigma_z}{E}$$

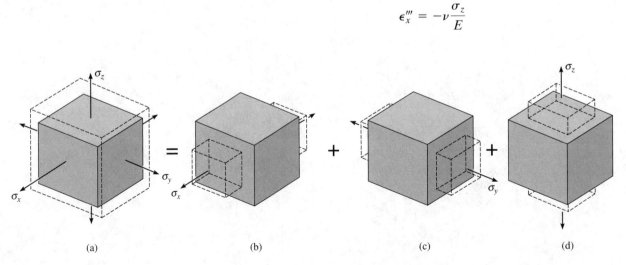

(a)   (b)   (c)   (d)

Fig. 10-20

Cuando se sobreponen esas deformaciones unitarias normales, la deformación unitaria normal ϵ_x se determina para el estado de esfuerzos de la figura 10-20a. Pueden desarrollarse ecuaciones similares para las deformaciones unitarias normales en las direcciones y y z. El resultado final se escribe como sigue:

$$
\begin{aligned}
\epsilon_x &= \frac{1}{E}\left[\sigma_x - \nu(\sigma_y + \sigma_z)\right] \\
\epsilon_y &= \frac{1}{E}\left[\sigma_y - \nu(\sigma_x + \sigma_z)\right] \\
\epsilon_z &= \frac{1}{E}\left[\sigma_z - \nu(\sigma_x + \sigma_y)\right]
\end{aligned}
\qquad (10\text{-}18)
$$

Estas tres ecuaciones expresan la ley de Hooke en una forma general, para un estado de esfuerzo triaxial. Como se hizo notar en la deducción sólo son válidas si se aplica el principio de la superposición, para lo cual se requiere una respuesta *lineal-elástica* del material, y la aplicación de deformaciones unitarias que no alteren mucho la forma del material; es decir, se requiere que las deformaciones sean pequeñas. Cuando se aplican estas ecuaciones se debe observar que los esfuerzos de tensión se consideran cantidades positivas, y los esfuerzos de compresión son negativos. Si una deformación unitaria normal resultante es *positiva*, indica que el material *se alarga*, mientras que una deformación unitaria normal *negativa* indica que el material *se contrae*.

Como el material es isotrópico, el elemento de la figura 10-20a *seguirá siendo un bloque rectangular* cuando se someta a esfuerzos normales, es decir, en el material *no se producirán deformaciones unitarias cortantes*. Si ahora se aplica un esfuerzo cortante τ_{xy} al elemento, figura 10-21a, las observaciones experimentales indican que el material *sólo* se deformará a causa de una deformación unitaria cortante γ_{xy}; esto es, τ_{xy} no causará otras deformaciones unitarias en el material. De igual manera, τ_{yz} y τ_{xz} sólo causarán deformaciones unitarias cortantes γ_{yz} y γ_{sz}, respectivamente. La ley de Hooke para el esfuerzo cortante y la deformación unitaria cortante se puede escribir, por consiguiente, en la forma

$$
\gamma_{xy} = \frac{1}{G}\tau_{xy} \qquad \gamma_{yz} = \frac{1}{G}\tau_{yz} \qquad \gamma_{xz} = \frac{1}{G}\tau_{xz}
\qquad (10\text{-}19)
$$

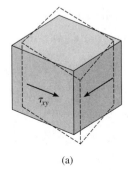

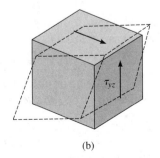

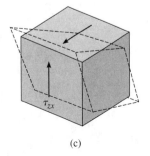

(a)   (b)   (c)

Fig. 10-21

Relación donde intervienen *E*, *ν* y *G*. En la sección 3.7 dijimos que el módulo de elasticidad *E* se relaciona con el módulo *G* de cortante por la ecuación 3-11, es decir,

$$G = \frac{E}{2(1 + \nu)} \tag{10-20}$$

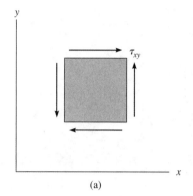

(a)

Una forma de deducir esta ecuación es considerar un elemento del material que se somete a cortante puro ($\sigma_x = \sigma_Y = \sigma_z = 0$), figura 10-22a. Al aplicar la ecuación 9-5 para obtener los esfuerzos principales se obtiene $\sigma_{\text{máx}} = \tau_{xy}$ y $\sigma_{\text{mín}} = -\tau_{xy}$. De acuerdo con la ecuación 9-4, el elemento debe estar orientado a $\theta_{p1} = 45°$ en sentido contrario al de las manecillas del reloj respecto al eje *x*, para definir la dirección del plano sobre el cual actúa $\sigma_{\text{máx}}$, figura 10-22b. Si los tres esfuerzos principales $\sigma_{\text{máx}} = \tau_{xy}$, $\sigma_{\text{int}} = 0$ y $\sigma_{\text{mín}} = -\tau_{xy}$ se sustituyen en la primera de las ecuaciones 10-18, se puede relacionar la deformación unitaria principal $\epsilon_{\text{máx}}$ con el esfuerzo cortante τ_{xy}. El resultado es

$$\epsilon_{\text{máx}} = \frac{\tau_{xy}}{E}(1 + \nu) \tag{10-21}$$

Esta deformación unitaria del elemento a lo largo del eje *x'* también se puede relacionar con la deformación unitaria cortante γ_{xy} usando las ecuaciones de transformación de esfuerzos, o el círculo de Mohr para deformación unitaria. Para hacerlo se debe notar primero que, como $\sigma_x = \sigma_y = \sigma_z = 0$, entonces, según la ecuación 10-18, $\epsilon_x = \epsilon_y = 0$. Sustituyendo estos resultados en la ecuación de transformación, ecuación 10-9, se obtiene

$$\epsilon_1 = \epsilon_{\text{máx}} = \frac{\gamma_{xy}}{2}$$

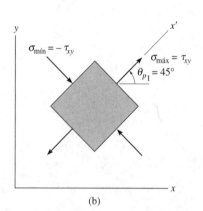

(b)

Fig. 10-22

De acuerdo con la ley de Hooke, $\gamma_{xy} = \tau_{xy}/G$, así que $\epsilon_{\text{máx}} = \tau_{xy}/2G$. Esto se sustituye en la ecuación 10-21, se reordenan los términos y se obtiene el resultado final, la ecuación 10-20.

Dilatación y módulo de volumen. Cuando un material elástico se somete a esfuerzo normal su volumen cambia. Para calcular este cambio se considera un elemento de volumen que está sometido a los esfuerzos principales σ_x, σ_y, σ_z. Los lados del elemento son *dx*, *dy* y *dz*, originalmente, figura 10-23a; sin embargo, después de aplicar los esfuerzos se transforman en $(1 + \epsilon_x)\, dx$, $(1 + \epsilon_y)\, dy$ y $(1 + \epsilon_z)\, dz$, respectivamente, figura 10-23b. El cambio de volumen del elemento es, entonces,

$$\delta V = (1 + \epsilon_x)(1 + \epsilon_y)(1 + \epsilon_z)\, dx\, dy\, dz - dx\, dy\, dz$$

Sin tener en cuenta los productos de las deformaciones unitarias, por ser éstas muy pequeñas, se obtiene

$$\delta V = (\epsilon_x + \epsilon_y + \epsilon_z)\, dx\, dy\, dz$$

Al cambio de volumen por unidad de volumen se le llama "deformación unitaria volumétrica" o ***dilatación***, *e*. Se puede expresar como sigue:

$$e = \frac{\delta V}{dV} = \epsilon_x + \epsilon_y + \epsilon_z \tag{10-22}$$

En comparación, las deformaciones unitarias cortantes *no* cambian el volumen del elemento; más bien sólo cambian su forma rectangular.

Si se usa la ley de Hooke generalizada definida por la ecuación 10-18, se puede escribir la dilatación en función del esfuerzo aplicado. Entonces,

$$e = \frac{1 - 2\nu}{E}(\sigma_x + \sigma_y + \sigma_z) \qquad (10\text{-}23)$$

Cuando se somete un volumen de material a la presión uniforme p de un líquido, la presión sobre el cuerpo es igual en todas direcciones, y siempre es normal a cualquier superficie sobre la que actúa. Los esfuerzos cortantes *no existen*, porque la resistencia de un líquido al corte es cero. Este estado de carga "hidrostática" requiere que los esfuerzos normales sean iguales en todas y cada una de las direcciones, y en consecuencia el elemento del cuerpo está sujeto a los esfuerzos principales $\sigma_x = \sigma_y = \sigma_z = -p$, figura 10-24. Al sustituir en la ecuación 10-23 y reordenar los términos se obtiene

$$\frac{p}{e} = -\frac{E}{3(1 - 2\nu)} \qquad (10\text{-}24)$$

El término de la derecha *sólo* consiste en las propiedades E y ν del material. Es igual a la relación del esfuerzo normal uniforme p entre la dilatación o "deformación unitaria volumétrica". Como esta relación *se parece* a la relación del esfuerzo elástico lineal entre la deformación unitaria, que define a E, es decir, $\sigma/\epsilon = E$, a los términos de la derecha se les llama *módulo volumétrico de elasticidad,* o ***módulo de volumen*** (también *módulo de compresión* y *módulo hidrostático*). Tiene las mismas unidades que el esfuerzo, y se representa por la letra k; esto es,

$$k = \frac{E}{3(1 - 2\nu)} \qquad (10\text{-}25)$$

Nótese que para la mayor parte de los metales $\nu \approx \frac{1}{3}$, y entonces $k \approx E$. Si existiera un material que no cambiara de volumen, entonces $\delta V = 0$ y k sería infinito. De acuerdo con la ecuación 10-25, el valor *máximo* teórico de la relación de Poisson es, entonces, $\nu = 0.5$. También, durante la fluencia, no se observa un cambio real en el volumen por lo que se usa $\nu = 0.5$ cuando se presenta la fluencia plástica.

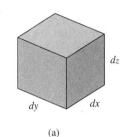

(a)

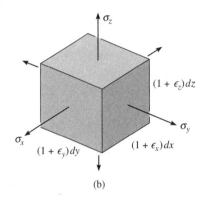

(b)

Fig. 10-23

PUNTOS IMPORTANTES

- Cuando un material homogéneo e isotrópico se somete a un estado de esfuerzo triaxial, la deformación unitaria en una de las direcciones de esfuerzo es afectada por las deformaciones unitarias que producen *todos* los esfuerzos. Esto es consecuencia del efecto de Poisson, y tiene como consecuencia una ley de Hooke generalizada.

- Un esfuerzo cortante aplicado a un material homogéneo e isotrópico sólo produce deformación unitaria en el mismo plano.

- Las constantes E, G y ν de un material están relacionadas matemáticamente.

- La dilatación, o *deformación unitaria volumétrica,* sólo la causa la deformación unitaria normal, y no la deformación unitaria cortante.

- El *módulo de volumen* es una medida de la rigidez de un volumen del material. Esta propiedad del material define un límite superior de la relación de Poisson, de $\nu = 0.5$, que permanece en este valor mientras se produce la fluencia plástica.

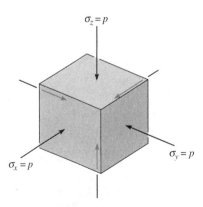

Esfuerzo hidrostático

Fig. 10-24

E J E M P L O 10.9

El soporte del ejemplo 10-8, figura 10-25a, es de acero para el que $E_s = 200$ GPa, $\nu_s = 0.3$. Determine los esfuerzos principales en el punto A.

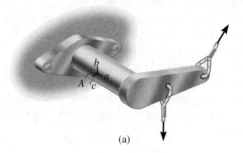

(a)

Fig. 10-25

Solución I

Del ejemplo 10.8, se determinaron las siguientes deformaciones unitarias principales:

$$\epsilon_1 = 272(10^{-6})$$

$$\epsilon_2 = 33.8(10^{-6})$$

Como el punto A está sobre la *superficie* del soporte, donde no hay carga, el esfuerzo en la superficie es cero, por lo que el punto A está sujeto a esfuerzo plano. Se aplica la ley de Hooke con $\sigma_3 = 0$, y se obtiene

$$\epsilon_1 = \frac{\sigma_1}{E} - \frac{\nu}{E}\sigma_2; \qquad 272(10^{-6}) = \frac{\sigma_1}{200(10^9)} - \frac{0.3}{200(10^9)}\sigma_2$$

$$54.4(10^6) = \sigma_1 - 0.3\sigma_2 \qquad (1)$$

$$\epsilon_2 = \frac{\sigma_2}{E} - \frac{\nu}{E}\sigma_1; \qquad 33.8(10^{-6}) = \frac{\sigma_2}{200(10^9)} - \frac{0.3}{200(10^9)}\sigma_1$$

$$6.76(10^6) = \sigma_2 - 0.3\sigma_1 \qquad (2)$$

Al resolver simultáneamente las ecuaciones 1 y 2, los resultados son

$$\sigma_1 = 62.0 \text{ MPa} \qquad\qquad Resp.$$

$$\sigma_2 = 25.4 \text{ MPa} \qquad\qquad Resp.$$

Solución II

También es posible resolver el problema usando el dato del estado de deformación unitaria:

$$\epsilon_x = 60(10^{-6}) \qquad \epsilon_y = 246(10^{-6}) \qquad \gamma_{xy} = -149(10^{-6})$$

que se especificó en el ejemplo 10.8. Se aplica la ley de Hooke en el plano x-y para obtener

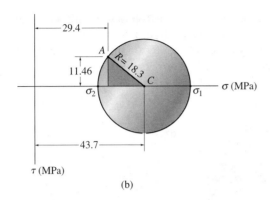

(b)

$$\epsilon_x = \frac{\sigma_x}{E} - \frac{\nu}{E}\sigma_y; \qquad 60(10^{-6}) = \frac{\sigma_x}{200(10^9)\ \text{Pa}} - \frac{0.3\sigma_y}{200(10^9)\ \text{Pa}}$$

$$\epsilon_y = \frac{\sigma_y}{E} - \frac{\nu}{E}\sigma_x; \qquad 246(10^{-6}) = \frac{\sigma_y}{200(10^9)\ \text{Pa}} - \frac{0.3\sigma_x}{200(10^9)\ \text{Pa}}$$

$$\sigma_x = 29.4\ \text{MPa} \qquad \sigma_y = 58.0\ \text{MPa}$$

El esfuerzo cortante se determina aplicando la ley de Hooke para cortante. Sin embargo, primero hay que calcular G.

$$G = \frac{E}{2(1 + \nu)} = \frac{200\ \text{GPa}}{2(1 + 0.3)} = 76.9\ \text{GPa}$$

Así,

$$\tau_{xy} = G\gamma_{xy}; \qquad \tau_{xy} = 76.9(10^9)[-149(10^{-6})] = -11.46\ \text{MPa}$$

El círculo de Mohr para este estado de esfuerzo plano tiene el punto de referencia $A(29.4\ \text{MPa}, -11.46\ \text{MPa})$, y el centro está en $\sigma_{\text{prom}} = 43.7\ \text{MPa}$, figura 10-25b. El radio se determina con el triángulo sombreado.

$$R = \sqrt{(43.7 - 29.4)^2 + (11.46)^2} = 18.3\ \text{MPa}$$

Por consiguiente,

$$\sigma_1 = 43.7\ \text{MPa} + 18.3\ \text{MPa} = 62.0\ \text{MPa} \qquad \textit{Resp.}$$

$$\sigma_2 = 43.7\ \text{MPa} - 18.3\ \text{MPa} = 25.4\ \text{MPa} \qquad \textit{Resp.}$$

Observe que cada una de estas soluciones es válida siempre que el material sea tanto linealmente elástico como isotrópico, porque entonces coinciden los planos principales de esfuerzo y deformación unitaria.

E J E M P L O 10.10

La barra de cobre de la figura 10-26 está sometida a una carga uniforme en sus orillas, como se ve en la figura. Si su longitud es $a = 300$ mm, ancho $b = 50$ mm y espesor $t = 20$ mm antes de aplicar la carga, determine su nueva longitud, ancho y espesor después de aplicar la carga. Suponer que $E_{cu} = 120$ GPa, $\nu_{cu} = 0.34$.

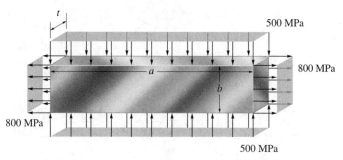

Fig. 10-26

Solución

Por inspección se ve que la barra está sometida a un estado de esfuerzo plano. Con los datos de la carga se calcula lo siguiente:

$$\sigma_x = 800 \text{ MPa} \qquad \sigma_y = -500 \text{ MPa} \qquad \tau_{xy} = 0 \qquad \sigma_z = 0$$

Las deformaciones unitarias normales correspondientes se determinan con la ley de Hooke generalizada, ecuación 10-18, esto es,

$$\epsilon_x = \frac{\sigma_x}{E} - \frac{\nu}{E}(\sigma_y + \sigma_z)$$

$$= \frac{800 \text{ MPa}}{120(10^3) \text{ MPa}} - \frac{0.34}{120(10^3) \text{ MPa}}(-500 \text{ MPa}) = 0.00808$$

$$\epsilon_y = \frac{\sigma_y}{E} - \frac{\nu}{E}(\sigma_x + \sigma_z)$$

$$= \frac{-500 \text{ MPa}}{120(10^3) \text{ MPa}} - \frac{0.34}{120(10^3) \text{ MPa}}(800 \text{ MPa} + 0) = -0.00643$$

$$\epsilon_z = \frac{\sigma_z}{E} - \frac{\nu}{E}(\sigma_x + \sigma_y)$$

$$= 0 - \frac{0.34}{120(10^3) \text{ MPa}}(800 \text{ MPa} - 500 \text{ MPa}) = -0.000850$$

En consecuencia, las nuevas dimensiones de la barra son:

$$a' = 300 \text{ mm} + 0.00808(300 \text{ mm}) = 302.4 \text{ mm} \qquad \textit{Resp.}$$
$$b' = 50 \text{ mm} + (-0.00643)(50 \text{ mm}) = 49.68 \text{ mm} \qquad \textit{Resp.}$$
$$t' = 20 \text{ mm} + (-0.000850)(20 \text{ mm}) = 19.98 \text{ mm} \qquad \textit{Resp.}$$

E J E M P L O **10.11**

Si el bloque rectangular de la figura 10-27 se somete a una presión uniforme de $p = 20$ lb/pulg^2, determinar la dilatación y el cambio de longitud de cada lado. Suponer que $E = 600$ lb/pulg^2, $\nu = 0.45$.

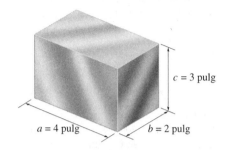

$c = 3$ pulg

$a = 4$ pulg $b = 2$ pulg

Fig. 10-27

Solución

Dilatación. La dilatación se puede determinar con la ecuación 10-23 con $\sigma_x = \sigma_y = \sigma_z = -20$ lb/pulg^2. Entonces,

$$e = \frac{1 - 2\nu}{E}(\sigma_x + \sigma_y + \sigma_z)$$

$$= \frac{1 - 2(0.45)}{600 \text{ lb/pulg}^2}[3(-20\ 20 \text{ lb/pulg}^2)]$$

$$= -0.01 \text{ pulg}^3/\text{pulg}^3 \qquad\qquad Resp.$$

Cambio de longitud. La deformación unitaria normal en cada lado se determina con la ley de Hooke, ecuación 10-18; esto es

$$\epsilon = \frac{1}{E}[\sigma_x - \nu(\sigma_y + \sigma_z)]$$

$$= \frac{1}{600 \text{ lb/pulg}^2}[-20 \text{ lb/pulg}^2 - (0.45)(-20 \text{ lb/pulg}^2 - 20 \text{ lb/pulg}^2)] = -0.00333 \text{ pulg/pulg}$$

Así, el cambio de longitud de cada lado es

$$\delta a = -0.00333(4 \text{ pulg}) = -0.0133 \text{ pulg} \qquad Resp.$$
$$\delta b = -0.00333(2 \text{ pulg}) = -0.00667 \text{ pulg} \qquad Resp.$$
$$\delta c = -0.00333(3 \text{ pulg}) = -0.0100 \text{ pulg} \qquad Resp.$$

Los signos negativos indican que cada dimensión disminuye.

PROBLEMAS

10-34. Para el caso del esfuerzo plano, demostrar que la ley de Hooke se puede escribir en la siguiente forma:

$$\sigma_x = \frac{E}{(1 - \nu^2)}(\epsilon_x + \nu\epsilon_y), \quad \sigma_y = \frac{E}{(1 - \nu^2)}(\epsilon_y + \nu\epsilon_x)$$

10-35. Use la ley de Hooke, ecuación 10-18, para deducir las ecuaciones de transformación de deformación unitaria, ecuaciones 10-5 y 10-6, a partir de las ecuaciones de transformación de esfuerzo, ecuaciones 9-1 y 9-2.

*10-36. Una barra de aleación de cobre se carga en una máquina de tensión, y se determina que $\epsilon_x = 940(10^{-6})$, y $\sigma_x = 14$ klb/pulg^2, $\sigma_y = 0$, $\sigma_z = 0$. Determine el módulo de elasticidad E_{co}, y la dilatación e_{co} del cobre. Dato: $\nu_{co} = 0.35$.

10-37. Los esfuerzos principales en el plano, y las deformaciones unitarias correspondientes en el plano, para un punto, son $\sigma_1 = 36$ klb/pulg^2, $\sigma_2 = 16$ klb/pulg^2, $\epsilon_1 = 1.02(10^{-3})$, $\epsilon_2 = 0.180(10^{-3})$. Determine el módulo de elasticidad y la relación de Poisson.

10-38. Determine el módulo volumétrico para cada uno de los materiales siguientes: (a) hule, $E_r = 0.4$ klb/pulg^2, $\nu_r = 0.48$ y (b) vidrio, $E_g = 8(10^3)$ klb/pulg^2, $\nu_g = 0.24$.

10-39. Las deformaciones unitarias principales en un punto sobre el fuselaje de aluminio de un avión a chorro son $\epsilon_1 = 780(10^{-6})$ y $\epsilon_2 = 400(10^{-6})$. Determine los esfuerzos principales asociados, en el punto del mismo avión. $E_{al} = 10(10^3)$ klb/pulg^2, $\nu_{al} = 0.33$. *Sugerencia:* vea el problema 10-34.

*10-40. La barra de cloruro de polivinilo (PVC) se somete a una fuerza axial de 900 lb. Si sus dimensiones originales son las que se indican, determine el *cambio* en el ángulo θ después de que se aplica la carga. $E_{pvc} = 800(10^3)$ lb/pulg^2, $\nu_{pvc} = 0.20$.

10-41. La barra de cloruro de polivinilo se somete a una fuerza axial de 900 lb. Si tiene las dimensiones originales que se indican en la figura, determine el valor de la relación de Poisson, si el ángulo θ disminuye en $\Delta\theta = 0.01°$ después de aplicar la carga. $E_{pvc} = 800(10^3)$ lb/pulg^2.

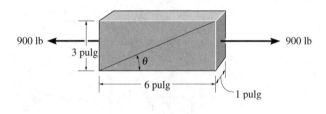

Probs. 10-40/41

10-42. Una varilla tiene 10 mm de radio. Si se somete a una carga axial de 15 N tal que la deformación unitaria axial en la varilla es $\epsilon_x = 2.75(10^{-6})$, determine el módulo de elasticidad E y el cambio en su diámetro. Para el material, $\nu = 0.23$.

10-43. Las deformaciones unitarias principales en un punto de la superficie de aluminio en un tanque son $\epsilon_1 = 630(10^{-6})$ y $\epsilon_2 = 350(10^{-6})$. Si éste es un caso de esfuerzo plano, determine los esfuerzos principales correspondientes en el punto del mismo plano. $E_{al} = 10(10^3)$ klb/pulg^2, $\nu_{al} = 0.33$. *Sugerencia:* vea el problema 10-34.

*10-44. Una galga extensométrica es colocada sobre la superficie de una caldera con pared delgada de acero, como se muestra. Si ésta tiene 0.5 pulg de longitud, determine la presión en la caldera cuando la galga se alarga $0.2(10^{-3})$ pulg. El espesor de la pared es 0.5 pulg, y el diámetro interno es 60 pulg. También, determine la deformación unitaria cortante máxima en el plano x, y, del material. $E_{ac} = 29(10^3)$ klb/pulg^2, $\nu_{ac} = 0.3$.

10-46. El eje tiene 15 mm de radio, y es de acero para herramientas L2. Determine las deformaciones unitarias en las direcciones x' y y', si al eje se le aplica un par de torsión $T = 2$ kN · m.

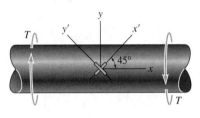

Prob. 10-46

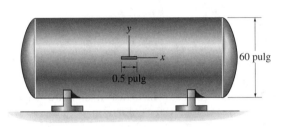

Prob. 10-44

10-45. El eje de acero tiene un radio de 15 mm. Determine el par de torsión T en el eje, si las dos galgas extensométricas cementadas sobre la superficie indican que las deformaciones unitarias son $\epsilon_{x'} = -80(10^{-6})$ y $\epsilon_{y'} = 80(10^{-6})$. También calcule las deformaciones unitarias en las direcciones x y y. $E_{ac} = 200$ GPa, $\nu_{ac} = 0.3$.

10-47. El corte transversal de la viga rectangular se somete al momento de flexión **M**. Deduzca una ecuación del aumento de longitud de las líneas AB y CD. El material tiene módulo de elasticidad E y relación de Poisson ν.

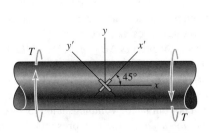

Prob. 10-45

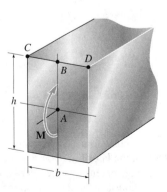

Prob. 10-47

*10-48. Se mide la deformación unitaria en dirección x, en un punto A de la viga de acero, y resulta ser $\epsilon_x = -100(10^{-6})$. Determine la carga aplicada P. ¿Cuál es la deformación unitaria cortante γ_{xy} en el punto A? $E_{ac} = 29(10^3)$ klb/pulg^2, $\nu_{ac} = 0.3$.

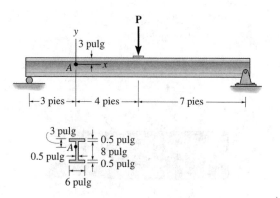

Prob. 10-48

10-49. Se mide la deformación unitaria en la dirección x, en el punto A de la viga de acero estructural A-36, y resulta ser $\epsilon_x = 100(10^{-6})$. Determine la carga aplicada P. ¿Cuál es la deformación unitaria cortante γ_{xy} en el punto A?

10-50. Se mide la deformación unitaria en la dirección x, en el punto A de la viga de acero estructural A-36, y resulta ser $\epsilon_x = 200(10^{-6})$. Determine la carga aplicada P. ¿Cuál es la deformación unitaria cortante γ_{xy} en el punto A?

10-51. Si se aplica una carga $P = 3$ klb a la viga de acero estructural A-36, determine las deformaciones unitarias ϵ_x y γ_{xy} en el punto A.

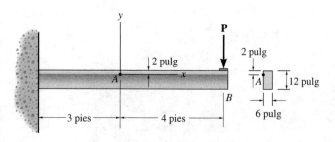

Probs. 10-49/50/51

*10-52. Un material se somete a los esfuerzos principales σ_x y σ_y. Determine la orientación θ a la cual debe ser cementada una galga extensométrica para que su lectura de deformación unitaria normal sólo responda a σ_y y no a σ_x. Las constantes del material son E y ν.

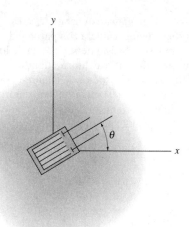

Prob. 10-52

10-53. Los esfuerzos principales en un punto se indican en la figura. El material es aluminio, para el que $E_{al} = 10(10^3)$ klb/pulg^2 y $\nu_{al} = 0.33$. Determine las deformaciones unitarias principales.

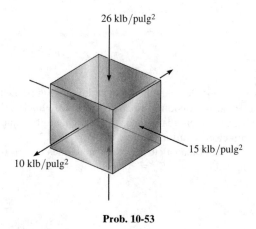

Prob. 10-53

10-54. Un recipiente a presión cilíndrico con paredes delgadas tiene radio interior r, espesor t y longitud L. Si se le somete a una presión interna p, demuestre que el aumento en su radio interior es $dr = r\epsilon_1 = pr^2(1 - \frac{1}{2}\nu)/Et$, y el aumento de su longitud es $\Delta L = pLr(\frac{1}{2} - \nu)/Et$. Con estos resultados demuestre que el cambio de volumen interno es $dV = \pi r^2(1 + \epsilon_1)^2(1 + \epsilon_2)L - \pi r^2 L$. Como ϵ_1 y ϵ_2 son cantidades pequeñas, demuestre entonces que el cambio de volumen por unidad de volumen, llamado *deformación unitaria volumétrica*, se puede representar por $dV/V = pr(2.5 - 2\nu)/Et$.

10-55. El recipiente cilíndrico a presión se fabrica con tapas hemisféricas para reducir el esfuerzo de flexión que habría si las tapas fueran planas. Los esfuerzos de flexión en la unión donde llegan las tapas se puede eliminar con una elección adecuada de los espesores t_h y t_c de las tapas y el cilindro, respectivamente. Para esto se requiere que la expansión radial sea igual para los hemisferios y para el cilindro. Demuestre que esta relación es $t_c/t_h = (2 - \nu)/(1 - \nu)$. Suponga que el tanque está hecho del mismo material, y que tanto el cilindro como los hemisferios tienen el mismo radio interno. Si el cilindro debe tener un espesor de 0.5 pulg, ¿cuál es el espesor necesario de los hemisferios? Suponga que $\nu = 0.3$.

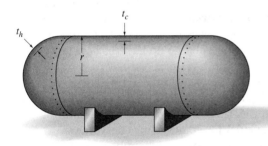

Prob. 10-55

*10-56.** Un recipiente cilíndrico a presión, con paredes delgadas, tiene radio interior r, espesor de pared t y está sometido a una presión interna p. Si las constantes del material son E y ν, determine la deformación unitaria en dirección circunferencial, en función de los parámetros mencionados.

10-57. Se bombea aire al interior de un recipiente a presión de acero, con paredes delgadas, en C. Si los extremos del recipiente se cierran con dos pistones unidos con un vástago AB, determine el aumento del diámetro del recipiente cuando la presión manométrica interna es 5 MPa. También, ¿cuál es el esfuerzo de tensión en el vástago AB, si su diámetro es 100 mm? El radio interno del recipiente es 400 mm, y su espesor de pared es 10 mm. $E_{ac} = 200$ GPa y $\nu_{ac} = 0.3$.

10-58. Determine el aumento de diámetro del recipiente en el problema 10-57, si los pistones se sustituyen por paredes unidas a los extremos del recipiente.

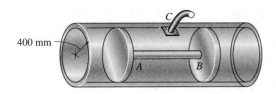

Probs. 10-57/58

10-59. El recipiente cilíndrico a presión, con paredes delgadas, de radio interior r y espesor de pared t, se somete a una presión interna p. Si las constantes del material son E y ν, determine las deformaciones unitarias en las direcciones circunferencial y longitudinal. Con estos resultados calcule el aumento tanto del diámetro como de la longitud de un tanque de acero a presión, lleno de aire con una presión manométrica interna de 15 MPa. El tanque tiene 3 m de longitud, su diámetro interno es 0.5 m y el espesor de su pared es de 10 mm. Además, $E_{ac} = 200$ GPa, $\nu_{ac} = 0.3$.

*10-60.** Estime el aumento en el volumen del tanque del problema 10-59. *Sugerencia*: use los resultados del problema 10-54 para comprobar.

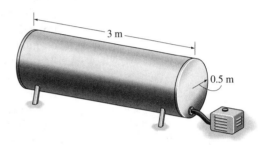

Probs. 10-59/60

10-61. Un material suave se pone dentro de un cilindro rígido que descansa sobre un soporte rígido. Suponiendo que $\epsilon_x = 0$, $\epsilon_y = 0$, determine el factor en el que se aumenta el módulo de elasticidad cuando se aplica una carga, si $\nu = 0.3$ para el material.

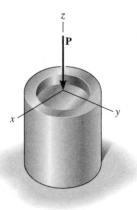

Prob. 10-61

10-62. Un recipiente esférico a presión, de pared delgada, tiene radio interior r y espesor de pared t; se somete a una presión interna p. Demuestre que el aumento de volumen interno del recipiente es $\Delta V = (2p\pi r^4/Et)(1 - \nu)$. Use un análisis de deformación unitaria pequeña.

*10.7 Teorías de la falla

Cuando un ingeniero se encuentra con el problema de diseñar usando un material específico, adquiere importancia establecer un *límite* superior para el estado de esfuerzo que define la falla del material. Si el material es *dúctil*, la falla se suele especificar por el inicio de la *fluencia o cedencia*, mientras que si el material es *frágil*, se especifica por la *fractura*. Esos modos de falla se definen con facilidad si el miembro se somete a un estado de esfuerzo uniaxial, como en el caso de la tensión simple; sin embargo, si el miembro se somete a esfuerzos biaxiales o triaxiales, es más difícil establecer el criterio de falla.

En esta sección describiremos cuatro teorías que se usan con frecuencia en la práctica de la ingeniería, para predecir la falla de un material sujeto a un estado de esfuerzo *multiaxial*. Esas teorías, y otras como ellas, también se usan para determinar los esfuerzos admisibles que aparecen en muchos códigos de diseño. Sin embargo no hay una sola teoría de falla que se pueda aplicar *siempre* a un material específico, porque un material se puede comportar ya sea de forma dúctil o frágil dependiendo de la temperatura, rapidez de carga, ambiente químico o de la forma en que se moldea o forma el material. Cuando se usa determinada teoría de falla, primero es necesario calcular los componentes del esfuerzo normal y cortante en puntos donde son máximos en el miembro. Eso se puede hacer usando los fundamentos de la mecánica de materiales, y aplicando factores por concentración de esfuerzos donde sea necesario, o en situaciones complejas, se pueden calcular los componentes máximos de esfuerzos usando un análisis matemático basado en la teoría de la elasticidad, o mediante una técnica experimental adecuada. En cualquier caso, una vez establecido este estado de esfuerzo, se determinan entonces los *esfuerzos principales* en esos puntos críticos, ya que cada una de las teorías que vamos a describir se basa en el conocimiento del esfuerzo principal.

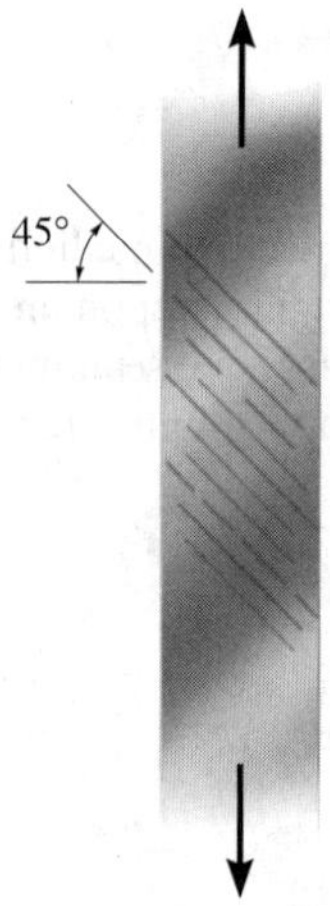

Materiales dúctiles

Teoría de esfuerzo cortante máximo. La causa más común de la *fluencia de un material dúctil*, como el acero, es el *deslizamiento*, que sucede a lo largo de los planos de contacto de cristales ordenados al azar, que forman el material. Ese *deslizamiento* se debe al *esfuerzo cortante*, y si un espécimen se trabaja para que quede una tira delgada pulida, y se sujeta a una prueba de tensión simple, se puede ver cómo hace que el material *fluya*, figura 10-28. Las orillas de los planos de deslizamiento, tal como aparecen en la superficie de la banda, se llaman *líneas de Lüder*. Esas líneas indican con claridad los planos de deslizamiento en la banda, que forman aproximadamente 45° con el eje de esa banda.

Ahora imagine un elemento del material tomado de un espécimen de tensión, que sólo se somete al esfuerzo de fluencia σ_Y, figura 10-29a. El esfuerzo cortante máximo se calcula trazando el círculo de Mohr para el elemento, figura 10-29b. Los resultados indican que

45°

Líneas de Lüder en una
banda de acero suave

Fig. 10-28

$$\tau_{\text{máx}} = \frac{\sigma_Y}{2} \tag{10-26}$$

Además, este esfuerzo cortante actúa sobre planos a 45° de los planos de esfuerzo principal, figura 10-29c, y esos planos *coinciden* con la dirección de las líneas de Lüder que aparecen en el espécimen, e indican que en realidad la falla sucede por cortante.

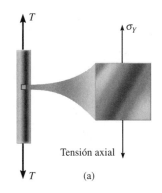

Al usar esta idea, que los materiales dúctiles fallan por cortante, Henri Tresca propuso, en 1868, la **teoría del esfuerzo cortante máximo** o el **criterio de Tresca**. Esta teoría se usa para predecir el esfuerzo de falla de un material dúctil sometido a cualquier clase de carga. La teoría de esfuerzo cortante máximo indica que la fluencia del material se inicia cuando el esfuerzo cortante máximo absoluto en el material llega al esfuerzo cortante que hace que fluya el mismo material cuando *sólo* está sujeto a tensión axial. En consecuencia, para evitar la falla de acuerdo con la teoría del esfuerzo cortante máxima, $\tau_{abs}^{máx}$ en el material debe ser menor o igual a $\sigma_Y/2$, donde σ_Y se determina en una prueba simple de tensión.

En las aplicaciones, expresaremos el esfuerzo cortante máximo absoluto en función de los *esfuerzos principales*. El procedimiento para hacerlo se describió en la sección 9.7, para una condición de *esfuerzo plano*, esto es, donde el esfuerzo principal fuera del plano es cero. Si los dos esfuerzos principales en el plano tienen el *mismo signo*, es decir, si ambos son de tensión o ambos son de compresión, la falla se presentará *hacia afuera del plano*, y según la ecuación 9-15,

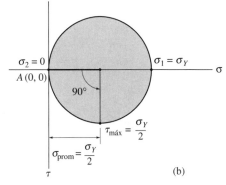

$$\tau_{abs}^{máx} = \frac{\sigma_{máx}}{2}$$

Por otra parte, si los esfuerzos principales en el plano tienen *signos contrarios*, la falla se presenta en el plano, y según la ecuación 9-16,

$$\tau_{abs}^{máx} = \frac{\sigma_{máx} - \sigma_{mín}}{2}$$

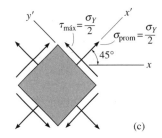

Fig. 10-29

Si se usan esas ecuaciones junto con la 10-26, la teoría del esfuerzo cortante máximo, para el *esfuerzo plano*, se puede expresar para dos esfuerzos principales en el plano cualquiera, como σ_1 y σ_2, mediante los siguientes criterios:

$$\left.\begin{array}{l} |\sigma_1| = \sigma_Y \\ |\sigma_2| = \sigma_Y \end{array}\right\} \quad \sigma_1, \sigma_2 \text{ tienen signo igual}$$

$$|\sigma_1 - \sigma_2| = \sigma_Y\} \quad \sigma_1, \sigma_2 \text{ tienen signos opuestos} \qquad (10\text{-}27)$$

En la figura 10-30 se muestra una gráfica de estas ecuaciones. Es claro que, si algún punto del material se somete a esfuerzo plano, y si sus esfuerzos principales en el plano se representan con las coordenadas (σ_1, σ_2) graficada *en la frontera* o *fuera* del área hexagonal sombreada en esta figura, el material fluye en el punto, y se dice que sucede la falla.

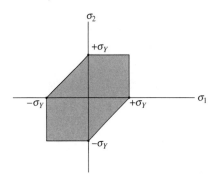

Teoría del esfuerzo cortante máximo

Fig. 10-30

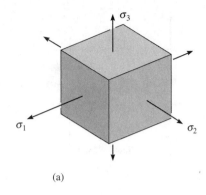

(a)

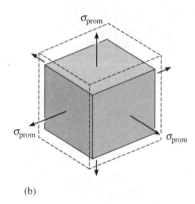

(b)

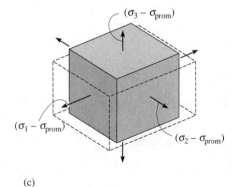

(c)

Fig. 10-31

Teoría de la energía máxima de distorsión. Se dijo en la sección 3.5 que cuando se deforma un material debido a carga externa, tiende a almacenar energía *internamente* en todo su volumen. La energía por unidad de volumen de un material se llama **densidad de energía de deformación unitaria**, y si el material se somete a un esfuerzo σ uniaxial, la densidad de energía de deformación unitaria, definida por la ecuación 3-6, se puede expresar como sigue:

$$u = \frac{1}{2}\sigma\epsilon \tag{10-28}$$

Es posible formular un criterio de falla basado en las distorsiones causadas por la energía de deformación unitaria. Sin embargo, antes necesitamos determinar la densidad de energía de deformación unitaria en un elemento de volumen de un material sometido a los tres esfuerzos principales σ_1, σ_2 y σ_3, figura 10-31a. En este caso, cada esfuerzo principal aporta una parte de la densidad total de energía de deformación unitaria, por lo que

$$u = \frac{1}{2}\sigma_1\epsilon_1 + \frac{1}{2}\sigma_2\epsilon_2 + \frac{1}{2}\sigma_3\epsilon_3$$

Si el material se comporta en forma lineal elástica, se aplica la ley de Hooke. En consecuencia, al sustituir la ecuación 10-18 en la ecuación anterior y simplificar, se obtiene

$$u = \frac{1}{2E}[\sigma_1{}^2 + \sigma_2{}^2 + \sigma_3{}^2 - 2\nu(\sigma_1\sigma_2 + \sigma_1\sigma_3 + \sigma_3\sigma_2)] \tag{10-29}$$

Se puede considerar que esta densidad de energía de deformación unitaria es la suma de dos partes, una que representa la energía necesaria para causar un *cambio de volumen* del elemento, sin cambio de forma, y la otra parte que representa la energía necesaria para *distorsionar* al elemento. En forma específica, la energía almacenada en el elemento como resultado de su cambio de volumen se debe a la aplicación del esfuerzo principal promedio, $\sigma_{\text{prom}} = (\sigma_1 + \sigma_2 + \sigma_3)/3$, ya que este esfuerzo causa deformaciones unitarias principales iguales en el material, figura 10-31b. La parte restante del esfuerzo, $(\sigma_1 - \sigma_{\text{prom}})$, $(\sigma_2 - \sigma_{\text{prom}})$, $(\sigma_3 - \sigma_{\text{prom}})$, es la que causa la energía de distorsión, figura 10-31c.

Con pruebas experimentales se ha demostrado que los materiales no fluyen cuando se someten a un esfuerzo uniforme (hidrostático), como σ_{prom} que se describió arriba. En consecuencia, M. Huber propuso en 1904 que la fluencia en un material dúctil se presenta cuando la *energía de distorsión* por unidad de volumen del material es igual o mayor que la energía de distorsión por unidad de volumen del mismo material sometido a fluencia, en una prueba de tensión simple. Esta teoría se llama *teoría de la energía de distorsión máxima*, y como después fue redefinida por R. von Mises y H. Hencky, en forma independiente, a veces se le conoce con esos apellidos.

Para obtener la energía de distorsión por unidad de volumen, se sustituyen los esfuerzos $(\sigma_1 - \sigma_{\text{prom}})$, $(\sigma_2 - \sigma_{\text{prom}})$ y $(\sigma_3 - \sigma_{\text{prom}})$ por σ_1, σ_2 y σ_3, respectivamente, en la ecuación 10-29, teniendo en cuenta que $\sigma_{\text{prom}} = (\sigma_1 + \sigma_2 + \sigma_3)/3$. Al desarrollar y simplificar se obtiene

$$u_d = \frac{1 + \nu}{6E}[(\sigma_1 - \sigma_2)^2 + (\sigma_2 - \sigma_3)^2 + (\sigma_3 - \sigma_1)^2]$$

En el caso del *esfuerzo plano*, $\sigma_3 = 0$, y la ecuación se reduce a

$$u_d = \frac{1 + \nu}{3E}(\sigma_1{}^2 - \sigma_1\sigma_2 + \sigma_2{}^2)$$

Para una prueba de tensión *uniaxial*, $\sigma_1 = \sigma_Y$, $\sigma_2 = \sigma_3 = 0$, así que

$$(u_d)_Y = \frac{1 + \nu}{3E}\sigma_Y{}^2$$

Ya que en la teoría de energía máxima de distorsión se requiere que $u_d = (u_d)_Y$, entonces, para el caso del esfuerzo de plano o biaxial,

$$\boxed{\sigma_1{}^2 - \sigma_1\sigma_2 + \sigma_2{}^2 = \sigma_Y{}^2} \qquad (10\text{-}30)$$

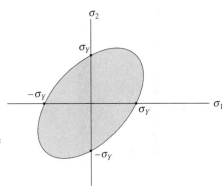

Teoría de la energía de distorsión máxima

Fig. 10-32

Esta ecuación representa una elipse, figura 10-32. Así, si se somete a esfuerzo un punto en el material hasta que las coordenadas del esfuerzo (σ_1, σ_2) queden fuera del contorno, o fuera del área sombreada, se dice que el material falla.

En la figura 10-33 se ve una comparación de los dos criterios de falla anteriores. Observe que ambas teorías dan los mismos resultados cuando los esfuerzos principales son iguales, es decir, de acuerdo con las ecuaciones 10-27 y 10-30, $\sigma_1 = \sigma_2 = \sigma_Y$, o cuando uno de los esfuerzos principales es cero, y el otro tiene la magnitud σ_Y. Por otra parte, si el material se sujeta a cortante puro τ, entonces las teorías tienen la máxima discrepancia en su predicción de la falla. Las coordenadas de esfuerzo de estos putos en las curvas fueron determinadas para el elemento que se ve en la figura 10-34*a*. De acuerdo con el círculo de Mohr correspondiente a este estado de esfuerzo, figura 10-34*b*, se obtienen los esfuerzos principales $\sigma_1 = \tau$ y $\sigma_2 = -\tau$. Al aplicar las ecuaciones 10-27 y 10-30, la teoría del esfuerzo cortante máximo y la de la energía máxima de distorsión dan los resultados $\sigma_1 = \sigma_Y/2$ y $\sigma_1 = \sigma_Y/\sqrt{3}$, respectivamente, figura 10-33.

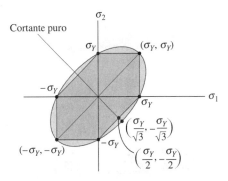

Fig. 10-33

Las pruebas de torsión real, que se usan para tener una condición de cortante puro en un espécimen dúctil, han demostrado que la teoría de energía de distorsión máxima produce resultados más exactos para la falla por cortante puro, que la teoría del esfuerzo cortante máximo. De hecho, ya que $(\sigma_Y/\sqrt{3})/(\sigma_Y/2) = 1.15$, el esfuerzo cortante para que el material fluya, determinado con la teoría de energía de distorsión máxima, es 15% más exacta que cuando se determina con la teoría del esfuerzo cortante máximo.

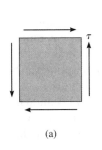

(a)

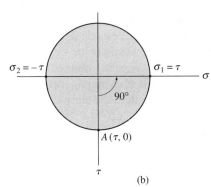

(b)

Fig. 10-34

Falla de un material frágil
por tensión

(a)

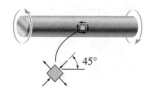

45°

45°

Falla de un material
frágil por torsión

(b)

Fig. 10-35

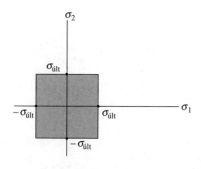

Teoría del esfuerzo normal máximo

Fig. 10-36

Materiales frágiles **Teoría del esfuerzo normal máximo.** Antes indicamos que los materiales frágiles, como el hierro colado gris, tienden a fallar repentinamente por *fractura*, sin que haya fluencia aparente. En una *prueba de tensión*, la fractura se presenta cuando el esfuerzo normal llega al esfuerzo último $\sigma_{\text{últ}}$, figura 10-35a. También, en una *prueba de torsión* se presenta fractura frágil debida a *esfuerzo máximo de tensión*, ya que el plano de fractura de un elemento forma 45° con la dirección de corte, figura 10-35b. La superficie de la fractura es helicoidal, por consiguiente, como se indica en la figura.* Los experimentos han demostrado además que durante la torsión, la resistencia del material casi *no se afecta* por la presencia del esfuerzo correspondiente de compresión, que forma ángulo recto con el esfuerzo principal de tensión. En consecuencia, el esfuerzo de tensión necesario para fracturar un espécimen durante una prueba de torsión es aproximadamente igual al necesario para fracturar un espécimen en tensión simple. Debido a esto, la *teoría del esfuerzo normal máximo* establece que un material frágil falla cuando el esfuerzo principal máximo σ_1 en el material llega a un valor límite, que es igual al esfuerzo normal último que puede resistir el material cuando se le somete a tensión simple.

Si el material está sometido a *esfuerzo plano* se requiere que

$$\begin{aligned} |\sigma_1| &= \sigma_{\text{últ}} \\ |\sigma_2| &= \sigma_{\text{últ}} \end{aligned}$$

(10-31)

Estas ecuaciones se representan gráficamente en la figura 10-36. En este caso se ve que si las coordenadas de esfuerzo (σ_1, σ_2) en un punto en el material quedan en el límite del área sombreada, o fuera de ella, se dice que el material se fractura. Esta teoría se suele acreditar a W. Rankine, quien la propuso a mediados de los años 1800. Se ha determinado experimentalmente que concuerda bien con el comportamiento de materiales frágiles que tienen diagramas de esfuerzo-deformación unitaria *parecidos* tanto en tensión como en compresión.

Criterio de falla de Mohr. En algunos materiales frágiles, las propiedades en tensión y en compresión son *diferentes*. Cuando eso sucede se usa un criterio basado en el uso del círculo de Mohr, para predecir la falla del material. Este método fue desarrollado por Otto Mohr, y a veces se le llama **criterio de falla de Mohr.** Para aplicarlo, primero se hacen *tres pruebas* al material. Una prueba de tensión uniaxial y otra de compresión uniaxial se usan para determinar los esfuerzos últimos de tensión y compresión, $(\sigma_{\text{últ}})_t$ y $(\sigma_{\text{últ}})_c$, respectivamente. También se hace una prueba de torsión para determinar el esfuerzo cortante último $\tau_{\text{últ}}$ en el material. Entonces se grafica el círculo de Mohr para cada una de esas condiciones de esfuerzo, como se ve en la figura 10-37. El círculo A representa la condición de esfuerzo $\sigma_1 = \sigma_2 = 0$, $\sigma_3 = -(\sigma_{\text{últ}})_c$; el círculo B representa las condiciones de esfuerzo $\sigma_1 = (\sigma_{\text{últ}})_t$, $\sigma_2 = \sigma_3 = 0$, y el círculo C representa la con-

*Un trozo de gis falla de esta manera al retorcer sus extremos con los dedos.

dición de esfuerzo cortante puro causado por $\tau_{\text{últ}}$. Estos tres círculos están dentro de una "envolvente de falla" definida por la curva extrapolada tangente a los tres círculos. Si una condición de esfuerzo plano en un punto se representa con un círculo que quede dentro de la envolvente, se dice que el material no falla. Sin embargo, si el círculo tiene un punto de tangencia con la envolvente, o si se sale del contorno de la envolvente, se dice que se presenta la falla.

También se puede representar este criterio en una gráfica de esfuerzos principales σ_1 y σ_2 ($\sigma_3 = 0$). Eso se ve en la figura 10-38. En este caso, la falla se presenta cuando el valor absoluto de cualquiera de los esfuerzos principales llega a ser igual o mayor que $(\sigma_{\text{últ}})_t$ o a $(\sigma_{\text{últ}})_c$, o en general, si el estado de esfuerzo en un punto definido por las coordenadas de esfuerzo (σ_1, σ_2), cae en el límite, o fuera del área sombreada.

Se puede usar cualesquiera de los dos criterios, en la práctica, para predecir la falla de un material frágil. Sin embargo se debe tener en cuenta que su utilidad es bastante limitada. Una falla por tensión se presenta en forma muy repentina, y en general su inicio depende de concentraciones de esfuerzo desarrolladas en imperfecciones microscópicas del material, como inclusiones o lagunas, penetraciones en superficie y grietas pequeñas. Como cada una de esas irregularidades varía de un espécimen a otro, es difícil especificar la falla con base en una sola prueba. Por otra parte, las grietas y otras irregularidades tienden a cerrarse cuando el espécimen se comprime, y en consecuencia no forman puntos de falla, como sucede cuando el espécimen se sujeta a la tensión.

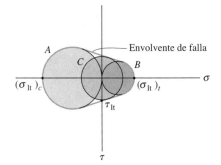

Fig. 10-37

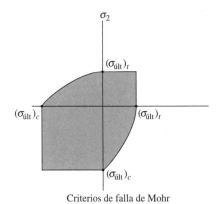

Criterios de falla de Mohr

Fig. 10-38

PUNTOS IMPORTANTES

• Si un material es *dúctil*, la falla se especifica por el inicio de la *fluencia*, mientras que si es *frágil* se especifica por la *fractura*.

• La *fractura dúctil* se puede definir cuando se presenta *deslizamiento* entre los cristales que forman el material. Este deslizamiento se debe al *esfuerzo cortante* y la *teoría del esfuerzo cortante máximo* se basa en esta idea.

• En un material se almacena *energía de deformación* cuando se somete a esfuerzo normal. La *teoría de la energía de distorsión máxima* depende de la *energía de deformación unitaria* que *distorsiona* al material, y no de la parte que aumenta su volumen.

• La fractura de un *material frágil* sólo se debe al *esfuerzo máximo de tensión* en el material, y no al esfuerzo de compresión. Eso es la base de la *teoría del esfuerzo normal máximo*, y se aplica si el diagrama de esfuerzo-deformación unitaria es *similar* en tensión y en compresión.

• Si un *material frágil* tiene un diagrama de esfuerzo-deformación *distinto* en tensión y en compresión, entonces se puede aplicar el *criterio de falla de Mohr* para predecir la falla.

• A causa de las imperfecciones del material, la *fractura por tensión* de un material frágil es *difícil de predecir*, por lo que se deben usar con precaución las teorías de falla en materiales frágiles.

E J E M P L O 10.12

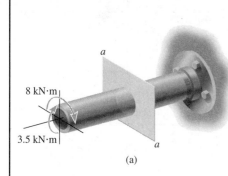

(a)

El tubo de acero de la figura 10-39a tiene 60 mm de diámetro interno, y 80 mm de diámetro externo. Si se somete a un momento de torsión de 8 kN · m y a un momento de flexión de 3.5 kN · m, determine si esas cargas causan la falla definida por la teoría de la energía de distorsión máxima. El esfuerzo de fluencia del acero, determinado en una prueba de tensión, es $\sigma_Y = 250$ MPa.

Solución

Para resolver este problema se debe investigar un punto en el tubo que esté sometido a un estado de esfuerzo crítico máximo. Los momentos de torsión y de flexión son uniformes en toda la longitud del tubo. En el corte arbitrario a-a, figura 10-39a, esas cargas producen las distribuciones de esfuerzo que se ven en las figuras 10-39b y 10-39c. Por inspección se ve que los puntos A y B están sometidos al mismo estado de esfuerzo crítico. Investigaremos el estado de esfuerzo en A. Entonces,

$$\tau_A = \frac{Tc}{J} = \frac{(8000 \text{ N} \cdot \text{m})(0.04 \text{ m})}{(\pi/2)[(0.04 \text{ m})^4 - (0.03 \text{ m})^4]} = 116.4 \text{ MPa}$$

$$\sigma_A = \frac{Mc}{I} = \frac{(3500 \text{ N} \cdot \text{m})(0.04 \text{ m})}{(\pi/4)[(0.04 \text{ m})^4 - (0.03 \text{ m})^4]} = 101.9 \text{ MPa}$$

Estos resultados se indican en una vista tridimensional de un elemento de material en el punto A, figura 10-39d, y también, como el material está sometido a esfuerzo plano, se ve en dos dimensiones en la figura 10-39e.

En el círculo de Mohr para este estado de esfuerzo plano tiene el centro en

$$\sigma_{\text{prom}} = \frac{0 - 101.9}{2} = -50.9 \text{ MPa}$$

Se grafica el punto de referencia $A(0, -116.4 \text{ MPa})$ y se traza el círculo, figura 10-39f. Aquí ya se calculó el radio con el triángulo sombreado, resultando $R = 127.1$, por lo que los esfuerzos principales en el plano son

$$\sigma_1 = -50.9 + 127.1 = 76.2 \text{ MPa}$$
$$\sigma_2 = -50.9 - 127.1 = -178.0 \text{ MPa}$$

Al usar la ecuación 10-30 se requiere que

$$(\sigma_1{}^2 - \sigma_1\sigma_2 + \sigma_2{}^2) \le \sigma_Y{}^2$$

$$[(76.2)^2 - (76.2)(-178.0) + (-178.0)^2] \stackrel{?}{\le} (250)^2$$

$$51\,100 < 62\,500 \text{ OK}$$

Como se ha satisfecho el criterio, el material en el tubo *no* fluirá ("fallará"), de acuerdo con la teoría de energía máxima de distorsión.

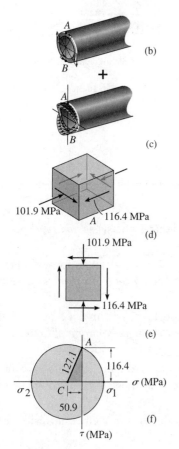

(b)

+

(c)

101.9 MPa   116.4 MPa
A

(d)

101.9 MPa

116.4 MPa

(e)

A
127.1
116.4
σ_2 C σ_1 σ (MPa)
50.9
τ (MPa)

(f)

Fig. 10-39

EJEMPLO 10.13

El eje macizo de hierro colado de la figura 10-40*a* está sometido a un par de torsión de $T = 400$ lb · pie. Determinar su radio mínimo para que no falle, de acuerdo con la teoría del esfuerzo normal máximo. Un espécimen de hierro colado, probado en tensión, tiene esfuerzo último $(\sigma_{\text{últ}})_t = 20$ klb/pulg^2.

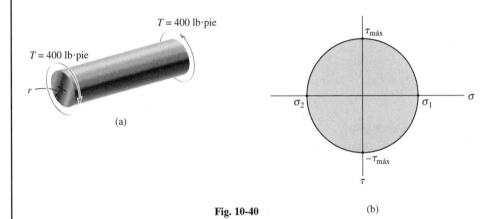

(a)

(b)

Fig. 10-40

Solución

El esfuerzo crítico o máximo está en un punto ubicado sobre la superficie del eje. Suponiendo que el eje tenga radio r, el esfuerzo cortante es

$$\tau_{\text{máx}} = \frac{Tc}{J} = \frac{(400 \text{ lb} \cdot \text{pie})(12 \text{ pulg}/\text{pie})r}{(\pi/2)r^4} = \frac{3055.8 \text{ lb} \cdot \text{pulg}}{r^3}$$

El círculo de Mohr para este estado de esfuerzo (cortante puro) se ve en la figura 10-40*b*. Como $R = \tau_{\text{máx}}$, entonces

$$\sigma_1 = -\sigma_2 = \tau_{\text{máx}} = \frac{3055.8 \text{ lb} \cdot \text{pulg}}{r^3}$$

La teoría del esfuerzo normal máximo, ecuación 10-31, requiere que

$$|\sigma_1| \leq \sigma_{\text{últ}}$$

$$\frac{3055.8 \text{ lb} \cdot \text{pulg}}{r^3} \leq 20\,000 \text{ lb/pulg}^2$$

Así, el radio mínimo del eje se calcula con

$$\frac{3055.8 \text{ lb} \cdot \text{pulg}}{r^3} = 20\,000 \text{ lb/pulg}^2$$

$$r = 0.535 \text{ pulg} \qquad\qquad \textit{Resp.}$$

E J E M P L O 10.14

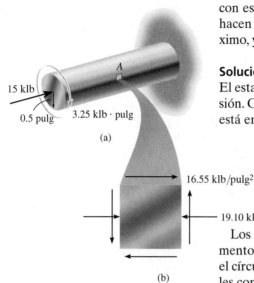

15 klb

0.5 pulg

3.25 klb · pulg

(a)

16.55 klb/pulg^2

19.10 klb/pulg^2

(b)

Fig. 10-41

El eje macizo de la figura 10-41a tiene 0.5 pulg de radio, y es de acero con esfuerzo de fluencia $\sigma_Y = 36$ klb/pulg^2. Determinar si las cargas hacen fallar al eje, de acuerdo con la teoría del esfuerzo cortante máximo, y con la teoría de la energía de distorsión máxima.

Solución

El estado de esfuerzo en el eje se debe a la fuerza axial y al par de torsión. Como el esfuerzo cortante máximo causado por el par de torsión está en la superficie externa del material,

$$\sigma_x = -\frac{P}{A} = \frac{15 \text{ klb}}{\pi(0.5 \text{ pulg})^2} = -19.10 \text{ klb/pulg}^2$$

$$\tau_{xy} = \frac{Tc}{J} = \frac{3.25 \text{ klb} \cdot \text{pulg } (0.5 \text{ pulg})}{\frac{\pi}{2}(0.5 \text{ pulg})^4} = 16.55 \text{ klb/pulg}^2$$

Los componentes del esfuerzo se muestran actuando sobre un elemento de material en un punto A, en la figura 10-41b. En vez de usar el círculo de Mohr, también se pueden obtener los esfuerzos principales con las ecuaciones de transformación de esfuerzo, ecuación 9-5.

$$\sigma_{1,2} = \frac{\sigma_x + \sigma_y}{2} \pm \sqrt{\left(\frac{\sigma_x + \sigma_y}{2}\right)^2 + \tau_{xy}{}^2}$$

$$= \frac{-19.10 + 0}{2} \pm \sqrt{\left(\frac{-19.10 - 0}{2}\right)^2 + (16.55)^2}$$

$$= -9.55 \pm 19.11$$

$$\sigma_1 = 9.56 \text{ klb/pulg}^2$$

$$\sigma_1 = -28.66 \text{ klb/pulg}^2$$

Teoría del esfuerzo cortante máximo. Como los esfuerzos principales tienen *signos contrarios*, entonces, según la sección 9.7, el esfuerzo cortante máximo absoluto estará en el plano y así, aplicando la segunda de las ecuaciones 10-27, se obtiene

$$|\sigma_1 - \sigma_2| \leq \sigma_Y$$

$$|9.56 - (-28.66)| \overset{?}{\leq} 36$$

$$38.2 > 36$$

Entonces, de acuerdo con esta teoría, habrá falla del material por cortante.

Teoría de la energía de distorsión máxima. Al aplicar la ecuación 10-30, se obtiene

$$(\sigma_1{}^2 - \sigma_1\sigma_2 + \sigma_2{}^2) \leq \sigma_Y$$

$$[(9.56)^2 - (9.56)(-28.66) - (-28.66)^2] \overset{?}{\leq} (36)^2$$

$$1187 \leq 1296$$

Si se usa esta teoría no habrá falla.

PROBLEMAS

10-63. Un material se somete a esfuerzo plano. Exprese la teoría de energía de distorsión, para la falla, en términos de σ_x, σ_y y τ_{xy}.

*10-64. Un material se somete a esfuerzo plano. Exprese la teoría de energía de distorsión, para la falla, en términos de σ_x, σ_y y τ_{xy}. Suponga que los esfuerzos principales tienen distintos signos algebraicos.

10-65. La placa es de cobre duro, con fluencia a $\sigma_y = 105$ klb/pulg². Con la teoría del esfuerzo cortante máximo determine el esfuerzo de tensión σ_x que se puede aplicar a la placa, si también se aplica un esfuerzo de tensión $\sigma_y = 0.5\sigma_x$.

10-66. Resuelva el problema 10-65 usando la teoría de la energía máxima de distorsión.

10-71. El esfuerzo de fluencia para un material plástico es $\sigma_Y = 110$ MPa. Si este material se somete a esfuerzo plano y se presenta falla elástica cuando un esfuerzo principal es 120 MPa, ¿cuál es la magnitud mínima del otro esfuerzo principal? Use la teoría de la energía de distorsión máxima.

*10-72. Resuelva el problema 10-71 usando la teoría del esfuerzo cortante máximo. Los dos esfuerzos principales tienen el mismo signo.

10-73. La figura muestra el estado de esfuerzo plano en un punto crítico de un soporte de acero para máquina. Si el esfuerzo de fluencia del acero es $\sigma_Y = 36$ klb/pulg², determine si hay fluencia, usando la teoría de la energía de distorsión máxima.

10-74. Resuelva el problema 10-73 con la teoría del esfuerzo cortante máximo.

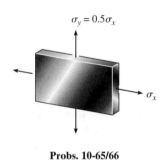

$\sigma_y = 0.5\sigma_x$

σ_x

Probs. 10-65/66

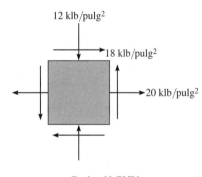

12 klb/pulg²

18 klb/pulg²

20 klb/pulg²

Probs. 10-73/74

10-67. El esfuerzo cortante de una aleación de zirconio-magnesio es $\sigma_Y = 15.3$ klb/pulg². Si una parte de máquina es de este material y tiene un punto crítico que se somete a esfuerzos principales σ_1 y $\sigma_2 = -0.5\sigma_1$ en el plano, determine la magnitud de σ_1 que causa la fluencia, de acuerdo con la teoría del esfuerzo cortante máximo.

*10-68. Resuelva el problema 10-67 usando la teoría de energía de distorsión máxima.

10-69. Si un eje es de un material para el que $\sigma_Y = 50$ klb/pulg², determine el esfuerzo máximo cortante de torsión que se requiere para causar la fluencia, usando la teoría de la energía máxima de distorsión.

10-70. Resuelva el problema 10-69 con la teoría del esfuerzo cortante máximo.

10-75. En un eje de transmisión macizo se usa aleación de aluminio 6061-T6, y transmite 40 hp a 2400 rpm. Considerando un factor de seguridad de 2 con respecto a la fluencia, determine el eje de diámetro mínimo que se puede seleccionar, con base en la teoría del esfuerzo cortante máximo.

*10-76. Resuelva el problema 10-75 con la teoría de la energía de distorsión máxima.

10-77. Se va a usar una aleación de aluminio para un eje motriz tal que transmita 25 hp a 1500 rpm. Considerando un factor de seguridad de 2.5 con respecto a la fluencia, determine el mínimo diámetro del eje que se pueda seleccionar con base en la teoría de la energía de distorsión máxima. $\sigma_Y = 3.5$ klb/pulg².

10-78. Una barra redonda es de acero A-36. Si la barra se somete a un par de torsión de 16 klb · pulg, y a un momento de flexión de 20 klb · pulg, determine el diámetro necesario de la misma, de acuerdo con la teoría de la energía de distorsión máxima. Use un factor de seguridad de 2 con respecto a la fluencia.

10-79. Resuelva el problema 10-78 usando la teoría del esfuerzo cortante máximo.

*10-80. El hierro colado, cuando se prueba en tensión y en compresión, tiene resistencia última $(\sigma_{\text{últ}})_t = 280$ MPa, y $(\sigma_{\text{últ}})_c = 420$ MPa, respectivamente. También, cuando se somete a torsión pura, puede sostener un esfuerzo cortante último de $\tau_{\text{últ}} = 168$ MPa. Trace los círculos de Mohr para cada caso y determine la envolvente de falla. Si una parte hecha con ese material se somete al estado de esfuerzo plano de la figura, determine si falla de acuerdo con el criterio de falla de Mohr.

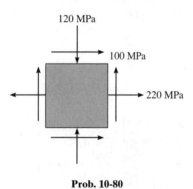

120 MPa

100 MPa

220 MPa

Prob. 10-80

10-81. Los esfuerzos en el plano principal que actúan sobre un elemento diferencial se ven en la figura. Si el material es acero de máquina con esfuerzo de fluencia $\sigma_Y = 700$ MPa, determine el factor de seguridad con respecto a la fluencia, si se considera la teoría del esfuerzo cortante máximo.

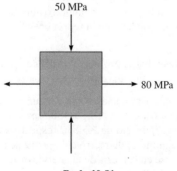

50 MPa

80 MPa

Prob. 10-81

10-82. La figura muestra el estado de esfuerzo que actúa en un punto crítico de un elemento de máquina. Determine el esfuerzo de fluencia mínimo para un acero que se pueda seleccionar para fabricar la parte, con base en la teoría del esfuerzo cortante máximo.

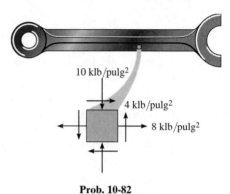

10 klb/pulg²

4 klb/pulg²

8 klb/pulg²

Prob. 10-82

10-83. El esfuerzo de fluencia de una aleación de uranio es $\sigma_Y = 160$ MPa. Si se fabrica una parte de máquina con este material, y un punto crítico de la misma se somete a esfuerzo plano tal que los esfuerzos principales sean σ_1 y $\sigma_2 = 0.25\sigma_1$, determine la magnitud de σ_1 que cause la fluencia, de acuerdo con la teoría de la energía de distorsión máxima.

*10-84. Resuelva el problema 10-83 usando la teoría del esfuerzo cortante máximo.

10-85. Una aleación de aluminio se va a usar para un eje de transmisión macizo que transmite 30 hp a 1200 rpm. Considerando un factor de seguridad de 2.5 con respecto a la fluencia, determine el eje con diámetro mínimo que se puede seleccionar, con base en la teoría del esfuerzo cortante máximo. $\sigma_Y = 10$ klb/pulg².

10-86. El elemento está bajo los esfuerzos indicados en la figura. Si $\sigma_Y = 36$ klb/pulg², determine el factor de seguridad para la carga, considerando la teoría del esfuerzo cortante máximo.

10-87. Resuelva el problema 10-86 con la teoría de la energía de distorsión máxima.

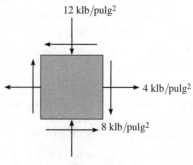

12 klb/pulg²

4 klb/pulg²

8 klb/pulg²

Probs. 10-86/87

*10-88. Si un eje macizo de diámetro d se somete a un par de torsión **T** y a un momento **M**, demostrar que, de acuerdo con la teoría del esfuerzo cortante máximo, el esfuerzo cortante máximo admisible es $\tau_{adm} = (16/\pi d^3)\sqrt{M^2 + T^2}$. Suponga que los esfuerzos principales tienen signo algebraico contrario.

10-89. Deduzca una ecuación para determinar un par de torsión equivalente T_e, que cuando se aplica sólo a una barra redonda maciza causa la misma energía de distorsión que la combinación de un momento de flexión M y un momento de torsión T.

10-90. Deduzca una ecuación para determinar un momento de flexión equivalente, M_e, que si se aplica sólo a una barra redonda maciza, causa el mismo esfuerzo cortante máximo que la combinación de un momento aplicado M y un par de torsión T. Suponga que los esfuerzos principales tienen signos algebraicos contrarios.

10-91. Deduzca una ecuación para determinar un momento de flexión equivalente M_e, que si se aplica sólo a una barra redonda maciza, produce la misma energía de distorsión que la combinación de un momento de flexión M y un momento de torsión T.

*■10-92. Si las cargas internas en una sección crítica de un eje motriz de acero, en un barco, vienen dadas por un par de torsión de 2300 lb · pie, un momento de flexión de 1500 lb · pie y un empuje axial de 2500 lb y considerando que la fluencia para tensión y cortante es $\tau_Y = 100$ klb/pulg² y $\tau_Y = 50$ klb/pulg², respectivamente, calcule el diámetro necesario del eje, aplicando la teoría del esfuerzo cortante máximo.

■ 10-93. Si las cargas internas en una sección crítica del eje motriz de acero en un barco vienen dadas por un par de torsión de 2300 lb · pie, y un momento de flexión de 1500 lb · pie, y un empuje axial de 2500 lb. Considerando que los puntos de fluencia para tensión y cortante son $\sigma_Y = 100$ klb/pulg² y $\tau_Y = 50$ klb/pulg², respectivamente, calcule el diámetro necesario del eje, usando la teoría de la energía de distorsión máxima.

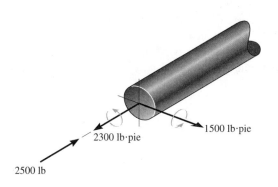

Probs. 10-92/93

10-94. El cilindro de acero inoxidable 304 tiene un diámetro interior de 4 pulg, y un espesor de pared de 0.1 pulg. Si se somete a una presión interna $p = 80$ lb/pulg², una carga axial de 500 lb y un momento de torsión de 70 lb · pie, determine si hay fluencia, de acuerdo con la teoría de la energía de distorsión máxima.

10-95. El cilindro de acero inoxidable 304 tiene un diámetro interior de 4 pulg, y un espesor de pared de 0.1 pulg. Si se somete a una presión interna $p = 80$ lb/pulg², una carga axial de 500 lb y un momento de torsión de 70 lb · pie, determine si hay fluencia, de acuerdo con la teoría del esfuerzo cortante máximo.

Probs. 10-94/95

*10-96. El cilindro corto de concreto, de 50 mm de diámetro, se somete a un par de 500 N · M y a una fuerza de compresión axial de 2 kN. Determine si falla de acuerdo con la teoría del esfuerzo normal máximo. El esfuerzo último del concreto es $\sigma_{últ} = 28$ MPa.

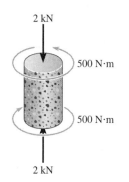

Prob. 10-96

10-97. Si un eje macizo con diámetro d se somete a un par **T** y a un momento **M**, demuestre que de acuerdo con la teoría del esfuerzo normal máximo, el esfuerzo principal máximo admisible es $\sigma_{adm} = (16/\pi d^3)(M + \sqrt{M^2 + T^2})$.

Prob. 10-97

REPASO DEL CAPÍTULO

- Cuando un elemento de material se somete a deformaciones que sólo están en un plano, sufre deformación unitaria plana. Si se conocen los componentes de deformación unitaria ϵ_x, ϵ_y y γ_{xy} para determinada orientación del elemento, las deformaciones unitarias que actúan en cualquier otra orientación del elemento se pueden determinar, con las ecuaciones de transformación de deformación unitaria plana. De igual modo, se pueden determinar las deformaciones unitarias normales principales y la deformación unitaria cortante máxima en el plano, con las ecuaciones de transformación.

- Los problemas de transformación de deformación unitaria se pueden resolver en forma semigráfica usando el círculo de Mohr. Para trazar este círculo, se establecen los ejes ϵ y $\gamma/2$ y se grafican el centro del círculo $[(\epsilon_x + \epsilon_y)/2, 0]$ y el punto de control $(\epsilon_x, \gamma_x/2)$. El radio del círculo se extiende entre estos dos puntos, y se calcula con trigonometría.

- La deformación unitaria máxima absoluta será igual a la deformación unitaria cortante máxima en el plano, siempre que las deformaciones unitarias principales en el plano tengan signos opuestos. Si tienen el mismo signo, la deformación unitaria cortante máxima absoluta estará fuera del plano, y se determina con $\gamma_{máx} = \epsilon_{máx}/2$.

- La ley de Hooke se puede expresar en tres dimensiones, y cada deformación unitaria se relaciona con los tres componentes de esfuerzo normal, usando las propiedades E y ν del material, como indican las ecuaciones 10-18.

- Si se conocen E y ν, se puede calcular G usando $G = E/[2(1 + \nu)]$.

- La dilatación es una medida de la deformación unitaria volumétrica, y el módulo de volumen se usa para medir la rigidez de un volumen de material.

- Siempre que se conozcan los esfuerzos principales en un material, se puede usar una teoría de falla como base de diseño. Los *materiales dúctiles fallan por cortante*, y en este caso, se pueden usar la teoría de esfuerzo cortante máximo, o la teoría de energía de distorsión máxima, para pronosticar la falla. Ambas teorías se comparan con el esfuerzo de fluencia de un espécimen sujeto a esfuerzo uniaxial. Los *materiales frágiles fallan en tensión*, por lo que se pueden usar la teoría del esfuerzo cortante máximo, o el criterio de falla de Mohr, para predecir la falla. En este caso, se hacen las comparaciones con el esfuerzo último de tensión que se desarrolla en un espécimen.

PROBLEMAS DE REPASO

10-98. Determine el módulo de volumen para una ebonita, si $E_r = 0.68(10^3)$ klb/pulg^2, $\nu_r = 0.43$.

10.99. Un recipiente esférico a presión, con pared delgada, tiene radio interior r, espesor de pared t y está sometido a una presión interna p. Si las constantes del material son E y ν, determine la deformación unitaria en dirección circunferencial, en función de los parámetros indicados.

*10-100. La deformación unitaria en el punto A del cascarón tiene componentes $\epsilon_x = 250(10^{-6})$, $\epsilon_y = 400(10^{-6})$, $\gamma_{xy} = 275(10^{-6})$, $\epsilon_z = 0$. Determine (a) las deformaciones unitarias principales en A, (b) la deformación unitaria cortante máxima en el plano x-y y (c) la deformación unitaria cortante máxima absoluta.

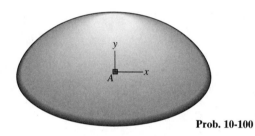

Prob. 10-100

10-101. Un elemento diferencial está sometido a deformación unitaria plana con los siguientes componentes: $\epsilon_x = 950(10^{-6})$, $\epsilon_y = 420(10^{-6})$, $\gamma_{xy} = -325(10^{-6})$. Use las ecuaciones de transformación de deformación unitaria y determine (a) las deformaciones unitarias principales y (b) la deformación unitaria cortante máxima en el plano, y la deformación unitaria cortante promedio correspondiente. En cada caso, especifique la orientación del elemento e indique cómo lo distorsionan las deformaciones unitarias.

10-102. Se muestran los componentes de un plano que ejercen esfuerzo en el punto crítico de una delgada placa de acero. Determine si la falla ocurrió con base en la teoría de energía de distorsión máxima. El esfuerzo de deformación para el acero es $\sigma y = 65$ MPa.

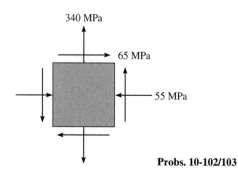

Probs. 10-102/103

10-103. Resuelva el problema 10-102 usando la teoría del esfuerzo cortante máximo.

*10-104. El estado de deformación unitaria de un punto de un soporte tiene componentes $\epsilon_x = 350(10^{-6})$, $\epsilon_y = -860(10^{-6})$, $\gamma_{xy} = 250(10^{-6})$. Use las ecuaciones de transformación de deformación unitaria para determinar las deformaciones unitarias equivalentes en el plano, en un elemento que forma un ángulo de $\theta = 45°$ en sentido de las manecillas del reloj, con la posición original. Trace el elemento deformado en el plano x-y, debido a esas deformaciones unitarias.

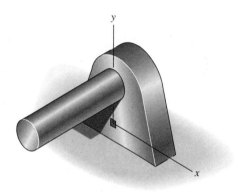

Prob. 10-104

10-105. La viga de aluminio tiene la sección transversal rectangular que se indica en la figura. Si se somete a un momento de flexión de $M = 60$ klb · pulg, determine el aumento de la dimensión de 2 pulg en la parte superior de la viga, y la disminución de esta dimensión en su cara inferior. $E_{al} = 10(10^3)$ klb/pulg^2, $\nu_{al} = 0.3$.

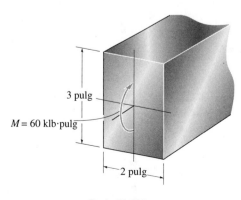

Prob. 10-105

Las vigas son elementos estructurales importantes que se usan para soportar cargas de techo y de piso.

CAPÍTULO
11

Diseño de vigas y ejes

OBJETIVOS DEL CAPÍTULO

En este capítulo describiremos cómo diseñar una viga para que pueda resistir cargas de flexión y de cortante, al mismo tiempo. En forma específica se desarrollarán métodos que se usan para diseñar vigas prismáticas y para determinar la forma de vigas totalmente esforzadas. Al final del capítulo se describirá el diseño de ejes, con base en la resistencia a momentos de flexión y de torsión.

11.1 Base para el diseño de vigas

Las *vigas* son miembros estructurales diseñados para soportar cargas aplicadas perpendiculares a sus ejes longitudinales. Debido a esas cargas, las vigas desarrollan una fuerza cortante y un momento de flexión internos que, en general, varían de un punto a otro a lo largo del eje de la viga. Algunas vigas también pueden estar sometidas a una fuerza axial interna; sin embargo, con frecuencia no se tienen en cuenta los efectos de esa fuerza en el diseño, ya que en general el esfuerzo axial es mucho menor que los esfuerzos que se desarrollan por cortante y flexión. Una viga que se selecciona para resistir los esfuerzos cortante y de flexión a la vez se dice que está diseñada *con base en la resistencia*. Para diseñar una viga de esta forma se requiere el uso de fórmulas de cortante y de flexión deducidas en los capítulos 6 y 7. Sin embargo, la aplicación de estas fórmulas se limita a vigas hechas con un material homogéneo que tiene comportamiento elástico lineal.

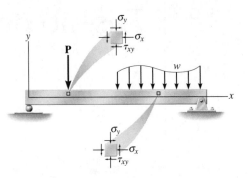

Fig. 11-1

En general, las vigas soportan una gran fuerza cortante en sus apoyos. Por esta razón, con frecuencia se usan rigidizadores ("*riostras*") metálicas unidas con el alma de la viga, como se ve aquí, para evitar deformaciones localizadas de la viga.

Por lo general, el análisis de esfuerzos en una viga no tiene en cuenta los efectos causados por cargas externas distribuidas y fuerzas concentradas aplicadas a la viga. Como se ve en la figura 11-1, esas cargas crean esfuerzos adicionales en la viga *directamente bajo la carga*. En forma notable, se desarrolla un esfuerzo de compresión σ_y además del esfuerzo de flexión σ_x y del esfuerzo cortante τ_{xy} que se describieron antes. Sin embargo, se puede demostrar, usando métodos avanzados de análisis que se toman de la teoría de la elasticidad, que el esfuerzo σ_y disminuye rápidamente en el *peralte* (la altura) de la viga, y para *la mayor parte* de las relaciones de claro a peralte que se usan en la práctica de la ingeniería, el valor máximo de σ_y suele representar sólo un pequeño porcentaje, en comparación con el esfuerzo de flexión, esto es, $\sigma_x \gg \sigma_y$. Además, en general se evita la aplicación directa de cargas concentradas en el diseño de las vigas. En lugar de ello se usan *placas de apoyo* para repartir esas cargas con más uniformidad sobre la superficie de la viga.

Aunque las vigas se diseñan principalmente por resistencia, también se deben arriostrar en forma adecuada a lo largo de sus lados, para que no se pandeen o se vuelvan inestables en forma repentina. Además, en algunos casos se deben diseñar las vigas para resistir una cantidad limitada, *deflexión* o *flecha*, como cuando soportan techos de materiales frágiles, como yeso. Los métodos para calcular las deflexiones de las vigas se describirán en el capítulo 12, y las limitaciones para el pandeo de vigas se describen con frecuencia en los códigos de diseño estructural o mecánico.

11.2 Diseño de vigas prismáticas

Para diseñar una viga con base en la *resistencia*, se requiere que el esfuerzo real de flexión y de cortante en la viga no rebasen el esfuerzo admisible, de flexión y de cortante, para el material, como se definen en los códigos estructurales o mecánicos. Si el tramo suspendido de la viga es relativamente largo, de modo que los momentos internos se hacen grandes, el ingeniero debe tener en cuenta primero un diseño basado en la flexión, para después comprobar la resistencia al cortante. Un diseño por flexión requiere la determinación del ***módulo de sección*** de la viga, que es la relación de I entre c; esto es, $S = I/c$. Al aplicar la fórmula de la flexión, $\sigma = Mc/I$, se tiene que

$$S_{\text{req}} = \frac{M}{\sigma_{\text{adm}}} \qquad (11\text{-}1)$$

En este caso M se determina con el diagrama de momentos de la viga, y el esfuerzo de flexión admisible, σ_{adm}, se especifica en un código de diseño. En muchos casos, el peso desconocido de la viga será pequeño, y se puede despreciar en comparación con las cargas que debe soportar la viga. Sin embargo, si el momento adicional causado por el peso se debe incluir en el diseño, se hace una selección de S tal que *rebase* un poco el S_{req}.

Una vez conocido S_{req}, si la viga tiene una forma transversal simple, como un cuadrado, un círculo o un rectángulo de proporciones de ancho a peralte conocidas, se pueden determinar sus *dimensiones* en forma directa a partir de S_{req}, porque, por definición, $S_{\text{req}} = I/c$. Sin embargo, si el corte transversal está formado de varios elementos, por ejemplo un perfil I, se puede calcular una cantidad infinita de dimensiones de patín y alma que satisfagan el valor de S_{req}. Sin embargo, en la práctica los ingenieros escogen determinada viga que cumple con el requisito $S > S_{\text{req}}$, en un manual donde aparecen los perfiles estándar disponibles con los fabricantes. Con frecuencia, se pueden seleccionar en esas tablas varias vigas que tienen el mismo módulo de sección. Si las deflexiones no están limitadas, en general se escoge la viga que tenga la menor área transversal, ya que está hecha con menos material y en consecuencia es más ligera y más económica que las otras.

En la descripción anterior se supone que el esfuerzo de flexión admisible para el material es *igual* tanto para tensión como para compresión. Si es así, entonces se debe seleccionar una viga que tenga una sección transversal *simétrica* con respecto al eje neutro. Sin embargo, si los esfuerzos de flexión, de tensión y compresión, *no* son iguales, entonces la selección de un corte transversal asimétrico podrá ser más eficiente. Bajo esas circunstancias, la viga debe diseñarse para resistir el máximo momento positivo y el máximo momento negativo en el claro *al mismo tiempo*.

Las dos vigas de piso están unidas a la viga perimetral, que transmite la carga a las columnas de esta estructura de edificio. En los análisis de fuerzas se puede considerar que las conexiones funcionan como articulaciones (pasadores).

Una vez seleccionada la viga se aplica la fórmula de cortante $\tau_{\text{adm}} \geq$ VQ/It para comprobar que no se rebase el esfuerzo cortante admisible. Con frecuencia este requisito no presenta problemas. Sin embargo, si la viga es "corta" y soporta grandes cargas concentradas, la limitación de esfuerzo cortante puede dictar el tamaño de la viga. Esta limitación tiene especial importancia en el diseño de vigas de madera, porque la madera tiende a abrirse a lo largo de las fibras, debido al cortante (vea la figura 7-6).

Vigas compuestas. Como las vigas se fabrican con frecuencia con acero o madera, ahora describiremos algunas de las propiedades tabuladas de vigas hechas con esos materiales.

Perfiles de acero. La mayor parte de las vigas industriales de acero se producen laminando un lingote caliente de acero hasta conformar la forma deseada. Estos llamados *perfiles laminados* tienen propiedades que se tabulan en el manual del Instituto Americano de Construcción en Acero (AISC, de *American Institute of Steel Construction*). En el apéndice B se presenta una lista representativa de vigas I tomadas de ese manual. Como se indica en ese apéndice, los perfiles I se especifican por su peralte y su peso por unidad de longitud; por ejemplo, W18 × 46 indica una viga I (en inglés "W", de *wide-flange*, patín ancho) con peralte de 18 pulgadas y que pesa 46 lb/pie, figura 11-2. Para cualquier perfil, se indican el peso por longitud, las dimensiones, el área transversal, el momento de inercia y el módulo de sección. También aparece el radio de giro, *r*, que es una propiedad geométrica relacionada con la resistencia del perfil al pandeo. Esto se describirá en el capítulo 13. El apéndice B y el *Manual AISC* también contienen datos de otros perfiles, como canales y ángulos.

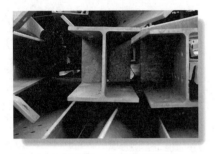

Vista típica de un perfil de viga de acero de patín ancho.

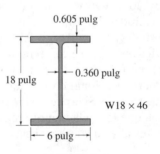

Fig. 11-2

Perfiles de madera. La mayor parte de las vigas de madera tienen corte transversal rectangular, porque dichas vigas son fáciles de fabricar y de manejar. Hay manuales, como el de la *National Forest Products Association*, que muestran las dimensiones de la madera para construcción que se usa con frecuencia en el diseño de vigas de madera. Muy a menudo aparecen las dimensiones nominales y reales. La madera para construcción se identifica por sus dimensiones *nominales*, como 2 × 4 (2 pulg por 4 pulg); sin embargo, sus dimensiones reales o "acabadas" son menores, de 1.5 pulg por 3.5 pulga. La reducción de las dimensiones se debe al requisito de obtener superficies lisas, con madera para construcción que está cortada en forma tosca. Es obvio que se deben usar las *dimensiones reales* siempre que se hagan cálculos de esfuerzos en estas vigas.

Soldada   Atornillada

Vigas compuestas de acero

Fig. 11-3

Perfiles compuestos.   Un *perfil compuesto* se forma con dos o más partes unidas para formar una sola unidad. Como indica la ecuación 11-1, la capacidad de la viga para resistir un momento varía en forma directa respecto a su módulo de sección, y como $S = I/c$, *S aumenta* si *I aumenta*. Para aumentar *I, la mayor parte del material* se debe *alejar* todo lo posible del eje neutro. Esto, claro está, es lo que hace tan eficiente a una viga I de gran peralte para resistir determinado momento. Más que usar varias de las vigas disponibles para sostener la carga, los ingenieros suelen "componer" una viga con placas y ángulos. Un perfil I que tenga esa forma se llama *viga I compuesta*. Por ejemplo, la viga compuesta de acero de la figura 11-3 tiene dos patines que se pueden soldar o, mediante ángulos, atornillar a la placa del alma.

También las vigas de madera se "componen", en general en forma de una viga de cajón, figura 11-4*a*. Pueden fabricarse con almas de madera terciada, y con tablas mayores como patines. Para claros muy grandes se usan *vigas laminadas pegadas* o *glulam* (del inglés, *glued laminated*). Esos miembros se fabrican con varias tablas pegadas y laminadas entre sí para formar una sola unidad, figura 11-4*b*.

Igual que en el caso de los perfiles laminados, o de vigas hechas de una sola pieza, en el diseño de los perfiles compuestos se requiere comprobar los esfuerzos de flexión y cortante. Además, se debe comprobar el esfuerzo cortante en los sujetadores, como soldadura, pegamento, clavos, etc., para estar seguros de que la viga funcione como una sola unidad. Los principios para hacer esas comprobaciones se describieron en la sección 7.4.

Viga de cajón, de madera

(a)

Viga glulam (laminada pegada)

(b)

Fig. 11-4

PUNTOS IMPORTANTES

- Las vigas soportan cargas que se aplican perpendicularmente a sus ejes. Si se diseñan con base en su resistencia, deben resistir los esfuerzos cortante y de flexión admisibles.

- Se supone que el esfuerzo de flexión máximo en la viga es mucho mayor que los esfuerzos localizados causados por la aplicación de cargas sobre la superficie de la viga.

PROCEDIMIENTO PARA EL ANÁLISIS

Con base en nuestra descripción anterior, el siguiente procedimiento es un método racional para el diseño de una viga con base en su resistencia.

Diagramas de cortante y de momento de flexión.

- Determinar el cortante y el momento de flexión máximos en la viga. Con frecuencia esto se hace trazando los diagramas de cortante y de momentos de la viga.

- Para vigas compuestas, los diagramas de cortante y de momentos son útiles para identificar *regiones* donde el cortante y la flexión son demasiado grandes, y pueden necesitar refuerzos estructurales adicionales, o sujetadores.

Esfuerzo normal promedio.

- Si la viga es relativamente larga, se diseña calculando su módulo de sección con la fórmula de la flexión, $S_{req} = M_{máx}/\sigma_{adm}$.

- Una vez determinado S_{req}, se calculan las dimensiones de la sección transversal cuando el perfil es simple, ya que $S_{req} = I/c$.

- Si se van a usar perfiles laminados de acero, se pueden seleccionar varios valores posibles de S en las tablas del apéndice B. De ellas, elegir la que tenga el área transversal mínima, porque será la que tiene el peso mínimo y en consecuencia será la más económica.

- Asegúrese que el módulo de sección seleccionado S sea *un poco mayor* que S_{req}, para tener en cuenta el momento adicional debido al peso de la viga.

Esfuerzo cortante.

- En el caso normal, las vigas cortas que soportan grandes cargas, y en especial las de madera, se diseñan primero para resistir el cortante, y después se comprueban los requisitos del esfuerzo de flexión admisible.

- Se usa la fórmula del cortante para comprobar que no se rebase el esfuerzo cortante admisible; esto es, usar $\tau_{adm} \geq V_{máx} Q/It$.

- Si la viga tiene un corte transversal *rectangular* lleno, la fórmula del cortante se transforma en $\tau_{adm} \geq 1.5$ $(V_{máx}/A)$, ecuación 7-5, y si el *perfil es I*, en general es adecuado suponer que el esfuerzo cortante es *constante* dentro del área transversal del alma de la viga, por lo que $\tau_{adm} \geq V_{máx}/A_{alma}$, donde A_{alma} se determina con el producto del peralte de la viga por el espesor del alma. (Vea la sección 7.3.)

Adecuación de los sujetadores.

- La adecuación de los sujetadores que se usan en las vigas compuestas depende del esfuerzo cortante que pueden resistir esos sujetadores. En forma específica, se calcula la distancia requerida entre clavos o tornillos de determinado tamaño, a partir del flujo de cortante admisible, $q_{adm} = VQ/I$, calculado en los puntos del corte transversal donde están ubicados los sujetadores. (Vea la sección 7.4.)

E J E M P L O 11.1

Una viga de acero con esfuerzo de flexión admisible $\sigma_{adm} = 24$ klb/pulg^2 y esfuerzo cortante admisible $\tau_{adm} = 14.5$ klb/pulg^2 va a soportar las cargas de la figura 11-5a. Seleccione un perfil W adecuado.

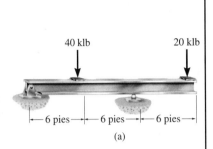

(a)

Solución

Diagramas de cortante y de momentos. Se han calculado las reacciones en los apoyos, y los diagramas de cortante y de momentos se ven en la figura 11-5b. Según esos diagramas, $V_{máx} = 30$ klb y $M_{máx} = 120$ klb · pie.

Esfuerzo de flexión. El módulo de sección necesario para la viga se determina con la fórmula de la flexión:

$$S_{req} = \frac{M_{máx}}{\sigma_{adm}} = \frac{120 \text{ klb} \cdot \text{pies}(12 \text{ pulg/pie})}{24 \text{ klb/pulg}^2} = 60 \text{ pulg}^3$$

En la tabla del apéndice B se ve que las siguientes vigas son adecuadas:

W18 × 40	$S = 68.4$ pulg^3
W16 × 45	$S = 72.7$ pulg^3
W14 × 43	$S = 62.7$ pulg^3
W12 × 50	$S = 64.7$ pulg^3
W10 × 54	$S = 60.0$ pulg^3
W8 × 67	$S = 60.4$ pulg^3

Se escoge la viga que tiene el menor peso por pie, es decir,

W18 × 40

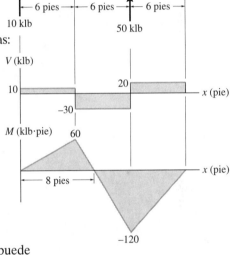

(b)

Fig. 11-5

El momento máximo *real*, $M_{máx}$, que incluye el peso de la viga, se puede calcular para comprobar la adecuación de la viga seleccionada. Sin embargo, en comparación con las cargas aplicadas, el peso de la viga, $(0.040$ klb/pie)(18 pies) = 0.720 klb, sólo *aumentará un poco* S_{req}. No obstante.

$$S_{req} = 60 \text{ pulg}^3 < 68.4 \text{ pulg}^3 \qquad \text{OK}$$

Esfuerzo cortante. Como la viga es un *perfil I*, se determinará el *esfuerzo cortante promedio* dentro del alma. En este caso se supone que el alma se extiende desde la mismísima cara superior (el *lecho alto*) hasta la mismísima cara inferior (el *lecho bajo*) de la viga. Del apéndice B, para una W18 × 40, $d = 17.90$ pulg, $t_w = 0.315$ pulg. Entonces,

$$\tau_{prom} = \frac{V_{máx}}{A_w} = \frac{30 \text{ klb}}{(17.90 \text{ pulg})(0.315 \text{ pulg})} = 5.32 \text{ klb/pulg}^2 < 14.5 \text{ klb/pulg}^2 \quad \text{OK}$$

Usar una W18 × 40. *Resp.*

EJEMPLO 11.2

La viga T (o *viga te*) de madera de la figura 11-6a se fabrica con dos tablas de 200 mm × 300 mm. Si el esfuerzo de flexión admisible es σ_{adm} = 12 MPa y el esfuerzo cortante admisible es τ_{adm} = 0.8 MPa, determine si la viga puede sostener con seguridad las cargas indicadas. También especifique la separación máxima entre clavos, necesaria para sujetar las dos tablas, si cada clavo puede resistir 1.50 kN en cortante.

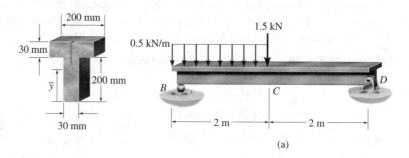

(a)

Solución

Diagramas de cortante y de momentos. Se indican las reacciones en la viga, y los diagramas de cortante y de momentos se ven en la figura 11-6b. En este caso, $V_{máx}$ = 1.5 kN, $M_{máx}$ = 2 kN · m.

Esfuerzo de flexión. El eje neutro (el centroide) se localiza partiendo del lecho bajo de la viga. Haciendo cálculos en metros, se tiene que

$$\bar{y} = \frac{\Sigma \bar{y} A}{\Sigma A}$$

$$= \frac{(0.1\ m)(0.03\ m)(0.2\ m) + 0.215\ m(0.03\ m)(0.2\ m)}{0.03\ m(0.2\ m) + 0.03\ m(0.2\ m)} = 0.1575\ m$$

Así,

$$I = \left[\frac{1}{12}(0.03\ m)(0.2\ m)^3 + (0.03\ m)(0.2\ m)(0.1575\ m - 0.1\ m)^2\right]$$

$$+ \left[\frac{1}{12}(0.2\ m)(0.03\ m)^3 + (0.03\ m)(0.2\ m)(0.215\ m - 0.1575\ m)^2\right]$$

$$= 60.125(10^{-6})\ m^4$$

Como c = 0.1575 m (no 0.230 m − 0.1575 m = 0.0725 m), se requiere que

$$\sigma_{adm} \leq \frac{M_{máx}c}{I}$$

$$12(10^3)\ kPa \leq \frac{2\ kN \cdot m\ (0.1575\ m)}{60.125(10^{-6})\ m^4} = 5.24(10^3)\ kPa \qquad OK$$

Fig. 11-6

Esfuerzo cortante. El esfuerzo cortante máximo en la viga depende de la magnitud de Q y de t. Está en el eje neutro, porque Q es máximo allí y el eje neutro está en el alma, donde el espesor es $t = 0.03$ m, y es mínimo en la sección transversal. Para simplificar usaremos el área rectangular abajo del eje neutro para calcular Q, y no un área compuesta de dos partes, arriba de este eje, figura 11-6c. Entonces,

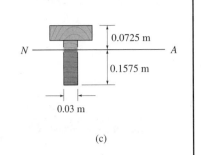

(c)

$$Q = \bar{y}'A' = \left(\frac{0.1575 \text{ m}}{2}\right)[(0.1575 \text{ m})(0.03 \text{ m})] = 0.372(10^{-3}) \text{ m}^3$$

De modo que

$$\tau_{\text{adm}} \geq \frac{V_{\text{máx}}Q}{It}$$

$$800 \text{ kPa} \geq \frac{1.5 \text{ kN}[0.372(10^{-3})] \text{ m}^3}{60.125(10^{-6}) \text{ m}^4(0.03 \text{ m})} = 309 \text{ kPa} \qquad \text{OK}$$

Separación entre los clavos. En el diagrama de cortante se ve que varía en todo el claro. Como la separación de los clavos depende de la magnitud del cortante en la viga, para simplificar (y ser conservadores) se diseñará la separación con base en $V = 1.5$ kN para la región BC y $V = 1$ kN para la región CD. Como los clavos unen al patín con el alma, figura 11-6d, entonces

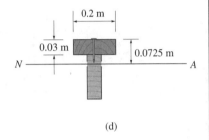

(d)

$$Q = \bar{y}'A' = (0.0725 \text{ m} - 0.015 \text{ m})[(0.2 \text{ m})(0.03 \text{ m})] = 0.345(10^{-3}) \text{ m}^3$$

Así, el flujo de cortante para cada región es

$$q_{BC} = \frac{V_{BC}Q}{I} = \frac{1.5 \text{ kN}[0.345(10^{-3})] \text{ m}^3}{60.125(10^{-6}) \text{ m}^4} = 8.61 \text{ kN/m}$$

$$q_{CD} = \frac{V_{CD}Q}{I} = \frac{1 \text{ kN}[0.345(10^{-3})] \text{ m}^3}{60.125(10^{-6}) \text{ m}^4} = 5.74 \text{ kN/m}$$

Un clavo puede resistir 1.50 kN en cortante, y entonces la separación es

$$s_{BC} = \frac{1.50 \text{ kN}}{8.61 \text{ kN/m}} = 0.174 \text{ m}$$

$$s_{CD} = \frac{1.50 \text{ kN}}{5.74 \text{ kN/m}} = 0.261 \text{ m}$$

Para facilidad de medición, usar

$$s_{BC} = 150 \text{ mm} \qquad \textit{Resp.}$$

$$s_{CD} = 250 \text{ mm} \qquad \textit{Resp.}$$

EJEMPLO 11.3

La viga de madera laminada de la figura 11-7a sostiene una carga uniformemente distribuida de 12 kN/m. Si esa viga debe tener una relación de peralte a ancho de 1.5, determine el ancho mínimo. El esfuerzo de flexión admisible es σ_{adm} = 9 MPa y el esfuerzo cortante admisible es τ_{adm} = 0.6 MPa. No tener en cuenta el peso de la viga.

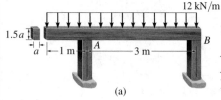

12 kN/m

1.5a

a ⊢—1 m— A —————3 m—————⊣ B

(a)

Solución

Diagramas de cortante y de momentos. Las reacciones en los apoyos A y B se calcularon, y los diagramas de cortante y de momento se ven en la figura 11-7b. En este caso, $V_{máx}$ = 20 kN, $M_{máx}$ = 10.67 kN · m.

Esfuerzo de flexión. Al aplicar la fórmula de la flexión se obtiene

$$S_{req} = \frac{M_{máx}}{\sigma_{adm}} = \frac{10.67 \text{ kN} \cdot \text{m}}{9(10^3) \text{ kN/m}^2} = 0.00119 \text{ m}^3$$

Suponiendo que el ancho es a, entonces el peralte es $h = 1.5a$, figura 11-7a. Así,

$$S_{req} = \frac{I}{c} = \frac{\frac{1}{12}(a)(1.5a)^3}{(0.75a)} = 0.00119 \text{ m}^3$$

$$a^3 = 0.003160 \text{ m}^3$$

$$a = 0.147 \text{ m}$$

Esfuerzo cortante. Se aplica la fórmula de cortante para perfiles rectangulares (que es un caso especial de $\tau_{máx} = VQ/It$), y resulta

$$\tau_{máx} = 1.5 \frac{V_{máx}}{A} = (1.5) \frac{20 \text{ kN}}{(0.147 \text{ m})(1.5)(0.147 \text{ m})}$$

$$= 0.929 \text{ MPa} > 0.6 \text{ MPa}$$

Ecuación

Como falla el criterio de cortante, se debe volver a diseñar la viga con base en el cortante.

$$\tau_{adm} = \frac{3}{2} \frac{V_{máx}}{A}$$

$$600 \text{ kN/m}^2 = \frac{3}{2} \frac{20 \text{ kN}}{(a)(1.5a)}$$

$$a = 0.183 \text{ m} = 183 \text{ mm} \qquad Resp.$$

Esta sección es mayor, y resistirá también en forma adecuada el esfuerzo normal.

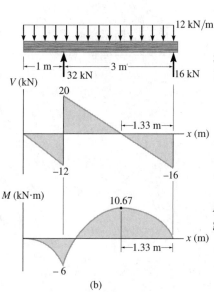

12 kN/m

⊢—1 m—⊣ ↑ ——3 m—— ↑
32 kN   16 kN

V (kN)

20

⊢—1.33 m—⊣
x (m)

−12   −16

M (kN·m)

10.67

⊢—1.33 m—⊣
x (m)

−6

(b)

Fig. 11-7

PROBLEMAS

No tenga en cuenta el peso de la viga, en los siguientes problemas.

11-1. La viga simplemente apoyada es de madera para construcción, que tiene un esfuerzo de flexión admisible σ_{adm} = 6.5 MPa, y un esfuerzo cortante admisible τ_{adm} = 500 kPa. Determine sus dimensiones, si debe ser rectangular y tener una relación de peralte a ancho de 1.25.

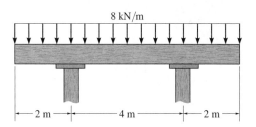

8 kN/m

2 m | 4 m | 2 m

Prob. 11-1

11-2. La viga es de abeto Douglas, con un esfuerzo de flexión admisible σ_{adm} = 1.1 klb/pulg^2, y un esfuerzo cortante admisible τ_{adm} = 0.70 klb/pulg^2. Determine el ancho b de la viga, si su altura es $h = 2b$.

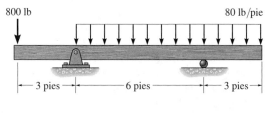

800 lb   80 lb/pie

3 pies | 6 pies | 3 pies

$h = 2b$
b

Prob. 11-2

11-3. La viga de madera se carga como muestra la figura. Si los extremos sólo sostienen fuerzas verticales, determine la máxima magnitud de **P** que puede aplicarse. σ_{adm} = 25 MPa, τ_{adm} = 700 kPa.

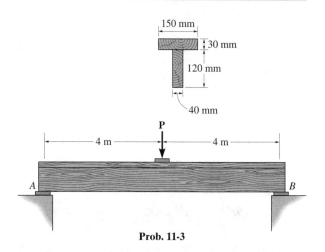

150 mm
30 mm
120 mm
40 mm

P

4 m | 4 m

A   B

Prob. 11-3

*11-4. Trace los diagramas de cortante y de momento de flexión para el eje, y calcule su diámetro necesario, cerrando al $\frac{1}{4}$ de pulg, si σ_{adm} = 7 klb/pulg^2 y τ_{adm} = 3 klb/pulg^2. Los cojinetes en A y en D sólo ejercen reacciones verticales sobre el eje. La carga se aplica a las poleas en B, C y E.

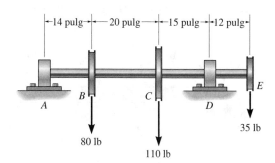

14 pulg | 20 pulg | 15 pulg | 12 pulg

A   B   C   D   E

80 lb

110 lb

35 lb

Prob. 11-4

11-5. La viga simplemente apoyada es de madera con esfuerzo admisible de flexión σ_{adm} = 960 lb/pulg^2, y esfuerzo cortante admisible τ_{adm} = 75 lb/pulg^2. Calcule sus dimensiones, para que sea rectangular y tenga una relación de peralte a ancho de 1.25.

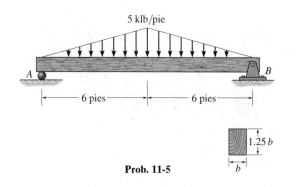

5 klb/pie

A   B

6 pies | 6 pies

1.25 b
b

Prob. 11-5

11.6. El balancín de carta AB se usa para subir lentamente el tubo de 300 lb que está centrado, con abrazaderas en C y D. Si la viga es una W 12×45, determinar si puede soportar con seguridad esa carga. El esfuerzo admisible de flexión es $\sigma_{adm} = 22$ klb/pulg^2, y el esfuerzo cortante admisible es $\tau_{adm} = 12$ klb/pulg^2.

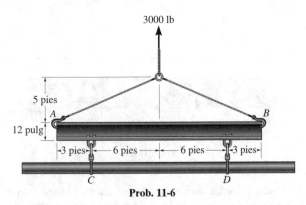

Prob. 11-6

11-7. Seleccione el perfil **W** de acero más ligero, en el apéndice B, que soporte con seguridad la carga indicada. El esfuerzo de flexión admisible es $\sigma_{adm} = 24$ klb/pulg^2, y el esfuerzo cortante admisible es $\tau_{adm} = 14$ klb/pulg^2.

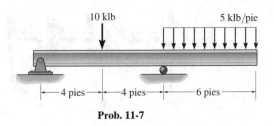

Prob. 11-7

*11-8. La viga simplemente apoyada está formada por dos perfiles W 12×22, dispuestos como se indica. Determine la carga uniformemente repartida máxima, w, que soporta esa viga, si el esfuerzo de flexión admisible es $\sigma_{adm} = 22$ klb/pulg^2 y el esfuerzo cortante admisible es $\tau_{adm} = 14$ klb/pulg^2.

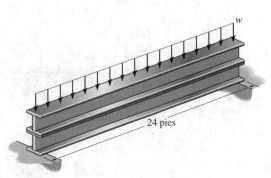

Prob. 11-8

11-9. La viga simplemente apoyada está formada por dos perfiles W 12×22, dispuestos como se indica. Determine si la viga soporta con seguridad una carga $w = 2$ klb/pie. El esfuerzo de flexión admisible es $\sigma_{adm} = 22$ klb/pulg^2 y el esfuerzo cortante admisible es $\tau_{adm} = 14$ klb/pulg^2.

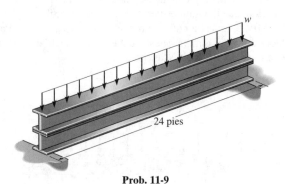

Prob. 11-9

11-10. Determine el ancho mínimo de la viga, en incrementos de $\frac{1}{4}$ de pulg, que soporte con seguridad la carga de $P = 8$ klb. El esfuerzo de flexión admisible es $\sigma_{adm} = 24$ klb/pulg^2, y el esfuerzo cortante admisible es $\tau_{adm} = 1.5$ klb/pulg^2.

11-11. Resuelva el problema 11-10, si $P = 10$ klb.

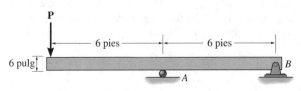

Probs. 11-10/11

*11-12. Trace los diagramas de cortante y de momentos para la viga W 12×14, y compruebe que soporte con seguridad la carga indicada. Suponga que $\sigma_{adm} = 22$ klb/pulg^2 y que $\sigma_{adm} = 12$ klb/pulg^2.

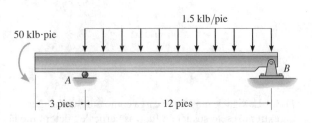

Prob. 11-12

11-13. Seleccione la viga de acero, patín ancho (W) más ligera, que soporte las cargas indicadas. El esfuerzo de flexión admisible es σ_{adm} = 24 klb/pulg^2, y el esfuerzo cortante admisible es τ_{adm} = 14 klb/pulg^2.

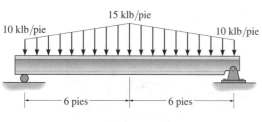

Prob. 11-13

11-14. La viga ("trabe carril") de la figura se usa en un patio de ferrocarril, para cargar y descargar furgones. Si la carga máxima prevista en la garrucha es 12 klb, seleccione el perfil W de acero más ligero, en el apéndice B, que soporte con seguridad la carga. La garrucha se mueve sobre el patín inferior de la viga, 1 pie ≤ x ≤ 25 pies, y su tamaño es despreciable. Suponga que la viga está fija con pasador en la columna, en B, y soportada con rodillos en A. El esfuerzo de flexión admisible es σ_{adm} = 24 klb/pulg^2, y el esfuerzo cortante admisible es τ_{adm} = 12 klb/pulg^2.

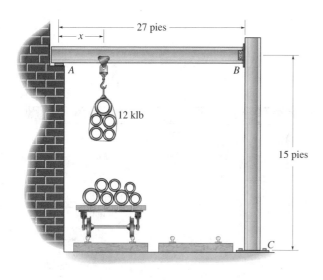

Prob. 11-14

11-15. Seleccione, en el apéndice B, la viga de acero, perfil W, que tenga el menor peralte y el menor peso y que soporte con seguridad las cargas indicadas. El esfuerzo de flexión admisible es σ_{adm} = 22 klb/pulg^2, y el esfuerzo cortante admisible es τ_{adm} = 12 klb/pulg^2.

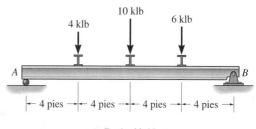

Prob. 11-15

*11-16. Dos miembros de plástico de acetilo se van a pegar y usar para soportar las cargas que se ven en la figura. Si el esfuerzo admisible de flexión para el plástico es σ_{adm} = 13 klb/pulg^2, y el esfuerzo cortante admisible es τ_{adm} = 4 klb/pulg^2, calcule la carga máxima P que puede soportar, y especifique la capacidad de esfuerzo cortante que debe tener el adhesivo.

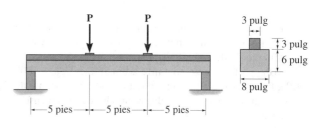

Prob. 11-16

11-17. La viga T en voladizo, de acero, se fabrica con dos placas soldadas, como muestra la figura. Calcule las cargas máximas P que puede soportar con seguridad esa viga, si el esfuerzo de flexión admisible es σ_{adm} = 170 MPa, y el esfuerzo cortante admisible es τ_{adm} = 95 MPa.

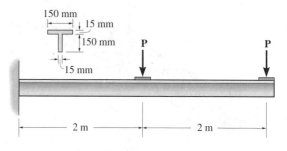

Prob. 11-17

11-18. Determine si la viga T en voladizo, de acero, puede sostener con seguridad las dos cargas $P = 3$ kN, si el esfuerzo de flexión admisible es $\sigma_{adm} = 170$ MPa, y el esfuerzo cortante admisible es $\tau_{adm} = 95$ MPa.

*11-20. La viga se usa para soportar la máquina, que ejerce las fuerzas de 6 klb y 8 klb que se indican. Si el esfuerzo cortante máximo no debe ser mayor que $\sigma_{adm} = 22$ klb/pulg², determine el ancho necesario b de los patines.

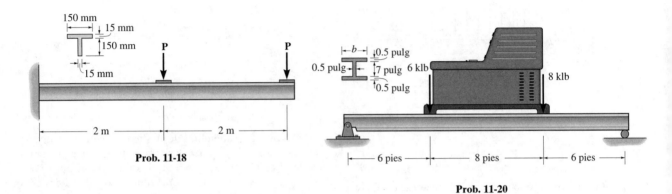

Prob. 11-18

Prob. 11-20

11-19. La viga simplemente apoyada sostiene una carga $P = 16$ kN. Determine la mínima dimensión a, de cada viga, si el esfuerzo de flexión admisible para la madera es $\sigma_{adm} = 30$ MPa, y el esfuerzo cortante admisible es $\tau_{adm} = 800$ kPa. También, si cada tornillo puede resistir un cortante de 2.5 kN, calcular la separación de los tornillos, con la dimensión calculada a.

11-21. La viga de acero tiene un esfuerzo de flexión admisible $\sigma_{adm} = 140$ MPa, y un esfuerzo cortante admisible $\tau_{adm} = 90$ MPa. Determine la carga máxima que puede sostener con seguridad.

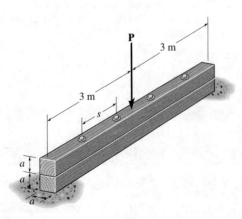

Prob. 11-19

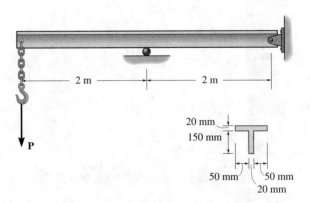

Prob. 11-21

11-22. La viga de madera tiene corte transversal rectangular. Si su ancho es 6 pulgadas, determine su peralte h para que llegue en forma simultánea a su esfuerzo de flexión admisible $\sigma_{adm} = 1.50$ klb/pulg^2, y a su esfuerzo cortante admisible $\tau_{adm} = 50$ lb/pulg^2. También, ¿cuál es la carga máxima P que puede soportar esa viga?

11-25. La viga se fabrica con tres tablas, como se ve en la figura. Si cada clavo puede resistir una fuerza cortante de 300 N, calcule la separación máxima s y s' de los clavos, en las regiones AB y BC.

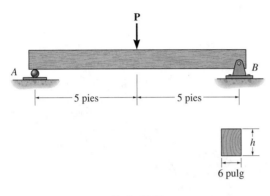

Prob. 11-22

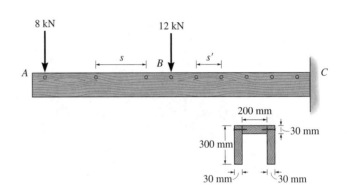

Prob. 11-25

11-23. La viga se compone de tres bandas de plástico. Si el adhesivo puede resistir un esfuerzo cortante $\tau_{adm} = 8$ kPa, calcule la magnitud máxima de las cargas **P** que se pueden aplicar a la viga.

*11-24. La viga se compone con tres tablas de madera. Si el esfuerzo de flexión admisible es $\sigma_{adm} = 6$ MPa y el adhesivo puede resistir un esfuerzo cortante $\tau_{adm} = 8$ kPa, determine la magnitud máxima de las cargas **P** que puede resistir la viga.

11-26. La viga se forma con tres tablas, como se ve en la figura. Si cada clavo puede resistir una fuerza de corte de 50 lb, determine las separaciones máximas s, s' y s'' en las regiones AB, BC y CD, respectivamente.

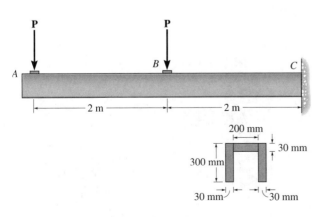

Probs. 11-23/24

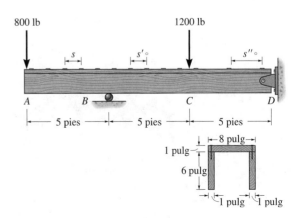

Prob. 11-26

11-27. El larguero AB que se usa en la construcción de una casa, es de tabla de 8 pulg por 1.5 pulg, de pino del sur. Si se pone la carga de diseño en cada tabla como se ve en la figura, determine el ancho máximo de recinto L que pueden sostener las tablas. El esfuerzo cortante admisible para la madera es $\sigma_{adm} = 2$ klb/pulg^2, y el esfuerzo cortante admisible es $\tau_{adm} = 180$ lb/pulg^2. Suponga que la viga está simplemente apoyada en las paredes, en A y B.

11-29. En la construcción de un piso se usa la viga simplemente apoyada. Para que el piso sea bajo con respecto a las vigas maestras C y D, los extremos de las vigas se rebajan como se ve en la figura. Si el esfuerzo cortante admisible para la madera es $\tau_{adm} = 350$ lb/pulg^2, y el esfuerzo de flexión admisible es $\sigma_{adm} = 1700$ lb/pulg^2, calcule la altura mínima h para que la viga soporte una carga $P = 600$ lb. También, ¿toda la viga soportará con seguridad la carga? No tenga en cuenta la concentración de esfuerzo en la muesca.

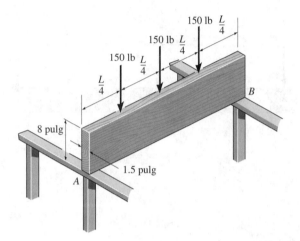

Prob. 11-27

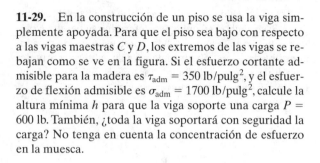

Prob. 11-29

*11-28. En la construcción de un piso se usa la viga simplemente apoyada. Para que el piso sea bajo con respecto a las vigas maestras C y D, los extremos de las vigas se rebajan como se ve en la figura. Si el esfuerzo cortante admisible para la madera es $\sigma_{adm} = 350$ lb/pulg^2, y el esfuerzo de flexión admisible es $\tau_{adm} = 1500$ lb/pulg^2, calcule la altura h que hará que la viga alcance al mismo tiempo ambos esfuerzos admisibles. También, ¿qué carga P hace que eso suceda? No tenga en cuenta la concentración de esfuerzo en la muesca.

11-30. La viga en voladizo se forma con dos piezas de madera de 2 pulg por 4 pulg, sujetas como se ve en la figura. Si el esfuerzo de flexión admisible es $\sigma_{adm} = 600$ lb/pulg^2, determine la carga máxima P que se puede aplicar. También calcule la separación máxima s de los clavos a lo largo del tramo AC de la viga, si cada clavo puede resistir una fuerza cortante de 800 lb. Suponga que la viga está articulada en A, B y D. No tenga en cuenta la fuerza axial en la viga, que se desarrolla a lo largo de DA.

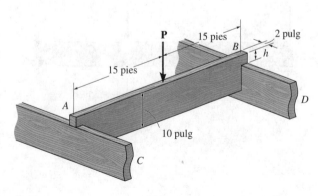

Prob. 11-28

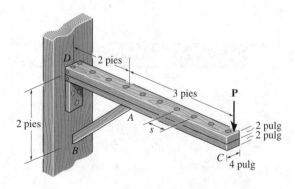

Prob. 11-30

*11.3 Vigas totalmente esforzadas

En la sección anterior presentamos un método para determinar las dimensiones de la sección transversal de una *viga prismática*, para que resistiera el momento máximo de flexión, $M_{máx}$, en su claro. Como el momento de flexión en la viga *varía* en general en su longitud, la elección de una viga prismática suele ser ineficiente, porque nunca se somete a esfuerzos máximos en los puntos donde $M < M_{máx}$ a lo largo de ella. Para refinar el diseño y reducir el peso de la viga, a veces los ingenieros seleccionan vigas que tengan área transversal *variable*, tal que en cada sección transversal a lo largo de la viga, el esfuerzo de flexión llegue a su valor máximo admisible. Las vigas que tienen corte transversal variable se llaman *vigas no prismáticas*. Suelen usarse en las máquinas, porque se pueden conformar con facilidad colándolas. En la figura 11-8*a* se ven algunos ejemplos. En las estructuras, esas vigas pueden ser "arriñonadas" (de "riñón de bóveda") en sus extremos, como la de la figura 11-8*b*. También, las vigas se pueden "construir" o fabricar en un taller, usando placas. Un ejemplo es una viga I formada con una viga prismática laminada, con cubreplacas soldadas en la región donde el momento es máximo, figura 11-8*c*.

El análisis de esfuerzo en una viga no prismática suele ser muy difícil, y queda fuera del alcance de este texto. Con más frecuencia esas formas se analizan usando métodos experimentales, o la teoría de la elasticidad. Sin embargo, los resultados obtenidos en esos análisis indican que las hipótesis usadas para deducir la fórmula de la flexión sí son aproximadamente correctas para predecir los esfuerzos de flexión en perfiles no prismáticos, siempre que el declive o pendiente del contorno superior o inferior de la viga no sea muy grande. Por otra parte, la fórmula del cortante no se puede usar para diseñar vigas no prismáticas, porque los resultados que se obtienen con ella son muy engañosos.

Aunque se aconseja tener precaución al aplicar la fórmula de la flexión al diseño de vigas no prismáticas, aquí indicaremos, en principio, cómo se puede usar esta fórmula como medio aproximado para obtener la forma general de la viga. A este respecto se puede determinar el *tamaño* de la sección transversal de una viga no prismática que soporta determinada carga, con la fórmula de la flexión escrita en la siguiente forma:

$$S = \frac{M}{\sigma_{adm}}$$

Si se expresa el momento interno M en función de su posición x a lo largo de la viga, entonces, como σ_{adm} es una constante conocida, el módulo de sección S o las dimensiones de la viga se vuelven una función de x. Una viga diseñada de esta manera se llama **viga totalmente esforzada**. Aunque *sólo* se han tenido en cuenta esfuerzos de flexión para aproximar su forma final, se debe también poner atención para asegurar que la viga resista cortante, en especial en puntos donde se aplican cargas concentradas. El resultado es que la forma ideal de la viga no se puede determinar por entero a partir sólo de la fórmula de la flexión.

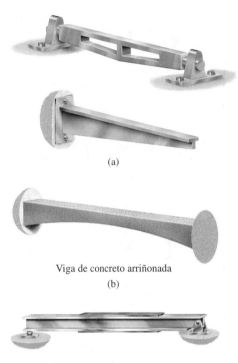

(a)

Viga de concreto arriñonada

(b)

Viga compuesta de acero con cubreplacas

(c)

Fig. 11-8

El muelle de hojas que sostiene este carro de ferrocarril es una viga no prismática

E J E M P L O **11.4**

Determinar la forma de una viga totalmente esforzada, simplemente apoyada, que soporta una fuerza concentrada en su centro, figura 11-9a. La viga tiene sección transversal rectangular de ancho constante b, y el esfuerzo admisible es σ_{adm}.

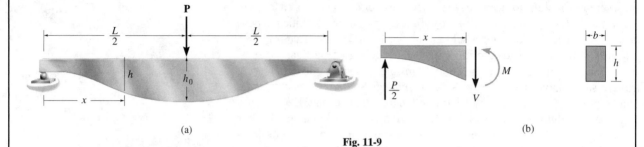

(a)

(b)

Fig. 11-9

Solución

El momento interno en la viga, figura 11-9b, se expresa en función de la posición, $0 \leq x < L/2$, y es

$$M = \frac{P}{2}x$$

Por consiguiente, el módulo de sección requerido es

$$S = \frac{M}{\sigma_{adm}} = \frac{P}{2\sigma_{adm}}x$$

Como $S = I/c$, entonces, para un área transversal h y b,

$$\frac{I}{c} = \frac{\frac{1}{12}bh^3}{h/2} = \frac{P}{2\sigma_{adm}}x$$

$$h^2 = \frac{3P}{\sigma_{adm}b}x$$

Si $h = h_0$ en $x = L/2$, entonces

$$h_0{}^2 = \frac{3PL}{2\sigma_{adm}b}$$

de modo que

$$h^2 = \left(\frac{2h_0{}^2}{L}\right)x \qquad\qquad Resp.$$

Por inspección, el peralte h debe variar, en consecuencia, en forma *parabólica* con la distancia x. En la práctica esta *forma* es la base del diseño de muelles de hojas como los que soportan los ejes traseros en la mayor parte de los camiones pesados. Observe que, aunque este resultado indica que $h = 0$ cuando $x = 0$, es necesario que la viga resista esfuerzo cortante en sus soportes, por lo que hablando prácticamente, se necesita que $h > 0$ en los soportes, figura 11-9a.

E J E M P L O 11.5

La viga en voladizo de la figura 11-10a tiene forma trapezoidal, con un peralte h_0 en A, y $3h_0$ en B. Si soporta una carga $\mathbf{P}$ en su extremo, determinar el esfuerzo normal máximo absoluto en la viga. Advierta que la viga tiene un corte transversal rectangular de ancho constante b.

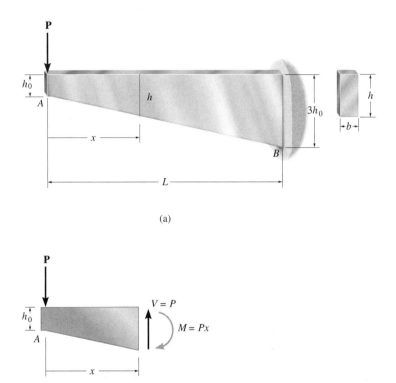

(a)

(b)

Fig. 11-10

Solución

En cualquier corte transversal, el esfuerzo normal máximo está en las superficies superior e inferior de la viga. Sin embargo, como $\sigma_{máx} = M/S$ y el módulo de sección S aumenta cuando aumenta x, el esfuerzo normal máximo absoluto *no* necesariamente está en la pared B, donde el momento es máximo. Con el uso de la fórmula de la flexión se puede expresar el esfuerzo normal máximo en cualquier corte arbitrario en función de su posición x, figura 11-10b. En este caso el momento interno tiene magnitud $M = Px$. Como la pendiente del lecho bajo de la viga es $2h_0/L$, figura 11-10a, el peralte de la viga en la posición x es

$$h = \frac{2h_0}{L}x + h_0 = \frac{h_0}{L}(2x + L)$$

Continúa

Al aplicar la fórmula de la flexión se obtiene

$$\sigma = \frac{Mc}{I} = \frac{Px(h/2)}{(\frac{1}{12}bh^3)} = \frac{6PL^2x}{bh_0^2(2x + L)^2} \qquad (1)$$

Para determinar la posición x donde existe el esfuerzo normal máximo absoluto se debe sacar la derivada de σ con respecto a x e igualarla a cero. De este modo,

$$\frac{d\sigma}{dx} = \left(\frac{6PL^2}{bh_0^2}\right) \frac{1(2x + L)^2 - x(2)(2x + L)(2)}{(2x + L)^4} = 0$$

Por consiguiente,

$$4x^2 + 4xL + L^2 - 8x^2 - 4xL = 0$$
$$L^2 - 4x^2 = 0$$
$$x = \frac{1}{2}L$$

Se sustituye en la ecuación 1 y se simplifica; entonces el esfuerzo normal máximo absoluto es

$$\sigma_{\substack{máx \\ abs}} = \frac{3}{4}\frac{PL}{bh_0^2} \qquad \qquad Resp.$$

Obsérvese que en la pared, B, el esfuerzo normal máximo es

$$(\sigma_{máx})_B = \frac{Mc}{I} = \frac{PL(1.5h_0)}{[\frac{1}{12}b(3h_0)^3]} = \frac{2}{3}\frac{PL}{bh_0^2}$$

que es 11.1% menor que $\sigma_{\substack{máx \\ abs}}$

Se debe recordar que la fórmula de la flexión se dedujo con base en la hipótesis de que la viga es *prismática*. Como no es este el caso, cabe esperar cierto error en este análisis y en el del ejemplo 11.4. Un análisis matemático más exacto, aplicando la teoría de la elasticidad, revela que la aplicación de la fórmula de la flexión como en el ejemplo anterior, sólo produce pequeños errores en el esfuerzo normal, si el ángulo de inclinación de la viga es pequeño. Por ejemplo, si este ángulo es 15°, el esfuerzo calculado arriba es 5% mayor que el calculado con el análisis más exacto. También vale la pena hacer notar que el cálculo de $(\sigma_{máx})_B$ fue hecho sólo con fines ilustrativos ya que, de acuerdo con el principio de Saint-Venant, la distribución real del esfuerzo en el soporte (en la pared) es muy irregular.

*11.4 Diseño de ejes

Los ejes redondos se usan con frecuencia en muchas clases de equipos y maquinaria mecánicos. Como resultado, con frecuencia están sometidos a esfuerzos cíclicos o a fatiga, causados por las cargas combinadas de flexión y de torsión que deben transmitir o resistir. Además de esas cargas pueden existir concentraciones de esfuerzos en un eje, debidos a cuñas, acoplamientos ("coples") y a transiciones repentinas en su área transversal (sección 5.8). Para diseñar bien un eje es necesario, en consecuencia, tener en cuenta todos esos efectos.

En esta sección describiremos algunos de los aspectos importantes del diseño de ejes uniformes que se usan para transmitir potencia. Esos ejes están sometidos, con frecuencia, a cargas aplicadas a poleas y engranajes fijos a ellos, como los de la figura 11-11*a*. Como las cargas se pueden aplicar al eje en varios ángulos, los momentos internos de flexión y de torsión en cualquier corte transversal se pueden calcular primero sustituyendo las cargas por sus contrapartes estáticamente equivalentes, y después descomponiendo esas cargas en componentes en dos planos perpendiculares, figura 11-11*b*. Los diagramas de momento de flexión para las cargas *en cada plano* se pueden trazar entonces, y el momento interno resultante en cualquier sección se determina con suma vectorial, $M = \sqrt{M_x{}^2 + M_z{}^2}$, figura 11-11*c*. Además del momento, los tramos del eje también están sometidos a pares internos de torsión diferentes, figura 11-11*b*. Se ve aquí que, para que haya equilibrio, la torsión desarrollada en un engranaje debe equilibrar la que se desarrolla en el otro. Para tener en cuenta la variación general del par de torsión a lo largo de un eje, también se puede trazar un ***diagrama de torsión***, figura 11-11*d*.

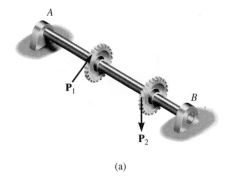

(a)

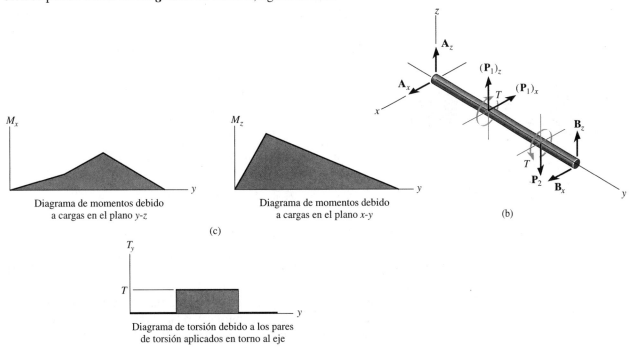

Diagrama de momentos debido
a cargas en el plano *y-z*

Diagrama de momentos debido
a cargas en el plano *x-y*

(c)

(b)

Diagrama de torsión debido a los pares
de torsión aplicados en torno al eje

(d)

Fig. 11-11

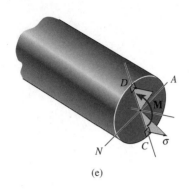

(e)

(f)

Fig. 11-11 (cont.)

Una vez determinados los diagramas de momentos y de torsión, es posible ya investigar ciertos tramos críticos a lo largo del eje, donde la *combinación* de un momento resultante **M** y un par de torsión **T** causen la peor situación de esfuerzo. A este respecto, el momento de inercia del eje es *igual* respecto a *cualquier* eje diametral, y como ese eje representa un *eje principal de inercia* para la sección transversal, se puede aplicar la fórmula de la flexión, usando el *momento resultante* para obtener el esfuerzo de flexión máximo. Como se ve en la figura 11-11*e*, este esfuerzo se presentará en dos elementos, *C* y *D*, ubicados ambos en el contorno exterior del eje. Si en esta sección también se resiste una torsión **T**, entonces, también se desarrolla un esfuerzo cortante máximo en esos elementos, figura 11-11*f*. Además, las fuerzas externas también crearán esfuerzo cortante en el eje, determinado con $\tau = VQ/It$; sin embargo, en general este esfuerzo aportará una distribución de esfuerzo mucho menor sobre la sección transversal, en comparación con el desarrollado por la flexión y la torsión. En algunos casos se debe investigar, pero para simplificar no tendremos en cuenta este efecto en el análisis que sigue. En general, entonces, el elemento crítico *D* (o *C*) en el eje está sometido a un *esfuerzo plano* como el que muestra la figura 11-11*g*, donde

$$\sigma = \frac{Mc}{I} \qquad y \qquad \tau = \frac{Tc}{J}$$

Si se conoce el esfuerzo admisible normal o cortante para el material, el tamaño del eje se basa entonces en el uso de estas ecuaciones, y en la selección de una teoría adecuada de la falla. Por ejemplo, si se sabe que el material es dúctil, entonces será adecuada la teoría del esfuerzo cortante máximo. Como se trató en la sección 10.7, esta teoría requiere que el esfuerzo cortante admisible, que se determina con los resultados de una prueba simple de tensión, sea igual al esfuerzo cortante máximo en el elemento. Aplicando la ecuación de transformación de esfuerzo, ecuación 9-7, al estado de esfuerzo de la figura 11-11*g*, se obtiene

$$\tau_{adm} = \sqrt{\left(\frac{\sigma}{2}\right)^2 + \tau^2}$$

$$= \sqrt{\left(\frac{Mc}{2I}\right)^2 + \left(\frac{Tc}{J}\right)^2}$$

Como $I = \pi c^4/4$ y $J = \pi c^4/2$, esta ecuación se convierte en

$$\tau_{adm} = \frac{2}{\pi c^3}\sqrt{M^2 + T^2}$$

Se despeja el radio del eje y se obtiene

$$c = \left(\frac{2}{\pi \tau_{adm}}\sqrt{M^2 + T^2}\right)^{1/3} \tag{11-2}$$

La aplicación de cualquier otra teoría de falla conducirá, naturalmente, a una formulación distinta para *c*. Sin embargo, en todos los casos será necesario aplicar esta formulación en distintas "secciones críticas" a lo largo del eje, para determinar la combinación particular de *M* y *T* que produzca el mayor valor de *c*.

El ejemplo siguiente ilustra el procedimiento, en forma numérica.

E J E M P L O 11.6

El eje de la figura 11-12*a* está sostenido por cojinetes rectos lisos en *A* y en *B*. Debido a la transmisión de potencia desde y hacia el eje, las bandas en las poleas están sometidas a las tensiones indicadas. Calcular el diáme-tro mínimo del eje, usando la teoría del esfuerzo cortante máximo, con $\tau_{\text{adm}} = 50$ MPa.

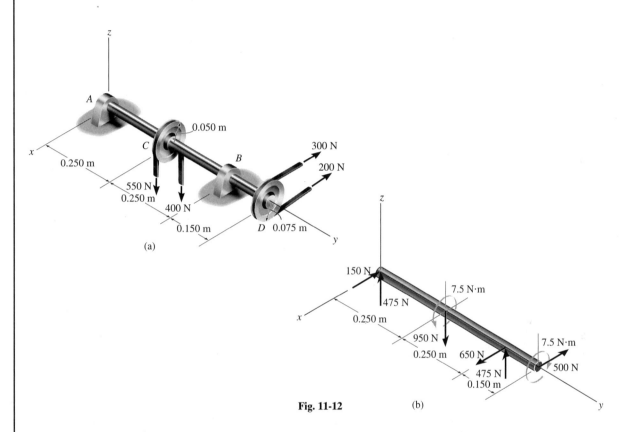

Fig. 11-12

(a)

(b)

Solución

Se han calculado las reacciones en los soportes, y se muestran en el dia-grama de cuerpo libre del eje, figura 11-12*b*. Los diagramas del momento de flexión, para M_x y M_z se indican en las figuras 11-12*c* y 11-12*d*, respec-tivamente. El diagrama del par de torsión está en la figura 11-12*e*. Por ins-pección, los puntos críticos para el momento de flexión están en *C* o en *B*. También, justo a la derecha de *C* y también en *B* el momento de torsión es 7.5 N · m. En *C*, el momento resultante es

$$M_C = \sqrt{(118.75 \text{ N} \cdot \text{m})^2 + (37.5 \text{ N} \cdot \text{m})^2} = 124.5 \text{ N} \cdot \text{m}$$

mientras que en *B* es menor,

$$M_B = 75 \text{ N} \cdot \text{m}$$

Continúa

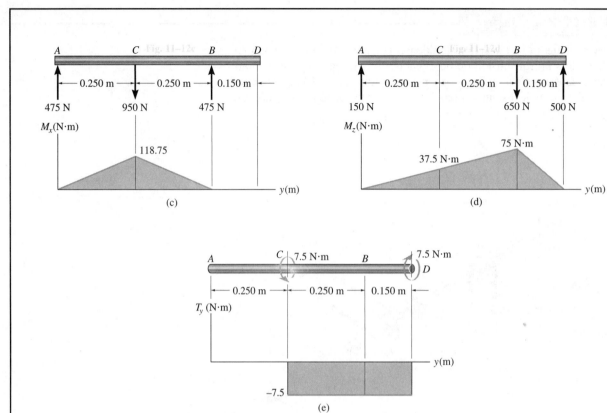

Fig. 11-12 (cont.)

Como el diseño se basa en la teoría del esfuerzo cortante máximo, se aplica la ecuación 11-2. El radical $\sqrt{M^2 + T^2}$ será máximo en la sección justo a la derecha de C. En ese lugar,

$$c = \left(\frac{2}{\pi\tau_{\text{adm}}}\sqrt{M^2 + T^2}\right)^{1/3}$$

$$= \left(\frac{2}{\pi(50)(10^6)\,\text{N/m}^2}\sqrt{(124.5\,\text{N}\cdot\text{m})^2 + (7.5\,\text{N}\cdot\text{m})^2}\right)^{1/3}$$

$$= 0.0117\,\text{m}$$

Así, el diámetro mínimo admisible es

$$d = 2(0.0117\,\text{m}) = 23.3\,\text{mm} \qquad \textit{Resp.}$$

PROBLEMAS

11-31. Determine la variación del ancho w en función de x, para la viga en voladizo que sostiene una fuerza concentrada **P** en su extremo, para que tenga un esfuerzo de flexión máximo σ_{adm} en toda su longitud. La viga tiene espesor t constante.

11-33. Determine la variación en el peralte d de una viga en voladizo que sostiene una fuerza concentrada **P** en su extremo, para que tenga un esfuerzo de flexión constante máximo σ_{adm} en toda su longitud. La viga tiene ancho constante b_0.

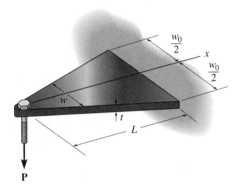

Prob. 11-31

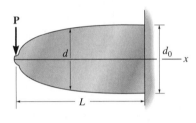

Prob. 11-33

***11-32.** Determine la variación de peralte de una viga en voladizo que sostiene una fuerza concentrada **P** en su extremo, para que tenga un esfuerzo de flexión constante máximo σ_{adm} en toda su longitud. La viga tiene un ancho constante b_0.

11-34. La viga se hace con una placa con espesor constante t y su ancho varía como muestra la figura. Si sostiene una fuerza concentrada **P** en su centro, determine el esfuerzo de flexión máximo absoluto en la viga, y especifique su lugar x, $0 < x < L/2$.

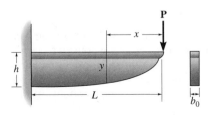

Prob. 11-32

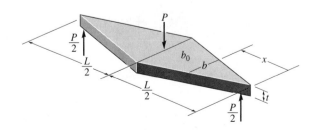

Prob. 11-34

11-35. La viga triangular sostiene una carga uniformemente distribuida w. Si se hace con una placa de ancho constante b_0, determine el esfuerzo de flexión máximo absoluto en la viga.

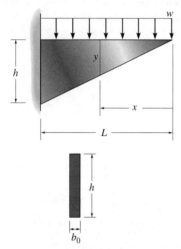

Prob. 11-35

*11-36. La viga triangular soporta una carga uniformemente distribuida w. Si se hace con una placa de ancho constante b, determine el esfuerzo de flexión máximo absoluto en la viga.

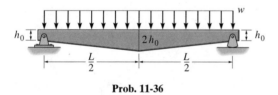

Prob. 11-36

11-37. Determine la variación en el ancho b, en función de x, para la viga en voladizo que sostiene una carga uniformemente distribuida a lo largo de su línea de centro, de modo que tenga el mismo esfuerzo de flexión máximo σ_{adm}, en toda su longitud. La viga tiene un peralte t constante.

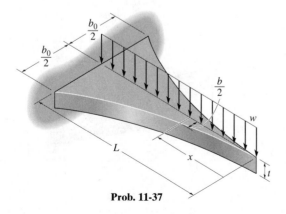

Prob. 11-37

11-38. Las dos poleas fijas al eje tienen las cargas indicadas si los cojinetes en A y B sólo ejercen fuerzas verticales sobre el eje, determine el diámetro requerido en el mismo, al $\frac{1}{8}$ de pulg, con la teoría del esfuerzo cortante máximo. $\tau_{adm} = 12$ klb/pulg^2.

11-39. Resuelva el problema 11-38, usando la teoría de la energía máxima de distorsión. $\sigma_{adm} = 67$ klb/pulg^2.

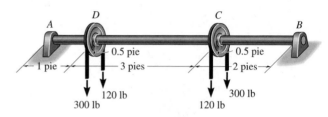

Probs. 11-38/39

*11-40. Los cojinetes en A y D sólo ejercen componentes de fuerza y y z sobre el eje. Si $\tau_{adm} = 60$ MPa, determine, al milímetro más cercano, el diámetro mínimo de eje que soporte las cargas. Use la teoría de falla por esfuerzo cortante máximo.

11-41. Resuelva el problema 11-40 usando la teoría de falla por energía máxima de distorsión. $\sigma_{adm} = 130$ MPa.

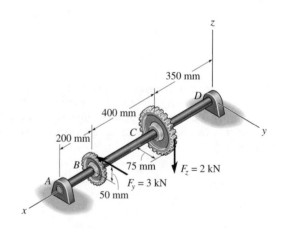

Probs. 11-40/41

11-42 Las poleas fijas al eje se cargan como indica la figura. Si los cojinetes en A y B sólo ejercen fuerzas horizontales y verticales sobre el eje, determine el diámetro necesario que debe tener, al $\frac{1}{8}$ de pulg más cercano, usando la teoría de falla por esfuerzo cortante máximo. $\tau_{adm} = 12$ klb/pulg^2.

11-43. Resuelva el problema 11-42, usando la teoría de falla por energía de distorsión máxima, $\sigma_{adm} = 20$ klb/pulg^2.

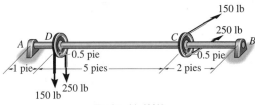

150 lb

250 lb

A   D   C   B
  0.5 pie   0.5 pie
1 pie   5 pies   2 pies

250 lb

150 lb

Probs. 11-42/43

11-47. Determine, al milímetro, el diámetro del eje macizo, que está sometido a las cargas de los engranajes. Los cojinetes en A y B sólo ejercen componentes de fuerza en direcciones y y z sobre el eje. Base el diseño en la teoría de falla por energía máxima de distorsión, con σ_{adm} = 150 MPa.

*11-44.** El eje está soportado por cojinetes en A y B, que ejercen sólo componentes de fuerza en direcciones x y z, sobre el eje. Si el esfuerzo normal admisible para el eje es σ_{adm} = 15 klb/pulg^2, determine el menor diámetro del eje, al $\frac{1}{8}$ de pulg más cercano, que soporte la carga. Use la teoría de falla por energía de distorsión máxima.

11-45. Resuelva el problema 11-44, usando la teoría de falla por esfuerzo cortante máximo. Suponga que τ_{adm} = 6 klb/pulg^2.

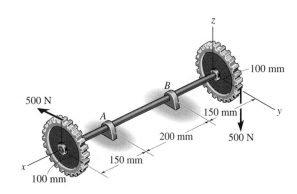

Prob. 11-47

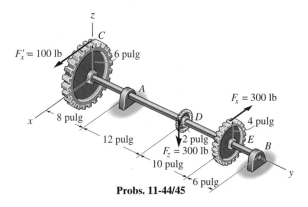

z

C

F_x' = 100 lb   6 pulg

A

F_x = 300 lb

x 8 pulg   4 pulg

D E

12 pulg   2 pulg B

F_z = 300 lb

10 pulg

6 pulg y

Probs. 11-44/45

■**11-46.** El eje tubular tiene diámetro interior de 15 mm. Determine su diámetro exterior, al milímetro más cercano, si está sometido a las cargas de los engranajes. Los cojinetes en A y B sólo ejercen componentes de fuerza en las direcciones y y z del eje. Use un esfuerzo cortante admisible τ_{adm} = 70 MPa y base su diseño en la teoría de falla por esfuerzo cortante máximo.

*11-48.** El engranaje unido al eje está sometido a las cargas indicadas. Si los cojinetes en A y B sólo ejercen componentes de fuerza y y z sobre el eje, determine el par T de equilibrio en el engranaje C, y después determine el diámetro mínimo del eje, al milímetro más cercano, que soporte la carga. Use la teoría de falla por esfuerzo cortante máximo, con τ_{adm} = 60 MPa.

11-49. Resuelva el problema 11-48 usando la teoría de energía máxima de distorsión, con σ_{adm} = 80 MPa.

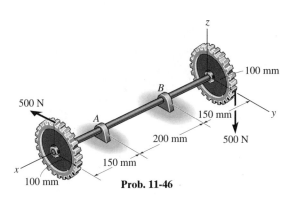

z

100 mm

B

500 N

A 150 mm y

200 mm   500 N

150 mm

x

100 mm   **Prob. 11-46**

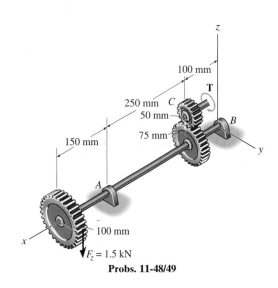

z

100 mm

T

250 mm C

50 mm

B

75 mm

150 mm

A y

100 mm

x

F_z = 1.5 kN

Probs. 11-48/49

REPASO DEL CAPÍTULO

- La falla en una viga se presenta cuando el esfuerzo cortante o el momento de flexión internos son máximos en ella. Para resistir esas cargas es importante, en consecuencia, que el esfuerzo cortante máximo y el esfuerzo de flexión máximo no excedan los valores admisibles que establecen los códigos.

- En general, primero se diseña la sección transversal de una viga para que resista el esfuerzo de flexión admisible, después se revisa el esfuerzo cortante admisible. Para secciones rectangulares, $\tau_{adm} \geq 1.5(V_{máx}/A)$, y para vigas I es adecuado usar $\tau_{adm} \geq V_{máx}/A_{alma}$.

- Para vigas compuestas, la separación de los sujetadores, o la resistencia del adhesivo o de la soldadura, se determinan usando un flujo de cortante admisible $q_{adm} = VQ/I$.

- Las vigas totalmente esforzadas son no prismáticas, y se diseñan de tal modo que cada corte transversal en cada punto de la viga resista el esfuerzo de flexión admisible. Eso definirá la forma de la viga.

- En general, los ejes mecánicos se diseñan para resistir tanto esfuerzos de torsión como de flexión. Generalmente, la flexión se puede descomponer en dos planos, por lo que es necesario trazar los diagramas de momentos para cada componente de momento de flexión, y entonces seleccionar el momento máximo mediante suma vectorial. Una vez determinados los esfuerzos máximos de flexión y cortante, dependiendo del tipo de material, se usa una teoría de falla adecuada, para comparar el esfuerzo admisible con el que se requiere.

PROBLEMAS DE REPASO

11-50. La viga es de ciprés, y tiene un esfuerzo de flexión admisible $\sigma_{adm} = 850$ lb/pulg², y esfuerzo cortante admisible $\tau_{adm} = 80$ lb/pulg². Determine el ancho b de la viga, si su peralte es $h = 1.5b$.

11-51. La viga en voladizo tiene corte transversal circular. Si sostiene una fuerza **P** en su extremo, determine su radio y en función de x, para que esté sometida a un esfuerzo de flexión máximo constante σ_{adm} en toda su longitud.

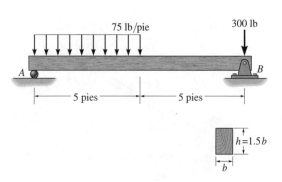

Prob. 11-50

Prob. 11-51

*11-52. La viga simplemente apoyada es de madera, que tiene un esfuerzo de flexión admisible $\sigma_{adm} = 8$ MPa, y un esfuerzo cortante admisible $\tau_{adm} = 750$ kPa. Calcule sus dimensiones, para que sea rectangular y tenga una relación de peralte a ancho $h/b = 1.25$.

11-53. Resuelva el problema 11-52, si la relación de peralte a ancho de la viga debe ser $h/b = 1.5$.

11-55. Los cojinetes en A y B sólo ejercen componentes de fuerza x y z, sobre el eje de acero. Determine el diámetro del eje, al milímetro, para que pueda resistir las cargas de los engranajes, sin rebasar un esfuerzo cortante admisible $\tau_{adm} = 80$ MPa. Use la teoría de falla por esfuerzo cortante máximo.

*11-56. Resuelva el problema 11-55 usando la teoría de falla por energía de distorsión máxima, con $\sigma_{adm} = 200$ MPa.

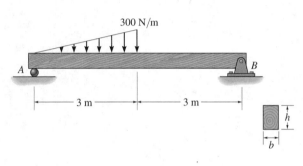

Probs. 11-52/53

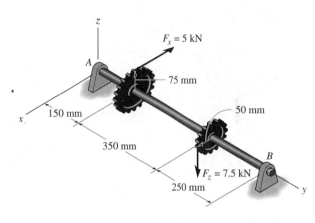

Probs. 11-55/56

11-54. Seleccione la viga en voladizo I de patín ancho (W) más ligera, en el apéndice B, que soporte con seguridad la carga. Suponga que el soporte en A es un pasador, y que el soporte en B es un rodillo. El esfuerzo de flexión admisible es $\sigma_{adm} = 24$ klb/pulg^2, y el esfuerzo cortante admisible es $\sigma_{adm} = 14$ klb/pulg^2.

11-57. Seleccione la viga I de acero más ligera, en el apéndice B, que soporte con seguridad las cargas indicadas. El esfuerzo de flexión admisible es $\sigma_{adm} = 22$ klb/pulg^2, y el esfuerzo cortante admisible es $\tau_{adm} = 12$ klb/pulg^2.

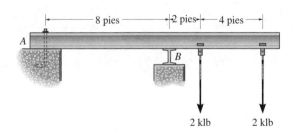

Prob. 11-54

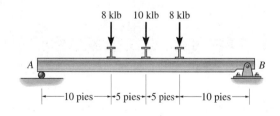

Prob. 11-57

La carga de anaquel causa una deflexión notable de la viga de apoyo que puede calcularse usando los métodos que se exponen en este capítulo.

Deflexión de vigas y ejes

Con frecuencia se deben establecer límites para la cantidad de deflexión que pueda sufrir una viga o un eje, cuando se le somete a una carga, por lo que en este capítulo describiremos varios métodos para determinar la deflexión y la pendiente en puntos específicos de vigas y ejes. Entre los métodos analíticos están el de integración, el uso de funciones de discontinuidad y el de superposición. También se presentará una técnica semigráfica, llamada método de momento de área. Al final del capítulo usaremos esos métodos para determinar las reacciones en los soportes de una viga o un eje que sean estáticamente indeterminados.

12.1 La curva elástica

Antes de determinar la pendiente o el desplazamiento en un punto de una viga (o un eje), con frecuencia es útil bosquejar la forma flexionada de la viga al cargarla, para "visualizar" los resultados calculados, y con ello comprobar en forma parcial esos resultados. El diagrama de deflexión del eje longitudinal que pasa por el centroide de cada área transversal de la viga se llama *curva elástica*. Para la mayor parte de las vigas la curva elástica se puede bosquejar sin grandes dificultades. Sin embargo, al hacerlo es necesario conocer cómo se restringen la pendiente o el desplazamiento en diversos tipos de soportes. En general, los soportes que resisten una *fuerza*, como un pasador, restringen el *desplazamiento*, y los que resisten un *momento*, por ejemplo una pared fija, restringen la *rotación* o la *pendiente*, y también el desplazamiento. Con lo anterior en mente, se muestran dos ejemplos característicos de curvas elásticas para vigas (o ejes) cargadas, bosquejadas con una escala muy exagerada, en la figura 12-1.

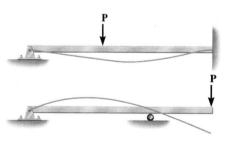

Fig. 12-1

Momento interno positivo
cóncava hacia arriba

(a)

Momento interno negativo
cóncava hacia abajo

(b)

Fig. 12-2

Cuando parece difícil establecer la curva elástica de una viga, se sugiere trazar primero su diagrama de momentos. Al usar la convención de signos para vigas establecida en la sección 6.1, un momento interno positivo tiende a doblar la viga en forma cóncava hacia arriba, figura 12-2*a*. De igual forma, un momento negativo tiende a doblar la viga para que quede cóncava hacia abajo, figura 12-2*b*. Por consiguiente, si se *conoce* el diagrama de momentos, será fácil formar la curva elástica. Por ejemplo, veamos la viga de la figura 12-3*a*, con su correspondiente diagrama de momentos de la figura 12-3*b*. Debido a los apoyos de rodillo y de pasador (apoyo "libre" y "articulado" o "libre pero guiado", respectivamente), los desplazamientos en *B* y en *D* deben ser cero. Dentro de la región *AC*, de momento negativo, figura 12-3*b*, la curva elástica debe ser cóncava hacia abajo, y dentro de la región *CD* de momento positivo, la curva elástica debe ser cóncava hacia arriba. Por consiguiente, debe haber un *punto de inflexión* en el punto *C*, donde la curva cambia de cóncava hacia arriba a cóncava hacia abajo ya que éste es un punto donde el momento es cero. Aprovechando lo anterior, la curva elástica de la viga se bosqueja a una escala muy exagerada en la figura 12-3*c*. También se debe observar que los desplazamientos Δ_A y Δ_E son especialmente críticos. En el punto *E*, la *pendiente* de la curva elástica es *cero*, y allí la deflexión de la viga puede ser *máxima*. El que Δ_E sea en realidad mayor que Δ_A depende de las magnitudes relativas de $\mathbf{P}_1$ y $\mathbf{P}_2$, y de la ubicación del rodillo en *B*.

De acuerdo con estos principios, obsérvese cómo se trazó la curva elástica de la figura 12-4. En este caso la viga está en voladizo, desde un soporte fijo en *A*, y en consecuencia la curva elástica debe tener desplazamiento cero y pendiente cero en ese punto. También, el máximo desplazamiento estará en *D*, donde la pendiente es cero, o en *C*.

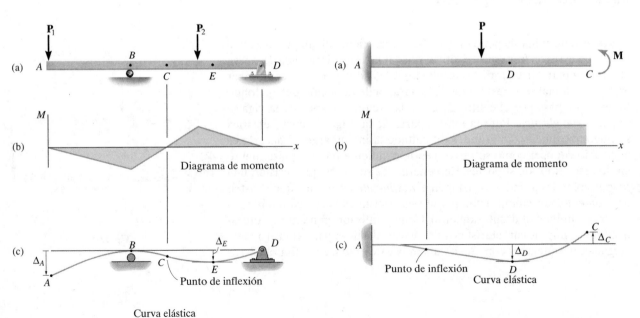

Fig. 12-3

Fig. 12-4

Relación entre momento y curvatura. Ahora desarrollaremos una importante relación entre el momento interno en la viga y el radio de curvatura ρ (rho) de la curva elástica en un punto. La ecuación que resulte se usará en todo el capítulo como base para establecer cada uno de los métodos que se presentan para determinar la pendiente y el desplazamiento de la curva elástica para una viga (o eje).

El análisis a continuación, en esta sección y en la siguiente, necesitará usar tres coordenadas. Como se ve en la figura 12-5a, el eje x se extiende positivo hacia la derecha, a lo largo del eje longitudinal inicialmente recto de la viga. Se usa para ubicar al elemento diferencial, que tiene un ancho dx no deformado. El eje v es *positivo hacia arriba* a partir del eje x. Mide el *desplazamiento* del centroide en el área transversal del elemento. Con estas dos coordenadas, después definiremos la ecuación de la curva elástica, de v en función de x. Por último, una coordenada y "localizada" se usa para especificar la posición de una fibra en el elemento de viga. Es *positiva hacia arriba* a partir del eje neutro, como se ve en la figura 12-5b. Recuérdese que es la misma convención de signos de x y y que se usó al deducir la fórmula de la flexión.

Para deducir la relación entre el momento interno y ρ, limitaremos el análisis al caso más común de una viga inicialmente recta, que se deforma elásticamente mediante cargas aplicadas en dirección perpendicular al eje x de la viga, y que están en el plano de simetría x-v, para el área transversal de la viga. A causa de las cargas, la deformación de la viga se debe tanto a la fuerza cortante interna como al momento de flexión interno. Si la viga tiene una longitud mucho mayor que su peralte, la máxima deformación se deberá a la flexión, y en consecuencia dirigiremos nuestra atención a sus efectos. Las deflexiones causadas por cortante se describirán más adelante en el capítulo.

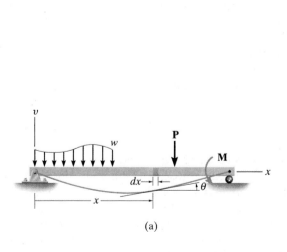

(a)

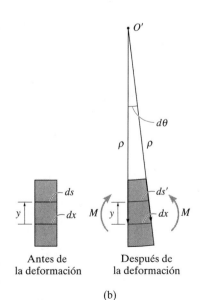

Antes de la deformación

Después de la deformación

(b)

Fig. 12-5

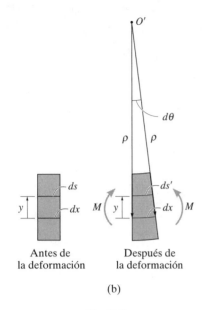

Antes de
la deformación

Después de
la deformación

(b)

Fig. 12-5

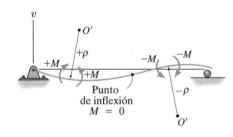

Fig. 12-6

Cuando el momento interno M deforma al elemento de la viga, el ángulo entre los cortes transversales se transforma en $d\theta$, figura 12-5b. El arco dx representa una porción de la curva elástica que corta al eje neutro para cada sección transversal. El *radio de curvatura* de este arco se define como la distancia ρ medida desde el *centro de curvatura O'* hasta dx. Todo arco en el elemento que no sea dx está sometido a una deformación unitaria normal. Por ejemplo, la deformación unitaria en el arco ds, ubicado en la posición y respecto al eje neutro, es $\epsilon = (ds' - ds)/ds$. Sin embargo, $ds = dx = \rho\, d\theta$ y $ds' = (\rho - y)\, d\theta$, por lo que $\epsilon = [(\rho - y)\, d\theta - \rho d\theta)]/\rho\, d\theta$; es decir, que

$$\frac{1}{\rho} = -\frac{\epsilon}{y} \tag{12-1}$$

Si el material es homogéneo y se comporta en forma lineal-elástica, se aplica la ley de Hooke, $\epsilon = \sigma/E$. También, como se aplica la fórmula de la flexión, $\sigma = -My/I$. Al combinar estas ecuaciones y sustituir en la (12-1), se obtiene

$$\boxed{\frac{1}{\rho} = \frac{M}{EI}} \tag{12-2}$$

donde,

ρ = radio de curvatura en un punto específico de la curva elástica ($1/\rho$ se le llama la *curvatura*)

M = momento interno en la viga, en el punto donde ρ se va a determinar

E = módulo de elasticidad del material

I = momento de inercia del área transversal de la viga, respecto al eje neutro

En esta ecuación, al producto EI se le llama *rigidez flexionante*, o *rigidez a la flexión*, y siempre es una cantidad positiva. El signo ρ, entonces, depende de la dirección del momento. Como se ve en la figura 12-6, cuando M es *positivo*, ρ se dirige *hacia arriba* de la viga, es decir, en la dirección de v positiva; cuando M es *negativo*, ρ se dirige *hacia abajo* de la viga, o sea hacia la dirección de v negativa.

Cuando se usa la fórmula de la flexión, $\sigma = -My/I$, también se puede expresar la curvatura en función del esfuerzo en la viga, como sigue:

$$\frac{1}{\rho} = -\frac{\sigma}{Ey} \tag{12-3}$$

Las ecuaciones 12-2 y 12-3 son válidas para radios de curvatura pequeños o grandes. Sin embargo, casi siempre el valor de ρ que se calcula es una *cantidad muy grande*. Por ejemplo, para una viga de acero A-36 de W14 × 53 (apéndice B), donde $E_{\text{ac}} = 20(10^3)$ klb/pulg^2 y $\sigma_Y = 36$ klb/pulg^2, y cuando el material en las fibras exteriores $y = \pm 7$ pulg está a punto de *fluir*, entonces, de acuerdo con la ecuación 12-3, $\rho = \pm 5639$ pulg o 143 metros. Los valores de ρ calculados en otros puntos a lo largo de la curva elástica de la viga, pueden ser todavía *mayores*, ya que σ no puede ser mayor que σ_Y en las fibras exteriores.

12.2 Pendiente y desplazamiento por integración

La curva elástica de una viga se puede expresar en forma matemática como $v = f(x)$. Para obtener esta ecuación primero debemos representar la curvatura $(1/\rho)$ en función de v y x. En la mayor parte de los libros de cálculo se demuestra que esta relación es

$$\frac{1}{\rho} = \frac{d^2v/dx^2}{[1 + (dv/dx)^2]^{3/2}}$$

Al sustituir en la ecuación 12-2, se obtiene

$$\frac{d^2v/dx^2}{[1 + (dv/dx)^2]^{3/2}} = \frac{M}{EI} \qquad (12\text{-}4)$$

Ésta es una ecuación diferencial no lineal de segundo orden. Su solución, llamada la *elástica*, define la forma exacta de la curva, suponiendo, naturalmente, que la deflexión de la viga sólo se debe a la flexión. Con el uso de matemáticas superiores se han obtenido soluciones de la elástica sólo para casos simples de geometría y carga de la viga.

Para facilitar la solución de mayor cantidad de problemas de deflexión, se puede modificar la ecuación 12-4. La mayor parte de los códigos de diseño en ingeniería especifican *limitaciones* de la deflexiones, con fines de tolerancias o estéticos, y en consecuencia las deflexiones elásticas de la mayor parte de las vigas y los ejes forman curvas no pronunciadas. Entonces, la pendiente de la curva elástica que se determina con dv/dx debe ser *muy pequeña*, y su cuadrado será despreciable en comparación con la unidad.* Por consiguiente, la curvatura, tal como se definió anteriormente, se puede aproximar con $1/\rho = d^2v/dx^2$. Con esta simplificación, la ecuación 12-4 se puede escribir como sigue:

El momento de inercia de este tablero de puente varía a lo largo de su longitud, cosa que se debe tener en cuenta al calcular su deflexión.

$$\frac{d^2v}{dx^2} = \frac{M}{EI} \qquad (12\text{-}5)$$

También es posible escribir esta ecuación en dos formas alternativas. Si se diferencia cada lado con respecto a x, y si se sustituye $V = dM/dx$ (ecuación 6-2), se obtiene

$$\frac{d}{dx}\left(EI\, \frac{d^2v}{dx^2} \right) = V(x) \qquad (12\text{-}6)$$

Diferenciando de nuevo, con $-w = dV/dx$, la ecuación (6-1) resulta

$$\frac{d^2}{dx^2}\left(EI\, \frac{d^2v}{dx^2} \right) = -w(x) \qquad (12\text{-}7)$$

*Véase ejemplo 12.1.

Para la mayor parte de los problemas, la rigidez flexionante será constante a lo largo de la viga. Suponiendo que ese es el caso, los resultados anteriores se pueden reordenar en el siguiente conjunto de ecuaciones:

$$EI \frac{d^4v}{dx^4} = -w(x) \tag{12-8}$$

$$EI \frac{d^3v}{dx^3} = V(x) \tag{12-9}$$

$$EI \frac{d^2v}{dx^2} = M(x) \tag{12-10}$$

Para resolver cualquiera de estas ecuaciones se requieren integraciones sucesivas para obtener la deflexión v de la curva elástica. Para cada integración es necesario introducir una "constante de integración" para después determinar todas las constantes y obtener una solución única para determinado problema. Por ejemplo, si la carga distribuida se expresa en función de x, y se usa la ecuación 12-8, se deben evaluar las cuatro constantes de integración; sin embargo, si se determina el momento interno M y se usa la ecuación 12-10, sólo se deben determinar dos constantes. La elección de con cuál ecuación comenzar depende del problema. Sin embargo, en general es más fácil determinar el momento interno M en función de x, integrar dos veces y sólo evaluar dos constantes de integración.

Recuérdese de la sección 6.1 que si la carga en una viga es discontinua, esto es, es una serie de varias cargas distribuidas y concentradas, se deberán escribir varias funciones para definir el momento interno, cada una válida dentro de la región entre las discontinuidades. También, para comodidad de escritura de cada ecuación de momentos, el *origen* de cada coordenada x se puede *seleccionar en forma arbitraria*. Por ejemplo, para la viga de la figura 12-7a, el momento interno en las regiones *AB*, *BC* y *CD* se puede escribir en función de las coordenadas x_1, x_2 y x_3 seleccionadas, como se ve en las figuras 12-7b o 12-7c, o de hecho en cualquier forma en que $M = f(x)$ sea la forma más simple que sea posible. Una vez integradas esas funciones usando la ecuación 12-10, y determinadas las constantes de integración, las funciones determinarán la pendiente y la deflexión (la curva elástica) para cada región de la viga para la que son válidas esas funciones.

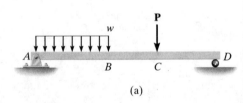

(a)

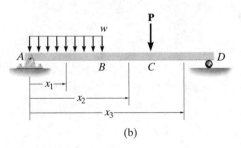

(b)

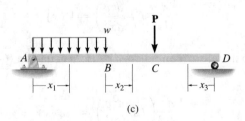

(c)

Fig. 12-7

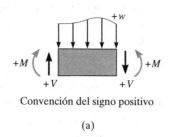

Convención del signo positivo

(a)

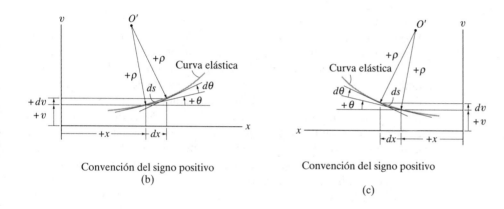

Convención del signo positivo
(b)

Convención del signo positivo
(c)

Fig. 12-8

Convención de signos y coordenadas.

Al aplicar las ecuaciones 12-8 a 12-10, es importante usar los signos adecuados de M, V o w, como se definen con la convención de signos que se usó al deducir esas ecuaciones. Como repaso, esos términos se muestran en la figura 12-8a con sus *direcciones positivas*. Además, recuérdese que la *deflexión positiva* v es *hacia arriba*, y en consecuencia, el *ángulo θ con pendiente positiva* se medirá *en sentido contrario al de las manecillas del reloj* a partir del eje x, cuando x es *positivo hacia la derecha*. La razón de ello se ve en la figura 12-8b. En ella, los aumentos positivos dx y dv, en x y v, crean un ángulo θ mayor, que es contrario a las manecillas del reloj. Por otra parte, si x *positiva* se dirige hacia la *izquierda*, entonces θ será *positivo en el sentido de las manecillas del reloj*, figura 12-8c.

Se debe hacer notar que al suponer que dv/dx es muy pequeño, la longitud horizontal original del eje de la viga, y el arco de su curva elástica serán aproximadamente iguales. En otras palabras, ds en las figuras 12-8b y 12-8c es aproximadamente igual a dx, ya que $ds = \sqrt{(dx)^2 + (dv)^2} = \sqrt{1 + (dv/dx)^2}\, dx \approx dx$. En consecuencia, los puntos en la curva elástica se suponen estar *desplazados verticalmente*, y no horizontalmente. También, como el *ángulo pendiente θ* será *muy pequeño,* su valor en radianes se puede determinar *en forma directa* con $\theta \approx \tan \theta = dv/dx$.

El diseño de un sistema de techo requiere tener muy en cuenta las deflexiones. Por ejemplo, se puede acumular la lluvia en algunas zonas del techo, causando estancamientos, causando más deflexión y la posible falla del techo.

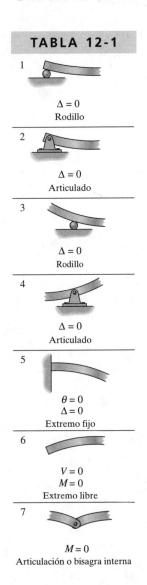

TABLA 12-1

1

$\Delta = 0$
Rodillo

2

$\Delta = 0$
Articulado

3

$\Delta = 0$
Rodillo

4

$\Delta = 0$
Articulado

5

$\theta = 0$
$\Delta = 0$
Extremo fijo

6

$V = 0$
$M = 0$
Extremo libre

7

$M = 0$
Articulación o bisagra interna

Condiciones en la frontera y de continuidad. Las constantes de integración se determinan evaluando las funciones de cortante, momento, pendiente o desplazamiento en un punto determinado de la viga, donde se conozca el valor de la función. Esos valores se llaman *condiciones en la frontera*. Varias condiciones posibles en la frontera, que se usan con frecuencia para resolver problemas de deflexión de vigas (o ejes) se ven en la tabla 12-1. Por ejemplo, si la viga está soportada por un rodillo o un pasador $(1,2,3,4)$, se requiere que el desplazamiento sea *cero* en esos puntos. Además, si esos apoyos están en los *extremos de la viga* $(1,2)$, el momento interno en la viga debe ser cero. En el soporte empotrado o fijo (5), la pendiente y el desplazamiento son cero, ambos, mientras que en la viga con extremo libre (6) el momento y el cortante son cero. Por último, si dos segmentos de una viga se conectan con un pasador o bisagra "internos" (7), el momento debe ser cero en esta conexión.

Si no se puede usar una sola coordenada x para expresar la ecuación de la pendiente o de la curva elástica, se deben usar *condiciones de continuidad* para evaluar algunas de las constantes de integración. Por ejemplo, para la viga de la figura 12-9a, donde las coordenadas x se escogen ambas con orígenes en A. Cada una sólo es válida dentro de las regiones $0 \le x_1 \le a$ y $a \le x_2 \le (a + b)$. Una vez obtenidas las funciones de la pendiente y la deflexión, deben dar los *mismos valores* de pendiente y de deflexión en el punto B, para que físicamente la curva elástica sea *continua*. Expresado en forma matemática, se necesita que $\theta_1(a) = \theta_2(a)$ y que $v_1(a) = v_2(a)$. Entonces se pueden usar esas ecuaciones para evaluar dos constantes de integración. Por otra parte, si la curva elástica se expresa en función de las coordenadas $0 \le x_1 \le a$ y $0 \le x_2 \le b$, como en la figura 12-9b, para que haya continuidad de pendiente y deflexión en B se requiere que $\theta_1(a) = \theta_2(b)$, y que $v_1(a) = v_2(b)$. En este caso en particular es necesario un signo *negativo* para que coincidan las pendientes en B, porque x_1 se prolonga positivo hacia la derecha, mientras x_2 se prolonga positivo hacia la izquierda. En consecuencia, θ_1 es positivo en sentido contrario al de las manecillas del reloj, y θ_2 es negativo en sentido de las manecillas del reloj. Vea las figuras 12-8b y 12-8c.

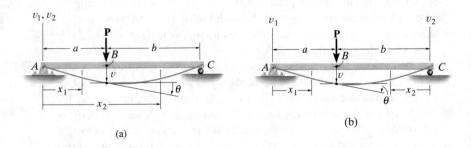

(a)

(b)

Fig. 12-9

PROCEDIMIENTO PARA EL ANÁLISIS

El procedimiento que sigue es un método para determinar la pendiente y la deflexión de una viga (o de un eje) usando la integración.

Curva elástica.

- Trazar una vista exagerada de la curva elástica. Recordar que en todos los soportes fijos o empotrados la pendiente es cero y el desplazamiento es cero, y que en todos los apoyos con pasador y con rodillo el desplazamiento es cero.

- Establecer los ejes coordenados x y v. El eje x debe ser paralelo a la viga no flexionada y puede tener el origen en cualquier punto de la viga, con la dirección positiva que puede ser hacia la derecha o hacia la izquierda.

- Si hay varias cargas discontinuas presentes, definir las coordenadas x que sean válidas para cada región de la viga entre las discontinuidades. Escoger esas coordenadas para que simplifiquen el trabajo algebraico que siga.

- En todos los casos, el eje v positivo correspondiente debe dirigirse hacia arriba.

Función de carga o de momento.

- Para cada región en la que hay una coordenada x, expresar la carga w o el momento interno M en función de x. En particular, suponer *siempre* que M actúa en *dirección positiva* al aplicar la ecuación de equilibrio de momentos para determinar $M = f(x)$.

Pendiente y curva elástica.

- Siempre que EI sea constante, aplicar la ecuación de carga $EI\ d^4v/dx^4 = -w(x)$, para lo que se requiere cuatro integraciones para llegar a $v = v(x)$, o la ecuación de momento $EI\ d^2v/dx^2 = M(x)$, que sólo requiere dos integraciones. Es importante incluir una constante de integración, en cada integración.

- Las constantes se evalúan usando las condiciones en la frontera para los apoyos (tabla 12-1) y las condiciones de continuidad que se apliquen a la pendiente y al desplazamiento en puntos donde dos funciones se encuentran. Una vez evaluadas las constantes, y sustituidas en las ecuaciones de pendiente y deflexión, se pueden determinar entonces la pendiente y el desplazamiento en *puntos específicos* de la curva elástica.

- Los valores numéricos obtenidos se pueden comprobar en forma gráfica, comparándolos con el esquema de la curva elástica. Se debe tener en cuenta que los valores *positivos* de la *pendiente* son *en contra de las manecillas del reloj*, si el eje x se extiende *positivo* hacia la *derecha*, y en *el sentido de las manecillas del reloj* si el eje x se extiende *positivo* hacia la *izquierda*. En cualquier caso, el *desplazamiento positivo* es hacia *arriba*.

E J E M P L O **12.1**

La viga en voladizo de la figura 12-10a está sometida a una carga vertical **P** en su extremo. Deducir la ecuación de su curva elástica. EI es constante.

Solución I

Curva elástica. La carga tiende a flexionar a la viga como se ve en la figura 12-10a. Por inspección, el momento interno se puede representar en toda la viga con una sola coordenada x.

Función de momento. De acuerdo con el diagrama de cuerpo libre, con **M** actuando en *dirección positiva*, figura 12-10b,

$$M = -Px$$

Pendiente y curva elástica. Al aplicar la ecuación 12-10 e integrar dos veces se obtienen

$$EI \frac{d^2v}{dx^2} = -Px \tag{1}$$

$$EI \frac{dv}{dx} = -\frac{Px^2}{2} + C_1 \tag{2}$$

$$EIv = -\frac{Px^3}{6} + C_1x + C_2 \tag{3}$$

Se usan las condiciones en la frontera $dv/dx = 0$ en $x = L$, y $v = 0$ en $x = L$; entonces las ecuaciones 2 y 3 se transforman en

$$0 = -\frac{PL^2}{2} + C_1$$

$$0 = -\frac{PL^3}{6} + C_1L + C_2$$

Por consiguiente, $C_1 = PL^2/2$ y $C_2 = -PL^3/3$. Se sustituyen estos resultados en las ecuaciones 2 y 3, con $\theta = dv/dx$, y se obtiene

$$\theta = \frac{P}{2EI}(L^2 - x^2)$$

$$v = \frac{P}{6EI}(-x^3 + 3L^2x - 2L^3) \qquad Resp.$$

La pendiente y el desplazamiento máximos están en $A(x = 0)$, para el cual

$$\theta_A = \frac{PL^2}{2EI} \tag{4}$$

$$v_A = -\frac{PL^3}{3EI} \tag{5}$$

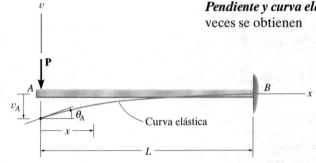

Curva elástica

(a)

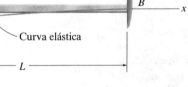

(b)

Fig. 12-10

El resultado *positivo* para θ_A indica una rotación *en sentido contrario de las manecillas del reloj* y el resultado *negativo* para v_A indica que v_A es *hacia abajo*. Esto concuerda con los resultados bosquejados en la figura 12-10a.

Para tener alguna idea de la *magnitud* real de la pendiente y el desplazamiento en el extremo A, supongamos que la viga de la figura 12-10a tiene 15 pies de longitud, que sostiene una carga $P = 6$ klb y que es de acero A-36 con $E_{ac} = 29(10^3)$ klb/pulg². Al aplicar los métodos de la sección 11.3, si esa viga estuviera diseñada sin factor de seguridad, al suponer que el esfuerzo normal admisible es igual al esfuerzo de fluencia $\sigma_{adm} = 36$ klb/pulg², entonces se ve que es adecuada una viga W12 × 26 ($I = 204$ pulg⁴). Con las ecuaciones 4 y 5 se obtienen

$$\theta_A = \frac{6 \text{ klb}(15 \text{ pies})^2(12 \text{ pulg/pie})^2}{2[29(10^3) \text{ klb/pulg}^2](204 \text{ pulg}^4)} = 0.0164 \text{ rad}$$

$$v_A = -\frac{6 \text{ klb}(15 \text{ pies})^3(12 \text{ pulg/pie})^3}{3[29(10^3) \text{ klb/pulg}^2](204 \text{ pulg}^4)} = -1.97 \text{ pulg}$$

Ya que $\theta_A^2 = (dv/dx)^2 = 0.000270 \text{ rad}^2 \ll 1$, esto justifica el uso de la ecuación 12-10, y el no aplicar la ecuación 12-4, más exacta, para calcular la deflexión de las vigas. También, como esta aplicación numérica es para una *viga en voladizo*, hemos obtenido *valores mayores* de θ y v que los que se hubieran obtenido usando pasadores, rodillos u otros soportes fijos.

Solución II

También se puede resolver este problema usando la ecuación 12-8, $EI\, d^4v/dx^4 = -w(x)$. En este caso $w(x) = 0$ para $0 \le x \le L$, figura 12-10a, por lo que al integrar una vez se obtiene la forma de la ecuación 12-9, es decir,

$$EI\, \frac{d^4v}{dx^4} = 0$$

$$EI\, \frac{d^3v}{dx^3} = C_1' = V$$

Se puede evaluar la constante del cortante C_1' en $x = 0$, ya que $V_A = -P$ (negativo, de acuerdo con la convención de signos, figura 12-8a). Así, $C_1' = -P$. Al integrar de nuevo se obtiene la forma de la ecuación 12-10, es decir,

$$EI\, \frac{d^3v}{dx^3} = -P$$

$$EI\, \frac{d^2v}{dx^2} = -Px + C_2' = M$$

En este caso, $M = 0$ en $x = 0$, por lo que $C_2' = 0$, y el resultado es que se obtiene la ecuación 1 y la solución prosigue como se indicó antes.

La viga simplemente apoyada de la figura 12-11a sostiene la carga distribuida triangularmente. Determinar su deflexión máxima. EI es constante.

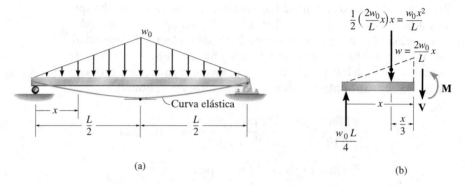

Fig. 12-11

Solución I

Curva elástica. Debido a la simetría, sólo se necesita una coordenada x para la solución; en este caso $0 \leq x \leq L/2$. La viga se flexiona como indica la figura 12-11a. Observe que la deflexión máxima está en el centro, porque en ese punto la pendiente es cero.

Función de momento. La carga distribuida actúa hacia abajo, y por consiguiente es positiva de acuerdo con nuestra convención de signos. En la figura 12-11b se muestra un diagrama de cuerpo libre del segmento de la izquierda. La ecuación para la carga distribuida es

$$w = \frac{2w_0}{L}x \qquad (1)$$

Por consiguiente,

$$\curvearrowleft + \Sigma M_{NA} = 0; \qquad M + \frac{w_0 x^2}{L}\left(\frac{x}{3}\right) - \frac{w_0 L}{4}(x) = 0$$

$$M = -\frac{w_0 x^3}{3L} + \frac{w_0 L}{4}x$$

Pendiente y curva elástica.
Se usa la ecuación 12-10 y se integra dos veces, para obtener

$$EI \frac{d^2v}{dx^2} = M = -\frac{w_0}{3L}x^3 + \frac{w_0L}{4}x \qquad (2)$$

$$EI \frac{dv}{dx} = -\frac{w_0}{12L}x^4 + \frac{w_0L}{8}x^2 + C_1$$

$$EIv = -\frac{w_0}{60L}x^5 + \frac{w_0L}{24}x^3 + C_1x + C_2$$

Las constantes de integración se obtienen aplicando la condición en la frontera $v = 0$ en $x = 0$, y la condición de simetría $dv/dx = 0$ en $x = L/2$. Esto conduce a

$$C_1 = -\frac{5w_0L^3}{192} \qquad C_2 = 0$$

Por consiguiente,

$$EI \frac{dv}{dx} = -\frac{w_0}{12L}x^4 + \frac{w_0L}{8}x^2 - \frac{5w_0L^3}{192}$$

$$EIv = -\frac{w_0}{60L}x^5 + \frac{w_0L}{24}x^3 - \frac{5w_0L^3}{192}x$$

Se determina como sigue la deflexión máxima en $x = L/2$:

$$v_{\text{máx}} = -\frac{w_0L^4}{120EI} \qquad\qquad Resp.$$

Solución II

Partiendo de la carga distribuida, ecuación 1, y aplicando la ecuación 12-8, se llega a

$$EI \frac{d^4v}{dx^4} = -\frac{2w_0}{L}x$$

$$EI \frac{d^3v}{dx^3} = V = -\frac{w_0}{L}x^2 + C_1'$$

Como $V = +w_0L/4$ en $x = 0$, entonces $C_1' = w_0L/4$. Esto se integra de nuevo

$$EI \frac{d^3v}{dx^3} = V = -\frac{w_0}{L}x^2 + \frac{w_0L}{4}$$

$$EI \frac{d^2v}{dx^2} = M = -\frac{w_0}{3L}x^3 + \frac{w_0L}{4}x + C_2'$$

En nuestro caso $M = 0$ en $x = 0$, por lo que $C_2' = 0$. Se obtiene así la ecuación 2. En adelante la solución prosigue como se indicó anteriormente.

E J E M P L O 12.3

La viga simplemente apoyada de la figura 12-12*a* está sometida a la fuerza concentrada **P**. Determinar la deflexión máxima de esa viga. *EI* es constante.

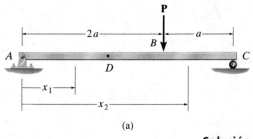

(a)

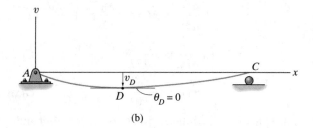

(b)

Solución

Curva elástica. La viga se flexiona como se ve en la figura 12-12*b*. Se deben usar dos coordenadas, porque el momento es discontinuo en *P*. En este caso se definirán x_1 y x_2, con el *mismo origen* en *A*, por lo que $0 \le x_1 < 2a$, y $2a < x_2 \le 3a$.

Función momento. Según los diagramas de cuerpo libre de la figura 12-12*c*,

$$M_1 = \frac{P}{3}x_1$$

$$M_2 = \frac{P}{3}x_2 - P(x_2 - 2a) = \frac{2P}{3}(3a - x_2)$$

Pendiente y curva elástica. Se aplica la ecuación 12-10 a M_1, y se integra dos veces, para obtener

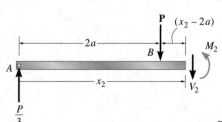

$$EI\,\frac{d^2v_1}{dx_1^{2}} = \frac{P}{3}x_1$$

$$EI\,\frac{dv_1}{dx^1} = \frac{P}{6}x_1^{2} + C_1 \tag{1}$$

$$EIv_1 = \frac{P}{18}x_1^{3} + C_1x_1 + C_2 \tag{2}$$

Se hace lo mismo con M_2:

$$EI\,\frac{d^2v_2}{dx_2^{2}} = \frac{2P}{3}(3a - x_2)$$

$$EI\,\frac{dv_2}{dx_2} = \frac{2P}{3}\left(3ax_2 - \frac{x_2^{2}}{2}\right) + C_3 \tag{3}$$

$$EIv_2 = \frac{2P}{3}\left(\frac{3}{2}ax_2^{2} - \frac{x_2^{3}}{6}\right) + C_3x_2 + C_4 \tag{4}$$

(c)

Fig. 12-12

Las cuatro constantes se evalúan usando *dos* condiciones en la frontera, que son $x_1 = 0$, $v_1 = 0$ y $x_2 = 3a$, $v_2 = 0$. También, se deben aplicar *dos* condiciones de continuidad en B, que son $dv_1/dx_1 = dv_2/dx_2$ en $x_1 = x_2 = 2a$, y $v_1 = v_2$ en $x_1 = x_2 = 2a$. Al sustituir como se indicó se obtienen las cuatro ecuaciones siguientes:

$v_1 = 0$ en $x_1 = 0$; $\qquad 0 = 0 + 0 + C_2$

$v_2 = 0$ en $x_2 = 3a$; $\qquad 0 = \dfrac{2P}{3}\left(\dfrac{3}{2}a(3a)^2 - \dfrac{(3a)^3}{6}\right) + C_3(3a) + C_4$

$\dfrac{dv_1(2a)}{dx_1} = \dfrac{dv_2(2a)}{dx_2}$; $\qquad \dfrac{P}{6}(2a)^2 + C_1 = \dfrac{2P}{3}\left(3a(2a) - \dfrac{(2a)^2}{2}\right) + C_3$

$v_1(2a) = v_2(2a)$; $\qquad \dfrac{P}{18}(2a)^3 + C_1(2a) + C_2 = \dfrac{2P}{3}\left(\dfrac{3}{2}a(2a)^2 - \dfrac{(2a)^3}{6}\right) + C_3(2a) + C_4$

Este sistema se resuelve y se obtiene

$$C_1 = -\frac{4}{9}Pa^2 \qquad C_2 = 0$$

$$C_3 = -\frac{22}{9}Pa^2 \qquad C_4 = \frac{4}{3}Pa^3$$

Así, las ecuaciones 1 a 4 se convierten en

$$\frac{dv_1}{dx_1} = \frac{P}{6EI}x_1{}^2 - \frac{4Pa^2}{9EI} \tag{5}$$

$$v_1 = \frac{P}{18EI}x_1{}^3 - \frac{4Pa^2}{9EI}x_1 \tag{6}$$

$$\frac{dv_2}{dx_2} = \frac{2Pa}{EI}x_2 - \frac{P}{3EI}x_2{}^2 - \frac{22Pa^2}{9EI} \tag{7}$$

$$v_2 = \frac{Pa}{EI}x_2{}^2 - \frac{P}{9EI}x_2{}^3 - \frac{22Pa^2}{9EI}x_2 + \frac{4Pa^3}{3EI} \tag{8}$$

Por inspección de la curva elástica, figura 12-12*b*, la deflexión máxima está en D, en algún lugar de la región AB. En ese punto la pendiente debe ser cero. Según la ecuación 5,

$$\frac{1}{6}x_1{}^2 - \frac{4}{9}a^2 = 0$$

$$x_1 = 1.633a$$

Se sustituye x_1 en la ecuación 6,

$$v_{\text{máx}} = -0.484\frac{Pa^3}{EI} \qquad\qquad Resp.$$

El signo negativo indica que la deflexión es hacia abajo.

E J E M P L O 12.4

La viga de la figura 12-13a está sujeta a una carga **P** en su extremo. Determine el desplazamiento en C. EI es constante.

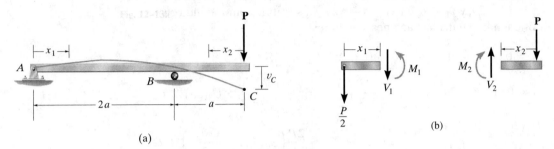

(a)

(b)

Fig. 12-13

Solución

Curva elástica. La viga se flexiona en la forma que muestra la figura 12-13a. Debido a la carga, se definirán dos coordenadas x, que son $0 \le x_1 < 2a$ y $0 \le x_2 < a$, donde x_2 se dirige desde C hacia la izquierda, ya que así es fácil formular el momento interno.

Funciones de momento. De acuerdo con los diagramas de cuerpo libre de la figura 12-13b,

$$M_1 = -\frac{P}{2}x_1 \qquad M_2 = -Px_2$$

Pendiente y curva elástica. Se aplica la ecuación 12-10:

$$\text{para } 0 \le x_1 < 2a, \qquad EI = \frac{d^2v_1}{dx_1^{\,2}} = -\frac{P}{2}x_1$$

$$EI\frac{dv_1}{dx_1} = -\frac{P}{4}x_1^{\,2} + C_1 \qquad (1)$$

$$EIv_1 = -\frac{P}{12}x_1^{\,3} + C_1x_1 + C_2 \qquad (2)$$

$$\text{para } 0 \le x_2 < a, \qquad EI = \frac{d^2v_2}{dx_2^{\,2}} = -Px_2$$

$$EI\frac{dv_2}{dx_2} = -\frac{P}{2}x_2^{\,2} + C_3 \qquad (3)$$

$$EIv_2 = -\frac{P}{6}x_2^{\,3} + C_3x_2 + C_4 \qquad (4)$$

Las *cuatro* constantes de integración se determinan usando *tres* condiciones en la frontera, que son $v_1 = 0$ en $x_1 = 0$, $v_1 = 0$ en $x_1 = 2a$ y $v_2 = 0$ en $x_2 = a$, y *una* ecuación de continuidad. En este caso, la continuidad de la pendiente en el rodillo requiere que $dv_1/dx_1 = -dv_2/dx_2$ en $x_1 = 2a$ y $x_2 = a$. ¿Por qué hay un signo negativo en esta ecuación? (Observe que se ha tenido en cuenta, en forma indirecta, la continuidad del desplazamiento en B, en las condiciones en la frontera, ya que $v_1 = v_2 = 0$ en $x_1 = 2a$ y $x_2 = a$.) Al aplicar estas cuatro condiciones se obtiene

$$v_1 = 0 \text{ en } x_1 = 0; \qquad 0 = 0 + 0 + C_2$$

$$v_1 = 0 \text{ en } x_1 = 2a; \qquad 0 = -\frac{P}{12}(2a)^3 + C_1(2a) + C_2$$

$$v_2 = 0 \text{ en } x_2 = a; \qquad 0 = -\frac{P}{6}a^3 + C_3 a + C_4$$

$$\frac{dv_1(2a)}{dx_1} = -\frac{dv_2(a)}{dx_2}; \qquad -\frac{P}{4}(2a)^2 + C_1 = -\left(-\frac{P}{2}(a)^2 + C_3 \right)$$

Las soluciones son

$$C_1 = \frac{Pa^2}{3} \qquad C_2 = 0 \qquad C_3 = \frac{7}{6}Pa^2 \qquad C_4 = -Pa^3$$

Se sustituyen C_3 y C_4 en la ecuación 4, para obtener

$$v_2 = -\frac{P}{6EI}x_2^3 + \frac{7Pa^2}{6EI}x_2 - \frac{Pa^3}{EI}$$

El desplazamiento en C se determina igualando $x_2 = 0$. El resultado es

$$v_C = -\frac{Pa^3}{EI} \qquad\qquad\qquad \textit{Resp.}$$

PROBLEMAS

12-1. Una solera de acero L2 de 0.125 pulg de espesor y 2 pulg de ancho se dobla formando un arco circular de 600 pulg. Calcule el esfuerzo máximo de flexión en la solera.

12-2. La hoja de acero L2 de la sierra circular rodea a la polea de 12 pulg de radio. Calcule el esfuerzo normal máximo en la hoja. Está hecha de acero y tiene 0.75 pulg de ancho y 0.0625 pulg de espesor.

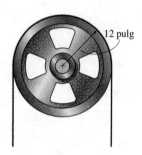

12 pulg

Prob. 12-2

12-3. Deduzca la ecuación de la curva elástica para la viga, usando la coordenada x que sea válida para $0 \leq x < L/2$. Especifique la pendiente en A y la deflexión máxima de la viga. EI es constante.

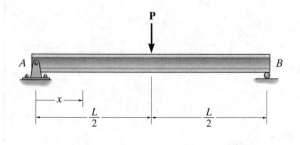

P

A B

x

$\dfrac{L}{2}$ $\dfrac{L}{2}$

Prob. 12-3

*12-4. Deduzca las ecuaciones de la curva elástica, usando las coordenadas x_1 y x_2. EI es constante.

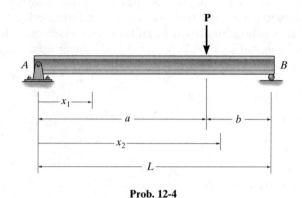

P

A B

x_1

a b

x_2

L

Prob. 12-4

12-5. Deduzca las ecuaciones de la curva elástica, usando las coordenadas x_1 y x_2. EI es constante.

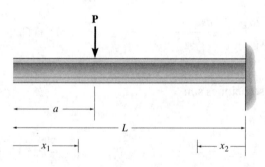

P

a

L

x_1 x_2

Prob. 12-5

12-6. El eje simplemente apoyado tiene un momento de inercia $2I$ en la región BC e I en las regiones AB y CD. Determine la deflexión máxima del eje debido a la carga **P**.

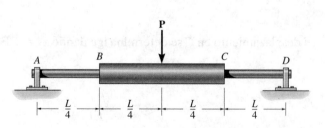

P

A B C D

$\dfrac{L}{4}$ $\dfrac{L}{4}$ $\dfrac{L}{4}$ $\dfrac{L}{4}$

Prob. 12-6

12-7. Deducir las ecuaciones de la curva elástica para la viga, usando las coordenadas x_1 y x_2. Especifique la pendiente en A y la deflexión máxima. EI es constante.

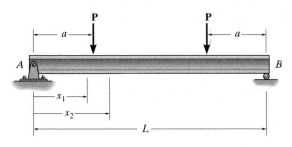

Prob. 12-7

*12-8.** El eje está soportado en A por un cojinete recto que sólo ejerce reacciones verticales sobre el eje, y en C por un cojinete axial que ejerce reacciones horizontales y verticales sobre el eje. Deduzca las ecuaciones de la curva elástica, usando las coordenadas x_1 y x_2. EI es constante.

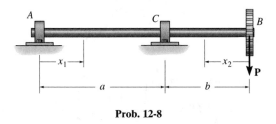

Prob. 12-8

12-9. La viga está formada por dos cilindros, y está sometida a la carga concentrada **P**. Determine la deflexión máxima de esa viga, si los momentos de inercia de los cilindros son I_{AB} e I_{BC}, y el módulo de elasticidad es E.

12-10. La viga está formada por dos cilindros, y está sometida a la carga concentrada **P**. Determine la pendiente en C. Los momentos de inercia de los cilindros son I_{AB} e I_{BC}, y el módulo de elasticidad es E.

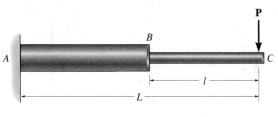

Probs. 12-9/10

12-11. La barra está soportada por un apoyo de rodillos en B, que permite desplazamiento vertical, pero resiste la carga y el momento axiales. Si la barra está sometida a la carga indicada, determine la pendiente en A y la deflexión en C. EI es constante.

*12-12.** Determine la deflexión en B, de la barra del problema 12-11.

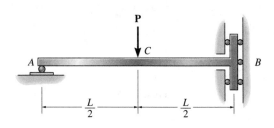

Probs. 12-11/12

12-13. Determine la curva elástica para la viga en voladizo, sometida al momento de un par $\mathbf{M}_0$. También determine la pendiente máxima y la deflexión máxima de la viga. EI es constante.

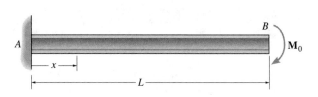

Prob. 12-13

12-14. Deduzca la ecuación de la curva elástica para la viga, usando la coordenada x. Especifique la pendiente en A, y la deflexión máxima. EI es constante.

12-15. Determine la deflexión en el centro de la viga, y la pendiente en B. EI es constante.

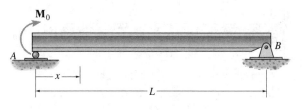

Probs. 12-14/15

*12-16. Determine la curva elástica para la viga simplemente apoyada, sujeta a momentos de par $\mathbf{M}_0$. También, calcule la pendiente máxima y la deflexión máxima de la viga. EI es constante.

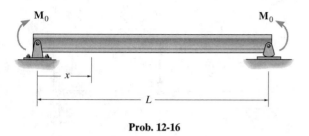

Prob. 12-16

12-17. Determine la deflexión máxima de la viga, y la pendiente en A. EI es constante.

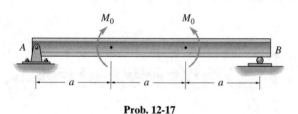

Prob. 12-17

12-18. Deduzca las ecuaciones de la curva elástica, usando las coordenadas x_1 y x_2, y especifique la deflexión y la pendiente en C. EI es constante.

12-19. Deduzca las ecuaciones de la curva elástica usando las coordenadas x_1 y x_2, y especifique la pendiente en A. EI es constante.

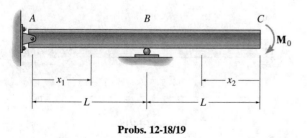

Probs. 12-18/19

*12-20. Deduzca las ecuaciones de la curva elástica, usando las coordenadas x_1 y x_2, y especifique la pendiente y la deflexión en el punto B. EI es constante.

12-21. Deduzca las ecuaciones de la curva elástica, usando las coordenadas x_1 y x_3, y especifique la pendiente y la deflexión en el punto B. EI es constante.

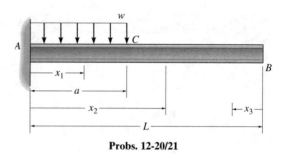

Probs. 12-20/21

12-22. La viga del piso de un avión está sometida a la carga indicada. Suponiendo que el fuselaje sólo ejerza reacciones verticales en los extremos de la viga, calcule la deflexión máxima de esa viga. EI es constante.

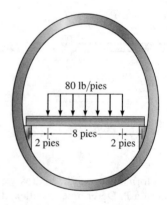

Prob. 12-22

12-23. Las dos reglas de un metro, de madera, están separadas en sus centros por un cilindro liso y rígido, de 50 mm de diámetro. Calcule la fuerza F que debe aplicarse en cada extremo para hacer que lleguen a tocarse. Cada regla tiene 20 mm de ancho y 5 mm de espesor. $E_w = 11$ GPa.

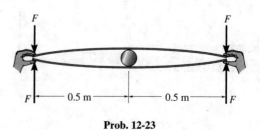

Prob. 12-23

*12-24. Se puede suponer que los extremos del tubo, apoyados en rodillos, y en su centro *C* mediante una silleta rígida. La silleta descansa en un cable conectado a los apoyos. Determine la fuerza que debe desarrollar el cable, para que la silleta impida que el tubo se cuelgue, o flexione, en su centro. El tubo y el fluido en su interior tienen un peso combinado de 125 lb/pie. *EI* es constante.

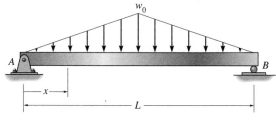

Prob. 12-27

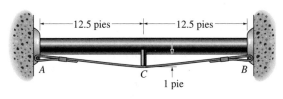

Prob. 12-24

*12-28. Determine la curva elástica para la viga en voladizo, usando la coordenada *x*. También determine la pendiente máxima y la deflexión máxima. *EI* es constante.

12-25. La viga está sometida a la carga distribuida linealmente variable. Determine la pendiente máxima de esa viga. *EI* es constante.

12-26. La viga está sometida a la carga distribuida linealmente variable. Determine la deflexión máxima de esa viga. *EI* es constante.

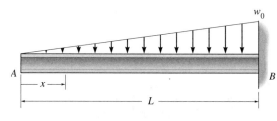

Prob. 12-28

12-29. La viga triangular tiene sección transversal rectangular. Determine la deflexión de su extremo, en función de la carga *P*, longitud *L,* módulo de elasticidad *E* y el momento de inercia I_0 de su extremo.

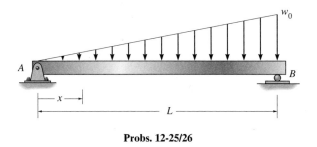

Probs. 12-25/26

12-27. Determine la curva elástica de la viga simplemente apoyada, usando la coordenada *x* $0 \le x \le L/2$. También, determine la pendiente en *A* y la deflexión máxima de la viga. *EI* es constante.

Prob. 12-29

12-30. La viga romboidal tiene sección transversal rectangular. Determine la deflexión en su centro, en función de la carga P, longitud L, módulo de elasticidad E y el momento de inercia I_c de su centro.

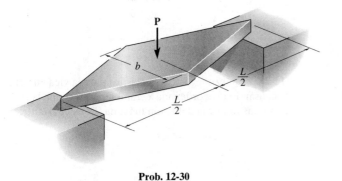

Prob. 12-30

12-31. La viga está hecha de una placa de espesor constante t, y con un ancho que varía en forma lineal. La placa se corta en bandas, para formar una serie de hojas que se apilan para formar un muelle de n hojas. Determine la deflexión en su extremo, cuando está cargada. No tenga en cuenta la fricción entre las hojas.

*12-32.** La viga tiene un ancho constante b, y es triangular como se indica. Si sostiene una carga **P** en su extremo, determine la deflexión en B. La carga P se aplica a una corta distancia del vértice B, donde $s \ll L$. EI es constante.

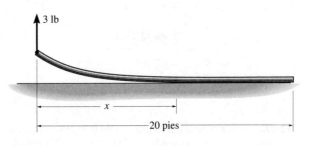

Prob. 12-32

12-33. Una varilla delgada y flexible de 20 pies de longitud, con 0.5 lb/pie de peso, descansa sobre la superficie lisa. Si se aplica una fuerza de 3 lb en su extremo, para levantarla, determine la longitud suspendida x y el momento máximo desarrollada en la varilla.

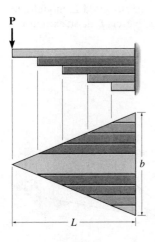

Prob. 12-31

Prob. 12-33

*12.3   Funciones de discontinuidad

El método de la integración, que se usa para deducir la ecuación de la elástica para una viga o un eje, es adecuada si la carga o el momento interno se pueden expresar como función continua en toda la longitud de la viga. Sin embargo, si sobre la viga actúan varias cargas distintas, el método se vuelve de aplicación más tediosa, porque se deben plantear distintas funciones de carga o de momento, para cada región de la viga. Además, para integrar esas funciones se requiere la evaluación de constantes de integración usando condiciones en la frontera y/o condiciones de continuidad. Por ejemplo, la viga de la figura 12-14 requiere plantear cuatro funciones de momento, las cuales describen el momento en las regiones AB, BC, CD y DE. Al aplicar la relación entre momento y curvatura, $EI\, d^2v/dx^2 = M$, e integrar dos veces cada ecuación de momento, se deben evaluar ocho constantes de integración, las cuales involucran el empleo de dos condiciones en la frontera que requieren que el desplazamiento sea cero en los puntos A y E, más seis condiciones de continuidad, para pendiente y desplazamiento en los puntos B, C y D.

En esta sección describiremos un método para deducir la ecuación de la curva elástica para una *viga con cargas múltiples* usando *una sola ecuación*, sea formulada a partir de la carga en la viga, $w = w(x)$, o del momento interno de la viga, $M = M(x)$. Si la ecuación de w se sustituye en $EI\, d^4v/dx^4 = -w(x)$ y se integra cuatro veces, o bien si la ecuación de M se sustituye en $EI\, d^2v/dx^2 = M(x)$, y se integra dos veces, se determinarán las constantes de integración sólo a partir de las condiciones en la frontera. Como no intervendrán las ecuaciones de continuidad, el análisis se simplificará mucho.

Funciones de discontinuidad.   Para expresar la carga en la viga, o el momento interno en ella, usando una sola ecuación, usaremos dos clases de operadores matemáticos llamados *funciones de discontinuidad.*

Por motivos de seguridad, estas vigas en voladizo deben diseñarse tanto para resistencia como para una cantidad restringida de deflexión.

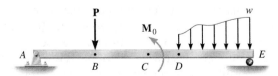

Fig. 12-14

TABLA 12-2

Carga	Función de carga $w = w(x)$	Cortante $V = -\int w(x)dx$	Momento $M = \int V dx$
1 M_0	$w = M_0\langle x-a \rangle^{-2}$	$V = -M_0\langle x-a \rangle^{-1}$	$M = -M_0\langle x-a \rangle^0$
2 P	$w = P\langle x-a \rangle^{-1}$	$V = -P\langle x-a \rangle^0$	$M = -P\langle x-a \rangle^1$
3 w	$w = w_0\langle x-a \rangle^0$	$V = -w_0\langle x-a \rangle^1$	$M = -\dfrac{w_0}{2}\langle x-a \rangle^2$
4 pendiente $= m$	$w = m\langle x-a \rangle^1$	$V = \dfrac{-m}{2}\langle x-a \rangle^2$	$M = \dfrac{-m}{6}\langle x-a \rangle^3$

Funciones de Macaulay. Para fines de cálculo de deflexión en vigas o ejes se pueden usar las funciones de Macaulay, que llevan el apellido del matemático W.H. Macaulay, para describir *cargas distribuidas*. Se escriben en la siguiente forma general:

$$\langle x - a \rangle^n = \begin{cases} 0 & \text{para } x < a \\ (x - a)^n & \text{para } x \geq a \end{cases} \qquad n \geq 0 \tag{12-11}$$

En ellas, x representa la coordenada de la posición de un punto a lo largo de la viga, y a es el lugar de la viga donde hay una "discontinuidad", o sea, el punto donde *comienza* una carga distribuida. Observe que la función de Macaulay $\langle x - a \rangle^n$ se escribe con paréntesis angulares, para diferenciarla de la función ordinaria $(x - a)^n$ que se escribe con paréntesis normales. Como se indica en la ecuación, $\langle x - a \rangle^n = (x - a)^n$ sólo cuando $x \geq a$; en caso contrario es cero. Además, esas funciones sólo son válidas para los valores de exponente $n \geq 0$. La integración de las funciones de Macaulay tiene las mismas reglas que para las funciones ordinarias, por ejemplo,

$$\int \langle x - a \rangle^n \, dx = \frac{\langle x - a \rangle^{n+1}}{n + 1} + C \tag{12-12}$$

Obsérvese la forma en que las funciones de Macaulay describen tanto la *carga uniforme* $w_0(n = 0)$ como la *carga triangular* ($n = 1$), que se indican en la tabla 12-2, renglones 3 y 4. Naturalmente que esta clase de descripción se puede ampliar a las cargas distribuidas que tengan otras formas. También, es posible usar la superposición con las cargas uniformes y triangulares, para crear la función de Macaulay de una carga trapezoidal. En la tabla también se muestran las funciones de Macaulay obtenidas por integración, para el cortante $V = -\int w(x) \, dx$ y el momento, $M = \int V \, dx$.

Funciones de singularidad. Esas funciones sólo se usan para describir el lugar del punto de aplicación de fuerzas concentradas o momentos de par que actúen sobre una viga o eje. En forma específica, una *fuerza concentrada P* se puede considerar como caso especial de la carga distribuida, donde la intensidad de la carga es $w = P/\epsilon$ tal que su ancho es ϵ, y $\epsilon \to 0$, figura 12-15. El área bajo este diagrama de carga equivale a P, *positivo hacia abajo*, por lo que se usará la función de singularidad

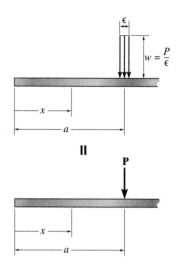

$$w = P\langle x - a\rangle^{-1} = \begin{cases} 0 & \text{para } x \neq a \\ P & \text{para } x = a \end{cases} \qquad (12\text{-}13)$$

para describir la fuerza P. Observe aquí que $n = -1$, para que las unidades de w sean fuerza entre longitud, tal como deben. Además, la función sólo asume el valor de **P** en el punto $x = a$, donde se aplica la carga; en cualquier otro caso es cero.

En forma parecida, un momento de par $\mathbf{M}_0$, considerado *positivo en sentido contrario al de las manecillas del reloj* es una limitación cuando $\epsilon \to 0$, de dos cargas distribuidas como se ven en la figura 12-16. En este caso, la siguiente función describe su valor:

Fig. 12-15

$$w = M_0\langle x - a\rangle^{-2} = \begin{cases} 0 & \text{para } x \neq a \\ M_0 & \text{para } x = a \end{cases} \qquad (12\text{-}14)$$

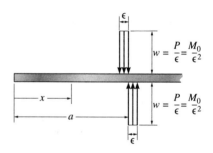

El exponente $n = -2$, para asegurar que las unidades de w, fuerza entre longitud, se mantengan.

La integración de dos funciones anteriores de singularidad se apega a las reglas del cálculo operacional, y produce resultados *distintos* a los de las funciones de Macaulay. En forma específica,

$$\int \langle x - a\rangle^n = \langle x - a\rangle^{n+1}, n = -1, -2 \qquad (12\text{-}15)$$

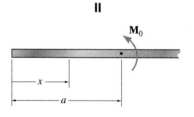

Fig. 12-16

En este caso sólo aumenta el exponente n una unidad, y no se asocia constante de integración con esta operación. Al usar esta fórmula, observe cómo se integran una vez y después dos veces, M_0 y P, descritos en la tabla 12-2, renglones 1 y 2, para obtener el cortante y el momento internos en la viga.

La aplicación de las ecuaciones 12-11 a 12-15 es un método bastante directo de expresar la carga o el momento interno en una viga, en función de x. Al hacerlo se debe poner mucha atención a los signos de las cargas externas. Como se dijo antes, y como se ve en la tabla 12-2, *las fuerzas concentradas y las cargas distribuidas son positivas hacia abajo, y los momentos de par son positivos en sentido contrario al de las manecillas del reloj.* Si se sigue esta convención de signos, el cortante y el momento internos coinciden con la convención de signos para vigas, establecida en la sección 6.1.

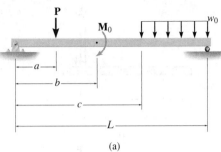

(a)

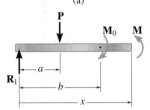

Fig. 12-17

(b)

Como ejemplo de cómo se aplican las funciones de discontinuidad para describir las cargas o los momentos internos en una viga, veamos la viga cargada como muestra la figura 12-17a. En este caso la fuerza de reacción R_1 creada por el pasador, figura 12-17b, es negativa, porque actúa hacia arriba, y M_0 es negativo, porque actúa en sentido de las manecillas del reloj. Al usar la tabla 12-2, la carga en cualquier punto de la viga es, por consiguiente,

$$w = -R_1\langle x - 0\rangle^{-1} + P\langle x - a\rangle^{-1} - M_0\langle x - b\rangle^{-2} + w_0\langle x - c\rangle^0$$

Aquí no se incluye la fuerza de reacción en el rodillo, porque x nunca es mayor que L, y además este valor no tiene consecuencia al calcular la pendiente o la deflexión. Nótese que cuando $x = a$, $w = P$, y todos los demás términos son cero. También, cuando $x > c$, $w = w_0$, etcétera.

Al integrar dos veces esta ecuación se obtiene la relación que describe el momento interno en la viga. Las constantes de integración aquí no se toman en cuenta, porque se han calculado las condiciones en la frontera, o el cortante y el momento ($V = R_1$ y $M = 0$) y esos valores están incorporados en la carga w de la viga. También se puede obtener este resultado en forma directa con la tabla 12-2. En ambos casos,

$$M = R_1\langle x - 0\rangle - P\langle x - a\rangle + M_0\langle x - b\rangle^0 - \tfrac{1}{2}w_0\langle x - c\rangle^2 \qquad (12\text{-}16)$$

Se puede comprobar la validez de esta expresión, por ejemplo con el método de las secciones, dentro de la región $b < x < c$, figura 12-17b. Para el equilibrio de momentos se requiere que

$$M = R_1 x - P(x - a) + M_0 \qquad (12\text{-}17)$$

Este resultado concuerda con el obtenido con las funciones de discontinuidad, ya que según las ecuaciones 12-11, 12-13 y 12-14, sólo el último término de la ecuación 12-16 es cero cuando $x < c$.

Como un segundo ejemplo, veamos la viga de la figura 12-18a. La reacción en el apoyo A se ha calculado en la figura 12-18b, y la carga trapezoidal se ha separado en cargas triangular y uniforme. De acuerdo con la tabla 12-2, la carga es

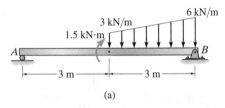

(a)

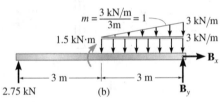

Fig. 12-18

$$w = -2.75\,\text{kN}\langle x - 0\rangle^{-1} - 1.5\,\text{kN}\cdot\text{m}\langle x - 3\,\text{m}\rangle^{-2} + 3\,\text{kN/m}\langle x - 3\,\text{m}\rangle^0 + 1\,\text{kN/m}^2\langle x - 3\,\text{m}\rangle^1$$

Se puede determinar la ecuación de momento, en forma directa con la tabla 12-2, en vez de integrar dos veces esta ecuación; en cualquier caso,

$$M = 2.75\,\text{kN}\langle x - 0\rangle^1 + 1.5\,\text{kN}\cdot\text{m}\langle x - 3\,\text{m}\rangle^0 - \frac{3\,\text{kN/m}}{2}\langle x - 3\,\text{m}\rangle^2 - \frac{1\,\text{kN/m}^2}{6}\langle x - 3\,\text{m}\rangle^3$$

$$= 2.75x + 1.5\langle x - 3\rangle^0 - 1.5\langle x - 3\rangle^2 - \frac{1}{6}\langle x - 3\rangle^3$$

Ahora se puede determinar la deflexión de la viga, integrando dos veces sucesivas esta ecuación y se evalúen las constantes de integración usando las condiciones en la frontera de cero desplazamiento en A y en B.

PROCEDIMIENTO PARA EL ANÁLISIS

El procedimiento que sigue es un método para usar las funciones de discontinuidad en la determinación de la curva elástica de una viga. Este método es especialmente útil para resolver problemas de vigas o ejes sometidos a *varias cargas*, porque se pueden evaluar las constantes de integración usando *sólo* las condiciones en la frontera, mientras que se satisfacen en forma automática las condiciones de compatibilidad.

Curva elástica.

- Bosquejar la curva elástica de la viga, e identificar las condiciones en la frontera para los apoyos.

- En todos los soportes con pasador y con rodillo hay desplazamiento cero, y en los soportes empotrados hay pendiente cero y desplazamiento cero.

- Establecer el eje x para que se extienda hacia la derecha, y tenga su origen en el extremo izquierdo de la viga.

Función de carga o de momento.

- Calcular las reacciones en los apoyos, y a continuación usar las funciones de discontinuidad en la tabla 12-2 para expresar la carga w o el momento interno M en función de x. Asegurarse de seguir la convención de signos para cada carga, al aplicarla en esta ecuación.

- Observar que las cargas distribuidas se deben prolongar hasta el extremo derecho de la viga, para ser válidas. Si eso no sucede, usar el método de la superposición, que se ilustra en el ejemplo 12.5.

Pendiente y curva elástica.

- Sustituir w en $EI\, d^4v/dx^4 = -w(x)$, o M en la relación de momento/curvatura, $EI\, d^2v/dx^2 = M$, e integrar para obtener las ecuaciones de la pendiente y la deflexión de la viga.

- Evaluar las constantes de integración usando las condiciones en la frontera, y sustituir esas constantes en las ecuaciones de pendiente y deflexión para obtener los resultados finales.

- Cuando evalúan las ecuaciones de pendiente y deflexión en cualquier punto de la viga, *una pendiente positiva* es *en contra de las manecillas del reloj*, y un *desplazamiento positivo* es *hacia arriba*.

E J E M P L O 12.5

Determine la ecuación de la curva elástica para la viga en voladizo de la figura 12-19a. EI es constante.

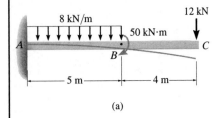

(a)

Solución

Curva elástica. Las cargas hacen que la viga se flexione como se ve en la figura 12-19a. Las condiciones en la frontera requieren que la pendiente y el desplazamiento en A sean cero.

Función de carga. Las reacciones en el apoyo A se han calculado con la estática, y se muestran en el diagrama de cuerpo libre de la figura 12-19b. Como la carga distribuida en la figura 12-19a no se extiende hasta C como sucede en realidad, se puede usar la superposición de las cargas que muestra la figura 12-19b, para representar el mismo efecto. De acuerdo con nuestra convención de signos, el momento del par de 50 kN · m, la fuerza de 52 kN en A y la parte de la carga distribuida de B a C, en la parte inferior de la viga, son negativas todas. En consecuencia, la carga de la viga es

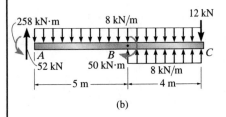

(b)

Fig. 12-19

$$w = -52 \text{ kN}\langle x - 0\rangle^{-1} + 258 \text{ kN} \cdot \text{m}\langle x - 0\rangle^{-2} + 8 \text{ kN/m}\langle x - 0\rangle^{0}$$
$$- 50 \text{ kN} \cdot \text{m}\langle x - 5 \text{ m}\rangle^{-2} - 8 \text{ kN/m}\langle x - 5 \text{ m}\rangle^{0}$$

La carga de 12 kN *no se incluye* aquí, porque x no puede ser mayor que 9 m. Como $dV/dx = -w(x)$, al integrar sin tener en cuenta la constante de integración, ya que las reacciones están incluidas en la función de carga, se obtiene

$$V = 52\langle x - 0\rangle^{0} - 258\langle x - 0\rangle^{-1} - 8\langle x - 0\rangle^{1} + 50\langle x - 5\rangle^{-1} + 8\langle x - 5\rangle^{1}$$

Además, $dM/dx = V$, por lo que al integrar de nuevo se obtiene

$$M = -258\langle x - 0\rangle^{0} + 52\langle x - 0\rangle^{1} - \frac{1}{2}(8)\langle x - 0\rangle^{2} + 50\langle x - 5\rangle^{0} + \frac{1}{2}(8)\langle x - 5\rangle^{2}$$

$$= (-258 + 52x - 4x^2 + 4\langle x - 5\rangle^2 + 50\langle x - 5\rangle^0) \text{ kN} \cdot \text{m}$$

Este mismo resultado se puede obtener *en forma directa* de la tabla 12-2.

Pendiente y curva elástica. Se aplica la ecuación 12-10 y se integra dos veces, para obtener

$$EI \frac{d^2v}{dx^2} = -258 + 52x - 4x^2 + 50\langle x - 5\rangle^0 + 4\langle x - 5\rangle^2$$

$$EI \frac{dv}{dx} = -258x + 26x^2 - \frac{4}{3}x^3 + 50\langle x - 5\rangle^1 + \frac{4}{3}\langle x - 5\rangle^3 + C_1$$

$$EIv = -129x^2 + \frac{26}{3}x^3 - \frac{1}{3}x^4 + 25\langle x - 5\rangle^2 + \frac{1}{3}\langle x - 5\rangle^4 + C_1x + C_2$$

Como $dv/dx = 0$ cuando $x = 0$, $C_1 = 0$; ya que $v = 0$ cuando $x = 0$, entonces $C_2 = 0$. Es decir,

$$v = \frac{1}{EI}\left(-129x^2 + \frac{26}{3}x^3 - \frac{1}{3}x^4 + 25\langle x - 5\rangle^2 + \frac{1}{3}\langle x - 5\rangle^4\right) \text{ m} \quad \textit{Resp.}$$

EJEMPLO 12.6

Determine la deflexión máxima de la viga de la figura 12-20a. *EI* es constante.

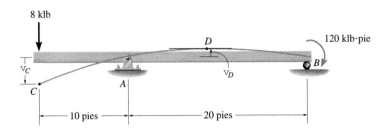

(a)

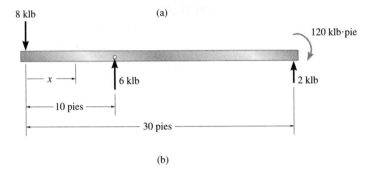

(b)

Fig. 12-20

Solución

Curva elástica. La viga se flexiona como se indica en la figura 12-20a. Las condiciones en la frontera requieren que el desplazamiento sea cero en *A* y en *B*.

Función de carga. Se han calculado las reacciones y se indican en el diagrama de cuerpo libre de la figura 12-20b. La función de carga para la viga se puede expresar como sigue:

$$w = 8 \text{ klb}\langle x - 0 \rangle^{-1} - 6 \text{ klb}\langle x - 10 \text{ pies} \rangle^{-1}$$

El momento del par y la fuerza en *B* no se incluyen aquí, porque están en el extremo derecho de la viga, y *x* no puede ser mayor que 30 pies. Se aplica $dV/dx = -w(x)$, para obtener

$$V = -8\langle x - 0 \rangle^{0} + 6\langle x - 10 \rangle^{0}$$

En forma parecida, $dM/dx = V$ da como resultado

$$M = -8\langle x - 0 \rangle^{1} + 6\langle x - 10 \rangle^{1}$$

$$= (-8x + 6\langle x - 10 \rangle^{1}) \text{ klb} \cdot \text{pie}$$

Continúa

Observe cómo esta ecuación se puede plantear *en forma directa* usando los resultados de la tabla 12-2 para el momento.

Pendiente y curva elástica. Se integra dos veces para obtener

$$EI\frac{d^2v}{dx^2} = -8x + 6\langle x - 10\rangle^1$$

$$EI\frac{dv}{dx} = -4x^2 + 3\langle x - 10\rangle^2 + C_1$$

$$EIv = -\frac{4}{3}x^3 + \langle x - 10\rangle^3 + C_1x + C_2 \qquad (1)$$

De acuerdo con la ecuación 1, la condición en la frontera $v = 0$ en $x = 10$ pies, y $v = 0$ en $x = 30$ pies hace que

$$0 = -1333 + (10 - 10)^3 + C_1(10) + C_2$$

$$0 = -36\,000 + (30 - 10)^3 + C_1(30) + C_2$$

Estas ecuaciones se resuelven simultáneamente para obtener $C_1 = 133$ y $C_2 = -12\,000$. Así,

$$EI\frac{dv}{dx} = -4x^2 + 3\langle x - 10\rangle^2 + 1333 \qquad (2)$$

$$EIv = -\frac{4}{3}x^3 + \langle x - 10\rangle^3 + 1333x - 12\,000 \qquad (3)$$

Según la figura 12-20a, el desplazamiento máximo puede estar en C o en D, donde la pendiente es $dv/dx = 0$. Para obtener el desplazamiento de C se iguala $x = 0$ en la ecuación 3. Así se obtiene

$$v_C = -\frac{12\,000\text{ klb}\cdot\text{pie}^3}{EI}$$

El signo *negativo* indica que el desplazamiento es *hacia abajo*, como se indica en la figura 12-20a. Para ubicar el punto D se usa la ecuación 2 con $x > 10$ pies, y $dv/dx = 0$. Esto da como resultado

$$0 = -4x_D^2 + 3(x_D - 10)^2 + 1333$$

$$x_D^2 + 60x_D - 1633 = 0$$

Despejando la raíz positiva,

$$x_D = 20.3\text{ pies}$$

Por consiguiente, de la ecuación 3,

$$EIv_D = -\frac{4}{3}(20.3)^3 + (20.3 - 10)^3 + 1333(20.3) - 12\,000$$

$$v_D = \frac{5000\text{ klb}\cdot\text{pie}^3}{EI} \qquad\qquad Resp.$$

Al comparar este valor con v_C se ve que $v_{\text{máx}} = v_C$.

PROBLEMAS

12-34. La viga está sometida a la carga indicada. Deduzca la ecuación de la curva elástica. *EI* es constante.

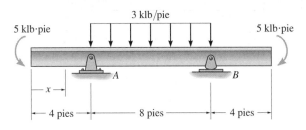

Prob. 12-34

12-35. El eje está soportado en *A* por un cojinete recto que sólo ejerce reacciones verticales sobre él, y en *C* está soportado por un cojinete axial que ejerce reacciones horizontales y verticales sobre el eje. Deduzca la ecuación de la curva elástica. *EI* es constante.

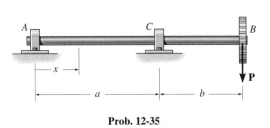

Prob. 12-35

*12-36. La viga está sometida a la carga que muestra la figura. Deduzca la ecuación de la curva elástica. *EI* es constante.

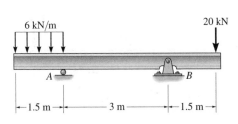

Prob. 12-36

12-37. El eje sostiene las dos cargas de las poleas en la figura. Determine la ecuación de la curva elástica. Los cojinetes en *A* y *B* sólo ejercen reacciones verticales sobre el eje. *EI* es constante.

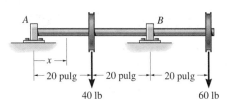

Prob. 12-37

12-38. El eje sostiene las dos cargas de las poleas que muestra la figura. Deduzca la ecuación de la curva elástica. Los cojinetes en *A* y *B* sólo ejercen reacciones verticales sobre el eje. *EI* es constante.

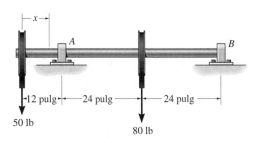

Prob. 12-38

12-39. El eje soporta las dos cargas de las poleas que muestra la figura. Determine la pendiente del eje en los cojinetes *A* y *B*. Los cojinetes sólo ejercen reacciones verticales sobre el eje. *EI* es constante.

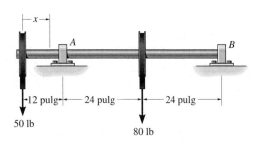

Prob. 12-39

*12-40. La viga está sometida a las cargas que se muestran. Deduzca la ecuación de la curva elástica. EI es constante.

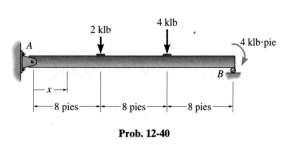

Prob. 12-40

12-41. Determine la ecuación de la curva elástica. EI es constante.

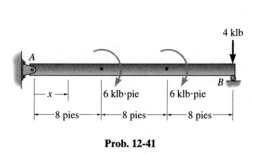

Prob. 12-41

12-42. La viga está sometida a la carga que muestra la figura. Deduzca las ecuaciones de la pendiente y de la curva elástica. EI es constante.

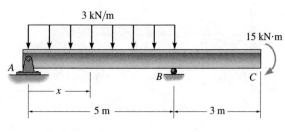

Prob. 12-42

12-43. La viga está sujeta a la carga que muestra la figura. Deduzca la ecuación de la curva elástica. EI es constante.

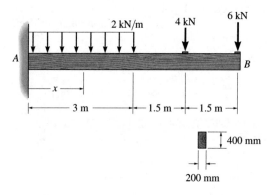

Prob. 12-43

*12-44. La viga de madera está sujeta a la carga que muestra la figura. Deduzca la ecuación de la curva elástica. Si $E_w = 12$ GPa, determine la deflexión y la pendiente en el extremo B.

Prob. 12-44

12-45. La viga está sometida a la carga que muestra la figura. Deduzca la ecuación de la curva elástica. EI es constante.

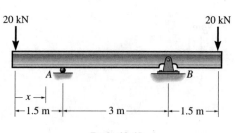

Prob. 12-45

12-46. La viga de madera está sujeta a la carga que se indica. Deduzca la ecuación de la curva elástica. Especifique la deflexión en el extremo C. $E_w = 1.6(10^3)$ klb/pulg^2.

12-49. Determine la pendiente del eje en los cojinetes A y B. El eje es de acero y tiene 30 mm de diámetro. Los cojinetes en A y B sólo ejercen reacciones verticales sobre el eje. $E_{ac} = 200$ GPa.

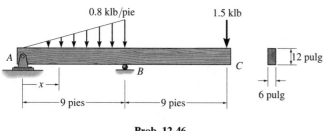

Prob. 12-46

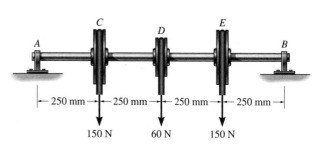

Prob. 12-49

12-47. Determine la pendiente en B y la deflexión en C para la viga W10 × 45. $E_{ac} = 29(10^3)$ klb/pulg^2.

12-50. Deduzca la ecuación de la curva elástica. Especifique la pendiente en A. EI es constante.

12-51. Deduzca la ecuación de la curva elástica. Especifique la deflexión en C. EI es constante.

*****12-52.** Deduzca la ecuación de la curva elástica. Especifique la pendiente en B. EI es constante.

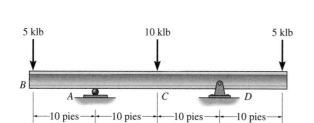

Prob. 12-47

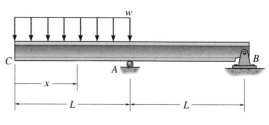

Probs. 12-50/51/52

*****12-48.** Determine la deflexión en cada una de las poleas C, D y E. El eje es de acero y tiene 30 mm de diámetro. Los cojinetes en A y B sólo ejercen reacciones verticales sobre el eje. $E_{ac} = 200$ GPa.

12-53. El eje es de acero y tiene 15 mm de diámetro. Determine su deflexión máxima. Los cojinetes en A y en B sólo ejercen reacciones verticales sobre el eje. $E_{ac} = 200$ GPa.

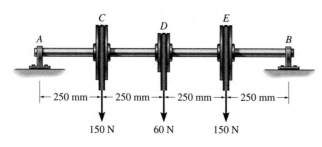

Prob. 12-48

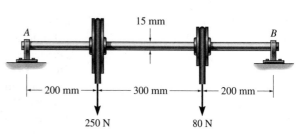

Prob. 12-53

*12.4 Pendiente y desplazamiento por el método del momento de área

El método momento de área es una técnica semigráfica para determinar la pendiente y el desplazamiento en puntos específicos de la curva elástica de una viga o eje. Para aplicar el método se requiere calcular las áreas asociadas con el diagrama de momento de la viga; así, si este diagrama consiste en formas sencillas, es muy cómodo de usar ese método. Es el caso normal cuando la viga se carga con fuerzas concentradas y momentos de par.

Para desarrollar el método del momento de área seguiremos las mismas hipótesis que usamos para el método de integración: la viga es recta inicialmente, se deforma elásticamente debido a las cargas en forma tal que la pendiente y la deflexión de la curva elástica son muy pequeñas, y que las deformaciones se deben a la flexión. El método del momento de área se basa en dos teoremas para determinar la pendiente y el desplazamiento en un punto de la curva elástica.

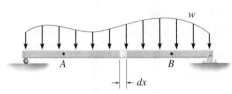

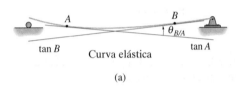

Curva elástica

(a)

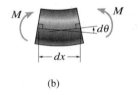

(b)

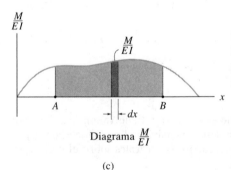

Diagrama $\frac{M}{EI}$

(c)

Fig. 12-21

Teorema 1. Para la viga simplemente apoyada con su curva elástica correspondiente, figura 12-21a, un segmento diferencial dx de la viga se aísla en la figura 12-21b. Se ve que el momento interno de la viga M deforma al elemento en forma tal que las *tangentes* a la curva elástica, a cada lado del elemento, se cortan formando un ángulo $d\theta$. Este ángulo se puede determinar con la ecuación 12-10, escrita como sigue:

$$EI\, \frac{d^2v}{dx^2} = EI\, \frac{d}{dx}\left(\frac{dv}{dx}\right) = M$$

Como la *pendiente* es *pequeña*, $\theta = dv/dx$, y en consecuencia

$$d\theta = \frac{M}{EI}dx \qquad (12\text{-}18)$$

Si el diagrama de momento para la viga se traza y se divide entre el momento de inercia I de la viga y también entre el módulo de elasticidad E, figura 12-21c, la ecuación 12-18 indica que $d\theta$ es igual al *área* bajo el "diagrama M/EI" para el segmento dx de la viga. Al integrar desde un punto seleccionado A en la curva elástica hasta otro punto B, se obtiene

$$\theta_{B/A} = \int_A^B \frac{M}{EI}dx \qquad (12\text{-}19)$$

Esta ecuación es la base del primer teorema del momento de área.

Teorema 1: *El ángulo entre las tangentes en dos puntos cualesquiera en la curva elástica es igual al área bajo el diagrama* M/EI *entre esos dos puntos.*

La notación $\theta_{B/A}$ se llama ángulo de la tangente en B medido *con respecto a* la tangente en A. Por la demostración debe ser evidente que ese ángulo se mide *en sentido contrario al de las manecillas del reloj,* desde la tangente en A hasta la tangente en B si el área bajo el diagrama M/EI es *positiva*. Por el contrario, si el área es *negativa* o queda por debajo del eje x, el ángulo θ B/A se mide en el sentido de las agujas del reloj desde la tangente A a la tangente B. Además, de acuerdo con las dimensiones de la ecuación 12-19, $\theta_{B/A}$ *se mide* en *radianes*.

Teorema 2. El segundo teorema del momento de área se basa en la desviación relativa de las tangentes a la curva elástica. En la figura 12-22a se ve un esquema muy exagerado de la desviación vertical dt de las tangentes a cada lado del elemento diferencial dx. Esta desviación se debe a la curvatura del elemento, y se ha medido a lo largo de una línea vertical que pasa por el punto A, ubicado en la curva elástica. Como se supone que la pendiente de la curva elástica y su deflexión son muy pequeñas, basta con aproximar la longitud de cada tangente por x, y el arco ds' por dt. Al usar la fórmula del arco circular $s = \theta r$, donde r es la longitud x y s es dt, se puede escribir que $dt = x\, d\theta$. Se sustituye la ecuación 12-18 en esta última y se integra de A a B, y entonces se puede determinar la desviación vertical de la tangente en A *con respecto a* la tangente en B, es decir,

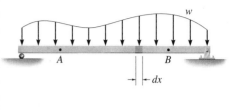

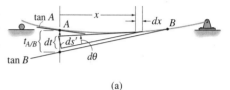

(a)

$$t_{A/B} = \int_A^B x \frac{M}{EI} dx \qquad (12\text{-}20)$$

Como el centroide de un área se determina con $\bar{x}\int dA = \int x\, dA$, e $\int(M/EI)\, dx$ representa el área bajo el diagrama M/EI, también se puede escribir

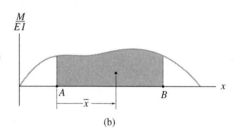

(b)

$$t_{A/B} = \bar{x} \int_A^B \frac{M}{EI} dx \qquad (12\text{-}21)$$

Aquí $\bar{x}$ es la distancia de A al *centroide* del área bajo la curva M/EI entre A y B, figura 12.22b.

Ya se puede enunciar el segundo teorema del momento de área, como sigue:

Teorema 2: *La desviación vertical de la tangente en un punto* (A) *sobre la curva elástica, con respecto a la tangente prolongada desde otro punto* (B) *es igual al momento del área bajo el diagrama* M/EI *entre esos dos puntos* (A y B). *Este momento se calcula con respecto al punto* (A)*, donde se va a determinar la desviación vertical* ($t_{A/B}$).

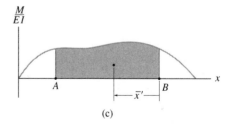

(c)

Fig. 12-22

La distancia $t_{A/B}$ que se usa en el teorema también se puede interpretar como el desplazamiento vertical desde el punto ubicado en la tangente prolongada en B, hacia el punto A de la curva elástica. Nótese que $t_{A/B}$ *no* es igual a $t_{B/A}$, lo que se ve en la figura 12-22c. En forma específica, el momento del área bajo el diagrama M/EI entre A y B se calcula respecto al punto A, para determinar $t_{A/B}$, figura 12-22b, y se calcula con respecto al punto B para determinar $t_{B/A}$, figura 12-22c.

Si el momento de un área *positiva* M/EI de A a B se calcula para $t_{B/A}$, indica que el punto B está *arriba* de la tangente trazada desde el punto A, figura 12-22a. De igual forma, las áreas M/EI *negativas* indican que el punto B está *abajo* de la tangente prolongada desde el punto A. Esta misma regla se aplica para $t_{A/B}$.

PROCEDIMIENTO PARA EL ANÁLISIS

El siguiente procedimiento es un método para aplicar los dos teoremas del momento de área.

Diagrama M/EI.

- Determinar las reacciones en los apoyos y trazar el diagrama M/EI de la viga. Si la viga se carga con fuerzas concentradas, el diagrama M/EI consistirá en una serie de segmentos de recta, y las áreas y sus momentos necesarios en los teoremas del momento de área serán relativamente fáciles de calcular. Si la carga consiste en una serie de cargas distribuidas, el diagrama M/EI consistirá en curvas parabólicas, o quizá de orden mayor, y se sugiere usar la tabla del interior de la pasta anterior para ubicar el área y el centroide bajo cada curva.

Curva elástica.

- Trazar un esquema exagerado de la curva elástica de la viga. Recordar que los puntos de pendiente cero y desplazamiento cero siempre están en un soporte fijo, y que el desplazamiento cero está en todos los soportes con pasador o con rodillo.

- Si es difícil trazar la forma general de la curva elástica, usar el diagrama de momento (o de M/EI). Tener en cuenta que cuando la viga se somete a un *momento positivo*, se flexiona en forma *cóncava hacia arriba*, mientras que los *momentos negativos* flexionan la viga en forma *cóncava hacia abajo*. Además, se presenta un punto de inflexión o un cambio de curvatura donde el momento (o M/EI) en la viga es cero.

- En la curva se deben indicar el desplazamiento y la pendiente desconocidos que se van a determinar.

- Como los teoremas del momento de área *sólo se aplican entre dos tangentes*, se debe poner atención a cuáles tangentes deben trazarse para que los ángulos o las desviaciones entre ellas conduzcan a la solución del problema. A este respecto, *se deben considerar las tangentes en los soportes*, ya que en general la viga tiene desplazamiento cero y/o pendiente cero en los apoyos.

Teoremas del momento de área.

- Aplicar el teorema 1 para determinar el *ángulo* entre dos tangentes cualesquiera de la curva elástica, y el teorema 2 para determinar la *desviación tangencial*.

- El signo algebraico del resultado se puede comprobar con el ángulo o la desviación indicados en la curva elástica.

- Un ángulo $\theta_{B/A}$ *positivo* representa una rotación *en sentido contrario al de las manecillas del reloj*, de la tangente en B con respecto a la tangente en A, y un $t_{B/A}$ *positivo* indica que el punto B en la curva elástica está *arriba* de la prolongación de la tangente al punto A.

E J E M P L O   **12.7**

Determine la pendiente de la viga que se ve en la figura 12-23*a*, en los puntos *B* y *C*. *EI* es constante.

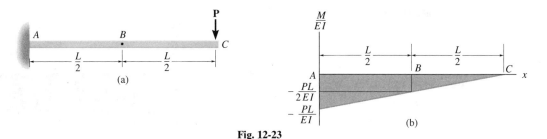

Fig. 12-23

Solución

Diagrama M/EI.   Vea la figura 12-23*b*.

Curva elástica.   La fuerza **P** hace que la viga se flexione como se ve en la figura 12-23*c*. (La curva elástica es cóncava hacia abajo, porque *M/EI* es negativo.) Las tangentes en *B* y *C* se indican allí, porque se pide calcular θ_B y θ_C. También se muestra la tangente en el soporte (*A*). Esta tangente tiene una pendiente cero *conocida*. Por la construcción, el ángulo entre tan *A* y tan *B*, es decir, $\theta_{B/A}$, equivale a θ_B, o sea,

$$\theta_B = \theta_{B/A}$$

También

$$\theta_C = \theta_{C/A}$$

Teorema del momento de área.   Al aplicar el teorema 1, $\theta_{B/A}$ es igual al área bajo el diagrama *M/EI* entre los puntos *A* y *B*; esto es,

$$\theta_B = \theta_{B/A} = \left(-\frac{PL}{2EI}\right)\left(\frac{L}{2}\right) + \frac{1}{2}\left(-\frac{PL}{2EI}\right)\left(\frac{L}{2}\right)$$

$$= -\frac{3PL^2}{8EI} \qquad\qquad Resp.$$

El signo *negativo* indica que el ángulo que se mide a partir de la tangente en *A* hacia la tangente en *B* es *en sentido de las manecillas del reloj*. Esto es lo que debe ser, ya que la viga está inclinada hacia abajo en *B*.

De forma parecida, el área bajo el diagrama *M/EI* entre los puntos *A* y *C* es igual a $\theta_{C/A}$. Entonces,

$$\theta_C = \theta_{C/A} = \frac{1}{2}\left(-\frac{PL}{EI}\right)L$$

$$= -\frac{PL^2}{2EI} \qquad\qquad Resp.$$

E J E M P L O 12.8

Determine el desplazamiento de los puntos B y C de la viga de la figura 12-24a. EI es constante.

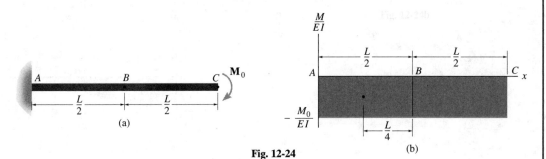

Fig. 12-24

Solución

Diagrama M/EI. Vea la figura 12-24b.

Curva elástica. El momento del par en C hace que la viga se flexione como indica la figura 12-24c. Se indican las tangentes en B y en C, ya que se pide calcular Δ_B y Δ_C. También se indica la tangente en el soporte (A) porque es horizontal. Ahora se pueden relacionar en forma directa los desplazamientos que se piden con las desviaciones entre las tangentes en B y en A, y en C y en A. En forma específica, Δ_B es igual a la desviación de tan A a partir de tan B, esto es,

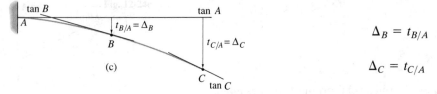

$$\Delta_B = t_{B/A}$$

$$\Delta_C = t_{C/A}$$

Teorema del momento de área. Al aplicar el teorema 2, $t_{B/A}$ es igual al momento del área sombreada bajo el diagrama M/EI entre A y B, calculado con respecto al punto B (el punto en la curva elástica), ya que es el punto donde se va a determinar la desviación tangencial. Por consiguiente, de la figura 12-24b,

$$\Delta_B = t_{B/A} = \left(\frac{L}{4}\right)\left[\left(-\frac{M_0}{EI}\right)\left(\frac{L}{2}\right)\right] = -\frac{M_0 L^2}{8EI} \qquad Resp.$$

De igual manera, para $t_{C/A}$ se debe determinar el momento del área bajo *todo* el diagrama M/EI, desde A a C, respecto al punto C (el punto en la curva elástica). En este caso

$$\Delta_C = t_{C/A} = \left(\frac{L}{2}\right)\left[\left(-\frac{M_0}{EI}\right)(L)\right] = -\frac{M_0 L^2}{2EI} \qquad Resp.$$

Como ambos resultados son *negativos*, indican que los puntos B y C están *abajo* de la tangente en A. Eso coincide con la figura 12-24c.

E J E M P L O   **12.9**

Determine la pendiente en el punto C de la viga de la figura 12-25a. EI es constante.

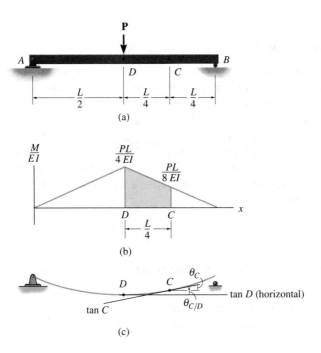

(a)

(b)

(c)

Fig. 12-25

Solución

Diagrama M/EI.   Vea la figura 12-25b.

Curva elástica.   Ya que la carga se aplica en forma simétrica a la viga, la curva elástica será simétrica, y la tangente en D es horizontal, figura 12-25c. También se traza la tangente en C, ya que se debe determinar la pendiente θ_C. Por construcción, el ángulo $\theta_{C/D}$ entre la tangente a D y la tangente a C es igual a θ_C; esto es,

$$\theta_C = \theta_{C/D}$$

Teorema del momento de área.   Al aplicar el teorema 1, $\theta_{C/D}$ es igual al área sombreada bajo el diagrama M/EI, entre los puntos D y C. Entonces,

$$\theta_C = \theta_{C/D} = \left(\frac{PL}{8EI}\right)\left(\frac{L}{4}\right) + \frac{1}{2}\left(\frac{PL}{4EI} - \frac{PL}{8EI}\right)\left(\frac{L}{4}\right) = \frac{3PL^2}{64EI} \quad Resp.$$

¿Qué indica el resultado positivo?

EJEMPLO 12.10

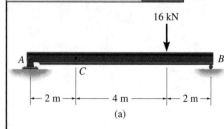

(a)

Determine la pendiente en el punto C, para la viga de acero de la figura 12-26a. Suponer que $E_{ac} = 200$ GPa, $I = 17(10^6)$ mm^4.

Solución

Diagrama M/EI. Vea la figura 12-26b.

Curva elástica. La curva elástica se ve en la figura 12-26c. Se muestra la tangente en C, ya que se pide determinar θ_C. Las tangentes en los *apoyos*, A y B, también se muestran. El ángulo $\theta_{C/A}$ es el que forman las tangentes en A y en C. La pendiente θ_A en A, en la figura 12-26c, se puede determinar con $|\theta_A| = |t_{B/A}|/L_{AB}$. Esta ecuación es válida, porque $t_{B/A}$ en realidad es muy pequeño, por lo que θ_A en radianes se puede aproximar con la longitud de un arco circular definido por un radio $L_{AB} = 8$ m, y una rotación θ_A. (Recuérdese que $s = \theta r$.) Según la geometría de la figura 12-26c,

$$|\theta_C| = |\theta_A| - |\theta_{C/A}| = \left|\frac{t_{B/A}}{8}\right| - |\theta_{C/A}| \qquad (1)$$

Nótese que también se hubiera podido resolver el ejemplo 12-9 con este método.

Teoremas del momento de área. Al aplicar el teorema 1, $\theta_{C/A}$ es equivalente al área bajo el diagrama M/EI entre los puntos A y C; esto es,

$$\theta_{C/A} = \frac{1}{2}(2 \text{ m})\left(\frac{8 \text{ kN} \cdot \text{m}}{EI}\right) = \frac{8 \text{ kN} \cdot \text{m}^2}{EI}$$

Al aplicar el teorema 2, $t_{B/A}$ es equivalente al momento del área bajo el diagrama M/EI entre B y A, respecto al punto B (el punto sobre la curva elástica), ya que ese es el punto donde se debe determinar la desviación tangencial. Entonces,

$$t_{B/A} = \left(2 \text{ m} + \frac{1}{3}(6 \text{ m})\right)\left[\frac{1}{2}(6 \text{ m})\left(\frac{24 \text{ kN} \cdot \text{m}}{EI}\right)\right]$$

$$+ \left(\frac{2}{3}(2 \text{ m})\right)\left[\frac{1}{2}(2 \text{ m})\left(\frac{24 \text{ kN} \cdot \text{m}}{EI}\right)\right]$$

$$= \frac{320 \text{ kN} \cdot \text{m}^3}{EI}$$

Cuando se sustituyen estos resultados en la ecuación 1, se obtiene

$$\theta_C = \frac{320 \text{ kN} \cdot \text{m}^2}{(8 \text{ m})EI} - \frac{8 \text{ kN} \cdot \text{m}^2}{EI} = \frac{32 \text{ kN} \cdot \text{m}^2}{EI} \; \circlearrowright$$

Hemos calculado este resultado en kN y en m, así que al convertir EI a esas unidades se obtiene

$$\theta_C = \frac{32 \text{ kN} \cdot \text{m}^2}{200(10^6) \text{ kN/m}^2 \; 17(10^{-6}) \text{ m}^4} = 0.00941 \text{ rad} \; \circlearrowright \qquad Resp.$$

$\frac{M}{EI}$

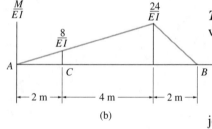

(b)

(c)

Fig. 12-26

E J E M P L O 12.11

Determine el desplazamiento en C para la viga de la figura 12-27a. EI es constante.

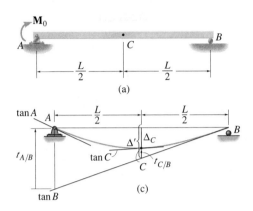

(a)

(c)

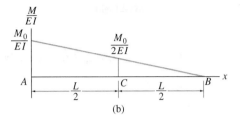

(b)

Fig. 12-27

Solución

Diagrama M/EI. Vea la figura 12-27b.

Curva elástica. La tangente en C se traza sobre la curva elástica, porque se pide calcular Δ_C, figura 12-27c. (Nótese que C *no* es el lugar de la deflexión máxima de la viga, por las cargas, y en consecuencia, la curva elástica *no es simétrica*.) También se indican en la figura 12-27c las tangentes en los apoyos A y B. Se ve que $\Delta_C = \Delta' - t_{C/B}$. Si se determina $t_{A/B}$, entonces se puede calcular Δ' con triángulos proporcionales, esto es, $\Delta'/(L/2) = t_{A/B}/L$, o $\Delta' = t_{A/B}/2$. Por consiguiente,

$$\Delta_C = \frac{t_{A/B}}{2} - t_{C/B} \qquad (1)$$

Teorema del momento de área. Se aplica el teorema 2 para determinar $t_{A/B}$ y $t_{C/B}$, como sigue:

$$t_{A/B} = \left(\frac{1}{3}(L)\right)\left[\frac{1}{2}(L)\left(\frac{M_0}{EI}\right)\right] = \frac{M_0 L^2}{6EI}$$

$$t_{C/B} = \left(\frac{1}{3}\left(\frac{L}{2}\right)\right)\left[\frac{1}{2}\left(\frac{L}{2}\right)\left(\frac{M_0}{2EI}\right)\right] = \frac{M_0 L^2}{48EI}$$

Al sustituir estos resultados en la ecuación 1 se obtiene

$$\Delta_C = \frac{1}{2}\left(\frac{M_0 L^2}{6EI}\right) - \left(\frac{M_0 L^2}{48EI}\right)$$

$$= \frac{M_0 L^2}{16EI}\downarrow \qquad\qquad Resp.$$

E J E M P L O 12.12

Determine el desplazamiento en el punto C, de la viga de acero en voladizo que muestra la figura 12-28a. Tomar $E_{ac} = 29(10^3)$ klb/pulg^2, $I = 125$ pulg^4

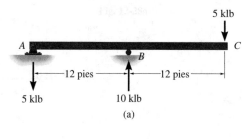

(a)

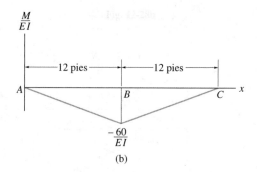

(b)

Solución

Diagrama M/EI. Vea la figura 12-28b.

Curva elástica. La carga hace que la viga se flexione como muestra la figura 12-28c. Se pide calcular Δ_C. Si se trazan tangentes en C y en los apoyos A y B, se ve que $\Delta_C = |t_{C/A}| - \Delta'$. Sin embargo, Δ' se puede relacionar con $t_{B/A}$ con triángulos proporcionales; esto es, $\Delta'/24 = |t_{B/A}|/12$, o sea que $\Delta' = 2|t_{B/A}|$. Por consiguiente,

$$\Delta_C = |t_{C/A}| - 2|t_{B/A}|$$

Teorema del momento de área. Se aplica el teorema 2 para determinar $t_{C/A}$ y $t_{B/A}$. Entonces,

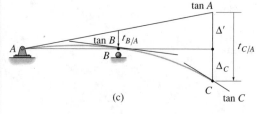

(c)

Fig. 12-28

$$t_{C/A} = (12 \text{ pies})\left(\frac{1}{2}(24 \text{ pies})\left(-\frac{60 \text{ klb} \cdot \text{pie}}{EI}\right)\right)$$

$$= -\frac{8640 \text{ klb} \cdot \text{pie}^3}{EI}$$

$$t_{B/A} = \left(\frac{1}{3}(12 \text{ pies})\right)\left[\frac{1}{2}(12 \text{ pies})\left(-\frac{60 \text{ klb} \cdot \text{pie}}{EI}\right)\right] = -\frac{1440 \text{ klb} \cdot \text{pie}^3}{EI}$$

¿Por qué esos términos son negativos? Sustituyendo estos resultados en la ecuación 1 se obtiene

$$\Delta_C = \frac{8640 \text{ klb} \cdot \text{pie}^3}{EI} - 2\left(\frac{1440 \text{ klb} \cdot \text{pie}^3}{EI}\right) = \frac{5760 \text{ klb} \cdot \text{pie}^3}{EI}\downarrow$$

Como los cálculos se hicieron en unidades de kip y pies, entonces

$$\Delta_C = \frac{5760 \text{ klb} \cdot \text{pie}^3(1728 \text{ pulg}^3/\text{pie}^3)}{[29(10^3) \text{ klb/pulg}^2](125 \text{ pulg}^4)} = 2.75 \text{ pulg}\downarrow \quad \textit{Resp.}$$

PROBLEMAS

12-54. Determine la pendiente y la deflexión en *C*. *EI* es constante.

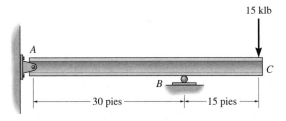

15 klb

A

C

B

30 pies — 15 pies

Prob. 12-54

12-55. Determine la pendiente y la deflexión en *B*. *EI* es constante.

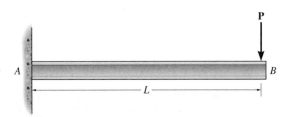

P

A

B

L

Prob. 12-55

***12-56.** Determine la pendiente y la deflexión en *B*, si la viga de acero A-36 es (a) un cilindro sólido con diámetro de 3 pulg, (b) un tubo de 3 pulg de diámetro exterior y 0.25 pulg de espesor.

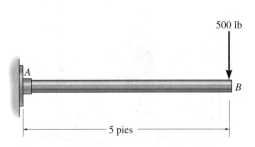

500 lb

A

B

5 pies

Prob. 12-56

12-57. Determine la pendiente en *B* y la deflexión en *C*. *EI* es constante.

12-58. Determine la pendiente en *C* y la deflexión en *B*. *EI* es constante.

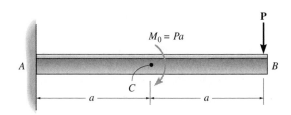

P

$M_0 = Pa$

A

B

C

a — *a*

Probs. 12-57/58

12-59. Si los cojinetes en *A* y en *B* sólo ejercen reacciones verticales sobre el eje, determine la pendiente en *B* y la deflexión en *C*. *EI* es constante.

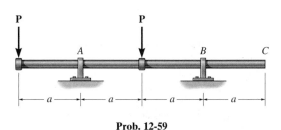

P *P*

A *B* *C*

a — *a* — *a* — *a*

Prob. 12-59

*****12-60.** El eje compuesto de acero, simplemente apoyado, está sometido a una fuerza de 10 kN en su centro. Determine su deflexión máxima. $E_{ac} = 200$ GPa.

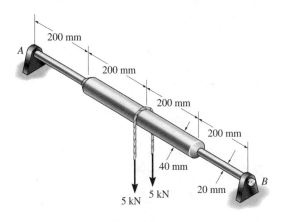

200 mm

A

200 mm

200 mm

200 mm

40 mm

20 mm

B

5 kN 5 kN

Prob. 12-60

12-61. Determine la pendiente máxima y la deflexión máxima de la viga. EI es constante.

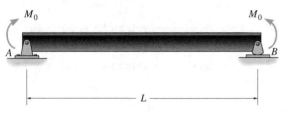

Prob. 12-61

12-62. La viga está formada por dos ejes, para los que el momento de inercia de AB es I, y el de BC es $2I$. Determine la pendiente y la deflexión máximas de la viga, debidas a la carga. El módulo de elasticidad es E.

Prob. 12-62

12-63. Determine la deflexión y la pendiente en C. EI es constante.

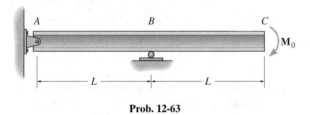

Prob. 12-63

*12-64. El eje soporta la polea en su extremo C. Determine la deflexión en C, y las pendientes en los cojinetes A y B. EI es constante.

12-65. El eje soporta la polea en su extremo C. Determine su deflexión máxima en la región AB. EI es constante. Los cojinetes sólo ejercen reacciones verticales sobre el eje.

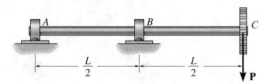

Probs. 12-64/65

12-66. Calcule la deflexión en C y la pendiente de la viga en A, B y C. EI es constante.

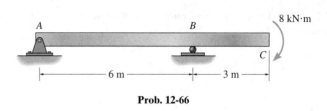

Prob. 12-66

12-67. El muelle plano es de acero A-36, y tiene sección transversal rectangular, como se ve en la figura. Calcule la carga elástica máxima P que se puede aplicar. ¿Cuál es la deflexión en B cuando P llega a su valor máximo? Suponer que el muelle está empotrado en A.

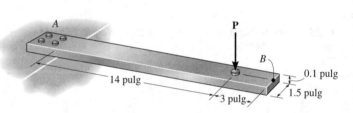

Prob. 12-67

*12-68. El gimnasta pesa 150 lb, y se cuelga uniformemente en el centro de la barra. Determine el esfuerzo máximo de flexión en el tubo (la barra) y su deflexión máxima. El tubo es de acero L2, y tiene 1 pulg de diámetro exterior y un espesor de pared de 0.125 pulg.

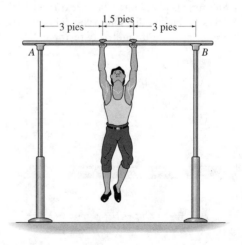

Prob. 12-68

12-69. Determine la pendiente en *C* y la deflexión en *B*. *EI* es constante.

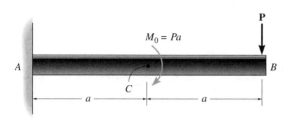

Prob. 12-69

12-70. La barra está soportada por un apoyo de rodillos en *B*, que permite desplazamiento vertical, pero impide la carga axial y el momento. Si la barra se somete a la carga indicada, determine la pendiente en *A* y la deflexión en *C*. *EI* es constante.

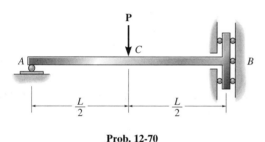

Prob. 12-70

12-71. Determine la deflexión máxima del eje. *EI* es constante. Los cojinetes sólo ejercen reacciones verticales en el eje.

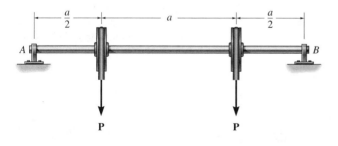

Prob. 12-71

***12-72.** La viga está sometida a la carga **P** que se indica. Determine la magnitud de la fuerza **F** que debe aplicarse en el extremo del voladizo *C*, para que la deflexión en *C* sea cero. *EI* es constante.

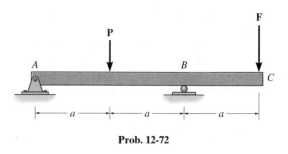

Prob. 12-72

12-73. Determine la pendiente en *B* y la deflexión en *C*. *EI* es constante.

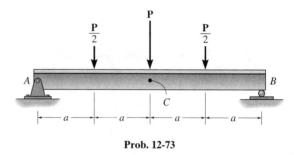

Prob. 12-73

12-74. El eje de acero A-36 se somete a las cargas que transmiten las bandas que pasan por las dos poleas. Si los cojinetes en *A* y *B* sólo ejercen reacciones verticales sobre el eje, calcule la pendiente en *A*. El diámetro del eje es 0.75 pulg.

12-75. El eje de acero A-36 se somete a las cargas que transmiten las bandas que pasan por las dos poleas. Si los cojinetes en *A* y *B* sólo ejercen reacciones verticales sobre el eje, calcule la deflexión en *C*. El diámetro del eje es 0.75 pulg.

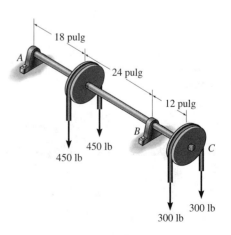

Probs. 12-74/75

*12-76. El eje de acero A-36 de 25 mm de diámetro está sostenido en A y B con cojinetes. Si la tensión en la banda de la polea en C es 0.75 kN, determinar la máxima tensión T en la banda de la polea en D, para que la pendiente del eje en A o en B no sea mayor que 0.02 rad. Los cojinetes sólo ejercen reacciones verticales sobre el eje.

12-77. El eje de acero A-36 de 25 mm de diámetro está soportado en A y B con cojinetes. Si la tensión en la banda de la polea en C es 0.75 kN, determine la máxima tensión T de la banda sobre la polea en D, para que la pendiente del eje en A sea cero. Los cojinetes sólo ejercen reacciones verticales sobre el eje.

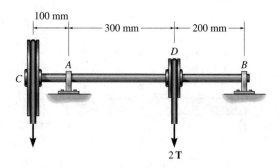

Probs. 12-76/77

12-78. La viga está sometida a la carga que se indica. Determine la pendiente en B y la deflexión en C. EI es constante.

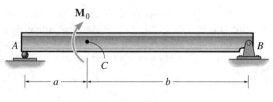

Prob. 12-78

12-79. Si los cojinetes en A y B sólo ejercen reacciones verticales sobre el eje, determine la pendiente en A y la deflexión máxima.

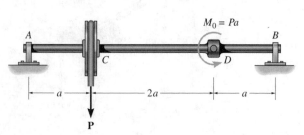

Prob. 12-79

*12-80. Las dos barras están unidas con un pasador en D. Determine la pendiente en A y la deflexión en D. EI es constante.

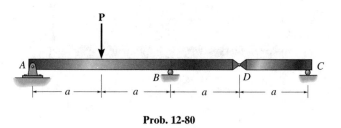

Prob. 12-80

12-81. Una viga con EI constante está apoyada como se ve en la figura. Fija a la viga en A está un indicador, sin carga. Tanto la viga como el indicador están horizontales, originalmente, cuando no se aplica carga. Determine la distancia entre el extremo de la viga y la punta del indicador después de que cada uno se ha desplazado con la carga que se indica.

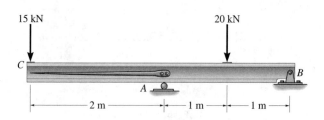

Prob. 12-81

12-82. Las dos barras de acero A-36 tienen 1 pulg de espesor y 4 pulg de ancho. Están diseñadas para funcionar como un muelle para la máquina, que ejerce sobre ellas una fuerza de 4 klb en A y en B. Si los soportes sólo ejercen fuerzas verticales sobre las barras, determine la deflexión máxima de la barra inferior.

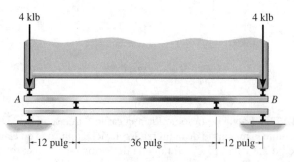

Prob. 12-82

12-83. Puede ser que algún día las vigas hechas de plástico reforzado con fibra reemplacen a muchas de las de acero A-36, porque su peso es la cuarta parte de las de acero, y son resistentes a la corrosión. Usando la tabla del apéndice B, con $\sigma_{adm} = 22$ klb/pulg^2 y $\tau_{adm} = 12$ klb/pulg^2, seleccione la viga de acero de ala ancha más ligera que sostenga la carga de 5 klb y a continuación calcule su deflexión. ¿Cuál sería la deflexión máxima de esta viga si estuviera hecha de un plástico reforzado con fibra de vidrio con $E_P = 18(10^3)$ klb/pulg^2 y tuviera el mismo momento de inercia que la viga de acero?

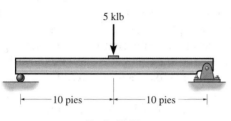

Prob. 12-83

*12-84.** Determine la pendiente en C y la deflexión en B. EI es constante.

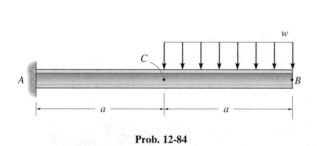

Prob. 12-84

12-85. Un eje de acero A-36 se usa para soportar un rotor que ejerce una carga uniforme de 5 kN/m dentro de la región CD del eje. Determine la pendiente del eje en los cojinetes A y B. Esos cojinetes sólo ejercen reacciones verticales sobre el eje.

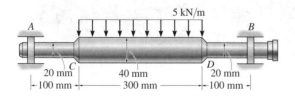

Prob. 12-85

12-86. La viga está sometida a la carga que muestra la figura. Determine la pendiente en B y la deflexión en C. EI es constante.

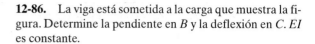
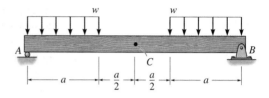

Prob. 12-86

12-87. Las dos barras están conectadas con un pasador en D. Determine la pendiente en A y la deflexión en D. EI es constante.

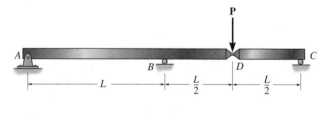

Prob. 12-87

*12-88.** Determine la deflexión máxima de la viga. EI es constante.

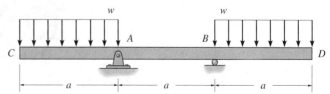

Prob. 12-88

12.5 Método de superposición

La ecuación diferencial $EI\ d^4v/dx^4 = -w(x)$ satisface los dos requisitos necesarios para aplicar el principio de la superposición, que son que la carga $w(x)$ tenga una relación lineal con la deflexión $v(x)$, y que se supone que la carga no cambia en forma importante la geometría original de la viga o el eje. El resultado es que las deflexiones para una serie de cargas separadas que actúan sobre una viga se pueden sobreponer. Por ejemplo, si v_1 es la deflexión para una carga y v_2 es la deflexión para otra carga, la deflexión total para ambas cargas, cuando actúan juntas, es la suma algebraica $v_1 + v_2$. Usando los resultados tabulados para diversas cargas en vigas, como los del apéndice C, o los que se encuentran en diversos manuales de ingeniería, es posible, entonces, calcular la pendiente y el desplazamiento en un punto de una viga sometida a varias cargas distintas, sumando algebraicamente los efectos de sus diversas partes componentes.

En los ejemplos siguientes se ilustra cómo usar el método de la superposición para resolver problemas de deflexión, cuando la deflexión no sólo se debe a deformaciones de vigas, sino también a desplazamientos de cuerpo rígido, que se pueden presentar cuando la viga está apoyada en resortes, o partes de una viga segmentada están soportadas por articulaciones.

La deflexión resultante en cualquier punto de esta viga puede determinarse a partir de la superposición de las deflexiones causadas por cada una de las cargas por separado, que actúan sobre la viga.

E J E M P L O 12.13

Determinar el desplazamiento en el punto C y la pendiente en el apoyo A de la viga que muestra la figura 12-29a. EI es constante.

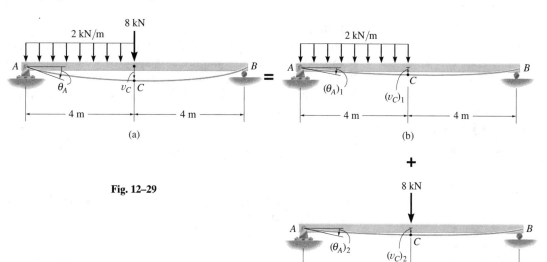

Fig. 12–29

Solución

La carga se puede separar en dos partes componentes, como se ve en las figuras 12-29b y 12-29c. El desplazamiento en C y la pendiente en A se determinan usando la tabla del apéndice C para cada parte.

Para la carga distribuida,

$$(\theta_A)_1 = \frac{3wL^3}{128EI} = \frac{3(2 \text{ kN/m})(8 \text{ m})^3}{128EI} = \frac{24 \text{ kN} \cdot \text{m}^2}{EI} \ \downarrow$$

$$(v_C)_1 = \frac{5wL^4}{768EI} = \frac{5(2 \text{ kN/m})(8 \text{ m})^4}{768EI} = \frac{53.33 \text{ kN} \cdot \text{m}^3}{EI} \ \downarrow$$

Para la fuerza concentrada de 8 kN,

$$(\theta_A)_2 = \frac{PL^2}{16EI} = \frac{8 \text{ kN}(8 \text{ m})^2}{16EI} = \frac{32 \text{ kN} \cdot \text{m}^2}{EI} \ \downarrow$$

$$(v_C)_2 = \frac{PL^3}{48EI} = \frac{8 \text{ kN}(8 \text{ m})^3}{48EI} = \frac{85.33 \text{ kN} \cdot \text{m}^3}{EI} \ \downarrow$$

El desplazamiento total en C y la pendiente en A son las sumas algebraicas de esos componentes. Por consiguiente,

$$(+\downarrow) \qquad \theta_A = (\theta_A)_1 + (\theta_A)_2 = \frac{56 \text{ kN} \cdot \text{m}^2}{EI} \ \downarrow \qquad Resp.$$

$$(+\downarrow) \qquad v_C = (v_C)_1 + (v_C)_2 = \frac{139 \text{ kN} \cdot \text{m}^3}{EI} \ \downarrow \qquad Resp.$$

E J E M P L O 12.14

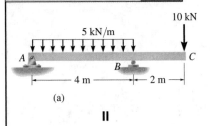

(a)

||

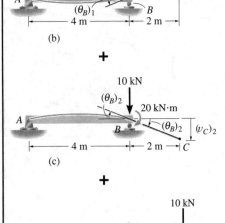

(b)

+

(c)

+

(d)

Fig. 12-30

Determinar el desplazamiento en el extremo C de la viga en voladizo de la figura 12-30a. EI es constante.

Solución

Como la tabla en el apéndice C *no* incluye vigas con voladizos, esta viga se separará en una viga simplemente apoyada y una parte en voladizo. Primero calcularemos la pendiente en B, causada por la carga distribuida que actúa sobre el tramo simplemente apoyado, figura 12-30b.

$$(\theta_B)_1 = \frac{wL^3}{24EI} = \frac{5 \text{ kN/m}(4 \text{ m})^3}{24EI} = \frac{13.33 \text{ kN} \cdot \text{m}^2}{EI} \nwarrow$$

Como este ángulo es *pequeño*, $(\theta_B)_1 \approx \tan(\theta_B)_1$, y el desplazamiento vertical en el punto C es

$$(v_C)_1 = (2 \text{ m})\left(\frac{13.33 \text{ kN} \cdot \text{m}^2}{EI}\right) = \frac{26.67 \text{ kN} \cdot \text{m}^3}{EI}\uparrow$$

A continuación, la carga de 10 kN en el voladizo causa una fuerza estáticamente equivalente de 10 kN y un momento de par de 20 kN · m en el apoyo B del tramo simplemente apoyado, figura 12-30c. La fuerza de 10 kN no causa un desplazamiento o una pendiente en B; sin embargo, el momento de par de 20 kN · m sí causa una pendiente. La pendiente en B debida a este momento es

$$(\theta_B)_2 = \frac{M_0 L}{3EI} = \frac{20 \text{ kN} \cdot \text{m}(4 \text{ m})}{3EI} = \frac{26.67 \text{ kN} \cdot \text{m}^2}{EI}\downarrow$$

Entonces el punto saliente C se desplaza

$$(v_C)_2 = (2 \text{ m})\left(\frac{26.7 \text{ kN} \cdot \text{m}^2}{EI}\right) = \frac{53.33 \text{ kN} \cdot \text{m}^3}{EI}\downarrow$$

Por último, la parte empotrada BC se desplaza debido a la fuerza de 10 kN, figura 12-30d. El desplazamiento es

$$(v_C)_3 = \frac{PL^3}{3EI} = \frac{10 \text{ kN}(2 \text{ m})^3}{3EI} = \frac{26.67 \text{ kN} \cdot \text{m}^3}{EI}\downarrow$$

Al sumar algebraicamente esos resultados se obtiene el desplazamiento final del punto C.

$$(+\downarrow) \qquad v_C = -\frac{26.7}{EI} + \frac{53.3}{EI} + \frac{26.7}{EI} = \frac{53.3 \text{ kN} \cdot \text{m}^3}{EI}\downarrow \qquad \textit{Resp.}$$

E J E M P L O **12.15**

Determinar el desplazamiento en el extremo C de la viga empotrada de la figura 12-31. EI es constante.

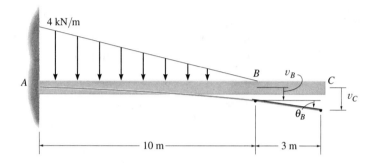

Fig. 12-31

Solución

Al usar la tabla en el apéndice C, para la carga triangular, se ve que la pendiente y el desplazamiento en el punto B son

$$\theta_B = \frac{w_0 L^3}{24EI} = \frac{4 \text{ kN/m}(10 \text{ m})^3}{24EI} = \frac{166.67 \text{ kN} \cdot \text{m}^2}{EI}$$

$$v_B = \frac{w_0 L^4}{30EI} = \frac{4 \text{ kN/m}(10 \text{ m})^4}{30EI} = \frac{1333.33 \text{ kN} \cdot \text{m}^3}{EI}$$

La región no cargada BC permanece recta, como se ve en la figura 12-31. Como θ_B es pequeño, el desplazamiento en C es

$$(+\downarrow) \qquad v_C = v_B + \theta_B (3 \text{ m})$$

$$= \frac{1333.33 \text{ kN} \cdot \text{m}^3}{EI} + \frac{166.67 \text{ kN} \cdot \text{m}^2}{EI}(3 \text{ m})$$

$$= \frac{1833 \text{ kN} \cdot \text{m}^3}{EI} \downarrow \qquad\qquad\qquad \textit{Resp.}$$

EJEMPLO 12.16

La barra de acero de la figura 12-32a está apoyada en dos resortes, en sus extremos A y B. Cada resorte tiene una rigidez de $k = 15$ klb/pie, y originalmente no está deformado. Si la barra se carga con una fuerza de 3 klb en el punto C, determine el desplazamiento vertical de ese punto. No tener en cuenta el peso de la barra, y suponer que $E_{ac} = 29(10^3)$ klb/pulg^2 e $I = 12$ pulg^4.

Solución

Las reacciones en los extremos A y B se calculan y se muestran en la figura 12-32b. Cada resorte se deforma en una cantidad

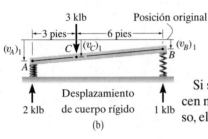

(a)

$$(v_A)_1 = \frac{2\text{ klb}}{15\text{ klb/pie}} = 0.1333\text{ pie}$$

$$(v_B)_1 = \frac{1\text{ klb}}{15\text{ klb/pie}} = 0.0667\text{ pie}$$

Si se considera que la barra es *rígida*, esos desplazamientos la hacen moverse a la posición que muestra la figura 12-32b. Para este caso, el desplazamiento vertical en C es

$$(v_C)_1 = (v_B)_1 + \frac{6\text{ pies}}{9\text{ pies}}[(v_A)_1 - (v_B)_1]$$

$$= 0.0667\text{ pie} + \frac{2}{3}[0.1333\text{ pie} - 0.0667\text{ pie}] = 0.1111\text{ pie}\downarrow$$

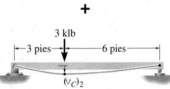

Desplazamiento de cuerpo deformable

(c)

Fig. 12-32

Se puede calcular el desplazamiento en C causado por la *deformación* de la barra, figura 12-32c, usando la tabla del apéndice C. Entonces,

$$(v_C)_2 = \frac{Pab}{6EIL}(L^2 - b^2 - a^2)$$

$$= \frac{3\text{ klb}(3\text{ pies})(6\text{ pies})[(9\text{ pies})^2 - (6\text{ pies})^2 - (3\text{ pies})^2]}{6[29(10^3)]\text{ klb/pulg}^2(144\text{ pulg}^2/1\text{ pie}^2)\ 12\text{ pulg}^4(1\text{ pie}^4/20\ 736\text{ pulg}^4)(9\text{ pies})}$$

$$= 0.0149\text{ pies}\downarrow$$

Sumando los dos componentes de desplazamiento se obtiene

$$(+\downarrow)\qquad v_C = 0.1111\text{ pie} + 0.0149\text{ pie} = 0.126\text{ pie} = 1.51\text{ pulg}\downarrow\qquad \textit{Resp.}$$

PROBLEMAS

12-89. La viga en voladizo W8 × 48 es de acero A-36, y se somete a la carga que muestra la figura. Determine la deflexión en su extremo A.

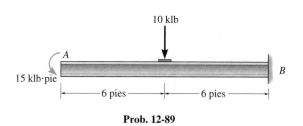

Prob. 12-89

12-90. La viga W12 × 45 simplemente apoyada es de acero A-36, y se sujeta a las cargas que muestra la figura. Determine la deflexión en su centro, C.

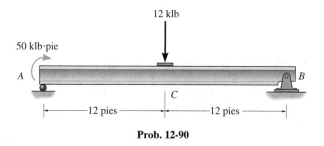

Prob. 12-90

12-91. La viga W14 × 43, simplemente apoyada, es de acero A-36, y está sometida a la carga que muestra la figura. Determine la deflexión en su centro C.

*12-92. La viga W14 × 43, simplemente apoyada, es de acero A-36 y está sometida a las cargas que muestra la figura. Determine la pendiente en A y en B.

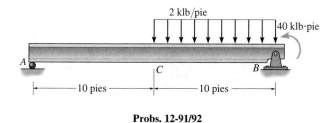

Probs. 12-91/92

12-93. La viga W8 × 24 simplemente apoyada, es de acero A-36, y está sometida a las cargas que muestra la figura. Calcule la deflexión en su centro, C.

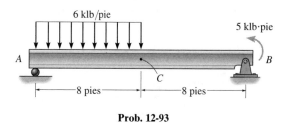

Prob. 12-93

12-94. La viga sostiene las cargas que muestra la figura. Por restricciones de código, para que un cielorraso sea de yeso, se requiere que la deflexión máxima no sea mayor que 1/360 de la longitud del claro. Seleccione en el apéndice B la viga de patín ancho, de acero A-36, de menor peso y que satisfaga este requisito y sostenga con seguridad la carga. El esfuerzo admisible de flexión es $\sigma_{adm} = 24$ klb/pulg^2, y el esfuerzo cortante admisible es $\tau_{adm} = 14$ klb/pulg^2. Suponga que A es un rodillo y que B es un pasador.

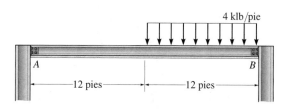

Prob. 12-94

12-95. La viga simplemente apoyada soporta una carga uniforme de 2 klb/pie. Por restricciones de código, para que un cielorraso sea de yeso, se requiere que la deflexión máxima no sea mayor que 1/360 del claro. Seleccione la viga de patín ancho, de acero A-36, con el mínimo peso que satisfaga este requisito y que soporte con seguridad a la carga. El esfuerzo flexionante admisible es $\sigma_{adm} = 24$ klb/pulg^2, y el esfuerzo cortante admisible es $\tau_{adm} = 14$ klb/pulg^2. Suponga que A es un pasador y que B es un soporte de rodillo.

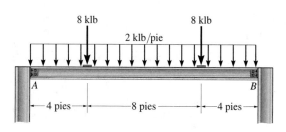

Prob. 12-95

*12-96. La viga W10 × 30 en voladizo es de acero A-36, y está sometida a flexión asimétrica causada por el momento aplicado. Determine la deflexión del centroide en su extremo A, debido a la carga. *Sugerencia:* descomponga el momento en componentes y use la superposición.

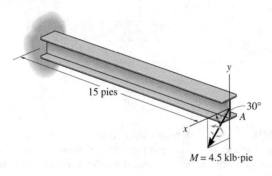

Prob. 12-96

12-97. Determine la deflexión vertical en el extremo A del soporte. Suponga que está empotrado en su base B, y no tenga en cuenta la deflexión axial. EI es constante.

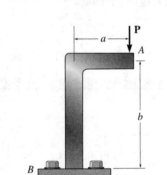

Prob. 12-97

12-98. La varilla está articulada en su extremo A, y está fija a un muelle de torsión con rigidez k, que mide el par de torsión por radián de rotación del resorte. Si siempre se aplica una fuerza **P** en dirección perpendicular al extremo de la varilla, calcule el desplazamiento de la fuerza. EI es constante.

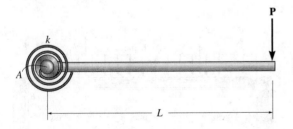

Prob. 12-98

12-99. El conjunto de tubos consiste en tres tramos de iguales dimensiones, con rigidez flexionante EI y rigidez de torsión GJ. Determine la deflexión vertical en el punto A.

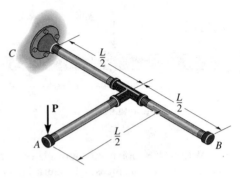

Prob. 12-99

*12-100. Determine la deflexión vertical y la pendiente en el extremo A del soporte. Suponga que está empotrado en su base, y no tenga en cuenta la deformación axial del segmento AB. EI es constante.

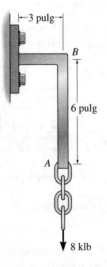

Prob. 12-100

12-101. La viga de patín ancho es en voladizo. Debido a un error se instala formando un ángulo θ con la vertical. Determine la relación de su deflexión en dirección x entre su deflexión en dirección y, en el punto A, cuando en ese punto se aplica una carga **P**. Los momentos de inercia son I_x e I_y. Para la solución, descomponga **P** y use el método de la superposición. *Nota:* el resultado indica que pueden presentarse grandes deflexiones laterales (en dirección x) en vigas angostas con $I_y \ll I_x$, cuando no se instalan en forma correcta. Para verlo en forma numérica, calcule las deflexiones en las direcciones x y y para una viga de acero A-36 W10 $\times$ 15, con $P = 1.5$ klb, $\theta = 10°$ y $L = 12$ pies.

12-102. El marco consiste en dos vigas en voladizo de acero A-36, CD y BA, y una viga CB simplemente apoyada. Si cada viga es de acero, y su momento de inercia respecto al eje principal es $I_x = 118$ pulg^4, determine la deflexión en el centro G de la viga CB.

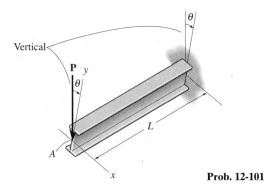

Prob. 12-101

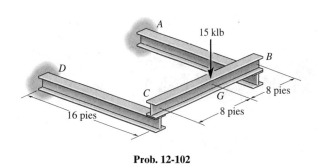

Prob. 12-102

12.6   Vigas y ejes estáticamente indeterminados

El análisis de barras cargadas axialmente y ejes cargados a la torsión, se ha descrito en las secciones 4.4 y 5.5, respectivamente. En esta sección ilustraremos un método general para determinar las reacciones en vigas y ejes estáticamente indeterminados. En forma específica, un miembro de cualquier tipo se clasifica como *estáticamente indeterminado* si la cantidad de reacciones incógnitas *es mayor* que la cantidad disponible de ecuaciones de equilibrio.

Las reacciones adicionales en los apoyos sobre la viga o eje *no se necesitan* para mantenerlas en equilibrio estable, y se llaman *redundantes*. La cantidad de esas redundantes se llama *grado de indeterminación*. Por ejemplo, para la viga de la figura 12-33*a*, si se traza el diagrama de cuerpo libre, figura 12-33*b*, habrá cuatro reacciones incógnitas en apoyos, y como hay disponibles tres ecuaciones de equilibrio para la solución, la viga se clasifica como estáticamente indeterminada de primer grado. Ya sea $\mathbf{A}_y$, $\mathbf{B}_y$ o $\mathbf{M}_A$ se pueden clasificar como redundantes, porque si cualquiera de esas reacciones se elimina, la viga permanece estable y en equilibrio ($\mathbf{A}_x$ no puede clasificarse como redundante, porque si se quitara, $\Sigma F_x = 0$ no quedaría satisfecha). En forma parecida, la *viga continua* de la figura 12-34*a* es indeterminada de segundo grado, porque hay cinco reacciones desconocidas y sólo hay tres ecuaciones de equilibrio disponibles, figura 12-34*b*. En este caso, se pueden elegir las dos reacciones redundantes en apoyos entre $\mathbf{A}_y$, $\mathbf{B}_y$, $\mathbf{C}_y$ y $\mathbf{D}_y$.

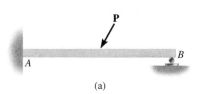

(a)

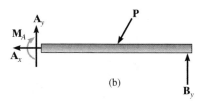

(b)

Fig. 12-33

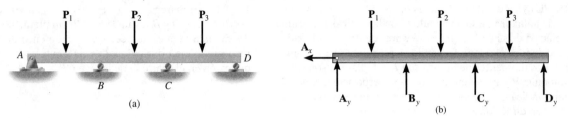

Fig. 12-34

Un ejemplo de una viga estáticamente indeterminada usada para apoyar la plataforma de un puente.

Para determinar las reacciones sobre una viga (o eje) estáticamente indeterminada, primero es necesario especificar las reacciones redundantes. Podemos determinarlas a partir de las condiciones geométricas, llamadas *condiciones de compatibilidad*. Una vez determinadas, las redundantes se aplican a la viga y las reacciones restantes se determinan a partir de las ecuaciones de equilibrio.

En las siguientes secciones ilustraremos este procedimiento de solución, usando el método de integración, de la sección 12.7, el del momento de área, sección 12.8, y el de superposición, sección 12.9.

12.7 Vigas y ejes estáticamente indeterminados (método de integración)

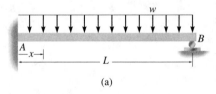

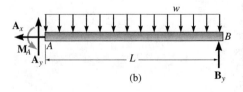

Fig. 12-35

El método de integración, descrito en la sección 12.2, requiere dos integraciones de la ecuación diferencial $d^2v/dx^2 = M/EI$, una vez que el momento interno M de la viga esté expresado como función de la posición x. Sin embargo, si la viga es estáticamente indeterminada, M también se puede expresar en función de las redundantes *desconocidas*. Después de integrar dos veces esta ecuación, habrá para determinar dos constantes de integración y las redundantes. Aunque éste sea el caso, siempre se pueden determinar esas incógnitas a partir de las condiciones en la frontera y/o de continuidad para el problema. Por ejemplo, la viga de la figura 12-35*a* tiene una redundante. Puede ser $\mathbf{A}_y$, $\mathbf{M}_A$ o $\mathbf{B}_y$, figura 12-35*b*. Una vez elegida, se puede expresar el momento interno $\mathbf{M}$ en función de esa redundante, y al integrar la relación entre momento y desplazamiento, se pueden determinar entonces las dos constantes de integración, y la redundante, a partir de las *tres* condiciones en la frontera $v = 0$ en $x = 0$, $dv/dx = 0$ en $x = 0$ y $v = 0$ en $x = L$.

Los siguientes problemas de ejemplo ilustran aplicaciones específicas de este método, usando el procedimiento de análisis descrito en la sección 12.2.

E J E M P L O   12.17

La viga de la figura 12-36*a* está sujeta a la carga distribuida que se muestra. Determinar las reacciones en *A*. *EI* es constante.

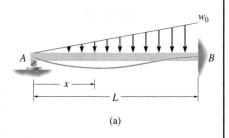

(a)

Solución

Curva elástica.   La viga se flexiona como muestra la figura 12-36*a*. Sólo se necesita una coordenada *x*. Por comodidad la supondremos dirigida hacia la derecha, ya que así es fácil formular el momento interno.

Función momento.   La viga es indeterminada de primer grado, como se ve en el diagrama de cuerpo libre, figura 12-36*b*. Se puede expresar al momento interno *M* en función de la fuerza redundante en *A*, usando el segmento de la figura 12-36*c*. En ese caso,

$$M = A_y x - \frac{1}{6} w_0 \frac{x^3}{L}$$

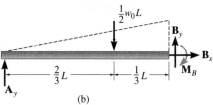

(b)

Pendiente y curva elástica.   Se aplica la ecuación 12-10 como sigue:

$$EI \frac{d^2v}{dx^2} = A_y x - \frac{1}{6} w_0 \frac{x^3}{L}$$

$$EI \frac{dv}{dx} = \frac{1}{2} A_y x^2 - \frac{1}{24} w_0 \frac{x^4}{L} + C_1$$

$$EIv = \frac{1}{6} A_y x^3 - \frac{1}{120} w_0 \frac{x^5}{L} + C_1 x + C_2$$

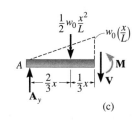

(c)

Fig. 12-36

Las tres incógnitas A_y, C_1 y C_2 se determinan a partir de las condiciones en la frontera $x = 0, v = 0$; $x = L, dv/dx = 0$ y $x = L, v = 0$. Al aplicarlas se obtienen

$$x = 0, v = 0; \qquad 0 = 0 - 0 + 0 + C_2$$

$$x = L, \frac{dv}{dx} = 0; \qquad 0 = \frac{1}{2} A_y L^2 - \frac{1}{24} w_0 L^3 + C_1$$

$$x = L, v = 0; \qquad 0 = \frac{1}{6} A_y L^3 - \frac{1}{120} w_0 L^4 + C_1 L + C_2$$

Se despejan,

$$A_y = \frac{1}{10} w_0 L \qquad\qquad\qquad\qquad Resp.$$

$$C_1 = -\frac{1}{120} w_0 L^3 \quad C_2 = 0$$

Se usa el resultado de A_y, y se pueden determinar las reacciones en *B* con las ecuaciones de equilibrio, figura 12-36*b*. Demuestre que $B_x = 0$, $B_y = 2w_0 L/5$ y $M_B = w_0 L^2/15$.

E J E M P L O **12.18**

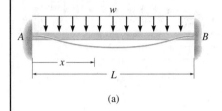

(a)

La viga de la figura 12-37a está empotrada en ambos extremos, y sometida a la carga uniforme que se indica. Determinar las reacciones en los soportes. No tener en cuenta el efecto de la carga axial.

Solución

Curva elástica. La viga se flexiona como muestra la figura 12-37a. Como en el problema anterior, sólo es necesaria una coordenada x para resolverlo, ya que la carga es continua en todo el claro.

Función momento. De acuerdo con el diagrama de cuerpo libre, figura 12-37b, el cortante y los momentos de reacción en A y B deben ser iguales, ya que hay simetría tanto de carga como de geometría. Debido a ello, la ecuación de equilibrio $\Sigma F_y = 0$ requiere que

$$V_A = V_B = \frac{wL}{2} \qquad\qquad Resp.$$

La viga es indeterminada en primer grado, y M' es redundante. Al usar el tramo de viga de la figura 12-37c, se ve que el momento interno $\mathbf{M}$ se puede expresar en función de M' como sigue:

$$M = \frac{wL}{2}x - \frac{w}{2}x^2 - M'$$

Pendiente y curva elástica. Se aplica la ecuación 12-10 para obtener

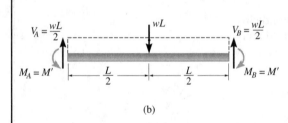

(b)

$$EI\,\frac{d^2v}{dx} = \frac{wL}{2}x - \frac{w}{2}x^2 - M'$$

$$EI\,\frac{dv}{dx} = \frac{wL}{4}x^2 - \frac{w}{6}x^3 - M'x + C_1$$

$$EIv = \frac{wL}{12}x^3 - \frac{w}{24}x^4 - \frac{M'}{2}x^2 + C_1x + C_2$$

Las tres incógnitas, M', C_1 y C_2, se pueden determinar a partir de las *tres* condiciones en la frontera $v = 0$ en $x = 0$, que define a $C_2 = 0$; la otra es $dv/dx = 0$ en $x = 0$, que determina $C_1 = 0$, y la tercera es $v = 0$ en $x = L$, que determina

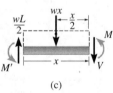

(c)

Fig. 12-37

$$M' = \frac{wL^2}{12} \qquad\qquad Resp.$$

Al usar estos resultados observe que debido a la simetría, la condición restante en la frontera $dv/dx = 0$ en $x = L$, se satisface en forma automática.

Se debe tener en cuenta que, en general, este método de solución es adecuado cuando sólo se necesita una coordenada x para describir la curva elástica. Si se necesitan varias coordenadas x, se deben plantear ecuaciones de continuidad, complicando así el proceso de solución.

PROBLEMAS

12-103. Determine las reacciones en los apoyos A y B, y a continuación trace los diagramas de cortante y de momento. Use funciones de discontinuidad. EI es constante.

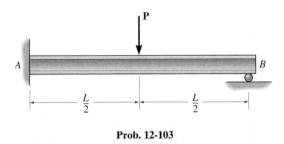

Prob. 12-103

*12-104. Determine las reacciones en los apoyos A y B, y a continuación trace los diagramas de cortante y de momento. EI es constante. No tenga en cuenta el efecto de la carga axial.

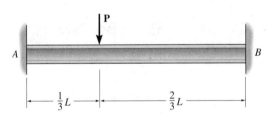

Prob. 12-104

12-105. Determine las reacciones en los apoyos A y B, y a continuación trace los diagramas de cortante y de momento. EI es constante.

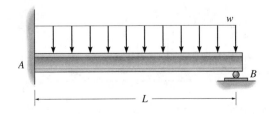

Prob. 12-105

12-106. La carga sobre una viga de piso de un avión se ve en la figura. Use funciones de discontinuidad y determine las reacciones en los apoyos A y B, y a continuación trace el diagrama de momento para la viga. Es de aluminio y su momento de inercia es $I = 320$ pulg^4.

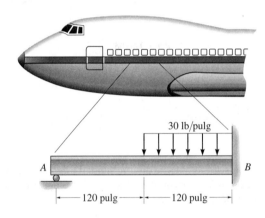

Prob. 12-106

12-107. Determine las reacciones en los apoyos A y B. EI es constante.

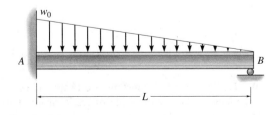

Prob. 12-107

*12-108. Use funciones de discontinuidad y determine las reacciones en los apoyos; después trace los diagramas de cortante y de momento. EI es constante.

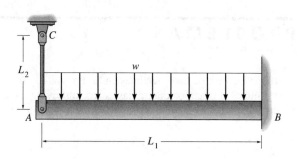

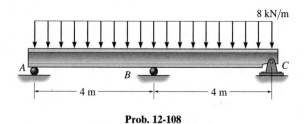

Prob. 12-108

12-111. Determine los momentos de reacción en los apoyos A y B, y a continuación trace los diagramas de cortante y de momento. Resuelva el problema expresando al momento interno de la viga en función de A_y y M_A. EI es constante.

12-109. Use funciones de discontinuidad y determine las reacciones en los apoyos; después trace los diagramas de cortante y de momento. EI es constante.

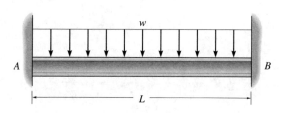

Prob. 12-111

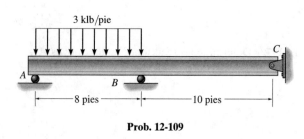

*12-112. Determine los momentos de reacción en los apoyos A y B. EI es constante.

Prob. 12-109

12-110. La viga tiene $E_1 I_1$ constante y está apoyada en el empotramiento en B y en la varilla AC. Si la varilla tiene área transversal A_2, y el material tiene módulo de elasticidad E_2, determine la fuerza en la varilla.

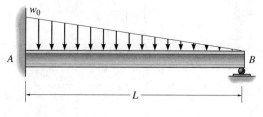

Prob. 12-112

*12.8   Vigas y ejes estáticamente indeterminados (método del momento de área)

Si se usa el método del momento de área para determinar las redundantes incógnitas de una viga o eje estáticamente indeterminados, entonces se debe trazar el diagrama M/EI de tal modo que se representen las redundantes como incógnitas en él. Una vez establecido el diagrama M/EI, se pueden aplicar los dos teoremas del momento de área para obtener las relaciones adecuadas entre las tangentes de la curva elástica, para que cumplan con las condiciones de desplazamiento y/o pendiente en los apoyos de la viga o eje. En todos los casos, la cantidad de esas condiciones de compatibilidad será igual a la cantidad de redundantes, y de este modo se puede obtener una solución para las redundantes.

Diagramas de momento trazados con el método de superposición.   Como la aplicación de los teoremas de momento de área requiere calcular tanto el área bajo la curva M/EI como el lugar del centroide de esa área, con frecuencia conviene usar diagramas M/EI *separados* para *cada una* de las cargas y redundantes desconocidas, más que usar el diagrama resultante para calcular esas cantidades geométricas. Esto tiene validez especial si el diagrama resultante de momento tiene una forma complicada. El método para trazar en partes el diagrama de momento se basa en el principio de la superposición.

La mayor parte de las cargas sobre vigas o ejes serán una combinación de las cuatro formas que muestra la figura 12-38. La construcción de los respectivos diagramas de momento, que también se ven en esa figura, se ha descrito en los ejemplos del capítulo 6. Con base en esos resultados demostraremos ahora cómo usar el método de la superposición para representar el diagrama resultante de momento para la viga empotrada de la figura 12-39a, mediante una serie de diagramas de momento separados. Para hacerlo, primero se sustituirán las cargas por un sistema de cargas estáticamente equivalentes. Por ejemplo, las tres vigas en voladizo de la figura 12-39a son estáticamente equivalentes a la viga resultante, ya que

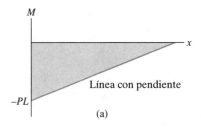

(a)

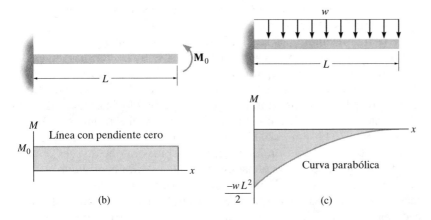

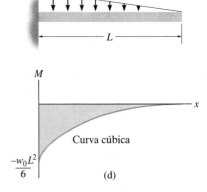

Fig. 12-38

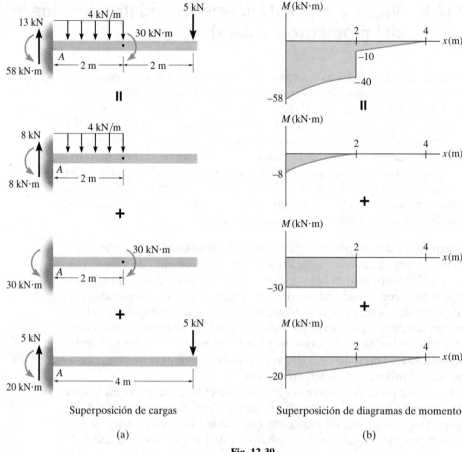

Superposición de cargas

(a)

Superposición de diagramas de momento

(b)

Fig. 12-39

la carga en cada punto de la viga resultante es igual a la superposición o suma de las cargas en las tres vigas separadas. En realidad, la reacción de cortante en el extremo A es 13 kN, cuando se suman las reacciones en las vigas separadas. Del mismo modo, el momento interno en cualquier punto de la viga resultante es igual a la suma de los momentos internos en cualquier punto de las vigas separadas. Así, si se trazan los diagramas de momento para cada viga separada, figura 12-39b, la superposición de esos diagramas determinará el diagrama de momento para la viga resultante, que se ve en la parte superior. Por ejemplo, partiendo de cada uno de los diagramas separados de momento, el momento en el extremo A es $M_A = -8$ kN $\cdot$ m $- 30$ kN $\cdot$ m $- 20$ kN $\cdot$ m $= -58$ kN $\cdot$ m, como se ve en el diagrama de la parte superior. Este ejemplo demuestra que a veces es más fácil trazar una serie de diagramas de momento estáticamente equivalentes para la viga, *y no* trazar el diagrama de momentos resultantes, el cual es más complicado. Es obvio que el área y la ubicación del centroide para cada parte es más fácil de determinar que la del centroide del diagrama resultante.

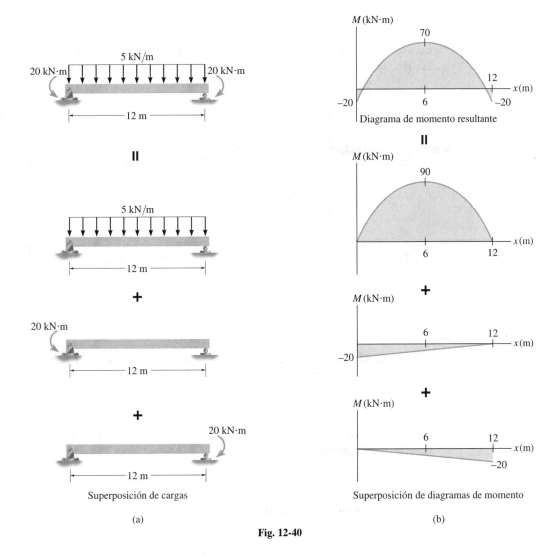

Fig. 12-40

En forma parecida, también se representa el diagrama de momento resultante para una viga simplemente apoyada usando una superposición de diagramas de momento para una serie de vigas simplemente apoyadas. Por ejemplo, la carga de la viga en la parte superior de la figura 12-40a es equivalente a la suma de las cargas de las vigas abajo de ella. En consecuencia, se puede usar la suma de los diagramas de momento para cada una de esas tres cargas, y no el diagrama de momento resultante de la parte superior de la figura 12-40b. Para comprenderlos bien, se deben verificar estos resultados.

Los ejemplos que siguen también deberían aclarar algunos de estos puntos, e ilustrar cómo se usan los teoremas del momento de área para obtener las reacciones redundantes sobre vigas y ejes estáticamente indeterminados. Las soluciones siguen el procedimiento de análisis descrito en la sección 12.4.

EJEMPLO 12.19

La viga está sometida a la carga concentrada que muestra la figura 12-41a. Determine las reacciones en los apoyos. EI es constante.

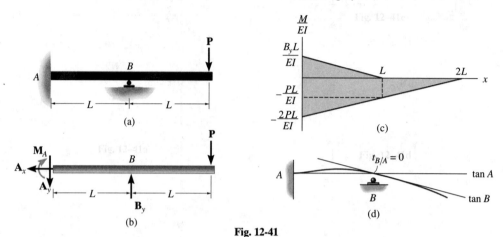

Fig. 12-41

Solución

Diagrama M/EI. En la figura 12-41b se muestra el diagrama de cuerpo libre. Usando el método de superposición, los diagramas M/EI separados, para la reacción redundante $\mathbf{B}_y$ y la carga $\mathbf{P}$, se ven en la figura 12-41c.

Curva elástica. La curva elástica para esta viga se ve en la figura 12-41d. Los tangentes en los apoyos A y B se han trazado. Ya que $\Delta_B = 0$, entonces

$$t_{B/A} = 0$$

Teorema del momento de área. Se aplica el teorema 2, para obtener

$$t_{B/A} = \left(\frac{2}{3}L\right)\left[\frac{1}{2}\left(\frac{B_y L}{EI}\right)L\right] + \left(\frac{L}{2}\right)\left[\frac{-PL}{EI}(L)\right]$$

$$+ \left(\frac{2}{3}L\right)\left[\frac{1}{2}\left(\frac{-PL}{EI}\right)(L)\right] = 0$$

$$B_y = 2.5P \qquad\qquad Resp.$$

Ecuaciones de equilibrio. Al usar este resultado, se determinan como sigue las reacciones en A sobre el diagrama de cuerpo libre, figura 12-41b:

$$\xrightarrow{+} \Sigma F_x = 0; \qquad\qquad A_x = 0 \qquad\qquad Resp.$$

$$+\uparrow \Sigma F_y = 0; \qquad -A_y + 2.5P - P = 0$$

$$A_y = 1.5P \qquad\qquad Resp.$$

$$\downarrow + \Sigma M_A = 0; \qquad -M_A + 2.5P(L) - P(2L) = 0$$

$$M_A = 0.5PL \qquad\qquad Resp.$$

EJEMPLO 12.20

La viga está sometida al momento del par en su extremo C, como muestra la figura 12-42a. Determine la reacción en B. EI es constante.

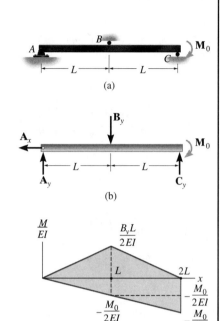

(a)

Solución

Diagrama M/EI.   En la figura 12-42b se muestra el diagrama de cuerpo libre. Por inspección se ve que la viga es indeterminada de primer grado. Para obtener una solución directa elegiremos a $\mathbf{B}_y$ como la redundante. Usando la superposición, los diagramas M/EI para $\mathbf{B}_y$ y $\mathbf{M}_0$ se ven en la figura 12-42c, aplicado cada uno a una viga simplemente apoyada. (Observe que para esa viga, A_x, A_y y C_y no contribuyen en el diagrama M/EI.)

(b)

Curva elástica.   La curva elástica para la viga se ve en la figura 12-42d. Se han trazado las tangentes en A, B y C. Como $\Delta_A = \Delta_B = \Delta_C = 0$, las desviaciones tangenciales que se muestran deben ser proporcionales, es decir,

$$t_{B/C} = \frac{1}{2} t_{A/C}$$

De acuerdo con la figura 12-42c,

(c)

$$t_{B/C} = \left(\frac{1}{3}L\right)\left[\frac{1}{2}\left(\frac{B_yL}{2EI}\right)(L)\right] + \left(\frac{2}{3}L\right)\left[\frac{1}{2}\left(\frac{-M_0}{2EI}\right)(L)\right]$$

$$+ \left(\frac{L}{2}\right)\left[\left(\frac{-M_0}{2EI}\right)(L)\right]$$

$$t_{A/C} = (L)\left[\frac{1}{2}\left(\frac{B_yL}{2EI}\right)(2L)\right] + \left(\frac{2}{3}(2L)\right)\left[\frac{1}{2}\left(\frac{-M_0}{EI}\right)(2L)\right]$$

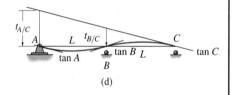

(d)

Se sustituye en la ecuación 1 y se simplifica, para obtener

$$B_y = \frac{3M_0}{2L} \qquad\qquad Resp.$$

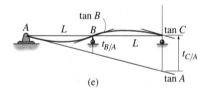

(e)

Fig. 12-42

Ecuaciones de equilibrio.   Ya se pueden determinar las reacciones en A y C a partir de las ecuaciones de equilibrio, figura 12-42b. Demuestre que $A_x = 0$, $C_y = 5M_0/4L$ y que $A_y = M_0/4L$.

Observe que, de acuerdo con la figura 12-42e, este problema también se puede resolver en función de las desviaciones tangenciales.

$$t_{B/A} = \frac{1}{2} t_{C/A}$$

PROBLEMAS

12-113. Determine los momentos de reacción en los apoyos A y B. EI es constante.

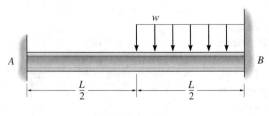

Prob. 12-113

12-114. Determine los momentos de reacción en los apoyos A y B, y a continuación trace los diagramas de cortante y de momento. EI es constante.

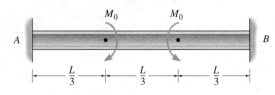

Prob. 12-114

12-115. Determine las reacciones en los apoyos y trace después los diagramas de cortante y de momento. EI es constante.

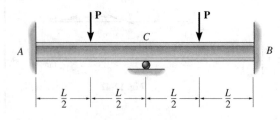

Prob. 12-115

*12-116. Determine las reacciones en los apoyos y a continuación trace los diagramas de cortante y de momento. EI es constante.

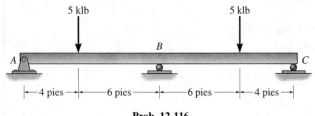

Prob. 12-116

12-117. Determine las reacciones en los apoyos y a continuación trace los diagramas de cortante y de momento. EI es constante.

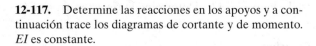
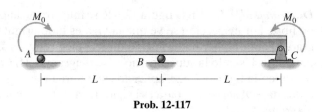

Prob. 12-117

12-118. Determine las reacciones en los apoyos A y B, y a continuación trace los diagramas de cortante y de momento. EI es constante.

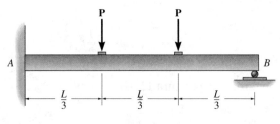

Prob. 12-118

12-119. Determine el valor de a para el cual el momento positivo máximo tiene la misma magnitud que el momento negativo máximo. EI es constante.

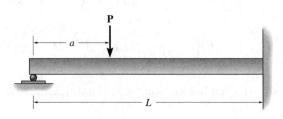

Prob. 12-119

*12-120. Determine los momentos de reacción en los apoyos A y B. EI es constante.

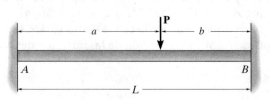

Prob. 12-120

12.9   Vigas y ejes estáticamente indeterminados (método de la superposición)

El método de la superposición se usó antes para calcular las cargas redundantes en barras con carga axial y ejes con carga de torsión. Para aplicar este método a la solución de vigas (o ejes) estáticamente indeterminados, primero es necesario identificar las reacciones redundantes en los apoyos, como se explicó en la sección 12.6. Al *eliminarlas* de la viga se obtiene la llamada *viga primaria*, que es estáticamente determinada y estable, y *sólo* está sometida a la carga externa. Si a esta viga se le agrega una sucesión de vigas igualmente apoyadas, cada una cargada con una fuerza redundante *separada*, entonces, por el principio de la superposición, se obtiene la viga cargada real. Por último, para determinar las redundantes, se deben escribir las *condiciones de compatibilidad* que existen en los apoyos donde actúa cada una de las redundantes. Como las fuerzas redundantes se determinan en forma directa de esta manera, a este método de análisis se le llama a veces el **método de fuerza**. Una vez obtenidas las redundantes, las demás reacciones de la viga se determinan entonces, con las tres ecuaciones de equilibrio.

Para aclarar estos conceptos veamos la viga de la figura 12-43*a*. Si se elige la reacción $\mathbf{B}_y$ en el apoyo de rodillo como la redundante, la viga primaria se ve en la figura 12-43*b*, y la viga con la redundante $\mathbf{B}_y$ actuando sobre ella se ve en la figura 12-43*c*. El desplazamiento en el rodillo debe ser cero, y como el desplazamiento del punto B en la viga primaria es v_B, y como $\mathbf{B}_y$ hace que el punto B se desplace v'_B hacia arriba, se puede escribir como sigue la ecuación de compatibilidad en B:

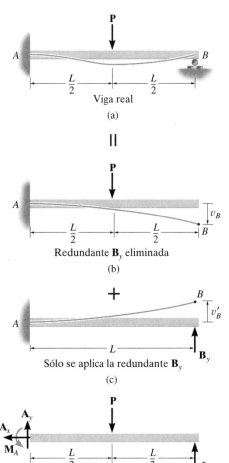

$(+\uparrow) \qquad\qquad 0 = -v_B + v'_B$

Se pueden obtener los desplazamientos v_B y v'_B usando cualquiera de los métodos descritos en las secciones 12.2 a 12.5. En este caso los obtendremos en forma directa con la tabla del apéndice C. Entonces,

$$v_B = \frac{5PL^3}{48EI} \qquad y \qquad v'_B = \frac{B_y L^3}{3EI}$$

Sustituyendo lo anterior en la ecuación de compatibilidad se obtienen

$$0 = -\frac{5PL^3}{48EI} + \frac{B_y L^3}{3EI}$$

$$B_y = \frac{5}{16}P$$

Fig. 12-43

Ahora que ya se conoce $\mathbf{B}_y$, se determinan las reacciones en el muro con las tres ecuaciones de equilibrio aplicadas a toda la viga, figura 12-43*d*. Los resultados son

$$A_x = 0 \qquad A_y = \frac{11}{16}P$$

$$M_A = \frac{3}{16}PL$$

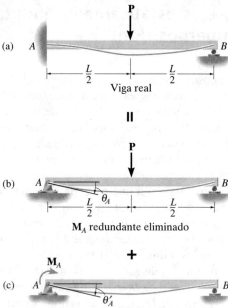

(a) A ... B

$\dfrac{L}{2}$ $\dfrac{L}{2}$

Viga real

=

(b) A ... θ_A ... B

$\dfrac{L}{2}$ $\dfrac{L}{2}$

M_A redundante eliminado

+

(c) M_A A ... θ'_A ... B

Sólo se aplica M_A redundante

Fig. 12-44

Como se dijo en la sección 12.6, la elección de cuál será la redundante es *arbitraria*, siempre y cuando la viga primaria permanezca estable. Por ejemplo, en la figura 12-44a también se puede escoger el momento en A para la viga como la redundante. En este caso se elimina la capacidad de la viga para resistir M_A por lo que la viga primaria está soportada con un pasador en A, figura 12-44b. También, la redundante en A actúa sola sobre esta viga, figura 12-44c. Llamando θ_A a la pendiente en A, causada por la carga **P**, y θ'_A a la pendiente en A causada por la redundante M_A, la ecuación de compatibilidad para la pendiente en A requiere que

$(\curvearrowleft+)$ $\qquad 0 = \theta_A + \theta'_A$

De nuevo, si se usa la tabla del apéndice C, se obtienen

$$\theta_A = \frac{PL^2}{16EI} \qquad \text{y} \qquad \theta'_A = \frac{M_A L}{3EI}$$

Así,

$$0 = \frac{PL^2}{16EI} + \frac{M_A L}{3EI}$$

$$M_A = -\frac{3}{16}PL$$

Es el mismo resultado que se determinó antes. En este caso, el signo negativo de M_A sólo indica que M_A actúa en sentido opuesto al que indica la figura 12-44c.

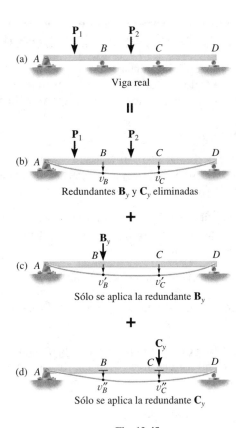

(a)   Viga real

||

(b)   Redundantes $\mathbf{B}_y$ y $\mathbf{C}_y$ eliminadas

+

(c)   Sólo se aplica la redundante $\mathbf{B}_y$

+

(d)   Sólo se aplica la redundante $\mathbf{C}_y$

Fig. 12-45

Otro ejemplo que ilustra este método se ve en la figura 12-45*a*. En este caso, la viga es indeterminada de segundo grado, y en consecuencia serán necesarias *dos* ecuaciones de compatibilidad en la solución. Elegiremos las fuerzas en los apoyos de rodillo *B* y *C* como las redundantes. La viga primaria (estáticamente determinada) se deforma como se ve en la figura 12-45*b* cuando se quitan las redundantes. Cada fuerza redundante deforma esta viga como muestran las figuras 12-45*c* y 12-45*d*, respectivamente. Por superposición, las ecuaciones de compatibilidad para los desplazamientos en *B* y *C* son:

$$(+\downarrow) \qquad\qquad 0 = v_B + v'_B + v''_B$$
$$(+\downarrow) \qquad\qquad 0 = v_C + v'_C + v''_C \qquad\qquad (12\text{-}22)$$

En este caso, los componentes de desplazamiento v'_B y v'_C se expresarán en función de la incógnita $\mathbf{B}_y$, y los componentes v''_B y v''_C se expresarán en función de la incógnita $\mathbf{C}_y$. Cuando se han determinado esos desplazamientos, y sustituido en las ecuaciones 12-22, éstas se pueden resolver simultáneamente para obtener las dos incógnitas $\mathbf{B}_y$ y $\mathbf{C}_y$.

PROCEDIMIENTO PARA EL ANÁLISIS

El siguiente procedimiento es para aplicar el método de la superposición (o el método de fuerza) en la determinación de las reacciones sobre vigas o ejes estáticamente indeterminados.

Curva elástica.

- Especificar las fuerzas o momentos redundantes desconocidos que deben eliminarse de la viga, para hacerla estáticamente determinada y estable.

- Usando el principio de superposición, trazar la viga estáticamente indeterminada mostrándola igual a una sucesión correspondiente de *vigas estáticamente determinadas.*

- La primera de esas vigas, la viga primaria, sostiene las mismas cargas que la viga estáticamente indeterminada, y cada una de las demás vigas se "suman" a la viga primaria para cargarla con una fuerza o momento redundantes.

- Trazar la curva de flexión para cada viga, e indicar, en forma simbólica, el desplazamiento o la pendiente en el punto de aplicación de cada fuerza o momento redundante.

Ecuaciones de compatibilidad.

- Formular una ecuación de compatibilidad para el desplazamiento o la pendiente en cada punto donde haya una fuerza o momento redundante.

- Determinar todos los desplazamientos o pendientes, usando un método adecuado de los que se explicaron en las secciones 12.2 a 12.5.

- Sustituir los resultados en las ecuaciones de compatibilidad, y despejar las redundantes desconocidas.

- Si un valor numérico de una redundante es *positivo*, tiene *el mismo sentido y dirección* que el que se supuso en forma original. En forma parecida, un valor numérico *negativo* indica que la redundante actúa *contraria* a su supuesto *sentido de dirección*.

Ecuaciones de equilibrio.

- Una vez determinadas las fuerzas y/o momentos redundantes, las restantes reacciones desconocidas se pueden determinar con las ecuaciones de equilibrio aplicadas a las cargas que se indiquen en el diagrama de cuerpo libre de la viga.

Los ejemplos que siguen ilustran la aplicación de este procedimiento. Para abreviar, se han determinado todos los desplazamientos y las pendientes con la tabla del apéndice C.

E J E M P L O **12.21**

Determinar las reacciones en el apoyo *B* de rodillo, en la viga de la figura 12-46*a*, y a continuación trazar los diagramas de cortante y de momento. *EI* es constante.

Solución

Principio de superposición. Por inspección se ve que la viga es estáticamente indeterminada de primer grado. El soporte de rodillo en *B* se escogerá como la redundante, por lo que $\mathbf{B}_y$ se determinará *en forma directa.* Las figuras 12-46*b* y 12-46*c* muestran la aplicación del principio de la superposición. En este caso hemos supuesto que $\mathbf{B}_y$ actúa hacia arriba, en la viga.

Ecuación de compatibilidad. Suponiendo que el desplazamiento positivo es hacia abajo, la ecuación de compatibilidad en *B* es

$$(+\downarrow) \qquad\qquad 0 = v_B - v_B' \qquad\qquad (1)$$

Los siguientes desplazamientos se obtienen en forma directa en la tabla del apéndice *C*.

$$v_B = \frac{wL^4}{8EI} + \frac{5PL^3}{48EI}$$

$$= \frac{2\text{ klb/pie}(10\text{ pies})^4}{8EI} + \frac{5(8\text{ klb})(10\text{ pies})^3}{48EI} = \frac{3333\text{ klb}\cdot\text{pie}^3}{EI} \downarrow$$

$$v_B' = \frac{PL^3}{3EI} = \frac{B_y(10\text{ pies})^3}{3EI} = \frac{333.3\text{ pies}^3 B_y}{EI}\uparrow$$

Se sustituye en la ecuación 1 y se despeja como sigue:

$$0 = \frac{3333}{EI} - \frac{333.3B_y}{EI}$$

$$B_y = 10\text{ klb} \qquad\qquad Resp.$$

Ecuaciones de equilibrio. Al usar este resultado y aplicar las tres ecuaciones de equilibrio, se obtienen los resultados que muestra el diagrama de cuerpo libre de la viga, en la figura 12-46*d*. En la figura 12-46*e* se ven los diagramas de cortante y de momento.

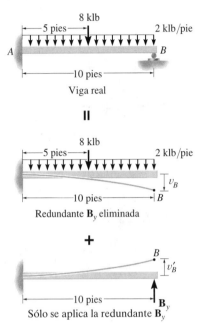

(a)

Viga real

$$=$$

(b)

Redundante $\mathbf{B}_y$ eliminada

$$+$$

(c)

Sólo se aplica la redundante $\mathbf{B}_y$

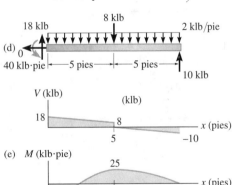

(d)

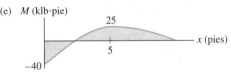

(e)

Fig. 12-46

EJEMPLO 12.22

Determine las reacciones sobre la viga de la figura 12-47a. Debido a las cargas y a defectos de construcción, el apoyo de rodillo en B se asienta 12 mm. Suponer que $E = 200$ GPa e $I = 80(10^6)$ mm^4.

Solución

Principio de superposición. Por inspección, la viga es indeterminada de primer grado. El soporte de rodillo en B se escogerá como la redundante. El principio de superposición se muestra en las figuras 12-47b y 12-47c. En este caso se supondrá que $\mathbf{B}_y$ actúa hacia arriba, en la viga.

Ecuación de compatibilidad. Con referencia al punto B, con metros como unidades, se requiere que

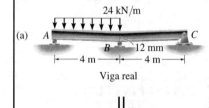

(a)

24 kN/m

A   C

B   12 mm

├── 4 m ──┼── 4 m ──┤

Viga real

$(+\downarrow)$ $0.012 \text{ m} = v_B - v_B'$ (1)

De acuerdo con la tabla del apéndice C, los desplazamientos son:

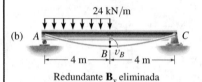

(b)

24 kN/m

A   C

B v_B

├── 4 m ──┼── 4 m ──┤

Redundante $\mathbf{B}_y$ eliminada

+

(c)

A   C

B v_B'

├── 4 m ──┼── 4 m ──┤

$\mathbf{B}_y$

Sólo se aplica la redundante $\mathbf{B}_y$

$$v_B = \frac{5wL^4}{768EI} = \frac{5(24 \text{ kN/m})(8 \text{ m})^4}{768EI} = \frac{640 \text{ kN} \cdot \text{m}^3}{EI} \downarrow$$

$$v_B' = \frac{PL^3}{48EI} = \frac{B_y(8 \text{ m})^3}{48EI} = \frac{10.67 \text{ m}^3 B_y}{EI} \uparrow$$

Entonces, la ecuación 1 se transforma en

$$0.012EI = 640 - 10.67B_y$$

Se expresan E e I en kN/m^2 y en m^4, respectivamente, como sigue:

$$0.012(200)(10^6)[80(10^{-6})] = 640 - 10.67B_y$$

$$B_y = 42.0 \text{ kN} \uparrow \qquad\qquad Resp.$$

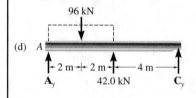

(d)

96 kN

A

├ 2 m ┼ 2 m ┼── 4 m ──┤

$\mathbf{A}_y$ 42.0 kN $\mathbf{C}_y$

Fig. 12-47

Ecuaciones de equilibrio. Al aplicar este resultado a la viga, figura 12-47d, se pueden calcular las reacciones en A y C, usando las ecuaciones de equilibrio. Así se obtienen

$\downarrow+ \ \Sigma M_A = 0;$ $-96 \text{ kN}(2 \text{ m}) + 42.0 \text{ kN}(4 \text{ m}) + C_y(8 \text{ m}) = 0$

$$C_y = 3.00 \text{ kN} \uparrow \qquad\qquad Resp.$$

$+\uparrow \ \Sigma F_y = 0;$ $A_y - 96 \text{ kN} + 42.0 \text{ kN} + 3.00 \text{ kN} = 0$

$$A_y = 51 \text{ kN} \uparrow \qquad\qquad Resp.$$

EJEMPLO **12.23**

La viga de la figura 12-48a está empotrada a la pared en A, y está articulada a una varilla de $\frac{1}{2}$ pulg, BC. Si $E = 29(10^3)$ klb/pulg² para ambos elementos, determine la fuerza desarrollada en la varilla, debida a las cargas. El momento de inercia de la viga, respecto a su eje neutro, es $I = 475$ pulg⁴.

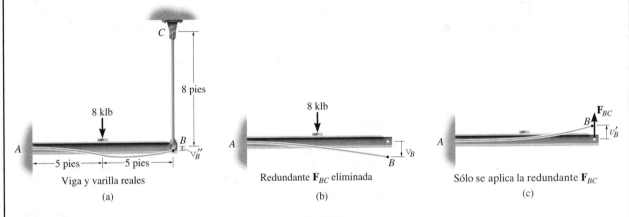

Viga y varilla reales
(a)

Redundante $\mathbf{F}_{BC}$ eliminada
(b)

Sólo se aplica la redundante $\mathbf{F}_{BC}$
(c)

Fig. 12-48

Solución I

Principio de superposición.   Por inspección, este problema es indeterminado de primer grado. En este caso B sufrirá un desplazamiento desconocido v''_B, ya que la varilla se estira. Se considerará que la varilla es la redundante, y en consecuencia se quita la fuerza de la varilla en la viga, en B, figura 12-48b, para volverla a aplicar, figura 12-48c.

Ecuación de compatibilidad.   En el punto B se requiere que

$(+\downarrow)$ $v''_B = v_B - v'_B$ (1)

Los desplazamientos v_B y v'_B se determinan con la tabla del apéndice C. v''_B se calcula con la ecuación 4-2. En kilolibras y pulgadas se tiene que

$$v''_B = \frac{PL}{AE} = \frac{F_{BC}(8\text{ pies})(12\text{ pulg/pie})}{(\pi/4)\left(\frac{1}{2}\text{pulg}\right)^2[29(10^3)\text{ klb/pulg}^2]} = 0.01686 F_{BC} \downarrow$$

$$v_B = \frac{5PL^3}{48EI} = \frac{5(8\text{ klb})(10\text{ pies})^3(12\text{ pulg/pie})^3}{48[29(10^3)\text{ klb/pulg}^2](475\text{ pulg}^4)} = 0.1045\text{ pulg} \downarrow$$

$$v'_B = \frac{PL^3}{3EI} = \frac{F_{BC}(10\text{ pies})^3(12\text{ pulg/pie})^3}{3[29(10)^3\text{ klb/pulg}^2](475\text{ pulg}^4)} = 0.04181 F_{BC} \uparrow$$

Así, la ecuación 1 se transforma en

$(+\downarrow)$ $0.01686 F_{BC} = 0.1045 - 0.04181 F_{BC}$

$F_{BC} = 1.78$ klb   *Resp.*   *Continúa*

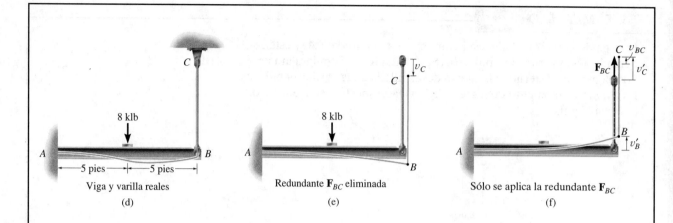

Viga y varilla reales
(d)

Redundante $\mathbf{F}_{BC}$ eliminada
(e)

Sólo se aplica la redundante $\mathbf{F}_{BC}$
(f)

Solución II

Principio de superposición. Este problema también se puede resolver quitando el soporte articulado en C, manteniendo la varilla fija a la viga. En este caso, la carga de 8 klb hara que los puntos B y C se desplacen hacia abajo la *misma cantidad* v_C, figura 12-48e, ya que no existe fuerza en la varilla BC. Cuando se aplica la fuerza redundante $\mathbf{F}_{BC}$ en el punto C, hace que el extremo C de la varilla se desplace v'_C hacia arriba, y que el extremo B de la viga se desplace v'_B hacia arriba, figura 12-48f. La diferencia entre esos dos desplazamientos, v_{BC}, representa el estiramiento de la varilla debido a $\mathbf{F}_{BC}$, por lo que $v'_C = v_{BC} + v_B{}'$. Por consiguiente, de acuerdo con las figuras 12-48d, 12-48e y 12-48f, la compatibilidad del desplazamiento en el punto C es

$$(+\downarrow) \qquad\qquad 0 = v_C - (v_{BC} + v'_B) \qquad\qquad (2)$$

De la solución I se tiene que

$$v_C = v_B = 0.1045 \text{ pulg} \downarrow$$

$$v_{BC} = v''_B = 0.01686 F_{BC} \uparrow$$

$$v'_B = 0.04181 F_{BC} \uparrow$$

Por consiguiente, la ecuación 2 se transforma en

$$(+\downarrow) \qquad 0 = 0.1045 - (0.01686 F_{BC} + 0.04181 F_{BC})$$

$$F_{BC} = 1.78 \text{ klb} \qquad\qquad\qquad Resp.$$

EJEMPLO 12.24

Determine el momento en B, en la viga de la figura 12-49a. EI es constante. No tener en cuenta los efectos de cargas axiales.

Solución

Principio de superposición. Como la carga axial sobre la viga no se toma en cuenta, habrá una fuerza vertical y un momento en A y en B. En este caso sólo hay dos ecuaciones de equilibrio disponibles ($\Sigma M = 0, \Sigma F_y = 0$), por lo que el problema es indeterminado de segundo grado. Supondremos que $\mathbf{B}_y$ y $\mathbf{M}_B$ son redundantes, por lo que de acuerdo con el principio de superposición, la viga se representa como en voladizo, cargada *por separado* con la carga distribuida y las reacciones $\mathbf{B}_y$ y $\mathbf{M}_B$, figuras 12-49b, 12-49c y 12-49d.

Ecuaciones de compatibilidad. Para el desplazamiento y la pendiente en B, se necesita que

$(\nearrow+)$ \qquad\qquad $0 = \theta_B + \theta'_B + \theta''_B$ \qquad\qquad (1)

$(+\downarrow)$ \qquad\qquad $0 = v_B + v'_B + v''_B$ \qquad\qquad (2)

Con la tabla del apéndice C se calculan las pendientes y los desplazamientos siguientes:

$$\theta_B = \frac{wL^3}{48EI} = \frac{3\ \text{klb/pie}\ (12\ \text{pies})^3}{48EI} = \frac{108}{EI}\ \downarrow$$

$$v_B = \frac{7wL^4}{384EI} = \frac{7(3\ \text{klb/pie})(12\ \text{pies})^4}{384EI} = \frac{1134}{EI}\ \downarrow$$

$$\theta'_B = \frac{PL^2}{2EI} = \frac{B_y(12\ \text{pies})^2}{2EI} = \frac{72B_y}{EI}\ \downarrow$$

$$v'_B = \frac{PL^3}{3EI} = \frac{B_y(12\ \text{pies})^3}{3EI} = \frac{576B_y}{EI}\ \downarrow$$

$$\theta''_B = \frac{ML}{EI} = \frac{M_B(12\ \text{pies})}{EI} = \frac{12M_B}{EI}\ \downarrow$$

$$v''_B = \frac{ML^2}{2EI} = \frac{M_B(12\ \text{pies})^2}{2EI} = \frac{72M_B}{EI}\ \downarrow$$

Estos valores se sustituyen en las ecuaciones 1 y 2, y anulando el factor común EI se obtienen

$(\nearrow+)$ \qquad\qquad $0 = 108 + 72B_y + 12M_B$

$(+\downarrow)$ \qquad\qquad $0 = 1134 + 576B_y + 72M_B$

Al resolver simultáneamente estas ecuaciones se llega a los resultados

$$B_y = -3.375\ \text{klb}$$

$$M_B = 11.25\ \text{klb} \cdot \text{pie} \qquad\qquad \textit{Resp.}$$

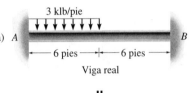

(a) A \qquad\qquad 3 klb/pie \qquad\qquad B

6 pies — 6 pies

Viga real

=

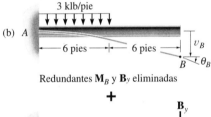

(b) A \qquad 3 klb/pie

6 pies — 6 pies \qquad v_B \quad B \quad θ_B

Redundantes $\mathbf{M}_B$ y $\mathbf{B}_y$ eliminadas

+

(c) A \qquad\qquad $\mathbf{B}_y$

12 pies \qquad v'_B \quad B \quad θ'_B

Sólo se aplica la redundante $\mathbf{B}_y$

+

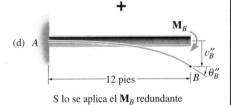

(d) A \qquad\qquad $\mathbf{M}_B$

12 pies \qquad v''_B \quad B \quad θ''_B

S lo se aplica el $\mathbf{M}_B$ redundante

Fig. 12-49

PROBLEMAS

12-121. El conjunto está formado por una barra de hierro y una de aluminio, cada una de las cuales tiene 1 pulg de espesor, empotradas en sus extremos A y B, conectadas con un eslabón corto y *rígido*, CD. Si se aplica una fuerza horizontal de 80 lb al eslabón, como se indica en la figura, determine los momentos que se crean en A y B. $E_{ac} = 29(10^3)$ klb/pulg^2; $E_{al} = 10(10^3)$ klb/pulg^2.

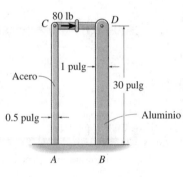

Prob. 12-121

12-123. Para sostener la carga de 8 klb se usa la viga de acero A-36 y la varilla. Si se requiere que el esfuerzo normal permisible para el acero sea $\sigma_{adm} = 18$ klb/pulg^2, y que la deflexión máxima no sea mayor que 0.05 pulg, determine la varilla de diámetro mínimo que se debe usar. La viga es rectangular, con 5 pulg de altura y 3 pulg de espesor.

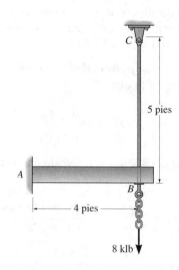

Prob. 12-123

12-122. Determine las reacciones en los apoyos y a continuación trace los diagramas de cortante y de momento. EI es constante. Los cojinetes sólo ejercen reacciones verticales sobre el eje.

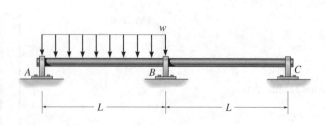

Prob. 12-122

*12-124. La viga tiene E_1I_1 constante, y está soportada por el muro fijo en B y la varilla AC. Si la varilla tiene área transversal A_2, y el módulo de elasticidad del material es E_2, determine la fuerza en la varilla.

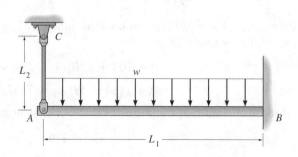

Prob. 12-124

12-125. El conjunto consiste en tres vigas simplemente apoyadas, para las cuales el lecho bajo de la viga superior descansa sobre el lecho alto de las dos vigas inferiores. Si se aplica una carga uniforme de 3 kN/m a la viga superior, determine las reacciones verticales en cada uno de los apoyos. *EI* es constante.

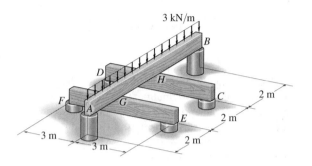

Prob. 12-125

12-126. Determine las reacciones en *A* y *B*. Suponga que el soporte en *A* sólo ejerce un momento sobre la viga. *EI* es constante.

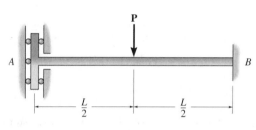

Prob. 12-126

12-127. Los segmentos de la viga compuesta se encuentran en el centro, donde hay un contacto liso (rodillo). Determine las reacciones en los apoyos empotrados *A* y *B*, cuando se aplica la carga **P**. *EI* es constante.

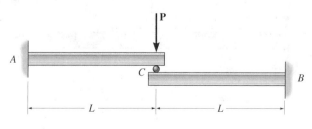

Prob. 12-127

*****12-128.** Cada uno de los dos miembros es de aluminio 6061-T6, y tiene un corte transversal cuadrado de 1 × 1 pulg. Están articulados en sus extremos, y entre ellos se coloca un gato para abrirlas hasta que la fuerza que ejerce sobre cada miembro es 500 lb. Determine la fuerza máxima *P* que se puede aplicar en el centro del miembro superior sin hacer que haya fluencia en cualquiera de los dos miembros. En el análisis, no tener en cuenta la fuerza axial en cada miembro. Suponer que el gato es rígido.

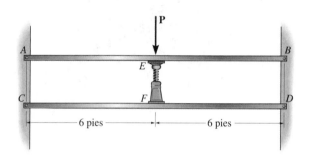

Prob. 12-128

12-129. La viga empotrada *AB* en ambos extremos se refuerza con la viga simplemente apoyada *CD*, y con el rodillo en *F*, que se ajusta en su lugar justo antes de aplicar la carga **P**. Determine las reacciones en los apoyos, si *EI* es constante.

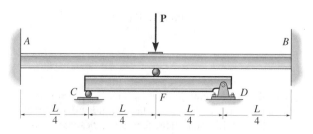

Prob. 12-129

12-130. El eje de acero A-36 de 1 pulg de diámetro está sostenido por cojinetes rígidos en A y C. El cojinete B descansa en una viga I de acero sencillamente apoyada que tiene un momento de inercia de $I = 500$ pulg^4. Si las bandas de la polea cargan 400 lb cada una, determine las reacciones verticales en A, B y C.

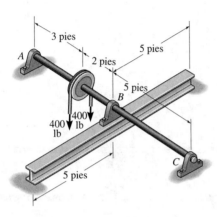

Prob. 12-130

12-131. Determine la fuerza en el resorte. EI es constante en la viga.

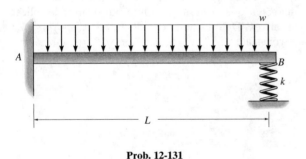

Prob. 12-131

*12-132.** Determine la deflexión en el extremo B de la barra de acero A-36 empotrada. La rigidez del resorte es $k = 2$ N/mm. La solera tiene 5 mm de espesor y 10 mm de altura. También, trace los diagramas de cortante y de momento para la barra.

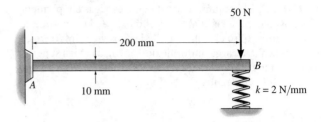

Prob. 12-132

12-133. La viga se hace con un material elástico suave con EI constante. Si originalmente está a una distancia Δ de la superficie del apoyo de su extremo, determine la distancia a que descansa sobre ese soporte, cuando se somete a la carga uniforme w_0, que es suficientemente grande como para que eso suceda.

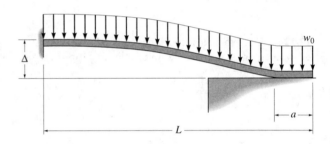

Prob. 12-133

12-134. La viga está apoyada en los soportes atornillados en sus extremos. Cuando hay carga, esos soportes no dan una conexión verdaderamente empotrada, sino que permiten una pequeña rotación α antes de funcionar como empotrados. Determine el momento en las conexiones, y la deflexión máxima de la viga.

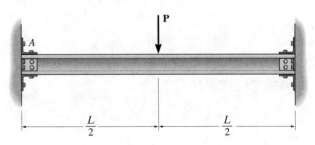

Prob. 12-134

REPASO DEL CAPÍTULO

- La curva elástica refleja la flexión de la línea central de una viga o un eje. Se puede determinar su forma, usando el diagrama de momento. Los momentos positivos hacen que la curva elástica sea cóncava hacia arriba, y los momentos negativos hacen que sea cóncava hacia abajo. El radio de curvatura, en cualquier punto, se determina con $1/\rho = M/EI$.

- La ecuación de la curva elástica, y su pendiente, se pueden obtener determinando primero el momento interno en el miembro, en función de x. Si sobre el miembro actúan varias cargas, se deben determinar por separado las funciones de momento entre cada una de las cargas. Al integrar una vez esas funciones, usando $EI\,(d^2v/dx^2) = M(x)$, se obtiene la ecuación de la pendiente de la curva elástica, y al integrar otra vez se obtiene la ecuación de la deflexión. Las constantes de integración se determinan con las condiciones en la frontera en los soportes, o en los casos en que intervienen varias funciones de momento, debe satisfacerse la continuidad de la pendiente y la deflexión, en los puntos donde se unen esas funciones.

- Las funciones de discontinuidad permiten expresar la ecuación de la curva elástica como una función continua, independiente de la cantidad de cargas en el miembro. Este método elimina la necesidad de usar condiciones de continuidad, ya que se pueden determinar las dos constantes de integración únicamente a partir de las dos condiciones en la frontera.

- El método del momento de área es una técnica semigráfica para calcular la pendiente de las tangentes, o la desviación vertical de las tangentes, en puntos específicos de la curva elástica. Requiere determinar segmentos de área bajo el diagrama M/EI o el momento de esos segmentos respecto a puntos en la curva elástica. El método funciona bien con los diagramas M/EI compuestos por formas sencillas, como los producidos por fuerzas concentradas o momentos de par.

- La deflexión o la pendiente en un punto de un miembro sometido a diversos tipos de cargas se pueden determinar con el método de la superposición. Para este fin está disponible la tabla en la parte final del libro.

- Las vigas y los ejes estáticamente indeterminados tienen más reacciones desconocidas en los apoyos que las ecuaciones disponibles de equilibrio. Para resolverlas, primero se identifican las reacciones redundantes, y las demás reacciones desconocidas se escriben en función de esas redundantes. A continuación se pueden usar el método de integración o los teoremas de momento de área para determinar las redundantes desconocidas. También es posible determinarlas usando el método de superposición, donde se considera la continuidad del desplazamiento en la redundante. En este caso, se determina el desplazamiento debido a las cargas externas, quitando la redundante, y de nuevo con la redundante aplicada y la carga externa eliminada. Se pueden usar las tablas en la parte final de este libro para determinar esos desplazamientos necesarios.

PROBLEMAS DE REPASO

12-135. El eje sostiene las dos cargas en las poleas, como se muestra. Use las funciones de discontinuidad para formular la ecuación de la curva elástica. Los cojinetes en A y B sólo ejercen reacciones verticales sobre el eje. EI es constante.

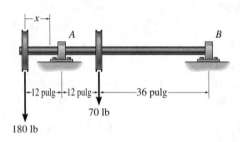

Prob. 12-135

12-137. Determine la deflexión máxima entre los soportes A y B. EI es constante. Use el método de integración.

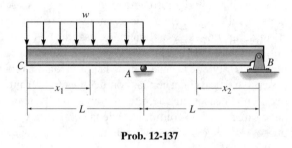

Prob. 12-137

*12-136. Determine las ecuaciones de la curva elástica para la viga, usando las coordenadas x_1 y x_2. Especifique la pendiente en A y la deflexión máxima. EI es constante. Use el método de integración.

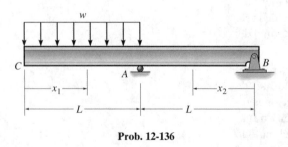

Prob. 12-136

12-138. Si los cojinetes en A y B sólo ejercen reacciones verticales sobre el eje, determine la pendiente en B, y la deflexión en C. EI es constante. Use los teoremas del momento de área.

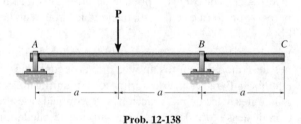

Prob. 12-138

12-139. Los cojinetes de apoyo *A*, *B* y *C* sólo ejercen reacciones verticales sobre el eje. Determine esas reacciones y a continuación trace los diagramas de cortante y de momento. *EI* es constante. Use los teoremas del momento de área.

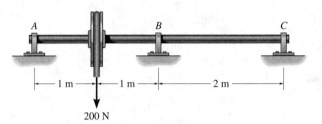

Prob. 12-139

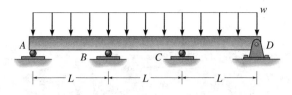

Prob. 12-141

***12-140.** El eje está apoyado en un cojinete recto en *A*, que sólo ejerce reacciones verticales sobre ese eje, y por un cojinete axial en *B*, que ejerce reacciones tanto horizontales como verticales sobre el eje. Trace el diagrama de momento flexionante del eje y a continuación, de acuerdo con este diagrama, trace la curva de deflexión, o elástica, para la línea de centro del eje. Formule las ecuaciones de la curva elástica usando las coordenadas x_1 y x_2. *EI* es constante.

12-142. Determine el valor de *a* para que la deflexión en *C* sea cero. *EI* es constante. Use los teoremas del momento de área.

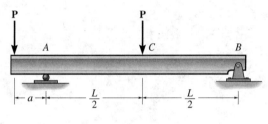

Prob. 12-142

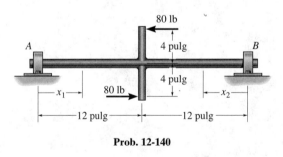

Prob. 12-140

*12-143.** Con el método de superposición, determine la magnitud de M_0 en términos de la carga distribuida *w* y de la dimensión *a*, para que la deflexión en el centro de la viga sea cero. *EI* es constante.

12-141. Determine las reacciones en los apoyos. *EI* es constante. Use el método de superposición.

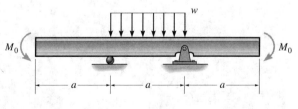

Prob. 12-143

Las columnas de este edificio se usan para soportar la carga del suelo. Los ingenieros diseñan estos miembros para resistir la posibilidad de pandeo.
(Chris Baker/Tony Stone Images.)

Pandeo de columnas

En este capítulo describiremos el comportamiento de las columnas, e indicaremos algunos de los métodos que se usan para diseñarlas. El capítulo comienza con una descripción general del pandeo, seguida por la determinación de la carga axial necesaria para que una columna, llamada "ideal", se pandee. Después, se describirá un análisis más realista, que tiene en cuenta cualquier flexión de la columna. También se presenta el pandeo inelástico de una columna como tema especial. Al final del capítulo describiremos algunos de los métodos que se usan para diseñar columnas con carga concéntrica y también excéntrica, fabricadas con materiales comunes en la ingeniería.

13.1 Carga crítica

Siempre que se diseña un miembro constructivo es necesario que satisfaga requisitos específicos de resistencia, flexión y estabilidad. En los capítulos anteriores hemos descrito algunos de los métodos para determinar la resistencia y la deflexión de un miembro, suponiendo que siempre esté en equilibrio estable. Sin embargo, hay miembros que pueden estar sometidos a cargas de compresión, y si son largos y esbeltos, la carga puede ser suficientemente grande como para hacer que el miembro se flexione lateralmente, o hacia los lados. Siendo más específicos, los miembros largos y esbeltos sometidos a una fuerza axial de compresión se llaman *columnas*, y la deflexión lateral que sucede se llama *pandeo*. Con bastante frecuencia, el pandeo de una columna puede causar una falla repentina y dramática de una estructura o un mecanismo, y en consecuencia se debe poner atención especial al diseño de columnas, para que puedan soportar con seguridad, sin pandearse, las cargas que se pretende.

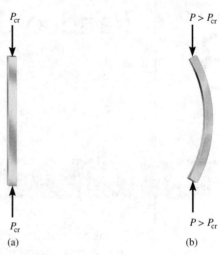

Fig. 13-1

La carga axial máxima que puede soportar una columna cuando está *a punto* de pandearse se llama ***carga crítica***, P_{cr}, figura 13-1*a*. Toda carga adicional hará que la columna se pandee, y en consecuencia se flexione lateralmente, como indica la figura 13-1*b*. Para comprender mejor la naturaleza de esta inestabilidad, imaginemos un mecanismo de dos barras, formado por las barras sin peso, rígidas y articuladas en sus extremos, figura 13-2*a*. Cuando las barras están en posición vertical, el resorte, que tiene una rigidez k, no está deformado, y una fuerza vertical **P** *pequeña* se aplica sobre un extremo de una de las barras. Se puede romper esta posición de equilibrio desplazando el pasador en A una pequeña cantidad Δ, figura 13-2*b*. Como se ve en el diagrama de cuerpo libre de la articulación, cuando se desplazan las barras, figura 13-2*c*, el resorte producirá una fuerza de restitución $F = k\Delta$, mientras que la carga aplicada **P** desarrolla dos componentes horizontales, $P_x = P \tan \theta$, que tienden a empujar al pasador (y a las barras) sacándolo más del equilibrio. Como θ es pequeño, $\Delta = \theta(L/2)$ y $\tan \theta \approx \theta$. Se ve entonces que la fuerza *de restitución* del resorte es $F = k\theta L/2$, y que la fuerza *perturbadora* es $2P_x = 2P\theta$.

Si la fuerza de restitución es mayor que la fuerza de perturbación, esto es, si $k\theta L/2 > 2P\theta$, entonces, como θ se simplifica y desaparece, se puede despejar P, con el resultado

$$P < \frac{kL}{4} \qquad \text{equilibrio estable}$$

Es una condición de *equilibrio estable*, porque la fuerza desarrollada por el resorte bastaría para restituir a las barras en su posición vertical. Por otro lado, si $kL\theta/2 < 2P\theta$, o sea

$$P > \frac{kL}{4} \qquad \text{equilibrio inestable}$$

entonces el mecanismo estaría en *equilibrio inestable*. En otras palabras, si se aplica esta carga P, y si sucede un ligero desplazamiento en A, el mecanismo tenderá a salirse del equilibrio y a no ser restituido a su posición original.

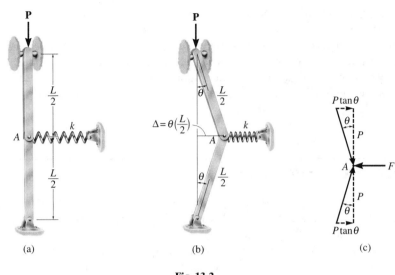

(a) (b) (c)

Fig. 13-2

El valor intermedio de P, definido con el requisito $kL\theta/2 = 2P\theta$, es la *carga crítica*. En este caso

$$P_{cr} = \frac{kL}{4} \qquad \text{equilibrio indiferente}$$

Esta carga representa un caso del mecanismo que está en *equilibrio neutro* o *indiferente*. Como P_{cr} es *independiente* del (pequeño) desplazamiento θ de las barras, cualquier perturbación pequeña que reciba el mecanismo no hará que salga del equilibrio, ni se restituirá a su posición original. En ese caso, las barras *permanecerán* en la posición flexionada.

Estos tres estados distintos de equilibrio se representan en forma gráfica en la figura 13-3. El punto de transición en el que la carga es igual al valor crítico $P = P_{cr}$ se llama *punto de bifurcación*. En ese punto, el mecanismo estará en equilibrio para cualquier *valor pequeño* de θ, medido a la derecha o a la izquierda de la vertical. Físicamente, P_{cr} representa la carga a la cual el mecanismo está a punto de pandearse. Es válido determinar este valor, suponiendo que los *desplazamientos son pequeños*, como se hizo aquí; sin embargo, se debe comprender que P_{cr} puede *no* ser el valor máximo de P que puede sostener el mecanismo. En realidad, si sobre las barras se pone una carga mayor, el mecanismo podría tener una mayor deflexión antes que el resorte se comprima o alargue lo suficiente para mantener al mecanismo en equilibrio.

Como el mecanismo de dos barras que acabamos de describir, se pueden obtener las cargas críticas de pandeo sobre columnas soportadas en diversas formas, y el método que se use para hacerlo se explicará en la sección siguiente. Aunque en el diseño técnico se puede considerar que la carga crítica es la máxima que puede soportar la columna, se debe tener en cuenta que, como el mecanismo de dos barras en la posición flexionada o pandeada, en realidad una columna puede soportar una carga ma-

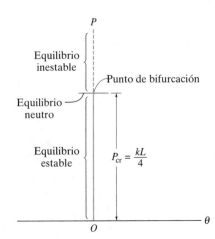

Fig. 13-3

yor que P_{cr}. Desafortunadamente, sin embargo, esa carga podría hacer que la columna sufriera una deflexión *grande*, lo que en general no se tolera en la ingeniería de estructuras o máquinas. Por ejemplo, podrían necesitarse sólo unos cuantos newtons de fuerza para pandear una regla de un metro, pero la carga adicional que puede soportar sólo se puede aplicar después de que la regla experimente una deflexión lateral relativamente grande.

13.2 Columna ideal con soportes articulados

Algunos miembros articulados que se usan en maquinaria de movimiento de tierras, como este eslabón corto, están sometidos a cargas de compresión, por lo que actúan como columnas.

En esta sección se determinará la carga crítica de pandeo para una columna articulada en sus extremos, como la de la figura 13-4a. La columna que se examinará es una ***columna ideal***, lo que quiere decir que antes de cargarla es perfectamente recta, es de un material homogéneo, y a la que la carga se aplica pasando por el centroide de la sección transversal. Además se supone que el material se comporta en forma linealmente elástica, y que la columna se pandea o dobla en un solo plano. En realidad, nunca se cumplen las columnas de derechura de la columna y de la aplicación de la carga; sin embargo, el análisis que se hará de una "columna ideal" se parece al que se usa para analizar columnas inicialmente torcidas, o las que tienen una aplicación excéntrica de la carga. Esos casos más realistas se describirán más adelante en este capítulo.

Ya que una columna ideal es recta, en forma teórica la carga axial P se podría aumentar hasta llegar a la falla, sea por fractura o por fluencia del material. Sin embargo, cuando se llega a la carga crítica P_{cr}, la columna está a punto de volverse inestable, por lo que una pequeña fuerza lateral F, figura 13-4b, hará que la columna se quede en la posición flexionada al quitar F, figura 13.4c. Toda pequeña reducción de carga axial P respecto a P_{cr}, permitirá que la columna se enderece, y todo aumento pequeño de P, respecto a P_{cr}, causará un aumento en la deflexión lateral.

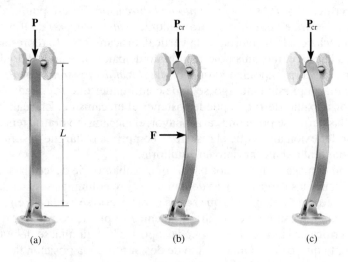

(a)   (b)   (c)

Fig. 13-4

El que una columna permanezca estable o se vuelva inestable al someterse a una carga axial dependerá de su capacidad de restitución, que se basa en su resistencia a la flexión. Así, para determinar la carga crítica y la forma pandeada de la columna, aplicaremos la ecuación 12-10, que relaciona el momento interno en la columna con su forma flexionada, es decir,

$$EI \frac{d^2v}{dx^2} = M \qquad (13\text{-}1)$$

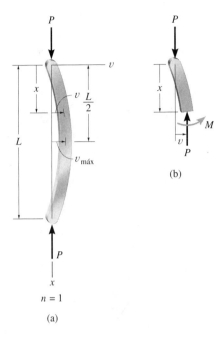

Recuérdese que en esta ecuación se supone que la pendiente de la curva elástica es pequeña* y que sólo hay deflexiones por flexión. Cuando la columna está en su posición flexionada, figura 13-5a, el momento interno de flexión se puede determinar con el método de las secciones. El diagrama de cuerpo libre de un segmento en la posición flexionada se ve en la figura 13-5b. Aquí, se muestran tanto la deflexión v como el momento interno M en *dirección positiva*, de acuerdo con la convención de signos que se usó para deducir la ecuación 13-1. Al sumar momentos, el momento interno es $M = -Pv$. Así, la ecuación 13-1 se transforma en

$$EI \frac{d^2v}{dx^2} = -Pv$$

$$\frac{d^2v}{dx^2} + \left(\frac{P}{EI}\right)v = 0 \qquad (13\text{-}2)$$

Fig. 13-5

Es una ecuación diferencial homogénea lineal de segundo orden, con coeficientes constantes. Con los métodos de las ecuaciones diferenciales, o por sustitución directa en la ecuación 13-2, se puede demostrar que la solución general es

$$v = C_1 \operatorname{sen}\left(\sqrt{\frac{P}{EI}}\,x\right) + C_2 \cos\left(\sqrt{\frac{P}{EI}}\,x\right) \qquad (13\text{-}3)$$

Las dos constantes de integración se determinan con las condiciones en la frontera, en los extremos de la columna. Como $v = 0$ cuando $x = 0$, entonces $C_2 = 0$. Y como $v = 0$ en $x = L$, entonces

$$C_1 \operatorname{sen}\left(\sqrt{\frac{P}{EI}}\,L\right) = 0$$

Esta ecuación queda satisfecha si $C_1 = 0$; sin embargo entonces $v = 0$, que es una *solución trivial* que establece que la columna siempre esté recta, aunque la carga haga que se vuelva inestable. La otra posibilidad se satisface si

$$\operatorname{sen}\left(\sqrt{\frac{P}{EI}}\,L\right) = 0$$

es decir,

$$\sqrt{\frac{P}{EI}}\,L = n\pi$$

* Si tienen que considerarse deflexiones grandes, la ecuación diferencial más precisa, ecuación 12-4, tiene que hacerse $EI\,(d^2v/dx^2)/[1 + (dv/dy_2]^{3/2} = M$.

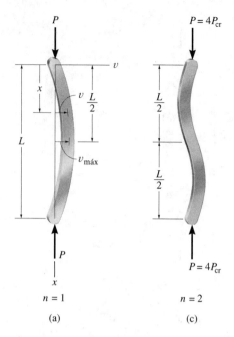

$n = 1$

(a)

$n = 2$

(c)

Fig. 13-5 (cont.)

$$P = \frac{n^2\pi^2EI}{L^2} \quad n = 1, 2, 3, \ldots \quad (13\text{-}4)$$

El *valor mínimo* de P se obtiene cuando $n = 1$, por lo que entonces la *carga crítica* de la columna es

$$P_{cr} = \frac{\pi^2EI}{L^2}$$

A esta carga se le llama a veces *carga de Euler*, por el matemático suizo Leonhard Euler, quien resolvió por primera vez este problema en 1757. La forma pandeada respectiva se define con la ecuación

$$v = C_1 \operatorname{sen}\frac{\pi x}{L}$$

En este caso, la constante C_1 representa la deflexión máxima, $v_{máx}$, que está en el punto medio de la columna, figura 13-5a. No se pueden obtener valores específicos de C_1, porque se desconoce la forma flexionada exacta de la columna, una vez pandeada. Sin embargo, se ha supuesto que esta deflexión es pequeña.

Téngase en cuenta que n representa, en la ecuación 13-4, la cantidad de ondas en la forma flexionada de la columna. Por ejemplo, si $n = 2$, aparecerán *dos ondas*, de acuerdo con las ecuaciones 13-3 y 13-4, en la forma flexionada, figura 13-5c, y la columna soportará una carga crítica $4P_{cr}$ justo antes de pandearse. Como este valor es cuatro veces la carga crítica, y la forma flexionada es inestable, hablando en forma práctica esta forma de pandeo no existirá.

Como el mecanismo de dos barras descrito en la sección 13.1, se pueden representar las características de carga y deflexión de la columna ideal en la gráfica de la figura 13-6. El punto de bifurcación representa el estado de *equilibrio neutro*, y en ese momento sobre la columna actúa la *carga crítica*. Aquí, la columna está a punto de un pandeo inminente.

Se debe hacer notar que la carga crítica es independiente de la resistencia del material; más bien depende de las dimensiones de la columna (I y L) y de la rigidez o el módulo de elasticidad E del material. Por esta razón, en lo que concierne al pandeo, las columnas de, por ejemplo, acero de alta resistencia, no son mejores que las de acero de menor resistencia, porque el módulo de elasticidad de ambas es aproximadamente igual. También, obsérvese que la capacidad de carga de una columna aumenta cuando aumenta el momento de inercia de su sección transversal. Así, las columnas eficientes se diseñan de modo que la mayor parte de su área transversal esté lo más alejada posible de los ejes centroidales principales de la sección. Es la causa por la que las secciones huecas, como los tubos, son más económicas que las secciones macizas. Además, los perfiles de ala ancha, y las columnas "conformadas" por canales, ángulos, placas, etc., son mejores que las que son macizas y rectangulares.

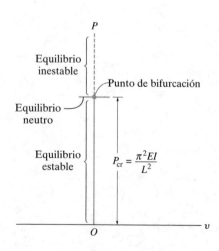

Fig. 13-6

También es importante darse cuenta de que una columna se pandea respecto al eje principal del corte transversal que tenga el **menor momento de inercia** (el eje más débil). Por ejemplo, una columna de sección transversal rectangular, como la regla de la figura 13-7, se pandeará respecto al eje *a-a*, y no al eje *b-b*. En consecuencia, los ingenieros suelen tratar de obtener un equilibrio manteniendo los momentos de inercia iguales en todas direcciones. Entonces, desde el punto de vista geométrico, con tubos redondos se harían unas columnas excelentes. También los tubos cuadrados o las formas que tienen $I_x \approx I_y$ se seleccionan con frecuencia para las columnas.

Como resumen de la descripción anterior, la ecuación de pandeo de una columna larga, esbelta y con extremos articulados se puede reformular como sigue:

$$P_{cr} = \frac{\pi^2 EI}{L^2} \qquad (13\text{-}5)$$

Fig. 13-7

y sus términos se definen como sigue:

P_{cr} = carga axial crítica o máxima sobre la columna, justo antes de que se comience a pandear. Esta carga *no* debe hacer que el esfuerzo en la columna sea mayor que el límite de proporcionalidad

E = módulo de elasticidad del material

I = momento de inercia *mínimo* del área transversal de la columna

L = longitud no soportada de la columna, cuyos extremos están articulados

También la ecuación 13-5 se puede escribir, para fines de diseño, en una forma más útil, expresando $I = Ar^2$, donde A es el área transversal y r es el **radio de giro** de esa área transversal. Entonces,

$$P_{cr} = \frac{\pi^2 E (Ar^2)}{L^2}$$

$$\left(\frac{P}{A}\right)_{cr} = \frac{\pi^2 E}{(L/r)^2}$$

o sea

$$\sigma_{cr} = \frac{\pi^2 E}{(L/r)^2} \qquad (13\text{-}6)$$

Columnas interiores típicas de tubo de acero, para soportar el techo de una construcción de una sola planta.

En ella,

σ_{cr} = esfuerzo crítico, que es el esfuerzo promedio en la columna justo antes de que se pandee. Este esfuerzo es un *esfuerzo elástico* y en consecuencia $\sigma_{cr} \leq \sigma_Y$

E = módulo de elasticidad del material

L = longitud no soportada de la columna, cuyos extremos están articulados

r = radio de giro *mínimo* de la columna, calculado con $r = \sqrt{I/A}$, siendo I el momento de inercia *mínimo* del área transversal A de la columna

La relación geométrica L/r de la ecuación 13-6 se llama **relación de esbeltez**. Es una medida de la flexibilidad de la columna, y como se describirá más adelante, sirve para clasificar las columnas en largas, intermedias o cortas.

Es posible graficar la ecuación 13-6 usando ejes que representan el esfuerzo crítico en función de la relación de esbeltez. Unos ejemplos de esta gráfica, para columnas fabricadas con un acero estructural típico, y una aleación de aluminio, se ven en la figura 13-8. Nótese que las curvas son hiperbólicas, y que sólo son válidas para esfuerzos críticos menores que el punto de fluencia (límite de proporcionalidad), ya que el material se debe comportar en forma elástica. Para el acero, el esfuerzo de fluencia es $(\sigma_Y)_{ac} = 36$ klb/pulg^2 $[E_{ac} = 29(10^3)$ klb/pulg$^2]$, y para el aluminio es $(\sigma_Y)_{al} = 27$ klb/pulg^2 $[E_{al} = 10(10^3)$ klb/pulg$^2]$. En consecuencia, al sustituir $\sigma_{cr} = \sigma_Y$ en la ecuación 13-6, las relaciones de esbeltez *mínimas* aceptables para las columnas de acero y aluminio son $(L/r)_{ac} = 89$, y $(L/r)_{al} = 60.5$, respectivamente. Así, para una columna de acero, si $(L/r)_{ac} \geq 89$, se puede usar la fórmula de Euler para determinar la carga de pandeo, porque el esfuerzo en la columna sigue siendo elástico. Por otra parte, si $(L/r)_{ac} \leq 89$, el esfuerzo en la columna será mayor que el punto de fluencia antes de que empiece el pandeo, y por consiguiente la fórmula de Euler no será válida en ese caso.

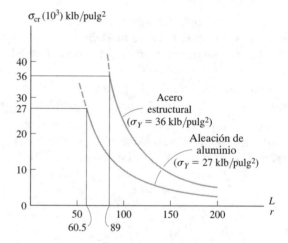

Fig. 13-8

PUNTOS IMPORTANTES

- Las *columnas* son miembros largos y esbeltos que están sometidos a cargas axiales.

- La *carga crítica* es la carga axial máxima que puede soportar una columna cuando está a punto de pandearse. Esta carga representa un caso de *equilibrio neutro*.

- Una *columna ideal* es perfectamente recta al principio, es de material homogéneo, y la carga se aplica pasando por el centroide de la sección transversal.

- Una columna con extremos articulados se pandeará respecto al eje principal de la sección transversal que tenga el *mínimo* momento de inercia.

- La *relación de esbeltez* es L/r, siendo r el radio de giro mínimo de la sección transversal. El pandeo sucederá respecto al eje respecto al cual esta relación tenga el valor máximo.

EJEMPLO 13.1

Un tubo de acero A-36 de 24 pies de longitud, con la sección transversal que se ve en la figura 13-9, se va a usar como columna con extremos articulados. Determine la carga axial máxima admisible que puede soportar la columna sin pandearse.

Solución

Se usa la ecuación 13-5 para obtener la carga crítica, con $E_{ac} = 29(10^3)$ klb/pulg^2,

$$
\begin{aligned}
P_{cr} &= \frac{\pi^2 E I}{L^2} \\
&= \frac{\pi^2[29(10^3)\ \text{klb/pulg}^2]\left(\frac{1}{4}\pi(3)^4 - \frac{1}{4}\pi(2.75)^4\right)\ \text{pulg}^4}{[24\ \text{pies}(2\ \text{pulg/pie})]^2} \\
&= 64.5\ \text{klb} \hspace{3cm} \textit{Resp.}
\end{aligned}
$$

Esta fuerza causa un esfuerzo promedio de compresión, en la columna, de

$$
\sigma_{cr} = \frac{P_{cr}}{A} = \frac{64.5\ \text{klb}}{[\pi(3)^2 - \pi(2.75)^2]\ \text{pulg}^2} = 14.3\ \text{klb/pulg}^2
$$

Como $\sigma_{cr} < \sigma_Y = 36$ klb/pulg^2, es adecuado aplicar la ecuación de Euler.

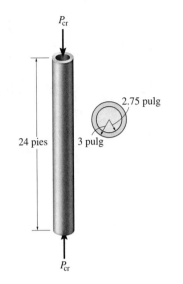

Fig. 13-9

EJEMPLO 13.2

En la figura 13-10 se ve que un perfil W 8×31 de acero A-36 se usa como una columna con extremos articulados. Determine la máxima carga axial que puede resistir sin que comience a pandearse y sin que haya fluencia en el acero.

Solución

En la tabla del apéndice B, se ve que el área transversal y los momentos de inercia de la columna son $A = 9.13$ pulg^2, $I_x = 110$ pulg^4 e $I_y = 37.1$ pulg^4. Por inspección, el pandeo será respecto al eje y-y. ¿Por qué? Se aplica la ecuación 13-5 y se obtiene

$$
P_{cr} = \frac{\pi^2 E I}{L^2} = \frac{\pi^2[29(10^3)\ \text{klb/pulg}^2\ ](37.1\ \text{pulg}^4)}{[12\ \text{pies}(2\ \text{pulg/pie}\,)]^2} = 512\ \text{klb}
$$

Cuando está totalmente cargada, el esfuerzo de compresión promedio en la columna es

$$
\sigma_{cr} = \frac{P_{cr}}{A} = \frac{512\ \text{klb}}{9.13\ \text{pulg}^2} = 56.1\ \text{klb/pulg}^2
$$

Como este esfuerzo es mayor que el esfuerzo de fluencia (36 klb/pulg^2), la carga P se determina mediante compresión simple:

$$
36\ \text{klb/pulg}^2 = \frac{P}{9.13\ \text{pulg}^2}; \hspace{2cm} P = 329\ \text{klb} \hspace{2cm} \textit{Resp.}
$$

En la práctica se introduciría un factor de seguridad en esta carga.

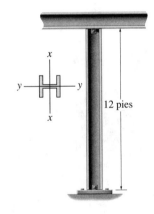

Fig. 13-10

13.3 Columnas con diversos tipos de apoyos

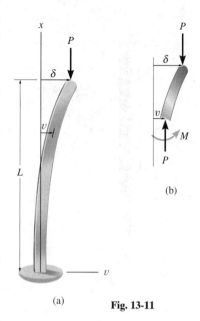

(a)   **Fig. 13-11**

(b)

En la sección 13.2 dedujimos la carga de Euler para una columna que tiene sus extremos articulados, o que tiene libertad de girar en sus extremos. Sin embargo, con frecuencia las columnas se sujetan de otro modo. Por ejemplo, veamos el caso de una columna empotrada en su base y libre en su extremo superior, figura 13-11a. La determinación de la carga de pandeo para esta columna se apega al mismo procedimiento que el que se usó con la columna de extremos articulados. De acuerdo con el diagrama de cuerpo libre, en la figura 13-11b, el momento interno en el tramo arbitrario es $M = P(\delta - v)$. En consecuencia, la ecuación diferencial de la curva de deflexión es

$$EI\,\frac{d^2v}{dx^2} = P(\delta - v)$$

$$\frac{d^2v}{dx^2} + \frac{P}{EI}v = \frac{P}{EI}\delta \qquad (13\text{-}7)$$

A diferencia de la ecuación 13-2, esta ecuación no es homogénea, debido al término del lado derecho, distinto de cero. La solución consiste en una solución complementaria y en una solución particular; son:

$$v = C_1 \operatorname{sen}\!\left(\sqrt{\frac{P}{EI}}\,x\right) + C_2 \cos\!\left(\sqrt{\frac{P}{EI}}\,x\right) + \delta$$

Las constantes se determinan con las condiciones en la frontera. En $x = 0$, $v = 0$, por lo que $C_2 = -\delta$. También,

$$\frac{dv}{dx} = C_1\sqrt{\frac{P}{EI}}\cos\!\left(\sqrt{\frac{P}{EI}}\,x\right) - C_2\sqrt{\frac{P}{EI}}\operatorname{sen}\!\left(\sqrt{\frac{P}{EI}}\,x\right)$$

En $x = 0$, $dv/dx = 0$, entonces $C_1 = 0$. Por consiguiente, la curva de deflexión es

$$v = \delta\left[1 - \cos\!\left(\sqrt{\frac{P}{EI}}\,x\right)\right] \qquad (13\text{-}8)$$

Como la deflexión en el extremo superior de la columna es δ, esto es, en $x = L$, $v = \delta$, se requiere que

$$\delta \cos\!\left(\sqrt{\frac{P}{EI}}\,L\right) = 0$$

La solución trivial $\delta = 0$ indica que no hay pandeo, independientemente de la carga P. En lugar de ello,

$$\cos\!\left(\sqrt{\frac{P}{EI}}\,L\right) = 0 \quad \text{o sea} \quad \sqrt{\frac{P}{EI}}\,L = \frac{n\pi}{2}$$

La carga crítica mínima ocurre cuando $n = 1$, por lo que

$$P_{\mathrm{cr}} = \frac{\pi^2 EI}{4L^2} \qquad (13\text{-}9)$$

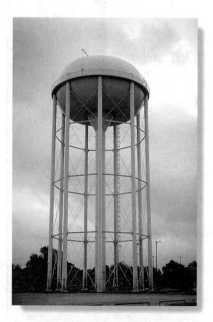

Las columnas tubulares que se usan para soportar este tanque elevado se han arriostrado en tres niveles a lo largo de su longitud, para evitar que se pandeen.

Al compararla con la ecuación 13-5 se ve que una columna con su base empotrada sólo soportará la cuarta parte de la carga crítica que se puede aplicar a una columna con extremos articulados.

Los demás tipos de apoyos de columnas se analizan en forma muy parecida, y no se detallarán aquí.* En su lugar tabularemos los resultados para los tipos más comunes de apoyos de columnas, y sólo indicaremos cómo aplicar estos resultados, planteando la ecuación de Euler en una forma general.

Longitud efectiva.   Como se dijo antes, la fórmula de Euler, ecuación 13-5, fue deducida para el caso de una columna con extremos articulados, o libres de girar. En otras palabras, L en la ecuación representa la distancia no soportada entre los puntos con momento cero. Si la columna está soportada en otras formas, la fórmula de Euler se puede usar para determinar la carga crítica, siempre que "L" represente la distancia entre puntos con momento cero. A esta distancia se le llama *longitud efectiva* de la columna, L_e. Es obvio que para una columna con extremos articulados, $L_e = L$, figura 13-12a. Para la columna con un extremo fijo y uno empotrado que se analizó arriba, se encontró que la curva de deflexión fue la mitad de la de una columna con sus extremos articulados, cuya longitud es $2L$, figura 13-12b. Así, la longitud efectiva entre los puntos de momento cero es $L_e = 2L$. En la figura 13-12 se ven también ejemplos de otras dos columnas con distintos apoyos en los extremos. La columna empotrada en sus extremos, figura 13-12c, tiene puntos de inflexión, o puntos con momento cero, a $L/4$ de cada extremo. Por consiguiente, la longitud efectiva se representa con la mitad intermedia de su longitud, esto es, $L_e = 0.5L$. Por último, la columna con un extremo empotrado y uno articulado, figura 13-12d, tiene un punto de inflexión aproximadamente a $0.7L$ de su extremo articulado, por lo que $L_e = 0.7L$.

Más que especificar la longitud efectiva de la columna, muchos códigos de diseño contienen fórmulas para columnas donde se usa un coeficiente adimensional, llamado *factor de longitud efectiva*, K. Se define como sigue:

$$L_e = KL \qquad (13\text{-}10)$$

También en la figura 13-12 se incluyen valores específicos de K. Con base en esta generalización, la fórmula de Euler se puede escribir como sigue:

$$P_{cr} = \frac{\pi^2 EI}{(KL)^2} \qquad (13\text{-}11)$$

o bien

$$\sigma_{cr} = \frac{\pi^2 E}{(KL/r)^2} \qquad (13\text{-}12)$$

En este caso, (KL/r) es la *relación de esbeltez efectiva* de la columna. Por ejemplo, notaremos que para la columna empotrada en su base y libre en su extremo, $K = 2$, y por consiguiente la ecuación 13-11 da el mismo resultado que la ecuación 13-9.

* Vea problemas 13-42, 13-43 y 13-44.

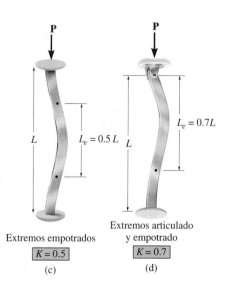

Extremos articulados
$\boxed{K = 1}$
(a)

Extremos empotrado y libre
$\boxed{K = 2}$
(b)

Extremos empotrados
$\boxed{K = 0.5}$
(c)

Extremos articulado y empotrado
$\boxed{K = 0.7}$
(d)

Fig. 13-12

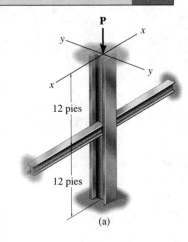

(a)

Una columna de acero, de perfil W6 × 15, cuenta con 24 pies de longitud, y sus extremos están empotrados como se ve en la figura 13-13a. Su capacidad de carga aumenta arriostrándola respecto al eje y-y (el débil), mediante puntales que se suponen articulados a la mitad de la altura de la columna. Determine la carga que puede sostener para que no se pandee ni el material rebase su esfuerzo de fluencia. Suponer que $E_{ac} = 29(10^3)$ klb/pulg^2 y que $\sigma_Y = 60$ klb/pulg^2.

Solución

El comportamiento de pandeo de la columna será *distinto* respecto a los ejes x y y, debido al arriostramiento. La forma pandeada en cada uno de estos casos se ve en las figuras 13-13b y 13-13c. En la figura 13-13b se ve que la longitud efectiva para pandeo respecto al eje x-x es $(KL)_x = 0.5(24$ pies$) = 12$ pies $= 144$ pulg, y en la figura 13-13c se ve que la carga de pandeo respecto al eje y-y es $(KL)_y = 0.7(24$ pies$/2) = 8.40$ pies $= 100.8$ pulg. Los momentos de inercia de una W6 × 15 se determinan en la tabla del apéndice B. Son $I_x = 29.1$ pulg^4 e $I_y = 9.32$ pulg^4.

Se aplica la ecuación 13-11, y se obtienen

$$(P_{cr})_x = \frac{\pi^2 E I_x}{(KL)_x^2} = \frac{\pi^2[29(10^3) \text{ klb/pulg}^2]29.1 \text{ pulg}^4}{(144 \text{ pulg})^2} = 401.7 \text{ klb} \quad (1)$$

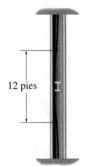

Pandeo respecto al eje x-x

(b)

$$(P_{cr})_y = \frac{\pi^2 E I_y}{(KL)_y^2} = \frac{\pi^2[29(10^3) \text{ klb/pulg}^2]9.32 \text{ pulg}^4}{(100.8 \text{ pulg})^2} = 262.5 \text{ klb} \quad (2)$$

Por comparación, habrá pandeo respecto al eje y-y.

El área transversal es 4.43 pulg^2, y entonces el esfuerzo de compresión promedio en la columna será

$$\sigma_{cr} = \frac{P_{cr}}{A} = \frac{262.5 \text{ klb}}{4.43 \text{ pulg}^2} = 59.3 \text{ klb/pulg}^2$$

Como este esfuerzo es menor que el de fluencia, habrá pandeo antes de que haya fluencia de material. Así,

$$P_{cr} = 263 \text{ klb} \qquad\qquad Resp.$$

Nota: según la ecuación 13-11, se puede ver que siempre habrá pandeo respecto al eje de la columna que tenga la *mayor* relación de esbeltez, ya que una relación de esbeltez grande producirá una carga crítica pequeña. Así, usando los datos de radio de giro en la tabla del apéndice B, llegamos a

$$\left(\frac{KL}{r}\right)_x = \frac{144 \text{ pulg}}{2.56 \text{ pulg}} = 56.2$$

$$\left(\frac{KL}{r}\right)_y = \frac{100.8 \text{ pulg}}{1.46 \text{ pulg}} = 69.0$$

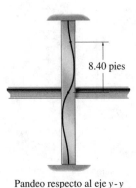

Pandeo respecto al eje y-y

(c)

Fig. 13-13

Por lo anterior, habrá pandeo respecto al eje y-y, la misma conclusión que la que se llegó al comparar las ecuaciones 1 y 2.

EJEMPLO 13.4

La columna de aluminio está empotrada en su parte inferior y arriostrada en su parte superior mediante cables, para evitar movimientos a lo largo del eje x, en la parte superior, figura 13-14a. Si se supone empotrada en su base, determine la carga máxima admisible P que se puede aplicar. Usar un factor de seguridad para pandeo F.S. = 3.0. Suponer que E_{al} = 70 GPa, σ_Y = 215 MPa, A = 7.5(10^{-3}) m^2, I_x = 61.3(10^{-6})m^4, I_y = 23.2(10^{-6}) m^4.

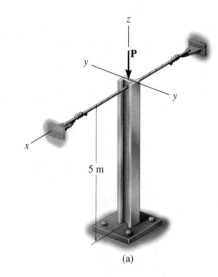

(a)

Solución

El pandeo respecto a los ejes x y y se muestra en las figuras 13-14b y 13-14c, respectivamente. Usando la figura 13-12a, el pandeo para el eje x-x, K = 2, por lo que $(KL)_x$ = 2(5 m) = 10 m. También, para el pandeo respecto al eje y-y, K = 0.7, y entonces $(KL)_y$ = 0.7(5 m) = 3.5 m.

Al aplicar la ecuación 13-11, las cargas críticas para cada caso son

$$(P_{cr})_x = \frac{\pi^2 EI_x}{(KL)_x^2} = \frac{\pi^2[70(10^9) \text{ N/m}^2](61.3(10^{-6}) \text{ m}^4)}{(10 \text{ m})^2}$$
$$= 424 \text{ kN}$$

$$(P_{cr})_y = \frac{\pi^2 EI_y}{(KL)_y^2} = \frac{\pi^2[70(10^9) \text{ N/m}^2](23.2(10^{-6}) \text{ m}^4)}{(3.5 \text{ m})^2}$$
$$= 1.31 \text{ kN}$$

Comparando, a medida que P aumenta, la columna se pandeará respecto al eje x-x. En consecuencia, la carga admisible es

$$P_{adm} = \frac{P_{cr}}{\text{F.S.}} = \frac{424 \text{ kN}}{3.0} = 141 \text{ kN} \qquad Resp.$$

Como

$$\sigma_{cr} = \frac{P_{cr}}{A} = \frac{424 \text{ kN}}{7.5(10^{-3}) \text{ m}^2} = 56.5 \text{ MPa} < 215 \text{ MPa}$$

se puede aplicar la ecuación de Euler.

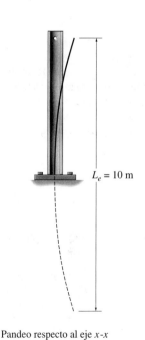

Pandeo respecto al eje x-x

(b)

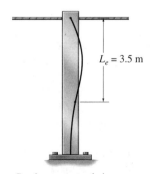

Pandeo respecto al eje y-y

(c)

Fig. 13-14

PROBLEMAS

13-1. Determine la carga crítica de pandeo para la columna. Se puede suponer que el material es rígido.

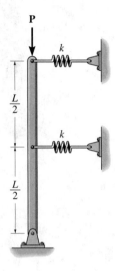

Prob. 13-1

13-2. La columna consiste en un miembro rígido articulado en su extremo inferior, fijo a un resorte en su extremo superior. Si el resorte no está deformado cuando la columna está en posición vertical, determine la carga crítica que puede soportar la columna.

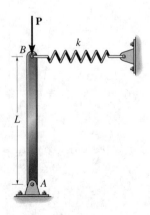

Prob. 13-2

13-3. La pierna en (a) funciona como una columna, y se puede modelar como se muestra en la figura (b) con dos miembros articulados fijos con un resorte de torsión de rigidez k (par/rad). Determine la carga crítica de pandeo. Suponga que el material del hueso es rígido.

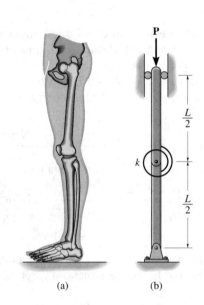

(a)   (b)

Prob. 13-3

*13-4. La varilla de un avión es de acero A-36. Determine el menor diámetro, redondeando al $\frac{1}{16}$ pulg, para que soporte la carga de 4 klb sin pandearse. Los extremos están articulados.

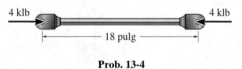

4 klb   18 pulg   4 klb

Prob. 13-4

13-5. Una barra cuadrada es de plástico PVC con módulo de elasticidad $E = 1.25(10^6)$ lb/pulg^2, y su deformación unitaria de fluencia es $\epsilon_Y = 0.001$ pulg/pulg. Determine las dimensiones transversales mínimas a para que no falle por pandeo elástico. Está articulada en sus extremos, y su longitud es 50 pulg.

13-6. Una varilla de poliuretano tiene el diagrama de esfuerzo-deformación unitaria en compresión que muestra la figura. Si la varilla está articulada en sus extremos y tiene 37 pulg de longitud, determine el diámetro mínimo para que no falle por pandeo elástico.

13-7. Una varilla de poliuretano tiene el diagrama de esfuerzo-deformación unitaria en compresión que muestra la figura. Si está articulada en su parte superior y empotrada en su base, y tiene 37 pulg de longitud, determine su diámetro mínimo para que no falle por pandeo elástico.

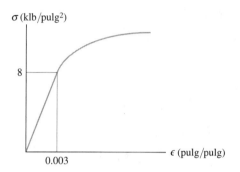

Probs. 1-3-6/7

*13-8.** Una columna de acero A-36 tiene 5 m de longitud, y está empotrada en ambos extremos. Si su corte transversal tiene las dimensiones indicadas, determine la carga crítica.

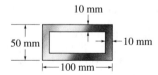

Prob. 13-8

13-9. Una columna de acero A-36 tiene 15 pies de longitud, y está articulada en ambos extremos. Si el corte transversal tiene las dimensiones de la figura, calcule la carga crítica.

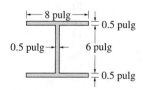

Probs. 13-9/10

13-10. Resuelva el problema 13-9 si la columna está empotrada en su extremo inferior y libre en su extremo superior.

13-11. El ángulo de acero A-36 tiene el área transversal $A = 2.48$ pulg^2, y su radio de giro respecto al eje x es $r_x = 1.26$ pulg; y respecto al eje y es $r_y = 0.879$ pulg. El radio de giro mínimo es respecto al eje z, y vale $r_z = 0.644$ pulg. Si el ángulo se va a usar como columna articulada en ambos extremos, de 10 pies de longitud, calcule la carga axial máxima que puede aplicarse pasando por el centroide C, sin hacer que se pandee el ángulo.

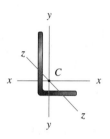

Prob. 13-11

*13-12.** Determine la fuerza máxima P que se puede aplicar al mango para que la varilla de control AB de acero A-36 no se pandee. El diámetro de la varilla es 1.25 pulg. Está articulada en sus dos extremos.

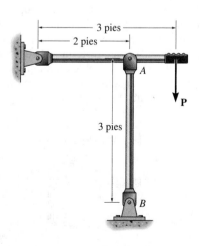

Prob. 13-12

13-13. Los dos canales de acero se sujetan entre sí para formar una columna de 30 pies de longitud, para un puente, que se supone articulada en sus extremos. Cada canal tiene área transversal $A = 3.10$ pulg^2 y sus momentos de inercia son $I_x = 55.4$ pulg^4, $I_y = 0.382$ pulg^4. El centroide C de su área se localiza en la figura. Calcule la distancia d adecuada entre los centroides de los canales, para que el pandeo se presente respecto a los ejes x-x y y'-y' debido a la misma carga. ¿Cuál es el valor de esta carga crítica? No tenga en cuenta el efecto de la celosía. $E_{ac} = 29(10^3)$ klb/pulg^2, $\sigma_Y = 50$ klb/pulg^2.

*13-16. La columna de perfil W12 × 87 de acero estructural A-36 tiene 12 pies de longitud. Si su extremo inferior está empotrado, y su extremo superior es libre, y está sometida a una carga $P = 380$ klb, determine el factor de seguridad con respecto al pandeo.

13-17. La columna de perfil W12 × 87 de acero estructural A-36 tiene 12 pies de longitud. Si su extremo inferior está empotrado y su extremo superior es libre, determine la máxima carga axial que puede sostener. Use un factor de seguridad con respecto al pandeo de 1.75.

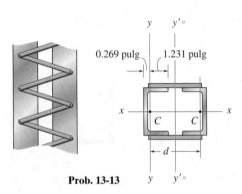

Prob. 13-13

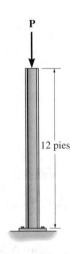

Probs. 13-16/17

13-14. Una columna se forma con cuatro ángulos de acero A-36, unidos como se ve en el problema 13-13. La longitud de la columna debe ser 25 pies, y se supone que sus extremos son articulados. Cada ángulo de los que se ven abajo tiene $A = 2.75$ pulg^2 de área, y los momentos de inercia son $I_x = I_y = 2.22$ pulg^4. Determine la distancia d entre los centroides C de los ángulos, para que la columna pueda soportar una carga axial $P = 350$ klb sin pandearse. No tenga en cuenta el efecto de la celosía.

13-15. Una columna se forma con cuatro ángulos de acero A-36, unidos como se ve en el problema 13-13. La longitud de la columna debe ser 40 pies, y se supone que sus extremos son empotrados. Cada ángulo de los que se ven abajo tiene $A = 2.75$ pulg^2 de área, y los momentos de inercia son $I_x = I_y = 2.22$ pulg^4. Determine la distancia d entre los centroides C de los ángulos, para que la columna pueda soportar una carga axial $P = 350$ klb sin pandearse. No tenga en cuenta el efecto de la celosía.

13-18. La columna de tubo de acero A-36, de 12 pies de longitud, tiene 3 pulg de diámetro exterior y 0.25 pulg de espesor de pared. Determine la carga crítica, si se supone que ambos extremos están articulados.

13-19. La columna de tubo de acero A-36, de 12 pies de longitud, tiene 3 pulg de diámetro exterior y 0.25 pulg de espesor de pared. Determine la carga crítica, si se supone que el extremo inferior está empotrado, y el superior está articulado.

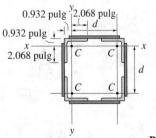

Probs. 13-14/15

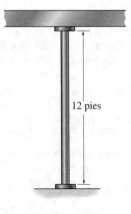

Probs. 13-18/19

*13-20. El tubo de acero A-36 tiene 2 pulg de diámetro exterior, y 0.5 pulg de espesor de pared. Si se sujeta en su lugar con un cable, determine la fuerza horizontal P máxima que puede aplicarse sin que se pandee el tubo. Suponga que los extremos del tubo son articulados.

13-21. El tubo de acero A-36 tiene 2 pulg de diámetro exterior. Si se sujeta en su lugar con un cable, determine el diámetro interior requerido en el tubo, cerrando al $\frac{1}{8}$ pulg, para que pueda soportar una carga máxima $P = 4$ klb sin que se pandee el tubo. Suponga que los extremos del tubo son articulados.

*13-24. La armadura es de barras de acero A-36, cada una de las cuales es redonda de 1.5 pulg de diámetro. Determine la fuerza máxima P que se puede aplicar sin que alguno de los miembros se pandee. Los miembros están articulados en sus extremos.

13-25. La armadura es de barras de acero A-36, cada una de las cuales es redonda. Si la carga aplicada es $P = 10$ klb, determine el diámetro del miembro AB, al $\frac{1}{8}$ pulg más cercano, que evite que se pandee ese miembro. Los elementos están articulados en sus extremos.

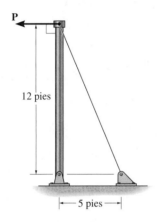

Probs. 13-20/21

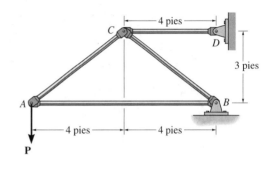

Probs. 13-24/25

13-22. Se supone que los miembros de la armadura están articulados. El miembro BD es una varilla de acero A-36, de 2 pulg de radio. Determine la carga máxima P que puede resistir la armadura sin hacer que se pandee el miembro.

13-23. Resuelva el problema 13-22, para el caso del miembro AB, de 2 pulg de radio.

13-26. Las varillas de control de una máquina son dos varillas de acero L2, BE y FG, cada una de las cuales tiene 1 pulg de diámetro. Si un dispositivo en G hace que el extremo G se agarre y se comporte como articulado, determine la fuerza horizontal máxima P que se puede aplicar a la manija, sin hacer que se pandee alguna de las dos barras. Los miembros están articulados en A, B, D, E y F.

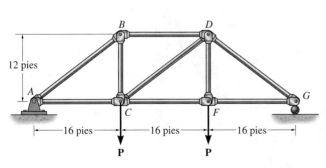

Probs. 13-22/23

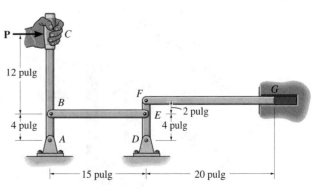

Prob. 13-26

13-27. El varillaje se hace con dos varillas redondas de acero A-36. Determine el diámetro de cara varilla, cerrando al $\frac{1}{8}$ pulg, que soporte una carga $P = 6$ klb. Suponga que las varillas están articuladas en sus extremos. Use un factor de seguridad de 1.8 con respecto al pandeo.

***13-28.** El varillaje se hace con dos varillas redondas de acero A-36. Si el diámetro de cada una es $\frac{3}{4}$ pulg, calcule la carga máxima que pueden sostener sin que se pandee alguna de las varillas. Suponga que las varillas están articuladas en sus extremos.

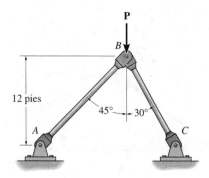

Probs. 13-27/28

13-29. El marco soporta la carga $P = 4$ kN. En consecuencia, el elemento BC, de acero A-36, está sometido a una carga de compresión. A causa de sus extremos en horquilla, considere que los soportes en B y C actúan como pasadores para pandeo respecto al eje x-x, y como soportes empotrados para el pandeo respecto al eje y-y. Determine el factor de seguridad con respecto al pandeo en cada uno de esos ejes.

13-30. Determine la carga máxima P que soportará el marco, sin que el miembro BC, de acero A-36, se pandee. Debido a los extremos de horquilla del miembro, suponga que los soportes en B y C funcionan como articulaciones para el pandeo respecto al eje x-x, y como empotramientos para el pandeo respecto al eje y-y.

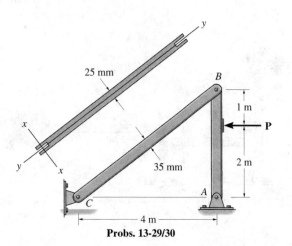

Probs. 13-29/30

13-31. La viga soporta la carga $P = 6$ klb. En consecuencia el miembro BC de acero A-36 está sometido a una carga de compresión. Debido a los extremos en horquilla de ese miembro, suponga que los soportes en B y C funcionan como articulaciones para el pandeo respecto al eje x-x, y como empotramientos para el pandeo respecto al eje y-y. Determine el factor de seguridad con respecto al pandeo en cada uno de esos ejes.

***13-32.** Determine la carga máxima P que soportará el marco sin que el miembro BC de acero A-36 se pandee. Debido a los extremos de horquilla del miembro, suponga que los soportes B y C funcionan como articulaciones para el pandeo respecto al eje x-x, y como empotramientos para el pandeo respecto al eje y-y.

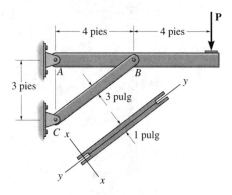

Probs. 13-31/32

13-33. La barra de acero AB del marco está articulada en sus extremos. Si $P = 18$ kN, determine el factor de seguridad por pandeo respecto al eje y-y, debido a la carga aplicada. $E_{ac} = 200$ GPa, $\sigma_Y = 360$ MPa.

13-34. Determine la carga máxima P que puede soportar el marco sin que se pandee el miembro AB. Suponga que AB es de acero, y que está articulado en sus extremos, para pandeo respecto al eje y-y, y que está empotrado en sus extremos para pandeo respecto al eje x-x. $E_{ac} = 200$ GPa, $\sigma_Y = 360$ MPa.

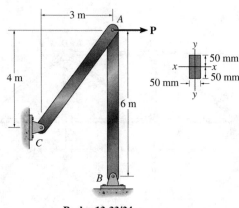

Probs. 13-33/34

13-35. La barra AB, de acero A-36, tiene sección transversal cuadrada. Si está articulada en sus extremos, determine la carga máxima admisible P que se puede aplicar al marco. Use un factor de seguridad 2, con respecto al pandeo.

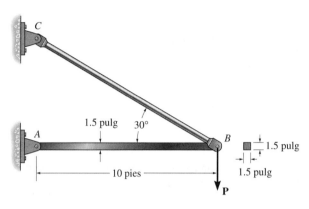

Prob. 13-35

*****13-36.** La barra de acero AB tiene corte transversal rectangular. Si está articulada en sus extremos, determine la máxima intensidad w admisible, de la carga distribuida que se puede aplicar a BC sin hacer que la barra AB se pandee. Use un factor de seguridad por pandeo de 1.5; E_{ac} = 200 GPa, σ_Y = 360 MPa.

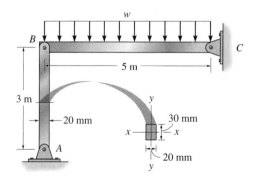

Prob. 13-36

13-37. Determine la intensidad máxima admisible w de la carga distribuida que se puede aplicar al miembro BC sin causar el pandeo del miembro AB. Suponga que AB es de acero, y que está articulado en sus extremos para el pandeo respecto al eje x-x, y que está empotrado en sus extremos para el pandeo respecto al eje y-y. Use un factor de seguridad 3 respecto al pandeo. E_{ac} = 200 GPa, σ_Y = 360 MPa.

13-38. Determine si el marco puede soportar una carga w = 6 kN/m si se supone que 3 es el factor de seguridad por pandeo del miembro AB. Suponga que AB es de acero, y que está articulado en sus extremos para pandeo respecto al eje x-x, y empotrado en sus extremos para pandeo respecto al eje y-y. E_{ac} = 200 GPa, σ_Y = 360 MPa.

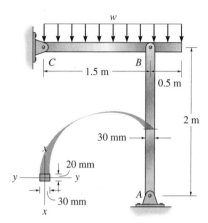

Probs. 13-37/38

13-39. La plataforma está sostenida con las dos columnas cuadradas de 40 mm por lado. La columna AB está articulada en A y empotrada en B, mientras que CD está articulada en C y D. Si a la plataforma se le impiden los movimientos laterales, determine el peso máximo de la carga que se le puede aplicar sin que la plataforma colapse. El centro de gravedad de la carga está en d = 2 m. Ambas columnas son de abeto Douglas

*****13-40.** La plataforma está sostenida con las dos columnas cuadradas de 40 mm por lado. La columna AB está articulada en A y empotrada en B, mientras que CD está articulada en C y D. Si a la plataforma se le impiden los movimientos laterales, determine el peso máximo de la carga que se le puede aplicar sin que la plataforma colapse. El centro de gravedad de la carga, está en d = 2 m. Ambas columnas son de abeto Douglas.

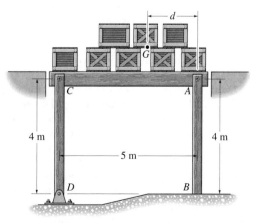

Probs. 13-39/40

13-41. La viga está soportada por las tres varillas de suspensión articuladas, cada una de las cuales tiene 0.5 pulg de diámetro, y es de acero A-36. Determine la carga máxima uniforme w que se puede aplicar a la viga, sin hacer que AB ni CB se pandeen.

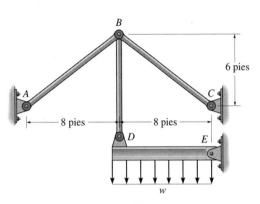

Prob. 13-41

13-42. La varilla es redonda, de acero, de 1 pulg de diámetro. Calcule la carga crítica de pandeo, si los extremos están soportados con rodillos. $E_{ac} = 29(10^3)$ klb/pulg², $\sigma_Y = 50$ klb/pulg².

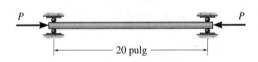

Prob. 13-42

13-43. Para una columna ideal, como la de la figura 13-12c, con ambos extremos empotrados, demuestre que la carga crítica de la columna es $P_{cr} = 4\pi^2 EI/L^2$. *Sugerencia:* debido a la deflexión vertical de la parte superior de la columna, se desarrollará un momento constante $\mathbf{M'}$ en los soportes. Demuestre que $d^2v/dx^2 + (P/EI)v = M'/EI$. La solución tiene la forma $v = C_{1\,sen}(\sqrt{P/EI}\,x) + C_2 \cos(\sqrt{P/EI}\,x) + M'/P$.

13-44. Imagine una columna ideal como la de la figura 13-12d, que tiene un extremo empotrado y el otro articulado. Demuestre que la carga crítica en la columna es $P_{cr} = 20.19\ EI/L^2$. *Sugerencia:* debido a la deflexión vertical de la parte superior de la columna, se desarrollará un momento constante $\mathbf{M'}$ en el extremo fijo, y se desarrollarán reacciones horizontales $\mathbf{R'}$ en ambos extremos. Demuestre que $d^2v/dx^2 + (P/EI)v = (R'/EI)(L - x)$. La solución tiene la forma $v = C_1 \text{sen}(\sqrt{P/EI}x) + C_2 \cos(\sqrt{P/EI}x) + (R'/P)(L - x)$. Después de aplicar las condiciones en la frontera, demuestre que $\tan(\sqrt{P/EI}\ L) = \sqrt{P/EI}\ L$. Determine, por tanteos, la mínima raíz de la ecuación.

13-45. La columna está soportada en B por un dispositivo que no permite la rotación, pero sí permite la flexión vertical. Determine la carga crítica P_{cr}. EI es constante.

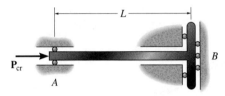

Prob. 13-45

13-46. La columna ideal está sometida a la fuerza $\mathbf{F}$ en su punto medio, y a la carga axial $\mathbf{P}$. Determine el momento máximo en la columna, en su parte media. EI es constante. *Sugerencia:* plantee la ecuación diferencial de la deflexión, ecuación 13-1. La solución general es $v = A$ sen $kx + B \cos kx - c^2x/k^2$, siendo $c = F/2EI$, $k^2 = P/EI$.

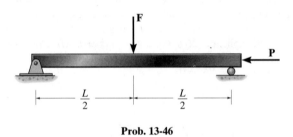

Prob. 13-46

13-47. La columna ideal tiene un peso w (fuerza/longitud) y descansa en la posición horizontal, cuando se somete a la carga axial $\mathbf{P}$. Determine el momento máximo en la columna, en su punto medio. EI es constante. *Sugerencia:* plantee la ecuación diferencial de la deflexión, ecuación 13-1, con el origen en el punto medio. La solución general es $v = A$ sen $kx + B \cos kx + (wkP)x^2 - (wL/2P)x - (wEI/P^2)$, siendo $k^2 = P/EI$.

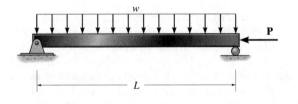

Prob. 13-47

*13.4   La fórmula de la secante

La fórmula de Euler fue deducida suponiendo que la carga P siempre se aplica pasando por el centroide del área transversal de la columna, y que la columna es perfectamente recta. En realidad esto no es realista, ya que las columnas fabricadas nunca son perfectamente rectas, ni la aplicación de la carga se conoce con gran exactitud. Entonces, en realidad las columnas nunca se pandean de repente; más bien comienzan a doblarse, aunque siempre en forma muy insignificante, inmediatamente después de aplicar la carga. El resultado es que el criterio real para aplicación de la carga se limita ya sea a una deflexión especificada de la columna, o no permitiendo que el esfuerzo máximo en la columna rebase un valor admisible.

Para estudiar este efecto aplicaremos la carga P a la columna, a una corta *distancia excéntrica e* del centroide de la sección transversal, figura 13-15a. Esta carga en la columna es equivalente, estáticamente, a la carga axial P y a un momento de flexión $M' = Pe$, que se ve en la figura 13-15b. Como se ve, en ambos casos los extremos A y B están soportados de modo que son libres de girar (están articulados). Como antes, sólo se considerarán pendientes y deflexiones pequeñas, y que el comportamiento del material es elástico lineal. Además, que el plano x-v es plano de simetría para el área transversal.

De acuerdo con el diagrama de cuerpo libre de la sección arbitraria, figura 13-15c, el momento interno en la columna es

$$M = -P(e + v) \qquad (13\text{-}13)$$

En consecuencia, la ecuación diferencial de la curva de deflexión es

$$EI \frac{d^2v}{dx^2} = -P(e + v)$$

Se puede considerar que estas columnas de madera están articuladas en su base y empotradas en las vigas en sus extremos superiores. La flexión de las vigas hará que las columnas estén cargadas excéntricamente.

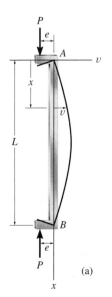

(a)

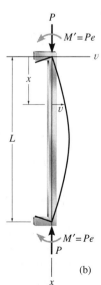

(b)

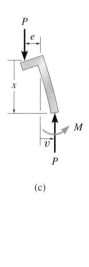

(c)

Fig. 13-15

o sea

$$\frac{d^2v}{dx^2} + \frac{P}{EI}v = -\frac{P}{EI}e$$

Esta ecuación se parece a la ecuación 13-7, y su solución general consiste en las soluciones complementaria y particular, es decir,

$$v = C_1 \operatorname{sen}\sqrt{\frac{P}{EI}}x + C_2 \cos\sqrt{\frac{P}{EI}}x - e \qquad (13\text{-}14)$$

Para evaluar las constantes debemos aplicar las condiciones en la frontera. En $x = 0$, $v = 0$, por lo que $C_2 = e$, y en $x = L$, $v = 0$, con lo que se obtiene

$$C_1 = \frac{e[1 - \cos(\sqrt{P/EI}\, L)]}{\operatorname{sen}(\sqrt{P/EI}\, L)}$$

Ya que $1 - \cos(\sqrt{P/EI}\, L) = 2\operatorname{sen}^2(\sqrt{P/EI}\, L/2)$, y $\operatorname{sen}(\sqrt{P/EI}\, L) = 2\operatorname{sen}(\sqrt{P/EI}\, L/2)\cos(\sqrt{P/EI}\, L/2)$, se obtiene

$$C_1 = e\tan\left(\sqrt{\frac{P}{EI}}\frac{L}{2}\right)$$

Por consiguiente, la curva de deflexión, ecuación 13-14, se puede escribir como sigue:

$$v = e\left[\tan\left(\sqrt{\frac{P}{EI}}\frac{L}{2}\right)\operatorname{sen}\left(\sqrt{\frac{P}{EI}}x\right) + \cos\left(\sqrt{\frac{P}{EI}}x\right) - 1\right] \qquad (13\text{-}15)$$

Deflexión máxima. Debido a la simetría de la carga, en el punto medio de la columna habrán la deflexión máxima y el esfuerzo máximo. En consecuencia, cuando $x = L/2$, $v = v_{\text{máx}}$, y entonces

$$v_{\text{máx}} = e\left[\sec\left(\sqrt{\frac{P}{EI}}\frac{L}{2}\right) - 1\right] \qquad (13\text{-}16)$$

Observe que si e tiende a cero, entonces $v_{\text{máx}}$ tiende a cero. Sin embargo, si los términos entre corchetes tienden a infinito cuando e tiende a cero, entonces $v_{\text{máx}}$ no tendrá valor cero. Matemáticamente esto representaría el comportamiento de una columna cargada en forma axial, en la falla cuando se somete a la carga crítica P_{cr}. Así, para calcular P_{cr}, se requiere que

$$\sec\left(\sqrt{\frac{P_{\text{cr}}}{EI}}\frac{L}{2}\right) = \infty$$

$$\sqrt{\frac{P_{\text{cr}}}{EI}}\frac{L}{2} = \frac{\pi}{2}$$

$$P_{\text{cr}} = \frac{\pi^2 EI}{L^2} \qquad (13\text{-}17)$$

que es el mismo resultado determinado con la fórmula de Euler, ecuación 13-5.

Si se grafica la ecuación 13-16 en la forma de carga P en función de la deflexión $v_{\text{máx}}$ para diversos valores de la excentricidad e, se obtiene la familia de curvas de la figura 13-16. En este caso la carga crítica es una asíntota a ellas, y naturalmente representa el caso no realista de una co-

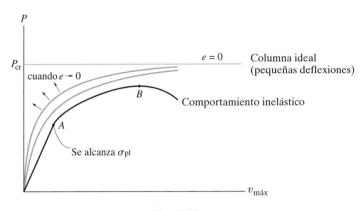

Fig. 13-16

lumna ideal ($e = 0$). Como se dijo antes, *e nunca* es *cero* debido a imperfecciones en la forma inicial de la columna, la cual se supone no completamente recta y a la aplicación de la carga; sin embargo, cuando $e \rightarrow 0$, las curvas tienden al caso ideal. Además, esas curvas sólo son adecuadas para *pequeñas deflexiones*, ya que la curvatura se aproximó con d^2v/dx^2 cuando se dedujo la ecuación 13-16. Si se hubiera hecho un análisis más exacto, todas esas curvas tenderían a voltearse hacia arriba, cortando la recta $P = P_{cr}$, y subiendo más arriba de ella. Esto, naturalmente, indica que se necesita una carga mayor P para crear deflexiones mayores en las columnas. Sin embargo no hemos descrito este análisis aquí, ya con más frecuencia, el diseño de ingeniería restringe las deflexiones de las columnas a tener valores pequeños.

También se debe hacer notar que las curvas grises de la figura 13-16 sólo se aplican para el comportamiento elástico lineal del material. Es el caso si la columna es larga y esbelta. Sin embargo, si se examina una columna corta o de longitud intermedia, entonces al aumentar la carga aplicada, terminará por causar la fluencia del material y la columna comenzará a comportarse en *forma inelástica*. Ello sucede en el punto A de la curva negra de la figura 13-16. Al aumentar más la carga, la curva nunca llega a la carga crítica, y en su lugar llega a un valor máximo en B. Después, se presenta una disminución repentina en la capacidad de carga, cuando la columna se continúa flexionando con mayores cargas.

Por último, las curvas grises de la figura 13-16 también muestran que se presenta una relación *no lineal* entre la carga P y la deflexión v. En consecuencia, *no se puede usar* el principio de superposición para determinar la deflexión total de una columna causada por la aplicación de *cargas sucesivas*. En vez de ello, primero se deben sumar las cargas, y después se puede determinar la deflexión correspondiente debida a su resultante. Desde la perspectiva física, la razón de que no se puedan superponer las cargas y las deflexiones sucesivas es que el momento interno de la columna *depende* tanto de la carga P como de la *deflexión v*, esto es, $M = -P(e + v)$, ecuación 13-13. En otras palabras, toda *deflexión* causada por una carga componente hace aumentar el momento. Este comportamiento es distinto de las flexiones de vigas, donde la deflexión real causada por la carga *no* hace aumentar el momento interno.

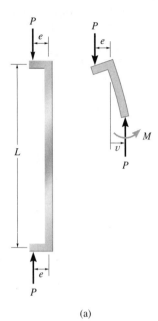

(a)

Esfuerzo
axial

+

Esfuerzo
de flexión

=

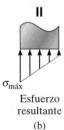

$\sigma_{\text{máx}}$
Esfuerzo
resultante
(b)

Fig. 13-17

La fórmula de la secante. El esfuerzo máximo en la columna se puede determinar al tener en cuenta que se debe tanto a la carga axial como al momento, figura 13-17a. El momento máximo está en el punto medio de la columna, y de acuerdo con las ecuaciones 13-13 y 13-16, su magnitud es

$$M = |P(e + v_{\text{máx}})| \qquad M = Pe \sec\left(\sqrt{\frac{P}{EI}} \frac{L}{2}\right) \qquad \text{13-18}$$

Como se ve en la figura 13-17b, el esfuerzo máximo en la columna es de compresión, y su valor es

$$\sigma_{\text{máx}} = \frac{P}{A} + \frac{Mc}{I}; \qquad \sigma_{\text{máx}} = \frac{P}{A} + \frac{Pec}{I} \sec\left(\sqrt{\frac{P}{EI}} \frac{L}{2}\right)$$

Como el radio de giro se define como $r^2 = I/A$, la ecuación anterior se puede escribir en una forma llamada *fórmula de la secante*:

$$\sigma_{\text{máx}} = \frac{P}{A}\left[1 + \frac{ec}{r^2} \sec\left(\frac{L}{2r}\sqrt{\frac{P}{EA}}\right)\right] \qquad \text{13-19}$$

En ella,

$\sigma_{\text{máx}} = $ *esfuerzo elástico* máximo en la columna, que se presenta en el lado interno cóncavo, en el punto medio de la columna. Este esfuerzo es de compresión

$P = $ carga vertical aplicada a la columna. $P < P_{\text{cr}}$, a menos que $e = 0$; en ese caso, $P = P_{\text{cr}}$ (ecuación 13-5)

$e = $ excentricidad de la carga P, medida desde el eje neutro del área transversal de la columna hasta la línea de acción de P

$c = $ distancia del eje neutro a la fibra externa de la columna, donde se desarrolla el esfuerzo máximo de compresión, $\sigma_{\text{máx}}$

$A = $ área transversal de la columna

$L = $ longitud no arriostrada de la columna *en el plano de flexión*. Para soportes distintos de las articulaciones, se deberá usar la longitud efectiva L_e. Vea la figura 13-12

$E = $ módulo de elasticidad del material

$r = $ radio de giro, $r = \sqrt{I/A}$, donde I se calcula respecto al eje neutro, o de flexión

Al igual que la ecuación 13-16, la 13-19 indica que hay una relación no lineal entre la carga y el esfuerzo. Por consiguiente no se aplica el principio de superposición y en consecuencia se deben sumar las cargas *antes* de determinar el esfuerzo. Además, debido a esta relación no lineal, todo factor de seguridad que se use para fines de diseño, se aplica a la carga, y no al esfuerzo.

Para determinado valor de $\sigma_{\text{máx}}$, se pueden trazar gráficas de la ecuación 13-19, como KL/r en función de P/A, para diversos valores de la *relación de excentricidad* ec/r^2. En la figura 13-18 se ve un conjunto específico de gráficas para un acero de grado estructural, A-36, cuyo punto de fluencia es $\sigma_{\text{máx}} = \sigma_Y = 36$ klb/pulg^2, y un módulo de elasticidad $E_{\text{ac}} = 29(10^3)$ klb/pulg^2. En ella, la abscisa y la ordenada representan la relación de esbeltez KL/r y el esfuerzo promedio P/A, respectivamente. Observe que cuando $e \to 0$, o cuando $ec/r^2 \to 0$, con la ecuación 13-19 se obtiene $\sigma_{máx} = P/A$, siendo P la carga crítica de la columna, definida con la fórmula de Euler. Esto da como resultado la ecuación 13-6, que se ha graficado en la figura 13-8, y repetido en la figura 13-18. Como las ecuaciones 13-6 y 13-19 sólo son válidas para cargas elásticas, los esfuerzos de la figura 13-18 no pueden ser mayores que $\sigma_Y = 36$ klb/pulg^2, que en la figura se indica con la línea horizontal.

Las curvas de la figura 13-18 indican que las diferencias en la relación de excentricidad tienen un efecto marcado sobre la capacidad de carga de columnas con pequeñas relaciones de esbeltez. Por otra parte, las que tienen grandes relaciones de esbeltez tienden a fallar en la carga crítica de Euler, o cerca de ella, independientemente de la relación de esbeltez. Al usar la ecuación 13-19 para diseño es importante, en consecuencia, tener un valor algo exacto de la relación de excentricidad para las columnas de menor longitud.

Diseño.   Una vez determinada la relación de excentricidad, se pueden sustituir los datos de la columna en la ecuación 13-19. Si se elige un valor $\sigma_{máx} = \sigma_Y$, la carga P_Y correspondiente se determina con un procedimiento por tanteos, ya que la ecuación es trascendente y no se puede despejar P_Y en forma explícita. Como ayuda de diseño se pueden usar programas de cómputo o gráficas, como la de la figura 13-18, para determinar P_Y en forma directa.

Téngase en cuenta que P_Y es la carga que hará que la columna desarrolle un esfuerzo máximo de compresión σ_Y en sus fibras internas. Debido a la aplicación excéntrica de P_Y, esta carga siempre será menor que la carga crítica P_{cr}, determinada con la fórmula de Euler, que supone, en forma no realista, que la columna tiene carga axial. Una vez obtenida P_Y, se puede aplicar entonces un factor de seguridad adecuado para especificar la carga segura de la columna.

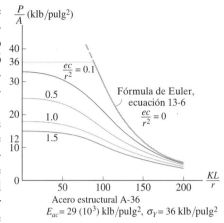

Fig. 13-18

PUNTOS IMPORTANTES

- Debido a imperfecciones en la fabricación o en la aplicación de la carga, una columna nunca se pandea repentinamente; en vez de ello comienza a flexionarse.

- La carga aplicada a una columna se relaciona con su deflexión en forma no lineal, por lo que no se aplica el principio de la superposición.

- A medida que aumenta la relación de esbeltez, las columnas con carga excéntrica tienden a fallar en la carga de Euler de pandeo, o cerca de ella.

E J E M P L O 13.5

La columna de acero de la figura 13-19 se supone articulada en sus extremos superior e inferior. Determine la carga excéntrica admisible P que puede aplicarse. También, ¿cuál es la deflexión máxima de la columna, debido a esa carga? Debido a arriostramientos, suponer que no hay pandeo respecto al eje y. Suponer que $E_{ac} = 29(10^3)$ klb/pulg^2, $\sigma_Y = 36$ klb/pulg^2.

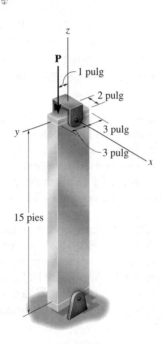

Fig. 13-19

Solución

Se calculan las propiedades geométricas necesarias, como sigue:

$$I_x = \frac{1}{12}(2 \text{ pulg})(6 \text{ pulg})^3 = 36 \text{ pulg}^4$$

$$A = (2 \text{ pulg})(6 \text{ pulg}) = 12 \text{ pulg}^2$$

$$r_x = \sqrt{\frac{36 \text{ pulg}^4}{12 \text{ pulg}^2}} = 1.732 \text{ pulg}$$

$$e = 1 \text{ pulg}$$

$$KL = 1(15 \text{ pies})(12 \text{ pulg/pie}) = 180 \text{ pulg}$$

$$\frac{KL}{r_x} = \frac{180 \text{ pulg}}{1.732 \text{ pulg}} = 104$$

Como las curvas de la figura 13-18*b* corresponden a $E_{ac} = 29(10^3)$ klb/pulg^2, y $\sigma_Y = 36$ klb/pulg^2, se pueden usar para determinar el valor de P/A, evitando así resolver la fórmula de la secante por tanteos. En este problema $KL/r_x = 104$. Si se usa la curva definida por la relación de excentricidad $ec/r^2 = 1\,\text{pulg}(3\,\text{pulg})/(1.732\,\text{pulg})^2 = 1$, se llega a

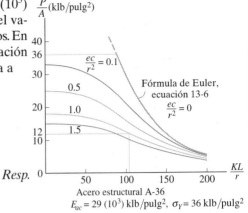

$$\frac{P}{A} \approx 12\ \text{klb/pulg}^2$$

$$P = (12\ \text{klb/pulg}^2)(12\ \text{pulg}^2) = 144\ \text{klb} \qquad Resp.$$

Acero estructural A-36
$E_{ac} = 29\,(10^3)$ klb/pulg^2, $\sigma_Y = 36$ klb/pulg^2

Fig. 13-18

Este valor se puede comprobar, demostrando que satisface la fórmula de la secante, ecuación 13-19:

$$\sigma_{\text{máx}} = \frac{P}{A}\left[1 + \frac{ec}{r^2}\sec\left(\frac{L}{2r}\sqrt{\frac{P}{EA}}\right)\right]$$

$$36 \overset{?}{=} \frac{144\ \text{klb}}{12\ \text{pulg}^2}\left[1 + (1)\sec\left(\frac{180\ \text{pulg}}{2(1.732\ \text{pulg})}\sqrt{\frac{144\ \text{klb}}{29(10^3)\ \text{klb/pulg}^2(12\ \text{pulg}^2)}}\right)\right]$$

$$36 \overset{?}{=} 12[1 + \sec(1.0570\ \text{rad})]$$

$$36 \overset{?}{=} 12(1 + \sec 60.56°)$$

$$36 \approx 36.4$$

La deflexión máxima se presenta en el centro de la columna, donde $\sigma_{\text{máx}} = 36$ klb/pulg^2. Se aplica la ecuación 13-16 como sigue:

$$v_{\text{máx}} = e\left[\sec\left(\sqrt{\frac{P}{EI}}\frac{L}{2}\right) - 1\right]$$

$$= 1\ \text{pulg}\left[\sec\left(\sqrt{\frac{144\ \text{klb}}{29(10^3)\ \text{klb/pulg}^2\ (36\ \text{pulg}^4)}}\frac{180\ \text{pulg}}{2}\right) - 1\right]$$

$$= 1\ \text{pulg}[\sec 1.057\ \text{rad} - 1]$$

$$= 1\ \text{pulg}[\sec 60.56° - 1]$$

$$= 1.03\ \text{pulg} \qquad Resp.$$

E J E M P L O **13.6**

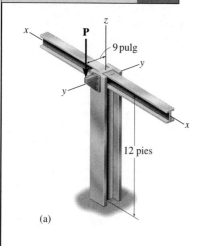

(a)

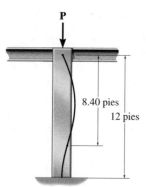

(b)   Pandeo respecto al eje y-y

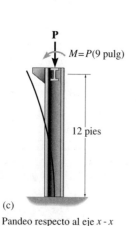

(c)

Pandeo respecto al eje x-x

Fig. 13-20

La columna W8 × 40, de acero A-36 que se ve en la figura 13-20a, está empotrada en su base y arriostrada en su extremo superior, por lo que no puede desplazarse, pero puede girar respecto al eje y-y. También se puede inclinar hacia un lado en el plano y-z. Determinar la carga excéntrica máxima que puede soportar la columna sin que comience a pandearse o que haya fluencia en el acero.

Solución

De acuerdo con las condiciones en los extremos, se puede ver que la columna se comporta como si estuviera articulada en su extremo superior y empotrada en su extremo inferior, en lo que concierne al eje y-y, y sometida a la carga axial P, figura 13-20b. Respecto al eje x-x, está libre en su extremo superior y empotrada en su extremo inferior, y sometida a una carga axial P y a un momento $M = P(9\text{ pulg})$, figura 13-20c.

Pandeo respecto al eje y-y. De acuerdo con la figura 13-12d, el factor de longitud efectiva es $K_y = 0.7$, así que $(KL)_y = 0.7(12)$ pies = 8.40 pies = 100.8 pulg. De nuevo, se usa la tabla del apéndice B para determinar I y para la sección W8 × 40 y al aplicar la ecuación 13-11 tenemos

$$(P_{\text{cr}})_y = \frac{\pi^2 E I_y}{(KL)_y^2} = \frac{\pi^2[29(10^3)\text{ klb/pulg}^2](49.1\text{ pulg}^4)}{(100.8\text{ pulg})^2} = 1383\text{ klb}$$

Fluencia en el eje x-x. De la figura 13-12b, $K_x = 2$, por lo que $(KL)_x$ = 2(12) pies = 24 pies = 288 pulg. De nuevo, se usa la tabla del apéndice B para ver que $A = 11.7\text{ pulg}^2$, $c = 8.25\text{ pulg}/2 = 4.125$ pulg y $r_x = 3.53$ pulg. Al aplicar la fórmula de la secante se obtiene

$$\sigma_Y = \frac{P_x}{A}\left[1 + \frac{ec}{r_x^2}\sec\left(\frac{(KL)_x}{2r_x}\sqrt{\frac{P_x}{EA}}\right)\right]$$

o sea

$$421.2 = P_x[1 + 2.979\sec(0.0700\sqrt{P_x})]$$

De aquí se calcula P_x por tanteos, teniendo en cuenta que el argumento de la función trigonométrica sec debe estar en radianes; entonces,

$$P_x = 88.4\text{ klb} \qquad\qquad Resp.$$

Como este valor es menor que $(P_{\text{cr}})_y = 1383$ klb, se presentará la falla respecto al eje x-x. También, $\sigma = 88.4\text{ klb}/11.7\text{ pulg}^2 = 7.56\text{ klb/pulg}^2 < \sigma_Y = 36\text{ klb/pulg}^2$.

*13.5 Pandeo inelástico

En la práctica de la ingeniería, en general se clasifican las columnas de acuerdo con las clases de esfuerzos que se desarrollan dentro de ellas en el momento en que fallan. Las *columnas largas y esbeltas* se volverán inestables cuando el esfuerzo de compresión permanezca elástico. La falla que se presenta se llama *inestabilidad elástica*. Las *columnas intermedias* fallan por *inestabilidad inelástica*, que quiere decir que el esfuerzo de compresión en el momento de la falla es mayor que el límite de proporcionalidad del material. Y las *columnas cortas*, que a veces se llaman *postes*, no se vuelven inestables; más bien el material sólo fluye o se fractura.

Para aplicar la ecuación de Euler se requiere que el esfuerzo en la columna permanezca *menor* que el punto de fluencia del material (en realidad, que el límite de proporcionalidad) cuando la columna se pandee, por lo que esta ecuación sólo se aplica a columnas largas. Sin embargo, en la práctica se selecciona la mayor parte de las columnas para que tengan longitudes intermedias. El comportamiento de esas columnas se puede estudiar modificando la ecuación de Euler para que se pueda aplicar al pandeo inelástico. Para indicar cómo se puede hacer eso, imagine que el material tiene un diagrama de esfuerzo-deformación unitaria como el que muestra la figura 13-21a. En ella, el límite de proporcionalidad es σ_{pl}, y el módulo de elasticidad, o pendiente de la línea AB, es E. En la figura 13-21b se ve una gráfica de la hipérbola de Euler, figura 13-8. Esta ecuación es válida para una columna con relación de esbeltez tan pequeña como $(KL/r)_{pl}$, ya que en este punto el esfuerzo axial en la columna se vuelve $\sigma_{cr} = \sigma_{pl}$.

Si la columna tiene una relación de esbeltez *menor* que $(KL/r)_{pl}$, el esfuerzo crítico en la columna debe ser mayor que σ_Y. Por ejemplo, suponga que una columna tiene una relación de esbeltez $(KL/r)_1 < (KL/r)_{pl}$, y que el esfuerzo crítico correspondiente es $\sigma_D > \sigma_{pl}$ necesario para causar inestabilidad. Cuando la columna *está a punto de pandearse*, el cambio de deformación unitaria que sucede en la columna está dentro de una *distancia pequeña* $\Delta\epsilon$, por lo que el módulo de elasticidad o la rigidez del material se pueden suponer iguales al **módulo tangente** E_t, que se define como la pendiente del diagrama $\sigma - \epsilon$ en el punto D, figura 13-21a. En otras palabras, en el momento de la falla, la columna se comporta como si fuera de un material de *menor rigidez* que cuando se comporta en forma elástica, $E_t < E$.

El brazo de la grúa falló por el pandeo que le causó una sobrecarga. Observe la región de aplastamiento localizado.

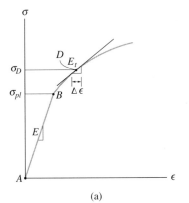

(a)

Fig. 13-21

Por consiguiente, en general a medida que disminuye la relación de esbeltez, aumenta el *esfuerzo crítico* para una columna; y de acuerdo con el diagrama $\sigma - \epsilon$, *disminuye el módulo tangente* para el material. De acuerdo con esta idea se puede modificar la ecuación de Euler para que incluya estos casos de pandeo inelástico, sustituyendo el módulo tangente E_t del material por E, de modo que

$$\sigma_{cr} = \frac{\pi^2 E_t}{(KL/r)^2} \tag{13-20}$$

Ésta es la llamada *ecuación del módulo tangente*, o *ecuación de Engesser*, propuesta por F. Engesser en 1889. Una gráfica de esta ecuación para columnas de longitud intermedia y cortas, para un material definido por el diagrama $\sigma - \epsilon$ de la figura 13-21a se ve en la figura 13-21b.

Se puede considerar que ninguna *columna real* sea perfectamente recta o que esté cargada a lo largo de su eje centroidal, como aquí se supuso, y en consecuencia es realmente muy difícil deducir una ecuación que resulte de un análisis completo de este fenómeno. Se debe hacer notar también que hay otros métodos para describir el pandeo inelástico de columnas. Uno de ellos fue desarrollado por F. R. Shanley, ingeniero aeronáutico, y se llama *teoría de Shanley* del pandeo inelástico. Aunque da una mejor descripción del fenómeno que la teoría del módulo tangente que se ha explicado aquí, con pruebas experimentales con una gran cantidad de columnas, cada una de las cuales se aproxima a la columna ideal, se ha demostrado que la ecuación 13-20 es *razonablemente exacta* para predecir el esfuerzo crítico de la columna. Además, el método del módulo tangente, para modelar el comportamiento inelástico de las columnas, es relativamente fácil de aplicar.

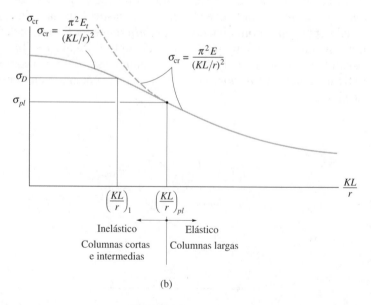

(b)

Fig. 13-21 (cont.)

EJEMPLO 13.7

Una varilla maciza tiene 30 mm de diámetro y 60 mm de longitud. Es de un material que se puede modelar con el diagrama esfuerzo-deformación unitaria de la figura 13-22. Si se usan como una columna articulada en sus extremos, calcular la carga crítica.

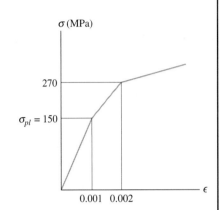

Fig. 13-22

Solución

El radio de giro es

$$r = \sqrt{\frac{I}{A}} = \sqrt{\frac{(\pi/4)(15)^4}{\pi(15)^2}} = 7.5 \text{ mm}$$

y por consiguiente, la relación de esbeltez es

$$\frac{KL}{r} = \frac{1(600 \text{ mm})}{7.5 \text{ mm}} = 80$$

Al aplicar la ecuación 13-20 se obtiene

$$\sigma_{cr} = \frac{\pi^2 E_t}{(KL/r)^2} = \frac{\pi^2 E_t}{(80)^2} = 1.542(10^{-3})E_t \qquad (1)$$

Primero se supondrá que el esfuerzo crítico es elástico. De la figura 13-22,

$$E = \frac{150 \text{ MPa}}{0.001} = 150 \text{ GPa}$$

Así, la ecuación 1 se transforma en

$$\sigma_{cr} = 1.542(10^{-3})[150(10^3)] \text{ MPa} = 231.3 \text{ MPa}$$

Como $\sigma_{cr} > \sigma_{pl} = 150$ MPa, hay pandeo inelástico.
De acuerdo con el segundo segmento de recta en el diagrama $\sigma - \epsilon$ de la figura 13-22,

$$E_t = \frac{\Delta\sigma}{\Delta\epsilon} = \frac{270 \text{ MPa} - 150 \text{ MPa}}{0.002 - 0.001} = 120 \text{ GPa}$$

Se aplica la ecuación 1 como sigue:

$$\sigma_{cr} = 1.542(10^{-3})[120(10^3)] \text{ MPa} = 185.1 \text{ MPa}$$

Como este valor cae dentro de los límites de 150 MPa y 270 MPa, es en realidad el esfuerzo crítico.
La carga crítica sobre la varilla es entonces

$$P_{cr} = \sigma_{cr}A = 185.1 \text{ MPa}[\pi(0.015 \text{ m})^2] = 131 \text{ kN} \qquad \textit{Resp.}$$

PROBLEMAS

*13-48. Determine la carga P necesaria para que la columna W8 × 15 de acero A-36 falle, ya sea por pandeo o por fluencia. La columna está empotrada en su base y libre en su extremo superior.

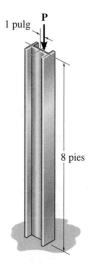

Prob. 13-48

13-49. La columna W10 × 12 de acero estructural A-36 se usa para soportar una carga de 4 klb. Si la columna está empotrada en su base y libre en su extremo superior, determine la deflexión máxima en el extremo superior debido a la carga.

13-50. La columna W10 × 12 de acero estructural A-36 se usa para soportar una carga de 4 klb. Si la columna está empotrada en su base y libre en su extremo superior, determine el esfuerzo máximo en ella, debido a la carga.

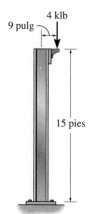

Probs. 13-49/50

13-51. La columna de madera tiene una sección transversal cuadrada, de 100 × 100 mm. Está empotrada en su base y libre en su parte superior. Determine la carga P que se puede aplicar a la orilla de la columna, sin que ésta falle, ni por pandeo ni por fluencia. $E_{\text{mad}} = 12$ GPa, $\sigma_Y = 55$ MPa.

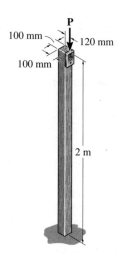

Prob. 13-51

*13-52. El miembro estructural W14 × 26 de acero A-36 se usa como pie derecho (columna) de 20 pies de longitud que se supone empotrado en su extremo superior y también empotrado en su extremo inferior. Si se aplica la carga de 15 klb a una distancia excéntrica de 10 pulg, determine el esfuerzo máximo en la columna.

13-53. El miembro estructural W14 × 36 de acero A-36 se usa como pie derecho (columna) que se supone empotrado en su extremo superior y articulado en su extremo inferior. Si se aplica la carga de 15 klb a una distancia excéntrica de 10 pulg, determine el esfuerzo máximo en la columna.

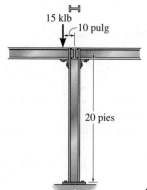

Probs. 13-52/53

13-54. La columna W10 × 30 de acero estructural A-36 está articulada en sus extremos superior e inferior. Si está sometida a la carga excéntrica de 85 klb, determine el factor de seguridad con respecto a la fluencia.

13-55. La columna W10 × 30 de acero estructural A-36 está empotrada en su extremo inferior y libre en su extremo superior. Si se somete a la carga excéntrica de 85 klb, determine si la columna falla por fluencia. Está arriostrada para que no se pandee respecto al eje *y-y*.

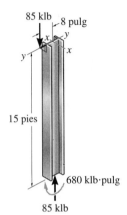

Probs. 13-54/55

*13-56. Una columna W12 × 26 de acero estructural A-36 está empotrada en sus extremos, y su longitud es $L = 23$ pies. Determine la carga excéntrica máxima P que se le puede aplicar para que no se pandee ni tenga fluencia. Compare este valor con una carga axial crítica P' aplicada pasando por su centroide.

13-57. Una columna W14 × 30 de acero estructural A-36 está empotrada en sus extremos, y su longitud es $L = 20$ pies. Determine la carga excéntrica máxima P que se le puede aplicar para que no se pandee ni tenga fluencia. Compare este valor con el de una carga axial crítica P' aplicada pasando por su centroide.

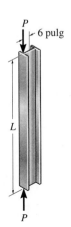

Probs. 13-56/57/58

13-58. Resuelva el problema 13-57, si la columna está empotrada en su base y libre en su extremo superior.

13-59. La columna de madera está empotrada en su base, y se puede suponer que está articulada en su extremo superior. Determine la carga excéntrica P máxima que se le puede aplicar sin que se pandee ni tenga fluencia. $E_{mad} = 1.8(10^3)$ klb/pulg^2, $\sigma_Y = 8$ klb/pulg^2.

*13-60. La columna de madera que está empotrada en su base, y se puede suponer que empotrada en su extremo superior. Determine la carga excéntrica P máxima que se le puede aplicar sin que se pandee ni tenga fluencia. $E_{mad} = 1.8(10^3)$ klb/pulg^2, $\sigma_Y = 8$ klb/pulg^2.

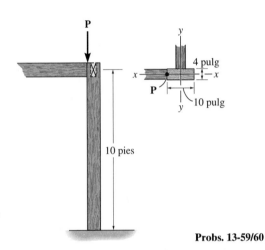

Probs. 13-59/60

13-61. La columna de aluminio tiene el corte transversal que se ve en la figura. Si está empotrada en su base y libre en su extremo superior, calcule la fuerza máxima P que se puede aplicar en A sin causar pandeo ni fluencia. Use un factor de seguridad de 3 con respecto a pandeo y también para fluencia. $E_{al} = 70$ GPa, $\sigma_Y = 95$ MPa.

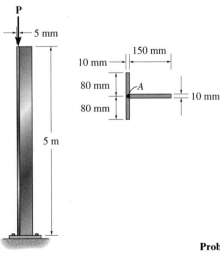

Prob. 13-61

13-62. Un miembro W10 × 15 de acero estructural A-36 se usa como columna empotrada. Determine la carga excéntrica máxima P que se puede aplicar sin que se pandee ni tenga fluencia. Compare este valor con el de una carga crítica axial P' aplicada pasando por el centroide de la columna.

13-63. Resuelva el problema 13-62, con la columna articulada en sus extremos.

*13-64. Resuelva el problema 13-62, con la columna empotrada en su base y articulada en su extremo superior.

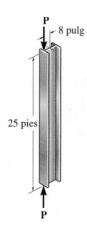

Probs. 13-62/63/64

13-65. La columna W14 × 53 de acero estructural A-36 está empotrada en su base y es libre en su extremo superior. Si $P = 75$ klb, determine la deflexión lateral de su extremo superior, y el esfuerzo máximo en la columna.

13-66. La columna de acero W14 × 53 está empotrada en su base y es libre en su extremo superior. Determine la carga excéntrica P máxima que puede soportar sin pandearse ni tener fluencia. $E_{ac} = 29(10^3)$ klb/pulg^2, $\sigma_Y = 50$ klb/pulg^2.

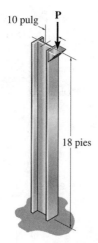

Probs. 13-65/66

13-67. Se supone que la columna W10 × 45 de acero estructural A-36 está articulada en su extremo superior y empotrada en su base. Si se aplica la carga de 12 klb a una distancia excéntrica de 8 pulg, calcule el esfuerzo máximo en la columna.

*13-68. Se supone que la columna W10 × 45 de acero estructural A-36 está empotrada en sus extremos superior e inferior. Si se aplica la carga de 12 klb a una distancia excéntrica de 8 pulg, calcule el esfuerzo máximo en la columna.

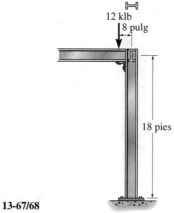

Probs. 13-67/68

13-69. La barra de aluminio está empotrada en su base y es libre en su extremo superior. Si se aplica la carga excéntrica $P = 200$ kN, calcule la máxima longitud admisible L que puede tener para que no se pandee ni tenga fluencia. $E_{al} = 72$ GPa, $\sigma_Y = 410$ MPa.

13-70. La barra de aluminio está empotrada en su base y tiene libre su extremo superior. Si su longitud es $L = 2$ m, calcule la carga máxima admisible P que se le puede aplicar sin que se pandee ni tenga fluencia. También determine la máxima deflexión lateral de la barra, debido a la carga. $E_{al} = 72$ GPa, $\sigma_Y = 410$ MPa.

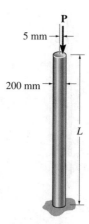

Probs. 13-69/70

13-71. Trace la curva de pandeo, P/A en función de L/r, para una columna cuya curva bilineal de esfuerzo-deformación unitaria en compresión se ve en la figura.

13-73. Una columna de longitud intermedia se pandea cuando la resistencia a la compresión es 40 klb/pulg². Si la relación de esbeltez es 60, determine el módulo tangente.

13-74. El diagrama esfuerzo-deformación de un material se puede aproximar con los dos segmentos de recta de la figura. Si una barra de 80 mm de diámetro y 1.5 m de longitud se fabrica con este material, determine la carga crítica cuando los extremos están articulados. Suponga que la carga actúa por el eje de la barra. Use la ecuación de Engesser.

13-75. El diagrama esfuerzo-deformación de un material se puede aproximar con los dos segmentos de recta de la figura. Si una barra de 80 mm de diámetro y 1.5 m de longitud se fabrica con este material, determine la carga crítica cuando los extremos están empotrados. Suponga que la carga actúa por el eje de la barra. Use la ecuación de Engesser.

Prob. 13-71

*13-72. Trace la curva de pandeo, P/A en función de L/r, para una columna que tiene su curva bilineal de esfuerzo-deformación unitaria en compresión que se ve en la figura.

*13-76. El diagrama esfuerzo-deformación de un material se puede aproximar con los dos segmentos de recta de la figura. Si una barra de 80 mm de diámetro y 1.5 m de longitud se fabrica con este material, determine la carga crítica cuando un extremo está articulado y el otro está fijo. Suponga que la carga actúa por el eje de la barra. Use la ecuación de Engesser.

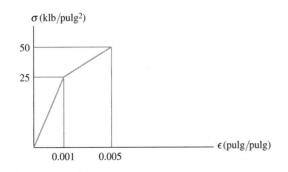

Prob. 13-72

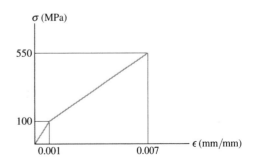

Probs. 13-74/74/76

*13.6 Diseño de columnas para carga concéntrica

Estas columnas largas no arriostradas de madera se usan para soportar el techo de esta construcción.

La teoría que hemos presentado hasta aquí se aplica a columnas que son perfectamente rectas, que están hechas con un material homogéneo y que al principio no tienen esfuerzos. Hablando en términos prácticos, como ya se ha dicho, las columnas no son perfectamente rectas y la mayor parte tiene esfuerzos residuales en ellas, debido más que nada al enfriamiento no uniforme durante su fabricación. También, los soportes de las columnas son menos que exactos, y los puntos de aplicación y las direcciones de las cargas no se conocen con certeza absoluta. Para compensar estos efectos, que en realidad varían de una a otra columna, muchos códigos de diseño especifican el uso de fórmulas empíricas para columnas. Al hacer muchas pruebas experimentales con una gran cantidad de columnas con carga axial, se pueden graficar los resultados y se puede desarrollar una fórmula de diseño por ajuste del promedio de los datos con una curva.

Un ejemplo de esas pruebas, para columnas de acero de patín ancho, se ve en la figura 13-23. Observe la semejanza entre estos resultados y los de la familia de curvas determinada con la fórmula de la secante, figura 13-18*b*. La razón de esta semejanza tiene que ver con la influencia de una relación de excentricidad "accidental" sobre la resistencia de la columna. Como se dijo en la sección 13.4, esta relación tiene más efectos sobre la resistencia de las columnas cortas y de longitud intermedia, que sobre las largas. Las pruebas indican que ec/r^2 puede ir de 0.1 a 0.6 para la mayor parte de las columnas con carga axial.

Para tener en cuenta el comportamiento de columnas de distintas longitudes, los códigos de diseño suelen especificar varias fórmulas que se ajustan mejor a los datos para los intervalos de columna corta, intermedia y larga. Por consiguiente, cada fórmula sólo se aplicará en un *intervalo* específico de relaciones de esbeltez, por lo que es importante que el ingeniero tenga en cuenta, con cuidado, los límites de KL/r para los que determinada fórmula es válida. Ahora se presentarán ejemplos de fórmulas de diseño para columnas de acero, aluminio y madera, que hoy se usan. El objetivo es dar alguna idea de la forma en que se diseñan las columnas en la práctica. Sin embargo, estas fórmulas no se deben usar para el diseño de columnas reales, a menos que se consulte el código que se mencione en cada caso.

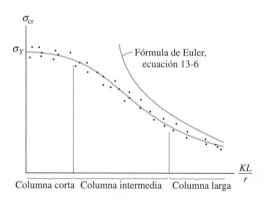

Fig. 13-23

Columnas de acero. Las columnas de acero estructural se diseñan hoy en Estados Unidos con base en las fórmulas propuestas por el Consejo de Investigación de Estabilidad Estructural (SSRC, *Structural Stability Research Council*). En esas fórmulas se han aplicado factores de seguridad, y se adoptan como especificaciones para la construcción de edificios por el Instituto Americano de Construcción en Acero (AISC, *American Institute of Steel Construction*). En forma básica, estas especificaciones indican dos fórmulas para diseñar columnas, y cada una de ellas determina el esfuerzo máximo permisible en la columna, para determinado intervalo de relaciones de esbeltez. Para columnas largas se propone la fórmula de Euler, es decir, $\sigma_{\text{máx}} = \pi^2 E/(KL/r)^2$.

Para aplicar esta fórmula se requiere un factor de seguridad F.S. $= \frac{23}{12} \approx$ 1.92. Así, para el diseño,

$$\sigma_{\text{adm}} = \frac{12\pi^2 E}{23(KL/r)^2} \qquad \left(\frac{KL}{r}\right)_c \leq \frac{KL}{r} \leq 200 \qquad (13\text{-}21)$$

Como se indicó, esta ecuación se puede aplicar para una relación de esbeltez acotada por 200 y $(KL/r)_c$. Se obtiene un valor específico de $(KL/r)_c$ requiriendo que sólo se use la fórmula de Euler para el comportamiento elástico del material. Se ha determinado, mediante experimentos, que pueden existir esfuerzos residuales de compresión en los perfiles de acero conformados por laminación, que pueden llegar a ser hasta la mitad del esfuerzo de fluencia. En consecuencia, si el esfuerzo según la fórmula de Euler es mayor que $\frac{1}{2}\sigma_Y$, no se aplica la ecuación. Así, se puede determinar como sigue el valor de $(KL/r)_c$:

$$\frac{1}{2}\sigma_Y = \frac{\pi^2 E}{(KL/r)_c^2}$$

$$\left(\frac{KL}{r}\right)_c = \sqrt{\frac{2\pi^2 E}{\sigma_Y}} \qquad (13\text{-}22)$$

Las columnas con relaciones de esbeltez menores que $(KL/r)_c$ se diseñan con base en una fórmula empírica, de curva parabólica, que tiene la forma

$$\sigma_{\text{máx}} = \left[1 - \frac{(KL/r)^2}{2(KL/r)_c^2}\right]\sigma_Y$$

Como hay más incertidumbre al usar esta fórmula para columnas más largas, se divide entre un factor de seguridad que se define así:

$$\text{F.S.} = \frac{5}{3} + \frac{3}{8}\frac{(KL/r)}{(KL/r)_c} - \frac{(KL/r)^3}{8(KL/r)_c^3}$$

Se ve aquí que el F.S. $= \frac{5}{3} \approx 1.67$, cuando $KL/r = 0$, y aumenta hasta F.S. $= \frac{23}{12} \approx 1.92$ en $(KL/r)_c$. Por consiguiente, para fines de diseño,

$$\sigma_{\text{adm}} = \frac{\left[1 - \frac{(KL/r)^2}{2(KL/r)_c^2}\right]\sigma_Y}{\{(5/3) + [(3/8)(KL/r)/(KL/r)_c] - [(KL/r)^3/8(KL/r)_c^3]\}} \qquad (13\text{-}23)$$

Las ecuaciones 13-21 y 13-23 se grafican en la figura 13-24. Al aplicar cualquiera de esas ecuaciones, en los cálculos se pueden usar unidades inglesas o unidades SI.

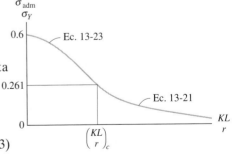

Fig. 13-24

Columnas de aluminio. El diseño de columnas de aluminio estructural lo especifica la Asociación del Aluminio (*Aluminum Association*) y usa tres ecuaciones, cada una aplicable para determinado intervalo de relaciones de esbeltez. Como existen varias clases de aleación de aluminio, hay un conjunto único de fórmulas para cada clase. Para una aleación común (2014-T6) que se usa en la construcción de edificios, las fórmulas son

$$\sigma_{adm} = 28 \text{ klb/pulg}^2 \qquad 0 \le \frac{KL}{r} \le 12 \tag{13-24}$$

$$\sigma_{adm} = \left[30.7 - 0.23\left(\frac{KL}{r}\right)\right] \text{klb/pulg}^2 \qquad 12 < \frac{KL}{r} < 55 \tag{13-25}$$

$$\sigma_{adm} = \frac{54\,000 \text{ klb/pulg}^2}{(KL/r)^2} \qquad 55 \le \frac{KL}{r} \tag{13-26}$$

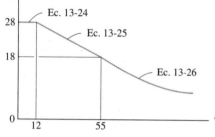

Fig. 13-25

Estas ecuaciones se grafican en la figura 13-25. Como se ve, las dos primeras representan líneas rectas, que se usan para modelar los efectos de las columnas en los intervalos corto e intermedio. La tercera fórmula tiene la misma forma que la de Euler, y se usa con columnas largas.

Columnas de madera. Las columnas para construcción en madera se diseñan, en Estados Unidos, con base en las fórmulas publicadas por la Asociación Nacional de Productos Forestales (NFPA, *National Forest Products Association*) o del Instituto Americano de Construcción en Madera (AITC, *American Institute of Timber Construction*). Por ejemplo, las fórmulas de la NFPA, para calcular el esfuerzo admisible en columnas cortas, intermedias y largas con sección transversal rectangular, de dimensiones *b* por *d*, siendo *d* la dimensión *mínima* del corte transversal, son

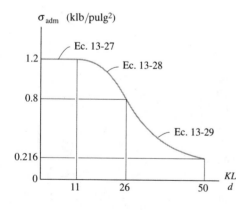

Fig. 13-26

$$\sigma_{adm} = 1.20 \text{ klb/pulg}^2 \qquad 0 \le \frac{KL}{d} \le 11 \tag{13-27}$$

$$\sigma_{adm} = 1.20\left[1 - \frac{1}{3}\left(\frac{KL/d}{26.0}\right)^2\right] \text{klb/pulg}^2 \qquad 11 < \frac{KL}{d} \le 26 \tag{13-28}$$

$$\sigma_{adm} = \frac{540 \text{ klb/pulg}^2}{(KL/d)^2} \qquad 26 < \frac{KL}{d} \le 50 \tag{13-29}$$

En este caso, la madera tiene un módulo de elasticidad $E_{mad} = 1.8(10^3)$ klb/pulg^2 y un esfuerzo admisible de compresión de 1.2 klb/pulg^2, en dirección paralela a la fibra. En particular, la ecuación 13-29 no es más que la ecuación de Euler con un factor de seguridad 3. Estas tres ecuaciones se grafican en la figura 13-26.

PROCEDIMIENTO PARA EL ANÁLISIS

Análisis de una columna.

• Al usar cualquier fórmula para *analizar* una columna, esto es, para calcular su carga admisible, primero es necesario calcular su relación de esbeltez, para determinar qué fórmula se le aplica.

• Una vez calculado el esfuerzo promedio admisible, la carga admisible en la columna se determina con $P = \sigma_{adm}A$.

Diseño de una columna.

• Si se usa una fórmula para *diseñar* una columna, esto es, para determinar su área transversal para determinada carga y longitud efectiva, en general se debe usar un método de tanteo y comprobación si la columna tiene forma compuesta, por ejemplo, si es un perfil de ala ancha.

• Una forma posible de aplicar un procedimiento de tanteo y comprobación sería *suponer* el área transversal A' de la columna y calcular el esfuerzo correspondiente $\sigma' = P/A'$. También, se usa una fórmula de diseño adecuada, con A', para determinar el esfuerzo admisible σ_{adm}. Con este esfuerzo se calcula el área *requerida* $A_{req'd} = P/\sigma_{adm}$ en la columna.

• Si $A' > A_{req'd}$, el diseño es seguro. Al hacer la comparación es práctico pedir que A' sea cercana, pero mayor, que $A_{req'd}$, por lo general de 2 a 3%. Si $A' < A_{req'd}$, se necesitará repetir el diseño.

• Siempre que se repita un procedimiento de tanteo y comprobación, la elección de un área se determina con el área requerida que se calculó antes. En la práctica de ingeniería, este método de diseño se suele acortar mediante el uso de programas de cómputo, o de tablas o gráficas ya publicadas.

E J E M P L O 13.8

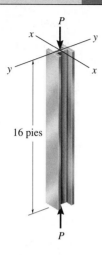

16 pies

Fig. 13-27

Un miembro W10 × 100 de acero A-36 se usa como columna articulada en ambos extremos, figura 13-27. Use las fórmulas de diseño de columnas del AISC para determinar la carga máxima que puede soportar con seguridad.

Solución

Los siguientes datos para una W10 × 100 se tomaron de la tabla del apéndice B:

$$A = 29.4 \text{ pulg}^2 \quad r_x = 4.60 \text{ pulg} \quad r_y = 2.65 \text{ pulg}$$

Como $K = 1$ para pandeo con respecto a los ejes x y y, la relación de esbeltez es máxima cuando se usa r_y. Entonces,

$$\frac{KL}{r} = \frac{1(16 \text{ pies})(12 \text{ pulg/pie})}{(2.65 \text{ pulg})} = 72.45$$

De acuerdo con la ecuación 13-22,

$$\left(\frac{KL}{r}\right)_c = \sqrt{\frac{2\pi^2 E}{\sigma_Y}}$$

$$= \sqrt{\frac{2\pi^2[29(10^3) \text{ klb/pulg}^2]}{36 \text{ klb/pulg}^2}}$$

$$= 126.1$$

En este caso, $0 < KL/r < (KL/r)_c$, así que se aplica la ecuación 13-23.

$$\sigma_{\text{adm}} = \frac{\left[1 - \dfrac{(KL/r)^2}{2(KL/r)_c^2}\right]\sigma_Y}{\{(5/3) + [(3/8)(KL/r)/(KL/r)_c] - [(KL/r)^3/8(KL/r_c)^3]\}}$$

$$= \frac{[1 - (72.45)^2/2(126.1)^2]36 \text{ klb/pulg}^2}{\{(5/3) + [(3/8)(72.45/126.1)] - [(72.45)^3/8(126.1)^3]\}}$$

$$= 16.17 \text{ klb/pulg}^2$$

La carga admisible P sobre la columna es, por tanto,

$$\sigma_{\text{adm}} = \frac{P}{A}; \qquad 16.17 \text{ klb/pulg}^2 = \frac{P}{29.4 \text{ pulg}^2}$$

$$P = 476 \text{ klb} \qquad \qquad \textit{Resp.}$$

E J E M P L O 13.9

La barra de acero de la figura 13-28 se va a usar para sostener una carga axial de 18 klb. Si $E_{ac} = 29(10^3)$ klb/pulg^2 y $\sigma_Y = 50$ klb/pulg^2, determine el diámetro mínimo de la barra, como indica la especificación del AISC. La barra está empotrada en ambos extremos.

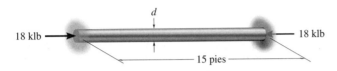

18 klb ←   → 18 klb

├──────────── 15 pies ────────────┤

Fig. 13-28

Solución

Para una sección transversal circular, el radio de giro es

$$r = \sqrt{\frac{I}{A}} = \sqrt{\frac{(1/4)\pi(d/2)^4}{(1/4)\pi d^2}} = \frac{d}{4}$$

Se aplica la ecuación 13-22 como sigue:

$$\left(\frac{KL}{r}\right)_c = \sqrt{\frac{2\pi^2 E}{\sigma_Y}} = \sqrt{\frac{2\pi^2[29(10^3)\text{ klb/pulg}^2]}{36\text{ klb/pulg}^2}} = 126.1$$

Como se desconoce el radio de giro de la barra, se desconoce KL/r, y en consecuencia se debe decidir si usar la ecuación 13-21 o la 13-23. Intentaremos con la ecuación 13-21. Para una columna con extremos empotrados, $K = 0.5$, así que

$$\sigma_{\text{adm}} = \frac{12\pi^2 E}{23(KL/r)^2}$$

$$\frac{18\text{ klb}}{(1/4)\pi d^2} = \frac{12\pi^2[29(10^3)\text{ klb/pulg}^2]}{23[0.5(15\text{ pies})(12\text{ pulg/pie})(d/4)]^2}$$

$$\frac{22.92}{d^2} = 1.152d^2$$

$$d = 2.11\text{ pulg}$$

Usar

$$d = 2.25\text{ pulg} = 2\tfrac{1}{4}\text{ pulg} \qquad\qquad Resp.$$

Para este diseño debemos verificar los límites de relación de esbeltez, es decir,

$$\frac{KL}{r} = \frac{0.5(15)(12)}{(2.25/4)} = 160$$

Como $107.0 < 160 < 200$, es adecuado usar la ecuación 13-21.

E J E M P L O 13.10

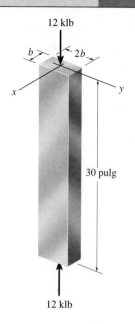

12 klb

b ‍ $2b$

x ‍ y

30 pulg

12 klb

Fig. 13-29

Una barra de 30 pulg de longitud se usa para soportar una carga axial de compresión de 12 klb, figura 13-29. Está articulada en sus extremos, y es de aleación de aluminio 2014-T6. Determine las dimensiones de su área transversal, si su ancho debe ser dos veces su espesor.

Solución

Como $KL = 30$ pulg es igual para el pandeo respecto al eje x-x y al eje y-y, se determina la máxima relación de esbeltez a partir del radio de giro mínimo, es decir, usando $I_{\text{mín}} = I_y$:

$$\frac{KL}{r_y} = \frac{KL}{\sqrt{I_y/A}} = \frac{1(30)}{\sqrt{(1/12)2b(b)3/[2b(b)]}} = \frac{103.9}{b} \quad (1)$$

En este caso debemos aplicar la ecuación 13-24, la 13-25 o la 13-26. En vista de que todavía no conocemos la relación de esbeltez, comenzaremos usando la ecuación 13-24.

$$\frac{P}{A} = 28 \text{ klb/pulg}^2$$

$$\frac{12 \text{ klb}}{2b(b)} = 28 \text{ klb/pulg}^2$$

$$b = 0.463 \text{ pulg}$$

Se verifica la relación de esbeltez como sigue:

$$\frac{KL}{r} = \frac{103.9}{0.463} = 224.5 > 12$$

Probaremos con la ecuación 13-26, válida para $KL/r \geq 55$:

$$\frac{P}{A} = \frac{54\,000 \text{ klb/pulg}^2}{(KL/r)^2}$$

$$\frac{12}{2b(b)} = \frac{54\,000}{(103.9/b)^2}$$

$$b = 1.05 \text{ pulg} \qquad\qquad Resp.$$

De la ecuación 1

$$\frac{KL}{r} = \frac{103.9}{1.05} = 99.3 > 55 \quad \text{OK}$$

Nota: sería satisfactorio especificar la sección transversal con dimensiones 1 pulg × 2 pulg.

EJEMPLO **13.11**

Una tabla de dimensiones de sección transversal 5.5 pulg por 1.5 pulg se usa para soportar una carga axial de 5 klb, figura 13-30. Si se supone que la tabla está articulada en sus dos extremos, determine la longitud *máxima* permisible L, de acuerdo con las especificaciones de la NFPA.

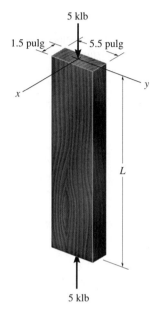

5 klb

1.5 pulg — 5.5 pulg

x

y

L

5 klb

Fig. 13-30

Solución

Por inspección, la tabla se pandeará respecto al eje y. En las ecuaciones de la NFPA, $d = 1.5$ pulg. Suponiendo que se aplique la ecuación 13-29, se tiene que

$$\frac{P}{A} = \frac{540 \text{ klb/pulg}^2}{(KL/d)^2}$$

$$\frac{5 \text{ klb}}{(5.5 \text{ pulg})(1.5 \text{ pulg})} = \frac{540 \text{ klb/pulg}^2}{(1 \, L/1.5 \text{ pulg})^2}$$

$$L = 44.8 \text{ pulg} \qquad\qquad Resp.$$

En este caso,

$$\frac{KL}{d} = \frac{1(44.8 \text{ pulg})}{1.5 \text{ pulg}} = 29.8$$

Como $26 < KL/d \leq 50$, es válida esta solución.

PROBLEMAS

13-77. Determine la longitud máxima de un perfil W10 × 12 de acero estructural A-36, si está articulado en ambos extremos y está sometido a una carga axial de 28 klb. Use las ecuaciones del AISC.

13-78. Calcule la longitud máxima de un perfil W10 × 12 de acero estructural A-36, si está empotrado en ambos extremos y está sometido a una carga axial de 28 klb. Use las ecuaciones del AISC.

13-79. Calcule la longitud máxima de un perfil W8 × 31 de acero estructural A-36, que está articulado en ambos extremos y sometido a una carga axial de 130 klb. Use las ecuaciones del AISC.

*13-80. Determine la longitud máxima de un perfil W8 × 31 de acero estructural A-36, si está articulado en ambos extremos y está sometido a una carga axial de 80 klb. Use las ecuaciones del AISC.

13-81. Usando las ecuaciones del AISC seleccione, en el apéndice B, la columna de acero estructural A-36 de peso mínimo que tenga 12 pies de longitud y soporte una carga axial de 20 klb. Sus extremos están articulados.

13-82. Usando las ecuaciones del AISC, seleccione en el apéndice B la columna de acero estructural de peso mínimo que tenga 14 pies de longitud y soporte una carga axial de 40 klb. Sus extremos están articulados. Suponga que $\sigma_y = 50$ klb/pulg^2.

13-83. Use las ecuaciones del AISC para seleccionar, en el apéndice B, la columna de acero estructural A-36 de peso mínimo que tenga 12 pies de longitud y soporte una carga axial de 40 klb. Sus extremos están empotrados. Suponga que $\sigma_y = 50$ klb/pulg^2.

*13-84. Use las ecuaciones del AISC para seleccionar, en el apéndice B, la columna de acero estructural A-36 de peso mínimo que tenga 14 pies de longitud y soporte una carga de 40 klb. Sus extremos están empotrados.

13-85. Determine la longitud máxima de un perfil W8 × 48 de acero estructural A-36, si está articulado en ambos extremos y está sometido a una carga axial de 55 klb. Use las ecuaciones del AISC.

13-86. Calcule la longitud máxima de un perfil W8 × 31 de acero estructural A-36, si está articulado en ambos extremos y está sometido a una carga axial de 18 klb. Use las ecuaciones del AISC.

13-87. Usando las ecuaciones del AISC, seleccione, en el apéndice B, la columna de acero estructural A-36 que tenga un peso mínimo, que tenga 30 pies de longitud y que pueda soportar una carga axial de 200 klb. Los extremos están empotrados.

*13-88. Determine la longitud máxima de una columna de acero estructural A-36, W8 × 31, para soportar una carga axial de 10 klb. Los extremos están articulados.

13-89. El arreglo de viga y columna se usa en un patio de ferrocarril, para cargar y descargar vagones. Si la carga máxima prevista en la garrucha es 12 klb, determine si la columna W8 × 31 de acero estructural A-36 es adecuada para soportar la carga. La garrucha recorre el patín inferior de la traba, 1 pie ≤ x ≤ 25 pies, y su tamaño es despreciable. Suponga que la trabe está articulada con la columna B y articulada en A. La columna también está articulada en C, y está arriostrada de forma que no se pandee fuera del plano de carga.

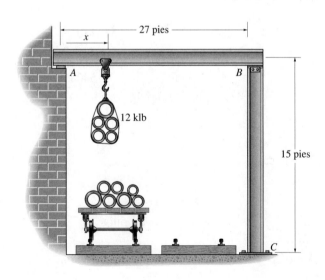

Prob. 13-89

13-90. La varilla de 1 pulg de diámetro se usa para soportar una carga axial de 5 klb. Calcule su longitud máxima admisible L, si es de aluminio 2014-T6. Suponga que los extremos están articulados.

13-91. La varilla de 1 pulg de diámetro se usa para soportar una carga axial de 5 klb. Calcule su longitud máxima admisible L, si es de aluminio 2014-T6. Suponga que los extremos están empotrados.

13-93. El tubo cuadrado tiene paredes de 0.5 pulg de espesor, y es de aleación de aluminio 2014-T6; está empotrado en sus extremos. Determine la carga axial máxima que puede soportar.

13-94. El tubo cuadrado tiene paredes de 0.5 pulg de espesor, y es de aleación de aluminio 2014-T6; está empotrado en su extremo inferior y articulado en su extremo superior. Determine la carga axial máxima que puede soportar.

Probs. 13-90/91

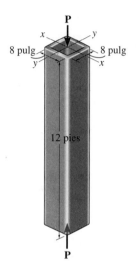

Probs. 13-93/94

*13-92. El tubo cuadrado tiene paredes de 0.5 pulg de espesor, y es de aleación de aluminio 2014-T6; está articulado en sus extremos. Determine la carga axial máxima que puede soportar.

13-95. La barra es de aleación de aluminio 2014-T6. Calcule su espesor b, si su ancho es $1.5b$. Suponga que está articulada en sus extremos.

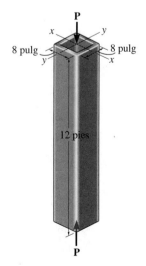

Prob. 13-92

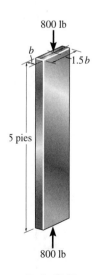

Prob. 13-95

*13-96. La barra es de aleación de aluminio 2014-T6. Calcule su espesor b, si su ancho es $1.5b$. Suponga que está empotrada en sus extremos.

Prob. 13-96

13-100. Resuelva el problema 13-99 si se supone que la columna está empotrada en sus extremos superior e inferior.

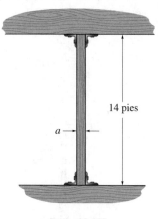

Prob. 13-100

13-97. Una barra de 5 pies de longitud se usa en una máquina para transmitir una carga axial de compresión de 3 klb. Determine su diámetro, si está articulada en sus extremos, y es de aleación de aluminio 2014-T6.

13-98. Resuelva el problema 13-97, si la varilla está empotrada en sus extremos.

13-99. La columna de madera es cuadrada, y se supone articulada en sus extremos superior e inferior. Si sostiene una carga axial de 50 klb, calcule la dimensión de sus lados, a, en incrementos de $\frac{1}{2}$ pulg. Use las fórmulas de la NFPA.

13-101. La columna de madera se usa para soportar una carga axial $P = 30$ klb. Si está empotrada en su extremo inferior, y libre en su extremo superior, calcule el ancho mínimo de acuerdo con las fórmulas de la NFPA.

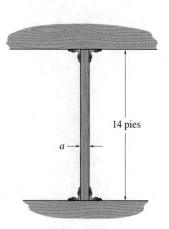

Prob. 13-99

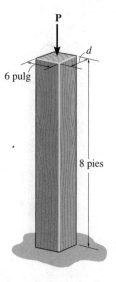

Prob. 13-101

13-102. La columna de madera tiene 18 pies de longitud, y está articulada en sus extremos. Use las fórmulas de la NFPA para determinar la máxima fuerza axial P que puede soportar.

*__13-104.__ La columna es de madera. Está empotrada en su base y está libre en su extremo superior. Use las fórmulas de la NFPA para determinar su longitud máxima admisible para que pueda soportar una carga axial $P = 6$ klb.

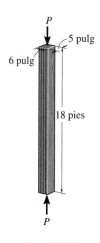

Prob. 13-102

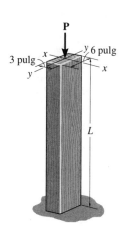

Prob. 13-104

13-103. La columna de madera tiene 18 pies de longitud y está empotrada en ambos extremos. Use las fórmulas de la NFPA para determinar la máxima fuerza axial P que puede soportar.

13-105. La columna es de madera. Está empotrada en su base y está libre en su extremo superior. Use las fórmulas de la NFPA para determinar la carga axial máxima admisible P que puede soportar, si su longitud es $L = 6$ pies.

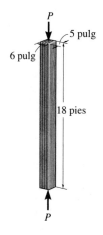

Prob. 13-103

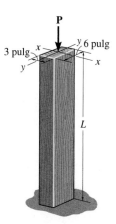

Prob. 13-105

*13.7 Diseño de columnas por carga excéntrica

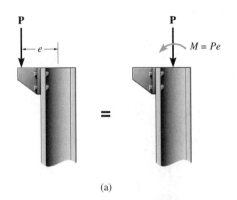

(a)

$\sigma_{máx}$

(b)

Fig. 13-31

En ocasiones, se puede necesitar que una columna soporte una carga que actúe ya sea en su orilla, o sobre un soporte angular fijo a su orilla, como el que se ve en la figura 13-31a. El momento de flexión $M = Pe$, debido a la carga excéntrica, se debe tener en cuenta al diseñar la columna. Hay varias formas aceptables para hacerlo, en la práctica de la ingeniería. Aquí describiremos dos de los métodos más comunes.

Uso de las fórmulas disponibles para columnas. La distribución de esfuerzos que actúan sobre el área transversal de la columna se ve en la figura 13-31a, y se determina a partir tanto de la fuerza axial P como del momento de flexión $M = Pe$. En particular, el esfuerzo máximo de compresión es

$$\sigma_{máx} = \frac{P}{A} + \frac{Mc}{I} \qquad (13\text{-}30)$$

Un perfil típico de esfuerzos se ve en la figura 13-31b. Si en forma conservadora *se supone* que toda la sección transversal está sometida al esfuerzo uniforme $\sigma_{máx}$ determinado con la ecuación 13-30, entonces se pueden comparar $\sigma_{máx}$ y σ_{adm}, que es determinado usando las fórmulas de la sección 13.6. El cálculo de σ_{adm} se suele hacer usando la relación de esbeltez *máxima* para la columna, independientemente del eje respecto al cual se presenta la flexión. Este requisito se especifica normalmente en los códigos de diseño, y en la mayor parte de los casos lleva a un diseño conservador. Si

$$\sigma_{máx} \leq \sigma_{adm}$$

entonces la columna puede soportar la carga especificada. Si no es válida esta desigualdad, se debe aumentar el área A de la columna y se deben calcular nuevos $\sigma_{máx}$ y σ_{adm}. Este método de cálculo es de aplicación bastante sencilla, y funciona bien con columnas cortas o de longitud intermedia.

Fórmula de interacción. Cuando *se diseña* una columna cargada en forma excéntrica es preferible ver cómo *interactúan* las cargas de flexión y axial, para poder alcanzar un balance entre estos dos efectos. Para hacerlo se tendrán en cuenta las contribuciones separadas al área total de la columna aportadas por la fuerza axial y por el momento. Si el esfuerzo admisible para la carga axial es $(\sigma_a)_{adm}$, entonces el área requerida para que la columna soporte la carga P es

$$A_a = \frac{P}{(\sigma_a)_{adm}}$$

De igual manera, si el esfuerzo admisible de flexión es $(\sigma_b)_{adm}$, entonces, como $I = Ar^2$, el área que requiere la columna para soportar el momento de excentricidad se determina con la fórmula de la flexión, es decir,

$$A_b = \frac{Mc}{(\sigma_b)_{\text{adm}} r^2}$$

El área total A necesaria para que la columna resista la carga axial *y también* el momento es

$$A_a + A_b = \frac{P}{(\sigma_a)_{\text{adm}}} + \frac{Mc}{(\sigma_b)_{\text{adm}} r^2} \le A$$

o sea

$$\frac{P/A}{(\sigma_a)_{\text{adm}}} + \frac{Mc/Ar^2}{(\sigma_b)_{\text{adm}}} \le 1$$

$$\frac{\sigma_a}{(\sigma_a)_{\text{adm}}} + \frac{\sigma_b}{(\sigma_b)_{\text{adm}}} \le 1 \qquad (13\text{-}31)$$

En estas ecuaciones

σ_a = esfuerzo axial causado por la fuerza P, determinado con $\sigma_a = P/A$, donde A es el área transversal de la columna

σ_b = esfuerzo de flexión causado por una carga excéntrica, o un momento aplicado M; σ_b se calcula con $\sigma_b = Mc/I$, donde I es el momento de inercia del área transversal, calculado respecto al eje de flexión, o eje neutro

$(\sigma_a)_{\text{adm}}$ = esfuerzo axial admisible, definido por las fórmulas de la sección 13.6, o por las especificaciones de algún otro código de diseño. Para este fin, se debe usar siempre la relación de esbeltez *mayor* para la columna, independientemente del eje con respecto al cual la columna sufra la flexión

$(\sigma_b)_{\text{adm}}$ = esfuerzo de flexión admisible, definido por especificaciones de código

En particular, si la columna sólo está sometida a una carga axial, la relación de esfuerzo de flexión en la ecuación 13-31 sería igual a cero, y el diseño sólo se basará en el esfuerzo axial admisible. De igual manera, cuando no hay carga axial presente, la relación de esfuerzo axial es cero, y el requisito de esfuerzo se basará en el esfuerzo de flexión admisible. Por consiguiente, cada relación de esfuerzo indica la contribución de la carga axial o del momento de flexión. Como la ecuación 13-31 muestra la forma en que interactúan esas cargas, a esta ecuación se le llama a veces la *fórmula de interacción*. En este método de diseño se usa un procedimiento de tanteo y verificación, donde se requiere que el diseñador *escoja* una columna disponible para ver si se satisface la desigualdad. Si no, se escoge un perfil mayor, y se repite el proceso. Una opción económica se obtiene cuando el lado izquierdo es cercano, pero menor que 1.

Con frecuencia, en los códigos se especifica el método de interacción para diseñar miembros de acero, aluminio o madera. En particular, el Instituto Americano de Construcción en Acero especifica el uso de esta ecuación sólo para cuando la relación de esfuerzo axial $\sigma_a/(\sigma_a)_{\text{adm}} \le 0.15$. Para otros valores de esta relación se usa una forma modificada de la figura 13-31*b*.

Los ejemplos que siguen ilustran los métodos anteriores, para el diseño y análisis de columnas con carga excéntrica.

Ejemplo típico de una columna que se usa para soportar la carga excéntrica de un techo.

La columna de la figura 13-32 es de aleación de aluminio 2014-T6, y se usa para soportar una carga excéntrica **P**. Determinar la magnitud de **P** que puede soportar, si la columna está empotrada en su base y libre en su extremo superior. Usar la ecuación 13-30.

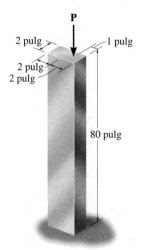

Fig. 13-32

Solución

De la figura 13-12b, $K = 2$. La máxima relación de esbeltez para la columna es, entonces,

$$\frac{KL}{r} = \frac{2(80 \text{ pulg})}{\sqrt{[(1/12)(4 \text{ pulg})(2 \text{ pulg})^3]/[(2 \text{ pulg})4 \text{ pulg}]}} = 277.1$$

Por inspección, se ve que se debe usar la ecuación 13-26 (277.1 > 55). Así,

$$\sigma_{\text{adm}} = \frac{54\,000 \text{ klb/pulg}^2}{(KL/r)^2} = \frac{54\,000 \text{ klb/pulg}^2}{(277.1)^2} = 0.703 \text{ klb/pulg}^2$$

El esfuerzo máximo real de compresión en la columna se determina con la combinación de carga axial y de flexión. Entonces,

$$\sigma_{\text{máx}} = \frac{P}{A} + \frac{(Pe)c}{I}$$

$$= \frac{P}{2 \text{ pulg}(4 \text{ pulg})} + \frac{P(1 \text{ pulg})(2 \text{ pulg})}{(1/12)(2 \text{ pulg})(4 \text{ pulg})^3}$$

$$= 0.3125P$$

Suponiendo que este esfuerzo es *uniforme* en toda la sección transversal, y no sólo en el límite exterior, se requiere que

$$\sigma_{\text{adm}} = \sigma_{\text{máx}}; \qquad 0.703 = 0.3125P$$

$$P = 2.25 \text{ klb} \qquad\qquad\qquad Resp.$$

E J E M P L O 13.13

La columna W6 × 20 de acero A-36 de la figura 13-33 está articulada en sus extremos, y está sometida a la carga excéntrica **P**. Determine el valor máximo admisible de P, usando el método de interacción, si el esfuerzo de flexión admisible es $(\sigma_b)_{adm} = 22$ klb/pulg^2.

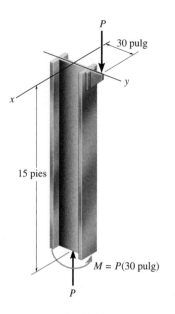

Fig. 13-33

Solución

En este caso $K = 1$. Las propiedades geométricas necesarias del perfil W6 × 20 se toman de la tabla del apéndice B.

$$A = 5.87 \text{ pulg}^2 \qquad I_x = 41.4 \text{ pulg}^4 \qquad r_y = 1.50 \text{ pulg} \qquad d = 6.20 \text{ pulg}$$

Se tomará en cuenta r_y porque conducirá al valor *mayor* de la relación de esbeltez. También se necesita I_x, porque el pandeo es respecto al eje x ($c = 6.20$ pulg/2 = 3.10 pulg). Para calcular el esfuerzo admisible de compresión se tiene que

$$\frac{KL}{r} = \frac{1(15 \text{ pies})(12 \text{ pulg/pie})}{1.50 \text{ pulg}} = 120$$

Ya que

$$\left(\frac{KL}{r}\right)_c = \sqrt{\frac{2\pi^2 E}{\sigma_Y}} = \sqrt{\frac{2\pi^2[29(10^3) \text{ klb/pulg}^2]}{36 \text{ klb/pulg}^2}} = 126.1$$

entonces $KL/r < (KL/r)_c$, por lo que se debe usar la ecuación 13-23.

$$\sigma_{adm} = \frac{[1 - (KL/r)^2/2(KL/r)_c^2]\sigma_Y}{[(5/3) + [(3/8)(KL/r)/(KL/r)_c] - [(KL/r)^3/8(KL/r)_c^3]]}$$

$$= \frac{[1 - (120)^2/2(126.1)^2]36 \text{ klb/pulg}^2}{[(5/3) + [(3/8)(120)/(126.1)] - [(120)^3/8(126.1)^3]]}$$

$$= 10.28 \text{ klb/pulg}^2$$

Al aplicar la ecuación de interacción, ecuación 13-31, se obtiene

$$\frac{\sigma_a}{(\sigma_a)_{adm}} + \frac{\sigma_b}{(\sigma_b)_{adm}} \leq 1$$

$$\frac{P/5.87 \text{ pulg}^2}{10.28 \text{ klb/pulg}^2} + \frac{P(30 \text{ pulg})(3.10 \text{ pulg})/(41.4 \text{ pulg}^4)}{22 \text{ klb/pulg}^2} = 1$$

$$P = 8.43 \text{ klb} \qquad\qquad Resp.$$

Al comprobar la aplicación del método de interacción para el perfil de acero se requiere que

$$\frac{\sigma_a}{(\sigma_a)_{adm}} = \frac{8.43 \text{ klb/}(5.87 \text{ pulg})}{10.28 \text{ klb/pulg}^2} = 0.140 < 0.15 \qquad\qquad \text{OK}$$

E J E M P L O 13.14

La columna de madera de la figura 13-34 se compone de dos tablas clavadas para que la sección transversal tenga las dimensiones indicadas. Si la columna está empotrada en su base y libre en su extremo superior, usar la ecuación 13-30 para calcular la carga excéntrica **P** que se puede soportar.

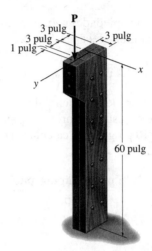

Fig. 13-34

Solución

De acuerdo con la figura 13-12b, $K = 2$. En este caso se debe calcular KL/d para determinar cuál de las ecuaciones de 13-27 a 13-29 es la que se debe usar. En vista de que σ_{adm} se determina usando la mayor relación de esbeltez, escogeremos $d = 3$ pulg. Es para que esta relación sea la mayor posible, para así obtener el esfuerzo axial admisible más bajo posible. Esto se hace así aun cuando la flexión debida a P sea respecto al eje x. Entonces,

$$\frac{KL}{d} = \frac{2(60 \text{ pulg})}{3 \text{ pulg}} = 40$$

El esfuerzo axial admisible se determina con la ecuación 13-29, ya que $26 < KL/d < 50$. Entonces,

$$\sigma_{adm} = \frac{540 \text{ klb/pulg}^2}{(KL/d)^2} = \frac{540 \text{ klb/pulg}^2}{(40)^2} = 0.3375 \text{ klb/pulg}^2$$

Al aplicar la ecuación 13-30, con $\sigma_{adm} = \sigma_{máx}$, se obtiene

$$\sigma_{adm} = \frac{P}{A} + \frac{Mc}{I}$$

$$0.3375 \text{ klb/pulg}^2 = \frac{P}{3 \text{ pulg}(6 \text{ pulg})} + \frac{P(4 \text{ pulg})(3 \text{ pulg})}{(1/12)(3 \text{ pulg})(6 \text{ pulg})^3}$$

$$P = 1.22 \text{ klb} \qquad\qquad Resp.$$

PROBLEMAS

13-106. Una columna de 16 pies de longitud es de aleación de aluminio 2014-T6. Está empotrada en sus extremos superior e inferior, y se aplica una carga de compresión **P** en el punto *A*. Calcular la magnitud máxima admisible de **P**, usando las ecuaciones de la sección 13.6 y la ecuación 13-30.

13-107. Una columna de 16 pies de longitud es de aleación de aluminio 2014-T6. Está empotrada en sus extremos superior e inferior, y se aplica una carga de compresión **P** en el punto *A*. Calcular la magnitud máxima admisible de **P**, usando las ecuaciones de la sección 13.6 y la fórmula de interacción con $(\sigma_b)_{adm} = 20$ klb/pulg^2.

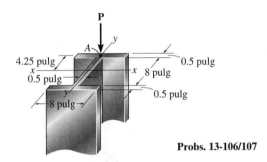

Probs. 13-106/107

*__13-108.__ La columna W8 × 15 de acero estructural A-36 está empotrada en sus extremos superior e inferior. Si soporta momentos de $M = 5$ klb · pie en sus extremos, determine la fuerza axial *P* que puede aplicársele. La flexión es respecto al eje *x-x*. Use las ecuaciones del AISC de la sección 13.6, y la ecuación 13-30.

13-109. La columna W8 × 15 de acero estructural A-36 está empotrada en sus extremos superior e inferior. Si soporta momentos de $M = 23$ klb · pie en sus extremos, determine la fuerza axial *P* que puede aplicársele. La flexión es respecto al eje *x-x*. Use la fórmula de la interacción con $(\sigma_b)_{adm} = 24$ klb/pulg^2.

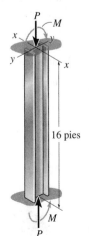

Probs. 13-108/109

13-110. Se supone que la columna W8 × 15 de acero estructural A-36 está articulada en sus extremos superior e inferior. Determine la carga excéntrica máxima *P* que puede aplicársele usando la ecuación 13-30 y las ecuaciones del AISC en la sección 13.6.

13-111. Resuelva el problema 13-110, si la columna está empotrada en sus extremos superior e inferior.

*__13-112.__ Resuelva el problema 13-110, si la columna está empotrada en su base y articulada en su extremo superior.

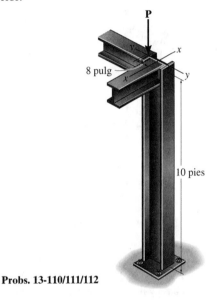

Probs. 13-110/111/112

13-113. Se supone que la columna W10 × 19 de acero estructural A-36 está articulada en sus extremos superior e inferior. Determine la carga excéntrica máxima *P* que se le puede aplicar, usando la ecuación 13-30 y las ecuaciones del AISC en la sección 13.6.

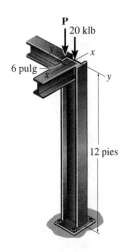

Prob. 13-113

13-114. La columna W14 × 22 de acero estructural A-36 está empotrada en sus extremos superior e inferior. Si soporta momentos en los extremos $M = 10$ klb · pie, calcule la fuerza axial máxima admisible P que se puede aplicar. La flexión es respecto al eje x-x. Use las ecuaciones del AISC en la sección 13.6, y la ecuación 13-30.

13-115. La columna W14 × 22 está empotrada en sus extremos superior e inferior. Si soporta momentos en los extremos $M = 15$ klb · pie, calcule la fuerza axial máxima admisible P que se puede aplicar. La flexión es respecto al eje x-x. Use la fórmula de interacción, con $(\sigma_b)_{adm} = 24$ klb/pulg^2.

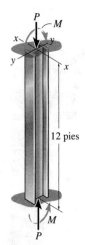

Probs. 13-114/115

13-117. La columna W12 × 87 de acero estructural A-36 está empotrada en su base y libre en su extremo superior. Determine la carga excéntrica máxima P que se puede aplicar, usando la ecuación 13-30, y las ecuaciones del AISC en la sección 13.6.

13-118. La columna W14 × 43 de acero estructural A-36 está empotrada en su base y libre en su extremo superior. Determine la carga excéntrica máxima P que se le puede aplicar, usando la ecuación 13-30 y las ecuaciones del AISC en la sección 13.6.

13-119. La columna W10 × 45 de acero estructural A-36 está empotrada en su base y libre en su extremo superior. Si está sometida a una carga de $P = 2$ klb, determine si es segura, con base en las ecuaciones del AISC en la sección 13.6, y la ecuación 13-30.

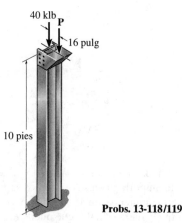

Probs. 13-118/119

*__13-116.__ La columna W12 × 50 de acero estructural A-36 está empotrada en su base y libre en su extremo superior. Determine la carga excéntrica máxima P que se puede aplicar, usando la ecuación 13-30, y las ecuaciones del AISC en la sección 13.6.

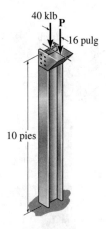

Probs. 13-116/117

*__13-120.__ Compruebe que la columna de acero es adecuada para soportar la carga excéntrica $P = 800$ lb, aplicada en su extremo superior. Está empotrada en su base y libre en su extremo superior. Use las ecuaciones de la NFPA en la sección 13.6, y la ecuación 13-30.

13-121. Determine la carga excéntrica P máxima admisible, que se puede aplicar a la columna de madera. Está empotrada en su base y libre en su extremo superior. Use las ecuaciones de la NFPA en la sección 13.6, y la ecuación 13-30.

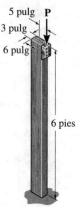

Probs. 13-120/121

13-122. El poste eléctrico de 10 pulg de diámetro soporta al transformador, de 600 lb de peso, que tiene su centro de gravedad en G. Si el poste está empotrado en el suelo y está libre en su extremo superior, determine si es adecuado de acuerdo con las ecuaciones de la NFPA de la sección 13.6, y la ecuación 13-30.

13-123. Determine si la columna puede soportar la carga excéntrica de compresión, de 1.5 klb. Suponga que los extremos están articulados. Use las ecuaciones de la NFPA en la sección 13.6, y la ecuación 13-30.

13-124. Determine si la columna puede soportar la carga excéntrica de compresión de 1.5 klb. Suponga que la base está empotrada y el extremo superior está articulado. Use las ecuaciones de la NFPA en la sección 13.6, y la ecuación 13-30.

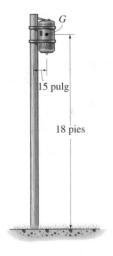

Prob. 13-122

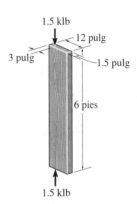

Probs. 13-123/124

REPASO DEL CAPÍTULO

- El pandeo es la inestabilidad repentina que se presenta en columnas o miembros que soportan una carga axial. La carga máxima axial que puede soportar un miembro justo antes de que haya pandeo se llama carga crítica, P_{cr}.

- La carga crítica, para una columna ideal, se determina con la ecuación de Euler, $P_{cr} = \pi^2 EI/(KL)^2$, donde $K = 1$ para extremos articulados, $K = 0.5$ para extremos empotrados, $K = 0.7$ para un extremo articulado y un extremo empotrado, y $K = 2$ para un extremo empotrado y un extremo libre.

- Si la carga axial se aplica en forma excéntrica a la columna, se debe usar la fórmula de la secante para determinar el esfuerzo máximo en la columna.

- Cuando la carga axial tiende a causar la fluencia en la columna, entonces se debe usar el módulo tangente con la ecuación de Euler, para determinar la carga de pandeo. A esto se le llama ecuación de Engesser.

- Se han desarrollado ecuaciones empíricas basadas en datos experimentales, para usarlas en el diseño de columnas de acero, aluminio y madera.

PROBLEMAS DE REPASO

13-125. La columna de madera tiene 4 pulg de espesor y 6 pulg de ancho. Use las ecuaciones de la NFPA en la sección 13.6, y la ecuación 13-30, para determinar la carga excéntrica máxima admisible que puede aplicársele. Suponga que la columna está articulada tanto en su base como en su extremo superior.

13-126. La columna de madera tiene 4 pulg de espesor y 6 pulg de ancho. Use las ecuaciones de la NFPA en la sección 13.6, y la ecuación 13-30, para determinar la carga excéntrica máxima admisible P que puede aplicársele. Suponga que la columna está articulada en su extremo superior y empotrada en su base.

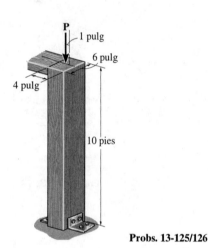

Probs. 13-125/126

13-127. El miembro tiene un corte transversal simétrico. Si está articulado en sus extremos, calcule la fuerza máxima que puede soportar. Es de aleación de aluminio 2014-T6.

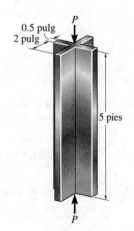

Prob. 13-127

*13-128.** Una columna de acero tiene 5 m de longitud, así como un extremo libre y el otro empotrado. Si el área transversal tiene las dimensiones de la figura, determine la carga crítica.

$E_{ac} = 200$ GPa, $\sigma_Y = 360$ MPa.

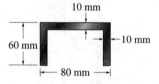

Prob. 13-128

13-129. El tubo cuadrado de acero estructural A-36 tiene 8 pulg por 8 pulg de dimensiones exteriores. Su área transversal es 14.10 pulg^2, y sus momentos de inercia son $I_x = I_y = 131$ pulg^4. Si en su parte superior se aplica una carga de 120 klb, como muestra la figura, calcule el factor de seguridad del tubo con respecto a la fluencia. Se puede suponer que la columna está empotrada en su base y libre en su extremo superior.

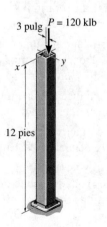

Prob. 13-129

13-130. El tubo de acero está empotrado en ambos extremos. Si tiene 4 m de longitud y su diámetro es 50 mm, determine el espesor de pared necesario para que pueda soportar una carga axial $P = 100$ kN sin pandearse. $E_{ac} = 200$ GPa, $\sigma_Y = 250$ MPa.

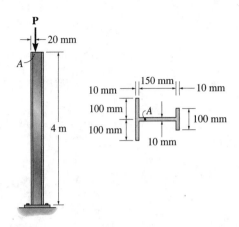

Probs. 13-131/132

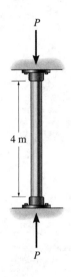

Prob. 13-130

13-133. La columna W10 $\times$ 45 de acero soporta una carga axial de 60 klb, y además una carga excéntrica **P**. Determine el valor máximo admisible de **P**, con base en las ecuaciones del AISC, en la sección 13.6, y la ecuación 13-30. Suponga que $K_x = 1.0$ en el plano x-z, y $K_y = 2.0$ en el plano y-z. $E_{ac} = 29(10^3)$ klb/pulg^2, $\sigma_Y = 50$ klb/pulg^2.

13-134. La columna W14 $\times$ 53 de acero estructural A-36 soporta una carga axial de 60 klb, y además una carga excéntrica **P**. Determine el valor máximo admisible de **P**, con base en las ecuaciones del AISC en la sección 13.6, y la ecuación 13-30. Suponga que $K_x = 1.0$ en el plano x-z y que $K_y = 2.0$ en el plano y-z.

13-131. La columna de acero estructural A-36 tiene la sección transversal que muestra la figura. Si está empotrada en su base y libre en su extremo superior, determine la fuerza máxima P que puede aplicarse en A sin causar pandeo ni fluencia. Use un factor de seguridad 3 con respecto al pandeo y a la fluencia.

*13-132. La columna de acero estructural A-36 tiene la sección transversal que muestra la figura. Si está empotrada en su base y libre en su extremo superior, determine si se pandea o tiene fluencia cuando la carga $P = 10$ kN. Use un factor de seguridad 3 con respecto al pandeo y a la fluencia.

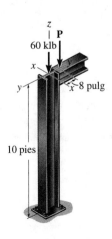

Probs. 13-133/134

Cuando los pilotes son colocados en su lugar, sus extremos están sujetos a carga
de impacto. La naturaleza del impacto y la energía que deriva deben entenderse
para determinar el esfuerzo desarrollado dentro del pilote.
(Cortesía de Manitowoc Engineering Company.)

Métodos de energía

En este capítulo indicaremos cómo aplicar los métodos de energía para resolver los problemas donde interviene la deflexión. El capítulo comienza con una descripción del trabajo y la energía de deformación, seguido por un desarrollo del principio de la conservación de la energía. Aplicando este principio se determinan el esfuerzo y la deflexión de un miembro, cuando está sometido al impacto. A continuación se presentan el método del trabajo virtual y el teorema de Castigliano, y se usan esos métodos para determinar el desplazamiento y la pendiente en puntos de miembros estructurales y de elementos mecánicos.

14.1 Trabajo externo y energía de deformación

Antes de desarrollar alguno de los métodos de energía que se usarán en este capítulo, primero definiremos el trabajo causado por una fuerza y un momento de par externos, e indicaremos cómo expresar el trabajo en función de la energía de deformación unitaria de un cuerpo. Las formulaciones que se presentarán aquí y en la siguiente sección son la base para aplicar los métodos de trabajo y energía que siguen en todo el capítulo.

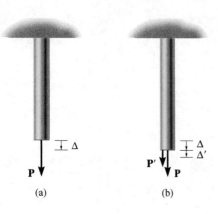

(a)   (b)

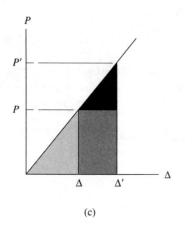

(c)

Fig. 14-1

Trabajo de una fuerza.   En mecánica, una fuerza efectúa *trabajo* cuando sufre un desplazamiento dx en la *misma dirección* que la de la fuerza. El trabajo efectuado es un escalar que se define como $dU_e = F\,dx$. Si el desplazamiento total es x, el trabajo es

$$U_e = \int_0^x F\,dx \qquad (14\text{-}1)$$

Para mostrar cómo aplicar esta ecuación, calcularemos el trabajo efectuado por una fuerza axial aplicada al extremo de la barra de la figura 14-1*a*. A medida que la magnitud de **F** aumenta *en forma gradual*, de cero hasta un valor límite $F = P$, el desplazamiento final del extremo de la barra llega a Δ. Si el material se comporta en una forma elástica lineal, la fuerza será directamente proporcional al desplazamiento; esto es, $F = (P/\Delta)x$. Se sustituye en la ecuación 14-1 y se integra de 0 a Δ, para obtener

$$U_e = \frac{1}{2}P\Delta \qquad (14\text{-}2)$$

Por consiguiente, a medida que la fuerza se aplica en forma gradual a la barra, su magnitud aumenta desde cero hasta cierto valor P, y en consecuencia el trabajo efectuado es igual a la *magnitud promedio de la fuerza*, $P/2$, por el desplazamiento total Δ. Esto se puede representar en forma gráfica como el área negra del triángulo de la figura 14-1*c*.

Sin embargo, supongamos que **P** ya está aplicada a la barra, y que ahora se aplica *otra fuerza* **P**′ a la misma, de modo que el extremo de la barra se desplaza *más* en una cantidad Δ', figura 14-1*b*. El trabajo efectuado por **P** (no por **P**′) cuando la barra sufre este desplazamiento adicional Δ' es, entonces,

$$U_e' = P\Delta' \qquad (14\text{-}3)$$

En este caso, el trabajo está representado por el *área rectangular* gris oscuro en la figura 14-1*c*. En este caso **P** no cambia su magnitud, ya que el desplazamiento Δ' de la barra sólo se debe a **P**′. En consecuencia, en este caso el trabajo no es más que la magnitud P de la fuerza por el desplazamiento Δ'.

Entonces, en resumen, cuando se aplica una fuerza **P** a la barra, seguida por la aplicación de la fuerza **P**′, el trabajo total efectuado por ambas fuerzas se representa con el área de todo el triángulo de la figura 14-1*c*. El área triangular gris claro representa el trabajo de **P** causado por su desplazamiento Δ. El área triangular de color negro representa el trabajo de **P**′, porque esta fuerza se desplaza Δ'; y por último, el área rectangular de gris oscuro representa el trabajo adicional hecho por **P** cuando **P** se desplaza Δ', que es causado por **P**′.

Trabajo del momento de un par. El momento de un par **M** efectúa trabajo al sufrir un desplazamiento rotacional $d\theta$ a lo largo de su línea de acción. El trabajo efectuado se define como $dU_e = M\, d\theta$, figura 14-2. Si el ángulo total de desplazamiento rotacional es θ rad, el trabajo es

$$U_e = \int_0^\theta M\, d\theta \qquad (14\text{-}4)$$

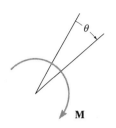

Fig. 14-2

Como en el caso de la fuerza, si se aplica el momento del par a un *cuerpo* de material elástico lineal, de tal modo que aumenta su magnitud en forma gradual de cero a $\theta = 0$ a M en θ, el trabajo es entonces

$$U_e = \frac{1}{2}M\theta \qquad (14\text{-}5)$$

Sin embargo, si el momento del par ya está aplicado al cuerpo y otras cargas hacen que ese cuerpo gire más, una cantidad θ', el trabajo es entonces

$$U'_e = M\theta'$$

Energía de deformación unitaria. Cuando se aplican cargas a un cuerpo, deforman al material. Si no se pierde energía en forma de calor, el trabajo externo efectuado por las cargas se convertirá en trabajo interno llamado *energía de deformación*. Esta energía, que *siempre es positiva,* se almacena en el cuerpo, y es causada por la acción de esfuerzo normal o el cortante.

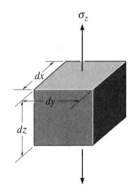

Fig. 14-3

Esfuerzo normal. Si el volumen del elemento de la figura 14-3 se somete al esfuerzo normal σ_z, la fuerza creada sobre las caras superior e inferior es $dF_z = \sigma_z\, dA = \sigma_z\, dx\, dy$. Si se aplica esta fuerza en forma gradual al elemento, como la fuerza **P** mencionada antes, su magnitud aumenta de cero a dF_z, mientras que el elemento sufre un desplazamiento $d\Delta_z = \epsilon_z\, dz$. El trabajo efectuado por dF_z es entonces $dU_i = \frac{1}{2}dF_z\, d\Delta_z = \frac{1}{2}[\sigma_z\, dx\, dy]\epsilon_z\, dz$. Ya que el volumen del elemento es $dV = dx\, dy\, dz$, entonces

$$dU_i = \frac{1}{2}\sigma_z\epsilon_z\, dV \qquad (14\text{-}6)$$

Observe que U_i *siempre es positiva*, aunque σ_z sea de compresión, ya que σ_z y ϵ_z siempre tendrán la misma dirección.

Entonces, en general, si el cuerpo sólo se somete a un *esfuerzo normal* uniaxial σ, que actúa en una dirección especificada, la energía de deformación en el cuerpo es entonces

$$U_i = \int_V \frac{\sigma\epsilon}{2} dV \qquad (14\text{-}7)$$

También, si el material se comporta en forma elástica lineal, se aplica la ley de Hooke, $\sigma = E\epsilon$, y por consiguiente se puede expresar la energía de deformación en función del esfuerzo normal como sigue:

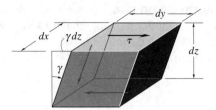

Fig. 14-4

$$U_i = \int_V \frac{\sigma^2}{2E} dV \qquad (14\text{-}8)$$

Esfuerzo cortante. Una ecuación para la energía de deformación parecida a la del esfuerzo normal se puede deducir para el material que se sujeta a esfuerzo cortante. Veamos el elemento de volumen de la figura 14-4. En él, el esfuerzo cortante hace que se deforme de tal manera que sólo está la fuerza cortante $dF = \tau(dx\,dy)$, que actúa sobre la cara superior del elemento, se desplaza $\gamma\,dz$ respecto a la cara inferior. Las *caras verticales* sólo giran y por consiguiente no hacen trabajo las fuerzas cortantes sobre esas caras. Así, la energía de deformación almacenada en el elemento es

$$dU_i = \frac{1}{2}[\tau(dx\,dy)]\gamma\,dz$$

o sea

$$dU_i = \frac{1}{2}\tau\gamma\,dV \qquad (14\text{-}9)$$

donde $dV = dx\,dy\,dz$ es el volumen del elemento.

Esta ecuación se integra sobre todo el volumen del cuerpo para obtener la energía de deformación que se almacena en él; es

$$U_i = \int_V \frac{\tau\gamma}{2} dV \qquad (14\text{-}10)$$

Como en el caso del esfuerzo normal, la energía de deformación cortante siempre es positiva, ya que τ y γ siempre tienen la misma dirección. Si el material es elástico lineal, entonces, al aplicar la ley de Hooke, $\gamma = \tau/G$, se puede expresar la energía de deformación en función del esfuerzo cortante como sigue:

$$U_i = \int_V \frac{\tau^2}{2G} dV \qquad (14\text{-}11)$$

En la siguiente sección usaremos las ecuaciones 14-8 y 14-11 para obtener ecuaciones formales de la energía de deformación almacenada en

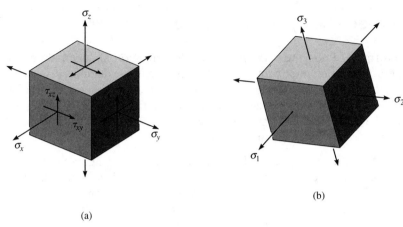

(a)

(b)

Fig. 14-5

miembros sujetos a varios tipos de carga. Una vez hecho esto, podremos entonces desarrollar los métodos de energía, necesarios para determinar el desplazamiento y la pendiente en los puntos de un cuerpo.

Esfuerzo multiaxial.   El desarrollo anterior se puede ampliar para determinar la energía de deformación en un cuerpo cuando se somete a un estado general de esfuerzo, figura 14-5*a*. Las energías de deformación asociadas a cada uno de los componentes de esfuerzo normal y cortante se puede obtener con las ecuaciones 14-6 y 14-9. Como la energía es escalar, la energía total de deformación en el cuerpo es

$$U_i = \int_V \left[\frac{1}{2}\sigma_x \epsilon_x + \frac{1}{2}\sigma_y \epsilon_y + \frac{1}{2}\sigma_z \epsilon_z \right.$$
$$\left. + \frac{1}{2}\tau_{xy}\gamma_{xy} + \frac{1}{2}\tau_{yz}\gamma_{yz} + \frac{1}{2}\tau_{xz}\gamma_{xz} \right] dV \qquad (14\text{-}12)$$

Las deformaciones unitarias se pueden eliminar empleando la forma generalizada de la ley de Hooke, expresada en las ecuaciones 10-18 y 10-19. Después de sustituir y combinar los términos se llega a

$$U_i = \int_V \left[\frac{1}{2E}(\sigma_x{}^2 + \sigma_y{}^2 + \sigma_z{}^2) - \frac{\nu}{E}(\sigma_x\sigma_y + \sigma_y\sigma_z + \sigma_x\sigma_z) \right.$$
$$\left. + \frac{1}{2G}(\tau_{xy}{}^2 + \tau_{yz}{}^2 + \tau_{xz}{}^2) \right] dV \qquad (14\text{-}13)$$

Si sólo actúan los esfuerzos principales σ_1, σ_2 y σ_3 sobre el elemento, figura 14-5*b*, esta ecuación se reduce a la forma más simple:

$$U_i = \int_V \left[\frac{1}{2E}(\sigma_1{}^2 + \sigma_2{}^2 + \sigma_3{}^2) - \frac{\nu}{E}(\sigma_1\sigma_2 + \sigma_2\sigma_3 + \sigma_1\sigma_3) \right] dV \qquad (14\text{-}14)$$

Recuerde que usamos esta ecuación en la sección 10.7, como base para desarrollar la teoría de la energía de distorsión máxima.

14.2 Energía de deformación elástica para varias clases de carga

Determinaremos ahora la energía de deformación almacenada en un miembro, al someterse a una carga axial, momento de flexión, corte transversal y momento de torsión, usando las ecuaciones de la energía de deformación elástica deducidas en la sección anterior. Se presentarán ejemplos para demostrar cómo se calcula la energía de deformación en miembros sujetos a cada una de esas cargas.

Carga axial. Imagine una barra de sección variable, ligeramente cónica, que se somete a una carga axial coincidente con el eje centroidal de la barra, figura 14-6. La *fuerza axial interna* en una sección ubicada a una distancia x de un extremo es N. Si el área transversal en esta sección es A, entonces el esfuerzo normal sobre la sección es $\sigma = N/A$. Al aplicar la ecuación 14-8 se obtiene

Fig. 14-6

$$U_i = \int_V \frac{\sigma_x^2}{2E} dV = \int_V \frac{N^2}{2EA^2} dV$$

Si se escoge un elemento, o rebanada diferencial de volumen $dV = A\,dx$, la fórmula general de la energía de deformación en la barra es, por consiguiente,

$$U_i = \int_0^L \frac{N^2}{2AE} dx \qquad (14\text{-}15)$$

Para el caso más común de una barra prismática de sección transversal constante A, longitud L y carga axial N constante, figura 14-7, al integrar la ecuación 14-15 se obtiene

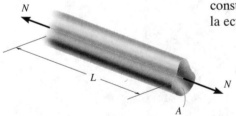

Fig. 14-7

$$U_i = \frac{N^2 L}{2AE} \qquad (14\text{-}16)$$

En esta ecuación se puede ver que la energía de deformación elástica de la barra *aumentará* si aumenta la longitud de la barra, o si disminuyen el módulo de elasticidad o el área transversal. Por ejemplo, una barra de aluminio $[E_{al} = 10(10^3)\ \text{klb/pulg}^2]$ almacenará unas tres veces la energía que una barra de acero $[E_{ac} = 29(10^3)\ \text{klb/pulg}^2]$ que tenga las mismas dimensiones y esté sometida a la misma carga. Por otra parte, al aumentar el área transversal al doble en determinada barra, disminuirá a la mitad su capacidad de almacenar energía. El ejemplo que sigue ilustra esto, en forma numérica.

E J E M P L O   14.1

Se debe escoger uno de los dos tornillos de acero de alta resistencia, A y B de la figura 14-8, para soportar una carga repentina de tensión. Para elegir es necesario determinar la máxima cantidad de energía de deformación elástica que puede absorber cada tornillo. El tornillo A es de 0.875 pulg de diámetro por 2 pulg de longitud, con diámetro de raíz (el diámetro mínimo) de 0.731 pulg en el tramo roscado de 0.25 pulg. El tornillo B tiene roscas "recalcadas", tales que el diámetro en todo su tramo de 2.25 pulg se puede suponer de 0.731 pulg. En ambos casos, no tener en cuenta el material adicional que forma las roscas. Suponer que $E_{ac} = 29(10^3)$ klb/pulg^2, $\sigma_Y = 44$ klb/pulg^2.

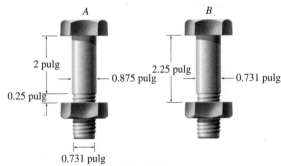

Fig. 14-8

Solución

Tornillo A.   Si el tornillo se somete a su tensión máxima, el esfuerzo máximo de $\sigma_Y = 44$ klb/pulg^2 se presentará en la región de 0.25 pulg. Esta fuerza de tensión es

$$P_{máx} = \sigma_Y A = 44 \text{ klb/pulg}^2 \left[\pi \left(\frac{0.731 \text{ pulg}}{2} \right)^2 \right] = 18.47 \text{ klb}$$

Se aplica la ecuación 14-16 a cada región del tornillo como sigue:

$$U_i = \sum \frac{N^2 L}{2AE}$$

$$= \frac{(18.47 \text{ klb})^2 (2 \text{ pulg})}{2[\pi(0.875 \text{ pulg}/2)^2][29(10^3) \text{ klb/pulg}^2]} + \frac{(18.47 \text{ klb})^2 (0.25 \text{ pulg})}{2[\pi(0.731 \text{ pulg}/2)^2]29(10^3) \text{ klb/pulg}^2}$$

$$= 0.0231 \text{ pulg} \cdot \text{klb} \hspace{6cm} \textit{Resp.}$$

Tornillo B.   En este caso se supone que el tornillo tiene un diámetro uniforme de 0.731 pulg en su longitud de 2.25 pulg. También, de acuerdo con el cálculo anterior, puede soportar una fuerza máxima de tensión de $P_{máx} = 18.47$ klb. Entonces,

$$U_i = \frac{N^2 L}{2AE} = \frac{(18.47 \text{ klb})^2 (2.25 \text{ pulg})}{2[\pi(0.731 \text{ pulg}/2)^2][29(10^3) \text{ klb/pulg2}]} = 0.0315 \text{ pulg} \cdot \text{klb} \hspace{1cm} \textit{Resp.}$$

Al comparar se ve que el tornillo B puede absorber 36% más energía elástica que el tornillo A, aun cuando su sección transversal es menor en su fuste.

Momento de flexión. Como un momento de flexión aplicado a un miembro prismático recto causa el desarrollo de *esfuerzo normal* en él, se puede usar la ecuación 14-8 para determinar la energía de deformación almacenada en el miembro, debido a la flexión. Por ejemplo, veamos la viga axisimétrica de la figura 14-9. En este caso, el momento interno es M y el esfuerzo normal que actúa sobre el elemento arbitrario a la distancia y del eje neutro es $\sigma = My/I$. Si el volumen del elemento es $dV = dA\,dx$, donde dA es el área de su cara expuesta y dx es su longitud, la energía de deformación elástica en la viga es

$$U_i = \int_V \frac{\sigma^2}{2E}dV = \int_V \frac{1}{2E}\left(\frac{My}{I}\right)^2 dA\,dx$$

o sea

$$U_i = \int_0^L \frac{M^2}{2EI^2}\left(\int_A y^2\,dA\right)dx$$

Si se tiene en cuenta que la integral del área representa al momento de inercia de la viga respecto al eje neutro, el resultado final se puede escribir como sigue:

$$U_i = \int_0^L \frac{M^2\,dx}{2EI} \qquad (14\text{-}17)$$

Entonces, para evaluar la energía de deformación, primero hay que expresar el momento interno como función de su posición x a lo largo de la viga, para entonces hacer la integración sobre toda la longitud de la viga.* Los ejemplos que siguen ilustran este procedimiento.

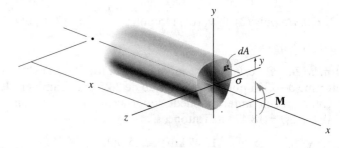

Fig. 14-9

*Recuérdese que la fórmula de la flexión, tal como se usa aquí, también se puede usar con exactitud justificable para determinar el esfuerzo en vigas ligeramente cónicas (vea la sección 6.4). Entonces, en sentido general, I en la ecuación 14-17 también podrá ser expresado en función de x.

E J E M P L O   14.2

Determine la energía de deformación elástica debida a la flexión de la viga en voladizo, si está sometida a la carga uniformemente distribuida w, figura 14-10a. EI es constante.

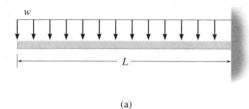

(a)

Fig. 14-10

Solución

El momento interno en la viga se determina definiendo la coordenada x con origen en el lado izquierdo. El segmento izquierdo de la viga se ve en la figura 14-10b. Se tiene que

$$\zeta + \Sigma M_{NA} = 0; \qquad M + wx\left(\frac{x}{2}\right) = 0$$

$$M = -w\left(\frac{x^2}{2}\right)$$

Al aplicar la ecuación 14-17 se obtiene

$$U_i = \int_0^L \frac{M^2\, dx}{2EI} = \int_0^L \frac{[-w(x^2/2)]^2\, dx}{2EI} = \frac{w^2}{8EI}\int_0^L x^4\, dx$$

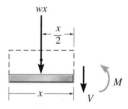

(b)

o sea

$$U_i = \frac{w^2 L^5}{40EI} \qquad\qquad Resp.$$

También se puede obtener la energía de deformación usando una coordenada x que tenga su origen en el lado derecho de la viga, cuya dirección positiva sea hacia la izquierda, figura 14-10c. En este caso,

$$\zeta + \Sigma M_{NA} = 0; \quad -M - wx\left(\frac{x}{2}\right) + wL(x) - \frac{wL^2}{2} = 0$$

$$M = -\frac{wL^2}{2} + wLx - w\left(\frac{x^2}{2}\right)$$

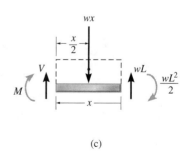

(c)

Al aplicar la ecuación 14-17 se obtiene el resultado anterior.

E J E M P L O **14.3**

Determinar la energía de deformación de flexión, en la región AB de la viga que muestra la figura 14-11a. EI es constante.

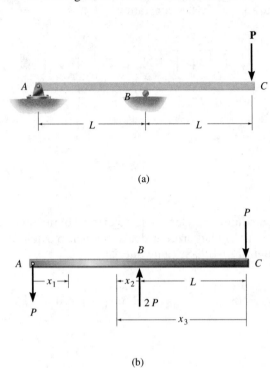

(a)

(b)

Fig. 14-11

Solución

En la figura 14-11b se ve el diagrama de cuerpo libre de la viga. Para llegar a la respuesta se puede expresar el momento interno en función de cualquiera de las tres coordenadas "x" indicadas, para después aplicar la ecuación 14-17. A continuación se examinará cada una de esas soluciones.

$0 \leq x_1 \leq L.$ De acuerdo con el diagrama de cuerpo libre del tramo de la figura 14-11c,

$$\zeta+ \Sigma M_{NA} = 0; \qquad M_1 + Px_1 = 0$$

$$M_1 = -Px_1$$

$$U_i = \int \frac{M^2 \, dx}{2EI} = \int_0^L \frac{(-Px_1)^2 \, dx_1}{2EI}$$

$$= \frac{P^2L^3}{6EI} \qquad\qquad Resp.$$

(c)

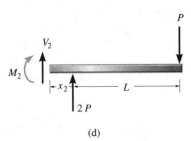

(d)

$0 \leq x_2 \leq L$.   Se usa el diagrama de cuerpo libre del tramo en la figura 14-11d, y el resultado es

$$\zeta+ \Sigma M_{NA} = 0; \quad -M_2 + 2P(x_2) - P(x_2 + L) = 0$$

$$M_2 = P(x_2 - L)$$

$$U_i = \int \frac{M^2 \, dx}{2EI} = \int_0^L \frac{[P(x_2 - L)]^2 \, dx_2}{2EI}$$

$$= \frac{P^2 L^3}{6EI} \qquad\qquad Resp.$$

P

V_3

M_3

$(x_3 - L)$

2 P

L

x_3

(e)

$L \leq x_3 \leq 2L$.   De acuerdo con el diagrama de cuerpo libre de la figura 14-11e,

$$\zeta+ \Sigma M_{NA} = 0; \quad -M_3 + 2P(x_3 - L) - P(x_3) = 0$$

$$M_3 = P(x_3 - 2L)$$

$$U_i = \int \frac{M^2 \, dx}{2EI} = \int_L^{2L} \frac{[P(x_3 - 2L)]^2 \, dx_3}{2EI}$$

$$= \frac{P^2 L^3}{6EI} \qquad\qquad Resp.$$

Éste y el ejemplo anterior indican que la energía de deformación en la viga se puede calcular usando *cualquier* coordenada adecuada x. Sólo es necesario integrar sobre el intervalo de la coordenada donde se va a determinar la energía interna. En este caso, al elegir x_1 la solución es más sencilla.

Cortante transversal. La energía de deformación debida al esfuerzo cortante en un elemento de viga se determina aplicando la ecuación 14-11. En este caso supondremos que la viga es prismática y que tiene simetría con respecto al eje y, como se indica en la figura 14-12. Si el cortante interno en la sección x es V, el esfuerzo cortante que actúa sobre el volumen del elemento de material que tiene longitud dx y área dA es $\tau = VQ/It$. Esto se sustituye en la ecuación 14-11, y la energía de deformación para cortante es

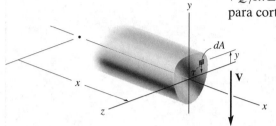

$$U_i = \int_V \frac{\tau^2}{2G} dV = \int_V \frac{1}{2G}\left(\frac{VQ}{It}\right)^2 dA\, dx$$

$$U_i = \int_0^L \frac{V^2}{2GI^2}\left(\int_A \frac{Q^2}{t^2} dA\right) dx$$

Fig. 14-12

La integral entre paréntesis se evalúa sobre el área transversal de la viga. Para simplificar esta ecuación definiremos al *factor de forma* para cortante como sigue:

$$f_s = \frac{A}{I^2}\int_A \frac{Q^2}{t^2} dA \qquad (14\text{-}18)$$

Esto se sustituye en la ecuación anterior y se obtiene

$$U_i = \int_0^L \frac{f_s V^2\, dx}{2GA} \qquad (14\text{-}19)$$

El factor de forma definido por la ecuación 14-18 es un número adimensional único para cada área transversal específica. Por ejemplo, si la viga tiene sección transversal rectangular de ancho b y altura h, figura 14-13, entonces

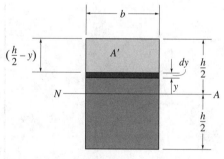

$$t = b$$

$$A = bh$$

$$I = \frac{1}{12}bh^3$$

$$Q = \overline{y}'A' = \left(y + \frac{(h/2) - y}{2}\right)b\left(\frac{h}{2} - y\right) = \frac{b}{2}\left(\frac{h^2}{4} - y^2\right)$$

Fig. 14-13

Estos términos se sustituyen en la ecuación 14-18, y se obtiene

$$f_s = \frac{bh}{\left(\frac{1}{12}bh^3\right)^2}\int_{-h/2}^{h/2} \frac{b^2}{4b^2}\left(\frac{h^2}{4} - y^2\right)^2 b\, dy = \frac{6}{5} \qquad (14\text{-}20)$$

El factor de forma de otras secciones se puede determinar en forma parecida. Una vez obtenido, este número se sustituye en la ecuación 14-19 y se puede evaluar entonces la energía de deformación para el cortante transversal.

EJEMPLO 14.4

Determinar la energía de deformación en la viga en voladizo, debida al cortante, si la viga tiene sección transversal cuadrada y está sometida a una carga uniformemente distribuida w, figura 14-14a. EI y G son constantes.

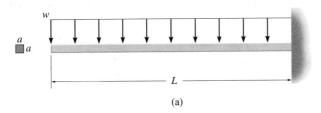

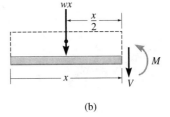

(a)   (b)

Fig. 14-14

Solución

De acuerdo con el diagrama de cuerpo libre de una sección arbitraria, figura 14-14b,

$$+\uparrow \ \Sigma F_y = 0; \qquad\qquad -V - wx = 0$$

$$V = -wx$$

Como la sección transversal es cuadrada, el factor de forma $f_s = \frac{6}{5}$ (ecuación 14-20), y por consiguiente la ecuación 14-19 se transforma en

$$(U_i)_s = \int_0^L \frac{\frac{6}{5}(-wx)^2 \, dx}{2GA} = \frac{3w^2}{5GA} \int_0^L x^2 \, dx$$

$$(U_i)_s = \frac{w^2 L^3}{5GA} \qquad\qquad Resp.$$

Usando los resultados del ejemplo 14.2, con $A = a^2$, $I = \frac{1}{12}a^4$, la relación de la energía de deformación cortante a la deflexión es

$$\frac{(U_i)_s}{(U_i)_b} = \frac{w^2 L^3/5Ga^2}{w^2 L^5/40E\left(\frac{1}{12}a^4\right)} = \frac{2}{3}\left(\frac{a}{L}\right)^2 \frac{E}{G}$$

Ya que $G = E/2(1 + \nu)$ y $\nu \le \frac{1}{2}$ (sección 10.6), entonces, como *límite superior*, $E = 3G$, por lo que

$$\frac{(U_i)_s}{(U_i)_b} = 2\left(\frac{a}{L}\right)^2$$

Se puede ver que esta relación aumenta cuando L disminuye. Sin embargo, aun para vigas muy cortas en las que, digamos, $L = 5a$, la contribución debida a la energía de deformación por cortante sólo es el 8% de la energía de deformación por flexión. Por esta razón, en el análisis de ingeniería no se suele tener en cuenta la energía de deformación por cortante almacenada en las vigas.

Momento de torsión. Para determinar la energía de deformación interna en un eje o tubo redondos, debida a un momento de torsión aplicado, se debe emplear la ecuación 14-11. Imagine el eje ligeramente cónico de la figura 14-15. Una sección del eje que esté a una distancia x de un extremo está sometida a un par interno de torsión T. La distribución del esfuerzo cortante que causa este par de torsión varía en forma lineal, a partir del centro del eje. En el elemento arbitrario de longitud dx y área dA, el esfuerzo es $\tau = T\rho/J$. Así, la energía de deformación almacenada en el eje es

$$U_i = \int_V \frac{\tau^2}{2G} dV = \int_V \frac{1}{2G}\left(\frac{T\rho}{J}\right)^2 dA\, dx$$

$$= \int_0^L \frac{T^2}{2GJ^2}\left(\int_A \rho^2\, dA\right) dx$$

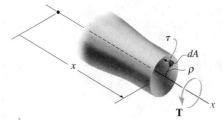

Fig. 14-15

Ya que la integral de área representa el momento polar de inercia J del eje en la sección, el resultado final se puede escribir como sigue:

$$\boxed{U_i = \int_0^L \frac{T^2}{2GJ} dx} \qquad (14\text{-}21)$$

El caso más común se presenta cuando el eje (o el tubo) tiene un área transversal constante, y la torsión aplicada es constante, figura 14-16. Entonces, la integración de la ecuación 14-21 da como resultado

$$\boxed{U_i = \frac{T^2 L}{2GJ}} \qquad (14\text{-}22)$$

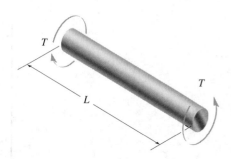

Fig. 14-16

De esta ecuación se puede concluir que, como un miembro con carga axial, la capacidad de absorción de energía de un eje con carga de torsión *disminuye* al aumentar el diámetro del eje, ya que con ello se aumenta J.

Si el corte transversal del eje tiene una forma que no sea circular o tubular, debe modificarse la ecuación 14-22. Por ejemplo, si es rectangular con dimensiones $h > b$, entonces, mediante un análisis matemático basado en la teoría de la elasticidad, se puede demostrar que la energía de deformación en el eje se determina con

$$U_i = \frac{T^2 L}{2Cb^3 hG} \qquad (14\text{-}23)$$

en donde

$$C = \frac{hb^3}{16}\left[\frac{16}{3} - 3.336\frac{b}{h}\left(1 - \frac{b^4}{12h^4}\right)\right] \qquad (14\text{-}24)$$

En el ejemplo que sigue se ilustra cómo determinar la energía de deformación en un eje, debida a carga de torsión.

EJEMPLO 14.5

El eje tubular de la figura 14-17a está empotrado en un muro y sometido a los dos pares de torsión indicados. Determine la energía de deformación almacenada en el eje, debida a estas cargas. $G = 75$ GPa.

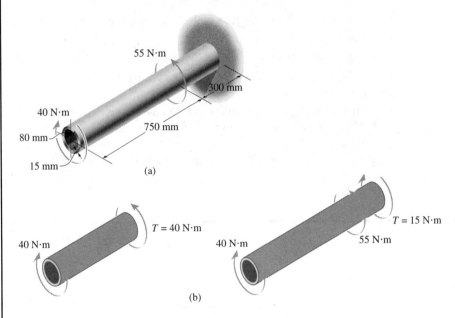

Fig. 14-17

Solución

Usando el método de la secciones, primero se determina el par de torsión interna en las dos regiones del eje donde es constante, figura 14-17b. Aunque esas torsiones (40 N · m y 15 N · m) tienen direcciones contrarias, eso no importará en la determinación de la energía de deformación, porque el par de torsión aparece al cuadrado en la ecuación 14-22. En otras palabras, la energía de deformación siempre es positiva. El momento polar de inercia del eje es

$$J = \frac{\pi}{2}[(0.08 \text{ m})^4 - (0.065 \text{ m})^4] = 36.30(10^{-6}) \text{ m}^4$$

Se aplica la ecuación 14-22, y entonces

$$U_i = \sum \frac{T^2 L}{2GJ}$$

$$= \frac{(40 \text{ N} \cdot \text{m})^2(0.750 \text{ m})}{2[75(10^9) \text{ N/m}^2]36.30(10^{-6}) \text{ m}^4} + \frac{(15 \text{ N} \cdot \text{m})^2(0.300 \text{ m})}{2[75(10^9) \text{ N/m}^2]36.30(10^{-6}) \text{ m}^4}$$

$$= 233 \ \mu\text{J} \hspace{4cm} \textit{Resp.}$$

PUNTOS IMPORTANTES

- Una *fuerza* efectúa trabajo al moverse en un *desplazamiento*. Si la fuerza aumenta de magnitud en forma gradual, de cero a F, el trabajo es $U = (F/2)\Delta$, mientras que si la fuerza es constante cuando se efectúa el desplazamiento, entonces $U = F\Delta$.

- Un *momento de par* efectúa trabajo al moverse en una *rotación*.

- La *energía de deformación* es causada por el trabajo interno de los esfuerzos normal y cortante. Siempre es una cantidad *positiva*.

- La energía de deformación se puede relacionar con las cargas internas resultantes N, V, M y T.

- A medida que la viga es más larga, la energía de deformación debida a la flexión se hace mucho mayor que la energía de deformación debida a cortante. Por esta razón, la *energía de deformación cortante* en las vigas en general se puede *despreciar*.

PROBLEMAS

14-1. Un material se somete a un estado general de esfuerzo plano. Exprese la densidad de energía de deformación en función de las constantes de elasticidad E, G y ν, y de los componentes de esfuerzo σ_x, σ_y y τ_{xy}.

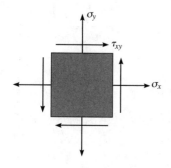

Prob. 14-1

14-2. La densidad de energía de deformación debe ser la misma, sea que el estado de esfuerzo se represente por σ_x, σ_y y τ_{xy}, o por los esfuerzos principales σ_1 y σ_2. Ya que éste es el caso, iguale las ecuaciones de energía de deformación para cada uno de los dos casos, y demuestre que $G = E/[2(1 + \nu)]$.

14-3. Determine la energía de deformación en el conjunto de barras. La parte AB es de acero, BC es de latón y CD es de aluminio. $E_{ac} = 200$ GPa, $E_{latón} = 101$ GPa y $E_{al} = 73.1$ GPa.

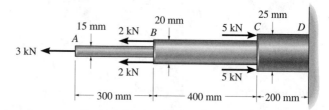

Prob. 14-3

*****14-4.** Usando tornillos del mismo material y área transversal, se ven dos arreglos posibles para la cabeza del cilindro. Compare la energía de deformación que se desarrolla en cada caso, y entonces explique qué diseño es mejor para resistir un choque axial o una carga de impacto.

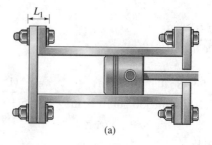

(a)

Prob. 14-4

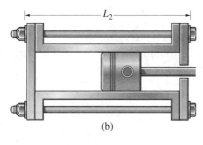

(b)

Prob. 14-4 (cont.)

14-5. Determine la energía de deformación por torsión en el eje de acero A-36. El radio del eje es 30 mm.

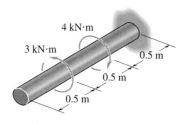

Prob. 14-5

14-6. Determine la energía de deformación por flexión en la viga estructural W10 × 12 de acero A-36. Obtenga la respuesta usando las coordenadas (a) x_1 y x_4 y (b) x_2 y x_3.

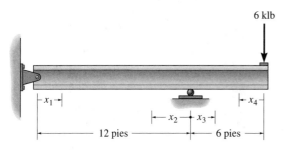

Prob. 14-6

14-7. Determine la energía de deformación por flexión en la viga debido a la carga indicada. EI es constante.

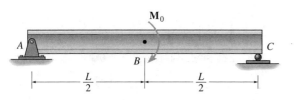

Prob. 14-7

*14-8. Determine la energía total de deformación axial y por flexión en la viga de acero A-36. $A = 2300$ mm^2, $I = 9.5(10^6)$ mm^4.

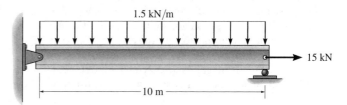

Prob. 14-8

14-9. Determine la energía total de deformación axial y por flexión en la viga W8 × 58 de acero estructural A-36.

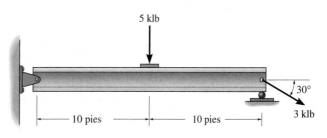

Prob. 14-9

14-10. La viga simplemente apoyada está sometida a la carga que se indica. Determine la energía de deformación por flexión en la viga.

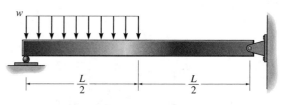

Prob. 14-10

14-11. Determine la energía de deformación por flexión en la viga de acero A-36, debida a la carga que se indica. Obtenga la respuesta usando las coordenadas (a) x_1 y x_4 y (b) x_2 y x_3. $I = 53.8$ pulg^4.

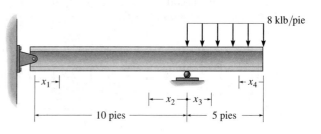

Prob. 14-11

*14-12. Determine la energía de deformación por flexión en la viga en voladizo, debido a una carga uniforme w. Resuelva el problema en dos formas. (a) Aplique la ecuación 14-17. (b) La carga $w\,dx$ que actúa sobre un segmento dx de la viga se desplaza una distancia y, siendo $y = w(-x^4 + 4L^3x - 3L^4)/(24EI)$ la ecuación de la curva elástica. De aquí, la energía de deformación interna en el segmento diferencial dx de la viga es igual al trabajo externo, es decir, $dU_i = \frac{1}{2}(w\,dx)(-y)$. Integre esta ecuación para obtener la energía total de deformación en la viga. EI es constante.

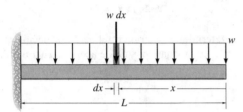

Prob. 14-12

14-13. Determine la energía de deformación por flexión en la viga simplemente apoyada, debida a una carga uniforme w. Resuelva el problema en dos formas. (a) Aplique la ecuación 14-17. (b) La carga $w\,dx$ que actúa sobre el segmento dx de la viga se desplaza una distancia y, siendo $y = \frac{w}{24EI}(-x^4 + 4L^3x - 3L^4)$ la ecuación de la curva elástica. En consecuencia, la energía de deformación interna en el segmento diferencial dx de la viga es igual al trabajo externo, que es $dU_i = \frac{1}{2}(w\,dx)(-y)$. Integre esta ecuación para obtener la energía total de deformación en la viga. EI es constante.

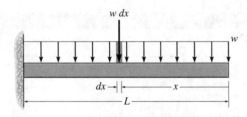

Prob. 14-13

14-14. Determine la energía de deformación cortante en la viga. La viga tiene un corte transversal rectangular con área A, y su módulo de cortante es G.

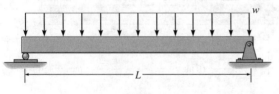

Prob. 14-14

14-15. La columna de concreto contiene seis varillas de refuerzo de acero, de 1 pulg de diámetro. Si la columna soporta una carga de 300 klb, calcule la energía de deformación en la columna. $E_{ac} = 29(10^3)$ klb/pulg^2; $E_c = 3.6(10^3)$ klb/pulg^2.

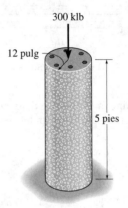

Prob. 14-15

*14-16. Calcule la energía de deformación por flexión en la viga, y la energía de deformación axial en cada uno de los dos postes. Todos los miembros son de aluminio y tienen una sección transversal cuadrada de 50 mm por 50 mm. Suponga que los postes sólo soportan una carga axial. $E_{al} = 70$ GPa.

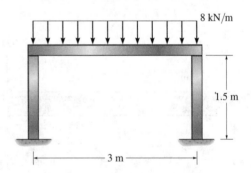

Prob. 14-16

14-17. Determine la energía de deformación por flexión en la viga, debida a la carga distribuida. EI es constante.

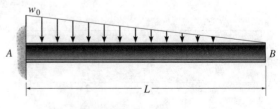

Prob. 14-17

14-18. La viga de la figura se reduce a lo largo de su ancho. Si se aplica una fuerza **P** en su extremo, determine la energía de deformación en ella, y compare este resultado con el de una viga que tenga una sección transversal rectangular constante, de ancho b y altura h.

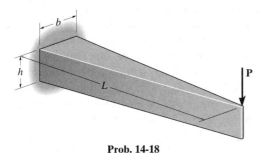

Prob. 14-18

14-19. Calcule la energía total de deformación en el conjunto de acero. Tenga en cuenta la energía de deformación axial en las dos varillas de 0.5 pulg de diámetro, y la energía de deformación por flexión en la viga, cuyo momento de inercia es $I = 43.4$ pulg^4 respecto a su eje neutro. $E_{ac} = 29(10^3)$ klb/pulg^2.

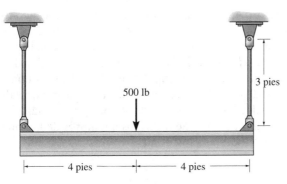

Prob. 14-19

*14-20. Se aplica una carga de 5 kN al centro de la viga de acero A-36, para la cual $I = 4.5(10^6)$ mm^4. Si la viga se apoya en dos resortes, cada uno con $k = 8$ MN/m de rigidez, calcule la energía de deformación en cada uno de los resortes, y la energía de deformación por flexión en la viga.

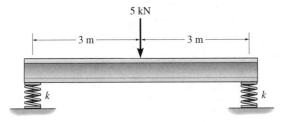

Prob. 14-20

14-21. Los tubos están en el plano horizontal. Si el tubo de la figura se somete a una fuerza vertical **P** en su extremo, determine la energía de deformación debida a flexión y a torsión. Exprese los resultados en función de las propiedades del área transversal, I y J, y de las propiedades del material, E y G.

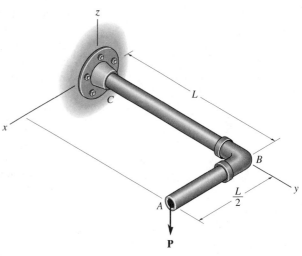

Prob. 14-21

14-22. Determine la energía de deformación en la barra curva *horizontal*, debida a la torsión. Hay una fuerza **P** *vertical* que actúa en su extremo. JG es constante.

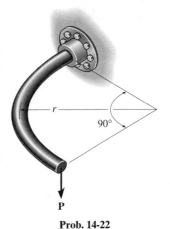

Prob. 14-22

14-23. Considere el tubo de pared delgada de la figura 5-30. Use la fórmula del esfuerzo cortante, $\tau_{prom} = T/2t\,A_m$, ecuación 5-18, y la ecuación general de energía de deformación cortante, ecuación 14-11, para demostrar que el esfuerzo de rotación del tubo es dado por la ecuación 5-20. *Sugerencia:* iguale el trabajo hecho por el par de torsión T a la energía de deformación en el tubo, determinado a partir de integrar la energía de deformación por un elemento diferencial, figura 14-4, sobre el volumen del material.

14.3 Conservación de la energía

Todos los métodos de energía que se usan en mecánica se basan en un balance de energía, que con frecuencia se llama conservación de la energía. En este capítulo sólo se considerará la energía mecánica en ese balance; esto es, no se tendrán en cuenta la energía debida al calor, reacciones químicas y efectos electromagnéticos. El resultado es que si una carga se aplica *lentamente* a un cuerpo, de tal modo que también se pueda despreciar la energía cinética, entonces, desde el punto de vista físico, las cargas externas tienden a deformar al cuerpo de tal modo que hacen *trabajo externo* U_e a medida que se desplazan. Este trabajo externo causado por las carga se transforma en *trabajo interno*, o energía de deformación U_i, que se almacena en el cuerpo. Además, cuando se quitan las fuerzas, la energía de deformación restituye al cuerpo a su posición original no deformada, siempre que no se haya excedido el límite elástico del material. En consecuencia, la conservación de la energía para un cuerpo se puede enunciar matemáticamente como sigue:

$$U_e = U_i \qquad (14\text{-}25)$$

Ahora describiremos tres ejemplos de la forma en que se puede aplicar esta ecuación para determinar el desplazamiento de un punto en un miembro o estructura deformables. Como primer ejemplo veamos la armadura de la figura 14-18, sometida a la carga conocida **P**. Si **P** se aplica en forma gradual, el trabajo externo que efectúa **P** se determina con la ecuación 14-2, esto es, $U_e = \frac{1}{2}P\Delta$, donde Δ es el desplazamiento vertical de la armadura en el nudo donde se aplica **P**. Suponiendo que **P** causa una fuerza axial **N** en determinado miembro, la energía de deformación que almacena ese miembro se calcula con la ecuación 14-16, $U_i = N^2 L /2AE$. Se suman las energías de deformación de todos los miembros de la armadura, y la ecuación 14-25 se podrá escribir como

$$\frac{1}{2}P\Delta = \sum \frac{N^2 L}{2AE} \qquad (14\text{-}26)$$

Una vez determinadas las fuerzas internas (N) en todos los miembros de la armadura, y calculados los términos de la derecha, será posible determinar el desplazamiento desconocido Δ.

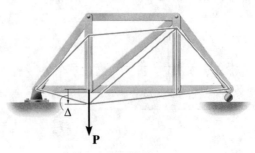

Fig. 14-18

Como segundo ejemplo, examinemos el cálculo del desplazamiento vertical Δ debido a la carga conocida **P** que actúa sobre la viga de la figura 14-19. Otra vez el trabajo externo es $U_e = \frac{1}{2}P\Delta$. Sin embargo, en este caso la energía de deformación sería el resultado de las cargas internas de cortante y de momento causadas por **P**. En particular, la contribución de la energía de deformación por cortante se *desprecia* en general, en la mayor parte de los problemas de deflexión a menos que la viga sea corta y que soporte una carga muy grande. (Vea el ejemplo 14.4.) En consecuencia, la energía de deformación de la viga sólo se determinará con el momento interno de flexión M y por consiguiente, usando la ecuación 14-17, la ecuación 14-25 se puede escribir en forma simbólica como sigue:

$$\frac{1}{2}P\Delta = \int_0^L \frac{M^2}{2EI}dx \qquad (14\text{-}27)$$

Fig. 14-19

Una vez que M esté expresado en función de la posición y esté evaluada la integral, se podrá determinar Δ.

Como último ejemplo, examinaremos una viga cargada por un momento $\mathbf{M}_0$ de par, como se ve en la figura 14-20. Este momento causa el desplazamiento rotacional θ en su punto de aplicación. Ya que el momento del par sólo efectúa trabajo cuando *gira*, de acuerdo con la ecuación 14-5 el trabajo externo es $U_e = \frac{1}{2}M_0\theta$. Por consiguiente, la ecuación 14-25 se transforma en

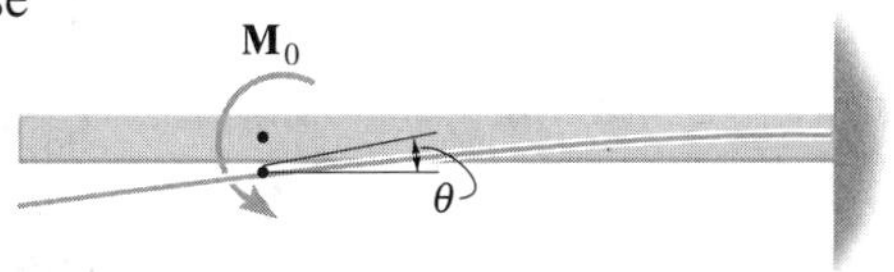

$$\frac{1}{2}M_0\theta = \int_0^L \frac{M^2}{2EI}dx \qquad (14\text{-}28)$$

Fig. 14-20

En este caso la energía de deformación queda determinada por el momento de flexión interno M causado por la aplicación del momento del par $\mathbf{M}_0$. Una vez expresado M en función de x y evaluada la energía de deformación, se podrá calcular θ.

En cada uno de los ejemplos anteriores se debe hacer notar que la aplicación de la ecuación 14-25 es *bastante limitada*, porque sobre el miembro o estructura sólo debe actuar *una* fuerza o momento externo. En otras palabras, el desplazamiento *sólo* se puede calcular en el punto y en la dirección de la fuerza o el par externos. Si se aplicaran más de una fuerza o momento externos, el trabajo externo de cada carga implicaría su desplazamiento desconocido correspondiente. El resultado sería que *todos* esos desplazamientos desconocidos no se podrían determinar, ya que sólo se cuenta con la única ecuación 14-25 para la solución. Aunque la aplicación de la conservación de la energía, tal como se describe aquí, tiene esas restricciones, sí sirve como introducción a métodos de energía más generales que describiremos en el resto de este capítulo. En forma específica, se demostrará en secciones posteriores que si se modifica el método de aplicación del principio de la conservación de la energía podremos efectuar un análisis totalmente general de la deflexión de un miembro o estructura.

E J E M P L O   14.6

La armadura de tres barras de la figura 14-21a está sometida a una fuerza horizontal de 5 klb. Si el área transversal de cada miembro es 0.20 $pulg^2$, determine el desplazamiento horizontal en el punto B. $E = 29(10^3)$ klb/$pulg^2$.

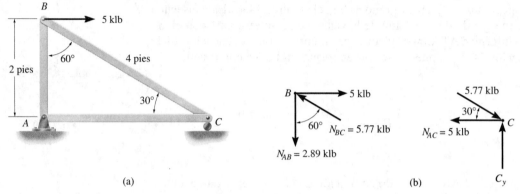

(a)

(b)

Fig. 14-21

Solución

Se puede aplicar la conservación de la energía para resolver este problema, porque sobre la armadura sólo actúa *una* fuerza externa, y el desplazamiento que se presenta tiene la *misma dirección* que la fuerza. Además, las fuerzas de reacción sobre la armadura no efectúan trabajo, porque no se desplazan.

La fuerza en cada miembro se obtiene con el método de los nodos, como se ve en los diagramas de cuerpo libre de las articulaciones en B y C, figura 14-21b.

Al aplicar la ecuación 14-26 se obtiene

$$\frac{1}{2}P\Delta = \Sigma \ \frac{N^2 L}{2AE}$$

$$\frac{1}{2}(5 \text{ klb})(\Delta_B)_h = \frac{(2.89 \text{ klb})^2(2 \text{ pies})}{2AE} + \frac{(-5.77 \text{ klb})^2(4 \text{ pies})}{2AE}$$

$$+ \frac{(-5 \text{ klb})^2(3.46 \text{ pies})}{2AE}$$

$$(\Delta_B)_h = \frac{47.32 \text{ klb} \cdot \text{pie}}{AE}$$

Observe que como N está elevado al cuadrado, no importa si determinado miembro está en tensión o en compresión. Se sustituyen los datos numéricos de A y E, y se hacen los cálculos:

$$(\Delta_B)_h = \frac{47.32 \text{ klb} \cdot \text{pie} \ (12 \text{ pulg/pie})}{(0.2 \ pulg^2)[29(10^3) \text{ klb/}pulg^2]}$$

$$= 0.0979 \text{ pulg} \rightarrow \qquad\qquad\qquad\qquad Resp.$$

La viga en voladizo de la figura 14-22*a* tiene sección transversal rectangular, y se somete a una carga **P** en su extremo. Determine el desplazamiento de la carga. *EI* es constante.

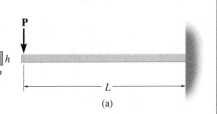

(a)

Solución

El cortante y el momento internos en la viga, en función de *x*, se determinan con el método de las secciones, figura 14-22*b*.

Para aplicar la ecuación 14-25 se tienen en cuenta la energía de deformación debidas al cortante y a la flexión. Se usan las ecuaciones 14-19 y 14-17, como sigue:

$$\frac{1}{2}P\Delta = \int_0^L \frac{f_s V^2\, dx}{2GA} + \int_0^L \frac{M^2\, dx}{2EI}$$

$$= \int_0^L \frac{\left(\frac{6}{5}\right)(-P)^2\, dx}{2GA} + \int_0^L \frac{(-Px)^2\, dx}{2EI} = \frac{3P^2 L}{5GA} + \frac{P^2 L^3}{6EI} \qquad (1)$$

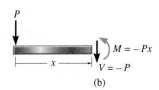

(b)

Fig. 14-22

El primer término del lado derecho de esta ecuación representa la energía de deformación debida al cortante, y el segundo es la energía de deformación debida a la flexión. Como se dijo en el ejemplo 14.4, en la mayor parte de las vigas la energía de deformación por cortante es mucho menor que la debida a la flexión. Para mostrar cuándo es ese el caso para la viga de la figura 14-22*a* se requiere que

$$\frac{3}{5}\frac{P^2 L}{GA} \ll \frac{P^2 L^3}{6EI}$$

$$\frac{3}{5}\frac{P^2 L}{G(bh)} \ll \frac{P^2 L^3}{6E\left[\frac{1}{12}(bh^3)\right]}$$

$$\frac{3}{5G} \ll \frac{2L^2}{Eh^2}$$

Ya que $E \leq 3G$ (vea el ejemplo 14.4), entonces

$$0.9 \ll \left(\frac{L}{h}\right)^2$$

Por consiguiente, si *h* es pequeña y *L* es relativamente grande (en comparación con *h*), la viga es esbelta, y la energía de deformación por cortante se puede despreciar. En otras palabras, la *energía de deformación por cortante* se vuelve importante *sólo para vigas cortas y profundas*. Por ejemplo, las vigas en las que $L = 5h$ tienen más de 28 veces más de energía de deformación por flexión que de deformación por cortante, por lo que si no se tiene en cuenta la energía de deformación por cortante el error aproximado será de 3.6%. Con esto en mente, la ecuación 1 se puede simplificar a

$$\frac{1}{2}P\Delta = \frac{P^2 L^3}{6EI}$$

De modo que

$$\Delta = \frac{PL^3}{3EI} \qquad\qquad\qquad Resp.$$

PROBLEMAS

*14-24. Determine el desplazamiento vertical de la articulación C. AE es constante.

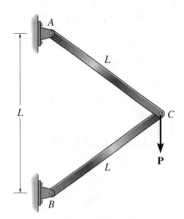

Prob. 14-24

14-25. Determine el desplazamiento horizontal de la articulación D. AE es constante.

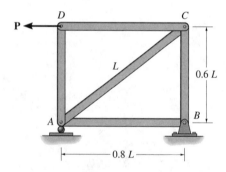

Prob. 14-25

14-26. La viga en voladizo se somete a un momento de par M_0 aplicado en su extremo. Determine la pendiente de la viga en B. EI es constante.

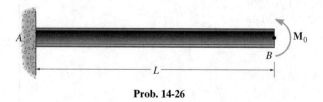

Prob. 14-26

14-27. Determine la pendiente en el extremo B de la viga de acero A-36. $I = 80(10^6)$ mm⁴.

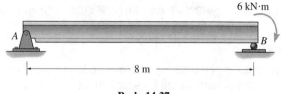

Prob. 14-27

*14-28. Determine el desplazamiento del punto B en la viga de acero A-36. $I = 250$ pulg⁴.

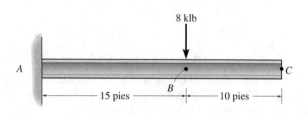

Prob. 14-28

14-29. Determine el desplazamiento del punto B en la viga de acero A-36. $I = 80(10^6)$ mm⁴.

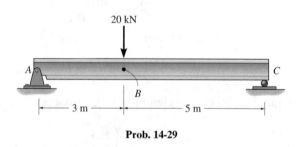

Prob. 14-29

14-30. Use el método del trabajo y la energía para determinar la pendiente de la viga en el punto B, en el problema 14-7. EI es constante.

14-31. Determine la pendiente en el punto A de la viga. EI es constante.

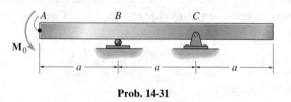

Prob. 14-31

*14-32. Determine la pendiente en el punto C de la viga de acero A-36. $I = 9.50(10^6)$ mm⁴.

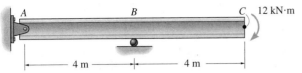

Prob. 14-32

14-33. Las barras de acero A-36 están articuladas en C. Si cada una tiene 2 pulg de diámetro, determine el desplazamiento en E.

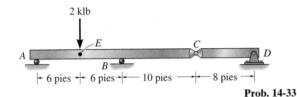

Prob. 14-33

14.34. Las barras de acero A-36 están articuladas en C y D. Si cada una tiene la misma sección transversal rectangular, y su altura es 200 mm y su ancho es 100 mm, calcule el desplazamiento vertical en B. No tenga en cuenta la carga axial en las barras.

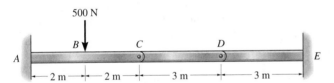

Prob. 14-34

14-35. Las barras de acero A-36 están articuladas en B y C. Si cada una tiene 30 mm de diámetro, calcule la pendiente en E.

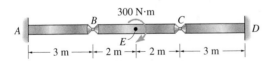

Prob. 14-35

14-36. La varilla es redonda, y su momento de inercia es I. Si se aplica una fuerza vertical $\mathbf{P}$ en A, determine el desplazamiento vertical en ese punto. Sólo tenga en cuenta la energía de deformación debida a la flexión. El módulo de elasticidad es E.

Prob. 14-36

14-37. La varilla es redonda, su momento polar de inercia es J y su momento de inercia es I. Si se aplica una fuerza vertical $\mathbf{P}$ en A, determine el desplazamiento vertical en ese punto. Tenga en cuenta la energía de deformación debida a la flexión y a la torsión. Las constantes del material son E y G.

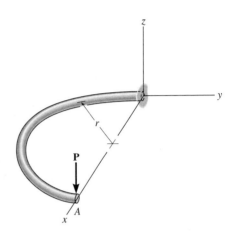

Prob. 14-37

14-38. La carga $\mathbf{P}$ hace que las espiras del resorte formen un ángulo θ con la horizontal, al estirarlo. Demuestre que para esta posición, eso causa un par de torsión $T = PR \cos \theta$ y un momento de flexión $M = PR \operatorname{sen} \theta$ en la sección transversal. Con estos resultados determine el esfuerzo normal máximo en el material.

14-39. El resorte helicoidal tiene n espiras, y es de un material cuyo módulo de cortante es G. Determine la elongación del resorte cuando se le aplica la carga $\mathbf{P}$. Suponga que las espiras son cercanas entre sí, de modo que $\theta \approx 0°$, y que la deflexión se debe en su totalidad al esfuerzo de torsión en las espiras.

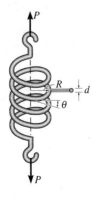

Probs. 14-38/39

14.4 Carga de impacto

En todo este libro hemos considerado que todas las cargas se aplican a un cuerpo en forma gradual, de tal modo que cuando llegan a un valor máximo permanecen constantes, o estáticas. Sin embargo, hay cargas que son dinámicas; esto es, varían en función del tiempo. Un ejemplo sería el del choque de objetos. A eso se le llama carga de impacto. En forma específica, hay un ***impacto*** cuando un objeto golpea a otro, de tal modo que se desarrollan grandes fuerzas en los objetos durante un tiempo muy corto.

Si suponemos que durante el impacto no se pierde energía, podremos estudiar la mecánica del impacto aplicando la conservación de la energía. Para mostrar cómo se hace primero analizaremos el movimiento de un sistema sencillo, de bloque y resorte, como el de la figura 14-23. Cuando se suelta el bloque desde el reposo, cae una distancia h y golpea al resorte; lo comprime una distancia $\Delta_{\text{máx}}$ antes de llegar a un reposo momentáneo. Si no se tiene en cuenta la masa del resorte, y si se supone que la respuesta del mismo es *elástica*, la conservación de la energía establece que la energía del bloque que cae se transforme en energía almacenada (de deformación) en el resorte; en otras palabras, el trabajo efectuado por el peso del bloque al caer la distancia $h + \Delta_{\text{máx}}$ será igual al trabajo efectuado para desplazar el extremo del resorte una cantidad $\Delta_{\text{máx}}$. Como la fuerza en un resorte se relaciona con $\Delta_{\text{máx}}$ por la ecuación $F = k\Delta_{\text{máx}}$, siendo k la rigidez del resorte, entonces, al aplicar la conservación de la energía y la ecuación 14-2 se obtiene

Fig. 14-23

$$U_e = U_i$$

$$U_e = U_i$$

$$W(h + \Delta_{\text{máx}}) = \frac{1}{2}k\Delta_{\text{máx}}^2 \tag{14-29}$$

$$\Delta_{\text{máx}}^2 - \frac{2W}{k}\Delta_{\text{máx}} - 2\left(\frac{W}{k}\right)h = 0$$

De esta ecuación cuadrática se puede despejar $\Delta_{\text{máx}}$. La raíz máxima es

$$\Delta_{\text{máx}} = \frac{W}{k} + \sqrt{\left(\frac{W}{k}\right)^2 + 2\left(\frac{W}{k}\right)h}$$

Si el peso W se aplica en forma gradual al resorte, el desplazamiento de su extremo es $\Delta_{\text{ac}} = W/k$. Mediante esta simplificación, la ecuación anterior se transforma en

$$\Delta_{\text{máx}} = \Delta_{\text{ac}} + \sqrt{(\Delta_{\text{ac}})^2 + 2\Delta_{\text{ac}}h}$$

o sea

Esta barrera pretende absorber la carga de impacto debida a vehículos con velocidades bajas.

$$\Delta_{\text{máx}} = \Delta_{\text{ac}}\left[1 + \sqrt{1 + 2\left(\frac{h}{\Delta_{\text{ac}}}\right)}\right] \tag{14-30}$$

Una vez calculado $\Delta_{\text{máx}}$, se puede determinar la fuerza máxima aplicada al resorte con

$$F_{\text{máx}} = k\Delta_{\text{máx}} \tag{14-31}$$

Sin embargo se debe tener en cuenta que esta fuerza, y el desplazamiento correspondiente, suceden en un *instante*. Siempre que el bloque no rebote en el resorte, éste continuará vibrando hasta que se amortigüe el movimiento, y el bloque llegue a la posición estática Δ_{ac}. También nótese que si el bloque se sostiene justo sobre el resorte, con $h = 0$, y *se deja caer*, entonces, de acuerdo con la ecuación 14-30, el desplazamiento máximo del bloque es

$$\Delta_{\text{máx}} = 2\Delta_{\text{ac}}$$

En otras palabras, cuando el bloque se deja caer desde el extremo superior del resorte (carga aplicada en forma dinámica), el desplazamiento es *el doble* del que sería si se dejara descansar sobre el resorte (carga aplicada en forma estática).

Si se emplea un análisis parecido, también es posible determinar el desplazamiento máximo del extremo resorte cuando el bloque se desliza sobre una superficie horizontal lisa, con una velocidad **v** conocida justo antes de chocar con el resorte, figura 14-24. En este caso, la energía cinética del bloque,* $\frac{1}{2}(W/g)v^2$, se transforma en energía almacenada en el resorte. Entonces

$$U_e = U_i$$

$$\frac{1}{2}\left(\frac{W}{g}\right)v^2 = \frac{1}{2}k\Delta_{\text{máx}}^2$$

$$\Delta_{\text{máx}} = \sqrt{\frac{Wv^2}{gk}} \tag{14-32}$$

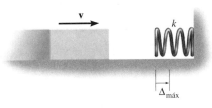

Fig. 14-24

Ya que el desplazamiento en la parte superior del resorte, causado por el peso W que descansa en él es $\Delta_{\text{st}} = W/k$, entonces

$$\Delta_{\text{máx}} = \sqrt{\frac{\Delta_{\text{ac}}v^2}{g}} \tag{14-33}$$

Los resultados de este análisis simplificado se usan para determinar tanto la deflexión aproximada como el esfuerzo desarrollados en un miembro deformable cuando se somete a impacto. Para hacerlo se deben proponer las hipótesis necesarias acerca del choque, para que el comportamiento de los cuerpos en colisión sea similar a la respuesta de los modelos de bloque y resorte que se acaban de describir. Por consiguiente supondremos que el cuerpo en movimiento es *rígido*, como el bloque, y que el cuerpo estacionario es deformable, como el resorte. Se supone que el material se comporta en forma elástica lineal. Además, durante el choque, no se pierde energía en forma de calor, ruido ni deformaciones plásticas localizadas. Cuando sucede el choque, los cuerpos permanecen en contacto hasta que el cuerpo elástico llega a su deformación máxima, y durante el movimiento se desprecia la inercia o masa del cuerpo elástico. Téngase en cuenta que cada una de esas hipótesis conducirá a una estimación *conservadora* del esfuerzo y la deflexión del cuerpo elástico. En otras palabras, sus valores serán mayores que los que hay en la realidad.

*Recuérdese que en física la energía cinética es "energía de movimiento". La traslación de un cuerpo se determina con $\frac{1}{2}mv^2$, donde m es la masa del cuerpo, $m = W/g$.

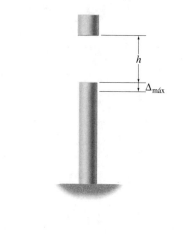

Fig. 14-25

Los elementos de este tope deben diseñarse para resistir determinada carga de impacto, para detener el movimiento de los furgones.

En la figura 14-25 se ven algunos ejemplos de cuándo se puede aplicar la teoría anterior. En ella, se deja caer un peso conocido (bloque) sobre un poste o una viga, haciéndolos deformar una cantidad máxima $\Delta_{máx}$. La energía del cuerpo que cae se transforma en forma momentánea en energía de deformación axial en el poste, y en energía de deformación de flexión en la viga.* Aunque se producen vibraciones en cada miembro después del impacto, se tenderán a disipar al paso del tiempo. Para calcular la deformación $\Delta_{máx}$ se podría usar el mismo método que en el sistema de bloque y resorte, que es escribir la ecuación de conservación de energía para el bloque y el poste, o para el bloque y la viga, para entonces despejar $\Delta_{máx}$. Sin embargo, también se pueden resolver esos problemas en forma más directa, modelando el poste y la viga con un *resorte equivalente*. Por ejemplo, si una fuerza **P** desplaza el extremo superior del poste la distancia $\Delta = PL/AE$, entonces un resorte que tenga una rigidez $k = AE/L$ se desplazaría la misma cantidad debido a **P**; esto es, $\Delta = P/k$. En forma similar, de acuerdo con el apéndice C, una fuerza **P** aplicada al centro de una viga simplemente apoyada, hace desplazar al centro la distancia $\Delta = PL^3/48EI$, y por consiguiente, un resorte equivalente tendría una rigidez $k = 48EI/L^3$. Sin embargo, no es necesario determinar realmente la rigidez equivalente del resorte para aplicar la ecuación 14-30 o la 14-32. Todo lo que se necesita para determinar el desplazamiento dinámico $\Delta_{máx}$ es calcular el *desplazamiento estático*, Δ_{ac}, debido al peso W del bloque cuando descansa sobre el miembro.

Una vez determinado $\Delta_{máx}$, se puede calcular la fuerza dinámica máxima con $P_{máx} = k\Delta_{máx}$. Si se considera que $P_{máx}$ es una *carga estática equivalente*, se puede determinar el esfuerzo máximo en el miembro, aplicando la estática y la teoría de la mecánica de materiales. Recuérdese que este esfuerzo actúa sólo durante un *instante*. En realidad, las ondas vibratorias atraviesan el material y el esfuerzo en el poste o en la viga no permanece constante.

La relación de la carga estática equivalente $P_{máx}$ entre la carga W se llama *factor de impacto, n*. Ya que $P_{máx} = k\Delta_{máx}$, y $W = k\Delta_{ac}$, entonces, de acuerdo con la ecuación 14-30, se puede expresar como sigue:

$$n = 1 + \sqrt{1 + 2\left(\frac{h}{\Delta_{ac}}\right)} \qquad (14\text{-}34)$$

Este factor representa el aumento de una carga aplicada en forma estática, para poder tratarla en forma dinámica. Si se aplica la ecuación 14-34, se puede calcular n para cualquier miembro que tenga una relación lineal entre carga y deflexión. Sin embargo, para un sistema complicado de miembros conectados, los factores de impacto se determinan con la experiencia, o con pruebas experimentales. Una vez determinado n, se calculan con facilidad el esfuerzo dinámico y las deflexiones, a partir del esfuerzo estático σ_{ac} y la deflexión estática Δ_{ac}, causados por la carga W; esto es, $\sigma_{máx} = n\sigma_{ac}$ y $\Delta_{máx} = n\Delta_{ac}$.

*La energía de deformación por cortante se desprecia por las razones descritas en el ejemplo 14.4.

PUNTOS IMPORTANTES

- Hay *impacto* cuando se desarrolla una gran fuerza entre dos objetos que se golpean entre sí durante un corto intervalo de tiempo.

- Se pueden analizar los efectos del impacto, suponiendo que el cuerpo en movimiento es rígido, que el material del cuerpo estacionario es elástico lineal, que no se pierde energía en el choque, que los cuerpos permanecen en contacto durante el choque y que no se toma en cuenta la inercia del cuerpo elástico.

- La carga dinámica sobre un cuerpo se puede considerar como una carga aplicada en forma estática multiplicada por un *factor de magnificación*.

EJEMPLO 14.8

El tubo de aluminio de la figura 14-26 se usa para soportar una carga de 150 klb. Determinar el desplazamiento máximo de su extremo superior si la carga (a) se aplica en forma gradual y (b) se aplica de repente, soltándola sobre el tubo desde $h = 0$. Suponer que $E_{al} = 10(10^3)$ klb/pulg^2 y suponer que el aluminio se comporta en forma elástica.

Solución

Parte (a). Cuando la carga se aplica en forma gradual, el trabajo efectuado por el peso se transforma en energía de deformación elástica en el tubo. Al aplicar el principio de conservación de la energía se ve que

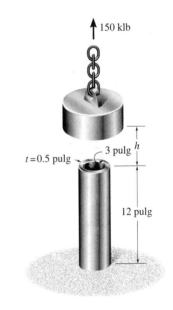

Fig. 14-26

$$U_e = U_i$$

$$\frac{1}{2} W \Delta_{ac} = \frac{W^2 L}{2AE}$$

$$\Delta_{ac} = \frac{WL}{AE} = \frac{150 \text{ klb}(12 \text{ pulg})}{\pi[(3 \text{ pulg})^2 - (2.5 \text{ pulg})^2]10(10^3) \text{ klb/pulg}^2}$$

$$= 0.02083 \text{ pulg} = 0.0208 \text{ pulg} \qquad \textit{Resp.}$$

Parte (b). En este caso se puede aplicar la ecuación 14-30, con $h = 0$. Entonces,

$$\Delta_{máx} = \Delta_{ac}\left[1 + \sqrt{1 + 2\left(\frac{h}{\Delta_{ac}}\right)}\right]$$

$$= 2\Delta_{ac} = 2(0.02083 \text{ pulg})$$

$$= 0.0417 \text{ pulg} \qquad \textit{Resp.}$$

Por consiguiente, el desplazamiento del peso es el doble cuando se deja caer que cuando se aplica en forma estática. En otras palabras, el factor de impacto es $n = 2$, ecuación 14-34.

E J E M P L O 14.9

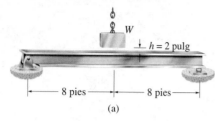

(a)

La viga de acero A-36 de la figura 14-27a, es un perfil W10 × 39. Determinar el esfuerzo máximo de flexión en ella, y su deflexión máxima, si el peso $W = 1.50$ klb se deja caer desde una altura $h = 2$ pulg sobre la viga. $E_{ac} = 29(10^3)$ klb/pulg^2.

Solución I

Aplicaremos la ecuación 14-30. Sin embargo, primero se debe calcular Δ_{ac}. Usando la tabla del apéndice C, y los datos del apéndice B, de las propiedades de una W10 × 39, se tiene que

$$\Delta_{ac} = \frac{WL^3}{48EI} = \frac{1.50 \text{ klb}(16 \text{ pies})^3(12 \text{ pulg/pie})^3}{48[29(10^3) \text{ klb/pulg}^2](209 \text{ pulg}^4)} = 0.0365 \text{ pulg}$$

$$\Delta_{máx} = \Delta_{ac}\left[1 + \sqrt{1 + 2\left(\frac{h}{\Delta_{ac}}\right)}\right]$$

$$= 0.0365 \text{ pulg}\left[1 + \sqrt{1 + 2\left(\frac{2 \text{ pulg}}{0.0365 \text{ pulg}}\right)}\right] = 0.420 \text{ pulg} \quad Resp.$$

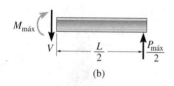

(b)

Fig. 14-27

Esta deflexión es causada por una carga estática equivalente $P_{máx}$ calculada con $P_{máx} = (48EI/L^3)\Delta_{máx}$.

El momento interno causado por esta carga es máximo en el centro de la viga, y entonces, por el método de las secciones, figura 14-27b, $M_{máx} = P_{máx}L/4$. Se aplica la fórmula de la flexión para determinar el esfuerzo flexionante, como sigue:

$$\sigma_{máx} = \frac{M_{máx}c}{I} = \frac{P_{máx}Lc}{4I} = \frac{12E\Delta_{máx}c}{L^2}$$

$$= \frac{12[29(10^3) \text{ klb/pulg}^2](0.420 \text{ pulg})(9.92 \text{ pulg}/2)}{(16 \text{ pies})^2(12 \text{ pulg/pie})^2} = 19.7 \text{ klb/pulg}^2 \quad Resp.$$

Solución II

También es posible obtener la deflexión dinámica o máxima, $\Delta_{máx}$, desde los principios fundamentales. El trabajo externo del peso que cae W es $U_e = W(h + \Delta_{máx})$. Ya que la viga se flexiona $\Delta_{máx}$, y $P_{máx} = 48EI \Delta_{máx}/L^3$, entonces

$$U_e = U_i$$

$$W(h + \Delta_{máx}) = \frac{1}{2}\left(\frac{48EI\Delta_{máx}}{L^3}\right)\Delta_{máx}$$

$$(1.50 \text{ klb})(2 \text{ pulg} + \Delta_{máx}) = \frac{1}{2}\left[\frac{48[29(10^3) \text{ klb/pulg}^2]209 \text{ pulg}^4}{(16 \text{ pies})^3(12 \text{ pulg/pie})^3}\right]\Delta_{máx}^2$$

$$20.55\Delta_{máx}^2 - 1.50\Delta_{máx} - 3.00 = 0$$

Esta ecuación se resuelve y se escoge la raíz positiva:

$$\Delta_{máx} = 0.420 \text{ pulg} \qquad\qquad Resp.$$

EJEMPLO 14.10

Un furgón de ferrocarril, que se supone rígido, tiene 80 Mg de masa, y avanza a una velocidad $v = 0.2$ m/s, cuando choca con un poste de acero, de 200 mm $\times$ 200 mm en A, figura 14-28a. Si el poste está empotrado en el piso en C, determinar el desplazamiento horizontal máximo de su extremo superior B, debido al impacto. Suponer que $E_{ac} = 200$ GPa.

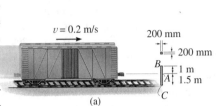

(a)

Solución

En este caso la energía cinética del furgón se transforma en energía interna de deformación por flexión, sólo en la región AC del poste. Suponiendo que el punto A se desplaza $(\Delta_A)_{máx}$, se puede determinar la fuerza P que causa ese desplazamiento de acuerdo con la tabla del apéndice C. Entonces,

$$P_{máx} = \frac{3EI(\Delta_A)_{máx}}{L_{AC}^3} \qquad (1)$$

$$U_e = U_i; \qquad \frac{1}{2}mv^2 = \frac{1}{2}P_{máx}(\Delta_A)_{máx}$$

$$\frac{1}{2}mv^2 = \frac{1}{2}\frac{3EI}{L_{AC}^3}(\Delta_A)^2_{máx}; \ (\Delta_A)_{máx} = \sqrt{\frac{mv^2 L_{AC}^3}{3EI}}$$

Se sustituyen los datos numéricos:

$$(\Delta_A)_{máx} = \sqrt{\frac{80(10^3)\ kg(0.2\ m/s)^2(1.5\ m)^3}{3[200(10^9)\ N/m^2]\left[\frac{1}{12}(0.2\ m)^4\right]}} = 0.0116\ m = 11.6\ mm$$

Entonces $P_{máx}$ es, usando la ecuación 1,

$$P_{máx} = \frac{3[200(10^9)\ N/m^2]\left[\frac{1}{12}(0.2\ m)^4\right](0.0116\ m)}{(1.5\ m)^3} = 275.4\ kN$$

Con referencia a la figura 14-28b, el segmento AB del poste permanece derecho. Para calcular el desplazamiento máximo en B primero hay que determinar la pendiente en A. En la tabla del apéndice C se selecciona la fórmula adecuada para determinar θ_A:

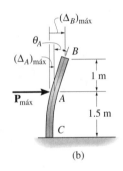

(b)

Fig. 14-28

$$\theta_A = \frac{P_{máx}L_{AC}^2}{2EI} = \frac{275.4(10^3)\ N\ (1.5\ m)^2}{2[200(10^9)\ N/m^2]\left[\frac{1}{12}(0.2\ m)^4\right]} = 0.01162\ rad$$

Entonces, el desplazamiento máximo en B es

$$(\Delta_B)_{máx} = (\Delta_A)_{máx} + \theta_A L_{AB}$$

$$= 11.62\ mm + (0.01162\ rad)\ 1(10^3)\ mm = 23.2\ mm \quad Resp.$$

PROBLEMAS

*14-40. Una barra tiene 4 m de longitud y 30 mm de diámetro. Si se usa para absorber energía de tensión con una carga de impacto, calcule la cantidad total de energía elástica que puede absorber si (a) es de acero, con $E_{ac} = 200$ GPa, $\sigma_y = 800$ MPa, y si (b) es de aleación de aluminio con $E_{al} = 70$ GPa, $\sigma_Y = 405$ MPa.

14-41. Calcule el diámetro de una barra de latón de 8 pies de longitud, que se usa para absorber 800 pies · lb de energía en tensión causada por una carga de impacto. Suponga que $\sigma_y = 10$ klb/pulg^2, $E = 14.6(10^3)$ klb/pulg^2.

14-42. El collarín pesa 50 lb y cae por la barra de titanio. Si el diámetro de la barra es 0.5 pulg, calcule el esfuerzo máximo desarrollado en ella, cuando el peso (a) se deja caer desde $h = 1$ pie de altura, (b) se suelta desde una altura $h \approx 0$ y (c) se coloca lentamente sobre la brida en A. $E_{ti} = 16(10^3)$ klb/pulg^2, $\sigma_Y = 60$ klb/pulg^2.

14-43. El collarín tiene 50 lb de peso y cae por la barra de titanio. Si el diámetro de la barra es 0.5 pulg, calcule la altura máxima h desde donde se puede soltar el peso para no dañar la barra, en forma permanente, por el choque en la brida A. $E_{ti} = 16(10^3)$ klb/pulg^2, $\sigma_Y = 60$ klb/pulg^2.

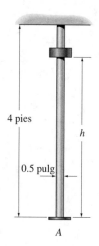

Probs. 14-42/43

*14-44. La masa de 50 Mg se sujeta justo sobre el extremo superior del poste de acero, que tiene $L = 2$ m de altura, y su área transversal es 0.01 m^2. Si se suelta la masa, calcule el esfuerzo máximo desarrollado en el poste, y su deflexión máxima. $E_{ac} = 200$ GPa, $\sigma_Y = 600$ MPa.

14-45. Determine la velocidad v de la masa de 50 Mg, cuando está justo arriba del extremo superior del poste de acero si, después del impacto, el esfuerzo máximo desarrollado en el poste es 550 MPa. La longitud del poste es $L = 1$ m, y su área transversal es 0.01 m^2. $E_{ac} = 200$ GPa, $\sigma_Y = 600$ MPa.

Probs. 14-44/45

14-46. La barra compuesta de aluminio está formada por dos segmentos, de 5 mm y 10 mm de diámetro. Calcule el esfuerzo axial máximo producido en la barra, si el collarín de 5 kg se deja caer desde una altura $h = 100$ mm. $E_{al} = 70$ GPa, $\sigma_Y = 410$ MPa.

14-47. La barra compuesta de aluminio está formada por dos segmentos, de 5 mm y 10 mm de diámetro. Calcule la altura máxima h desde donde se debería dejar caer el collarín de 5 kg, para que produzca un esfuerzo axial máximo $\sigma_{máx} = 300$ MPa en la barra. $E_{al} = 70$ GPa, $\sigma_Y = 410$ MPa.

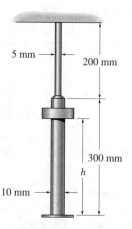

Probs. 14-46/47

*14-48.   Un cable de acero de 0.4 pulg de diámetro se enrolla en un tambor, y se usa para bajar un elevador de 800 lb de peso. El elevador está a 150 pies bajo el tambor, y desciende con rapidez constante de 2 pies/s, cuando de repente se para el tambor. Determine el esfuerzo máximo producido en el cable cuando eso sucede. $E_{ac} = 29(10^3)$ klb/pulg², $\sigma_y = 50$ klb/pulg².

14-49.   Resuelva el problema 14-48 si el elevador desciende con velocidad constante de 3 pies/s.

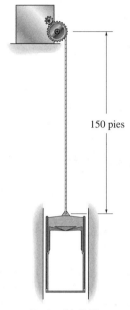

Probs. 14-48/49

14-50.   El cincel de acero tiene 0.5 pulg de diámetro, y 10 pulg de largo. Es golpeado por un martillo que pesa 3 lb, y que se mueve a 12 pies/s en el instante del impacto. Calcule el esfuerzo máximo de compresión en el cincel, suponiendo que 80% de la energía de impacto pasa al cincel. $E_{ac} = 29(10^3)$ klb/pulg², $\sigma_Y = 100$ klb/pulg².

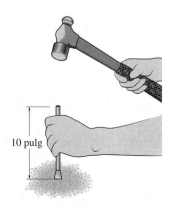

Prob. 14-50

14-51.   Se necesita que el tornillo de acero A-36 absorba la energía de una masa de 2 kg que cae $h = 30$ mm. Si el diámetro del tornillo es 4 mm, determine la longitud L que debe tener para que el esfuerzo en el tornillo no sea mayor que 150 MPa.

*14-52.   Se requiere que el tornillo de acero A-36 absorba la energía de una masa de 2 kg que cae $h = 30$ mm. Si el diámetro del tornillo es 4 mm, y su longitud es $L = 200$ mm, determine si el esfuerzo en él será mayor que 175 MPa.

14-53.   Se requiere que el tornillo de acero A-36 absorba la energía de una masa de 2 kg que cae a lo largo del fuste, que tiene 4 mm de diámetro y 150 mm de longitud. Calcule la altura máxima h a la que se suelta la masa, para que el esfuerzo en el tornillo no sea mayor que 150 MPa.

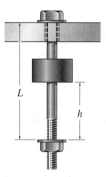

Probs. 14-51/52/53

14-54.   La barra compuesta de aluminio 2014-T6 consta de dos segmentos, cuyos diámetros son 7.5 mm y 15 mm. Calcule el esfuerzo axial máximo producido en la barra, si se deja caer el collarín de 10 kg desde una altura $h = 100$ mm.

14-55.   La barra compuesta de aluminio 2014-T6 consta de dos segmentos cuyos diámetros son 7.5 mm y 15 mm. Calcule la altura h desde donde se debe dejar caer el collarín de 10 kg para que produzca un esfuerzo axial máximo en la barra de $\sigma_{máx} = 300$ MPa.

Probs. 14-54/55

*14-56. Un cilindro con las dimensiones de la figura se fabrica en magnesio Am 1004-T61. Si es golpeado por un bloque rígido de 800 lb de peso, que avanza a 2 pies/s, calcule el esfuerzo máximo en el cilindro. No tenga en cuenta la masa del cilindro.

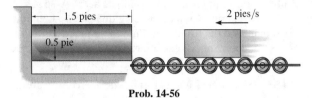

Prob. 14-56

14-57. La viga de patín ancho tiene longitud $2L$ y peralte $2c$, y tiene EI constante. Determine la altura máxima h desde la cual se puede dejar caer un peso W sobre su extremo, sin que el esfuerzo elástico máximo $\sigma_{máx}$ sea rebasado.

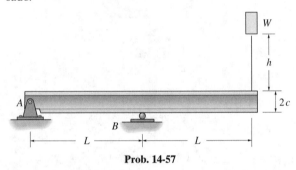

Prob. 14-57

14-58. El clavadista pesa 150 lb, y estando rígido, golpea el extremo de un trampolín de madera ($h = 0$) con una velocidad de caída de 2 pies/s. Calcule el esfuerzo máximo de flexión que se produce en la tabla. Ésta tiene un espesor de 1.5 pulg y su ancho es 1.5 pies. $E_{madera} = 1.8(10^3)$ klb/pulg², $\sigma_Y = 8$ klb/pulg².

14-59. El clavadista pesa 150 lb, y estando rígido, golpea el extremo de un trampolín de madera. Calcule la altura máxima h a la que puede saltar sobre el trampolín, para que el esfuerzo de flexión en la madera no sea mayor de 6 klb/pulg². La tabla tiene 1.5 pulg de espesor y 1.5 pies de ancho. $E_{madera} = 1.8(10^3)$ klb/pulg².

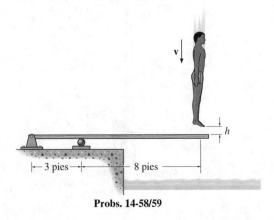

Probs. 14-58/59

*14-60. Se deja caer un peso de 40 lb desde una altura $h = 2$ pies, sobre el centro de la viga de acero A-36 en voladizo. Si la viga es W 10×15, determine el esfuerzo de flexión máximo que se produce en ella.

14-61. Si el esfuerzo máximo admisible de flexión para la viga W10 $\times$ 15 de acero estructural A-36 es $\sigma_{adm} = 20$ klb/pulg², calcule la altura h máxima desde la cual se puede dejar caer un peso de 50 lb, desde el reposo, para que choque en el centro de la viga.

14-62. Se deja caer un peso de 40 lb desde una altura $h = 2$ pies, sobre el centro de la viga en voladizo, de acero A-36. Si la viga es W10 $\times$ 15, calcule el desplazamiento vertical de su extremo B debido al impacto.

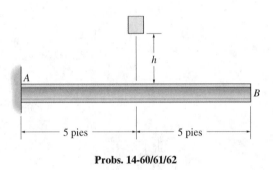

Probs. 14-60/61/62

14-63. La viga de acero AB detiene al furgón, cuya masa es 10 Mg, y se desplaza hacia ésta con $v = 0.5$ m/s. Calcule el esfuerzo máximo que se produce en la viga, si el carro choca en su centro. La viga está simplemente apoyada, y sólo se producen fuerzas horizontales en A y B. Suponga que el furgón y el marco de soporte de la viga permanecen rígidos. También calcule la deflexión máxima de la viga. $E_{ac} = 200$ GPa, $\sigma_Y = 250$ MPa.

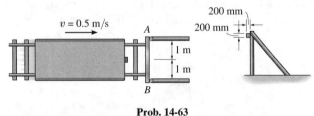

Prob. 14-63

*14-64. El remolcador pesa 120 000 lb, y avanza a 2 pies/s cuando choca con el poste de tope, de 12 pulg de diámetro AB, que se usa para proteger la pilastra del puente. Si el poste es de abeto blanco tratado y se supone empotrado en el lecho del río, calcule la distancia horizontal máxima que se moverá su extremo superior, debido al impacto. Suponga que el remolcador es rígido, y no tenga en cuenta el efecto del agua.

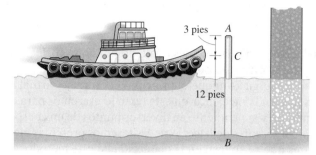

Prob. 14-64

14-65. La viga W10 × 12 es de acero A-36, y está en voladizo, empotrada en la pared en *B*. El resorte montado en ella tiene una rigidez $k = 1000$ lb/pulg. Si se deja caer un peso de 8 lb sobre el resorte, desde 3 pies de altura, calcule el esfuerzo máximo de flexión producido en la viga.

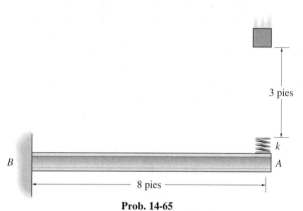

Prob. 14-65

14-66. El bloque de 200 lb tiene una velocidad de 4 pies/s hacia abajo, cuando está a 3 pies de la superficie superior de la viga de madera. Calcule el esfuerzo máximo producida en ella por el impacto, y calcule la deflexión máxima de su extremo *C*. $E_{\text{madera}} = 1.9(10^3)$ klb/pulg², $\sigma_Y = 6$ klb/pulg².

14-67. El bloque de 100 lb tiene una velocidad de caída de 4 pies/s, cuando está a 3 pies de la superficie superior de la viga de madera. Determine el esfuerzo máximo en la viga producido por el impacto, y calcule la deflexión máxima en el punto *B*. $E_{\text{madera}} = 1.9(10^3)$ klb/pulg², $\sigma_Y = 8$ klb/pulg².

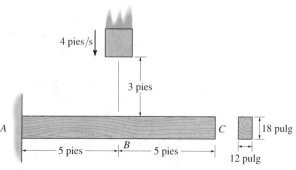

Probs. 14-66/67

*14-68. El peso de 175 lb se deja caer de una altura de 4 pies sobre la superficie superior de la viga de acero A-36. Determine la deflexión máxima y el esfuerzo máximo en la viga, si los resortes de apoyo en *A* y *B* tienen, cada uno, rigidez $k = 500$ lb/pulg. La viga tiene 3 pulg de espesor y 4 pulg de ancho.

14-69. Se deja caer el peso de 175 lb desde una altura de 4 pies sobre la superficie superior de la viga de acero A-36. Determine el factor *n* de carga si los resortes de apoyo en *A* y *B* tienen, cada uno, rigidez $k = 300$ lb/pulg. La viga tiene 3 pulg de espesor por 4 pulg de ancho.

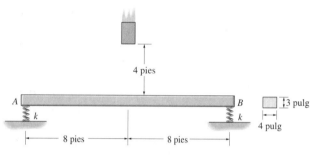

Probs. 14-68/69

14-70. La viga W10 × 15 de acero estructural A-36, simplemente apoyada, está en el plano horizontal y funciona como amortiguador del bloque de 500 lb, que le llega a 5 pies/s. Determine la deflexión máxima de la viga, y el esfuerzo máximo en ella, durante el impacto. La rigidez del resorte es $k = 1000$ lb/pulg.

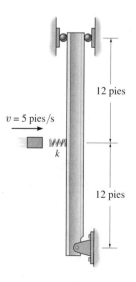

Prob. 14-70

---

*14.5 Principio del trabajo virtual

El principio del trabajo virtual fue desarrollado por John (o Jean) Bernoulli en 1717, y como otros métodos de análisis de energía, se basa en la conservación de la energía. Aunque el principio del trabajo virtual tiene muchas aplicaciones en la mecánica, en este texto lo usaremos para obtener el desplazamiento y la pendiente en diversos puntos de un cuerpo deformable. Sin embargo, antes de hacerlo, necesitaremos presentar algunas notas preliminares que se aplican en la deducción de este método.

Cuando un cuerpo está fijo y se le impide el movimiento, es necesario que las cargas satisfagan las condiciones de equilibrio, y que los desplazamientos satisfagan las condiciones de compatibilidad. En forma específica, las *condiciones de equilibrio* establecen que las cargas externas tengan una relación única con las cargas internas, y las *condiciones de compatibilidad* requieren que los desplazamientos externos se relacionen en forma única con las deformaciones internas. Por ejemplo, si pensamos en un cuerpo deformable de cualquier forma o tamaño, y le aplicamos una serie de cargas externas **P**, esas cargas causarán cargas internas u dentro del cuerpo. En este caso, las cargas externas e internas se relacionan por las ecuaciones de equilibrio. Además, como el cuerpo es deformable, las cargas externas se desplazarán Δ, y las cargas internas sufrirán desplazamientos δ. En general, el material *no* tiene que comportarse en forma elástica, por lo que los desplazamientos podrán *no* relacionarse con las cargas. Sin embargo, si se conocen los desplazamientos externos, los desplazamientos internos correspondientes se definen en forma única, porque el cuerpo es continuo. Para este caso, la conservación de la energía establece que

$$U_e = U_i; \qquad\qquad \Sigma P\Delta = \Sigma u\delta \qquad\qquad (14\text{-}35)$$

Basándonos en este concepto deduciremos ahora el principio del trabajo virtual, para poder usarlo en la determinación del desplazamiento y la pendiente en *cualquier punto* de un cuerpo. Para hacerlo supondremos que el cuerpo tiene una forma arbitraria, como el de la figura 14-29*b*, y que está sometido a las "cargas reales" $\mathbf{P}_1$, $\mathbf{P}_2$ y $\mathbf{P}_3$. También se sobreentiende que esas cargas no causan movimiento de los apoyos; sin embargo, en general pueden deformar al material *más allá* del límite elástico. Supongamos que es necesario determinar el desplazamiento Δ de un punto A del cuerpo, causado por esas cargas. Para ello se examinará la aplicación del principio de la conservación de la energía, ecuación 14-35. Sin embargo, en este caso no hay fuerza que actúe en A, por lo que el desplazamiento desconocido Δ *no* estará incluido como "término de trabajo" externo en la ecuación.

Para superar esta limitación, pondremos una fuerza *imaginaria* o "virtual", $\mathbf{P}'$, sobre el cuerpo en un punto A, de tal modo que $\mathbf{P}'$ tenga la *misma dirección* que Δ. Además, esta carga se aplica al cuerpo *antes* de que se apliquen las cargas reales, figura 14-29*a*. Por comodidad, cosa que se aclarará después, indicaremos que $\mathbf{P}'$ tenga una magnitud "unitaria", esto es, $P' = 1$. Se debe subrayar que el término "***virtual***" se usa para describir la carga, porque es *imaginaria* y no existe en realidad como parte

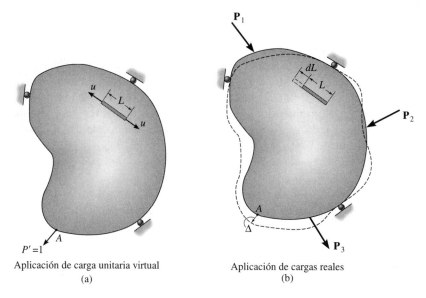

Aplicación de carga unitaria virtual
(a)

Aplicación de cargas reales
(b)

Fig. 14-29

de la carga real. Sin embargo, esta carga virtual externa sí causa una carga virtual interna **u** en un elemento o fibra representativos del cuerpo, como se ve en la figura 14-29a. Como era de esperarse, se pueden relacionar P' y u mediante las ecuaciones de equilibrio. También, a causa de P' y u, el cuerpo y el elemento sufrirán un desplazamiento virtual, aunque *no* nos ocuparemos de sus magnitudes. Una vez que se aplica la carga virtual, y *después* el cuerpo se somete a las *cargas reales* P_1, P_2 y P_3, el punto A se desplazará una cantidad real Δ, que hace que el elemento se desplace dL, figura 14-29b. El resultado es que la fuerza virtual externa P' y la carga virtual interna **u** "recorren" Δ y dL, respectivamente; en consecuencia, esas cargas efectúan el *trabajo virtual externo* $1 \cdot \Delta$ sobre el cuerpo, y un *trabajo virtual interno* $u \cdot dL$ sobre el elemento. Si *sólo* se considera la conservación de la energía *virtual*, el trabajo virtual externo será igual entonces al trabajo virtual interno efectuado sobre todos los elementos del cuerpo. En consecuencia se podrá escribir la ecuación del trabajo virtual como sigue:

$$\overbrace{1 \cdot \underbrace{\Delta}_{} = \Sigma u}^{\text{cargas virtuales}} \cdot dL \qquad (14\text{-}36)$$

desplazamientos reales

En esta ecuación

$P' = 1 = $ carga unitaria virtual externa que actúa en dirección de Δ

$\quad u = $ carga virtual interna que actúa sobre el elemento

$\quad \Delta = $ desplazamiento externo causado por las cargas reales

$\quad dL = $ desplazamiento interno del elemento en dirección de **u**, causado por las cargas reales

Se puede ver que al escoger $P' = 1$, la solución de Δ se obtiene en forma directa, ya que $\Delta = \Sigma u\, dL$.

En forma parecida, si se ha de determinar el desplazamiento rotativo o la pendiente de la tangente en un punto del cuerpo, se aplica en ese punto un *momento de par* **M'** virtual, con magnitud "unidad". En consecuencia, este momento de par causa una carga virtual u_θ en uno de los elementos del cuerpo. Suponiendo que las cargas reales deformen al elemento una cantidad dL, la rotación θ se puede determinar con la ecuación del trabajo virtual

$$\overset{\text{cargas virtuales}}{\underset{\text{desplazamientos reales}}{1 \cdot \theta = \Sigma u_\theta\, dL}} \tag{14-37}$$

En esta ecuación

$M' = 1$ = momento unitario de par virtual externo, que actúa en dirección de θ

$\quad u_\theta$ = carga virtual interna que actúa sobre un elemento

$\quad\;\; \theta$ = desplazamiento rotativo externo, en radianes, causado por las cargas reales

$\quad dL$ = desplazamiento interno del elemento en dirección de u_θ, causado por las cargas reales

Este método de aplicar el principio del trabajo virtual se llama, con frecuencia, *método de las fuerzas virtuales*, ya que se aplica una *fuerza virtual* que resulta en un cálculo de un *desplazamiento real* externo. La ecuación del trabajo virtual, en este caso, representa un enunciado de los *requisitos de compatibilidad* para el cuerpo. Aunque aquí no tiene importancia, se debe tener en cuenta que también se puede aplicar el método del trabajo virtual como *método de desplazamientos virtuales*. En este caso, se establecen *desplazamientos virtuales* al cuerpo, cuando está sometido a *cargas reales*. Con este método se puede determinar la fuerza externa de reacción sobre el cuerpo, o una carga interna desconocida en el mismo. Cuando se usa de esa forma, la ecuación del trabajo virtual es un enunciado de los *requisitos de equilibrio* para el cuerpo.*

Trabajo virtual interno. Los términos del lado izquierdo de las ecuaciones 14-36 y 14-37 representan el trabajo virtual interno desarrollado en el cuerpo. Los desplazamientos internos reales dL en esos términos se pueden producir de diversas maneras. Por ejemplo, esos desplazamientos pueden resultar de errores geométricos de fabricación, de la temperatura, o en el caso más común, por el esfuerzo. En particular, no se ha establecido restricción alguna sobre la magnitud de la carga externa, por lo que el esfuerzo puede ser suficientemente grande para causar la fluencia, o hasta el endurecimiento del material por deformación.

---

*Vea *Engineering Mechanics: Statics*, 10a. edición, R.C. Hibbeler, Prentice Hall, Inc., 2004.

TABLA 14-1

Deformación causada por	Energía de deformación	Trabajo interno virtual
Carga axial N	$\int_0^L \frac{N^2}{2EA}\,dx$	$\int_0^L \frac{nN}{EA}\,dx$
Cortante V	$\int_0^L \frac{f_s V^2}{2GA}\,dx$	$\int_0^L \frac{f_s vV}{GA}\,dx$
Momento de flexión M	$\int_0^L \frac{M^2}{2EI}\,dx$	$\int_0^L \frac{mM}{EI}\,dx$
Momento de torsión T	$\int_0^L \frac{T^2}{2GJ}\,dx$	$\int_0^L \frac{tT}{GJ}\,dx$

Si suponemos que el comportamiento del material es elástico lineal, y que el esfuerzo no rebasa el límite de proporcionalidad, podremos formular las ecuaciones del trabajo interno causado por el esfuerzo, usando las ecuaciones de la energía de deformación elástica deducidas en la sección 14.2 las cuales se listan en la columna central de la tabla 14-1. Recuérdese que en cada una de esas ecuaciones se supone que la resultante del esfuerzo, **N**, **V**, **M** o **T**, se aplicó en forma gradual, desde cero hasta su valor completo. En consecuencia, el trabajo efectuado por la resultante del esfuerzo aparece en esas ecuaciones como *la mitad* del producto de la resultante del esfuerzo por su desplazamiento. Sin embargo, en el caso del método de la fuerza virtual, "toda" la carga virtual se aplica *antes* de que las cargas reales causen desplazamientos, y en consecuencia el trabajo de la carga virtual interna no es más que el producto de la carga virtual interna por su desplazamiento real. Indicando esas cargas virtuales internas (u) con los símbolos correspondientes en minúscula n, v, m y t, el trabajo virtual debido a la carga axial, cortante, momento de flexión y momento de torsión se listan en la columna del lado derecho de la tabla 14-1. Si se usan esos resultados, la ecuación del trabajo virtual para un cuerpo sometido a una carga general se podrá escribir, entonces, como sigue:

$$1 \cdot \Delta = \int \frac{nN}{AE}\,dx + \int \frac{mM}{EI}\,dx + \int \frac{f_s vV}{GA}\,dx + \int \frac{tT}{GJ}\,dx \qquad (14\text{-}38)$$

En las siguientes secciones aplicaremos la ecuación anterior a problemas donde intervienen las deflexiones de armadura, vigas y elementos mecánicos. También presentaremos una descripción de la forma de manejar los efectos de los errores de fabricación y de temperaturas distintas. En la aplicación, es importante usar un conjunto de unidades consistente para todos los términos. Por ejemplo, si las cargas reales se expresan en kilonewtons, y las dimensiones del cuerpo están en metros, se debe aplicar al cuerpo una fuerza virtual de 1 kN, o un par virtual de 1 kN · m. Al hacerlo, un desplazamiento calculado Δ estará en metros, y una pendiente calculada estará en radianes.

*14.6 Método de las fuerzas virtuales aplicado a armaduras

En esta sección aplicaremos el método de las fuerzas virtuales para determinar el desplazamiento de un nodo de armadura. Para ilustrar los principios, se determinará el desplazamiento vertical del nodo A de la armadura de la figura 14-30b. Este desplazamiento es causado por las "cargas reales" $\mathbf{P}_1$ y $\mathbf{P}_2$, y como esas cargas sólo causan fuerzas axiales en los miembros, sólo es necesario tener en cuenta el trabajo virtual interno debido a cargas axiales, tabla 14-1. Para obtener este trabajo virtual supondremos que cada miembro tiene área transversal A constante, y que la carga virtual n y la carga real N son constantes en toda la longitud del miembro. El resultado es que el trabajo virtual interno para un miembro es

$$\int_0^L \frac{nN}{AE}dx = \frac{nNL}{AE}$$

Y por consiguiente, la ecuación de trabajo virtual para toda la armadura es

$$1 \cdot \Delta = \sum \frac{nNL}{AE} \tag{14-39}$$

En esta ecuación

1 = carga unitaria virtual externa que actúa sobre el nodo de la armadura, en la dirección establecida de Δ

Δ = desplazamiento del nodo causado por las cargas reales sobre la armadura

n = fuerza virtual interna en un miembro de la armadura, causado por la carga unitaria virtual externa

N = fuerza interna en un miembro de la armadura, causada por las cargas reales

L = longitud de un miembro

A = área transversal de un miembro

E = módulo de elasticidad de un miembro

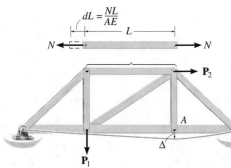

Aplicación de carga unitaria virtual

(a)

Aplicación de cargas reales

(b)

Fig. 14-30

La formulación de esta ecuación es consecuencia natural del desarrollo en la sección 14.5. En este caso, la carga unitaria virtual externa genera las fuerzas "n" virtuales internas en cada uno de los miembros de la armadura, figura 14-30a. Cuando se aplican las cargas reales a la armadura, hacen que el nodo se desplace Δ en la misma dirección que la carga unitaria virtual, figura 14-30b, y cada miembro sufre un desplazamiento NL/AE en la misma dirección que su fuerza n respectiva. En consecuencia, el trabajo virtual externo $1 \cdot \Delta$ es igual al trabajo virtual interno, o a la energía de deformación interna (virtual) almacenada en *todos* los miembros de la armadura, es decir, la ecuación 14-39.

Cambios de temperatura. Los miembros de una armadura pueden cambiar de longitud debido a un cambio de temperatura. Si α es el coeficiente de dilatación térmica de un miembro, y ΔT es su cambio de temperatura, el cambio de longitud correspondiente es $\Delta L = \alpha \Delta T L$ (ecuación 4-4). Por consiguiente, se puede determinar el desplazamiento de determinado nodo de la armadura, causado por ese cambio de temperatura, con la ecuación 14-36 escrita en la forma

$$\boxed{1 \cdot \Delta \ = \ \Sigma n\alpha \ \Delta T L} \tag{14-40}$$

En esta ecuación

1 = carga unitaria virtual externa que actúa sobre el nodo de la armadura en la dirección indicada de Δ

n = fuerza virtual interna en un miembro de armadura, causada por la carga unitaria virtual externa

Δ = desplazamiento externo del nodo causado por el cambio de temperatura

α = coeficiente de dilatación térmica del miembro

ΔT = cambio de temperatura del miembro

L = longitud del miembro

Errores de fabricación. A veces pueden presentarse errores de longitud al fabricar los miembros de una armadura. Si eso sucede, el desplazamiento de un nodo de armadura en determinada dirección, respecto a su posición esperada, se puede determinar con la aplicación directa de la ecuación 14-36, escrita en la forma

$$\boxed{1 \cdot \Delta \ = \ \Sigma n \ \Delta L} \tag{14-41}$$

En esta ecuación

1 = carga unitaria virtual externa que actúa sobre el nodo de la armadura en la dirección establecida para Δ

n = fuerza virtual interna en un miembro de la armadura, causada por la carga unitaria virtual externa

Δ = desplazamiento externo del nodo, causado por los errores de fabricación

ΔL = diferencia de longitud del miembro, respecto a su longitud teórica, causada por un error de fabricación

Será necesario combinar los lados derechos de las ecuaciones 14-39 a 14-41 si actúan fuerzas externas sobre la armadura, y algunos de sus miembros sufren un cambio de temperatura o han sido fabricados con dimensiones erróneas.

PROCEDIMIENTO PARA EL ANÁLISIS

El procedimiento siguiente es un método para determinar el desplazamiento de cualquier nodo de una armadura, usando el método de la fuerza virtual.

Fuerzas virtuales n.

• Poner la carga unitaria virtual en el nodo de la armadura en el que se vaya a determinar el desplazamiento. La carga debe estar dirigida a lo largo de la línea de acción del desplazamiento.
• Estando puesta así la carga unitaria, y *quitadas* las cargas reales de la armadura, calcular la fuerza interna n en cada miembro de la armadura. Suponer que las fuerzas de tensión son positivas, y que las de compresión son negativas.

Fuerzas reales N.

• Determinar las fuerzas N en cada miembro. Esas fuerzas sólo se deben a las cargas reales que actúan sobre la armadura. De nuevo, suponer que las fuerzas de tensión son positivas y que las de compresión son negativas.

Ecuación del trabajo virtual.

• Aplicar la ecuación del trabajo virtual para determinar el desplazamiento que se busca. Es importante conservar el signo algebraico de cada una de las fuerzas n y N correspondientes, al sustituir esos términos en la ecuación.
• Si la suma resultante $\Sigma nNL/AE$ es positiva, el desplazamiento Δ tiene la misma dirección que la carga unitaria virtual. Si se obtiene un valor negativo, Δ es opuesto a la carga unitaria virtual.
• Al aplicar $1 \cdot \Delta = \Sigma n\alpha \Delta TL$, tener en cuenta que si alguno de los miembros sufre un *aumento* de temperatura, ΔT será *positivo*, mientras que una *disminución* de temperatura hará que el valor de ΔT sea *negativo*.
• Para $1 \cdot \Delta = \Sigma n \Delta L$, cuando un error de fabricación *aumenta* la longitud de un miembro, ΔL es *positivo*, mientras que una *disminución* de longitud es *negativa*.
• Al aplicar este método se debe poner atención en las unidades de cada cantidad numérica. Sin embargo, nótese que a la carga virtual unitaria se le puede asignar cualquier unidad arbitraria: libras, klbs, newtons, etc., ya que las fuerzas n tendrán esas *mismas* unidades, y en consecuencia las unidades de la carga unitaria virtual y las fuerzas n se simplificarán en ambos lados de la ecuación.

E J E M P L O **14.11**

Determine el desplazamiento vertical del nodo C de la armadura de acero de la figura 14-31a. El área transversal de cada miembro es $A = 400 \text{ mm}^2$ y $E_{ac} = 200$ GPa.

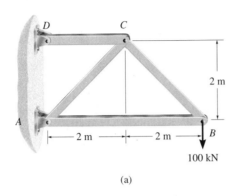

(a)

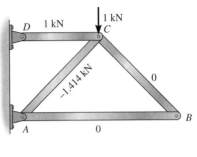

Fuerzas virtuales

(b)

Solución

Fuerzas virtuales n. Como se va a determinar el desplazamiento vertical en el nodo C, se pone *sólo* una carga virtual vertical de 1 kN en ese nodo, y se calcula la fuerza en cada miembro, usando el método de los nodos. En la figura 14-31b se indican los resultados de este análisis. De acuerdo con nuestra convención de signos, los números positivos indican fuerzas de tensión, y los negativos indican fuerzas de compresión.

Fuerzas reales N. La carga aplicada de 100 kN causa fuerzas en los miembros, que se pueden calcular con el método de los nodos. Los resultados de este análisis se ven en la figura 14-31c.

Ecuación del trabajo virtual. Se ordenan los datos y los resultados en una tabla como la siguiente:

Miembro	n	N	L	nNL
AB	0	−100	4	0
BC	0	141.4	2.828	0
AC	−1.414	−141.4	2.828	565.7
CD	1	200	2	400
				Σ 965.7 kN²·m

Fuerzas reales

(c)

Fig. 14-31

Por consiguiente

$$1 \text{ kN} \cdot \Delta_{C_v} = \sum \frac{nNL}{AE} = \frac{965.7 \text{ kN}^2 \cdot \text{m}}{AE}$$

Al sustituir los valores numéricos de A y E se obtiene

$$1 \text{ kN} \cdot \Delta_{C_v} = \frac{965.7 \text{ kN}^2 \cdot \text{m}}{[400(10^{-6}) \text{ m}^2]200(10^6) \text{ kN/m}^2}$$

$$\Delta_{C_v} = 0.01207 \text{ m} = 12.1 \text{ mm} \qquad Resp.$$

E J E M P L O 12.14

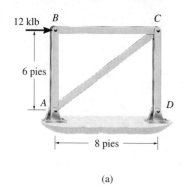

(a)

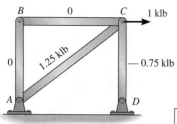

Fuerzas virtuales

(b)

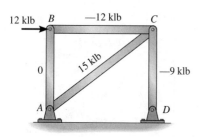

Fuerzas reales

(c)

Fig. 14-32

El área transversal de cada miembro de la armadura de acero en la figura 14-32a es $A = 0.5$ pulg^2, y su módulo de elasticidad es $E_{ac} = 29(10^3)$ klb/pulg^2. (a) Determine el desplazamiento horizontal del nodo C, si se aplica una fuerza de 12 klb a la armadura, en B. (b) Si no actúan cargas externas sobre la armadura, ¿cuál es el desplazamiento horizontal del nodo C, si el miembro AC se fabrica corto en 0.25 pulg?

Solución

Parte (a).

Fuerzas virtuales n.   Como lo que se va a calcular es el *desplazamiento horizontal* del nodo C, se aplica en él una fuerza horizontal virtual de 1 klb. La fuerza n en cada miembro se determina con el método de los nodos, y se indica en la armadura de la figura 14-32b. Como de costumbre, un número positivo representa una fuerza de tensión, y un número negativo una de compresión.

Fuerzas reales N.   La fuerza en cada miembro, causada por la fuerza de 12 klb aplicada externamente, aparece en la figura 14-32c.

Ecuación del trabajo virtual.   Como AE es constante, ΣnNL se calcula como sigue:

Miembro	n	N	L	nNL
AB	0	0	6	0
AC	1.25	15	10	187.5
CB	0	-12	8	0
CD	-0.75	-9	6	40.5
				Σ 228.0 klb$^2 \cdot$ pie

$$1 \text{ klb} \cdot \Delta_{C_h} = \sum \frac{nNL}{AE} = \frac{228.0 \text{ klb}^2 \cdot \text{pies}}{AE}$$

$$1 \text{ klb} \cdot \Delta_{C_h} = \frac{228.0 \text{ klb}^2 \cdot \text{pies} (12 \text{ pulg}/\text{pies})}{(0.5 \text{ pulg}^2) 29(10^3) \text{ klb}/\text{pulg}^2}$$

$$\Delta_{C_h} = 0.189 \text{ pulg}$$

Parte (b).   En este caso se debe aplicar la ecuación 14-41. Ya que se va a determinar el desplazamiento horizontal de C, se pueden usar los resultados de la figura 14-32b. Como el miembro AC se *acorta* en $\Delta L = -0.25$ pulg, entonces

$$1 \cdot \Delta = \Sigma n \, \Delta L; \quad 1 \text{ klb} \cdot \Delta_{C_h} = (1.25 \text{ klb})(-0.25 \text{ pulg})$$

$$\Delta_{C_h} = -0.312 \text{ pulg} = 0.312 \text{ pulg} \leftarrow \qquad Resp.$$

El signo negativo indica que el nodo C se desplaza hacia la izquierda, en sentido contrario a la carga horizontal de 1 klb.

EJEMPLO 14.13

Calcule el desplazamiento del nodo B de la armadura que aparece en la figura 14-33a. Debido al calentamiento por radiación, el miembro AB está sometido a un *aumento* de temperatura $\Delta T = +60\ °C$. Los miembros son de acero, para el cual $\alpha_{ac} = 12(10^{-6})/°C$ y $E_{ac} = 200\ GPa$. El área transversal de cada miembro es 250 mm².

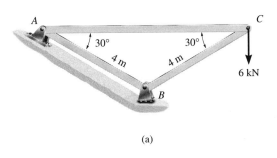

(a)

Solución

Fuerzas virtuales n. Se aplica una carga virtual horizontal de 1 kN a la armadura en el nodo B, y se calculan las fuerzas en cada miembro. Los resultados se ven en la figura 14-33b.

Fuerzas reales N. Como las fuerzas n en los miembros AC y BC son *cero*, las fuerzas N en esos miembros *no* tienen por qué determinarse. ¿Por qué? Para tener el caso completo, todo el análisis de la fuerza "real" se muestra en la figura 14-33c.

Ecuación del trabajo virtual. Las cargas y la temperatura afectan a la deformación; en consecuencia, se combinan las ecuaciones 14-39 y 14-40, con lo cual

Fuerzas virtuales

(b)

$$1\ kN \cdot \Delta_{B_h} = \sum \frac{nNL}{AE} + \Sigma n\alpha\,\Delta T L$$

$$= 0 + 0 + \frac{(-1.155\ kN)(-12\ kN)(4\ m)}{[250(10^{-6})\ m^2][200(10^6)\ kN/m^2]}$$

$$+0 + 0 + (-1.155\ kN)[12(10^{-6})/°C](60\ °C)(4\ m)$$

$$\Delta_{B_h} = -0.00222\ m$$

$$= 2.22\ mm \rightarrow \qquad Resp.$$

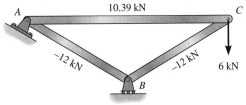

Fuerzas reales

(c)

Fig. 14-33

El signo negativo indica que el rodillo B se mueve hacia la derecha, contrario a la dirección de la carga virtual, figura 14-33b.

PROBLEMAS

14-71. Calcule el desplazamiento horizontal del nodo B del marco de dos miembros. Cada uno, de acero A-36, tiene área transversal de 2 pulg^2.

14-74. Determine el desplazamiento vertical del nodo B de la armadura. Cada miembro, de acero A-36, tiene 300 mm^2 de área transversal.

14-75. Determine el desplazamiento horizontal del nodo B de la armadura. Cada miembro, de acero A-36, tiene 300 mm^2 de área transversal.

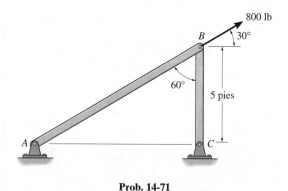

Prob. 14-71

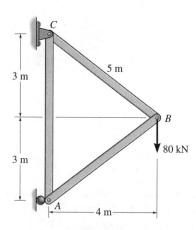

Probs. 14-74/75

*14-72.** Determine el desplazamiento horizontal del nodo B. Cada miembro, de acero A-36, tiene 2 pulg^2 de área transversal.

14-73. Determine el desplazamiento horizontal del nodo B. Cada miembro, de acero A-36, tiene 2 pulg^2 de área transversal.

*14-76.** Determine el desplazamiento horizontal del nodo C de la armadura. Cada miembro, de acero A-36, tiene 3 pulg^2 de área transversal.

14-77. Determine el desplazamiento horizontal del nodo B de la armadura. Cada miembro, de acero A-36, tiene 3 pulg^2 de área transversal.

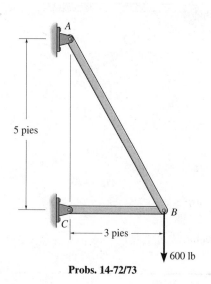

Probs. 14-72/73

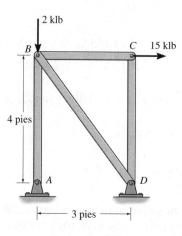

Probs. 14-76/77

14-78. Determine el desplazamiento vertical del nodo B. Para cada miembro de acero A-36, $A = 1.5$ pulg^2.

14-79. Determine el desplazamiento vertical del nodo E. Para cada miembro de acero A-36, $A = 1.5$ pulg^2.

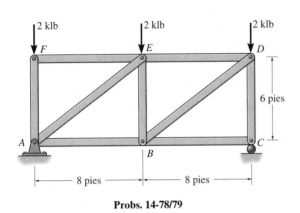

Probs. 14-78/79

*14-80. Determine el desplazamiento vertical del nodo C de la armadura. Cada miembro de acero A-36 tiene $A = 300$ mm^2 de área transversal.

14-81. Determine el desplazamiento vertical del nodo D de la armadura. Cada miembro de acero A-36 tiene $A = 300$ mm^2 de área transversal.

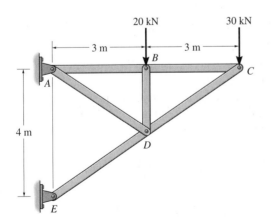

Probs. 14-80/81

14-82. Determine el desplazamiento horizontal del nodo B de la armadura. Cada miembro de acero A-36 tiene 400 mm^2 de área transversal.

14-83. Determine el desplazamiento vertical del nodo C de la armadura. Cada miembro de acero A-36 tiene 400 mm^2 de área transversal.

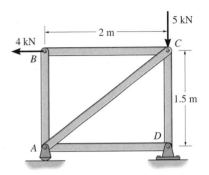

Probs. 14-82/83

*14-84. Determine el desplazamiento vertical del nodo A. Cada miembro de acero A-36 tiene 400 mm^2 de área transversal.

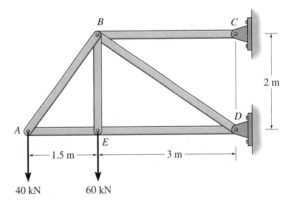

Prob. 14-84

14-85. Determine el desplazamiento vertical del nodo C. Cada miembro de acero A-36 tiene un área transversal de 4.5 pulg^2.

14-86. Determine el desplazamiento vertical del nodo H. Cada miembro de acero A-36 tiene un área transversal de 4.5 pulg^2.

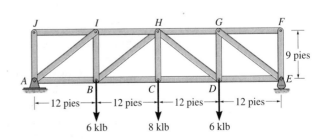

Probs. 14-85/86

*14.7 Método de las fuerzas virtuales aplicado a vigas

En esta sección aplicaremos el método de las fuerzas virtuales para determinar el desplazamiento y la pendiente de un punto en una viga. Para ilustrar los principios, se determinará el desplazamiento Δ del punto A de la viga que se ve en la figura 14-34b. Este desplazamiento se debe a la "carga real distribuida" w, y como causa tanto cortante como momento en el interior de la viga, en realidad consideraremos el trabajo virtual interno debido a ambas cargas. Sin embargo, en el ejemplo 14.7 se demostró que las deflexiones de la viga debidas al cortante son despreciables en comparación con las causadas por la flexión, en especial cuando la viga es larga y esbelta. Ya que en la práctica éste es el tipo de viga que se usa con más frecuencia, sólo consideraremos la energía de deformación virtual debida a la flexión, tabla 14-1. Al aplicar la ecuación 14-36, entonces, la ecuación del trabajo virtual para la viga es

$$1 \cdot \Delta = \int_0^L \frac{mM}{EI}\,dx \tag{14-42}$$

En esta ecuación

1 = carga virtual unitaria externa que actúa sobre la viga en dirección de Δ

Δ = desplazamiento causado por las cargas reales que actúan sobre la viga

m = momento interno virtual en la viga, expresado en función de x y causado por la carga unitaria virtual externa

M = momento interno en la viga, expresado en función de x, causado por las cargas reales

E = módulo de elasticidad del material

I = momento de inercia del área transversal, calculado respecto al eje neutro

De forma parecida, si se va a determinar la pendiente θ de la tangente en un punto de la curva elástica de la viga, se debe aplicar un momento de par unitario virtual en ese punto, y se determina el momento interno virtual m_θ correspondiente. Si se aplica la ecuación 14-37 a este caso, sin tener en cuenta las deformaciones por cortante, se obtiene

$$1 \cdot \theta = \int_0^L \frac{m_\theta M}{EI}\,dx \tag{14-43}$$

Observe que la formulación de esta ecuación es consecuencia natural del desarrollo de la sección 14.5. Por ejemplo, la carga unitaria virtual externa produce un momento virtual interno m en la viga, en la posición x, figura 14-34a. Cuando se aplica la carga real w, hace que el elemento dx en x se deforme o gire un ángulo $d\theta$, figura 14-34b. Si el material responde en forma elástica, $d\theta$ es igual a $(M/EI)dx$. En consecuencia, el trabajo

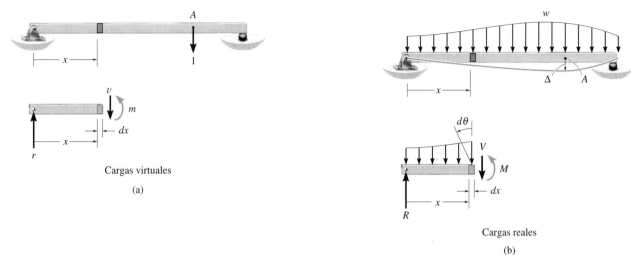

Fig. 14-34

virtual externo $1 \cdot \Delta$ es igual al trabajo virtual interno para toda la viga, $\int m(M/EI)\,dx$, ecuación 14-42.

A diferencia de las vigas, como se dice aquí, también algunos miembros pueden estar sometidos a una energía de deformación virtual apreciable, causada por carga axial, cortante y momento de torsión. Cuando ése es el caso, debemos incluir en las ecuaciones anteriores los términos de energía para esas cargas, como se plantea en la ecuación 14-38.

Al aplicar las ecuaciones 14-42 y 14-43 es importante tener en cuenta que las integrales del lado derecho representan la cantidad de energía de deformación virtual de flexión que está *almacenada* en la viga. Si sobre la viga actúan fuerzas concentradas o momentos de par, o si la carga distribuida es discontinua, *no* se puede hacer una sola integración en toda la longitud de la viga. En lugar de ello se deben definir coordenadas x separadas, dentro de las regiones que no tengan discontinuidad de la carga. También, no es necesario que cada x tenga el mismo origen; sin embargo, la x seleccionada para determinar el momento real M en determinada región debe ser *la misma x* que la definida para determinar el momento virtual m o m_θ dentro de la misma región. Por ejemplo, examine la viga de la figura 14-35a. Para determinar el desplazamiento en D, se puede usar x_1 para determinar la energía de deformación en la región AB, x_2 para la región BC, x_3 para la región DE y x_4 para la región DC. En todo caso, cada coordenada x debe seleccionarse de tal modo que se puedan formular con facilidad tanto M como m (o m_θ).

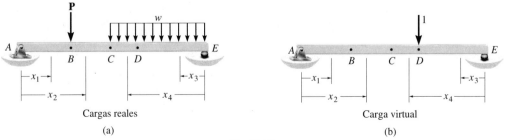

Fig. 14-35

PROCEDIMIENTO PARA EL ANÁLISIS

El siguiente procedimiento es un método que puede emplearse para determinar el desplazamiento y la pendiente en un punto de la curva elástica de una viga, usando el método del trabajo virtual.

Momentos virtuales m o m_θ.

- Colocar una *carga unitaria virtual* sobre la viga en el punto, y dirigida a lo largo de la línea de acción del desplazamiento deseado.

- Si se debe determinar la pendiente, poner un *momento unitario de par* virtual en el punto.

- Definir las coordenadas x adecuadas, que sean válidas dentro de las regiones de la viga donde no haya discontinuidad de carga real ni virtual.

- Con la carga virtual en su lugar, y todas las cargas reales *quitadas* de la viga, calcular el momento interno m o m_θ en función de cada coordenada x.

- Suponer que m o m_θ actúa en dirección positiva, de acuerdo con la convención establecida de signos para viga, figura 6-3.

Momentos reales.

- Usando *las mismas* coordenadas x que las definidas para m o m_θ, determinar los momentos internos M causados por las cargas reales.

- Como se supuso que m o m_θ positivos actuaban en la "dirección positiva" convencional, es importante que M positivo actúe en esta *misma dirección*. Esto es necesario, ya que el trabajo interno virtual positivo o negativo depende del sentido de la dirección tanto de la carga virtual, definido por $\pm m$ o $\pm m_\theta$, como del desplazamiento causado por $\pm M$.

Ecuación del trabajo virtual.

- Aplicar la ecuación del trabajo virtual para determinar el desplazamiento Δ o la pendiente θ que se buscan. Es importante conservar el signo algebraico de cada integral calculada dentro de su región especificada.

- Si la suma algebraica de todas las integrales, en toda la viga, es positiva, Δ o θ tienen la misma dirección que la carga unitaria virtual o el momento unitario de par virtual, respectivamente. Si se obtiene un valor negativo, Δ o θ es contrario a la carga unitaria o al momento de par virtuales.

E J E M P L O **14.14**

Determine el desplazamiento del punto B en la viga de la figura 14-36a. EI es constante.

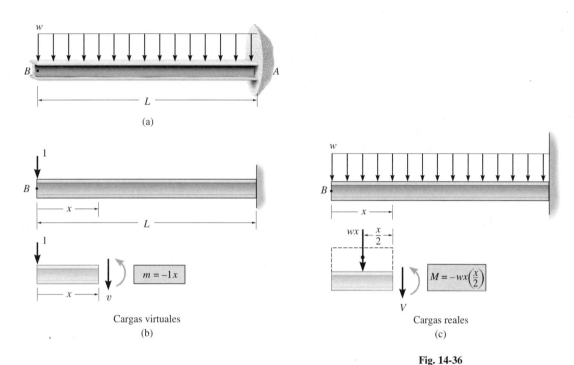

(a)

Cargas virtuales
(b)

$m = -1x$

Cargas reales
(c)

$M = -wx\left(\dfrac{x}{2}\right)$

Fig. 14-36

Solución

Momento virtual m. El desplazamiento vertical del punto B se obtiene colocando una carga unitaria virtual en B, figura 14-36b. Por inspección se ve que no hay discontinuidades de carga en la viga, para las cargas real y virtual. Así, se puede usar *una sola* coordenada x para determinar la energía virtual de deformación. Esta coordenada se seleccionará con su origen en B, ya que no deben determinarse las reacciones en A para determinar los momentos internos m y M. Al aplicar el método de las secciones, se calcula el momento interno m como se indica en la figura 14-36b.

Momento real M. Usando *la misma* coordenada x, el momento M se calcula como muestra la figura 14-36c.

Ecuación del trabajo virtual. El desplazamiento vertical en B es, entonces,

$$1 \cdot \Delta_B = \int \frac{mM}{EI}\,dx = \int_0^L \frac{(-1x)(-wx^2/2)\,dx}{EI}$$

$$\Delta_B = \frac{wL^4}{8EI} \qquad\qquad\qquad Resp.$$

E J E M P L O 14.15

Determine la pendiente en el punto B de la viga de la figura 14-37a. EI es constante.

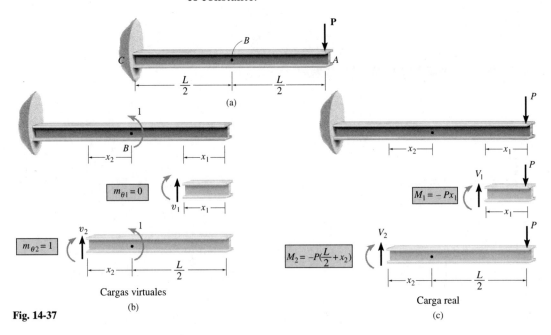

Fig. 14-37

Solución

Momentos virtuales m_θ. Se determina la pendiente en B poniendo un momento unitario virtual de par en B, figura 14-37b. Se deben definir dos coordenadas x para determinar la energía virtual de deformación en la viga. La coordenada x_1 se encarga de la energía de deformación dentro del segmento AB, y la coordenada x_2 es para la energía de deformación en el segmento BC. Los momentos internos m_θ dentro de cada uno de esos segmentos se calculan con el método de las secciones, como se ve en la figura 14-37b.

Momentos reales M. Usando las *mismas coordenadas* x_1 y x_2 (¿por qué?), los momentos internos M se calculan como muestra la figura 14-37c.

Ecuación del trabajo virtual. Entonces, la pendiente en B es

$$1 \cdot \theta_B = \int \frac{m_\theta M}{EI} dx$$

$$= \int_0^{L/2} \frac{0(-Px_1)\,dx_1}{EI} + \int_0^{L/2} \frac{1\{-P[(L/2) + x_2]\}\,dx_2}{EI}$$

$$\theta_B = -\frac{3PL^2}{8EI}$$

El *signo negativo* indica que θ_B es *contrario* a la dirección del momento virtual del par, que muestra la figura 14-37b.

EJEMPLO 14.16

Determine el desplazamiento del punto A en la viga de acero de la figura 14-38a. $I = 450$ pulg^4, $E_{ac} = 29(10^3)$ klb/pulg^2.

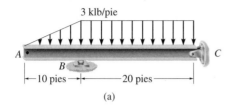

(a)

Solución

Momentos virtuales m. La viga se somete a la carga unitaria virtual en A, y se calculan las reacciones, figura 14-38b. Por inspección se ve que se deben definir dos coordenadas x_1 y x_2 para cubrir todas las regiones de la viga. Para fines de integración, lo más sencillo es que los orígenes estén en A y en C. Se usa el método de las secciones, y los momentos internos m se ven en la figura 14-38b.

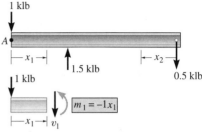

Cargas virtuales
(b)

Momentos reales M. Primero se determinan las reacciones sobre la viga real, figura 14-38a. Después, usando las *mismas* coordenadas x que las que se usaron para m, se determinan los momentos internos M.

Ecuación del trabajo virtual. Se aplica como sigue la ecuación del trabajo virtual a la viga:

$$1 \text{ klb} \cdot \Delta_A = \int \frac{mM}{EI} dx = \int_0^{10} \frac{(-1x_1)(-0.05x_1{}^3)\,dx_1}{EI}$$

$$+ \int_0^{20} \frac{(-5.0x_2)(27.5x_2 - 1.5x_2^2)\,dx_2}{EI}$$

o sea

$$1 \text{ klb} \cdot \Delta_A = \frac{0.010(10)^5}{EI} - \frac{4.583(20)^3}{EI} + \frac{0.1875(20)^4}{EI}$$

$$\Delta_A = \frac{-5666.7 \text{ klb} \cdot \text{pie}^3}{EI}$$

Se sustituyen los datos de E e I, y el resultado es

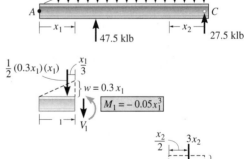

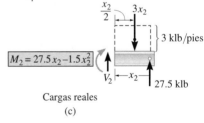

Cargas reales
(c)

Fig. 14-38

$$\Delta_A = \frac{-5666.7 \text{ klb} \cdot \text{pie}^3(12 \text{ pulg/pie})^3}{[29(10^3) \text{ klb/pie}^2]\,450 \text{ pulg}^4}$$

$$= -0.750 \text{ pulg} \qquad\qquad Resp.$$

El signo negativo indica que el punto A se desplaza hacia arriba.

PROBLEMAS

14-87. Determine el desplazamiento en el punto C. EI es constante.

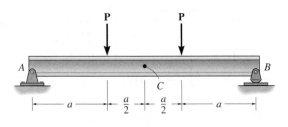

Prob. 14-87

*****14-88.** Determine el desplazamiento en el punto C. EI es constante.

14-89. Determine la pendiente en el punto C. EI es constante.

14-90. Determine la pendiente en el punto A. EI es constante.

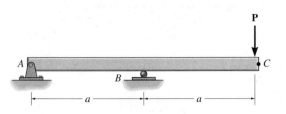

Probs. 14-88/89/90

14-91. Determine el desplazamiento del punto C de la viga de acero A-36, cuyo momento de inercia es $I = 53.8$ pulg⁴.

*****14-92.** Determine la pendiente en B, de la viga de acero A-36, cuyo momento de inercia es $I = 53.8$ pulg⁴.

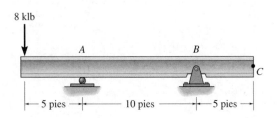

Probs. 14-91/92

14-93. Determine el desplazamiento del punto C de la viga W14 × 26, de acero A-36.

14-94. Determine la pendiente en A, de la viga W14 × 26, de acero A-36.

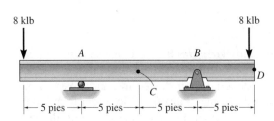

Probs. 14-93/94

14-95. Determine el desplazamiento en B, del eje de acero A-36 de 1.5 pulg de diámetro.

*****14-96.** Determine la pendiente del eje de acero A-36, de 1.5 pulg de diámetro, en el punto A, en el cojinete de apoyo.

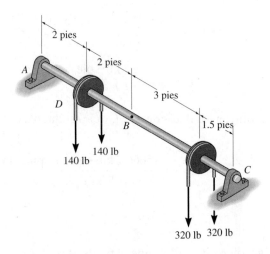

Probs. 14-95/96

14-97. Determine el desplazamiento en la polea *B*. El eje de acero A-36 tiene 30 mm de diámetro.

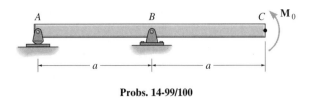

Probs. 14-99/100

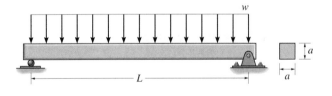

Prob. 14-97

14-98. La viga simplemente apoyada con sección transversal cuadrada está sometida a una carga uniforme *w*. Determine la deflexión máxima en ella, causada sólo por la flexión, y la causada por la flexión y el cortante. Suponga que $E = 3G$.

14-101. La viga de acero A-36 tiene $I = 125(10^6)$ mm^4. Determine el desplazamiento en *D*.

14-102. La viga de acero A-36 tiene $I = 125(10^6)$ mm^4. Determine la pendiente en *A*.

14-103. La viga de acero A-36 tiene $I = 125(10^6)$ mm^4. Determine la pendiente en *B*.

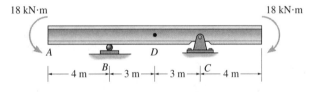

Probs. 14-101/102/103

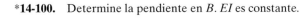

Prob. 14-98

*14-104.** Determine la pendiente en *A*. *EI* es constante.

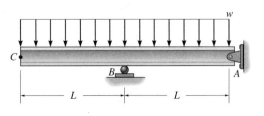

Prob. 14-104

14-99. Determine el desplazamiento en el punto *C*. *EI* es constante.

*14-100.** Determine la pendiente en *B*. *EI* es constante.

14-105. Determine el desplazamiento en *C*. *EI* es constante.

14-106. Determine la pendiente en *B*. *EI* es constante.

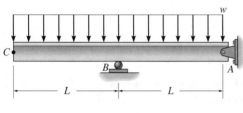

Probs. 14-105/106

14-109. Determine la pendiente y el desplazamiento en el punto *C*. *EI* es constante.

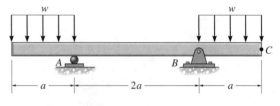

Prob. 14-109

14-107. La viga es de pino, para el cual E_p = 13 GPa. Determine el desplazamiento en *A*.

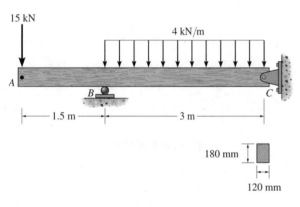

Prob. 14-107

14-110. Determine el desplazamiento del eje en *C*. *EI* es constante.

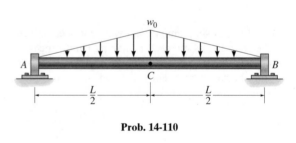

Prob. 14-110

*14-108.** Determine el desplazamiento en *B*. *EI* es constante.

14-111. Determine la pendiente del eje en el cojinete de apoyo *A*. *EI* es constante.

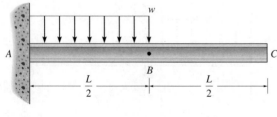

Prob. 14-108

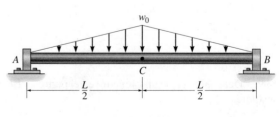

Prob. 14-111

*14-112. Determine el desplazamiento vertical del punto *A* en el soporte angular debido a la fuerza concentrada **P**. El soporte está empotrado en su base. *EI* es constante. Sólo tenga en cuenta el efecto de la flexión.

14-115. Determine los desplazamientos horizontal y vertical del punto *C*. En *A* hay un empotramiento. *EI* es constante.

Prob. 14-112

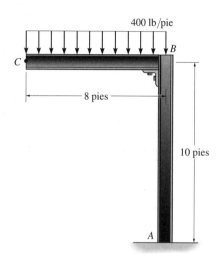

Prob. 14-115

14-113. El marco en forma de L consta de dos segmentos, cada uno de longitud *L* y rigidez a la flexión *EI*. Si se somete a la carga uniformemente distribuida, determine el desplazamiento horizontal del extremo *C*.

14-114. El marco en forma de L consta de dos segmentos, cada uno de longitud *L* y rigidez a la flexión *EI*. Si se somete a la carga uniformemente distribuida, determine el desplazamiento vertical del punto *B*.

*14-116. La varilla semicircular tiene área transversal *A* y módulo de elasticidad *E*. Determine la deflexión horizontal en los rodillos, debida a la carga.

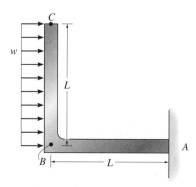

Probs. 14-113/114

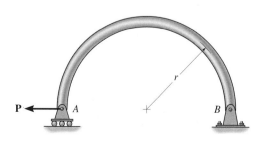

Prob. 14-116

*14.8 Teorema de Castigliano

En 1879, Alberto Castigliano, ingeniero italiano de ferrocarriles, publicó un libro donde escribía un método para determinar el desplazamiento y la pendiente en un punto de un cuerpo. Ese método, llamado segundo teorema de Castigliano, sólo se aplica a cuerpos de temperatura constante, de material con comportamiento elástico lineal. Si se va a determinar el desplazamiento en un punto, el teorema establece que ese desplazamiento es igual a la primera derivada parcial de la energía de deformación en el cuerpo, con respecto a una fuerza que actúa en el punto, y que tiene la dirección del desplazamiento. En forma parecida, la pendiente de la tangente en un punto de un cuerpo, es igual a la primera derivada parcial de la energía de deformación en el cuerpo, con respecto a un momento de par que actúa en el punto y que tiene la dirección del ángulo de la pendiente.

Para deducir el segundo teorema de Castigliano, imaginemos un cuerpo de forma arbitraria, sometido a una serie de n fuerzas $\mathbf{P}_1, \mathbf{P}_2, ..., \mathbf{P}_n$, figura 14-39. Como el trabajo externo efectuado por esas fuerzas es igual a la energía interna de deformación almacenada en el cuerpo, se puede aplicar la conservación de la energía:

$$U_i = U_e$$

Sin embargo, el trabajo externo es una función de las cargas externas, $U_e = \Sigma \int P \, dx$, ecuación 14-1, por lo que el trabajo interno también es una función de las cargas externas. Así,

$$U_i = U_e = f(P_1, P_2, \ldots, P_n) \tag{14-44}$$

Ahora bien, si aumenta cualquiera de las fuerzas externas, por ejemplo P_j, en una cantidad diferencial dP_j, también aumentará el trabajo interno, de modo que la energía de deformación se transforma en

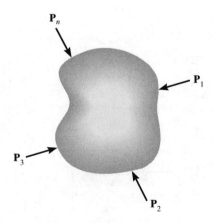

Fig. 14-39

$$U_i + dU_i = U_i + \frac{\partial U_i}{\partial P_j} dP_j \qquad (14\text{-}45)$$

Sin embargo, este valor no debe depender del orden en que se aplican las fuerzas n al cuerpo. Por ejemplo, podríamos aplicarle *primero* $d\mathbf{P}_j$, y después aplicar las cargas $\mathbf{P}_1, \mathbf{P}_2, \ldots, \mathbf{P}_n$. En este caso, $d\mathbf{P}_j$ haría que el cuerpo se desplazara una cantidad diferencial $d\Delta_i$ en la dirección de $d\mathbf{P}_j$. De acuerdo con la ecuación 14-2 ($U_e = \frac{1}{2}P_j\Delta_j$), el incremento de energía de deformación sería $\frac{1}{2}dP_j d\Delta_j$. Sin embargo, esta cantidad es una diferencial de segundo orden, y se puede despreciar. La aplicación sucesiva de las cargas $\mathbf{P}_1, \mathbf{P}_2, \ldots, \mathbf{P}_n$, hace que $d\mathbf{P}_j$ se mueva el desplazamiento Δj, por lo que la energía de deformación es

$$U_i + dU_j = U_i + dP_j \, \Delta_i \qquad (14\text{-}46)$$

Aquí, como arriba, U_i es la energía de deformación interna en el cuerpo, causada por las cargas $\mathbf{P}_1, \mathbf{P}_2, \ldots, \mathbf{P}_n$ y $dU_j = dP_j\Delta_j$ es la energía de deformación *adicional* causada por $d\mathbf{P}_j$.

En resumen, la ecuación 14-45 representa la energía de deformación en el cuerpo, determinada aplicando primero las cargas $\mathbf{P}_1, \mathbf{P}_2, \ldots, \mathbf{P}_n$ y después $d\mathbf{P}_j$; la ecuación 14-46 representa la energía de deformación determinada aplicando primero $d\mathbf{P}_j$ y después las cargas $\mathbf{P}_1, \mathbf{P}_2, \ldots, \mathbf{P}_n$. Como esas dos ecuaciones deben ser iguales, es necesario que

$$\Delta_i = \frac{\partial U_i}{\partial P_j} \qquad (14\text{-}47)$$

con lo que se demuestra el teorema; es decir, el desplazamiento Δ_j en la dirección de $\mathbf{P}_j$ es igual a la primera derivada parcial de la energía de deformación con respecto a $\mathbf{P}_j$.

Se debe hacer notar que la ecuación 14-47 es un enunciado acerca de los *requisitos de compatibilidad* del cuerpo, porque es una condición relacionada con el desplazamiento. También, en la deducción anterior se requiere que *sólo* se consideren *fuerzas conservativas* en el análisis. Estas fuerzas se pueden aplicar en cualquier orden, y además efectúan trabajo que es independiente de la trayectoria, y en consecuencia no causan pérdidas de energía. Mientras el material tenga un comportamiento elástico lineal, las fuerzas aplicadas serán conservativas, y el teorema es válido. También se debe mencionar que el primer teorema de Castigliano es parecido a este segundo; sin embargo, relaciona la carga P_j con la derivada parcial de la energía de deformación con respecto al desplazamiento correspondiente; esto es, $P_j = \partial U_i/\partial \Delta_j$. La demostración es parecida a la presentada arriba. Este teorema es otra forma de expresar los *requisitos de equilibrio* del cuerpo; sin embargo, su aplicación es limitada, y en consecuencia no se describirá aquí.

*14.9 Teorema de Castigliano aplicado a armaduras

Cuando un miembro de armadura se somete a una carga axial, la energía de deformación se define con la ecuación 14-16, $U_i = N^2 L/2AE$. Al sustituir esta ecuación en la 14-47, y omitir el subíndice i se llega a

$$\Delta = \frac{\partial}{\partial P} \sum \frac{N^2 L}{2AE}$$

En general, es más fácil hacer primero la diferenciación y después la suma. También, L, A y E son constantes en determinado miembro, y en consecuencia se puede escribir

$$\Delta = \sum N \left(\frac{\partial N}{\partial P} \right) \frac{L}{AE} \qquad (14\text{-}48)$$

En esta ecuación

Δ = desplazamiento del nodo de la armadura

P = fuerza externa de *magnitud variable* aplicada al nodo de la armadura en dirección de Δ

N = fuerza axial interna en un miembro, causada *tanto* por la fuerza **P** *como* por las cargas en la armadura

L = longitud de un miembro

A = área transversal de un miembro

E = módulo de elasticidad del material

Para determinar la derivada parcial $\partial N/\partial P$, será necesario considerar a P como una *variable* y no una determinada cantidad numérica. En otras palabras, cada fuerza axial interna N se debe expresar en función de P.

Al comparar, se ve que la ecuación 14-48 se parece a la que se usó para el método de trabajo virtual, la ecuación 14-39 ($1 \cdot \Delta = \Sigma n N L/AE$), excepto que n se sustituye por $\partial N/\partial P$. Sin embargo, estos términos, n y $\partial N/\partial P$, deberán ser *iguales* ya que representan la tasa del cambio de la fuerza axial interna con respecto a la carga P o, en otras palabras, la fuerza axial por unidad de carga.

PROCEDIMIENTO PARA EL ANÁLISIS

El siguiente procedimiento es un método que se puede usar para determinar el desplazamiento de cualquier nodo en una armadura, usando el segundo teorema de Castigliano.

Fuerza externa P.

- Poner una fuerza **P** en la armadura, en el nodo donde se va a determinar el desplazamiento que se busca. Suponer que esta fuerza tiene *magnitud variable* y se debe dirigir a lo largo de la línea de acción del desplazamiento.

Fuerzas internas N.

• Determinar la fuerza N en cada miembro, causada tanto por las cargas reales (numéricas) como por la fuerza variable P. Suponer que las fuerzas de tensión son positivas y que las fuerzas de compresión son negativas.

• Determinar la derivada parcial $\partial N/\partial P$ respectiva de cada miembro.

• Después de haber determinado N y $\partial N/\partial P$, asignar a P su valor numérico, si en realidad ha reemplazado una fuerza real sobre la armadura. En caso contrario, igual P a cero.

Segundo teorema de Castigliano.

• Aplicar el teorema de Castigliano para determinar el desplazamiento Δ que se busca. Es importante conservar los signos algebraicos de los valores correspondientes de N y de $\partial N/\partial P$ al sustituir esos términos en la ecuación.

• Si la suma resultante $\Sigma N(\partial N/\partial P)L/AE$ es positiva, Δ tiene la misma dirección que **P**. Si se obtiene un valor negativo, Δ es opuesto a **P**.

EJEMPLO 14.17

Determine el desplazamiento horizontal del nodo C, de la armadura de acero en la figura 14-40a. El área transversal de cada miembro se indica en la figura. Suponer que $E_{ac} = 29(10^3)$ klb/pulg^2.

Solución

Fuerza externa P. Ya que se va a determinar el desplazamiento horizontal de C, se aplica en el nodo C una fuerza **P** horizontal *variable*, figura 14-40b. Después esta fuerza se igualará al valor fijo de 8 klb.

Fuerzas internas N. Usando el método de los nodos, se calcula la fuerza N en cada miembro. Los resultados se muestran en la figura 14-40b. Los datos se ordenan en la forma tabular siguiente:

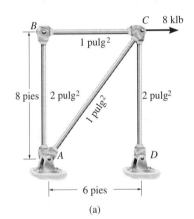

(a)

Miembro	N	$\dfrac{\partial N}{\partial P}$	$N(P = 8\ \text{klb})$	L	$N\left(\dfrac{\partial N}{\partial P}\right)L$
AB	0	0	0	8	0
BC	0	0	0	6	0
AC	$1.67P$	1.67	13.33	10	222.2
CD	$-1.33P$	-1.33	-10.67	8	113.8

Segundo teorema de Castigliano. Se aplica la ecuación 14-48 como sigue:

$$\Delta_{Ch} = \Sigma N\left(\frac{\partial N}{\partial P}\right)\frac{L}{AE}$$

$$= 0 + 0 + \frac{(222.2\ \text{klb}\cdot\text{pie})(12\ \text{pulg/pie})}{(1\ \text{pulg}^2)\,29(10^3)\ \text{klb/pulg}^2} + \frac{(113.8\ \text{klb}\cdot\text{pie})(12\ \text{pulg/pie})}{(2\ \text{pulg}^2)\,29(10^3)\ \text{klb/pulg}^2}$$

$$= 0.115\ \text{pulg} \qquad\qquad\qquad\qquad \textit{Resp.}$$

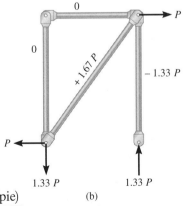

(b)

Fig. 14-40

Determine el desplazamiento vertical del nodo C en la armadura de acero de la figura 14-41a. El área transversal de cada miembro es $A = 400 \text{ mm}^2$ y $E_{ac} = 200$ GPa.

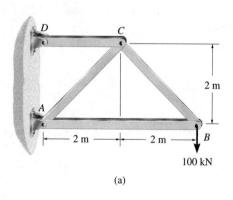

(a)

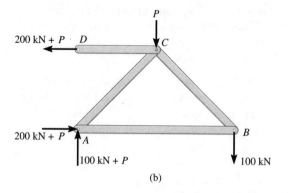

(b)

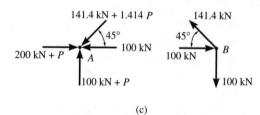

Fig. 14-41

(c)

Solución

Fuerza externa P. Una fuerza vertical **P** se aplica a la armadura en el nodo C, porque es donde se va a determinar el desplazamiento vertical, figura 14-41b.

Fuerzas internas N. Las reacciones en los apoyos A y D de la armadura se calculan y se ven los resultados en la figura 14-41b. Se determinan las fuerzas **N** en cada miembro, con el método de los nodos, figura 14-41c.* Por comodidad, se ponen en forma tabular los resultados, junto con las derivadas parciales $\partial N / \partial P$. Observe que como **P** en realidad no existe como carga real en la armadura, se pide que $P = 0$.

Miembro	N	$\dfrac{\partial N}{\partial P}$	$N(P = 0)$	L	$N\left(\dfrac{\partial N}{\partial P}\right)L$
AB	-100	0	-100	4	0
BC	141.4	0	141.4	2.828	0
AC	$-141.4 - 1.414P$	-1.414	-141.4	2.828	565.7
CD	$200 + P$	1	200	2	400
					$\Sigma\ 965.7 \text{ kN} \cdot \text{m}$

Segundo teorema de Castigliano. Se aplica la ecuación 14-48:

$$\Delta_{C_v} = \Sigma N\left(\frac{\partial N}{\partial P}\right)\frac{L}{AE} = \frac{965.7 \text{ kN} \cdot \text{m}}{AE}$$

Sustituyendo los valores numéricos de A y E se obtiene

$$\Delta_{C_v} = \frac{965.7 \text{ kN} \cdot \text{m}}{[400(10^{-6}) \text{ m}^2] \, 200(10^6) \text{ kN/m}^2}$$

$$= 0.01207 \text{ m} = 12.1 \text{ mm} \qquad\qquad Resp.$$

Esta solución se debe comparar con el ejemplo 14.11, con el método de los trabajos virtuales.

*Podría ser más cómodo analizar esta armadura sólo con la carga de 100 kN, y después analizarla con la carga **P**. Después se suman los resultados para obtener las fuerzas **N**.

PROBLEMAS

14-117. Resuelva el problema 14-71, usando el teorema de Castigliano.

14-118. Resuelva el problema 14-73, usando el teorema de Castigliano.

14-119. Resuelva el problema 14-74, usando el teorema de Castigliano.

*14-120.** Resuelva el problema 14-72, usando el teorema de Castigliano.

14-121. Resuelva el problema 14-75, usando el teorema de Castigliano.

14-122. Resuelva el problema 14-76, usando el teorema de Castigliano.

14-123. Resuelva el problema 14-77, usando el teorema de Castigliano.

*14-124.** Resuelva el problema 14-80, usando el teorema de Castigliano.

14-125. Resuelva el problema 14-78, usando el teorema de Castigliano.

14-126. Resuelva el problema 14-79, usando el teorema de Castigliano.

14-127. Resuelva el problema 14-81, usando el teorema de Castigliano.

*14-128.** Resuelva el problema 14-84, usando el teorema de Castigliano.

14-129. Resuelva el problema 14-82, usando el teorema de Castigliano.

14-130. Resuelva el problema 14-83, usando el teorema de Castigliano.

14-131. Resuelva el problema 14-85, usando el teorema de Castigliano.

*14-132.** Resuelva el problema 14-86, usando el teorema de Castigliano.

*14.10 El teorema de Castigliano aplicado a vigas

La energía de deformación interna en una viga se debe a la flexión y al cortante. Sin embargo, como se vio en el ejemplo 14.7, si la viga es larga y esbelta, se puede despreciar la energía de deformación debido a la fuerza cortante, en comparación con la de flexión. Suponiendo que ése sea el caso, la energía de deformación interna de una viga es $_i = \int M^2 \, dx/2EI$, ecuación 14-17. Esto se sustituye en $\Delta_i = \partial U_i/\partial P_i$, ecuación 14-47 y, omitiendo el subíndice i, se llega a

$$\Delta = \frac{\partial}{\partial P} \int_0^L \frac{M^2 \, dx}{2EI}$$

Más que elevar al cuadrado la ecuación del momento M, integrar y sacar entonces la derivada parcial, en general es más fácil diferenciar antes de la integración. Si E e I son constantes,

$$\Delta = \int_0^L M\left(\frac{\partial M}{\partial P}\right) \frac{dx}{EI} \qquad (14\text{-}49)$$

donde

Δ = desplazamiento del punto, causado por las cargas reales que actúan sobre la viga

P = fuerza externa de magnitud variable aplicada a la viga, en dirección de Δ

M = momento interno en la viga, expresado en función de x, y causado tanto por la fuerza P como por las cargas en la viga

E = módulo de elasticidad del material

I = momento de inercia del área transversal, calculado respecto al eje neutro

Si se debe determinar la pendiente de la tangente θ en un punto de la curva elástica, se debe determinar primero la derivada parcial del momento interno M con respecto a un *momento de par externo M'* que actúa en el punto. Para este caso,

$$\theta = \int_0^L M\left(\frac{\partial M}{\partial M'}\right) \frac{dx}{EI} \qquad (14\text{-}50)$$

Las ecuaciones anteriores se parecen a las que se usaron para el método del trabajo virtual, las ecuaciones 14-42 y 14-43, excepto que m y m_θ aparecen en vez de $\partial M/\partial P$ y $\partial M/\partial M'$, respectivamente.

Se debe mencionar que si la carga genera una energía de deformación apreciable dentro del miembro, debido a carga axial, momento de flexión, cortante y momento de torsión, se deben incluir los efectos de todas esas cargas al aplicar el teorema de Castigliano. Para hacerlo, se deben usar las funciones de energía de deformación deducidas en la sección 14-2, junto con sus derivadas parciales correspondientes. El resultado es

$$\Delta = \Sigma N\left(\frac{\partial N}{\partial P}\right)\frac{L}{AE} + \int_0^L f_s V\left(\frac{\partial V}{\partial P}\right)\frac{dx}{GA} + \int_0^L M\left(\frac{\partial M}{\partial P}\right)\frac{dx}{EI} + \int_0^L T\left(\frac{\partial T}{\partial P}\right)\frac{dx}{GJ} \qquad (14\text{-}51)$$

El método para aplicar esta formulación general se parece al que se usó para aplicar las ecuaciones 14-49 y 14-50.

PROCEDIMIENTO PARA EL ANÁLISIS

El procedimiento que sigue es un método para aplicar el segundo teorema de Castigliano.

Fuerza P o momento de par M′ externos.

- Poner una fuerza **P** sobre la viga en el punto, y dirigida a lo largo de la línea de acción del desplazamiento que se desea.

- Si se va a determinar la pendiente de la tangente, poner un momento de par **M′** en el punto.

- Suponer que tanto **P** como **M′** tienen magnitud variable.

Momentos internos M.

- Definir coordenadas x adecuadas, válidas dentro de las regiones de la viga donde no haya discontinuidad de fuerza, carga distribuida o momento de par.

- Calcular los momentos internos M en función de P o $M′$ y las derivadas parciales $\partial M/\partial P$ o $\partial M/\partial M′$ para cada coordenada x.

- Después de haber determinado M y $\partial M/\partial P$, o $\partial M/\partial M′$, asignar su valor numérico a P o a $M′$ si en realidad ha sustituido una fuerza o un momento de par real. En caso contrario, igualar a cero P o $M′$.

Segundo teorema de Castigliano.

- Aplicar la ecuación 14-49 o la 14-50 para determinar el desplazamiento Δ o θ que se busca. Es importante conservar los signos algebraicos de los valores correspondientes de M y $\partial M/\partial P$ o $\partial M/\partial M′$.

- Si la suma resultante de todas las integrales definidas es positiva, Δ o θ tiene la misma dirección que **P** o **M′**. Si se obtiene un valor negativo, Δ o θ son opuestas a **P** o a **M′**.

EJEMPLO 14.19

Determine el desplazamiento del punto B en la viga de la figura 14.42a. EI es constante.

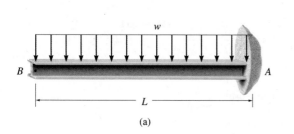

(a)

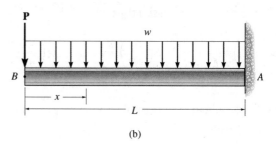

(b)

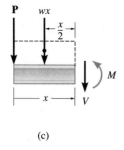

(c)

Fig. 14-42

Solución

Fuerza externa P. Se pone una fuerza vertical **P** en la viga, en B, como se ve en la figura 14-42b.

Momentos internos M. Para esta solución sólo se necesita una sola coordenada x, ya que no hay discontinuidades de carga entre A y B. Al aplicar el método de las secciones, figura 14-42c, determinan el momento interno y la derivada parcial como sigue:

$$\zeta+ \Sigma M_{NA} = 0; \qquad M + wx\left(\frac{x}{2}\right) + P(x) = 0$$

$$M = -\frac{wx^2}{2} - Px$$

$$\frac{\partial M}{\partial P} = -x$$

Se iguala $P = 0$, para obtener

$$M = \frac{-wx^2}{2} \qquad y \qquad \frac{\partial M}{\partial P} = -x$$

Segundo teorema de Castigliano. Se aplica la ecuación 14-49:

$$\Delta_B = \int_0^L M\left(\frac{\partial M}{\partial P}\right)\frac{dx}{EI} = \int_0^L \frac{(-wx^2/2)(-x)\,dx}{EI}$$

$$= \frac{wL^4}{8EI} \qquad\qquad\qquad Resp.$$

Se debe observar la igualdad entre esta solución y la obtenida con el método del trabajo virtual, ejemplo 14.14.

E J E M P L O 14.20

Determine la pendiente de la viga de la figura 14-43*a*, en el punto *B*. *EI* es constante.

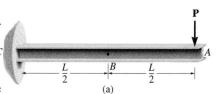

(a)

Solución

Momento del par externo M′. Como se va a determinar la pendiente en el punto *B*, se pone un momento de par externo **M**′ en la viga, en ese punto, figura 14-43*b*.

Momentos internos M. Se deben usar dos coordenadas, x_1 y x_2, para determinar los momentos internos dentro de la viga, porque hay una discontinuidad, **M**′, en *B*. Como se ve en la figura 13-43*b*, x_1 rige de *A* a *B* y x_2 rige de *B* a *C*. Usando el método de las secciones, figura 14-43*c*, se determinan como sigue los momentos internos y las derivadas parciales:

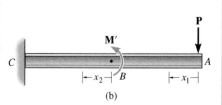

(b)

Para x_1,

$$\zeta + \Sigma M_{NA} = 0; \qquad -M_1 - Px_1 = 0$$

$$M_1 = -Px_1$$

$$\frac{\partial M_1}{\partial M'} = 0$$

Para x_2,

$$\zeta + \Sigma M_{NA} = 0; \quad -M_2 + M' - P\left(\frac{L}{2} + x_2\right) = 0$$

$$M_2 = M' - P\left(\frac{L}{2} + x_2\right)$$

$$\frac{\partial M_2}{\partial M'} = 1$$

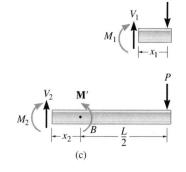

(c)

Fig. 14-43

Segundo teorema de Castigliano. Se iguala $M' = 0$, y se aplica la ecuación 14-50, entonces

$$\theta_B = \int_0^L M\left(\frac{\partial M}{\partial M'}\right)\frac{dx}{EI}$$

$$= \int_0^{L/2} \frac{(-Px_1)(0)\,dx_1}{EI} + \int_0^{L/2} \frac{-P[(L/2) + x_2](1)\,dx_2}{EI}$$

$$= -\frac{3PL^2}{8EI} \qquad\qquad\qquad\qquad Resp.$$

El signo negativo indica que θ_B es contrario a la dirección del momento del par **M**′. Observe la igualdad entre este resultado y el del ejemplo 14.15.

E J E M P L O 14.21

Determine el desplazamiento vertical del punto C en la viga de acero de la figura 14-44a. Suponer que $E_{ac} = 200$ GPa, $I = 125(10^{-6})$ m^4.

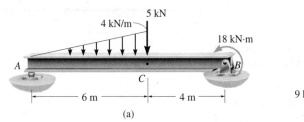

(a)

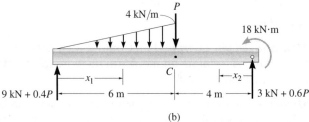

(b)

Solución

Fuerza externa P. Se aplica una fuerza vertical **P** en el punto C, figura 14-44b. Después se igualará esta fuerza con el valor fijo de 5 kN.

Momentos internos M. En este caso se necesitan dos coordenadas x en la integración, porque la carga es discontinua en C. Aplicando el método de las secciones, figura 14-44c, los momentos internos y las derivadas parciales se determinan como sigue:

Para x_1,

$$+ \Sigma M_{NA} = 0; \qquad M_1 + \frac{1}{3}x_1^2\left(\frac{x_1}{3}\right) - (9 + 0.4P)x_1 = 0$$

$$M_1 = (9 + 0.4P)x_1 - \frac{1}{9}x_1^3$$

$$\frac{\partial M_1}{\partial P} = 0.4x_1$$

Para x_2,

$$-M_2 + 18 + (3 + 0.6P)x_2 = 0$$

$$\zeta + \Sigma M_{NA} = 0; \qquad M_2 = 18 + (3 + 0.6P)x_2$$

$$\frac{\partial M_2}{\partial P} = 0.6x_2$$

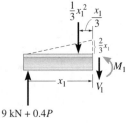

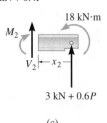

(c)

Fig. 14-44

Segundo teorema de Castigliano. Se iguala $P = 5$ kN, y se aplica la ecuación 14-49, como sigue:

$$\Delta_{C_v} = \int_0^L M\left(\frac{\partial M}{\partial M}\right)\frac{dx}{EI}$$

$$= \int_0^6 \frac{(11x_1 - \frac{1}{9}x_1^3)(0.4x_1)\,dx_1}{EI} + \int_0^4 \frac{(18 + 6x_2)(0.6x_2)\,dx_2}{EI}$$

$$= \frac{410.9 \text{ kN} \cdot \text{m}^3}{[200(10^6) \text{ kN/m}^2]\, 125(10^{-6}) \text{ m}^4}$$

$$= 0.0164 \text{ m} = 16.4 \text{ mm} \qquad \qquad Resp.$$

PROBLEMAS

14-133. Resuelva el problema 14-87 usando el teorema de Castigliano.

14-134. Resuelva el problema 14-89 usando el teorema de Castigliano.

14-135. Resuelva el problema 14-90 usando el teorema de Castigliano.

*14-136. Resuelva el problema 14-88 usando el teorema de Castigliano.

14-137. Resuelva el problema 14-91 usando el teorema de Castigliano.

14-138. Resuelva el problema 14-93 usando el teorema de Castigliano.

14-139. Resuelva el problema 14-94 usando el teorema de Castigliano.

*14-140. Resuelva el problema 14-92 usando el teorema de Castigliano.

14-141. Resuelva el problema 14-95 usando el teorema de Castigliano.

14-142. Resuelva el problema 14-97 usando el teorema de Castigliano.

14-143. Resuelva el problema 14-99 usando el teorema de Castigliano.

*14-144. Resuelva el problema 14-96 usando el teorema de Castigliano.

14-145. Resuelva el problema 14-101 usando el teorema de Castigliano.

14-146. Resuelva el problema 14-102 usando el teorema de Castigliano.

14-147. Resuelva el problema 14-103 usando el teorema de Castigliano.

*14-148. Resuelva el problema 14-100 usando el teorema de Castigliano.

14-149. Resuelva el problema 14-105 usando el teorema de Castigliano.

14-150. Resuelva el problema 14-106 usando el teorema de Castigliano.

14-151. Resuelva el problema 14-107 usando el teorema de Castigliano.

*14-152. Resuelva el problema 14-104 usando el teorema de Castigliano.

14-153. Resuelva el problema 14-109 usando el teorema de Castigliano.

14-154. Resuelva el problema 14-113 usando el teorema de Castigliano.

14-155. Resuelva el problema 14-114 usando el teorema de Castigliano.

*14-156. Resuelva el problema 14-108 usando el teorema de Castigliano.

14-157. Resuelva el problema 14-116 usando el teorema de Castigliano.

14-158. Resuelva el problema 14-115 usando el teorema de Castigliano.

REPASO DEL CAPÍTULO

- Cuando una fuerza (o momento de par) actúa sobre un cuerpo deformable efectúa trabajo externo al desplazarlo (hacerlo girar). Los esfuerzos internos producidos en el cuerpo también sufren desplazamiento y con ello crean una energía de deformación elástica que se almacena en el material.

- La conservación de la energía establece que el trabajo externo efectuado por la carga es igual a la energía de deformación interna producida en el cuerpo. Con esta base se pueden resolver problemas donde interviene el impacto elástico, donde se supone que el cuerpo en movimiento es rígido, y que la energía de deformación se almacena en el cuerpo estacionario.

- El principio del trabajo virtual se puede usar para determinar el desplazamiento de un nodo de una armadura, o la pendiente y el desplazamiento de puntos en una viga o marco. Requiere poner una fuerza unitaria virtual externa (o un momento unitario de par virtual) en el punto donde se va a determinar el desplazamiento (la rotación). El trabajo virtual externo se iguala entonces a la energía virtual interna de deformación en el miembro o la estructura.

- También el teorema de Castigliano se puede usar para determinar el desplazamiento de un nodo en una armadura, o una pendiente, o el desplazamiento de un punto en una viga o un marco. En este caso se pone una fuerza variable P (o un momento de par M) en el punto donde se va a determinar el desplazamiento (o la pendiente). A continuación se determina la carga interna en función de P (o de M) y se determina su derivada parcial con respecto a P (o a M). Se aplica entonces el teorema de Castigliano para obtener el desplazamiento (o la rotación) deseado.

PROBLEMAS DE REPASO

14-159. Determine la energía de deformación por flexión en la viga, debida a la carga indicada. *EI* es constante.

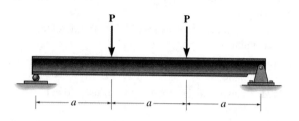

Prob. 14-159

*14-160. El tornillo de acero L2 tiene 0.25 pulg de diámetro y la prensa *AB* tiene corte transversal rectangular, de 0.5 pulg de ancho por 0.2 pulg de espesor. Calcule la energía de deformación en la prensa *AB* debida a la flexión, y en el tornillo debida a la fuerza axial. El tornillo se aprieta hasta que su tensión es 350 lb. No tenga en cuenta el agujero de la prensa.

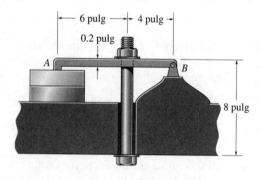

Prob. 14-160

14-161. La viga en voladizo se somete a un momento de par M_0, aplicado en su extremo. Determine la pendiente de la viga en *B. EI* es constante. Use el método del trabajo virtual.

14-162. Resuelva el problema 14-161 con el teorema de Castigliano.

14-163. La viga en voladizo se somete a un momento de par M_0 aplicado en su extremo. Determine el desplazamiento de la viga en *B. EI* es constante. Use el método del trabajo virtual.

*14-164. Resuelva el problema 14-163 con el teorema de Castigliano.

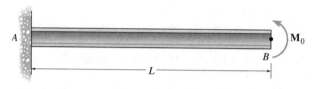

Probs. 14-161/162/163/164

14-165. Calcule el desplazamiento vertical del nodo *A*. Cada barra es de acero A-36, y su área transversal es 600 mm². Aplique la conservación de la energía.

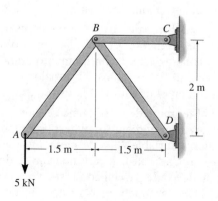

Prob. 14-165

14-166. Determine el desplazamiento del punto B en la viga de aluminio. $E_{al} = 10.6(10^3)$ klb/pulg^2. Aplique la conservación de la energía.

*14-168. Calcule el desplazamiento vertical del nodo B. Para cada miembro, $A = 400$ mm^2, $E = 200$ GPa. Use el método del trabajo virtual.

14-169. Resuelva el problema 14-168 usando el teorema de Castigliano.

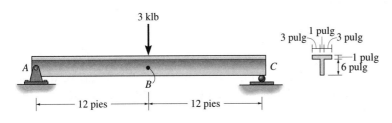

Prob. 14-166

14-170. Calcule el desplazamiento vertical del nodo E. Para cada miembro, $A = 400$ mm^2, $E = 200$ GPa. Use el método del trabajo virtual.

14-167. Un peso de 20 lb se deja caer de una altura de 4 pies, para que llegue al extremo de la viga empotrada de acero A-36. Si la viga es W12 × 60, determine el esfuerzo máximo desarrollado en ella.

14-171. Resuelva el problema 14-170 usando el teorema de Castigliano.

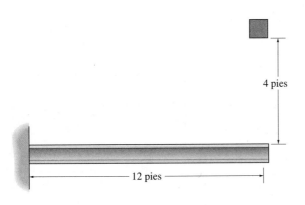

Prob. 14-167

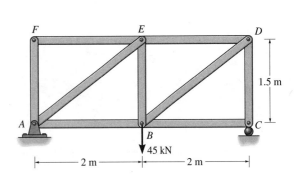

Probs. 14-168/169/170/171

Propiedades geométricas de un área

A.1   Centroide de un área

El ***centroide*** de un área es el punto que define el centro geométrico del área. Si ésta tiene una forma arbitraria, como en la figura A-1*a*, las coordenadas *x* y *y* que definen el lugar del centroide *C* se determinan con las fórmulas

$$\overline{x} = \frac{\displaystyle\int_A x \, dA}{\displaystyle\int_A dA} \qquad \overline{y} = \frac{\displaystyle\int_A y \, dA}{\displaystyle\int_A dA} \qquad\qquad (A\text{-}1)$$

Los numeradores en esas ecuaciones son formulaciones del "primer momento" del elemento de área *dA* respecto al eje *y* y al eje *x*, respectivamente, figura A-1*b*; los denominadores representan el área total *A* de la superficie plana.

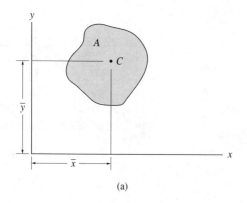

(a)

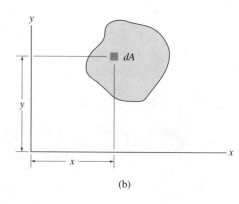

(b)

Fig. A-1

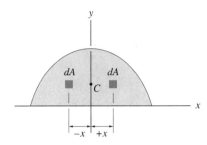

Fig. A-2

Se debe hacer notar que el lugar del centroide, en algunas áreas, puede estar especificado en forma parcial o total por las condiciones de simetría. En casos en que el área tiene un eje de simetría, el centroide del área estará en ese eje. Por ejemplo, el centroide C del área en la figura A-2 debe estar en el eje y, ya que por cada área elemental dA a la distancia $+x$, a la derecha del eje y, hay un elemento idéntico a la distancia $-x$, hacia la izquierda. El momento total de los elementos respecto al eje de simetría se anula; esto es, $\int x \, dA = 0$ (ecuación A-1), por lo que $\bar{x} = 0$. En los casos en que una figura tiene dos ejes de simetría, el centroide se localiza en la intersección de esos ejes, figura A-3. Con base en el principio de simetría, o de acuerdo con la ecuación A-1, los lugares del centroide para áreas de figuras comunes se encuentran en el interior de la pasta delantera de este libro.

Áreas compuestas.   Con frecuencia se puede dividir o seccionar en varias partes con formas más sencillas. Si se conocen el área y el lugar del centroide de cada una de esas "áreas compuestas", se puede eliminar la necesidad de integrar para determinar el centroide del área completa. En este caso se deben usar ecuaciones análogas a las ecuaciones A-1, pero las integrales se sustituyen con signos de suma finita, es decir,

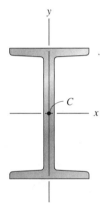

Fig. A-3

$$\bar{x} = \frac{\Sigma \bar{x} A}{\Sigma A} \qquad \bar{y} = \frac{\Sigma \bar{y} A}{\Sigma A} \qquad \text{(A-2)}$$

En este caso, $\bar{x}$ y $\bar{y}$ representan las *distancias algebraicas*, o coordenadas *x, y* del centroide de cada parte componente, y ΣA representa la suma de las partes componentes, o simplemente el *área total*. En particular, si dentro de una parte compuesta hay un agujero, o región geométrica que no tiene material, se considera que el agujero es una parte adicional que tiene un área *negativa*. También, como se dijo anteriormente, si el área total es simétrica respecto a un eje, el centroide del área está en el eje. El ejemplo que sigue ilustra la aplicación de la ecuación A-2.

E J E M P L O **A.1**

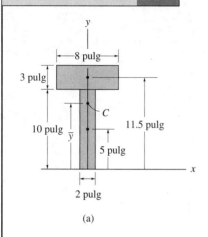

(a)

Ubicar el centroide C del área transversal de la viga T que se ve en la figura A-4a.

Solución I

El eje y se establece en el eje de simetría, para que $\bar{x} = 0$, figura A-4a. Para obtener $\bar{y}$ se establece el eje x (eje de referencia) pasando por la base del área. Esta área se divide en dos rectángulos, como se indica, y se determina el lugar del centroide $\bar{y}$ para cada uno. Al aplicar la ecuación A-2 se tiene que

$$\bar{y} = \frac{\Sigma \bar{y} A}{\Sigma A} = \frac{[5 \text{ pulg}] \,(10 \text{ pulg})(2 \text{ pulg}) \,+\, [11.5 \text{ pulg}] \,(3 \text{ pulg})(8 \text{ pulg})}{(10 \text{ pulg})(2 \text{ pulg}) \,+\, (3 \text{ pulg})(8 \text{ pulg})}$$

$$= 8.55 \text{ pulg} \qquad\qquad Resp.$$

Solución II

Se usan los mismos dos segmentos, y el eje x puede estar en la parte superior del área, como se ve en la figura A-4b. En ella

$$\bar{y} = \frac{\Sigma \bar{y} A}{\Sigma A} = \frac{[-1.5 \text{ pulg}] \,(3 \text{ pulg})(8 \text{ pulg}) + [-8 \text{ pulg}](10 \text{ pulg})(2 \text{ pulg})}{(3 \text{ pulg})(8 \text{ pulg}) + (10 \text{ pulg})(2 \text{ pulg})}$$

(b)

$$= -4.45 \text{ pulg} \qquad\qquad Resp.$$

El signo negativo indica que C está *abajo* del origen, lo cual era de esperarse. También obsérvese que de acuerdo con las dos respuestas, 8.55 pulg + 4.45 pulg = 13.0 pulg, que es el peralte de la viga.

Solución III

También es posible suponer que el área transversal es un rectángulo grande *menos* dos rectángulos pequeños, figura A-4c. En este caso,

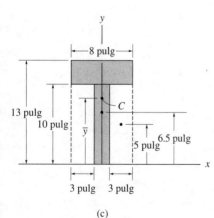

(c)

Fig. A-4

$$\bar{y} = \frac{\Sigma \bar{y} A}{\Sigma A} = \frac{[6.5 \text{ pulg}](13 \text{ pulg})(8 \text{ pulg}) \,-\, 2[5 \text{ pulg}] \,(10 \text{ pulg})(3 \text{ pulg})}{(13 \text{ pulg})(8 \text{ pulg}) \,-\, 2(10 \text{ pulg})(3 \text{ pulg})}$$

$$= 8.55 \text{ pulg} \qquad\qquad Resp.$$

A.2   Momento de inercia de un área

Al calcular el centroide de un área se consideró el primer momento del
área respecto a un eje, es decir, para el cálculo fue necesario evaluar una
integral de la forma $\int x\, dA$. Hay algunos temas en la mecánica de materiales donde se requiere evaluar una integral del segundo momento de un
área, esto es, $\int x^2 dA$. A esta integral se le llama ***momento de inercia*** del área
A. Para mostrar cómo se define formalmente, veamos el área A de la
figura A-5, que está en el plano x-y. Por definición, los momentos de inercia del elemento diferencial dA respecto a los ejes x y y son $dI_x = y^2 dA$ y
$dI_y = x^2 dA$, respectivamente. Para toda el área, el momento de inercia se
determina por integración:

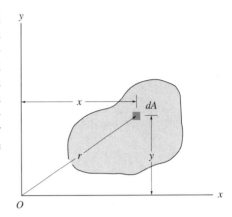

Fig. A-5

$$
\begin{aligned}
I_x &= \int_A y^2\, dA \\
I_y &= \int_A x^2 dA
\end{aligned}
\qquad\text{(A-3)}
$$

También podemos formular el segundo momento de inercia del elemento diferencial respecto al polo O o al eje z, figura A-5. A eso se le llama
momento polar de inercia, $dJ_O = r^2 dA$. Aquí, r es la distancia perpendicular del polo (o el eje z) al elemento dA. Para toda el área, el momento
polar de inercia es

$$
J_O = \int_A r^2\, dA = I_x + I_y
\qquad\text{(A-4)}
$$

La relación entre J_O e I_x, I_y es posible, ya que $r^2 = x^2 + y^2$, figura A-5.

De acuerdo con las formulaciones anteriores se ve que I_x, I_y y J_O *siempre* son *positivos*, ya que implican el producto de la distancia al cuadrado
por el área. Además, las unidades del momento de inercia son de longitud elevada a la cuarta potencia, por ejemplo m^4, mm^4 o pie^4 y $pulg^4$.

Mediante las ecuaciones anteriores se han calculado los momentos de
inercia de algunas figuras comunes respecto a sus *ejes centroidales*, y aparecen en el interior de la pasta delantera de este libro.

Teorema del eje paralelo para un área.   Si se conoce el momento de
inercia de un área respecto a un eje centroidal, se puede determinar su
momento de inercia respecto a un eje paralelo a éste, con el *teorema del
eje paralelo*. Para deducirlo, imaginemos que se trata de determinar el
momento de inercia del área sombreada de la figura A-6, respecto al eje
x. En ese caso, se define un elemento diferencial dA a una distancia arbitraria y' del eje centroidal x', mientras que la *distancia fija* entre los ejes

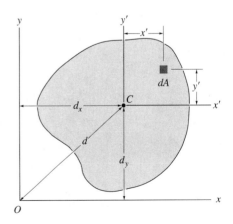

Fig. A-6

paralelos x y x' se representa por d_y. Como el momento de inercia de dA respecto al eje x es $dI_x = (y' + d_y)^2 dA$, entonces, para el área completa,

$$I_x = \int_A (y' + d_y)^2 \, dA = \int_A y'^2 \, dA + 2d_y \int_A y' dA + d_y^2 \int_A dA$$

El primer término de la derecha representa el momento de inercia del área respecto al eje x', que es $\overline{I}_{x'}$. El segundo término es cero, ya que el eje x' pasa por el centroide C del área; esto es, $\int y' dA = \overline{y}A = 0$, porque $\overline{y} = 0$. Entonces, el resultado final es

$$\boxed{I_x = \overline{I}_{x'} + Ad_y^2}$$

(A-5)

Se puede deducir una ecuación parecida para I_y, que es

$$\boxed{I_y = \overline{I}_{y'} + Ad_x^2}$$

(A-6)

Y por último, el momento polar de inercia respecto a un eje perpendicular al plano x-y que pasa por el polo O (el eje z), figura A-6, es

$$\boxed{J_O = \overline{J}_C + Ad^2}$$

(A-7)

La forma de cada una de las ecuaciones anteriores indica que el momento de inercia de un área respecto a un eje es igual al momento de inercia del área respecto a un eje paralelo que pase por su centroide, más el producto del área por el cuadrado de la distancia perpendicular entre los ejes.

Áreas compuestas. Muchas áreas transversales consisten en una serie de formas más sencillas unidas, como rectángulos, triángulos y semicírculos. Siempre que se conozca el momento de inercia de cada una de esas áreas, o que se pueda calcular respecto a un eje común, el momento de inercia del "área compuesta" se puede determinar con la *suma algebraica* de los momentos de inercia de sus partes componentes.

Para determinar en forma correcta el momento de inercia de una de esas áreas, respecto a un eje especificado, primero es necesario dividir el área en sus partes componentes, e indicar la distancia perpendicular del eje al eje centroidal paralelo de cada parte. Se calcula el momento de inercia de cada parte respecto al eje centroidal usando la tabla en el interior de la pasta delantera del libro. Si ese eje no coincide con el eje especificado, se debe aplicar el teorema del eje paralelo, $I = \overline{I} + Ad^2$, para determinar el momento de inercia de la parte respecto al eje especificado. A continuación se determina el momento de inercia de toda el área respecto a este eje, sumando los resultados de sus partes componentes. En particular, si un componente tiene un "agujero", se calcula el momento de inercia de éste, restando del momento de inercia de toda el área que incluye al agujero.

Los ejemplos que siguen ilustran la aplicación de este método.

EJEMPLO A.2

Determinar el momento de inercia del área transversal de la viga T que muestra la figura A-7a, respecto al eje centroidal x'.

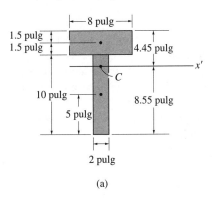

(a)

Fig. A-7

Solución I

El área se divide en dos rectángulos como se ve en la figura A-7a, y se determina la distancia del eje x' a cada eje centroidal. En la tabla del interior de la pasta delantera del libro, se ve que el momento de inercia de un rectángulo respecto a su eje centroidal es $I = \frac{1}{12} bh^3$. Se aplica el teorema del eje paralelo, ecuación A-5, a cada rectángulo, y se suman los resultados, como sigue:

$$I = \Sigma \overline{I}_{x'} + Ad_y^2$$

$$= \left[\frac{1}{12}(2 \text{ pulg})(10 \text{ pulg})^3 + (2 \text{ pulg})(10 \text{ pulg})(8.55 \text{ pulg} - 5 \text{ pulg})^2 \right]$$

$$+ \left[\frac{1}{12}(8 \text{ pulg})(3 \text{ pulg})^3 + (8 \text{ pulg})(3 \text{ pulg})(4.45 \text{ pulg} - 1.5 \text{ pulg})^2 \right]$$

$$I = 646 \text{ pulg}^4 \qquad\qquad\qquad Resp.$$

Solución II

Se puede considerar que el área es un rectángulo grande menos dos rectángulos pequeños, que se ven con línea interrumpida en la figura A-7b. Entonces,

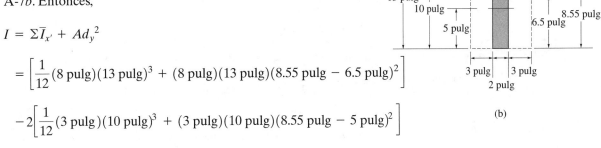

(b)

$$I = \Sigma \overline{I}_{x'} + Ad_y^2$$

$$= \left[\frac{1}{12}(8 \text{ pulg})(13 \text{ pulg})^3 + (8 \text{ pulg})(13 \text{ pulg})(8.55 \text{ pulg} - 6.5 \text{ pulg})^2 \right]$$

$$- 2\left[\frac{1}{12}(3 \text{ pulg})(10 \text{ pulg})^3 + (3 \text{ pulg})(10 \text{ pulg})(8.55 \text{ pulg} - 5 \text{ pulg})^2 \right]$$

$$I = 646 \text{ pulg}^4 \qquad\qquad\qquad Resp.$$

E J E M P L O A.3

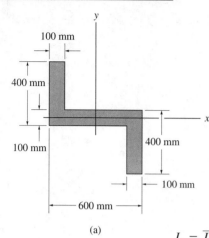

(a)

Calcular los momentos de inercia del área transversal de la viga que aparece en la figura A-8a, respecto a los ejes centroidales x y y.

Solución

Se puede considerar que la sección está formada por tres áreas rectangulares componentes, A, B y D, que se ven en la figura A-8b. Para el cálculo, se ubica el centroide de cada rectángulo en la figura. Se ve, en la tabla del interior de la pasta delantera de este libro, que el momento de inercia de un rectángulo respecto a su eje centroidal es $I = \frac{1}{12}bh^3$. Por consiguiente, aplicando el teorema del eje paralelo a los rectángulos A y D, se tienen los cálculos siguientes:

Rectángulo A:

$$I_y = \bar{I}_{y'} + Ad_x^2 = \frac{1}{12}(100 \text{ mm})(300 \text{ mm})^3 + (100 \text{ mm})(300 \text{ mm})(200 \text{ mm})^2$$

$$= 1.90(10^9) \text{ mm}^4$$

$$I_y = \bar{I}_{y'} + Ad_x^2 = \frac{1}{12}(300 \text{ mm})(100 \text{ mm})^3 + (100 \text{ mm})(300 \text{ mm})(250 \text{ mm})^2$$

$$= 1.90(10^9) \text{ mm}^4$$

Rectángulo B:

$$I_x = \frac{1}{12}(600 \text{ mm})(100 \text{ mm})^3 = 0.05(10^9) \text{ mm}^4$$

$$I_y = \frac{1}{12}(100 \text{ mm})(600 \text{ mm})^3 = 1.80(10^9) \text{ mm}^4$$

Rectángulo D:

$$I_x = \bar{I}_{x'} + Ad_y^2 = \frac{1}{12}(100 \text{ mm})(300 \text{ mm})^3 + (100 \text{ mm})(300 \text{ mm})(200 \text{ mm})^2$$

$$= 1.425(10^9) \text{ mm}^4$$

$$I_y = \bar{I}_{y'} + Ad_x^2 = \frac{1}{12}(100 \text{ mm})(300 \text{ mm})^3 + (100 \text{ mm})(300 \text{ mm})(200 \text{ mm})^2$$

$$= 1.90(10^9) \text{ mm}^4$$

Los momentos de inercia de toda el área transversal son

$$I_x = 1.425(10^9) + 0.05(10^9) + 1.425(10^9)$$

$$= 2.90(10^9) \text{ mm}^4 \qquad \textit{Resp.}$$

$$I_y = 1.90(10^9) + 1.80(10^9) + 1.90(10^9)$$

$$= 5.60(10^9) \text{ mm}^4 \qquad \textit{Resp.}$$

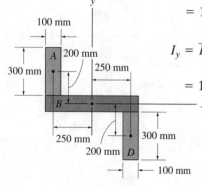

(b)

Fig. A-8

A.3 Producto de inercia de un área

En general, el momento de inercia de un área es diferente para cada eje respecto al cual se calcula. En algunas aplicaciones de diseño mecánico o estructural es necesario conocer la orientación de los ejes que producen, en forma respectiva, los momentos de inercia máximo y mínimo del área. El método para determinarlos se describe en la sección A.4. Sin embargo, para usar este método primero se debe calcular el producto de inercia del área, así como sus momentos de inercia, respecto a ejes x y y dados.

El **producto de inercia** del elemento diferencial dA de la figura A-9, que está en un punto (x, y) se define como $dI_{xy} = xy\, dA$. Así, para toda el área, el producto de inercia es

$$I_{xy} = \int_A xy\, dA \qquad (A\text{-}8)$$

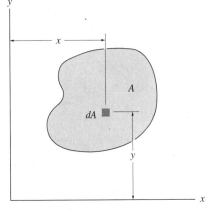

Fig. A-9

Al igual que el momento de inercia, las unidades del producto de inercia son de longitud elevada a la cuarta potencia, como m^4, mm^4 o pie^4, $pulg^4$. Sin embargo, como x o y pueden ser cantidades negativas, mientras que el elemento de área siempre es positivo, el producto de inercia puede ser positivo, negativo o cero, dependiendo de la ubicación y la orientación de los ejes coordenados. Por ejemplo, el producto de inercia I_{xy} de un área será *cero* si alguno de los ejes, x o y, es un eje de *simetría* del área. Para demostrarlo, examine el área sombreada de la figura A-10, donde por cada elemento dA ubicado en el punto (x, y) hay un elemento correspondiente dA ubicado en $(x, -y)$. Como los productos de inercia de esos elementos son, respectivamente, $xy\, dA$ y $-xy\, dA$, la suma algebraica de ellos, o la integración de todos los elementos de área seleccionados en esta forma, anulará cada par. En consecuencia, el producto de inercia del área total es cero. También, de acuerdo con la definición de I_{xy}, el "signo" de esta cantidad depende del cuadrante donde esté el área. Como se ve en la figura A-11, el signo de I_{xy} cambia cuando el área pasa de un cuadrante al siguiente.

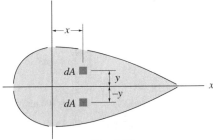

Fig. A-10

Teorema del eje paralelo. Examine el área sombreada de la figura A-12, donde x' y y' representan un conjunto de ejes centroidales, y x y y un conjunto correspondiente de ejes paralelos. Ya que el producto de inercia de dA con respecto a los ejes x y y es $dI_{xy} = (x' + d_x)(y' + d_y)\, dA$, entonces, para toda el área,

$$I_{xy} = \int_A (x' + d_x)(y' + d_y)\, dA$$

$$= \int_A x'y'\, dA + d_x \int_A y'\, dA + d_y \int_A x'\, dA + d_x d_y \int_A dA$$

El primer término del lado derecho representa el producto de inercia del área con respecto al eje centroidal, $\bar{I}_{x'y'}$. El segundo y el tercer términos

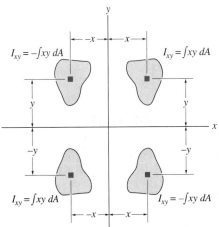

Fig. A-11

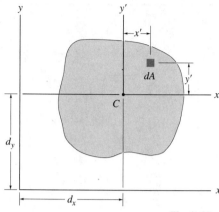

Fig. A-12

son cero, porque los momentos de área se calculan respecto al eje centroidal. Se ve que la cuarta integral representa el área total, A, y en consecuencia, el resultado final es

$$I_{xy} = \bar{I}_{x'y'} + Ad_xd_y \tag{A-9}$$

Se debe subrayar el parecido entre esta ecuación y la del teorema del eje paralelo para momentos de inercia. En particular, es importante mantener los *signos algebraicos* de d_x y d_y al aplicar la ecuación A-9. Como se verá en el ejemplo siguiente, el teorema del eje paralelo tiene aplicaciones importantes en la determinación del producto de inercia de un *área compuesta* con respecto a un conjunto de ejes x, y.

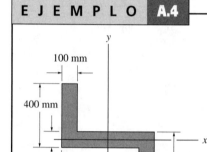

(a)

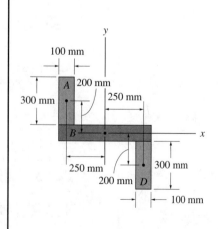

(b)   **Fig. A-13**

Determinar el producto de inercia del área transversal de una viga, que se ve en la figura A-13a, respecto a sus ejes centroidales x y y.

Solución

Como en el ejemplo A.3, se puede considerar que el área transversal está formada por tres áreas rectangulares A, B y D, figura A-13b. En la figura se muestran las coordenadas del centroide de cada uno de esos rectángulos. Por simetría, el producto de inercia de *cada rectángulo* es *cero* respecto a un conjunto de ejes x', y' que pasan por su centroide. Por consiguiente, la aplicación del teorema del eje paralelo a cada uno de los rectángulos da como resultado

Rectángulo A:

$$\begin{aligned}I_{xy} &= \bar{I}_{x'y'} + Ad_xd_y \\ &= 0 + (300 \text{ mm})(100 \text{ mm})(-250 \text{ mm})(200 \text{ mm}) \\ &= -1.50(10^9) \text{ mm}^4\end{aligned}$$

Rectángulo B:

$$\begin{aligned}I_{xy} &= \bar{I}_{x'y'} + Ad_xd_y \\ &= (300 \text{ mm})(100 \text{ mm})(250 \text{ mm})(-200 \text{ mm}) \\ &= -1.50(10^9) \text{ mm}^4\end{aligned}$$

Rectángulo D:

$$\begin{aligned}I_{xy} &= \bar{I}_{x'y'} + Ad_xd_y \\ &= 0 + (300 \text{ mm})(100 \text{ mm})(250 \text{ mm})(-200 \text{ mm}) \\ &= -1.50(10^9) \text{ mm}^4\end{aligned}$$

Entonces, el producto de inercia de toda el área transversal es

$$\begin{aligned}I_{xy} &= [-1.50(10^9)] + 0 + [-1.50(10^9)] \\ &= -3.00(10^9) \text{ mm}^4 \qquad \textit{Resp.}\end{aligned}$$

A.4   Momentos de inercia de un área respecto a ejes inclinados

En el diseño mecánico o estructural, a veces es necesario calcular los momentos y el producto de inercia $I_{x'}$, $I_{y'}$ e $I_{x'y'}$ respecto a un conjunto de ejes x' y y' cuando *se conocen* los valores de θ, I_x, I_y e I_{xy}. Como se ve en la figura A-14, las coordenadas del elemento del área dA, en los dos sistemas coordenados se relacionan con las *ecuaciones de transformación*

$$x' = x \cos \theta + y \operatorname{sen} \theta$$
$$y' = y \cos \theta - x \operatorname{sen} \theta$$

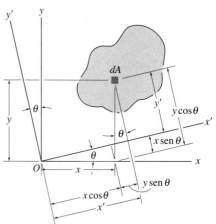

Al usar esas ecuaciones, los momentos y el producto de inercia de dA respecto a los ejes x' y y' son

$$dI_{x'} = y'^2 \, dA = (y \cos \theta - x \operatorname{sen} \theta)^2 \, dA$$
$$dI_{y'} = x'^2 \, dA = (x \cos \theta + y \operatorname{sen} \theta)^2 \, dA$$
$$dI_{x'y'} = x'y' \, dA = (x \cos \theta + y \operatorname{sen} \theta)(y \cos \theta - x \operatorname{sen} \theta) \, dA$$

Fig. A-14

Cada ecuación se desarrolla y se integra, teniendo en cuenta que $I_x = \int y^2 \, dA$, $I_y = \int x^2 \, dA$ e $I_{xy} = \int xy \, dA$; así se obtiene

$$I_{x'} = I_x \cos^2 \theta + I_y \operatorname{sen}^2 \theta - 2I_{xy} \operatorname{sen} \theta \cos \theta$$
$$I_{y'} = I_x \operatorname{sen}^2 \theta + I_y \cos^2 \theta + 2I_{xy} \operatorname{sen} \theta \cos \theta$$
$$I_{x'y'} = I_x \operatorname{sen} \theta \cos \theta - I_y \operatorname{sen} \theta \cos \theta + I_{xy}(\cos^2 \theta - \operatorname{sen}^2 \theta)$$

Se pueden simplificar estas ecuaciones usando las identidades trigonométricas $\operatorname{sen} 2\theta = 2 \operatorname{sen} \theta \cos \theta$ y $\cos 2\theta = \cos^2 \theta - \operatorname{sen}^2 \theta$; en ese caso,

$$I_{x'} = \frac{I_x + I_y}{2} + \frac{I_x - I_y}{2} \cos 2\theta - I_{xy} \operatorname{sen} 2\theta$$

$$I_{y'} = \frac{I_x + I_y}{2} - \frac{I_x - I_y}{2} \cos 2\theta + I_{xy} \operatorname{sen} 2\theta \qquad \text{(A-10)}$$

$$I_{x'y'} = \frac{I_x - I_y}{2} \operatorname{sen} 2\theta + I_{xy} \cos 2\theta$$

Observe que si se suman las ecuaciones primera y segunda, se ve que el momento polar de inercia, respecto al eje z que pasa por el punto O, es *independiente* de la orientación de los ejes x' y y', es decir,

$$J_O = I_{x'} + I_{y'} = I_x + I_y$$

Momentos de inercia principales. En la ecuación A-10 se puede ver que $I_{x'}$, $I_{y'}$ e $I_{x'y'}$ dependen del ángulo de inclinación θ, de los ejes x', y'. Ahora determinaremos la orientación de los ejes respecto a los cuales los momentos de inercia $I_{x'}$ e $I_{y'}$ del área son máximos y mínimos. Ese conjunto particular de ejes se llama *ejes principales* de inercia del área, y a los momentos respectivos de inercia con respecto a esos ejes se les llama *momentos de inercia principales*. En general, hay un conjunto de ejes principales, para cada origen O determinado; sin embargo, en el caso normal el centroide del área es el lugar más importante de O.

El ángulo $\theta = \theta_p$, que define la orientación de los ejes principales para el área, se determina diferenciando la primera de las ecuaciones A-10 con respecto a θ e igualando el resultado a cero. Así,

$$\frac{dI_{x'}}{d\theta} = -2\left(\frac{I_x - I_y}{2}\right)\operatorname{sen} 2\theta - 2\,I_{xy}\cos 2\theta = 0$$

Entonces, cuando $\theta = \theta_p$,

$$\tan 2\theta_p = \frac{-I_{xy}}{(I_x - I_y)/2} \qquad (A\text{-}11)$$

Esta ecuación tiene dos raíces, θ_{p_1} y θ_{p_2}, con 90° de diferencia, por lo que especifica la inclinación de cada eje principal.

El seno y el coseno de $2\theta_{p_1}$ y $2\theta_{p_2}$ pueden obtenerse con los triángulos de la figura A-15, basados en la ecuación A-11. Si se sustituyen esas relaciones trigonométricas en la primera o la segunda ecuación A-10, y se simplifica, se ve que

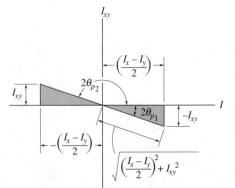

Fig. A-15

$$I^{\text{máx}}_{\text{mín}} = \frac{I_x + I_y}{2} \pm \sqrt{\left(\frac{I_x - I_y}{2}\right)^2 + I_{xy}^{\,2}} \qquad (A\text{-}12)$$

Según el signo que se escoja, este resultado define el momento de inercia máximo o mínimo del área. Además, si las relaciones trigonométricas anteriores de θ_{p_1} y θ_{p_2} se sustituyen en la tercera de las ecuaciones A-10, se verá que $I_{x'y'} = 0$; esto es, el *producto de inercia con respecto a los ejes principales es cero.* Como en la sección A.3 se indicó que el producto de inercia es cero con respecto a cualquier eje de simetría, se sigue entonces que *todo eje de simetría representa un eje principal de inercia del área.*

También, obsérvese que las ecuaciones que se dedujeron en esta sección se parecen a las de la transformación de esfuerzos y deformaciones unitarias que se dedujeron en los capítulos 9 y 10, respectivamente. El ejemplo siguiente ilustra su aplicación.

E J E M P L O **A.5**

Determine los momentos de inercia principales del área transversal de la viga que se ve en la figura A-16, con respecto a un eje que pase por el centroide C.

Solución

En los ejemplos A.3 y A.4 se calcularon los momentos y el producto de inercia de la sección transversal, con respecto a los ejes x, y. Los resultados son

$I_x = 2.90(10^9)$ mm^4 $\qquad I_y = 5.60(10^9)$ mm^4 $\qquad I_{xy} = -3.00(10^9)$ mm^4

Se aplica la ecuación A-11 para determinar los ángulos de inclinación de los ejes principales x' y y':

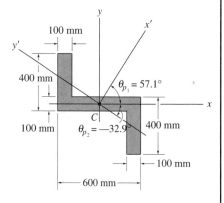

Fig. A-16

$$\tan 2\theta_p = \frac{-I_{xy}}{(I_x - I_y)/2} = \frac{3.00(10^9)}{[2.90(10^9) - 5.60(10^9)]/2} = -2.22$$

$$2\theta_{p_1} = 114.2° \qquad \text{y} \qquad 2\theta_{p_2} = -65.8°$$

Entonces, como se ve en la figura A-16,

$$\theta_{p_1} = 57.1° \qquad \text{y} \qquad \theta_{p_2} = -32.9°$$

Los momentos de inercia principales, con respecto a los ejes x' y y' se determinan con la ecuación A-12:

$$I_{\substack{\text{máx} \\ \text{mín}}} = \frac{I_x + I_y}{2} \pm \sqrt{\left(\frac{I_x - I_y}{2}\right)^2 + I_{xy}{}^2}$$

$$= \frac{2.90(10^9) + 5.60(10^9)}{2} \pm \sqrt{\left[\frac{2.90(10^9) - 5.60(10^9)}{2}\right]^2 + [-3.00(10^9)]^2}$$

$$= 4.25(10^9) \pm 3.29(10^9)$$

o

$$I_{\text{máx}} = 7.54(10^9) \text{ mm}^4 \qquad I_{\text{mín}} = 0.960(10^9) \text{ mm}^4 \qquad \textit{Resp.}$$

En forma específica, el momento de inercia máximo es $I_{\text{máx}} = 7.54(10^9)$ mm^4, presenta con respecto al eje x' (eje mayor), ya que *por inspección*, la mayor parte del área transversal está más alejada de este eje. Para demostrarlo, sustituya los datos con $\theta = 57.1°$ en la primera de las ecuaciones A-10.

A.5 El círculo de Mohr para momentos de inercia

Las ecuaciones A-10 a A-12 tienen una solución gráfica, cómoda para usarla, y en general fácil de recordar. Si se elevan al cuadrado la primera y la tercera de las ecuaciones A-10, y se suman, se ve que

$$\left(I_{x'} - \frac{I_x + I_y}{2}\right)^2 + I_{x'y'}{}^2 = \left(\frac{I_x - I_y}{2}\right)^2 + I_{xy}{}^2 \qquad \text{(A-13)}$$

En cualquier problema dado, $I_{x'}$ e $I_{x'y'}$ son *variables*, e I_x, I_y e I_{xy} son *constantes conocidas*. Así, la ecuación A-13 se puede escribir en forma compacta como sigue:

$$(I_{x'} - a)^2 + I_{x'y'}{}^2 = R^2$$

Cuando se grafica esta ecuación, resulta un *círculo* de radio

$$R = \sqrt{\left(\frac{I_x - I_y}{2}\right)^2 + I_{xy}{}^2}$$

que tiene su centro en el punto $(a, 0)$, donde $a = (I_x + I_y)/2$. El círculo que así se traza se llama *círculo de Mohr*. Su aplicación es parecida a la que se usan para la transformación de esfuerzo y deformación unitaria, desarrollada en los capítulos 9 y 10, respectivamente.

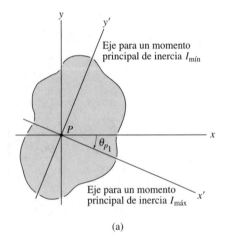

(a)

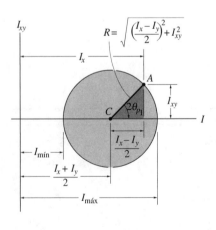

(b)

Fig. A-17

PROCEDIMIENTO PARA EL ANÁLISIS

Aquí, el objetivo principal del uso del círculo de Mohr es contar con un medio cómodo de transformar I_x, I_y e I_{xy} en los momentos principales de inercia. El procedimiento que sigue es un método para hacerlo.

Cálculo de I_x, I_y e I_{xy}.

Definir los ejes x, y del área, con el origen en el punto de interés P, que por lo general es el centroide, y determinar I_x, I_y e I_{xy}, figura A-17a.

Construcción del círculo.

Establecer un sistema de coordenadas rectangulares, tal que la abscisa represente el momento de inercia I y la ordenada represente el producto de inercia I_{xy}, figura A-17b. Determinar el centro del círculo, C, que está a la distancia $(I_x + I_y)/2$ del origen y graficar el "punto de referencia" A, cuyas coordenadas son (I_x, I_{xy}). Por definición, I_x siempre es positivo, mientras que I_{xy} puede ser positivo o negativo. Unir el punto de referencia A con el centro del círculo y determinar la distancia CA por trigonometría. Esa distancia representa el radio del círculo, figura A-17b. Por último, trazar el círculo.

Momentos principales de inercia.

Los puntos donde el círculo corta las abscisas definen los valores de los momentos principales de inercia $I_{mín}$ e $I_{máx}$. Observe que *en esos puntos, el producto de inercia es cero*, figura A-17b.

Para determinar la dirección del eje mayor principal, determinar, por trigonometría, el ángulo $2\theta_{p_1}$, *medido a partir del radio CA hacia el eje I positivo*, figura A-17b. Este ángulo representa el doble del ángulo que hay entre el eje x y el eje del momento de inercia máximo $I_{máx}$, figura A-17a. El ángulo en el círculo, $2\theta_{p_1}$ y el ángulo en el área, θ_{p_1}, *deben medirse en el mismo sentido*, como se ve en la figura A-17. El eje menor es el del momento de inercia mínimo, $I_{mín}$, que es perpendicular al eje mayor que define a $I_{máx}$.

EJEMPLO A.6

Usar el círculo de Mohr para determinar los momentos principales de inercia del área transversal de la viga que muestra la figura A-18a, con respecto a ejes que pasen por el centroide C.

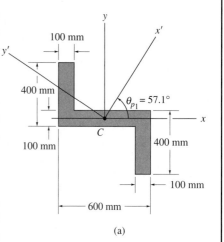

(a)

Solución

Cálculo de I_x, I_y, I_{xy}. Los momentos de inercia y el producto de inercia se han determinado en los ejemplos A.3 y A.4, con respecto a los ejes x, y de la figura A-18a. Los resultados son $I_x = 2.90(10^9)$ mm^4, $I_y = 5.60(10^9)$ mm^4 e $I_{xy} = -3.00(10^9)$ mm^4.

Construcción del círculo. Los ejes I e I_{xy} se muestran en la figura 1-18b. El centro C del círculo está a una distancia $(I_x + I_y)/2 = (2.90 + 5.60)/2 = 4.25$ del origen. Cuando se une el punto de referencia $A(2.90, -3.00)$ con el punto C, se determina el radio CA con el triángulo sombreado CBA, con el teorema de Pitágoras:

$$CA = \sqrt{(1.35)^2 + (-3.00)^2} = 3.29$$

Ese círculo se traza en la figura A-18c.

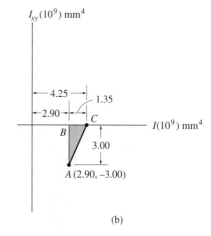

(b)

Momentos principales de inercia. El círculo corta al eje I en los puntos $(7.54, 0)$ y $(0.960, 0)$. Entonces,

$$I_{\text{máx}} = 7.54(10^9) \text{ mm}^4 \qquad\qquad \textit{Resp.}$$

$$I_{\text{mín}} = 0.960(10^9) \text{ mm}^4 \qquad\qquad \textit{Resp.}$$

Como se ve en la figura A-18c, el ángulo $2\theta_{p_1}$ se determina en el círculo, midiéndolo *en sentido contrario al de las manecillas del reloj* a partir de CA, en dirección del eje I *positivo*. Entonces,

$$2\theta_{p_1} = 180° - \tan^{-1}\left(\frac{|BA|}{|BC|}\right) = 180° - \tan^{-1}\left(\frac{3.00}{1.35}\right) = 114.2°$$

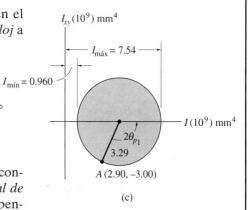

(c)

El eje mayor principal (para $I_{\text{máx}} = 7.54(10^9)$ mm^4) se orienta, por consiguiente, en un ángulo $\theta_{p_1} = 57.1°$, medido *en sentido contrario al de las manecillas del reloj* desde *el eje x positivo*. El eje menor es perpendicular al anterior. Los resultados se ven en la figura A-18a.

Fig. A-18

PROBLEMAS

A-1. Determine la ubicación $\bar{y}$ del centroide C para el área transversal de la viga. Esa viga es simétrica respecto al eje y.

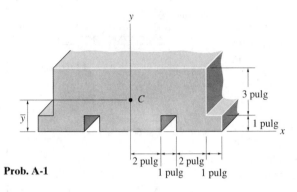

Prob. A-1

A-2. Determine $\bar{y}$, que define la ubicación del centroide, y a continuación calcule los momentos de inercia $\bar{I}_{x'}$ e $\bar{I}_y$ para la viga T.

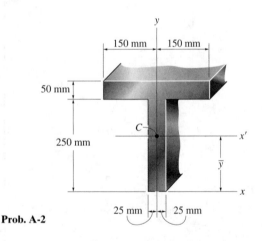

Prob. A-2

A-3. Determine la ubicación $(\bar{x}, \bar{y})$ del centroide C, y a continuación calcule los momentos de inercia $\bar{I}_x{}'$ e $\bar{I}_y{}'$.

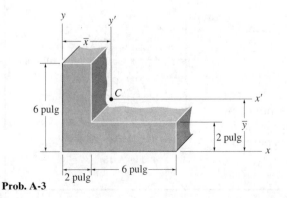

Prob. A-3

*A-4. Determine el centroide $\bar{y}$ para el área transversal de la viga, y a continuación calcule $\bar{I}_x{}'$.

A-5. Determine I_y para la viga que tiene el área transversal indicada en la figura.

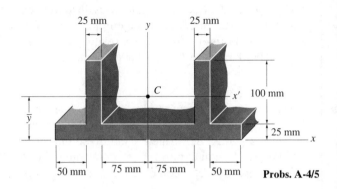

Probs. A-4/5

A-6. Determine $\bar{x}$ para ubicar el centroide C, y a continuación calcule los momentos de inercia $\bar{I}_{x'}$ e $\bar{I}_{y'}$ del área sombreada.

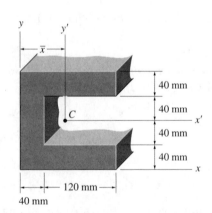

Prob. A-6

A-7. Determine los momentos de inercia I_x e I_y del perfil Z. El origen de las coordenadas está en el centroide C.

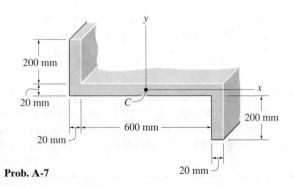

Prob. A-7

*A-8. Determine la ubicación $(\bar{x}, \bar{y})$ del centroide C del área transversal del perfil angular, y a continuación calcule el producto de inercia con respecto a los ejes x' y y'.

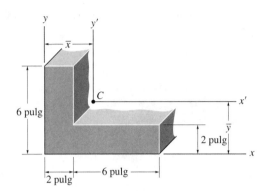

Prob. A-8

A-9. Calcule el producto de inercia del área transversal, con respecto a los ejes x y y que tengan su origen en el centroide C.

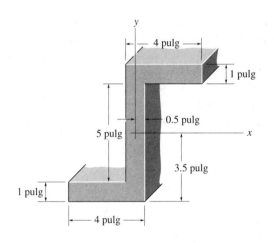

Prob. A-9

A-10. Localice el centroide $(\bar{x}, \bar{y})$ del perfil en canal y a continuación calcule los momentos de inercia $I_{x'}, I_{y'}$.

A-11. Localice el centroide $(\bar{x}, \bar{y})$ del perfil en canal, y a continuación calcule el producto de inercia $\bar{I}_{x'\,y'}$ con respecto al eje y'.

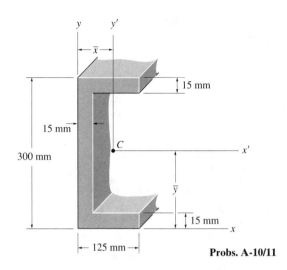

Probs. A-10/11

*A-12. Ubique la posición $(\bar{x}, \bar{y})$ del centroide C del área transversal, y a continuación determine el producto de inercia con respecto a los ejes x' y y'.

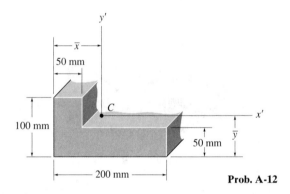

Prob. A-12

A-13. Calcule el producto de inercia con respecto a los ejes x y y.

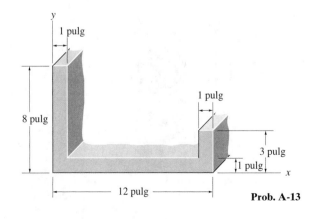

Prob. A-13

A-14. Determine los momentos de inercia $I_{x'}$ e $I_{y'}$ del área indicada.

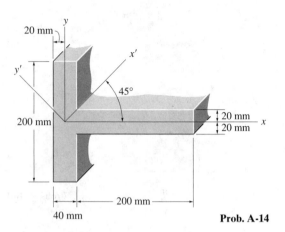

Prob. A-14

A-15. Determine los momentos de inercia $I_{x'}$ e $I_{y'}$ y el producto de inercia $I_{x'y'}$ del área semicircular.

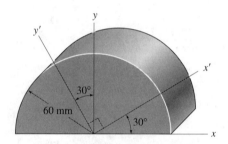

Prob. A-15

*__A-16.__ Determine los momentos de inercia $I_{x'}$ e $I_{y'}$ y el producto de inercia $I_{x'y'}$ del área rectangular. Los ejes x' y y' pasan por el centroide C.

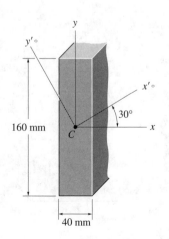

Prob. A-16

A-17. Determine los momentos principales de inercia del área transversal, respecto a los ejes principales cuyo origen está en el centroide C. Use las ecuaciones deducidas en la sección A.4. Para el cálculo suponga que todas las esquinas son rectangulares.

A-18. Resuelva el problema A-17 con el círculo de Mohr.

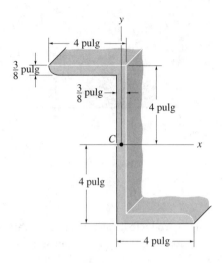

Probs. A-17/18

A-19. Calcule los momentos principales de inercia para el área transversal del perfil angular, con respecto a un conjunto de ejes principales que tengan su origen en el centroide C. Use las ecuaciones deducidas en la sección A.4. Para el cálculo, suponga que todas las esquinas son rectangulares.

*__A-20.__ Resuelva el problema A-19 usando el círculo de Mohr.

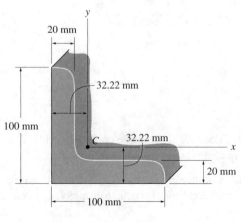

Probs. A-19/20

Propiedades geométricas de los perfiles estructurales

Perfiles de viga de patín ancho, o perfiles W.   Unidades inglesas

Designación	Área A	Peralte d	Espesor del alma t_w	Patín ancho b_f	Patín espesor t_f	Eje x-x I	Eje x-x S	Eje x-x r	Eje y-y I	Eje y-y S	Eje y-y r
pulg × lb/pie	pulg²	pulg	pulg	pulg	pulg	pulg⁴	pulg³	pulg	pulg⁴	pulg³	pulg
W24 × 104	30.6	24.06	0.500	12.750	0.750	3100	258	10.1	259	40.7	2.91
W24 × 94	27.7	24.31	0.515	9.065	0.875	2700	222	9.87	109	24.0	1.98
W24 × 84	24.7	24.10	0.470	9.020	0.770	2370	196	9.79	94.4	20.9	1.95
W24 × 76	22.4	23.92	0.440	8.990	0.680	2100	176	9.69	82.5	18.4	1.92
W24 × 68	20.1	23.73	0.415	8.965	0.585	1830	154	9.55	70.4	15.7	1.87
W24 × 62	18.2	23.74	0.430	7.040	0.590	1550	131	9.23	34.5	9.80	1.38
W24 × 55	16.2	23.57	0.395	7.005	0.505	1350	114	9.11	29.1	8.30	1.34
W18 × 65	19.1	18.35	0.450	7.590	0.750	1070	117	7.49	54.8	14.4	1.69
W18 × 60	17.6	18.24	0.415	7.555	0.695	984	108	7.47	50.1	13.3	1.69
W18 × 55	16.2	18.11	0.390	7.530	0.630	890	98.3	7.41	44.9	11.9	1.67
W18 × 50	14.7	17.99	0.355	7.495	0.570	800	88.9	7.38	40.1	10.7	1.65
W18 × 46	13.5	18.06	0.360	6.060	0.605	712	78.8	7.25	22.5	7.43	1.29
W18 × 40	11.8	17.90	0.315	6.015	0.525	612	68.4	7.21	19.1	6.35	1.27
W18 × 35	10.3	17.70	0.300	6.000	0.425	510	57.6	7.04	15.3	5.12	1.22
W16 × 57	16.8	16.43	0.430	7.120	0.715	758	92.2	6.72	43.1	12.1	1.60
W16 × 50	14.7	16.26	0.380	7.070	0.630	659	81.0	6.68	37.2	10.5	1.59
W16 × 45	13.3	16.13	0.345	7.035	0.565	586	72.7	6.65	32.8	9.34	1.57
W16 × 36	10.6	15.86	0.295	6.985	0.430	448	56.5	6.51	24.5	7.00	1.52
W16 × 31	9.12	15.88	0.275	5.525	0.440	375	47.2	6.41	12.4	4.49	1.17
W16 × 26	7.68	15.69	0.250	5.500	0.345	301	38.4	6.26	9.59	3.49	1.12
W14 × 53	15.6	13.92	0.370	8.060	0.660	541	77.8	5.89	57.7	14.3	1.92
W14 × 43	12.6	13.66	0.305	7.995	0.530	428	62.7	5.82	45.2	11.3	1.89
W14 × 38	11.2	14.10	0.310	6.770	0.515	385	54.6	5.87	26.7	7.88	1.55
W14 × 34	10.0	13.98	0.285	6.745	0.455	340	48.6	5.83	23.3	6.91	1.53
W14 × 30	8.85	13.84	0.270	6.730	0.385	291	42.0	5.73	19.6	5.82	1.49
W14 × 26	7.69	13.91	0.255	5.025	0.420	245	35.3	5.65	8.91	3.54	1.08
W14 × 22	6.49	13.74	0.230	5.000	0.335	199	29.0	5.54	7.00	2.80	1.04

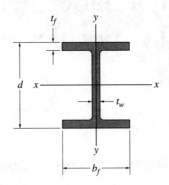

Perfiles de viga de patín ancho, o perfiles W.   Unidades inglesas

| Designación | Área
A | Peralte
d | Espesor
del alma
t_w | Patín | | Eje x-x | | | Eje y-y | | |
				ancho b_f	espesor t_f	I	S	r	I	S	r
pulg × lb/pie	pulg^2	pulg	pulg	pulg	pulg	pulg^4	pulg^3	pulg	pulg^4	pulg^3	pulg
W12 × 87	25.6	12.53	0.515	12.125	0.810	740	118	5.38	241	39.7	3.07
W12 × 50	14.7	12.19	0.370	8.080	0.640	394	64.7	5.18	56.3	13.9	1.96
W12 × 45	13.2	12.06	0.335	8.045	0.575	350	58.1	5.15	50.0	12.4	1.94
W12 × 26	7.65	12.22	0.230	6.490	0.380	204	33.4	5.17	17.3	5.34	1.51
W12 × 22	6.48	12.31	0.260	4.030	0.425	156	25.4	4.91	4.66	2.31	0.847
W12 × 16	4.71	11.99	0.220	3.990	0.265	103	17.1	4.67	2.82	1.41	0.773
W12 × 14	4.16	11.91	0.200	3.970	0.225	88.6	14.9	4.62	2.36	1.19	0.753
W10 × 100	29.4	11.10	0.680	10.340	1.120	623	112	4.60	207	40.0	2.65
W10 × 54	15.8	10.09	0.370	10.030	0.615	303	60.0	4.37	103	20.6	2.56
W10 × 45	13.3	10.10	0.350	8.020	0.620	248	49.1	4.32	53.4	13.3	2.01
W10 × 39	11.5	9.92	0.315	7.985	0.530	209	42.1	4.27	45.0	11.3	1.98
W10 × 30	8.84	10.47	0.300	5.810	0.510	170	32.4	4.38	16.7	5.75	1.37
W10 × 19	5.62	10.24	0.250	4.020	0.395	96.3	18.8	4.14	4.29	2.14	0.874
W10 × 15	4.41	9.99	0.230	4.000	0.270	68.9	13.8	3.95	2.89	1.45	0.810
W10 × 12	3.54	9.87	0.190	3.960	0.210	53.8	10.9	3.90	2.18	1.10	0.785
W8 × 67	19.7	9.00	0.570	8.280	0.935	272	60.4	3.72	88.6	21.4	2.12
W8 × 58	17.1	8.75	0.510	8.220	0.810	228	52.0	3.65	75.1	18.3	2.10
W8 × 48	14.1	8.50	0.400	8.110	0.685	184	43.3	3.61	60.9	15.0	2.08
W8 × 40	11.7	8.25	0.360	8.070	0.560	146	35.5	3.53	49.1	12.2	2.04
W8 × 31	9.13	8.00	0.285	7.995	0.435	110	27.5	3.47	37.1	9.27	2.02
W8 × 24	7.08	7.93	0.245	6.495	0.400	82.8	20.9	3.42	18.3	5.63	1.61
W8 × 15	4.44	8.11	0.245	4.015	0.315	48.0	11.8	3.29	3.41	1.70	0.876
W6 × 25	7.34	6.38	0.320	6.080	0.455	53.4	16.7	2.70	17.1	5.61	1.52
W6 × 20	5.87	6.20	0.260	6.020	0.365	41.4	13.4	2.66	13.3	4.41	1.50
W6 × 16	4.74	6.28	0.260	4.030	0.405	32.1	10.2	2.60	4.43	2.20	0.966
W6 × 15	4.43	5.99	0.230	5.990	0.260	29.1	9.72	2.56	9.32	3.11	1.46
W6 × 12	3.55	6.03	0.230	4.000	0.280	22.1	7.31	2.49	2.99	1.50	0.918
W6 × 9	2.68	5.90	0.170	3.940	0.215	16.4	5.56	2.47	2.19	1.11	0.905

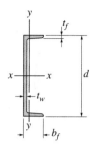

Canales estándar americanos, o perfiles canal.   Unidades inglesas

Designación	Área A	Peralte d	Espesor del alma t_w		Patín ancho b_f		Patín espesor t_f		Eje x-x I	S	r	Eje y-y I	S	r
pulg × lb/ft	pulg²	pulg	pulg		pulg		pulg		pulg⁴	pulg³	pulg	pulg⁴	pulg³	pulg
C15 × 50	14.7	15.00	0.716	$\frac{11}{16}$	3.716	$3\frac{3}{4}$	0.650	$\frac{5}{8}$	404	53.8	5.24	11.0	3.78	0.867
C15 × 40	11.8	15.00	0.520	$\frac{1}{2}$	3.520	$3\frac{1}{2}$	0.650	$\frac{5}{8}$	349	46.5	5.44	9.23	3.37	0.886
C15 × 33.9	9.96	15.00	0.400	$\frac{3}{8}$	3.400	$3\frac{3}{8}$	0.650	$\frac{5}{8}$	315	42.0	5.62	8.13	3.11	0.904
C12 × 30	8.82	12.00	0.510	$\frac{1}{2}$	3.170	$3\frac{1}{8}$	0.501	$\frac{1}{2}$	162	27.0	4.29	5.14	2.06	0.763
C12 × 25	7.35	12.00	0.387	$\frac{3}{8}$	3.047	3	0.501	$\frac{1}{2}$	144	24.1	4.43	4.47	1.88	0.780
C12 × 20.7	6.09	12.00	0.282	$\frac{5}{16}$	2.942	3	0.501	$\frac{1}{2}$	129	21.5	4.61	3.88	1.73	0.799
C10 × 30	8.82	10.00	0.673	$\frac{11}{16}$	3.033	3	0.436	$\frac{7}{16}$	103	20.7	3.42	3.94	1.65	0.669
C10 × 25	7.35	10.00	0.526	$\frac{1}{2}$	2.886	$2\frac{7}{8}$	0.436	$\frac{7}{16}$	91.2	18.2	3.52	3.36	1.48	0.676
C10 × 20	5.88	10.00	0.379	$\frac{3}{8}$	2.739	$2\frac{3}{4}$	0.436	$\frac{7}{16}$	78.9	15.8	3.66	2.81	1.32	0.692
C10 × 15.3	4.49	10.00	0.240	$\frac{1}{4}$	2.600	$2\frac{5}{8}$	0.436	$\frac{7}{16}$	67.4	13.5	3.87	2.28	1.16	0.713
C9 × 20	5.88	9.00	0.448	$\frac{7}{16}$	2.648	$2\frac{5}{8}$	0.413	$\frac{7}{16}$	60.9	13.5	3.22	2.42	1.17	0.642
C9 × 15	4.41	9.00	0.285	$\frac{5}{16}$	2.485	$2\frac{1}{2}$	0.413	$\frac{7}{16}$	51.0	11.3	3.40	1.93	1.01	0.661
C9 × 13.4	3.94	9.00	0.233	$\frac{1}{4}$	2.433	$2\frac{3}{8}$	0.413	$\frac{7}{16}$	47.9	10.6	3.48	1.76	0.962	0.669
C8 × 18.75	5.51	8.00	0.487	$\frac{1}{2}$	2.527	$2\frac{1}{2}$	0.390	$\frac{3}{8}$	44.0	11.0	2.82	1.98	1.01	0.599
C8 × 13.75	4.04	8.00	0.303	$\frac{5}{16}$	2.343	$2\frac{3}{8}$	0.390	$\frac{3}{8}$	36.1	9.03	2.99	1.53	0.854	0.615
C8 × 11.5	3.38	8.00	0.220	$\frac{1}{4}$	2.260	$2\frac{1}{4}$	0.390	$\frac{3}{8}$	32.6	8.14	3.11	1.32	0.781	0.625
C7 × 14.75	4.33	7.00	0.419	$\frac{7}{16}$	2.299	$2\frac{1}{4}$	0.366	$\frac{3}{8}$	27.2	7.78	2.51	1.38	0.779	0.564
C7 × 12.25	3.60	7.00	0.314	$\frac{5}{16}$	2.194	$2\frac{1}{4}$	0.366	$\frac{3}{8}$	24.2	6.93	2.60	1.17	0.703	0.571
C7 × 9.8	2.87	7.00	0.210	$\frac{3}{16}$	2.090	$2\frac{1}{8}$	0.366	$\frac{3}{8}$	21.3	6.08	2.72	0.968	0.625	0.581
C6 × 13	3.83	6.00	0.437	$\frac{7}{16}$	2.157	$2\frac{1}{8}$	0.343	$\frac{5}{16}$	17.4	5.80	2.13	1.05	0.642	0.525
C6 × 10.5	3.09	6.00	0.314	$\frac{5}{16}$	2.034	2	0.343	$\frac{5}{16}$	15.2	5.06	2.22	0.866	0.564	0.529
C6 × 8.2	2.40	6.00	0.200	$\frac{3}{16}$	1.920	$1\frac{7}{8}$	0.343	$\frac{5}{16}$	13.1	4.38	2.34	0.693	0.492	0.537
C5 × 9	2.64	5.00	0.325	$\frac{5}{16}$	1.885	$1\frac{7}{8}$	0.320	$\frac{5}{16}$	8.90	3.56	1.83	0.632	0.450	0.489
C5 × 6.7	1.97	5.00	0.190	$\frac{3}{16}$	1.750	$1\frac{3}{4}$	0.320	$\frac{5}{16}$	7.49	3.00	1.95	0.479	0.378	0.493
C4 × 7.25	2.13	4.00	0.321	$\frac{5}{16}$	1.721	$1\frac{3}{4}$	0.296	$\frac{5}{16}$	4.59	2.29	1.47	0.433	0.343	0.450
C4 × 5.4	1.59	4.00	0.184	$\frac{3}{16}$	1.584	$1\frac{5}{8}$	0.296	$\frac{5}{16}$	3.85	1.93	1.56	0.319	0.283	0.449
C3 × 6	1.76	3.00	0.356	$\frac{3}{8}$	1.596	$1\frac{5}{8}$	0.273	$\frac{1}{4}$	2.07	1.38	1.08	0.305	0.268	0.416
C3 × 5	1.47	3.00	0.258	$\frac{1}{4}$	1.498	$1\frac{1}{2}$	0.273	$\frac{1}{4}$	1.85	1.24	1.12	0.247	0.233	0.410
C3 × 4.1	1.21	3.00	0.170	$\frac{3}{16}$	1.410	$1\frac{3}{8}$	0.273	$\frac{1}{4}$	1.66	1.10	1.17	0.197	0.202	0.404

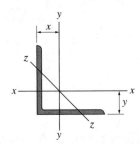

Ángulos de lados iguales.   Unidades inglesas

Tamaño y espesor	Peso por pie	Área A	Eje x-x					Eje y-y				Eje z-z
			I	S	r	y	I	S	r	x	r
pulg	lb	pulg^2	pulg^4	pulg^3	pulg	pulg	pulg^4	pulg^3	pulg	pulg	pulg
L$8 \times 8 \times 1$	51.0	15.0	89.0	15.8	2.44	2.37	89.0	15.8	2.44	2.37	1.56
L$8 \times 8 \times \frac{3}{4}$	38.9	11.4	69.7	12.2	2.47	2.28	69.7	12.2	2.47	2.28	1.58
L$8 \times 8 \times \frac{1}{2}$	26.4	7.75	48.6	8.36	2.50	2.19	48.6	8.36	2.50	2.19	1.59
L$6 \times 6 \times 1$	37.4	11.0	35.5	8.57	1.80	1.86	35.5	8.57	1.80	1.86	1.17
L$6 \times 6 \times \frac{3}{4}$	28.7	8.44	28.2	6.66	1.83	1.78	28.2	6.66	1.83	1.78	1.17
L$6 \times 6 \times \frac{1}{2}$	19.6	5.75	19.9	4.61	1.86	1.68	19.9	4.61	1.86	1.68	1.18
L$6 \times 6 \times \frac{3}{8}$	14.9	4.36	15.4	3.53	1.88	1.64	15.4	3.53	1.88	1.64	1.19
L$5 \times 5 \times \frac{3}{4}$	23.6	6.94	15.7	4.53	1.51	1.52	15.7	4.53	1.51	1.52	0.975
L$5 \times 5 \times \frac{1}{2}$	16.2	4.75	11.3	3.16	1.54	1.43	11.3	3.16	1.54	1.43	0.983
L$5 \times 5 \times \frac{3}{8}$	12.3	3.61	8.74	2.42	1.56	1.39	8.74	2.42	1.56	1.39	0.990
L$4 \times 4 \times \frac{3}{4}$	18.5	5.44	7.67	2.81	1.19	1.27	7.67	2.81	1.19	1.27	0.778
L$4 \times 4 \times \frac{1}{2}$	12.8	3.75	5.56	1.97	1.22	1.18	5.56	1.97	1.22	1.18	0.782
L$4 \times 4 \times \frac{3}{8}$	9.8	2.86	4.36	1.52	1.23	1.14	4.36	1.52	1.23	1.14	0.788
L$4 \times 4 \times \frac{1}{4}$	6.6	1.94	3.04	1.05	1.25	1.09	3.04	1.05	1.25	1.09	0.795
L$3\frac{1}{2} \times 3\frac{1}{2} \times \frac{1}{2}$	11.1	3.25	3.64	1.49	1.06	1.06	3.64	1.49	1.06	1.06	0.683
L$3\frac{1}{2} \times 3\frac{1}{2} \times \frac{3}{8}$	8.5	2.48	2.87	1.15	1.07	1.01	2.87	1.15	1.07	1.01	0.687
L$3\frac{1}{2} \times 3\frac{1}{2} \times \frac{1}{4}$	5.8	1.69	2.01	0.794	1.09	0.968	2.01	0.794	1.09	0.968	0.694
L$3 \times 3 \times \frac{1}{2}$	9.4	2.75	2.22	1.07	0.898	0.932	2.22	1.07	0.898	0.932	0.584
L$3 \times 3 \times \frac{3}{8}$	7.2	2.11	1.76	0.833	0.913	0.888	1.76	0.833	0.913	0.888	0.587
L$3 \times 3 \times \frac{1}{4}$	4.9	1.44	1.24	0.577	0.930	0.842	1.24	0.577	0.930	0.842	0.592
L$2\frac{1}{2} \times 2\frac{1}{2} \times \frac{1}{2}$	7.7	2.25	1.23	0.724	0.739	0.806	1.23	0.724	0.739	0.806	0.487
L$2\frac{1}{2} \times 2\frac{1}{2} \times \frac{3}{8}$	5.9	1.73	0.984	0.566	0.753	0.762	0.984	0.566	0.753	0.762	0.487
L$2\frac{1}{2} \times 2\frac{1}{2} \times \frac{1}{4}$	4.1	1.19	0.703	0.394	0.769	0.717	0.703	0.394	0.769	0.717	0.491
L$2 \times 2 \times \frac{3}{8}$	4.7	1.36	0.479	0.351	0.594	0.636	0.479	0.351	0.594	0.636	0.389
L$2 \times 2 \times \frac{1}{4}$	3.19	0.938	0.348	0.247	0.609	0.592	0.348	0.247	0.609	0.592	0.391
L$2 \times 2 \times \frac{1}{8}$	1.65	0.484	0.190	0.131	0.626	0.546	0.190	0.131	0.626	0.546	0.398

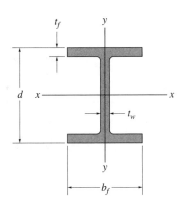

Vigas de patín ancho o perfiles W.　Unidades SI

Designación	Área A	Peralte d	Espesor del alma t_w	Patín ancho b_f	Patín espesor t_f	Eje x-x I	Eje x-x S	Eje x-x r	Eje y-y I	Eje y-y S	Eje y-y r
mm × kg/m	mm²	mm	mm	mm	mm	10⁶ mm⁴	10³ mm³	mm	10⁶ mm⁴	10³ mm³	mm
W610 × 155	19 800	611	12.70	324.0	19.0	1 290	4 220	255	108	667	73.9
W610 × 140	17 900	617	13.10	230.0	22.2	1 120	3 630	250	45.1	392	50.2
W610 × 125	15 900	612	11.90	229.0	19.6	985	3 220	249	39.3	343	49.7
W610 × 113	14 400	608	11.20	228.0	17.3	875	2 880	247	34.3	301	48.8
W610 × 101	12 900	603	10.50	228.0	14.9	764	2 530	243	29.5	259	47.8
W610 × 92	11 800	603	10.90	179.0	15.0	646	2 140	234	14.4	161	34.9
W610 × 82	10 500	599	10.00	178.0	12.8	560	1 870	231	12.1	136	33.9
W460 × 97	12 300	466	11.40	193.0	19.0	445	1 910	190	22.8	236	43.1
W460 × 89	11 400	463	10.50	192.0	17.7	410	1 770	190	20.9	218	42.8
W460 × 82	10 400	460	9.91	191.0	16.0	370	1 610	189	18.6	195	42.3
W460 × 74	9 460	457	9.02	190.0	14.5	333	1 460	188	16.6	175	41.9
W460 × 68	8 730	459	9.14	154.0	15.4	297	1 290	184	9.41	122	32.8
W460 × 60	7 590	455	8.00	153.0	13.3	255	1 120	183	7.96	104	32.4
W460 × 52	6 640	450	7.62	152.0	10.8	212	942	179	6.34	83.4	30.9
W410 × 85	10 800	417	10.90	181.0	18.2	315	1 510	171	18.0	199	40.8
W410 × 74	9 510	413	9.65	180.0	16.0	275	1 330	170	15.6	173	40.5
W410 × 67	8 560	410	8.76	179.0	14.4	245	1 200	169	13.8	154	40.2
W410 × 53	6 820	403	7.49	177.0	10.9	186	923	165	10.1	114	38.5
W410 × 46	5 890	403	6.99	140.0	11.2	156	774	163	5.14	73.4	29.5
W410 × 39	4 960	399	6.35	140.0	8.8	126	632	159	4.02	57.4	28.5
W360 × 79	10 100	354	9.40	205.0	16.8	227	1 280	150	24.2	236	48.9
W360 × 64	8 150	347	7.75	203.0	13.5	179	1 030	148	18.8	185	48.0
W360 × 57	7 200	358	7.87	172.0	13.1	160	894	149	11.1	129	39.3
W360 × 51	6 450	355	7.24	171.0	11.6	141	794	148	9.68	113	38.7
W360 × 45	5 710	352	6.86	171.0	9.8	121	688	146	8.16	95.4	37.8
W360 × 39	4 960	353	6.48	128.0	10.7	102	578	143	3.75	58.6	27.5
W360 × 33	4 190	349	5.84	127.0	8.5	82.9	475	141	2.91	45.8	26.4

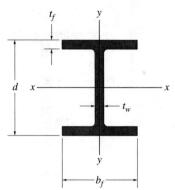

Vigas de patín ancho o perfiles W.   Unidades SI

Designación	Área A	Peralte d	Espesor del alma t_w	Patín ancho t_f	Patín espesor b_f	Eje x-x I	Eje x-x S	Eje x-x r	Eje y-y I	Eje y-y S	Eje y-y r
mm × kg/m	mm²	mm	mm	mm	mm	10^6 mm⁴	10^3 mm³	mm	10^6 mm⁴	10^3 mm³	mm
W310 × 129	16 500	318	13.10	308.0	20.6	308	1 940	137	100	649	77.8
W310 × 74	9 480	310	9.40	205.0	16.3	165	1 060	132	23.4	228	49.7
W310 × 67	8 530	306	8.51	204.0	14.6	145	948	130	20.7	203	49.3
W310 × 39	4 930	310	5.84	165.0	9.7	84.8	547	131	7.23	87.6	38.3
W310 × 33	4 180	313	6.60	102.0	10.8	65.0	415	125	1.92	37.6	21.4
W310 × 24	3 040	305	5.59	101.0	6.7	42.8	281	119	1.16	23.0	19.5
W310 × 21	2 680	303	5.08	101.0	5.7	37.0	244	117	0.986	19.5	19.2
W250 × 149	19 000	282	17.30	263.0	28.4	259	1 840	117	86.2	656	67.4
W250 × 80	10 200	256	9.40	255.0	15.6	126	984	111	43.1	338	65.0
W250 × 67	8 560	257	8.89	204.0	15.7	104	809	110	22.2	218	50.9
W250 × 58	7 400	252	8.00	203.0	13.5	87.3	693	109	18.8	185	50.4
W250 × 45	5 700	266	7.62	148.0	13.0	71.1	535	112	7.03	95	35.1
W250 × 28	3 620	260	6.35	102.0	10.0	39.9	307	105	1.78	34.9	22.2
W250 × 22	2 850	254	5.84	102.0	6.9	28.8	227	101	1.22	23.9	20.7
W250 × 18	2 280	251	4.83	101.0	5.3	22.5	179	99.3	0.919	18.2	20.1
W200 × 100	12 700	229	14.50	210.0	23.7	113	987	94.3	36.6	349	53.7
W200 × 86	11 000	222	13.00	209.0	20.6	94.7	853	92.8	31.4	300	53.4
W200 × 71	9 100	216	10.20	206.0	17.4	76.6	709	91.7	25.4	247	52.8
W200 × 59	7 580	210	9.14	205.0	14.2	61.2	583	89.9	20.4	199	51.9
W200 × 46	5 890	203	7.24	203.0	11.0	45.5	448	87.9	15.3	151	51.0
W200 × 36	4 570	201	6.22	165.0	10.2	34.4	342	86.8	7.64	92.6	40.9
W200 × 22	2 860	206	6.22	102.0	8.0	20.0	194	83.6	1.42	27.8	22.3
W150 × 37	4 730	162	8.13	154.0	11.6	22.2	274	68.5	7.07	91.8	38.7
W150 × 30	3 790	157	6.60	153.0	9.3	17.1	218	67.2	5.54	72.4	38.2
W150 × 22	2 860	152	5.84	152.0	6.6	12.1	159	65.0	3.87	50.9	36.8
W150 × 24	2 290	153	5.84	102.0	7.1	9.19	120	63.3	1.26	24.7	23.5
W150 × 18	1 730	150	4.32	100.0	5.5	6.84	91.2	62.9	0.912	18.2	23.0
W150 × 13.5	3 060	160	6.60	102.0	10.3	13.4	168	66.2	1.83	35.9	24.5

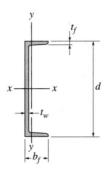

Canales estándar americanos, o perfiles canal. Unidades SI

Designación	Área A	Peralte d	Espesor del alma t_w	Patín ancho b_f	Patín espesor t_f	Eje x-x I	Eje x-x S	Eje x-x r	Eje y-y I	Eje y-y S	Eje y-y r
mm × kg/m	mm²	mm	mm	mm	mm	10^6 mm⁴	10^3 mm³	mm	10^6 mm⁴	10^3 mm³	mm
C380 × 74	9 480	381.0	18.20	94.4	16.50	168	882	133	4.58	61.8	22.0
C380 × 60	7 610	381.0	13.20	89.4	16.50	145	761	138	3.84	55.1	22.5
C380 × 50	6 430	381.0	10.20	86.4	16.50	131	688	143	3.38	50.9	22.9
C310 × 45	5 690	305.0	13.00	80.5	12.70	67.4	442	109	2.14	33.8	19.4
C310 × 37	4 740	305.0	9.83	77.4	12.70	59.9	393	112	1.86	30.9	19.8
C310 × 31	3 930	305.0	7.16	74.7	12.70	53.7	352	117	1.61	28.3	20.2
C250 × 45	5 690	254.0	17.10	77.0	11.10	42.9	338	86.8	1.61	27.1	17.0
C250 × 37	4 740	254.0	13.40	73.3	11.10	38.0	299	89.5	1.40	24.3	17.2
C250 × 30	3 790	254.0	9.63	69.6	11.10	32.8	258	93.0	1.17	21.6	17.6
C250 × 23	2 900	254.0	6.10	66.0	11.10	28.1	221	98.4	0.949	19.0	18.1
C230 × 30	3 790	229.0	11.40	67.3	10.50	25.3	221	81.7	1.01	19.2	16.3
C230 × 22	2 850	229.0	7.24	63.1	10.50	21.2	185	86.2	0.803	16.7	16.8
C230 × 20	2 540	229.0	5.92	61.8	10.50	19.9	174	88.5	0.733	15.8	17.0
C200 × 28	3 550	203.0	12.40	64.2	9.90	18.3	180	71.8	0.824	16.5	15.2
C200 × 20	2 610	203.0	7.70	59.5	9.90	15.0	148	75.8	0.637	14.0	15.6
C200 × 17	2 180	203.0	5.59	57.4	9.90	13.6	134	79.0	0.549	12.8	15.9
C180 × 22	2 790	178.0	10.60	58.4	9.30	11.3	127	63.6	0.574	12.8	14.3
C180 × 18	2 320	178.0	7.98	55.7	9.30	10.1	113	66.0	0.487	11.5	14.5
C180 × 15	1 850	178.0	5.33	53.1	9.30	8.87	99.7	69.2	0.403	10.2	14.8
C150 × 19	2 470	152.0	11.10	54.8	8.70	7.24	95.3	54.1	0.437	10.5	13.3
C150 × 16	1 990	152.0	7.98	51.7	8.70	6.33	83.3	56.4	0.360	9.22	13.5
C150 × 12	1 550	152.0	5.08	48.8	8.70	5.45	71.7	59.3	0.288	8.04	13.6
C130 × 13	1 700	127.0	8.25	47.9	8.10	3.70	58.3	46.7	0.263	7.35	12.4
C130 × 10	1 270	127.0	4.83	44.5	8.10	3.12	49.1	49.6	0.199	6.18	12.5
C100 × 11	1 370	102.0	8.15	43.7	7.50	1.91	37.5	37.3	0.180	5.62	11.5
C100 × 8	1 030	102.0	4.67	40.2	7.50	1.60	31.4	39.4	0.133	4.65	11.4
C75 × 9	1 140	76.2	9.04	40.5	6.90	0.862	22.6	27.5	0.127	4.39	10.6
C75 × 7	948	76.2	6.55	38.0	6.90	0.770	20.2	28.5	0.103	3.83	10.4
C75 × 6	781	76.2	4.32	35.8	6.90	0.691	18.1	29.8	0.082	3.32	10.2

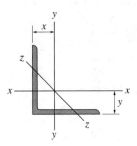

Ángulos de lados iguales.   Unidades SI

| Tamaño y espesor | Masa por metro | Área | Eje x-x | | | | Eje y-y | | | | Eje z-z |
| | | | I | S | r | y | I | S | r | x | r |
mm	kg	mm²	10^6 mm⁴	10^6 mm⁴	mm	mm	10^6 mm⁴	10^6 mm⁴	mm	mm	mm
L203 × 203 × 25.4	75.9	9 680	36.9	258	61.7	60.1	36.9	258	61.7	60.1	39.6
L203 × 203 × 19.0	57.9	7 380	28.9	199	62.6	57.8	28.9	199	62.6	57.8	40.1
L203 × 203 × 12.7	39.3	5 000	20.2	137	63.6	55.5	20.2	137	63.6	55.5	40.4
L152 × 152 × 25.4	55.7	7 100	14.6	139	45.3	47.2	14.6	139	45.3	47.2	29.7
L152 × 152 × 19.0	42.7	5 440	11.6	108	46.2	45.0	11.6	108	46.2	45.0	29.7
L152 × 152 × 12.7	29.2	3 710	8.22	75.1	47.1	42.7	8.22	75.1	47.1	42.7	30.0
L152 × 152 × 9.5	22.2	2 810	6.35	57.4	47.5	41.5	6.35	57.4	47.5	41.5	30.2
L127 × 127 × 19.0	35.1	4 480	6.54	73.9	38.2	38.7	6.54	73.9	38.2	38.7	24.8
L127 × 127 × 12.7	24.1	3 060	4.68	51.7	39.1	36.4	4.68	51.7	39.1	36.4	25.0
L127 × 127 × 9.5	18.3	2 330	3.64	39.7	39.5	35.3	3.64	39.7	39.5	35.3	25.1
L102 × 102 × 19.0	27.5	3 510	3.23	46.4	30.3	32.4	3.23	46.4	30.3	32.4	19.8
L102 × 102 × 12.7	19.0	2 420	2.34	32.6	31.1	30.2	2.34	32.6	31.1	30.2	19.9
L102 × 102 × 9.5	14.6	1 840	1.84	25.3	31.6	29.0	1.84	25.3	31.6	29.0	20.0
L102 × 102 × 6.4	9.8	1 250	1.28	17.3	32.0	27.9	1.28	17.3	32.0	27.9	20.2
L89 × 89 × 12.7	16.5	2 100	1.52	24.5	26.9	26.9	1.52	24.5	26.9	26.9	17.3
L89 × 89 × 9.5	12.6	1 600	1.20	19.0	27.4	25.8	1.20	19.0	27.4	25.8	17.4
L89 × 89 × 6.4	8.6	1 090	0.840	13.0	27.8	24.6	0.840	13.0	27.8	24.6	17.6
L76 × 76 × 12.7	14.0	1 770	0.915	17.5	22.7	23.6	0.915	17.5	22.7	23.6	14.8
L76 × 76 × 9.5	10.7	1 360	0.726	13.6	23.1	22.5	0.726	13.6	23.1	22.5	14.9
L76 × 76 × 6.4	7.3	927	0.514	9.39	23.5	21.3	0.514	9.39	23.5	21.3	15.0
L64 × 64 × 12.7	11.5	1 450	0.524	12.1	19.0	20.6	0.524	12.1	19.0	20.6	12.4
L64 × 64 × 9.5	8.8	1 120	0.420	9.46	19.4	19.5	0.420	9.46	19.4	19.5	12.4
L64 × 64 × 6.4	6.1	766	0.300	6.59	19.8	18.2	0.300	6.59	19.8	18.2	12.5
L51 × 51 × 9.5	7.0	877	0.202	5.82	15.2	16.2	0.202	5.82	15.2	16.2	9.88
L51 × 51 × 6.4	4.7	605	0.146	4.09	15.6	15.1	0.146	4.09	15.6	15.1	9.93
L51 × 51 × 3.2	2.5	312	0.080	2.16	16.0	13.9	0.080	2.16	16.0	13.9	10.1

Pendientes y deflexiones en vigas

Pendientes y deflexiones de vigas simplemente apoyadas

Viga	Pendiente	Deflexión	Curva elástica
	$\theta_{máx} = \dfrac{-PL^2}{16EI}$	$v_{máx} = \dfrac{-PL^3}{48EI}$	$v = \dfrac{-Px}{48EI}(3L^2 - 4x^2)$ $0 \le x \le L/2$
	$\theta_1 = \dfrac{-Pab(L+b)}{6EIL}$ $\theta_2 = \dfrac{Pab(L+a)}{6EIL}$	$v \Big|_{x=a} = \dfrac{-Pba}{6EIL}(L^2 - b^2 - a^2)$	$v = \dfrac{-Pbx}{6EIL}(L^2 - b^2 - x^2)$ $0 \le x \le a$
	$\theta_1 = \dfrac{-M_0 L}{3EI}$ $\theta_2 = \dfrac{M_0 L}{6EI}$	$v_{máx} = \dfrac{-M_0 L^2}{\sqrt{243}EI}$	$v = \dfrac{-M_0 x}{6EIL}(x^2 - 3Lx + 2L^2)$
	$\theta_{máx} = \dfrac{-wL^3}{24EI}$	$v_{máx} = \dfrac{-5wL^4}{384EI}$	$v = \dfrac{-wx}{24EI}(x^3 - 2Lx^2 + L^3)$
	$\theta_1 = \dfrac{-3wL^3}{128EI}$ $\theta_2 = \dfrac{7wL^3}{384EI}$	$v \Big|_{x=L/2} = \dfrac{-5wL^4}{768EI}$ $v_{máx} = -0.006563\dfrac{wL^4}{EI}$ en $x = 0.4598L$	$v = \dfrac{-wx}{384EI}(16x^3 - 24Lx^2 + 9L^3)$ $0 \le x \le L/2$ $v = \dfrac{-wL}{384EI}(8x^3 - 24Lx^2 + 17L^2 x - L^3)$ $L/2 \le x < L$
	$\theta_1 = \dfrac{-7w_0 L^3}{360EI}$ $\theta_2 = \dfrac{w_0 L^3}{45EI}$	$v_{máx} = -0.00652\dfrac{w_0 L^4}{EI}$ en $x = 0.5193\,L$	$v = \dfrac{-w_0 x}{360EIL}(3x^4 - 10L^2 x^2 + 7L^4)$

Pendientes y deflexiones de vigas en voladizo

Viga	Pendiente	Deflexión	Curva elástica
	$\theta_{máx} = \dfrac{-PL^2}{2EI}$	$v_{máx} = \dfrac{-PL^3}{3EI}$	$v = \dfrac{-Px^2}{6EI}(3L - x)$
	$\theta_{máx} = \dfrac{-PL^2}{8EI}$	$v_{máx} = \dfrac{-5PL^3}{48EI}$	$v = \dfrac{-Px^2}{6EI}\left(\tfrac{3}{2}L - x\right) \quad 0 \le x \le L/2$ $v = \dfrac{-PL^2}{24EI}\left(3x - \tfrac{1}{2}L\right) \quad L/2 \le x \le L$
	$\theta_{máx} = \dfrac{-wL^3}{6EI}$	$v_{máx} = \dfrac{-wL^4}{8EI}$	$v = \dfrac{-wx^2}{24EI}(x^2 - 4Lx + 6L^2)$
	$\theta_{máx} = \dfrac{M_0 L}{EI}$	$v_{máx} = \dfrac{M_0 L^2}{2EI}$	$v = \dfrac{M_0 x^2}{2EI}$
	$\theta_{máx} = \dfrac{-wL^3}{48EI}$	$v_{máx} = \dfrac{-7wL^4}{384EI}$	$v = \dfrac{-wx^2}{24EI}\left(x^2 - 2Lx + \tfrac{3}{2}L^2\right)$ $0 \le x \le L/2$ $v = \dfrac{-wL^3}{192EI}(4x - L/2)$ $L/2 \le x \le L$
	$\theta_{máx} = \dfrac{-w_0 L^3}{24EI}$	$v_{máx} = \dfrac{-w_0 L^4}{30EI}$	$v = \dfrac{-w_0 x^2}{120EIL}(10L^3 - 10L^2 x + 5Lx^2 - x^3)$

Repaso para el examen de fundamentos de ingeniería

El examen de Fundamentos de ingeniería se hace cada semestre, por parte del National Council of Engineering Examiners, y es uno de los requisitos para obtener una Licencia de Ingeniero Profesional. Una parte de este examen contiene problemas de mecánica de materiales, y este apéndice sirve para repasar los temas que se preguntan con más frecuencia en ese examen.

Antes de resolver cualquiera de los problemas, el lector debe repasar las secciones que se indican, para familiarizarse con las definiciones en letras negritas, y los procedimientos para resolver diversas clases de problemas. También repase los problemas de ejemplo en esas secciones. Los problemas siguientes se ordenan en la misma secuencia que los temas en cada capítulo. En la última parte de este apéndice aparecen soluciones parciales de *todos los problemas*.

Capítulo 1—Repase todas las secciones

D-1. Calcule el momento interno resultante en el punto F del marco.

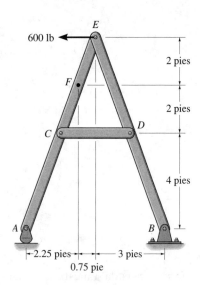

Prob. D-1

D-2. La viga está soportada por un pasador en A y por un eslabón BC. Determine el esfuerzo cortante interno resultante en el punto D de la viga.

D-3. La viga está soportada por un pasador en A y por un eslabón BC. Determine el esfuerzo cortante promedio en el pasador en B, si es de 20 mm de diámetro y está sometido a cortante doble.

D-4. La viga está soportada por un pasador en A y por un eslabón BC. Determine el esfuerzo cortante promedio en el pasador en A, si es de 20 mm de diámetro y está sometido a cortante sencillo.

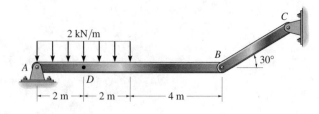

Probs. D-2/3/4

D-5. ¿Cuántos componentes independientes de esfuerzo hay en tres dimensiones?

D-6. Las barras de la armadura tienen 2 $pulg^2$ de área transversal cada una. Determine el esfuerzo normal promedio en el miembro CB.

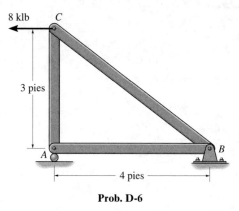

Prob. D-6

D-7. La ménsula soporta la carga indicada. El pasador en A tiene 0.25 pulg de diámetro. Si se somete a cortante doble, determine el esfuerzo cortante promedio en él.

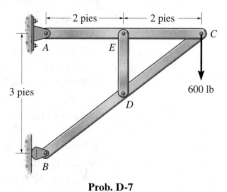

Prob. D-7

D-8. La viga uniforme está sostenida por dos barras AB y CD, cuyas áreas transversales son 10 mm^2 y 15 mm^2, respectivamente. Calcule la intensidad w de la carga distribuida para que el esfuerzo normal promedio en cada varilla no sea mayor que 300 kPa.

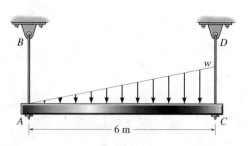

Prob. D-8

D-9. El perno se usa para soportar la carga de 3 klb. Calcule su diámetro d, con aproximación de $\frac{1}{8}$ de pulg. El esfuerzo normal admisible en ese perno es $\sigma_{adm} = 24$ klb/pulg^2.

3 klb

Prob. D-9

D-10. Las dos barras soportan la fuerza vertical $P = 30$ kN. Calcule el diámetro de la barra AB, si el esfuerzo de tensión admisible para el material es $\sigma_{adm} = 150$ MPa.

D-11. Los diámetros de las barras AB y AC son 15 mm y 12 mm, respectivamente. Calcule la fuerza vertical **P** máxima que puede aplicarse. El esfuerzo admisible de tensión para las barras es $\sigma_{adm} = 150$ MPa.

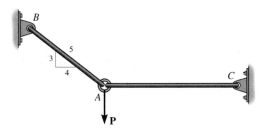

Probs. D-10/11

D-12. El esfuerzo admisible para el material bajo los soportes A y B es $\sigma_{adm} = 500$ lb/pulg^2. Calcule la carga uniformemente distribuida w que se puede aplicar a la viga. Las placas de apoyo en A y B son cuadradas, de 3 pulg × 3 pulg y de 2 pulg × 2 pulg, respectivamente.

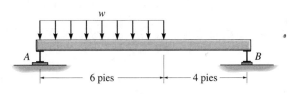

Prob. D-12

Capítulo 2—Repase todas las secciones

D-13. Una banda de hule tiene 9 pulg de longitud no deformada. Si se estira en torno a un poste de 3 pulg de diámetro, determine la deformación unitaria normal promedio en la banda.

D-14. La barra rígida está soportada por una articulación en A y por los cables BC y DE. Si la deformación unitaria máxima admisible en cada cable es $\epsilon_{adm} = 0.003$, determine el desplazamiento vertical máximo de la carga **P**.

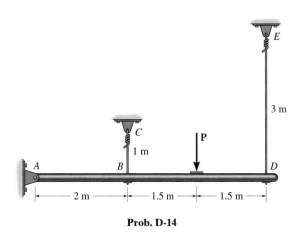

Prob. D-14

D-15. La carga **P** causa una deformación unitaria normal de 0.0045 pulg/pulg en el cable AB. Determine el ángulo de rotación de la viga rígida, debido a la carga, si la viga estaba horizontal antes de cargarla.

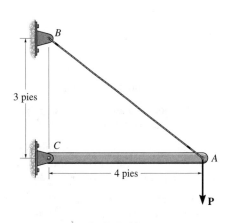

Prob. D-15

D-16. El trozo rectangular de material se deforma hasta la posición representada por la línea interrumpida. Calcule la deformación unitaria cortante en el vértice C.

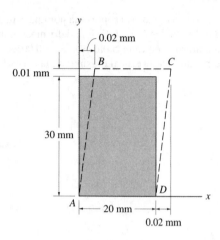

Prob. D-16

Capítulo 3—Repase las secciones 3.1 a 3.7
D-17. Defina qué es material homogéneo.

D-18. Indique los puntos, en el diagrama esfuerzo-deformación unitaria, que representen el límite de proporcionalidad y el esfuerzo último.

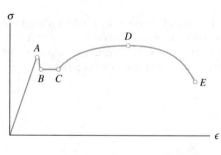

Prob. D-18

D-19. Defina el módulo de elasticidad E.

D-20. A la temperatura ambiente, el acero suave es un material dúctil. ¿Cierto o falso?

D-21. Los esfuerzos y deformaciones unitarias ingenieriles o técnicos se calculan con el área transversal y la longitud *reales* del espécimen. ¿Cierto o falso?

D-22. Si una barra se somete a una carga axial, en el material sólo hay deformación unitaria en la dirección de la carga. ¿Cierto o falso?

D-23. Una barra de 100 mm de longitud tiene 15 mm de diámetro. Si se le aplica una carga axial de tensión de 100 kN, calcule el cambio en su longitud. $E = 200$ GPa.

D-24. Una barra tiene 8 pulg de longitud, y 12 pulg^2 de área transversal. Calcule el módulo de elasticidad del material, si está sujeto a una carga axial de tensión de 10 klb, y se estira 0.003 pulg. El material tiene comportamiento elástico lineal.

D-25. Una barra de latón, de 100 mm de diámetro, tiene $E = 100$ GPa de módulo de elasticidad. Si tiene 4 m de longitud y está sometida a una carga axial de tensión de 6 kN, calcule su alargamiento.

D-26. Una barra de 100 mm de longitud tiene 15 mm de diámetro. Si se le aplica una carga axial de tensión de 10 kN, calcule el cambio en su diámetro. $E = 70$ GPa, $\nu = 0.35$.

Capítulo 4—Repase las secciones 4.1 a 4.6
D-27. ¿Cuál es el principio de Saint-Venant?

D-28. ¿Cuáles son las dos condiciones para las que es válido el principio de superposición?

D-29. Determine el desplazamiento del extremo A con respecto al extremo C del eje. El área transversal es 0.5 pulg^2 y $E = 29(10^3)$ klb/pulg^2.

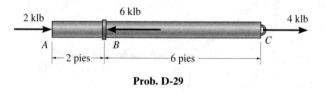

Prob. D-29

D-30. Determine el desplazamiento del extremo A con respecto al punto C del eje. Los diámetros de cada segmento se ven en la figura. $E = 200$ GPa.

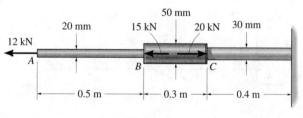

Prob. D-30

D-31. Calcule el ángulo de inclinación de la viga rígida cuando se somete a la carga de 5 klb. Antes de aplicarla, la viga es horizontal. Cada varilla tiene 0.5 pulg de diámetro, y $E = 29(10^3)$ klb/pulg^2.

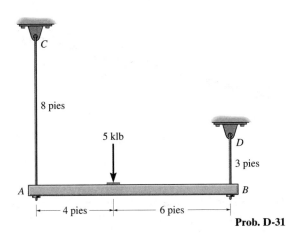

Prob. D-31

D-32. La barra uniforme se somete a la carga de 6 klb. Determine las reacciones horizontales en los soportes A y B.

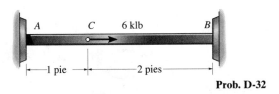

Prob. D-32

D-33. El cilindro es de acero, y tiene centro de aluminio. Si sus extremos se someten a la fuerza axial de 300 kN, calcule el esfuerzo normal promedio en el acero. El diámetro exterior del cilindro es 100 mm, y el interior es de 80 mm. $E_{ac} = 200$ GPa, $E_{al} = 73.1$ GPa.

Prob. D-33

D-34. La columna se construye en concreto, con seis varillas de acero de refuerzo. Si se somete a una fuerza axial de 20 klb, determine la fuerza que soporta el concreto. Cada varilla tiene 0.75 pulg de diámetro. $E_{conc} = 4.20(10^3)$ klb/pulg^2, $E_{ac} = 29(10^3)$ klb/pulg^2.

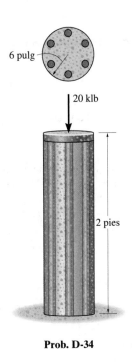

Prob. D-34

D-35. Dos barras, cada una de material diferente, se unen y se colocan entre las dos paredes, cuando la temperatura es $T_1 = 15$ °C. Calcule la fuerza ejercida sobre los empotramientos cuando la temperatura llega a $T_2 = 25$ °C. Las propiedades de los materiales y su área transversal se ven en la figura.

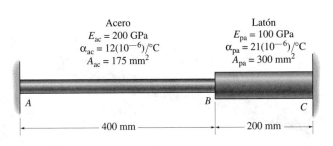

Prob. D-35

D-36. La varilla de aluminio tiene 0.5 pulg de diámetro, y está fija a los soportes rígidos A y B, cuando $T_1 = 80\ °F$. Si la temperatura sube a $T_2 = 100\ °F$ y se aplica una fuerza axial $P = 1200$ lb al collarín rígido, como se indica, calcule las reacciones en A y B. $\alpha_{al} = 12.8(10^{-6})/°F$, $E_{al} = 10.6(10^6)$ lb/pulg^2.

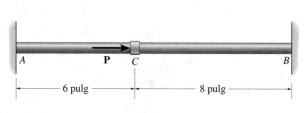

Prob. D-36

D-37. La varilla de aluminio tiene 0.5 pulg de diámetro y se fija a los soportes rígidos A y B cuando $T_1 = 80\ °F$. Determine la fuerza **P** que debe aplicarse al collarín rígido para que, cuando $T_2 = 50\ °F$, la reacción en B sea cero; $\alpha_{al} = 12.8(10^{-6})/°F$; $E_{al} = 10.6(10^3)$ klb/pulg^2.

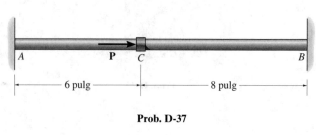

Prob. D-37

Capítulo 5—Repase las secciones 5.1 a 5.5

D-38. ¿Se puede usar la fórmula de la torsión, $\tau = Tc/J$, si la sección transversal no es circular?

D-39. El eje macizo de 0.75 pulg de diámetro se usa para transmitir los pares de torsión que se indican. Calcule el esfuerzo cortante máximo que se desarrolla en ese eje.

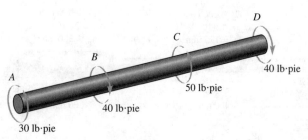

Prob. D-39

D-40. El eje macizo de 1.5 pulg de diámetro se usa para transmitir las torsiones que se indican. Calcule el esfuerzo cortante que se desarrolla en el eje en el punto B.

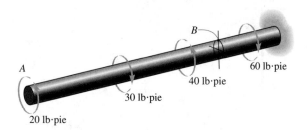

Prob. D-40

D-41. El eje macizo se usa para transmitir las torsiones que se indican. Determine el esfuerzo cortante máximo absoluto que se desarrolla en él.

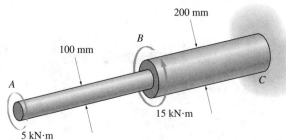

Prob. D-41

D-42. El eje se somete a los pares de torsión que se muestran. Calcule el ángulo de torsión del extremo A con respecto al extremo B. El eje tiene 1.5 pulg de diámetro; $G = 11(10^3)$ klb/pulg^2.

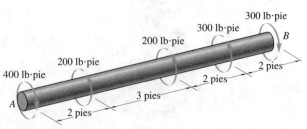

Prob. D-42

D-43. Calcule el ángulo de torsión del extremo A del eje de 1 pulg de diámetro, cuando se le somete a la carga de torsión que se muestra. $G = 11(10^3)$ klb/pulg^2.

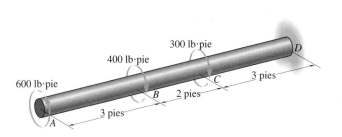

Prob. D-43

D-44. El eje está formado por un tramo macizo AB, de 30 mm de diámetro, y un tubo BD con 25 mm de diámetro interior y 50 mm de diámetro exterior. Calcule el ángulo de torsión en su extremo A, cuando se le somete a la carga de torsión de la figura. $G = 75$ GPa.

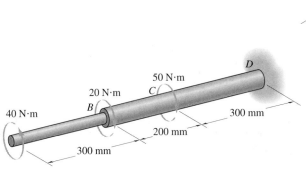

Prob. D-44

D-45. Un motor entrega 200 hp a un eje de acero tubular, con diámetro exterior de 1.75 pulg. Si gira a 150 rad/s, determine su diámetro interno máximo, en incrementos de $\frac{1}{8}$ de pulg, si el esfuerzo cortante admisible para el material es $\tau_{adm} = 20$ klb/pulg^2.

D-46. Un motor entrega 300 hp a un eje de acero tubular, con 2.5 pulg de diámetro exterior y 2 pulg de diámetro interior. Calcule la mínima velocidad angular con la que puede girar, si el esfuerzo cortante admisible del material es $\tau_{adm} = 20$ klb/pulg^2.

D-47. El eje es un tubo de acero con núcleo de latón. Si se fija al empotramiento, determine el ángulo de torsión que tiene su extremo. $G_{ac} = 75$ GPa y $G_{lat} = 37$ GPa.

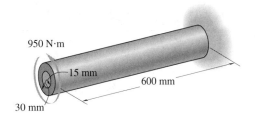

Prob. D-47

D-48. Determine el esfuerzo cortante máximo absoluto en el eje. JG es constante.

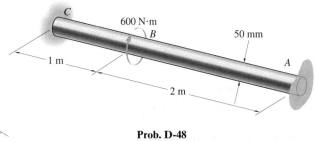

Prob. D-48

Capítulo 6—Repase las secciones 6.1 a 6.5

D-49. Calcule el momento interno en la viga, en función de x, siendo 2 m $\leq x <$ 3 m.

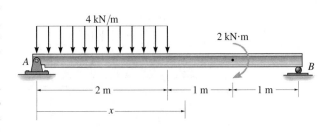

Prob. D-49

D-50. Calcule el momento interno en la viga, en función de x, siendo $0 \leq x \leq 3$ m.

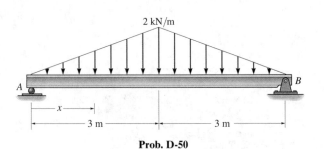

Prob. D-50

D-51. Calcule el momento máximo en la viga.

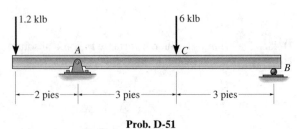

Prob. D-51

D-52. Calcule el momento de flexión máximo absoluto en la viga.

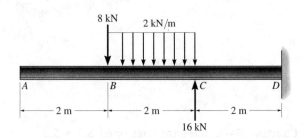

Prob. D-52

D-53. Calcule el momento máximo en la viga.

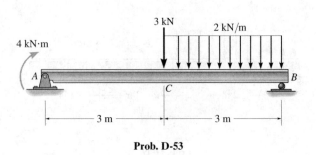

Prob. D-53

D-54. Calcule el momento máximo en la viga.

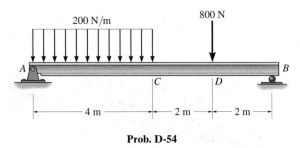

Prob. D-54

D-55. Determine el esfuerzo máximo de flexión en la viga.

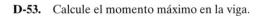

Prob. D-55

D-56. Determine el esfuerzo de flexión máximo en la varilla de 50 mm de diámetro, en el punto C. En A hay un cojinete recto.

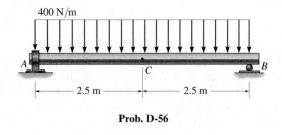

Prob. D-56

D-57. ¿Cuál es la deformación unitaria de una viga en el eje neutro?

D-58. Calcule el momento *M* que debe aplicarse a la viga para crear un esfuerzo de compresión de 10 klb/pulg^2 en el punto *D*.

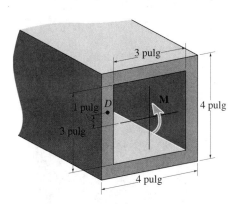

Prob. D-58

D-59. Determine el esfuerzo máximo de flexión en la viga.

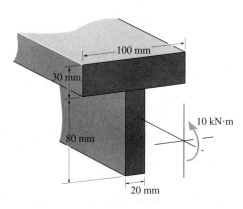

Prob. D-59

D-60. Determine la carga máxima *P* que se puede aplicar a la viga, que es de un material con esfuerzo de flexión admisible $\sigma_{adm} = 12$ MPa.

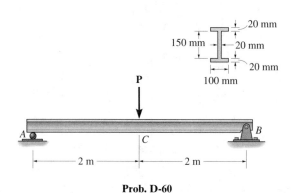

Prob. D-60

D-61. Calcule el esfuerzo máximo en el área transversal de la viga.

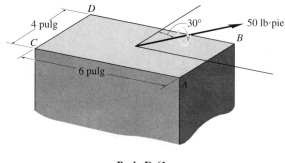

Prob. D-61

Capítulo 7—Repase las secciones 7.1 a 7.4

D-62. Calcule el esfuerzo cortante máximo en la viga.

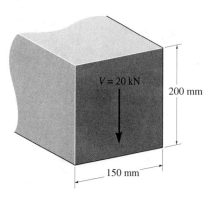

Prob. D-62

D-63. La viga tiene corte transversal rectangular, y está sometida a un cortante *V* = 2 klb. Calcule el esfuerzo cortante máximo en ella.

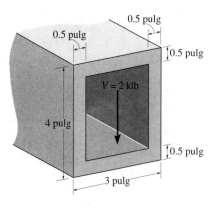

Prob. D-63

D-64. Calcule el esfuerzo cortante máximo absoluto en el eje, de 60 mm de diámetro. Los apoyos en A y B son cojinetes rectos.

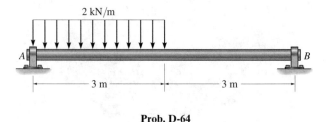

2 kN/m

A B

3 m   3 m

Prob. D-64

D-65. Calcule el esfuerzo cortante en el punto A de la viga, que está en la parte superior del alma.

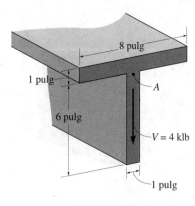

8 pulg

1 pulg A

6 pulg

$V = 4$ klb

1 pulg

Prob. D-65

D-66. La viga está formada por dos tablas sujetas entre sí, arriba y abajo, con clavos a cada 2 pulg. Si la fuerza cortante interna $V = 150$ lb se aplica a las tablas, calcule la fuerza cortante que resiste cada clavo.

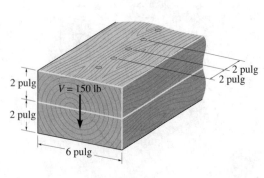

2 pulg   2 pulg
2 pulg $V = 150$ lb   2 pulg
2 pulg
6 pulg

Prob. D-66

D-67. La viga se forma con cuatro tablas fijas entre sí arriba y abajo con dos hileras de clavos a 4 pulg de distancia entre sí. Si se aplica una fuerza cortante interna $V = 400$ lb a las tablas, calcule la fuerza de corte que resiste cada clavo.

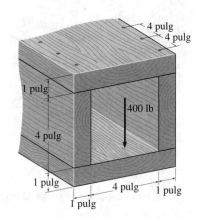

4 pulg
4 pulg
1 pulg
400 lb
4 pulg
1 pulg   4 pulg   1 pulg
1 pulg

Prob. D-67

Capítulo 8—Repase todas las secciones

D-68. Un tanque cilíndrico se somete a una presión interna de 80 lb/pulg². Si su diámetro interno es 30 pulg y la pared tiene 0.3 pulg de espesor, calcule el esfuerzo máximo normal en el material.

D-69. Un tanque esférico a presión se va a construir con acero de 0.25 pulg de espesor. Si se somete a una presión interna $p = 150$ lb/pulg², calcule su diámetro interno, si el esfuerzo normal máximo no debe ser mayor que 10 klb/pulg².

D-70. Determine la magnitud de la carga P que cause un esfuerzo normal máximo $\sigma_{máx} = 30$ klb/pulg² en el eslabón, en la sección a-a.

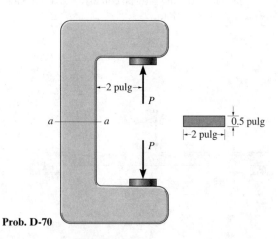

2 pulg
P
a a 0.5 pulg
2 pulg
P

Prob. D-70

D-71. Calcule el esfuerzo máximo normal en la parte horizontal del soporte. Éste tiene 1 pulg de espesor por 0.75 pulg de ancho.

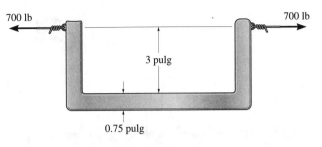

700 lb   700 lb

3 pulg

0.75 pulg

Prob. D-71

D-72. Calcule la carga máxima P que se puede aplicar a la varilla para que el esfuerzo normal en ella no sea mayor que $\sigma_{máx} = 30$ MPa.

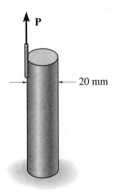

P

20 mm

Prob. D-72

D-73. La viga tiene sección transversal rectangular, y se somete a la carga que se indica. Calcule los componentes del esfuerzo σ_x, σ_y y τ_{xy} en el punto B.

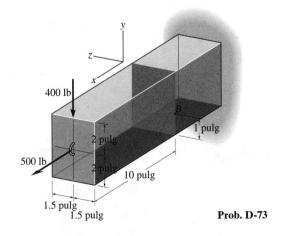

y

z

x

400 lb

B

1 pulg

2 pulg

500 lb

2 pulg

10 pulg

1.5 pulg

1.5 pulg

Prob. D-73

D-74. El cilindro macizo se somete a la carga que se ve en la figura. Calcule los componentes del esfuerzo en el punto B.

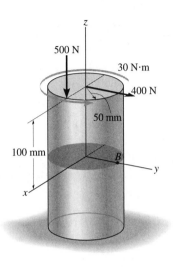

z

500 N

30 N·m

400 N

50 mm

100 mm

B

y

x

Prob. D-74

Capítulo 9—Repase las secciones 9.1 a 9.3

D-75. Cuando el estado de esfuerzo en un punto está representado por el esfuerzo principal, sobre el elemento no actuará esfuerzo cortante. ¿Cierto o falso?

D-76. El estado de esfuerzo en un punto se muestra en el elemento. Determine el esfuerzo principal máximo.

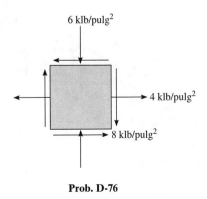

6 klb/pulg^2

4 klb/pulg^2

8 klb/pulg^2

Prob. D-76

D-77. El estado de esfuerzo en un punto se muestra en el elemento. Determine el esfuerzo cortante máximo en el plano.

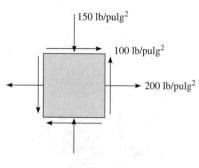

Prob. D-77

D-78. El estado de esfuerzo en un punto se muestra en el elemento. Calcule el esfuerzo cortante máximo en el plano.

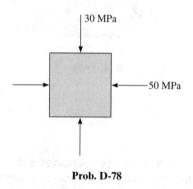

Prob. D-78

D-79. La viga se somete a la carga en su extremo. Calcule el esfuerzo principal máximo en el punto B.

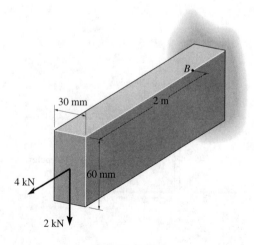

Prob. D-79

D-80. La viga se somete a la carga que indica la figura. Calcule el esfuerzo principal en el punto C.

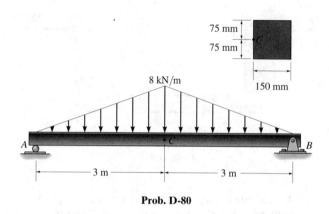

Prob. D-80

Capítulo 12—Repase las secciones 12.1, 12.2 y 12.5

D-81. La viga se somete a la carga que muestra la figura. Determine la ecuación de la curva elástica. EI es constante.

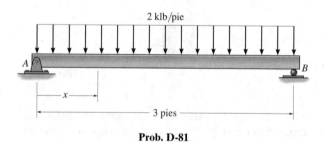

Prob. D-81

D-82. La viga se somete a la carga que se indica. Determine la ecuación de la curva elástica. EI es constante.

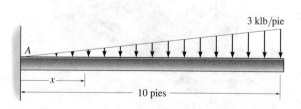

Prob. D-82

D-83. Calcule el desplazamiento del punto *C* de la viga en la figura. Use el método de superposición. *EI* es constante.

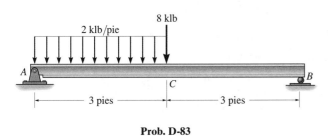

Prob. D-83

D-84. Calcule la pendiente en el punto *A* de la viga en la figura. Use el método de superposición. *EI* es constante.

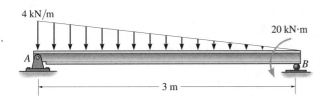

Prob. D-84

D-87. Una columna rectangular de madera de 12 pies tiene las dimensiones que se ven en la figura. Calcule la carga crítica si se supone que sus extremos están articulados. $E = 1.6(10^3)$ klb/pulg^2. No hay fluencia.

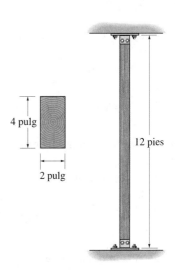

Prob. D-87

D-88. Un tubo de acero está empotrado en sus extremos. Si tiene 5 m de longitud y su diámetro exterior es 50 mm, con espesor de pared de 10 mm, calcule la carga axial máxima *P* que puede soportar sin pandearse. $E_{ac} = 200$ GPa, $\sigma_Y = 250$ MPa.

D-89. Un tubo de acero está articulado en sus extremos. Si tiene 6 pies de longitud y su diámetro externo es 2 pulg, calcule el espesor mínimo de pared para que pueda soportar una carga axial $P = 40$ klb sin pandearse. $E_{ac} = 29(10^3)$ klb/pulg^2; $\sigma_Y = 36$ klb/pulg^2.

D-90. Calcule el diámetro mínimo, en incrementos de $\frac{1}{16}$ pulg, de una varilla de acero macizo, de 40 pulg de longitud, para que soporte una carga axial de $P = 3$ klb/pulg^2 sin pandearse. Los extremos están articulados. $E_{ac} = 29(10^3)$ klb/pulg^2, $\sigma_Y = 36$ klb/pulg^2.

Capítulo 13—Repase las secciones 13.1 a 13.3

D-85. La carga crítica es la carga axial máxima que puede soportar una columna cuando está a punto de pandearse. Esa carga representa un caso de equilibrio neutral. ¿Cierto o falso?

D-86. Una varilla de acero tiene 50 pulg de longitud y 1 pulg de diámetro. Calcule la carga crítica de pandeo si los extremos están empotrados. $E = 29(10^3)$ klb/pulg^2, $\sigma_Y = 36$ klb/pulg^2.

Soluciones parciales y respuestas

D-1. Todo el marco:

$\Sigma M_B = 0;\quad A_y = 800\ \text{lb}$

CD es un miembro con dos fuerzas

Miembro AE:

$\Sigma M_E = 0;\quad F_{CD} = 600\ \text{lb}$

Segmento ACF:

$\Sigma M_F = 0;\quad \text{MF} = 600\ \text{lb} \cdot \text{pie}$ *Resp.*

D-2. BC es un miembro con dos fuerzas.

Viga AB:

$\Sigma M_B = 0;\quad A_y = 6\ \text{kN}$

Segmento AD:

$\Sigma F_y = 0;\quad V = 2\ \text{kN}$ *Resp.*

D-3. BC es un miembro con dos fuerzas.

Viga AB:

$\Sigma M_B = 0;\quad A_v = 6\ \text{kN}$

Pasador B:

$\tau_B = \dfrac{T_{BC}/2}{A} = \dfrac{4/2}{\frac{\pi}{4}(0.02)^2} = 6.37\ \text{MPa}$ *Resp.*

D-4. BC es un miembro con dos fuerzas

Viga AB:

$\Sigma M_A = 0;\quad T_{BC} = 4\ \text{kN}$

$\Sigma F_x = 0;\quad A_x = 3.464\ \text{kN}$

$\Sigma F_y = 0;\quad A_y = 6\ \text{kN}$

$F_A = \sqrt{(3.464)^2 + (6)^2} = 6.928\ \text{kN}$

$\tau_A = \dfrac{F_A}{A} = \dfrac{6.928}{\frac{\pi}{4}(0.02)^2} = 22.1\ \text{MPa}$ *Resp.*

D-5. 6: $\sigma_x, \sigma_y, \sigma_z, \tau_{xy}, \tau_{yz}, \tau_{zx}$ *Resp.*

D-6. Nodo C:

$\xrightarrow{+}\Sigma F_x = 0;\quad T_{CB} = 10\ \text{klb}$

$\sigma = \dfrac{T_{CB}}{A} = \dfrac{10}{2} = 5\ \text{klb/pulg}^2$ *Resp.*

D-7. Todo el marco

$\Sigma F_y = 0;\quad A_y = 600\ \text{lb}$

$\Sigma M_B = 0;\quad A_x = 800\ \text{lb}$

$F_A = \sqrt{(600)^2 + (800)^2} = 1000\ \text{lb}$

$\tau_A = \dfrac{F_A/2}{A} = \dfrac{1000/2}{\frac{\pi}{4}(0.25)^2} = 10.2\ \text{klb/pulg}^2$ *Resp.*

D-8. Viga:

$\Sigma M_A = 0;\quad T_{CD} = 2w$

$\Sigma F_y = 0;\quad T_{AB} = w$

Varilla AB:

$\sigma = \dfrac{P}{A};\quad 300(10^3) = \dfrac{w}{10};$

$w = 3\ \text{N/m}$

Varilla CD:

$\sigma = \dfrac{P}{A};\quad 300(10^3) = \dfrac{2w}{15};$

$w = 2.25\ \text{N/m}$ *Resp.*

D-9. $\sigma = \dfrac{P}{A};\quad 24 = \dfrac{3}{\frac{\pi}{4}d^2};$

$d = 0.3989\ \text{pulg}$

usar $d = 0.5\ \text{pulg}$ *Resp.*

D-10. Nodo A:

$\Sigma F_y = 0;\quad F_{AB} = 50\ \text{kN}$

$\sigma = \dfrac{P}{A};\quad 150(10^6) = \dfrac{50(10^3)}{\frac{\pi}{4}d^2};$

$d = 20.6\ \text{mm}$ *Resp.*

D-11. Varilla A:

$\Sigma F_y = 0;\quad F_{AB} = 1.667P$

$\Sigma F_x = 0;\quad F_{AC} = 1.333P$

Varilla AB:

$\sigma = \dfrac{P}{A};\quad 150(10^6) = \dfrac{1.667P}{\frac{\pi}{4}(0.015)^2};$

$P = 15.9\ \text{kN}$

Varilla AC:

$\sigma = \dfrac{P}{A};\quad 150(10^6) = \dfrac{1.333P}{\frac{\pi}{4}(0.012)^2};$

$P = 12.7\ \text{kN}$ *Resp.*

D-12. Viga:

$\Sigma M_A = 0;\quad B_y = 1.8\,w$

$\Sigma F_y = 0;\quad A_y = 4.2\,w$

En A:

$\sigma = \dfrac{P}{A};\quad 500 = \dfrac{4.2\,w}{(3)(3)};$

$w = 1.07\ \text{klb/pie}$ *Resp.*

En B:

$\sigma = \dfrac{P}{A};\quad 500 = \dfrac{1.8\,w}{(2)(2)};$

$w = 1.07\ \text{klb/pie}$

D-13. $\epsilon = \dfrac{l - l_0}{l_0} = \dfrac{\pi(3) - 9}{9} = 0.0472\ \text{pulg/pulg}$ *Resp.*

D-14. $(\delta_{DE})_{\text{máx}} = \epsilon_{\text{máx}} L_{DE} = 0.003(3) = 0.009\ \text{m}$

En proporción de A,

$\delta_{BC} = 0.009\left(\tfrac{2}{3}\right) = 0.0036\ \text{m}$

$(\delta_{BC})_{\text{máx}} = \epsilon_{\text{máx}} l_{BC} = 0.003(1) = 0.003\ \text{m} < 0.0036\ \text{m}$

Usar $\delta_{BC} = 0.003$ m. En proporción con A,

$\delta_P = 0.003\left(\dfrac{3.5}{2}\right) = 0.00525\ \text{m} = 5.25\ \text{mm}$ *Resp.*

D-15. $l_{AB} = \sqrt{(4)^2 + (3)^2} = 5\ \text{pies}$

$l'_{AB} = 5 + 5(0.0045) = 5.0225\ \text{pies}$

El ángulo BCA era $\theta = 90°$ originalmente. Aplicando la ley del coseno, el nuevo ángulo BCA (θ') es

$5.0225 = \sqrt{(3)^2 + (4)^2 - 2(3)(4)\cos\theta}$

$\theta = 90.538°$

Así,

$\Delta\theta'\circ= 90.538° - 90° = 0.538°$ *Resp.*

D-16. $\angle BCD = \angle BAD = \tan^{-1}\dfrac{30.01}{0.02} = 89.962°$

$\gamma_{xy} = (90° - 89.962°)\dfrac{\pi}{180°} = 0.666(10^{-3})\ \text{rad}$ *Resp.*

D-17. El material tiene propiedades uniformes en su totalidad   *Resp.*

D-18. El límite de proporcionalidad es A.   *Resp.*

El esfuerzo último es D.   *Resp.*

D-19. La pendiente inicial del diagrama σ-ϵ.   *Resp.*

D-20. Cierto.   *Resp.*

D-21. Falso. Se usa el área transversal y la longitud *originales*.   *Resp.*

D-22. Falso. También hay deformación en direcciones perpendiculares, debida al efecto de Poisson.   *Resp.*

D-23. $\epsilon = \dfrac{\sigma}{E} = \epsilon\dfrac{P}{AE}$

$\delta = \epsilon L = \dfrac{PL}{AE} = \dfrac{100(10^3)(0.100)}{\frac{\pi}{4}(0.015)^2\,200(10^9)} = 0.283\ \text{mm}$ *Resp.*

D-24. $\epsilon = \dfrac{\sigma}{E} = \dfrac{P}{AE}$

$\delta = \epsilon L = \dfrac{PL}{AE};$

$0.003 = \dfrac{(10\,000)(8)}{12E}$

$E = 2.22(10^6)\ \text{klb/pulg}^2$ *Resp.*

D-25. $\epsilon = \dfrac{\sigma}{E} = \dfrac{P}{AE}$

$\delta = \epsilon L = \dfrac{PL}{AE} = \dfrac{6(10^3)4}{\frac{\pi}{4}(0.01)^2\,100(10^9)} = 3.06\ \text{mm}$ *Resp.*

D-26. $\sigma = \dfrac{P}{A} = \dfrac{10(10^3)}{\frac{\pi}{4}(0.015)^2} = 56.59\ \text{MPa}$

$\epsilon_{\text{long}} = \dfrac{\sigma}{E} = \dfrac{56.59(10^6)}{70(10^9)} = 0.808(10^{-3})$

$\epsilon_{\text{lat}} = -\nu\epsilon_{\text{long}} = -0.35(0.808(10^{-3})) = -0.283(10^{-3})$

$\delta d = \epsilon_{\text{lat}}(15\ \text{mm}) = -4.24\ \text{mm}$ *Resp.*

D-27. Las distribuciones de esfuerzo tienden a uniformarse en secciones más alejadas de la carga.   *Resp.*

D-28. 1) Material elástico lineal.

2) Sin deformaciones grandes.   *Resp.*

D-29. $\delta_{A/C} = \sum \dfrac{PL}{AE} = \dfrac{-2(2)(12)}{0.5(29(10^3))} + \dfrac{4(6)(12)}{0.5(29(10^2))}$

$= 0.0166\ \text{pulg}$ *Resp.*

D-30. $\delta_{A/C} = \sum \dfrac{PL}{AE} = \dfrac{12(10^3)(0.5)}{\frac{\pi}{4}(0.02)^2\,200(10^9)}$

$+ \dfrac{27(10^3)(0.3)}{\frac{\pi}{4}(0.05)^2\,200(10^9)} = 0.116\ \text{mm}$ *Resp.*

D-31. Viga AB:

$\Sigma M_A = 0;\quad F_{BD} = 2\ \text{klb}$

$\Sigma F_y = 0;\quad F_{AC} = 3\ \text{klb}$

$\delta_A = \dfrac{PL}{AE} = \dfrac{3(8)(12)}{\frac{\pi}{4}(0.5)^2\,29(10^3)} = 0.0506\ \text{pulg}\downarrow$

$\delta_B = \dfrac{PL}{AE} = \dfrac{2(3)(12)}{\frac{\pi}{4}(0.5)^2\,29(10^3)} = 0.01264\ \text{pulg}\downarrow$

$\theta = \dfrac{\Delta\delta}{l_{AB}} = \dfrac{\delta_A - \delta_B}{l_{AB}} = \dfrac{0.0506 - 0.01264}{10(12)}$

$= 0.000315\ \text{rad} = 0.0181°$ *Resp.*

D-32. Equilibrio:

$F_A + F_B = 6$

Compatibilidad:

$\delta_{C/A} = \delta_{C/B};$

$\dfrac{F_A(1)}{AE} = \dfrac{F_B(2)}{AE}$

$F_A = 4$ klb, $F_B = 2$ klb   *Resp.*

D-33. Equilibrio:

$P_{ac} + P_{al} = 300(10^3)$

Compatibilidad:

$\delta_{ac} = \delta_{al};$

$\dfrac{P_{ac}L}{\left[\frac{\pi}{4}(0.1)^2 - \frac{\pi}{4}(0.08)^2\right]200(10^9)}$

$\quad = \dfrac{P_{al}L}{\left[\frac{\pi}{4}(0.08)^2\right]73.1(10^9)}$

$P_{ac} = 181.8$ kN

$P_{al} = 118$ kN

$\sigma_{ac} = \dfrac{P_{ac}}{A} = \dfrac{181.8}{\left[\frac{\pi}{4}(0.1)^2 - \frac{\pi}{4}(0.08)^2\right]} = 64.3$ MPa *Resp.*

D-34. Equilibrio:

$P_{conc} + P_{ac} = 20$

Compatibilidad:

$\delta_{conc} = \delta_{ac};$

$\dfrac{P_{conc}(2)}{\left[\pi(6)^2 - 6\left(\frac{\pi}{4}\right)(0.75)^2\right]4.20(10^3)}$

$\quad = \dfrac{P_{ac}(2)}{6\left(\frac{\pi}{4}\right)(0.75)^2 29(10^3)}$

$P_{conc} = 17.2$ klb

$P_{ac} = 2.84$ klb   *Resp.*

D-35.

$\delta_{comp} = \Sigma \, \alpha\Delta TL$

$\delta_{carga} = \Sigma \dfrac{PL}{AE}$

Compatibilidad: $\delta_{comp} + \delta_{carga} = 0$

$12(10^{-6})(25 - 15)(0.4) + 21(10^{-6})(25 - 15)(0.2) +$

$\dfrac{-F(0.4)}{175(10^{-6})(200(10^9))} - \dfrac{F(0.2)}{300(10^{-6})(100(10^9))} = 0$

$P = 4.97$ kN   *Resp.*

D-36. Equilibrio:

$F_A + F_B = 1200$

Compatibilidad

Quite el soporte en B. Requisito

$\delta_B = (\delta_{B/A})_{comp} + (\delta_{B/A})_{carga} = 0$

$\alpha\,\Delta TL + \sum \dfrac{PL}{AE} = 0$

$12.8(10^{-6})(100 - 80)(14) +$

$\dfrac{1200(6)}{\frac{\pi}{4}(0.5)^2 10.6(10^6)} - \dfrac{F_B(14)}{\frac{\pi}{4}(0.5)^2 10.6(10^6)} = 0$

$F_B = 1.05$ klb   *Resp.*

$F_A = 153$ lb   *Resp.*

D-37. Equilibrio:

$F_A + F_B = P$

Como $F_B = 0$, $F_A = P$

Compatibilidad

Quite el soporte en B. Requisito

$\delta_B = (\delta_{B/A})_{comp} + (\delta_{B/A})_{carga} = 0$

$\alpha\,\Delta TL + \dfrac{PL}{AE} = 0$

$12.8(10^{-6})(50 - 80)(14) + \dfrac{P(6)}{\frac{\pi}{4}(0.5)^2 10.6(10^6)} = 0$

$P = 1.86$ klb   *Resp.*

D-38. No, sólo es válida para secciones transversales circulares. Las no circulares se torcerán.   *Resp.*

D-39. $T_{máx} = T_{CD} = 40$ lb · pie

$T_{máx} = \dfrac{Tc}{J} = \dfrac{40(12)(0.375)}{\frac{\pi}{2}(0.375)^4} = 5.79$ klb/pulg^2 *Resp.*

D-40. Equilibrio del segmento AB:

$T_B = 30$ lb · pie

$T_B = \dfrac{Tc}{J} = \dfrac{30(12)(0.75)}{\frac{\pi}{2}(0.75)^4} = 543$ lb/pulg^2 *Resp.*

D-41. Segmento AB:

$\tau_{máx} = \dfrac{Tc}{J} = \dfrac{5(10^3)(0.05)}{\frac{\pi}{2}(0.05)^4} = 25.5$ MPa   *Resp.*

Segmento BC:

$\tau_{máx} = \dfrac{Tc}{J} = \dfrac{10(10^3)(0.1)}{\frac{\pi}{4}(0.1)^4} = 6.37$ MPa

D-42. $\phi_{A/B} = \sum \dfrac{TL}{JG} = \dfrac{-400(12)(2)(12)}{\frac{\pi}{2}(0.75)^4 11(10^6)}$

$-\dfrac{200(12)(3)(12)}{\frac{\pi}{2}(0.75)^4 11(10^6)} + 0 + \dfrac{300(12)(2)(12)}{\frac{\pi}{2}(0.75)^4 11(10^6)}$

$= -0.0211\ \text{rad} = 0.0211\ \text{rad}$ en sentido de las manecillas del reloj, visto desde A.   *Resp.*

D-43. $\phi_A = \sum \dfrac{TL}{JG} = \dfrac{600(12)(3)(12)}{\frac{\pi}{2}(0.5)^4 11(10^6)}$

$+\dfrac{200(12)(2)(12)}{\frac{\pi}{2}(0.5)^4 11(10^6)} - \dfrac{100(12)(3)(12)}{\frac{\pi}{2}(0.5)^4 11(10^6)}$

$= 0.253\ \text{rad}$ en sentido contrario a las manecillas del reloj visto desde A.   *Resp.*

D-44. $\phi_A = \sum \dfrac{TL}{JG} = \dfrac{40(0.3)}{\frac{\pi}{2}(0.015)^4 75(10^9)}$

$+\dfrac{20(0.2)}{\frac{\pi}{2}[(0.025)^4 - (0.0125)^4]75(10^9)}$

$-\dfrac{30(0.3)}{\frac{\pi}{2}[(0.025)^4 - (0.0125)^4]75(10^9)}$

$= 1.90(10^{-3})\ \text{rad}$ en sentido contrario al de las manecillas del reloj visto de A hacia D.   *Resp.*

D-45. $P = 200\ \text{hp}\left(\dfrac{550\ \text{pies} \cdot \text{lb/s}}{1\ \text{hp}}\right) = 110\,000\ \text{pies} \cdot \text{lb/s}$

$T = \dfrac{P}{\omega} = \dfrac{110\,000}{150} = 733.33\ \text{lb} \cdot \text{pie} = 8800\ \text{lb} \cdot \text{pulg}$

$\tau_{\text{adm}} = \dfrac{Tc}{J};\quad 20(10^3) = \dfrac{8800(0.875)}{\frac{\pi}{2}\left[(0.875)^4 - r_i^4\right]}$

$r_i = 0.764\ \text{pulg}$

$d_i = 1.53\ \text{pulg.}$ Usar $d_i = 1.625\ \text{pulg} = 1\frac{5}{8}\ \text{pulg}$ *Resp.*

D-46. $300\ \text{hp}\left(\dfrac{550\ \text{pies} \cdot \text{lb/s}}{1\ \text{hp}}\right) = 165\,000\ \text{pies} \cdot \text{lb/s}$

$T = \dfrac{P}{\omega} = \dfrac{165\,000}{\omega}$

$\tau_{\text{máx}} = \dfrac{Tc}{J};\quad 20(10^3) = \dfrac{\frac{165000}{\omega}(12)(1.25)}{\frac{\pi}{2}[(1.25)^4 - (1)^4]}$

$\omega = 54.7\ \text{rad/s}$ *Resp.*

D-47. Equilibrio:

$T_{\text{ac}} + T_{\text{la}} = 950$

Compatibility: $\phi_{\text{ac}} = \phi_{\text{la}}$;

$\dfrac{T_{\text{ac}}(0.6)}{\frac{\pi}{2}[(0.03)^4 - (0.015)^4]75(10^9)} = \dfrac{T_{\text{la}}(0.6)}{\frac{\pi}{2}(0.015)^4 37(10^9)}$

$T_{\text{la}} = 30.25\ \text{N} \cdot \text{m}$

$T_{\text{ac}} = 919.8\ \text{N} \cdot \text{m}$

$\phi = \phi_{\text{la}} = \dfrac{30.25(0.6)}{\frac{\pi}{2}(0.015)^4 37(10^9)} = 0.00617\ \text{rad}$ *Resp.*

D-48. Equilibrio:

$T_A + T_C = 600$

Compatibilidad:

$\delta_{B/C} = \delta_{B/A};\quad \dfrac{T_C(1)}{JG} = \dfrac{T_A(2)}{JG}$

$T_A = 200\ \text{N} \cdot \text{m}$

$T_C = 400\ \text{N} \cdot \text{m}$

$\tau_{\text{máx}} = \dfrac{Tc}{J} = \dfrac{400(0.025)}{\frac{\pi}{2}(0.025)^4} = 16.3\ \text{MPa}$ *Resp.*

D-49. $A_y = 5.5\ \text{kN}$

Usar el tramo de longitud x.

$\zeta + \Sigma M = 0;\ -5.5x + 4(2)(x-1) + M = 0$

$M = 8 - 2.5x$ *Resp.*

D-50. $A_y = 3\ \text{kN}$

Usar la sección de longitud x.

Intensidad de $w = \dfrac{2}{3}x$ en x.

$\zeta + \Sigma M = 0;\ -3x + \left(\dfrac{1}{3}x\right)\left[\dfrac{1}{2}(x)\left(\dfrac{2}{3}x\right)\right] + M = 0$

$M = 3x - \dfrac{x^3}{9}$ *Resp.*

D-51. $B_y = 2.6\ \text{klb}$

$A_y = 4.6\ \text{klb}$

Trace el diagrama de M

$M_{\text{máx}} = 7.80\ \text{klb} \cdot \text{pie}$ (en C)   *Resp.*

D-52. Trace el diagrama de M

$M_{\text{máx}} = 20\ \text{kN} \cdot \text{m}$ (en C)   *Resp.*

D-53. $A_y = 2.33\ \text{kN}$

$B_y = 6.617\ \text{kN}$

Trace el diagrama de M

$M_{\text{máx}} = 11\ \text{kN} \cdot \text{m}$ (en C)   *Resp.*

D-54. $A_y = B_y = 800$ N

Trace el diagrama de M

$M_{\text{máx}} = 1600$ N $\cdot$ m (dentro de CD) *Resp.*

D-55. $A_y = B_y = 8$ klb

$M_{\text{máx}} = 8(4) = 32$ klb $\cdot$ pie

$\sigma = \dfrac{Mc}{I} = \dfrac{32(12)(3)}{\frac{1}{12}(2)(6)^3} = 32$ klb/pulg^2 *Resp.*

D-56. $A_y = B_y = 1000$ N

$M_{\text{máx}} = 1250 =$ N $\cdot$ m

$\sigma_{\text{máx}} = \dfrac{Mc}{I} = \dfrac{1250(0.025)}{\frac{\pi}{4}(0.025)^4} = 102$ MPa *Resp.*

D-57. $\epsilon = 0$ *Resp.*

D-58. $\sigma = \dfrac{My}{I}$; $10(10^3) = \dfrac{M(1)}{\left[\frac{1}{12}(4)(4)^3 - \frac{1}{12}(3)(3)^3\right]}$

$M = 145$ klb $\cdot$ pulg $= 12.2$ klb $\cdot$ pie *Resp.*

D-59. Desde la parte inferior de la sección transversal

$\bar{y} = \dfrac{\Sigma \bar{y} A}{\Sigma A} = \dfrac{40(80)(20) + 95(30)(100)}{80(20) + 30(100)} = 75.870$ mm

$I = \dfrac{1}{12}(20)(80)^3 + 20(80)(75.870 - 40)^2$

$+ \dfrac{1}{12}(100)(30)^3 + 100(30)(95 - 75.870)^2 = 4.235(10^{-6})$ m

$\sigma_{\text{máx}} = \dfrac{Mc}{I} = \dfrac{10(10^3)(0.075870)}{4.235(10^{-6})} = 179$ MPa *Resp.*

D-60. $A_y = P/2$

$M_{\text{máx}} = P/2\,(2) = P$ (en C)

$I = \dfrac{1}{12}(0.02)(0.150)^3 - 2\left[\dfrac{1}{12}(0.1)(0.02)^3\right.$

$\left. + (0.1)(0.02)(0.085)^2\right]$

$= 34.66(10^{-6})$ m^4

$\sigma = \dfrac{Mc}{I}$; $12(10^6) = \dfrac{P(0.095)}{34.66(10^{-6})}$

$P = 4.38$ kN *Resp.*

D-61. El esfuerzo máximo está en D o en A.

$(\sigma_{\text{máx}})_D = \dfrac{(50 \cos 30°)12(3)}{\frac{1}{12}(4)(6)^3}$

$+ \dfrac{(50 \, \text{sen} \, 30°)12(2)}{\frac{1}{12}(6)(4)^3} = 40.4$ lb/pulg^2 *Resp.*

D-62. Q es la mitad superior o la inferior de la sección transversal.

$\tau_{\text{máx}} = \dfrac{VQ}{It} = \dfrac{20(10^3)[(0.05)(0.1)(0.15)]}{\left[\frac{1}{12}(0.150)(0.2)^3\right](0.15)} = 1$ MPa *Resp.*

D-63. $I = \frac{1}{12}(3)(4)^3 - \frac{1}{12}(2)(3)^3 = 11.5$ pulg^4

Q es la mitad superior o la inferior de la sección transversal.

$Q = (1)(2)(3) - (0.75)(1.5)(2) = 3.75$ pulg^3

$\tau_{\text{máx}} = \dfrac{VQ}{It} = \dfrac{2(3.75)}{11.5(1)} = 0.652$ klb/pulg^2 *Resp.*

D-64. $A_y = 4.5$ kN, $B_y = 1.5$ kN

$V_{\text{máx}} = 4.5$ kN (en A)

Q es la mitad superior de la sección transversal.

$\tau_{\text{máx}} = \dfrac{VQ}{It} = \dfrac{4.5(10^3)\left[\left(\frac{4(0.03)}{3\pi}\frac{1}{2}xs\pi(0.03)^2\right)\right]}{\left[\frac{1}{4}\pi(0.03)^4\right](0.06)}$

$= 2.12$ MPa *Resp.*

D-65. Desde la parte inferior:

$\bar{y} = \dfrac{\Sigma \bar{y} A}{\Sigma A} = \dfrac{3(6)(1) + 6.5(1)(8)}{6(1) + 1(8)} = 5$ pulg

$I = \dfrac{1}{12}(1)(6)^3 + 6(1)(5 - 3)^2 + \dfrac{1}{12}(8)(1)^3 +$

$8(1)(6.5 - 5)2 = 60.67$ pulg^4

$\tau = \dfrac{VQ}{It} = \dfrac{4(10^3)[8(1)(6.5 - 5)]}{60.67(1)} = 791$ lb/pulg^2 *Resp.*

D-66. $I = \frac{1}{2}(6)(4)^3 = 32$ pulg^4

$q = \dfrac{VQ}{I} = \dfrac{150[(1)(6)(2)]}{32} = 56.25$ lb/pulg

$F = qs = (56.25 \text{ lb/pulg})(2 \text{ pulg}) = 112.5$ lb *Resp.*

D-67. $I = \dfrac{1}{12}(6)(6)^3 - \dfrac{1}{12}(4)(4)^3 = 86.67$ pulg^4

$q = \dfrac{VQ}{I} = \dfrac{400(2.5)(6)(1)}{86.67} = 69.23$ lb/pulg

Para un clavo

$q = 69.23/2 = 34.62$ lb/pulg

$F = qs = 34.62$ lb/pulg $(4 \text{ pulg}) = 138$ lb *Resp.*

D-68. $\sigma = \dfrac{pr}{t} = \dfrac{80(15)}{0.3} = 4000$ lb/pulg^2 $= 4$ klb/pulg^2 *Resp.*

D-69. $\sigma = \dfrac{pr}{2t}; \quad 10(10^3) = \dfrac{150r}{2(0.25)}$

$r = 33.3$ pulg

$d = 66.7$ pulg   *Resp.*

D-70. En el corte por el eje centroidal

$N = P$

$V = 0$

$M = (2 + 1)P = 3P$

$\sigma = \dfrac{P}{A} + \dfrac{Mc}{I}$

$30 = \dfrac{P}{2(0.5)} + \dfrac{(3P)(1)}{\frac{1}{12}(0.5)(2)^3}$

$P = 3$ klb   *Resp.*

D-71. En un corte a través del centro del soporte, por el eje centroidal

$N = 700$ lb

$V = 0$

$M = 700(3 + 0.375) = 2362.5$ lb · pulg

$\sigma = \dfrac{P}{A} + \dfrac{Mc}{I} = \dfrac{700}{0.75(1)} + \dfrac{2362.5(0.375)}{\left[\frac{1}{12}(1)(0.75)^3\right]}$

$\quad = 26.1$ klb/pulg^2 *Resp.*

D-72. En un corte transversal

$N = P, \quad M = P(0.01)$

$\sigma_{\text{máx}} = \dfrac{P}{A} + \dfrac{Mc}{I}$

$30(10^6) = \dfrac{P}{\pi(0.01)^2} + \dfrac{P(0.01)(0.01)}{\frac{1}{4}\pi(0.01)^4}$

$P = 1.88\, k$N   *Resp.*

D-73. En el corte que pasa por B:

$N = 500$ lb, $\quad V = 400$ lb

$M = 400(10) = 4000$ lb · pulg

Carga axial:

$\sigma_x = \dfrac{P}{A} = \dfrac{500}{4(3)} = 41.667$ lb/pulg^2 (T)

Carga de cortante:

$\tau_{xy} = \dfrac{VQ}{It} = \dfrac{400[(1.5)(3)(1)]}{\left[\frac{1}{12}(3)(4)^3\right]3} = 37.5$ lb/pulg^2

Momento de flexión:

$\sigma_x = \dfrac{My}{I} = \dfrac{4000(1)}{\frac{1}{12}(3)(4)^3} = 250$ lb/pulg^2 (C)

Por consiguiente

$\sigma_x = 41.667 - 250 = 208$ lb/pulg^2 (C)   *Resp.*

$\sigma_y = 0$ *Resp.*

$\tau_{xy} = 37.5$ lb/pulg^2 *Resp.*

D-74. En el corte B:

$N_z = 500$ N, $\quad V_y = 400$ N,

$M_x = 400(0.1) = 40$ N · m

$M_y = 500(0.05) = 25$ N · m, $\quad T_z = 30$ N · m

Carga axial:

$\sigma_z = \dfrac{P}{A} = \dfrac{500}{\pi(0.05)^2} = 63.66$ kPa (C)

Carga de corte:

$\tau_{zy} = 0$ porque en B, $Q = 0$.

Momento respecto al eje x:

$\sigma_z = \dfrac{Mc}{I} = \dfrac{40(0.05)}{\frac{\pi}{4}(0.05)^4} = 407.4$ kPa (C)

Momento respecto al eje y:

$\sigma_z = 0$ porque B está en el eje neutro.

Par de torsión:

$\tau_{zx} = \dfrac{Tc}{J} = \dfrac{30(0.05)}{\frac{\pi}{2}(0.05)^4} = 153$ kPa

Por consiguiente

$\sigma_x = 0$ *Resp.*

$\sigma_y = 0$ *Resp.*

$\sigma_z = -63.66 - 407.4 = -471$ kPa   *Resp.*

$\tau_{xy} = 0$ *Resp.*

$\tau_{zy} = 0$ *Resp.*

$\tau_{zx} = -153$ kPa   *Resp.*

D-75. Cierto.   *Resp.*

D-76. $\sigma_x = 4$ klb/pulg^2, $\sigma_y = -6$ klb/pulg^2, $\tau_{xy} = -8$ klb/pulg^2

Se aplica la ecuación 9.5; $\sigma_1 = 8.43$ klb/pulg^2,

$\sigma_2 = -10.4$ klb/pulg^2 *Resp.*

D-77. $\sigma_x = 200$ lb/pulg^2, $\sigma_y = -150$ lb/pulg^2, $\tau_{xy} = 100$ lb/pulg^2

Se aplica la ecuación 9.7, $\tau_{\text{en-plano}}^{\text{máx}} = 202$ lb/pulg^2 *Resp.*

D-78. $\sigma_x = -50$ MPa, $\quad \sigma_y = -30$ MPa, $\quad \tau_{xy} = 0$

Use la ecuación 9.7, $\tau_{\text{en-plano}}^{\text{máx}} = 10$ MPa   *Resp.*

D-79. En el corte que pasa por B:

$N = 4$ kN, $V = 2$ kN, $M = 2(2) = 4$ kN·m

$$\sigma_B = \frac{P}{A} + \frac{Mc}{I} = \frac{4(10^3)}{0.03(0.06)} + \frac{4(10^3)(0.03)}{\frac{1}{12}(0.03)(0.06)^3}$$

$$= 224 \text{ MPa (T)}$$

Observe que $\tau_B = 0$, porque $Q = 0$
Por consiguiente
$\sigma_1 = 224$ MPa   *Resp.*
$\sigma_2 = 0$

D-80. $A_y = B_y = 12$ kN
Segmento AC:

$V_C = 0$, $M_C = 24$ kN·m

$\tau_C = 0$ (porque $VC = 0$)

$\sigma_C = 0$ (porque C está en el eje neutro)

$\sigma_1 = \sigma_2 = 0$ *Resp.*

D-81. $A_y = 3$ klb
Use la sección de longitud x.

$$\downarrow + \Sigma M = 0; \quad -3x + 2x\left(\frac{x}{2}\right) + M = 0$$

$M = 3x - x^2$

$EI \dfrac{d^2v}{dx^2} = 3x - x^2$

Integre dos veces; use

$v = 0$ en $x = 0$, $v = 0$ en $x = 3$ m

$v = \dfrac{1}{EI}\left(-\frac{1}{12}x^4 + 0.5x^3 - 2.25x\right)$ *Resp.*

D-82. $A_y = 15$ klb

$M_A = 100$ klb·pie
Use el tramo con longitud x.

Intensidad de $w = \left(\dfrac{3}{10}\right)x$ en x.

$$\downarrow + \Sigma M = 0; -15x + 100 + \left(\frac{1}{3}x\right)\left[\frac{1}{2}\left(\frac{3}{10}x\right)(x)\right] + M = 0$$

$M = 15x - 0.05x^3 - 100$

$EI \dfrac{d^2v}{dx^2} = 15x - 0.05x^3 - 100$

Integre dos veces; use
$v = 0$ en $x = 0$,
$dv/dx = 0$ en $x = 0$

$v = \dfrac{1}{EI}(2.5x^3 - 0.0025x^5 - 50x^2)$ *Resp.*

D-83. De acuerdo con el apéndice C, examine por separado las cargas distribuidas y concentradas,

$$\Delta_C = \frac{5wL^4}{768EI} + \frac{PL^3}{48EI}$$

$$= \frac{5(2)(6)^4}{768EI} + \frac{8(6)^3}{48EI} = \frac{52.875 \text{ klb·pie}^3}{EI} \downarrow \quad \textit{Resp.}$$

D-84. De acuerdo con el apéndice C, examine por separado la carga distribuida y el momento.

$$\theta_A = \frac{w_O L^3}{45EI} + \frac{ML}{6EI}$$

$$= \frac{4(3)^3}{45EI} + \frac{20(3)}{6EI} = \frac{12.4 \text{ kN·m}^2}{EI} \downarrow \quad \textit{Resp.}$$

D-85. Cierto.   *Resp.*

D-86. $P = \dfrac{\pi^2 EI}{(KL)^2} = \dfrac{\pi^2 (29(10^3))\left(\frac{\pi}{4}(0.5)^4\right)}{[0.5(50)]^2} = 22.5$ klb   *Resp.*

$$\sigma = \frac{P}{A} = \frac{22.5}{\pi(0.5)^2} = 28.6 \text{ klb/pulg}^2 < \sigma_Y \text{ OK}$$

D-87. $P = \dfrac{\pi^2 EI}{(KL)^2} = \dfrac{\pi^2 (1.6)(10^3)\left[\frac{1}{12}(4)(2)^3\right]}{[1(12)(12)]^2} = 2.03$ klb   *Resp.*

D-88. $A = \pi((0.025)^2 - (0.015)^2) = 1.257(10^{-3})$ m^2

$I = \frac{1}{4}\pi((0.025)^4 - (0.015)^4) = 267.04(10^{-9})$ m^4

$$P = \frac{\pi^2 EI}{(KL)^2} = \frac{\pi^2 (200(10^9))(267.04)(10^{-9})}{[0.5(5)]^2}$$

$$= 84.3 \text{ kN} \qquad \textit{Resp.}$$

$$\sigma = \frac{P}{A} = \frac{84.3(10^3)}{1.257(10^{-3})} = 67.1 \text{ MPa} < 250 \text{ MPa OK}$$

D-89. $P = \dfrac{\pi^2 EI}{(KL)^2}$;

$$40 = \frac{\pi^2 29(10^3)\left[\frac{\pi}{4}(1^4 - r_2^4)\right]}{[1(6)(12)]^2}$$

$r_2 = 0.528$ pulg

$$\sigma = \frac{P}{A} = \frac{40}{\pi[(1)^2 - (0.528)^2]} = 17.6 \text{ klb/pulg}^2 < 36 \text{ klb/pulg}^2 \text{ OK}$$

Entonces $t = 1 - 0.528 = 0.472$ pulg.   *Resp.*

D-90. $P = \dfrac{\pi^2 EI}{(KL)^2}$;

$$3 = \frac{\pi^2 29(10^3)\left(\frac{\pi}{4}r^4\right)}{[1(40)]^2}$$

$r = 0.382$ pulg

$$\sigma = \frac{P}{A} = \frac{3}{\pi(0.382)^2} = 6.53 \text{ klb/pulg}^2 < 36 \text{ klb/pulg}^2 \text{ OK}$$

$d = 2r = 0.765$

Usar $d = \dfrac{13}{16}$ pulg (0.8125 pulg)   *Resp.*

Respuestas

Capítulo 1

1–1. **a)** 13.8 klb, **b)** 34.9 kN

1–2. $T_C = 250 \text{ N} \cdot \text{m}, T_D = 0$

1–3. $T_B = 150 \text{ lb} \cdot \text{pie}, \ T_C = 500 \text{ lb} \cdot \text{pie}$

1–5. $N_D = 131 \text{ N}, V_D = 175 \text{ N}, M_D = 8.75 \text{ N} \cdot \text{m}$

1–6. $N_D = 3.75 \text{ klb}, V_D = 0, M_D = 0$

1–7. $N_E = 3.75 \text{ klb}, V_E = 0, M_E = 0$

1–9. $N_C = 45.0 \text{ klb}, V_C = 0, M_C = 9.00 \text{ klb} \cdot \text{pie}$

1–10. $N_D = 527 \text{ lb}, V_D = 373 \text{ lb}, M_D = 373 \text{ lb} \cdot \text{pie},$
$N_E = 75.0 \text{ lb}, V_E = 355 \text{ lb}, M_E = 727 \text{ lb} \cdot \text{pie}$

1–11. $V_F = 0, N_F = 1004 \text{ lb}, M_F = 0, N_G = 75.0 \text{ lb},$
$V_G = 205 \text{ lb}, M_G = 167 \text{ lb} \cdot \text{pie}$

1–13. $N_C = 2.94 \text{ kN}, V_C = 2.94 \text{ kN}, M_C = 1.47 \text{ kN} \cdot \text{m}$

1–14. $N_E = 2.94 \text{ kN}, V_E = 2.94 \text{ kN}, M_E = 2.94 \text{ kN} \cdot \text{m}$

1–15. $N_B = 0.4 \text{ klb}, V_B = 0.960 \text{ klb}, M_B = 3.12 \text{ klb} \cdot \text{pie}$

1–17. $N_B = 0, V_B = 288 \text{ lb}, M_B = 1.15 \text{ klb} \cdot \text{pie}$

1–18. $N_C = 0, V_C = 1.75 \text{ kN}, M_C = 8.50 \text{ kN} \cdot \text{m}$

1–19. $N_D = 0, V_D = 1.25 \text{ kN}, M_D = 9.50 \text{ kN} \cdot \text{m}$

1–21. $F_{BC} = 1.39 \text{ kN}, F_A = 1.49 \text{ kN}, N_D = 0.12 \text{ kN},$
$V_D = 0, M_D = 36.0 \text{ N} \cdot \text{m}$

1–22. $N_E = 0, V_E = 120 \text{ N}, M_E = 48.0 \text{ N} \cdot \text{m}, V = 0,$
$N = 1.39 \text{ kN}, M = 0$

1–23. $(N_B)_x = 0, (V_B)_y = 0, (V_B)_z = 70.6 \text{ N},$
$(T_B)_x = 9.42 \text{ N} \cdot \text{m}, (M_B)_y = 6.23 \text{ N} \cdot \text{m}, (M_B)_z = 0$

1–25. $(V_B)_x = 105 \text{ lb}, (V_B)_y = 0, (N_B)_z = 0, (M_B)_x = 0,$
$(M_B)_y = 788 \text{ lb} \cdot \text{pie}, (T_B)_z = 52.5 \text{ lb} \cdot \text{pie}$

1–26. $(V_C)_x = -250 \text{ N}, (N_C)_y = 0, (V_C)_z = -240 \text{ N},$
$(M_C)_x = -108 \text{ N} \cdot \text{m}, (T_C)_y = 0, (M_C)_z = -138 \text{ N} \cdot \text{m}$

1–27. $(V_A)_x = 0, (N_A)_y = -25 \text{ lb}, (V_A)_z = 43.3 \text{ lb},$
$(M_A)_x = 303 \text{ lb} \cdot \text{pulg}, (T_A)_y = -130 \text{ lb} \cdot \text{pulg},$
$(M_A)_z = -75 \text{ lb} \cdot \text{pulg}$

1–29. $N_C = 80 \text{ lb}, V_C = 0, M_C = 480 \text{ lb} \cdot \text{pulg}$

1–30. $V_B = 496 \text{ lb}, N_B = 59.8 \text{ lb}, M_B = 480 \text{ lb} \cdot \text{pie},$
$N_C = 495 \text{ lb}, V_C = 70.7 \text{ lb}, M_C = 1.59 \text{ klb} \cdot \text{pie}$

1–31. $N_B = -wr\theta \cos\theta, V_B = -wr\theta \operatorname{sen}\theta,$
$M_B = wr^2 (\theta \cos\theta - \operatorname{sen}\theta)$

1–34. 1.82 MPa

1–35. 6.11 klb/pulg^2

1–37. 22.5 klb, 0.833 pulg

1–38. 36 kN, 110 mm

1–39. 29.5 MPa

1–41. $869 \text{ lb/pulg}^2, 50.5 \text{ lb/pulg}^2$

1–42. $\sigma_{AC} = 746 \text{ lb/pulg}^2$

1–43. 720 lb/pulg^2

1–45. $\bar{x} = 4 \text{ pulg}, \bar{y} = 4 \text{ pulg}, \sigma = 9.26 \text{ lb/pulg}^2$

1–46. $\sigma = 8 \text{ MPa}, \tau_{\text{prom}} = 4.62 \text{ MPa}$

1–47. $\sigma_D = 13.3 \text{ MPa (C)}, \sigma_E = 70.7 \text{ MPa (T)}$

1–49. $\tau_{a-a} = 52.0 \text{ kPa}, \sigma_{a-a} = 90.0 \text{ kPa}$

1–50. $\sigma' = 62.6 \text{ klb/pulg}^2, \tau'_{\text{prom}} = 48.9 \text{ klb/pulg}^2,$
$\sigma = 101 \text{ klb/pulg}^2, \tau_{\text{prom}} = 0$

1–51. $\theta = 45°, \tau_{\text{máx}} = \dfrac{P}{2A}$

1–53. $\sigma_{AB} = 1.63 \text{ klb/pulg}^2, \sigma_{BC} = 0.819 \text{ klb/pulg}^2$

1–54. $\sigma = 66.7 \text{ lb/pulg}^2, \tau = 115 \text{ lb/pulg}^2$

1–55. 16 lb/pulg^2

1–57. $\theta = 63.6°, \sigma = 316 \text{ MPa}$

1–58. $\sigma_{AB} = 10.7 \text{ klb/pulg}^2 \text{ (T)}, \sigma_{AE} = 8.53 \text{ klb/pulg}^2 \text{ (C)},$
$\sigma_{ED} = 8.53 \text{ klb/pulg}^2 \text{ (C)}, \sigma_{EB} = 4.80 \text{ klb/pulg}^2 \text{ (T)},$
$\sigma_{BC} = 23.5 \text{ klb/pulg}^2 \text{ (T)}, \sigma_{BD} = 18.7 \text{ klb/pulg}^2 \text{ (C)}$

1–59. 6.82 klb

1–61. $\sigma_{AB} = 333 \text{ MPa}, \sigma_{CD} = 250 \text{ MPa}$

1–62. 1.20 m

1–63. 11.1 klb/pulg^2

1–65. $w = 21.8 \text{ kN/m}$

1–67. $\tau_B = \tau_C = 324 \text{ MPa}, \tau_A = 324 \text{ MPa}$

1–69. 121 lb/pulg^2

1–70. $\sigma = 8.15 \text{ klb/pulg}^2, \tau = 5.87 \text{ klb/pulg}^2$

1–71. 339 MPa

1–73. 5.86 lb/pulg^2

1–74. 3.39 lb/pulg^2

1–75. $\sigma = (238 - 22.6z) \text{ kPa}$

1–77. $r = r_1 e^{\left(\frac{\pi r_1^2 \rho g}{2P}\right) z}$

1–78. 49.5 kPa

1–79. 6.85 rad/s

1–81. $90 \text{ kN}, 6.19(10^{-3}) \text{ m}^2, 155 \text{ kN}$

1–82. 15.2 mm

1–83. 5.71 mm

1–85. 19.8 klb

1–86. 3.26 klb

1–87. 3.09 klb

1–89. 2.40 kN

1–90. 431 lb

1–91. $d = 1\frac{1}{16} \text{ pulg}$

1–93. $l_A = \frac{1}{2} \text{ pulg}, l_B = \frac{3}{4} \text{ pulg}$

1–94. Use una placa de $3'' \times 3''$ y una de $4\frac{1}{2}'' \times 4\frac{1}{2}''$

1–95. 1.16 klb

1–97. $d_{AB} = 15.5$ mm, $d_{AC} = 13.0$ mm

1–98. 7.54 kN

1–99. 1.53 klb/pulg^2, 1.68 klb/pulg^2

1–101. $\tau = 23.9$ klb/pulg^2, F.S. = 1.05; $\sigma = 30.6$ klb/pulg^2, 1.24

1–102. 0.452 klb/pie

1–103. 2.71, 1.53

1–105. $d_B = 6.11$ mm, $d_w = 15.4$ mm

1–106. 0.909 m

1–107. 7.18 kN/m

1–109. $w_1 = 5.33$ klb/pulg, $w_2 = 8$ klb/pulg, $d = 0.714$ pulg

1–110. $P = 3.14$ klb, $w_1 = 2.09$ klb/pulg, $w_2 = 3.14$ klb/pulg

1–111. 620 kN

1–113. $\sigma_{a-a} = 33.9$ lb/pulg^2, $\tau_{a-a} = 0$, $\sigma_{b-b} = 8.48$ lb/pulg^2, $\tau_{b-b} = 14.7$ lb/pulg^2

1–114. $N_D = 1.20$ klb, $V_D = -0.625$ klb, $M_D = -0.769$ klb·pie, $N_E = -2.00$ klb, $V_E = 0$, $M_E = 0$

1–115. 11.1 mm

1–117. $N_D = -2.16$ klb, $V_D = 0$, $M_D = 2.16$ klb·pie, $N_E = 4.32$ klb, $V_E = 0.540$ klb, $M_E = 2.16$ klb·pie

1–118. 61.3 MPa

1–119. $\sigma_{40} = 3.98$ MPa, $\sigma_{30} = 7.07$ MPa, $\tau_{prom} = 5.09$ MPa

Capítulo 2

2–1. 0.167 pulg/pulg

2–2. 0.0472 pulg/pulg

2–3. $\epsilon_{CE} = 0.00250$ mm/mm, $\epsilon_{BD} = 0.00107$ mm/mm

2–5. 0.0343

2–6. $\epsilon_{AB} = \dfrac{0.5\,\Delta L}{L}$

2–7. 0.00578 mm/mm

2–9. 4.38 mm

2–10. 0.0398

2–11. $\epsilon_{AB} = \dfrac{0.5\,\Delta L}{L}$

2–13. 0.00443 mm/mm

2–14. 0.00884 mm/mm

2–15. $\epsilon_x = -0.03$ pulg/pulg, $\epsilon_y = 0.02$ pulg/pulg

2–17. $\epsilon_{AB} = -0.00469$ pulg/pulg, $\epsilon_{AC} = 0.0200$ pulg/pulg, $\epsilon_{DB} = -0.0300$ pulg/pulg

2–18. $\epsilon_C = \dfrac{1}{2}\dfrac{\Delta_C^2}{L^2}$, $\epsilon_D = \dfrac{1}{2}\dfrac{\Delta_b^2}{L^2}$

2–19. $\epsilon_{DB} = \epsilon_{AB}\cos^2\theta + \epsilon_{CB}\,\text{sen}^2\theta$

2–21. $\epsilon = 2kx$

2–22. $\Delta L = \dfrac{L}{2e}[e - 1]$

2–23. 0.02 rad

2–25. 0.0142 rad

2–26. $\epsilon_{DB} = -0.00680$ mm/mm, $\epsilon_{AD} = 0.0281(10^{-3})$ mm/mm

2–27. $\epsilon_x = 0$, $\epsilon_y = 0.00319$, $\gamma_{xy} = 0.0798$ rad, $\epsilon_{BE} = -0.0179$ mm/mm

2–29. $(\Delta x)_B = \dfrac{kL^3}{3}$, $(\epsilon_x)_{prom} = \dfrac{kL^2}{3}$

2–30. $(\Delta x)_C = \dfrac{kL}{\pi}$, $\epsilon_{prom} = \dfrac{2k}{\pi}$

2–31. 0.10 pie

2–33. $\gamma_A = 0$, $\gamma_B = 0.199$ rad

2–34. $\epsilon_{AB} = \dfrac{v_B\,\text{sen}\,\theta}{L} - \dfrac{u_A\cos\theta}{L}$

Capítulo 3

3–1. $26.2(10^3)$ klb/pulg^2

3–2. $u_t = 16.3\,\dfrac{\text{pulg·klb}}{\text{pulg}^3}$

3–3. 286 GPa, 91.6 kJ/m^3

3–5. $E = 40(10^3)$ klb/pulg^2, $P_Y = 7.85$ klb, $P_{últ} = 15.1$ klb

3–6. 0.0035 pulg, 0.1565 pulg

3–7. $u_r = 20\,\dfrac{\text{pulg·lb}}{\text{pulg}^3}$, $u_t = 17.6\,\dfrac{\text{pulg·klb}}{\text{pulg}^3}$

3–9. $E = 5.5$ lb/pulg^2, $u_r = 11\,\dfrac{\text{pulg·lb}}{\text{pulg}^3}$, $u_t = 19.25\,\dfrac{\text{pulg·lb}}{\text{pulg}^3}$

3–10. 1.82 MPa

3–11. $u_t = 613\,\dfrac{\text{m·kN}}{\text{m}^3}$, $\delta = 24$ mm

3–13. 0.979 pulg

3–14. 88.3 klb/pulg^2

3–15. 0.209 pulg^2, 1.62 klb

3–17. $\epsilon_{DE} = 0.00116$ pulg/pulg, $W = 112$ lb, $\epsilon_{BC} = 0.00193$ pulg/pulg

3–18. 0.162 pulg

3–19. 15.0 klb

3–21. $\alpha = 0.708°$

3–22. 11.3 kN

3–23. 0.152 pulg

3–25. $n = 2.73, k = 4.23(10^{-6})$

3–26. $\delta = 0.126$ mm, $\Delta d = -0.00377$ mm

3–27. **a)** $-0.577(10^{-3})$ pulg, **b)** 0.5000673 pulg

3–29. 8.33 mm

3–30. $\delta = \dfrac{Pa}{2bhG}$

3–31. $\delta = \dfrac{P}{2\pi hG} \ln \dfrac{r_o}{r_i}$

3–33. 7.41 mm, 741 kPa

3–34. $\epsilon_x = 0.0075$ pulg/pulg, $\epsilon_y = -0.00375$ pulg/pulg, $\gamma_{xy} = 0.0122$ rad

3–35. $4.31(10^3)$ klb/pulg^2

3–37. $x = 1.53$ m, $d'_A = 30.008$ mm

3–38. $\delta = -0.0173$ mm, $d' = 20.0016$ mm

3–39. 2.46 kN

3–41. 10.17 pulg

3–42. 250 GPa

3–43. 118 MJ/m^3

Capítulo 4

4–1. $\delta_B = 1.59$ mm, $\delta_A = 6.14$ mm

4–2. $\sigma_{AB} = 22.2$ klb/pulg^2 (T), $\sigma_{BC} = 41.7$ klb/pulg^2 (C), $\sigma_{CD} = 25.0$ klb/pulg^2 (C), -0.00157 pulg

4–3. -0.0278 pulg

4–5. $\delta_B = 2.31$ mm, $\delta_A = 2.64$ mm

4–6. 0.697 mm

4–7. $\delta_{AD} = 0.129$ mm, $h' = 49.9988$ mm, $w' = 59.9986$ mm

4–9. 10.455 pulg

4–10. 0.0128 pulg

4–11. 0.0975 mm

4–13. 6.80 klb

4–14. 11.8 klb

4–15. 2.23 mm

4–17. 18.3 klb

4–19. 17.3 mm

4–21. $\delta = \dfrac{\gamma L^2}{2E} + \dfrac{PL}{AE}$

4–22. 13.6 klb/pulg^2, 10.3 klb/pulg^2, 3.20 klb/pulg^2, 2.99 pies

4–23. $P = \dfrac{F_{máx}L}{2}, \delta = \dfrac{F_{máx}L^2}{3AE}$

4–25. $\delta = \dfrac{PL}{\pi E r_2 r_1} + \dfrac{\gamma L^2 (r_2 + r_1)}{6E(r_2 - r_1)} - \dfrac{\gamma L^2 r_1^2}{3E r_2 (r_2 - r_1)}$

4–26. 0.00711 pulg

4–27. $\delta = \dfrac{Ph}{Et(d_2 - d_1)} \left[\ln \dfrac{d_2}{d_1} \right]$

4–29. $\delta = PL/[E(A - Pk)]$

4–30. 0.0107 pulg

4–31. $\sigma_{ac} = 1.66$ klb/pulg^2, $\sigma_{con} = 0.240$ klb/pulg^2, $\delta = 0.0055$ pulg

4–33. $\sigma_{ac} = 48.8$ MPa, $\sigma_{con} = 5.85$ MPa

4–34. $\sigma_{ac} = 65.9$ MPa, $\sigma_{con} = 8.24$ MPa

4–35. 36.3 mm

4–37. $\sigma_{AD} = 55.0$ MPa, $\sigma_{AB} = 134$ MPa, $\sigma_{BC} = 80.4$ MPa

4–38. 0.335 mm

4–39. $T_{AB} = 1.12$ klb, $T_{AC} = 1.68$ klb

4–41. 198 kN

4–42. $T_{AB} = 361$ lb, $T_{A'B'} = 289$ lb

4–43. $\sigma_A = \sigma_C = 189$ MPa, $\sigma_B = 21.4$ MPa

4–45. 45.9 kN/m

4–46. 0.0489 pulg

4–47. $F_{CD} = 2$ klb, $F_{EF} = 6$ klb

4–49. $\theta = 1.14(10^{-3})°$

4–50. $\sigma_{AB} = \dfrac{7P}{12A}, \sigma_{CD} = \dfrac{P}{3A}, \sigma_{EF} = \dfrac{P}{12A}$

4–51. $F = 40.0$ kN

4–53. $\sigma_{ac} = 102$ MPa, $\sigma_{la} = 50.9$ MPa

4–54. 126 kN

4–55. $T_{AB} = T_{CD} = 16.7$ kN, $T_{EF} = 33.3$ kN

4–57. $\theta = 698°$

4–58. $F_1 = \dfrac{PA_1 E_1}{2A_1 E_1 + A_2 E_2}, F_2 = \dfrac{PA_2 E_2}{2A_1 E_1 + A_2 E_2}$

4–59. $A'_2 = \left(\dfrac{E_1}{E_2} \right) A_1$

4–61. 4.90 pulg

4–62. $\sigma_{AB} = \sigma_{CD} = \dfrac{3E_1 M_0}{Ad[9E_1 + E_2]}$, $\sigma_{GH} = \sigma_{EF} = \dfrac{M_0 E_2}{Ad[9E_1 + E_2]}$

4–63. $F_A = 4.09$ klb, $F_B = 2.91$ klb

4–65. 14.0 kN

4–66. 16.9 kN

4–67. $0.0390(10^{-3})$ m

4–69. $\Delta\theta = 0.838°$

4–70. 4.20 kN

4–71. 463.41 pies

4–73. 107°F, 80.5 lb/pulg^2

4–74. 87.5°C, 3.10 kN

4–75. 85.5°C, 3.06 kN

4–77. 904 N

4–78. 244°

4–79. 598 kN

4–81. 1.85 kN

4–82. $F_{AD} = 6.54$ klb, $F_{AC} = F_{AB} = 4.09$ klb

4–83. 0.0407 pulg

4–85. $F = \dfrac{\alpha AE}{2}(T_B - T_A)$

4–86. $d = \left(\dfrac{2E_2 + E_1}{3(E_2 + E_1)}\right)w$

4–87. 190 MPa

4–89. 2.49 pulg

4–90. 1.21 klb

4–91. 34.8 klb/pulg²

4–93. 19 kN, 1.26

4–94. 15 klb, 1.6

4–95. 16.8 klb, 1.29

4–97. 126 kN

4–98. a) $F_{ac} = 444$ N, $F_{al} = 156$ N, b) $F_{al} = 480$ N, $F_{ac} = 240$ N

4–99. $(\sigma_{AB})_r = 3.75$ klb/pulg² (T), $(\sigma_{BC})_r = 3.75$ klb/pulg² (T)

4–101. 53.33 klb/pulg², 8.69 pulg

4–102. 10.9 klb/pie

4–103. a) 92.8 kN, b) 181 kN

4–105. $P = \sigma_Y A(2 \cos \theta + 1)$, $\delta_A = \dfrac{\sigma_Y L}{E \cos \theta}$

4–106. $\delta = \dfrac{\gamma^2 L^3}{3c^2}$

4–107. $\delta = \dfrac{3}{5}\left(\dfrac{\gamma}{c}\right)^{2/3} L^{5/3}$

4–109. 0.0120 pulg

4–110. 16.5 klb

4–111. 5.47 klb

4–114. $F_B = 2.13$ klb, $F_A = 2.14$ klb

4–115. 4.85 klb

4–117. 0.508 vuelta

4–118. 10 pulg

4–119. 0.491 mm

Capítulo 5

5–1. 510 N · m

5–2. $0.841r$

5–3. $0.707r$

5–5. $\tau_A = 3.45$ klb/pulg², $\tau_B = 2.76$ klb/pulg²

5–6. $\tau_C = 3.91$ klb/pulg², $\tau_D = 1.56$ klb/pulg²

5–7. 6.62 klb/pulg²

5–9. $\tau_{AB} = 7.82$ klb/pulg², $\tau_{BC} = 2.36$ klb/pulg²

5–10. $\tau_{máx} = 14.5$ MPa, $\tau_i = 10.3$ MPa

5–11. 11.9 MPa

5–13. $2\frac{3}{8}$ pulg

5–14. $(\tau_{BC})_{máx} = 5.07$ klb/pulg², $(\tau_{máx})_{DE} = 3.62$ klb/pulg²

5–15. $(\tau_{EF})_{máx} = 0$, $(\tau_{CD})_{máx} = 2.17$ klb/pulg²

5–17. 2.44 klb/pulg²

5–18. $\tau_A = 6.88$ MPa, $\tau_B = 10.3$ MPa

5–19. 49.7 MPa

5–21. 157 N · m, 13.3 MPa

5–22. $n = \dfrac{2r^3}{Rd^2}$

5–23. 1.17 MPa

5–25. 18.3 klb/pulg²

5–27. $c = (2.98x)$ mm

5–29. 670 N · m, 6.66 MPa

5–30. $\tau_{máx} = \dfrac{2TL^3}{\pi[r_A(L - x) + r_B x]^3}$

5–31. $T_B = \dfrac{2T_A + t_A L}{2}$, $\tau_{máx} = \dfrac{(2T_A + t_A L)r_o}{\pi(r_o^4 - r_i^4)}$

5–33. 0.104 pulg

5–34. 0.120 pulg

5–35. $1\frac{5}{8}$ pulg

5–37. 296 rad/s

5–38. 1.51 lb · pie, 219 lb/pulg²

5–39. $(\tau_{AB})_{máx} = 1.04$ MPa, $(\tau_{BC})_{máx} = 3.11$ MPa

5–41. 12.5 MPa

5–42. 296 rad/s

5–43. $1\frac{3}{8}$ pulg

5–45. 6.67% de aumento en el esfuerzo cortante y el ángulo de torsión

5–46. $\gamma = \dfrac{T_C}{2JG}$

5–47. $\phi_{A/D} = 0.879°$

5–49. $\phi_{B/A} = 0.578°$

5–50. $\phi_{C/D} = 0.243°$

5–51. 64.0 MPa

5–53. 9.12 MPa, 0.585°

5–54. 14.6 MPa, 1.11°

5–55. 7.53 mm

5–57. $\phi_{F/E} = 0.999(10^{-3})$ rad, $\phi_{F/D} = 0.999(10^{-3})$ rad, $\tau_{máx} = 3.12$ MPa

5–58. 2.75 pulg

5–59. 2.50 pulg

5–61. 0.113°

5–62. 1.74°, 6.69 klb/pulg²

5–63. $T_B = \dfrac{t_0 L + 2T_A}{2}, \phi = \dfrac{2L(t_0 L + 3T_A)}{3\pi(r_o^4 - r_i^4)G}$

5–65. $1.74°, 6.69$ klb/pulg^2

5–66. $\phi_{A/C} = 5.45°$

5–67. $\phi = \dfrac{t_0 L^2}{\pi c^4 G}$

5–69. $k = 12.28(10^3), 2.97°$

5–70. $\phi = \dfrac{7t_0 L^2}{6\pi c^4 G}$

5–71. $\phi = \dfrac{T}{2a\pi G}[1 - e^{-4aL}]$

5–73. $(\tau_{CB})_{\text{máx}} = 9.55$ MPa, $(\tau_{AC})_{\text{máx}} = 14.3$ MPa

5–74. 42.7 mm

5–75. 64.1 MPa

5–77. $(\tau_{BC})_{\text{máx}} = 1.47$ klb/pulg^2, $(\tau_{BD})_{\text{máx}} = 1.96$ klb/pulg^2, $0.338°$

5–78. $6.22°$

5–79. $0.116°, (\tau_{ac})_{\text{máx}BC} = 395$ lb/pulg^2,
$(\gamma_{ac})_{\text{máx}} = 34.3(10^{-6})$ rad, $(\tau_{la})_{\text{máx}} = 96.1$ lb/pulg^2,
$(\gamma_{la})_{\text{máx}} = 17.2(10^{-6})$ rad

5–81. $6.70°$

5–82. $T_F = 22.1$ N·m, $T_A = 14.8$ N·m

5–83. 5.50 klb/pulg^2

5–85. $T_C = 18.1$ lb·pie, $T_A = 732$ lb·pie

5–86. $1.75°, 13.3$ klb/pulg^2

5–87. $T_B = \dfrac{7t_0 L}{12}, T_A = \dfrac{3t_0 L}{4}$

5–89. $\dfrac{(\tau_{\text{máx}})_e}{(\tau_{\text{máx}})_c} = \left(\dfrac{a}{b}\right)^2$

5–90. $(\tau_{\text{máx}})_c = 3.26$ MPa, $(\tau_{\text{máx}})_e = 9.05$ MPa, 178%

5–91. 104 lb

5–93. 2.86 MPa, $0.899°$

5–94. 308 MPa

5–95. $T_B = 32$ lb·pie, $T_A = 48$ lb·pie, $0.0925°$

5–97. $q_{ac} = \dfrac{\pi}{4} q_{ct}$

5–98. 28.9 mm

5–99. 1.25 MPa

5–101. 2 klb·pie

5–102. 3.35 klb/pulg^2

5–103. 50 kPa

5–105. 9.62 MPa

5–106. 381 kN·m, $0.542(10^{-3})$ rad

5–107. 357 kPa

5–109. 25%

5–110. 1.66

5–111. 50.6 MPa

5–113. 0.075 pulg

5–114. No, no es posible

5–115. 101 kW

5–118. $T = 2.71$ klb·pie, $T_p = 2.79$ klb·pie

5–119. 0.565 N·m

5–121. 0.105 N·m

5–122. 1.16 pulg

5–123. 193 lb·pie, $17.2°$

5–125. 110 lb·pie

5–126. 331 lb·pie

5–127. 702 lb·pie

5–129. 6.98 kN·m, $9.11°$

5–130. 19.2 kN·m, $\phi = 24.9°, \phi_r = 6.72°$

5–131. 0.542 pulg, $6.34°$

5–133. $\tau_{\text{máx}} = \dfrac{19T}{12\pi r^3}$

5–135. 7.82 klb/pulg^2

5–137. 216 lb/pulg^2

5–138. $1.59°$

5–139. 26.2 N, $1.86°$

5–141. $T_{\text{cir}} = 0.282 A^{3/2}\tau_Y$, el eje redondo soporta el par de torsión máximo; el eje cuadrado el 73.7% y el eje triangular 62.2%

5–142. 1.10 kW, 825 kPa

5–143. 2.03 MPa, $0.258°$

Capítulo 6

6–1. $V_{\text{máx}} = -24$ kN, $M_{\text{máx}} = -6$ kN·m

6–2. $T_1 = 250$ lb, $T_2 = 200$ lb

6–3. $V_{\text{máx}} = -108$ lb, $M_{\text{máx}} = 1196$ lb·pulg

6–5. $V_{\text{máx}} = 15$ kN, $M_{\text{máx}} = 60$ kN·m

6–6. 15.6 N, $M = (15.6x + 100)$ N·m

6–7. $V_{\text{máx}} = 18$ kN, $M_{\text{máx}} = -75$ kN·m

6–9. $V_{\text{máx}} = 11.7$ klb, $M_{\text{máx}} = 46.7$ klb·pie

6–10. $V_{\text{máx}} = -2$ klb, $M_{\text{máx}} = -6$ klb·pie

6–11. $a = 0.866L$

6–13. $V_{\text{máx}} = \pm P/2, M_{\text{máx}} = -PL/4$

6–15. $V = 17.7 - 1.5x, M = -0.75x^2 + 17.7x - 96.25$

6–17. 281 lb·pie

6–18. $V_{\text{máx}} = \pm 7$ klb, $M_{\text{máx}} = 21$ klb·pie

6–19. $V_{\text{máx}} = -10$ klb, $M_{\text{máx}} = -27.5$ klb·pie

6–21. $V = 1050 - 150x, M = -75x^2 + 1050x - 3200$

6–22. $V_{\text{máx}} = \pm 2.8$ kN, $M_{\text{máx}} = -2.4$ kN·m

6–23. $V_{\text{máx}} = -2$ klb, $M_{\text{máx}} = -12$ klb·pie

6–25. $V_{\text{máx}} = 20 \text{ klb}, M_{\text{máx}} = -120 \text{ klb} \cdot \text{pie}$

6–27. $a = \dfrac{L}{\sqrt{2}}$

6–29. $V_{\text{máx}} = \pm w_0 L/2, M_{\text{máx}} = w_0 L^2/12$

6–30. $V_{\text{máx}} = -w_0 L/4, M_{\text{máx}} = 0.0345 w_0 L^2$

6–31. $V_{\text{máx}} = \pm w_0 L/3, M_{\text{máx}} = 23 w_0 L^2/216$

6–33. $V_{\text{máx}} = \pm 112.5 \text{ kN}, M_{\text{máx}} = 169 \text{ kN} \cdot \text{m}$

6–34. $V = \dfrac{3w_0 L}{4} - w_0 x, M = \dfrac{-w_0 x^2}{2} + \dfrac{3w_0 L}{4} x - \dfrac{7w_0 L^2}{24},$
$V = \dfrac{w_0 (L - x)^2}{L}, M = \dfrac{-w_0 (L - x)^3}{3L}$

6–35. $w_0 = 1.2 \text{ kN/m}$

6–37. $M = 0.0190 w L^2$

6–38. $V_{\text{máx}} = -45 \text{ kN}, M_{\text{máx}} = -63 \text{ kN} \cdot \text{m}$

6–39. $V = 500 - \dfrac{100}{3} x^2, M = -\dfrac{100}{9} x^3 + 500x - 600$

6–41. $V_{\text{máx}} = 21.3 \text{ klb}, M_{\text{máx}} = -128 \text{ klb} \cdot \text{pie}$

6–42. $V_{\text{máx}} = 2w_0 L/\pi, M_{\text{máx}} = -w_0 L^2/\pi$

6–43. $167 \text{ lb/pulg}^2, 333 \text{ lb/pulg}^2$

6–45. $M = 2.50 \text{ klb} \cdot \text{pie}$

6–46. $(\sigma_{\text{máx}})_t = 2.40 \text{ klb/pulg}^2, (\sigma_{\text{máx}})_c = 4.80 \text{ klb/pulg}^2$

6–47. $I = 34.53(10^{-6}) \text{ m}^4, \sigma_{\text{máx}} = 2.06 \text{ MPa}$

6–49. **a)** $(M_{\text{adm}})_z = 20.8 \text{ klb} \cdot \text{pie},$
b) $(M_{\text{adm}})_y = 6.00 \text{ klb} \cdot \text{pie}$

6–50. $\sigma_A = 199 \text{ MPa}, \sigma_B = 66.2 \text{ MPa}$

6–51. $I = 0.3633(10^{-6}) \text{ m}^4, \sigma_B = 3.61 \text{ MPa},$
$\sigma_C = 1.55 \text{ MPa}$

6–53. $F_{R_A} = 0, F_{R_B} = 1.50 \text{ kN}$

6–54. $I = 200.27 \text{ pulg}^4, \sigma_{\text{máx}} = 5.00 \text{ klb/pulg}^2, F_A = 17.7 \text{ klb}, F_B = 13.7 \text{ klb}$

6–55. $I = 200.27 \text{ pulg}^4, 22.6\%$

6–57. $I = 1093.07 \text{ pulg}^4, (F_R)_C = 11.8 \text{ klb}$

6–58. 15.4 klb/pulg^2

6–59. $I = 4.367 \text{ pulg}^4, \sigma_A = 214 \text{ lb/pulg}^2, \sigma_B = 33.0 \text{ lb/pulg}^2$

6–61. 61.1 MPa

6–62. 3.61 klb/pulg^2

6–63. 9.05 MPa

6–65. 15.6 klb/pulg^2

6–66. 2.75 pulg

6–67. 24 klb/pulg^2

6–69. 33.8 klb/pulg^2

6–70. 331 kPa

6–71. 12.2 klb/pulg^2

6–73. 31.3 mm

6–74. 13.6 klb/pulg^2

6–75. 1.28 pulg

6–77. 119 lb

6–78. 1.35 klb/pulg^2

6–79. 20.4 klb/pulg^2

6–81. $\sigma_{\text{máx}} = \dfrac{3}{2} \dfrac{PL}{bd^2}$

6–82. 22.1 klb/pulg^2

6–83. $w_2 = 800 \text{ lb/pulg}, w_1 = 533 \text{ lb/pulg}, \sigma_{\text{máx}} = 45.1 \text{ klb/pulg}^2$

6–85. 249 kPa

6–86. 4.64 klb/pulg^2

6–87. 5.60 klb/pulg^2

6–89. 66.8 klb/pulg^2

6–90. 10.4 kN

6–91. 11.5 MPa

6–93. 114 klb

6–94. 25.8 klb/pulg^2

6–95. 21.1 klb/pulg^2

6–97. 2.18 klb/pulg^2

6–98. $h' = \dfrac{8}{9} h, 1.05$

6–99. $8.36 \text{ pulg}, 23.5 \text{ klb} \cdot \text{pie}$

6–101. $c = \dfrac{h\sqrt{E_c}}{\sqrt{E_t} + \sqrt{E_c}}, (\sigma_{\text{máx}})_c = \dfrac{3M}{bh^2}\left(\dfrac{\sqrt{E_t} + \sqrt{E_c}}{\sqrt{E_t}}\right)$

6–102. $\sigma_A = 0, \sigma_B = 462 \text{ kPa}, \sigma_D = -462 \text{ kPa}, \sigma_E = 0$

6–103. $\sigma_A = -119 \text{ kPa}, \sigma_B = 446 \text{ kPa}, \sigma_D = -446 \text{ kPa}, \sigma_E = 119 \text{ kPa}$

6–105. $\sigma_{\text{máx}} = 3.33 \text{ klb/pulg}^2, \alpha = -63.1°$

6–106. $\bar{z} = 36.6 \text{ mm}, I_z = 0.18869(10^{-3}) \text{ m}^4, I_y = 16.3374(10^{-6}) \text{ m}^4, \sigma_A = 4.38 \text{ MPa}, \sigma_B = -1.13 \text{ MPa}, \alpha = -87.1°$

6–107. $\bar{z} = 36.6 \text{ mm}, I_z = 0.18869(10^{-3}) \text{ m}^4, I_y = 16.3374(10^{-6}) \text{ m}^4, 5.23 \text{ MPa}$

6–109. 7.60 MPa

6–110. $924 \text{ lb/pulg}^2, -25.3°, 800 \text{ lb/pulg}^2$

6–113. 7.81 klb/pulg^2

6–114. 293 kPa (C)

6–115. 293 kPa (C)

6–117. 260 kPa (T)

6–118. 2.60 MPa (T)

6–119. $(\sigma_{la})_{máx} = 3.04$ MPa, $(\sigma_{ac})_{máx} = 4.65$ MPa,
$\sigma_{la} = 1.25$ MPa, $\sigma_{ac} = 2.51$ MPa

6–121. $(\sigma_{ac})_{máx} = 3.70$ MPa, $(\sigma_w)_{máx} = 0.179$ MPa

6–122. $(\sigma_{al})_{máx} = 27.6$ lb/pulg^2, $(\sigma_{pl})_{máx} = 4.60$ lb/pulg^2

6–123. $(\sigma_{ac})_{máx} = 1.40$ klb/pulg^2, $(\sigma_w)_{máx} = 77.0$ lb/pulg^2

6–125. 1.53 klb/pulg^2

6–126. $(\sigma_{conc})_{máx} = 1.95$ klb/pulg^2, $(\sigma_{st})_{máx} = 18.3$ klb/pulg^2

6–127. 97.5 klb $\cdot$ pies

6–129. 154 lb $\cdot$ pulg

6–130. 1.16 klb/pulg^2 (T)

6–131. $\sigma_A = 10.6$ klb/pulg^2 (T), $\sigma_B = 12.7$ klb/pulg^2 (C)

6–133. 842 lb/pulg^2 (T)

6–134. 1.14 klb $\cdot$ pie

6–135. $\sigma_A = 792$ kPa (C), $\sigma_B = 1.02$ MPa (T)

6–137. $(\sigma_t)_{máx} = 366$ lb/pulg^2, $(\sigma_c)_{máx} = -321$ lb/pulg^2,
$(\sigma_t)_{máx} = (\sigma_c)_{máx} = 341$ lb/pulg^2

6–138. 4.77 MPa

6–139. 204 lb/pulg^2 (T), 120 psi (C)

6–141. $\sigma_A = 446$ kPa (T), $\sigma_B = 224$ kPa (C), No, por la concentración de esfuerzo en la pared

6–142. 14.0 kN $\cdot$ m

6–143. 43.1 lb $\cdot$ pie

6–145. 27.0 MPa

6–146. 97.2 N $\cdot$ m

6–147. $M = 286$ lb $\cdot$ pie, $M' = 176$ lb $\cdot$ pie

6–149. 749 lb/pulg^2

6–150. 950 mm

6–151. 8.0 mm

6–153. 15.0 klb $\cdot$ pie

6–154. 12.0 klb/pulg^2

6–155. 122 lb

6–157. 8.25 klb $\cdot$ pie

6–158. $z = 845(10^{-6})$ m^3, $K = 1.17$

6–159. 43.5 MPa

6–161. 142 MPa

6–162. $K = 1.70$, $Z = \dfrac{4r^3}{3}$

6–163. $M_Y = 63.6$ klb $\cdot$ pie, $M_p = 108$ klb $\cdot$ pie

6–165. $Z = 114$ pulg^3, $K = 1.78$

6–166. $Z = 570(10^{-6})$ m^3, $K = 1.16$

6–167. 172 klb $\cdot$ pie

6–169. $Z = \dfrac{bh^2}{12}$, $K = 2$

6–170. $M_Y = 18$ klb $\cdot$ pie, $M_p = 36$ klb $\cdot$ pie

6–171. $Z = bt(h - t) + \dfrac{t}{4}(h - 2t)^2$,

$$K = \frac{3h}{2}\left[\frac{4bt(h - t) + t(h - 2t)^2}{bh^3 - (b - t)(h - 2t)^3}\right]$$

6–173. a) 25.0 kN, **b)** 37.5 kN

6–174. 18.0 klb/pie, 22.8 klb/pie

6–175. a) $w = 4.27$ klb/pie, **b)** $w = 6.40$ klb/pie

6–177. 251 N $\cdot$ m

6–178. 73.5 klb $\cdot$ pie

6–179. 81.7 klb $\cdot$ pie

6–181. $M = \dfrac{nbh^2}{2(2n + 1)}\sigma_{máx}$

6–182. 14.9 kN $\cdot$ m

6–183. 26.4 kN $\cdot$ m

6–185. 635 kPa

6–186. $Z = 0.963(10^{-3})$ m^3, $K = 1.22$

6–187. 55.0 MPa

6–189. $\sigma_A = 225$ kPa (C), $\sigma_B = 265$ kPa (T)

6–190. $V_{máx} = -233$ N, $M_{máx} = -50$ N $\cdot$ m

6–191. 8.41 klb/pulg^2

Capítulo 7

7–1. $I = 0.21818(10^{-3})$ m^4, $\tau_A = 1.99$ MPa,
$\tau_B = 1.65$ MPa

7–2. 4.62 MPa

7–3. 27.1 kN

7–5. $I = 4.8646(10^{-6})$ m^4, $\tau_B = 98.7$ MPa

7–6. $\tau_{máx} = 276$ lb/pulg^2, $(\tau_{AB})_w - (\tau_{AB})_F = 156$ lb/pulg^2

7–7. 3.05 klb

7–9. $I = 6.6911(10^{-6})$ m^4, $V = 307$ kN

7–10. $I = 6.6911(10^{-6})$ m^4, 1.96 MPa

7–11. 9.96 klb

7–13. 1.36 klb/pulg^2

7–14. 32.1 klb

7–15. 4.48 klb/pulg^2

7–17. 100 kN

7–18. 1.50 klb/pulg^2

7–19. $\dfrac{\tau_{máx}}{\tau_{prom}} = \dfrac{4}{3}$

7–21. $\tau_{máx} = \dfrac{3V}{ah}$

7–22. $a = \dfrac{L}{4}$, $\tau_{máx} = \dfrac{3}{8}w\left(\dfrac{L}{bd}\right)$

7–23. 2.08 pulg

7–25. 324 lb/pulg^2

7–26. 512 lb

7–27. $L = \dfrac{h}{4}$

7–29. $I = 1.78625(10^{-6})$ m^4, $\tau_B = 4.41$ MPa

7–30. $I = 1.78625(10^{-6})$ m^4, $\tau_{\text{máx}} = 4.85$ MPa

7–31. 1.05 MPa

7–37. $I = 1196.4375$ pulg^4, $V = 4.97$ klb, $s_t = 1.14$ pulg, $s_b = 1.36$ pulg

7–38. 1.24 klb

7–39. $\tau_B = 646$ lb/pulg^2, $\tau_A = 592$ lb/pulg^2

7–41. $I = 29.4909(10^{-6})$ m^4, $\tau = 14.4$ MPa

7–42. 499 kN

7–43. 13.8 pulg

7–45. 238 N

7–46. $I = 0.270236(10^{-3})$ m^4, $F = 12.5$ kN

7–47. 317 lb

7–50. 317 lb

7–51. $F_B = 316$ lb, $F_A = 206$ lb

7–53. $I = 1196.4375$ pulg^4, $P = 4.97$ klb, f$_{\text{ov}}$ AC, BD, $s_t = 1.14$ pulg, $s_b = 1.36$ pulg

7–54. 983 lb/pie

7–55. 1.83 klb/pulg^2

7–57. 9.36 MPa, 1.34 MPa, 1.47 MPa

7–58. 215 kN/m

7–59. 232 kN/m

7–61. $I = 0.98197(10^{-6})$ m^4, $q_A = 1.39$ kN/m, $q_B = 1.25$ kN/m

7–62. $I = 0.98197(10^{-6})$ m^4, $q_{\text{máx}} = 1.63$ kN/m

7–63. **a)** 12.6 kN/m, **b)** 22.5 kN/m

7–65. $I = 145.98$ pulg^4, $q_{\text{máx}} = 414$ lb/pulg

7–66. $F_{AB} = 413$ lb, $F_{CD} = 44.3$ lb

7–67. $\tau = \dfrac{V}{\pi R^2 t}\sqrt{R^2 - y^2}$

7–69. 1.07 pulg

7–70. $e = \dfrac{b(6h_1 h^2 + 3h^2 b - 8h_1^3)}{2h^3 + 6bh^2 - (h - 2h_1)^3}$

7–71. $e = \dfrac{b}{1 + (h_2/h_1)^3}$

7–73. $e = \dfrac{15}{38}d$

7–74. $e = \dfrac{3[h^2 b^2 - (h - 2h_1)^2 b_1^2]}{h^3 + 6bh^2 + 6b_1(h - 2h_1)^2}$

7–75. 70 mm

7–77. $e = \dfrac{2\sqrt{3}}{3}a$

7–78. $q_A = 0$, $q_{\text{máx}} = 375$ N/m

7–79. $q = (-136y^2 + 424)$ lb/pulg, $q_{\text{máx}} = 424$ lb/pulg

7–81. 171 mm

7–82. $e = \dfrac{4r(\operatorname{sen}\alpha - \alpha\cos\alpha)}{2\alpha - \operatorname{sen} 2\alpha}$

7–83. $e = 1.26r$

7–85. $I = 57.05$ pulg^4, $\tau_B = 795$ lb/pulg^2, $\tau_C = 596$ lb/pulg^2

7–86. $I = 57.05$ pulg^4, $\tau_{\text{máx}} = 928$ lb/pulg^2

7–87. $I = 542.86$ pulg^4, $s' = 1.49$ pulg, $s = 9.88$ pulg

7–89. $I = 43.71347(10^{-6})$ m^4, $q_A = 145$ kN/m, $q_B = 50.4$ kN/m, $\tau_{\text{máx}} = 17.2$ MPa

7–90. $\tau_A = 2.99$ MPa, $\tau_B = 1.91$ MPa, $\tau_{\text{máx}} = 2.99$ MPa

7–91. $\tau_A = 2.99$ MPa, $\tau_B = 1.91$ MPa, $\tau_{\text{máx}} = 2.99$ MPa

7–93. 131 kN

Capítulo 8

8–1. 18.8 mm

8–2. 75.5 pulg

8–3. $\sigma_1 = 3.96$ klb/pulg^2, $\sigma_2 = 1.98$ klb/pulg^2

8–5. $\sigma_2 = 11.5$ klb/pulg^2, $\sigma_1 = 24$ klb/pulg^2

8–6. $\sigma_1 = 600$ lb/pulg^2, $\sigma_2 = 0$

8–7. $\sigma_1 = 600$ lb/pulg^2, $\sigma_2 = 300$ lb/pulg^2

8–9. $\tau_{\text{prom}} = 5.06$ MPa, $\sigma_1 = 5.06$ MPa, $\sigma_2 = 2.53$ MPa

8–10. 128 °F, $\sigma_1 = 12.1$ klb/pulg^2, $p = 252$ lb/pulg^2

8–11. $\sigma_h = 432$ lb/pulg^2, $\sigma_b = 8.80$ klb/pulg^2

8–13. $\sigma_{\text{fil}} = \dfrac{pr}{(t + t')} + \dfrac{T}{wt}$, $\sigma_1 = \dfrac{pr}{(t + t')} - \dfrac{T}{wt}$

8–14. $\theta = 54.7°$

8–15. $\sigma_{\text{máx}} = 44.0$ klb/pulg^2 (T)

8–17. 1.07 MPa

8–18. 1.07 MPa

8–19. $\sigma_A = 123$ MPa, $\sigma_B = 62.5$ MPa

8–21. 109 kN

8–22. $(\sigma_{\text{máx}})_t = 1.28$ klb/pulg^2, $(\sigma_{\text{máx}})_c = 1.12$ klb/pulg^2

8–23. $\sigma_A = 533$ lb/pulg^2 (T), $\sigma_B = 1067$ lb/pulg^2 (C), $\tau_A = 600$ lb/pulg^2, $\tau_B = 0$

8–25. 66.7 mm

8–26. $\sigma_A = 0.318$ MPa, $\tau_A = 0.735$ MPa

8–27. $\sigma_B = -21.7$ MPa, $\tau_B = 0$

8–29. 11.8 kN

8–30. $\sigma_A = 28.8$ klb/pulg^2, $\tau_A = 0$

8–31. $\sigma_B = -39.7$ klb/pulg^2, $\tau_B = 0$

8–33. $\sigma_C = 15.3$ MPa, $\tau_D = 0.637$ MPa

8–34. $\sigma_A = -9.41$ klb/pulg^2, $\tau_A = 0$, $\sigma_B = 2.69$ klb/pulg^2, $\tau_B = 0.869$ klb/pulg^2

8–35. $\sigma_A = 359$ MPa (T), $\sigma_B = 71.7$ MPa (T), $\tau_A = 4.48$ MPa, $\tau_B = 5.92$ MPa

8–38. 61.9 mm, 15.5 MPa

8–39. $\sigma_B = 8.89$ klb/pulg^2 (C), $\tau_B = 0$, $\sigma_A = 720$ lb/pulg^2 (T), $\tau_A = 0$

8–41. $\sigma_A = -2.12$ klb/pulg^2, $\tau_A = 0$

8–42. $\sigma_B = 5.35 \text{ klb/pulg}^2, \tau_B = 0$

8–43. $\sigma_D = -88.0 \text{ MPa}, \tau_D = 0$

8–45. $\sigma_B = 5.56 \text{ klb/pulg}^2 \text{ (T)}, \tau_B = 0,$
$\sigma_C = 62.5 \text{ lb/pulg}^2 \text{ (C)}, \tau_C = 162 \text{ lb/pulg}^2$

8–46. $\sigma_D = 0, \tau_D = 667 \text{ lb/pulg}^2, \sigma_E = 23.3 \text{ klb/pulg}^2,$
$\tau_E = 0$

8–47. $(\sigma_A)_y = 16.2 \text{ klb/pulg}^2, (\tau_A)_{yx} = -2.84 \text{ klb/pulg}^2,$
$(\tau_A)_{yz} = 0$

8–49. $\sigma_A = 107 \text{ MPa}, \tau_A = 15.3 \text{ MPa}, \sigma_B = 0,$
$\tau_B = 14.8 \text{ MPa}$

8–50. $\sigma_C = 107 \text{ MPa}, \tau_C = 15.3 \text{ MPa}, \sigma_D = 0,$
$\tau_D = 15.8 \text{ MPa}$

8–51. $\tau_A = 0, \sigma_A = 30.2 \text{ klb/pulg}^2 \text{ (C)}$

8–53. $\sigma_D = 0, (\tau_D)_{yx} = -80.8 \text{ lb/pulg}^2, (\sigma_E)_y =$
$-501 \text{ lb/pulg}^2, (\tau_E)_{yz} = -93.9 \text{ lb/pulg}^2$

8–54. $(\sigma_D)_y = -178 \text{ lb/pulg}^2, (\sigma_E)_y = 9.78 \text{ lb/pulg}^2,$
$(\tau_E)_{yx} = (\tau_E)_{yz} = 0$

8–55. $(\sigma_D)_y = -126 \text{ lb/pulg}^2, (\tau_D)_{yx} = -57.2 \text{ lb/pulg}^2,$
$(\sigma_E)_y = -347 \text{ lb/pulg}^2, (\tau_E)_{yz} = -66.4 \text{ lb/pulg}^2$

8–57. $\sigma_B = 5.76 \text{ klb/pulg}^2 \text{ (C)}, (\tau_{xy})_B = 1.36 \text{ klb/pulg}^2,$
$(\tau_{xz})_B = 0$

8–58. $e = \dfrac{c}{4}$

8–59. $y = 0.75 - 1.5x$

8–61. $(\sigma_t)_{máx} = 16.0 \text{ klb/pulg}^2, (\sigma_c)_{máx} = -10.6 \text{ klb/pulg}^2$

8–62. 8.38 klb/pulg^2

8–63. $\sigma_A = 94.4 \text{ lb/pulg}^2 \text{ (T)}, \sigma_B = 59.0 \text{ lb/pulg}^2 \text{ (C)}$

8–65. $I = 0.4773(10^{-6}) \text{ m}^4, 106 \text{ MPa}, -159 \text{ MPa}$

8–66. $I = 0.4773(10^{-6}) \text{ m}^4, P = 9.08 \text{ kN}$

8–67. $\sigma_1 = 7.07 \text{ MPa}, \sigma_2 = 0$

8–69. $\sigma_D = -23.2 \text{ klb/pulg}^2, \tau_D = 0, \sigma_C = 11.6 \text{ klb/pulg}^2,$
$\tau_C = 0$

8–70. $\sigma_D = -20.8 \text{ klb/pulg}^2, \tau_D = 0, \sigma_C = 10.4 \text{ klb/pulg}^2,$
$\tau_C = 0$

8–71. $0.286°$

8–73. $3.60 \text{ MPa}, 113 \text{ tornillos}$

8–74. $\sigma_1 = 50.0 \text{ MPa}, \sigma_2 = 25.0 \text{ MPa}, F_b = 133 \text{ kN}$

8–75. $\sigma_D = 576 \text{ lb/pulg}^2 \text{ (T)}, \tau_D = 0, \sigma_E = 0, \tau_E =$
9.60 lb/pulg^2

8–77. $\sigma_F = 6.40 \text{ MPa (C)}, \tau_F = 0$

8–78. $\sigma_G = 0, \tau_G = 1.60 \text{ MPa}$

8–79. $\sigma_A = 5.89 \text{ klb/pulg}^2 \text{ (C)}, \tau_A = 0, \sigma_B =$
$1.68 \text{ klb/pulg}^2 \text{ (T)}, \tau_B = 0.397 \text{ klb/pulg}^2$

Capítulo 9

9–2. $\sigma_{x'} = -4.05 \text{ klb/pulg}^2, \tau_{x'y'} = -0.404 \text{ klb/pulg}^2$

9–3. $\sigma_{x'} = 31.4 \text{ MPa}, \tau_{x'y'} = 38.1 \text{ MPa}$

9–5. $\sigma_{x'} = -33.3 \text{ MPa}, \tau_{x'y'} = 18.3 \text{ MPa}$

9–6. $\sigma_{x'} = 49.7 \text{ MPa}, \tau_{x'y'} = -34.8 \text{ MPa}$

9–7. $\sigma_{x'} = -4.05 \text{ klb/pulg}^2, \tau_{x'y'} = -0.404 \text{ klb/pulg}^2$

9–9. $\sigma_{x'} = 49.7 \text{ MPa}, \tau_{x'y'} = -34.8 \text{ MPa}$

9–10. $\sigma_{x'} = -898 \text{ lb/pulg}^2, \tau_{x'y'} = 605 \text{ lb/pulg}^2, \sigma_{y'} =$
598 lb/pulg^2

9–11. $\sigma_{x'} = -19.9 \text{ klb/pulg}^2, \tau_{x'y'} = 7.70 \text{ klb/pulg}^2, \sigma_{y'} =$
9.89 klb/pulg^2

9–13. **a)** $\sigma_1 = 53.0 \text{ MPa}, \sigma_2 = -68.0 \text{ MPa}, \theta_{p1} = 14.9°,$
b) $\tau_{\text{en-plano}}^{\text{máx}} = 60.5 \text{ MPa}, \sigma_{\text{prom}} = -7.50 \text{ MPa},$
$\theta_s = -30.1°$

9–14. **a)** $\sigma_1 = 265 \text{ MPa}, \sigma_2 = -84.9 \text{ MPa}, \theta_{p1} = 60.5°,$
b) $\tau_{\text{en-plano}}^{\text{máx}} = 175 \text{ MPa}, \sigma_{\text{prom}} = 90.0 \text{ MPa}, \theta_s = 15.5°$

9–15. **a)** $\sigma_1 = 4.21 \text{ klb/pulg}^2, \sigma_2 = -34.2 \text{ klb/pulg}^2,$
$\theta_{p1} = -70.7°,$
b) $\tau_{\text{en-plano}}^{\text{máx}} = 19.2 \text{ klb/pulg}^2, \sigma_{\text{prom}} = -15 \text{ klb/pulg}^2,$
$\theta_s = -25.7°$

9–17. $\sigma_x = 33.0 \text{ MPa}, \sigma_y = 137 \text{ MPa}, \tau_{xy} = -30 \text{ MPa}$

9–18. $\sigma_x = -193 \text{ MPa}, \sigma_y = -357 \text{ MPa}, \tau_{xy} = 102 \text{ MPa}$

9–19. $\sigma_b = 121 \text{ MPa}, \sigma_1 = 126 \text{ MPa}, \sigma_2 = -16.1 \text{ MPa}$

9–21. $\sigma_1 = 8.29 \text{ klb/pulg}^2, \sigma_2 = 2.64 \text{ klb/pulg}^2, \sigma_b =$
7.46 klb/pulg^2

9–22. $\sigma_{\text{paralelo}} = 1.78 \text{ MPa}, \sigma_{\text{perp}} = 0.507 \text{ MPa},$
$\tau = 0.958 \text{ MPa}$

9–23. $\sigma_1 = 2.29 \text{ MPa}, \sigma_2 = -7.20 \text{ kPa}, \theta_p = -3.21°$

9–25. $\sigma_y = -824 \text{ lb/pulg}^2$

9–26. $\tau_{\text{en-plano}}^{\text{máx}} = 5 \text{ kPa}, \sigma_{\text{prom}} = 0$

9–27. $\sigma_1 = 32 \text{ lb/pulg}^2, \sigma_2 = -32 \text{ lb/pulg}^2$

9–29. Para el punto D: $\sigma_1 = 7.56 \text{ kPa}, \sigma_2 = -603 \text{ kPa},$
Para el punto E: $\sigma_1 = 395 \text{ kPa}, \sigma_2 = -17.8 \text{ kPa}$

9–30. Para el punto A: $\sigma_1 = 0, \sigma_2 = -192 \text{ MPa},$
Para el punto B: $\sigma_1 = 24.0 \text{ MPa}, \sigma_2 = -24.0 \text{ MPa}$

9–31. Para el punto A: $\sigma_1 = 1.50$ klb/pulg^2, $\sigma_2 = -0.0235$ klb/pulg^2,

Para el punto B: $\sigma_1 = 0.0723$ klb/pulg^2, $\sigma_2 = -0.683$ klb/pulg^2

9–33. 82.3 kPa

9–34. 8.73 klb · pulg

9–35. $I = 7.4862(10^{-6})$ m^4, $\sigma_1 = 0$, $\sigma_2 = -70.8$ MPa

9–37. $\sigma_1 = 111$ MPa, $\sigma_2 = 0$

9–38. $\sigma_1 = 2.40$ MPa, $\sigma_2 = -6.68$ MPa

9–39. $\sigma_1 = 198$ MPa, $\sigma_2 = -1.37$ MPa

9–41. $\sigma_1 = 48.8$ klb/pulg^2, $\sigma_2 = -25.4$ klb/pulg^2

9–42. $\sigma_1 = 34.7$ klb/pulg^2, $\sigma_2 = -34.7$ klb/pulg^2

9–43. $\sigma_1 = 4.33$ MPa, $\sigma_2 = -13.0$ MPa

9–45. $\sigma_1 = 1.29$ MPa, $\sigma_2 = -1.29$ MPa

9–46. $\sigma_1 = 233$ lb/pulg^2, $\sigma_2 = -774$ lb/pulg^2, $\tau_{\text{en-plano}}^{\text{máx}} = 503$ lb/pulg^2

9–47. $\sigma_1 = 382$ lb/pulg^2, $\sigma_2 = -471$ lb/pulg^2, $\tau_{\text{en-plano}}^{\text{máx}} = 427$ lb/pulg^2

9–49. Para el punto A: $\sigma_1 = 61.7$ lb/pulg^2, $\sigma_2 = 0$,

Para el punto B: $\sigma_1 = 0$, $\sigma_2 = -46.3$ lb/pulg^2

9–50. $M = 81.8$ lb · pie, $T = 231$ lb · pie

9–51. $\sigma_1 = 0$, $\sigma_2 = -20$ kPa, $\tau_{\text{en-plano}}^{\text{máx}} = 10$ kPa

9–53. $\sigma_1 = 74.6$ kPa, $\sigma_2 = -27.1$ kPa, $\tau_{\text{en-plano}}^{\text{máx}} = 50.9$ kPa

9–57. $\sigma_{x'} = -4.05$ klb/pulg^2, $\tau_{x'y'} = -0.404$ klb/pulg^2

9–58. $\sigma_{x'} = 31.4$ MPa, $\tau_{x'y'} = 38.1$ MPa

9–59. $\sigma_{x'} = -898$ lb/pulg^2, $\sigma_{y'} = 598$ lb/pulg^2, $\tau_{x'y'} = 605$ lb/pulg^2

9–61. $\sigma_{x'} = -19.9$ klb/pulg^2, $\tau_{x'y'} = 7.70$ klb/pulg^2, $\sigma_{y'} = 9.89$ klb/pulg^2

9–62. $\sigma_1 = 53.0$ MPa, $\sigma_2 = -68.0$ MPa, $\theta_p = 14.9°$
$\tau_{\text{en-plano}}^{\text{máx}} = 60.5$ MPa, $\sigma_{\text{prom}} = -7.50$ MPa, $\theta_s = 30.1°$

9–63. $\sigma_1 = 265$ MPa, $\sigma_2 = -84.9$ MPa, $\theta_p = 29.5°$
$\tau_{\text{en-plano}}^{\text{máx}} = 175$ MPa, $\sigma_{\text{prom}} = 90$ MPa, $\theta_s = 15.5°$

9–65. $\sigma_1 = 4.21$ klb/pulg^2, $\sigma_2 = -34.2$ klb/pulg^2, $\tau_{\text{en-plano}}^{\text{máx}} = 19.2$ klb/pulg^2, $\sigma_{\text{prom}} = -15$ klb/pulg^2

9–66. $\sigma_{x'} = -56.3$ klb/pulg^2, $\sigma_{y'} = 56.3$ klb/pulg^2, $\tau_{x'y'} = -32.5$ klb/pulg^2

9–67. $\sigma_{x'} = -22.8$ lb/pulg^2, $\sigma_{y'} = -27.2$ lb/pulg^2, $\tau_{x'y'} = -896$ lb/pulg^2

9–69. $\sigma_{x'} = -421$ MPa, $\sigma_{y'} = 421$ MPa, $\tau_{x'y'} = -354$ MPa

9–70. $\sigma_1 = 227$ MPa, $\sigma_2 = -177$ MPa, $\theta_p = -14.9°$,
$\tau_{\text{en-plano}}^{\text{máx}} = 202$ MPa, $\sigma_{\text{prom}} = 25$ MPa, $\theta_s = 30.1°$

9–71. **a)** $\sigma_1 = 12.3$ klb/pulg^2, $\sigma_2 = -17.3$ klb/pulg^2,
$\theta_p = -16.3°$,

b) $\tau_{\text{en-plano}}^{\text{máx}} = 14.8$ klb/pulg^2, $\sigma_{\text{prom}} = -2.5$ klb/pulg^2,
$\theta_s = 28.7°$

9–73. **a)** $\sigma_1 = -5.53$ klb/pulg^2, $\sigma_2 = -14.5$ klb/pulg^2,
$\theta_p = -31.7°$,

b) $\tau_{\text{en-plano}}^{\text{máx}} = 4.47$ klb/pulg^2, $\sigma_{\text{prom}} = -10$ klb/pulg^2,
$\theta_s = 13.3°$

9–74. **a)** $\sigma_1 = 88.1$ MPa, $\sigma_2 = -13.1$ MPa, $\theta_p = -40.7°$,
b) $\tau_{\text{en-plano}}^{\text{máx}} = 50.6$ MPa, $\sigma_{\text{prom}} = 37.5$ MPa, $\theta = 4.27°$

9–75. $\sigma_1 = 64.1$ MPa, $\sigma_2 = -14.1$ MPa, $\theta_p = 25.1°$,
$\tau_{\text{en-plano}}^{\text{máx}} = 39.1$ MPa, $\sigma_{\text{prom}} = 25.0$ MPa, $\theta_s = -19.9°$

9–79. $\sigma_x = 74.4$ lb/pulg^2, $\sigma_y = -42.4$ lb/pulg^2, $\tau_{xy} = 22.7$ lb/pulg^2

9–81. $\sigma_{\text{paralelo}} = 147$ kPa, $\sigma_{\text{perp}} = 19.5$ kPa, $\tau = 53.6$ kPa

9–82. $\sigma_1 = 0.976$ lb/pulg^2, $\sigma_2 = -81.0$ lb/pulg^2, $\tau_{\text{en-plano}}^{\text{máx}} = 41.0$ lb/pulg^2

9–83. $\sigma_1 = 0.178$ lb/pulg^2, $\sigma_2 = -5.61$ lb/pulg^2, $\theta = -10.1°$

9–85. $\sigma_1 = \sigma_2 = 4.80$ klb/pulg^2

9–86. $\sigma_{x'} = 500$ MPa, $\tau_{x'y'} = 167$ MPa

9–87. $\sigma_1 = 639$ lb/pulg^2, $\sigma_2 = -5.50$ lb/pulg^2, $\tau_{\text{en-plano}}^{\text{máx}} = 322$ lb/pulg^2

9–90. Para el plano x–y $\sigma_{\text{prom}} = -2.0$ klb/pulg^2, $\tau_{\text{máx}} = 6.0$ klb/pulg^2,

Para el plano x–z $\sigma_{\text{prom}} = 7.0$ klb/pulg^2, $\tau_{\text{máx}} = 3.0$ klb/pulg^2,

Para el plano x–z $\sigma_{\text{prom}} = 1.0$ klb/pulg^2, $\tau_{\text{máx}} = 9.0$ klb/pulg^2

9–91. $\sigma_1 = 222$ MPa, $\sigma_2 = 60.00$ MPa, $\sigma_3 = -102$ MPa,
$\tau_{\text{máx}}^{\text{abs}} = 162$ MPa

9–93. $\sigma_1 = 6.73$ klb/pulg^2, $\sigma_2 = 0$, $\sigma_3 = -4.23$ klb/pulg^2,
$\tau_{\text{máx}}^{\text{abs}} = 5.48$ klb/pulg^2

9–95. $\sigma_1 = \sigma_2 = \sigma_3 = -p$

9–97. $\sigma_1 = 6.27$ kPa, $\sigma_2 = 0$, $\sigma_3 = -806$ kPa,
$\tau_{\text{máx}}^{\text{abs}} = 406$ kPa

9–98. $\sigma_1 = 75.4$ lb/pulg^2, $\sigma_2 = -95.4$ lb/pulg^2, $\sigma_3 = -120$ lb/pulg^2, $\tau_{\text{máx}}^{\text{abs}} = 97.7$ lb/pulg^2

9–99. Para el punto A: $\sigma_1 = 0$, $\sigma_2 = -1.20$ klb/pulg^2,

Para el punto B: $\sigma_1 = 9.88$ lb/pulg^2, $\sigma_2 = -43.1$ lb/pulg^2

9–101. $\sigma_1 = 26.4$ kPa, $\sigma_2 = -26.4$ kPa, $\theta_p = -45°$

9–102. $\sigma_x = -22.9$ kPa, $\tau_{x'y'} = -13.2$ kPa

9–103. a) $\sigma_1 = 53.0$ MPa, $\sigma_2 = -68.0$ MPa, $\theta_{p1} = 14.9°$

   b) $\tau_{\text{en-plano}}^{\text{máx}} = 60.5$ MPa, $\sigma_{\text{prom}} = -7.50$ MPa,

   $\theta_s = -30.1°$

Capítulo 10

10–2. $\epsilon_{x'} = -309(10^{-6})$, $\epsilon_{y'} = -541(10^{-6})$,

  $\gamma_{x'y'} = -423(10^{-6})$

10–3. $\epsilon_{x'} = -116(10^{-6})$, $\epsilon_{y'} = 466(10^{-6})$,

  $\gamma_{x'y'} = 393(10^{-6})$

10–5. $\epsilon_{x'} = 103(10^{-6})$, $\epsilon_{y'} = 46.7(10^{-6})$,

  $\gamma_{x'y'} = 718(10^{-6})$

10–6. a) $\epsilon_1 = 138(10^{-6})$, $\epsilon_2 = -198(10^{-6})$, $\theta_{p1} = 13.3°$,

   $\theta_{p2} = -76.7°$

   b) $\gamma_{\text{en-plano}}^{\text{máx}} = 335(10^{-6})$, $\epsilon_{\text{prom}} = -30.0(10^{-6})$,

   $\theta_s = -31.7°$ y $58.3°$

10–7. a) $\epsilon_1 = 1039(10^{-6})$, $\epsilon_2 = 291(10^{-6})$, $\theta_{p1} = 30.2°$,

   $\theta_{p2} = 120°$,

   b) $\gamma_{\text{en-plano}}^{\text{máx}} = 748(10^{-6})$, $\epsilon_{\text{prom}} = 665(10^{-6})$,

   $\theta_s = -14.8°$ y $75.2°$

10–9. a) $\epsilon_1 = 441(10^{-6})$, $\epsilon_2 = -641(10^{-6})$, $\theta_{p1} = -24.8°$,

   $\theta_{p2} = 65.2°$,

   b) $\gamma_{\text{en-plano}}^{\text{máx}} = 1.08(10^{-3})$, $\epsilon_{\text{prom}} = -100(10^{-6})$,

   $\theta_s = 20.2°$ y $110°$

10–10. a) $\epsilon_1 = 283(10^{-6})$, $\epsilon_2 = -133(10^{-6})$, $\theta_{p1} = 84.8°$,

   $\theta_{p2} = -5.18°$,

   b) $\gamma_{\text{en-plano}}^{\text{máx}} = 417(10^{-6})$, $\epsilon_{\text{prom}} = 75.0(10^{-6})$, $\theta_s = 39.8°$

   y $130°$

10–11. a) $\epsilon_1 = 368(10^{-6})$, $\epsilon_2 = 182(10^{-6})$, $\theta_{p1} = -52.0°$,

   $\theta_{p2} = 37.2°$,

   b) $\gamma_{\text{en-plano}}^{\text{máx}} = 187(10^{-6})$, $\epsilon_{\text{prom}} = 275(10^{-6})$,

   $\theta_s = -7.76°$ y $82.2°$

10–13. a) $\epsilon_1 = 713(10^{-6})$, $\epsilon_2 = 36.6(10^{-6})$, $\theta_p = 42.9°$,

   b) $(\gamma_{x'y'})_{\text{máx}} = 677(10^{-6})$, $\epsilon_{\text{prom}} = 375(10^{-6})$,

   $\theta_s = -2.12°$

10–15. $\epsilon_{x'} = -309(10^{-6})$, $\epsilon_{y'} = -541(10^{-6})$, $\gamma_{x'y'} = -423(10^{-6})$

10–17. $\epsilon_{x'} = -116(10^{-6})$, $\epsilon_{y'} = 466(10^{-6})$, $\gamma_{x'y'} = 393(10^{-6})$

10–18. $\epsilon_{x'} = 103(10^{-6})$, $\epsilon_{y'} = 46.7(10^{-6})$, $\gamma_{x'y'} = 718(10^{-6})$

10–19. $\epsilon_{x'} = -116(10^{-6})$, $\epsilon_{y'} = 466(10^{-6})$, $\gamma_{x'y'} = 393(10^{-6})$

10–21. $\epsilon_1 = 1039(10^{-6})$, $\epsilon_2 = 291(10^{-6})$, $\gamma_{\text{en plano}}^{\text{máx}} = 748(10^{-6})$,

   $\epsilon_{\text{prom}} = 665(10^{-6})$, $\theta_p = 30.2°$, $\theta_s = -14.8°$

10–22. $\epsilon_1 = 441(10^{-6})$, $\epsilon_2 = -641(10^{-6})$,

   $\gamma_{\text{en plano}}^{\text{máx}} = 1.08(10^{-3})$, $\epsilon_{\text{prom}} = -100(10^{-6})$,

   $\theta_p = -24.8°$, $\theta_s = 20.2°$

10–23. a) $\epsilon_1 = 773(10^{-6})$, $\epsilon_2 = 76.8(10^{-6})$,

   b) $\gamma_{\text{en plano}}^{\text{máx}} = 696(10^{-6})$, **c)** $\gamma_{\text{máx}}^{\text{abs}} = 773(10^{-6})$

10–25. a) $\epsilon_1 = 946(10^{-6})$, $\epsilon_2 = 254(10^{-6})$,

   b) $\gamma_{\text{en plano}}^{\text{máx}} = 693(10^{-6})$, **c)** $\gamma_{\text{máx}}^{\text{abs}} = 946(10^{-6})$

10–26. a) $\epsilon_1 = 192(10^{-6})$, $\epsilon_2 = -152(10^{-6})$,

   b), c) $\gamma_{\text{máx}}^{\text{abs}} = 344(10^{-6})$

10–27. $\gamma_{\text{máx}}^{\text{abs}} = 22.4(10^{-6})$

10–29. a) $\epsilon_1 = 1434(10^{-6})$, $\epsilon_2 = -304(10^{-6})$,

   b) $\gamma_{\text{en plano}}^{\text{máx}} = 1738(10^{-6})$, $\epsilon_{\text{prom}} = 565(10^{-6})$

10–30. a) $\epsilon_1 = 487(10^{-6})$, $\epsilon_2 = -400(10^{-6})$, $\theta_p = 28.9°$

   b) $\gamma_{\text{en plano}}^{\text{máx}} = 887(10^{-6})$, $\epsilon_{\text{prom}} = 43.3(10^{-6})$, $\theta_s = 16.1°$

10–31. $\epsilon_1 = 1046(10^{-6})$, $\epsilon_2 = -306(10^{-6})$, $\theta_p = -15.4°$

10–37. $E = 30.7(10^3)$ klb/pulg^2, $\nu = 0.291$

10–38. a) 3.33 klb/pulg^2, **b)** $5.13(10^3)$ klb/pulg^2

10–39. $\sigma_1 = 10.2$ klb/pulg^2, $\sigma_2 = 7.38$ klb/pulg^2

10–41. 0.614

10–42. 17.4 GPa, $-12.6(10^{-6})$ mm

10–43. $\sigma_1 = 8.37$ klb/pulg^2, $\sigma_2 = 6.26$ klb/pulg^2

10–45. $\epsilon_x = \epsilon_y = 0$, $\gamma_{xy} = -160(10^{-6})$, $\tau = 65.2$ N · m

10–46. $\epsilon_{x'} = 2.52(10^{-3})$

10–47. $\Delta L_{AB} = \dfrac{3\nu M}{2Ebh}$, $\Delta L_{CD} = \dfrac{6\nu M}{Eh^2}$

10–49. $P = 13.0$ klb, $\gamma_{xy} = 13.7(10^{-6})$

10–50. $P = 26.1$ klb, $\gamma_{xy} = 27.5(10^{-6})$

10–51. $\epsilon_x = 23.0(10^{-6})$, $\gamma_{xy} = 3.16(10^{-6})$

10–53. $\epsilon_x = 2.35(10^{-3})$, $\epsilon_y = -0.972(10^{-3})$,

   $\epsilon_z = -2.44(10^{-3})$

10–55. 0.206 pulg

10–57. 0.800 mm, 315 MPa

10–58. 0.680 mm

10–59. $\epsilon_{\text{cir}} = \dfrac{pr}{2Et}(2 - \nu)$, $\epsilon_{\text{long}} = \dfrac{pr}{2Et}(1 - 2\nu)$,

   $\Delta d = 3.19$ mm, $\Delta L = 2.25$ mm

10–61. $E' = 1.35E$

10–63. $\sigma_x^2 + \sigma_y^2 - \sigma_x\sigma_y + 3\tau_{xy}^2 = \sigma_Y^2$

10–65. 105 klb/pulg^2
10–66. 121 klb/pulg^2
10–67. 10.2 klb/pulg^2
10–69. 28.9 klb/pulg^2
10–70. 25 klb/pulg^2
10–71. 23.9 MPa
10–73. Sí
10–74. Sí
10–75. 0.833 pulg
10–77. 1.88 pulg
10–78. 2.40 pulg
10–79. 2.44 pulg
10–81. 5.38
10–82. 19.7 klb/pulg^2
10–83. 178 MPa
10–85. 1.59 pulg
10–86. 1.59
10–87. 1.80
10–89. $T_e = \sqrt{\frac{4}{3}M^2 + T^2}$
10–90. $M_e = \sqrt{M^2 + T^2}$
10–91. $M_e = \sqrt{M^2 + \frac{3}{4}T^2}$
10–93. 1.45 pulg
10–94. No habrá fluencia
10–95. No habrá fluencia
10–98. 1.62(10^3) klb/pulg^2
10–99. $\epsilon = \frac{Pr}{2Et}(1 - \nu)$
10–101. $\epsilon_1 = 996(10^{-6})$, $\epsilon_2 = 374(10^{-6})$, $\theta_{p1} = -15.8°$,
$\theta_{p2} = 74.2°$, $\gamma_{\text{en plano}}^{\text{máx}} = 622(10^{-6})$, $\epsilon_{\text{prom}} = 685(10^{-6})$,
$\theta_s = 29.2°$ y $119°$
10–102. No
10–103. No
10–105. En la parte superior $1.2(10^{-3})$ pulg,
en la parte inferior, $-1.2(10^{-3})$ pulg

Capítulo 11

11–1. 211 mm, 264 mm
11–2. 3.40 pulg
11–3. $I = 19.162(10^{-6})$ m^4, $P = 2.49$ kN
11–5. 15.5 pulg
11–6. $\sigma = 1.21$ klb/pulg$^2 < 22$ klb/pulg^2,
$\tau = 371$ lb/pulg$^2 < 12$ klb/pulg^2, Sí
11–7. W16 × 31
11–9. La viga falla debido al esfuerzo de flexión.

11–10. 4 pulg
11–11. 5 pulg
11–13. W24 × 62
11–14. W14 × 30
11–15. W12 × 26
11–17. $I = 11.9180(10^{-6})$ m^4, $P = 2.90$ kN
11–18. $I = 11.9180(10^{-6})$ m^4, No
11–19. $a = 106$ mm, $s = 44.3$ mm
11–21. $I = 15.3383(10^{-6})$ m^4, $P = 9.52$ kN
11–22. 8.0 pulg, 3200 lb
11–23. $I = 0.2174625(10^{-3})$ m^4, $P = 85.9$ N
11–25. $I = 0.2174625(10^{-3})$ m^4, $s = 26.8$ mm,
$s' = 10.7$ mm
11–26. $I = 95.47$ pulg^4, $s = 0.710$ pulg, $s' = 0.568$ pulg,
$s'' = 2.84$ pulg.
11–27. 35.6 pies
11–29. 0.643 pulg. Sí, la viga soportará la carga con seguridad.
11–30. 178 lb, 12.0 pulg
11–31. $w = \frac{w_0}{L}x$
11–33. $d = d_0\sqrt{\frac{x}{L}}$
11–34. $\sigma = \frac{3PL}{2b_0t^2}$; el esfuerzo es constante en todo el claro.
11–35. $\sigma = \frac{3wL^2}{b_0h^2}$; el esfuerzo es constante en todo el claro.
11–37. $b = \frac{b_0}{L^2}x^2$
11–38. $d = 1\frac{5}{8}$ pulg
11–39. $d = 1\frac{1}{8}$ pulg
11–41. 34.3 mm
11–42. $d = 1\frac{1}{2}$ pulg
11–43. $d = 1\frac{5}{8}$ pulg
11–45. $d = 1\frac{3}{8}$ pulg
11–46. 21 mm
11–47. 19 mm
11–49. 33 mm
11–50. 2.71 pulg
11–51. $y = \left[\frac{4p}{\pi\sigma_{\text{adm}}}x\right]^{1/3}$
11–53. $b = 54.7$ mm
11–54. W10 × 12
11–55. 44 mm

11–57. W18 × 50

Capítulo 12

12–1. 3.02 klb/pulg^2

12–2. 75.5 klb/pulg^2

12–3. $\theta_A = -\dfrac{PL^2}{16EI}$, $v = \dfrac{Px}{48EI}(4x^2 - 3L^2)$,

$$v_{\text{máx}} = -\dfrac{PL^3}{48EI}$$

12–5. $v_1 = \dfrac{P}{6EI}[3(L - a)^2 x_1 - 3a(L - a)^2 - 2(L - a)^3]$,

$$v_2 = \dfrac{P}{6EI}[x_2^3 - 3(L - a)x_2^2]$$

12–6. $v_{\text{máx}} = \dfrac{3PL^3}{256EI}$

12–7. $\theta_A = \dfrac{Pa(a - L)}{2EI}$, $v_1 = \dfrac{Px_1}{6EI}[x_1^2 + 3a(a - L)]$,

$$v_2 = \dfrac{Pa}{6EI}[3x(x - L) + a^2], v_{\text{máx}} = \dfrac{Pa}{24EI}(4a^2 - 3L^2)$$

12–9. $v_{\text{máx}} = \dfrac{P}{3EI_{AB}}\left\{\left(1 - \dfrac{I_{AB}}{I_{BC}}\right)l^3 - L^3\right\}$

12–10. $\theta_C = \dfrac{-P}{2E}\left[\dfrac{1}{I_{AB}}(L^2 - l^2) + \dfrac{l^2}{I_{BC}}\right]$

12–11. $\theta_A = -\dfrac{3}{8}\dfrac{PL^2}{EI}$, $v_C = \dfrac{-PL^3}{6EI}$

12–13. $\theta_{\text{máx}} = \dfrac{-M_0 L}{EI}$, $v = \dfrac{-M_0 x^2}{2EI}$, $v_{\text{máx}} = \dfrac{-M_0 L^2}{2EI}$

12–14. $\theta_A = -\dfrac{M_0 L}{3EI}$, $v = \dfrac{M_0}{6EIL}(3Lx^2 - x^3 - 2L^2 x)$,

$$v_{\text{máx}} = \dfrac{-0.0642 M_0 L^2}{EI}$$

12–15. $\theta_B = \dfrac{M_0 L}{6EI}$, $v|_{x=L/2} = \dfrac{-M_0 L^2}{16EI}$

12–17. $\theta_A = \dfrac{M_0 a}{2EI}$, $v_{\text{máx}} = -\dfrac{5M_0 a^2}{8EI}$

12–18. $\theta_C = \dfrac{4M_0 L}{3EI}$, $v_1 = \dfrac{M_0}{6EIL}[-x_1^3 + L^2 x_1]$,

$$v_2 = \dfrac{M_0}{6EIL}[-3Lx_2^3 + 8L^2 x_2 - 5L^3], v_C = -\dfrac{5M_0 L^2}{6EI}$$

12–19. $\theta_A = \dfrac{M_0 L}{6EI}$

12–21. $\theta_B = \dfrac{wa^3}{6EI}$, $v_1 = \dfrac{wx_1^2}{24EI}[-x_1^2 + 4ax_1 - 6a^2]$,

$$v_3 = \dfrac{wa^3}{24EI}[4x_3 + a - 4L], v_B = \dfrac{wa^3}{24EI}(a - 4L)$$

12–22. $v_{\text{máx}} = \dfrac{-18.8 \text{ klb} \cdot \text{pie}^3}{EI}$

12–23. 1.375 N

12–25. $\theta_{\text{máx}} = \dfrac{w_0 L^3}{45EI}$

12–26. $v_{\text{máx}} = -\dfrac{0.00652 w_0 L^4}{EI}$

12–27. $\theta_A = \dfrac{5w_0 L^3}{192EI}$, $v = \dfrac{w_0 x}{960EIL}[40L^2 x^2 - 16x^4 - 25L^4]$,

$$v_{\text{máx}} = \dfrac{w_0 L^4}{120EI}$$

12–29. $v_B = -\dfrac{PL^3}{2EI_0}$

12–30. $v_C = \dfrac{-PL^3}{32EI_C}$

12–31. $v_{\text{máx}} = \dfrac{6PL^3}{Ebt^3}$

12–33. 12 pies, 9 lb · pie

12–34. $v = \dfrac{1}{EI}\left[-2.5x^2 + 2\langle x - 4\rangle^3 - \dfrac{1}{8}\langle x - 4\rangle^4\right.$

$$\left. + 2\langle x - 12\rangle^3 + \dfrac{1}{8}\langle x - 12\rangle^4 - 24x + 136\right] \text{klb} \cdot \text{pie}^3$$

12–35. $v = \dfrac{1}{EI}\left[-\dfrac{Pb}{6a}x^3 + \dfrac{P(a + b)}{6a}\langle x - a\rangle^3 + \dfrac{Pab}{6}x\right]$

12–37. $v = \dfrac{1}{EI}[-1.67x^3 - 6.67\langle x - 20\rangle^3$

$$+ 18.3\langle x - 40\rangle^3 + 4000x] \text{ lb} \cdot \text{pulg}^3$$

12–38. $v = \dfrac{1}{EI}[-8.33x^3 + 17.1\langle x - 12\rangle^3$

$$- 13.3\langle x - 36\rangle^3 + 1680x - 5760] \text{ lb} \cdot \text{pulg}^3$$

12–39. $\theta_A = -\dfrac{1920}{EI}$, $\theta_B = \dfrac{6720 \text{ lb} \cdot \text{pulg}^2}{EI}$

12–41. $v = \dfrac{1}{EI}[-0.0833x^3 + 3\langle x - 8\rangle^2$

$$+ 3\langle x - 16\rangle^2 + 8.00x]$$

12–42. $\theta = \dfrac{1}{EI}[2.25x^2 - 0.5x^3 + 5.25\langle x - 5\rangle^2$

$$+ 0.5\langle x - 5\rangle^3 - 3.125] \text{ kN} \cdot \text{m}^2,$$

$$v = \dfrac{1}{EI}[0.75x^3 - 0.125x^4 + 1.75\langle x - 5\rangle^3$$

$$+ 0.125\langle x - 5\rangle^4 - 3.125x] \text{ kN} \cdot \text{m}^3$$

12–43. $v = \dfrac{1}{EI}[-0.00556x^5 + 12.9\langle x - 9\rangle^3$

$+\ 0.00556\langle x - 9\rangle^5 - 256x + 2637]$ klb·pie^3

12–45. $v = \dfrac{1}{EI}\Big[-\dfrac{10}{3}x^3 + \dfrac{10}{3}\langle x - 1.5\rangle^3$

$+\ \dfrac{10}{3}\langle x - 4.5\rangle^3 + 67.5x - 90\Big]$ kN·m^3

12–46. $v = \dfrac{1}{EI}[-0.05x^3 - 0.000741x^{5\prime} + 0.9\langle x - 9\rangle^3$

$+\ 0.0333\langle x - 9\rangle^4 + 0.000741\langle x - 9\rangle^5 + 8.91x]$ klb·pie^3

$v_C = -0.765$ pulg

12–47. $\theta_B = 0.574°,\ v_C = 0.200$ pulg

12–49. $\theta_A = -0.128°,\ \theta_B = 0.128°$

12–50. $v = \dfrac{1}{EI}\Big[-\dfrac{w}{24}x^4 + \dfrac{wL}{4}\langle x - L\rangle^3$

$+\ \dfrac{w}{24}\langle x - L\rangle^4 + \dfrac{wL^3}{3}x - \dfrac{7wL^4}{24}\Big],$

$\theta_A = \dfrac{wL^3}{6EI}$

12–51. $v_C = -\dfrac{7wL^4}{24EI}$

12–53. -3.64 mm

12–54. $\theta_C = \dfrac{3937.5}{EI},\ \Delta_C = \dfrac{50\,625}{EI}$

12–55. $\theta_B = \dfrac{PL^2}{2EI},\ \Delta_B = \dfrac{PL^3}{3EI}$

12–57. $\theta_B = \dfrac{3Pa^2}{EI},\ \Delta_C = \dfrac{4Pa^3}{3EI}$

12–58. $\theta_C = \dfrac{5Pa^2}{2EI},\ \Delta_B = \dfrac{25Pa^3}{6EI}$

12–59. $\theta_B = \dfrac{Pa^2}{12EI},\ \Delta_C = \dfrac{Pa^3}{12EI}$

12–61. $\theta_{máx} = \dfrac{M_0 L}{2EI},\ \Delta_{máx} = \dfrac{M_0 L^2}{8EI}$

12–62. $\theta_{máx} = \dfrac{5PL^2}{16EI},\ \Delta_{máx} = \dfrac{3PL^3}{16EI}$

12–63. $\Delta_C = \dfrac{5M_0 L^2}{6EI},\ \theta_C = \dfrac{4M_0 L}{3EI}$

12–65. $\Delta_{máx} = \dfrac{0.00802PL^3}{EI}$

12–66. $\Delta_C = \dfrac{84}{EI},\ \theta_A = \dfrac{8}{EI},\ \theta_B = \dfrac{16}{EI},\ \theta_C = \dfrac{40}{EI}$

12–67. 6.43 lb, 2.14 pulg

12–69. $\theta_C = \dfrac{5Pa^2}{2EI},\ \Delta_B = \dfrac{25Pa^3}{6EI}$

12–70. $\theta_A = \dfrac{3PL^2}{8EI},\ \Delta_C = \dfrac{PL^3}{6EI}$

12–71. $\Delta_{máx} = \dfrac{11Pa^3}{48EI}$

12–73. $\theta_B = \dfrac{7Pa^2}{4EI},\ \Delta_C = \dfrac{9Pa^3}{4EI}$

12–74. 6.54°

12–75. 0.987 pulg

12–77. 8.93 N

12–78. $\theta_B = \dfrac{M_0(b^3 + 3ab^2 - 2a^3)}{6EI(a + b)^2},\ \Delta_C = \dfrac{M_0 ab(b - a)}{3EI(a + b)}$

12–79. $\theta_A = \dfrac{17Pa^2}{12EI},\ \Delta_{máx} = \dfrac{481Pa^3}{288EI}$

12–81. $t_{C/A} = \dfrac{40}{EI}$

12–82. 2.12 pulg

12–83. W12 × 14, 0.560 pulg, 0.903 pulg

12–85. $\theta_A = \theta_B = 0.175°$

12–86. $\theta_B = \dfrac{7wa^3}{12EI},\ \Delta_C = \dfrac{25wa^4}{48EI}$

12–87. $\theta_A = \dfrac{PL^2}{12EI},\ \Delta_D = \dfrac{PL^3}{8EI}$

12–89. 0.933 pulg

12–90. 0.895 pulg ↓

12–91. 0.429 pulg

12–93. 1.90 pulg

12–94. W16 × 50

12–95. W14 × 34

12–97. $\Delta_A = \dfrac{Pa^2(3b + a)}{3EI}$

12–98. $\Delta = PL^2\Big(\dfrac{1}{k} + \dfrac{L}{3EI}\Big)$

12–99. $\Delta_A = PL^3\Big(\dfrac{1}{12EI} + \dfrac{1}{8JG}\Big)$

12–101. $\dfrac{x_{\text{máx}}}{y_{\text{máx}}} = \dfrac{I_x}{I_y} \tan \theta$, $y_{\text{máx}} = 0.736$ pulg, $x_{\text{máx}} = 3.09$ pulg

12–102. 5.82 pulg

12–103. $A_x = 0$, $B_y = \dfrac{5}{16} P$, $A_y = \dfrac{11}{16} P$, $M_A = \dfrac{3PL}{16}$

12–105. $A_x = 0$, $B_y = \dfrac{3wL}{8}$, $A_y = \dfrac{5wL}{8}$, $M_A = \dfrac{wL^2}{8}$

12–106. $B_x = 0$, $A_y = 394$ lb, $B_y = 3.21$ klb,

$M_B = 122$ klb $\cdot$ pulg

12–107. $A_x = 0$, $B_y = \dfrac{1}{10} w_0 L$, $A_y = \dfrac{2}{5} w_0 L$, $M_A = \dfrac{1}{15} w_0 L^2$

12–109. $C_x = 0$, $B_y = 14.4$ klb, $C_y = 1.07$ klb $\downarrow$,

$A_y = 10.7$ klb

12–110. $T_{AC} = \dfrac{3A_2 E_2 w L_1^4}{8(A_2 E_2 L_1^3 + 3E_1 I_1 L_2)}$

12–111. $M_A = \dfrac{wL^2}{12}$, $M_B = \dfrac{wL^2}{12}$

12–113. $A_y = \dfrac{3wL}{32}$, $B_y = \dfrac{13}{32} wL$

12–114. $M_A = \dfrac{M_0}{3}$, $M_B = \dfrac{M_0}{3}$

12–115. $A_y = \dfrac{P}{2}$, $M_A = \dfrac{PL}{8}$, $B_y = \dfrac{P}{2}$, $M_B = \dfrac{PL}{8}$, $C_y = P$

12–117. $A_y = \dfrac{3M_0}{2L}$, $C_y = \dfrac{3M_0}{2L}$, $B_y = \dfrac{3M_0}{L}$, $C_x = 0$

12–118. $B_y = \dfrac{2}{3} P$, $M_A = \dfrac{PL}{3}$, $A_y = \dfrac{4}{3} P$, $A_x = 0$

12–119. $0.414L$

12–121. $M_A = 0.639$ klb $\cdot$ pulg, $M_B = 1.76$ klb $\cdot$ pulg

12–122. $B_y = \dfrac{5}{8} wL$, $C_y = -\dfrac{wL}{16}$, $A_y = \dfrac{7}{16} wL$

12–123. 0.708 pulg

12–125. $A_y = B_y = 2.15$ kN,

$C_y = D_y = E_y = F_y = 3.42$ kN

12–126. $M_A = \dfrac{PL}{8}$, $M_B = \dfrac{3PL}{8}$, $B_x = 0$, $B_y = P$

12–127. $A_y = \dfrac{P}{2}$, $A_x = 0$, $M_A = \dfrac{PL}{2}$, $B_y = \dfrac{P}{2}$, $B_x = 0$,

$M_B = \dfrac{PL}{2}$

12–129. $M_A = M_B = \dfrac{1}{24} PL$, $A_y = B_y = \dfrac{1}{6} P$,

$C_y = D_y = \dfrac{1}{3} P$

12–130. $B_y = 634$ lb, $A_y = 243$ lb, $C_y = 76.8$ lb

12–131. $F_{\text{resorte}} = \dfrac{3kwL^4}{24EI + 8kL^3}$

12–133. $R = \left(\dfrac{8\Delta EI}{9w_0}\right)^{1/4}$, $a = L - \left(\dfrac{72\Delta EI}{w_0}\right)^{1/4}$

12–134. $M = \dfrac{PL}{8} - \dfrac{2EI}{L}\alpha$, $\Delta_{\text{máx}} = \dfrac{PL^3}{192EI} + \dfrac{\alpha L}{4}$

12–135. $v = \dfrac{1}{EI}[-30x^3 + 46.25\langle x - 12\rangle^3$

$- 11.7\langle x - 24\rangle^3 + 28\,700x - 412\,560]$

12–137. $v_{\text{máx}} = \dfrac{wL^4}{18\sqrt{3EI}}$

12–138. $\theta_B = \dfrac{Pa^2}{4EI}$, $\Delta_C = \dfrac{Pa^3}{4EI}$

12–139. $A_y = 81.3$ N, $B_y = 138$ N, $C_y = 18.8$ N

12–141. $B_y = C_y = \dfrac{11wL}{10}$, $A_y = \dfrac{2wL}{5}$, $D_y = \dfrac{2wL}{5}$, $D_x = ($

12–142. $a = 3L/16$

12–143. $M_O = 5wa^2/48$

Capítulo 13

13–1. $P_{\text{cr}} = \dfrac{5kL}{4}$

13–2. $P_{\text{cr}} = kL$

13–3. $P_{\text{cr}} = \dfrac{4k}{L}$

13–5. 1.74 pulg

13–6. 2.58 pulg

13–7. 1.81 pulg

13–9. 377 klb

13–10. 94.4 klb

13–11. 20.4 klb

13–13. 8.43 pulg, 245 klb

13–14. 6.07 pulg

13–15. 4.73 pulg

13–17. 475 klb

13–18. 28.4 klb

13–19. 58.0 klb

13–21. $d_i = 1\frac{1}{8}$ pulg

13–22. 73.2 klb

13–23. 37.5 klb

13–25. $d = 1\frac{3}{4}$ pulg

13–26. 13.2 klb

13–27. $d_{AB} = 2\frac{1}{8}$ pulg, $\quad d_{BC} = 2$ pulg

13–29. 2.12, 4.32

13–30. 8.46 kN

13–31. Eje x-x 8.94, eje y-y 3.98

13–33. 2.38

13–34. 42.8 kN

13–35. 2.42 klb

13–37. 5.55 kN/m

13–38. No, AB fallará

13–39. 4.31 kN

13–41. 18.3 lb/pie

13–42. 35.1 klb

13–45. $P_{cr} = \dfrac{\pi^2 EI}{4L^2}$

13–46. $M_{máx} = -\dfrac{F}{2}\sqrt{\dfrac{EI}{P}}\tan\left(\sqrt{\dfrac{P}{EI}}\,\dfrac{L}{2}\right)$

13–47. $M_{máx} = \dfrac{wEI}{P}\left[1 - \sec\dfrac{kL}{2}\right]$

13–49. 0.387 pulg

13–50. $\sigma_{máx} = 4.57$ klb/pulg$^2 < \sigma_Y$

13–51. 31.4 kN

13–53. $\sigma_{máx} = 6.24$ klb/pulg$^2 < \sigma_Y$

13–54. 1.12

13–55. Sí

13–57. $P' = 390$ klb, $P = 139$ klb

13–58. 24.3 klb

13–59. 73.5 klb

13–61. 7.89 kN

13–62. 36.8 klb

13–63. 9.19 klb

13–65. 1.23 pulg, $\sigma_{máx} = 15.6$ klb/pulg$^2 < \sigma_Y$

13–66. 259 klb

13–67. 2.86 klb/pulg^2

13–69. 8.34 m

13–70. 3.20 MN, 70.5 mm

13–71. (35.6, 13), (70.2, 13)

13–73. 14.6(10^3) klb/pulg^2

13–74. 1323 kN

13–75. 5292 kN

13–77. 8.99 pies

13–78. 18.0 pies

13–79. 15.1 pies

13–81. W6 × 12

13–82. W6 × 15

13–83. W6 × 9

13–85. 33.9 pies

13–86. 33.7 pies

13–87. W8 × 48

13–89. $\sigma = 1.22$ klb/pulg$^2 < 18.2$ klb/pulg^2

13–90. 1.92 pies

13–91. 3.84 pies

13–93. 380 klb

13–94. 347 klb

13–95. 0.808 pulg

13–97. 1.42 pulg

13–98. 1.00 pulg

13–99. $a = 7\frac{1}{2}$ pulg

13–101. 9.48 pulg

13–102. 8.68 klb

13–103. 27.7 klb

13–105. 4.22 klb

13–106. 95.7 klb

13–107. 98.6 klb

13–109. 1.48 klb

13–110. 8.83 klb

13–111. 18.4 klb

13–113. 3.91 klb

13–114. 80.3 klb

13–115. 79.4 klb

13–117. 31.7 klb

13–118. 4.07 klb

13–119. La columna es segura.

13–121. 703 lb

13–122. Sí

13–123. Sí

13–125. 5.76 klb

13–126. 9.01 klb

13–127. 57.6 klb

13–129. 1.34

13–130. 5.92 mm

13–131. 77.2 kN

13–133. 25.0 klb

13–134. 34.2 klb/pulg^2

Capítulo 14

14–1. $U = \dfrac{1}{2E}(\sigma_x^2 + \sigma_y^2 - 2\nu\sigma_x\sigma_y) + \dfrac{\tau_{xy}^2}{2G}$

14–3. 0.372 J

14–5. 26.2 J

14–6. 4306 lb·pulg

14–7. $U_i = \dfrac{M_0^2 L}{24EI}$

14–9. 45.5 pies·lb

14–10. $U_i = \dfrac{0.00111 w^2 L^5}{EI}$

14–11. 2.00 pies·klb

14–13. $U_i = \dfrac{w^2 L^5}{240EI}$

14–14. $U_i = \dfrac{w^2 L^3}{20GA}$

14–15. 0.129 pies·klb

14–17. $U_i = \dfrac{w_0^2 L^5}{504EI}$

14–18. $U_i = \dfrac{3P^2 L^3}{Eh^3 b}$; la energía en la viga triangular es 1.5 veces mayor que en la viga de sección transversal constante.

14–19. 2.23 pulg·lb

14–21. $U_i = P^2 L^3 \left[\dfrac{9}{48EI} + \dfrac{1}{8JG} \right]$

14–22. $U_i = \dfrac{P^2 r^3}{JG} \left(\dfrac{3\pi}{8} - 1 \right)$

14–25. $\Delta_D = \dfrac{3.50PL}{AE}$

14–26. $\theta_B = \dfrac{M_0 L}{EI}$

14–27. $1(10^{-3})$ rad

14–29. 11.7 mm

14–30. $\theta_B = \dfrac{M_0 L}{12EI}$

14–31. $\theta_A = \dfrac{4M_0 a}{3EI}$

14–33. 5.46 pulg

14–34. 0.100 mm

14–35. 3.15°

14–37. $\Delta = \dfrac{Pr^3 \pi}{2} \left(\dfrac{3}{GJ} + \dfrac{1}{EI} \right)$

14–38. $\sigma_{\text{máx}} = \dfrac{16PR}{\pi d^3} [\text{sen } \theta + 1]$

14–39. $\Delta = \dfrac{64PR^3 n}{6d^4}$

14–41. 6.10 pulg

14–42. **a)** $\sigma_{\text{máx}} = 45.4$ klb/pulg^2, **b)** $\sigma_{\text{máx}} = 509$ lb/pulg^2, **c)** $\sigma_{\text{máx}} = 254$ lb/pulg^2

14–43. 1.75 pies

14–45. 0.499 m/s

14–46. 359 MPa

14–47. 69.6 mm

14–49. 26.0 klb/pulg^2

14–50. 43.6 klb/pulg^2

14–51. 850 mm

14–53. 5.29 mm

14–54. 307 MPa

14–55. 95.6 mm

14–57. $h = \dfrac{\sigma_{\text{máx}} L^2}{3EC} \left[\dfrac{\sigma_{\text{máx}} I}{WLc} - 2 \right]$

14–58. 4.49 klb/pulg^2

14–59. 7.63 pulg

14–61. 7.45 pulg

14–62. 0.661 pulg

14–63. 237 MPa, 3.95 mm

14–65. 6.20 klb/pulg^2

14–66. 4.55 klb/pulg^2, 0.799 pulg

14–67. 0.226 pulg, 3.22 klb/pulg^2

14–69. 16.7, $\sigma_{\text{máx}} = 23.4$ klb/pulg^2

14–70. 0.481 pulg, 10.1 klb/pulg^2

14–71. 0.00191 pulg

14–73. 0.00112 pulg

14–74. 11.3 mm

14–75. 1.50 mm

14–77. 0.0420 pulg

14–78. 0.0132 pulg

14–79. 0.0149 pulg

14–81. 4.88 mm

14–82. 0.367 mm

14–83. 0.0375 mm

14–85. 0.163 pulg

14–86. 0.156 pulg

14–87. $\Delta_C = \dfrac{23Pa^3}{24EI}$

14–89. $\theta_C = \dfrac{5Pa^2}{6EI}$

14–90. $\theta_A = \dfrac{Pa^2}{6EI}$

14–91. 0.369 pulg

14–93. 0.122 pulg

14–94. $4.05(10^{-3})$ rad

14–95. 1.54 pulg

14–97. 47.8 mm

14–98. $\Delta = \left(\dfrac{L}{a}\right)^2\left(\dfrac{w}{G}\right)\left\{\dfrac{20}{384}\left(\dfrac{L}{a}\right)^2 + \dfrac{3}{20}\right\}$,

$\Delta = \dfrac{5w}{96G}\left(\dfrac{L}{a}\right)^4$

14–99. $\Delta_C = \dfrac{5M_0a^2}{6EI}$

14–101. 3.24 mm

14–102. 0.289°

14–103. 0.124°

14–105. $\Delta_C = \dfrac{wL^4}{4EI}$

14–106. $\theta_B = \dfrac{wL^3}{8EI}$

14–107. 57.9 mm

14–109. $\theta_C = \dfrac{2wa^3}{3EI}$, $\Delta_C = \dfrac{5wa^4}{8EI}$

14–110. $\Delta_C = \dfrac{w_0L^4}{120EI}$

14–111. $\theta_A = \dfrac{5w_0L^3}{192EI}$

14–113. $\Delta_C = \dfrac{5wL^4}{8EI}$

14–114. $\Delta_B = \dfrac{wL^4}{4EI}$

14–115. $\Delta_{Ch} = \dfrac{640\,000\ \text{lb} \cdot \text{pie}^3}{EI}$, $\Delta_{Ch} = \dfrac{1\,228\,800\ \text{lb} \cdot \text{pie}^3}{EI}$

14–117. 0.00191 pulg

14–118. 0.00112 pulg

14–119. 11.3 mm

14–121. 1.50 mm

14–122. 0.0482 pulg

14–123. 0.0420 pulg

14–125. 0.0132 pulg

14–126. 0.0149 pulg

14–127. 4.88 mm

14–129. 0.367 mm

14–130. 0.0375 mm

14–131. 0.163 pulg

14–133. $\Delta_C = \dfrac{23PL^3}{24EI}$

14–134. $\theta_C = \dfrac{5Pa^2}{6EI}$

14–135. $\theta_A = \dfrac{Pa^2}{6EI}$

14–137. 0.369 pulg

14–138. 0.122 pulg

14–139. $4.05(10^{-3})$ rad

14–141. 1.54 pulg

14–142. 47.8 mm

14–143. $\Delta_C = \dfrac{5M_0a^2}{6EI}$

14–145. 3.24 mm

14–146. 0.289°

14–147. 0.124°

14–149. $\Delta_C = \dfrac{wL^4}{4EI}$

14–150. $\theta_B = \dfrac{wL^3}{8EI}$

14–151. 57.9 mm

14–153. $\theta_C = \dfrac{2wa^3}{3EI}$, $\Delta_C = \dfrac{5wa^4}{8EI}$

Apéndice A

A–1. 2.0 pulg

A–2. 207 mm, $\bar{I}_{x'} = 222(10^6)$ mm^4, $\bar{I}_y = 115(10^6)$ mm^4

A–3. $\bar{x} = 3$ pulg, $\bar{y} = 2$ pulg, $\bar{I}_{x'} = 64$ pulg^4, $\bar{I}_{y'} = 136$ pulg^4

A–5. $94.8(10^6)$ mm^4

A–6. $\bar{x} = 68.0$ mm, $\bar{I}_{x'} = 49.5(10^6)$ mm,

$\bar{I}_{y'} = 36.9(10^6)$ mm^4

A–7. $\bar{I}_{x'} = 124(10^6)$ mm^4, $\bar{I}_{y'} = 1.21(10^9)$ mm^4

A–9. 36 pulg^4

A–10. $\bar{x} = 33.9$ mm, $\bar{y} = 150$ mm, $I_{x'} = 101(10^6)$ mm^4,

$\bar{I}_{y'} = 10.8(10^6)$ mm^4

A–11. $\bar{x} = 33.9$ mm, $\bar{y} = 150$ mm, $\bar{I}_{x'y'} = 0$

A–13. 97.75 pulg^4

A–14. $I_{x'} = I_{y'} = 85.3(10^6)$ mm^4

A–15. $I_{x'\circ} = 5.09(10^6)$ mm^4, $I_{y'} = 5.09(10^6)$ mm^4, $I_{x'y'} = 0$

A–17. $I_{máx} = 64.1$ pulg^4, $I_{mín} = 5.33$ pulg^4

A–18. $I_{máx} = 64.1$ pulg^4, $I_{mín} = 5.33$ pulg^4

A–19. $I_{máx} = 4.92(10^6)$ mm^4, $I_{mín} = 1.36(10^6)$ mm^4

Índice

JUL

LITOGRÁFICA INGRAMEX, S.A.
CENTENO No. 162-1
COL. GRANJAS ESMERALDA
09810 MÉXICO, D.F.

2005

ISO 9000
CALIDAD CERTIFICADA
Certificado No. 02-2082

Propiedades mecánicas promedio de materiales típicos en ingeniería[a]
(Unidades inglesas)

Materiales		Peso específico γ (lb/pulg³)	Módulo de elasticidad E (10³) klb/pulg²	Módulo de rigidez G (10³) klb/pulg²	Resistencia de fluencia (klb/pulg²) σ_Y Tens.	Comp.[b]	Corte	Resistencia última (klb/pulg²) σ_u Tens.	Comp.[b]	Corte	% Alargamiento espécimen de 2 pulg	Relación de Poisson ν	Coef. de expansión Térm. α (10⁻⁶)/°F
Metálicos													
Aleaciones forjadas de aluminio	2014-T6	0.101	10.6	3.9	60	60	25	68	68	42	10	0.35	12.8
	6061-T6	0.098	10.0	3.7	37	37	19	42	42	27	12	0.35	13.1
Aleaciones de hierro colado	Gris ASTM 20	0.260	10.0	3.9	–	–	–	26	97	–	0.6	0.28	6.70
	Maleable ASTM A-197	0.263	25.0	9.8	–	–	–	40	83	–	5	0.28	6.60
Aleaciones de cobre	Bronce rojo C83400	0.316	14.6	5.4	11.4	11.4	–	35	35	–	35	0.35	9.80
	Bronce C86100	0.319	15.0	5.6	50	50	–	95	95	–	20	0.34	9.60
Aleación de magnesio	[Am 1004-T61]	0.066	6.48	2.5	22	22	–	40	40	22	1	0.30	14.3
Aleaciones de acero	Estructural A36	0.284	29.0	11.0	36	36	–	58	58	–	30	0.32	6.60
	Inoxidable 304	0.284	28.0	11.0	30	30	–	75	75	–	40	0.27	9.60
	Herramientas L2	0.295	29.0	11.0	102	102	–	116	116	–	22	0.32	6.50
Aleación de titanio	[Ti-6A1-4V]	0.160	17.4	6.4	134	134	–	145	145	–	16	0.36	5.20
No metálicos													
Concreto	Baja resistencia	0.086	3.20	–	–	–	1.8	–	–	–	–	0.15	6.0
	Alta resistencia	0.086	4.20	–	–	–	5.5	–	–	–	–	0.15	6.0
Plástico reforzado	Kevlar 49	0.0524	19.0	–	–	–	–	104	70	10.2	2.8	0.34	–
	30% vidrio	0.0524	10.5	–	–	–	–	13	19	–	–	0.34	–
Madera Grado estructural seleccionado	Abeto Douglas	0.017	1.90	–	–	–	–	0.30[c]	3.78[d]	0.90[d]	–	0.29[e]	–
	Abeto blanco	0.130	1.40	–	–	–	–	0.36[c]	5.18[d]	0.97[d]	–	0.31[e]	–

[a] Los valores específicos pueden variar para materiales particulares debido a la composición de la aleación o el mineral, el trabajo mecánico del espécimen o el tratamiento térmico. Vea un valor exacto del valor que se va a consultar en libros de referencia.

[b] Las resistencias de fluencia y última, para materiales dúctiles, se suponen iguales en tensión y compresión.

[c] Medido perpendicular al hilo.

[d] Medido paralelo al hilo.

[e] Deformación medida perpendicular al hilo, cuando la carga se aplica siguiendo el hilo.